AF329426

DICTIONNAIRE

PITTORESQUE

DE MARINE,

Par Jules Lecomte,

Officier de la marine du commerce,
Rédacteur en chef, fondateur de la *France maritime*.

a bibliographie navale comptait bien déjà plusieurs ouvrages de ce genre ; loin de nous l'idée de contester la place distinguée que la critique a donnée à plusieurs d'entre eux dans l'opinion. Nous apprécions tout le mérite des dictionnaires de MM. le vice-amiral Willaumez et le capitaine de frégate Bonnefoux ; nous professons pour eux l'estime dont les entourent les marins, leurs juges compétens, et cette estime trouvera sa preuve dans la critique que nous ferons de leur insuffisance à l'égard des gens du monde.

En effet, destinés spécialement aux élèves de la marine ou aux hommes de cette profession, ces ouvrages ont plutôt été des manuels de navigation que des œuvres de philologie, que des œuvres de linguistique descriptive. Leur but a été, non de faire connaître l'origine des mots et les transformations qu'ils ont subies, mais uniquement de décrire les propriétés et l'emploi des objets qu'ils dénomment, ou tout au plus d'établir leur signification rigoureuse par des mots plus connus, mais qui, pour les personnes étrangères à cette matière, ont le plus souvent besoin eux-mêmes d'une explication.

Or, de semblables ouvrages, en déplaçant les difficultés, n'eussent fait que les multiplier pour la plupart des lecteurs. Il existait donc une lacune qui ne pouvait être comblée que par un lexique où tous les mots particuliers à cette spécialité trouveraient leur explication générique, grammaticale et pittoresque en expressions du langage commun.

C'est le désir de satisfaire à ce besoin qui a inspiré à M. Jules Lecomte la pensée de l'ouvrage dont l'éditeur de la *France Maritime* a résolu la publication. Ce livre était un complément trop rigoureusement nécessaire à la *France maritime* et à tous les recueils et ouvrages graves ou futiles qui traitent de marine, pour que son éditeur ne se chargeât point de cette nouvelle entreprise, qui trouve dans cette même nécessité les garanties de son succès.

Cet ouvrage lui a paru d'ailleurs un des moyens les plus puissans de seconder le mouvement qui porte les esprits vers les connaissances nautiques, devenues aujourd'hui si importantes dans toutes les questions d'économie et de sociabilité. L'obscurité dont la technologie entourait la marine n'a-t-elle pas été un des motifs qui en ont le plus vivement écarté l'attention nationale? Ne sont-ce point l'aspect aride ou les fausses couleurs dont on a entouré toutes les compositions navales qui en ont repoussé la curiosité et l'intérêt? Pourquoi, en ne remontant même que jusqu'à Ozanne, avons-nous eu plusieurs peintres célèbres et pas un seul écrivain distingué dans cette spécialité, si ce n'est que les artistes, par leur dessin et leurs couleurs, offraient, dès le premier coup-d'œil, à toutes les intelligences, les événemens et les spectacles dont on ne pouvait saisir les développemens à travers les expressions inintelligibles ou infidèles des littérateurs?

Quel langage cependant peut offrir plus de ressources à l'écrivain que ce dialecte où tout est énergie, abondance, harmonie et peinture? Là l'expression la plus vulgaire est souvent un trope hardi à étonner un rhéteur; les dénominations sont presque toujours une image ou une allusion imprévue et saisissante. On comprend aisément que la richesse doit être une des principales qualités de la langue d'hommes qui, sans cesse en relation avec des nations étrangères, ont dû à la longue leur emprunter les nuances d'expressions qui leur manquaient. Ce qui étonne, lorsque l'on pense aux fatigues et aux privations dans le cercle desquelles se resserre presque constamment la vie des marins, c'est que la fraîcheur et l'euphonisme soient les principaux caractères de leur langage.

Cela est pourtant, et voilà la cause qui semblait devoir retarder long-temps encore l'apparition d'un ouvrage dont le besoin était si généralement et si vivement senti.

Une publication destinée à mettre en relief tous les trésors d'une langue qui réunit tant de qualités (qualités qu'au premier abord semblent devoir repousser les mœurs et le caractère des hommes dont elle est destinée à traduire les sentimens et les pensées), ne pouvait être exclusivement l'œuvre d'un marin. Il était bien indispensable d'avoir acquis aux enseignemens de la pratique navale l'aspect et l'emploi des objets que les mots désignent; il était bien indispensable aussi de posséder toutes les connaissances scientifiques qu'exige le grand art de la navigation pour pouvoir en expliquer les opérations et les instrumens; il était bien également indispensable d'avoir vécu long-temps de la vie maritime pour avoir bien complètement saisi tous ces termes qui peignent plutôt qu'ils n'expriment les idées dont la transmission leur est confiée; mais là ne s'arrêtaient pas les conditions nécessaires pour l'accomplissement de cette œuvre : il fallait encore un écrivain qui fût assez maître de notre langue et en connût assez intimement les ressources pour pouvoir l'affranchir complètement de l'emploi des mots techniques dont l'explication n'eût pas été antérieurement donnée ; il fallait un écrivain qui pût rechercher dans le glossaire de nos anciens idiomes, comme dans les langues des autres nations maritimes, le sens rigoureux des expressions par leurs radicaux; il fallait enfin un littérateur qui pût compléter cet ouvrage en mettant en action les mots dont l'explication grammaticale et historique eût été donnée, et fît ainsi disparaître, sous l'intérêt anecdotique, l'aridité qu'eût infailliblement offerte un travail de pure linguistique.

Mais comment penser qu'à notre époque, où la presse haletante suffit à peine aux besoins et aux plaisirs intellectuels des populations plus instruites; où le journaliste, le dramaturge et le romancier sont devenus les puissances du jour ; comment penser qu'un écrivain auquel s'offre plusieurs spécialités voulût se renfermer dans le silence du cabinet et composer, dans une vie de travail et d'isolement, un ouvrage de conscience et de longue étude?

M. Jules Lecomte l'a cependant fait. Ce n'est pas à nous, qui formulons ici nos idées sur son nouveau travail, de venir faire l'éloge de son talent; nous dirons cependant, comme garantie de sa compétence dans l'œuvre que M. Postel fait paraître, qu'auparavant que sa coopération au journalisme et aux plus graves publications maritimes l'eût fait connaître comme économiste et littérateur, l'important ouvrage spécial qu'il publia en 1832, après avoir, quoique bien jeune, navigué long-temps sur les navires du commerce et de l'État, avait commencé sa réputation parmi les marins; la direction qu'il a donnée au *Navigateur*, et depuis à la *France Maritime*, l'a étendue dans le monde.

L'auteur a compris qu'un livre fait sur ces bases ne pouvait, comme tous les autres vocabulaires maritimes, rester enseveli dans les bornes d'une étroite spécialité, et encore moins être une œuvre éphémère.

La marine n'est pas seulement un des élémens les plus féconds de la prospérité et de la force des États, c'est encore, et avant tout, un des mobiles les plus puissans de la civilisation.

Ce Dictionnaire, et la *France maritime*, dont il est le corollaire, sont les tributs que l'auteur et l'éditeur apportent à cette généreuse pensée de vulgarisation pour la marine.

H. DE M., officier de Marine.

Le *Dictionnaire pittoresque de Marine* formera un beau volume in-4°, d'environ 30 feuilles, imprimé à 2 colonnes, format et justification de la *France Maritime*. Chaque division alphabétique sera précédée d'une belle lettre gravée sur bois par Andrew, Best et Leloir, d'après les dessins de Morel-Fatio.

PRIX :

Paris à domicile			Province par la poste.		
10 livraisons	1 fr.	25 c.	10 livraisons	1 fr.	75 c.
20 —	2	50	20 —	3	50
30 —	3	75	30 —	5	25

On souscrit :

CHEZ HIPPOLYTE SOUVERAIN, ÉDITEUR,

RUE DES BEAUX-ARTS, 5 BIS;

ET CHEZ TOUS LES LIBRAIRES DES DÉPARTEMENS.

Paris, imprimerie de Décourchant, rue d'Erfurth, n° 1, près l'Abbaye.

DICTIONNAIRE PITTORESQUE

DE

MARINE.

ARIS, IMPRIMERIE DE DECOURCHANT,
Rue d'Erfurth, L.° 1, près de l'Abbaye.

DICTIONNAIRE

Pittoresque

DE

MARINE

PAR JULES LECOMTE,

Rédacteur en chef de la *France Maritime*.

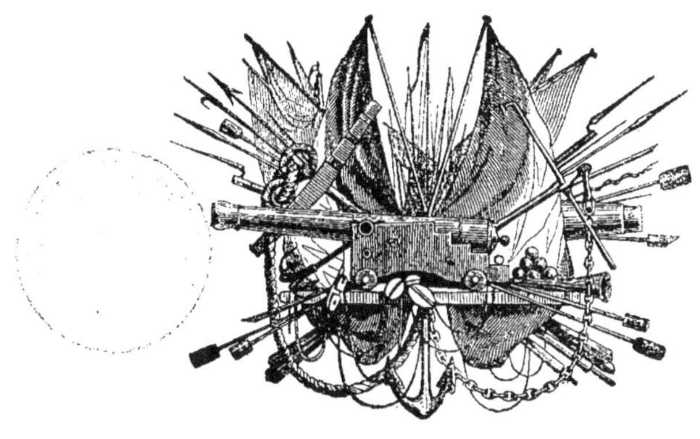

PARIS,

AU BUREAU CENTRAL DE LA FRANCE MARITIME,

CHEZ POSTEL, 4, RUE DU ROULE.

M DCCC XXXV.

ong-temps la mer 'exista pas réellement pour la littérature Homère, qui probablement ne l'avait aperçue que du rivage à une époque où les plus hardis navigateurs ne perdaient pas la côte de vue, Homère a rassemblé quelques traits généraux, qu'ont copiés à peu près mot pour mot Virgile et tous les poètes qui l'ont suivi. Toujours le *Notus* et *l'Eurus se déchaînent; la mer se mêle aux nuages. — On entend les cris des matelots; le héros saisit un mât et est jeté par le vent sur le bord d'une île.* Si le héros subit plusieurs naufrages, le lecteur subit plusieurs fois les mêmes détails et les mêmes circonstances; les modernes, entre autres Fénélon, ont tranquillement copié les anciens; ils ont déchaîné à leur tour l'Eurus et le Notus; — ils ont fait monter la mer jusqu'au ciel — et attaché leurs héros à des mâts. — Colomb avait découvert l'Amérique que les poètes soupçonnaient à peine l'Océan et en parlaient comme on parlerait aujourd'hui de la lune.

Ce n'est qu'après avoir passé par toutes les formes, par toutes les transfigurations du faux que l'on arrive au vrai; ainsi, par une bizarre timidité, — ceux mêmes d'entre les poètes et les écrivains qui avaient vu la mer, qui avaient affronté ses dangers, et échappé plus ou moins péniblement à ses fureurs, ne la voyaient qu'à travers le prisme des traditions homériques et virgiliennes; dans leurs récits, ils se croyaient sur des *trirèmes;* n'apercevaient et ne rapportaient de circonstances que celles qu'ils pouvaient traduire du grec et du latin et que les écrivains anciens avaient sanctifiées, et quand il s'agissait de peindre leurs terreurs, ils s'en prenaient à Neptune, et rendaient grâces aux Tritons qui les avaient poussés au rivage. Beaucoup de gens ne voient dans un spectacle quelconque que ce dont on les a avertis; et au milieu des belles et imposantes scènes de la mer, tout ce qu'ils ne connaissaient pas d'avance par des récits et des traditions, reste confus et inaperçu pour eux.

Et ceux-là encore étaient le plus petit nombre. La plupart des écrivains n'avaient pas vu la mer ou du moins n'avaient eu ni le temps ni les occasions de l'étudier. Les gens qui écrivent n'ont pas le temps de naviguer; les gens qui naviguent n'ont pas le temps d'écrire. La première condition d'un écrivain maritime fut donc long-temps d'être le plus étranger qu'il était possible aux choses qu'il avait à décrire.

Bernardin de Saint-Pierre, le premier, traça quelques belles pages avec ses souvenirs. La mer parut grande, — majestueuse, — terrible. Mais cependant ce fut encore une puissance mystérieuse dont les grands traits seulement étaient esquissés.

On sut qu'un vaisseau était composé d'une coque, de mâts et de voiles; et on n'entra pas dans d'autres détails. On sut aussi qu'il y avait sur un navire un capitaine et des matelots; et le vaisseau et les marins restèrent inconnus et séparés du monde comme devant. On ne songea pas à initier les lecteurs à leur vie et à leurs mœurs; — on continua à ne les voir que de la terre; on décrivit le départ du bâtiment et son retour. Tout le temps qu'il passait hors de vue des côtes, on ne s'en souciait plus, on soupçonnait que c'était une vie tellement excentrique, qu'elle ne pouvait se lier à rien autre, et qu'on ne saurait trouver de transitions pour la rattacher à ce qui s'écrivait d'ordinaire.

Cependant, — et cela n'a commencé que de notre temps, — quelques marins échappés aux lames et aux vents se sont occupés à écrire ce qu'ils avaient vu. Quelques officiers, pendant les longues heures de la quarantaine, ont mis en ordre les notes qu'ils s'étaient amusés à entasser sur leur carnet, — et l'on a été tout surpris de voir que la littérature *épuisée*, et qui avait vécu quelques milliers d'années sur les richesses et les pauvretés de la terre, — avait encore un peu plus des deux tiers du globe à exploiter — avec des élémens, des hommes, des mœurs, des événemens, une végétation, des animaux dont jusqu'alors il ne s'était pas dit un seul mot. On ne tarda pas à voir que cette découverte offrait plus de richesses littéraires que la découverte de l'Amérique n'avait apporté de richesses matérielles, et la littérature plus ou moins maritime naquit.

Mais il restait à vaincre un grand obstacle. La mer a son langage à part pour des usages et des mœurs à part. Il est une foule de choses que l'on ne peut dire en langue usuelle, sans s'exposer à ne pas les dire du tout, ou à les dire d'une manière inintelligible, ce qui est la même chose. Quand les anciens écrivains tombaient par hasard, et pour un moment, dans la marine, comme ils voyaient un vaisseau toujours du point de vue de la terre, ils n'avaient à se servir d'aucun mot technique exprimant des détails de construction, de mœurs ni d'usages.

Un vaisseau à l'horizon présente — une coque, — des mâts et des voiles; ce sont termes connus et intelligibles à tous. On ne voit pas les matelots : — on les suppose à bord, et l'on présume qu'ils *font la manœuvre*. — Mais si vous prenez le vaisseau d'un autre point de vue, si vous suivez les marins, si vous êtes avec eux sur le bâtiment, — vous voyez et vous distinguez tout : — habitudes, — mâts, — cordages, — manœuvres, jusque dans leurs plus petits détails; — chacun de ces détails a un nom; ce nom résume presque toujours une longue périphrase. Le son matériel de ce nom est en harmonie avec la mer, avec les matelots, avec le sifflement du vent : s'il avait un synonyme, vous n'oseriez employer le synonyme, et d'ailleurs il n'en a pas; il faudrait une périphrase d'une page et demie pour expliquer un mot de deux syllabes. Un livre écrit ainsi en périphrases serait fort long et fort ennuyeux. Les premiers écrivains maritimes ont éludé quelquefois la difficulté, mais ils n'ont pu cependant repousser des mots nécessaires. D'ailleurs ils se fatigueraient promptement de ce travail négatif, sans pouvoir le rendre complet, ce qui fatiguerait à leur tour les lecteurs.

Il fallait donc un vocabulaire de Marine, un lexique qui expliquât chaque mot de la langue maritime.

La bibliographie navale comptait bien déjà plusieurs ouvrages de ce genre, et nous sommes loin de contester la place distinguée que la critique a assignée à plusieurs d'entre eux dans l'opinion. Pour ne parler que des plus récens, nous apprécions tout le mérite des dictionnaires de MM. le vice-amiral Willaumez et le capitaine de frégate Bonnefoux; nous professons pour ces œuvres de talent et de conscience l'estime dont les entourent les marins, leurs juges compétens, et cette estime trouvera sa preuve dans la critique même que nous ferons de leur insuffisance à l'égard des gens du monde.

En effet, destinés spécialement aux élèves de la marine ou aux hommes de cette profession, ces livres ont plutôt dû être des manuels de navigation que des œuvres de philologie et de linguistique descriptive. Le but de leurs auteurs a été, non de faire connaître l'origine des mots et les transformations qu'ils ont subies, mais uniquement de décrire les propriétés et l'emploi des objets qu'ils dénomment, ou tout ou plus d'établir leur signification rigoureuse par des mots plus connus, mais qui, pour les personnes étrangères à la marine, ont le plus souvent eux-mêmes besoin d'une explication.

Mais la littérature maritime, — à laquelle sont attachés cependant tant d'intérêts divers si puissans et si négligés, sans qu'aucune autre cause en puisse être trouvée que la situation de la marine en dehors des intérêts et des habitudes ordinaires, — la littérature maritime ne pouvait prétendre que ses lecteurs recommençassent les ennuis de la première éducation, se remissent à l'A B C et à la lecture du lexique, — au thème et à la version.

C'est, je l'avouerai, ce que j'appréhendais pour mon compte avant la lecture des premières livraisons du *Dictionnaire pittoresque de Marine* dont les épreuves m'ont été communiquées. Il me semblait que, malgré les richesses littéraires que présente la vulgarisation de la marine, c'était les acheter trop cher que d'avoir besoin de s'arrêter à chaque instant dans la lecture d'un livre, pour chercher péniblement dans un autre livre le sens et la signification de tel ou tel mot.

Il serait encore plus fatigant de lire d'avance et d'un bout à l'autre ce que l'on appelle ordinairement un *Dictionnaire*. Je sentais bien la nécessité d'un ouvrage qui révélât aux gens du monde les beautés et les richesses de la langue des marins, mais je craignais que l'exécution n'en fût difficile, — peut-être même ennuyeuse, c'est-à-dire impossible.

Aussi j'ai été agréablement surpris en voyant tout l'intérêt que pouvait offrir une semblable lecture ; — j'ai vu que le *Dictionnaire pittoresque de Marine*, loin d'avoir la sécheresse et la monotonie du lexique, était simplement un recueil de chapitres sur la marine ; chapitres dans lesquels on n'a épargné ni le charme de l'imagination, ni les grâces du style ; chapitres que l'on lira pour son plaisir, — plaisir dont on achetera des connaissances qui paieront d'autres plaisirs. Varié, instructif, intéressant, amusant, plein d'anecdotes et d'observations, cet ouvrage n'a du pesant et fastidieux lexique que l'ordre alphabétique qui facilite les recherches.

M. Jules Lecomte, à la fois marin et homme de goût et d'esprit, qui depuis une ou deux années est entré avec succès dans la carrière littéraire, — me paraît avoir complètement atteint le but désigné. Son Dictionnaire contribuera puissamment à répandre une langue si riche et si expressive ; la littérature pourra exploiter la mine féconde qui lui est ouverte, sans avoir à opter entre le faux ou l'inintelligible ; et par une conséquence moins directe et plus éloignée, cet obstacle levé fera entrer les intérêts de notre marine dans les habitudes et les intérêts du pays.

Un livre utile sans être ennuyeux, disons plus, indispensable et intéressant, est une chose assez rare et assez précieuse pour qu'on se fasse gloire d'être le premier à signaler son apparition à l'horizon littéraire.

Alphonse KARR.

DICTIONNAIRE PITTORESQUE

DE MARINE.

ABRÉVIATIONS.

a. Pour actif.	*f.* Pour féminin.	*s.* Pour substantif.
adj. — adjectif.	*m.* — masculin.	*syn.* — synonyme.
adv. — adverbe.	*n.* — neutre.	*v.* — verbe.
c.à.d. — c'est-à-dire.	*part.* — participe.	*voy.* — voyez.

ABAISSE-MENT. s. m. Ce mot comprend toujours l'horizon dans son emploi; on dit *l'abaissement* de l'horizon, l'*abaissement* d'un astre, ou *l'abaissement* du pôle à l'égard de l'horizon. Dans le premier cas, il exprime en effet l'abaissement de l'horizon vu d'un point élevé, comparé au niveau d'une petite partie de la surface de la mer. Les astronomes l'appellent *dépression de l'horizon*. Voici comment il faut entendre cet abaissement.

L'étendue de la mer que le regard embrasse lorsqu'on est placé sur un rivage ou dans une barque peu élevée, peut être considérée comme parfaitement plane; mais au-delà de cet horizon où se limitent nos regards, le niveau apparent de la mer se courbe, s'abaisse sphériquement dans tous les sens; et cette *dépression* de l'étendue n'est pas visible pour l'observateur placé comme nous l'avons dit plus haut. Il faut donc, pour que son œil embrasse une plus grande surface, qu'il s'élève du niveau, afin que son horizon visible s'élargisse dans une proportion analogue à l'élévation qu'il prendra.

Ainsi, on concevra facilement qu'un objet placé à cet horizon *abaissé*, c'est-à-dire agrandi par son élévation, sera aperçu par l'observateur élevé, tandis qu'il sera invisible pour celui qui reste au niveau de la mer. C'est ainsi que dans les belles mers tropicales, où l'horizon tranche par une ligne bleue sur la limpidité du ciel, le coucher du soleil est une étude récréative de l'*abaissement de l'horizon*, pour les personnes peu familiarisées avec ces petits phénomènes de la navigation. Sur le pont du navire, le passager a vu disparaître l'astre qui s'est *abaissé* derrière l'horizon, tandis qu'il est encore visible pour le matelot élevé sur les mâts. Dès l'instant où le bord inférieur du soleil touche à la limite visible de la mer, on peut monter dans la mâture, en ayant soin de proportionner l'ascension qu'on se donne avec la chute du globe de lumière, et on arrivera ainsi au sommet du mât, en conservant toujours l'astre comme posé sur l'horizon; on l'aura encore complètement visible, qu'il aura disparu aux regards de ceux qui l'observent d'en bas.

Les matelots qu'on place en *vigie* sur un point élevé de la mâture pour observer les bâtimens, dans les parages où l'on peut en rencontrer, aperçoivent par la même raison les voiles éloignées, avant les officiers restés sur le pont. A mesure que la voile approche, l'extrémité de la mâture se lève à l'horizon, et devient visible du niveau de la mer, en supposant, bien entendu, que le calme y règne. Deux forts bâtimens peuvent se trouver à une lieue et demie l'un de l'autre sans apercevoir encore leur bois, c'est-à-dire la *coque* ou le bâtiment proprement dit; cela tient souvent à la houle de la mer, mais l'abaissement en est la rigoureuse raison. On conçoit facilement qu'à l'approche des terres ou des pics maritimes, leur plus grande élévation, leur sommet paraisse d'abord. Ainsi, plus une montagne sera haute, moins l'*abaissement* de l'horizon en dissimulera la vue. Le pic de Ténériffe, l'une des îles Canaries, s'aperçoit de quarante lieues en mer, lorsque le temps est clair, ou que des nuages amoncelés à l'horizon n'en cachent point le sommet.

On dit encore l'*abaissement* d'un astre, en parlant de sa déclinaison sur le méridien, ou encore en parlant de sa position plus rapprochée de l'horizon, par suite de la distance qu'un observateur a mise entre lui et le point du gl be d'où cet astre lui paraissait plus élevé. On dit aussi l'*abaissement* du pôle, qui se rapproche de l'horizon à mesure que l'on s'avance sur le globe, d'un pôle vers l'équateur. Ces deux dernières définitions appartiennent à l'astronomie. La quantité dont un projectile, cédant à l'attraction terrestre, dévie de la ligne de l'axe de la pièce, s'appelle aussi *abaissement*.

ABANDON. s. m. Ainsi que dans le langage vulgaire, ce mot, en marine, exprime l'action de se séparer d'une chose ou d'un individu; seulement il a toujours une application qui entraîne une idée de malheur, de s nistre, comme on dit en termes de droit maritime. On fait *abandon* d'un navire, lorsqu'en pleine mer le délabrement de sa mâture, les avaries de sa coque en rendent l'habitation si dangereuse, qu'on préfère se confier à une de ses embarcations, à sa chaloupe. Alors on a l'espoir de rencontrer un autre bâtiment, ou de gagner la côte la plus voisine.

On fait *abandon* d'un homme tombé à la mer par un gros temps, dans une tempête, lorsque le capitaine reconnaît que la fureur du vent et des lames compromettrait la vie de ceux qui se dévoueraient pour essayer de le sauver. Beaucoup d'exemples de la dure obligation où l'on se trouve contraint de laisser dans les flots le malheureux qu'un événement y a précipité, ressortent des funestes résultats qu'ont eus un grand nombre de tentatives de sauvetage ; une chaloupe et son équipage entier ont souvent péri pour avoir voulu sauver la vie d'un homme, pour n'en avoir pas fait *abandon !*

On fait aussi *abandon* de son bâtiment et de tout ce qu'il renferme à une société de spéculateurs appelée compagnie d'*assurances*, qui s'engage à garantir de ses deniers la valeur du navire et de sa cargaison, contre les chances malheureuses de la navigation. Ces *assureurs* remboursent donc à l'armateur du bâtiment, aux propriétaires de la cargaison, le montant à peu près intégral de la somme qui a été fixée; alors on leur fait *abandon* des choses *assurées*. Les causes qui déterminent communément cet abandon sont les voies d'eau, les incendies, les naufrages ou la rencontre de

pirates, qui privent du tout ou d'une partie d'une valeur quelconque, ou qui seulement la compromettent. Dans les deux dernières acceptions, l'acte exprimé par le mot *abandon* doit être pris dans le sens moral.

ABANDONNER. v. a. Se dit dans toutes les applications où il exprime l'action de se séparer d'un objet. Ce mot présente des idées différentes, selon les divers régimes dont il est le verbe : ainsi, *abandonner* une armée navale dont on fait partie, *abandonner* aux attaques de l'ennemi des bâtimens de commerce que l'on doit protéger dans un convoi, *abandonner* son poste dans un combat, c'est une lâcheté, un déshonneur. *Abandonner* l'ancre qui retient le bâtiment au rivage, après d'inutiles efforts pour l'arracher du fond de la mer, ou pour fuir promptement une baie dans laquelle on est menacé d'une tempête, c'est une présence d'esprit, c'est une mesure sage, quelquefois hardie. *Abandonner* involontairement des hommes sur une terre, sur une île déserte, ou en mer dans une embarcation, c'est un malheur qui ne peut être imputé à blâme, quand on justifie des efforts tentés pour recueillir ces malheureux, qu'une course peut avoir égarés sur la mer, hors de vue du navire d'où ils sont partis, ou que des plaisirs ou des besoins ont appelés sur une terre où ils se sont égarés.

ABATTAGE. s. m. Opération savante et hardie, qui consiste à coucher un bâtiment sur l'un de ses côtés, de manière à ramener sur l'eau une portion de sa *carène* ou de sa partie submergée, pour y faire des réparations.

L'*abattage* d'un vaisseau de premier rang est une des plus audacieuses conceptions du génie humain, en même temps qu'elle est la plus concluante pour prouver la puissance des sciences exactes, aidées des connaissances pratiques. A la vue d'une masse aussi colossale renversée et maintenue dans cette position contradictoirement à ses lois d'équilibre, la crainte et l'admiration impressionnent également l'âme; chacun des moyens dont l'ensemble constitue la puissance qui amène ce résultat est si faible ! de si grands dangers accompagnent cette opération et subsistent pendant la durée de l'*abattage* ! La perte probable du vaisseau et la mort des hommes occupés à ses réparations seraient les conséquences terribles du redressement subit du navire *abattu;* la moindre omission dans le système qui sert à l'opération peut causer un résultat funeste. Ce désastre n'est pas sans exemple.

J'ai oublié le nom du vaisseau de 80 qui donna, sous l'empire, une funeste leçon de cette nature dans le port d'Anvers.

Le vaisseau était *abattu* dans la plus complète expression du mot; la quille, cette épine dorsale du navire sur laquelle il repose et d'où s'élève tout le système de sa construction, avait été élevée à fleur d'eau, c'est-à-dire que le bâtiment était tellement renversé, que les bas-mâts, qui servent de leviers pour cette grande opération, approchaient de la direction horizontale. Cependant il fallut l'incliner encore un peu pour mettre tout-à-fait hors de l'eau la quille, dont quelques parties étaient à réparer. Alors un radeau, assemblage de planches dont la surface unie présente une plate-forme commode pour ces sortes de travaux, fut approché de la carène, un de ses bords, à peine élevé de quelques pouces au-dessus de la surface du bassin, s'avança jusque sous la quille : soixante ouvriers de diverses professions et plusieurs officiers du vaisseau y descendirent pour exécuter et diriger les travaux.

L'*abattage* du vaisseau était terminé ; les cordages qui le retenaient incliné se fixaient aux boucles de fer, lorsque la maladresse d'un matelot chargé d'une partie de ces soins, causa la rupture d'un de ces cordages ; les autres, se trouvant subitement chargés d'un travail plus considérable, ne résistèrent point à la secousse : tout rompit ; le vaisseau, abandonné à ses lois d'équilibre, se redressa tout-à-coup... Le radeau, engagé sous la quille, plongea en partie et s'appliqua contre la carène du navire ; les trois quarts des malheureux qu'il portait furent écrasés.

L'*abattage* est une opération nuisible à la solidité du bâtiment qui la supporte ; aussi exige-t-elle de nombreuses conditions de temps et de localité pour que son succès soit assuré. Il y a pourtant eu un marin assez audacieux pour l'exécuter au milieu des solitudes de l'Océan, au milieu des menaces des tempêtes et des surprises de l'ennemi. Mais cet homme, c'était Suffren, c'était le célèbre marin qui disait que c'est dans l'absence des bons moyens qu'il y a du mérite à bien faire.

L'*abattage* est un des tableaux les plus grandioses que présente l'obéissance des masses les plus considérables aux simples lois qu'a révélées le génie de la science.

ABATTÉE. s. f. Mouvement d'un navire sur lui-même autour de son axe vertical, et presque toujours indépendant de la volonté de celui qui tient le gouvernail. L'*abattée* porte l'avant du bâtiment dans une direction qui l'éloigne du lit du vent ; elle est occasionée par le choc des lames que la brise jette contre sa *coque*. Lorsque le marin chargé de le diriger au moyen du gouvernail, s'aperçoit de cette déviation de la vraie route, il y obvie aisément. Dans ce premier cas, on dit mieux une *arrivée*.

L'*abattée* est un mouvement nécessaire dans certaines circonstances, et particulièrement lorsqu'on met à la voile pour quitter un port, une baie, un chenal, dont l'espace est rétréci ou obstrué par des écueils. Cette *abattée* est alors imprimée au navire à l'instant où, libre de ce qui le retenait, il n'a encore aucun mouvement de marche. Elle le fait tourner sur lui-même, pour qu'il soit aussitôt dirigé vers la sortie du port ou du chenal. Dans ce cas, l'*abattée* est une évolution importante à bien obtenir ; de sa bonne ou mauvaise exécution dépend la sortie libre du vaisseau ou peut-être son naufrage sur les roches qu'une mauvaise *abattée* lui ferait heurter.

ABATTRE. v. a. Action de coucher un bâtiment disposé pour l'abattage, exécutée au moyen d'un admirable appareil ; dangereuse et grande opération pendant laquelle l'anxiété des chefs augmente à mesure que les dispositions prises à l'avance s'éprouvent en fonctionnant.

ABATTRE. v. n. Se dit d'un navire qui effectue une abattée.

ABORDABLE. adj. S'applique à une côte, à un rivage accessibles, sur lesquels on peut descendre sans difficulté. Si, au contraire, des écueils, l'escarpement des rochers ou la grosseur des lames rendent l'accès impossible, ou au moins présentent des dangers à le tenter, on dit : la côte est *inabordable*. Sainte-Hélène est *inabordable* partout ailleurs que par la ville. — C'est matériellement l'application de l'idée morale que représente ce mot dans le langage du monde : un homme *inabordable*.

ABORDAGE. s. m. Ce mot, en marine, a plusieurs significations ; mais c'est toujours l'expression du choc que subissent deux objets ; maintenant, cette généralité se divise en accidens particuliers.

C'est d'abord, dans un combat naval, le dénoûment de ce drame sanglant où deux vaisseaux, après avoir long-temps lutté à distance par l'auxiliaire de leur artillerie, finissent par se prendre corps à corps, avec leurs grappins de fer, s'étreignent avec les mille bras de leurs équipages, se heurtent, s'emportent d'assaut. L'avantage, dans ces sortes d'engagemens, est ordinairement du côté de celui qui, le premier, détermine l'*abordage*, parce que, pour présenter le combat à l'arme blanche, il a fallu qu'il reconnût que la force numérique, les chances de la manœuvre et la position des navires seconderaient son attaque.

Le combat qui, en règle générale, commence par une canonnade à distance, se termine presque toujours par un *abordage*, lorsque l'un des deux bâtimens est français. Les différentes guerres maritimes que nous avons soutenues contre l'Angleterre ont démontré que si l'avantage penchait plus souvent en faveur de cette nation dans les combats à distance, l'*abordage* présenté par nos marins, malgré les efforts de l'ennemi pour l'éviter, a presque constamment déterminé pour la France les succès de ces engagemens terribles. C'est là que s'effaçait dans nos dernières guerres la supériorité stratégique que nos révolutions et l'abandon de notre marine avaient dans ce temps laissée à la marine anglaise. Dans l'*abordage*, c'est l'homme de mer abandonné à son propre courage, à son adresse, au soin de sa propre gloire. Lorsque le commandant, après avoir ordonné la manœuvre la plus décisive pour obtenir, malgré l'ennemi qui souvent l'évite, un contact habilement ménagé entre les deux bâtimens, jette à son équipage impatient ce cri retentissant : *A l'abordage !* chacun s'élance par la voie la plus courte ; l'arme à feu est abandonnée dès qu'elle est déchargée ; c'est la hache à la main, le sabre entre les dents, que de tous les points saillans à l'extérieur du navire, le marin s'élance sur le pont ennemi, qui devient un champ de carnage où à peine se reconnaissent ceux qui défendent l'honneur d'un même pavillon. Le feu a cessé, car il frapperait désormais indistinctement amis ou ennemis dans cette affreuse mêlée, où, le sabre au poing, l'injure à la bouche, les marins *abordeurs* se font jour dans les rangs des assiégés, pour gagner les parties importantes du navire. De la mâture se sont élancés de nouveaux combattans ; la corde la plus légère est un moyen de communication, que la soif de la gloire fait saisir avec empressement, quelle que soit sa fragilité ; les officiers, les matelots, tout se confond dans une seule et énergique volonté ; c'est à l'arrière du bâtiment *abordé* qu'il faut parvenir : c'est là que flotte le pavillon dont la chute sera le signal de la victoire ; les derniers efforts de la résistance qu'oppose l'ennemi se concentrent sur ce point. Combien de fois est-il arrivé que l'étamine rouge des enseignes anglaises pendit en lambeaux, amené sur le couronnement du navire, que le duel général rugissait encore sur dix points du champ de bataille que jonchaient plusieurs lits de cadavres amoncelés, bientôt ensevelis par les flots!

Il arrive parfois que les premiers marins sautés à *l'abordage*, trop livrés à l'enthousiasme que les longues alternatives de la canonnade ont répandu en eux, ne peuvent être suivis de leurs camarades ; souvent une brise détache les deux navires, la manœuvre de *l'abordeur* n'a pas complètement réussi : alors il est forcé d'abandonner les marins, qui sont emmenés prisonniers, si les tentatives que fera leur bâtiment ne peuvent lui offrir de nouveau les chances d'un *abordage.*

Ainsi, dans son acception militaire, *l'abordage* est une manœuvre que tente toujours d'effectuer, dans une rencontre, celui des deux bâtimens qui a le plus nombreux équipage. Les corsaires qui, sous la république et l'empire, causèrent tant de dommage au commerce anglais, terminaient presque toujours ainsi leurs engagemens avec l'ennemi. La faiblesse de leur artillerie et le peu d'ensemble de leurs évolutions et de leurs manœuvres leur faisaient un besoin de confier le dénoûment des engagemens à la fougue valeureuse des équipages: le succès couronna presque continuellement ces déterminations.

Un grand nombre d'*abordages* sont restés célèbres dans les annales de notre marine. Les vieux marins des ports de Dunkerque, Calais, Boulogne, Saint-Valery, Granville, Saint-Malo, en conservent dans leur mémoire les exemples les plus éclatans. On a vu dans *la France maritime* le récit animé qu'a écrit Edouard Corbière de *l'abordage* à jamais mémorable de la corvette *la Bayonnaise* avec la frégate anglaise *l'Embuscade* dont elle se rendit glorieusement maîtresse. Le même ouvrage a signalé l'engagement de *l'Amphytrite*, de *la Perle* et du *Trinquemalay* ; l'affaire du lougre *l'Affronteur*, commandé par le brave Dutoya, a laissé un souvenir où l'admiration se confond avec les impressions pénibles qu'il inspire.

Ainsi, on évite, on tente, on manque, on présente ou on refuse *l'abordage;* — on prend, on enlève à *l'abordage;* — on coule à *l'abordage* par le choc d'un gros bâtiment contre un plus faible ou d'une moindre capacité.

Abordage, dans une seconde acception, sert à désigner le choc qu'éprouvent deux bâtimens, par l'effet d'un accident ou d'une fausse manœuvre qui les rapproche. Dans ce sens, l'abordage est assez fréquent ; c'est en pleine mer, le long des côtes, lorsqu'il réunit deux bâtimens à la voile, qu'il présente le plus de danger. Pendant une nuit obscure, lorsque, pour guider sa course dans l'espace sans phare, le navire n'a d'autre indication que sa boussole, il peut arriver qu'un autre navire se trouve dans la ligne que le premier va parcourir ; si les matelots, si l'officier qui veille n'ont pas pris garde à l'approche du navire étranger, courant tous deux dans des directions différentes et avec une vitesse proportionnée à la force du vent, ils se heurteront avec une rapidité et une violence qui ne laissera pas même le temps aux officiers de jeter un ordre inutile.

S'il n'y a qu'une légère différence dans la dimension des deux navires, peut-être ne se briseront-ils que la partie où aura lieu l'*abordage;* si, au contraire, l'un des deux est moins fort, moins grand, il sera brisé, défoncé, coulé peut-être par la violence du choc. Je me souviens que dans la Manche, par une nuit fort obscure de novembre, nous heurtâmes dans notre course une barque qui se trouvait sans doute arrêtée sur notre passage : nous n'entendîmes que les cris déchirans des malheureux qui sans doute voyaient, sans pouvoir l'éviter, la masse énorme de notre navire prêt à fondre sur eux.... Nous mîmes tout de suite nos embarcations à la mer; nous passâmes le reste de la nuit à parcourir ces parages en croisant en tous sens jusqu'au jour ; nous ne trouvâmes que quelques débris de bois qui s'entre-choquaient sur la mer, tombeau des malheureux marins. Quelques jours après notre arrivée au port, nous apprîmes qu'un bateau pilote des *Sorlingues* (îles anglaises) n'était pas rentré depuis sa dernière sortie.

Les points des côtes de France où les *abordages* sont les plus multipliés sont ceux où se trouvent réunis le plus de ports de mer d'où sortent et où arrivent les navires. Ainsi, la Manche jusqu'au Pas-de-Calais offre la fréquente répétition de ces événemens. Il y a cinq à six ans qu'un bâtiment du nord, faisant route pour un port de la Méditerranée, fut heurté, pendant une nuit brumeuse, dans les environs de Dieppe, par un fort navire qu'il ne put pas éviter à temps. Les avants des deux bâtimens se frappèrent avec une telle violence, que le plus fort des deux eut un de ses mâts rompu, qui tomba à la mer avec un fracas épouvantable. Le plus faible des deux navires céda au choc, et son avant fut défoncé depuis le haut jusqu'aux premières feuilles de cuivre qui revêtent et conservent la partie submergée du bâtiment. L'eau y entrait avec violence; mais cette catastrophe perdait de son caractère de gravité par la nature du chargement, qui était entièrement composé de madriers de bois du nord. La mer était heureusement belle; les marins auxquels était arrivé ce malheur parvinrent, avec des peines infinies, à placer des voiles enduites de goudron et de suif sur l'ouverture par laquelle les lames entraient dans le navire à leur moindre balancement. Quand le jour fut venu et que l'on put examiner plus attentivement le dégât pour en apprécier l'importance, on trouva dans la brèche causée par l'*abordage* les débris du bâtiment *abordeur*, qui s'était lui-même fracassé dans le choc; mais une circonstance singulière, c'est que la figure, grossière sculpture en bois, qui ornait l'avant de ce navire, fut trouvée parmi les débris que ce bâtiment avait laissés dans l'*abordage*, et qu'elle fut reconnue pour être celle d'un autre navire norwégien, appartenant au même armateur. En effet, quelques jours plus tard, ces deux bâtimens se rencontrèrent, réparant leurs désastres dans un des bassins du Havre.

Les autres acceptions du mot *abordage* sont celles-ci :

Une embarcation manque ou exécute bien son *abordage*, c'est-à-dire qu'elle approche et touche convenablement le navire ou le quai où elle se rend. — Dans un temps calme, et lorsque plusieurs navires sont voisins les uns des autres, le gonflement de la mer peut les faire s'entrechoquer, s'*aborder* : ils ont des *abordages*. — Au figuré, les marins disent : Je me suis *abordé* à la jambe, c'est-à-dire je me suis heurté : le langage maritime, en dehors des applications techniques des mots, est très-expressif.

ABORDÉ. s. m. Celui qui, dans toute application, reçoit le choc que lui cause l'abordeur.

ABORDER. v. a. Action de l'abordage, prise dans toutes les acceptions.

ABORDEUR. s. m. Celui qui fait un abordage dans tous les sens.

ABOUT. s. m. Etre *about* de, à la fin de. L'un des cas où ce mot s'emploie le plus communément est celui dont l'explication suit :

On sait que le câble retient le bâtiment à la côte, et le préserve d'être jeté par la tempête sur les rochers du rivage. Plus est long le câble, qui d'un bout est attaché à l'ancre couchée sur le fond et de l'autre tient au navire, plus il y a de sécurité pour celui-ci, par la raison que la distance qui sépare les deux points de la puissance et de la résistance est plus étendue. Mais quand le vaisseau, qui résiste au mauvais temps sur une rade, a été obligé d'étendre le câble dans toute sa longueur entre lui et son ancre, on dit qu'il est *à bout* de câble, ou simplement *about*. Il n'en reste à bord du bâtiment que ce qui est indispensable pour l'attacher.

On se sert aussi de cette expression pour désigner les extrémités des fortes planches qui recouvrent le pont des navires, ou qui servent à le revêtir extérieurement. Dans leur application au vaisseau, les planches se joignent par leurs *abouts*. On appelle encore ainsi une planche d'une courte dimension qui, dans un travail de charpente, sert à combler le vide qu'ont laissé deux autres planches qui ne se sont pas trouvées assez longues; on les réunit par un *about*.

ABOUTEMENT. s. m. C'est, dans la construction du navire, le point de jonction de deux planches ou de deux pièces de bois, par leurs extrémités; s'il reste des espaces entre les abouts des deux pièces, on dit : l'*aboutement* est mal fait; si elles se joignent bien, c'est un bon *aboutement*.

ABOUTER. v. n. S'abouter. C'est l'action qui consiste à faire joindre les pièces de bois; dans un travail maritime, c'est faire l'aboutement. On dit : les pièces s'aboutent bien; sont bien aboutées.

ABRAQUER ou embraquer. v. a. C'est donner à un cordage une première tension, qui tient le milieu entre son complet relâchement lorsqu'il ne fonctionne pas, et sa grande roideur lorsqu'il agit entre les efforts d'une grande puissance et d'une forte résistance. Ainsi les marins, avant de tirer vigoureusement le cordage, commencent par l'*abraquer*. Cette première disposition ne cause point d'efforts; elle ne transmet aucune action au point opposé à celui où se disposent les marins; le cordage ne fait aucune opposition; l'*abraquer*, c'est le tendre un peu. On dit d'un navire : ses manœuvres, ses cordes sont bien *abraquées*, c'est-à-dire qu'il ne règne point de désordre dans les cordages si multipliés de sa mâture; qu'ils ont tous une tension uniforme, qui témoigne du goût de celui qui est chargé de tenir le bâtiment en ordre. Si la poésie, à laquelle la littérature maritime a emprunté tant d'images, n'avait pas vulgarisé cette comparaison, je dirais que le désordre qui règne dans les cordes d'un bâtiment rappelle une chevelure de femme sans art, sans coquetterie; quand elles sont bien *abraquées*, elles témoignent d'une certaine élégance dont le bâtiment est l'objet passif, sous la surveillance du chef. Le gréement est la chevelure du navire; la tempête y jette le désordre, le calme le répare.

ABREYER. v. a. Cacher, couvrir. Il s'emploie pour désigner l'interruption de l'action de la brise sur des objets qu'elle devrait agiter. Ainsi, en parlant des voiles d'un navire que le vent n'enfle pas, parce que l'interposition d'autres voiles s'y oppose, on dit : ces voiles sont *abreyées*. Cette circonstance se présente principalement lorsqu'un bâtiment vogue poussé par le vent qu'il reçoit directement en poupe. Les voiles situées le plus à l'arrière se trouvent exposées les premières au souffle du vent, et elles *abreyent* les autres en interceptant en partie son action. Les pavillons, les drapeaux que l'on arbore sur les vaisseaux, qui ne se développent pas suffisamment pour montrer leurs couleurs lorsque la brise est assez forte pour les étendre, sont *abreyés* par un mât ou une voile. Cette circonstance empêche souvent les bâtimens qui se rencontrent en mer de se reconnaître; quand on arrive en vue d'un port, on veille à ce que le pavillon, les signaux, ne soient point *abreyés*.

La hauteur des vagues dans une tempête est quelquefois telle qu'un navire et le peu de voile qu'il livre au vent sont *abreyés*. C'est là un des dangers de la navigation, parce que la vitesse du navire se trouvant ralentie, au lieu d'être emporté par les lames, il reste fixe au milieu d'elles : alors les masses d'eau que le vent pousse se brisent et s'abîment sur lui pour l'engloutir.

Quand plusieurs navires naviguent ensemble, ceux qui se tiennent dans la ligne d'où vient le vent, en interceptent l'action à ceux qui sont les plus rapprochés d'eux. Ces derniers sont *abreyés* et perdent de leur vitesse tant qu'ils conservent leur position. Un navire est *abreyé* par une terre, au large de laquelle il éprouverait une grosse mer ou une forte brise.

ABRITER ou **ABRIER.** v. a. C'est tirer parti d'un abri, mettre son bâtiment sous la protection d'une terre ou d'un fort contre des circonstances menaçantes. Un vaisseau est mieux *abrité* dans un lieu que dans un autre, suivant le concours des avantages qu'il y rencontre; le port est le meilleur endroit où puisse *s'abriter* un navire.

ACCALMIE, on dit aussi **CALMIE.** s. f. C'est une cessation momentanée du vent, cessation totale, ou seulement affaiblissement dans sa violence. M. A. Jal, dans le vocabulaire des mots maritimes qu'il a employés dans ses *Scènes de la vie maritime*, pense qu'ayant à exprimer une idée que ne présente pas parfaitement le mot *calme*, on a fait un diminutif, et qu'on a dit *calm'e*; mais pourquoi cette addition de la syllabe *ac*? Aurait-on voulu dire que cet état momentané du manque de vent est comme (*ac*) le calme, ou

qu'il approche du calme (*ad*)? Cela peut être; quant au mot *Calme*, on s'en occupera à sa place.

Lorsqu'un bâtiment qu'assiége la force du vent et la fureur des lames, veut tenter une manœuvre difficile au milieu d'une tempête, il attend une *accalmie*. Dans les fortes brises, il y a des momens d'intermittence, pendant lesquels la fureur du vent semble s'endormir. Cela ne dure pas, mais l'*accalmie* peut se prolonger assez de temps pour permettre aux marins de prendre telle mesure que nécessite leur position ou qu'exige le salut même du bâtiment. Dans toutes les circonstances possibles où le vent a acquis une certaine force, la mer une certaine agitation, s'il y a affaiblissement dans l'état de l'un ou de l'autre, soit que cet état se prolonge, soit qu'il ne soit que momentané, il y a *accalmie*. Une embarcation qui ne se meut qu'au moyen des rames qu'agitent les marins qui la montent, profite de l'*accalmie* pour avancer, c'est-à-dire du moment où les lames semblent moins grosses et moins multipliées.

ACCASTILLAGE. s. m. Terme d'architecture, de construction navale. L'*accastillage* est la partie la plus élevée des deux côtés d'un vaisseau dans son pourtour. Au-dessus de la charpente lourde et solide qui forme la coque du bâtiment, viennent s'ajouter des travaux plus légers en menuiserie qui, revêtus de moulures, de pièces de bois sculptées, quelquefois de persiennes, de pilastres, etc., sont pour le navire ce qu'est à un édifice en maçonnerie tout ce qui s'ajoute à la cage, suivant les exigences de la destination ou le goût des propriétaires. Un bâtiment est mal *accastillé*, lorsque le rabot n'a pas uni les pièces de bois sur lesquelles paraissent encore les traces des gros outils, ou bien lorsque les parties qui entourent le pont, comme un parapet, ne sont pas suffisamment élevées ou qu'elles manquent d'élégance. Il est bien *accastillé* quand le goût et l'entente des nécessités de la navigation ont présidé aux travaux qui sont restés à exécuter après la charpente.

Accastillage dérive sans doute de *castel* ou *château*, nom que l'on donnait autrefois aux parties élevées des deux extrémités d'un navire, parce qu'on y construisait des édifices en charpente qui, semblables à des bastions, dominaient le bâtiment lui-même, et contenaient au besoin des combattans. Peu à peu on a abaissé et réduit cet *accastillage* disgracieux à la vue, pour diminuer l'excès de pesanteur nuisible qu'ils donnaient au vaisseau, contradictoirement à ses lois d'équilibre. Aujourd'hui quelques-uns de nos bâtimens, et presque tous nos vaisseaux, ont conservé seulement à leur arrière un édifice dont les *châteaux* d'arrière sont encore le principe; mais cet *accastillage* n'est souvent pas visible au dehors du navire, caché qu'il est par le parapet qui ceint le pont du navire; c'est une construction qui n'a plus qu'un rez-de-chaussée : les anciens châteaux avaient un étage, et quelquefois plusieurs galeries. La construction qui les replace sur certains navires s'appelle aujourd'hui *dunette. Voir* ce mot.

ACCASTILLER. v. a. Faire l'*accastillage* d'un navire ; le terminer dans les parties les plus élevées de sa structure ; donner à ces parties de la solidité et de la grâce.

ACCON. s. m. Sorte de grande barque, de forme oblongue ; coffre flottant destiné à recevoir et transporter d'un navire à la terre, ou du rivage à bord, une lourde charge de marchandise. Cette embarcation ou radeau n'est en usage que dans les colonies ; il est armé par des nègres. On dit aussi *gros-bois.*

ACCORAGE. s. m. Système de moyens employés pour soutenir ou appuyer un objet quelconque, et le maintenir dans une position qu'il ne garderait pas sans leur concours. L'*accorage* d'un navire ou d'une embarcation, c'est l'ensemble des pièces de bois qui servent à les maintenir d'aplomb sur la terre pour qu'on les répare.

ACCORDER (s'). v. a. Agir simultanément, ensemble ; cette expression s'emploie pour exprimer l'action de plusieurs hommes ou de plusieurs forces agissant dans un même but, et sur un même objet. Dans une embarcation, il est de rigueur que les rameurs *s'accordent,* qu'ils impriment parfaitement ensemble la force que leurs rames transmettent au canot pour lui donner de l'impulsion. Les rames devant être tour à tour dans l'eau et hors de l'eau, il faut, pour que cela soit, *accorder* les rames.

Lorsque les matelots abraquent et tirent sur un cordage, pour que la force des actions réunies soit plus complète, ils *s'accordent;* c'est en chantant qu'ils obtiennent ce résultat. Il est peu de personnes qui, étant allées dans un port de mer, ne se souviennent d'avoir entendu, le long des quais, les marins s'aidant dans leur travail par ces chants pleins d'harmonie, et dans lesquels l'entente des parties musicales, les rapports des tierces, des toniques, des faussets et des basses sont admirablement combinés. Il y a de ces chants dont les motifs hardis et riches en accords fourniraient des thèmes fort brillans à une imagination d'artiste ; ce qu'il y a de plus étonnant dans cette aptitude qu'ont la plupart des marins à chanter avec leur voix puissante, âpre, sauvage et mélancolique à la fois, c'est la facilité avec laquelle ils passent aisément dans ces chants, dans ces chorus, d'un mode musical à l'autre. Ainsi, presque tous les chants de corde ont un premier motif majeur et une reprise en ton mineur ; le couplet est chanté par celui des matelots qui possède la voix la plus timbrée ; celui-là, comme on dit, *donne la voix;* le mineur, qui est presque toujours une sorte de ritournelle, est chanté en chorus par les autres matelots ; la reprise est en majeur. Tous

n'ont pas de voix, mais au moins fort peu d'entre eux ne sont-ils pas capables de se joindre au chorus, et l'oreille ne leur manquera pas. C'est des Américains que sont venus ces chants matelotesques qui appartiennent à la poétique de la marine. Cela est quelquefois d'un saisissant effet. Je me souviens de ces nuits d'orage, où les voix du vent jettent de lugubres menaces dans l'air, ou d'ironiques sifflemens dans les cordages. Les lames roulent de graves mélodies, les mâts et la charpente crient et gémissent sous les efforts de la voilure ; parfois on entend sur sa tête des bruits sinistres qui flottent dans le vent, sans qu'on puisse les attacher à quelques idées : on dirait des cris de naufragés en détresse ; quelquefois ce sont de pauvres oiseaux qui se plaignent en rasant le contour des lames ; cette grande nature s'enveloppe d'un sombre manteau que traversent parfois de curieux éclairs, les cordages chantent des notes graves aux vibrations que leur imprime la brise, et à tout cela les matelots viennent mêler leurs chants ! Le vent les emporte ou les mêle à ses voix aiguës, le matelot n'en tient pas compte, il chante, parce qu'il faut *s'accorder;* la voile obéit à la transmission de la force qu'on lui imprime, la voix du matelot domine à l'accalmie ; quand il s'entend au milieu de cette atmosphère menaçante, il est heureux.

Les paroles des chants du marin ne sont pas une poésie spéciale. Il y a bien dans les travaux des ports, au débarquement des marchandises, quelques couplets dont le sens a pour but d'inviter au travail ; les promesses du délassement au cabaret sont les refrains obligés de ces strophes libres, souvent improvisées sur un air adopté. Mais le plus souvent les paroles ne sont que des monosyllabes, dont les consonnes traînantes se fondent dans les notes du chant. Beaucoup de mots de la langue maritime anglaise sont à la mode dans les chants de mer. Le mot *hourra,* qui est un synonyme de *courage,* y est souvent répété.

Dans les colonies françaises, les nègres ont une merveilleuse facilité d'improvisation pour *s'accorder* par ces sortes de chants. L'accident le plus futile, l'impression la plus passagère va leur inspirer une douzaine de couplets, pauvres de rhythme et misérablement rimés sans doute, mais empreints d'une certaine causticité et d'un instinct d'observation remarquable. En revanche, leur mélodie est moins riche, elle roule sur des tierces seulement ; mais cela lui donne une allure plus hardie, plus guerrière peut-être. Dans l'Inde seulement, les chants des noirs sont plus riches de combinaisons musicales, et présentent plus de motifs.

A bord des bâtimens de l'Etat les marins ne chantent guère, et c'est au son du sifflet du maître d'équipage qu'ils *s'accordent.* Ce commandement musical sera expliqué au mot *Sifflet.*

ACCORE. s. m. Poutre qui fait partie d'un système d'accorage, ou qui sert seule à appuyer ou maintenir un objet.

ACCORE ou **ÉCORE.** adj. S'emploie pour exprimer l'escarpement ou le versant d'une côte qui se dresse à pic au-dessus de la mer.

ACCOSTABLE. adj. Se dit en parlant d'une terre ou d'un bâtiment qu'on peut aborder sans danger : c'est presque le synonyme d'abordable. — *Voyez* ce mot.

ACCOSTER. v. a. Approcher (*ad costas*). Un bâtiment accoste le quai ou un autre bâtiment lorsqu'il le touche avec le côté. Dans les mers du Levant, on dit *attraquer*, c'est le même sens; — on touche le quai pour y prendre ou y déposer des marchandises. — *Accoster* la terre, s'en mettre à une petite distance, en longer les bords en décrivant toutes les sinuosités, tous les accidens qu'elle présente. Si un bâtiment se heurte à quelque rocher voisin du rivage, on dira : il s'était trop *accosté*, c'est-à-dire qu'il avait approché la côte de trop près. — Si le bâtiment placé le long d'un quai ne présente pas toutes les facilités désirables pour communiquer avec lui, on dit qu'il est mal *accosté*.

ACCOTOIR. s. m. Etançons qui servent à maintenir l'équilibre d'un bâtiment en construction. — *Voyez* Accore.

ACCROCHER. v. a. **S'ACCROCHER.** v. n. Prendre, saisir, arrêter dans le genre de combat qu'on appelle abordage. C'est assurer pour toute la durée du temps que doit durer l'action, le contact nécessaire entre les deux vaisseaux qui se combattent à l'abordage, en jetant sur le bâtiment abordé des crocs en fer qui, lancés avec des cordages, s'embarrassent, *s'accrochent* dans sa mâture, sur ses bords, à tous les objets saillans sur lesquels ils peuvent se fixer. Pour mieux *s'accrocher* à l'abordage, les matelots du bâtiment abordeur grimpent dans la mâture au moment où le choc va avoir lieu; dès que les vaisseaux sont suffisamment accostés, ils lancent dans les cordages des crocs garnis de liens qui les retiennent, et en tirant dessus ils assurent la jonction des bâtimens et facilitent le passage des marins qui se lancent à l'abordage. — Dans un autre cas, on dit qu'ils se sont *accrochés*, de deux vaisseaux qu'un accident a fait aborder (aborder ici dans le sens qui entraîne une idée de malheur, comme il a été dit), et que les parties saillantes de leur construction, les cordages, les pièces de leur mâture retiennent ensemble par les embarras que leur jonction occasione. — En pleine mer, lorsque l'on aperçoit un objet flottant à la surface, et qu'on veut le saisir sans pour cela arrêter la course du navire, on se dirige avec le gouvernail de manière à en passer à une distance très-rapprochée, et au moyen d'un croc emmanché à une gaule, on l'*accroche* au passage. On ramasse souvent de cette manière des pièces de bois, des débris de navire ou de cargaison que la mer a long-temps ballottés avant qu'un bâtiment passât près d'eux, ou qu'un capitaine leur ait accordé assez de valeur pour dévier de sa route, ou diminuer la marche de son navire pour s'en emparer.

ACCULEMENT. s. m. Courbure inférieure des premières pièces de bois qui composent le squelette d'un bâtiment. Il est toujours plus considérable aux extrémités du navire que vers le milieu; à l'avant, pour que cette partie divise plus facilement le fluide, ce qui donne au vaisseau plus de vitesse lorsque le vent le pousse; à l'arrière, pour rendre plus vif le passage de l'eau. Le milieu du bâtiment, dans sa partie submergée, a moins d'*aculement*. Il est plus rond, afin de donner plus d'assiette à l'ensemble de sa construction et pour que son ventre recèle plus de marchandises.

ACCULER. v. n. Plonger par l'arrière; défaut des bâtimens trop fins dans cette partie de leur carène; ils *aculent* toutes les fois qu'une lame vient soulever leur avant.

ACORE. s. f. C'est la lisière, le contour d'un écueil ou d'un banc du fond de la mer. A partir du rivage, le fond de l'eau suit une pente qui en déclinant devient de plus en plus profonde; l'endroit où cette profondeur cesse de pouvoir être appréciée au moyen de plombs attachés à des cordages s'appelle *acore*. Sur les cartes, les *acores* des bancs, des couches de fond sont marquées par des points qui en dessinent les contours.

A DIEU VA ! adv. C'est le commandement que fait en mer l'officier qui préside à la manœuvre lorsqu'il veut changer la direction que suit le navire, en le mettant face à face avec le vent. Ainsi, le bâtiment qui reçoit la brise du côté de tribord ou de droite, lorsqu'on crie : *A Dieu va !* sentira l'impulsion de gouvernail qui portera son avant jusque dans le lit du vent, puis, aidé par les combinaisons des voiles, il recevra bientôt le vent du côté de babord ou de gauche : c'est le commandement qui commence l'évolution appelé en marine *virement de bord*. Cette manœuvre est assez hasardeuse, et les officiers de marine y attachent, avec raison, une très-grande importance. Dans le voisinage des rochers, des côtes, ou au milieu d'une flotte, de sa bonne exécution peut, dans certaines circonstances, dépendre le salut du navire. C'est sans doute cette incertitude de l'évolution, dont ce commandement est le prélude, qui en a fait confier la réussite à la garde de Dieu : *A Dieu va !* que Dieu te guide ! — Ce commandement, qui accuse bien une époque d'hésitation et d'inexpérience dans l'art de la navigation, est en partie remplacé aujourd'hui dans la jeune marine par un commandement plus significatif, dont il était l'expression imagée; et comme c'est au timonnier qu'il s'adresse principalement, on dit mieux : *Envoyez !* c'est-à-dire faites porter l'avant du navire vers le lit du vent, au moyen de combinaisons dans l'arrangement des voiles qui doivent aider ce mouvement ; le même commandement porte l'ordre de les exécuter : c'est principalement de livrer aux caprices du vent les voiles triangulaires qu'on nomme *focs*, élevées sur le beaupré, mât qui, sortant par l'avant du navire, s'élève obliquement à l'horizon. A l'arrière du bâtiment on précipite au contraire l'action de la brise dans la voilure, et l'on concevra aisément que tout le système devra pivoter sur son axe vertical, lorsque le gouvernail et le jeu combiné des voiles, tendues sur l'arrière, battantes et indécises sur l'avant, lui imprimeront une direction.

ADONNER. v. n. On dit : le vent *adonne*, lorsque, par un petit changement dans sa direction, il devient moins contraire à la route du bâtiment, et qu'il lui permet de rapprocher davantage sa proue du point de l'horizon vers lequel il doit diriger sa course.

AFFALER. v. a. C'est faire descendre un objet au moyen d'un cordage. — C'est donner du jeu à un cordage et le faire courir facilement dans une poulie ou tout autre conduit. — *Affaler* doit dériver de l'anglais *fall* (tomber), ou du vieux mot *avaller* (descendre); car les habitans de certaines provinces disent encore aujourd'hui *dévaller*.

AFFALER (s'). v. n. *S'affaler* sur une côte, c'est *tomber*, être entraîné vers cette côte, soit par incurie en abandonnant son navire à l'action du vent, de la mer ou des courans, qui le poussent contre le rivage, soit en dépit de tous les efforts qu'on fait pour l'éviter. Il est dangereux de *s'affaler*, parce que le temps ne permet pas toujours de se *relever*, et qu'en *s'affalant* on peut faire naufrage. — *S'affaler*, dans une autre acception, c'est se laisser glisser du haut d'un mât en tenant entre les jambes et les mains un cordage bien tendu. Les matelots qui veulent descendre promptement sur le pont *s'affalent*; leurs mains calleuses et leurs pantalons de grosse toile n'ont rien à redouter de ce rude frottement.

AFFOLÉE. adj. On sait que les pôles magnétiques attirent à eux l'aiguille aimantée de la boussole; mais il arrive quelquefois que l'orage, un phénomène électrique, ou enfin la présence d'un morceau de fer dans le voisinage du point où est placé cet instrument, fait dévier l'aiguille aimantée de sa direction normale. On dit alors : L'aiguille de la boussole est *affolée*. Cette déviation de l'aiguille dure souvent peu de temps, et l'effet cesse toujours avec la cause qui l'avait produit.

AFFOURCHER. v. a. et n. Se dit d'un bâtiment qui se retient à une plus ou moins grande distance de la côte au moyen de deux ancres placées dans des directions différentes. Lorsqu'un bâtiment vient au mouillage, et que, dans la rade où il arrive, les vents d'ouest, par exemple, sont les plus forts et les plus à redouter, il fait tomber

une de ses ancres, laisse sortir son câble presqu'à bout, puis jette bientôt une deuxième ancre. Il a dû s'y prendre de manière à placer ces deux ancres, l'une dans le nord, l'autre dans le sud. Cela fait, il *hâle* (tire) sur le câble de la première ancre et *file* (lâche) celui de la seconde, jusqu'à ce qu'il occupe une position intermédiaire entre elles. Le bâtiment est alors *affourché*. On conçoit que l'ancre mouillée dans le nord, celle mouillée dans le sud, et le bâtiment placé entre elles, se trouveront à peu près sur une même ligne, et que le vent, faisant pivoter le navire autour du point d'attache de ses câbles, comme une girouette autour de sa tige, lui fera prendre une direction perpendiculaire à cette ligne. Maintenant, à mesure qu'on filera les câbles, le bâtiment, cédant à la force de la brise, formera avec les deux ancres un angle très-ouvert d'abord, et ensuite de plus en plus aigu, et les câbles feront une espèce de *fourche*. La seconde ancre, dont le concours est venu en aide à la première, en a pris le nom d'ancre d'*affourche*.

AFFRANCHIR. v. a. On dit aussi *franchir*. Épuiser l'eau qui est entrée dans le navire, soit par les défauts de la construction, soit par quelque avarie imprévue. — Les pompes sont *affranchies*, c'est-à-dire que le navire ne contient plus d'eau dans sa cale.

AFFRÉTER. v. a. Louer. *Affréter* un navire, c'est convenir d'un prix avec l'armateur ou *fréteur* pour se servir de son bâtiment pendant un espace de temps déterminé. L'*affrétement* s'établit à tant par jour, par mois ou par voyage. On dit un navire *affrété*. L'*affréteur* est celui qui le reçoit à loyer du propriétaire. — Dans les ports du Midi, pour *affrétement*, *affréter*, on dit *nolis*, *noliser*.

AFFUT. s. m. Chariot en bois qui supporte le canon et en facilite le service. — On appelle également ainsi les bases des mortiers et des caronades, bien qu'elles diffèrent complètement des premiers par la forme.

A FLOT. adv. Être *à flot*, c'est être porté par le fluide sans toucher au fond. Quand il est *à flot*, le bâtiment peut facilement se mouvoir et changer de lieu. — Lorsqu'un navire est lourdement chargé, et qu'il n'est pas *à flot*, il court risque de s'ouvrir, ou au moins d'endommager quelque partie de sa coque en pesant sur le fond.

AGRÈS. s. m. Tout ce qui, sur un navire, n'est pas la coque, l'artillerie, les munitions, les vivres ou la cargaison; c'est-à-dire que ce terme exprime l'assemblage collectif des voiles, des vergues, des cordages, des poulies, etc. — On dit les *agrès* et *apparaux*, pour exprimer le plus complètement possible l'idée du système général par lequel se meut ou s'arrête un navire.

AIGUILLE. s. f. Petite lame d'acier frottée avec un aimant et équilibrée dans sa longueur

par un pivot qui la supporte, et sur lequel elle tourne facilement (voir *Boussole*). — *Aiguille* s'emploie aussi en termes de construction pour désigner certaines parties de l'avant du navire. —*Aiguilles* à voiles,—*aiguilles* à filets,—*aiguilles* de carène. Les premières sont celles qu'on emploie pour assembler les bandes de toiles qui forment les voiles ; leur forme est triangulaire vers la pointe et cylindrique vers la tête. — Les secondes sont des espèces de navettes en bois léger ; on les charge de fil pour la construction des filets ; ce fil dont elles sont totalement recouvertes, s'en développe à mesure qu'il se convertit en mailles sous la main de l'ouvrier.—Les *aiguilles* de carène sont des pièces de bois qui servent à étançonner les mâts d'un navire pendant l'abattage. Il y a encore du nom d'*aiguille* un poisson presque semblable à l'orphie, et que recherchent assez les marins.

AIMANT. s. m. C'est le nom qu'on donne en marine à une petite barre d'acier poli qu'on a soigneusement aimantée avant de quitter le port, pour qu'elle serve au besoin à renouveler la vertu magnétique qu'il est nécessaire de conserver aux aiguilles des boussoles. Ces *aimans*, affectés aux besoins de la navigation, s'appellent aussi *barreaux*.

AIR. s. m. Élément fluide, substance matérielle, pesante, élastique, transparente et incolore, dont l'agitation forme le vent indispensable pour naviguer.

Air de la mer. Les marins ont généralement remarqué que l'air de la mer apporte une chaleur et un froid moins intenses que l'air de la terre par une égale latitude. Voici les raisons qu'en donne la science. Rien sur mer ne s'oppose à la libre circulation de l'air, et sa surface absorbe plus qu'elle ne réfléchit les rayons du soleil, puisqu'on estime que la lumière pénètre à 600 pieds de profondeur, comme la chaleur à 150. On conçoit donc que celle-ci ne se détruit pas à la surface de l'eau comme sur la terre. — Le vaisseau, immobile à l'ancre, ou surpris par le calme, absorbe avec plus d'intensité les rayons solaires, tandis que, dans l'état d'agitation que lui imprime la brise, le mouvement de sa coque, les balancemens de sa mâture occasionent dans l'air un déplacement qui diminue la chaleur sensible ; le vent, en frappant contre les voiles livrées à son action, retombe sur le pont et augmente cette mobilité du fluide.

L'absence de tout principe étranger rend l'*air de la mer* plus sain que l'atmosphère terrestre. Les vapeurs ambiantes qui s'amassent sur les accidens de terrain sont dispersées au large par les brises, et si l'humidité semble contribuer aux développemens des maladies communes aux marins, c'est bien moins celle de l'atmosphère que l'humidité inhérente à l'habitation intérieure des vaisseaux qui en détermine le caractère. — Bien que la mer exhale dans l'air une grande quantité d'eau, on ne doit pas arguer de là que cette évaporation rende l'atmosphère plus humide que sur terre. L'air de la mer jouit de la propriété de dissoudre les vapeurs aqueuses au même degré que sur le sol et au large des côtes, où les brumes qui chargent certains rivages ne paraissent jamais ; l'air à la mer est aussi sec que sur les continens.

AIR DE VENT. s. m. On dit aussi, dans quelques applications, *rumb de vent* (1). C'est un des points de la division de la boussole vers lequel on dirige le navire, ou dont on parle pour désigner la position d'une côte, d'un bâtiment, ou enfin pour indiquer la direction d'où vient le vent. Tout rayon, mené du centre de l'horizon qu'on occupe à un des points de la limite visuelle de la mer, est donc un *air de vent*. La *rose* ou cercle de la boussole est divisée en parties égales par trente-deux rayons, dont les quatre principaux sont le nord, le sud, l'est et l'ouest, d'où dérivent les noms composés des rayons intermédiaires ; chacune de ces trente-deux subdivisions est un *air de vent*. — On dit : Dans quel *air de vent* est situé tel point de la côte ? — Dans quel *air de vent* aperçoit-on le navire ? dans le nord, dans l'est. — c'est-à-dire que le bâtiment, à bord duquel ces questions sont faites, aura l'objet demandé vis-à-vis du rayon de la boussole qui porte le nom de nord, d'est, etc. (Pour plus amples détails, voir *Boussole*.)

AIRE. s. f. ou **ERRE.** Vieux mot synonyme de *trace*, dont, par figure, on a fait, en langage maritime, la vitesse du navire, le chemin qu'il parcourt sur la mer. Quand le vent commence à lui imprimer du mouvement dans le sens de sa marche, on dit : Il a de l'*erre* ; si le calme l'immobilise, on dit : Il n'a plus d'*erre*. Un bâtiment perd son *erre* en jetant une ancre au fond, en heurtant contre un rocher ou contre un autre navire. Avec du vent, c'est le système des voiles qui, par leur tension, donne l'*erre* au navire, ou l'en prive lorsqu'elles n'en ressentent plus la pression.—Pour qu'un navire obéisse à son gouvernail, il faut qu'il ait de l'*erre*.

AJUST. s. m. Nœud fort employé en marine pour réunir deux cordages cassés, ou pour augmenter la longueur de celui qui se trouve trop court. Faire un nœud d'*ajust*, ou simplement faire un *ajust*, se dit *ajuster*.

ALCYON. s. m. Petit oiseau qui visite souvent les marins en pleine mer, et se balance aux extrémités des mâts les plus élevés. Il a 6 pouces de

(1) Les marins dans les mains desquels pourra tomber cet ouvrage apprécieront que, spécialement écrit pour les personnes étrangères à la navigation, ou tout au plus pour celles qui y débutent, l'auteur n'a dû qu'effleurer les questions qui l'eussent entraîné dans des développemens scientifiques étrangers à la forme de son ouvrage, en admettant qu'ils appartinssent au fond.

(*N. de l'Édit.*)

longueur, et, les ailes déployées, 18 pouces d'envergure. Il pend son nid comme un hamac aux rameaux qui bordent les rivages, et y élève sa petite famille, qu'il entraîne au large dès qu'elle est assez forte pour s'abandonner au vent qui l'emporte, et pour lutter contre l'orage qui la sépare souvent de sa retraite.

ALESTER, ou *alestir*. v. a. Dégager, débarrasser des choses superflues.

ALGUE. s. f. Nom d'une plante marine que charrie la mer, et qui, bien qu'applicable à une seule espèce, s'emploie assez généralement pour désigner toutes sortes d'herbes marines dont se recouvrent la plage et les rochers du rivage. Les *algues*, les *varechs* sont des plantes rampantes d'une nature gélatineuse, coriace et filamenteuse; leur couleur est un vert sombre. Les riverains entassent ces herbes sur les plages, et s'en servent comme engrais pour les terres, qu'elles fertilisent à un haut degré. Lorsqu'on destine les *algues* à fabriquer de la soude, on les brûle en y mêlant d'abord quelque matière combustible; la cendre qu'elles produisent renferme de l'alcali dans une assez grande proportion. La quantité de soude que contiennent les plantes marines leur donne une propriété fécondante très-énergique, bien qu'elle soit de moins de durée que celle du fumier d'étable, qui, pour agir avec moins de promptitude, conserve plus long-temps sa puissance de fécondation.

La récolte des algues, du goémon, du varech, et en général de toutes les plantes marines, est fort curieuse; c'est à son emploi comme engrais qu'il faut attribuer la fertilité des côtes qui bordent une partie de la France. On a eu lieu d'étudier combien est plus abondante la fécondité du terrain qu'on recouvre de ces couches limoneuses, et les récoltes hâtives de ces points du littoral sont dues à cet auxiliaire dont il serait difficile de pourvoir l'intérieur. Bien que le recueil le plus populaire de notre époque, le *Magasin Pittoresque*, ait publié des notes sur la récolte des herbes marines, je crois encore ces détails à leur place dans ce livre, afin de couper l'aridité d'une série de mots stériles par un petit tableau de mœurs et d'industrie.

C'est principalement sur les côtes de Bretagne, à Roscof, Plougastel et même jusqu'à Granville, que les riverains s'occupent de la récolte des plantes que produit et leur apporte la mer. La coupe du varech a lieu à des époques fixes; au jour convenu on voit des populations entières accourir sur la grève, avec tous les moyens de transport qu'elles ont pu se procurer : chevaux, bœufs, vaches, chiens, tous les animaux sont employés, tous les instrumens sont mis en réquisition. On trouve au rendez-vous les femmes, les enfans, les vieillards; personne ne reste au logis ce jour-là : on dirait la récolte d'une manne céleste. Les réunions ainsi formées s'élèvent, dans certaines baies, à vingt

mille personnes et plus. Chacun s'occupe de recueillir la plus grande quantité possible d'herbes pour en former un monceau sur le rivage; mais il arrive nécessairement que, dans ce pillage régulier, les plus riches fermiers, qui disposent de nombreux attelages et de beaucoup de bras, sont toujours les mieux partagés. Pour obvier à ces inconvéniens, les prêtres catholiques du moyen-âge avaient établi une coutume aussi ingénieuse que noble : c'était de n'admettre le premier jour, à la récolte du varech, que les habitans peu aisés de la paroisse; ceux-ci empruntaient à leurs voisins des charrettes et des chevaux, et parvenaient ainsi à faire une bonne récolte. Dans le Finistère, où les mœurs antiques se sont en partie conservées, cet usage se trouve encore. Le premier jour de la coupe du goémon s'y appelle le jour du pauvre. Le prêtre vient à la grève dès le matin, et si un riche se présente pour récolter : « Laissez les pauvres gens ramasser leur pain, » dit le recteur; — et le riche se retire.

Le varech ne se recueille pas toujours sur le rivage; il arrive souvent que les rochers sur lesquels il s'attache soient éloignés de la côte. Dans ce cas, comme les paysans ne peuvent disposer d'un nombre suffisant de bateaux pour transporter leur récolte sur la terre ferme, ils lient les monceaux d'herbes marines avec des branches d'arbres et des cordes, et en forment d'immenses radeaux sur lesquels ils se placent avec leurs familles. Une barrique est habituellement attachée à l'extrémité de cette masse mouvante; un homme s'y tient et dirige, le mieux possible, de cet endroit, la marche de l'étrange navire. La mer offre alors un spectacle singulièrement bizarre : on voit de loin ces mille montagnes flottantes dériver avec la marée vers le rivage, comme des baleines endormies. Lorsqu'elles approchent du rivage, on aperçoit sur leur sommet des têtes de femmes et d'enfans; on entend des chants, des cris de plaisir, de gais noëls lancés au ciel; et parfois, au milieu de ce tumulte joyeux, un de ces monstrueux navires, écrasé par son poids, s'affaisse subitement... Des clameurs, des cris d'épouvante s'élèvent... La montagne noire fond dans la mer et disparaît à tous les yeux ! — Il y une famille entière de noyée ! dit-on sur les autres radeaux. — Les fronts se découvrent pieusement, et le convoi poursuit sa route vers le rivage.

Le varech se récolte aussi après la tempête. Arraché alors des rochers par la vague, il est repêché par les habitans des côtes, qui s'exposent aux plus grands dangers pour saisir au passage ses débris flottans. Après un orage, on voit les récifs couverts de ces hommes penchés sur l'abîme, et qui, un long croc à la main, ramènent vers eux les algues errantes qu'entraînent et ballottent les flots. Dans le petit archipel qui regarde la pointe ouest de la France, et qui se compose des îles d'Ouessant, de Molène, des Glénans de Litre, Tristan, etc., cette pêche des herbes marines est presque l'unique industrie des habitans. On y rencontre des femmes brunes et robustes, plongées dans la mer jusqu'à mi-corps, et occupées pendant des journées entières à ce travail fatigant. Comme les femmes sauvages, elles portent leurs nourrissons attachés sur leurs épaules : c'est là que l'enfant dort, bercé par le bruit des flots et les mouvemens de sa mère. S'il crie, celle-ci le ramène sur sa poitrine, et lui présente le sein ; lorsqu'il a bu, elle le replace sur son dos et continue de lancer son croc à travers les vagues, pour saisir les épaves du varech.

Le goémon, ainsi recueilli, est ensuite réduit en cendres par les insulaires, et celles-ci sont vendues sur le continent. Mais la misère a aiguisé l'astuce des Bretons de ces îles. Pour augmenter la quantité de leurs cendres, ils y mêlent le plus souvent de la terre de bruyère grise et friable, dont sont revêtus les rochers qu'ils habitent. Il y a quelques années que cette fraude donna lieu à une singulière réclamation. On se plaignit au préfet du département de ce que les habitans de Molène, à force d'enlever la terre dans leur île, la transportaient en détail sur le continent. En effet, après examen, la justesse de la plainte fut reconnue, et des mesures furent prises pour arrêter cet abus. Je ne garantis guère ce fait.

Sur les côtes où le bois est rare, le varech séché sert aussi de combustible. Enfin, quelques manufactures de produits chimiques, établis sur le littoral, commencent à en extraire la soude, qu'elles livrent ensuite au commerce sous différentes formes.

Un phénomène dont la solution n'a point encore été donnée par la science a été observé dans les développemens de cette végétation maritime. A mesure que l'on s'éloigne des tropiques on peut remarquer la grandeur progressive des varechs et des algues, tandis qu'au contraire la végétation terrestre diminue et s'amoindrit en approchant des latitudes glaciales.

ALIZÉ. adj. Les vents *alizés* règnent entre les tropiques et soufflent régulièrement de l'est à l'ouest. Les bâtimens qui se rendent aux colonies, en quittant les ports de la côte qui borde l'Océan sur nos parages, en sont favorisés dans leur course ; mais, pour revenir, ils sont forcés de faire un circuit qui alonge leur route. — Les vents *alizés* sont souvent si faibles dans la zone torride, que les bâtimens s'y trouvent *encalminés ;* mais en revanche ils ne s'élèvent jamais jusqu'à la tempête. Quand ils sont dans les vents *alizés*, les marins disent que c'est *une navigation de demoiselles.*

ALLÉGE. s. f. Petit bâtiment dont l'usage a motivé le nom. Il sert à transporter à bord des vaisseaux et autres grands navires mouillés en rades, les objets d'armemens, tels que voiles, mâtures, vivres, cordages, etc., ainsi qu'une partie de leur chargement, que la trop grande dimension de ceux-ci les empêche d'aller chercher eux-mêmes au port. — L'*allège* fait le même service en allant du vaisseau au bassin. — La plupart des bâtimens qui ne trouveraient pas assez de profondeur dans l'eau pour remonter jusqu'à Rouen, Nantes, et quelques autres villes situées sur des rivières, transmettent leurs chargemens au port par le moyen des *allèges*, qui portent alors des mâts, des voiles et un équipage. — La navigation par la vapeur a causé un grand préjudice au commerce des allèges ; les marchandises, transportées avec plus de célérité et moins de frais par cette première, a ruiné une foule de vieux marins qui, parvenus à être propriétaires de leur *allège*, prenaient leurs quartiers de retraite dans cette navigation côtière. — C'était aussi une pépinière de jeunes marins qui, versés plus tard dans la navigation au long-cours, ne peuvent être remplacés par les hommes qu'on emploie sur les bateaux à vapeur, lesquels sont moins marins qu'ouvriers.

ALLÉGER. v. a. Amoindrir la charge d'un navire, le décharger d'une partie de sa mâture ou de son artillerie. On *allège* un navire pour faciliter sa marche en diminuant le déplacement d'eau que cause sa partie submergée ; on l'*allège* encore pour faciliter sa navigation dans une mer peu profonde ; enfin on l'*allège* pour le remettre à flot quand il a échoué. — On *allège* un cordage en le faisant soutenir sur différens points de sa tension, pour en faciliter le libre exercice, ou pour éviter le frottement lorsqu'on le transporte d'un emplacement dans un autre. — On *allège* un câble sur lequel l'ancre ne tire pas.

ALLURE. s. f. Manière d'aller, c'est-à-dire de marcher d'un bâtiment, suivant la disposition du vent et de la mer. Les *allures* se distinguent par la position du navire par rapport au vent. Il y a trois *allures :* le *vent-arrière*, qui pousse le navire dans le sens de sa direction ; le *largue*, lorsque le vent souffle sur le côté du bâtiment, dont les voiles sont tournées de manière à présenter une plus grande surface à son action ; et enfin le *plus-près*, qui consiste à rapprocher la route du navire le *plus près* possible du lit du vent ou de la direction d'où il souffle. Dans ce dernier cas, les vergues qui supportent les voiles sont disposées de telle sorte qu'elles forment un angle très-aigu avec la quille du bâtiment. (Voir *Plus-près.*)

Chaque navire acquiert une marche proportionnellement plus rapide sous certaine *allure* que sous les autres. En général, c'est le *largue* qui communique le plus de vitesse aux vaisseaux, parce que toutes les voiles reçoivent le vent, ce qui n'a point lieu au vent-arrière, *allure* sous laquelle elles s'abreuvent mutuellement. — Au *plus-près*, l'obliquité qui existe entre le point d'où vient la brise et la route que suit le bâtiment diminue sensiblement cette vitesse. — Un navire se comporte bien sous une *allure* quelconque, c'est-à-dire que le ballottement des lames et les bouffées du vent n'ont pas de prise sur l'ensemble de son système ; que la mer, en frappant sur sa coque, ne délie pas sa construction ; que le vent, en tourbillonnant dans sa mâture, ne la rompt pas et ne la balance pas trop violemment.

AMARINÉ, ÉE. part. Avoir l'habitude de la mer. Celui qui navigue pour la première fois n'est pas *amariné*.—Bâtiment dont le vainqueur a pris possession après le combat ou sa reddition. (*Voir* le mot suivant.)

AMARINER. v. a. S'applique de deux manières. — *Amariner* des navires, — *amariner* un équipage. Dans le premier cas, c'est prendre possession d'un bâtiment conquis sur l'ennemi, c'est faire flotter sur sa poupe le pavillon vainqueur et le peupler d'un équipage qui l'occupe. —*Amariner* les hommes, c'est les rendre propres à vivre et travailler sur mer. Pour être bien *amariné*, il faut qu'un homme puisse se tenir de pied ferme sur le pont du navire, malgré les ballottemens que la mer lui imprime ; il faut encore qu'il puisse facilement monter dans la mâture pour y exécuter les travaux qu'impose l'état du bâtiment. Être *amariné*, c'est aussi avoir conformé ses habitudes hygiéniques et son tempérament aux nécessités de la vie maritime, c'est s'être fait à la nourriture du bord, à la manière dont on y est logé et couché, et surtout s'être assez familiarisé avec les oscillations du vaisseau, pour être promptement délivré du mal de mer, qui est souvent très-opiniâtre chez certains sujets. Être *amariné*, en un mot, c'est avoir plié sa constitution et ses habitudes à l'état d'homme de mer. Il y a des personnes qui, sur un bâtiment qui navigue, éprouvent continuellement des altérations de santé ; on cite même des officiers de marine qui ont eu le courage de ne point abandonner une carrière qui convertissait leur existence en une lutte continuelle entre le sentiment des devoirs du marin et les souffrances d'une maladie tenace et douloureuse. — *Amariné* ou *mariné* se dit aussi de substances alimentaires préparées de telle sorte qu'elles se conservent plusieurs mois, et varient l'uniforme nourriture des marins lorsqu'ils sont en voyage. (Voir *Conserve*.)

AMARRAGE. s. m. Jonction de deux cordages, ou application d'un cordage sur un objet.— L'*amarrage* d'un bâtiment, c'est l'action de le retenir dans le port par le moyen de cordages, et aussi l'ensemble des cordages employés à cet effet.

AMARRE. s. f. Lien, cordage ou chaîne qui retient un navire dans un lieu, ou qui sert à varier la position qu'il occupe sans le secours du vent ou des voiles. — On dit : *amarré à quatre amarres*, d'un navire tenu au fond par ses ancres ou à des constructions solides par des amarres

devant et derrière, de telle sorte que le vent ne puisse l'agiter de quelque côté qu'il souffle. — *Amarre*, comme amarrage, peut venir de *mare*, *maris*, mer, mot auquel se sera peut-être joint la préposition *ad*.

AMARRER. v. a. Attacher, faire des amarrages ; lier une chose à une autre ; assujettir deux objets ensemble, ou un objet isolé à un corps solide. C'est se servir d'amarres pour faire un amarrage.—On dit à l'impératif : *Amarre !* quand on a commandé à des hommes d'abraquer ou de tirer sur un cordage, et que l'on trouve satisfaisant le résultat de ce concours de force : dans ce cas *amarrer*, c'est tourner, en le croisant sur lui-même, le bout de corde sur lequel agissaient les marins, et en envelopper un morceau de bois fixé par son milieu à la muraille ou à quelque partie solide du bâtiment et dont les deux bouts amincis en sont écartés. *Amarre !* est un mot fort usité en marine, puisqu'il est la conclusion de tout commandement nécessité par les changemens continuels à apporter à l'état de la voilure. — On dit aussi : *Tourne !* expression imagée de l'action qui consiste à tourner le cordage sur le morceau de bois dont il vient d'être parlé. (Voir *Taquet*.)

AMATELOTER. v. a. C'est associer deux à deux, sous le nom de *matelots*, les marins qui composent l'équipage d'un navire, pour leur faire partager la même couche, comme dans les garnisons les soldats sont réunis deux par deux pour partager le même lit.

Cette coutume d'*amateloter* ainsi les marins n'existe plus. Elle datait de loin, et a long-temps été conservée, bien qu'elle fut reconnue fort préjudiciable à la santé des hommes ; mais l'encombrement et le peu d'ordre qui régnaient sur les bâtimens, les vices radicaux de l'administration intérieure de ces grandes casernes flottantes, ne laissaient jouir les équipages que d'emplacemens bornés partout le superflu du matériel, et à grand'peine pouvaient-ils suspendre leurs lits de toile quand venait l'heure du repos. C'était donc tout ce que l'espace qui restait libre sur les vaisseaux permettait qu'on leur abandonnât de place, et il fallait qu'ils se la partageassent en occupant leur *hamac* alternativement.—On verra au mot *hamac* que les dimensions rétrécies de cette couche ne lui permettent pas de recevoir plus d'un homme à la fois.

Ce qui faisait que deux hommes pussent être *amatelotés* avec un seul *hamac*, c'est que les exigences du service maritime ne permettent qu'à une partie de l'équipage à la fois de se livrer au repos. Pendant que l'une dort, l'autre veille ; aussi, les deux hommes qui partageaient la même couche appartenaient-ils à des divisions différentes. — Le matelot qui avait passé quatre ou six heures sur le pont du navire, pour exécuter les commandemens de l'officier, souvent au milieu du vent et de la tempête, mouillé par l'écume des lames ou l'eau du ciel, harassé de fatigue par les travaux qu'avaient exigés l'état de la voilure ou le changement du temps ; — le matelot, comptant les instans qui s'écoulaient et le rapprochaient de l'heure du repos, occupait bientôt la place chaude encore du sommeil de son remplaçant, qui, à son tour, allait passer un égal nombre d'heures face à face avec l'orage dont se berçait le *hamac* qui endormait son *matelot*. Aujourd'hui comme alors la division de l'équipage, pour le temps de veille et le temps de repos, est toujours une nécessité de la navigation ; mais chaque homme possède son *hamac*, l'emplacement seul sert pour deux : celui qui monte décroche son lit, son remplaçant y pend le sien et occupe la place, et ainsi alternativement.

Dans l'obligation que motivait l'ancienne installation intérieure des vaisseaux d'*amateloter* les hommes, c'étai bien le moins qu'on leur accordât la liberté de choisir leur compagnon, leur *matelot*, comme disent les marins. — Le *matelot*, le camarade, était donc l'objet d'un choix scrupuleux, pour lequel la tolérance des chefs allait quelquefois jusqu'à plusieurs épreuves. On conçoit que dans la vie du marin, existence où l'homme est quelquefois moralement seul sur le vaisseau, comme le vaisseau l'est matériellement sur la mer, il y avait quelque importance dans cette décision, qui mêlait un étranger à votre existence, en le faisant participer aux plus minutieux détails de cette vie concentrée. Mais souvent il arrivait que deux amis, deux frères se rencontrassent sur un même bord : c'était alors du bonheur pour tous deux, et on les *amatelotait;* mais, pour celui qui n'avait pas son *matelot*, quelle importante affaire n'était-ce pas que de s'en choisir un ! que de réflexions et d'incertitudes ! Le marin savait que ce rapprochement nouait les rapports moraux ; que les aspérités des caractères s'emboîtaient par l'habitude de vivre ensemble, et qu'une grande familiarité avec cet homme devait être la conséquence du choix d'un *matelot;* aussi s'abandonnait-il souvent aux instincts de son cœur, à l'entraînement sans cause qu'il ressentait pour un individu.—Aujourd'hui, s'il ne partage plus la couche de son ami, le *matelot* n'en est pas moins toujours sa *doublure;* c'est son frère, qui le défend quand il est absent, qui l'aime quand il est présent ; — ils se partagent les émotions, les fatigues, les joies, les plaisirs de leur violente carrière;— ils se confient mutuellement le soin d'adoucir la traite de leur aventureuse existence ; les souvenirs, ils en jouissent ensemble en se les retraçant ; l'avenir, ils se l'arrangent en commun ; le superflu des émotions de l'un est toujours pour l'autre. — A terre, la bourse est une ; ils boivent dans le même verre, ils aiment la même fille. Quand, au milieu des solitudes grondantes de l'Océan, l'orage s'abat sur le navire, si le *marin*

descend se livrer au repos, sa capote de gros drap, — son *paletot*, comme ils l'appellent, — passera sur le dos de son *matelot*, qui s'en abritera contre l'écume que jettent les lames; et si le tabac manque, la *chique* restera pour celui qui veille.— Ces deux marins, s'ils vieillissent ensemble, s'aimeront avec la plus complète abnégation ; ils seront l'un pour l'autre tout dévoûment et désintéressement, — et, comme l'homme tient plus à la vie par le sentiment de ses peines que par celui de ses plaisirs,—cette communauté de souffrances et de dangers les liera tous deux jusqu'à la mort. Quel bonheur qu'il y ait des êtres qui vivent encore en marge de notre civilisation! Où retrouverait-on ailleurs que chez le marin cette simplicité de mœurs primitives ! Quel vaste champ d'étude, quel grand livre à lire que cette existence inconnue dont les mille facettes n'ont besoin, pour briller, que d'être mises au grand jour !

La plus précieuse des qualités que le marin recherche dans celui qu'il choisit pour son *matelot*, c'est d'être de son *endroit*. Il trouve, dans cette confraternité de patrie, le bonheur de pouvoir souvent parler de son village, de ses vieux parens, de ses jeunes amours. Après une campagne de quelques années, ils ne pourraient plus naviguer l'un sans l'autre, et si une mutation s'opère dans l'équipage : « Laissez-nous ensemble, mon commissaire! disent-ils ; c'est mon matelot depuis dix ans ! »

Depuis l'Empire, on n'*amatelote* plus les marins pour leur *hamac;* c'est un perfectionnement dont nos voisins les Anglais ont donné l'exemple qu'on a justement suivi. Quelques bâtimens de commerce ont seuls été forcés, par leurs étroites proportions, de conserver cette obligation, qu'on s'attache à perdre chaque jour par les dispositions des constructions nouvelles. L'admirable installation de nos bâtimens de guerre laisse aujourd'hui un emplacement suffisant pour le *hamac* de chaque homme. — Sur les bâtimens d'une médiocre capacité, la place seule est commune à deux marins.—Mais le côté moral de l'*amatelotage* subsiste et subsistera toujours ; c'est une des physionomies indélébiles de la marine.

AMENER. v. a.—Abaisser; ce mot a plusieurs significations. — On dit *amener* une voile, c'est-à-dire la faire descendre le long du mât, à la tête duquel elle se gonfle, comme une bannière retenue par ses coins inférieurs; on l'*amène* parce que le vent est devenu trop fort pour que sa solidité et celle du système qui la supporte ne soient pas en danger. Une voile *amenée* ne livre plus qu'imparfaitement sa surface à l'action de la brise ; elle retombe en plis sur elle-même; il reste à la serrer, c'est-à-dire à la rouler sur sa vergue, morceau de bois arrondi sur lequel est fixé son bord supérieur. — On dit *amener*, de toute espèce de choses suspendues par des cordages et qu'on veut abaisser entièrement ou dont on veut diminuer l'élévation. — *Amener* s'emploie dans une acception militaire, en parlant du bâtiment que les chances de la guerre maritime forcent à abaisser son pavillon. On dit : *Tel vaisseau a fait amener les deux frégates anglaises,* c'est-à-dire que les couleurs des deux ennemis se sont abaissées vis-à-vis du pavillon vainqueur : *amener,* dans ce cas, c'est se rendre. L'ennemi vaincu *amène;* c'est l'acte qui prouve qu'il a reconnu son infériorité et la disposition où il est de ne pas prolonger le combat, — quelquefois même de ne le pas commencer. — On dit encore *amener* une tour, un point de la côte ou un navire, par son *avant,* par son *travers,* c'est-à-dire faire route de telle sorte que le point désigné se trouve sur le devant du bâtiment ou sur un de ses côtés, qui se dit son *travers.*

AMERS. s. m. Points élevés ou objets très-apparens qui se détachent bien sur la terre, tels que clocher, tour, arbre isolé, etc., et dont les marins se servent pour reconnaître les progrès de la marche de leur bâtiment lorsqu'ils naviguent près des côtes, ou bien qu'ils cherchent à se maintenir dans un point au moyen de leur voilure ou d'une ancre. Les *amers* sont des marques qui servent surtout aux navires qui arrivent de la haute mer cherchant un chenal, un passage pour parvenir au port ou au mouillage. Pour se servir d'un *amer* on prend soin de le faire rapporter avec un air de vent (1).

AMIRAL. s. m. Du grec *améras,* composé de *émyr,* chef, dérivé d'*amar,* commander ; dignité maritime qui correspond au grade de maréchal de France dans l'armée de terre. C'était autrefois le titre dont était revêtu le chef principal de la marine et de la justice navale. Aujourd'hui il faut qu'il soit investi d'un commandement ou d'une mission spéciale pour que cette dignité soit entourée de ses attributions actives.

D'après les lois de la tactique navale, l'*amiral* commande le corps central des forces maritimes. Il place l'avant-garde sous les ordres d'un *vice-amiral,* et l'arrière-garde sous ceux d'un *contre-amiral.* (*Voir* ces mots.) (2)—On donne par courtoisie le titre d'*amiral* à tous les officiers-généraux de la marine, mais la loi ne reconnaît pour

tel que le maréchal des armées navales. Le bâtiment que monte un *amiral* porte un pavillon national déployé au grand-mât. Ce bâtiment s'appelle le *vaisseau amiral.* Il y a dans chaque port de guerre un bâtiment sur lequel flotte le pavillon de commandement; c'est ordinairement une vieille frégate hors d'état de prendre la mer, et que l'on distribue de la manière la plus convenable pour servir de corps-de-garde central; on appelle ce bâtiment l'*Amiral.* Il renferme des prisons pour les matelots en punition et des chambres d'arrêts pour les officiers. Dans la grande-chambre s'assemblent les conseils de guerre chargée de juger les capitaines qui ont perdu leurs navires. A l'unique mât qui surmonte la frégate est souvent hissé le pavillon de justice qui, assuré par un coup de canon, annonce au port et à la ville qu'un matelot indiscipliné va recevoir la punition qu'il a encourue. (Voir *Cale.*) Le poste de l'*Amiral* est constamment commandé par un officier de marine, lequel a la police des mouvemens qui s'opèrent à l'entrée ou à la sortie du port, barré le soir au moyen d'une chaîne tendue à son ouverture au coup de canon de retraite.

AMIRAUTÉ. s. f. C'était autrefois en France une juridiction spéciale et à laquelle étaient soumises toutes les questions d'intérêts maritimes; elle existait indépendamment de l'administration de la marine et des tribunaux ordinaires. — Aujourd'hui l'*amirauté* est un conseil dont les membres déclarés inamovibles, mais trop fréquemment changés, sont choisis parmi les officiers-généraux de la marine et les corps du génie et de l'administration maritimes. Ses fonctions consistent à examiner les divers projets d'opérations militaires et administratives de la marine et à en donner son avis; car elle ne forme qu'un conseil purement consultatif; la décision et l'exécution ne lui appartiennent point. — En Hollande, en Danemark, en Amérique et en Angleterre surtout, l'*amirauté* est l'administration supérieure de la marine, et possède une autorité immense que n'a point chez nous une institution concédée comme à regret.

AMONT. adv. Terme employé par les marins côtiers du golfe de Gascogne et de la Manche, pour désigner les vents qui soufflent sur ces deux mers, entre le sud-est et le nord-est. Toute la partie de l'horizon comprise dans cet espace s'appelle l'*amont.*

Emprunté primitivement aux marins des rivières, ce mot dérive de *ad montem,* tandis que le côté opposé de la boussole, qu'ils nomment *aval,* s'emprunte à l'appellation des vallées; et, comme une grande partie des rivières de France qui se déchargent dans ces mers dirigent leur cours de l'est vers l'ouest, lorsque le vent souffle de l'est, il vient conséquemment du haut du fleuve, —de l'*amont.*

Les pilotes des côtes de la Bretagne et de la

---

(1) Une fois pour toutes, le lecteur est prévenu que les mots dont l'explication aura été donnée par les feuilles précédentes, seront employés sans réserve lorsqu'ils seront jugés nécessaires aux explications présentes.
(*N. de l'éditeur.*)

(2) Dans le second volume de la *France Maritime,* il a été publié un article dans lequel se trouvent des recherches fort curieuses sur le grade d'*amiral.* J'y renverrai les personnes qui trouveraient insuffisans ces détails, que les bornes de cet ouvrage m'empêchent d'étendre. Une note sur la hiérarchie navale, qui accompagne cet article, a été tronquée et refaite avec ignorance par un employé qui, en l'absence de l'auteur de l'article et du rédacteur en chef, alors en voyage, essaya de réparer un accident qui avait brouillé cette note. J'ai cru devoir mentionner ici cette circonstance dans l'intérêt d'un ouvrage auquel j'aurai quelquefois besoin de conseiller à mes lecteurs de se reporter pour des développemens impossibles dans ces colonnes.

Manche sont très-habiles à prédire le vent d'*amont*, toujours favorable aux bâtimens qui abandonnent ces côtes. Le coucher du soleil leur fournit les observations qui motivent leur opinion : lorsqu'il se couche derrière un horizon brillant dans un air bleu et pur, que son globe en baissant se cache et se montre tour à tour parmi de petits nuages de carmin et de feu, ils disent que le soleil se *couche dans les roches*, que le temps est à *l'amont*. — Dans ces belles nuits maritimes, calmes et transparentes, où les petites lames de la mer échangent des étoiles avec le ciel, quand l'atmosphère moite de nos côtes suspend les gouttes tremblantes de la rosée aux cordages du navire, ils se disent encore : *Le temps est à l'amont.* — Les séduisantes promesses de température que fait le vent d'*amont* survivent pendant sa durée, et avec le vent d'est les brumes, dont l'hiver estompe nos côtes, se dissipent sous les rayons du soleil qu'il porte, et pas un nuage épais ne se lève au ciel pour voiler sa lumière. Ce mot *amont*, si pittoresque, si euphonique, a singulièrement prêté, avec son cortége d'images, à la naïve et touchante poésie des habitans du bord de la mer. Je l'ai souvent entendu dans ces refrains mélancoliques que disent les marins bretons avec leurs voix trainantes. Ailleurs j'aurai occasion de revenir sur la poétique de la marine ; le mot *amont* se retrouvera dans ces chants, que j'aurai du plaisir à redire, car ils m'ont toujours singulièrement ému. Il en est ainsi de tout ce qui se rattache à l'intelligence et qu'on retrouve dans des situations exceptionnelles comme la vie du marin.

AMORTIR. v. n. Se dit d'un bâtiment resté dans un port de grand flux et reflux, lorsqu'il n'a pas assez d'eau pour y flotter et par conséquent pour en sortir. Le retour des hautes marées, qu'amènent les nouvelles et pleines lunes, le feront flotter ; jusque là il restera *amorti*.

AMPLITUDE. s. f. C'est l'arc de l'horizon compris entre les points ouest ou est marqués sur la boussole, et l'endroit apparent du lever ou du coucher d'un astre. L'observation de cette distance est nécessaire aux marins pour établir des calculs qui déterminent la variation de la boussole. — On appelle aussi *amplitude* la distance comprise entre la volée d'un canon ou d'un mortier, et le point où arrive le projectile.

AMPOULETTE. s. f. Du mot franc *ampoule*, flacon. On dit aussi *sablier*. L'*ampoulette* est une petite fiole qui a donné son nom au système où elle entre. — On entend par ce mot l'assemblage de deux flacons en verre blanc, joints par leurs deux ouvertures, maintenus par une légère monture en bois, et versant l'un dans l'autre un sable très-fin, dont la quantité est réglée sur un certain espace de temps nécessaire à son passage. C'est l'horloge dont se servent les marins pour marquer les divisions du temps pendant la durée de leur service. L'*ampoulette*, contenant tout le sable dans un des réservoirs, est retournée de manière à ce que la filtration, qui s'opère par le petit passage réservé entre les deux globes de verre, ait lieu en quatre heures, deux heures, une heure, une demi-heure, ou enfin dans un laps de temps moins considérable, jusqu'à un quart de minute. Chaque *ampoulette* a ainsi une valeur de temps. Des marins, commis à ce soin sur les bâtimens de l'État, veillent attentivement l'instant où le tranvasement complet aura eu lieu, pour retourner la machine et la faire fonctionner de nouveau.

Pour abréger la durée de leur service, les matelots retournent quelquefois l'*ampoulette* avant que le passage complet du sable se soit opéré ; on appelle vulgairement cela *manger du sable*. On se souvient que l'équipage de Cook, pendant son voyage aux mers polaires, avait tant *mangé de sable*, qu'on était arrivé à faire du jour la nuit, ce qui avait jeté quelque confusion dans les calculs, rendus presqu'impossibles par la rigueur de la navigation et le dénuement d'instrumens astronomiques où étaient les officiers. — Les marins tiennent-ils l'*ampoulette* des fictions poétiques d'Ovide, ou bien a-t-elle été empruntée aux usages de la navigation pour en faire un des attributs du Temps et de la Mort ? La priorité doit appartenir à celui qui le premier a éprouvé le besoin de diviser le temps.

AMURE. s. f. Gros cordage fixé au coin inférieur des basses voiles, qui sert à donner de la tension à la toile lorsqu'on l'assujettit à la muraille du bâtiment. — On nomme toujours *amure* ce qui maintient ainsi la voile du côté d'où vient le vent. C'est pourquoi on dit d'un bâtiment : Il est tribord *amures !* il courait babord *amures !* c'est-à-dire que, dans le premier cas, il avait les *amures* à droite, et que le vent lui venait de ce côté ; comme dans le second, on comprend que le navire avait les *amures* à gauche, et aussi la brise. — Changer d'*amures*, c'est changer le côté que le bâtiment présente au vent ; c'est l'opération délicate qu'on appelle *virement de bord*. — (*Voir* ce mot.) — *Amure* doit venir de *ad murum*, puisque sa jonction s'opère *au mur*, à la muraille du bâtiment.

AMURER. v. a. C'est tendre les voiles au moyen de leurs amures. — Au figuré, les matelots emploient quelquefois *amurer* pour battre, corriger, châtier. Ainsi, ils disent : *Veille à toi, ou je t'amurerai comme il faut !*

ANCRAGE. s. f. Mot qui désigne un droit que paient les navires pour jeter l'ancre dans certaines rades étrangères. Le droit d'*ancrage* est établi par les réglemens particuliers des nations maritimes. (Pour d'autres significations, voir *Mouillage.*)

ANCRE. s. f. Du latin *anchora*, et du grec *agkura* et *agkulos*, qui signifie crochu, courbé,

L'ancre est un instrument en fer forgé qui, en s'accrochant au fond de la mer dans les petites profondeurs, retient le navire contre la force du vent ou des courans, et l'empêche de s'éloigner du point où l'on veut qu'il se maintienne.

La forme d'une *ancre* est assez généralement connue ; en voici du reste la description. On nomme *verge* ou *tige* la principale partie de *l'ancre*, c'est-à-dire celle qui s'étend en ligne droite de l'une à l'autre de ses extrémités. A l'un des bouts de la verge est un gros anneau qu'on appelle *organeau ;* c'est sur cet organeau qu'on amarre le câble, par l'intermédiaire duquel s'arrête le navire. A l'autre bout de la verge se trouvent deux branches appelées *bras ;* leurs extrémités, façonnées en pelle ronde et pointue, se nomment les *pattes* de *l'ancre*, et la pointe qui les termine, *bec*. La jonction des bras et de la verge s'appelle *croisée*. Mais de toutes les parties qui constituent une *ancre*, la plus importante est la pièce de bois nommée *jas*, et qui forme une croix au haut de la verge, un peu au-dessous de l'organeau. C'est la position de ce jas, dans un plan perpendiculaire à celui des bras, qui contraint *l'ancre* à mordre le fond avec une de ses pattes. On conçoit en effet que, suspendue par le câble fixé à l'organeau, lorsqu'on vient à abandonner *l'ancre* à son propre poids, elle tombe d'abord sur sa croisée ; mais la verge, qui ne peut rester dans une position verticale, s'abat naturellement de manière que, s'il n'y avait pas de jas, ou bien s'il était placé dans le même sens que les bras, *l'ancre* se trouverait à plat sur le fond, et le vaisseau, poussé par le vent, l'entraînerait avec lui sans qu'elle s'accrochât jamais. Mais comme, dans le mouvement que fait l'ancre pour s'abattre, une des extrémités du jas rencontre le fond, et que la traction exercée sur l'organeau ne permet pas au jas de rester dans cette position, il tombe à son tour à plat, et, faisant faire un quart de révolution à la verge, oblige une des pattes à s'engager dans le fond et à y établir un point solide sur lequel se maintient le navire.

On conçoit que, plus la brise et le courant sont violens, plus il faut que *l'ancre* s'attache au fond pour résister à la force d'entraînement qu'éprouve le navire et que transmet le câble. Une *ancre* d'un grand poids offre conséquemment une retenue plus solide. Quand la première ne suffit plus pour maintenir le bâtiment dans une position fixe, on en laisse tomber une seconde, qui en consolide la résistance. (Voy. *Mouiller*.) Il y aurait des pages nombreuses à écrire sur *l'ancre*, sur son emploi et ses accessoires ; mais, comme ce livre est destiné aux gens du monde et que les marins possèdent de précieux ouvrages théoriques sur toutes ces matières, qu'on ne doit ici qu'effleurer, on ne s'étendra pas davantage, lorsqu'on

croira avoir révélé le sens des mots d'une manière suffisante pour éclaircir les doutes du lecteur.

ANORDIE. s. f. Vent tenace et violent qui vient du nord. — On dit *anordir* pour signifier approcher du nord : le vent *anordit*.

ANSE. s. f. Petite baie qui offre un abri le long d'une côte ou dans les découpures d'une rade.

ANSPECT. s. m. Levier en bois d'ormeau ou de frêne dont on se sert à bord des navires pour divers usages et principalement pour le pointage des canons. Les dimensions de *l'anspect* varient selon le calibre de la pièce à laquelle il appartient. Un de ses bouts est garni en fer, et taillé en biseau pour se glisser plus facilement sous les objets qu'il doit soulever. Comme ce levier est placé à une portée facile, il est souvent devenu une arme terrible dans les mains d'un matelot révolté. On cite une foule d'événemens arrivés en mer et où *l'anspect*, transformé en arme, a été un fatal instrument d'agression et de défense. Surpris par l'ennemi dans une rade, souvent les matelots, endormis dans une imprudente sécurité, n'ont eu pour toute défense que les *anspects* épars sur le pont. — Le capitaine P. Luco, un des savans collaborateurs de la *France maritime*, cite l'exemple d'un officier de ses amis, qui, attendu par un marin révolté au haut de l'escalier de la chambre, en même temps qu'un des complices de l'attentat l'appelait, fut impitoyablement tué d'un coup d'*anspect*, qui lui fendit le crâne au moment où il se présentait sur le pont. (V. *Barre*.)

ANTENNE. s. f. Barre de bois transversale qui se croise obliquement avec les mâts, et sur laquelle est fixée la voile de certains bâtimens très-communs dans la Méditerranée. *L'antenne* sert à pousser le navire en avant par la résistance qu'elle offre à la voile que gonfle le vent, résistance qu'elle transmet au navire par le mât auquel elle est attachée ; le mot *antenne* a été appliqué à la marine par analogie avec certaines armes ou défenses que portent un grand nombre d'insectes, et qui leur servent à tâter et éprouver le terrain sur lequel ils s'avancent. — On appelle également *antenne* un rang de barriques ou futailles placées symétriquement dans l'intérieur du navire. — C'est aussi quelquefois une rangée de bâtimens attachés les uns aux autres dans un des ports de la Méditerranée, où ce mot reçoit une application plus générale.

A PIC. adv. Comme dans le langage vulgaire, *à pic* se dit en marine d'une terre, d'une côte ou d'un rocher escarpé qui s'élève perpendiculairement sur la mer. — On dit être *à pic* lorsque, cherchant à retirer l'ancre du fond, le bâtiment se trouve arrivé juste au-dessus du point où l'ancre mord le fond, après qu'une partie du câble a été abraquée.

APIQUER. v. a. Mettre à pic, c'est-à-dire donner une direction verticale ; on dit : Nous *apiquons*, lorsqu'on voit que le bâtiment sera bientôt à pic sur son ancre. — On *apique* les vergues, en élevant une de leurs extrémités et abaissant l'autre.— Lorsque le capitaine ou l'armateur d'un navire est mort, on *apique* les vergues dans des sens différens, de manière que, vues à distance, elles forment des espèces de croix; on ajoute à ces signes de deuil des pavillons à demi hissés. — Quand un bâtiment sous voiles tient son pavillon à mi-mât, on doit présumer qu'il a perdu son capitaine.

APPARAUX. s. m. pl. (V. *Agrès*.)

APPAREIL. s. m. Assemblage de diverses machines combinées pour une opération de mécanique. L'abattage se fait au moyen d'*appareils*, c'est-à-dire de combinaisons de cordages, de poulies, de leviers, etc. — On dit les *agrès et apparaux* d'un navire; c'est l'ensemble de son gréement et de ses machines.

APPAREILLAGE. s. m. Bien que ce mot comprenne en même temps les dispositions préparatoires que fait un navire pour mettre immédiatement sous voiles, c'est-à-dire pour livrer ses voiles au vent et les disposer de telle sorte qu'elles aient pour effet de le pousser hors du port et de la rade, il ne faut l'entendre que dans l'acception où il exprime le départ proprement dit, et non le temps qui s'est écoulé en préparatifs. — On dit donc être en *appareillage*, d'un navire qui règle ses dernières dispositions pour partir; — faire son *appareillage*, c'est partir.

L'*appareillage* est une des opérations les plus importantes qu'exécute un vaisseau. C'est souvent dans des défilés étroits et obstrués d'écueils qu'il faut faire passer cette masse énorme de son état d'immobilité à un mouvement de marche qui lui donne la vie. Cette manœuvre est donc, dans certaines circonstances, de la plus difficile exécution, et exige de l'officier de mer qui la commande, outre la science et la pratique résultant d'une longue étude, l'expérience complète du mouvement des masses, un coup-d'œil rapide, et un tact inspirateur et indéfinissable qui lui fasse saisir à propos chaque accident favorable à l'importante opération qu'il dirige; une risée de la brise, un mouvement des eaux, un courant qui l'entraîne, tout est à combiner, soit pour s'en aider, soit pour y résister. Il y a, dans cette position supérieure du marin, des connaissances qui s'acquièrent sans que rien les ait jamais enseignées; un sens droit, une volonté de fer, un sang-froid inébranlable font éclore l'inspiration dans les crises les plus menaçantes de cette carrière sublime.—Dieu n'a-t-il pas donné la supériorité du génie à cet homme qu'il destine à une lutte éternelle avec les puissances qui désolent le monde : la mer qui assiège son navire, le vent qui l'abat et brise ses ailes, le feu qui le brûle au milieu de l'eau, la terre où il fait naufrage !

L'*appareillage* est une de ces graves circon-

stances qui exigent le concours de tout le personnel de l'équipage ; chaque officier doit être à son poste : celui du commandant est partout. Si le temps est beau, si le temps est mauvais, c'est un magnifique spectacle. Tout est silencieux à bord, et mille hommes se remuent en tous sens! Les graves accens du porte-voix qui commande, les sons vibrans, saccadés ou traînans du sifflet du maitre d'équipage qui répète le commandement, le grincement des poulies, le frottement des cordages qui obéissent, voilà ce qui trouble seul ce majestueux silence. —Si le vent répand des ronflemens dans l'air ou des sifflemens dans la mâture, si la mer roule ses graves et sourdes menaces, le porte-voix crie plus fort, le sifflet est plus aigu; voilà tout. Il faut qu'ils dominent.

Dans une rade étroite et encombrée de roches, où souffle faiblement une brise incertaine, l'*appareillage* d'un grand navire est long et difficile; l'observateur éloigné, ne jugeant que sur l'ensemble, y trouverait peu d'effet. Mais dans une large baie, où la mer s'agite légèrement sous un vent sûr et frais, cette manœuvre devient d'un aspect grandiose et animé; car, si le résultat de l'*appareillage* est de mettre le navire sous voiles, les moyens qui l'accomplissent sont différens, suivant la capacité, la volonté de l'homme de mer qui y préside. Mettre avec sécurité et précision un navire sous voiles, se fait de dix manières; l'officier habile peut déployer dans cet exercice une certaine coquetterie de manœuvre, en couvrant tout-à-coup la mâture de toiles par des dispositions gracieuses et rapides. C'est ce qu'on appelle faire un *appareillage brillant*. Partout où des marins, et surtout des navires étrangers, peuvent être témoins de son *appareillage*, le commandant d'un bâtiment s'efforcera de se montrer *homme du métier*, et de réunir sur sa manœuvre les suffrages éclairés des spectateurs qui sont ses juges naturels.

La frégate *la Surveillante* donna, au commencement de la paix actuelle, l'exemple d'un des plus rapides *appareillages* qu'on puisse imaginer. Tous les bâtimens mouillés en rade de Saint-Pierre-Martinique en furent témoins. Une frégate anglaise, arrivée la veille pour prendre quelques provisions à terre, avait jeté son ancre près de *la Surveillante*. La marche supérieure de ce navire étranger donna lieu à quelques fanfaronnades de la part de ses officiers; le commandant de la frégate française en fut instruit. Dans un diner qui réunissait les officiers supérieurs des deux états-majors, un défi fut proposé et accepté; l'enjeu de la partie fut placé sur la marche des deux frégates. Il fut convenu que le lendemain au matin, si la brise était assez forte pour faciliter la mise sous voiles, les deux navires feraient leur *appareillage* à un signal donné, et qu'ils prendraient la haute mer en luttant de vitesse pour se rendre tous deux en rade de la *Pointe-à-Pître*, île *Guadeloupe*, terme fixé de cette joûte entre deux des meilleurs coureurs des deux premières marines du monde. L'*appareillage* de *la Surveillante* fut une des plus rares opérations qu'on puisse se représenter. La brise était fraîche, la mer unie, l'ardeur des équipages galvanisée pour ainsi dire par l'émulation. De tranquille et indolente qu'elle était sur l'eau, la frégate française devint en un instant toute vie et mouvement. Un seul coup de sifflet avait opéré cette merveille ; on vit frémir tous les cordages ; chaque partie de la mâture reçut d'imperceptibles mouvemens ; puis tout-à-coup des grappes d'hommes se suspendirent à chaque branche de cette forêt aérienne de mâts, de vergues, de cordes balancées comme des lianes. La frégate suspendit ses embarcations à ses flancs, comme une bonne mère attache ses enfans à sa ceinture ; puis soudain l'écheveau de cordages noirs qui pendait de la haute mâture se cacha derrière toutes ses voiles, qui s'élevèrent à la fois en s'échelonnant les unes sur les autres, et se pressant les unes à côté des autres. La belle frégate avait toute sa toilette de lin ; sa flamme se tordait et claquait dans l'air comme le fouet du postillon au départ ; le pavillon de France essayait la force du vent en s'y confiant indécis ; puis toutes les voiles s'arrondirent comme des ballons qui s'élèvent. La frégate se pencha sur l'eau tranquille de la rade, comme une coquette qui jette un dernier coup-d'œil à son miroir ; elle souleva son flanc cuirassé de cuivre rouge, tourna en divers sens sa proue effilée ; puis bientôt, s'abandonnant au vent frais qui descendait des mornes de l'île, elle prit son allure rapide en lançant pour adieu quelques coups de canon à la rade. Le noble oiseau avait déployé ses ailes.

La frégate anglaise, moins prompte dans son appareillage, attaqua aussi bientôt la mer ; les deux navires se dirigèrent courageusement vers la Guadeloupe ; la ligne qu'ils suivirent les plaça l'un vis-à-vis l'autre. On ne sut au juste dire à terre, où mille curieux dirigeaient leurs lunettes sur l'horizon, lequel des deux navires s'effaça le premier dans l'éloignement — seulement le lendemain, quand vint le jour, on vit avec étonnement *la Surveillante* mouillée en grande rade, aussi calme, aussi tranquille que si son voyage eût été un rêve. — La frégate anglaise arriva dans la journée. — Mais elle ne mit point à l'ancre ; son canot communiqua seul avec la terre. — Elle salua dignement de ses grosses caronades ; — le petit fort d'*Esnos* éternua quelques coups de ses petits canons ; — et tout fut dit. Le commodore anglais avait perdu dans ce pari une somme considérable.

On cite d'autres *appareillages* tellement remarquables par la hardiesse de leur conception et leur admirable exécution, qu'ils peuvent prendre place dans les faits qu'enregistre l'histoire comme exemples de talent et de résolution. Les limites de ce livre m'empêchent d'étendre à mon gré les principales relations que j'ai trouvées sur ces étonnantes manœuvres ; je me bornerai à un seul fait que j'ai recueilli aux Antilles, où l'on en conservera long-temps le souvenir. Cet *appareillage* fut exécuté par un seul homme sur un grand navire ; c'est une opération qui exige ordinairement le concours de trente ou quarante marins : un homme de courage, un héros peut-être, la mit seule à fin.

La Martinique était sous la domination anglaise ; un grand nombre de prisonniers français y étaient détenus. Les deux nations se faisaient une guerre acharnée dans toutes les Antilles ; tout ce qu'il y a de grand et de loyal dans une guerre ouverte et franche s'était peu à peu réduit aux basses proportions des haines et des animosités individuelles. Des accusations de cruauté, portées contre des officiers de nos armes, servirent de prétexte à des représailles atroces que les Anglais exercèrent en condamnant un assez grand nombre de prisonniers à être pendus sur la place du Fort-Royal. L'arrêt eut un commencement d'exécution ; mais, la nuit étant survenue, quelques prisonniers renfermés dans la *geôle* furent remis au lendemain. — Pendant la nuit, l'un d'eux trouva les moyens de s'évader ; — à l'aide de l'obscurité il gagna la plage. Les corps de ses malheureux compagnons, ballottés par le vent sur les hautes potences de la place, lui inspirèrent le courage d'affronter les plus périlleuses chances pour se soustraire à l'arrêt dont ses amis avaient été les premières victimes. Arrivé sur le rivage, un nègre s'approche de lui, et, le prenant pour un matelot attardé, il lui offre, moyennant quelque menue monnaie, de le porter dans sa pirogue à bord du navire qu'il lui désigne. Que faire ? accepter. A tout événement la mer ne peut lui être plus dangereuse que cette ville où une potence encore seule doit s'accoupler avec lui ; il monte dans la pirogue, prend la petite rame qui sert à la diriger ; tandis que le nègre, armé de deux autres rames, donne à la barque un mouvement rapide. Sans but dans sa course, et s'abandonnant aux hasards d'une aventure dont le dénoûment, quel qu'il fût, ne pouvait empirer son sort, le hardi marin, cherchant prudemment à éviter l'approche des bâtimens de guerre, dirigea la pirogue vers l'extrémité de la baie, abandonnant sa course à un courant qui commençait à l'entraîner. La nuit était noire ; un gros navire se trouva tout-à-coup près de lui ; en s'en approchant il reconnut une prise française entrée depuis peu dans la rade. Pas un cri de veille, pas une demande ne s'en éleva à son approche. Il n'ignore pas que ces bâtimens, capturés par les nations ennemies, sont ordinairement abandonnés à la garde d'un petit nombre d'hommes en général peu vigilans. Il ne sait trop ce qu'il doit faire ; mais le frisson dé la liberté le tient toujours; — il parle bien anglais; — il aborde.

Le pont est désert, pas un homme qui dorme, pas une lumière qui brille, le navire semble abandonné, obscur et silencieux. L'amour de la liberté fait jaillir un éclair dans l'esprit du matelot, une folle pensée traverse son cerveau. Il hésite un instant, puis il s'y abandonne. En un clin-d'œil toutes les issues qui permettent de pénétrer de l'intérieur du navire, sur son tillac, sont soigneusement condamnées. Il renvoie son nègre, en lui jetant le peu d'argent qui lui reste, et, confiant dans la réussite du projet gigantesque qu'il médite, il s'occupe de le mettre à exécution. Il n'a pas à craindre que les Anglais de garde parviennent jusqu'à lui, soigneusement enfermés qu'ils sont dans le navire ; il lui reste un travail inouï à accomplir ; le courage et la présence d'esprit vont suppléer à la force qui lui manque. Le vent qui pendant la nuit souffle de terre dans les deux grandes rades de la Martinique est toujours favorable aux navires qui font leur *appareillage*, puisqu'il les entraîne loin de la côte. Par cette nuit-là, la brise était forte ; la mer, resserrée par les découpures de la baie, était assez unie ; le ciel, peu transparent, baignait toute la rade dans l'obscurité. Le navire est arrêté par son ancre : couper le câble qui la tient, en l'abandonnant au fond, est une opération facile; mais comment parvenir à développer et livrer au vent la surface tendue d'une voile, si indispensable pour l'éloigner promptement de terre ? Une admirable inspiration a passé par la tête du courageux marin ; il faut vingt hommes pour déployer cette voile, lui seul il la suspendra dans les mâts élevés du navire. La voile offre une grande surface carrée ; elle est maintenant relevée par plis sur la lourde et longue barre de bois transversale qui forme une croix avec le mât ; la première chose à faire, c'est donc de couper les liens qui la maintiennent sur cette barre, cette vergue, comme on dit, et d'attacher solidement les deux coins inférieurs de cette voile aux extrémités d'une autre vergue qui est placée sous la première. On conçoit que la voile, maintenue en bas et en haut par des amarrages qui fixent ses coins aux bouts des vergues, n'a plus qu'une opération à subir : c'est d'être tendue; et, pour cela, il faut que la vergue supérieure monte et s'élève jusqu'au haut du mât, en s'écartant toujours de la seconde qui reste transversalement fixe. Mais le poids de cette voile, de sa vergue et d'une multitude de cordages dont elle est accompagnée, est énorme; il faut, dans les règles de l'*appareillage*, une grande puissance pour l'élever à l'aide d'une corde qui, passant par le sommet du mât, tient par un de ses bouts à la vergue sur laquelle s'attache la voile, tandis que l'autre reçoit le concours de force qui amène au résultat. C'est ici que l'opération est impraticable pour un seul homme, quelque grandes

que puissent être et sa force et son énergie. Le moyen est trouvé, pourtant ! L'instinct de la conservation a plus fait que toutes les combinaisons d'une froide théorie. — Le câble tient encore le navire à son ancre ; l'ingénieux marin attache l'extrémité du cordage avec lequel doit s'élever la voile sur le câble dont le bout fait un gros nœud à une partie solide du navire ; puis, d'un violent coup d'une hache qu'il a ramassée sur le pont, il tranche ce câble, qui seul retient le navire à la côte ; le bout libre de toute attache sort du navire, et entraîne avec lui le moyen ascensionnel adapté à l'élévation de la vergue. — La brise agit sur le corps du navire, que rien ne retient plus à la côte ; à mesure qu'il s'éloigne du point où il était stationnaire, le cordage en fuyant avec le bout de câble transmet à la voile la tension nécessaire à la marche du bâtiment, qui s'écarte d'autant plus du rivage que la voile monte et étend sa surface au vent. Lorsqu'il juge l'élévation suffisante, le marin coupe la corde après l'avoir attachée à la muraille du navire. L'ancre et le câble sont restés à la place du *trois-mâts français*, la voile est tendue, il saute au gouvernail, et dirige son vaisseau vers le large !

Dès que la distance qui le séparait de terre eut apporté quelque sécurité à sa marche, le courageux matelot déploya quelques voiles légères ; elles suffirent pour augmenter la vitesse. — Quand vint le jour, les montagnes de la Martinique se mêlaient aux nuages qu'amassait la brise. — Un vent frais régnait dans l'atmosphère. — Au soir, les terres déchirées de la Guadeloupe dessinaient leurs lignes indécises dans l'horizon éloigné. Trente heures après son merveilleux *appareillage*, le marin français était entouré de compatriotes étonnés de la miraculeuse réussite d'un projet dont la tentative seule pouvait passer pour une audace inouïe. — Onze Anglais qui se trouvaient à bord furent écroués sur un ponton de la rade. — Le navire fut vendu peu de jours après. — Le marin eut une belle part de prise.

APPAREILLER. v. a. Faire un appareillage.

APPEL. s. m. C'est la direction d'un cordage tendu sans dévier ni faire de coude, entre les deux points qu'il réunit. L'*appel* d'une corde est donc la ligne imprimée par la puissance qui la roidit ou celle reçue à partir de l'obstacle qu'elle rencontre dans sa première direction.

APPUYER. v. a. On dit *appuyer* tel ou tel cordage, c'est-à-dire le tendre davantage, de manière à ce que son action soit plus puissante sur l'objet auquel il appartient. — On *appuie* souvent les manœuvres appartenant aux voiles pour assurer leur solidité contre le vent qui les enfle. — *Appuyer* la chasse, c'est poursuivre avec ardeur un bâtiment qu'on veut atteindre.

ARCASSE. s. f. Terme de construction maritime qui appartient à une portion de l'arrière du bâtiment. —On dit *sabords d'arcasse*, d'ouvertures pratiquées dans cette partie du navire (1).

ARCHIPOMPE. s. f. De *arche de pompe*. C'est un tambour en planches construit dans la cale du bâtiment pour encaisser les pompes, qui s'abaissent depuis la surface du pont jusqu'au fond du navire. L'*archipompe* les préserve du choc de tout objet étranger, et facilite l'inspection qu'on doit en faire souvent en mer.

ARDENT. adj. Se dit d'un navire qui, dans sa marche sous voiles, a de la propension à présenter son avant dans le lit du vent; la manière dont est construit le navire, la disposition de ses mâts ou de sa voilure, motivent cette ardeur qui, poussée à un certain degré, est un défaut et rend le jeu du gouvernail fort difficile pour le marin qui est chargé de le faire mouvoir. —Le contraire d'*ardent* est *mou*. On appelle ainsi le navire qui se laisse abattre par le vent ou qui fait souvent des abattées.

ARMATEUR. s. m. Nom qu'on donne à un individu qui fait armer un bâtiment, et dont l'étymologie, tirée d'*armer*, n'est point régulière, puisque celui qui arme réellement, c'est le capitaine. Aujourd'hui que dans nos ports marchands les opérations de commerce se sont fort multipliées, les navires n'appartiennent pas communément en totalité à une seule personne, mais seulement en tiers, en quart ou autres fractions, dont des négocians, des colons, des capitalistes de l'intérieur et le capitaine lui-même peuvent être propriétaires. L'*armateur* est celui qui figure nominativement dans les rôles d'équipage, dans les pièces de douanes, dans les mémoires, dans tous les détails enfin de l'équipement du navire. Il peut être simplement un agent des véritables propriétaires et rester étranger aux chances de l'opération dont il dirige les préparatifs. — Il y a dans nos grands ports de commerce des négocians qui possédant en propre sept ou huit bâtimens, les emploient à de longues navigations; d'autres, qui se trouvant chargés de l'équipement de quinze ou vingt navires, en sont considérés comme les *armateurs*. — Stéphen Girard, riche *armateur* des Etats-Unis, possédait à lui seul trente navires dont chacun représentait une valeur d'au moins 150,000 fr. — Les capitaines sont souvent *armateurs* de leur propre navire; ils méritent alors l'entière application du mot, car le capitaine est l'homme qui s'occupe le plus du soin de mettre son bâtiment en état de prendre la mer. —Autrefois on disait souvent *armateur* pour capitaine. — On a aussi employé ce mot pour désigner le bâtiment lui-même, et plus particulièrement un bâtiment corsaire. On aurait peine à croire à cette transposition des qua-

(1) On omet ici avec intention des mots tels que, *approcher, arc, arc-boutant,* etc., qui n'ont pas en marine d'autre signification que celle que leur attribue le langage vulgaire. Il en sera ainsi dans tout le cours de cet ouvrage.

(*N. de l'éditeur.*)

lifications, si l'on ne trouvait pas dans de vieux ouvrages sur la marine des phrases qui n'auraient aucun sens, si l'on n'adoptait cette version.

ARMÉE NAVALE. s. f. Cette désignation est une de celles qui ont d'autant plus besoin d'une définition exacte, que leur acception vulgaire diffère plus de la signification réelle.

La pensée qu'éveille habituellement ces mots : *armée navale*, est celle de la réunion en corps de plusieurs bâtimens armés en guerre; cette appellation pourrait, en ce sens, s'appliquer indifféremment à une escadrille, à une division ou à une escadre : or, telle n'est pas la valeur que la tactique maritime lui attribue. Par l'expression *armée navale*, on doit entendre, dans le langage spécial, une force navale partagée en trois grands corps ou escadres, chacune desquelles est elle-même partagée en trois divisions d'un nombre à peu près égal de vaisseaux de ligne, indépendamment d'une escadre légère composée des frégates, corvettes et avisos attachés au service général, soit pour éclairer la marche, soit pour transmettre les ordres verbaux et les dépêches, soit enfin pour remorquer les vaisseaux désemparés dans un combat. Les combinaisons de la tactique exigeant que l'*armée navale* et chacune de ses subdivisions puissent être partagées en trois portions égales formant avant-garde, corps de bataille et arrière-garde, elle suppose l'*armée navale* de vingt-sept vaisseaux, minimum de sa composition tout-à-fait régulière.

Le nombre vingt-sept, comme on le voit, n'est pas un de ces chiffres conventionnels qui n'ont d'autre origine que l'arbitraire, et de sanction que l'usage : c'est un type parfait. Pourtant un assemblage de dix-huit vaisseaux peut encore former une *armée navale* assez régulière, puisqu'elle offrirait trois escadres de six vaisseaux partagées en divisions de deux. — D'après une loi de la république, la réunion de quinze vaisseaux de ligne conférait le titre d'amiral à l'officier qui les commandait, et par conséquent était censée constituer une *armée navale*. La dernière ordonnance sur le service des officiers de la marine militaire (octobre 1827) qualifie formellement d'*armée navale* une force de quinze vaisseaux et au-dessus. — Il faut avoir vu évoluer cette formidable réunion de grands navires avec une promptitude et une précision qu'envieraient souvent des armées de terre, il faut l'avoir vue, tantôt se déployer en une seule ligne, la première escadre au centre, les autres à droite et à gauche en ailes immenses; tantôt, voguant par colonnes, présenter, d'après le signal de l'amiral, ou un front de trois vaisseaux sur une profondeur de neuf, ou opposer sur trois rangs une face de neuf vaisseaux, pour apprécier tous les avantages de cette savante combinaison.

Les trois escadres d'une *armée navale* étaient

autrefois commandées par des officiers supérieurs dont le grade différait, ainsi que le pavillon et la place militaire de ces corps, d'après leur ordre hiérarchique.

La première escadre était commandée par l'amiral, et formait le corps de bataille, sous la désignation d'escadre blanche, qu'elle devait à la couleur du pavillon de son commandant.

La seconde, sous les ordres d'un vice-amiral, formait l'avant-garde, et empruntait à son pavillon d'azur le nom d'escadre bleue.

La dernière, dont la dénomination et la couleur du pavillon de commandement était mi-partie blanche et bleue, formait l'arrière-garde sous le commandement d'un contre-amiral.

L'ordonnance de 1827 établissait que, dans une *armée navale*, les officiers généraux de la première escadre porteraient pour marque distinctive un pavillon carré blanc, au grand mât, au mât de misaine ou au mât d'artimon, suivant leur grade; ceux de la seconde, un pavillon blanc ayant un quartier bleu à la partie supérieure du guindant, et ceux de la troisième, un pavillon bleu percé d'une bombe blanche. La révolution de juillet a, de fait, annulé ces dispositions, qui ne cadraient plus avec le pavillon tricolore.

Les dernières armées navales qu'ait mises en mer la France, sont celle qui, sous les ordres du comte d'Orvilliers, défit, en 1778, à la hauteur d'Ouessant, celle de l'Angleterre, plus forte qu'elle de 534 canons; celle qui, sous la république, lutta si héroïquement, le 13 prairial de l'an II (1er juin 1794), contre des forces britanniques qui comptaient neuf vaisseaux plus qu'elle; celle de Bruix en 1799; enfin, celle qui, à Trafalgar, s'ensevelit dans un glorieux désastre.

ARMEMENT. s. m. C'est encore devant cette expression que l'homme étranger à la marine doit rompre avec les idées que le mot lui rappelle au premier abord, pour rechercher celles que la spécialité y a attachée.

Le substantif *armement* n'implique pas nécessairement, en matière nautique, le placement dans un navire des machines et des instrumens de guerre qui en font la force militaire; il embrasse la série d'opérations qui, prenant un bâtiment nu de toute mâture, le met en état de prendre la mer, que ce soit un navire militaire ou qu'il appartienne au commerce.

Ces travaux se divisent en deux parties principales : la première est le mâtage et le gréement, c'est-à-dire l'élévation de ce fragile et gracieux édifice de bois, de chanvre et de lin, qui doit communiquer à la masse flottante, mais inerte, le mouvement et la vie. La seconde consiste dans l'arrimage; il faut s'imaginer la prodigieuse quantité d'objets d'équipement, d'approvisionnemens et de munitions que nécessite l'*armement* d'un vaisseau de guerre. Ville, citadelle et camp à la fois, possédant son armée de soldats et son peuple de matelots, ses magasins et ses chantiers, ses parcs et ses cent canons en batterie, il faut s'imaginer tout cela pour bien apprécier toute l'expérience et toute l'adresse qu'exige le classement commode et méthodique de tant d'objets d'un emploi journalier, dans l'espace relativement si étroit d'une cale; pour bien apprécier les calculs nécessaires, afin de ne fatiguer aucune partie du bâtiment, et pour établir les conditions équilibriques les plus favorables au sillage de ce vaisseau.

On distingue plusieurs espèces d'*armèmens* : un bâtiment peut être armé commercialement, c'est-à-dire réunir à l'équipement nécessaire pour tenir la mer, les moyens d'exploiter une industrie; armé en guerre, c'est-à-dire joindre aux moyens de navigation ceux d'attaquer ou de repousser les navires ennemis. Ces derniers peuvent encore être armés sur le pied de guerre ou sur le pied de paix. Dans le premier cas, le matériel et le personnel de leur force militaire est au complet; dans le second, au contraire, ils n'en possèdent qu'une partie; enfin, un bâtiment peut être armé en marchandise et en guerre. C'est lorsque les négocians qui l'équipent croient devoir mettre le chargement qu'ils lui confient sous la protection de quelques pierriers et de quelques canons. Ces mesures de défense sont employées sur les bâtimens du commerce, qui fréquentent les parages écumés par des pirates.

ARMER. v. a. C'est équiper un bâtiment, en faire l'armement, mettre à son bord tout ce qui est nécessaire au voyage ou à l'expédition qu'il va entreprendre, soit pour la guerre, soit pour le commerce. — *Armer* en guerre, c'est préparer un vaisseau pour la rencontre des ennemis et le pourvoir de tout ce qui peut rendre favorables les chances de combat. — *Armer* en course, c'est équiper un bâtiment monté par des marins déterminés, et l'envoyer, avec l'autorisation du gouvernement, s'emparer des navires marchands qui font route pour les ports ennemis. — *Armer* un bâtiment de commerce, c'est le munir de ses provisions, de tous les accessoires de son ensemble, lui former un équipage, le charger de marchandises pour accomplir un voyage. — C'est l'armateur et le capitaine qui *arment* un navire. — On *arme* une embarcation en y faisant descendre des hommes qui la rendent propre au service qu'on en attend. — On *arme* les avirons ou rames en les plaçant sur le bord de l'embarcation, prêts à tremper dans l'eau pour la mouvoir. — Les marins disent aussi : J'ai *armé* sur tel navire, pour dire qu'ils ont fait partie de son équipage.

ARRIÈRE. s. m. C'est la partie du bâtiment qui le termine par le bout où est le gouvernail. —Le *gaillard-d'arrière*, c'est le quartier-général d'un bâtiment de l'État. Toute la partie du navire que recouvre le *gaillard-d'arrière* est consacrée à l'habitation de l'état-major; c'est aussi là que sont certaines provisions de campagne, sous la surveillance d'un des officiers. Les poudres, les armes y ont des emplacemens réservés. L'extrême arrière, percé de fenêtres qui donnent sur la mer, est occupé, à bord des bâtimens de l'État, par les chambres des officiers supérieurs ; la droite et la gauche, en suivant les côtes du navire, sont distribuées en chambres particulières, dont une est affectée à chaque officier ; les étages communiquent de l'un à l'autre par des escaliers, qui, sur les grands bâtimens de guerre, s'abaissent du pont le plus élevé jusqu'à l'étage inférieur. Les officiers subalternes occupent les chambres basses. La première batterie, ou premier étage en descendant du pont, appartient aux officiers généraux ou supérieurs que porte le navire. Les rangs intermédiaires sont habités par les officiers de grade secondaire. — Sur les bâtimens du commerce, l'arrière ne contient qu'une ou deux chambres, qu'entourent les petites cellules dans lesquelles chaque passager ou chaque officier du bord se retire pour prendre du repos. A côté et au-dessous sont placés les vivres et les provisions de campagne. (Voir *Cambuse*.)

L'*arrière* d'un bâtiment marchand est la promenade où se croisent sans cesse les officiers et les passagers qu'il porte. Dans la belle navigation qu'offrent les latitudes tropicales, dans ces doux vents alizés dont l'haleine tiède soulève faiblement contre le navire les lames inoffensives qu'il divise, une tente légère se balance sur le *gaillard-d'arrière,* le hamac se pend à l'ombre et berce les rêveries du passager : souvenirs de la France qu'on abandonne, espoir qui repose sur l'avenir. Le capitaine et celui de ses officiers que la division du temps investit de la surveillance momentanée de la route, causent appuyés sur le bord du navire ; le cigare de contrebande livre au vent sa fumée odorante ; on rit, on chante, on donne des ordres ; les soins du capitaine se partagent entre l'attention donnée à la boussole qui sert à diriger le navire, et les questions adressées à son maître-d'hôtel s'occupant des apprêts du dîner. Quelque jeune fille, timide passagère, confiante dans la sérénité du temps, s'est abandonnée au bras du lieutenant du bord ; elle jette parfois en l'air de curieux et craintifs regards ; le craquement des pièces de la mâture que le vent secoue lui inspire de risibles terreurs... puis, enhardie, elle s'abandonne seule au balancement du navire ; son regard mélancolique suit le vol aventureux des alcyons qui flottent dans l'espace ; et si quelque lame capricieuse lui jette en folâtrant sur le navire quelques gouttes de son écume neigeuse, la peureuse appelle le capitaine, et demande pourquoi la vague la mouille, pourquoi le navire remue.... J'en ai entendu qui, après une nuit d'orage, pendant laquelle une mer agitée avait sans cesse fait gémir les cloisons des chambres, demandaient si le navire n'était pas fêlé.... Les

passagères, quand elles sont jolies, sont toujours fort amusantes en mer. Cette vie sur quelques planches au milieu du vide matériel, cette vie en serre chaude mûrit si vite les habitudes, hâte tellement le progrès de la familiarité, que huit jours de mer suffisent pour motiver l'éloignement ou nouer complètement les sympathies. On se connaît vite en mer ; c'est que, comme disent les marins, *il n'y a point là de porte de derrière.*

Après les belles journées de navigation caraïbe, après ces nuits bleues et étoilées que divise silencieusement le navire, l'*arrière* est souvent le théâtre d'émotions bien profondes, au milieu des bourrasques et des tempêtes que des mers perfides amassent sur le bâtiment. L'équipage entassé, blotti en groupe autour du capitaine, y attend, dans un religieux silence, les ordres qu'il doit opposer à l'orage pour en détourner les affreux désastres. L'œil du chef s'élève sur la voilure que la tourmente lui dispute débris à débris ; sa voix se mêle aux sifflemens de la bourrasque, au grincement des mâts, aux menaces des lames qui gonflent et se brisent... Les matelots suivent son regard, écoutent son haleine ; la pantomime expressive que sa lutte avec la voix des élémens le force d'ajouter à sa propre voix est admirablement interprétée ; presque à sa simple pensée les matelots s'élancent pour préserver une voile des tourbillonnemens du vent ; pour arracher un débris aux attaques successives de la mer ; puis ils reviennent à l'*arrière*, car c'est le seul endroit où il y ait encore quelque sûreté pour leur existence. Il y a partout ailleurs danger d'être emporté par les lames, et, dans cette position désespérée, quels secours porter à un malheureux qu'un coup de mer arracherait tout vivant à la vie ?

L'*arrière*, enfin, c'est l'âme du navire, c'est sa partie noble, c'est son intelligence ; toutes les volontés individuelles qu'il renferme remuent sous le caprice du chef qui y commande, comme tout le système matériel remue aux caprices du gouvernail qui le termine.

ARRIMAGE. s. m. C'est l'arrangement méthodique de tous les objets qui doivent être contenus dans un navire.—Pour les bâtimens de l'État, l'*arrimage* est le résultat de combinaisons tendant à donner au vaisseau une assiette qui rende sa marche plus rapide, les oscillations que le balancement de la mer lui imprime plus douces, et sa résistance contre le choc des lames moins violente. L'art de distribuer les poids est soumis aux lois d'un calcul ayant pour objet de placer le centre de gravité à une hauteur convenable pour la stabilité et la douceur des mouvemens du vaisseau. — Dans la marine du commerce, le principal but de l'*arrimage* est de placer dans l'intérieur du navire la plus grande quantité possible de marchandises, en faisant le plus de concessions qu'on peut aux lois de navigabilité et de marche. Ainsi les corps les plus lourds sont toujours placés dans les couches inférieures de l'*arrimage*. Les objets fragiles sont dispersés dans les parties les plus sûres que laisse la disposition générale; les marchandises qui ont besoin d'air, pour que l'échauffement de la cale n'en compromette ni les couleurs ni le goût, sont placées en dernier lieu.—Le système complet de l'*arrimage* est le même que suit proportionnellement un emballeur qui garnit une caisse d'objets de différentes natures, ou un voyageur qui dispose méthodiquement sa malle.—L'*arrimage* est une science assez difficile, puisqu'il s'agit de conserver à la fois au navire le balancement nécessaire à son assiette, et de faire en sorte que tous les corps qu'on y place forment un tout moulé sur les formes intérieures du bâtiment et lié, comme les pierres d'une voûte, par la solidarité de chaque élément de l'ensemble. —Aux Antilles, les boucauts de sucre que rapportent les navires faisant ces voyages sont presque toujours *arrimés* par des nègres qui font profession de l'arrimage. Au moyen de pinces, de crics, de leviers, ils parviennent à disposer les boucauts de manière à ce que le dernier placé tienne toute la rangée dont il fait partie; ainsi pour le *désarrimage*, il suffit de sortir cette espèce de clef pour en faciliter la prompte exécution. — Aux États-Unis, les *arrimeurs* sont si habiles à arranger les balles de coton dont ils emplissent les navires qui viennent dans nos ports, que l'on est souvent forcé d'arracher ces balles par morceaux pour obtenir le jour nécessaire à prendre les autres. — Les navires qui chargent de grain le jettent simplement dans la cale : c'est là un fort mauvais chargement, parce que si, comme cela arrive presque toujours, le navire n'est pas complètement plein, l'inclinaison que le mauvais temps lui imprime dérange l'équilibre de la masse du fluide qui brise les légères entraves qu'on lui avait opposées pour le contenir, et, se répandant sur le côté incliné du bâtiment, elle compromet grandement sa sûreté.—Quand le navire chargé de grain n'est pas parfaitement *étanche*, l'eau qui s'y introduit augmente, en le gonflant, le volume de la cargaison, qui acquiert alors quelquefois une telle force, qu'on a vu des navires dont le pont se soulevait sous cette puissance intérieure. Le pont cède, parce qu'il est la paroi la moins forte de la caisse que forme le navire. — La fraude a parfois spéculé sur ce gonflement du grain; comme il est mesuré par boisseaux au chargement et au déchargement, il arrive que des soustractions ont lieu à l'aide d'une relâche ou d'une rencontre en mer, et l'eau qu'on jette dans la cale produit le gonflement qui remplace la partie distraite de la cargaison.

Arrimage peut venir du grec *armos*, arrangement, combinaison.

ARRIMER. v. a. Faire un arrimage.

ARRISER. v. a. On dit par abréviation *riser*.

C'est amener, abaisser un peu.—Se dit des voiles lorsqu'on veut soustraire une partie de leur surface à la violence du vent qui augmente.

ARRIVÉE. s. f. Mouvement d'un navire qui obéit au vent en faisant de la route, et qui, d'après la disposition de ses voiles, plus nombreuses quelquefois sur son avant qu'à l'arrière, pivote sur son axe en prenant davantage de vent. Quelquefois une inattention du marin qui tient le gouvernail cause une *arrivée*; alors cette déviation de la vraie route trouve son redressement dans la même cause qui l'a produite. — On fait une *arrivée* quand on veut passer du côté opposé à celui d'où vient le vent; cela se pratique souvent à la rencontre d'un navire en mer, ou pour se détourner momentanément d'une direction qui porte sur un point qu'on veut éviter.

ARRIVER. v. a. C'est faire une arrivée.—On dit : *Laisse arriver !* c'est-à-dire qu'on commande au marin qui dirige le gouvernail de faire obéir le navire au vent, en le recevant plus en plein dans les voiles.—On dit : *N'arrivons pas !* lorsque le bâtiment dévie de sa route en prenant davantage de vent. — Ces commandemens, qui sont très-souvent prononcés à bord des navires, intriguent et chagrinent beaucoup les passagers qui ne sont pas familiarisés avec leur valeur; ils pensent que l'officier attache à leur expression le sens vulgaire, et, comme tout leur désir est d'arriver promptement à la destination, pour se soustraire au mal de mer ou aux ennuis de la navigation, ils se désespèrent des retards qu'on paraît vouloir apporter à l'accomplissement de la traversée. « Ces marins, comme ils aiment la mer! disent-ils quelquefois; le lieutenant recommande vingt fois par jour aux matelots de ne pas nous faire arriver; si j'avais su cela! Je voudrais bien qu'il eût le mal de mer comme moi ! » *Arriver*, comme dans le langage du monde, a une application usitée pour signifier : parvenir à un point, aborder au port.

ARSENAL. s. m. C'est un établissement maritime où sont réunis des chantiers de construction, des ateliers de toute espèce, des forges, des corderies, des approvisionnemens de bouche et des munitions de guerre, des armes, des parcs d'artillerie, et en général tout ce qui entre dans l'armement d'un bâtiment de l'État. Nous possédons en France beaucoup d'arsenaux maritimes, qui se divisent, suivant leur importance, en classes, comme suit : première classe, trois : Brest, Toulon, Rochefort. — Seconde classe, deux : Lorient, Cherbourg. — Arsenaux secondaires : Dunkerque, le Havre, Saint-Servan, Nantes, Bordeaux et Bayonne. — L'Angleterre compte six grands arsenaux maritimes, desquels sortent l'équipement et le matériel presque complet de toute sa flotte; ils sont situés à Plymouth, Porstmouth, Chatam, Deptford, Sheerness et Woolwich. Mais l'Angleterre a une position géographique et des relations étrangères qui lui imposent le besoin d'avoir une marine plus nombreuse que toute autre puissance ; en revanche, les arsenaux de son armée de terre sont de peu d'importance, et même, à proprement parler, elle n'en a qu'un seul, celui de Woolwich, où l'on confectionne tout ce qui est nécessaire au service de l'artillerie de terre et de mer. — Une visite dans les arsenaux de nos grands ports est toujours une chose pleine d'intérêt, même pour les personnes les plus étrangères à la marine ; c'est tout un monde réuni entre quelques barrières, l'intelligence, le génie de la science traduit sous toutes les formes. L'arsenal de Toulon est fort considérable ; il s'ouvre sur le port, qui le borde dans une grande partie de son pourtour.

Arsenal viendrait-il de *ars navalis?* Cette étymologie est plus que douteuse.

ARTILLERIE. s. f. Comme ce mot n'a point d'application particulière pour la marine, on verra *canon, caronade. Artillerie* vient, dit-on, du latin *ars tollendi*, art de porter, science qui enseigne à lancer des projectiles avec l'auxiliaire de la poudre.

ARTIMON. s. m. C'est le nom qu'on donne au mât le plus rapproché de l'arrière sur un bâtiment à trois mâts et à voiles dites carrées. La voile, en forme de quadrilatère, qui s'élève derrière ce mât, porte comme lui le nom d'*artimon*. Le mât d'*artimon* est le plus petit des trois; il supporte deux et quelquefois trois autres mâts de plus en plus légers, à mesure qu'ils s'élèvent, et qui ont des noms particuliers, qu'on trouvera à leur place ; mais la réunion des pièces qui forment le mât prend le nom général, quoiqu'il n'y ait réellement que le bas-mât auquel il doive être appliqué. — Les premiers navigateurs grecs n'avaient à leur navire qu'un seul mât auquel ils *suspendaient* leur voile. *Artimon* provient évidemment du grec *artémon*, fait lui-même du verbe *artaô*, je suspends. —Lorsque le capitaine ou l'officier qui commande la manœuvre juge convenable, pendant le mauvais temps ou après un travail pénible, de faire distribuer aux matelots quelques verres d'eau-de-vie, celui qui est chargé de cette distribution crie : *Passez derrière border l'artimon!* Tous les matelots, fatigués ou mouillés après plusieurs heures de veille, savent que c'est là *une fausse manœuvre*, et ils viennent se grouper en riant autour du distributeur, qu'ils ne quittent qu'à regret, en cherchant bien si, à l'aide de la confusion, il ne leur sera pas possible de se représenter une seconde fois vis-à-vis de la bouteille.

A SEC DE VOILES. C'est la position d'un bâtiment qui a été forcé de plier toutes ses voiles pour les soustraire à la violence du vent.

ASPIRANT. s. m. Titre qui remplaça celui de *garde-marine* après la première révolution,

et auquel la restauration a fait succéder celui d'*élève*. Les *aspirans* étaient divisés en deux classes : ceux de première avaient une position intermédiaire entre les derniers officiers (enseignes de vaisseau) et les premiers maîtres. Ils complétaient au besoin le service des officiers, et transmettaient généralement les ordres, en surveillant leur exécution. Les *aspirans* de deuxième classe marchaient immédiatement après les premiers maîtres dans la hiérarchie navale. Cette classification anormale donnait lieu à une foule d'irrégularités et de fausses interprétations. Aussi fut-elle modifiée par un décret qui mit fin à cette anarchie en fixant d'une manière complète les attributions des *aspirans*.

L'ordonnance de 1817 changea le titre d'*aspirant* en celui d'*élève*. Les deux classes furent maintenues ; l'aiguillette d'or pour les *élèves* de première, de soie et or mélangés pour ceux de deuxième, remplaça le trèfle et l'épaulette déjà entremêlée d'or et de soie bleue.

Les *aspirans* secondaient le service des officiers, et souvent étaient investis du commandement de la manœuvre sur l'avant du navire. Leurs fonctions sont aujourd'hui à peu près les mêmes. (Pour plus amples détails, *voir* Élève.)

ASSÉCHER. v. a. Se dit d'un port, d'un rocher, d'une plage que la marée, en se retirant, laisse à découvert. — On *assèche* un bassin, un réservoir en réparations, au moyen d'écluses ou de grandes pompes destinées à cet emploi.

ASSURANCES. s. f. Terme de commerce et de droit maritime. Les expéditions de mer présentent beaucoup de risques et d'éventualités pour les sociétés de spéculateurs — dont il a déjà été parlé au mot *Abandon*, — constituées pour garantir, en échange d'une prime légère, la valeur des marchandises que les bâtimens transportent d'un port à un autre, et le bâtiment lui-même. — La perte totale ou la détérioration, soit du navire, soit des marchandises, est garantie à ses propriétaires contre le naufrage et les moindres accidens de mer, comme une maison l'est en totalité ou par parties contre l'incendie.

Les *assurances* maritimes rattachent à elles une foule de questions judiciaires qui ont souvent fait l'objet des méditations les plus savantes; les *assurances* pour les cas de mer sont de tant de sortes et soumises à tant de conditions, qu'on *assure* pour le voyage complet le navire d'abord, puis le chargement pour une traversée. — On *assure* avant le départ, on *assure* pendant la durée du voyage, et même jusqu'au moment où le navire, attendu de jour en jour, fait naître, dans l'esprit de ses propriétaires, des inquiétudes sur sa conservation. Dans cette dernière hypothèse, la prime qu'on paie aux assureurs, pour qu'ils garantissent la valeur du bâtiment ou de sa cargaison contre les probabilités des événemens, est augmentée en raison des chances plus ou moins grandes de la perte ou de la conservation de la valeur assurée.—Souvent un armateur, inquiet sur le sort d'un bâtiment depuis long-temps attendu au port, s'est décidé à payer une *prime* considérable pour se conserver une partie de sa propriété, et le navire paraît quand la signature vient d'être donnée.... C'est un grand bénéfice pour les assureurs. — On *assure* encore contre les chances de piraterie et de guerre. — Les rivières, les canaux, les moindres navigations jouissent des *assurances* maritimes.—De toutes les questions commerciales dont l'initiative est soumise aux tribunaux, les *assurances* sont celles qui présentent le plus de complication. On a beaucoup écrit sur les *assurances;* il y a même sur cette matière des traités d'une importance qu'on ne peut guère soupçonner au simple aperçu de la question. — On cite comme les meilleurs ouvrages le traité de Casa-Regis, de Valin, et principalement celui d'un jurisconsulte provençal : Emérigon.

ASSURER. v. a. C'est, dans une première acception, souscrire une assurance. — On *assure* son pavillon lorsqu'en le hissant au mât, on tire un coup de canon qui appelle l'attention sur les couleurs qu'il livre au vent.

ASSUREUR. s. m. Celui qui, moyennant une prime, souscrit une assurance.

ASTROLABE ou **PLANISPHÈRE.** s. m. Instrument de mathématiques qui servait à mesurer l'élévation du soleil ou d'un autre astre au-dessus de l'horizon, et dont l'usage est abandonné.

ATMOSPHÈRE MARITIME. s. f. Voir *Air de la mer.*

ATTERRAGE. s. m. C'est l'arrivée en vue de terre après un voyage; c'est aussi être près de la côte sans l'apercevoir. L'*atterrage* est le voisinage d'un point de la côte. C'est une des phases les plus dangereuses de la navigation; elle exige une surveillance active, jointe à une grande prudence, dans la route qu'on fait suivre au navire. L'*atterrage* cause la plupart des événemens de mer, et, faute de cette attention continuelle qu'il faut apporter sur la position du bâtiment par rapport à la terre dont il s'approche, un grand nombre de voyages heureusement accomplis se sont dénoués en catastrophe au moment de toucher le port. Lorsque le capitaine d'un bâtiment juge, par le résultat de ses calculs astronomiques, qu'il approche de terre, il fait placer dans la mâture un homme de vigie ou de veille, qui, sans cesse remplacé, étend ses regards sur la mer, et cherche dans l'horizon éloigné les lignes indécises des côtes, qui ont souvent tellement de ressemblance avec des nuages, qu'il faut un long examen pour bien constater leur arrêté de formes, et ne pas les confondre avec ces amas de vapeurs dont se charge si souvent l'horizon. C'est ordinairement vers les points avancés ou culminans de la côte que le capitaine dirige son navire; lorsque la

présence de ce point lui est bien démontrée, qu'il en a comparé les formes avec celles que lui représente sa mémoire ou la configuration des vues de terre dessinées sur les cartes marines, il modifie la route que suit le bâtiment, afin de se rendre au port voisin ou à telle autre destination, dont l'examen approfondi d'un point de la côte lui a assuré la présence à tel ou tel endroit.

Lorsque la distance qui sépare un navire de la terre est jugée peu considérable, le capitaine suspend sa course pour la nuit. Cette prudente mesure a pour but de ne pas s'exposer à se jeter sur des rochers dont la nuit dissimulerait la présence, ou de venir s'échouer sur la plage sans avoir vu la terre si près de soi. Il est pourtant arrivé souvent, quelque grandes que soient les précautions du marin aux approches de terre, que, trompé par ses calculs et trop confiant dans leur résultat incertain, un navire ait vogué à pleine voile pendant la nuit sur une côte dont il ne prévoyait pas le voisinage. Quel réveil alors ! — le bâtiment, violemment poussé par le vent et les lames, s'élance par-dessus les rochers, qu'il franchit tantôt penché presqu'à sec sur leurs flancs anguleux, tantôt porté plus loin par un amas de lames qui se roulent en venant du large et viennent tourbillonner autour de lui. — Quel réveil ! confiant dans l'habileté de ses officiers et dans la direction que suit son navire, le capitaine, arraché au repos par les cris que jette en se déchirant chaque partie du navire, s'élance péniblement sur le pont, en se cramponnant à ce qu'il trouve, et cherchant si le désordre affreux qui l'entoure n'est pas quelque caprice de son imagination assoupie, quelque rêve inachevé... Quel réveil !—comme de grands chênes que tourmente un tremblement de terre, les mâts secouent leurs racines, les vergues craquent comme des branches, les voiles s'arrachent et partent en lambeaux comme des feuilles dans un tourbillon, les cordages se rompent, le navire se disjoint; un fil tient pendant un instant un amas de débris suspendus sur vingt têtes, un rocher plus aigu présente ses saillies menaçantes au flanc du navire qui se couche sur lui; le fil rompt, la masse de mâts et de cordages croule en avalanche solide sur une partie de l'équipage, qu'elle écrase; le rocher reçoit le navire entier, et le rejette en morceaux aux lames qui s'entrechoquent et s'ébattent dans l'horrible obscurité de la nuit : le naufrage n'a pas eu d'agonie. Quel réveil ! Le navire venait fringant, souple, confiant dans l'espace qu'il croyait parcourir; il songeait à sa toilette de retour; il avait repeint ses flancs, blanchi sa ceinture; il songeait à ses pavillons, à ses flammes, étamines légères et vives dont il couronne sa mâture aux jours de fête; et n'est-ce pas une joyeuse fête que le retour? Mais quel réveil ! — souvent la moitié de son équipage endormi meurt sans transition du sommeil à la mort;

le bâtiment périt, sans que pièce à pièce la mer le ronge ; le vent le démâte ; atteint dans sa course par un puissant rocher, il retombe brisé après quelques secondes d'une horrible destruction.... et tout est dit.

La grève se borde de débris; quelques cadavres déchirés sont apportés par les lames ; le soleil se lève jaune et radieux à travers les échancrures des nuages, et brille sur la surface de l'eau qui, oublieuse de ses fureurs, n'a point conservé de trace de la catastrophe de la nuit. Une voile blanchit à l'horizon ; parfois les rayons du soleil qui la frappent lui donnent la forme d'un grand oiseau marin au repos. Mais le bois du navire a paru, indécis de forme ; il s'agite sous les balancemens de sa voilure ; il approche ; tantôt, comme un voyageur impatient, il s'élance sur le contour des lames, et semble montrer au rivage le pavillon qu'il agite en l'air en le faisant flotter au vent ; tantôt, comme un voyageur harassé après une longue route, il semble s'affaisser et se reposer dans le creux des lames, — mais il vient toujours. Quel bonheur à son bord ! la terre, pour les marins, se dessine distincte et lumineuse ; divisés en groupe, ils fouillent la distance qui les en sépare, et cherchent leur toit dans cette confusion d'édifices, leur fumée dans ce dais de vapeur qui plane sur la ville. Quel bonheur ! — les plateaux de verdure qu'on aime tant à revoir se colorent et s'accidentent de plus en plus, les senteurs qui viennent du rivage gonflent délicieusement la poitrine du matelot ; il fatigue sa vue à chercher les détails de cet ensemble qui le rend heureux ; parmi le peuple dont se charge la plage, il cherche un visage ami. — L'impassible navire va toujours, — les traits des visages se dessinent — comme tout-à-l'heure ceux de la terre se formaient dans le vague de l'éloignement. — Celui-ci, c'est son frère ; il s'est élevé sur une pierre, le marin le reconnaît ; plus bas, sa mère qui vit encore ; puis une jeune fille qui depuis long-temps ne détache pas ses regards du bâtiment qui arrive.... Quel bonheur ! — à terre ! à terre ! Il s'élance sur le rivage où l'aiment et l'attendent ses amis. — Ses pieds heurtent des débris ; — les yeux sur sa maîtresse, il se jette dans les bras de sa mère. L'*atterrage* est bon pour lui ; c'est la fin de ses peines, de ses fatigues, de ses privations. — Quel bonheur pour le navire arrivé le jour ! — Quel réveil pour celui dont les débris jonchent la grève !

Atterrage vient évidemment de *ad terram*.

ATTERRER ou **ATTERRIR**. v. n. Faire un atterrage.

ATTRAPES. s. f. Bouts de cordage plus ou moins gros, dont on se sert pour amarrer, retenir provisoirement une chose ; pour contenir un corps suspendu, auquel l'agitation du navire imprime des balancemens.

ATTRAQUER. v. a. Expression employée dans les mers du Levant, dans le même sens qu'accoster, approcher.

AULOFFÉE. s. f. C'est le mouvement que fait un navire sous voiles tournant son avant vers le lit du vent, évolution toute contraire à l'*arrivée*. A l'aide du gouvernail, on prévient cette tendance du bâtiment, que produit souvent la disposition des voiles. En frappant dans les voiles de l'avant, la brise cause une arrivée au navire ; si elle souffle sur les voiles de l'arrière, le mouvement qui en résulte est une *auloffée*.

AURIQUE. s. f. On appelle ainsi les voiles quadrangulaires dont la partie supérieure s'élève en pointe comme l'oreille de certain quadrupède. — Ce mot dérive incontestablement d'*auris*, oreille.

AURORE BORÉALE. s. f. Phénomène lumineux souvent observé dans les mers polaires, et dont on attribue la formation au magnétisme de la terre. Les recherches de Franklin, de Mairan et d'Euler n'ont rien révélé sur les causes physiques qui forment l'*aurore boréale*. Quand ce phénomène se détermine, les aiguilles aimantées éprouvent une grande agitation, même à un éloignement considérable du lieu où il est visible. — C'est un spectacle d'une rare magnificence, et dont on n'ose guère aborder la description. Il s'annonce presque toujours par un épais brouillard et un temps calme. La vapeur s'amoncelle comme un dôme à l'horizon, et décrit une fraction de cercle à une immense étendue. La lumière s'élève derrière le manteau de brume, et jette dans le ciel des rayons de plus en plus vifs et pressés, et l'inondent de teintes rosées, puis rouges, puis violacées, puis bleues. Les rayons lumineux naissent et y mêlent leurs nuances variées comme les langues de feu d'un immense incendie. La mer est une vaste étendue de lave en fusion. Si les lames ont quelque agitation, c'est un spectacle fatigant à voir, son éclat brûle la vue. — Arrivé à ce premier degré de splendeur, le phénomène subit une admirable métamorphose ; le dôme de brouillard se crève par lignes parallèles, l'éblouissante clarté s'échappe par les interstices que séparent de longs rubans d'un ton sombre et tranchant. — On dirait une corbeille d'ébène contenant des flammes de mille couleurs. — Tout ce qu'il y a de lumière et d'éclat dans les feux du soleil se teint dans les plus vives nuances des prismes célestes, et, sous mille formes hardies et sublimes, représente alors dans toute sa magnificence ce qu'on nomme l'*aurore boréale*. Puis elle s'éteint peu à peu comme elle s'est allumée, et laisse long-temps au ciel de splendides souvenirs. Quand les mille gerbes de feu se sont abaissées derrière l'arche immense qui semblait les contenir, la vapeur se dissout et se condense en bizarres déchirures. L'horizon se charge alors d'une fantasmagorique représentation. Des animaux y dressent leurs têtes géantes; des casques merveilleux, chargés de panaches éclatans; des coursiers, aux crinières de feu, s'y dessinent et s'y transforment en mille autres créations; des édifices s'élèvent et répandent, par leurs mille croisées, des sillons de lumière sur l'eau. Les ombres vaporeuses prêtent leurs formes indécises à tous les caprices de l'imagination; les flèches, les obélisques s'élancent sur les bases chancelantes du terrain inégal. On dirait Sodome que ruine le feu du ciel, ou bien, à ces fûts de colonnes brisées, à ces temples croulans, à ces merveilleuses cathédrales, dont chaque aiguille semble rougie à la forge, dont chaque dentelure tamise les couleurs du ciel, une Herculanum catholique que bouleverse la tempête souterraine. — Et les châteaux s'écroulent, les animaux s'effacent, les pyramides s'amincissent, les bases se retirent et laissent sur le fond rouge du ciel mille objets suspendus, — ce sont des fleurs, des dentelles, des oiseaux que retiennent des fils-invisibles et qui ploient leurs ailes de mille façons, comme impuissans à s'envoler de ce champ de ruines; des danses burlesques, des processions diaboliques les remplacent; puis ce n'est plus que des écharpes, des réseaux aériens qui peu à peu s'estompent et laissent à peine au ciel quelques nuages grêles et sans corps, voguant indécis dans cette mer de feu.....

Il paraît certain que l'*aurore boréale* se passe dans l'atmosphère, puisqu'elle est emportée avec elle dans le mouvement de rotation du globe.

AUSSIÈRE. s. f. Cordage de simple torsion ou composé seulement de trois cordons ou *torons* commis, c'est-à-dire tordus ensemble. Les *aussières* servent communément à remuer des masses et à changer de place les navires ou les fortes chaloupes. On commet ou tord trois *aussières* pour former les câbles et grelins, cordages de double torsion ou deux fois commis. (Voir *Commettage.*)

AUXILIAIRE. s. m. C'est le nom qu'on donne aux capitaines au long-cours lorsqu'ils sont appelés à faire momentanément partie du corps militaire de la marine. Dans les armemens considérables, le nombre des officiers entretenus étant quelquefois insuffisant pour former les états-majors des bâtimens qu'il faut équiper; les capitaines des bâtimens du commerce sont appelés à grossir les cadres de l'armée navale. Le grade qu'ils occupent est celui de *lieutenans de frégate;* ils prennent rang immédiatement après les officiers titulaires. Ils peuvent être admis à faire définitivement partie du corps militaire de la marine, par la volonté du ministre, et alors ils sont *lieutenans de frégate entretenus;* ils prennent rang à la suite, et concourent à l'ancienneté ou au choix, comme tous les autres officiers, pour les grades supérieurs. Les officiers *auxiliaires*

retournent ordinairement à leurs anciens travaux lorsque le gouvernement cesse d'avoir besoin de leurs services. Sous l'Empire, une foule d'officiers de la marine du commerce reçurent les épaulettes d'*enseigne* de vaisseau provisoire ou *auxiliaire* (1), à cause des nombreux besoins d'officiers subalternes que la flottille de Boulogne nécessita un instant; presque tous reçurent des commandemens de *canonnières* ou *bateaux plats*, sortes de navires dont le concours et la multiplicité devaient beaucoup aider à l'accomplissement du fameux projet de descente en Angleterre. — La politique étrangère ayant détourné l'attention de Napoléon de cette gigantesque entreprise, la plupart des *officiers auxiliaires* furent répandus sur les vaisseaux avec confirmation de leur grade; d'autres sont rentrés dans la marine du commerce. — Un grand nombre d'officiers supérieurs de la marine actuelle sont des officiers de l'Empire.

AVAL. s. m. *Vent d'aval*, c'est le vent qui vient du large contrairement au vent d'amont (*voir* ce mot). On dit une *avalaison*, d'une brise venant de l'*aval*, et dont la durée est de plusieurs jours.

AVANCES. s. f. pl. Somme payée par anticipation sur leurs gages, à tous les marins d'un bâtiment qui se dispose à prendre la mer. La distribution des *avances* s'appelle aussi la *revue*, *on passe la revue*, pour *on reçoit les avances*. C'est une formalité qui consiste à établir, sur les registres des bureaux de marine et sur le rôle qu'emporte le navire, les noms, âge, grades et services de chaque individu qui compose l'équipage, depuis le capitaine ou commandant jusqu'au dernier des novices ou des mousses; cette première mesure est suivie d'un versement d'argent départi à chaque marin proportionnellement à son grade ou à sa paie, et basée sur deux, trois ou quatre mois, suivant la longueur présumée du voyage qu'on doit entreprendre; le nombre de mois payés en *avance* équivaut ordinairement au tiers ou quelquefois à la moitié de la durée présumée de la campagne.

Ainsi, quand un marin dit : *J'ai reçu mes avances*, ou *J'ai passé la revue*, il veut dire qu'il est lié pour un temps donné et avec un grade convenu sur le bâtiment dont l'armateur a réglé les avances. A bord des navires du commerce, ces *avances*, cette revue n'engagent le marin que pour un voyage ; — au retour au port, on lui règle la somme qu'il a gagnée en sus des *avances*, et il est libre de choisir un autre bâtiment pour aller voir d'autres pays. (Voir *Décomptes.*)

Dans la marine de l'État, les marins n'étant pas libres de quitter le navire sur lequel ils sont em-

---

(1) Enseigne de vaisseau est l'ancienne appellation du grade de *lieutenant de frégate*, qui correspond à celui de lieutenant en premier dans les corps spéciaux.

barqués, avant que se soit écoulé un certain nombre d'années fixé pour la durée de leur service, ils sont soumis à la détermination que prennent sur leur compte les autorités maritimes, et passent souvent plusieurs années sur le même bâtiment. Les officiers en changent plus souvent, et le retour d'une campagne est pour eux l'époque d'une mutation presque générale. Il n'y a du reste rien d'arrêté à ce sujet, les officiers changeant de bâtiment en raison de leur volonté ou de leur accord avec le commandant du navire. — Les hommes de l'équipage sont seuls soumis à un séjour déterminé, suivant qu'ils appartiennent aux *classes* ou aux *équipages de ligne*. (*Voir* ces mots.)

Les *avances* sont distribuées, pour les bâtimens de l'Etat, par un *commissaire aux revues* qui se transporte sur le navire quelques jours avant son départ. Les équipages des bâtimens du commerce reçoivent les leurs au bureau de la marine, par-devant le *commissaire des classes*.

Cette anticipation sur les appointemens des marins leur est donnée dans le but de leur fournir les moyens de se pourvoir de vêtemens, et de tous les petits objets de nécessité pour la durée du voyage.

Les *avances* accordées aux *corsaires*, *pêcheurs de baleine*, et en général à tous les marins engagés dans des industries aventureuses, ne sont pas comptées, comme les premières, sur un nombre de mois et à titre d'anticipation d'appointemens. Ces derniers trouvant leurs bénéfices dans la réussite de l'entreprise à laquelle ils se sont associés, sont rétribués par des fractions proportionnelles à l'importance des services qu'ils peuvent rendre ; ces fractions sont prélevées sur le produit net qui ressortira de la réussite de l'opération. Les *avances* pour ces marins consistent en une somme débattue de gré à gré, et versée en à-compte sur la quote-part dont le résultat de l'expédition, si elle est favorable, déterminera plus tard l'importance. Si l'entreprise échoue, ou si la somme qu'ils ont reçue n'est qu'en partie gagnée par suite d'un médiocre succès dans l'opération, les marins ne sont pas tenus de rembourser les *avances*, seul profit qu'ils auront tiré de leurs travaux, souvent plus pénibles en raison de l'insuccès.

La réception des *avances* est la phase la plus heureuse de l'existence du matelot ; c'est l'époque sur laquelle il repose son espoir de bonheur dans les crises ou dans les ennuis de sa pénible carrière ; c'est sa lune de miel, et comme il sait la mettre à profit suivant ses goûts ! Tout en se laissant emporter par sa brillante imagination à des détails un peu en dehors de la vie commune, Sue a bien tracé dans sa *Salamandre* les émotions, les plaisirs, les folies du matelot qui a reçu ses *avances*. Comme l'a dit le romancier, une part sur la somme qu'il reçoit est d'abord mise en réserve pour sa vieille mère ou sa jeune sœur ; quelquefois c'est à l'acquisition de quelques hardes de mer qu'il destine cette dîme qui diminue d'autant la durée de ses plaisirs ; mais le reste ! c'est à lui, bien à lui ; son caprice seul décidera de l'emploi qu'il en doit faire ; laissez-le faire ! il paiera bien les joies d'un jour qu'il se donne, le pauvre diable ! et sans les souvenirs qui survivent à la durée de ces plaisirs, il n'y aurait guère d'équilibre entre ceux-ci et les rudes épreuves par lesquelles il passe pour gagner cet argent, dont il s'est escompté sa valeur. Les bonheurs dont le matelot est le plus avide lorsque les circonstances les lui font trouver, sont ces rencontres où s'engagent des luttes, les lieux calmes où il peut semer le bruit et le désordre. Aussi, les bals troublés, les rivaux éreintés, les patrouilles désarmées, sont les jeux qui l'enivrent et qui plus tard, à bord, secoueront plus délicieusement sa mémoire. Les corsaires,— armés en temps de guerre avec autorisation du gouvernement pour risquer le combat contre les navires marchands de l'ennemi, — ont toujours été parmi les marins ceux qui ont donné les plus extravagans exemples de folie ; et comme il arrivait parfois qu'en deux ou trois jours de croisière, un bâtiment rentrât au port avec une valeur de plusieurs centaines de mille francs en prises, la part versée à chaque matelot était assez considérable pour payer généreusement les caprices les plus exagérés. On cite à Boulogne et à Dunkerque des corsaires qui, dans le paroxisme de leur joie, faisaient frire des pièces d'or et d'argent, puis les jetaient à la foule assemblée, dont le cupide empressement à s'emparer du métal brûlant causait l'inestimable bonheur des matelots.

Il y a dans l'histoire des corsaires une anecdote qui est restée dans la marine, et qu'on croit pouvoir consigner ici, en faveur de la popularité qu'elle a acquise chez les gens de mer :

Pendant la guerre de la révolution, on fit à Brest l'armement du corsaire *le Las-Casas*, que commandait M. C....., aujourd'hui capitaine de vaisseau dans la marine de l'Etat. Soit empressement à mettre le bâtiment en mer, soit gêne chez les armateurs, toujours est-il que l'équipage ne reçut pas d'*avances* au départ. — Cela était peut-être unique dans les fastes des corsaires, mais enfin cela fut. — A peine était-il hors de Brest, que le pauvre diable de bâtiment fut pris par les Anglais.

Quel malheur ! quel double malheur pour les matelots, qui n'avaient pas même reçu d'*avances*, dont l'emploi pût les consoler des rigueurs du sort qui s'ouvrait à eux.

Tout l'équipage du corsaire fut parqué sur un ponton ; un ponton anglais !

Les prisonniers déjà établis sur cette bastille flottante, pour faire autant que possible diversion aux ennuis de leur affreuse existence, s'amusaient, quand la prise de quelque bâtiment français venait grossir leur nombre , à faire aux arrivans une réception dont le but était de provoquer le récit de l'événement qui avait donné lieu à la capture, afin d'y chercher un côté ridicule qui servît de thême aux plaisanteries dont on était heureux de s'amuser pendant quelques jours. Plusieurs lieux-communs avaient été consacrés dans les apostrophes dont se mêlaient les huées et les acclamations générales ; ainsi, quand le malheureux arrivant s'était efforcé par son récit de provoquer la sensibilité de son petit auditoire, un *avale-ça !* poussé par une voix forte et ironique, accueillait toujours la fin de sa péroraison. Quand arriva sur le ponton *le Royal-Oak* l'équipage du corsaire *le Las-Casas*, et que les matelots eurent raconté qu'ils étaient partis sans *avances* et avaient été pris le lendemain de leur sortie du port, il y eut une telle explosion de rires, de huées, de moqueries, qu'on crut devoir surenchérir sur l'expression normale pour se mieux amuser du malheureux équipage du corsaire, et au cri écrasant de *avale-ça*, on ajouta le nom du corsaire infortuné. Le dicton *avale-ça, Las-Casas*, est resté par tradition dans la marine, pour être appliqué dans tous les cas où les matelots veulent se moquer de la déconvenue de quelqu'un.

AVANT. s. m. C'est le bout du navire par lequel il avance, l'extrémité opposée à celle où est placé le gouvernail. On dit: *Nous allons de l'avant*, pour signifier que le bâtiment marche et fait de la route. — *Nous sommes de l'avant*, c'est-à-dire nous sommes plus avancés sur la route à parcourir que tel autre navire, ou que tel point indiqué ; c'est le synonyme de *nous avons dépassé le navire* ou *le point dont il est question*. Le vent vient de l'avant lorsque, suivant une route déterminée, le vent change de direction et frappe le navire en se rapprochant davantage de son *avant* ou de la route qu'il veut suivre. *La lame vient de l'avant*, c'est-à-dire qu'elle se roule en venant à peu près de la direction vers laquelle se dirige le vaisseau.

On a dit que le gaillard-d'arrière, c'est-à-dire la partie du pont qui termine le navire à son arrière, recouvre les chambres des officiers ; sur les bâtimens du commerce le logement de l'équipage est situé sous le *gaillard-d'avant*. A bord des bâtimens de l'État, qui n'ont pas, comme ces premiers, l'obligation de réserver la plus grande partie de leur intérieur au placement des marchandises, l'équipage couchant, comme on le verra plus loin, dans toute l'étendue que recouvre le pont, l'*avant* est distribué en aménagemens dépendans de l'économie intérieure du navire.

L'avant est le séjour habituel des matelots, comme l'arrière celui des officiers.—Ces derniers ne vont guère sur l'*avant* que pour y donner des ordres et pour en suivre l'exécution. — Le matelot ne va sur l'arrière que quand son tour est arrivé de prendre la barre qui sert à diriger le gouvernail, ou bien pour abraquer ou haler quelque cordage duquel dépend la position d'une voile ou de quelque autre partie de la mâture.

C'est à l'*avant* et sur le pont, autant qu'ils le peuvent, que les marins prennent leurs repas ; ils s'appuient sur la lisse, espèce de parapet qui ceint le navire, et regardent avec insouciance les lames que divise le navire en trempant dans leur écume son avant, qui tour-à-tour s'y plonge et se redresse.

C'est à l'*avant* que sont placées les ancres. Si le bâtiment qui navigue est à peu de distance d'une côte, il aura deux ancres suspendues extérieurement à deux arcs-boutans qui s'avancent de chaque côté du beaupré, sous le nom de *bossoirs (Voir* ce mot). Le *guindeau* est aussi à l'*avant;* c'est un long cylindre en bois dur, placé horizontalement dans la largeur du navire, et sur lequel s'enveloppent les gros cordages ou les câbles, lorsqu'à l'aide de leviers on le fait tourner sur son axe. Le mât de *misaine* est celui qui domine l'*avant*, lié, comme on le verra plus loin, par une foule de cordages avec le beaupré, qu'on sait être le mât transversal qui sert à l'*avant* d'un bâtiment.

Il est peu de marins qui n'aient joui du magnifique spectacle que présente un grand navire chargé de voiles par une brise fraîche et un ciel clair, lorsqu'on le regarde de dessus le beaupré, en s'approchant, autant que possible, de l'extrémité la plus éloignée du bâtiment. De cette position on semble ne pas appartenir au système général, et l'on peut avec admiration en suivre tous les mouvemens. L'*avant*, par son contact avec les lames qui s'y brisent, étend au loin la mousse éblouissante que la masse noire du vaisseau traverse en s'y balançant sous la pression du *vent-arrière*, ou bien s'y penchant sous l'effort du *vent* largue et du *plus près*. Th. Gudin, le grand peintre qu'on peut avec vérité appeler le poète de la mer, a rapporté de ses voyages une esquisse, — confondue aujourd'hui avec les précieuses études qui tapissent son bel atelier,— qu'il est impossible à un marin de voir sans se plonger dans mille souvenirs que réveille l'exactitude de cette composition originale. Le flanc obscur d'un grand navire s'élève sur l'eau bleue d'une belle journée ; le ciel a prêté toutes ses teintes lumineuses à la surface de la mer, qui s'étend jusqu'à un horizon incertain. On ne voit point de voilure ; mais la position de ce vaste navire prouve qu'il fuit sous un *vent largue*. Son *avant* coupe les lames à mesure qu'elles se dressent dans le vaste champ qu'il va franchir, et se brisent contre la noble masse ; elles grandissent au choc et roulent en se retirant des flocons d'écume qui s'étendent au loin en neige brillante. Le peintre a porté sur sa toile une des physionomies de la mer que je croyais intraduisibles. Le mouvement de cette écume, de ces lames, est merveilleux.

AVANTAGE. s. m. Dans ses diverses applications ce mot sert à exprimer l'idée de supériorité qu'on attache à un bâtiment. Aussi, on dit d'un navire auquel ses formes amincies donnent une marche rapide, qu'il a l'*avantage* sur un autre navire plus lent. Il y a des phrases consacrées pour exprimer le plus ou moins de supériorité de marche entre les bâtimens; on dit un *faible avantage* pour petit avantage, un *avantage marqué* pour un grand avantage. — Quand deux vaisseaux veulent en naviguant lutter de vitesse, on prend à bord de chacun d'eux les dispositions qui semblent les plus propres à donner l'*avantage* de marche, soit par certaines dispositions de l'arrimage, soit par un déplacement de poids, ou enfin par des suppressions ou substitutions de voiles dans sa mâture; si l'un des deux bâtimens obtient un *avantage marqué*, il fait orgueilleusement à son compétiteur l'*avantage* de telle ou telle voile, c'est-à-dire qu'il se prive du concours de la vitesse qu'elle contribue à lui donner et laisse le vaincu s'en servir pour égaliser les marches.

En général, les bâtimens de l'État, tels que frégates, corvettes, avisos, etc., peuvent dans un convoi faire aux bâtimens marchands qu'ils escortent l'*avantage* de la moitié de leur voilure, à quelques exceptions près.

L'*avantage* de marche s'obtient quelquefois par des moyens en dehors des théories ordinaires. Souvent cet *avantage* est déterminé par des mouvemens d'élasticité communiqués au système de la charpente ou de la mâture du bâtiment, ce qu'on appelle *donner du jeu à la coque* ou *aux mâts,* et ce jeu se détermine par divers moyens.

Le plus étrange qui ait amené à ce résultat, et que bien certainement aucune méditation scientifique n'aurait pu découvrir, est resté comme une tradition dans la marine et depuis a fait loi. Le vaisseau *le Zélé,* qui faisait partie de l'escadre de l'amiral *Dornal de Gui,* vieux et *cassé* (*voir* ce mot) par la durée de ses services, était ordinairement d'une marche si pesante, qu'il contrariait toujours les manœuvres de l'escadre. Pourtant, il lui arrivait parfois, comme par caprice, de devenir leste comme une frégate, de marcher mieux qu'elle et de manœuvrer aussi promptement que les plus légers navires; on n'y comprenait rien. Cette espèce de phénomène s'était plusieurs fois répété et avait fini par donner lieu à une singulière remarque de la part de quelque vieux matelot sans doute, ou peut-être du boucher du bord : c'était que la marche *avantageuse* du *Zélé* lui revenait chaque fois que l'on tuait un bœuf à bord. Quelque étrange que parût d'abord cette observation, elle ne laissa pas que de prendre crédit

par la répétition de cet *avantage* dans la répétition des causes qui semblaient le motiver. Les officiers cherchèrent long-temps à lier des rapports de science entre la mort d'un bœuf et la marche d'un vaisseau, et l'idée vint enfin que le bœuf mort, suspendu au grand *étai,* — gros cordage qui s'abaisse transversalement d'un mât à l'autre, — imprimait, en se balançant au roulis dans la mâture, un mouvement d'élasticité qui, la faisant jouer dans toutes ses parties, déterminait pour le vaisseau un accroissement de vitesse qui disparaissait dès que le bœuf était consommé. — On pensa avec raison qu'un poids égal suspendu à la place du bœuf,—que les provisions du bord ne permettaient pas de renouveler souvent,—devrait causer le même résultat, et en effet, une barrique pleine d'eau, balancée dans la mâture, fit bientôt du vaisseau traînard un vif coureur.

On dit encore *avantage du vent :* c'est la position d'un ou de plusieurs bâtimens qui naviguent dans un espace plus rapproché du lit du vent, comparé à la position d'un ou plusieurs autres navires; c'est-à-dire que le vent frappe d'abord celui qui a l'*avantage,* et arrive ensuite à celui qui est *sous le vent.*—L'*avantage,* c'est être *au vent.* — Deux escadres en présence, ou deux bâtimens qui vont se canonner, se disputent ce dernier *avantage* afin d'être mieux en position de prendre l'initiative de l'attaque. Celui de deux vaisseaux qui a l'*avantage* du vent et de la marche peut à son gré faire un abordage.

AVANT-GARDE. s. f. C'est, dans un port de guerre, le poste militaire placé sur un vieux bâtiment dans une position avancée, pour veiller à la police intérieure, et donner par un coup de canon le signal de l'ouverture ou de la fin des travaux. Dans une escadre, c'est la division placée sous les ordres d'un contre-amiral qui éclaire la route et qui doit combattre en avant du corps de bataille. — L'*avant-garde* et l'*arrière-garde* sont composées du même nombre de vaisseaux.

AVANT-PORT. s. m. On appelle ainsi la partie du port qui précède sa fermeture et qui reçoit les navires qui cherchent un abri, ou qui veulent se tenir en appareillage. L'*avant-port* n'offre ordinairement aucun des établissemens maritimes qui sont nécessaires à un armement, et les navires n'y stationnent pas.

AVARIE. s. f. Dommage, détérioration subie soit par les marchandises que porte un navire, soit par le navire lui-même dans quelque partie de sa coque ou de sa mâture, soit enfin dans une partie du système de cette coque et de cette mâture. Les *avaries* sont causées par les événemens de mer, tels que combat, abordage, échouage, voie d'eau, tempête, incendie, etc.

AVARIÉ. s. m. Qui subit une avarie, soit navire, marchandises, voile, mât, ou tel autre objet altéré par fortune de mer.

AVENTURIER. s. m. C'est le nom qu'en

temps de guerre on donne à un bâtiment du commerce dont le capitaine a le double pouvoir de trafiquer et de guerroyer si l'événement s'en présente. Cette position du navire est légalisée par une patente que délivre le gouvernement sous le nom de *lettre de marque*.

Les navires consacrés à ce genre d'expédition ont été nommés *aventuriers* parce que leur voyage à travers des mers croisées en tous sens par les vaisseaux ennemis, rend leur navigation aventureuse; l'*aventurier* part seul, à ses risques et périls, sous la seule inspiration de son capitaine; il est livré à ses propres moyens de défense. C'est toujours un navire bon marcheur, parce que d'abord il fuit toute rencontre suspecte; l'artillerie lui fait peur. Les petits navires, voilà son affaire; fussent-ils aussi gros que lui, il ne les évitera pas, et son bouillant équipage, après avoir énergiquement servi ses caronades, s'élancera à l'abordage pour en finir, dès que la position des combattans permettra cette dernière manœuvre. — Une fois sur le pont ennemi, on sait que les marins français n'en sortent plus.

L'*aventurier* tient place entre les bâtimens marchands et le corsaire, en participant de tous deux. Il n'est pas aussi commerçant que le premier; il n'est pas exclusivement guerroyeur comme le second; il fait un peu comme les deux, et souvent avec autant de succès que chacun.

Notre dernière guerre maritime offre plusieurs exemples remarquables d'expéditions d'*aventuriers*. On ne lira peut-être pas sans intérêt un épisode d'une campagne de l'un d'eux, qui démontrera quel courage et quelle témérité animait les hommes qui commandaient ces espèces de *guérillas* de mer.

Celui-ci se nommait *l'Aigle*, il avait été expédié de Lorient pour l'Ile-de-France.

Après une longue et périlleuse navigation à travers les croiseurs ennemis, ce navire était parvenu à introduire à Maurice une cargaison dont les profits considérables furent promptement convertis en denrées de l'Inde, desquelles la France était alors complètement dépourvue.

La connaissance parfaite que le capitaine de *l'Aigle* avait des détours de la côte et du gisement des rochers pouvait seule motiver la témérité avec laquelle il aventura son navire, par une nuit fort obscure, au milieu de l'escadre anglaise qui bloquait alors le port.

La traversée fut ensuite très-pénible par le gros temps que rencontra continuellement le navire, et par les poursuites acharnées des croiseurs auxquels il n'échappa souvent que par la supériorité de sa marche; enfin il gagna les côtes de Bretagne.

Très-habile dans les atterrages de ces côtes, le capitaine avait ménagé et calculé sa route de manière à échapper aux points surveillés par les Anglais.

Là nuit vient. — Elle était noire et sans transparence. Tout-à-coup les vigies attentives annoncent qu'elles croient distinguer dans l'ombre, des navires de haut bord. On cache soigneusement les lumières, le plus grand silence règne à bord... Le capitaine observe minutieusement l'horizon étroit qui l'entoure, et distingue bientôt les masses mouvantes de plusieurs vaisseaux que la crainte d'une tempête prochaine éloignait de la côte. *L'Aigle* en était entouré.

Une résolution subite illumine l'esprit du marin. Il commande sourdement à son équipage une manœuvre qui fait prendre à son navire une direction semblable à celle de l'escadre. Il se trouve parmi les Anglais des bâtimens d'un tonnage en rapport avec celui de *l'Aigle*, et cette circonstance donne plus de confiance à l'*aventurier* dans sa ruse.

Voilà donc *l'Aigle*, bondé d'une cargaison d'un grand prix, tournant l'arrière au port et naviguant de compagnie et côte à côte avec ses terribles adversaires. Il a des vaisseaux devant et derrière lui, des frégates et des corvettes tribord et bâbord, et partout des avisos, des brigs, des goëlettes... l'effroyable masse d'artillerie que portent tous ces vaisseaux est gorgée de poudre, de boulets et de mitrailles, et la soif du butin anime tous ces équipages veillatifs... Que deviendra *l'Aigle?*

Pourtant combien peu de chose il faut pour éveiller l'attention, pour provoquer les soupçons de ces formidables compagnons de route! Une lumière mal dissimulée, une manœuvre particulière, un mouvement mal imité, peuvent entraîner la perte de tant de richesses, l'espoir d'une année de soins, de travaux et de miraculeuse réussite, et la captivité!... tout cela à l'ombre des côtes de France!

Le capitaine de *l'Aigle* attendait donc avec impatience une occasion favorable pour se soustraire, par une fausse route, à ces angoisses qu'il partageait avec tout son équipage, et il cherchait à en faire naître la possibilité au moyen de manœuvres peu démonstratives qui avaient pour but de se laisser peu à peu dépasser par les vaisseaux ennemis; mais ces efforts avaient de légers résultats, et la nuit en s'écoulant allait bientôt enlever à *l'Aigle* le voile dont elle enveloppait sa présence. Pourtant il avait déjà réussi à rester en arrière de quelques gros bâtimens, lorsqu'une grande frégate se dressa tout-à-coup comme un mur d'airain, si près de lui que les aventuriers désespérèrent un instant de leur salut. La frégate fit un mouvement qui la rapprocha de *l'Aigle*... Encore un bond et elle se heurtait au pauvre petit sournois qui se crut découvert. Mais l'Anglaise redressa sa route parallèlement à lui, et se contenta de le ranger, mais de si près, que les mêmes lames battaient entre eux, et que l'altière mâture du noble navire, en penchant ses vergues sur *l'Aigle*, semblait vouloir l'enlacer de ses grands bras.

Une voix, une grande voix, s'éleva de son bord, et cria avec solennité : *All's well!* bon quart!

Le capitaine français, qui parlait anglais, répondit dans son porte-voix pour donner plus de puissance à son intonation agitée par la crainte : *All's well!* tout est bien !

Quel frisson de crainte tourmentait tout cet équipage ! les poitrines battaient sans haleine, le courage n'osait encore se retremper dans l'espoir. La frégate dépassait peu à peu *l'Aigle*, qui combattait laborieusement les lames soulevées par la carène du puissant navire ; et l'on vit les mantelets noirs des grands sabords béans présenter, l'un après l'autre, l'œil aveuglé de mitraille de chaque canon de la batterie....

On distinguait les marins de quart, penchés sur les bastingages, qui regardaient le petit bâtiment, et les commandemens des contre-maîtres s'entendaient clairement, interprétés par les craintifs *aventuriers*, comme des révélations sur leur présence... c'était une terrible anxiété.

Pourtant ce pouvait être le dernier navire de l'escadre.

La frégate passe comme les autres... Plus rien...; les marins regardent partout ; tout est vide. Allons le cap à terre !

L'Aigle obéit sagement à la manœuvre, le vent est favorable pour rallier la côte, la mer un peu dure, mais *l'Aigle* est courageux.

L'aventurier se sépare de l'escadre anglaise avec une vitesse qu'il semble tirer, le pauvre navire, de l'appréhension bien naturelle qu'a son équipage de passer aux mains des Anglais.

Ils vont bien.

Mais bientôt le cri : Navire devant nous ! réveille toutes les inquiétudes assoupies, les rêves d'espérance sont bouleversés, l'anxiété renaît chez tous les marins. L'intrépide capitaine de *l'Aigle* a bientôt reconnu que ce nouveau navire n'est autre que quelque traînard de l'escadre, dont la force et les dimensions peuvent être mises en parallèle avec le sien, et il se résout vaillamment à encourir les chances de cette nouvelle rencontre.

L'Aigle est lancé, il bondit sur les lames, le cap vers le rivage. Il faut qu'il passe ! Le marin qui commande a fait silencieusement quelques préparatifs, les matelots sont à leur poste de manœuvre et de combat. Le capitaine prend lui-même le soin de diriger le gouvernail. L'anglais avance... il grossit... il va passer à ranger *l'Aigle*.... les bâtimens se croisent... Feu ! crie alors *l'aventurier ;* et toute sa batterie s'éclairant comme un ruban de flamme, rase le pont de l'ennemi que l'épouvantable fracas de l'artillerie réveille tout ensanglanté.... Les manœuvres, les cordages sont hachés par les projectiles, les mâts s'ébranlent écorchés par les boulets, et le pauvre

anglais, dont tout le système de voilure est ruiné, marche encore quelques instans indécis, et finit par s'arrêter au milieu des débris de ses voiles, comme l'albatros atteint par une balle qui s'abat sur l'eau les ailes pendantes.

L'aventurier était loin !

Qu'on se représente quelle commotion le contre-coup de cette volée de mitraille dut produire dans l'esprit des officiers de l'escadre! quelles rapides manœuvres exécutèrent les Anglais ! comme les vaisseaux se tournèrent ! comme les mâts furent chargés de voiles ! les ordres se transmettent à coups de canon, les signaux illuminent leurs fanaux, tout s'émeut, car on soupçonne promptement la cause de cette explosion inattendue, et la frégate de l'arrière-garde, qui, mieux que toute autre, rattache ses soupçons à quelques probabilités, se retourne vers la côte et prend chasse sur *l'aventurier* qui, dans ce moment, fend la mer qu'il éclabousse sous l'effort de ses voiles, portant toujours un œil devant et un œil derrière, comme un fugitif qu'on poursuit.

Mais la frégate, qui marche bien, a éventé la trace de *l'Aigle*, elle se couvre de voiles imprudentes, ses mâts crient sous la charge qu'on leur fait porter, et les vagues se courbent sous sa puissante carène. La distance qui la sépare de *l'aventurier* s'amoindrit d'instans en instans, déjà elle lui jette comme menace de sa colère quelques coups perdus de ses canons de chasse ; *l'Aigle* n'a pas peur et va toujours... Que d'émotions dans cette nuit de marin ! Le capitaine n'y pense pas; sa main crispée presse le plat-bord de son navire comme pour l'aiguillonner et le rendre complice de son impatience... Mais un cri terrible se fait entendre :

« Brisans devant nous! des rochers à fleur d'eau ! »

Va toujours ! le capitaine connaît son affaire. La route que suivait *l'Aigle* est coupée en angle droit, et soudain il prête le côté à ces mortelles pointes de roches sur lesquelles quelques instans auparavant il dirigeait sa rapide poulaine.

Toutes les manœuvres se font d'instinct à bord du fuyard, et cet accord sauve le navire.

Le capitaine a reconnu, par les lignes que la terre découpe sur le ciel sombre, dans quelles dentelures du rivage il peut se hasarder. Le navire va. La mer est moins mauvaise, la terre la protège un peu contre le vent. Quand *l'Aigle* a changé sa route, la frégate, qui le poursuit toujours, l'a imité. Mais le Français a senti depuis quelques instans l'espoir grandir dans son âme, il sait aux abords de *Belle-Ile* des ceintures de rochers dont les détours lui sont familiers... Il gouverne pour les franchir. La frégate court toujours. *L'Aigle* voit bientôt s'élever plus haute et plus sombre la terre granitique de l'île, et les vagues qui mugissent sur les écueils ne lui font pas peur. Les boulets ricochent et s'égarent dans les vagues. L'aventurier franchit la petite passe qu'il connaît, et met entre lui et la frégate anglaise un cordon de rochers infranchissables.

Le jour n'avait point encore paru que des coups de canon de détresse signalaient le danger extrême d'une frégate qui appelait du secours.

L'Aigle était amarré dans Port-de-Palais à Belle-Ile. Le capitaine, du haut d'un promontoire, regardait dans sa longue-vue une frégate anglaise déguenillée, boiteuse, échevelée, qu'assistaient, dans la chaîne de roches qu'on nomme les *Birvidaux*, de grands vaisseaux, venus du large.

All's well! se dit le capitaine.

C'était en 1796.

AVIRON. s. m. On dit également *rame ;* le premier mot est seulement d'une application plus générale chez les marins.

L'aviron fut le premier élément de locomotion dont l'homme s'avisa pour imprimer un mouvement au premier radeau, à la barque informe qui le porta à la surface de l'eau ; sans doute les nageoires des poissons et les pattes palmées des oiseaux aquatiques en donnèrent la première idée, aussi l'imitation fut-elle servilement calquée sur le modèle, et les deux petites rames, courtes, à larges pelles, légères et maniables pour chacune des mains du navigateur, offraient-elles une analogie très-directe avec les deux nageoires latérales du poisson, et les deux pattes du goëland ou de l'albatros.

Les peuples les moins avancés dans l'art de la navigation, les insulaires, les habitans de toutes les découpures du continent africain, se servent encore de deux petites rames pour guider leurs canots de bois creusé, leurs pirogues de peaux d'animaux ; chez les grandes nations maritimes, la petite rame a été abandonnée, à quelques rares exceptions, et s'est modifiée jusqu'à *l'aviron,* généralement adopté aujourd'hui.

Il est proportionné à la capacité du canot, de la chaloupe ou du bâtiment auquel il sert pour ainsi dire de patte. Il est devenu un puissant levier dans l'action duquel l'eau est le point d'appui, l'homme la puissance, le bateau la résistance.

L'aviron, en grand usage dans l'enfance de la navigation, a été merveilleusement remplacé, dans certaines circonstances atmosphériques, par la combinaison des voiles mises en action contre la puissance du vent ; pourtant plus approprié à certaines exigences de constructions, l'aviron resta exclusivement en usage pour certaines embarcations de guerre. Ainsi, les galères, par exemple, depuis les Tyriens jusqu'au XVIIIe siècle, époque où leur espèce fut abandonnée, conservèrent *l'aviron* comme unique moyen de locomotion.

L'histoire et la poésie classique ont souvent fait retentir, dans des phrases sonores, l'impor-

tance de *l'aviron,* rime facile qui se reproduisait à loisir dans les descriptions pompeuses des galères antiques. — Le mot plus euphonique de *rame* y sert aussi à traduire souvent la même idée. —Quant au vieux batelier des enfers, c'est toujours pour lui *l'aviron,* à cause de *Caron,* l'Achéron, etc.

De nos jours, l'emploi de *l'aviron* sur les grands navires est un rare auxiliaire dont la médiocre efficacité n'est guère sollicitée que dans l'absence totale du vent ; tous les bâtimens de guerre, jusqu'aux plus gros vaisseaux, sont encore munis de quatre ou six de ces gigantesques leviers, qui prennent alors le nom d'*avirons de galère.* Ils servent principalement à faire tourner le navire, à suppléer à l'action de son gouvernail, amortie par l'absence de brise ; dix ou quinze hommes sont employés à les mouvoir, et encore le résultat de leur action sur d'aussi gros navires est-il fort médiocre. *L'aviron* qui sert à un vaisseau peut avoir de 40 à 45 pieds de longueur.

Mais en revanche les embarcations légères tirent-elles de grandes ressources de *l'aviron,* et un bon canot convenablement lesté peut-il, par leur simple auxiliaire, faire plus de trois lieues à l'heure, sur une mer unie et sans brise contraire.

A bord du cutter *le Renard,* belle embarcation de la marine de l'État, qui commande la petite station de Granville, on se sert souvent des *avirons* pour donner la chasse, dans l'absence du vent, aux pêcheurs anglais qui, contrairement aux ordonnances, viennent ramasser les huîtres de nos côtes. L'auteur de ce livre se souvient que pendant plus d'une année qu'il passa sur ce *cutter,* il arriva souvent que les petits bateaux délinquans, impuissans à fuir, dans l'absence du vent, avec leurs voiles inutiles, poursuivis et atteints par *le Renard,* vinssent honteux et désespérés s'amarrer en confiscation dans le vieux port de Granville, où les bons pêcheurs ne manquaient jamais de les accueillir par des huées et des acclamations de joie sur ces fréquentes captures (1).

Ce fut à l'aide d'*avirons de galère* que, privée de mâts et de voiles à la suite de son glorieux combat, la frégate *la Surveillante* parvint à s'écarter du *Québec* qu'elle avait combattu, et qui, dévoré par les flammes, eût entraîné dans sa ruine la frégate française, que l'abordage et le calme avaient accrochée contre sa masse enflammée.

(1) M. Fulgence Girard, l'éloquent et gracieux auteur de *Deux Martyrs,* a choisi la *France Maritime* pour publier ses curieuses observations sur le commerce et l'industrie de ces laborieux peuples de pêcheurs qui habitent les côtes de la Manche. Les lecteurs retrouveront dans ces études toute l'élégance et toute la finesse d'appréciation qui distinguent le talent de M. Fulgence Girard, qui, né sur ces côtes, a participé à cette vie maritime qu'il retrace si énergiquement.

La dimension de l'*aviron* proportionné est de trois fois la longueur de l'embarcation à laquelle il est destiné ; l'extrémité qui, lorsqu'il fonctionne, se trouve en dedans du bateau, est façonnée en poignée arrondie, pour en faciliter la manœuvre au marin qui le fait agir. L'autre bout, qui agit comme nageoire en trempant dans le fluide, a la forme d'une pelle longue et plate, pour que, plongée dans l'eau, elle trouve un point d'appui comme résistance, et que la lame puisse être facilement retirée et retrempée à des intervalles rapides et réguliers. L'*aviron* s'appuie sur le bord de l'embarcation à un tiers de sa longueur totale, à partir de la poignée.

On concevra aisément que l'usage de l'*aviron* sera d'autant plus facile et efficace, que cet instrument atteindra les proportions analogues avec la barque où il est employé. — Aussi détourne-t-on difficilement les *avirons* d'un canot, pour les faire servir à un autre d'une plus ou moins grande dimension. — L'eau, en cédant sous l'effort de la pelle, amoindrit l'effort contre la résistance qu'oppose le bateau, et plus l'*aviron* est court, plus le marin qui le meut se fatigue sans produire un résultat plus satisfaisant. — On appelle *aviron en pointe*, l'aviron employé par un seul homme sur chaque banc du canot ; les *avirons accouplés* sont ceux qui sont maniés par deux hommes assis sur le même banc et les faisant mouvoir à la fois parallèlement à droite et à gauche de l'embarcation.

L'*aviron*, comme l'anspect, est souvent devenu une arme offensive fort menaçante dans certaines circonstances dont on reproduira les détails aux mots *Nage* ou *Rame*.

AVISO. s. m. Petit bâtiment d'une marche rapide et d'une allure légère, qu'on emploie en temps de guerre pour porter des avis, des ordres, des nouvelles, des dépêches qu'il importe de faire parvenir avec célérité.

L'*aviso* est ordinairement une *goëlette*, ou un *brig*, quelquefois aussi un *côtre* ou un *lougre* (*voir* ces mots) ; cette dernière espèce de bâtiment a l'avantage de pouvoir non-seulement abaisser sa voilure pour se soustraire à la vue des ennemis, mais encore, avec certaines dispositions, d'amener son mât de telle sorte qu'il échappe entièrement aux recherches des croiseurs.

Les *avisos* sont peu chargés d'artillerie ; tout, dans leur mâture, dans leur construction, dans leur armement, est consacré à leur ménager une grande vitesse. Le nom d'*aviso* ne se donne pas exclusivement à une seule espèce de bâtiment, mais bien à tout navire momentanément chargé d'une mission, qui le constitue *aviso* : ainsi, cela peut être indifféremment, et suivant les circonstances, depuis une *corvette* pour la plus grande dimension, jusqu'à un *côtre* ou un *lougre*, comme on l'a dit plus haut.

La marine française a compté dans la guerre dernière des *avisos* dont la célérité était réellement remarquable ; on citait la goëlette l'*Enfant Prodigue*, qui, vingt-huit jours après son départ de Lorient pour New-York, où elle séjourna trois jours, était de retour en France après deux miraculeuses traversées. On se souvient, dans la marine, de la rapide campagne que fit la corvette *la Diligente*, envoyée en mission à Saint-Domingue, qui n'employa que trente-six jours entre son départ et son retour à Brest. — *La Diligente* navigue encore, mais jamais le concours des événemens atmosphériques n'a assez favorisé sa marche pour lui faire de nouveau accomplir une aussi merveilleuse campagne.

AXIOMÈTRE. s. m. C'est un petit instrument de mécanique qui sert à indiquer à la première vue quelle est la direction de la barre du gouvernail, à bord des bâtimens qui se servent d'une roue et de cordages, pour mouvoir cette barre cachée dans la disposition de l'arrière.

AZIMUTH. s. m. Terme d'astronomie ; c'est l'arc compris à l'horizon entre le méridien d'un lieu et le vertical d'un astre. Lorsque l'on connaît la position d'un astre eu égard à l'horizon, on peut facilement obtenir la latitude d'un lieu. — On nomme *compas azimutal*, une boussole plus compliquée que celles qui servent pour la route du navire, et qui est disposée de manière à permettre de constater avec exactitude à quelle division des points cardinaux se lève ou se couche un astre observé. Ce résultat devient la base de différens calculs. — On se sert également du *compas azimutal* pour déterminer avec précision la position d'un point de la côte près duquel on navigue.

ABORD. s. m. Côté gauche d'un bâtiment, lorsqu'on tourne le dos à son arrière en se dirigeant vers son avant. — C'est l'opposé de *tribord*, qui est le côté droit.

Tout ce qui se fait, ou tout ce qui appartient au côté gauche d'un navire, pris dans ce sens, entraîne le mot de *babord :* on aborde par *babord*, on attaque à *babord*, on travaille à *babord*, etc. Dans un canot, on dit : les avirons de *babord*, pour les avirons de gauche, etc.

Le côté de *babord* est celui par lequel les subalternes montent sur le navire et en descendent. Les embarcations qui ne portent que des matelots ou des maîtres, les chaloupes chargées de marchandises ou de vivres, abordent par *babord*. C'est le côté de fatigue. Cette règle s'étend particulièrement aux usages des bâtimens de l'Etat, sur lesquels le côté de *tribord* est honorable et privilégié (voir *Tribord*).

BABORDAIS. s. m. L'équipage d'un bâtiment se divise en deux parties, qui alternent dans le service; chacune d'elles prend le nom d'un des côtés du navire : côté de babord, *babordais;* côté de tribord, *tribordais.*

La nuit, pendant qu'à la mer une des deux parties veille, l'autre repose; à certaines heures, les tours sont changés, et le pont et les manœuvres sont alternativement servis par les *babordais* et les *tribordais.*

Chacune de ces deux divisions de l'équipage est égale pour le nombre des officiers, maîtres et matelots qui la composent, ainsi que pour la capacité des marins.—Dans les mouillages, dans les ports, quand une des deux divisions reçoit la permission d'aller à terre, l'autre reste à bord.

Il est rare que les marins n'établissent pas des observations sur les chances heureuses ou malheureuses des *babordais* ou des *tribordais.* Lorsqu'au commencement d'une campagne, la pluie, la violence du vent, les rudes travaux de mer, se trouvent par hasard échoir plusieurs fois de suite à l'une des deux parties de l'équipage, on n'oublie pas d'en tirer des conclusions qui s'attachent à elle et la frappent de malheur dans l'opinion de tout le monde. Aussi, quand la *bordée* chanceuse monte sur le pont, celle qui abandonne le travail ne manque guère d'établir ses prévisions. « V'là les *babordais* qui montent ! disent les matelots; laisse faire, va ! j'aurons du vent et de la pluie à volonté. » Fait-il bon temps, belle mer, c'est une autre variante : « Ah ! vous v'là, figures de *vent debout* (vent contraire), gardez-vous ce qu'on vous laisse, et ne touchez pas au vent ! » Il arrive parfois que les hasards font tomber les accidens atmosphériques plus souvent aux uns qu'aux autres, et les travaux, les fatigues qui en résultent exaspèrent les matelots. Aussi font-ils leurs efforts pour qu'aucune mutation ne les arrache à une *bordée heureuse* pour entrer dans la *bordée de malheur*, comme ils disent. Un des aspects poétiques de la marine, c'est cette superstition qui, pour s'être considérablement effacée depuis bon nombre d'années, n'est point encore complètement déracinée de l'esprit des matelots. On aura occasion de revenir, dans cet ouvrage, sur cette physionomie peu connue de la vie des gens de mer.

BACHOT. s. m. Petit canot légèrement construit pour naviguer facilement dans les eaux peu profondes, et qu'on emploie au menu service des bâtimens pour établir des communications avec la terre ou d'autres points. Le *bachot* sert aussi au passage des rivières.

BADERNE. s. f. Grosse tresse formée avec les fils provenant de vieux cordages devenus inutiles et triés avec soin pour cet emploi. La *baderne* est une espèce de paillasson qu'on applique dans maints endroits du navire ou de la mâture, pour éviter le contact et le frottement entre les corps qui peuvent s'altérer. Les bâtimens qui transportent des chevaux ou des bestiaux recouvrent leurs ponts de *badernes* pour éviter à la fois la dégradation du bois et rendre plus solide leur aplomb, en les empêchant de glisser aux mouvemens du navire.

Baderne est une corruption de l'ancien mot *badarne*, composé lui-même de deux mots anglais, *bad*, mauvais, et *yarn*, fil de chanvre. Le langage figuré de la marine s'est emparé de ce mot, qui est devenu très-expressif dans les applications des marins. On conçoit que la *baderne*, fabriquée avec un cordage usé et hors de service, bon à peine à l'usage auquel on l'emploie, lorsqu'elle a beaucoup servi dans sa nouvelle transformation, et qu'elle est devenue vieille et hors d'emploi, équivaut à l'expression la plus complète d'inutilité et d'incapacité de service. Aussi les marins appellent-ils *vieille baderne* tout homme cassé, impropre au service, usé par l'âge et les fatigues, et qui s'obstine à commander et à agir dans un art qu'il n'entend plus.

BALEINIER. s. m. C'est le nom qu'on donne tant aux bâtimens qui font la pêche de la baleine, qu'aux marins qui en composent les équipages.

L'importance que cette industrie maritime a acquise en France depuis plusieurs années force l'auteur à donner ici quelques explications sur une pêche qu'il a pratiquée lui-même, et dont les détails sont pleins d'intérêt (1).

Le navire, communément appelé *baleinier*, n'est point construit d'une manière particulière. C'est le plus souvent un bâtiment détaché de la navigation des colonies, et qui, avec quelques légers changemens dans les distributions, est appliqué à cette pêche laborieuse. On parle ici de la pêche de la baleine dans les mers du Sud, qui est la plus pratiquée par nos marins. La pêche dans le Nord demande, pour la construction du bâtiment, certaines conditions de solidité qu'exige la lutte fréquente du navire pêcheur avec les glaces polaires. — Aussi l'avant des baleiniers expédiés pour le Nord est-il bardé de fer, et la construction de la coque est-elle plus serrée dans sa membrure, plus lourde et plus solide dans son ensemble. Mais, comme la pêche de la baleine ne se pratique presque exclusivement que dans le Sud depuis quelques années, ce sont les détails pratiques de celle-ci qui seront rapportés au lecteur.

Le bâtiment *baleinier* est d'environ 400 tonneaux, ce qui suppose une longueur d'environ 100 pieds pour la coque. Il est monté de quarante hommes, parmi lesquels figurent les officiers, le chirurgien, les harponneurs, et les différens emplois qu'on trouve parmi les matelots, tels que forgeron, tonnelier, charpentier, etc. Voilà pour le personnel, qui est plus du double de ce qui serait nécessaire sur le bâtiment, s'il était simplement affecté à une navigation de colonies pour le transport des marchandises et des passagers.

Le matériel d'un *baleinier* est d'abord composé de voiles, de cordages, d'ancres, de chaînes, de

câbles, de mâtures, de vivres, de rechange, etc., en tout semblable à celui dont serait approvisionné ce même navire pour un voyage marchand de dix-huit mois à deux ans. Mais il porte en outre six à huit pirogues, un matériel de pêche, composé de harpons, de lances, de lignes, de futailles, de chaudières, etc. Les pirogues sont de belles embarcations, légères et sveltes, qui servent à poursuivre les baleines. Posées sur l'eau, elles ressemblent à de longues feuilles de palmier ; chacune de leur extrémité relève sa ligne courbe, et l'arc qu'elles présentent dans leur longueur balance à peine, au-dessus de la surface, le milieu de leur plat-bord. Elles ont 25 pieds de long, et sont destinées à porter six hommes : quatre rameurs, un harponneur, et un officier dit *chef de pirogue*. En se rendant sur les lieux de pêche, le *baleinier* tient ordinairement quatre de ces pirogues toutes équipées et armées ; elles sont pendues à ses côtés à une assez grande élévation pour que les lames, à leur balancement, ne les atteignent pas. Les autres sont retournées et placées en voûte sur le gaillard-d'arrière, pour servir au rechange. L'armement d'une pirogue se compose, en outre des six marins qui la montent, de quatre ou cinq *harpons* (*voir* ce mot), de trois ou quatre *lances* (*voir* ce mot), d'une *baille* ou barrique sciée en deux, dans laquelle est symétriquement posée, en couches arrondies, la longue et mince ligne qui, attachée au harpon, sert à tenir la pirogue près de la baleine lorsque ce fer y est entré ; et enfin de menus ustensiles, tels que *hachot, seille, couteau,* etc.

La cale du baleinier est bondée de futailles qui, provisoirement remplies d'eau douce, pour lester le navire et conserver les fûts, seront peu à peu vidées, à mesure que la pêche, en devenant plus abondante, permettra de la remplacer par l'huile que l'ébullition tirera du gras du cétacé.

Les chaudières sont encadrées dans un fourneau en maçonnerie, solidement construit et fixé par des liens de fer sur le pont du bâtiment. Les bandes de lard qu'on détache du poisson y sont jetées après avoir été coupées en très-petits morceaux, et le résidu, vulgairement appelé *creton*, que laisse l'ébullition, sert à entretenir le feu ardent qu'on allume sous les chaudières. C'est de ces chaudières que l'huile, après avoir passé dans des vases froids, finit par arriver à la cale, où de longs conduits de cuir la conduisent jusque dans les parties les plus reculées.

Le harpon, les lances, pelles tranchantes, etc., servent à blesser, tuer et enfin dépecer l'animal ; chaque baleinier en est abondamment approvisionné.

La dimension extraordinaire des baleines empêche que leur dépècement se fasse sur le bâtiment, et c'est contre le bord , c'est-à-dire à flot comme un autre navire, et maintenu à celui-ci par des câbles, que le cétacé est pour ainsi dire

---

(1) Pour renseignemens plus complets, voir l'ouvrage intitulé : *Pratique de la Pêche de la Baleine dans les mers du Sud*, 1 vol. in-8°, par Jules Lecomte ; chez H. Souverain, édit., 3 *bis*, rue des Beaux-Arts. — Paris.

écorché d'un bout à l'autre, puisqu'une couche de graisse enveloppe la baleine dans toute son étendue, et que c'est seulement cette couche qu'on enlève du colosse. Il reste encore la tête, qui, garnie de *fanons*, est habilement dépouillée de cette espèce de corne gélatineuse qu'on nomme vulgairement *baleine*, et qui est appliquée à une foule de nécessités de l'industrie. La tête se détache ordinairement du tronc, et c'est sur le pont du bâtiment qu'on la dépouille de ses *fanons* ou *barbes*.

La pêche de la baleine se pratique à la fois dans les mers polaires et dans les mers du Sud. Les latitudes intermédiaires ne sont, pour ces cétacés, que des points de passage, et encore s'y égarent-ils rarement, puisqu'ils ne se rendent point du sud vers le nord, et les navigateurs ne comptent pas sur leur présence dans ces parages.

La pêche, dans les mers du Sud, se pratique principalement sur la côte occidentale d'Afrique, qui se découpe en nombreuses baies, où les baleines viennent mettre bas sur les plages sablonneuses qui abaissent leurs pentes vers la mer. Puis, les bâtimens quittent ordinairement ce littoral pour se rendre dans l'ouest du cap de Bonne-Espérance, aux îles Tristan, d'Acunha, ou bien à la côte du Brésil et aux îles Malouines. D'autres doublent le cap Horn, et longent les côtes du Chili, de la Patagonie et du Pérou.

Lorsqu'un baleinier ne double point le cap Horn, il peut faire son voyage en un an, et rarement il emploie plus de dix-huit à vingt mois.

Quand, au contraire, il se dirige vers la haute mer, sa campagne varie de dix-huit mois à deux ans.

L'armement d'un bâtiment baleinier coûte fort cher; la moyenne des armemens faits depuis quelques années, en prenant pour base un bâtiment neuf et un attirail de pêche convenable, a été de 210,000 francs. Il y a eu plusieurs opérations montées par actions, dont les résultats ont produit un bénéfice de 60 à 80 pour cent aux intéressés. L'équipage d'un baleinier est engagé à la part, et profite de la réussite de l'opération dans des proportions basées sur le grade et la capacité de chacun des hommes qui le composent.—En somme, l'équipage emporte un tiers du produit net de la vente de l'huile et des fanons. Dans un voyage heureux, le capitaine peut gagner une vingtaine de mille francs, chacun des officiers de trois à cinq mille, chaque simple matelot de quinze à dix-huit cents francs.

Le gouvernement a d'abord beaucoup encouragé la naturalisation de la pêche de la baleine en France. Mais malheureusement nos armateurs se sont décidés fort tard à monter des opérations, et les énormes bénéfices qui ont été le fruit des cinq à six premières années d'adoption ont été la proie d'étrangers exerçant dans nos ports cette grande industrie. Pourtant une ou deux maisons

du Havre ont fini par prendre l'initiative, et la réussite de leurs essais a peu à peu agrandi le cercle de leurs opérations. Les marins français se sont courageusement voués à cette industrie pénible et laborieuse, que la tradition avait en quelque sorte attachée aux Américains, qui depuis ont perdu l'avantage que leur donnait l'insouciance nationale.

Il y a aujourd'hui en France quarante à quarante-cinq bâtimens *baleiniers*. Le Havre est le port qui contribue pour une plus forte fraction dans ce chiffre; Nantes ensuite. On arme à Saint-Malo, à Dieppe, à Granville, à Marseille et à Bordeaux. Mais aujourd'hui les primes accordées par le gouvernement sont devenues fort minimes, et bientôt elles seront réduites à rien.

Il faut désormais que les expéditeurs ne fassent reposer leurs espérances de réussite que sur la capacité des marins qu'ils engagent, l'excellence des matériaux et des ustensiles de pêche, et enfin sur la convenance du bâtiment. Le budget a versé des millions aux Américains, qui pendant de longues années ont eu seuls le monopole de cette industrie aujourd'hui nationale, et l'on n'a pas toujours eu à se louer, dans la marine baleinière, des rapports qu'on a eus avec ces *instructeurs*, dont le but fut souvent de décourager les efforts que tentaient quelques hommes courageux pour prendre rang parmi les praticiens. A force d'abnégation et de sacrifices, nous avons reconquis notre rang, des capitaines de la marine du commerce se sont courbés sous la brutale dépendance de ces matelots américains. — Cela est digne d'éloge. — La nation en recueille aujourd'hui les fruits, et ce sont des Français qui maintenant pourvoient aux besoins de notre alimentation.

Aujourd'hui un armement baleinier peut se composer d'un équipage entièrement national, et ne chercher que dans les magasins de nos ports les appareils et ustensiles qui constituent son armement matériel. De grands succès ont maintes fois démontré cette vérité inattaquable.

On croit devoir faire suivre cette définition du *baleinier* par quelques lignes sur l'industrie qui fait l'objet des immenses opérations auxquelles se livre aujourd'hui le commerce de nos grands ports.

La BALEINE qui fait l'objet des poursuites du bâtiment *baleinier* est vulgairement appelée *baleine franche*, pour la distinguer de plusieurs autres espèces dont la capture n'offrirait pas d'huile en assez grande quantité pour motiver les dépenses d'un armement organisé.

Ce cétacé a la forme elliptique; sa peau est brune, souvent tachetée de blanc sous le ventre. Il est ordinairement long de 45 à 70 pieds. Sa circonférence varie relativement de 40 à 60 pieds. On sait que c'est un mammifère, qu'il porte un fœtus, présume-t-on, chaque année, et que le baleineau peut en moins d'un an acquérir une grosseur qui fait déjà désirer sa capture (1).

Les organes des sens de la baleine sont peu développés; l'œil est très-petit et l'ouïe fort obtuse. Elle n'exerce aucun travail de mastication, et se nourrit de mousses de mer et de menues productions animales de l'Océan, telles que les mollusques et les zoophytes. Les *évens*, trous placés sur le sommet de sa tête et qui communiquent avec la mâchoire, lui servent à aspirer la somme d'air nécessaire à ses poumons lorsqu'elle vient à la surface; et de leur orifice s'échappe, par intervalles à peu près égaux, le fluide qui pénètre dans sa gorge, et qu'elle lance à 15 ou 20 pieds de haut, en gerbes brillantes qui signalent souvent au loin sa présence. La queue, horizontalement placée, est immense; elle a la forme d'une accolade (voir *Pêche de la baleine*).

Le COMMERCE DES HUILES DE BALEINE a pris une grande extension en France depuis quelques années, et l'emploi ultérieur de cette production, en supposant encore un accroissement dans le nombre des opérations, est une question d'une grande importance et qui occupe encore la majeure partie de ceux qui prennent intérêt à cette industrie maritime; il s'agit de trouver l'écoulement d'une denrée dont la réussite probable de tous les armemens entrepris dans nos grands ports causerait, présume-t-on, l'encombrement.

Cependant il est constant que, le nombre des bâtimens employés à la pêche de la baleine fût-il le double de ce qu'il est aujourd'hui, les résultats de ces importantes opérations seraient encore satisfaisans.

Lorsqu'il n'y avait en France que six ou sept baleiniers, l'huile de baleine s'est souvent soutenue en rapport avec le cours de celle de colza, et quelquefois même le prix de la première a été plus élevé. Depuis, avec les produits de pêche de nos quarante et quelques pêcheurs, nous avons vu souvent encore l'huile de baleine à un taux aussi élevé qu'au temps où dix bâtimens à peine s'occupaient de notre approvisionnement.

Une des causes de cet équilibre dans le prix de l'huile de poisson, eu égard à celle de colza, tient à ce que la première, indispensable pour l'apprêt des cuirs et une foule d'autres usages, ne pouvait être fournie par le petit nombre de navires qui importaient le produit de leur pêche; les corroyeurs étaient ainsi forcés de se servir, pour leurs travaux, d'huiles de poisson et de colza mélangées dans certaines proportions.

Une fois les besoins de ceux-ci comblés par l'importation dans nos ports d'une plus grande quantité d'huile de baleine, les usines, les fabrications du savon vert et l'éclairage viendront imposer les besoins de leur alimentation. En France, bon nombre de petites villes et de bourgs sont en-core peu ou ne sont point éclairés, à cause du haut prix des huiles végétales. L'huile de baleine, sans le secours de préparations chimiques, est très-propre à l'éclairage extérieur. En outre, personne n'ignore que si le gaz avait en France la vogue dont il jouit en Angleterre (2), ce serait encore là un immense débouché dont les nécessités ne seraient point comblées par ce que nous possédons aujourd'hui de *baleiniers* en France. Au prix de 40 fr., l'huile de baleine peut parfaitement aller en concurrence avec la houille pour la fabrication du gaz (3). Ceci explique la disproportion énorme qui existe entre les armemens des Etats-Unis, qui sont par centaines, (4) et les nôtres, qui n'atteignent point cinquante, sans égard encore au chiffre bien différent des deux populations.

Si l'on s'occupait en France de l'application des moyens chimiques dont on tire ressource aux Etats-Unis pour l'éclairage intérieur, le point de perfection où nous sommes arrivés dans cette science rendrait incalculable l'application de cette denrée par rapport aux besoins du pays; un développement considérable en serait la conséquence pour notre marine baleinière.

Il est encore une remarque importante à faire; c'est que si, par suite d'une année très-favorable, l'encombrement avait lieu dans nos magasins, le Nord, au-dessous de 30 fr., viendrait s'approvisionner chez nous.

Aussi l'avenir de cette industrie ne présage-t-il que de longues chances de réussite tant que les armemens seront bien faits et les opérations sagement dirigées. Quant à la culture du colza, que l'importation de l'huile de baleine, devenue plus considérable, semblerait ruiner, c'est une question peu embarrassante pour l'économie politique nationale. Les agriculteurs qui récoltent des plantes oléagineuses pourraient, en proportion de l'accroissement des produits de pêche, diminuer leurs plantations, qui ne peuvent être remplacées qu'avec succès par les plantes textiles et tinctoriales, dont les produits nous sont en majeure partie fournis par l'étranger, sans parler des tabacs, des betteraves, etc., si l'on

(1) Voir l'ouvrage cité plus haut,

(2) Plusieurs villes de l'intérieur, et entre autres Boulogne-sur-Mer, Lyon et Rouen, commencent à s'éclairer au gaz.

(3) L'huile de blanc de baleine produit de quatorze à seize pieds de gaz , l'huile simple de baleine de dix à douze pieds, par livre. Chaque bec conducteur de lumière use trois pieds cubes de gaz fabriqué par le charbon; celui qui aurait l'huile de baleine pour élément en dépenserait à peine un pied 10 centièmes par heure. (Résultats d'expériences faites sous les yeux de l'auteur à l'hôpital Saint-Louis.)

(4) Le nombre des baleiniers américains qui se trouvaient en mer le 30 janvier dernier s'élevait à 227 navires, formant un tonnage d'environ 100,000 tonneaux, et montés par près de 9,000 marins. Il restait dans les ports, à la même date, 46 baleiniers, ce qui forme un total de 273 bâtimens. Il était attendu, pendant cette saison, 70 navires employés à la pêche du cachalot; on évaluait leurs cargaisons à 135,000 barils d'huile, dont la valeur était estimée à 3 millions de dollars.

suppose que la tendance politique de notre époque sur les questions coloniales parvienne un jour à ruiner nos colonies et à désarmer notre marine marchande.

BALEINE (PÊCHE DE LA). — Dès qu'un bâtiment baleinier se trouve à une centaine de lieues des côtes de France, il commence à aposter perpétuellement dans le haut de ses mâts un homme qui, tenant constamment ses regards sur la mer, cherche si la présence de quelque cétacé ne permettra pas à l'équipage de s'essayer avant d'être réellement parvenu dans les parages de pêche : ce marin est l'*homme de vigie* (1).

Il est assez rare que l'on rencontre des baleines franches dans les mers tropicales; mais on y voit souvent des *souffleurs*, cétacé de petite proportion relativement à la baleine, qu'on ne manque guère de poursuivre, moins pour l'huile, qu'il fournit en très-petite quantité, que pour avoir un moyen d'exercer l'équipage.—C'est à la projection des deux colonnes d'eau qu'elles lancent par leurs *évents* qu'on reconnaît à un éloignement de plus d'une lieue la présence des baleines; les *souffleurs* s'aperçoivent à la distance d'un mille environ.

Le capitaine a donc l'habitude de faire préparer, dès qu'il quitte le port, une ou deux des pirogues, afin de ne pas perdre l'occasion de *chasser* les *souffleurs*. Mais ce n'est réellement que lorsqu'il se voit près d'arriver au but de sa destination, qu'il ordonne l'armement complet de ses embarcations. Alors tout est grave dans les préparatifs; chaque marin reçoit un emploi, une destination. Un officier ou chef commande chaque pirogue; un *harponneur* lui sert pour ainsi dire de *second*, et veille avec lui aux apprêts qu'exige l'équipement de la frêle embarcation, en attendant qu'ils se trouvent ensemble dans des circonstances plus dangereuses. Le capitaine commande quelquefois une pirogue; le plus souvent il se réserve la surveillance sur toutes, et n'abandonne pas son navire.

Une fois arrivé sur les lieux de pêche, on place une deuxième *vigie* dans la mâture. Ces *vigies* sont servies par les hommes les plus intelligens de l'équipage, parce que non-seulement il faut qu'ils déterminent bien exactement l'espèce de baleine qui leur apparaît, afin de ne point aventurer les pirogues à la poursuite de celles dont l'espèce est reconnue donner peu d'huile, mais encore parce que la route que prendront les embarcations, leurs évolutions, la poursuite à laquelle elles s'adonneront, ou enfin l'abandon de cette poursuite, tout dépend des signes et des avertissemens que donne la *vigie*, attendu que l'élévation de sa position lui permet, en planant sur la mer à une grande distance, de voir et de juger

des choses qui échappent à la pirogue qui avance à la surface. Aussi le capitaine monte-t-il souvent lui-même en *vigie*, lorsque ses embarcations quittent le navire pour *chasser* les baleines.

Un long bâton, à l'extrémité duquel est passée une grosse boule de toile noircie, sert à la *vigie* pour signaler aux pirogues, lorsqu'elles sont à une grande distance du navire, quelle direction suit la baleine, que celles-ci poursuivent quelquefois à plus de deux lieues du bâtiment.

Dès que l'animal est signalé, — et cela se fait du haut des mâts par un cri traditionnel qui s'entend partout, — chaque officier reçoit les ordres du capitaine, qui désigne le nombre de pirogues qui doivent *chasser*. Le signal est aussitôt donné d'amener ces pirogues. (On a dit plus haut que ces embarcations étaient pendues aux côtés du navire, au-dessus de l'atteinte du ballottement des lames.)

L'officier, le *harponneur* et les quatre rameurs s'y embarquent, et on quitte précipitamment le navire. La pirogue est garnie de harpons, de lances, d'une longue corde qu'on appelle la *ligne;* chaque matelot arme un aviron et nage de toute sa force. Le *harponneur* lui-même, après avoir placé les deux harpons à un endroit consacré où il lui sera facile de les saisir quand il en sera temps, prend aussi un aviron pour augmenter la vitesse du canot.— L'officier, placé à l'extrême arrière, élevé debout sur des saillies intérieures de la pirogue, domine et veille attentivement tour à tour le monstre dont il voit au loin une partie hors de l'eau, et les indications que lui fournit la *vigie*. Il dirige la pirogue à l'aide d'un grand aviron qui, dans ces circonstances, remplace le gouvernail.

Si la baleine est assez peu éloignée pour qu'il puisse l'apercevoir, soit lorsqu'elle se montre à la surface et que sa peau noire se détache sur l'eau, soit quand elle lance en l'air l'eau qui jaillit de ses *évents*, l'officier encourage les nageurs pour accélérer la vitesse de la pirogue; il tient ses regards impatiens sur l'endroit où disparaît le monstre et sur celui où il pense le voir reparaître. —Lorsque la direction que suit la baleine est en rapport avec le vent, la pirogue reçoit un petit mât qui supporte une voile légère qui vient en aide aux avirons et augmente le sillage. Ce mât, cette voile, se placent et se déplacent facilement, car rien ne doit entraver la poursuite de l'animal convoité. Chaque matelot s'étend sur son aviron; l'impatience, les désirs, les rivalités avec d'autres pirogues qui concourent à la poursuite de la baleine, retrempent les forces et le courage. L'officier excite continuellement son petit équipage, la pirogue vole! La longue ligne, dont un des bouts est fixé aux harpons, est minutieusement placée dans la *baille;* l'officier examine tour à tour chaque partie de son embarcation, afin de bien vérifier si rien n'entrave la lutte qu'il

<hr>

(1) Voir, dans le deuxième volume de la *France Maritime*, l'article plein d'observation et de vérité de mon collaborateur le capitaine Luco.

se dispose de livrer à son puissant antagoniste.

C'est beau à voir toutes ces pirogues, les unes vertes, les autres blanches, avec de brillans cordons rouges ou jaunes, suivant le caprice ou le goût de chacun des chefs; tous ces marins, penchés sur leurs longues rames, à demi nus, se dépouillant de tout vêtement incommode; ce grand navire qui suit, autant que le permet le vent, la course de ces canots sortis de son sein et qu'il protége; puis, se montrant d'instans en instans à la surface de l'eau tourmentée, ce gigantesque poisson, dont l'attouchement brise, dont la colère anéantirait d'un seul coup toutes ces pirogues courageuses, monstre puissant, sans connaître sa puissance, qui n'est dangereux que par les hasards de ses mouvemens, et que l'adresse d'un seul homme va vaincre, gigantesque cétacé dont la blessure, causée par la main d'un homme, va rougir la mer sous des flots de sang, et qui mourra bientôt d'un coup qui, porté dans certaines parties, ne tuerait pas un homme! C'est une belle joûte!

Les pirogues approchent toujours. Une d'elles est tellement près du monstre, que déjà le *harponneur* a quitté son aviron, et, sur l'ordre que donne l'officier, il saisit son harpon qu'il brandit en l'air, tout prêt à le jeter vigoureusement sur l'animal, dans la chair duquel il s'enfoncera sans pouvoir en sortir, par la combinaison de sa forme. Les rameurs redoublent de courage; l'officier attentif retient son haleine; à chaque coup de rame, la pirogue gagne en vitesse le monstre qu'elle poursuit... Encore un peu et on l'aborde.... C'est son large dos qui se montre à la surface; sa queue, sa redoutable queue ne peut de ses battemens atteindre la fragile pirogue. L'officier l'évite et cherche à aborder la baleine par un de ses côtés; les voilà près d'elle... « Encore un peu, mes enfans; nage, nage encore; oh! nous y sommes.... Un dernier coup d'aviron.... Bien! lance tes harpons! elle est à nous!

—Vivat!... hourra! » crient tous les marins. La ligne entraînée par la baleine, qui fuit avec sa blessure, s'échappe avec vitesse de la pirogue qui a cessé de faire mouvoir ses avirons. « Tenez bon cette ligne, enfans, que la baleine nous traîne. Comme elle va! Le harponneur l'a bien piquée. »

Elle coule, elle cherche au fond de l'eau un asile contre la douleur de sa blessure; on lui abandonne autant de ligne qu'elle veut en emporter en s'abaissant sous l'eau; mais cette profondeur qu'elle doit atteindre est connue; bientôt le besoin de renouveler l'air de ses poumons la rappelle à la surface; on tire la ligne qu'on replace dans la pirogue, et on continue pendant quelque temps à suivre ainsi ses mouvemens.

Dès qu'il s'est senti atteint par le fer qui a déchiré ses chairs, le monstre, un instant immobile, a semblé frappé d'inertie : ce n'est que quelques instans après que, cherchant sans doute à se débarrasser de la douleur qu'il ressent, son corps a semblé frémir dans de terribles convulsions; alors sa queue immense s'est dressée sur l'eau et a battu la mer de vingt coups formidables. Gare alors la pauvre pirogue! le moindre contact de l'animal la mettrait en pièces; mais comme la baleine a fait du chemin en se sentant frappée, celle-ci ne court guère de dangers; il y a de la distance entre eux : la fin de ce combat lui présentera cependant de nouveaux périls. Quand, après avoir plusieurs fois disparu, la baleine semble enfin vouloir rester quelques instans à la surface de l'eau, la pirogue s'en approche à l'aide d'une ligne qui va de l'une à l'autre, et le combat continue. Cette fois-ci, c'est l'officier qui prend poste sur l'avant de la pirogue, et, armé d'une longue lance, il cherche à la faire pénétrer dans les parties vitales du monstre. Les soins des rameurs se partagent continuellement entre le service de leur avirons, qu'ils font mouvoir de manière à approcher ou à écarter leur embarcation de la baleine, suivant le danger que l'officier signale, et l'attention qu'ils doivent porter à cette ligne qu'il faut continuellement tirer ou laisser s'échapper, suivant que le monstre s'éloigne ou revient.

Enfin, si l'officier, armé de cette longue lance à laquelle tient un petit cordage qui sert à la retirer à lui lorsqu'il l'a jetée à distance, si l'officier parvient à toucher la baleine dans une de ses parties mortelles (et la science du baleinier consiste à bien apprécier ces parties), l'animal, au lieu de l'eau que lançaient ses *évens*, en fait jaillir des flots de sang dont les jets épais retombent en large pluie sur les marins et sur la mer, en teignant partout le mobile champ du combat.

L'agonie de la baleine est terrible; elle emploie les dernières forces que lui laisse la vie, qui s'échappe avec le sang de ses affreuses blessures, à lutter contre ces souffrances inconnues que n'allége point pour elle l'instinct de la défense. Si elle brise, si elle tue, c'est parce qu'on s'est imprudemment exposé à ses coups, en se mettant en dedans du cercle nécessaire à ses mouvemens calmes ou irrités. La baleine ne poursuit pas, ne frappe pas pour détruire; en la touchant on se blesse, parce qu'elle est forte; c'est le poids de sa queue, de ses nageoires, et non l'action qu'elle leur donne, qui doit être redouté; elle n'a point le sentiment de sa puissance ni celui de la faiblesse de ses agresseurs. C'est un rocher contre lequel on se brise.

Quand une ou plusieurs pirogues sont parvenues, à force d'adresse et de prudence, à donner la mort à une baleine, elles s'occupent immédiatement de l'approcher de leur bâtiment. Si le vent le permet, le navire viendra vers l'animal qui flotte, comme un autre navire submergé, au milieu des pirogues qui l'enlacent de leurs cordes, pour le traîner et le mettre en pièces. Lorsqu'il fait calme, ou que la pêche se fait dans le voisinage d'une côte au fond de laquelle le bâtiment baleinier est retenu par son ancre, les embarcations reprennent leur nage en traînant leur proie. Alors les marins chantent, leur journée est bonne. Il faut une trentaine de baleines d'une grosseur ordinaire pour charger un bâtiment dans les proportions moyennes.

Comme on l'a dit plus haut, la baleine, solidement attachée au navire, flotte à côté de lui. Les marins sautent dessus, et enlèvent pièce à pièce la couche de lard qui l'enveloppe ; de gros cordages servent à monter sur le bord ces énormes couches de graisse qui, passant par d'autres mains, seront bientôt livrées en minces découpures aux brûlantes chaudières. — L'huile refroidie ira dans la cale, pour n'en sortir qu'au port. — Le cadavre gigantesque, dépouillé de son enveloppe luisante, sera abandonné, tout rouge de sang, tout déchiqueté de lambeaux pendans, aux lames qui le ballotteront comme un immense débris. — Il deviendra une île flottante dont les affreux requins dévoreront la base, et sur laquelle s'abattront les albatros, fatigués de leur vol aventureux (1).

BAGUE. s. f. Espèce d'anneau en fer, en bois, en cercle ou en corde, destiné à être passé dans un gros cordage sur lequel il peut glisser facilement. On attache les bagues de distance en distance à l'un des côtés d'une voile qui, pour être livrée au vent, se développe et se maintient par leur secours le long du cordage tendu, comme un rideau se déploie sur la tringle de fer à laquelle il est suspendu par ses anneaux.

La *bague* est vraiment d'une fort médiocre importance dans l'armement d'un navire, et l'on ne s'étendrait pas davantage sur sa description que sur celle d'une multitude de menus objets qui complètent avec elle l'armement d'un bâtiment, sans le rôle qu'elle joue dans les chroniques de bord, et le relief qu'elle emprunte à la tradition où elle se marie. Voici comment la *bague* acquit en un seul jour, dans la foule d'ustensiles dont la navigation nécessite l'emploi, une importance qui lui mérite ici les développemens d'un petit article.

Il y a sans doute fort long-temps de cela ; c'était à Brest. Une frégate se trouvait en commission d'armement pour une longue campagne dans les mers de l'Inde. Deux *gabiers* de *beaupré*, — hommes choisis parmi les plus intelligens de l'équipage pour être exclusivement affectés aux

travaux d'un mât,—deux matelots, enfin, étaient occupés à attacher, sur une de ces voiles triangulaires qui s'élèvent sur le beaupré (qu'on sait être le mât transversal qui sort en éperon à l'avant du navire), les bagues qui servent à tendre ces voiles, ces *focs*, — comme on les appelle, — sur le cordage, sur la *draille*, qui leur sert en quelque sorte de tringle pour s'y déployer. Les deux marins, à cheval sur le mât incliné, s'entretenaient gaîment de leurs affaires, tout en faisant leur besogne ; leur causerie roulait principalement sur les plaisirs qu'ils avaient goûtés pendant leur séjour à terre, et de là naturellement sur les dettes qu'ils y avaient contractées. Un d'eux fit alors à son compagnon cette singulière observation, qu'il devait à son aubergiste et à son fournisseur d'habillemens, juste autant d'écus qu'il venait d'attacher de *bagues* au *grand foc*.

Il y a dans les ports de mer des gens qui font commerce d'acheter aux aubergistes, aux cafetiers, aux fournisseurs des marins, les petites créances dont ils se chargent de poursuivre en masse le remboursement ; ces négociations, faites moyennant une diminution débattue de gré à gré, suivant la solvabilité du débiteur, investissent ordinairement quelque Juif tracassier du droit, ou, pour mieux dire, de la corvée de relancer le marin en partance. Le jour de la paie étant arrivé, le marchand détenteur des créances de l'un de nos *gabiers* se rendit à bord de la frégate en appareillage, pour faire ses recouvremens ; mais, soit que les intelligences qu'il s'était ménagées lui eussent été infidèles, soit enfin qu'il eût attendu jusqu'au dernier moment, toujours est-il qu'il n'arriva à bord qu'au moment où la frégate allait mettre en mer. Le matelot, qui ne l'attendait plus, ne put esquiver sa rencontre ; il vit donc qu'il n'y avait d'autre moyen de se soustraire à tout paiement, que de gagner du temps, et de lanterner son homme jusqu'à la mise sous voiles, moment où il faudrait absolument que le créancier quittât la frégate.

Celui-ci était un Juif expert et rusé, marchand d'habits, sec, maigre, et difficile en diable à duper. Il aborda le marin : « Je viens comme d'usage, dit le cauteleux Israélite, recevoir, sans vous déranger de votre noble service, le petit montant des petits comptes.... — Combien est-ce que je vous dois ? demanda le matelot. — Voici, mon honnête monsieur, répliqua le marchand, votre petite note s'élevant à.... — Je ne sais pas lire ! — Mais votre chère mémoire vous rappellera que c'est ni plus ni moins de 66 livres 13 sous 3 deniers, dont quittance... — Je ne me rappelle pas de ça, dit le marin ; mais tout ce que je sais fort bien, c'est que je vous dois autant d'écus de trois livres qu'il y a de *bagues* à cette voile que vous voyez roulée là-bas. On va la hisser tout-à-l'heure *pour la faire sécher*, et nous compterons ensemble les

(1) A compter de cette feuille, cet ouvrage, conçu et commencé par M. Jules Lecomte, sera continué en égale participation avec le capitaine Luco, collaborateur de la *France Maritime*; le désir de terminer ce dictionnaire pour une époque convenue ayant déterminé ces deux écrivains à s'adjoindre pour en partager les travaux ultérieurs.

(Note de l'éditeur.)

bagues; si le nombre qui s'y trouve est égal au nombre d'écus de votre compte, je vous paierai. Ainsi patientez encore un peu; et, en attendant, laissez-moi tranquille, car le lieutenant me reluque ! — D'accord, estimable marin, répliqua le Juif satisfait, je vais regarder, plein de confiance dans votre bonne foi et dans l'honnêteté de mes prétentions. »

Il n'attendit pas long-temps; la frégate finissait de lever son ancre; un coup de sifflet retentissant répéta l'ordre de l'officier de manœuvre : *hisse le grand foc!* C'est la première voile qu'on livre au vent quand un navire va faire route.

« Voici le moment; comptez bien les *bagues*, dit le matelot au Juif, dont le regard fauve suit à peine le déploiement de la voile dans son ascension rapide. — Vingt-deux! s'écrie le marchand tout rayonnant, c'est bien ça ! Il y a vingt-deux bagues, vingt-deux écus; c'est mon compte; je n'exige rien de plus, respectable.... » Et se retournant de tous côtés, il ne vit plus le marin qui s'était échappé dans la foule des matelots rassemblés. Le Juif se mit alors à parcourir en tous sens le pont de la frégate, et criant de toutes ses forces : « C'est mon compte! c'est mon total ! j'abandonne les treize sous !... » Un officier, chargé dans ce moment de faire évacuer les étrangers qui se trouvaient encore sur le navire, attiré par les hurlemens du Juif, le fit pousser par les épaules jusqu'à l'escalier extérieur, au bas duquel étaient les embarcations destinées à reporter le monde à terre. « Puisque vous avez votre compte, filez donc en double! à moins que vous ne veniez dans l'Inde avec nous.... Allons, décampez avec votre total! » Le Juif, exaspéré, criait vainement, en répandant ses glapissemens dans le tumulte de l'appareillage; il fut poussé, écumant, dans le canot, qui se détacha de la frégate, dont le sillage devint bientôt rapide.

L'aventure courut tout le navire, se raconta dans les stations, puis dans les ports. Les marins la consacrèrent en attribuant, dès cet instant, aux *bagues* du grand foc la vertu de payer leurs dettes. « Laisse faire! répondent-ils aux observations qu'on leur fait sur leurs dépenses extravagantes, roule toujours! la *bague* du grand foc paiera tout! »

C'est, en un mot, partir sans payer.

BAIE. s. f. Tous les mots qui appartiennent spécialement à la science géographique ne pouvant recevoir de développemens dans cet ouvrage, on doit se contenter de les traduire, principalement sous le point de vue qui peut les rattacher plus intimement à l'allure de ce livre. Tous les dictionnaires géographiques disent qu'une *baie* est un espace compris entre deux terres, où les bâtimens ne sont pas exposés aux dangers de la pleine mer. Il y a des rapports assez frappans entre les *baies* et les *golfes*, pour qu'on croie devoir ici en bien déterminer la diffé-rence, parce que cela est peu expliqué par les géographes. Une *baie* n'est pas un petit *golfe*, car il y a dans les mers du Nord des *baies* plus spacieuses qu'aucun golfe, à part ceux du Mexique. Dans ces *baies*, un bâtiment serait sans contredit aussi peu en sûreté que sur tout autre point de la côte. On lit, dans des ouvrages spéciaux, qu'une *baie* doit être plus étroite à l'entrée que vers le fond ; pourtant pourrait-on donner ce caractère aux *baies* d'Audierne en France et de Naples en Italie ? Ces incorrections du langage sont aujourd'hui dans le domaine de la science, et les cartes les perpétuent malgré la fausseté de leur désignation. On doit donc ne pas attacher à la définition d'une *baie* l'idée d'un abri pour les vaisseaux, attendu qu'il s'en trouve un grand nombre assez spacieuses pour qu'un navire y navigue comme au large. Quelles *baies* que la mer Baltique, et quel golfe que le golfe de Venise !

BAILLE. s. f. Baquet, ouvrage de tonnellerie employé sur les vaisseaux à divers usages. Anciennement les *bailles* du bord s'improvisaient en quelque sorte; la première barrique inutile, et sciée par son milieu, en fournissait deux pour une, et, sans autres préparatifs, elles servaient aux besoins du moment. Mais l'expérience et le progrès en ont plus tard modifié les formes, les dimensions et les noms selon la nature de leurs différens emplois; les variantes de la *baille* comprennent aujourd'hui, sur les vaisseaux, les *bailles de combat*, — les *bailles à drisses*, — la *baille de sonde*, — la *baille des rations*, — et enfin la *baille à brai*.

Les *bailles de combat*, plus larges du fond que du haut, afin de leur donner une assiette plus sûre dans les *roulis*, sont façonnées et peintes avec soin pour les harmoniser à l'ordre et à la propreté militaire des batteries où elles sont distribuées. Une large bague, élevée au-dessus du fond et maintenue par quatre bouts de corde artistement croisés, reçoit et soutient le boute-feu qui se plante au fond de chaque *baille de combat*, après qu'on s'en est servi pour mettre le feu aux canons. Les parcelles enflammées qui se détachent de la mèche fumante que porte le boute-feu tombent et s'éteignent dans le peu d'eau versé dans la *baille* à cet effet. Le numéro et le calibre du canon auquel appartient une *baille de combat* (et il y en a une par canon), se lisent en couleur tranchée sur l'écusson qui en décore l'extérieur ; deux anses en fer poli complètent la *baille de combat*.

Les *bailles à drisses* (si l'on doit appeler *baille* une sorte de petite rotonde, meuble d'un travail minutieux, composé de montans et de traverses qui se croisent et se soutiennent avec art) se placent au nombre de cinq ou six sur le pont du vaisseau, où leur présence ne choque pas la brillante tenue des gaillards, et où leur utilité est incontestable ; elles reçoivent dans leur capacité cylindrique des cordes appelées *drisses des hu-niers*, d'où elles tirent leur nom. Ces longues cordes, —objet d'une surveillance particulière, en ce qu'elles servent à hisser et maintenir à la tête des *mâts de hune* les voiles les plus susceptibles de compromettre ces mêmes mâts, — doivent être maintenues toujours libres et faciles à s'écouler rapidement et sans encombre à travers leurs poulies, surtout lorsqu'un vent violent et inopiné menace le navire et la mâture de ses pesantes rafales. Il faut que les voiles, tenues élevées jusqu'alors par les drisses, s'abaissent promptement. C'est pour cela que ces cordes ou *drisses* sont attentivement roulées sur elles-mêmes, par tours superposés en spirale, et maintenues dans cette prudente disposition par les barreaux de la *baille à drisse*. Souvent en mer, dans les nuits de paisible navigation, lorsque les matelots de *quart* sont livrés à leurs causeries familières, la *baille à drisse* devient le siége oratoire d'où le *conteur d'aventures* se fait écouter de son auditoire, accroupi autour de lui.

La *baille de sonde* est un baquet dans toute la vulgarité du mot, avec cette différence, que son fond est percé à jour par une multitude de trous, et voici pourquoi : Cette *baille* reçoit la longue *ligne de sonde*, qu'on y place très-attentivement lorsqu'elle est retirée de la mer, dont elle a été sonder la profondeur. C'est encore humide de l'opération, qu'elle est renfermée dans la *baille de sonde*, dont le fond criblé rejette au dehors l'eau qui découle de chaque couche de la ligne.

La *baille à laver*, c'est la grande *baille* du bord, placée sous le goulot d'une pompe qui, au besoin, la remplit d'eau puisée de la mer ; c'est le réservoir dans lequel les matelots vont tous, chaque matin, puiser à seaux l'eau qui sert au lavage du vaisseau ; c'est aussi le lavoir public où les hommes de l'équipage font leur lessive. Mais son rôle le plus tranché, c'est celui qu'elle joue dans la *célébration du passage de la ligne* ; elle est tour à tour, dans cette burlesque cérémonie de bord, le siége perfide où viennent s'asseoir avec confiance les récipiendaires, et la piscine où ils reçoivent le copieux baptême sacramentel, qui achève de les initier aux mystères de cette saturnale maritime.

La *baille des rations* est celle où coule le vin de la barrique en vidange, et dans laquelle le cambusier distributeur puise et mesure les boissons qu'il distribue dans les *bidons*. Elle est remarquable seulement par son éternelle teinte vineuse.

Vient ensuite la *baille à brai*. C'est la *baille* grotesque ; elle rentre dans les attributions du *maître calfat*. Lorsqu'il lui faut recouvrir de brai les jointures des planches qu'il vient de remplir d'étoupe ou filasse, il demande et obtient qu'une barrique sciée en deux lui fournisse un baquet pour y transvaser le brai bouillant de sa chau-

dière, et y puiser sans mesure avec son *guipon*, espèce de pinceau, l'enduit qu'il étend sur les fentes et les joints. Deux anses en corde servent à transporter l'ignoble vase. Après cet office rempli, la *baille à brai*, sale et laide des couches boursouflées et refroidies du noir qui les recouvre, bonne à rien, pas même à brûler, à moins qu'elle ne devienne la *baille aux ordures*, est, pour plus prompt débarras, jetée à l'eau.

C'est à la voir s'en aller *drivant* avec *la marée*, sans direction, tournant au caprice de la brise, et boitant au clapotis du courant, que les matelots en ont fait l'image d'un navire malpropre, mal tenu, mal équipé et mal conduit. Ils disent d'un pareil navire : « C'est une baille à brai ! »

BAISSER. v. a. La mer *baisse*, c'est-à-dire que la mer diminue de la hauteur jusqu'où elle s'était élevée le long de la côte ou dans le port ; c'est le moment du reflux. On dit *baisser* ou *abaisser* un pavillon, une voile, mais plus convenablement *amener*. (*Voir* ce mot.)

BALANCELLE, s. f. C'est une jolie embarcation dont la construction, jadis napolitaine, était fort adoptée autrefois dans la Méditerranée ; aujourd'hui on ne la rencontre guère que sur les côtes d'Espagne. La *balancelle* est pointue des deux bouts, et navigue alternativement ou simultanément à la voile et à l'aviron. Elle n'a qu'un mât ; mais elle se charge d'une voile immense. Sa marche est rapide. — Il y a aussi de ce nom, dans certaines localités des côtes de la Manche, une sorte de filet destiné à la pêche du menu poisson.

BALANCINE. s. f. On appelle ainsi les cordes qui suspendent par leurs extrémités les barres de bois transversales (*voyez Vergues*) auxquelles sont attachées les voiles ; et pour cela elles se rendent à la tête du mât, où elles sont reçues dans des poulies qui les renvoient sur le pont. Elles fonctionnent peu pour certaines voiles quand elles sont déployées ; mais, quand le navire est en rade, elles contribuent à balancer et à donner aux *vergues* leur position bien croisée à l'égard des mâts, ce qui est une condition de la belle tenue d'un navire.

Les *balancines* offrent aux matelots adroits et souples un prompt moyen de communication du haut du mât au bout de la vergue ; ils en usent dans les combats d'abordage, quand les vergues deviennent les ponts par lesquels les assaillans s'élancent sur le vaisseau ennemi. C'est le sabre aux dents qu'ils se laissent glisser par les *balancines* pour arriver plus vite sur le lieu du carnage.

Les matelots, dont le langage est toujours enrichi des images qu'ils empruntent à ce qui les entoure, appellent aussi *balancines* tous les liens qui soutiennent ou rendent l'équilibre à un objet. Leurs bretelles de pantalon, par exemple (quand les matelots ont des bretelles), sont souvent appelées des *balancines*.

BALANT. s. m. Se dit de la partie d'une corde pendante et abandonnée à son poids, et qui, dans cet état, peut être balancée par le vent, ou par le mouvement du navire. C'est aussi l'état d'oscillation qui lui est imprimé à volonté, lorsque cette corde suspend un objet de quelque pesanteur. En rade, ou sous voiles, la bonne tenue d'un navire ne permet pas ces grands relâchemens inutiles et désordonnés des cordages ; on y obvie en commandant : *Abraque le balant des manœuvres !* Dans les combats de mer, lorsqu'on en vient à l'abordage, les *grappins*, — sorte de crocs de fer à quatre branches, qui servent à lier ensemble les deux vaisseaux, —ne peuvent être lancés dans les agrès de l'ennemi qu'en donnant du *balant* aux chaînes qui les suspendent aux extrémités des *vergues*. Les abordeurs eux-mêmes se servent souvent du *balant* des cordages auxquels ils s'abandonnent un moment, et, décrivant dans l'espace un arc dont le *balant* de la corde est le rayon, ils s'élancent par ce moyen de communication pour tomber armés sur le pont du navire ennemi. C'est ainsi que le brave capitaine Trépontin jeta l'équipage de son corsaire, *le Caméléon,* sur le pont d'un vaisseau anglais de la compagnie des Indes, dont l'élévation du pont, ainsi que les filets de défense, desquels il s'etait enveloppé, réndaient l'abordage impossible par tout autre moyen.

BALAOU, s. m. C'est le nom qu'on donne, aux Antilles, à une espèce de bâtiment petit, bon marcheur, et qu'on trouve fréquemment dans les rades de nos colonies.

Le *balaou,* par le nom qu'il emprunte à un agile poisson, représente, par l'élégance de ses formes hardies, gracieuses et légères, tout ce qu'il y a de plus remarquable comme construction parmi les nombreuses espèces de navires. Créole comme son nom, joli, ardent, fusion complète de tous les genres de beautés navales, ce petit navire, presque aérien, ne révèle en rien les lentes graduations architecturales qui, de tâtonnemens en tâtonnemens, ont conduit à l'en emble de ses perfections actuelles ; il présente l'œuvre d'une inspiration spontanée ; il semble, à le voir, qu'un dauphin ait, pour lui, laissé mouler ses contours gracieux et sa carène aiguë et impatiente. Il n'y a pas de calme pour le *balaou.* Si l'élévation d'un morne, près duquel il passe, lui intercepte la brise, il cingle encore sur la surface unie de la mer, rien que par le battement de ses voiles agitées par la houle sur laquelle il se dandine. Dans la tempête, soit qu'il résiste ou qu'il fuie, léger comme les mauves parmi lesquelles il semble se mêler, on le voit s'élever et planer sur la crête des lames en contournant leurs lignes agitées, sans en être ni frappé ni couvert : une lame sur le pont d'un *balaou* est chose aussi rare qu'une éclaboussure sur le bas de Taglioni.

Les Américains du nord, qui voulaient renchérir sur la construction du *balaou* des Antilles, en donnant, à leur imitation, des proportions plus grandes que celles du modèle, n'ont rien obtenu de plus parfait. — On appelle *balaou,* dans les mers caraïbes, un petit poisson svelte et agile, assez recherché sur les tables créoles ; il a prêté son nom et ses formes au petit navire.

BALISE. s. f. C'est ainsi qu'en général on désigne toute indication placée sur la mer dans le voisinage des côtes, pour indiquer aux navigateurs un écueil à éviter ou un passage à suivre, selon des conventions établies et publiées par l'administration maritime.

Les *balises,* pour signaler un danger, se font ordinairement avec une grosse et longue barre de fer, fixée invariablement en sens vertical sur le danger, et qu'on surmonte ensuite d'un baril ou de tout autre objet visible de loin.

Les *balises,* pour marquer la route que doivent suivre les vaisseaux dans les passages étroits, se font avec des corps flottans que l'on fixe sur la mer, au moyen d'un cordage retenu au fond par une ancre ou un poids suffisant. Quelquefois, dans ce cas, on emploie pour *balise* des bateaux qu'on y fixe de la même manière. La nuit, ces bateaux ainsi disposés en *balises,* portent un feu, sur lequel le vaisseau est dirigé. De grands navires fixés sur les accores des bancs, près de certaines côtes, y font l'office des *balises* flottantes.

A la bataille d'Aboukir, Nelson, voulant déborder l'escadre française, dont les vaisseaux étaient mouillés sur une ligne perpendiculaire au rivage, et passer entre la côte et les bâtimens français, fit d'abord tenter le passage par l'un de ses vaisseaux, *le Culloden,* qui s'échoua. Les Anglais, pour déguiser la mauvaise manœuvre de ce vaisseau au moment de son échouage, et en même temps pour donner du relief à l'événement, prétendent que ce fut un calcul de leur amiral, qui disposa ainsi le vaisseau *le Culloden* en *balise,* pour indiquer le meilleur passage à son escadre. — L'action de placer des *balises* sur des points convenus, s'appelle *baliser.*

BANC s. m. C'est une partie du fond de la mer ou d'une rivière, qui est plus élevée que le reste par un accident du terrain, et sur laquelle il se trouve conséquemment une profondeur d'eau moins considérable. La mer en baissant laisse à sec beaucoup de *bancs,* ce qui permet d'en bien constater la configuration. Il y a des *bancs* de roche, de sable, de vase, de coquillages, de corail, etc. Ces hautes plaines sous-marines sont ordinairement plus peuplées de poissons et plus encombrées de toutes les végétations de la mer que les autres parties de l'eau où le fond est plus considérable. Tout porte à croire que les configurations du terrain submergé sont analogues aux accidens terrestres, et que le plus grand *banc* connu, celui de Terre-Neuve, n'est qu'un vaste plateau dont les îles environnantes sont les points culminans. — On nomme *bancs* de glace ces grands amas de glaces que les courans ou les vents ont joints ensemble, et qui, flottant au hasard dans certaines mers, encombrent souvent la navigation et causent la perte des navires qu'ils encadrent ou dont ils obstruent le passage. — Il y avait autrefois dans l'installation intérieure des bâtimens de guerre, une sorte d'élévation en menuiserie, qui servait à l'officier commandant la manœuvre ou le combat, à mieux observer les mouvemens de l'ennemi et ce qui se passait sur le pont de son navire ; c'était le *banc de quart.* Depuis on a substitué au *banc de quart,* un coffre d'armes qui, servant ainsi à deux fins, rentrait mieux dans le système d'installation navale. On dit cependant parmi les marins que l'adoption du coffre d'armes, comme *banc de quart,* ne laissait pas que de présenter des dangers, puisque, dans nos dernières luttes sur la Méditerranée, un officier a été blessé par l'explosion des cartouches que renfermait ce coffre. Il est du reste facile de parer à ces accidens, en ne considérant le *banc de quart* que comme un dépôt d'armes blanches. — *Banc* est aussi le nom du siége des rameurs dans une embarcation. — Un *banc* de poissons, un *banc* d'huîtres, c'est la réunion de ceux-ci, qui occupe un grand espace de la mer ou du fond.

BANDE. s. f. C'est l'inclinaison d'un navire ; quand la mâture penche sur un côté, et que par conséquent la coque sort d'autant plus de l'eau par un bord qu'elle y rentre de l'autre, on dit : Ce bâtiment a la *bande* à tribord ou à bâbord. Le vent, en appuyant sur les voiles, donne la *bande* au navire du côté opposé à celui par lequel il le frappe. — Pour réparer une partie submergée de la coque d'un navire, lorsqu'il se trouve dans un bassin ou dans une position tranquille, on lui donne la *bande,* afin d'élever au-dessus de la surface le point où la réparation doit avoir lieu. — Lorsqu'on met des marchandises ou de l'artillerie sur un vaisseau quelconque, si le poids principal est placé sur un des côtés, il prend la *bande.* — On dit : des manœuvres, des cordes en *bande,* pour signifier qu'elles sont abandonnées à leur propre poids, qu'elles ne sont pas abraquées, qu'elles ont du balant.

BANQUIER. s. m. C'est le nom qu'on donne aux navires qui, faisant la pêche de la morue sur le banc de Terre-Neuve, gardent, dans le sel, les produits de leur pêche ; différens des autres pêcheurs qui font sécher la morue à terre, et qu'on nomme vulgairement *Terreneuviers,* corruption de Terre-Neuve.

BANQUISE. s. f. M. Fulgence-Girard a décrit la *banquise,* dans une de ses nouvelles maritimes, comme un immense amas de glaces flottantes que les courans ou les brises détachent des côtes ou des ouvertures des baies pour les réunir ensuite en chaînes de montagnes. Les

banquises interceptent toute navigation. Les *clairières,* qui sont les espaces ménagés parfois dans ces colossales barrières, sont souvent bien dangereuses pour les navigateurs qui espèrent y trouver un passage et se trouvent parfois encadrés par ces masses infranchissables. La mer est ordinairement belle dans ces sortes de lacs, et les marins impuissans se livrent alors à la chasse des phoques et des ours blancs qui habitent ces rives mobiles. Quand l'espace à franchir pour regagner le large n'offre pas une étendue trop considérable, on scie la glace pour livrer passage au navire. On conçoit combien doit être pénible la navigation dans ces mers, où tout porte aujourd'hui à croire que se sera perdue la corvette *la Lilloise,* dont on n'a pu depuis trois ans retrouver les traces.

BAPTÊME. s. m. Cérémonie primitivement religieuse sans doute, aujourd'hui burlesque et expirante, de laquelle s'emparent encore les marins comme d'un prétexte qui sert à varier l'uniformité de leurs jours de navigation. C'est lorsque le navire passe le tropique ou l'équateur que l'équipage consacre à cette tradition, dégénérée en saturnale, qui consiste à baigner à grande eau les voyageurs qui, pour la première fois, traversent ces divisions astronomiques de l'Océan. — On s'exempte du reste facilement de cette corvée en distribuant aux matelots quelque argent en échange de leur renonciation au privilége qu'ils ont acquis sur les débutans, par le nombre de leurs voyages. On ne saurait mieux faire ici peut-être que de renvoyer le lecteur à la description développée qui a été faite dans le second volume de la *France maritime,* page **281** et suivantes ; une gravure jointe à cet article représente la principale scène de cette comédie matelotesque.

La première fois qu'un bâtiment traverse les passages consacrés à cette cérémonie traditionnelle, le capitaine est soumis à quelques libéralités envers son équipage, et la discipline du bord est relâchée pour un jour.

BARACHOIS. s. m. Ce sont de petits bassins ouverts sur la pleine mer, qui découpent les côtes parmi les récifs, et offrent un léger abri pour les navires de petites dimensions. Cette expression est surtout consacrée dans les Indes, où elle exprime souvent le point de ces côtes où les embarcations peuvent trouver un facile accès.

BARATERIE. s. f. On dit *baraterie de patron,* dans le langage du droit maritime. C'est une infidélité commise par un capitaine ou patron de navire, un abus de confiance au préjudice des propriétaires, exercé sur des sommes ou des marchandises confiées à sa gestion ou à sa garde. Le cas de *baraterie* s'applique soit au détournement des valeurs, soit à l'insouciance, au défaut d'ordre qui les a détériorées ou perdues. Cette action est d'autant plus coupable que le capitaine ou patron, *maître après Dieu* sur son bord, n'y subit aucun contrôle, et a acquis en toute confiance une immense responsabilité morale. La *baraterie*, soit isolée, soit en complicité, est justiciable des tribunaux criminels, et dans certaines circonstances entraîne la peine de mort.

Les exemples de ces sortes de malversations sont fort rares; les qualités morales exigées pour être admis à commander les bâtimens du commerce, et pour diriger des opérations commerciales dans les pays étrangers, sont d'efficaces garanties contre la *baraterie* des patrons.

Si ce crime, tout méprisable qu'il est, peut jamais trouver une excuse dans l'opinion, c'est bien dans la relation suivante, où il emprunte des palliatifs à la singularité des circonstances dans lesquelles il a été accompli.

Au temps où Saint-Domingue prospérait comme possession française, le capitaine d'un bâtiment de Bordeaux, qui s'apprêtait à appareiller de cette colonie pour effectuer son retour en France, reçut à son bord huit ou dix caisses solidement conditionnées, dûment marquées et numérotées, expédiées par les religieux de la colonie à l'adresse d'une communauté de moines de leur ordre, alors à Bordeaux.

Les caisses furent déclarées, par les religieux chargeurs, contenir les ossemens des frères morts dans la colonie, martyrs de leur zèle à prêcher la foi parmi les colons; ces précieux restes étaient dirigés vers le généralat de l'ordre, pour y recevoir les honneurs funèbres dus à d'aussi précieuses et saintes reliques.

Le capitaine reçut les caisses; débattit le prix du transport; les arrima dans son navire, et en délivra *connaissement* ou reçu aux chargeurs. Le connaissement mentionnait la réception à son bord du nombre de caisses *contenant des ossemens ou reliques, avec engagement de les remettre à qui de droit;* puis il signa, comme cela se pratique en pareil cas, ignorant le contenu desdites caisses : *que dit être.*

Le navire prit le large.

Pendant sa traversée, que les mauvais temps rendirent fort pénible, le capitaine fut contraint, à cause de certaines mutations d'arrimage, de changer de place les caisses des frères religieux. La pesanteur anormale de ces caisses, et la disproportion de cette pesanteur avec la déclaration de leur contenu, firent naître dans l'esprit du capitaine des réflexions dont les recommandations et les discours des moines furent le point de départ pour être converties en soupçons. Le diable tenta le marin : il eut le plus vif désir d'expertiser le contenu des mystérieuses caisses, et il céda à son désir. Son étonnement fut grand, lorsqu'en place des tibias, des fémurs et des têtes monacales, il trouva de brillans ornemens d'église, de précieuse orfévrerie en chandeliers, croix, lampes, ciboires, burettes, calices, etc.,

en or, en argent, en pierreries; plus, des lingots évidemment fondus avec les ornemens hors d'usage, et enfin, dans d'autres cassettes, des doublons en prodigieuse quantité.

Ce capitaine était un vieux routier, grand connaisseur en fait de moines et de rubriques. A la vue de pareilles richesses, une idée traversa son cerveau; le diable dut rire.

Il ne fut pas difficile de créer un prétexte pour relâcher dans un port d'Espagne, quand le bâtiment rallia les côtes d'Europe. Le capitaine y opéra un complet changement dans le contenu des caisses, de sorte que, lorsqu'il reprit la mer pour se rendre à sa destination, les colis étaient conformes à la déclaration des moines et au reçu qu'il leur en avait donné.—Inutile de dire que la part des témoins de cette *baraterie* fut large et proportionnée à la valeur du secret. On arriva enfin à Bordeaux. A cette nouvelle, les frères religieux correspondans des moines de Saint-Domingue s'émurent et se rallièrent en procession qui vint sur le port, croix et bannière en tête, à grand son de cloches et à renfort de chants et de serpent, en toute solennité enfin, pour recevoir les bienheureuses *reliques* annoncées de par-delà les mers. Les caisses, *portées à dos* sur des brancards, furent délivrées par le capitaine, qui reçut en échange ses connaissemens légalement acquittés.

Le tout fit semblant de s'enlever pour être mis en Terre-Sainte.

Quel fut le désappointement des moines avides, quand, au lieu des trésors sourdement annoncés, ils trouvèrent des ossemens ignobles; des débris de toutes sortes d'animaux, parmi lesquels des têtes à cornes, des pieds à sabots, etc., qui ne leur permettaient pas de considérer cette cruelle déception comme une mystification provenant des moines correspondans, mais bien réellement et, malheureusement, une épouvantable *baraterie* du capitaine, seul coupable de l'accablante et criminelle substitution! Mais quel moyen de réclamer? comment avouer, sans commettre un immense scandale, la spoliation sacrilége que voilait le prétexte de la translation des saints ossemens?—Qu'eût répondu le capitaine : Qu'ai-je pris engagement de vous remettre? *des reliques?* les voici! vous les avez reçues; enterrez-les, battez vos cloches, et laissez-moi tranquille!—Les moines se résignèrent et souffrirent en silence cette *baraterie*, au moyen de laquelle le capitaine en question ne fut plus contraint de naviguer et de s'exposer conséquemment à la malédiction des moines restés à Saint-Domingue.

BARBE. s. f. Ce mot a, en marine, plusieurs significations. *Barbe (en)* se dit des câbles, gros cordages qui retiennent le vaisseau sur une rade, lorsqu'un grand vent ou bien une disposition particulière des ancres qui mordent le fond fait raidir ces deux câbles et les fait s'opposer ensemble, et avec une égale force, à l'action du vent, qui l'entraînerait dans sa direction ; on dit alors : les câbles travaillent en *barbe*. — Les marins appellent *barbes de chat* les nuages estompés, baveux et sans mouvemens, qui se détachent des grandes masses et tranchent sur le fond plus clair d'un ciel douteux ; c'est à leurs yeux un symptôme de vent. Les Provençaux, en reconnaissant ces signes météorologiques, disent dans leur dialecte méridional : *Quand le firmament il a des barbes de chat, la Provence il bouge, il y a du mistral.*—On sait que le *mistral* est ce grand vent qui désole les côtes de la Méditerranée.

BARBE (SAINTE-). C'était autrefois, sur les vaisseaux de ligne, un retranchement ménagé à l'extrême arrière de la plus basse batterie, et fermé par une cloison. Le maître canonnier y disposait avec ordre, sur des tablettes qui en garnissaient le pourtour, tous les ustensiles d'artillerie. Le chirurgien-major, le commissaire ou comptable, l'aumônier et le maître canonnier avaient leurs cabines ou logemens particuliers dans la *sainte-barbe ;* les aspirans y suspendaient leurs hamacs ou lits de toile, les maîtres y mangeaient. Toutes ces occupations de la *sainte-barbe* gênaient beaucoup le service des quatre canons de 36 qui s'y trouvaient : c'était sans contredit un des points les plus encombrés du bord. Aujourd'hui un grand changement s'est opéré dans cette partie de l'économie intérieure du vaisseau. De nos jours, la *sainte-barbe* est un magasin réservé dans les plus basses parties du vaisseau, et par conséquent entièrement submergée, où s'arriment les poudres qui forment toute la provision d'armement d'un bâtiment de guerre. Il y a un robinet qui sert à recevoir l'eau du dehors. Lorsque le feu prenant à un navire, il y a danger que la *sainte-barbe* fasse explosion, on dit de *noyer les poudres*, c'est-à-dire de donner accès à l'eau de mer.

BARBEIER. Lorsque le vent, au lieu de frapper en plein dans une voile, la prend de côté en glissant sur ses faces et la fait battre et grimacer avec bruit, on dit les voiles *barbeïent*. C'est ordinairement l'action du gouvernail qui fait *barbeïer* la voilure, lorsque le matelot qui le dirige donne au bâtiment une direction qui rapproche plus que de raison l'avant du point d'où vient la brise. On dit mieux *fasier* ou *ralinguer* (voir ces mots).

BARBETTE. s. f. On dit une *batterie barbette* pour désigner les rangées de pièces d'artillerie placées en service sur le pont d'un navire. Quelques corvettes, et tous les bâtimens d'un moindre calibre, ont une *batterie barbette*, différens des frégates et autres grands navires de guerre dont les canons sont recouverts par un pont, et souvent par plusieurs étages. Outre les batteries couvertes, ces derniers bâtimens ont encore une *batterie barbette* qui est formée de pièces d'un moindre calibre, puisque, dans l'armement des vaisseaux, la force de ce calibre augmente par chaque rangée de pièces abaissées les unes sous les autres.

BARGE. s. f. Les *barges* sont pour la plupart des barques de pêche construites principalement pour naviguer sur les rivières. Elles ont un mât placé vers leur milieu, auquel on suspend une voile carrée d'une assez grande surface. Elles sont particulièrement en usage dans le golfe de Gascogne, et servent à côtoyer les rivages. Quand les *barges* ne sont pas d'une trop grande capacité, elles se meuvent à l'aide d'avirons. Le mot *barge* est souvent employé en littérature, et surtout dans la poésie, où il offre une rime facile, pour désigner simplement un canot, un bateau ; mais ce n'est qu'une espèce, et non une généralité.

BARIL. s. m. On ne donnerait point ici l'explication de ce mot si vulgaire, s'il n'y avait pas en marine une sorte de baril spécial consacré principalement au service des embarcations sous le nom de *baril de galère*. Il est aplati, d'une construction solide, et contient de 25 à 30 litres d'eau. Rempli et bondé, il sert ordinairement de poids, placé en couches dans le fond des embarcations qui naviguent à la voile, afin de leur donner l'assiette convenable pour ne pas chavirer. Au besoin, en épanchant l'eau qu'ils contiennent, on détruit le poids de leur ensemble. — C'est dans les *barils de galère* qu'on va faire les petites provisions d'eau douce, dans les relâches ou dans les stations. Chaque homme peut aisément porter le sien. — A part les barils à poudre qui contiennent de 50 à 100 livres, il n'y a pas en marine d'autre application particulière qui fasse sortir le *baril* des usages généraux.

BAROMÈTRE nautique, ou baromètre marin. s. m. Il diffère des baromètres ordinaires en ce qu'il est suspendu par un mécanisme à double balancier croisé, ce qui lui assure une position verticale nécessaire au mouvement régulier du mercure par la pression de l'atmosphère. Le tube étant renfermé dans une colonne en bois artistement construite, c'est un peu au-dessus du milieu de la colonne que le balancier est établi. Dans cette disposition, le baromètre jouit d'une verticalité continuelle et d'une liberté d'oscillation dans tous les sens aux mouvemens du navire.

Les baromètres marins ont encore sur les baromètres ordinaires une perfection qui consiste dans la capillarité plus parfaite de leur tube.

Il n'entre pas dans l'esprit de cet ouvrage de développer ici des opinions sur l'excellence et l'infaillibilité du baromètre. On doit se borner à dire que leur efficacité capricieuse sur les navires est complice des jours, des temps et des lieux. — La plupart des marins n'attachent à ses pronostics qu'une médiocre confiance.

BARQUE. s. f. C'est en général l'espèce de bâtiment qui tient le milieu entre les embarcations et les grands navires. Elles ont ou n'ont point de pont; leurs voiles sont peu nombreuses et se suspendent à deux mâts; elles font le cabotage, c'est-à-dire qu'elles vont d'un port à l'autre sans jamais s'éloigner des côtes. Ce sont ordinairement de mauvais bateaux, laids et mal en ordre. Aussi donne-t-on par dérision le nom de *barque* à tout navire sale, mauvais marcheur, mal tenu. — *Barcasse* s'applique pour surenchérir sur la mauvaise acception de barque; *baille, barcasse* sont les termes les plus expressifs pour marquer le mépris qu'on fait d'un bâtiment.

BARRE. s. f. Ce mot est l'un de ceux qui, dans le langage maritime, offrent le plus d'acceptions.

C'est d'abord une vague furieuse qui se roule et se brise en tout temps à l'entrée de certaines rivières, au grand effroi des navigateurs. Les *barres* les plus dangereuses sont celles de Bayonne, du Sénégal et du Zaïre. Ces convulsions de la mer sont causées par le gonflement des eaux du large, qui se choquent contre celles qui descendent des rivières, et se réunissent sur une espèce de digue sous-marine étendue à l'entrée du fleuve. Cette digue est ordinairement un amas de pierres, de sable, de débris de naufrages accumulés par le cours des eaux du large et de la rivière qui s'élèvent à une certaine hauteur dans le point de jonction des eaux, et servent de lit à leur lutte furieuse. Lorsque la mer est basse, on aperçoit quelquefois le sommet de cette digue, et c'est alors que la vague s'y ébat avec moins de violence; mais les navires qui doivent franchir cette terrible barrière ne peuvent pas profiter de ces intervalles de calmes, puisque l'eau qui leur est nécessaire pour flotter par-dessus s'est retirée.

Certaines *barres*, et particulièrement celles qu'on a citées, sont tellement dangereuses à traverser, que la conservation du navire et les existences des marins qui le montent sont mises en question dans le rapide intervalle qui se passe à franchir ce danger. Les appréhensions qui agitent le marin à la pensée de cet instant vraiment critique, font que le voyage n'est réellement accompli que lorsqu'on a réussi à mettre son navire en dedans de cette redoutable barrière. Les habiles pilotes qui, dans chacune de ces localités, se vouent à la conduite des bâtimens qui ont une *barre* à franchir, font une étude continuelle du temps, des saisons, des marées, et en général de tous les événemens atmosphériques qui peuvent concourir à diminuer l'imminence du danger de ces redoutables passages. Lorsque le temps le leur permet, ils vont dans de frêles bateaux, au milieu des courans et des tourbillons, sonder les passes; reconnaître les bouleversemens du fond; constater les profondeurs, afin de se placer dans les meilleures conditions de salut que puisse leur offrir l'étude du danger.

Outre le pilote conducteur qui parvient avec témérité à se rendre à bord du navire qui doit franchir la *barre*, un autre pratique expert de la localité se tient sur une tour, sur une éminence, et y étudie minutieusement les ondulations progressives des lames, les gonflemens du large qui viennent se briser à la rencontre des eaux descendantes sur l'élévation sous-marine. Des signaux convenus instruisent le pilote du bord des chances qu'offre à tous instans sa périlleuse mission : tantôt il lui conseille d'attendre, de se tenir prêt, de différer encore, et enfin, au moment convenable, il lui signale de *donner dedans*. Le navire que les combinaisons de ses voiles ont alternativement fait avancer ou maintenu à distance, obéit enfin au conseil de l'observateur : A Dieu va !…. Il arrive bientôt sur la *barre*. D'abord il monte sur le dos de la houle, en élevant vers le ciel sa proue chancelante, puis il la baisse bientôt vers l'abîme en descendant rapidement sur le versant des lames qui s'écroulent et se brisent presque aussitôt dans la mer intérieure derrière laquelle leurs crêtes panachées d'algues et d'écume dressent leurs masses menaçantes… Le navire fuit rapidement devant cette avalanche qui l'a porté comme une épave au-delà des récifs et des tourbillons. S'il s'arrête dans sa course, si sa carène, insuffisamment soulevée par les vagues, heurte un roc dont parfois les saillies se mêlent à l'écume des brisans, c'en est fait du vaisseau et de tout son équipage !… Brisé, mutilé, anéanti, ses débris se rouleront sur le sable, s'y enfouiront pour élargir le lit de la *barre*, et les vagues furieuses entrechoqueront les cadavres déchirés des marins, en les recouvrant de leur suaire d'écume !

BARRE DU GOUVERNAIL ou *timon*. C'est un levier en fer, ou en bois, qui sert à mouvoir le gouvernail en le faisant facilement tourner sur les gonds qui le supportent. Cette *barre* s'adapte dans une *mortaise*, trou carré pratiqué à l'extrémité supérieure du gouvernail, et facilement poussée d'un côté ou de l'autre du navire, elle fait pivoter l'appareil sur les supports. A bord des bâtimens d'une capacité médiocre, sur les embarcations, les barques, etc., la *barre* du gouvernail se pousse à la main; mais sur les plus grands navires ses mouvemens sont dépendans d'une combinaison fort simple de poulies et de cordages qui s'enveloppent sur un cylindre, dont chaque tour est le résultat d'un effort commis sur une roue qui fait partie du système. — A bord des vaisseaux, des frégates et de tous les grands navires, l'installation de la *barre* du gouvernail est entourée d'une plus grande complication de moyens. La *barre*, qui, sur ces bâtimens, est très-longue, pourrait par son poids fatiguer le gouvernail et nuire à son action. Pour obvier à cet inconvénient, la *barre* est supportée à son extrémité la plus éloignée du trou ou *mortaise*, où elle s'emboîte, dans un conduit en bois décrivant l'arc de cercle, que, dans ses mouvemens, trace le bout du levier, lequel, appuyé sur un rouleau de cuivre, se promène facilement sur l'arc qui le supporte. Ces sortes de *barres* sont installées dans les ponts inférieurs des vaisseaux ; mais comme celui qui les dirige doit être placé sur le pont supérieur, afin d'être continuellement en rapport avec les transitions atmosphériques et les changemens de manœuvres, on a imaginé une combinaison de cordages à l'aide desquels la roue, placée sur le pont à l'arrière du navire, transmet dans les tours qu'on lui imprime une direction calculée à la *barre* qui roule sur son simple appareil. Il résulte deux avantages de l'adoption de ce dernier système de *barre* : c'est, d'une part, de désencombrer le pont supérieur du long levier dont les mouvemens barraient une partie très-fréquentée, et, de l'autre, de dérober cette *barre* aux dangers des coups de mer, qui, en déferlant sur le pont dans les grandes tempêtes, peuvent ou la briser, et laisser ainsi le gouvernail sans moyen d'être dirigé, ou rompre les cordages qui en dépendent, et dans ce dernier cas risquer la vie des hommes que pourraient atteindre les coups qu'elle porterait inévitablement, une fois abandonnée aux oscillations plus ou moins brusques que lui imprimeraient les lames ou le roulis. On dit se mettre à la *barre*, pour signifier prendre la direction du gouvernail ; l'homme de *barre*, bâbord ou tribord la *barre*, etc. — Barre *d'arcasse*, barre *du pont*, ce sont des pièces de bois qui entrent dans la construction d'un bâtiment. —*Barres de hune,* —*barres de perroquet,* —*barres de catacois,* ce sont de petites pièces de bois placées en travers à distances différentes sur l'élévation de l'ensemble d'un mât, et qui supportent la base de chacun des mâts particuliers, dont chacun forme par sa superposition le mât proprement dit ; ces *barres,* qui sont en quelque sorte les étages de la mâture, servent de point de repos aux marins en vedette, à l'homme de vigie.— La *barre de justice* est une longue et forte tringle en fer, dont une des extrémités se termine par un gros bouton, tandis que l'autre reçoit des espèces d'anneaux dans lesquels on emprisonne le bas de la jambe des hommes en punition ; la *barre de justice* peut recevoir cinq ou six délinquans qu'elle force à se tenir presque continuellement couchés ou assis. — Lorsqu'on dit mettre un homme *aux fers,* c'est lui passer les pieds dans les anneaux de la *barre de justice ;* cette *barre* est souvent fixée par une chaîne à un endroit spécial du bâtiment où les coupables qu'elle retient sont en vue de tout l'équipage.— *Barres d'écoutilles,* ce sont de longues lattes en fer fixées par des pitons et des cadenas sur les couvertures formées de plusieurs planches dont on recouvre les larges ouvertures qui livrent passage des ponts supérieurs à la cale

ou à l'intérieur du navire.—Les *barres de cuisine* sont de simples tringles en fer qui maintiennent les chaudières contre les agitations du vaisseau.

BARROT. s. m. Terme de construction navale. Un *barrot* est une de ces fortes poutres transversales qui supportent les planchers des ponts. C'est aux *barrots* que sont vissés, à bord des bâtimens de guerre, les crocs auxquels s'attachent par intervalles les *hamacs* où dorment les matelots. Les *barrots* ne servent pas seulement à soutenir les ponts, mais aussi à maintenir les deux côtés du navire dans leur tendance à se rapprocher ou à se séparer. — Un *barrotin* est un barrot de petite proportion. — *Barroter ;* on dit *charger à barroter :* c'est placer dans un bâtiment des marchandises jusque sous les barrots, c'est-à-dire le remplir complètement.

BAS-MATS. s. m. Ce sont les premiers mâts posés dans un navire. Ils sont les plus bas et les plus gros ; c'est sur eux que se superposent les autres mâts, moins forts et moins longs en raison de leurs positions plus élevées. Ils sont nécessairement la base de cet appareil hardi et élégant de mâts, de cordages et de voiles qui fait naviguer le navire. Leur chute entraîne celle de tout le système puisqu'ils le supportent. Ce désastre n'est point rare. Il est beaucoup de circonstances qui forcent les marins à sacrifier les mâts de leurs vaisseaux au salut général. Mais que ce sacrifice ait lieu sous les violences de la tempête ou sous le choc d'un abordage avec un autre navire, c'est toujours sur les *bas-mâts* que la hache est portée en exécution de cette ressource extrême.

Pour les petits bâtimens qui n'ont qu'un mât, on dit : le *grand mât* ou simplement *le mât.* Pour ceux qui en portent deux verticalement situés, l'un est le *mât de misaine :* c'est le plus rapproché de l'avant du navire ; l'autre est le *grand mât,* placé à peu près au milieu ; un troisième, plus en avant du mât de misaine et couché dans une position très-rapprochée de la ligne horizontale, s'appelle le *mât de beaupré.* (*Voyez* ce mot.) Pour les navires qui en portent trois, le troisième, placé sur l'arrière entre l'arrière et le grand mât, est le *mât d'artimon.* L'origine des mots *beaupré, misaine* et *artimon* échappe aux recherches. On remarque seulement que ces noms ont autrefois varié d'un mât à l'autre. Les anciens navigateurs appelaient *mât de misaine* celui que nous nommons *mât* d'artimon, et *mât de trinquette* le mât de misaine. Pour fixer le lecteur étranger à la marine sur les dimensions nécessaires des *bas-mâts* d'un navire, on prend pour terme moyen le grand mât d'une frégate de 44 canons, qui ne trouve plus de comparaison dans les plus gros arbres possibles. Qu'il juge d'après celui-là des dimensions du grand mât d'un vaisseau de 130 canons ! Aussi ne l'obtient-on que par l'assemblage de douze ou quinze pieds d'arbres, choisis entre les plus forts, liés ensemble par d'ingénieuses endentes, façonnés, arrondis et consolidés par de nombreux cercles de fer qui les étreignent. Les proportions de ce mât, déterminées par des théories qui ont pour base la plus grande largeur du vaisseau (laquelle est de 48 ou 50 pieds pour un vaisseau de 130 canons), sont de 125 pieds pour sa longueur et de 9 pieds pour sa circonférence moyenne ; ce qui donne 1687 pieds cubes de bois pour expression de sa solidité et pèse 84,350 livres.

Ces mâts reposent leurs pieds sur le fond du vaisseau, et dans un appareil de charpente disposé pour les recevoir. Ils trouvent dans chaque pont qu'ils traversent un soutien dans la position qu'ils conservent. D'après les puissantes proportions des *bas-mâts*, et leur pose à l'égard de la masse entière du vaisseau, on explique la confiance avec laquelle on les fait servir comme leviers dans l'appareil de l'abattage, ainsi qu'il a été mentionné au mot *Abattage*.

En général, tous les mâts sont faits avec du bois de sapin du Nord ; les plus estimés sont en bois de Riga. Le sapin est le bois qui réunit le plus de qualités pour mâture. Il est fort, léger, souple et d'un facile entretien. Les nations du Nord en font un commerce très-étendu, et sa consommation est tellement considérable en Europe, que les grandes clairières qu'elle laisse dans les forêts font pressentir une époque où ce bois précieux manquera totalement à la marine européenne.

BASSE. adj. Employé en divers cas ; on dit *basses-voiles*, appelées ainsi parce qu'elles sont supportées par les bas-mâts, et non pas à cause de leur situation inférieure à l'égard des voiles qui leur sont superposées. Il est des voiles plus basses que celles appelées *basses voiles*, qui ne sont pas qualifiées de *basses*. — *Basses-terres*; ce nom se donne aux terres d'une île dont l'aspect est uniforme, et peu élevées au-dessus du niveau de la mer, comparativement aux terres montueuses d'une ou plusieurs îles voisines. — On dit *basse mer* pour exprimer l'état de la mer causé par le reflux arrivé à son terme. Cette retraite des eaux de la mer a lieu deux fois en vingt-quatre heures. Le moment de la *basse mer* est retardé dans chacun de ses retours consécutifs, de vingt-quatre minutes, ou de quarante-huit minutes par jour ; retard qui correspond à celui que la lune met, chaque jour, dans son passage au méridien, ou au même point du ciel ; ce qui a probablement conduit à la découverte de l'influence de ce corps sur la masse des eaux de la mer, pour les élever et les abaisser alternativement, et d'une même quantité, à l'égard du niveau qu'elles conserveraient sans l'influence lunaire. L'explication de ce phénomène trouvera sa place au mot *Marée*.

C'est de *basse-mer* que les marécieuses des côtes de Bretagne et de Normandie vont ramasser les huîtres, et les autres coquillages laissés à sec sur la plage par la retraite des eaux, en les disputant aux mauves et aux goëlands, titulaires aussi de ces tributs de l'Océan. Cette pêche est facile, mais peu fructueuse, en ce que le temps manque pour l'effectuer complètement : le retour rapide des eaux pour reprendre leur niveau naturel, partage continuellement l'attention des pêcheurs ; il est certaines grèves sur lesquelles ce retour est si prompt, que la vitesse d'un cheval suffit à peine pour éviter d'y être surpris par la mer : telles sont les grèves du Mont-Saint-Michel.

BASSIN. s. m. Les *bassins* sont de vastes réservoirs qui servent à contenir un volume d'eau suffisant pour maintenir les bâtimens à flot, lorsque la marée se retire des côtes. Dans la Méditerranée, où la baisse de la mer n'est pas sensible, les *bassins* sont ouverts et servent principalement à dérober les navires au souffle du vent et aux agitations des lames, tandis que sur l'Océan et dans la Manche de larges portes qui les referment y retiennent l'eau à une élévation calculée. Un grand bâtiment chargé en plein de marchandises lourdes, comme le sucre en barriques, les sacs à café, le grain, etc., souffrirait beaucoup dans sa construction s'il fallait qu'il restât à sec. Les *bassins* sont [donc indispensables dans les ports de marée. Le fond et les parois d'un *bassin* doivent former un vase sans échappées ni fissures, comme s'il avait été coulé tout d'une pièce. Il y a des *bassins* dallés et cimentés dans toute leur base ; ceux qui sont creusés dans des terres grasses et argileuses ont rarement besoin de réparations et gardent parfaitement l'eau. — En science hydrographique, un *bassin* est une de ces portions du globe dont les eaux pluviales ou fluviales tombent dans un réservoir commun. Ainsi l'Océan est le réservoir commun de toutes les eaux des continens et des îles qui s'y baignent. Certaines portions de mer comprises entre des limites naturelles, telles que la mer Caspienne, la mer d'Aral, etc., sont des *bassins*. Pour ne pas dépasser les limites de cet ouvrage, on renverra le lecteur aux livres spéciaux : ainsi les *Notions d'hydrographie générale appliquée aux bassins du nord de la France ; les Échelles de pente et des autres lignes caractéristiques de la surface du sol ; Essai sur les échelles graphiques*, etc.

BASTIN. s. m. Le *bastin* est un cordage fabriqué dans la mer du Levant et dans les Grandes-Indes, à l'aide d'une sorte de paille de jonc fort légère ; on en fait aussi des filets de pêche. L'emploi du *bastin*, comme câble, possède l'avantage de moins compromettre la sûreté d'un navire que le cordage en fil de chanvre qui, ne flottant pas comme le premier, frotte sur le fond souvent semé de roches ou de corail, et s'y endommage facilement.

BASTINGAGE. s. m. On appelle ainsi une

petite galerie construite sur des montures en fer, et posée sur le pavois ou parapet qui ceint le pourtour d'un bâtiment de guerre. Cette galerie, qui forme une longue caisse revêtue de planches ou de toile sur ses deux côtés, appuyée par sa base sur le parapet, et ouverte au-dessus, sert à recueillir les *hamacs* et les sacs à effets de l'équipage pendant le jour. Quand le bastingage est ainsi garni, une toile qui tient à un des côtés le recouvre et garantit son contenu de la pluie et des lames. Mais cet appareil ne sert pas seulement à ce premier usage, il a surtout pour objet de garantir l'équipage, qui s'agite sur le pont pendant un combat, des atteintes de la mousqueterie ennemie, puisqu'il est construit à hauteur d'homme. On appréciera facilement quelle résistance doit opposer aux projectiles et même aux boulets lancés de loin, l'amas de hardes, de toiles, de matelas, de couvertures pressés, liés ensemble par petites balles, dont chacune appartient à un homme. Après un combat, les *bastingages* sont toujours criblés de mitraille amortie. — Les bâtimens du commerce n'ont ordinairement pas de *bastingages*. Les équipages de ces derniers couchent dans un emplacement réservé à l'avant. L'élévation du parapet dont le pont est entouré n'excède guère 4 pieds, tandis que sur les navires de guerre, l'élévation totale, y compris le *bastingage*, est souvent de 6 à 7 pieds.

C'est donc un grand avantage dans les engagemens de fusillade, que d'avoir de hauts *bastingages* qui encaissent le pont et permettent à l'équipage de se battre, comme le font des tirailleurs sur une redoute.

BATAILLE ou *Combat naval*. s. f. Ce dernier mot est plus applicable aux engagemens maritimes, le lecteur doit le consulter. On n'appelle guère *bataille* que l'action accomplie entre des escadres ou des forces imposantes ; toutes les affaires de navire à navire ne sont que des combats. On verra, à l'explication de ce mot, que notre marine, illustrée par tant de combats particuliers, a été moins heureuses dans ses batailles navales.

BATAYOLE. s. f. Sorte de garde de corps composé de trois ou quatre montans en fer supportant une barre de bois placée en travers sur leur sommet, et qui s'adapte à une des faces des *hunes* (voir *ce mot*), pour empêcher les hommes d'être précipités en bas, aux mouvemens de la mâture, dont la hune peut être considérée comme le premier étage. Ces balustrades, ordinairement recouvertes en toile ou en filet fabriqué de menus cordages, sont presque totalement abandonnées aujourd'hui. Avant que ces recherches d'élégance et de légèreté que nos marins s'efforcent d'introduire dans leur mâture eussent fait supprimer les *batayoles*, on avait adopté la mode d'écrire le nom du bâtiment en grosses lettres sur la toile qui les recouvrait le plus ordinaire-

ment ; cela facilitait les recherches partout où se trouvaient réunis beaucoup de navires sur un seul point.

BATEAU. s. m. On disait autrefois *batel*, de *batellus* sans doute, petit bâtiment.

On donne vulgairement le nom de bateau à différens appareils dont on ne peut indiquer que sommairement les différentes espèces ou applications.

Le *bateau à vapeur;* c'est une coque de navire, depuis la plus médiocre jusqu'à la plus grande capacité, qui se meut, sans le secours des voiles ni des avirons, par l'auxiliaire de la vapeur comprimée. Depuis long-temps la machine à vapeur était appliquée aux besoins de l'industrie, lorsqu'en 1736 un Anglais, nommé Jonathan Hull, voulut la faire servir aux besoins de la navigation, en la combinant de manière à faire mouvoir deux roues à aubes placées aux côtés du bâtiment ; mais l'Amirauté repoussa ce projet. En 1775 un Français fit construire à Paris un bateau à vapeur, dont la machine n'eut pas assez de force pour remonter la Seine. La puissance du mécanisme n'étant pas suffisante contre la résistance de l'eau, dans tous les essais qui furent faits pendant plusieurs années, les ingénieurs français, anglais et américains, ne purent réussir à mettre en progrès cette nouvelle science, que Robert Fulton devait plus tard perfectionner par son génie. L'Amérique, privée de route, mais coupée en tous sens par des fleuves, vit bientôt les rapports les plus actifs établis entre tous les points de son territoire ; ses fleuves furent peu à peu bordés de villes. Ce ne fut qu'en 1811 que l'Angleterre adopta, pour la marine, l'auxiliaire de la vapeur, et l'application aux navires destinés à la navigation du large ne se généralisa guère qu'en 1818. Mais à dater de cette époque, l'accroissement fut très-rapide, puisqu'en 1829 l'Angleterre comptait trois cent trente et un bateaux à vapeur, montés par deux mille huit cent soixante-dix hommes, et dont le jaugeage général montait à plus de trente mille tonneaux. Les développemens de cette espèce de navigation n'avaient pas été moins rapides en Amérique, car à cette même époque on comptait plus de trois cent vingt bateaux dans les ports des Etats-Unis. Les conditions géographiques de la France ne promettaient pas un pareil résultat dans l'adoption de la vapeur comme locomotion maritime. La navigation sur la Méditerranée et dans la Manche pouvait presque seule se prêter à ses développemens, aussi ont-ils eu de médiocres résultats, en comparaison des deux autres puissances. — On compte aux Etas-Unis un tel nombre de bateaux à vapeur, que l'ensemble de leur jaugeage présente aujourd'hui un effectif de cent un mille trois cents tonneaux. La cause de l'extension qu'a prise en Angleterre et en Amérique la navigation par la vapeur, se trouverait facilement dans l'examen des conditions géographiques et économiques de ces deux puissances. L'Amérique ne possède pas de routes, mais en revanche des fleuves larges et profonds ; le combustible y est en grande abondance, et ses villes, ses points commerciaux sont éparpillés dans une grande étendue. L'Angleterre renferme également des fleuves profonds et peu rapides, du combustible à bas prix et une capitale maritime. Nous sommes loin de posséder de pareils avantages ; nos fleuves, nos rivières sont rapides et peu profonds, et le système de hallage est organisé avec succès sur la plupart des points que réunissent des liens commerciaux. Aussi la Seine, la Gironde et la Loire sont-elles presque exclusivement les seules rivières où la navigation par la vapeur ait quelque activité. Mais l'emploi des *bateaux à vapeur* ne peut que s'étendre dans la navigation de la Manche, du golfe de Gascogne et surtout de la Méditerranée ; c'est là qu'est pour nous son avenir, et les liens qui doivent l'alimenter se resserrent tous les jours. Si l'on parvenait, comme on doit l'espérer, à découvrir un moyen de remplacer le combustible trop encombrant pour les voyages au long cours, par une autre force motrice, la navigation par la vapeur finirait par réunir tous les points du globe ; car il serait facile d'en combiner les effets par l'alternative des voiles. Le calcul suivant marquera positivement la limite de ce que peut faire aujourd'hui la navigation à vapeur, et tout ce qui reste encore à faire pour généraliser son action.

Un navire de trois cents tonneaux ne peut obtenir une vitesse moyenne de six nœuds, ou deux lieues à l'heure, qu'au moyen d'une machine de la force de cent vingt chevaux, laquelle produirait un encombrement de cent cinquante tonneaux, et exigerait pour son alimentation quatorze tonnes de charbon par jour, de sorte que le navire ne parviendrait pas à faire un trajet de cinq cents lieues ou de dix jours, faute de combustible, outre qu'il dépenserait environ 600 fr. de charbon par vingt-quatre heures. — *Le bateau sous-marin* est destiné à stationner et à avancer sous l'eau. Fulton est l'auteur d'un des systèmes les plus perfectionnés. (Pour les détails voir *Plongeur.*) — On dit en général *bateau* de pêche, *bateau* de passage, etc.

BATIMENT. s. m. Comme dans le langage vulgaire, *bâtiment* s'applique généralement à toutes sortes de constructions, il ne désigne rien de plus en marine que l'espèce générale divisée en tant de sortes sous des noms particuliers. *Bâtiment* représente à l'idée une construction navale plus considérable que *bateau* pris également dans sa vague acception. — On dit : un *bâtiment* de guerre ; un *bâtiment* marchand, *bâtiment* ennemi, etc. Un vaisseau est un *bâtiment*. On dit : un bon *bâtiment* qui marche et navigue bien. — On rencontre des *bâtimens*, sans dési-

gner quelles étaient leurs espèces qui pouvaient être variées.

BATON. s. m. Ce mot a plusieurs acceptions maritimes : c'était autrefois un petit mât nu, sans cordages, hors une faible cordelle qui servait à y arborer le pavillon de commandement, ou signe distinctif de l'officier général qui commandait une réunion de vaisseaux de guerre. Ce petit mât, appelé *bâton de commandement*, n'existe plus ; il se trouve remplacé aujourd'hui par la flèche fine et élancée qui termine les pièces les plus élevées de la mâture d'un vaisseau. — *Bâton de pavillon.* On nomme ainsi toute gaule sur laquelle un petit pavillon est toujours attaché pour être montré promptement au besoin, comme cela arrive souvent dans les embarcations. — D'autres petits morceaux de bois passés dans la coulisse en toile ménagée à la guine des flammes et des guidons des navires, se nomment également *bâtons de flammes*, *bâtons de guidons*.—*Bâton de foc.* C'est le mât ajouté à la suite du mât de beaupré, faisant saillie, incliné comme celui-ci à l'égard de la surface de la mer, et sur lequel se replie, à l'état de repos, une voile appelée le *foc*, en partie supportée par ce mât. Son nom de bâton est assez improprement appliqué ; il se nomme aussi *boute-hors de beaupré ;* ce nom a plus d'analogie avec sa pose relative au mât de beaupré qui le supporte, et convient peut-être mieux.—*Bâton d'hiver.* C'est un petit mât employé à bord des bâtimens du commerce, pour remplacer, à la mer seulement, les petits mâts les plus élevés, que la prudence prescrit de supprimer en traversant certains parages de la mer où la fréquence et la force des tempêtes rendent ces mâts inutiles, non-seulement parce que les voiles qu'ils portent ne sont plus de saison, mais encore parce qu'ils fatiguent de leur poids les autres mâts, et même le corps du bâtiment. Les *bâtons d'hiver* ne portent pas de voiles, et servent seulement à y arborer des signaux au besoin. — *Bâton astronomique* ou *bâton de Jacob.* C'était anciennement un instrument propre à mesurer la hauteur du soleil et même l'étoile polaire, pour en déduire la latitude. Cet instrument très-imparfait (mais le meilleur de l'époque), antérieur à l'astrolabe, est abandonné depuis long-temps ; c'était une flèche ou règle plate graduée dans sa longueur, et passée dans une petite pièce de bois de buis faite en forme de tête de marteau, et qui glissait sur la graduation où elle se fixait, quand l'extrémité de l'ombre de la tête touchait à certaine partie de la graduation, La division où s'était arrêtée le marteau était en certain rapport avec la hauteur de l'astre. Il y avait plusieurs sortes de *bâtons de Jacob* dont les constructions et les théories échappent aux recherches.

BATTERIE. s. f. En parlant de l'intérieur d'un navire de guerre, c'est le pont sur la longueur duquel sont établis plus ou moins de pièces d'artillerie ; à l'extérieur, c'est la rangée d'embrasures carrées percées sur les deux flancs du navire, qui correspondent à la *batterie inté-rieure,* pour recevoir les bouches de canons dont elle est armée. On appelle aussi *batterie* la totalité de ces canons, soit d'un seul côté, soit des deux côtés ensemble ; ainsi l'on dit : *faire feu de toute la batterie ;* on sous-entend les deux côtés à la fois : *disposer la batterie de bâbord,* c'est préparer les canons de ce côté seulement.

Les petits navires armés, qui n'ont de canons que sur leur pont supérieur, ont nécessairement ce pont pour *batterie,* que l'on nomme *batterie barbette,* parce qu'elle n'est pas recouverte d'un autre pont. Toute *batterie* qui n'est pas *barbette* s'appelle *batterie couverte :* — Les frégates ont une *batterie couverte* et une *batterie barbette.* Les vaisseaux de ligne de 74 et 80 canons ont deux *batteries couvertes* et une batterie sur le pont supérieur ; les vaisseaux à trois ponts sont ainsi nommés de ce qu'ils ont trois *batteries couvertes* et une batterie sur le pont supérieur. A l'égard de celle-ci, elle est *batterie barbette* à la condition de présenter une suite continue de canons sur toute la longueur du pont ; car si elle présente, vers le milieu de cette longueur, un espace sans canons, cette disposition divise la longueur du pont en deux retranchemens distincts qu'on appelle gaillards ; on dit alors de ces retranchemens : *batteries des gaillards.* — La batterie inférieure à bord de ces divers vaisseaux prend le nom de *batterie basse ;* elle porte toujours les plus forts canons en calibre et en dimensions. Les *batteries* immédiatement superposées diminuent d'importance, tant par l'expression du calibre de leurs canons que par leur pesanteur matérielle. Cette répartition des canons plus ou moins lourds dans les *batteries* est commandée par la stabilité du vaisseau, qui exige le rapprochement des plus grands poids vers le centre de gravité de sa masse, et qui se trouve dans les parties inférieures. (Voy. *Arrimage.*)

Les *batteries basses* des vaisseaux sont parfois condamnées à rester muettes dans des combats livrés sur une mer fortement agitée ; leur rapprochement de la surface de l'eau les expose à être remplies par les vagues qui les envahiraient par leurs embrasures béantes. La *batterie* des frégates, quoique plus élevée que la *batterie basse* des vaisseaux, est même souvent réduite à ce silence que la fureur de l'Océan impose à l'ardeur de deux équipages en présence ; mais ce n'est que partie remise, et l'on a vu deux frégates ennemies ne pouvant s'attaquer par les dangers qu'elles encouraient à ouvrir leurs embrasures, se maintenir, se conserver en vue ; laissant ainsi s'épuiser sur elles les violences de la tempête, et fondre ensuite l'une sur l'autre, pour se déchirer, se détruire, de toute la puissance de leurs *batteries* devenues battantes par le retour du beau temps.

On dit simplement la *batterie* dans les bâtimens qui n'en ont qu'une. Dans les vaisseaux qui en ont plusieurs, on désigne les *batteries* par le calibre des pièces d'artillerie qu'elles portent ; ainsi, dans un vaisseau à trois ponts on dit : *batterie de* 18 ou *batterie haute ; batterie de* 24 *; batterie de* 30. Les nombres 18, 24 et 30 expriment en livres le poids des boulets lancés par les canons de ces *batteries.*

C'est dans la batterie d'un navire de guerre que viennent aboutir toutes les combinaisons de cette formidable machine flottante et qui se traduisent par cette seule pensée : Victoire sur les ennemis maritimes de la patrie. C'est là le théâtre terrible où se débat la question de triomphe ou de défaite entre deux ennemis que le hasard a fait se rencontrer sur les solitudes de l'Océan : les foudres de son artillerie écrasante, l'ardeur et le courage de ses matelots canonniers, tels sont les élémens d'un drame sanglant dont le dénoûment est mort et destruction. L'aspect terrible d'une *batterie* de navire préparée pour le combat, le tableau horrible qu'elle présente après la fureur assouvie des combattans, trouvent difficilement des mots et des couleurs pour rendre les impressions qu'ils soulèvent. — Les *batteries* de navires de guerre ne sont pas exclusivement des champs de bataille ; elles servent aussi à diverses scènes d'action de navigation et d'économie intérieure du vaisseau qui seront expliquées à mesure qu'elles se présenteront dans cet ouvrage, selon l'ordre alphabétique de leurs noms.

On donne aussi le nom de *batterie* à une mécanique fort ingénieuse qui offre quelque ressemblance avec la batterie des fusils d'infanterie, et qui est destinée comme elle à communiquer le feu à la charge d'une pièce ; elle est faite de manière à s'adapter sur les canons, au moyen de vis et d'écrous qui les y maintiennent. Le mécanisme est renfermé dans un emboîtement en cuivre poli d'un travail minutieux (Voy. *Platine*). Les anciennes *batteries* de ce genre sont encore armées d'un silex ; les nouvelles sont à percussion.

On appelle encore *batterie flottante* un bâtiment à fond plat, peu ou pas navigable et exclusivement destiné à la défense ou à l'attaque des ports ; c'est un fort flottant, garni d'une ou de plusieurs *batteries couvertes,* portant des canons de fort calibre. Il y a eu de ces *batteries flottantes* employées au siège de Gibraltar en 1778.

BATTRE. v. Employé sous diverses acceptions, peut être considéré comme actif, neutre ou réciproque. *Battre la mer,* c'est y rester longtemps en la parcourant péniblement avec une vitesse modérée, et seulement dans un espace déterminé, soit pour occuper cet espace et le protéger, soit pour y attendre un ennemi à son passage. Quelque temps qu'il survienne, on ne peut s'en écarter, à moins d'y être surpris par l'une de ces tempêtes irrésistibles qui forcent les navires a fuir devant leur violence, mais seulement alors, et pour y revenir aussitôt que le temps apaisé le permet. Cette expression, *battre la mer*, est sans doute empruntée aux mouvemens violens et continuels du navire, occasionés par son allure forcée dans cette circonstance de la navigation. Et en effet, sous cette allure pesante, le navire suit une direction presque contraire à celle des ondulations de la mer qui agissent sur la masse du navire, en élevant tour à tour ses extrémités ; alors la proue bondissant et retombant sans cesse, semble battre la mer qui rugit et écume sous ses coups. *Battre la mer* est souvent une mission très-importante pour un officier, elle peut lui fournir l'occasion de déployer ses hautes capacités ; mais ce genre de mission est en général peu goûté des marins. C'est une épreuve de patience à laquelle on se soumet en bénissant d'avance le jour où elle finira. La contrainte d'une croisière resserrée, la multitude de manœuvres qu'elle exige, la physionomie invariable d'un même parage, irritent l'impatience du marin, et lui font fortement sentir que, s'il aime la mer, c'est avec la liberté de la parcourir et d'en franchir les vastes espaces ; de pouvoir y essayer sans restriction sa rapide frégate ; de reconnaître, en passant sous les climats variés de ces immenses solitudes, les vagues, les poissons, les oiseaux et même les nuages appropriés à chaque parage. *Battre la mer*, pour les matelots, c'est du temps perdu, dans lequel s'évanouit cet espoir des aventures qui fait le seul attrait de leur carrière hasardeuse ; et comme ils ne profitent en rien du mérite moral qui se rattache à *battre la mer*, ils en redoutent les inconvéniens physiques. Aussi n'ont-ils pas manqué de bâtir sur ce thème des contes bizarres qui témoignent de leur antipathie, au profit de leurs heures de veille, et dont le gaillard d'avant conserve les traditions imaginaires. Il y a, disent-ils, de par les mers un pauvre petit *brig*, vraie *baille à braie*, condamné *à battre la mer* éternellement, dans les plus terribles parages du globe. L'histoire des faits *effroyables* qui ont réduit ce *brig* à cette *effrayante* condition trouvera place au mot *Contes de bord*. — *Battre, se battre*, pris dans l'acception de combat, n'a pas besoin de développement. — *Se battre en ligne*, se dit d'une *escadre* dont tous les vaisseaux, rangés sur une même file ordonnée, offre ou accepte dans cet ordre le combat avec une escadre ennemie. — *Battre le mât.* Se dit des voiles que le calme laisse pendantes de leur propre poids le long des mâts, et que le roulis du vaisseau balancé par la houle, écarte et ramène sur les mâts qu'elles frappent en les ébranlant avec un bruit sourd et monotone. — *Battre les coutures.* v. a. C'est enfoncer avec un fer et un maillet l'étoupe ou filasse dont on remplit les joints des planches dans un navire. — On dit aussi *battre pavillon carré*, ou *battre*

pavillon d'amiral, de commandant ; c'est le droit et l'action d'arborer sur un vaisseau à la tête de l'un de ses mâts le pavillon, signe distinctif de l'officier-général qui y commande ; on dit de tel officier-général : Il n'est que vice-amiral, mais il *bat pavillon d'amiral* au grand mât, parce qu'il a sous ses ordres *vingt vaisseaux de guerre ;* ou : Durant l'action on s'aperçut que *tel* vaisseau *battait pavillon carré*, ce qui indiquait que le général s'y était transporté.

BAU. s. m. C'est une poutre qui réunit les deux côtés d'un navire, et supporte les ponts. Les *baux* ont une courbure peu cintrée, mais qui suffit pour donner aux ponts une pente sensible sur leurs côtés, de manière à ce que l'eau n'y séjourne pas et s'échappe. On dit le *maître-bau* d'un navire, pour désigner sa plus grande largeur, qui se trouve un peu en avant du milieu de sa longueur totale. Les *baux*, les barrots et et les barrotins sont les pièces de charpentage qui maintiennent les murailles d'un bâtiment. (Voyez *Barrot.*)

BEAUPRÉ. s. m. C'est celui des bas-mâts d'un bâtiment, qui est placé le plus à l'avant, dans une position oblique ou horizontale, et qui se prolonge sur la mer pour recevoir les voiles triangulaires qu'on nomme *focs*. L'inclinaison du *beaupré* est variée suivant l'espèce de navire auquel il appartient ; mais pour les grands bâtimens, elle est ordinairement de 30 à 40 degrés ; sur les plus petites embarcations, cet angle n'est guère que de 20 à 24 degrés. Le *beaupré* est considéré comme la clef de toute la mâture, puisque les mâts, appuyés les uns sur les autres, viennent en dernier lieu s'appuyer sur lui. Lorsqu'une avarie ou un combat désempare un bâtiment de son *beaupré*, il court risque de se voir privé de toute sa mâture ; aussi, dans les combats, s'efforce-t-on de rompre, soit par l'abordage, soit par l'artillerie, cette clef de tout l'édifice à l'aide duquel se meut le navire. Le *beaupré*, comme les autres bas-mâts, reçoit des prolongemens formés de plusieurs autres pièces de bois qui supportent chacune une voile : le *boute-hors de beaupré* est le premier de ces prolongemens ; il correspond à ce prolongement des bas-mâts qu'on appelle *mât de hune*. Sur les navires d'une assez grande capacité, ce *boute-hors de beaupré* reçoit encore une autre pièce de mâture qui se pousse aussi parallèlement à lui, c'est le *bâton* ou *boute-hors de clin-foc*. Le bas-mât du *beaupré* et ses deux prolongemens portent chacun leur voile. Les grosseurs de ces mâts transversaux sont en rapport avec celles des mâts perpendiculaires. Quand, pour désigner un bâtiment sous une expression plus spéciale, on dit un trois-mâts, un brig, le mât de beaupré n'est pas compris dans l'idée de cette désignation.

BÉQUILLES. s. f. pl. Pour peu que l'on sache la forme aiguë donnée au dessous d'un navire, afin de lui rendre plus facile la division du fluide, on concevra que hors de l'eau il ne pourrait pas être droit sur le sol, sans le secours des accotoirs qu'on lui place de chaque côté, et sur lesquels il s'appuie comme sur des béquilles; sans ce support, un navire se couche sur le rivage dans une situation plus ou moins inclinée, selon le développement ou la finesse de ses formes inférieures; et pour les bâtimens qui ont ces formes très-aiguës, l'inclinaison serait tellement grande, qu'ils ne pourraient être relevés de cette position sans difficulté. Ainsi, lorsque ces navires sont dans la nécessité de rester à sec sur une plage, après la retraite de l'eau à basse mer, on est attentif à profiter du moment où il commence à toucher le fond, lorsque l'eau, se retirant peu à peu, le tient encore en équilibre. Alors deux ou trois accores sont placés de chaque côté, en faisant reposer leur plus gros bout sur le sol, tandis que leur bout supérieur, façonné dans ce but, s'applique sur les flancs du navire qui s'en trouve sécurément appuyé et maintenu droit, sans lésion pour son économie. Il peut attendre dans cette position que le retour de la mer le rende flottant sans autre effort. Ces accores s'appellent des *béquilles.* — *Béquiller* un navire, c'est le maintenir droit quand la mer s'est retirée de dessous. Les petits bâtimens exposés à rester souvent à sec, embarquent des *béquilles*, confectionnées et garnies d'accessoires pour en rendre l'usage prompt et sûr. Les grands bâtimens destinés à rester toujours flottans n'en ont pas, quoiqu'ils ne soient pas exempts d'être laissés à sec, soit par des accidens de mer, soit par les phénomènes communs dans les eaux de certains fleuves, comme cela arrive quelquefois dans la rivière de la Plata. Nous y avons vu dans une circonstance extraordinaire, les eaux de cette rivière, ordinairement capable de recevoir les plus fortes frégates, se retirer totalement, et laisser à sec, en vingt-quatre heures, les nombreux navires à l'ancre devant la ville de Buénos-Ayres. Il fallut nécessairement *béquiller* les bâtimens : les uns, en se servant de matériaux qui purent être promptement transformés en *béquilles*. Ceux qui étaient privés de cette ressource eurent recours à l'ingénieux appareil dont on use dans ce cas, et qui consiste à descendre les *basses vergues* (c'est-à-dire les plus basses entre les barres transversales auxquelles s'attachent les voiles), en les faisant s'appuyer sur le sol par un bout, pour venir ensuite se pencher sur les flancs du navire auxquels elles se lient par une savante combinaison de cordage, sur laquelle le bâtiment s'appuie.

Il est urgent de s'assurer de la nature du sol sur lequel s'appuie le pied des *béquilles* d'un bâtiment *béquillé;* de graves accidens peuvent résulter de l'oubli de ce soin. Les pieds des *béquilles* tendent sans cesse à s'écarter sous le poids qu'elles supportent. Si le terrain est dur, un heur-

toir qui les retienne est nécessaire ; si le terrain est mou, il doit être raffermi, sinon les *béquilles* s'y enfoncent, et le navire alors, perdant l'équilibre, tombe violemment vers le côté où il ne trouve plus d'appui. Il y a eu beaucoup d'exemples de cet événement, et entre autres, nous nous rappelons celui arrivé au port de Sauson, à Belle-Isle. En 1811, plusieurs petits navires de guerre s'y trouvaient réunis. Ce port est un de ceux où les bâtimens fins doivent *se béquiller* au reflux de chaque marée. Entre ces navires, il y avait une petite *goëlette*, fine mouche, au ventre aigu, au devant pincé, et qui ne pouvait rester à sec sans s'appuyer sur ses *béquilles*. Un jour (c'était sans doute un jour de fête), le capitaine de la goëlette y traitait ses amis, les officiers de la petite flotte; des dames de Sauson embellissaient de leur présence le dîner de bord, dîner splendide et surtout joyeux. Tandis que les convives se livrent à la joie, la mer se retire, mais la goëlette repose sur ses quatre *béquilles*, et sans encombre on arrive au dessert. Le moment du dessert d'un grand dîner à bord est aussi celui du souper de l'équipage. Ainsi, dans la chambre, on sablait le vin de Champagne; les gais refrains, les propos courtois circulaient autour d'un vaste et brillant bol de punch qui projetait sa flamme d'azur dans ce cercle d'heureux ; sur le pont, les matelots, rangés autour de gamelles fumantes, soupaient au murmure de joyeuses causeries. Tout-à-coup, le navire remue, incline, incline et tombe !!... Ses *béquilles* venaient de glisser sur le fond..... Qu'on se figure ce qu'il en arriva!... Dans la chambre, quel pêle-mêle grotesque d'officiers et de dames, d'épaulettes et de jupons se débattant parmi les débris, au milieu des cris de toutes sortes, le tout arrosé par les flots d'un punch brûlant...; sur le pont, les matelots renversés les uns sur les autres, se vautrant dans le contenu bouillant des gamelles, étouffés, heurtés par tout ce qui roule et s'abat sur eux, hurlant et maudissant par un concert d'énergiques imprécations le malencontreux roulis du navire à sec.

BER, anciennement *Berceau.* s. m. Appareil ingénieux de charpente et de cordage, que l'on fait sous un navire après l'achèvement de sa construction, qui l'embrasse et le supporte pour l'enlever, le transporter à l'eau, et qui s'en sépare aussitôt qu'il l'a livré à son élément d'existence. Le *ber* se compose d'abord de deux longues pièces de bois apportées sous le vaisseau, et placées dans des coulisses disposées sur le plan incliné où il a été construit. Ces pièces, appelées *coittes*, sont de chaque côté du vaisseau les bases sur lesquelles se construit le *ber*, ce lit, dans lequel le vaisseau repose en glissant sur la pente qui le conduit à la mer.

BERMUDIEN. s. m. Nom donné aux habitans des îles Bermudes, voisines de la Nouvelle-Angleterre. Les Américains de ces quelques rochers atlantiques sont essentiellement marins, marins intrépides, et renommés comme pilotes, corsaires et contrebandiers ; la contrebande est une industrie nautique qu'ils exercent avec de petits bâtimens appropriés à leur audace ; aussi leurs navires, appelés *bermudiens*, sont-ils réputés les plus légèrement construits et les plus hardiment voilés qu'on connaisse. Ce sont, si cela est possible, des balaous perfectionnés ; ils peuvent, avec ces rapides navires, éviter les surprises, tendre des piéges, approcher, disparaître et tromper les surveillances ou les poursuites exercées contre eux. Les matelots disent : Fin et malin comme un *Bermudien*.

BERNACHE. s. m. Coquillage univalve, qui s'attache aux parties submergées des navires, lorsque ces parties ne sont pas recouvertes de feuilles de cuivre. Les *bernaches* se multiplient de telle sorte, quand ils ont commencé à se fixer contre la carène des vaisseaux, qu'ils finissent par former une croûte épaisse, dure, raboteuse et de couleur livide. Cette espèce de lèpre, qui attaque les flancs des navires, ne manque pas de causer un préjudice notable aux bois qu'elle recouvre, en même temps qu'elle nuit à la marche du bâtiment. Le *bernache* a ses bois de prédilection. Les bâtimens de marche rapide en sont moins promptement atteints ; certaines mers aussi semblent plus propres à le produire. On s'empresse, quand on le peut, d'en débarrasser le vaisseau ; et cela est fort difficile en pleine mer. On profite d'une mer tranquille ; on descend les canots ; des matelots s'y embarquent munis de *grattes* attachées à de longues perches, pour râcler les flancs du vaisseau qui, se balançant sur la houle, semble parfois se prêter à cette opération.

BERNE (en). *Mettre le pavillon en berne*, se dit du pavillon national que l'on arbore plissé sur lui-même dans le sens de sa longueur, de manière à ce que ses plis, retenus de distance en distance par des liens, ne peuvent se développer au souffle de la brise. Le pavillon national *mis en berne* est un signal de grande détresse, convenu et compris entre tous les peuples maritimes : c'est l'expression du besoin d'un pressant secours. Avec cette idée, on ne peut pourtant expliquer la forme presque invisible adoptée pour un signal qui, plus qu'aucun autre, s'arbore pour être promptement aperçu, car un *pavillon en berne* ne ressemble plus à un pavillon. Il se présente au loin comme un faisceau informe, sans surface, alourdi, flottant à peine, et sans couleur. Cependant il n'est pas plutôt aperçu du bâtiment auquel il est adressé, que le cri de : *Pavillon en berne !* est répété par l'équipage. A la vue du sinistre signal, un sentiment de commisération fait battre les cœurs. On s'empresse d'y répondre par des signaux et des démonstrations qui déjà ramènent l'espoir sur le navire en souffrance. On accourt lui apporter des secours sans connaî-

tre encore la nation des marins auxquels on va les offrir. Mais, sur l'Océan, l'infortuné est un frère ; là, les hommes se croient moralement engagés à se secourir ; car chacun d'eux peut à son tour être la victime des caprices du sort.—On a vu en temps de guerre des capitaines user avec perfidie du *pavillon en berne*, pour attirer sous la bouche de leurs canons des navires éloignés, qu'ils présumaient ne pas pouvoir atteindre. A cet appel irrésistible, un capitaine, conduit par un sentiment d'humanité, s'empressait d'approcher, et, confiant dans les dispositions annoncées par un signal de détresse, il venait se livrer à la mitraille du traître, qui, substituant tout-à-coup le pavillon de guerre au *pavillon en berne*, obtenait bon marché de sa victime.

BESQUINE ou *Bisquine*. s. f. C'est une variation des bateaux de pêche, qui est adoptée particulièrement dans les environs de Cherbourg. Elle porte trois mâtereaux et un beaupré ; chacun de ses mâts est garni d'une voile. L'arrière d'une *besquine* est arrondi ; elle navigue soit à la voile, soit à l'aviron. La capacité ordinaire de ces sortes de bâtimens est de vingt-cinq à trente tonneaux.

BIADÉ. s. m. Espèce de pirogue légère et bonne marcheuse, qui se manœuvre avec deux avirons seulement. On s'en sert beaucoup en Turquie, et particulièrement à Constantinople, comme bateau de passage.

BIDON. s. m. Sorte de broc en bois, cerclé en fer, ayant la forme d'un cône tronqué ; un peu plus spacieux par la base que par le bout supérieur ; de 12 pouces de hauteur environ, et de la capacité de neuf litres. Il sert à contenir la boisson pour le repas de sept hommes. Son bout supérieur est foncé, et percé pour y introduire l'embout d'un entonnoir. Un petit bec en bois, placé sur le côté, sert à verser le vin ou l'eau-de-vie qu'il contient. Il peut défier les chocs ; et cette qualité lui est nécessaire entre les mains de ses familiers, peu coutumiers qu'ils sont des attentions qu'exigerait un meuble fragile. Les matelots soignent leur *bidon* avec intérêt : il est gratté à blanc ; ses cercles sont fourbis au clair ; son intérieur est attentivement nettoyé. Il porte, gravé sur l'un de ses côtés, le numéro de la réunion des sept commensaux à laquelle il appartient. Chaque jour l'un des sept est chargé (*ad turnum*) du soin d'aller recevoir dans le *bidon* la ration en liquide pour le repas. Celui-là devient responsable du *bidon* et de son contenu ; aussi le précieux dépôt est-il alors l'objet de la plus active surveillance. Souvent même, pour protéger le *bidon* contre les tentations qu'il excite, son surveillant s'en sert-il comme d'un siége, avant et durant le repas, jusqu'au moment venu pour distribuer lui-même la part de boisson à chacun des titulaires. Son extrême surveillance pour le *bidon* ne lui est pas seulement conseillée par la crainte de se voir appliquer et retrancher la dîme qu'on aurait pu prélever à son insu sur le liquide, mais aussi pour se conserver une redevance qui le gratifie de ses soins et qu'il s'est préparée lui-même, par l'addition consacrée d'un peu d'eau aux sept rations de vin.

BIGUE. s. f. Forte et longue pièce de bois de sapin, placée debout près des navires en construction. Elle est garnie à sa tête de poulies et de cordages, et sert à élever les lourdes pièces de bois, de fer, etc., qui entrent dans la confection d'un bâtiment. Souvent on établit deux *bigues* à bord des grands navires ; on les fait se joindre et se croiser par leurs têtes, qui sont dans cette position fortement liées ensemble à l'endroit où elles se croisent ; leurs pieds s'écartent de tout l'espace offert par la largeur du navire ; des cordages, fixés en étais à divers points de leur longueur, les maintiennent en équilibre. Dans cet état, ces deux bigues constituent, momentanément, un puissant appareil qui sert à mettre en place les bas-mâts d'un vaisseau, ou à les arracher et enlever de leur place, quand ils ont besoin d'être réparés. Cet appareil est employé à défaut de *machine à mâter*, plus spécialement consacrée à la même opération. Le mot *bigue* est une corruption de l'ancien nom *bigue*, donné lui-même à cet appareil, qui ressemble à celui appelé *chèvre*, servant aussi à élever de lourds fardeaux.

BISCAYEN. s. m. *Biscaïen* fut d'abord employé comme adjectif ; pour exprimer l'idée d'un fort calibre, on disait : un *mousquet biscaïen*; depuis on a appelé *biscaïen* ou *biscayen* le projectile de cette arme, et enfin son nom s'est appliqué généralement à tous les petits boulets. Les *biscayens* se lancent par *grappes*, c'est-à-dire en paquets dont le poids total équivaut à celui d'un boulet du calibre de la pièce qui les reçoit. Le poids des *biscayens* est ordinairement d'une livre et au-dessous.

BISCAYENNE. s. f. C'est une embarcation dont la dimension est fort arbitraire, mais qui peut avoir pour terme moyen environ vingt tonneaux. Les deux extrémités se terminent en pointe. Les plus grandes ont deux mâts ; celui qui est à l'avant est fort incliné, et porte la plus petite voile.

BISCUIT. s. m. Sorte de pain en usage sur les vaisseaux et fabriqué pour être conservé long-temps dans les voyages de mer. Chaque pain, découpé en galette ronde ou carrée de 6 pouces de diamètre, pèse 6 onces ; elle fait la ration d'un homme pour un repas, et équivaut à une demi-livre de pain ordinaire. Les qualités en sont variées : le biscuit destiné aux matelots est de couleur rousse, il est surtout très-dur ; celui à l'usage des officiers (quand les officiers mangent du biscuit) est de fine fleur, très-blanc, et taillé en galettes minces et moins grandes. Sur les bâtimens du commerce, le biscuit est

généralement plus beau, mieux goûté ; on le donne à discrétion aux équipages. Le nom de *biscuit* exprime le double temps de cuisson que ce pain supporte, et qui lui fait acquérir la qualité de se conserver long-temps ; il devient dur par l'absorption de toutes les parties d'eau contenues dans la pâte, et cette dureté le préserve de fermentation, sans lui rien ôter de ses qualités nutritives. La quantité de *biscuit* mise à bord d'un navire de guerre est comptée à raison de trois galettes par jour pour chaque homme ; ainsi un vaisseau dont l'équipage est de huit cents hommes, et qui prend pour un an de biscuit, embarque huit cent soixante-quatre mille galettes pesant trois cent vingt-quatre mille livres ; cette énorme quantité de galettes est contenue dans des petites chambres de 8 ou 9 pieds carrés. Ces chambres, appelées *soutes à biscuit*, sont disposées dans les parties basses du vaisseau ; elles sont intérieurement enduites d'une couche de brai sec pour ôter tout accès à l'humidité. Le *biscuit* est arrimé galette par galette, de manière à y entrer en plus grande quantité possible. Ainsi arrangé avec soin, et préservé de l'humidité, il peut se conserver deux ans dans un bord. Au bout de ce temps, et sans avoir été atteint par l'humidité, un petit ver s'y engendre ; cet insecte rongeur se nourrit de la galette où il s'est formé, et finit par la réduire en poudre. Ce ver et l'humidité ne sont pas les seuls principes destructeurs à redouter pour cette précieuse provision ; le *cancrelas*, espèce de *scarabée* qui s'introduit dans les navires et y multiplie d'une manière incroyable, est l'ennemi le plus acharné à sa perte ; il le ronge, moins pour s'en nourrir que pour le détruire. On lit dans les préliminaires de la belle édition in - 4° du *Voyage de La Pérouse*, la relation d'une traversée de Manille à Lima, par la mer Pacifique, faite par un bâtiment espagnol, dans laquelle il est dit que le capitaine de ce bâtiment, dans un précédent voyage, souffrit une affreuse famine, parce que son biscuit avait été dévoré par les cancrelas, et que n'ayant pu parvenir à purger complètement son navire de ces hôtes dangereux, il avait avisé à tous les moyens possibles pour préserver son *biscuit* de leur atteinte ; non-seulement ce marin fit revêtir l'intérieur des *soutes* où était renfermé le biscuit, de feuilles de fer-blanc, et fit fermer et boucher les portes, les issues, et jusqu'aux fentes des planches ; mais il fit encore mettre, pour plus grande sûreté, une partie de la provision dans des barils garnis de plomb intérieurement. C'était une réserve pour les besoins extrêmes ; c'était un recours sauveur contre la perte possible du biscuit renfermé dans les soutes. A la moitié du voyage cette crainte si redoutée se vérifia ; les cancrelas avaient faiblement attaqué le biscuit de la soute en vidange, où l'on puisait pour la consommation journalière, mais ils s'étaient introduits dans les autres soutes, qui leur offraient un champ de dévastation plus tranquille. Ils y avaient déjà exercé un si grand ravage, qu'il fallut aviser à la conservation du peu qu'ils avaient épargné. Plus tard, on eut recours aux barils de réserve ; il était trop tard ! A la place du biscuit, on ne trouva que les hideux insectes qui l'avaient dévoré.

Le *biscuit* n'est pas à l'abri de l'eau de la mer, quoique les soutes où il est renfermé soient placées aux profondeurs du navire. On a vu à bord de la frégate *le Président,* dans le terrible coup de vent des Bermudes, au mois d'août 1806, tout le biscuit perdu, par l'eau d'un coup de mer qui avait pénétré partout; le biscuit, réduit en pâte, fut jeté dehors à pleins baquets.

Le *biscuit de mer* est de difficile mastication par sa dureté ; mais il est très-substantiel, et soutient bien les hommes. Quand il commence à se gâter, et que la poudre qui s'en échappe témoigne de la présence des vers, les matelots procèdent au partage égal des bons et mauvais morceaux, avec une équité dont ils sont seuls capables; il a été dit, au mot *Bidon,* que les marins de l'équipage sont réunis par divisions de sept hommes pour prendre leurs repas; l'instant qui précède est employé par les sept commensaux à nettoyer le biscuit véreux ; ce qui se fait en frappant chaque débris sur le pont, pour en faire tomber la poussière et les insectes. Sept lots, composés avec impartialité de bons et mauvais biscuits, sont scrupuleusement formés; l'un des matelots tourne le dos aux enjeux de ce *tombola.* Il est l'oracle dont la voix irrécusable désigne, pour chacun, le lot touché par un autre à son insu. Chaque matelot, content de sa part, en frappe encore les morceaux sur le pont pour en déloger le ver qu'il appelle le *pensionnaire.* Et si l'insecte tenace résiste et demeure dans les replis de sa retraite, le matelot s'en console en disant *qu'au reste, on n'est pas malheureux quand on mange avec son pain de la viande fraîche et désossée.*

BITORD. s. m. C'est une petite cordelle, composée des fils qui proviennent ordinairement de vieux cordages, et dont les petits bouts sont noués ensemble; ces fils, enduits de goudron, et mis en pelote, sont ensuite tordus par deux ou trois sur un petit rouet en bois appelé indistinctement *moulin* ou *tour à bitord.* Le moulin est fixé sur un montant; les matelots ont l'adresse de le faire tourner en agitant de certaine manière les fils qui se tordent par ses révolutions. Quelquefois ils sont deux, et l'un tourne le moulin tandis que l'autre réunit les fils. On fait aussi du bitord dans les ateliers de corderie : on emploie alors des fils neufs dont le chanvre est cependant de qualité inférieure. L'emploi du *bitord* à bord d'un navire est continuel; pas un ouvrage ne se fait, que le bitord ne s'y mêle comme un

auxiliaire obligé : faut-il attacher deux cordages ensemble, arrêter une baderne sur un câble, saisir un objet quelconque, le bitord prête son secours. Aussi est-il le *vade mecum* des matelots; ils en ont presque toujours dans leur poche, et ils en font des petits dépôts çà et là sur les mâts, pour le trouver au besoin.

BITTE. s. f. OEuvre de charpente placée à l'avant d'un navire; appareil robuste formé de deux montants perpendiculaires et d'une troisième pièce qui les croise. Cette troisième pièce, appelée *traversin,* est encastrée et chevillée si fortement avec les deux autres, qu'elles font corps ensemble, mais en laissant libres les têtes de chaque pièce. Cet appareil est soutenu dans sa position par des pièces qui s'identifient avec les vigoureux barrots du pont sur lequel les *bittes* s'appuient; cette consolidation est nécessaire à cet appareil, c'est sur lui que sont attachés les gros câbles qui tiennent aux ancres jetées au fond de la mer pour retenir le vaisseau. Les *bittes* ont donc à supporter les efforts de résistance que le vaisseau, retenu par ses câbles et ses ancres, oppose à la fureur du vent et de la mer dans les rades tourmentées. Ces efforts sont tellement violens parfois, que les câbles qui, pour un vaisseau de ligne, sont de 24 pouces de circonférence, s'impriment et mordent dans les *bittes* qu'ils enveloppent de leurs replis; et, si le câble vient à glisser sur cette *bitte* inébranlable, la violence de ses saccades lui cause une chaleur qui compromettrait sa force, s'il n'était souvent arrosé. — Dans les circonstances où un navire pressé de mettre sous voile ne peut ou n'a pas le temps d'arracher son ancre du fond de la mer, et qu'il se voit forcé de l'y abandonner en coupant le câble, c'est la *bitte* qui devient le billot sur lequel la précieuse amarre est tranchée ; sacrifice extrême, qui se fait avec solennité, et qui sera décrit au mot *Câble.* Les vaisseaux de ligne ont leurs bittes dans la batterie basse; les frégates les ont dans la batterie; les autres bâtimens sans batterie les ont sur le pont supérieur. A bord des navires de commerce, la bitte offre aux matelots un siége où ils attendent parfois la fin du quart de nuit, dont une partie s'est écoulée en travaux pénibles, ou à piétiner sur le pont du navire agité. Dans les rades parcourues par des pirates, où le danger des surprises rend plus nécessaire l'activité des veilles, le matelot de quart, accablé de fatigues, et cédant à l'influence d'un roulis endormeur, s'est quelquefois oublié sur la bitte à un sommeil dont il ne s'est plus réveillé : les terribles écumeurs, entrés sourdement dans le navire, y ont surpris la sentinelle endormie, et sa tête appuyée sur la *bitte* a roulé sous la hache d'abordage des forbans.

BITTER. v. a. C'est tourner et arrêter sur la bitte le câble qui l'enveloppe et l'étreint de ses plis, quand il a été suffisamment filé en de hors du vaisseau. Il y est assujetti par d'autres gros bouts de cordages façonnés pour cet emploi, et qui sont fixés à de forts anneaux plantés dans le pont; enfin, une grosse verge de fer, appelée *paille de bitte*, et qui traverse l'une des têtes de la bitte, achève souvent de contenir le câble autour du robuste appareil.

BITTONS. s. m. Petites bittes situées dans diverses parties du navire, et façonnées avec plus de soin pour être en harmonie avec les parties qu'elles occupent. Les *bittons* comme les *bittes* servent à tourner ou attacher des cordages, mais moins gros que les câbles, et d'un usage différent.

BITTURE. s. f. C'est une certaine partie d'un câble comprise entre l'ancre où il est attaché, et la bitte sur laquelle il est tourné ou arrêté. Sa longueur, indéterminée, est à peu près double de la profondeur de l'eau à l'endroit où l'ancre est jetée. — Avant d'abandonner l'ancre à sa chute, la *bitture* est étendue sur le pont, libre et sans encombre, afin qu'une moitié au moins puisse s'écouler du vaisseau avec la rapidité que lui imprime le poids de l'ancre; l'autre moitié ne tarde pas à filer, quoiqu'avec plus de lenteur. Lorsque toute la *bitture* est dehors, et que le câble est tendu, on dit : la *bitture est rendue*. Dans ce cas, selon que le vaisseau se trouve arrêté ou qu'il recule, en entraînant avec lui son câble, et son ancre qui ne peut le retenir, on dit de *filer la bitture*, pour que l'ancre se couche et morde plus profondément sur le fond. — Un bâtiment qui doit très-prochainement jeter l'ancre *prend ses bittures*, c'est-à-dire dispose ses câbles. Dans les rades menaçantes, les bittures des ancres de veille sont toujours prises.

BLOC (EN). On dit : les huniers, les voiles sont *en bloc* ou *à bloc*, pour signifier qu'elles sont autant élevées qu'elles peuvent l'être. C'est le dernier point auquel on puisse faire arriver une chose; c'est la limite contre laquelle s'opère la résistance, de nouveaux efforts ne pourraient pas faire arriver au-delà.

BLOCUS. s. m. C'est une opération militaire exécutée par des bâtimens de guerre, et qui consiste à observer, garder ou défendre l'entrée d'un port, l'embouchure d'une rivière, d'un canal, etc., avec une si grande vigilance qu'aucune espèce de bâtiment ou d'embarcation ne puisse y pénétrer ou en sortir. Les conditions d'un *blocus* maritime sont les mêmes que celles du *blocus* d'une armée de terre, seulement le premier est passible des mauvais temps, qui peuvent le contraindre à prendre le large. Le *blocus* de Cadix, en 1823, et depuis, celui d'Alger, si long et si opiniâtre, sont les dernières opérations de ce genre qui aient été exécutées par nos escadres. Il faut avouer que celui de Cadix n'a pas été heureux, quelles que fussent d'ailleurs la capacité et la bravoure de l'officier général qui y présidait. On doit dire aussi que ce *blocus* présentait de grands obstacles. Le danger que courent les vaisseaux en se tenant dans la baie au fond de laquelle cette ville est située, rendait cette opération fort difficile, et si une division s'y laissait surprendre par des vents de sud-ouest, elle serait exposée à voir tous ses bâtimens se briser sur les rochers dont toute la côte est hérissée, et on ne doit pas perdre de vue que les contrariétés que pourrait essuyer une flotte dans ces parages n'auraient pas seulement pour résultat de la compromettre, mais encore de faire manquer le but de sa présence sur ce point, puisque le *blocus* se verrait interrompu. Aussi les dangers que courent les escadres pour *bloquer* le port de Cadix particulièrement, étaient bien appréciés par les Anglais. On se souvient, dans la marine, que, pendant la dernière guerre, voulant garder ce port, ils avaient établi leurs croisières de forts navires entre les caps de Sainte-Marie et de Trafalgar; tandis que leurs bâtimens légers approchaient seuls de la côte lorsque le temps le permettait. Non contens de ces précautions, ils ne manquaient jamais, à chaque indice de gros temps, de prendre la haute-mer, laissant ainsi l'entrée du port accessible à toute espèce de communications. Comme les coups de vent sont très-fréquens dans tous ces parages, il est très-probable que l'amiral Hamelin se sera trouvé dans des conjonctures semblables à celles qui avaient antérieurement nui aux projets des Anglais.

Cadix a été cité ici comme un des ports les plus difficiles à bloquer; toutes les tentatives, faites dans ce but, pendant nos dernières luttes maritimes, ont été sans succès. Lord Saint-Vincent, sir John Orde, et Nelson lui-même, n'ont pu y réussir complètement. On peut donc apprécier l'espèce de difficulté d'un *blocus* maritime, en tenant compte des obstacles sans nombre qui s'opposent presque continuellement à sa rigide observation. Aussi est-il reconnu que cette opération maritime ne remplit jamais complètement le but proposé, et que le principal résultat qu'on puisse en obtenir, c'est de restreindre les communications que le point *bloqué* possédait au dehors, sans toutefois pouvoir les interdire complètement.

BŒUF. s. m. C'est une sorte de bateau de pêche en usage dans la Méditerranée. Il est d'une forte construction, résiste bien à la mer et n'a besoin que d'une médiocre profondeur d'eau pour naviguer. Lorsque ce bateau est employé au cabotage, il porte un mât à *voiles latines*, et son port varie de soixante à quatre-vingts tonneaux. Il en fut employé un grand nombre comme bateaux de transport pendant l'expédition d'Alger.

BOIS. s. m. Voici quelles sont les différentes espèces de bois employées dans la construction des vaisseaux, et à quoi chacune d'elles est appropriée :

Les *membres*, c'est-à-dire toutes les pièces de bois qui forment la cage ou le squelette du bâtiment, sont en *chêne*; les *bordages*, fortes planches qui les recouvrent, sont également en chêne, jusqu'au-dessus de la partie submergée, à partir de laquelle le reste de l'élévation est ordinairement revêtu de *sapin*, quelquefois de *hêtre*. Le bois de sapin entre pour une bien plus grande proportion dans la construction des bâtimens du commerce; les navires de l'Etat sont au contraire construits en majeure partie avec du chêne choisi. — Si le *cèdre* pouvait être fourni en assez grande quantité, il est reconnu qu'il serait le plus propre aux constructions navales.—Le bois de *tec*, que produit l'Inde, a servi à bâtir des navires qui passent pour les plus solides du monde. — Le bois d'*orme* est employé pour les affûts de canon, les pompes, les anspects, les barres, les caisses des poulies, etc.; les avirons se font en hêtre, en sapin et surtout en *frêne*.—Le *peuplier* est le plus recherché pour les sculptures et les travaux délicats de menuiserie.— Les mâts et les vergues sont en bois de sapin du meilleur choix possible.—Le *gayac* sert à fabriquer les *réas* des poulies; les réas sont ces petites roues qui tournent dans la poulie, sous la pression du cordage. — Le *noyer* est employé pour les bois de fusils et de pistolets. La plupart des menuiseries des chambres de navires se font également en noyer, quelquefois en acajou ou en *courbari*, sorte de bois rouge que produisent les Antilles. Le luxe de nos paquebots marchands s'est tellement développé depuis quelques années, que les chambres d'un grand nombre de bâtimens du commerce sont construites aujourd'hui en *citronnier*, en *érable*, en *ébène* et en *palissandre*. C'est au Havre qu'on voit les emménagemens les plus riches sous ce rapport. (Voir *Paquebot*.)

Tous les bois ne flottent pas également, puisque quelques-uns d'entre eux sont plus lourds que le volume d'eau qu'ils déplacent. Il y a une espèce de bois de chêne qui flotte sur l'eau de mer et coule dans l'eau douce. C'est que son poids est intermédiaire à celui du déplacement soit de l'eau salée, soit de l'eau douce, qui ont entre elles une différence de pesanteur, puisque le pied cube d'eau douce pèse 70, tandis que l'autre pèse 72.

— *Bois d'arrimage.* Ce sont des morceaux de hêtre ou de sapin, en partie taillés comme le bois à brûler, et qui servent à étayer et accorer dans la cale les barriques qu'on y arrime.

On dit le *bois* d'un bâtiment, pour signifier la coque, le bâtiment proprement dit, sans comprendre la mâture. On a vu au mot *Abaissement*, qu'il arrive souvent en mer de voir la voilure d'un navire sans qu'on voie son *bois*, à cause de la dépression de l'horizon. — On dit encore *tirer en plein bois*, pour exprimer qu'on tire sur la coque, qu'on vise le pointage de l'artillerie sur la char-

pente, sur la caisse du bâtiment, et non au hasard et dans la mâture.

BOMBARDE. s. f. Bâtiment ou plutôt machine armée d'un ou de deux mortiers, et destinée à faire partie des expéditions navales pour lancer des bombes. Anciennement ces embarcations étaient mâtées en galiotes, et portaient le nom *de galiotes à bombes*. Les mortiers qu'elles portaient étaient placés sur l'avant de leur grand mât, et battaient dans cette direction seulement, de sorte que la position des *galiotes* devait forcément être combinée avec la partie du pont où elles lançaient leurs bombes. Depuis, on a placé les mortiers sur le milieu du bateau dont la construction a passé par quelques modifications; de cette manière la *bombarde* pouvait lancer ses bombes étant sous voiles, ou prêtant le côté au point attaqué. C'est en France que les premières bombardes furent mises en usage, et leur origine ne remonte qu'au règne de Louis XIV. Le premier essai en fut fait par Duquesne aux deux bombardemens d'Alger, en 1682 et 1683; l'inventeur était un ingénieur nommé Bernard Renaud, qui essuya les plus grandes difficultés à faire adopter son système quand pour la première fois il le présenta au conseil maritime. Ce fut sans espoir de résultat, et presque par concession qu'on permit au mécanicien de faire construire des bâtimens qui devaient porter ces machines que personne ne pouvait se figurer voir déplacer de la terre ferme. Duquesne lui-même y comptait peu, et son étonnement se convertit bientôt en admiration, lorsqu'il eut été témoin de l'efficacité de l'invention. Le résultat qu'en attendait Renaud eut son plein effet; une grande partie de la ville d'Alger fut mise en ruines. Voltaire, dans son *Histoire du siècle de Louis XIV*, où il parle de Renaud et de son invention, termine en disant que cet appareil était plus effrayant que l'effet n'en était terrible; que les bombes étaient mal ajustées; que les bâtimens qui les portaient manœuvraient mal, et que les frais de ces sortes d'armemens excédaient de beaucoup le dommage qu'ils pouvaient causer. On prétend que le dey d'Alger, ayant appris ce que l'expédition de Duquesne avait coûté à Louis XIV, prononça ces paroles : *Il n'avait qu'à m'en donner la moitié, j'aurais brûlé la ville tout entière!*

Mais l'armement des *bombardes* est devenu beaucoup plus facile et beaucoup moins dispendieux qu'autrefois. Toute espèce de bâtiment de certaine grandeur est à peu près propre à être converti, à peu de frais, en *bombarde*, si sa construction est éprouvée. Mais lorsqu'on bâtit spécialement une *bombarde* pour recevoir un mortier, on en fait un bâtiment à fond plat, afin de lui assurer la stabilité nécessaire à son assiette, pour les oscillations de la mer. Il est important que la construction de ces bateaux soit calculée de manière à ce que le roulis et les lames aient le moins de prise possible sur l'ensemble, puisque ce n'est que dans un moment de tranquillité qu'on peut pointer et lancer ces énormes projectiles, dont quelques mouvemens du bateau dérangeraient la direction. Les fonds plats offrent également l'avantage de permettre aux *bombardes* d'approcher très-près de terre, de sorte que cette forme de construction réunit deux grands avantages : la stabilité du bateau et le petit tirant d'eau. Dans le temps de nos dernières luttes maritimes, on ajouta aux flottilles de Flessingue et de Boulogne un grand nombre d'embarcations équipées en bombardes, sous le nom de *bateaux-bombes;* mais elles ne portaient qu'un seul mortier. — La commotion qu'éprouvent ces bâtimens au moment de l'explosion est des plus fortes, puisqu'on emploie quelquefois jusqu'à 5o livres de poudre pour charger la machine. Aussi les marins qui servent ces foudroyants appareils se voient-ils souvent saisis par d'abondantes hémorragies lorsqu'éclate la détonation dont ils sont forcés d'être si voisins. Beaucoup y perdent complètement le sens auditif, et en général les matelots se voient forcés d'avoir recours à des moyens factices pour échapper aux conséquences de l'explosion causée par ces effroyables machines.

BOME. s. f. On dit aussi *Gui,* nom qui prévaut aujourd'hui. C'est une longue et lourde pièce de bois de sapin qui fait partie de la mâture d'un navire. Elle sert à établir une voile trapézoïde appelée *brigantine,* que l'on voit le plus en arrière de l'appareil de voilure, portée par le mât d'artimon dans les bâtimens à trois mâts, et par le grand mât dans ceux qui n'en ont que deux. Cette voile est une des plus basses, et la *bome* sert à étendre sa partie inférieure. La *bome,* soit qu'elle fonctionne ou qu'elle soit au repos, est placée très-près du pont, dont elle embarrasse l'espace; elle est supportée à son extrémité inférieure par le pied du mât de l'arrière, sur lequel elle tourne comme sur un centre, et se prolonge parallèlement au pont, dans le sens de l'avant à l'arrière, pour projeter au dehors du navire son extrémité qui retient le coin de la voile dont elle est l'auxiliaire. A l'état de repos, la *bome* s'appuie sur un croissant en bois ou en fer, fixé sur le cintre supérieur de la poupe. Malgré l'utilité importante de la *bome,* les méditations du progrès s'exercent pour la remplacer par quelque moyen moins encombrant, sans privation pourtant de la voile qui emprunte son secours. Les moyens trouvés jusqu'ici n'ont pas répondu avec succès au remplacement de la *bome,* et peut-être ne gagnera-t-on pas à la remplacer; et on a vu une circonstance où, à part son utilité spéciale, elle a été plus précieuse encore par le rôle qu'elle a joué dans cette aventure de mer.

Le brig *le Charles-Adèle* descendait la rivière de la Plata, bondé d'une riche cargaison qu'il portait à Bordeaux. La rivière de la Plata est du nombre de celles dont les étroits passages et d'autres accidens de localités rendent la navigation dangereuse pour la nuit. Il est prudent de s'arrêter dès que l'obscurité ne permet plus d'apercevoir les balises et les amers qui servent d'indices à la direction des navires. Les capitaines font, chaque soir, jeter l'ancre, et attendent le retour du jour pour continuer leur voyage; mais pendant cette nuit d'attente, les navires sont exposés à être attaqués par des *flibustiers,* nationaux de tous pays, et pour la plupart Italiens, habitant Buénos-Ayres, vagabonds sans aveux, dont l'industrie consiste à surveiller les navires qui emportent de riches valeurs, à les devancer dans les passages étroits du fleuve où ils présument qu'ils s'arrêteront la nuit; et là, cachés par les accidens du rivage, ils les abordent avec de légers canots, les attaquent, et, s'ils peuvent s'en rendre maîtres, les pillent de ce qu'ils y trouvent de plus précieux.

Le Charles-Adèle partait avec un chargement complet en produits du pays, une somme de 500,000 fr. en piastres d'Espagne, et d'autres valeurs, en or, argent et bijoux de prix : quelle belle proie pour des forbans ! La nuit surprit le navire dans les passages dangereux du fleuve; le capitaine fit jeter l'ancre, et prit toutes les précautions de sûreté contre les attaques nocturnes des bandits. Les caronades furent préparées et bourrées de mitraille, les mèches fumèrent auprès des pièces, les fusils et les piques d'abordage furent distribués aux matelots, le capitaine recommanda bonne garde, *bon quart,* et la nuit enveloppa tout de ses ombres.

Vers minuit, — c'est l'heure des crimes, — on crut entendre, du côté du large, un bruit sourd, coupé en intervalles réguliers comme celui produit par les avirons d'une embarcation. La nouvelle en est tout de suite portée au capitaine, qui ordonne le silence.... l'équipage du *Charles-Adèle* est à son poste. Bientôt on croit distinguer dans l'obscurité un point indécis et plus sombre qui grossissait en s'avançant vers le navire. Quelques instans après, il n'y eut plus de doute : une embarcation se dessinait dans l'ombre ; elle s'approchait, péniblement tirée par deux rameurs, comme un pauvre bateau pêcheur mal équipé. Le capitaine ne se laissa pas prendre à l'hypocrite apparence de ce bateau monté par deux hommes, et venant du large contre le courant de l'eau, c'est-à-dire du côté où la surveillance devait être moins active. «Ces ruses-là sont vieilles et bien usées, » dit le capitaine. Puis aussitôt il demanda avec le porte-voix, et en langue espagnole, aux hommes qui montaient le bateau, ce qu'ils voulaient. «Vous offrir un pilote, lui répondit-on dans la même langue. — Je suis moi-même mon pilote, répliqua le capitaine ; à cette heure-ci je ne souffre pas que l'on m'accoste, éloignez-vous, et si vous tardez je vous coule... » A cet avertissement le bateau s'arrêta;

et son sournois équipage parut se consulter un moment ; puis tout-à-coup il se remit à ramer vers le navire. Mais le capitaine l'observait ; il ordonna de faire feu. — Et quelques coups de fusil lancèrent dans l'ombre leurs balles mal dirigées. Bientôt des voix nombreuses, et le bruit de plusieurs avirons que l'on arme, se font entendre dans l'embarcation, et aussitôt un double rang d'avirons, tirés par de vigoureux rameurs, excités par l'appât du butin et la certitude d'une faible résistance, lance la rapide pinace sur *le Charles-Adèle;* en deux bonds elle va l'aborder ! « Ils viennent à bord, capitaine ! crient les matelots. — Envoyez ! » répond l'imperturbable marin à l'officier qui dirige l'une des caronades de tribord ; et la formidable pièce vomit à bout portant, sur les pirates, le feu et la mitraille dont elle était gorgée. Des cris attestent que le coup a produit quelque effet. Aussitôt le bateau change de direction, les bandits renoncent à aborder le navire par ses redoutables côtés : c'est par derrière qu'ils veulent le saisir ; et les voilà luttant à grands renforts de rames contre la violence du courant, qui tient l'embarcation comme immobile sous la poupe du *Charles-Adèle.* L'équipage, rassemblé sur l'arrière, l'accable de projectiles, dont la plus grande partie se perd dans la nuit et dans l'espace. Cependant les pirates approchent. Dans ce moment extrême, une idée traverse le cerveau du capitaine. « Décrochez-moi la *bome,* dit-il à ses hommes, coupez toutes les manœuvres qui peuvent la retenir, poussez-la en dehors sur son croissant, maintenez-la ainsi balancée jusqu'à ce que je vous dise de la laisser tomber à l'eau, et attention ! » La pensée du capitaine est saisie par tout l'équipage ; chacun se porte avec activité à l'exécution de ses ordres ; on attend avec confiance le résultat du nouveau moyen de défense. Les forbans n'avaient pu apercevoir cette disposition, et la barque pirate arrive enfin sous la *bome.* « Laisse tomber ! » crie aussitôt le capitaine. La lourde *bome,* inclinée en dehors, et dirigée sur le milieu de la frêle embarcation, est abandonnée à sa chute, et, comme un formidable bélier, elle va battre le fond du bateau flibustier, qu'elle crève, traverse et engloutit sous son poids, en renversant et écrasant les hommes sur son passage. Les forbans crient, s'agitant au milieu des débris qui les déchirent et les embarrassent dans les flots d'une eau glacée, et ils sont abandonnés au courant qui charrie leurs corps ensanglantés ; tel fut pour un moment le tableau produit par l'horrible chute de la *bome* sur cette embarcation remplie de bandits. Mais la nuit a tout voilé de son ombre ; et le courant de la Plata a tout effacé. Le lendemain au jour, on ne vit rien, le *Charles-Adèle* se remit en voyage.

BON-BOUT. s. m. Expression dont se servent les matelots, lorsque, tirant sur plusieurs cordages noués à la suite les uns des autres, ils veulent annoncer qu'on arrive à tirer sur le dernier de ces cordages ; ce qui annonce la fin du travail, lorsque ayant amarré sur une ancre, ou sur un point fixe quelconque, le bout d'une corde qui se trouve trop courte pour que l'autre extrémité atteigne jusqu'au navire, on y ajoute un second et peut-être un troisième cordage, selon la distance qui sépare le navire du point fixe. Lorsque enfin le dernier bout ajouté est reçu à bord, si on tire sur cette longue suite d'amarres pour faire marcher le bâtiment, ces cordes ajoutées y rentrent nécessairement à mesure qu'il avance. On arrive enfin à devoir bientôt tirer sur celui qui est immédiatement attaché au point fixe où l'on doit se rendre ; c'est le dernier bout de cordage ; il annonce qu'on approche de la fin du travail ; alors les matelots s'encouragent à tirer, en disant : *Hale pour le bon-bout ! Voilà le bon-bout ! Attrape le bon-bout !* Ce *bon-bout* mérite encore mieux son nom, en ce qu'il est toujours le plus fort entre ceux qui ont été noués à la suite les uns des autres, et qu'il offre plus de confiance, plus de garantie, de sûreté, pour le navire.

BONITE. s. f. C'est un des produits de la mer qui servent, le plus souvent, à varier la nourriture des marins ; c'est un poisson fort commun dans les eaux tropicales, qui s'attache volontiers par bande à la course des bâtimens. Il livre une guerre opiniâtre aux *poissons volans,* qu'il poursuit jusque dans l'air, où il s'élance à leur poursuite. La *bonite* est un joli poisson de 2 pieds environ de long, d'une forme aiguë et souple, bleu sur le dos, et brillamment argentée sous le ventre, avec des flancs rayés de brun, sous le fond duquel se dégradent et se confondent les deux couleurs du ventre et du dos. La chair de la *bonite* est ferme et blanche ; elle participe du thon et du maquereau. Une simple ligne, au bout de laquelle est attaché un appât formé de linge suiffé et de deux plumes blanches qui simulent les ailes d'un poisson volant, suffit pour les attirer et en prendre un grand nombre. Son genre est le *scombre,* dont le type est le *scomber* de Linné, c'est-à-dire le maquereau, car la *bonite* n'est réellement qu'un fort maquereau. On la trouve aussi en grande quantité dans les mers de l'Inde.

BONNETTE. s. m. On appelle de ce nom des voiles légères qui se suspendent aux extrémités des barres transversales (*des vergues*) qui supportent les autres voiles. Les bonnettes ont la forme d'un carré long, un peu trapézoïde. Leur surface est égale, à peu près, à la moitié des voiles près desquelles elles doivent spécialement se ranger. Elles se tendent au moyen d'une petite barre en bois léger, à laquelle s'attache le côté supérieur de la bonnette, et la corde qui sert à la suspendre, en même temps que ses coins inférieurs sont retenus par d'autres cordes, dont l'une s'appuie sur l'extrémité extérieure d'un long bout de bois, qui se pousse à volonté, et fait saillie à l'extrémité d'une vergue plus basse. — Les bonnettes sont des voiles de beau temps ; elles sont ordinairement livrées à l'action d'un vent faible, dont la direction est toujours favorable à la route que suit le navire. — Les marins espagnols les appellent *alas* (ailes) ; ce sont en effet les ailes du navire, qu'il étend pour saisir et arrêter au profit de sa marche les courans de brise qui effleurent ses contours. Il est même des navires qui, par une exagération plus embarrassante que profitable, ajoutent des ailes en dehors de leurs ailes ; qui ont des *bonnettes de bonnettes*. — C'est un beau spectacle qu'un navire cinglant par un beau temps sous son appareil de bonnettes, à le voir se balancer sous cette puissante surface de voiles qu'il présente au souffle de la brise, on craint qu'il ne se relève pas des inclinaisons qu'elle lui imprime ; mais que ces mouvemens sont gracieux quand il se redresse en ondulant mollement sur la courbe des houles ! Si le vent le frappe de côté, c'est de ce côté qu'il déploie ses ailes, *qu'il établit des bonnettes,* en les obliquant ou les redressant, selon les capricieuses variations de la brise. Enfin, il les déploie des deux côtés quand le vent souffle directement en poupe : alors il se dandine fièrement, il *roule,* comme on dit, et ses *bonnettes basses,* suspendués au-dessus de la mer, descendent tour à tour pour en effleurer la surface. — Les *bonnettes* prennent les noms des voiles près desquelles elles sont suspendues. Les *bonnettes basses* sont celles qui se placent à côté des basses voiles ; mais ordinairement le mât de misaine est le seul qui porte des *bonnettes.* — Les autres *bonnettes* sont les *bonnettes de huniers,* les *bonnettes de perroquets,* les *bonnettes de catacois.* Celles-ci sont les plus élevées, et par conséquent les plus petites, car les dimensions de ces voiles, comme celles des mâts qui les portent, diminuent à mesure qu'elles s'élèvent. Au nom de chaque *bonnette* on ajoute le nom de *petit* ou *grand,* selon que ces *bonnettes* appartiennent au mât de misaine ou au grand mât. — Les *bonnettes* ne se mettent pas seulement quand le vent est faible, mais aussi lorsqu'il souffle avec force dans une direction favorable ; et dans ce cas, elles sont établies suivant le temps, comme les autres voiles qu'elles accompagnent, et ne peuvent jamais compromettre les mâts.

Quoique les *bonnettes* produisent sur la marche du navire des effets toujours appréciables, ce sont des voiles dont, à la rigueur, on peut se passer ; elles sont autant voiles de luxe que voiles de nécessité, aussi sont-elles les premières sacrifiées pour fournir leurs tissus à la réparation des voiles essentielles, lorsque la provision de toile destinée à cet usage est épuisée.—Les *bonnettes* ne sont pas, comme les autres voiles, invariablement attachées aux mâts sur lesquels elles se déploient pour être livrées à la brise. Quand elles ne servent pas comme voiles, leur place est partout où elles sont

à l'abri. Toujours à portée des besoins, maniables à volonté, elles s'accommodent à toutes sortes d'emplois : faut-il exposer au grand air, sur le pont, du biscuit, des graines ou autres menus objets, c'est sur la toile d'une *bonnette* qu'on les répand ; faut-il improviser une tente contre les ardeurs d'un soleil brûlant, c'est une bonnette suspendue qui projette l'ombre salutaire. Une voie d'eau inquiétante se déclare-t-elle sous le bâtiment, et faut-il au plus tôt en diminuer la gravité ; une *bonnette* doublée de filasse et recouverte d'une couche de suif est promptement appliquée et tendue sur la partie de la carène où l'on soupçonne l'existence de la voie d'eau. Sous les chaleurs de la zone torride, lorsque le navire est immobile sur une mer calme, une *bonnette* plongée dans la mer, et relevée à ses quatre coins par des cordes, devient une vaste baignoire pour les gens de l'équipage, qui s'y ébattent sans crainte du requin, bien que le monstre vienne flairer, à travers la toile de la *bonnette* protectrice, la belle curée qu'elle lui dérobe.

BON-PLEIN. s. m. *Porter bon-plein; gouverner bon-plein,* périphrase qui s'emploie pour exprimer que le navire est gouverné de manière à présenter ses voiles plus directement à l'action du vent. Elle se dit surtout lorsque, le bâtiment étant gouverné dans une direction très-rapprochée du lit du vent, ses voiles, quoique obliquées pour le recevoir, viennent subitement à barbéier, parce que le vent a cessé de les remplir, soit qu'il ait varié en devenant plus contraire, soit que le bâtiment, par un faux mouvement, ait rapproché sa proue du point d'où vient la brise. Dans ce cas, l'officier qui veille dit à l'homme du gouvernail : *Portez bon-plein, timonier, ne chicanez pas le vent; bon-plein! bon-plein!* A ce commandement, le timonier fait arriver le bâtiment.

BON-QUART. — Voy. *Quart.*

BORD. s. m. Dans le langage vulgaire, *bord,* c'est le bout, l'extrémité d'une chose (voir *Plat-Bord*); mais en marine, ce mot a acquis une signification figurée. Ainsi, à part quelques locutions consacrées, telles que *bord à bord,* pour signifier deux navires se touchant chacun par un de leurs côtés; *passer sur le bord,* pour exprimer se placer à l'endroit où le navire finit, le *mot bord* a un sens tout spécial au langage maritime. On dit : je vais *à bord,* il est *à bord,* pour dire sur le bâtiment : *bord,* c'est le navire. Le *bord,* ne pas quitter le *bord ;* le navire, ne pas quitter le navire. — Un vaisseau de *haut-bord,* c'est un grand vaisseau ; équipage de *haut-bord,* c'étaient les marins faisant partie des vaisseaux, frégates et grandes corvettes, tandis que tout ce qui appartenait à des bâtimens d'une moindre grandeur, prenait, sous l'empire, le nom d'équipage de flottille. — On dit : courir *un bord,* pour dire qu'un navire avance et fait du chemin en suivant une même ligne et sans cesser de recevoir le vent de la même manière. — Virer *de bord,* c'est changer diamétralement l'avant du navire en tournant en quelque sorte l'arrière au point vers lequel on s'avançait auparavant. *Bord* implique dans ces deux locutions l'idée d'un côté du bâtiment mis en rapport avec le vent qui le frappe. —On dit encore *bord à quai,* pour désigner qu'on a son navire contre le quai. — Faire *passer sur le bord,* c'est donner ordre à plusieurs matelots de se ranger sur un côté du bâtiment pour faire honneur à un officier qui gravit extérieurement et l'aider à monter au besoin. Le nombre de marins désignés est en rapport avec le grade de l'officier.

BORDAGE. s. m. On appelle ainsi les planches de toutes espèces et de toutes épaisseurs qui forment l'enveloppe extérieure d'un vaisseau. Le vaisseau en construction élève premièrement les *bois-tords* de sa membrure; viennent par-dessus les *bordages* qui font le revêtement de son squelette. Nous avons dit au mot *Barrot* qu'il exprimait les poutres transversales sur lesquelles s'applique le plancher des ponts; les planches qui composent le plancher s'appellent *bordages de pont.*

BORDÉE. s. f. Ce mot a, dans le langage maritime, plusieurs acceptions qu'il est nécessaire de produire.

C'est d'abord la route que fait un bâtiment qui veut s'avancer vers le point d'où le vent souffle, et qui est, conséquemment, forcé de prêter alternativement chacun de ses côtés au point vers lequel il gagne peu à peu en parcourant ses lignes, ses *bordées.* — C'est aussi la décharge complète de toute l'artillerie qui est sur un même côté d'un navire. Ainsi, une frégate de 80 canons, semblable à celles dont on renforce aujourd'hui notre marine, envoie par *bordée* à l'ennemi qu'elle combat 450 kilogrammes de fer, si chacun de ses canons n'est chargé que d'un seul boulet, dont le poids doit être de 30 livres de balles. Dans un engagement rapproché, comme il arrive souvent qu'on mette deux ou trois projectiles dans chaque pièce, il peut arriver que la *bordée* vomisse plus de 1000 kilogrammes de fer, et dans ces proportions la *bordée* complète d'un vaisseau de 100 canons serait de 1800 kilogrammes environ. — On nomme *bordée d'enfilade* l'explosion de tout un côté de batterie, lancé dans l'arrière de l'ennemi, de manière à ce que les projectiles traversent et ravagent le bâtiment dans toute sa longueur. C'est ce qu'il y a de plus terrible et de plus redouté dans un combat naval : « A Trafalgar, le vaisseau français *le Redoutable,* de 70 canons, avait abordé *le Victory,* monté par Nelson, et, quoique inférieur en forces, le combattait avec avantage, lorsque *le Téméraire,* autre vaisseau anglais à trois ponts, lui présentant le travers de l'autre côté, lui lâcha toute sa

bordée presqu'à bout portant : près de deux cents hommes furent atteints par les boulets, la mitraille ou les éclats de cette seule décharge ; le vaisseau était presque rasé, et cependant les Français se battaient encore courageusement. Mais un troisième vaisseau anglais, *le Tonnant,* se plaça en travers de la poupe du *Redoutable* et le foudroya par une *bordée d'enfilade.* Aussi, quand le vaisseau coula, n'échappa-t-il de son nombreux équipage que cent vingt-cinq hommes, presque tous grièvement blessés. — Les *bordées* sont très-dangereuses lorsque les boulets portent à la flottaison ou un peu au-dessous. — On appelle aussi *bordée* la durée du temps pendant lequel une fraction de l'équipage alterne avec l'autre, soit pour le travail, soit pour le repos ; l'ensemble des hommes s'appelle aussi la *bordée*; on dit, la *bordée* de service ; à coucher la *bordée*; en haut la *bordée.*

BORDER. v. a. C'est appliquer les bordages d'un bâtiment sur les pièces qui composent sa carcasse. Cet ouvrage est confié à des charpentiers intelligens, afin que les bordages, très-rapprochés les uns des autres dans leur longueur et par leurs *abouts* (*voir* ce mot), laissent le moins possible de passage à l'eau de la mer dans l'intérieur du navire. Le petit jour inévitable qui sépare les bordages les mieux rapprochés, et qu'on appelle *un joint,* se remplit ensuite d'étoupe (*voir* ce mot). On *borde à clin* des petits bateaux fins et légers, dont les minces bordages permettent cette manière recherchée et difficile de border.

On dit aussi *border une voile;* c'est retenir ses coins inférieurs au moyen de cordes qui y sont fixées, pour que cette voile, convenablement tendue par ses quatre coins (si c'est une voile carrée), présente mieux sa surface à l'action du vent.

BOSSE. s. f. C'est un cordage très-court, fortement arrêté par l'un de ses bouts contre un point solide, tandis que l'autre bout doit être tourné sur un cordage tendu par les hommes ou par la puissance qui le tire. La *bosse* ainsi tournée sur ce cordage l'enveloppe, l'étreint de ses nombreux plis, de telle sorte qu'il s'en trouve retenu sans le secours de la puissance qui lui imprime sa première tension. Mettre une *bosse* sur un cordage, le *bosser,* en un mot, c'est le retenir contre l'objet qui lui fait résistance. Les bosses varient de formes, de noms, de lieux et d'emplois.—Les variantes de la bosse sont : *la bosse dormante* ou *bosse fixe,* comme celle que l'on met sur les câbles en avant et en arrière des bittes, pour soulager cet appareil des efforts continuels des câbles. C'est la *bosse* géante du bord.—Viennent ensuite : *la bosse à fouet, la bosse volante, la bosse à croc, la bosse cassante, la bosse de bout,* qui suspend l'ancre au moment où elle tombe à la mer; *la bosse du canot,* qui sert à

l'attacher à bord, et qui fait pour toutes les petites embarcations l'office de *câble*. Sa grande
longueur la sépare de la catégorie des *bosses* citées plus haut. On ne s'attachera pas à décrire
techniquement ces diverses sortes de *bosses*, ces
détails n'entrant pas dans l'esprit de cet ouvrage.

BOSSEMAN. s. m. C'était, dans l'ancienne
marine, un grade à la suite des officiers mariniers sur les vaisseaux; une sorte de contre-
maître. Sa mission la plus particulière était de
veiller aux ancres, aux bouées et aux câbles. On
vient de voir qu'on nomme *bosse* le dernier cordage qui retient une ancre près d'être immergée.
On a appelé *l'homme à la bosse* celui qui lui était
spécialement préposé. Dans le Nord, d'où nous
vient cette étymologie, le nom de *bosseman* est
encore donné à certains officiers mariniers de
manœuvre. — Chez nous, ce mot a perdu de sa
vulgarité.

BOSSOIR. s. m. Ce sont les deux fortes pièces de bois carrées, et de certaine longueur, qui
se projettent à l'avant du navire, en ouvrant
de chaque côté un angle d'environ 60° avec l'é-
peron du bâtiment. Elles sont fixées à leur place
avec une extrême solidité, que nécessitent les
efforts qu'elles ont à supporter. Elles servent à
suspendre les ancres avec la *bosse debout*, au moment où on doit les laisser tomber à la mer pour
arrêter le vaisseau; et pour cet effet, les *bossoirs*
ont une saillie suffisante, afin que les ancres écartées au dehors ne puissent rien heurter dans leur
lourde chute. Les *bossoirs* servent aussi à remettre à bord ces mêmes ancres, après qu'elles
ont été élevées du fond de la mer jusqu'au niveau
de l'eau, au moyen des câbles auxquels elles sont
attachées. Pour faciliter cette opération de force,
le bout extérieur des bossoirs est percé de trois
cannelures (Voy. *Clan*), garnies de leurs rouets, à
la manière des poulies; on y passe un cordage
dont les retours multipliés se marient à une
grosse poulie (Voy. *Capon*), qui se fixe à l'ancre,
et ce cordage, tiré à bras d'hommes, achève d'é-
lever l'ancre à la place où elle est retenue,
quand le bâtiment est sous voile. — C'est sur
les *bossoirs* que sont placées pendant la nuit les
sentinelles qui veillent au dehors pour la sécurité
du navire; de là leurs regards attentifs cherchent
dans l'ombre épaisse les bâtimens, les rochers, les
épaves, dont les abordages redoutables exigent
la surveillance la plus rigoureuse. En temps de
guerre surtout, la crainte incessante d'une rencontre avec un ennemi redouble l'activité du *bossoir* pour que l'éveil donné aussitôt par *l'homme
du bossoir*, comme on appelle cette sentinelle,
soit mis à profit et serve à éviter ou à combattre
l'adversaire que le hasard et l'obscurité ont conduit si près. L'attention de *l'homme du bossoir* ne
doit et ne peut être distraite; d'abord sa position
au bout de cette pièce de bois qui se projette au-
dessus de la mer, l'avertit que la moindre velléité

de sommeil l'expose à se réveiller dans les tourbillons d'écume que soulève l'éperon rapide du
navire, et dans lesquels heurté, roulé par la carène du bâtiment, il serait anéanti avant qu'on ait
soupçonné son absence; mais à part ce danger,
qui fait de *l'homme de bossoir* une sentinelle perdue, il y a pour ainsi dire des sentinelles de cette
sentinelle, qui stimulent son attention; et la première, c'est l'officier qui commande le quart;
de temps à autre les accens élevés de son porte-
voix font retentir dans le navire le cri de : *Ouvre
l'œil au bossoir;* ce cri est un avertissement à
l'homme du bossoir de bien veiller. Il est répété
par tous les principaux entre les hommes de
quart, jusqu'à ce qu'il parvienne à *l'homme de bossoir*, qui répète lui-même : *Ouvre l'œil au bossoir.*

BOUCANIER. s. m. *Boucaner, Boucan.* Vieux
mots qui, dans l'enfance de la langue française,
traduisaient une expression prise en mauvaise
part. L'origine du mot *boucanier* est diversement
interprétée par les écrivains; mais celle qui paraît la plus rationnelle est celle-ci, qui est du
reste ainsi formulée dans le *Dict. de la conversation*, dont les recherches sont fort remarquables.

L'histoire de ces trois mots *boucanier, boucan,
boucaner*, présente deux époques. — 1° Elle
remonte à la formation de notre langue. Dans ce
bas latin qui fut en usage en France pendant les
deux premières races et le commencement de la
troisième, le substantif latin *hircus* (bouc) se
trouva remplacé par le mot *buccus*. (Loi salique,
titre 5, parag. 3, *Si quis buccum furaverit;* Gré-
goire de Tours, livre 9, chap. 23, où le bouc est
appelé *buccus olidus.*) Quelques auteurs font
dériver ce substantif barbare de l'allemand *bock*.
Quoi qu'il en soit du mérite de cette étymologie,
toujours est-il que lorsque la langue française
sortit du franco-latin que parlaient nos pères, le
mot *buccus* devint notre substantif actuel *bouc*.
(*V.* ce mot.) L'antiquité, en donnant la forme
de demi-boucs à ses satyres et à son Priape Ier,
a consacré ce fait généralement connu, que de
tous les animaux les boucs et les chèvres sont les
plus lascifs. L'odeur qu'ils répandent est forte,
mauvaise. Il n'est donc pas étonnant qu'à l'exemple sans doute des Romains, qui ont fait de *lupa*
leur *lupanar*, nos pères aient appelé *boucan* un
lieu de la plus sale et de la plus puante débauche.
De là *boucaner*, c'est-à-dire imiter les boucs, se
livrer à la lubricité, se plaire dans la puanteur,
hanter les boucans; et *boucanier*, homme qui
boucane, habitué de boucans. En un mot, depuis
la formation de notre langue, jusque vers la fin
du xve siècle, constamment l'expression *boucan*
signifia un lieu de prostitution et de débauche
du plus bas étage, et *boucanier* un coureur de
mauvais bouge et de filles de joie. Au commencement du xvie siècle, ces mots, remplacés par
d'autres aussi énergiques, devinrent beaucoup
moins en usage; bientôt même ils disparurent

du langage habituel et ne furent plus employés, dans l'acception que nous venons de dire, que sur quelques points éloignés de la côte de Normandie : peut-être y auraient-ils également cédé la place aux locutions nouvelles lorsque, vers l'an 1660, l'établissement de quelques bandits dans l'île de Saint-Domingue vint les faire revivre dans un sens nouveau, et leur donner dans notre langue et dans nos dictionnaires une place avouée et bien établie. — 2° Il y avait près de quarante ans que les Espagnols occupaient, sans être inquiétés, les points principaux de l'île de Saint-Domingue, quand plusieurs aventuriers français vinrent s'établir sur la côte septentrionale de cette vaste possession. D'abord, en petit nombre, ils virent successivement accourir vers leurs huttes tous ceux de leurs compatriotes de la Guadeloupe, de la Martinique et de la Grenade, auxquels la tyrannie de priviléges commerciaux exclusifs enlevait le libre exercice de leurs bras et de leur industrie. De vastes forêts, s'étendant fort loin dans les terres, couvraient tous les points de la côte où ils s'étaient assis ; une grande quantité de sangliers, de nombreux troupeaux de bœufs sauvages, issus de taureaux et de vaches domestiques portés dans l'île par les Espagnols, et que la négligence de ceux-ci avaient laissés échapper, peuplaient ces immenses solitudes. Sans secours de la mère-patrie, obligés de pourvoir par eux-mêmes aux premiers besoins de la vie, les nouveaux colons cherchèrent dans la chasse leur nourriture et une partie de leurs vêtemens. Les produits de leurs courses devinrent bientôt si abondans, qu'ils purent songer à faire, des animaux sauvages abattus par eux, l'objet d'un commerce lucratif. A mesure qu'un bœuf était tué, on l'écorchait, on coupait l'animal par quartiers, et l'on transportait le tout à l'habitation. Ces intrépides chasseurs occupaient une espèce de loge dont l'immense foyer était couvert par une claie ou gril en bois sur lequel ils rôtissaient ou fumaient la viande, ou séchaient les peaux. L'épaisse vapeur qui remplissait ces huttes, l'odeur insupportable qu'y répandait ce mélange de chairs et de peaux soumis à l'action du feu, la malpropreté inhérente à ces préparations et aux grossières habitudes de leurs habitans, faisaient de ces loges de véritables *boucans*, dans toute la vieille acception du mot : ce nom leur fut donné. Cette dénomination doit-elle être attribuée aux chasseurs eux-mêmes, parmi lesquels se trouvaient bon nombre d'aventuriers normands, ou bien à quelques compatriotes établis dans les îles voisines? Voilà ce que nous n'oserions décider. Quoi qu'il en soit, le nom de *boucans* resta à ces huttes ; on appela *boucaner* la mode qui y était en usage pour faire rôtir ou sécher les viandes et les peaux ; et leurs possesseurs prirent ou reçurent le nom de *boucaniers*. L'équipage de chasse des *boucaniers*

consistait en une meute de vingt-cinq à trente chiens, parmi lesquels se trouvaient toujours un ou deux veneurs chargés de découvrir et de lancer le gibier ; en un fusil excellent, long de quatre pieds et demi, portant des balles d'une once, et fabriqué à Dieppe ou à Nantes ; et en 15 à 20 livres de très-bonne poudre, qu'ils faisaient venir de Cherbourg, et qu'ils plaçaient dans des calebasses bouchées avec de la cire. Leur habillement se composait de deux chemises, d'une casaque et d'un haut-de-chausse de grosse toile, d'un cul de chapeau en feutre ou d'une calotte de drap ayant un rebord sur le devant, et de souliers en peau de sanglier, de bœuf ou de vache ; la jambe restait nue, et ils avaient pour ceinture une mauvaise courroie où pendait un sabre très-court et quelques couteaux. Comme leurs courses duraient souvent plusieurs jours, ils portaient en outre, roulée autour d'eux en bandoulière, une petite tente de toile très-fine destinée à les protéger pendant la nuit contre les moucherons et les brouillards humides des forêts. Tous avaient le même équipage et la même manière de vivre. Isolés dans la nouvelle patrie qu'ils s'étaient créée, sans femmes, sans enfans, ils s'associaient deux à deux pour se rendre les services qu'on reçoit dans une famille ; il y avait communauté de biens entre les associés, et l'un mort, tout ce qu'il possédait devenait la propriété de son compagnon. Les loges restaient ouvertes à tous venans, et cependant jamais aucun larcin n'était commis. Ce qu'on n'avait pas chez soi, on allait le prendre chez le voisin, sans autre obligation que de prévenir ce dernier lorsqu'il était là, ou de l'avertir après coup quand il n'y était pas. Les querelles étaient rares et facilement terminées ; lorsque les parties y mettaient de l'opiniâtreté, elles vidaient le différend à coups de fusil. Si une des balles avait frappé par derrière ou trop de côté, les témoins prononçaient qu'il y avait perfidie, et cassaient immédiatement la tête à l'auteur de l'assassinat. Ils ne connaissaient pas le pain : toute leur nourriture consistait en viande grillée, qu'ils assaisonnaient avec un peu de piment et du jus de citron ; l'eau était leur seule boisson. L'occupation d'un jour était celle de toute l'année. Quand ils avaient rassemblé le nombre de cuirs ou la quantité de viande fumée qu'ils voulaient livrer aux navires de différentes nations qui fréquentaient ces mers, ils allaient les vendre dans quelques-unes des rades de la côte. Cette cargaison y était portée par des *engagés*, espèce d'hommes qui, séduits par tout ce qu'on leur racontait des richesses de l'Amérique, consentaient à échanger trois ans de leur liberté contre l'espérance de revenir chargés d'or et de diamans. Malheur à ceux qui tombaient aux mains des boucaniers ! Les rêves brillans des pauvres diables étaient bientôt évanouis ; ils s'étaient vendus, convaincus qu'ils allaient saisir la fortune, ils ne trouvaient que l'esclavage le plus rude. Un de ces malheureux, dont le maître choisissait toujours le dimanche pour principal jour de corvée, ose lui représenter que Dieu a proscrit cet usage quand il a dit : *Tu travailleras six jours, et le septième tu te reposeras !* Et moi, répond le boucanier, je dis : *Six jours tu tueras des taureaux et tu les écorcheras ! et le septième tu emporteras les peaux au bord de la mer !* Cette sentence fut accompagnée d'un déluge de coups de bâton. La colonie espagnole, d'abord considérable, s'était réduite à rien. Le peu d'habitans qui y étaient restés passaient leurs nuits à jouer, et leurs jours à se faire bercer dans des hamacs par leurs esclaves. Long-temps l'existence des boucaniers fut pour eux un voisinage ignoré. Mais lorsque ces aventuriers vinrent pousser leurs courses jusque dans les prairies et dans les cours des maisons des léthargiques habitans de Santo-Domingo, ceux-ci se réveillèrent ; ils appelèrent à leur secours d'assez nombreux corps de troupes, qui, accourus du continent et des îles voisines, firent aux boucaniers une chasse rude et meurtrière : obligés de se séparer pendant le jour, les boucaniers se rassemblaient chaque soir pour veiller à la sûreté commune. Si quelqu'un manquait, on concluait qu'il avait été pris ou tué ; et les chasses étaient suspendues jusqu'à ce qu'on l'eût retrouvé ou que sa mort eût été vengée par le massacre de plusieurs ennemis. — Cette lutte aurait sans doute fini par devenir fatale aux Espagnols si, désespérant de vaincre des adversaires aussi acharnés, ils ne s'étaient pas avisés de mettre fin à la dispute en détruisant l'objet qui l'avait fait naître. Au lieu de chasser aux boucaniers, ils chassèrent aux bœufs, et, à force de battues générales bien dirigées, ils parvinrent à anéantir ces animaux jusqu'au dernier. Les boucaniers se virent alors réduits à former des habitations et à les cultiver. La France avait jusqu'alors désavoué ces intrépides chasseurs ; mais, quand elle les vit élever des établissemens de quelque fixité, elle leur envoya, en 1665, un gouverneur intègre et intelligent, ainsi que toute une cargaison de ces femmes que la police ramasse dans les carrefours et au coin des rues : ce singulier chargement fut distribué entre les nouveaux colons. *Je ne vous demande pas compte du passé*, disait chaque boucanier à celle que le sort lui donnait ; *vous n'étiez pas à moi. Mais aujourd'hui que vous m'appartenez, il me faut répondre de l'avenir : je vous quitte du reste.* Puis, frappant de la main sur le canon de son fusil, il ajoutait : *Si vous me manquez, il ne vous manquera pas.* Ce mélange des deux sexes mit fin à l'existence des boucaniers ; ils devinrent colons. Cette nouvelle vie trouva toutefois quelques opposans, qui allèrent chercher dans la petite île de la Tortue une existence plus conforme à leur caractère et à leurs habitudes.

Cette île voyait alors se rassembler dans ses nombreuses criques le noyau de ces autres aventuriers si fameux et si connus sous le nom de *flibustiers*. (*V.* ce mot.) — Ménage, Furetière, les auteurs du *Dictionnaire de Trévoux*, et la plupart des lexicographes, ont écrit, d'après Oexmelin, auteur d'une histoire des aventuriers, flibustiers et boucaniers, que *boucan*, *boucaner*, *boucanier*, sont trois mots caraïbes transmis par les indigènes des Antilles aux aventuriers dont nous venons de tracer la courte et singulière histoire. Cette opinion n'est pas la nôtre. 1° Nous doutons fort que jamais la langue caraïbe ait compté au nombre de ses mots ceux qui font l'objet de cet article. 2° A l'époque où les boucaniers s'établirent à Saint-Domingue, la race indigène avait disparu de cette île, et le petit nombre de Caraïbes existant dans le reste des Antilles venait d'être concentré à la Dominique et à Saint-Vincent. 3° Les Espagnols, qui depuis long-temps se trouvaient en rapport direct et journalier avec ces peuplades, qui en avaient réduit une partie en esclavage ; les Espagnols, disons-nous, comptaient aussi quelques chasseurs de sangliers et de bœufs sauvages ; si les mots *boucan*, *boucaner* et *boucanier* avaient existé dans la langue caraïbe, ils se les seraient appropriés ; ils n'auraient point appelé *mataria* la loge où se dépeçait l'animal abattu, et *matadores de toros* (tueurs de taureaux) ou *monteros* (coureurs de bois) les hommes qui se livraient aux mêmes habitudes que nos boucaniers. 4° Les Anglais comptaient également quelques chasseurs de taureaux ; eux aussi connaissaient les Caraïbes, et cependant ils donnaient aux boucaniers de leur nation le nom de *coulierdiers* (tueurs de vaches). 5° Les boucaniers étaient tous des aventuriers français, et lorsqu'ils s'établirent à Saint-Domingue, il y avait déjà plusieurs siècles que les trois mots *boucan*, *boucaner* et *boucanier*, existaient dans notre langue, ainsi que le témoignent nos dictionnaires et inventaires de la langue française des xvi° et xvii° siècles, où chacun de ces mots se trouve avec cette observation : *vieux, hors d'usage, presque oublié.* — On se croit donc fondé à soutenir que *boucan*, *boucaner*, *boucanier*, sont trois vieux mots français contemporains des premiers essais de notre langue ; que, devenus hors d'usage vers la fin du xvi° siècle, et exportés en Amérique au commencement de xvii°, par des aventuriers normands, ils furent réimportés en France vers l'an 1650 avec le sens qu'on leur donne aujourd'hui. — Voici leur acception actuelle : *boucan* ne s'emploie guère dans le sens figuré ; cependant on se sert quelquefois de ce mot dans le langage familier pour exprimer du bruit, du tapage, du tumulte ; de là : *c'est un boucan à ne pas s'entendre ; faire du boucan.* Dans le sens propre, *boucan* est le lieu où les chasseurs du Nouveau-Monde font fumer leur viande ; le gril de bois sur lequel ils la posent pour la faire sécher ; le bâti en claie, et rempli de fumée, qui sert à préparer la cassave. *Boucaner*, c'est faire sécher de la viande ou du poisson à la fumée, c'est aller à la chasse des bœufs sauvages ; *boucaner de la cassave*, c'est la faire sécher à la fumée ; *boucaner des cuirs*, c'est les préparer comme le faisaient les boucaniers ; enfin, le *boucanier* est celui qui va à la chasse des bœufs sauvages. On ne connaît pas aujourd'hui de boucaniers réunis en corps, en société ; il n'y a plus que des boucaniers individus.

BOUCAUT. s. m. C'est le nom qu'on donne, dans les Antilles, aux barriques de sucre dont le poids est d'environ 1200 livres brut.

BOUCLE. s. f. Anneau en fer scellé sur les ponts, dans la muraille d'un navire, partout où l'on veut établir un moyen de prise pour attacher une corde, ou y accrocher des crocs ; elles sont très-multipliées dans un bord ; chaque canon en exige cinq pour sa manœuvre ou son maintien contre les grands mouvemens du bâtiment.

BOUÉE. s. f. C'est un petit corps essentiellement flottant, fait de bois léger ou de liége, qui sert à indiquer dans les rades la place où se trouve une ancre au fond de l'eau. Elle est attachée à l'ancre par un cordage appelé *orin*, dont la longueur permet à la bouée de surnager à la surface de l'eau.—En même temps que la *bouée* annonce la présence d'une ancre dans son voisinage pour prévenir un navire de ne pas y venir jeter la sienne, elle sert aussi à faire retrouver l'ancre, si le câble qui la joint au bâtiment vient à casser ; l'orin, qu'il est toujours facile de saisir par le secours de la *bouée*, sert alors à lever l'ancre perdue. — Quelquefois les *bouées* sont faites en tôle ou en bois de tonnellerie ; elles ont alors la forme d'un petit baril très-pointu de chaque bout. *Les bouées* de ce genre sont les plus flottantes, tant que l'eau n'y pénètre pas. — Les matelots, pour dire qu'une rade est sans abri, que l'on y est battu de tous les vents, disent *qu'un navire y est à l'abri de sa bouée*, ce qui doit être pris dans le sens dérisoire. — *Bouée de sauvetage*. Petit plancher fait avec plusieurs planches de liége, chevillées et attachées solidement ensemble, de 9 pouces d'épaisseur, de forme ronde ou ovale, ayant 3 pieds de diamètre, surmonté d'un petit mât auquel flotte un étroit pavillon d'étamine rouge. *La bouée de sauvetage est* toujours à portée d'être jetée à la mer, où elle sert de point d'appui au matelot qu'un accident y a précipité ; il attend sur ce petit vaisseau les secours qu'on s'empresse de lui porter. L'un des côtés de ce petit plancher (celui opposé au mât) est alourdi, ce qui en détermine la stabilité sur l'eau. Des bouts de corde pendans garnissent le pourtour de la bouée, et offrent au malheureux nageur des points saisissables pour se placer dessus. Le pavillon sert à le faire apercevoir de loin.

— Cet appareil de sauvetage est susceptible de perfectionnement, et sa mission d'humanité est digne d'occuper les méditations. Quelques essais de *bouées de sauvetage* perfectionnées ont été faits à Brest ; elles présentaient des avantages qui les rendaient préférables aux anciennes. L'une de ces *bouées* était creusée en forme de petit batelet. Elle contenait dans son intérieur un mécanisme à rouage et à percussion, caché à l'abri de l'eau, et qui se mettait en jeu par la seule secousse causée par la chute de la bouée sur la mer. L'effet de ce mécanisme était de faire partir à de certains intervalles des fusées qui en signalaient la position au malheureux tombé à la mer pendant la nuit, et à l'embarcation envoyée à son secours. Elle était surmontée de deux montans portant un pavillon pour être aperçu de loin le jour, et une cloche qui, mise en branle par le mouvement de la bouée sur la mer, indiquait la bouée dans l'obscurité. Enfin un petit compartiment garanti de l'eau contenait du biscuit et une fiole d'eau-de-vie, qui suffisaient pour la nourriture d'un homme pendant plusieurs jours. Nous ne pouvons affirmer si les essais ont répondu au but de cette philantropique conception.

BOUJARON. s. m. Petite mesure en fer-blanc, de la capacité d'un 16me de litre, quantité déterminée par le gouvernement pour la ration de chaque homme par repas, en eau-de-vie, en rhum ou autre liqueur alcoolisée. A la cambuse (magasin ou cantine où se mesurent les rations de l'équipage), il sert à mesurer les appoints de boissons qu'on doit distribuer dans les bidons. C'est l'unique vase à l'usage de sept hommes qui mangent ensemble ; lors des repas, il est rempli et passé à chaque commensal, qui le vide d'un trait, sans reprendre haleine, pour épuiser son contenu.

BOULET. s. m. Les *boulets* dont on se sert dans l'artillerie navale sont en général les mêmes que ceux employés sur terre. Leur calibre, en rapport avec les canons ou caronades, varie de 36, 24, 18, 12, 8 et même 6. — Le *boulet ramé* est un projectile formé de deux portions lenticulaires, unies par une forte barre de fer. — Les *boulets creux* sont des espèces d'obus appartenant aux plus forts calibres. — On appelait anciennement *boulets enchaînés*, deux projectiles entiers ou deux moitiés réunis par une chaîne ; cette invention fort destructive est totalement abandonnée aujourd'hui.

BOULINE. s. f. C'est une des principales cordes qui servent à la manœuvre des voiles. Elle est fixée sur le côté, et au tiers de la hauteur d'une *voile carrée ;* elle sert à en étendre et contenir la surface à l'action du vent qui la frappe obliquement ; comme il arrive dans les cas où le vaisseau voguant avec un vent contraire, rapproche le plus que possible sa proue du point d'où vient le vent ; il lui ouvre ses voiles en les obliquant de son mieux, les boulines aident cette obliquité ; et comme ce cas peut avoir lieu pour les deux côtés du navire, toute voile portant bouline en a nécessairement de chaque bord. Elles portent le nom des voiles auxquelles elles sont attachées. — Les circonstances de navigation qui forcent de recourir à l'action des *boulines* ne sont pas favorables à la marche d'un navire tant par la direction oblique de la brise sur la surface des voiles, que par le mouvement de la mer qui fait obstacle au bâtiment ; la *bouline* alors prête son nom pour spécialiser cette allure pesante ; ainsi, naviguer à la *bouline*, ou simplement *bouliner*, c'est lutter contre un vent contraire. Ce cas est très-fréquent ; l'art de construire les navires, le soin de les appareiller, ont dû chercher à les rendre plus propres à vaincre les obstacles de cette allure désavantageuse ; on est arrivé à obtenir une marche ordinaire de 6 milles (2 lieues) à l'heure. Les bâtimens qui peuvent atteindre 9 milles sont réputés grands marcheurs, et font présumer favorablement de leur marche sous toute autre allure. Aussi, pour juger de la marche d'un bâtiment, on demande combien il fait de milles *à la bouline*; s'il est bon *boulinier*.—*Faire un coup de bouline*, c'est avoir à naviguer quelque temps à la bouline ; ou bien encore, s'essayer sous cette allure avec un autre bâtiment. — *Rouster les boulines*, c'est les tirer, les tendre fortement pour bien ouvrir les voiles au vent ; et pour cela les matelots s'encouragent par le cri de : *Bouline, ah! ah! arrache!* chant ridicule, et aboli pour toujours sur nos vaisseaux actuels : on n'y agit plus qu'aux coups de sifflet. — *Larguer les boulines*, c'est les détendre, ce qui annonce que le vent a donné, est devenu plus favorable.—*Courir la bouline*, est une punition correctionnelle qu'on inflige dans la marine aux matelots convaincus, par un conseil de guerre, de vols d'effets appartenant à l'Etat ou aux individus du bord, ou de quelqu'autre faute de discipline. Ce supplice est préparé par la tension d'une corde à hauteur de ceinture d'homme, dans la longueur du pont. Cette corde a d'abord été passée dans une bague en fer très-libre, à laquelle est attaché un bout de corde qui sert à lier le patient par la ceinture contre la corde tendue. Au moment de l'exécution, le coupable est mis à l'une des extrémités de la corde raidie ; des matelots, rangés en haie de chaque côté, sont armés chacun d'un court bout de corde. Au signal donné, le condamné, dont les épaules sont découvertes et la tête coiffée d'un panier, s'élance au pas de course, le long de la corde tendue qui le retient entre les deux haies de matelots, dont chacun le frappe quand il passe devant eux. Selon la gravité du délit, le coupable court une, deux, trois ou quatre fois ; chaque fois s'appelle une course.

BOURLINGUER. v. a. C'est faire une chose avec effort, travailler péniblement. Un navire dont la marche est entravée par la grosseur de la mer, ou qui lutte contre le vent pour gagner un point, *bourlingue*. — Les matelots, dans leur langage familier, disent aussi qu'ils *bourlinguent* pour signifier qu'ils ont beaucoup de travail, ou que ce travail est rude et fatigant.

BOURRASQUE. s. f. C'est une crise de l'atmosphère, une augmentation dans la force du vent, ou un tourbillon qui se lève tout-à-coup dans le calme ; la *bourrasque*, qui est en quelque sorte un synonyme de *grain*, est comme lui de peu de durée.

BOUSSOLE. s. f. C'est l'instrument à l'aide duquel les navigateurs reconnaissent la direction qu'ils doivent donner à leur vaisseau pour arriver à leur destination ou à un point quelconque. L'origine de ce précieux auxiliaire de la navigation se perd dans les époques les plus reculées. Aristote en parle longuement dans son livre *De lapidibus*, et bien que jusqu'au xıı^e siècle on trouve peu de vestiges de l'emploi de la *boussole*, on ne doit pas douter de son adoption à cette époque par la mention qu'on en trouve dans les vers suivants d'un poëte français du temps, Guyot de Provins :

> Icelle étoile ne se muet,
> Un art font que mentir ne puet,
> Par vertu de l'*Amantère* (1),
> Une pierre laide, noirette,
> Où si fer volontiers se joint ;
> Etc. . . . .

L'opinion si flottante sur la véritable origine de la boussole, que plusieurs écrivains renvoient aux Chinois, est du reste unanime sur le manque de perfection qu'elle avait alors, puisqu'elle consistait uniquement en une aiguille aimantée et soutenue par des rognures de liége qu'on posait à la surface de l'eau. Il semble pourtant assez probable que si la *boussole* n'est pas d'invention française, au moins son perfectionnement nous est-il dû, si l'on accepte comme induction la fleur de lys, qui, chez toutes les nations maritimes, désigne le nord sur le léger carton où sont figurés les airs de vent. Rien d'aussi probable que le perfectionnement de cet instrument précieux, dû à quelque ouvrier français qui y aura placé les armes de sa patrie, n'ait été depuis copié par les autres navigateurs et généralisé par toute la terre avec sa figure traditionnelle. En vain chercherait-on, du reste, à trouver dans le nom de la *boussole*, le point de son origine. On a bien dit qu'il venait de *buxus*, buis ou boîte. Mais toutes ces transformations de *buxus* en *buxolus, buxola, bussola*, pour *boussole* sont assez négatives. Tout ce qu'on peut ajouter à ce qui a été dit touchant l'emploi de la *boussole* antérieurement au xıı^e siècle, c'est que Vasco de Gama, pénétrant pour la première fois dans les Indes orientales (1497 et 1498), trouva

(1) Corruption d'un mot arabe, dont les Grecs ont fait ἀδάμας, pour désigner le diamant et l'aimant. ;

des aiguilles aimantées entre les mains de tous les pilotes, qui en tiraient un grand parti.

Aujourd'hui la *boussole*, arrivée à un haut point de perfectionnement, est une boîte en cuivre ronde, et supportée par deux cercles à pivot dans lesquels elle se balance aux plus légères agitations, de manière à conserver toujours une position de complète stabilité. Les cercles qui suspendent la boîte de la *boussole* appartiennent à une petite caisse en bois qui contient tout le système. Du centre de la boîte en cuivre, s'élève un pivot sur lequel repose, par son milieu, une petite lame d'acier aimanté qu'on nomme aiguille. Une feuille ronde de carton, ou de mica, que la barre d'acier parcourt d'un point à l'autre dans leur plus grand écartement, fait partie de l'appareil qui se balance par son centre sur le pivot. Cette feuille, revêtue de la figure exacte des points cardinaux, est divisée en trente-deux rayons qui participent des airs de vent principaux, le *nord*, le *sud*, l'*est* et l'*ouest*. Ainsi, l'espace intermédiaire du nord à l'est est occupé au milieu par le rayon qui porte le nom composé de *nord-est*, ayant à sa droite le *nord-nord-est*, à sa gauche l'*est-nord-est*, et dans les intervalles d'autres subdivisions qui, appelées *quart*, prennent d'abord le nom du rayon principal auquel ils touchent en y ajoutant celui de l'autre rayon principal sur lequel ils tendent : ainsi *nord-quart-nord-est*. Les espaces qui restent entre les *quarts* sont les degrés ; chaque espace en compte onze. Ce carton, ainsi revêtu des trente-deux airs de vent, s'appelle *Rose*. La *rose*, minutieusement balancée sur son axe, permet au point où le nord est figuré, dans le sens de la barre ou aiguille aimantée, de se tourner vers ce point, et d'accuser ainsi la position relative des autres airs ou rumbs de vent. Un verre recouvre la boussole, qu'il est indispensable de soustraire aux contacts extérieures. (Voir *Habitacle*.)

BOUT-A-BOUT. s. m. Se dit de deux ou plusieurs bouts de corde attachés à la suite les uns des autres.

BOUTE-DEHORS. s. m. Nous avons dit au mot *Bonnette*, que, dans la manière de les tendre pour les livrer à l'action du vent, l'une de leurs extrémités inférieures était retenue et débordée par un long bout de bois ; c'est ce bout de bois qu'on appelle un *boute-dehors* ou *bout-dehors*. Son nom vient de ce qu'il est poussé au dehors d'une *vergue* (Voy. ce mot) à son extrémité, et qu'il la prolonge de toute sa longueur. Des cercles en fer, garnis d'une partie roulante, placés sur les vergues et à leurs extrémités, facilitent le prolongement au dehors ou la rentrée à volonté des *bout-dehors de bonnettes*. Ils sont faits de bois de sapin, et par conséquent légers et maniables. Il y a deux *bout-dehors* pour chaque vergue portant bonnettes, qui prennent le nom des vergues auxquelles ils sont adaptés. Lorsqu'on

veut dresser des tentes sur un rivage, on se sert de *bout-dehors de bonnette* qu'on attache pour faire la charpente, sur laquelle se jette ensuite la toile d'une bonnette qui complète la tente. — Il y a d'autres *bout-dehors* qui jouent un rôle plus important dans l'appareil de mâture, et qui empruntent aussi leur nom de ce qu'ils se poussent au bout du mât qui les supporte : tel est le *bout-dehors de grand foc* (voy. *Bâton de foc*) et le *bout-dehors de clinfoc* qui s'avance en dehors du précédent.

BOUTE-FEU. s. m. Petit bâton, tourné et peint avec goût, ouvert par un bout pour recevoir l'extrémité allumée d'une mèche dont le reste est tourné sur le bâton en l'enveloppant de plusieurs tours. Cette mèche sert à mettre le feu aux canons lorsque la batterie (voy. *Platine*) manque de le faire ; aussitôt le coup parti, le boute-feu, dont le bout inférieur est armé d'une pointe, est piqué dans le fond de la baille de combat.

BOUTEILLE. s. f. C'est cet ornement en forme de demi-tourelle, qui fait saillie au dehors du côté du navire à l'extrémité de l'arrière, et qui touche à la poupe. Il y a une *bouteille* de chaque côté. Ces deux retranchemens offrent certains espaces à bord des frégates et des vaisseaux; des portes, percées dans l'épaisse muraille du bâtiment, communiquent à des petits cabinets où sont établis les lieux d'aisance des officiers. Ils sont répétés à la hauteur de chaque pont compris par la hauteur de la *bouteille;* des cabinets à bains s'y établissent également. Le contour extérieur des *bouteilles* est revêtu de sculptures : des croisées, et quelquefois une galerie, y sont gracieusement figurées. Les *bouteilles* des vaisseaux, sous Louis XIV, étaient énormes; elles comprenaient jusqu'au premier canon de l'arrière dans chaque batterie ; elles sont très-simplifiées aujourd'hui, et n'en sont que plus gracieuses.

BOUTON. s. m. Le *bouton* d'un canon, c'est la pomme qui le termine par le bout de la culasse. Il sert, en marine surtout, à fixer des cordages à l'aide desquels on meut les lourdes pièces d'artillerie. —*Bouton d'uniforme*. Sous le consulat et sous l'empire les boutons portés par les officiers et les maîtres ont subi une foule de variations dans leur dessins et même dans leur grandeur. Tantôt ils représentaient une ancre avec des épées croisées, et des câbles ou des lauriers ; tantôt, une aigle couronnée et des foudres. Dans les modifications qui se succédèrent, on adopta une foule de modèles qui participèrent de ces divers ornemens. A l'époque de la restauration, le *bouton* de marine fut simplifié, et représenta simplement une ancre avec son câble, en champ d'azur. Depuis, quelques officiers ont garni leurs uniformes de petite tenue avec des *boutons* anglais qui leur offraient le mérite d'être d'une couleur ou d'un apprêt moins susceptible que les autres de se ternir à bord des navires ou par le contact de l'air caustique de la mer. Quelque insignifiant que soit cet emprunt, on ne pourrait l'approuver si on considérait ce que, de militaire à militaire, il aurait d'anti-national. Mais le *bouton* modèle anglais n'est réellement considéré que comme un ornement de fantaisie ; et, après tout, nous pourrions bien emprunter aux Anglais la dorure de leurs *boutons*, lorsqu'ils ne dédaignent pas d'emprunter à nos perfectionne-mens maritimes une foule de choses d'une toute autre importance.

BRAGUE. s. m. Gros et fort cordage passé dans les deux côtés d'un affût de canon de bord, et fixé par ses deux bouts à des boucles scellées dans la muraille du vaisseau, de chaque côté de l'embrasure du canon. La *brague*, ainsi disposée, sert à borner le recul d'une pièce d'artillerie, lors-que le coup est parti. Il y a des *bragues* qui ne per-mettent pas de recul, on les nomme *bragues* fixes. Ce système a beaucoup d'inconvéniens, qui sont compensés par l'immense avantage de n'avoir pas à remettre le canon dans son embrasure pour tirer ; ce qui est un travail pénible et très-long, du moins dans l'exercice de la pièce. Dans le combat de la frégate française *l'Aréthuse* contre la frégate anglaise *l'Amélia*, on prétend que le commandant Bouvet ordonna de ne pas mettre les canons en batterie ; c'est-à-dire de ne pas les pousser dans leurs embrasures, mais de *tirer à longueur de brague*, ce qui activa considérable-ment son feu ; les deux frégates étaient assez près l'une de l'autre, pour que les coups fussent également bons par ce nouvel exercice d'ar-tillerie.

BRAGUET. s. m. Fort cordage, disposé sous l'extrémité inférieure des mâts, que l'on super-pose aux bas-mâts seulement, au moment où on les élève à leur place ; dans cette opération, le *braguet* ne contribue pas à hisser (voy. *Guinder*) le mât, il ne fait que le soutenir et empêcher sa chute terrible, si le cordage (*guinderesse*) qui lève le mât venait à casser. Il sera expliqué au mot *Guinder* combien il est utile de se servir d'un *braguet* dans cette opération ; et il sera cité un exemple où il fut négligé, et le malheur ter-rible qui s'ensuivit.

BRAI. s. m. Suc résineux, extrait du pin ou sapin, contenant quelques parties grasses, que l'on dégage au moyen du feu. — Le *brai*, privé de son corps gras, est appelé *brai sec ;* si, réduit à cet état, on y mêle du suif et du gou-dron pour le lier, devient brai gras. Le *brai* sec est noir et cassant, et sert à enduire les cloi-sons des chambres (*soutes*) où l'on conserve les vivres qui craignent l'humidité ; le *brai* gras est employé à recouvrir les jointures des bor-dages, pour ôter tout accès à l'eau. C'est cette opération qu'on appelle *brayer*. On *braie* avec des espèces de pinceaux appelés *guipons*, ou avec des cuillers de fer-blanc à deux becs. Pour pou-

voir *brayer*, il faut nécessairement que le *brai* ait été fondu à l'état de liquide, ce qui se fait à terre dans de grandes chaudières maçonnées ; mais à bord il est dangereux de fondre le brai sur le feu ; on se sert ordinairement d'un ou plusieurs boulets de fer que l'on rougit au charbon, et que l'on pose ensuite sur le *brai* concassé dans des chaudières ou baquets, où il est promptement liquéfié.

On a vu au port de Bahia un événement dé-plorable, occasioné par du *brai* mis à fondre sur le feu de la cuisine du bord. La négligence de celui qui surveillait la chaudière dans laquelle fondait le *brai*, laissa bouillir la matière, qui, dé-bordant sur les tisons, s'enflamma, et s'écoula aussitôt en longs ruisseaux ardens sur le pont du navire. C'est une lave brûlante qui répand la des-truction sur son passage. L'incendie s'en échappe, s'élève, et comme un serpent, il rampe, de cor-dages en cordages, jusqu'aux sommets des mâts, qu'il étreint de ses replis ardens ; il y devient une voile que le vent déploie en gerbes de flammes ; le navire, entraîné par cet appareil de feu, va me-naçant tous les navires de la rade ; tous ne sont pas assez heureux pour éviter sa masse embrasée, et son contact fait deux victimes ! — Pour éviter ces malheurs, c'est ordinairement dans la cha-loupe du navire, tenue à certaine distance, que l'on fait fondre le brai ; une baille maçonnée et assujettie au fond de l'embarcation, est le foyer sur lequel s'établit la chaudière. Dans le cas où la matière viendrait à s'enflammer, et à communi-quer le feu à la chaloupe, le malheur ne serait pas aussi déplorable.

BRAIE. s. f. On appelle ainsi l'enveloppe en toile mise autour d'un bas-mât, aux en-droits où il traverse les ponts, afin de boucher complètement le vide qui peut exister entre le mât et la circonférence du trou (voyez *Etam-braie*) dans lequel il passe, bien que ce vide soit déjà rempli par des coins qui pressent le mât de toutes parts. La *braie*, artistement tendue et maintenue contre le mât et sur le pont, est rendue imperméable par plusieurs cou-ches de peinture qui ne laissent aucun passage à l'eau. — On met également des *braies* autour des pompes, à l'endroit où elles traversent les ponts. — Le gouvernail, comme on le faisait an-ciennement, portait aussi une *braie*, qui l'enve-loppait autour du trou par lequel il sortait à l'arrière du navire. Ce trou, assez spacieux pour que le gouvernail pût y tourner librement, né-cessitait une *braie* qui empêchât l'eau de la mer d'entrer dans le bâtiment par le vide qu'y lais-sait le gouvernail. Cette *braie*, de toile grossière et goudronnée, se projetant au dehors de la poupe, en forme de bourse pendante et bour-soufflée, était d'un effet disgracieux parmi les sculptures légères dont cette partie du navire est ordinairement décorée. C'est ici la place d'une anecdote dans laquelle la *braie du gouvernail* a joué un rôle assez important. En 1816, un navire français était au moment de son départ de la rade de Sainte-Croix (île de Ténériffe); une commission d'employés de la douane s'était rendue à bord pour visiter, comme c'est l'usage, le navire et ses expéditions, et s'assurer surtout qu'il n'emportait pas l'argent monnayé du pays. L'exportation des piastres y était alors strictement défendue, et la sévérité des peines applicables à la contravention en rendait les cas très-rares. Les officiers de la douane chargés de ces sortes de visites étaient de vieux employés poussifs et catarrheux; craignant la pluie et les éclaboussures de la mer, ils laissaient aux jeunes commis placés sous leurs ordres les désagrémens de cette sorte de corvée, excepté cependant dans les cas où un bâtiment suspecté de recéler des piastres, et l'espoir de découvrir le précieux dépôt, dont une part leur revenait, les poussaient à bord du navire fraudeur; alors, vraiment, ils s'aventuraient dans un bon bateau bien armé, bien équipé, pour traverser la rade de Sainte-Croix.—La visite du navire français était à bon droit un de ces cas exceptionnels, propres à exciter le courage rapace des visiteurs douaniers. Elle se fit pourtant sans rien produire des résultats espérés. Le trésor, ingénieusement caché, avait lassé les recherches des matelots douaniers, intéressés aussi aux profits de sa découverte. Les officiers de la douane désappointés regrettent leur peine; ils mesurent d'un regard inquiet la distance qui les sépare du rivage, et cependant ils accordent au capitaine français sa libre pratique de navigation en bonne forme. Comme on le pense bien, celui-ci s'empresse d'en profiter : il achève de lever l'ancre, et met sous voile. Les visiteurs s'embarquent dans leur bateau, et vont se séparer du navire; les matelots de l'embarcation, pour faciliter leur manœuvre, s'aident encore du bâtiment en se tenant à lui au moyen de ce croc en fer à long manche de bois qu'on appelle *gaffe*. O malheur !!... l'homme qui se sert de la maudite gaffe accroche avec son fer la *braie du gouvernail*, qui, déjà vieille, se déchire facilement sous l'égratignure du croc! soudain par l'ouverture on voit couler des piastres, qui tombent à la mer en sortant de la braie, dont le trou s'agrandit! *Duros !* (piastres), crient les matelots espagnols aux vieux visiteurs qui, ouvrant de grands yeux et dressant les oreilles, retrouvent à cette nouvelle le courage de se lever dans le canot ballotté par les lames, et de crier : « *Attraca! abordo!* cette découverte conduira à une autre; à bord, donc! croche sur le navire! » Et la gaffe est crochée dans une boucle du gouvernail; deux hommes s'efforcent à la tenir comme pour ne pas laisser échapper le bâtiment fraudeur, tandis que les chefs douaniers s'enrouent à crier au capitaine

d'arrêter son navire, de jeter l'ancre! Mais celui-ci ne tient aucun compte de leurs glapissemens; il a vu son malheur, il en craint de plus grands. Son navire est lancé; il en double la vitesse; il augmente ses voiles, étend toutes ses ailes, tandis qu'il regarde avec un malin plaisir les avides douaniers dont l'embarras se change en effroi, quand leur canot, entraîné en mer, est à chaque instant menacé de s'engloutir dans le rapide tourbillon que le navire soulève derrière lui. Les matelots espagnols, fatigués de se retenir à leur gaffe, la lâchèrent enfin; le capitaine français les regarda s'en aller, et les salua poliment; les douaniers espagnols le menacèrent du poing. La *braie du gouvernail* avait été choisie pour une des diverses cachettes qui recélaient 8,000 piastres que le navire emportait. Après compte fait, elle n'accusa que 50 piastres de moins sur 800 qu'on lui avait d'abord confiées. Le capitaine s'en consola facilement, en riant des résultats de cette aventure.

BRANCHE-DE-BOULINE. s. f. On a dit, au mot *Bouline*, que ce cordage servait à tirer sur le côté des voiles pour mieux en offrir la surface à l'action du vent; mais une seule corde n'agirait que sur un point de la voile, et son effet serait incomplet : pour remédier à son insuffisance, on fixe au côté de la voile, à certains intervalles, plusieurs bouts de cordes très-courts qui se réunissent tous à la bouline, en faisant à peu près l'éventail; [de] cette façon ils sont également tirés par la bouline, et transmettent de la même manière son effort à la voile. Cette réunion de bouts de corde s'appelle la *branche-de-bouline;* elle figure en effet une branche à plusieurs rameaux dont la bouline est le tronc.

BRANLE-BAS. s. m. On dit *faire le branle-bas;* c'est mettre en bas les *branles*, ou dépendre les hamacs accrochés par leurs extrémités aux barrots des batteries; c'est les plier et les porter dans les bastingages, où ils sont placés avec soin, et où ils contribuent, par leur arrangement, à exhausser d'autant le parapet qui protége les combattans des gaillards contre les projectiles de l'ennemi.—On dit aussi, *faire le branle-bas de combat.* Sur un vaisseau, c'est passer de l'état de parfaite quiétude aux dispositions complètes d'un combat très-prochain. Le *branle-bas de combat* est une des nombreuses scènes typiques qui prêtent à l'art maritime la physionomie hardie et aventureuse qui la distingue si fortement des autres conceptions humaines; aucune, peut-être, n'est plus capable d'impressionner par la rapidité transitoire, et l'opposition tranchée des situations. Pour comprendre l'effet moral d'un *branle-bas de combat,* qu'on se représente un vaisseau de quatre-vingts canons et de huit cents hommes d'équipage, voguant en pleine mer, seul et libre, sur la vaste étendue qu'il parcourt fièrement et sans inquiétude et où la présence d'aucun ennemi n'interrompt son heureuse sécurité; rien encore ne fait présumer qu'elle sera troublée durant la nuit qui va suivre. Dans cette attente, l'équipage fatigué peut se livrer à un sommeil réparateur. Les *branles* sont rétablis; les batteries du vaisseau, converties en vastes dortoirs, sont encombrées par les nombreux hamacs, dans lesquels les matelots endormis sont bercés par les roulis du vaisseau. Divers objets embarrassans, mais nécessaires à des travaux qui s'exécutent dans les batteries durant le jour, sont laissés à leurs places. Les canons, solidement amarrés à leurs embrasures, semblent devoir aussi dormir dans cette nuit tranquille. Enfin tout repose, tout dort, confiant dans les soins de l'officier de quart qui veille et fait veiller.—Tout à coup le cri de : navire ! jeté par l'homme du bossoir, annonce un bâtiment inconnu, qui s'est dressé comme un fantôme auprès du vaisseau ; sa masse noire et mouvante se montre dans l'obscurité comme à travers un voile funèbre. Il avance, il grandit, et des lumières qui s'y croisent, et des cris qui s'en échappent, révèlent un ennemi qui se prépare à l'attaque. Le commandant du vaisseau, averti, ordonne le *branle-bas de combat*. Les sifflets, les tambours, les clairons confirment l'ordre terrible et le portent dans toutes les parties du vaisseau. Il en chasse le sommeil ; il y réveille le sentiment du devoir ; tous s'empressent ; aussitôt, dans ce vaisseau naguère calme et silencieux, quel mouvement ! quel bruit ! quel pêle-mêle d'hommes et de choses ! et pourtant, dans ce désordre apparent, quel ordre prévu ! quelle tendance unitaire vers un but compris, et qui dans dix minutes aura produit son incroyable effet : comme tout s'arrange ! Les hamacs dépendus et roulés sont portés et arrangés dans les bastingages. Les fanaux de combat, suspendus et espacés dans les batteries, répandent leur sinistre illumination. Les matelots canonniers, rendus à leurs pièces, les disposent et les démarrent. Les boute-feux fument, piqués au fond des bailles de combat. Les objets inutiles et encombrans sont enlevés. Les piques, les sabres, les haches sont disposés avec ordre entre les sabords; chacun s'emparera de son arme spéciale pour l'abordage. Le sable destiné à boire le sang qui va couler est répandu sur les ponts. Tandis que les moyens de défense s'organisent dans les batteries, d'autres parties du vaisseau subissent aussi des dispositions appropriées aux actes du drame terrible qui se prépare : les soutes à poudre devant et derrière sont ouvertes; le *puits sacré* est éclairé; les servans, pour le passage des poudres, sont échelonnés. — Dans la cale, hors de l'atteinte des boulets, le chirurgien et ses aides étalent leurs instrumens, dressent leur table d'opération, et garnissent les lits pour les blessés. Dans la mâture et dans les agrès, les gabiers doublent les cordages nécessaires aux manœuvres les plus importantes; la barre du gouvernail de re-

change est apportée près de celle qu'elle doi remplacer ; enfin le vaisseau, dans son éta de *branle-bas de combat*, a éprouvé un change ment d'aspect immense, occasionné par une mul titude de transitions insaisissables et rapides qui se sont effectuées partout à la fois, en moin de temps qu'il n'en faut pour le dire; un roule ment de tambour annonce que le *branle-bas d combat* est fait.— C'est le moment le plus sublim de la vie accidentée de ce vaisseau formidable Tableau imposant où la mort et la victoire sem blent lutter de prévisions. Attente terrible d combat, plus terrible que le combat même, o le silence parle, où le courage est muet et l'ar deur tranquille. Dernier moment de calme et d sécurité qui laisse la réflexion libre s'exercer e lier ses pensées au tumulte sanglant qui va sui vre. Si l'examen des dispositions matérielles seu suffit pour susciter les émotions, elles grandis sent à l'éclat de ces armes de mort qui scintillent aux clartés sinistres de la batterie illuminée; à la vue de ce sable qui parle de sang ; aux exhalai sons sulfureuses de ces mèches fumantes qui vont lancer la mort. Cet aspect s'aggrave du silence terrible de six cents matelots canonniers, debout immobiles, rangés autour de leurs pièces; au costume de toile moins funeste aux blessures; la tête et la ceinture serrés d'un mouchoir : l'inaction qui attend excite en eux l'impatience et le malaise qui se mêlent sur leurs traits aux signes du dévouement et du courage : courage pur et français; qui part du cœur, et non pas ce courage brute infiltré de rhum ou de genièvre. — C'est le moment où le commandant va descendre dans les batteries accompagné de ses officiers en grande tenue comme aux jours de fête. Il y va passer son inspection solennelle ; s'assurer du *branle-bas de combat;* inspirer à son équipage l'esprit de gloire et d'honneur dont il est animé ; recommander à chacun son devoir envers la patrie. Dans son allocution, courte, énergique et imposante, il ne déprécie pas l'ennemi qu'il va combattre ; mais il dit à ses braves qu'ils valent autant. Les cris de *vive la France! vive le commandant!* lui répondent qu'il est compris, et contiennent la sentence d'un duel à mort. Tel est un *branle-bas de combat*. On ne prétend pas rendre ici les impressions qu'il soulève ; il faut y avoir assisté ; il faut y avoir compté avec soi-même, durant ce moment d'attente qui ne permet plus de prétendre au moment d'après. — Sur un vaisseau bien administré, un *branle-bas de combat* de nuit doit s'effectuer en dix minutes. Le commandant Lucas sur son vaisseau *le Régulus*, et le commandant Leféé sur *le Diadème*, étaient parvenus à obtenir un complet *branle-bas de combat* dans ce court intervalle de temps.

BRAS. s. m. Ce mot a plusieurs acceptions maritimes. — *Bras de mer*. Terme de géographie; enfoncement de la mer sur le terrain abaissé d'une côte. La vulgarité de ce mot dispenserait d'en donner l'explication; mais les marins considérant les diverses découpures d'un rivage sous le point de vue qui les met en rapport avec leur profession, la définition qu'ils donnent au *bras de mer* diffère de celle donnée par les géographes. C'est, suivant eux, un faible envahissement de la mer sur la partie creuse d'un rivage qui se développe en forme de canal étroit, peu étendu, droit, ou sinueux, et capable ou non d'admettre des navires.—Les *bras de mer* sont d'excellens refuges pour les poissons et pour les oiseaux aquatiques; la pêche et la chasse y sont faciles et fructueuses.—On dit les *bras* d'une ancre, en parlant des deux parties qui bifurquent à l'extrémité de la *verge*, et sont comprises entre leur point de réunion appelé le *diamant* et la naissance des *pattes*. — On donne aussi le nom de *bras* aux cordages qui roulent dans les poulies fixées à chaque extrémité d'une *vergue*, ou qui s'y attachent simplement quand ce cordage n'est pas double. Ces *vergues* (*V.* ce mot) étant suspendues aux mâts par le milieu de leur longueur, les *bras* servent à les balancer, à les faire tourner sur leur point d'appui pour faire présenter la surface des voiles qu'elles portent à la direction changeante du vent. Pour donner aux *vergues* l'obliquité relative à celle du vent, il suffit qu'un seul bras agisse; l'extrémité de la vergue à laquelle il transmet son effort obéit et se porte en arrière, tandis que l'autre extrémité, dont le bras s'écoule librement, se porte en avant. Cette action de tirer sur les *bras* s'appelle *brasser*. Les *bras* varient de dimension et de force, selon les proportions des vergues qu'ils ont à mouvoir. Ils prennent des noms différens, en rapport avec les voiles auxquelles ils appartiennent, avec le côté du bâtiment où ils agissent, et même avec leur situation à l'égard du vent qui souffle. Ainsi, il y a les *grands bras*, les *bras de misaine*, les *bras des huniers*, les *bras de perroquet*, etc. — On dit aussi tel *bras de bâbord*, tel *bras de tribord*.—Les *bras du vent*; ce sont les bras situés du côté par lequel le navire reçoit la brise; le *bras sous le vent*, celui du côté opposé. Par analogie, on dit *brasse bâbord*, *brasse tribord*, ou *brasse au vent*, *brasse sous le vent*, selon le côté du navire où la brise incline; on *brasse très-ouvert*, ou *au plus près*, selon la grande obliquité du vent à l'égard de la route; on *brasse largue :* c'est la plus favorable allure de la navigation; alors le vent souffle de *quartier*, c'est-à-dire dans un sens qui permet à toutes les voiles de recevoir son impulsion. Enfin, on *brasse carré* lorsque le vent souffle directement en poupe; et, dans ce cas, les vergues font des angles droits avec la quille.

La facilité dans l'action de *brasser* ainsi les vergues s'appelle *brasseyage* (on devrait dire *brassage*). C'est aussi la position donnée à tout le système de voilure au moyen des *bras*. Il y a des navires dont le *brasseyage* est pénible pour les hommes qui *brassent ;* d'autres pour lesquels il est ruineux par les frottemens destructeurs que les vergues et les mâts exercent dans leurs positions relatives, inconvénient qui s'étend même jusqu'aux voiles contre certains cordages invariables dans les situations où ils fonctionnent. Ces cas exigent de grands soins de la part des chefs, et l'active surveillance des matelots affectés spécialement à l'entretien des mâts. (Voir *Gabiers*.)

BRASILLER. v. n. Se dit de la mer lorsque, frappée obliquement par les rayons du soleil peu élevé, sa surface tranquille, ou faiblement agitée, présente une longue traînée de lumière éblouissante, dont les scintillemens sont causés par l'agitation des petites lames dans ce brillant reflet. Cette scintillation est d'un effet incommode à l'œil dans les observations de hauteur du soleil. Cet astre étant dans le même plan que le reflet qu'il produit, son disque est vu au moyen de l'instrument propre à mesurer sa hauteur, précisément au point où la mer *brasille* avec le plus d'éclat; en sorte qu'il serait difficile d'apprécier exactement le contact apparent du bord inférieur de l'astre avec cet horizon lumineux, sans l'ingénieuse interposition d'un verre de couleur, à travers lequel l'œil voit les images tempérées de l'horizon et du globe de lumière.

BRASSE. s. f. Unité de mesure spécialement usitée en marine pour mesurer les cordages de toutes dimensions. Les câbles, les cordes qui servent aux manœuvres des voiles, les lignes de sonde, les lignes de pêche, etc., ont pour expression de leur longueur le nombre de *brasses* qu'elles comprennent. La *brasse* française est de 5 pieds. Cette mesure s'obtient sur un cordage tenu avec seulement deux doigts de chaque main, les bras ouverts et bien tendus, les autres doigts allongés. L'espace compris entre les extrémités des doigts d'une main à l'autre est la *brasse;* cet espace est de 5 pieds pour un homme de taille ordinaire. Les Anglais et les autres peuples maritimes du nord de l'Europe ont déterminé la longueur de leur *brasse* à 6 pieds anglais, ce qui donne 5 pieds et demi pour leur *brasse* comparée à la nôtre. Cette différence les prive d'obtenir tout de suite cette unité de mesure par l'ouverture et l'extension des bras, si cette ouverture est de 5 pieds. Les peuples marins du midi de l'Europe ont adopté notre moyen de mesurer la *brasse*, quels que soient d'ailleurs ses rapports avec la longueur de leur pied comparé au nôtre. L'adoption générale de la *brasse* par les marins de tous les pays peut s'expliquer par la faculté de porter naturellement cette mesure avec soi, de l'avoir toujours prête pour fixer des longueurs dans des cas pressans où le danger du plus petit retard ne laisse pas le temps d'en consulter d'autre.

BRASSER. v. a. Action de mesurer les brasses sur un cordage, soit sur le cordage lui-même, s'il est assez maniable pour se prêter à cette opération ; soit au moyen d'un bout de bitord, comprenant un certain nombre de brasses, si le cordage à mesurer est trop lourd, comme les câbles, et en général les cordages de fortes proportions. On *brasse* les câbles de dix en dix brasses ; chaque dizaine est signalée par un petit bout de corde invariablement fixé au point de division ; il porte autant de nœuds que l'on compte de dizaines depuis l'ancre. On *brasse* une *ligne de sonde* en signalant aussi ces divisions et fractions de divisions par des moyens qui seront indiqués au mot *Ligne*.

BRASSES (les). s. f. On appelle de ce nom un espace de mer de vingt à vingt-cinq lieues de rayon au fond du golfe du Bengale, compris entre la côte d'Orixa et la plage marécageuse du Sunderbunds. Cet espace de mer emprunte son nom aux inégalités de son fond et à la faible profondeur de ses eaux ; circonstances qui forcent les navigateurs à consulter continuellement la sonde, c'est-à-dire le nombre de *brasses* d'eau élevées sur ce fond dangereux. Les *brasses* sont aussi le plateau sous-marin à l'embouchure du Gange et de l'Hoogly, sur lequel les eaux rapides de ces deux fleuves déposent les parties de terre et de sable qu'elles enlèvent à leurs rives. Ces dépôts, transformés en bancs nombreux et d'une grande étendue, sont doublement dangereux par leur élévation et leurs formes changeantes. Ils le sont encore par les myriades d'ancres abandonnées dont ils sont hérissés, et qui se dressent au fond comme autant d'écueils inconnus. L'approche de ce dangereux parage est annoncée aux navigateurs par des amas de fange et de débris de toutes sortes, jetés et dispersés sur toute son étendue par les courans de l'Hoogly. Ce fleuve rapide, en étendant au loin ses eaux chargées de boue, prête sa teinte bourbeuse à l'eau de la mer jusque devant sa vaste embouchure ; en sorte qu'en arrivant sur les *brasses*, on est frappé du contraste offert par l'eau verte et claire en dehors des bancs, et la teinte sale de l'eau sur leurs acores : la transition est tellement brusque, que le navire vogue un instant dans deux eaux très-différentes ; la poupe se mire dans la verté transparente du golfe, en même temps que l'avant patauge dans la fange des *brasses*. Des canaux étroits et tortueux, creusés entre les bancs par les courans rapides qui sortent et rentrent dans l'Hoogly, sont les seuls passages navigables à travers cet espace redoutable : les bâtimens qui cherchent l'entrée du fleuve se gardent de se hasarder dans ces dangereuses passes sans l'assistance des habiles pilotes que la Compagnie anglaise des Indes entretient pour ce service. (Il sera traité de cet admirable système de pilotage au mot *Pilote*.)

C'est sur les *brasses* mêmes qu'il faut arriver pour trouver ces pilotes. Ils ne s'en écartent pas ; ils y sont en grand nombre répartis sur plusieurs petits bâtimens appropriés à la rude mission d'en parcourir l'étendue dans tous les sens ; d'y former la chaîne sur le passage des vaisseaux qui viennent se présenter pour entrer dans le fleuve ; mais, quelque activité que l'on apporte de part et d'autre pour se rencontrer, il arrive souvent que des circonstances atmosphériques rendent les recherches inutiles pendant plusieurs jours. Pour remédier à ces contre-temps, dont quelques-uns ont été funestes à des bâtimens en quête de leurs pilotes, un point a été déterminé pour y rallier les navires arrivans et les pilotes qui les attendent. Ce point est situé à l'entrée du meilleur passage et sur l'acore au large des *brasses*; c'est-à-dire à vingt-cinq lieues de la terre. Il est signalé par la présence d'un petit bâtiment stationnaire, solidement ancré à son poste. Des pilotes l'habitent ; des secours s'y trouvent, et, pour plus d'utilité, il offre un point visible de loin aux vaisseaux venant de la mer pendant le jour, et un phare éclatant pendant la nuit ; des feux bleus du Bengale qu'il brûle, d'heure en heure, signalent sa position aux navires éloignés. Mais les terribles ouragans qui, à certaines époques de l'année, semblent choisir les *brasses du Bengale* pour théâtre de leur fureur, font disparaître ce précieux point de reconnaissance ; ce navire fuit pour chercher un refuge contre les dangers qui le menacent ; et une bouée d'un volume égal à celui d'une barrique le remplace. Voilà l'objet qu'un navire arrivant d'Europe, après avoir parcouru six mille lieues de mer, sans avoir pris connaissance d'aucune terre pour rectifier sa position pendant une navigation de cent à cent vingt jours, sans autre guide que la vue des astres, les rapports de la science et l'activité des veilles ; voilà, disons-nous, l'objet que le capitaine d'un bâtiment doit venir voir et reconnaître momentanément pour le terme de son voyage. Si une erreur de chiffre ou de toute autre espèce, troublant l'exactitude de son calcul, le fait passer seulement à une lieue de cette bouée invisible, combien d'existences et de grands intérêts sont compromis ! Partout ailleurs les erreurs de calculs n'ont pas ces dangereuses conséquences ; la vue d'une montagne, le dessin d'un promontoire, la découpure d'un rivage, suffisent pour qu'on se reconnaisse ; la déviation vicieuse d'une route est aussitôt corrigée, et l'entrée du port est retrouvée ; mais les *brasses* du Bengale sont encore la pleine mer ; rien ne se montre, hors cette bouée, qu'il faut rencontrer ; andelà, tout est péril ; aussi une ancre et le mot *here* (ici) peints sur l'une de ses faces, forme une voix solennelle dans cette solitude, qui dit aux navigateurs : Ne va pas plus loin sans pilote ; jette l'ancre ici et attends. Les ouragans irrésistibles, qui ravagent fréquemment le littoral du golfe du Bengale, semblent augmen-

ter de fureur sur les *brasses;* nulle part les naufrages causés par ces effrayantes convulsions de
la nature n'ont un caractère plus désastreux. Les
navires se brisent à de très-grandes distances de
tout rivage, et, presque toujours sur ce terrible espace, la violence des tempêtes prélude au
sinistre dénoûment, par l'enlèvement ou la destruction des moyens de salut; et lorsqu'enfin
quelques victimes parviennent à échapper à la
fureur des élémens, c'est pour aborder à une
terre nue, aride et habitée seulement par des
tigres et des serpens.

BRASSIAGE. s. m. On dit le *brassiage* de
l'eau dans une baie, dans une rivière ou dans un
certain espace de mer, au large des côtes. C'est
la quantité de brasses d'eau accusée par la sonde,
ou la profondeur de l'eau au-dessous de sa
surface. Les petits chiffres que l'on voit confusé-
ment écrits en grande quantité sur les plans et
les cartes marines, indiquent le *brassiage* ou
nombre de brasses d'eau que l'on a trouvé dans
les endroits de la mer qu'ils représentent. On
dit un *grand brassiage* quand il y a plus de quarante brasses d'eau ; on dit *bon brassiage* pour 10
à 15 brasses, et *petit brassiage* au-dessous de
9 brasses. Les plus grands *brassiages* connus ne
dépassent pas 200 brasses; le moyen d'en obtenir de plus grands, est un des importans perfectionnemens qu'on attende des progrès scientifiques.

BRETON (En). C'est un terme d'arrimage.
On dit une barrique, une futaille mise *en breton;*
c'est-à-dire arrimée en travers, au lieu d'être placée en long, dans le sens de la longueur du navire.

BREUVAGE. s. m. Mélange d'eau de vin,
ou de quelque alcool simple, donné parfois aux
équipages altérés par un travail fatigant. A
bord des navires du commerce, le breuvage est
délivré à discrétion aux matelots, sans qu'il leur
soit rien retenu sur leurs rations, pour le vin ou
l'eau-de-vie qui entre dans la composition du
breuvage. Les circonstances où le *breuvage* leur
est donné sont communes, surtout dans des
ports de Bordeaux et de Nantes, où le vin et
l'eau-de-vie sont peu chers. Dans ces deux ports
on ne donne pas d'autre boisson aux équipages
pendant tout le temps que dure la navigation vraiment pénible de ces deux rivières; à la sortie des
navires, on gagne à cet usage par le temps que
l'on emploierait aux distributions des autres boissons; cet avantage est senti dans la multitude de
manœuvres et de soins exigés par les circonstances locales. La barrique de breuvage est sur
le pont, et chacun y puise à sa soif. Dans les colonies, le breuvage est fait avec de l'eau et du
jus de citron, coupée d'une partie de taffia ou
de rhum.

BRIDURE. s. f. C'est en marine l'une des
nombreuses manières de lier et de rassembler les
cordages. La *bridure* consiste à serrer l'un contre

l'autre, à rapprocher deux ou plusieurs cordages
tendus parallèlement, rapprochement qui augmente leur force. Quelquefois c'est le bout du
même cordage qui sert à faire la *bridure* sur
ses autres parties. L'action de faire la *bridure*
donne le verbe *brider.* Il n'entre pas dans l'esprit
de cet ouvrage de s'étendre sur les cas dans lesquels ce genre d'amarrage est employé.

BRIG. s. m. On écrit aussi *brick.* De *brigantin,*
brigantine, abréviation du nom d'une espèce de
navire qui porte une voile de ce nom : *brigantine.*
La différence que le *brig* présente à l'égard des
autres bâtimens est applicable à sa mâture, et
non à sa construction. Le *brig* est un bâtiment à
deux mâts perpendiculaires, avec un beaupré,
semblable en tout à un *trois-mâts,* auquel on aurait enlevé son mât d'artimon.

Ainsi, toutes les voiles, tous les cordages d'un
brig, sont semblables, aux proportions près, aux
cordages et aux voiles d'un trois-mâts, en ce qui
concerne les deux mâts placés à l'avant de celui-
ci ; le mât en moins, c'est donc le mât d'artimon
(*Voir* ce mot). La bôme est la vergue principale d'un *brig ;* c'est, comme on l'a vu à l'explication de ce mot, sur elle que s'élève la voile
appelée *brigantine,* laquelle, parmi toutes les
voiles de cette espèce de bâtiment, est celle
qui offre au vent la plus large surface. — En
France, les *brigs* sont généralement plus petits
que les trois-mâts; aux Etats-Unis et en Angleterre, cette règle est signalée par un plus grand
nombre d'exceptions. — On nomme *brig-goélette* un bâtiment d'une moindre proportion que
le *brig,* et dont la mâture participe des deux
sortes de navires dont on a composé son nom.
Le mât placé à l'avant, — le mât de *misaine* —
est, ainsi que le beaupré, en tout semblable au
mât de misaine et au beaupré du *brig,* et conséquemment du trois-mâts, aux proportions près.
Mais le grand mât n'a point, comme les grands
mâts des autres grands navires, cette galerie, ce
premier étage qu'on nomme la *hune.* Ce sont de
simples *barres* (*Voir* ce mot) qui en tiennent
lieu, semblables en cela aux *goélettes,* dont les
deux mâts portent ces barres en place des hunes.
— Le *trois-mâts* est donc appelé ainsi des trois
mâts qu'il porte, lesquels sont garnis de hunes
en tête de leurs bas-mâts (*Voir* ce mot); les mâts
plus légers qui s'élèvent au-dessus sont séparés
les uns des autres par des barres. — Le *brig* est
semblable au trois-mâts, à part le mât d'artimon qui lui manque. — Le *brig-goélette* est
semblable au *brig* par son mât de l'avant, qui
porte *hune,* et à la *goélette* par celui de l'arrière,
qui n'a que des barres. — La *goélette* est semblable au *brig,* à part que les hunes sont remplacées par des barres. La gradation est donc :
goélette, brig-goélette, brig, trois-mâts; la première sans hunes, le deuxième avec une seule, le
troisième avec deux, le quatrième avec trois.

Il est bien entendu que le mât de beaupré, qui ne porte ni hune ni barre, n'est point compris dans ces nombres de mâts. — Le *brigantin* est un petit *brig;* mais c'était principalement le nom donné autrefois au brig d'aujourd'hui, en conservant plus strictement l'étymologie. — *Brigantine,* — racine des mots précédens, — c'est cette grande voile dont la bôme fixe les points inférieurs; elle est aurique et s'élève derrière le mât placé le plus en arrière : le grand-mât des *brigs.* On a vu au mot *Artimon,* que la même voile existe sur les trois-mâts, seulement elle est d'une proportion infiniment plus petite, et prend le nom du mât auquel elle est attachée; on dit pourtant quelquefois la *brigantine,* pour l'artimon, sur les trois-mâts, mais c'est une mauvaise application du langage. Le rôle de l'artimon ou brigantine est secondaire dans le système des voiles d'un trois-mâts, — celui de la brigantine est principal dans la voilure des *brigs.*

BRINGUEBALE. s. f. Levier qui sert à mettre en jeu le piston d'une pompe de navire. La bringuebale varie de forme et de manière de fonctionner selon l'espèce de bâtiment où elle est employée. Sur les vaisseaux et frégates, c'est une gaule en bois de chêne, longue de 10 pieds environ, suspendue par son milieu au grand-mât, à une hauteur de 10 pieds. Elle est garnie, à l'une de ses extrémités, d'un bout de corde portant un croc; ce croc sert à saisir la gaule du piston de la pompe; l'autre extrémité porte huit ou dix bouts de corde réunis, comme les branches d'un martinet; ces bouts sont tenus par autant d'hommes, qui tirent et balancent la *bringuebale* pour imprimer au piston le mouvement de va et vient nécessaire à son effet aspirant. — La *bringuebale* simple des petits navires est moins longue, et mise en mouvement par un ou deux hommes; elle est supportée par la pompe qui est façonnée pour cet effet.

BRIS. s. m. Fracture, brisement, débris. — De débris on a fait *bris,* vieux mot employé pour naufrage, sinistre de mer. Dans ce dernier sens il figurait dans la législation maritime, et le droit de *bris* ou débris était une espèce de droit d'aubaine sur les fragmens de navires brisés que la mer apportait sur le rivage. — Ce droit s'est ensuite étendu aux navires eux-mêmes, lorsqu'ils étaient en débris, et est devenu un principe de confiscation exercé au profit de la localité seigneuriale. Il est inouï de voir une pareille spoliation consacrée par les lois et subsister jusqu'à la fin du xviie siècle, au milieu des progrès de la civilisation. La barbarie des premiers chefs qui avait engendré cette coutume a vu s'en généraliser les effets et s'en perpétuer la tradition jusque chez toutes les nations maritimes. L'origine de ces rapines inhumaines s'expliquerait plutôt que leurs répétitions dans des époques civilisées, lorsqu'on étudie les mœurs anciennes, et qu'on

tient compte de l'opinion où étaient les riverains, que le naufrage n'était autre chose qu'une manifestation de la colère des dieux envers les individus. Le pillage était alors une conséquence des croyances et un complément de l'œuvre commencée par la vengeance divine. On dépouillait les naufragés, on les traitait en esclaves, on les sacrifiait au fanatisme. Les Égyptiens seuls s'abstinrent de commettre ces actions barbares, et les lois romaines s'élevèrent, armées de peines redoutables, contre ceux qui profitaient des naufrages ou qui les provoquaient. (*Ne piscatores, lumine ostenso, fallant navigantes, quasi in portum aliquem delaturi,* etc.) Mais l'invasion des Barbares dans l'empire romain renversa les lois humaines et sages que Constantin avait établies, et ces lois ne se représentèrent avec quelque autorité qu'au moyen âge, dans l'empire d'Orient. C'était pourtant à une époque de prétention civilisatrice que nous devions voir remises en vigueur les ignobles coutumes que les anciens peuples, dont nous voulions perfectionner les institutions, avaient combattues et punies avec dignité. Le système de féodalité méprisa les traditions des belles lois romaines et les devoirs impérieux de la saine morale et de l'humanité; les prérogatives nobiliaires s'entachèrent de cette clause honteuse, et les naufragés se virent, sur certaines côtes, dépouillés de tout ce que leur laissait la tempête. On a vu que, sur les rivages de Bretagne, ces brigands de fait attiraient les bâtimens au passage, en allumant sur la grève des feux trompeurs. Et la loi sanctionna ces forfaits en leur donnant un titre : *Droit de bris et naufrages!* Et Louis XI, en groupant autour de son trône tous ces droits épars sur des têtes seigneuriales, fit bénéficier la couronne de ces exactions féodales! Puis on para plus tard la charge d'amiral de France de cet apanage honteux! Il fallut Louis XIV pour laver cette tache de sang du Code des lois de France.—En 1681, on a décidé qu'il ne fallait plus piller les naufragés ou causer les naufrages. — En 1836, on institue des sociétés de sauvetage, dont le réseau salutaire s'étend chaque jour sur le littoral de la France. Boulogne, Dunkerque, Calais sauvent et pourvoient leurs naufragés; Paris crée un centre, sous le nom de *Société centrale des naufrages,* où arrivent et d'où partent toutes les pensées, tous les systèmes humanitaires. Louis XIV a pris une mesure noble, et il a confié le soin d'en fertiliser les résultats aux grands noms de sa noblesse. Aujourd'hui ce sont les Montmorency, les La Rochefoucauld qui accomplissent cette œuvre grande, honorable et belle comme leurs noms !

BRISANS. s. m. C'est le choc des lames contre les écueils d'un rivage, ou simplement contre un corps quelconque flottant à la surface de la mer. Ce sont encore les écueils dans lesquels la mer s'ébat et se brise. Les *brisans* indiquent que l'espace où on les aperçoit est semé de roches, ou que l'élévation du fond est telle, que la mer se brise pour passer dessus. Ce cri : *Des brisans !* est considéré en marine comme un des plus sinistres avertissemens que les hasards de la mer réservent aux navigateurs. On se souvient que ce cri d'alarme fut le prélude du drame horrible qui se dénoua si tragiquement sur le radeau de *la Méduse ;* il est peu de naufrages dans lesquels ces mots de terreur ne soient prononcés. Un navire cingle couvert de voiles vers une destination, vers des espaces connus ; les calculs du capitaine et de ses officiers inspirent toute sécurité sur la direction que suit le bâtiment ; les parages sont souvent fréquentés ; on sait que rien ne peut y compromettre la sûreté du vaisseau et de son équipage ; on ne veille même pas à l'extérieur, ni sur l'avant, tant est grande la confiance des marins dans leur connaissance parfaite des mers où s'est mûrie leur expérience... Tout à coup un matelot, qui chantait dans la mâture en accomplissant quelque ouvrage commandé, a jeté machinalement les yeux au large, sur l'avant du navire ; sa chanson a cessé, un frisson a parcouru ses chairs, et toute son inquiétude se résume dans le tremblottement de ce cri haletant pour lequel il rassemble toutes ses forces : *Des brisans !* Ce cri arrive à tous les cœurs ; il va, vient, se répercute, et attaque tous les sens, toutes les organisations... *Où donc ?* s'écrie l'officier en dirigeant des regards inquiets sur la mer, qui, peu d'instans auparavant, avait toute sa confiance. *Droit devant nous !...* a répondu le matelot ; et tout l'équipage se lève sur les pavois, grimpe dans les cordages, afin de voir et de reconnaître le danger ; toutes ces blêmes figures concentrent leurs regards sur un seul point : l'avant du navire... Mais déjà l'officier de quart a donné au timonier l'ordre de changer la direction du gouvernail ; le navire, au lieu de se diriger sur les *brisans,* va les prolonger sans danger, pour essayer de les reconnaître. Les voiles tournent sur les mâts, et prêtent, sous un angle différent, leur surface à l'action de la brise ; le temps est beau, heureusement ! 'Le capitaine, monté dans la mâture, a dirigé sa longue-vue sur le danger signalé, et l'équipage commence à faire des conjectures. « Amène un canot ! a crié le capitaine ; embarque en double !» Et il descend lui-même pour prendre la conduite de l'embarcation que ses quatre rameurs entraînent loin du navire, en la dirigeant d'abord rapidement, puis avec précaution, vers les *brisans,* dont les crêtes mousseuses s'élèvent sur la nappe bleue et unie de la mer... Mais bientôt l'inquiétude a cessé, et les matelots sont devenus fanfarons. Jusque-là le capitaine, indécis et préoccupé, avait gardé le silence ; mais il plaisante le premier maintenant sur cette cause d'alarmes.... Les *brisans*

sont causés par des débris de mâture, sur lesquels la mer clapotte et qu'elle franchit de temps à autre de ses sauts convulsifs. Ce n'est rien. Les matelots rient de leur peur ; on revient à bord, et, pendant le trajet, on se raconte des aventures analogues, où chacun parle de courage, sur lequel le petit incident du moment ne doit réellement pas donner une grande confiance. Mais le matelot rachète tout par ses plaisanteries, et à peine pense-t-on aux événemens qui ont dû amener cette rencontre. Ces débris en mer font sur les marins l'effet des membres palpitans que les soldats trouvent éparpillés sur le champ de bataille. Ces sensations ne pénètrent que les jeunes novices qui se blasent aussi peu à peu, et finissent par regarder indifféremment les épaves, comme le soldat du sang. Chacun son tour : ces malheurs-là menacent tout le monde, on garde sa sensibilité pour soi ; puis, si l'événement frappe enfin celui qui s'est fait philosophe, il est devenu indifférent pour lui-même, en détruisant peu à peu un sens auquel il avait refusé son usage en le refoulant sous la couche épaisse de ses théories.

Dans d'autres circonstances, le cri *brisans !* équivaut plus sérieusement au cri de mort. C'est sur une côte vers laquelle le vent et la mer entraînent un pauvre navire, c'est dans l'ombre épaisse d'une nuit sans étoiles, dans la brume d'une atmosphère chargée de frissons, que le cri qui annonce la présence de ces écueils est un signal d'agonie et de désespoir. Que faire ? on avait jusque-là prêté son âme à de fugitives espérances ! on s'était persuadé, tant on le désirait, que la côte était encore éloignée,... et la voici qui oppose au navire ses retranchemens avancés, les pointes aiguës de ses roches, les flancs anguleux de ses récifs !—Des *brisans !* et le vent souffle toujours, et la mer ameute ses lames pressées et impatientes contre le navire chancelant dans l'ombre. —Des *brisans !* et dans ce cri il y a des pointes qui pénètrent dans les chairs du marin, il y a des menaces de destruction et tous les premiers symptômes de l'agonie. Que faire ?—Des *brisans !* et le vent et la mer poussent vers eux ! on ne peut en rien les éviter.... On va, on va toujours ! leur voix gronde plus distincte, leur linceul d'écume se développe plus large. Il n'y a rien à faire qu'à mourir ; pas de défense, pas de grâce inattendue, pas de prétexte, pas de conciliation. — On va toujours ; leur bruit est devenu formidable ; on voit leurs contours menaçans se découper sur la livide écume qui s'ébat parmi eux ; les instans se dévorent et détruisent de minute en minute ce qu'ont encore de vie ces marins, frais, sains, courageux, et qui ne veulent pas mourir. Le navire est encore entier ; il a tous ses mâts, toutes ses cordes, toutes ses planches,— et dans un instant chaque vague, qui accourra du large, lui arrachera un mât, une planche, un cordage. C'est une mort inévitable et qu'on voit grandir; c'est une balle surnaturelle qui arrive lentement à votre cœur; un couteau qui grince en descendant dans les rainures qui le retiennent, malgré son poids, sur la tête du condamné... Tout le monde a jugé le court avenir réservé à tous; les uns ont prié, les autres ont ri; les uns ont chanté, les autres ont versé des larmes. Qu'importe! le chant, la prière, le rire, la douleur! tout a été inachevé.... les *brisans* ont broyé tous les corps; leur bruit a couvert toutes les voix! (V. *Briser*.)

BRISE. s. f. La *brise* c'est le vent. Pourtant, avant que le mot fût généralisé, il s'appliquait à certaines régions pour exprimer un vent régulier, ou dans la direction de son souffle, ou dans la durée et l'époque de ses variations, de sorte qu'il est resté dans le langage maritime, avec une image de régularité, et qu'il représente l'idée de circonstances favorables. Ainsi, on dira : une bonne *brise* pour un vent favorable, un *vent* contraire pour exprimer l'opposé. — Nous avons eu une forte *brise*! c'est-à-dire le vent fort que nous avons essuyé était favorable à notre route.—Une *brise carabinée*, c'est un vent plus violent mais favorable. Dans toutes les îles de la zone torride il y a des *brises* qui sont soumises à des lois fixes, et sur lesquelles les marins calculent leur navigation. Pendant la nuit la *brise* souffle ordinairement de terre, et vers le matin change diamétralement sa direction. Si à une certaine heure de la journée la *brise* du large subsiste encore, elle devient plus forte à mesure que le jour avance, et finit pourtant par s'éteindre vers le soir. Les *brises* de terre sont toujours faibles, et ne s'étendent guère au large, où elles sont soumises au cours des vents alizés. Pendant la nuit les *brises* s'assoupissent presque toujours.

BRISER. v. a. ou *Déferler*. Les lames *brisent* quand leur choc contre un corps quelconque, causé par la force du vent ou le mouvement des eaux, les fait se résoudre en écume. Bien qu'on confonde généralement les mots *briser* et *déferler*, ils auraient à la rigueur une différence dans leur signification. *Déferler* se dit de la mer que ses propres convulsions agitent et amoncellent en lames, qui s'élèvent et se roulent en se marbrant d'écume; mais elle *brise* lorsque dans ses mouvemens, dans sa route, elle rencontre un corps solide contre lequel elle se cabre, et trouve une résistance à ses mouvemens d'ondulation. Le mot *brisans* se confond donc ainsi dans la même interprétation de *briser*. Pourtant la mer peut à la fois *briser* et *déferler* sur un navire ou sur une roche. Elle *déferlera* — si, venant du large, elle s'est épanouie en jetant seulement son écume sur l'objet qu'elle n'a pu atteindre, — elle *brisera* si au contraire son choc a été direct avec le corps contre lequel elle se sera divisée.

BROUILLARD. s. m. Vapeurs, exhalaisons de la mer, météore aqueux qui baigne principalement les côtes, et voile plus ou moins la pré-

sence des objets suivant sa densité et leur éloignement. On dit la *brume*, d'un *brouillard* fort épais, de la *brouillasse*, de la *bruine*, de vapeurs transparentes, qui effacent les objets sans dissimuler complétement leur présence. On dit des parages *brumeux*, des saisons *brumeuses*. — Dans les attérages ces accidens atmosphériques sont fort dangereux pour les navigateurs. En pleine mer ils causent parfois des abordages. — Les fraudeurs profitent de la *brume*, du *brouillard*, pour établir avec la côte leurs rapports clandestins. — Souvent le brouillard a interrompu une action navale et séparé des ennemis; quelquefois il a aidé un plus faible à se soustraire à un plus fort. — Il y a une foule de faits dans les fastes maritimes, qui ont emprunté au *brouillard* leur accomplissement. Mais c'est, à tout prendre, un des grands inconvéniens de la navigation, qu'il rend tâtonneuse, irrégulière, et dont il enveloppe plus d'un accident, plus d'un naufrage. — Les matelots disent parfois : Il est dans les *brouillards*, d'un homme ivre et qui ne sait où aller. Ils disent aussi d'une *brume* très-épaisse : *qu'elle est à couper au couteau*.

BRULOT. s. m. Bâtiment incendiaire; toute espèce de navire ou d'embarcation est propre à faire un *brûlot*. Ce sont quelquefois de grands navires, jusqu'à des frégates, quelquefois aussi de simples bateaux ou des chaloupes. En général on n'emploie, pour faire des *brûlots*, que de vieux bâtimens qui offrent un double avantage, celui d'entraîner une perte moins réelle, et ensuite d'être plus facilement brisés lorsqu'éclate l'explosion qui jette au loin leurs débris. — Les *brûlots* sont destinés à être dirigés sur des navires ennemis, et à les envelopper dans leur explosion, en s'attachant à eux. — Les courans, la houle, les vents, tout est combiné et étudié pour ce résultat. — La cale d'un brûlot reçoit la poudre en quantité proportionnée avec l'importance du dommage sur lequel on calcule; on y ajoute des artifices; sa mâture est encombrée de vieux cordages trempés de matières inflammables, des grappins sont suspendus aux vergues, de manière à ce que le bâtiment incendiaire s'attache plus complétement à l'ennemi, dans la mâture duquel s'embarrassent les grappins. Des flots de térébenthine arrosent ensuite le brûlot, pour que l'incendie se propage au même instant sur tous les points. — Des bombes sont dispersées çà et là. — Une foule d'artifices appropriés à ces destructives missions, et connus sous les désignations de *saucissons, fagots, rubans de feu, panaches, barils ardens*, etc., sont placés à des points calculés; le brûlot, garni de cette façon, est lancé vers l'ennemi qu'il doit embraser. Parfois deux ou trois hommes se dévouent pour le diriger, avec les faibles chances d'échapper à la foudroyante explosion qu'il couve. — L'heure de l'embrasement est calculée; quelquefois une grossière horloge, placée dans un endroit calculé, fixe, à l'aide de combinaisons étudiées, le moment où le feu sera en contact avec les matières inflammables. C'est la nuit que se pratiquent toujours ces effroyables tentatives, car en plein jour, l'aspect d'un semblable navire en révélerait trop facilement l'espèce à l'ennemi.

La facilité avec laquelle on fait un *brûlot* d'un navire quelconque, fait qu'il n'en a jamais été construit spécialement. Dans les dernières luttes de notre marine contre celle de la Grande-Bretagne, on a encore fait usage de *brûlots,* mais l'emploi de ces affreuses machines paraît devoir être abandonné pour l'avenir. On a vu les gouvernemens récompenser, mais étouffer ces affreuses découvertes, qui avaient pour but de rendre plus désastreuses qu'elles ne le sont les chances de la guerre; ce fléau est assez grand, et il entraîne d'assez cruelles conséquences, sans qu'on s'applique encore à en féconder les fruits destructeurs. Nul doute que, vienne une nouvelle guerre sur mer, et le *brûlot* sera abandonné par les puissances maritimes, que les règles normales de la guerre seconderont seules dans leurs efforts.

BURIN. s. m. Instrument fait de bois très-dur ; sa forme est celle d'un cône de 20 ou 24 pouces de hauteur, et de 4 ou 6 pouces de diamètre à sa base. C'est avec le *burin* que les matelots séparent les torons fortement assemblés d'un gros cordage; ils en introduisent la pointe frottée de suif entre les cordons, et, frappant à coups de masse sur sa base, le *burin* pénètre en écartant les parties, quelque pressées qu'elles soient les unes contre les autres.—D'autres *burins* sont de forme cylindrique; ils servent dans les apparaux à réunir bout à bout de forts cordages préparés pour se prêter à leur fonction. —On appelle aussi *burins* des morceaux de bois de diverses dimensions et grossièrement arrondis. Ceux-ci servent à boucher momentanément, au fort d'un combat, les trous faits au ras de l'eau par les boulets. — Les trous ronds

que l'on voit à l'avant du navire, de chaque côté de l'éperon, qui semblent être ses yeux, et qui servent à la sortie des câbles quand le bâtiment est à l'ancre, sont bouchés par de gros tampons, après que les câbles en ont été retirés et remis dans la cale, ce qui a toujours lieu lorsqu'une traversée doit être longue. Ces tampons s'appellent *burins d'écubiers.*—Dans les arsenaux maritimes, on se sert de *burins* d'espèce et de forme différentes : ce sont des madriers en chêne de 6 à 8 pieds de longueur, carrés sur leurs faces, et traversés par quatre manches, au moyen desquels on les saisit pour les mettre en action; ou, en un mot, des espèces de béliers qui servent à chasser et à battre avec force des coins disposés pour faire joindre complétement deux pièces de bois appliquées l'une contre l'autre.— L'action d'user de ces *burins* s'appelle *buriner.* —Les mots *burin* et *buriner,* sous leurs diverses acceptions, se prêtent quelquefois au langage figuratif des matelots; ils trouvent, dans leur spécialité, des images qui peignent quelques actes de leur vie joyeuse et turbulente, surtout lorsqu'ils veulent dire qu'ils ont frappé durement sur un adversaire; ils disent : *Je te l'ai buriné à l'amoroso,* de la bonne manière.

BUTIN. s. m. C'était anciennement un droit concédé aux équipages qui faisaient une prise ; droit exercé sur la valeur des objets trouvés sur l'ennemi. — Le chiffre toléré pour cette espèce d'encouragement était fort médiocre, et ne s'élevait même guère à plus de 30 fr. pour chaque homme. Les nouvelles lois ont compris les droits du *butin* dans leurs lacunes, et pendant nos dernières guerres maritimes, il ne fut guère exercé qu'en faveur des officiers qui prélevaient sur leurs prises les objets qui leur paraissaient devoir être de quelque utilité sur leur propre navire : ainsi les instrumens de mathématiques, les cartes, etc., quelquefois les vivres ou enfin de menus objets de nécessité générale.

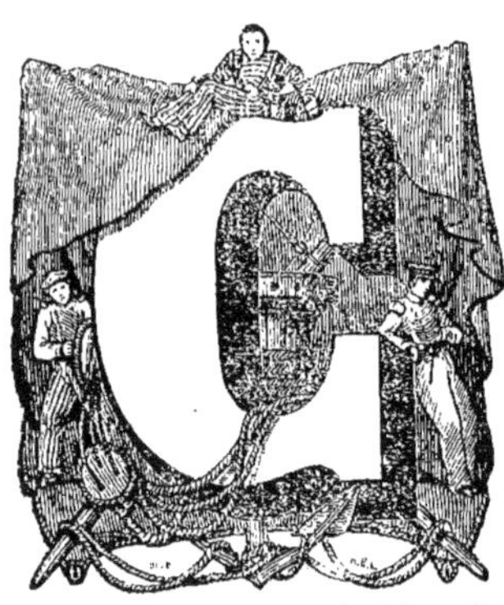

ABAN.s. m. Capote à capuchon, dont les matelots font usage pendant leurs heures de quart, mais seulement quand le temps est |mauvais. Ordinairement c'est un vieux paletot ou autre vêtement de laine, d'abord destiné à être porté dans de meilleures circonstances, et qui, recouvert d'une forte toile à voile, devient à la fois le patron et la doublure du *caban*. Le capuchon dont il est surmonté est également de quelque grosse étoffe laineuse recouverte de toile.— Les matelots font eux-mêmes leurs *cabans*. Ils savent les rendre imperméables, au moyen d'un apprêt composé de goudron, de suif et d'huile de térébenthine, qui, en pénétrant dans le tissu extérieur, ne manque pas de lui donner une certaine roideur, et surtout de le rendre très-lourd, en sorte que celui qui s'en affuble se trouve pour ainsi dire enfermé dans une petite guérite portative.— Le *caban* ne dépasse pas le genou; de sorte que tout en s'abritant sous cette enveloppe, les matelots se ménagent la facilité de s'en servir encore pour monter sur les mâts, lorsque leur travail les y appelle: par exemple pour aller en vigie. On donne aussi au *caban* le nom de *tourmentin*, comme le rappelle l'un des proverbes rimés du vice-amiral Thévenard :

S. O. du soir, et N. O. du matin,
Matelot, prends ton tourmentin.

C'est-à-dire que le concours de ces circonstances atmosphériques, selon le vice-amiral, annonce du mauvais temps et le besoin de se servir du *caban*.— Pendant la durée du mauvais temps, le *caban* est en permanence de service sur le pont pour abriter un homme ; on ne le descend pas : lorsque celui qui s'en est servi quitte son quart, il le laisse à la disposition d'un successeur de son choix. — On appelle aussi *caban* un bout de corde fixé sur un objet pour aider à le renverser ; l'action de renverser au moyen d'un *caban* se dit *cabaner*. (*Voy.* ce mot.)

CABANE. s. f. On appelle ainsi, à bord d'un bâtiment, le petit espace où se place le matelot pour dormir, et tout ce qui constitue la literie d'un marin ou d'un passager. C'est une espèce de couchette en menuiserie, construite contre la muraille intérieure du navire, longue de 5 pieds 9 à 10 pouces, et large tout au plus de 28. Comme l'espace destiné au logement des marins est toujours fort rétréci, il arrive communément que, par économie de place, on construise deux cabanes l'une sur l'autre ; ainsi, la hauteur de la chambre étant rarement de 6 pieds du parquet au plafond, il se trouve que chaque *cabane* n'a guère que 2 pieds d'élévation, à cause de l'épaisseur du lit, et qu'il est difficile de s'y tenir sur son séant : c'est en résumé une espèce de four ou de tiroir, dans lequel on se place tout d'une pièce, avec l'impossibilité de pouvoir aisément s'y retourner. — Chaque coude touche nécessairement aux deux côtés, et la longueur de la *cabane* n'est pas assez en dehors des proportions humaines, pour qu'on ne sente pas souvent à la tête et aux pieds les limites que font les cloisons à cette sorte de cercueil de bord.

Il est, du reste, indispensable que la *cabane* soit réduite aux proportions les plus exiguës, non-seulement à cause des règles d'économies distributives, mais encore en raison des accidens de la navigation, du roulis, de la bande, du tangage. Chaque oscillation du bâtiment, communiquée à chaque partie de l'ensemble, entraîne la nécessité des lois d'arrimage, et il faut que le marin couché soit aussi arrimé pour la durée de son sommeil. Le hamac est l'expression la plus complète de ce besoin.

Le fond de la *cabane* est en toile, ce qui permet de n'y ajouter qu'un seul matelas. A bord des grands navires, on évite de placer deux rangs de *cabane* superposés. Alors on peut se dresser dans son lit, sans risquer de se fracasser le crâne contre les barrots qui supportent le pont, ou contre la *cabane* supérieure. La *cabane* n'est ordinairement pas ouverte sur une chambre commune, bien que cela se voie, surtout dans les anciennes constructions. Elle fait partie d'une petite chambre souvent aussi étroite qu'elle, et tout au plus assez large pour qu'on puisse s'y déshabiller, et y placer quelque porte-manteau. Dans la plupart des bâtimens du commerce, et particulièrement à bord de ceux qui transportent des passagers, la grand'chambre, la salle commune, est entourée de chambrettes, auxquelles on donne par métonymie le nom de *cabane*, parce que la *cabane* y est la chose principale. Mais le capitaine et les principaux officiers ont pour chambre particulière des espaces un peu plus larges, c'est pour cela que la *cabane* varie dans ses dimensions. Ces dimensions sont commandées par la nécessité, comme on l'a dit. Un amiral est donc, aussi bien qu'un simple matelot, obligé de s'y conformer, à moins qu'il ne couche dans un lit de toile suspendu. (*Voir Cadre, Hamac.*)

Les *cabanes* des matelots sont sous le gaillard d'avant. Elles présentent leurs compartimens ouverts sur les murailles d'une chambre commune, qu'on appelle le logement. (*Voir Chambre, Logement.*) On dit *cabine* d'une petite chambre à *cabane*.

CABANER. v. a. On *cabane* une embarcation; c'est la mettre sens dessus dessous; la renverser complétement sur le pont d'un navire, sur une cale ou sur un rivage : dans cette position elle figure une cabane, dont la toiture est représentée par la quille et la carène. Le mot *cabaner* offre ici l'occasion de rappeler l'aventure arrivée à quatre marins d'un navire français naufragé sur les *brasses* du Bengale. C'était en 1830. Ce bâtiment, dont le nom nous échappe, était mouillé dans des passages étroits entre les bancs. Il y fut surpris par un de ces effrayans tourbillons de vent appelés, par les marins anglais de l'Inde, *north westers*; ouragans épouvantables, dont les Européens ne sauraient se représenter ni l'aspect ni les effets terribles. Après avoir cassé tous ses câbles et perdu toutes ses ancres, le malheureux navire tenta de lutter contre la tourmente en déployant quelques voiles qui disparurent aussitôt qu'elles furent livrées au vent. Le courage du capitaine, la science du pilote, et l'intrépidité des matelots, n'opposèrent que de l'impuissance à la tempête; le bâtiment, devenu ingouvernable, fut emporté dans la direction des petits brassiages, sur lesquels il arriva bientôt. Toucher, s'abattre et rouler comme une épave sous les éclats du vent et le choc des vagues, furent les trois actes presque simultanés du drame, dont la dernière crise fut l'éparpillement de ses mille débris! Tout périt! hors quatre marins, qui, supportés sur des tronçons de mâts, et secondés par les incidens du naufrage, parvinrent à s'emparer d'un frêle bateau que l'ouragan avait épargné. Sans voile, sans rames, ils se laissèrent aller aux caprices de la tempête. Elle les jeta enfin sur le dangereux rivage de l'île de Saugor, à l'entrée de l'Hoogly. Cette terre marécageuse, couverte de joncs et de mangliers sauvages, ne pouvait leur offrir d'asile, ni de

secours. Toutes leurs ressources consistaient dans leur bateau et quelques ustensiles qui très-heureusement s'y trouvaient, et entre autres un hachot de bord. Épuisés de fatigue, de souffrances et de faim, ils restèrent couchés sur la terre humide une grande partie du jour. Cependant le besoin se faisant sentir, ils se mirent en quête de quelque nourriture : des coquillages, quelques poissons morts laissés par la mer sur le rivage s'étaient déjà offerts, lorsqu'ils remarquèrent, sur la terre molle, l'empreinte encore fraîche d'une patte de tigre! A cette vue ils ne purent se défendre d'un mouvement d'effroi, en songeant qu'ils n'avaient aucun moyen de se soustraire aux attaques de ces hôtes terribles, soit en allumant du feu, soit en se remettant en mer. L'eau s'étant retirée, ils se rapprochèrent de leur bateau. Ils n'attendirent pas long-temps pour voir paraître deux énormes tigres qui s'avançaient vers eux à travers les herbages. Le sentiment de la conservation est ingénieux : après avoir amassé le plus de coquillages possible, ils rassemblèrent ce qui leur restait de force; ils *cabanèrent* leur bateau, et se blottirent dessous. Sous ce dôme protecteur qui s'abaissait jusqu'à terre, les quatre naufragés pouvaient défier leurs redoutables adversaires. Les tigres s'approchèrent de l'embarcation *cabanée;* et après avoir flairé la belle curée qu'elle leur dérobait, ils sautèrent dessus, se ruèrent en cent façons, et, creusant la terre autour du bateau, ils parvinrent à passer par-dessous leurs larges pattes armées de griffes aiguës : elles étaient aussitôt abattues à coups de hachot. Furieux de ces douloureuses blessures, les tigres jetaient d'affreux rugissemens qui attirèrent grand nombre de ces féroces animaux. Ces nouveaux assaillans s'épuisèrent en efforts pour atteindre la proie dont ils étaient si près. Chaque patte qui se présentait dessous l'embarcation était aussitôt coupée. Qu'on se représente, s'ils est possible, la position de ces quatre malheureux, accroupis sous ce canot, privés de nourriture, entourés de tigres prêts à les dévorer; souffrans, et sans espoir d'être délivrés de cette horrible angoisse! Leur seule espérance, qui eût entraîné leur perte si elle se fût réalisée, était le retour de la mer, qui serait venue faire flotter leur bateau, et éloigner les tigres; mais, dans sa situation *cabanée*, leur bateau ne pouvait que mal flotter; alors ils n'auraient pu s'en servir ni pour fuir, ni pour s'y abriter contre leurs ennemis les tigres! Ils furent pourtant délivrés de cette cruelle position : la nouvelle du naufrage était parvenue à Kedjeree; l'administrateur anglais pour la Compagnie, présumant, d'après la force de l'ouragan, que des naufragés pouvaient avoir été jetés sur l'île de Saugor, il en fit explorer le rivage, et les quatre matelots français furent sauvés.

CABESTAN. s. m. Espèce de treuil ou vindas vertical. Robuste machine de forme à peu près cylindrique, composée de plusieurs pièces de chêne savamment réunies, clouées, endentées, et contenues par de forts liens de fer, autour d'une pièce principale qui est l'âme de tout le système, et qu'on appelle la *mèche*. C'est sur le prolongement de sa mèche arrondie et plantée dans le pont, qu'elle traverse, que le cabestan pivote et tourne au moyen de huit, douze ou seize barres de bois, adaptées dans des trous carrés pratiqués dans la *tête* ou *chapeau* de la machine, et que des hommes poussent en marchant et tournant circulairement avec elles. C'est principalement en marine, dans les ports, à l'arrivée des navires, qu'on fait usage des *cabestans*. On les emploie aussi à mouvoir et à enlever des fardeaux dont la pesanteur exige les plus grands efforts. Tout cède à la vigueur de ces machines, dont la puissance est établie sur les théories de la statique et les lois du mouvement; les 170,000 kilogrammes du monolithe de Luxor, montés, sur le plan incliné d'une cale de Paris, par les cinq *cabestans* envoyés de Brest, offrent un faible aperçu des efforts dont ces machines sont capables.

Les *cabestans* varient de formes et de proportions, selon les opérations auxquelles ils sont employés, et aussi selon les places qu'ils occupent. Les *cabestans* envoyés à Paris par la marine pour l'érection de l'obélisque égyptien, sont de l'espèce qu'on appelle *cabestans volans*, parce qu'ils peuvent être transportés à volonté d'un lieu à un autre. Leur construction n'a rien de gracieux; encaissés dans un lourd appareil de charpente, ils ne montrent au dehors que leur tête large et aplatie en forme de meule de moulin, et percés de leurs seize mortaises. — Les cabestans des vaisseaux, *simples* ou *doubles*, sont plus libres dans leur pose; debout au milieu de la batterie ou du gaillard d'arrière d'une frégate, ils s'appuient sur la mèche, qui leur sert de jambe unique; ainsi posé, sans entourage qui le gêne, le cabestan montre son allure vigoureuse, la rondeur de ses formes, sa tête plate et ronde enfermée dans un double bandeau de fer, et son pied chaussé d'une bruyante crémaillère en fonte, où viennent mordre deux vigoureux *linguets* en fer, qui l'arrêtent dans ses mouvemens rétrogrades, et dans ses temps d'arrêt. Pour une plus complète définition du cabestan, nous renvoyons le lecteur à l'article du cabestan, page 238 du 1er volume de *la France Maritime*. Seulement nous ajouterons à la description pleine de vérité que nous indiquons, une observation concernant le petit *cabestan* du gaillard d'avant sur les vaisseaux et frégates. Il y a peu d'années que ce *cabestan* a cessé d'être l'ignoble pilori où la brutalité traditionnelle des marins traînait les jeunes mousses que de légères fautes d'enfant avaient rendus passibles de quelque correction. A peine le petit coupable tout en pleurs, conduit le martinet au cou, arrivait-il sur le gaillard d'avant, que les matelots de quart s'empressaient avec un plaisir barbare autour du pauvre condamné, et comme autant de bourreaux participaient aux apprêts du supplice : une barre était mise au cabestan; le patient, dont la *toilette était défaite*, montait sur la barre; puis invoquant le dieu des vents afin de le rendre propice au vaisseau, les sacrificateurs tournaient le cabestan de manière à présenter la victime vers le point de l'horizon d'où l'on désirait que soufflât la brise. Alors un bras vigoureux brandissait un martinet, dont les douze branches mordantes ensanglantaient certaine partie du corps du malheureux enfant; puis du gros sel, ou du jus de tabac, et souvent la chique de tabac de l'un des assistans était appliquée sur les plaies saignantes !... Des huées et des rires sauvages couvraient les cris de la victime, et terminaient sa punition ! Mais aujourd'hui il semble que les hommes et les choses ne soient plus les mêmes; un mousse à bord n'est plus un pauvre ilote voué au caprice des plus forts. Les lois le protégent; la bienveillance paternelle des chefs veille sur lui; et les matelots plus éclairés respectent en lui l'homme à venir. Ce concours de soins rationnels, en changeant sa condition morale et physique, l'ont rendu moins capable de commettre des fautes; ce n'est qu'à de rares intervalles que le petit cabestan se prête à une correction méritée, et l'on rencontre difficilement un matelot exécuteur.

CABILLOT. s. m. Appelé aussi *Quinconneau*. Petit morceau de bois façonné au tour, qui reçoit dans une cannelure pratiquée au milieu de sa longueur un amarrage en petite ligne. Ce petit ustensile sans importance sert dans plusieurs parties du gréement, et reçoit divers emplois. Dans quelques ports, on appelle du nom de *cabillots* les chevilles tournées avec certain goût, et dont on garnit les râteliers disposés sur les gaillards, de chaque côté du navire, pour y attacher les menues cordes (Voyez *Manœuvres courantes*) qui servent à manœuvrer les voiles et les vergues. Les *cabillots*, bien alignés, et dressés dans les râteliers qui les reçoivent, ont fourni aux matelots l'idée de les comparer à des soldats rangés en bataille, et de là sans doute le nom de *cabillots* qu'ils donnent aux militaires.

CABLE. s. m. Ce sont les gros cordages qui servent à retenir les navires dans une position déterminée, à l'aide des ancres sur lesquelles on les amarre; — on les *étalingue*, comme on dit pour désigner le genre spécial d'amarrage. Les gros *câbles* servent dans les rades; de plus faibles servent dans les ports, mais alors ils retiennent les bâtimens à des boucles, à des canons enterrés, et non à des ancres. Ces gros cordages, fabriqués avec du chanvre de choix, ont depuis 8 à 10 pouces jusqu'à 24 de circonférence; au-dessous on leur donne le nom d'*aussières* ou *câblots*. La longueur d'un *câble* est fixée à 120 brasses ou 600 pieds. Chaque navire en possède plusieurs; la grosseur de chacun d'eux est proportionnée avec l'ancre à laquelle il est affecté; les ancres sont à leur tour calculées sur les différentes positions où peut se trouver placé un navire d'une grandeur appréciée. — Dans l'Inde on fait quelques *câbles* en bastin.

Depuis plusieurs années on remplace le *câble* de chanvre par une chaîne en fer. Ce nouveau système, qui a sans doute apporté ses inconvéniens, remplace avantageusement le *câble* dans une foule d'usages où celui-ci offrait de médiocres garanties. Ainsi l'humidité qu'emportait avec lui dans une cale échauffée le *câble* qu'on retirait de l'eau, faisait fermenter le chanvre, et compromettait sa solidité. Le frottement inévitable, dans une foule de circonstances, était aussi un des désavantages dont la conséquence naturelle était de risquer la sûreté du bâtiment mouillé sur une mer dont le fond était semé de coraux ou de rochers à pointes aiguës et tranchantes. Le *câble-chaîne* n'est pas sujet à ces inconvéniens, bien qu'il en ait un grave dans certaines circonstances où le *câble* dè chanvre se produisait avec plus d'avantage. — C'est par exemple dans les coups de vent par rafale, dans les secousses auxquelles la rigidité du fer n'offre pas l'élasticité du cordage; mais on éprouve aujourd'hui les *câbles-chaînes* au point que rien ne peut faire douter de leur solidité. C'est à l'emploi des câbles-chaînes que, dans une foule d'événemens de mer, les navires ont dû leur salut, et on peut surtout appliquer cette assertion aux coups de vent des 16 et 27 juin 1830, qui comprimirent la sûreté de tant de bâtimens de guerre et de convoi sur la côte de Sidi-el-Ferruch. — Il y avait une circonstance assez commune en navigation, pour laquelle on craignait l'emploi des chaînes, c'était lorsque, par une nécessité impérieuse, un bâtiment se voyait contraint d'abandonner son ancre en coupant le câble qui l'y retenait; on a réussi à rendre cette opération d'une exécution aussi facile avec les *câbles-chaînes*, en plaçant de distance en distance, sur leur longueur, des maillons qui permettent de les diviser. L'invention des *câbles-chaînes* est due au capitaine Samuël Brown; ses essais datent de 1808. M. Brunton les a perfectionnés en 1812. — Leur adoption est presque générale aujourd'hui. — Un des inconvéniens de l'emploi des *câbles-chaînes* restait dans la difficulté de les retenir aussi facilement qu'un câble, lorsqu'ils s'écoulaient rapidement du navire, emportés par le poids de l'ancre ou par la force du vent contre la résistance faite par celle-ci sur le fond. Un officier de la marine française, aujourd'hui capitaine de corvette, M. Béchameil, a inventé un appareil simple et puissant à la fois, pour faciliter à bord de toute espèce de

navire l'usage des *câbles-chaînes*. Il a donné le nom de *stopper* à sa machine. Elle consiste en une masse ou marteau de fer d'un poids assez considérable, fixé de l'avant à l'arrière du bâtiment, arrêtant de maillon en maillon le *câble-chaîne*, pendant qu'il opère sur lui, de sorte que tout ce qui concourt, soit à laisser échapper, soit à lever l'ancre, viendrait-il à casser, le marteau suffirait pour arrêter le *câble*. Son effort ordinaire est d'annuler le contre-coup du tangage, ou mouvement du navire de l'avant à l'arrière, lequel donne toujours de fortes secousses aux câbles introduits du dehors dans le navire, par les espaces ménagés à l'avant.

Durant les premières années d'adoption des *câbles-chaînes* dans la marine française, nous fûmes souvent forcés d'emprunter à l'étranger ces nouveaux produits de l'industrie navale; mais depuis plusieurs années nous sommes parvenus à nous affranchir de ce tribut, et nos forges suffisent complétement à ce nouveau besoin de notre marine.

CABOTAGE. s. m. Action d'aller de cap en cap, d'un point à un autre des côtes; c'est côtoyer les rivages, naviguer en vue des côtes : *caboter*. Le *cabotage* est un moyen de transport pour les marchandises et quelquefois les passagers, d'un port à l'autre de l'Océan, de la Manche ou de la Méditerranée ; on dit alors le petit *cabotage ;* le grand *cabotage* s'étend d'un port quelconque d'une de ces mers à un autre situé sur une autre mer ; de la Manche à l'Océan, de l'Océan à la Méditerranée. Une disposition législative de 1793, arrêtée sur un rapport du comité de salut public, interdisait toute espèce de *cabotage* sur les côtes de France, aux bâtimens étrangers, ou au moins à ceux qui n'avaient pas les trois quarts de leur équipage français ; en 1817, les navires espagnols ont été autorisés à faire le *cabotage* en France.

On emploie généralement pour le petit *cabotage* des navires d'une médiocre capacité ; le grand cabotage, qui peut souvent être considéré comme navigation au long cours par la durée des traversées, est pratiqué par de plus forts navires, souvent même par des bâtimens d'un tonnage élevé. — Le *cabotage* est un des agens commerciaux les plus puissans. Il porte l'industrie d'un port dans un autre, et il entretient la circulation des produits dont il facilite les échanges. Mais les canaux et les chemins de fer devront un jour ou l'autre ruiner cette navigation, qui a toujours été pour la marine une précieuse pépinière de marins. Les bateaux à vapeur ont porté un grand préjudice aux bateaux *caboteurs*, particulièrement sur les rivières, où la navigation à la voile était longue et embarrassée. Mais les bateaux à vapeur ne peuvent guère soutenir les dépenses énormes de leur entretien, s'ils ne sont à la fois destinés aux passagers et aux marchandises. De sorte qu'ils sont plus rares sur les points où les passagers ne se présentent pas en assez grand nombre pour les défrayer de leurs dépenses énormes. — On dit *caboteur*, d'un bateau qui fait le *cabotage; caboter*, faire le *cabotage*. — Les patrons des *caboteurs* sont soumis à un examen, qui est le premier de ceux qu'on exige pour être admis à commander un bâtiment. — On dit, capitaine, patron, ou maître au petit *cabotage*, au grand *cabotage*. — Le grade de capitaine au long cours dispense des autres, et en comporte les droits.

CABRE ou *Chèvre*. s. f. Espèce de petite bigue transportable au besoin, formée promptement de deux ou trois petits madriers, garnis de poulies et de cordages, pour servir dans les arsenaux à enlever des fardeaux. La *cabre* est en tous points une bigue de petites proportions.

CABRION. s. m. C'est le nom d'un chevron ou sorte de petit madrier en chêne de 4 ou 5 pieds de longueur; sa forme est carrée. Il sert, à bord des bâtimens de guerre, et particulièrement sur les vaisseaux et frégates, à être placé sous les roues des affûts, lorsque les canons sont solidement amarrés. Pendant les mauvais temps, ils concourent, avec les autres moyens employés dans le même but, à contenir les lourdes pièces d'artillerie contre les mouvemens violens du navire.

CACATOI *ou* **CATACOI**. s. m. C'est une voile légère qui termine ordinairement le système de voilure d'un bâtiment. C'est aussi le mât qui supporte cette voile, puisque chaque mât donne ou emprunte son nom direct ou composé à la voile qu'il soutient. Les voiles de *cacatoi* sont d'une toile fine, qui offrirait peu de résistance à un vent trop frais. Dans un surcroît de brise, ce sont elles qu'on dérobe les premières à son action. Quelques grands navires ont des voiles plus légères encore, qu'ils placent au-dessus des *cacatois;* mais en général c'est cette espèce de voile qui termine le fragile édifice. — On pense que le nom de *cacatoi* a été donné à ces voiles par une étymologie indienne; on sait qu'une espèce de perroquet, du nom de *cacatoi*, porte sur le sommet de la tête une huppe blanche, qui peut avoir été le prétexte de ce nom : cela est trop peu intéressant pour qu'on y attache quelque importance.

CACHALOT. s. m. C'est une variété de la baleine dans la famille des cétacés : la tête prodigieuse de ces gigantesques animaux forme à elle seule le tiers de leur longueur totale; la conformation de cette tête est différente, puis les mâchoires ne portent point de fanons. La mâchoire inférieure est seule garnie de dents, qui s'emboîtent dans les cavités ou alvéoles de la mâchoire supérieure. Toute la partie élevée de la tête consiste en une caisse divisée en compartimens cartilagineux, qui contiennent le *spermaceti*, vulgairement appelé blanc de baleine. La forme du *cachalot*, à part la conformation de la tête, ne diffère guère de celle de la baleine franche (Voy. *Baleine*); seulement, au lieu de rejeter par son gosier l'eau, qui se fait jour par les canaux qui aboutissent au sommet de la tête, il la repousse à l'extrémité antérieure et par un seul orifice. La queue du *cachalot* est un peu moins large que celle de la baleine, mais elle n'a pas moins de vigueur. La longueur totale est à peu près la même que celle des autres grands cétacés; peut-être, cependant, est-il généralement moins gros. La pêche du *cachalot*, activement pratiquée aux États-Unis, n'a point encore acquis chez nous les développemens que semblait devoir entraîner les succès de notre pêche à la baleine franche. Ainsi jusqu'à présent aucun de nos ports n'ayant tenté une expédition à la pêche du cachalot, les Américains et quelques Anglais sont restés maîtres de cette pêche, et nous imposent leurs produits pour notre faible consommation.

Aux États-Unis, en Angleterre, l'huile de cachalot est employée à la préparation des laines destinées au tissage; elle trouve encore un grand écoulement pour les machines à vapeur, les phares, les éclairages publics, les lampes domestiques; et sa supériorité sur les autres huiles dans ces différens emplois est généralement reconnue. En France, les filateurs emploient en partie de l'huile de pied de bœuf, tandis qu'en Angleterre on se sert d'huile de cachalot. Ces différentes applications, sans compter l'emploi assez considérable qu'en font les pharmaciens pour une foule de drogues, telles que les onguens, les linimens, etc., maintiennent cette substance à un prix fort élevé.

De là l'activité de la navigation américaine, principalement pour cette pêche difficile.

En France, au contraire, l'huile de cachalot manquant de débouchés, et les encouragemens du gouvernement n'étant pas assez importans pour déterminer des expéditions, la navigation de la mer Pacifique, que de grandes difficultés accompagnent, n'est guère activée; et si quelques-uns de nos bâtimens entreprennent de passer le détroit de Magellan ou de doubler le cap Horn, c'est plutôt dans l'espoir de rencontrer des baleines franches, dont la prise dédommage les équipages de leurs rudes travaux. Ajoutons aussi que les campagnes sont moins longues; qu'un voyage à la pêche du cachalot doit être calculé de deux ans au moins de durée (1); que la mise dehors et les frais d'armement sont plus considérables, la réussite moins certaine. Puisque le cachalot est plus petit que la baleine, dont la capture fait l'objet de nos opérations, il donne conséquemment moins d'huile, et encore peut-être

_____

(1) Il y a des bâtimens américains dont le voyage dure trois ou quatre ans.

cette huile, quoique plus précieuse, ne trouverait pas dans l'industrie des applications assez considérables pour encourager les sacrifices et les travaux qu'elle impose.

Pourquoi donc les Anglais et les Américains mettent-ils un si haut prix à l'huile de cachalot? pourquoi leurs efforts constans maintiennent-ils et accroissent-ils cette pêche? Comment mieux que d'autres nations savent-ils en faire fructifier l'emploi?

C'est que l'huile de cachalot possède des propriétés particulières qui ne sont généralement pas connues en France; c'est aussi parce que dans ces deux pays cette même huile est soumise à des préparations et à des épurations dont on ne s'occupe point encore chez nous.

Il y a quelques années, il fut cependant pratiqué quelques observations et quelques essais sur les substances graisseuses. Ces analyses et ces expériences prouvèrent qu'elles contenaient de l'huile proprement dite et du suif. Au moyen de la pression dans du papier gris, on était parvenu à isoler ces deux substances, et même à déterminer dans quelle proportion chacune d'elles se joignait à l'autre. L'insouciance, à l'égard de ces utiles recherches, est poussée si loin chez nous, que je doute que l'on soit parvenu aujourd'hui à reconnaître le mélange des huiles de baleine et de colza, employées par les tanneurs. C'est cette même insouciance sur des points aussi graves dans l'application pratique à l'industrie, qui fait accepter à ces derniers les huiles mélangées que les épurateurs leur fournissent, sans s'inquiéter des proportions gardées dans le mélange, fait avec des graisses animales, des huiles de colza, auquel on ajoute l'odeur de poisson qu'il devra avoir.

En Angleterre, l'huile de cachalot est d'abord filtrée à travers des étoffes de laine, à peu près de la même manière que nos confiseurs filtrent leurs sirops. Cette première opération a pour résultat de dégager l'huile des petites portions de chair, des fibres, des fibrilles, et enfin de tout le précipité que l'ébullition à la mer y a laissés. Ainsi dégagée de ce qu'elle contenait de plus hétérogène, elle est ensuite renfermée dans des sacs de cuir ou de crin d'un tissu très-serré, puis soumise à une forte pression. L'huile, filtrant ainsi à travers tous les interstices du tissu, s'écoule légère, dégagée, limpide et transparente; elle se trouve ainsi libre du suif qu'elle contenait, et soumise encore à des préparations plus épuratoires, elle rentre dans le commerce au niveau du spermacéti (1), et elle est employée aux mêmes usages.

Si l'on n'avait d'autre but que celui d'obtenir du blanc de baleine, on pourrait encore, par des combinaisons particulières, convertir entièrement en cette substance l'huile de cachalot, séparée du suif qu'elle renferme. Mais les Anglais, bien qu'ils tirent du suif du cachalot un parti avantageux, recherchent surtout l'huile même du cétacé qui chez eux trouve tant d'applications.

Il est réellement remarquable que, lorsque partout en France les recherches les plus actives et les travaux constans des savans tendent au perfectionnement des arts, de l'agriculture, des sciences, et d'une foule de petites industries que la mode ou le caprice encourage, il est étonnant, disons-nous, que quelques-unes de ces méditations ou de ces expériences n'aient pas pour objet ces questions vitales pour l'industrie. Il faut pour cela que la sollicitude du gouvernement s'éveille; ce n'est pas assez d'avoir payé si cher l'apprentissage de notre marine baleinière, il faut que ces sacrifices fructifient par d'autres encore; il faut que l'habileté de nos marins profite à l'industrie, et, pour que leurs rudes travaux ne soient point stériles, que nous donnions à leurs résultats toute l'extension possible.

On peut, relativement aux faits déjà connus et aux préparations dont les huiles sont susceptibles, répandre les observations que nos savans ont recueillies sur cette matière; créer ou provoquer des établissemens pour l'épuration et la filtration de celles qui proviennent de nos pêches, ainsi que pour la fabrication du blanc de baleine. L'emploi de ces mêmes huiles peut être ordonné pour tout ce qui tient aux administrations publiques; enfin nos divers fabricans d'étoffes de laine doivent essayer l'usage des procédés étrangers. Nous sommes loin encore du moment où nos pêches fourniront assez de cette substance pour suffire à tous nos besoins, surtout si nous l'appliquons à remplacer dans une foule d'usages les huiles végétales qui, en débarrassant le sol, permettront la culture de plantes ou de denrées qui nous sont imposées par l'étranger.

CADRE. s. m. Hamac perfectionné, composé de cinq pièces de toile réunies sous la forme d'une caisse longue de 5 pieds et demi, sur 20 pouces de largeur. Le fond de ce hamac reçoit un châssis de même dimension, garni de sangles, sur lequel se posent deux petits matelas, ainsi que les autres pièces qui complètent un lit de bord. Suspendu par ses deux extrémités aux barrots, comme les hamacs ordinaires, le *cadre* est la couche la plus commode qu'on puisse avoir dans un navire. Le double mouvement des crocs qui servent à le suspendre donne au *cadre* une position toujours verticale; en sorte que, dans les plus grandes inclinaisons du bâtiment, ses oscillations y sont à peine senties. Les officiers, et passagers ayant rang d'officiers, se servent de *cadres*, lorsqu'ils n'ont pas de chambre. Les capitaines, dont les logemens de bord offrent un

____

(1) On sait que le spermacéti, ou blanc de baleine, n'est autre chose que la substance médullaire du cerveau et la moelle épinière du cachalot.

espace convenable pour ces lits suspendus, s'en servent préférablement aux couchettes en menuiserie établies dans les chambres. Les cadres des capitaines sont faits avec plus de recherches : ils sont ordinairement en coutil bleu, orné d'une bordure rouge ; les cordes fines disposées en éventail aux extrémités pour les suspendre (Voir *Araignée*), sont recouvertes d'une étamine de couleur. Cette modeste élégance pour un simple cadre n'est pas une recherche de luxe : nos officiers actuels ne sont plus ces *petits marquis* ambrés, officiers *Pompadour* du ci-devant grand corps de la marine, qui aimaient à retrouver jusque sur les vaisseaux les molles commodités du boudoir ; tous les soins apportés aujourd'hui dans ces petits détails révèlent une pensée d'ordre et de propreté nécessaires, qui s'harmonie à la tenue essentiellement militaire de nos navires de guerre. Elle ne rappelle en rien la somptuosité excessive des logemens d'officiers sur les vaisseaux de Louis XIV et de Louis XV.—Il serait à souhaiter que le cadre fût la seule couche en usage sur nos bâtimens de guerre, et que l'on supprimât enfin les incommodes et disgracieuses couchettes en planches qui encombrent les étroits logemens des officiers ; les chambres seraient plus facilement aérées par l'enlèvement facile de ces lits mobiles ; elles n'en seraient pas plus embarrassées, et elles seraient exemptes d'une variété d'insectes incommodes, dont la multiplication est favorisée par l'usage des couchettes. Les officiers y seraient mieux sous beaucoup de rapports. Il y a longtemps que les Anglais nous ont devancés dans ce perfectionnement.

CAGE. s. f. Caisse à jour pour loger les poules, les oies, les dindes, les canards embarqués pour la provision d'un voyage. Les *cages* de bord ont la forme de caisses de 6 pieds de longueur, sur 12 à 15 pouces de largeur, ayant une devanture en petits barreaux travaillés avec goût, avec tous les accessoires nécessaires à la conservation des volailles qu'on y loge. Anciennement les *cages* étaient sur le pont, rangées à la suite les unes des autres, de chaque côté des gaillards, dont elles gênaient les divers exercices, en même temps qu'elles étaient d'un effet disgracieux et incommode. L'espace qu'elles occupaient ne permettant pas de leur donner le développement convenable, les animaux y étaient à l'étroit, et ne s'y trouvaient pas complétement à l'abri des inclémences du temps, qui les décimaient malgré les soins apportés à les préserver de leurs atteintes ; les vides laissés dans les *cages* par leur dépérissement se faisaient alors fortement sentir, tant sur la table des officiers où ils variaient l'abondance des repas, que sur celle des matelots malades, où ils figuraient comme alimens médicamenteux. Dans la nouvelle installation des vaisseaux, les *cages* sont placées entre les ponts, dans un espace réservé au milieu du bâtiment. Elles y sont groupées les unes sur les autres, et disposées de manière à laisser des passages libres pour faciliter les soins que les animaux réclament. Cette nouvelle disposition offre tous les avantages désirables. Les *cages à poules* placées sur le pont avaient, outre leur utilité spéciale, d'autres destinations improvisées qui naissaient des événemens dont le pont supérieur d'un navire est souvent le théâtre. Dans les nuits de navigation tranquille, quand les marins se livraient à leurs causeries du soir, les *cages* devenaient parfois des siéges commodes, sur lesquels un auditoire attentif se pressait pour écouter celui dont la mémoire et l'éloquence raconteuse entretenaient les heures de quart de la bordée. — Lorsque le cri sinistre de : *Un homme à la mer !* jeté par l'équipage, annonçait qu'un malheureux était tombé dans les flots, une *cage à poule* était aussitôt saisie et lancée à l'eau, comme le premier objet qui pût offrir un point d'appui à l'infortuné nageur dans l'attente d'un meilleur secours. Il était remarquable dans ce cas que les matelots s'adressaient toujours à une *cage* pleine de poules de préférence à une *cage* vide, ou à tout autre objet d'égale efficacité, quelle que fût d'ailleurs la spontanéité du sentiment sous l'empire duquel ils agissaient alors. Nous avons assez vécu au milieu des matelots, pour nous permettre d'attribuer à une secrète malice ce choix invariable d'une *cage* pleine de poules ; ce sont de ces tours de méchanceté matelotesque auxquels ils sont enclins, quand ils peuvent s'y livrer avec impunité ; et certes le prétexte d'un homme tombé à la mer fournissait plus d'une excuse à leur mauvaise intention. La gravité de l'événement militait favorablement pour la préoccupation qui faisait lancer à l'eau une *cage* contenant des volailles plutôt que tout autre objet ; mais nous savons aussi que les matelots éprouvent un malin plaisir à s'attaquer à ces provisions aristocratiques, dont ils ne mangent jamais ; ils pensent, par la contrariété que leurs chefs en éprouvent, se payer envers eux de quelques griefs arriérés. Voilà pourquoi, sur dix *cages* qui se présentaient pour être jetées à l'homme en péril, une *cage* pleine, eût-elle été seule, se trouvait toujours sous la main. Ajoutons que cette douce vengeance s'exerçait au profit de leur friandise, car la *cage*, ramenée à bord par l'embarcation envoyée au secours du malheureux, ne contenait plus que des poules noyées qui leur étaient abandonnées, et dont ils tiraient bon parti.

CAGNARD. s. m. Morceau de toile forte et serrée, de 10 à 12 pieds carrés, peinte à deux couches de peinture foncée. Le *cagnard* sert quand le temps est mauvais ; on l'étend en l'appliquant sur les cordages qui tiennent les bas-mâts (Voir *Haubans*) ; on le lie aux bastingages au-dessus desquels il se déploie. Il est saisi et attaché dans cette position, pour n'être pas enlevé par le vent. Quand la pluie tombe ; quand le navire choquant les lames de la mer avec vitesse, elles retombent en pluie saline et mordante, poussée par le vent sur le pont du bâtiment, le cagnard devient une sorte de toiture sous laquelle les matelots de quart se mettent à l'abri.

CAGUE. s. f. Sorte de petit navire hollandais portant un seul mât incliné sur l'avant, avec une voile à *livarde* et une espèce de foc ou *trinquette*. Les *cagues* font le petit cabotage ou la pêche sur les côtes de la Hollande. — Il y a du même nom une petite futaille de bord, qui contient quinze litres environ.

CAIC ou **CAIQUE.** s. m. Dans l'Archipel, on nomme ainsi un petit canot qui navigue soit à la voile, soit à l'aviron. — Anciennement les embarcations des galères étaient appelées *caïques* ; elles étaient terminées en pointes relevées par chaque bout. — Il y a encore dans la mer du Levant une sorte de petit bâtiment qu'on nomme ainsi. Certains corsaires de la mer Noire montent des *caïques.*

CAILLEBOTIS. s. m. Espèce de grillage ou de treillis en bois, formé de petites pièces dont l'entrelacement et l'agencement forment des carrés parfaits, et qui, encadrés dans une charpente, servent à recouvrir les panneaux ou ouvertures ménagées du pont dans l'intérieur du navire. L'avantage que présentent les *caillebotis* est de condamner une ouverture, sans toutefois intercepter le passage du jour, de l'air ou de la fumée. Mais ils ne sont guère adoptés qu'à bord des bâtimens de guerre, et surtout des grands navires, parce que, dans les mauvais temps, l'eau de la mer passerait trop aisément dans leurs intervalles. Les *caillebotis* sont remplacés par des *panneaux* sur les bâtimens du commerce. — Souvent certaine partie du fond des canots est recouverte d'un *caillebotis* au lieu d'un plancher ; l'avantage de cette substitution consiste à faciliter l'écoulement de l'eau de la mer, qui filtre à travers les interstices et passe aisément dans le fond de l'embarcation.

CAISSE. s. f. Ce mot est encore un de ceux qui, sous ses diverses acceptions maritimes, ne présente aucune analogie avec le même mot pris dans son sens vulgaire. — En disant la *caisse d'une poulie,* on entend le bloc de bois percé d'une ou plusieurs cannelures, où tournent les rouets sur lesquels roule le cordage qu'on y passe. — On dit aussi la *caisse d'un mât,* en parlant des mâts qui s'articulent les uns sur les autres. La *caisse* d'un mât est son extrémité inférieure ; c'est par sa caisse qu'il est principalement maintenu à sa place sur le mât qui le supporte, et pour cela cette base est taillée en carré, pour qu'elle puisse s'emboîter exactement dans l'appareil de charpente disposé dans ce but au haut du mât inférieur. Le mât superposé s'y appuie au moyen d'une pièce en fer ou en bois qui traverse la caisse

et la supporte. (**V.** *Clef.*) Cette *caisse* est aussi percée d'une ou deux cannelures garnies de leurs rouets, sur lesquels roulent le cordage qui sert à élever le mât à sa place. Enfin, une autre cannelure transversale, pratiquée au-dessous, sert à recevoir le braguet, qu'on sait être le gros cordage qui soutient le mât dans son ascension.

— *Caisse à eau.* C'est une caisse en fer, dont la capacité ordinaire est d'un mètre cube environ, destinée à contenir l'eau de la provision sur les bâtimens de guerre : elles y sont par conséquent en grand nombre ; la capacité de chacune équivaut à un tonneau (quatre barriques). Ces caisses remplacent avec avantage les grandes pièces à eau que l'on employait anciennement, et dont on se sert encore sur les bâtimens de commerce. Dans les caisses, l'eau se conserve plus fraîche et plus potable, et sa déperdition par le coulage n'y est pas à craindre. Dans la cale d'un bâtiment, elles présentent encore le notable avantage d'occuper un tiers d'espace en moins que les pièces de tonnellerie, à quantité d'eau égale. Leur durée, comparée à celle de ces pièces, est comme 20 est à 1 ; et leur coût n'est que quatre fois celui de ces mêmes pièces. D'après ces résultats bénéficiables, on ne peut expliquer les lenteurs et l'hésitation des armateurs à les adopter pour l'usage des navires du commerce, si on ne les attribue à de mesquines vues d'économie mal entendues, qui les font reculer devant une première dépense, ou à cette routine stationnaire ennemie du progrès. Une ouverture assez large est pratiquée au-dessus de la *caisse,* et livre passage pour y descendre et la nettoyer. — *Caisse des invalides de la marine, ou caisse des gens de mer.* Belle et noble institution fondée par Colbert ; espèce de tontine formée d'une retenue de 3 pour 100, faite sur les gages ou soldes des marins de tous grades et de toutes conditions, soit dans la marine de l'Etat, soit dans celle du commerce. Cette caisse d'épargne, indépendante, inaliénable, sans rapport avec le trésor public, propriété exclusive de ses titulaires, riche des énormes versemens alimentaires qu'elle cumule, est pour fournir aux pensions et retraites des marins, quand l'âge et les éventualités de leur rude profession les ont rendus incapables de tout service. La création de la *Caisse des invalides* remonte à la fin du XVIIe siècle, mais son organisation définitive date d'un édit de 1720, lequel édit est le résumé des règlemens et ordonnances antérieures.

Bien que cette institution morale et politique, conçue par le grand ministre, eût reçu la sanction de Louis XIV, pour tout ce qui constituait son équité, la prédilection du roi pour les officiers de sa marine militaire y était marquée par le mode de répartition de ce fonds commun. Néanmoins elle portait cette disposition arrêtée par sa royale volonté : « Que tous les marins » blessés, ou qui auraient vieilli au service des

» bâtimens marchands, devaient être pension-
» nés, comme ceux de la marine militaire, par la
» *Caisse des invalides*, et recevoir annuellement
» la moitié de la solde mensuelle qui leur avait
» été attribuée sur les bâtimens de l'Etat, où ils
» avaient été embarqués en dernier lieu, *quelle*
» *que fût la durée de cet embarquement.* » — Généreuse et sainte disposition, que l'on aurait dû
croire à l'abri de toute modification sacrilége, et
que le vertige des réformes bureaucratiques n'a
pas respectée! récompense équitable du dévouement et du courage des gens de mer, qui assurait leur avenir par des secours proportionnés à
leurs droits et aux exigences de leurs conditions
sociales! Les marins y voyaient la sollicitude paternelle du gouvernement en échange de laquelle ils offraient le sacrifice d'une vie dépensée
à son service. L'Etat y trouvait ce lien de moralité politique qui lui attachait de bonne foi cette
classe de sujets si indispensable à sa gloire. Pourquoi, depuis cette époque, d'autres lois et la manie des innovations sont-elles venues fausser la
généreuse idée de Colbert? Quand les motifs et le
but qui firent surgir de sa pensée la *Caisse des
invalides* sont restés les mêmes, pourquoi en avoir
changé les effets au détriment de la plus grande
partie des titulaires? Nous ne prétendons pas
fixer l'opinion sur une administration dont les
vices ne nous sont connus que par les plaintes
qu'elle soulève ; mais en nous servant de l'histoire
du passé, et des faits dont nous avons été témoins, nous pouvons avancer que les changemens
survenus dans les règlemens de la *Caisse des invalides* sont tels que, d'un lien qu'elle était jadis
pour les marins envers leur patrie, elle est devenue
un motif d'émigration à l'étranger ; plaie funeste
à notre marine, et dont elle souffrira long-temps!
La *Caisse des invalides*, telle qu'elle est administrée aujourd'hui en ce qui concerne l'exécution
de ses règlemens et l'application de ses produits,
la réforme que nécessite cette belle institution
dans l'intérêt des marins, est une grave question
d'Etat, digne d'occuper l'attention parlementaire.
Les *capitaines au long cours* les plus maltraités
dans les revenus de cette tontine, qu'ils contribuent plus que personne à grossir des retenues
qu'ils y versent, se sont courageusement faits les
organes de tous les marins non entretenus, *non
privilégiés*, et par conséquent les plus en souffrance. La légèreté avec laquelle leur réclamation a été accueillie dans les deux Chambres légis-
latives est inqualifiable dans ce temps de progrès.

CAISSON. s. m. Espèce de coffre d'attache,
bâti à bord des vaisseaux dans les coins des
chambres, et partout où un petit espace peut
être ainsi utilisé à renfermer des provisions.
L'enveloppe extérieure du caisson cache ordinairement une œuvre de charpente d'un effet
disgracieux, ou rectifie un niveau, et peut servir
de siége.

CALAISON. s. f. C'est l'abaissement dans
l'eau d'un bâtiment sous le poids de sa charge ;
cette *calaison* est en raison des objets qu'on y embarque, et qui forcent le navire à s'enfoncer.
Cette action, de descendre ainsi sa masse dans la
mer, s'appelle *caler*. Caler un navire, c'est l'asseoir dans la mer par des poids calculés. Le
terme de la calaison est déterminé par un *devis*,
ou sorte d'instruction donnée par le constructeur
du navire, et préjugée par celui qui charge le
bâtiment. La *calaison* se mesure par une échelle
de pieds marquée sur l'*étambot* à l'extérieur du
bâtiment. (Voir *Tirant d'eau*.)

CALE. s. f. Ce mot a plusieurs significations dont
nous mentionnerons les plus importantes. C'est
d'abord et généralement l'intérieur, le fond d'un
navire.—A bord des bâtimens à plusieurs ponts,
c'est la partie qui est au-dessous du pont inférieur.—Les bâtimens du commerce n'ont que la
cale et l'entre-pont ; et encore souvent n'ont-ils
pas d'entre-pont dans toute leur étendue, mais
seulement devant et derrière (voir *Entre-pont*).
Examinons d'abord la *cale* d'un bâtiment de
l'Etat. A l'avant on trouve un compartiment
qu'on appelle la *cale à eau ;* elle est remplie par
les caisses en tôle qui contiennent la provision ;
elle sert encore souvent de magasin pour les
cordages de rechange. A côté, vers l'arrière, est
placée la *cale au vin*, dans laquelle sont arrimées
les pièces d'eau-de-vie, de vin, etc., et souvent
les viandes salées et les farines. En suivant toujours vers l'arrière, on trouve d'autres compartimens ou magasins, qui sont la *soute* au biscuit,
la soute aux voiles, la soute aux poudres, la
soute au charbon, etc. Il semble que chaque
division, ou chaque magasin spécial de la *cale*,
doive changer de nom suivant les objets qu'il
renferme ; car on trouve ailleurs la *fosse* aux
câbles, la fosse aux lions (corruption de fosse
aux *liens*, présume-t-on), le *puits* à la chaîne,
le parc à boulets, etc.

On voit, par ce qui précède, que la *cale* d'un
grand bâtiment de guerre est divisée en magasins qui contiennent non-seulement toutes les
provisions de bouche ou de rechange, mais encore une grande partie des munitions. Sur les
bâtimens d'une moindre capacité, tous ces objets
occupent également la *cale*, mais seulement ils
ne sont pas aussi régulièrement divisés dans des
espaces clos et réservés. — Les navires marchands, dont les équipages sont incomparable-
ment moins nombreux que ceux des bâtimens
de guerre, n'ont pas besoin de réserver d'aussi
larges espaces à leurs provisions ou à leurs rechanges ; pour eux, les soutes, les puits, les
fosses et les *cales* particulières sont en partie
résumés dans une seule partie de leur entre-
pont, la *cambuse* (*voir* ce mot).

La *cale* d'un bâtiment marchand, c'est le magasin qui reçoit les marchandises qu'il transporte d'un point à un autre. Aussi les chambres, les cabanes, et tout ce qui doit retrancher de l'étendue qu'on a intérêt à lui donner, font-ils l'objet de tous les calculs des armateurs. Plus la *cale* est vaste, plus on y entassera de marchandises et plus s'élèveront les bénéfices attachés au transport. Quand un bâtiment marchand est déchargé, sa *cale* présente un vaste coffre sans encombrement, sans compartimens autres que celui qui protége les pompes (voir *Archipompe*). On y entasse les colis, les barriques, les caisses, jusqu'à barrotter si l'on peut, et tout ce poids donne au navire l'assiette qui lui est nécessaire pour naviguer et ne pas ployer sous la force du vent qui frappera dans les voiles. La science de l'arrimage consiste à placer le plus d'objets encombrans possible dans cette *cale*. Le navire, pour se trouver dans de bonnes conditions de navigabilité, doit entrer dans l'eau jusqu'à une élévation calculée. Si les objets dont on emplit la *cale* sont légers et encombrans, il faut donc mettre à profit chaque espace pour augmenter la charge ; si, au contraire, on y place des marchandises lourdes, on doit calculer le poids général de manière à maintenir le bâtiment à un tirant d'eau qui lui conserve les qualités nécessaires pour bien naviguer.

Les *cales* de construction sont des plans inclinés sur le bord des bassins ou de la mer, et sur lesquels on bâtit les navires de l'Etat principalement. La pente du plan, qui est d'un pouce par pied, sert à entraîner le bâtiment lorsqu'on veut le mettre à l'eau. — Aujourd'hui, que l'on construit des *cales* couvertes dans nos grands ports de guerre, on semble vouloir s'en servir nonseulement pour construire des vaisseaux sous leur abri, mais encore pour recevoir ceux qui exigeraient de grandes réparations, et même simplement ceux qu'on voudrait conserver. — On sait qu'à flot, dans un bassin, un navire ne tarde pas à se détériorer, au point d'être impropre à tout service au bout d'un certain nombre d'années. — On est parvenu à retirer de l'eau jusqu'aux plus forts vaisseaux, et à les mettre à l'abri sous ces gigantesques édifices ; retirer de l'eau un vaisseau de 74, par exemple, qui ne pèse pas moins de 1,500,000 kilog., c'est là un résultat inouï de l'emploi des forces combinées. Seize *cabestans* ont suffi pour retirer ainsi du bassin le vaisseau *l'Alger*, et pour le placer sous la *cale*. — Il est certain que s'il devenait possible d'*emmagasiner* ainsi nos vaisseaux, nous retirerions de cette mesure plusieurs avantages, dont les moindres ne seraient pas la conservation de ces citadelles flottantes. — On construit plusieurs *cales* couvertes à Toulon, peut-être est-ce en souvenir des avantages qu'en tirait autrefois Venise, qui, au temps de sa puissance, renfermait ainsi mystérieusement ses flottes sous des *cales* couvertes, pour les envoyer ensuite brusquement à ses ennemis étonnés.

Le supplice de la *cale*. — C'est un des derniers lambeaux du système pénitentiaire qui s'éteint chaque jour dans la législation maritime. Pourtant on punit encore certains délits de ce supplice, qu'un nouveau Code rayera sans doute de ses articles plus appropriés aux mœurs de notre époque. Voici, du reste, en quoi il consiste : on passe un cordage souple dans une poulie placée à l'une des extrémités d'une basse vergue, de manière à ce qu'elle dépasse la largeur du bâtiment, et qu'elle plane sur la mer. On attache le coupable à l'un des bouts de cette corde; ses deux mains sont réunies et liées au-dessus de sa tête ; ses pieds reposent sur un petit bâton fixé en travers au bout du cordage qui lui passe derrière le dos. Un certain nombre de matelots, rangés sur l'autre extrémité du cordage, enlèvent le bout où est le patient au signal indiqué ; lorsqu'il se trouve suspendu à la vergue, on le laisse tomber de tout son poids dans l'eau, où il est replongé jusqu'à trois fois, suivant la condamnation qu'il a subie. On déploie, pour ces sortes d'exécutions, l'appareil le plus imposant que permette la localité où elle a lieu ; tous les marins des navires du port ou de la rade sont appelés pour en être spectateurs. Le nom qu'on donne vulgairement à ce supplice est la *cale mouillée*. — Autrefois on donnait la *cale sèche*, espèce d'estrapade. Elle consistait à laisser tomber sur le pont le malheureux, qui s'y brisait ; quelquefois on se contentait de le retenir à quelques pouces du pont, et il n'éprouvait que la secousse, dont la violence suffisait quelquefois pour lui arracher la vie. — Les siècles barbares nous ont légué ces supplices, que la sagesse et l'humanité s'efforcent d'effacer chaque jour de nos lois pénales.

CALER. v. a. Se dit des mâts élevés les uns sur les autres lorsqu'on les abaisse le long de ceux qui les portent ; opération qui se fait lorsqu'on dépare un bâtiment de sa mâture, pour le désarmer, ou encore lorsque, mouillé dans une rade, la force du vent exerçant sur sa mâture toute élevée une puissance qui tend à lui faire rompre ses câbles, ou à le faire *chasser* vers le rivage, on *cale* les mâts pour laisser moins de prise au vent.

CALFAT. s. m. Ouvrier employé, dans la construction des navires, à remplir et boucher les joints, les fentes, et en général tous les petits jours des bordages extérieurs, susceptibles de laisser pénétrer l'eau de la mer dans l'intérieur du bâtiment. L'action du *calfat* s'exprime par le verbe *calfater*, et l'opération entière s'appelle *calfatage*. Le *calfatage* se complète par l'application d'un enduit, que nous avons défini sous le nom de brai. Le *calfat* l'étend sur les fentes bouchées avec de la filasse (voy. *Etoupe*), au moyen d'un pinceau, ou d'une sorte de cuiller à pot. On dit de l'ouvrage du *calfat*, que le *calfatage* est bon ou mauvais, selon que le bâtiment reçoit par ses joints l'eau de la mer, ou qu'il n'en reçoit pas. Les outils du *calfat* consistent en plusieurs petits ciseaux grossiers de diverses formes, appelés *calfaits*, ou *fers à calfat*, qui servent à introduire la filasse dans les interstices qu'elle doit boucher, et d'un maillet dont le manche et les deux bras sont minces et longs. Les coups de ce maillet sur les *fers à calfats* pour enfoncer la filasse sont excessivement bruyans. Le tapage causé par le concours de plusieurs calfats est à peine supportable (1). Un navire de l'Etat destiné aux voyages de long cours reçoit toujours un ou plusieurs *calfats*, selon sa grandeur. Le premier d'entre]eux, celui qui dirige les travaux de sa spécialité, a le titre de *maître-calfat*. Le *maître-calfat* mériterait une description que ne permet pas notre plan de rédaction; mais pour plus ample définition, nous renvoyons le lecteur à l'article du *maître-calfat du bord*, inséré dans le 5ᵉ volume, page 45, de la *France Maritime*. Le *maître-calfat* d'un navire est chargé de nombreuses fonctions : et outre le *calfatage* qu'il entretient en bon état pour tenir le bâtiment flottant, il a le soin des pompes; c'est lui qui dans le fort d'un combat a la dangereuse mission d'aller boucher en dehors du vaisseau les larges crevasses faites au ras de l'eau par les boulets ennemis. Actuellement sur nos vaisseaux de guerre, le *maître-charpentier* réunit à sa charge celle du *maître-calfat*.

CALIBRE. s. m. C'est l'ouverture arrondie, la bouche d'une pompe, d'un canon, ou enfin la grosseur sphérique d'un boulet. On dit : une pièce de mince ou de fort *calibre*, c'est-à-dire qui reçoit un projectile d'une grosseur indiquée.

CALIER. s. m. On appelle ainsi, à bord d'un bâtiment de guerre, les marins spécialement attachés aux travaux de la cale. Ces travaux exigeant de la patience, de la force et de l'adresse, les *caliers* qui les exécutent sont pris parmi des hommes mûrs, vigoureux et intelligens de l'équipage. Les marins qui ont vieilli dans l'emploi de *caliers* ne veulent plus s'en détacher, quoiqu'ils y perdent leur santé et qu'ils y contractent un genre d'existence qui fait d'eux une espèce d'hommes à part. Dans la cale, leurs occupations sont immenses et continuelles : c'est aux *caliers* qu'appartient le soin de rentrer et de sortir les câbles énormes qu'on y loge, de lover et tenir toujours prêtes les autres amarres qu'on y ramasse. A eux le soin de replacer les mille menus objets qu'on leur réclame à chaque instant pour le service du vaisseau, ou le besoin de l'équipage; à eux la distribution de l'eau et du bois à feu, et surtout l'entretien de la stabilité du bâtiment par des changemens et transpositions

<hr>

(1) D'autres outils, de formes et d'usage différens, nécessaires au calfatage, trouveront leurs définitions à mesure qu'ils se présenteront dans l'ordre alphabétique de leurs noms.

continuelles de poids dans l'arrimage. Dans la cale au vin, dans la soute au charbon, dans le puits aux boulets, partout enfin où un ouvrage s'exécute dans la cale du vaisseau, les *caliers* s'y trouvent comme travailleurs entendus et indispensables. A toute heure, soit de jour, soit de nuit, le *calier*, sans faire attendre, se met en quête de l'objet qu'on lui demande, dût-il se glisser péniblement dans les coins les plus reculés de la cale obscure, où, sans lumière, il sait trouver, entre mille objets semblables de forme, celui qu'on lui a désigné. On comprendra que ces occupations multiples, et de tous les instans, doivent continuellement tenir les *caliers* dans la cale. Aussi n'en sortent-ils que pour de courtes absences; ils y mangent, ils y dorment, ils y vivent enfin. Mais la chaleur et l'humidité de cette partie submergée du bâtiment, son atmosphère méphitique, les exhalaisons nauséabondes qui s'en échappent, font de la cale un séjour dont la maligne influence doit nécessairement altérer la santé de ses habitans obligés. On peut même affirmer que les mœurs maritimes du *calier*, si différentes de celles des autres marins, sont une conséquence du séjour obscur qu'il habite, de la nature pénible de ses occupations, et de la vie isolée qu'il y mène. En effet, le *calier* offre à l'observation un de ces types d'hommes que l'on ne trouve à comparer à aucun. Pour le juger, il faut le voir parmi les autres marins de l'équipage, lorsque parfois il se mêle à eux pour venir sur le pont respirer l'air pur du soir. Il apparaît au milieu des joyeux habitués du gaillard d'avant comme une connaissance retrouvée, et dont l'absence a été longue. Malgré son teint pâle, son air maladif, sa barbe longue et noire, et ses yeux caves, sa figure porte l'expression de la bonhomie. Il est aimé, parce qu'il est obligeant, et il est obligeant par état; il est causeur, et, par compensation, il a ses longs jours de silence; dans ses rares visites sur le pont, il demande des nouvelles du voyage, comme s'il n'en faisait pas partie. — Anciennement les *caliers* passaient, dans l'opinion des matelots, pour des *esprits supérieurs*, versés dans les secrets de la science cabalistique. Ils leur attribuaient des connaissances médicales, qu'ils consultaient préférablement à celles du docteur du bord.

CALIORNE ou **CAYORNE.** s. f. Deux fortes poulies à doubles ou à triples rouets, réunies par un fort cordage passé et repassé à plusieurs tours dans chacune des poulies, composent l'appareil qui sera défini sous le nom de *Palan*. La *caliorne* est le plus gros palan dans un navire; elle est destinée à agir dans des manœuvres de force qui exigent une grande puissance d'action. Les *caliornes* sont suspendues aux bas-mâts. Les grands bâtimens en ont deux au grand mât et deux au mât de misaine.

CALME. s. m. C'est l'entière cessation du

vent. Dans cet état, le bâtiment cesse de tourner son avant vers le point où il veut se rendre; il ne gouverne plus, il reste un point fixe, et ne se sépare pas d'un objet qu'on lance dehors pour éprouver le calme. Les voiles battent contre la mâture; on les replie souvent en attendant la brise. Quand la mer est houleuse,—ce qui arrive presque toujours lorsque le calme suit une tempête ou un grand vent,—tout le navire crie et se balance péniblement sans appui. Cet état n'est pas sans danger; on voit souvent des avaries de la mâture résulter des calmes, pendant lesquels le bâtiment, abandonné aux gonflemens de la surface de l'eau, chancelle, roule sur lui-même, comme un homme ivre, sans pour cela bouger de place, et rapproche les extrémités de ses vergues de l'eau, en renversant tout ce qui est abandonné sur le pont. — Le *calme plat* est la plus complète expression du *calme* pris dans son sens le plus rigoureux.—La durée des *calmes* est fort arbitraire; il y a des parages de l'Océan où l'on ne manque jamais de stationner quelques jours, parce que le vent qui passe dans ces latitudes s'endort souvent dans un espace de plusieurs degrés. — Les *calmes* les plus constans sont ceux qu'on trouve sous l'équateur.—Quelquefois l'air s'y repose pendant des semaines et jusqu'à des mois entiers.—Toutes les chaudes latitudes sont plus enveloppées de *calmes* que les autres.—Les navigateurs redoutent davantage les prolongemens du *calme* que ceux du grand vent; ils engendrent les famines et les privations de toute espèce. La stagnation de l'air cause également des maladies qu'on ne rencontre pas dans une atmosphère où l'air est souvent renouvelé. — Les bâtimens de petite dimension parviennent à acquérir un peu de vitesse pendant les *calmes*, à l'aide de leurs avirons; mais cette ressource n'est profitable que dans le voisinage des terres, ou pour réunir des bâtimens en vue les uns des autres.

CAMBUSE. s. f. Espace d'une certaine étendue, pris sur le faux-pont, c'est-à-dire sur le pont inférieur qui couvre immédiatement la cale. Cet espace, entouré de fortes cloisons, est fermé par une porte à claire-voie. C'est là que trois fois par jour on procède à la distribution des vivres pour les repas de l'équipage. L'intérieur de la *cambuse* est disposé pour recevoir une certaine quantité de vivres de toute espèce, et pour y loger commodément ses servans, appelés *cambusiers*. La *cambuse* étant située dans les parties basses du navire, l'air respirable y est rare, l'atmosphère pénible, et l'obscurité profonde. Une lampe, dont la lueur se dessine faiblement dans une vapeur rougeâtre, est la seule clarté à l'aide de laquelle les familiers de cette cantine procèdent, avec une rigueur d'exactitude inconnue partout ailleurs, aux mesures des quantités qui composent les rations. Un certain ordre de propreté y est sévèrement observé. La *cambuse* est

sous la direction spéciale d'un agent du fournisseur des vivres de la marine, appelé le *maître-commis*. — On conçoit que la plupart de ces détails appartiennent aux usages des bâtimens de l'État.

CAMBUSIER. s. m. Nom que l'on donne, à bord d'un navire, aux servans de la *cambuse*. Les *cambusiers* relèvent de l'administration du fournisseur des vivres de la marine de l'État; ils sont payés par lui, et n'appartiennent en rien à l'inscription des classes. Préposés uniquement à bord à prêter leur concours au maître-commis chargé des vivres, ils veillent avec lui à la conservation des provisions, à ce qu'elles ne soient dépensées en rations que d'après les règlemens arrêtés par le fournisseur général et le gouvernement. Les *cambusiers* sont choisis parmi des artisans et ouvriers que des industries spéciales rendent plus compétens dans la distribution des boissons et des comestibles. Leur condition de *non combattans* les exempte des rudes épreuves de la vie maritime. Ainsi les dangers de la tempête et les scènes terribles du combat se passent sans leur concours; mais comme dans la gravité de ces circonstances extrêmes ils doivent aussi leur part d'efforts au salut commun, c'est aux emplois et aux postes les moins dangereux qu'ils ont le privilége d'être appelés. Leur situation maritime, qui n'a rien de marin, rien de guerrier; leur sévérité parcimonieuse dans la dispensation des vivres, et surtout des boissons, en font une caste à part dans le navire aux yeux des matelots. Ceux-ci conçoivent pour les *cambusiers* une antipathie qui se manifeste souvent quand l'occasion s'en présente par de méchans tours, dont les matelots sont si féconds et si peu avares.

CANARD, E. adj. Épithète que les marins donnent à un bâtiment qui a le défaut de trop se plonger par l'avant lorsqu'il tombe dans le creux des lames, défaut essentiel provenant d'une construction vicieuse, et causé par le vide ou le peu de soutien de ses formes élevées dans cette partie de l'avant. C'est surtout en suivant une direction rapprochée de celle d'où le vent souffle, et lorsqu'il est frappé par les lames au-devant desquelles il s'avance péniblement, qu'il obéit aux effets de ce vice, au grand préjudice de sa marche, de sa mâture et de toute son économie. Outre ces inconvéniens importans, un navire *canard* est incommode pour les marins qui l'habitent; pour peu que la mer ondule, les extrémités du bâtiment s'élèvent et retombent avec violence, tandis que d'autres navires se balanceraient mollement sur la houle. Si la mer est grosse, les mouvemens du bâtiment *canard* ne sont plus tenables, et l'on est forcé de lui donner momentanément, à l'égard de la mer et du vent, une allure moins ruineuse pour sa solidité, mais souvent moins favorable à la direction du voyage. Ce vice d'un bâtiment *canard* entraîne le verbe *canarder*. L'aspect d'un bâti-

ment qui *canarde* dans une grosse mer est triste
à regarder. Aussitôt qu'il est atteint par la lame
qui bondit à sa rencontre, il monte sur le plan
incliné en élevant vers le ciel sa proue tremblante ; mais la vague continue à fuir sous sa *carène*, dont elle a bientôt dépassé le milieu, et
l'avant élevé, abandonné à son énorme poids, retombe dans la mer, où il ne trouve pas d'appui.
Il s'y enfonce en soulevant jusque sur son pont
une nappe d'écume, dans laquelle il s'arrête
comme un boiteux qui fait un pas et se repose.
Dans sa lourde chute, sa mâture a tremblé, ses
œuvres ont grincé, son gouvernail est resté sans
action ; puis il se relève péniblement, et de toutes
les parties de son avant on voit couler en nombreux jets l'eau écumeuse qu'il rend à la mer,
comme un pauvre estropié qui pleure.

CANON. s. m. Arme de guerre, trop connue
pour avoir besoin de définition ; on se bornera
ici à quelques considérations générales sur son
emploi à bord des navires de guerre. — Il serait trop long de décrire les différentes formes
que le canon a subies pour être appliqué sur les
bâtimens de guerre ; ses modifications ont suivi de
près les phases progressives de l'architecture navale. Il est également inutile de rappeler les
noms bizarres donnés aux espèces différentes de
canon ; ces noms, empruntés à des animaux redoutables, vrais ou imaginaires, faisaient allusion aux affreux ravages causés par cette machine terrible ; ils sont totalement oubliés, et
remplacés par la simple désignation du calibre
de chaque espèce de canon, c'est-à-dire qu'un
nombre qui exprime en livres le poids du boulet
d'un *canon* est lui-même le nom de ce *canon*.
Les *canons* employés dans la marine présentent
une série d'espèces plus variées que dans le service de l'armée de terre et dans l'armement des
places fortes, exception faite des places fortes
maritimes. — Les variantes du *canon*, depuis le
pierrier qui en est la plus petite expression, jusqu'au *canon* de 48, le plus grand de l'espèce, sont :
le pierrier, dont le petit boulet ne pèse qu'une
livre ; la pièce de 4, de 6, de 8, de 12, de 18, de
24, de 30, de 36 et de 48. — Ce dernier n'est pas
en usage sur les vaisseaux ; son énorme pesanteur,
s'il est en fer de fonte, en rend la manœuvre difficile, et nécessite un trop grand nombre de canonniers servans ; d'ailleurs, trente ou trente-deux
canons de ce poids seraient une charge nuisible
à l'économie d'un vaisseau, en même temps que
l'ébranlement causé par l'explosion de ces formidables pièces serait ruineuse pour tout le système.
Un *canon* de ce même calibre fondu en bronze n'entraîne plus l'inconvénient d'une trop grande pesanteur, mais la détonation en est trop violente, et
n'est plus supportable entre les ponts rapprochés
d'un vaisseau : elle cause des hémorragies dangereuses aux canonniers qui en font le service,
et souvent même les frappe de surdité. C'est

sans doute pour cette raison que sur les bâtimens l'artillerie est toujours en fer, bien qu'il y
aurait de grands avantages à ce qu'elle fût en
bronze. *Le Républicain* est le seul vaisseau, ou
au moins le dernier qui ait fait usage de canons de 48 en bronze ; et l'expérience a démontré que les avantages obtenus par l'effet de
leurs projectiles ne sont pas proportionnels aux
nombreux inconvéniens de leur emploi. — La
batterie de 48 du *Républicain* arme aujourd'hui
deux ouvrages qui défendent l'entrée du port de
Brest.

Tous les autres canons peuvent être employés
sur les navires de guerre, selon la force et la solidité du système de construction de ceux-ci, et
aussi selon l'espace qu'ils offrent à l'exercice de
leur artillerie ; ainsi les *canons* du calibre de 4 et
de 6 arment la batterie des plus petits bâtimens.
Les calibres de 8 et de 12 servent à bord des
corvettes. (L'on verra plus tard que ces *canons*
sont avantageusement remplacés par des *caronades* (*voir* ce mot), pièces d'égale pesanteur, et
d'un calibre plus fort.) Les *frégates* de second
rang portent dans leur batterie des canons de
24. Celles de première grandeur sont armées
avec du 30. Les vaisseaux de ligne avaient dans la
batterie basse des *canons* de 36 et dans la batterie haute du 18 ou du 24, selon qu'ils étaient vaisseaux de 74 ou de 80 canons. De plus faibles calibres armaient les ponts supérieurs de ces divers
bâtimens, à moins qu'on ne les garnisse de *caronades*. Mais les canons du calibre de 30 sont destinés à remplacer désormais, avec de nombreux
avantages, les canons de 36 ; et aujourd'hui nos
vaisseaux, ainsi que les frégates de premier rang,
sont presque généralement armés avec ce calibre
long ou court, suivant les batteries. On vient aussi
de placer sur les vaisseaux un nouveau *canon*, appelé *canon à la Paixhans*, du nom de son inventeur
le colonel Paixhans. L'énorme projectile de ce canon est rempli d'artifices ; son adoption est encore
peu répandue.—Autant l'exercice du canon dans
l'artillerie de terre est rapide et facile, autant
celui du canon de bord est lent et pénible. Si le
premier, servi par des canonniers habiles, peut
tirer six ou sept coups dans un court espace de
temps donné, le second exige trois fois le même
temps pour en tirer un seul. Cette grande différence, au désavantage du canon de bord, est justi-
fiée par sa plus grande pesanteur à calibre égal,
par la matérialité et le mécanisme tardif de son
affût, et surtout par le mode plus compliqué de
son exercice, qui exige un travail forcé à bras
d'hommes, pour retirer et remettre tour à tour
cette lourde pièce à son embrasure ; travail d'autant plus pénible, qu'il s'exécute sur un plan dont
les inclinaisons continuelles et variées par l'agitation de la mer sollicitent ce canon à suivre des
mouvemens dangereux : en sorte qu'il en coûte
autant d'efforts et de temps pour contenir sa

masse chancelante, que pour s'en servir à lancer son boulet. — La manœuvre du *canon* de bord ou le *canonnage* exige des canonniers une grande expérience, et un tact qui ne peut être acquis que par une longue habitude de la mer et des oscillations d'un navire ; aussi le meilleur apprentissage se fait-il à bord des navires sous voiles, dans des rades où l'agitation de l'eau transmet au canon que l'on manœuvre, et au but flottant sur lequel on dirige son projectile, des mouvemens continuels et nécessaires à suivre. — Le service d'un *canon* exige, à bord d'un navire, un certain nombre d'hommes selon la force de son calibre. La pièce de 36, par exemple, emploie douze servans de côté, et un treizième qui est le *chef de pièce*, qui commande aux douze servans. Il a l'importante fonction d'amorcer le canon ; de le *pointer*, ou diriger sa volée vers le but proposé. Celui des douze autres servans du canon qui est placé le plus près de l'embrasure, à droite de la pièce, est le *chargeur*.

Le service qu'exige le canonnage ne consiste pas seulement dans le rôle que joue la pièce au milieu d'un combat ; il reste un travail de propreté et d'entretien qui, renouvelé chaque jour, est une des attributions attachées aux fonctions des canonniers. On conçoit combien des masses aussi lourdes et aussi encombrantes ont besoin d'être soigneusement assujetties et veillées sans cesse, pour qu'elles puissent résister aux continuelles lois de déplacement que leur imprimerait l'agitation non interrompue du vaisseau. Aussi, l'aspect de la batterie d'un vaisseau pendant une tempête est-il un des spectacles les plus effrayans qu'on puisse s'imaginer. Peut-on ne pas trembler à la vue de ces lourdes machines, que les inclinaisons du navire soulèvent des ponts pour les appuyer contre les murailles, dont on craint de voir se déchirer les bordages sous les efforts des anneaux et des crocs qui retiennent ces longues rangées de canon ! Ne s'imagine-t-on pas voir toutes ces formidables machines rompre les cordages qui les retiennent avec effort, et, livrées aux balancemens du vaisseau, battre la batterie, se choquer entre eux, écraser et pulvériser tout ce qui se trouverait sur leur passage, et défoncer le navire lui-même, sous les battemens répétés de leur choc brutal ? Et les matelots marchent, travaillent ou reposent au milieu de tout cela ! au milieu de ce grincement des poulies, de ce tiraillement des cordages, de ce craquement du bois, de toutes ces voix qui se plaignent ou menacent....

CANONNIER. (Voir *Chef de pièce*.)

CANONNIERE. s. f. Bâtiment léger, mâté en brig, tirant peu d'eau, et d'une longueur excédant les proportions de l'espèce de navire à laquelle elle appartient par sa mâture. Les *canonnières* sont peu élevées sur l'eau, et peuvent, dans certaines circonstances, se servir de grands avirons. Elles portent une forte bouche à feu, ou plusieurs d'un moindre calibre. Quand elles ne sont armées que d'une pièce, celle-ci est placée à l'arrière du navire ; si elles en ont plusieurs, on les met en batterie. Les *canonnières* modèles portaient trois canons de 24 et un obusier ; alors deux des canons étaient placés à l'avant, et au besoin passaient sur un des côtés du navire. — Il existe aussi un autre genre de *chaloupes-canonnières*, qui naviguent principalement à l'aviron, et, au moyen d'une ancre, se placent sur des points indiqués, comme de petits forts détachés.—La flottille de Boulogne était en grande partie composée de *canonnières*, et c'est l'époque de notre histoire maritime où le plus grand nombre de bateaux de cette espèce se sont trouvés rassemblés. — Les *canonnières* étaient commandées par les enseignes de vaisseau, quelquefois par des aspirans de première classe. Leur équipage était de trente hommes ; la plupart de celles armées à Boulogne, ou dans les ports voisins, portaient trois canons de 18 et une caronade de 24 ; —quelquefois, au lieu de cette dernière, un obusier de 36.—Les *canonnières* ont livré ou essuyé, dans la Manche, pendant plusieurs années de l'empire, une foule de combats glorieux. On se souvient encore à Cherbourg de celui qui fut soutenu, en 1811, sous les côtes du Calvados, et dans lequel se signalèrent de jeunes officiers de cette époque, Jourdan, F. Lecomte, Trigan, etc., malgré la lutte si inégale qu'ils essuyèrent contre trois bâtimens de haut bord de la marine anglaise.

CANOT. s. m. C'est une embarcation de la plus petite dimension, qui est appliquée au service des navires. Elle n'a point de pont, et se manœuvre, soit à la voile, soit à l'aviron. Les mâts qu'elle porte se placent et se déplacent aisément. Chaque bâtiment a plusieurs *canots* ; il les embarque sur son pont, ou les suspend à ses côtés ou à son arrière, de façon qu'ils puissent être facilement mis à l'eau, en les laissant pour ainsi dire tomber, à l'aide des cordages souples qui les soutiennent. — Les *canots* servent à établir les communications entre bâtimens, ou de ceux-ci avec la terre. Sur les navires de guerre, il y a des *canots* exclusivement affectés à chaque service ; le commandant a le sien particulier ; il y en a un second pour l'état-major, un autre pour la provision, etc. (Voir *Chaloupe*.)

CANOTIER. s. m. On appelle ainsi, à bord des bâtimens de l'Etat, des marins de l'équipage qui sont spécialement affectés au service des canots dès qu'on éprouve le besoin de s'en servir. Ces *canotiers* ont soin de leur canot, l'abritent du soleil dans les chaudes régions, le nettoient, le peignent, etc.—A bord des bâtimens du commerce, il n'y a pas de matelots destinés plus particulièrement que les autres au service des canots, ou en général des embarcations. Sur les navires de guerre, ce service est dévolu à de eunes marins qui ont fait preuve de bonne conduite, et qui n'abusent point des facilités qu'ils ont de se trouver à terre pour changer en désordre les règles de la discipline. — Les *canotiers* sont les élégans d'une frégate; leur uniforme, bien qu'il soit généralement semblable à celui de tout l'équipage, témoigne une certaine coquetterie qui révèle la distinction de leur emploi, puisqu'ils sont sans cesse en contact avec les officiers, ou les invités de leurs chefs. Dans les Antilles, ils sont presque toujours vêtus de blanc, avec de légers chapeaux de jonc, parfois recouverts d'une éclatante coiffe de toile blanche. — Suivant le goût ou le caprice des officiers, ils ajoutent à cette tenue propre et élégante une ceinture flottante d'étamine rouge.

CAP. s. m. Ce mot, qu'expliquent tous les ouvrages géographiques, ne doit figurer ici que sous une acception plus particulière à la marine. C'est le cas où il est employé pour désigner l'avant du navire dans un sens moral. On dit : *où est le cap?* pour exprimer : vers quel point de la boussole est dirigé notre avant? On dit encore : *le cap au nord, le cap au large, le cap à terre,* pour dire que le navire se dirige vers le nord, est tourné vers le nord, vers le large ou vers la terre. Le *cap,* c'est donc la tête du navire : *caput.*

CAP-DE-MOUTON. s. m. Bloc en bois, percé de trois trous triangulairement disposés; sa circonférence est creusée pour recevoir le bout d'un cordage qui l'entoure, en se repliant sur lui-même. Les *caps-de-mouton,* ainsi enveloppés, terminent l'extrémité inférieure des gros cordages qui maintiennent les mâts; ils contribuent à leur imprimer la forte tension dont ils ont besoin; pour cela, chaque *cap-de-mouton* correspond à un semblable, lequel, lié à la muraille extérieure du vaisseau par une courte chaîne, est le point d'appui où s'exerce l'effort du cordage tendu. Cet effort se fait au moyen d'un second cordage (voir *Ride*), qui passe et repasse dans les trous correspondans des deux *caps-de-mouton* en regard; on le tire ensuite ave force, et son action fait approcher le *cap-de-mouton* et le cordage dont il est entouré de celui qui est retenu au vaisseau. Si le nom de *cap-de-mouton,* donné à ce bloc de bois, vient de ce qu'il figure grossièrement une tête, certes il ne rappelle pas une tête de mouton.

CAPE, CAPÉYER. s. f. La *cape* est l'état où se trouve un navire qu'un gros temps ou un vent contraire force de dérober la majeure partie de ses voiles à la tempête, qui les déchirerait et compromettrait le bâtiment lui-même. Quand la mer est devenue trop grosse et le vent trop violent pour que le navire continue à faire route, on serre toutes les voiles, à l'exception de celles sous lesquelles on doit *capéyer,* et qui sont ordinairement faites d'une très-forte toile. Alors on oriente ces voiles au plus près, c'est-à-dire de manière à présenter obliquement leur surface

à la direction du vent. On met ensuite la barre dessous, et le bâtiment se trouve être en *cape.* Il est facile de concevoir, pour ceux qui ont quelque notion de la marine, que le navire, dans cette position, n'ayant pas assez de voiles pour faire de la route, cède plutôt à l'effort des vagues qui le prennent par la joue du bord du vent, qu'il ne résiste à la fureur de ces vagues, et c'est justement ce qu'on recherche. Il dérive alors; mais c'est en cédant ainsi à la violence des lames qu'il peut seulement leur résister, et ces mêmes voiles, qui n'ont pas assez de puissance pour lui donner une grande vitesse au plus près du vent, en conservent assez cependant pour tenir le navire incliné sous l'effort du vent, et l'empêcher de donner de forts coups de roulis, quand une lame, après s'être élevée du bord du vent, le laisse retomber dans le creux qu'elle forme, en passant sous le vent.

La manière de *capéyer* varie selon l'espèce et la qualité des navires. La meilleure cape pour les bâtimens carrés, c'est-à-dire pour les trois-mâts et les brigs, est celle que l'on prend sous le grand hunier et le foc d'artimon, ou la brigantine, avec tous les ris. Souvent on ne *capéye* que sous le grand hunier, et en général, les voiles de cape, quelle que soit l'espèce des navires, sont celles dont l'effort s'exerce près de la perpendiculaire qui passerait par le centre de gravité du navire. Quelques trois-mâts *capéyent* sous la grande voile avec un ris. La cape sous le grand hunier et la misaine, ou sous le foc d'artimon, la pouillouse et le petit foc, et la barre presque droite, se nomment cape courante; il est impossible de l'employer avec la vitesse qu'elle imprime au navire, quand la mer est très-grosse. Autrefois, et ce temps n'est pas encore loin, on *capéyait* sous la misaine; mais cette cape, qui a dû causer la perte d'un grand nombre de navires, était une des manières les plus dangereuses que l'on pût employer pour supporter une tempête. Elle exposait le navire, plongé sans cesse dans la lame, et faisant à chaque instant des arrivées, à recevoir par l'avant des coups de mer qui devaient finir par l'avarier, ou même par le faire sombrer. Ce n'est que depuis quelques années que l'expérience et l'instruction plus perfectionnée des marins les ont conduits à essayer la cape sous le grand hunier, qui est généralement la meilleure. Il n'y a pas vingt ans que l'on sait naviguer aussi bien qu'il était possible de le faire. Des marins de l'ancien régime ne voudraient pas se hasarder en mer avec le peu d'hommes d'équipage que l'on emploie aujourd'hui; l'énormité de la mâture et du gréement maintenant en usage sur les navires marchands que l'on charge, à couler-bas, pour aller et revenir dans les Grandes-Indes en dix ou onze mois, suffiraient pour effrayer les marins des siècles passés qui renaîtraient dans le nôtre.

CAPELAGE. s. m. On appelle de ce nom le

tour que fait un cordage sur la tête d'un mât ou sur le bout de toute autre pièce de mâture, soit en se pliant sur lui-même, soit que son extrémité, préparée en forme d'anneau, presse en s'arrêtant le bout de bois qu'il reçoit. L'action de disposer ainsi les cordages s'appelle *capeler*. Les cordages qui maintiennent les mâts sont *capelés* à leur tête. Ils sont en certain nombre, selon les proportions du mât qu'ils consolident. La réunion de tous ces cordages à l'endroit du mât où ils sont *capelés*, a aussi le nom de *capelage* ; chaque mât a ordinairement son *capelage* auquel il donne son nom. Ces *capelages*, d'un certain volume, sont d'un effet disgracieux dans le bel appareil de mâts et de cordes qui se dressent sur le navire ; aussi a-t-on l'attention d'en déguiser les formes grossières, en les recouvrant d'une toile peinte en couleur claire. Les matelots se servent du mot *capeler*, dans leur langage pittoresque, pour dire qu'ils se revêtent, lorsqu'ils sont en fête et qu'ils mettent leur meilleur habillement. Pour exprimer : Il y aura du plaisir aujourd'hui, je me suis fait beau, ils disent : *Il y a gras aujourd'hui, j'ai capelé le rechange neuf.* — *Capeler*, c'est donc passer une chose par dessus le cap : la tête.

CAPITAINE. s. m. C'est le titre de tout chef d'un bâtiment ; mais on dit plus particulièrement *capitaine*, de celui qui commande un navire du commerce, comme on dit *commandant*, de celui qui monte un bâtiment de guerre. — Les *capitaines marchands* étaient admis à recevoir ce titre après avoir toutefois justifié de vingt-quatre ans d'âge et de soixante mois de navigation, dont une année au moins sur les bâtimens de l'État (de nouvelles dispositions ont augmenté la durée exigible du service à l'État, sans toutefois dépasser la somme des mois de navigation restés fixés à soixante) ; après avoir justifié de ses campagnes, le candidat doit répondre à un examen pratique du métier de marin proprement dit, puis ensuite à un examen théorique fort rigoureux, pour obtenir son brevet de *capitaine au long cours.* — Peut-être la rigidité des examens pour les capitaines au long cours devrait-elle moins s'exercer sur la partie des études mathématiques, qui est en dehors des limites tracées par les besoins journaliers de la navigation, et devrait-on se montrer un peu plus exigeant sur l'étude des langues étrangères, sur le droit commercial, etc.

Le *capitaine* peut commander des navires de commerce de toute grandeur et pour tous les points du monde ; il est *maître après Dieu* sur son bord, une fois qu'il est en mer, et tous les rangs sociaux s'effacent devant sa supériorité discrétionnaire. — Lorsque les besoins de l'armée navale exigent un appel dans les rangs des *capitaines au long cours*, pour renforcer le corps des officiers de l'État, ils ne peuvent figurer parmi ces derniers qu'avec le grade de lieutenant de frégate

auxiliaire (voir *Auxiliaire*), enseigne de vaisseau, comme on disait autrefois. — On appelle *capitaines au cabotage* les marins qui ont subi l'examen secondaire qui permet la navigation des côtes et de quelques points désignés (Voir *Cabotage*). Mais les grades de capitaine ou maître au grand et petit cabotage ne sont pas des filières imposées pour obtenir le brevet de *capitaine*. — Le *capitaine d'armes* est, sur un bâtiment de guerre, un sous-officier des équipages de ligne, chargé, sous la surveillance d'un officier du bord, de la police du navire et de la haute main sur l'entretien des armes. — Le *capitaine de port* est un ancien officier de marine de la guerre ou du commerce, qui est nommé par le gouvernement pour présider au placement des navires dans un port marchand. — Des officiers supérieurs de la marine de l'État exercent ces fonctions dans les ports de guerre. — Le *capitaine des mousses* est, parmi ceux-ci, celui qui a le plus navigué, ou qui a montré une aptitude propre à lui donner de l'autorité sur ses camarades. (*Capitaine* de corvette, de frégate, de vaisseau, voir *Commandant*.)

CAPON. s. m. Appareil formé d'un fort cordage passé dans les cannelures, ou *clans* percés au bout d'un bossoir, et dans les *clans* correspondans d'une grosse poulie, armée d'un grand croc de fer. Le cordage s'appelle le *garant du capon*. Cet appareil ainsi établi sert à élever à bord les ancres amenées au niveau de l'eau par le moyen des câbles qui les retiennent, et à faciliter leur placement aux endroits qu'elles occupent quand le navire est sous voiles, ou à les tenir au bossoir d'où on les laisse tomber à la mer au besoin. — L'action de se servir du *capon*, se dit *caponner* ; caponner une ancre, c'est donc l'élever à l'aide du *capon*. Cette opération est simple ; aussitôt que l'ancre remontée du fond, par le moyen de son câble, commence à se montrer au niveau de l'eau, un matelot descend dessus, et croche dans son organeau le croc de la poulie du *capon*, qu'on a laissé pendre à cet effet. Aussitôt les hommes de l'équipage s'emparent du *garant du capon*, et tirent en marchant au bruit du sifflet qui les stimule. L'ancre sur laquelle le câble n'agit plus s'élève, et se rend au bossoir, où elle reçoit la bosse debout qui l'y suspend, en remplacement du capon qui est aussitôt décroché. Cette opération rappelle un événement sinistre, survenu à bord d'une frégate de la division aux ordres du général Lhermite, à son départ de l'île du Prince, en 1806. Cette frégate levait son ancre. L'homme descendu pour y crocher le *capon* était resté dessus et se laissait ainsi remonter. L'équipage rangé sur le *garant* marche et enlève cette ancre, dont le câble est libre dans la batterie, et qui bientôt est caponnée ; mais à peine elle touche au dernier point de son élévation, que le *garant*, la corde du *capon* qui la suspend, casse. L'ancre abandonnée à son poids retombe, et dans sa chute rapide elle fait défiler avec violence ce qui reste du *garant* attaché à la poulie de *capon;* ce bout de corde, en se détendant, fouette et saisit par le milieu du corps le matelot resté sur l'ancre; il y est attaché par plusieurs tours du *garant,* et entraîné jusqu'au fond de la mer. Il fallut recommencer à lever l'ancre au moyen du câble. Lorsqu'elle reparut à fleur d'eau, quel spectacle s'offrit aux regards de l'équipage épouvanté! Le malheureux matelot y était encore attaché, mais mort, noyé, écrasé par l'énorme masse sur les rochers du fond, et déchiré par des requins qui s'en disputaient les sanglans débris.

CAPOT. s. m. Sorte de capuchon en planche, dont on recouvre l'entrée de l'escalier qui conduit à la chambre, à bord des petits bâtimens du commerce; son dessus, couvert en toile goudronnée, est brisé pour s'ouvrir et donner passage. Quand il est ouvert, il rappelle cet encaissement sous lequel se cache le souffleur d'un théâtre. Le *capot* peut s'enlever entièrement pour laisser circuler l'air dans la chambre.

CAPOTER. v. a. Se dit des petits navires qui, trop peu lestés ou mal assis sur l'eau par la répartition vicieuse des poids dans leur intérieur, sont facilement renversés sens dessus dessous, par l'action du vent qui les prend de côté. *Capoter,* c'est renverser le haut en bas. (Voir *Chavirer.*)

CAPTURE. s. f. Synonyme de prise. Un bâtiment *capturé* est un bâtiment *pris.* (V. *Prendre.*)

CARABINÉ. s. m. Se dit d'un vent violent, qui a passé la force ordinaire, mais qui n'est point encore arrivé à la tempête. — Une brise *carabinée* est une bonne brise qui entraîne promptement le navire.

CARAQUE. s. f. C'étaient autrefois d'immenses navires que les Portugais employaient à la navigation des Indes orientales et du Brésil. Ce genre de construction, en partie abandonnée aujourd'hui, a beaucoup perdu de ses anciennes proportions.

CARAVELLE. s. f. Les Turcs appellent ainsi les grands navires. Il y a aussi en Portugal des petits bâtimens portant des voiles pointus, et auxquels on donne ce nom.

CARCASSE. s. f. C'est, à proprement parler, le squelette d'un bâtiment, c'est l'ensemble de cette première charpente, en bois tors, qui n'est pas encore revêtu de bordages. Ce mot néanmoins ne s'emploie guère en parlant d'un navire en construction; il se dit plutôt de celui qu'on démolit, ou de celui qui a péri sur les rochers d'une côte, que la mer a dépecé en partie, et qui n'offre plus que des débris informes, noircis par l'eau et couverts d'algues. La vue d'une carcasse de navire impressionne tristement. La pensée y trouve des images vraies du néant des choses. Le squelette découvert d'un bâtiment qu'on démolit au rivage rappelle encore ce beau navire si vigoureux jadis, domp-

tant la mer sous sa rapide carène, et qui, vieux et cassé, vient finir sur la grève! Sa démolition c'est l'autopsie de son cadavre, où l'on retrouve le souvenir de ses souffrances passées; ses parties disjointes par ses efforts dans mainte tempête; ses membres déchirés par les boulets ennemis qui l'ont sillonné, sont autant de cicatrices qui rappellent les beaux services du vaisseau mort! La vue d'une carcasse de navire naufragé est plus attristante encore; victime de l'ouragan qui l'a jeté sur les rochers du rivage, ses ossemens épars sont là comme le *memento mori* de tout navire qui se livre au perfide Océan. A l'aspect de ces restes que le mordant de la mer ronge peu à peu, les marins se rappellent que sur le vaisseau dont les débris se dressent devant eux comme un avertissement terrible, il y avait aussi des hommes savans, intrépides, prudens et aimant l'existence; et que tous ces élémens de la conservation ont été impuissans contre la fureur des orages. Si cette *carcasse* est là comme un jalon de l'histoire, si elle rappelle une lutte sanglante qui s'est dénouée par un naufrage, le voyageur s'arrête, et gémit sur ce débris qui fut sans doute le tombeau de tant de braves! A quelles douloureuses réflexions n'est-il pas entraîné à la vue des nombreuses *carcasses* qui se dressent comme autant de squelettes démembrés sur le rivage de Navarin!—Il y peu d'années qu'une marée extraordinaire a découvert, près de la Hogue, des *carcasses,* qui sont celles des vaisseaux de Tourville, détruits en 1692.—Les *carcasses* sont des écueils dangereux, lorsqu'elles ne se montrent pas au-dessus de la mer. Les pêcheurs les redoutent pour leurs filets.

CARDINAUX. Nom collectif des quatre points principaux qui divisent la circonférence de l'horizon, qui sont : le nord et le sud son opposé; l'est et l'ouest son opposé. La boussole indique tout de suite, à quelque déviation près, la direction des quatre points cardinaux; mais il est facile de les trouver sans le secours de cet instrument, et sans beaucoup s'écarter de l'exactitude; il suffit d'en connaître un seul, et de savoir leur disposition respective à l'égard les uns des autres; ainsi, l'est est bientôt trouvé, c'est le point où le soleil se lève; le nord est à gauche en regardant l'astre, le sud est à droite, et l'ouest est derrière.

CARÉNAGE. s. m. C'est un lieu choisi dans la découpure d'un rivage, ou dans le bassin d'un port, à l'abri du vent et de la mer, et que d'autres avantages de localité rendent favorable à la réparation des navires. — Ce mot exprime aussi l'action de procéder à la *carène* (voir ce mot) d'un bâtiment, c'est-à-dire aux travaux qui ont pour but de réparer ses parties submergées.

CARÈNE. s. f. Ce mot comprend une double acception : premièrement, il s'entend pour exprimer la périphérie extérieure des fonds d'un navire, c'est-à-dire le contour de toutes ses parties submergées, quand, sous le poids de sa charge, il a pris dans l'eau son assiette nécessaire. C'est de la forme de sa *carène* qu'un navire reçoit ses bonnes ou mauvaises qualités à la mer ; sa marche, surtout, dépend de la courbure suivie et savamment observée des lignes qu'à divers degrés de calaison le niveau de l'eau trace sur le contour de sa *carène*. Cette partie submergée, qu'on s'applique à rendre propre à diviser facilement le fluide, n'a pu trouver de meilleur modèle que le ventre des poissons, et les navires dont la *carène* se rapproche le plus de cette forme sont les plus rapides. Mais une grande légèreté de marche n'est pas la seule qualité essentielle dépendante d'une *carène* ; la stabilité du bâtiment et les mouvemens doux de sa masse en sont des conséquences également importantes, et celles-ci ne s'obtiennent que par des formes souvent contraires à celles qu'exige une marche rapide. Il y a donc, dans la forme d'une *carène*, un milieu à trouver, qui réponde à toutes les conditions d'un parfait navire. Mais la question de la meilleure *carène* possible sera long-temps encore la chimère en architecture navale. — La seconde acception du mot *carène* est l'opération qui a pour objet les réparations à faire au-dessous du bâtiment, de la *carène* comme il a été dit ; opération qui s'exécute d'abord en mettant hors de l'eau la partie submergée du navire, soit en le mettant à sec dans un bassin, soit par le secours de l'abattage. On dit d'un vaisseau qui subit cette opération, *qu'il est en carène ;* et, selon qu'il la reçoit entière ou en partie, on dit qu'il subit *une carène complète* ou *une demi-carène*. L'action de faire une *carène* donne le verbe *caréner ;* ainsi *caréner* un navire, c'est mettre en bon état sa partie submergée.

CARET (FILS DE). s. m. C'est le nom des fils de chanvre dont on compose les cordons, que l'on réunit ensuite trois ou quatre ensemble, pour former les cordages. Le *fil de caret* provenant du premier brin de chanvre a 3 lignes de circonférence ; un plus gros, fait avec le second brin, a de 4 à 5 lignes. Ces grosseurs sont prises sur le *fil de caret* fabriqué par le procédé ancien. Les nouvelles mécaniques dont on se sert aujourd'hui pour la confection du *fil de caret* en réduisent les dimensions sans lui retirer de sa force, et lui donnent plus de régularité dans la rondeur. C'est avec les *fils de caret* tirés des vieux câbles, coupés par tronçons, que l'on fait le bitord à bord des bâtimens.

CARGAISON. s. f. C'est l'ensemble des marchandises dont on emplit la cale d'un bâtiment du commerce. — Les navires de l'État ne portent point de *cargaison*, mais seulement des munitions de toute espèce. — Il y a cependant des navires qu'on appelle *flûtes, gabarres, corvettes de charge*, que l'État emploie à porter d'un port à l'autre, et quelquefois jusqu'en haute mer, des objets d'armemens, des vivres, des mâtures, etc., dont on leur forme une *cargaison* pour les besoins des ports de guerre, des arsenaux, etc.

CARGUE. s. f. On appelle de ce nom des cordes légères fixées aux bords et aux coins inférieurs des voiles, et qui servent à les retrousser, à les relever sur les vergues, en plis pendans et drapés, pour en soustraire la surface à l'action du vent. Relever ainsi les voiles, s'appelle *carguer*. Les *cargues* ont des noms particuliers qu'elles empruntent à la voile et aux parties de la voile où elles sont fixées : celles qui agissent sur ses coins se nomment *cargues-point ;* celles qui prennent aux endroits où s'attachent les boulines sont appelées *cargues-boulines ;* d'autres ont le nom de *cargues-fond*, etc. Toutes ces diverses *cargues* sont doubles pour une voile, et sont disposées en égal nombre de chaque côté. — Elles sont multipliées sur les voiles d'un grand développement ; elles se réduisent à deux pour les petites voiles. Les cacatois, par exemple, n'ont que deux *cargues :* les *cargues-point*.

Les circonstances dans lesquelles on *cargue* les voiles pendant la navigation sont fréquentes et variées ; c'est surtout lorsque le temps est à grains, comme l'on dit, et que l'atmosphère passe subitement d'une brise supportable à un vent violent causé par l'élévation de nuages noirs et pluvieux. Dans le premier état, le navire est activé dans sa marche par toutes les voiles que les circonstances permettent de déployer ; mais soudain l'horizon se noircit dans la partie où se nourrit la brise ; un nuage livide s'en élève et s'étend sur l'espace ; sa crête dentelée et menaçante s'avance rapidement, et sa vitesse annonce la violence du vent qu'il recèle, tandis que ses contours baveux révèlent déjà que sa masse se fond en pluie. Les lames de la mer se brisent plus brillantes d'écume sur sa teinte d'encre : c'est un grain qui va passer sur le navire. Mais l'officier observe depuis long-temps ; la voix tonnante de son porte-voix a fait retentir le bâtiment du cri de *veille !* et l'ordre de *range à carguer les huniers* a fait voler les matelots aux *cargues ;* attentifs et silencieux, ils attendent.... Le grain vient. Il est venu : il ronfle dans les cordages ; il se rue dans les voiles ; il s'abat sur le navire, qui plie et grince sous sa fureur. Il est temps : *cargue !...* dit l'officier ; *cargue !* répète le maître de manœuvre, et le bruit de son sifflet, dominant celui de la rafale, excite les agiles matelots. Simultanément les voiles se détendent ; elles se relèvent en draperies bouffantes suspendues aux vergues, et le navire s'est redressé. — Quelquefois, sous la violence des bourrasques, les voiles, quoique *carguées*, sont encore dangereuses pour les mâts qu'elles ébranlent dans leurs terribles fouettemens. Alors les hommes qui tentent de les soustraire complètement à la fureur du vent, de les *serrer*, selon l'expression technique, s'épuisent en vains efforts pour les étouffer, et sont exposés à être jetés à la mer par leurs battemens. Dans ces circonstances, on multiplie les *cargues* pour que les voiles à supprimer soient tout de suite domptées par leur seul secours. — Un bâtiment sous voile, qui fait son entrée dans une rade, diminue peu à peu sa vitesse en approchant de l'endroit où il laissera tomber son ancre. C'est en *carguant* ses voiles que sa marche se ralentit, quoiqu'elle soit encore aidée par leurs plis gonflés de vent. Le navire est encore beau à voir, légèrement penché sous ce gracieux négligé, qui prélude au repos qu'on lui prépare.

CARLINGUE. s. f. C'est la combinaison de deux ou trois fortes pièces de bois de chêne ajoutées bout à bout dans le fond d'un navire. La *carlingue* est la doublure intérieure de la *quille*, cette épine dorsale d'un bâtiment ; elle concourt avec la quille à consolider et maintenir à leur place les côtes du squelette, avec lesquelles elle s'identifie par d'ingénieuses endentes. C'est sur la *carlingue* que s'appuient les pieds des mâts.

CARONADE. s. f. L'art de détruire a aussi son *progrès*. Les génies inventifs qui lui consacrent leurs méditations avaient depuis longtemps proposé cette question, afin d'augmenter la puissance destructive d'un navire de guerre : doubler le poids de ses boulets sans augmenter le poids de son artillerie. L'Ecosse trouva une nouvelle pièce qui résolut la question, laquelle prit le nom du village *Carron*, où fut établie la première forge de laquelle sont sorties les *caronades*. La forme de la *caronade* est moins gracieuse que celle des canons ordinaires : courte et presque cylindrique, elle est très-forcée en matière à sa culasse bombée et arrondie dans cette partie. Son bouton de culasse est un tenon troué qui reçoit un écrou où s'engrène une vis de pointage. Sa large bouche laisse voir jusqu'au fond de l'*âme* de la pièce qui n'est pas *chambrée*. Elle n'a pas de tourillons pour servir à la supporter sur son affût ; mais un dé en fer, qui fait corps avec la *caronade*, et situé en dessous, reçoit un boulon de fer forgé, passé lui-même dans une double crapaudine fixée sur la semelle en bois qui sert d'affût. La *caronade* s'y trouve attachée par ce boulon, en même temps qu'elle est convenablement balancée pour recevoir toutes les inclinaisons du pointage. Ce canon, dans sa spécialité, présente de nombreux avantages : il pèse à peine un tiers du poids d'un canon ordinaire à calibre égal ; il peut donc être appliqué à un navire destiné, par sa construction, à porter des canons d'un calibre considérablement plus faible ; il triple sa force guerrière sans surcharger son pont, ni troubler sa stabilité. L'inconvénient de cette bouche à feu, comparée aux canons ordinaires, c'est de ne pas lancer son projectile à une aussi grande distance ; mais cette objection, loin d'avoir été un obstacle à son admission, a contribué à la faire adopter. Elle nécessite le rapprochement des deux combattans ; les ravages qu'elle produit sont plus grands ; la fin des combats est plus prompte ; et ces conditions servent convenablement l'impatience des marins. — L'installation des *caronades* à bragues fixes en rend le service prompt et facile ; la pièce n'ayant pas de recul (car il a été dit au mot *Brague* que les bragues fixes ne permettent pas de recul aux pièces qu'elles retiennent), elle n'a pas besoin du concours des nombreux servans nécessaires aux autres canons pour les rouler à leurs embrasures ; avantage qui active considérablement la charge de la *caronade* et la répétition de ses coups. Aussi une *caronade* à brague fixe peut-elle tirer trois fois plus qu'un canon ordinaire dans le même intervalle de temps. La rapidité de ses explosions doit donc ajouter aux dévastations produites par son énorme boulet. Qu'on se représente le ravage causé par ces terribles bouches à feu, lorsque, durant cinq ou six heures d'un combat acharné, elles vomissent continuellement, sur un vaisseau ennemi, les charges de boulets et de mitraille dont on les gorge ; et cela à une distance si rapprochée, qu'il n'est plus nécessaire de pointer pour que tout coup soit bon !... Les plus faibles *caronades* ne portent pas moins de 12 livres de fer pour un projectile. Les calibres qui suivent sont le 8, 12, 18, 24, 30 et 36 ; les Anglais en ont de 42. Les premières qu'ils fondirent étaient de 68 ; mais ils y ont renoncé. La *caronade* est encore susceptible de perfectionnement.

CARRÉ. s. m. On appelle ainsi, sur les frégates, la chambre commune autour de laquelle sont placées les cabanes des officiers, et dont le centre, occupé par une table, sert pour les repas de l'état-major. (*Carré de hamac*, voir *Hamac*.)

CARROSSE. s. m. C'est une construction en charpentage et en menuiserie qu'on élève sur le pont à l'arrière d'un navire, pour servir de logement. On peut faire le tour de ce petit édifice ; le dessus est une plate-forme, sur laquelle on peut monter suivant les besoins du service. L'intérieur d'un *carrosse* est divisé en chambres et en cabanes ; le milieu est ordinairement réservé à une petite pièce carrée, dans laquelle communiquent toutes les autres cabanes. Les bâtimens du commerce, qui sont destinés à porter beaucoup de passagers, ont souvent des *carrosses*, parce que la chambre basse ne suffit pas pour le logement nécessaire aux voyageurs et aux officiers du bord. En général, les passagers préfèrent habiter le *carrosse*, les logemens y étant plus aérés. —Quels que soient les soins qu'on apporte dans la construction d'un *carrosse*, surtout s'il a été ajouté après coup, il ne laisse pas que d'y avoir quelque danger, par les gros temps, à rester dedans si le navire reçoit des coups de mer. On a vu, bien que ces exemples soient rares, des *carrosses* enlevés par de violens coups de lames, ou au moins brisés et défoncés de manière à compromettre gravement la vie des personnes qui les habitaient. — On appelle *rouf* une espèce de *carrosse* moins spacieux, et plus spécialement construit pour mettre à l'abri de la pluie le matelot qui dirige le gouvernail. — Il y a une autre construction également destinée à faire des logemens de passagers, qu'on appelle *dunette* (*voir* ce mot). Il n'y a guère que les navires du commerce qui aient des *carrosses* ou des *roufs;* les bâtimens de guerre, n'ayant pas comme ceux-ci la nécessité de dérober le moins d'espace possible à leur cale, ont tous leurs logemens sous les ponts, à part quelques anciens vaisseaux qui ont encore des *dunettes.*

CARTAHU. s. m. Nom d'un cordage léger, dont la destination improvisée est de servir à hisser ou descendre un objet quelconque qu'on veut se dispenser d'aller porter ou chercher. Un matelot occupé sur un mât a-t-il besoin d'une masse, d'une pince, ou de tout autre ustensile, il crie d'en haut qu'on le dispose, qu'il va *envoyer un cartahu.* Aussitôt il fait descendre le bout d'une simple corde, souvent la première qui lui tombe sous la main, à laquelle on attache l'objet demandé; et, à un signal convenu, l'homme du mât tire à lui l'officieux *cartahu.*—Quand les matelots désarment un bâtiment, qu'ils le dégarnissent de tous les cordages qui servaient à monter sur les mâts, ils en laissent un seul; il est double, parce qu'il est passé dans une poulie qu'ils ont également laissée sur le mât tout nu : c'est un *cartahu;* ils s'en serviront pour descendre et pour monter le long de ce mât gigantesque, qu'ils ne pourraient embrasser, c'est-à-dire qu'ils s'attacheront au bout du *cartahu* et se feront hisser par ce moyen.

CARTE MARINE. s. f. C'est le plan, à vue d'oiseau, d'une certaine partie de la surface du globe, spécialement consacré à représenter les contours des continens, et l'étendue des mers encadrées par leurs sinuosités; les cartes marines servent aux voyageurs, pour marquer chaque jour le point de la mer où les a portés leur navire, et à figurer par un trait la route qu'ils ont réellement suivie d'un rivage à un autre. Les navigateurs y trouvent les configurations des côtes avec leurs découpures, et celles des îles jetées çà et là sur les mers qu'ils parcourent; les distances relatives, entre les accidens les plus importans des rivages qu'ils peuvent être appelés à visiter, y sont observées; les rochers isolés dont l'existence est reconnue y sont rigoureusement placés, et les écueils soupçonnés par une sage méfiance y sont au moins indiqués; enfin, les cartes marines montrent aux navigateurs les passages qu'ils doivent préférer sur la mer, pour y conduire leurs vaisseaux. Elles sont, avec la boussole et l'instrument propre à observer les astres, un guide précieux que le pilote consulte pour se reconnaître sur les vastes solitudes de l'Océan.

Il n'entre pas dans le plan circonscrit de ce lexique, de développer les savantes théories par lesquelles on est parvenu à représenter sur le papier, sur un plan, la figure exacte des parties sphériques du globe, en conservant entre ces parties les relations de distance et de position relatives qu'elles ont en réalité; nous nous bornerons à dire que l'hydrographie a atteint à cet égard tout ce qu'il était possible d'espérer des progrès de cette science; d'autres perfectionnemens peuvent être obtenus, mais ils ne seront que des raffinemens secondaires de détails, de patience et d'exécution. Le grand secret de la *carte marine* appelée *carte réduite*, destinée à représenter les plus grands espaces du globe était ignoré des anciens; et voici ce secret : on voit que sur les cartes terrestres les méridiens concourent vers un point commun, comme sur le globe. Mais la condition essentielle de la *carte marine* étant de pouvoir y représenter la route d'un vaisseau par une ligne droite qui coupât les méridiens sous un même angle, elle exigeait que les méridiens fussent rendus parallèles entre eux, ce qui troublait les relations qui existent entre les degrés des *parallèles* et les degrés correspondans du méridien. Pour rétablir ces relations on augmenta ces derniers dans le même rapport que l'avaient été ceux des *parallèles.* La trigonométrie vint en aide, et les degrés du méridien, égaux sur le globe, furent augmentés sur les cartes réduites (suivant l'expression trigonométrique), dans le rapport du *rayon au cosinus de la latitude*, et la question fut ainsi résolue. Il fallait, pour trouver ce secret, le cours du temps, qui produit le progrès des sciences; le dévouement des navigateurs, qui mène à tant de découvertes, et enfin la marche si lente des épreuves et des tâtonnemens, qui conduit à la perfection.

Les cartes marines sont de différentes espèces et de différens noms : celles appelées *cartes plates*, peu en usage aujourd'hui, représentent des espaces d'une étendue assez peu considérable pour que l'on puisse regarder cette étendue prise sur le globe comme parfaitement plane; leur théorie est simple, et, pour nous servir des termes de la science, elle consiste à faire les degrés des parallèles extrêmes égaux à ceux du parallèle moyen de l'espace représenté; ce qui rend les méridiens parallèles entre eux; celles appelées *cartes réduites*, dont nous avons invoqué plus haut l'aperçu théorique; enfin, celles appelées *cartes à grands points*, qui exposent avec détails les découpures et les accidens d'un rivage, et qui pour cela ne peuvent comprendre que des espaces très-limités.

CASSÉ. part. Se dit d'un navire dont les extrémités sont tombées sous le poids des efforts, ce qui le fait paraître bombé au milieu. Un navire cassé se présente arqué en sens contraire de sa courbure primitive que l'on appelle *tonture* (*Voir* ce mot); courbure qui lui était donnée pour dissimuler ou retarder la tendance naturelle des extrémités à tomber, par le peu d'appui qu'elles trouvent dans le fluide. On reconnaît un navire cassé, à la convexité des lignes marquées par ses bordages, comparée au niveau de l'eau. Si le navire *cassé* est à sec, il se reconnaît encore mieux aux ondulations que sa quille a contractées; elle est courbée de telle sorte, que ses extrémités touchent sur le plan où il repose, tandis que son milieu laisse un jour, qui ne cesse qu'après que le bâtiment, par sa pesanteur, s'est en quelque sorte redressé. Un navire *cassé* annonce un ancien serviteur qui a bien fait son temps, et qui, pour être courbé par les fatigues passées, ne manque pas encore d'une vigueur utile. C'est la vieillesse d'un vaillant vétéran, qui peut encore rendre de bons services. Il est à déplorer que nos vaisseaux actuels se cassent promptement.

CASSER. v. a. C'est arrêter par degrés un bateau ou même un navire dans sa marche; c'est diminuer sa vitesse. On dit *casser son erre*, ce qui se fait en supprimant peu à peu ses voiles, ou en les disposant à l'égard du vent de manière à neutraliser leur action sur le bâtiment; on *casse l'erre* d'un canot avec lequel on veut aborder un quai; on *casse l'erre* d'un navire pour approcher, sans l'aborder, un corps flottant, une bouée, par exemple.

CASSE-TÊTE. s. m. Nom d'une sorte de rets, dont la destination est de servir dans un sens tout-à-fait en opposition avec l'idée que présente son nom. Loin de casser les têtes, il les protége de la chute des objets qui pourraient les casser. A cet effet, il est tendu entre le grand-mât et le mât d'artimon des vaisseaux et frégates, et couvre ainsi tout le gaillard d'arrière. Il est élevé à 12 ou 15 pieds au-dessus du pont, et ne peut gêner les exercices et les mouvemens accomplis dessous. Tout objet qui tombe du haut des mâts, soit poulie, soit cordages, et dont la chute peut blesser ou tuer des hommes sur le gaillard, s'arrête sur le *casse-tête*; c'est surtout dans les combats, lorsque toute la mâture s'écroule en débris sous le choc des boulets, que l'utilité du *casse-tête* est appréciée. Il peut à l'occasion préserver d'une mort certaine un homme précipité du haut d'un mât, et qui, dans sa chute, vient bondir et s'arrêter sur son élastique surface. C'est ici l'occasion de rappeler l'idée heureuse et désespérée que le *casse-tête* a fournie au brave capitaine D...., commandant la corvette *la Guêpe*, dans le mémorable combat qu'il soutint contre des péniches anglaises dans la baie de Vigo. Ce navire, étroi-

tement bloqué par une division navale, était depuis long-temps menacé d'une attaque de nuit par les embarcations ennemies. *La Guêpe* était une de ces sévères corvettes de la république, portant du 12 en batterie barbette; navire spartiate, plié à toutes les épreuves de cette époque de luttes sanglantes; modeste et fort bâtiment de guerre, sans luxe et sans oisiveté, dont les formes et les couleurs rappelaient ouragans et batailles, vagues et boulets, écume et sang! Un brave et habile capitaine, des officiers dévoués, un intrépide équipage, équipage de ce temps-là! telle était *la Guêpe*. Une longue station sur les côtes de la Galice, et des services importans rendus aux habitans de Vigo, avaient produit entre les marins de *la Guêpe* et les habitans une fusion de sentimens, une confraternité telles, que le soir où le capitaine D....., averti par un pressentiment qui ne l'a pas trompé, annonça qu'il serait attaqué dans la nuit, les marins espagnols s'offrirent généreusement comme auxiliaires dans le combat qui allait avoir lieu; mais le brave D.... s'y opposa, confiant dans le courage tranquille de son vaillant équipage, et dans les admirables dispositions de défense qu'il avait fait prendre; disant à ses marins, enfermés sur le pont de *la Guêpe* par les filets d'abordage qui l'enveloppaient de toutes parts, qu'il ne fallait plus en sortir, ou en sortir vainqueurs. Familiarisés avec cette glorieuse alternative, ils l'acceptèrent avec le calme terrible du dévouement qui promet tout, et tient encore plus. On sait l'audace des marins anglais dans ces combats de nuit, où l'obscurité, les méprises, et souvent la négligence d'un équipage surpris ont quelquefois milité en leur faveur; mais on veillait à bord de *la Guêpe*, et à moins de grands sacrifices, on ne pouvait prétendre à s'en emparer par un abordage sournois. Nous ne donnerons pas la description des puissantes dispositions prises à bord de la corvette française; il suffit de dire que trois cents abordeurs déterminés, venus à trois reprises avec des péniches armées et des bateaux pêcheurs pris aux Espagnols, y trouvèrent la mort. Les deux premières attaques de l'ennemi furent consacrées à rendre la corvette abordable, en détruisant ses formidables moyens de répulsion : et tout en foudroyant *la Guêpe* avec leurs chaloupes armées de caronades, les Anglais abattaient à coups de faux les filets d'abordage dont elle était enveloppée, mais cette rude besogne s'exécutait sous les foudres d'une artillerie servie avec ardeur, sous le feu roulant d'une nombreuse mousqueterie, et sous une pluie de projectiles lancés de toutes les parties des mâts élevés de la corvette française. Les Anglais écrasés, se retirèrent une seconde fois, de guerre lasse, pour se refaire et remplir les vides laissés dans leurs rangs par le nombre de leurs morts. Irrités de leurs pertes, ils avaient résolu, coûte que coûte, de les ven-

ger, par la prise ou la ruine de leur terrible adversaire. Cependant les deux premières attaques ne s'étaient pas faites sans causer à *la Guêpe* des pertes et des avaries qui en rendaient l'abordage possible ; il ne lui restait plus que quelques lambeaux de ses filets de défense ; ils furent tous employés à garantir l'avant du bâtiment. Un côté du gaillard d'arrière se trouva privé de ce précieux abri. C'était une brèche irréparable, par laquelle les assaillans pouvaient pénétrer sur le pont de la corvette républicaine. Le capitaine D..... y réunit ses plus vaillans hommes, et c'était corps à corps qu'ils devaient défendre ces nouvelles Thermopyles. Les Anglais revinrent une troisième fois aussi nombreux qu'aux attaques précédentes. On était prêt à les recevoir, quand tout à coup une pensée traversa comme un trait le cerveau du capitaine français. « Vite, enfans, dit-il à ses matelots,
» coupez les filières du *casse-tête* ; qu'il reste sus
» pendu par ses quatre coins à des cartahus qui
» seront lâchés à mon commandement ; et vous,
» mes braves, ajouta-t-il, parlant à ceux qui s'ap
» prêtaient à recevoir les abordeurs, défendez
» courageusement ce bastingage ; mais à mon
» ordre, retraitez sur l'avant de la corvette, et
» laissez entrer l'ennemi. » Tout l'équipage a saisi l'intention de l'intrépide chef ; il espère avec confiance dans le piége tendu aux Anglais. Ceux-ci arrivent enfin ! une bordée chargée à triple paquet de mitraille leur est jetée à bout portant. Ils n'en sont point arrêtés ; ils abordent en masse le côté vulnérable de *la Guêpe ;* ils se pressent, ils se poussent ; ils s'aident de leurs haches d'armes pour envahir le bastingage, où se dressent comme autant de géans redoutables les braves qui le défendent ; enfin l'ordre de la retraite est donné aux matelots qui s'opposaient aux abordeurs. Ceux-ci se précipitent dans le navire français, et se groupent sur le gaillard d'arrière. Ils restent étonnés de le trouver désert ; mais, sans leur laisser le temps de se reconnaître, et quand ils sont tous montés, le capitaine D.... crie de laisser tomber le *casse-tête.* Le lourd filet tombe de son poids sur la masse compacte des abordeurs qui remplissent le pont de la corvette ; les Anglais, pressés, embarrassés sous les vigoureuses mailles du rets perfide, ne peuvent plus se défendre contre l'équipage accouru à la voix du capitaine. Le tumulte, l'obscurité et le désespoir des marins de *la Guêpe* en firent une horrible tuerie ; cent balles les frappèrent : aucun n'échappa. Cependant les Anglais retirés sur les vaisseaux de l'escadre, n'apercevant pas les signaux qui devaient annoncer la prise de la corvette française, et ne voyant pas revenir leurs embarcations, augurèrent mal de la troisième attaque : mais au jour tout fut expliqué. *La Guêpe* était toujours là, noire de fumée, rouge de sang, toute pantelante, échevelée des efforts de la nuit ; mais son pavillon flottait plus beau dans son gréement

en désordre. Elle méritait l'admiration d'un ennemi appréciateur du courage, elle n'en reçut que haine et vengeance : une frégate anglaise s'en approcha, et épuisa sur la vaillante corvette ses boulets et sa rage. *La Guêpe* épuisa aussi les siens, avec l'acharnement du désespoir, puis vint un moment où elle ne tira plus, et son pavillon flottait toujours. Les Anglais l'abordèrent cette fois sans rencontrer de résistance, mais ils ne trouvèrent qu'un charnier sanglant...

CATIMARON. s. m. C'est une espèce de petit radeau composé de troncs d'arbres non équarris, et qui sert à faire la pêche dans les Indes-Orientales ; la forme de cet appareil est un carré long, terminé en pointe à chaque bout, et que meuvent un, deux ou trois hommes, à l'aide de petits avirons courts, connus sous le nom de *pagaye.* — On écrit *catamaran* pour parler d'une sorte de machine infernale que les Anglais avaient adoptée pour détruire notre escadre, lors des fameux préparatifs de descente en Angleterre. Il y avait plusieurs espèces de *catamarans :* la première n'était autre que des brûlots ordinaires ; seulement on s'attachait à leur donner plus strictement l'apparence d'un navire de guerre monté par un équipage. — Les Anglais appellent cette première espèce : *explosion vessel.*

La seconde machine était formée de longs coffres en bois, étroits et pointus par chacune de leurs extrémités, et qui, étant remplie de poudre et d'artifices, entrait assez dans l'eau pour n'être pas remarquée à la surface. — Le troisième appareil incendiaire consistait en barriques également remplies de poudre, qu'on abandonnait aux courans après les avoir remorquées jusqu'à des espaces convenus. Le mécanisme intérieur de ces machines les faisait éclater dès qu'elles se heurtaient contre les navires sur lesquels elles étaient dirigées. L'Angleterre a fait des dépenses énormes pour ses *catamarans,* sans que la réussite de ses tentatives l'ait récompensée de ses sacrifices ; ces machines échouaient à la côte et ne détruisaient rien. — *Catamarans* est l'orthographe anglaise du mot emprunté aux radeaux de l'Inde *catimarons.* La plupart des écrivains qui ont écrit sur ces machines l'ont conservée en français.

CAYENNE. s. f. On donne ce nom, dans les grands ports de guerre, à une vaste caserne destinée à recevoir les marins levés pour le service, et qui n'ont pas encore reçu de destination. Ils n'y reçoivent pas de paye, mais ils y jouissent de la ration de bord. On donne aussi le nom de *cayenne* à une cuisine bâtie sur un quai, pour préparer les repas de l'équipage, les règlemens de police et de sûreté des arsenaux ne permettant pas d'allumer du feu à bord des navires tant qu'ils sont dans le port.

CEINTRE. s. m. Sorte de bourrelet fait avec

un vieux bout de cordage, façonné et recouvert avec certain art par les matelots ; il sert à être mis en ceinture tout autour de certaines embarcations qui doivent souvent accoster un quai ou le côté d'un bâtiment, pour les préserver d'un frottement nuisible.

CEINTRER. v. a. C'est l'action de contenir, de rapprocher autant qu'on le peut, avec des cordages, les côtés d'un navire quand ils menacent de s'écarter ou de se disjoindre. Cette opération n'a lieu qu'à la mer et dans une extrémité fâcheuse ; elle se fait avec de forts cordages appelés *grelins* (*voir* ce mot) ou des câbles, que l'on passe à plusieurs tours par-dessous le bâtiment, de manière à l'embrasser tout entier ; puis, au moyen du cabestan, cette sorte de ligature est serrée par les moyens les plus puissans : mais son efficacité n'est rien moins que parfaite. On doit aisément se représenter le piteux état d'un navire *ceintré*, dont le désastre augmente si le mauvais temps vient l'assaillir : sa marche est notablement retardée par cet appareil de cordages qui fait saillie sous sa carène ; ses dispositions militaires sont très-gênées par ces mêmes cordages, qui croisent sa batterie et embarrassent plusieurs embrasures.—On dit aussi d'un navire au mouillage qu'il est *ceintré par son câble,* lorsque, dans ses mouvemens au-dessus de son ancre, il passe sur le câble et s'en trouve arrêté ; cette situation ne laisse pas que de le compromettre, si le vent et la marée concourent à le charger dans un sens, tandis que le câble arrêté et tendu sous la quille agit dans le sens contraire. On s'empresse, dans ce cas, à filer le câble *ceintré,* pour que, débarrassé, il puisse se tendre sur l'avant du navire et le retenir convenablement.

CEINTURE. s. f. C'est un bourrelet comme celui défini au mot *Ceintre,* servant aussi dans le même but. La différence consiste en ce que la *ceinture* est employée pour les canots légers, destinés aux transports des officiers et marins de l'équipage d'un navire ; en ce sens, la *ceinture* est d'un travail plus soigné, plus élastique, pour mieux amortir les chocs et préserver les embarcations de tous frottemens préjudiciables. A cet effet, la *ceinture* encadre complétement le canot ; quelquefois la partie de l'avant, seule, est garantie par une *demi-ceinture.*

CENTRE DE VOILURE. s. m. Dans la surface que présentent les voiles déployées d'un navire, il est un point où se réunit l'action du vent, où se concentre l'effort résultant de l'effet de chaque voile ; ce point est appelé *centre de voilure. —* Le *centre de voilure* se détermine par des calculs mathématiques de haute portée ; sa propriété mécanique est telle que s'il offrait un point d'appui matériel à toute autre puissance que celle du vent sur les voiles, mais égale en force, et agissant dans le même sens, l'impulsion communiquée par cette nouvelle puissance serait

la même à tous égards, tandis qu'appliquée à tout autre point de la surface de voilure, ou de la masse du bâtiment, le mouvement imprimé différerait de vitesse et de direction.

CHAINE. s. f. Les acceptions maritimes de ce mot sont variées ; mais généralement il faut l'entendre dans le sens vulgaire. Comme lien de fer ou de cuivre, ses applications sont nombreuses. Les *chaînes* en fer les plus remarquables sur un navire sont les *chaînes* fixées aux ancres pour retenir le bâtiment (voir *Câble*) ; — celles attachées aux *grappin sd'abordage,* sortes de crocs de fer qu'on lance dans les agrès d'un navire ennemi pour le retenir, le lier et le combattre à l'abordage ; — celle qui servait, dans les anciennes cuisines de bord, à maintenir la chaudière de l'équipage contre les mouvemens du navire.—Quelques *chaînes* sont employées dans la mâture pour y remplacer certaines cordes importantes que des frottemens inévitables attaquaient et finissaient par rendre douteuses. — Les navires anglais, et particulièrement ceux du port de Liverpool, ont depuis long-temps adopté l'usage des *chaînes* en remplacement d'une multitude de cordages. Les caps-de-mouton fixés aux côtés extérieurs des bâtimens y sont retenus par des *chaînes* façonnées à propos, appelées *cadènes,* du mot espagnol *cadenas* (chaînes). — Les principales *chaînes* en cuivre sont les *chaînes du gouvernail,* fixées à cette pièce importante par des anneaux en cuivre, et retenues à bord par de forts cordages appelés *sauve-gardes.* Ces *chaînes* servent à retenir le gouvernail, à ne pas s'en séparer dans le cas où, un accident le faisant sortir de ses gonds, il viendrait à se détacher du bâtiment. La *chaîne du paratonnerre,* espèce de corde faite en fil de cuivre, qui sert de conducteur à la foudre, depuis le sommet du grand mât où elle peut être attirée, jusqu'à la mer où elle va se précipiter, etc. — On appelle aussi du nom de *chaîne* l'estacade formée de *radeaux,* ou de mâts flottés liés à la suite les uns des autres, et qui servent à fermer l'intérieur des ports. — Enfin, on dit *chaîne de rochers, chaîne de brisans,* quand ces écueils s'étendent en longues files sur la mer et semblent intercepter de larges espaces.

CHAISE. s. f. Sorte de siége fait avec de larges sangles ou tresses, qui sert à suspendre le long d'un mât ou d'une voile, ou au bout d'une vergue, le matelot occupé à un travail qui réclame l'emploi de ses deux mains ; en sorte que, ne pouvant pas en consacrer une à se retenir, il reste suspendu tout le temps que durent ses travaux. Du reste, il y est assis très à l'aise ; une seconde tresse, qui l'entoure en lui passant sous les aisselles, lui sert de dossier.

CHALAND. s. m. Espèce de bateau d'une construction légère, servant d'allége pour transporter les marchandises. — Le *chaland* est plat sur ses côtés et sur son fond, et presque semblable à une longue caisse ; il ne navigue pas de lui-même, et doit être remorqué par un autre navire à voiles ou à vapeur. — C'est un magasin flottant ; il tire peu d'eau et porte des charges considérables.

CHALOUPE. s. f. La chaloupe est la plus forte embarcation que porte un navire ; elle n'a point de pont et se manœuvre soit à la voile, soit à l'aviron. Son emploi consiste principalement dans le transport des marchandises ou des munitions ; elle sert également à lever les ancres, à les transporter, à porter des câbles, etc. Son service est le plus pénible du bâtiment. — Les *chaloupes* des bâtimens de guerre sont construites de manière à recevoir une pièce d'artillerie d'un calibre proportionné à leur grandeur.—La *chaloupe* est mise sur le pont quand un navire prend la mer ; souvent on y place les canots, qui, ordinairement suspendus aux côtés du bâtiment, peuvent, dans les gros temps, être emportés par les lames. —La *chaloupe* sert de parc pour les provisions vivantes ; à bord de la plupart des navires marchands on y entasse les moutons, les porcs, quelquefois les cages à volailles. C'est alors qu'on cabane un canot par-dessus, de manière à fermer autant que possible ce parc, que les matelots nettoient et lavent à grande eau tous les matins. — La *chaloupe* ainsi placée sert souvent d'abri aux matelots pendant les longues et venteuses durées de leur quart ; ils se rassemblent du côté opposé à celui d'où vient le vent, et, accroupis les uns auprès des autres, dans l'intervalle des travaux qu'exige souvent la manœuvre, ils se racontent toutes ces fantastiques histoires de la mer, dont les marins, encore superstitieux, sont si avides. Parfois aussi leurs récits sont plus gais ; ce sont les souvenirs de leur dernier séjour à terre qui les inspirent : leurs farces, leurs ribotes, *leurs amours*, tout est raconté dans ce style inimitable, plein de tropes et de comparaisons bizarres. — Quand le temps est mauvais et que l'officier qui commande le quart a besoin de ses hommes, il sait où les prendre ; ils sont *sous le vent de la chaloupe.* — On appelle *chaloupier*, à bord des bâtimens de guerre, les matelots spécialement destinés au service de la *chaloupe*, comme les canotiers sont les équipages des canots.

CHALUT. s. m. Filet de pêche en usage sur certaines côtes, et notamment sur celles de la Bretagne. Au milieu se trouve un large sac en filet, qui s'allonge en diminuant progressivement jusqu'à n'avoir que 2 pieds de diamètre. Les poissons compris dans l'espace que le *chalut* embrasse se réfugient dans le perfide sac, duquel ils ne peuvent plus sortir. Pour faire cette pêche, le filet est jeté à l'eau étendu de toute sa longueur ; chaque extrémité est retenue par une corde appelée *fune ;* les *funes* sont attachées à l'avant et à l'arrière de la chaloupe, qui se laisse

pousser en travers par le vent, en traînant son *chalut.*

CHAMBRE. s. f. A bord des grands navires de l'Etat, chaque officier a une *chambre* d'environ 5 à 6 pieds carrés ; les officiers généraux ou supérieurs qui commandent en habitent de plus larges. Celle dite *chambre de conseil* a toute la largeur du bâtiment, et est occupée par le commandant du vaisseau. La *grande chambre*, qu'on appelle aussi *le carré*, sert de salle à manger aux officiers ; la *chambre* de chacun d'eux s'ouvre sur cette pièce commune. Les proportions de toutes les *chambres* de navires sont relatives et diminuent avec la grandeur du bâtiment. — Les *chambres* des navires de guerre sont aujourd'hui d'une grande simplicité, eu égard au luxe inouï qui était déployé dans les emménagemens de l'ancienne marine. Tous nos grands seigneurs de Louis XIV et de Louis XV, en transportant de la cour sur la flotte leurs dentelles, leur poudre et leurs parfums, ne pouvaient se sevrer de tous ces meubles, de toutes ces commodités domestiques dont leurs élégantes habitudes leur faisaient un besoin ; les livrées brillaient à bord comme à Versailles, et les coiffeurs, les valets de chambre, les maîtres d'hôtel étaient forcés de ployer à la gêne du roulis et aux proportions exiguës des logemens, tous les détails de leur service, toutes les capricieuses exigences de l'étiquette. — Aujourd'hui nos officiers de marine ont à peine un domestique, et le plus souvent un seul suffit pour plusieurs. Les mœurs ont changé, le courage français est resté le même ; on se battait bien vêtu de velours et de satin, on se bat bien sous le frac bleu.

Les bâtimens du commerce destinés à transporter des passagers, les *paquebots*, comme on les appelle, sont aujourd'hui les navires à bord desquels le luxe des *chambres* et des emménagemens est porté au plus haut degré. Toute l'ébénisterie de ces salons élégans est en bois précieux ; le cuivre poli, le cristal, les soieries, disposés avec goût, décorent ces *chambres*, où se trouvent souvent un piano et une bonne bibliothèque. L'office, la salle de bains, les galeries offrent aux passagers toutes les commodités de la vie ; les *chambres* particulières sont garnies d'un petit bureau, d'une armoire, d'une glace et d'une cabane, que le tapissier enveloppe de rideaux. Les parquets sont recouverts de moelleux tapis ; des lampes suspendues maintiennent, dans chaque partie des *chambres*, une lumière suffisante pour la nuit. L'ingénieur s'est efforcé d'utiliser chaque espace ; jamais les lois d'économie architecturale n'ont été plus minutieusement étudiées. Les maîtres d'hôtel, les mousses affectés au service des *chambres* sont prêts, jour et nuit, à exécuter les ordres des passagers, à satisfaire leurs moindres caprices, et les officiers du navire offrent eux-mêmes l'exemple de la plus obligeante prévenance. Les traversées de France aux Antilles, qui varient ordinairement de 30 à 45 jours, sont rapidement écoulées à bord de ces *paquebots*, la plupart bons marcheurs et habilement commandés.

CHAMEAU. s. m. Sorte de bâtiment tout à fait innavigable par ses formes particulières, inventé par les Hollandais comme un auxiliaire indispensable pour faire passer leurs grands vaisseaux sur les petits fonds du Zuyderzée. Le *chameau* dans son ensemble n'est qu'un immense coffre à fond plat; l'une de ses faces, destinée à s'appliquer le long d'un vaisseau, est façonnée de manière qu'elle a en relief ce que le vaisseau a en creux; en sorte que cette face peut s'adapter exactement avec le côté du vaisseau. Cela posé, deux *chameaux* de cette forme sont d'abord chargés d'eau et sont ensuite amenés le long des flancs d'un grand vaisseau. Ils s'y appliquent et s'y lient par un appareil de forts cordages qui, passant par-dessous le vaisseau, sont reçus à bord des deux *chameaux*, où ils sont tendus de toute la puissance des nombreux cabestans qui s'y trouvent. Ces dispositions étant achevées, les *chameaux* sont vidés de toute l'eau qu'ils contenaient; ils flottent plus légers, et soulèvent le vaisseau, réduit à une faible calaison; celui-ci peut donc, à l'aide des chameaux qui le supportent, franchir des espaces où la faible profondeur de l'eau ne pourrait l'admettre dans son état de calaison normale. Lorsque tout le système est enfin arrivé dans une eau assez profonde pour recevoir le vaisseau, il est débarrassé des *chameaux*. Les vaisseaux de ligne construits à Venise sous l'empire, ne pouvaient franchir la barre sans le secours des *chameaux*. M. le baron Tupinier, aujourd'hui directeur des ports au ministère de la marine, étant chef du génie maritime à Venise, fit construire des *chameaux* perfectionnés, à l'aide desquels des vaisseaux tout armés franchissaient des bas-fonds, et se trouvaient immédiatement après en état de prendre le large. Le vaisseau *le Rivoli* fut le premier qui sortit de Venise à l'aide de ces ingénieuses et colossales machines. M. Boucher, aujourd'hui chef du personnel à la marine, contribua aussi, par un ingénieux moyen, à perfectionner les *chameaux*, qui purent dès lors s'appliquer à toutes grandeurs de vaisseaux. Ces deux habiles ingénieurs étaient parvenus à construire ces machines de telle sorte, que la même paire pouvait servir à des vaisseaux de tous rangs, depuis 74 jusqu'à 110, bien que la différence de ces dimensions changeât le rapport de la courbure de leur carène avec celle de la face latérale interne des *chameaux*. Ce perfectionnement fut une œuvre immense, si on juge la différence que présente le poids d'un vaisseau lége d'avec celui d'un vaisseau armé, différence qui n'est pas moindre de 2,500,000 livres. C'est encore à cette glorieuse époque de l'Empire qu'il faut rattacher cette utile découverte de la science.

CHANDELIER. s. m. On appelle généralement de ce nom toutes barres de fer plantées ou assujetties verticalement sur les ponts, ou sur les *plat-bords* (*Voir* ce mot), et qui supportent, sur leurs têtes en forme de fourches, des barres de bois à hauteur d'appui; ainsi, les listaux des batayoles, ceux des bastingages, sont supportés par des *chandeliers*. — Il y a des *chandeliers* dans les canots, pour supporter et tendre la petite tente qu'on y dresse pour préserver du soleil; les *pierriers* et les *espingoles* (*Voir* ces mots) sont supportés par des *chandeliers*, disposés pour leur donner tous les mouvemens nécessaires. — Enfin les *chandeliers de tire-veilles* sont deux petites colonnes de cuivre ou de fer tournées avec goût, brillantes de propreté, qui sont plantées sur le bord du bâtiment, à l'endroit où les officiers font leur entrée à bord; ils servent à y retenir deux cordes d'appui enveloppées de drap ou d'étamine de couleur qui pendent au dehors, et dont on s'aide pour monter à bord. (Voir *Tire-Veille*.)

CHANGEMENT. s. m. On dit *changement* de temps, de vent, de mer; *changement* d'eau, parlant de sa couleur; *changement* de quart, de route, d'amures et de voilures. Dans une escadre il se fait des *changemens* d'ordre de marche ou de combat.

CHANGER. v. a. Les différentes circonstances où l'emploi de ce mot est invoqué en marine, lui assignent une double acception qui mérite d'être développée. Dans certains cas il conserve son sens vulgaire; par exemple, on *change les voiles* qui servent depuis long-temps; c'est-à-dire qu'on les remplace par d'autres voiles de réserve plus neuves ou plus étroites; ce qui se fait quand on arrive dans des parages où la crainte des forts vents prescrit cette mesure de prudence. — On *change le quart*: c'est le remplacement des hommes qui ont veillé pendant quatre heures, par la bordée qui a reposé durant le même temps. — On *change les câbles de bout*: c'est détacher de l'ancre le bout du câble qui s'est usé en frottant sur les roches du fond, et y attacher l'autre bout qui n'a pas servi, etc. On voit que dans ces cas le mot *changer* exprime la substitution d'un objet à un objet de même espèce; mais dans les cas suivans, ce mot reçoit une acception spéciale de convention: ainsi *changer la barre*, en parlant de la barre du gouvernail, ne doit pas se traduire par remplacement de la barre qui est en place par la barre de réserve; cette phrase signifie *changer la barre* de côté; si elle est à bâbord, c'est ordonner de la mettre à tribord; ce qui s'exécute au commandement de *change la barre!* Mais observons que pour exprimer cette pensée, il faut que le commandement s'adresse à l'homme qui tient la barre du gouvernail; car s'il est adressé aux autres marins de garde sur le pont, l'idée est différente; et le commandement de *change la barre !* exprime que celui des matelots dont le tour est arrivé de tenir la barre, doit venir relever celui qui l'a tenue jusqu'alors. — On dit aussi *change derrière ! change devant !* c'est dans les viremens de bord *changer* la position des voiles au moyen des bras, le navire ayant lui-même changé de direction, afin de les disposer à recevoir le souffle de la brise qui n'a pas *changé.* — On *change l'écoute de foc :* c'est changer l'écoute de côté, et non pas remplacer l'écoute par une autre. *Changer d'amure,* c'est virer de bord ; le mot *amure* étant pris ici pour exprimer le côté du vaisseau qui reçoit d'abord le vent. (*Voir* ce mot.)

CHANTIER. s. m. Dans un arsenal maritime, c'est le lieu consacré à construire les vaisseaux, le point où on les bâtit, où l'on travaille le bois. Les cales de construction sont dans le *chantier.* On donne aussi le nom de *chantiers* aux billots placés à la file sur une cale de construction, et élevés de 4 ou 5 pieds, sur lesquels se pose la quille ou première pièce d'un bâtiment en construction, et qui doivent supporter toute l'énorme masse jusqu'à parfait achèvement ; on dit : le vaisseau est sur les *chantiers.* Un *chantier* de construction se divise en *chantier* des canots et chaloupes, lieu où on les fait et où on les répare, *chantier* des bois, où on les entasse après les avoir marqués, etc. On appelle *chantiers d'embarcation* deux madriers larges et plats, découpés de telle sorte que, placés à une distance de 15 ou 18 pieds, une embarcation étant posée dans leurs découpures où ses formes s'appliquent exactement, elle est maintenue droite dans une position qu'elle ne conserverait pas sans le secours de ces *chantiers.* Les bois un peu creusés sur lesquels on pose une barrique pour la maintenir en repos, s'appellent des *chantiers de barriques.*

CHAPEAU. s. m. C'est un cadeau volontaire, en sus des rétributions convenues, qu'un armateur ou un intéressé fait au patron ou au capitaine d'un navire de commerce, en témoignage de sa satisfaction. On appelle aussi *chapeau,* dans une voile serrée ou pliée, la partie bombée et relevée en pointe qui se trouve au milieu.

CHAPELET. s. m. C'est une chaine sans fin sur laquelle sont disposés à la file, et très-rapprochés les uns des autres, des plateaux ronds d'un diamètre moindre que celui d'une pompe destinée à recevoir ce *chapelet.* Il fait partie du mécanisme de cette pompe, appelée pour cela *pompe à chapelet;* sa propriété est d'élever, par le jeu qu'il reçoit dans le corps de pompe, l'eau que ce tube jette au dehors. — On fait des *chapelets* de barriques ou pièces à eaux, en les attachant toutes en travers, à la suite les unes des autres, et à se toucher. Ce long chapelet flottant est traîné par une embarcation.

CHAPELLE. On dit *faire chapelle :* c'est une fausse manœuvre d'un bâtiment, lorsque, naviguant dans une direction très-rapprochée du point d'où vient le vent, un faux coup de barre ou une variation de la brise font que le vent qui soufflait dans la face intérieure de la voile, souffle maintenant sur l'autre face. Le bâtiment, arrêté dans sa marche, recule, et ne peut retrouver sa première allure qu'en effectuant un complet virement de bord ; et, en effet, *faire chapelle,* c'est virer de bord malgré soi. Cette fausse manœuvre est très-dangereuse dans une escadre dont les vaisseaux naviguent en ligne, surtout si elle a lieu dans une nuit obscure.

CHARGE. s. f. C'est ce qui peut entrer dans la cale d'un bâtiment, en lui conservant une stabilité suffisante pour bien naviguer, une bonne *ligne de flottaison,* comme on dit, pour exprimer le point convenable où le navire doit cesser de s'enfoncer dans l'eau sous le poids de sa cargaison. — *Chargé à morte charge,* c'est un navire dans lequel on a placé des marchandises jusqu'à la dernière limite tracée par les lois de navigabilité.—Lorsqu'un navire est en armement dans un port, et qu'il attend les marchandises qu'il doit transporter, on dit qu'il est *en charge.*—Un bâtiment *de charge* est celui qui a été construit de manière à ce que sa cale présente la plus grande capacité possible, au contraire de ceux dont les formes aiguës et vidées rendent la marche plus rapide aux dépens de l'étendue de leur intérieur.—On dit : *tirer à charge de combat,* lorsque l'on met dans une pièce d'artillerie une quantité de poudre égale au tiers du calibre de la pièce. Il y a trois *charges :* celle de *salut,* celle d'*épreuve* et celle de *combat.*

CHARGÉ. s. m. On dit : *chargé* du bâtiment qui a reçu sa charge.—Sur les navires de guerre il y a des premiers maîtres qu'on appelle *maîtres chargés;* ils sont responsables, chacun dans des spécialités différentes, de différens objets d'armement, tels que toile en pièce, cordages, poudres, etc., dont le bâtiment est approvisionné ; et, tous les mois, ils dressent l'état des consommations, dont les comptes généraux sont balancés à la fin de la campagne.

CHARGEMENT. s. m. C'est ce qui entre dans un navire chargé. — C'est le synonyme de *charge* dans les acceptions commerciales.

CHARGER. v. a. Faire un chargement.—On dit *charger en grenier;* c'est jeter dans la cale du navire des marchandises qui n'ont pas besoin d'être arrimées, telles que les grains, le sel, etc. — *Charger en cueillette,* c'est prendre des marchandises de différentes mains et à mesure qu'elles se présentent, jusqu'à chargement complet ou suffisant.—*Charger à bord d'un navire,* c'est simplement lui confier des marchandises à transporter; *charger un navire,* c'est lui donner un chargement complet. — On dit du vent, qu'il *charge* lorsqu'il frappe violemment sur un navire.

CHARGEUR. s. m. C'est celui qui fait un

chargement ou qui charge sur un navire.—Dans l'artillerie de mer, c'est aussi le marin qui place la charge dans une pièce d'artillerie. Parmi les hommes qui servent un canon, le *chargeur* est le plus habile canonnier après le chef de pièce.

CHARIVARI. s. m. C'était anciennement sur les bâtimens un cri ridicule et inconvenant, dont les matelots s'étaient fait un privilége, sous le prétexte de trouver, dans les invectives grossières que ce cri leur fournissait, un stimulant pour manœuvrer le cabestan. Voici comment ce cri intervenait dans cette circonstance : Quand les matelots occupés à faire tourner le cabestan sous les efforts d'un rude travail,—comme par exemple de lever une ancre,—éprouvaient une résistance contre laquelle leurs efforts s'exerçaient sans résultats, pour s'encourager l'un d'eux criait : *charivari!* Tous les autres demandaient ensemble *et pour qui?* Le premier répondait en citant un nom, et y ajoutait une kirielle de gros lazzis hostiles et offensans pour le porteur du nom qu'il avait choisi, et qui se terminait par la rime *aussi*. Tous reprenaient aussitôt par un chorus de cris et de rires moqueurs, en piétinant et virant avec un redoublement d'efforts, auquel la résistance manquait rarement de céder. Plus l'allusion avait été outrageante, plus les vireurs semblaient acquérir de vigueur à pousser sur les barres. Et il ne faut pas croire qu'en faisant figurer un nom dans cette scandaleuse pasquinade, les crieurs de *charivari* fissent élection d'un nom sans importance ; non, c'était parmi les principaux de l'équipage, parmi les officiers du vaisseau souvent présens, sans excepter le commandant, qu'ils choisissaient le sujet de leur malicieux encouragement. Nous ne saurions préciser l'époque à laquelle cette liberté à la Pasquin s'est introduite sur les bâtimens français ; mais elle est ancienne, et l'on ne comprend pas cette licence des matelots, devant le despotisme nobiliaire des officiers du ci-devant grand corps. En 93, le *charivari* prit une forme plus redoutable : ses crieurs remplacèrent leurs burlesques et insignifiantes apostrophes par des accusations graves et importantes. Les matelots, comme les soldats de cette ère patriotique, s'étaient faits les scrutateurs de la conduite publique des chefs ; et le cabestan était devenu un tribunal terrible où un commandant craignait d'être cité : cette première instance pouvait le conduire à une barre plus terrible encore. Les officiers de la marine impériale ont aboli le cri de charivari ; il est à tout jamais banni de nos navires de guerre, et remplacé par le bruit du tambour ou les sons du clairon ; quelques bâtimens du commerce l'entendent seuls encore quelquefois.

CHARNIER. s. m. Nom improprement donné à un large vase, ouvrage de tonnellerie, de forme conique ou cylindrique, destiné à contenir l'eau qui sert à l'équipage pour boire entre les repas. Le charnier est ordinairement placé à l'entrée du gaillard d'avant. C'est là que, monté sur son chantier, il étale à tous les yeux son large ventre, bardé de cercle de fer. Sa couverture, brisée par un jeu de charnières, est recouverte d'une toile peinte, et se lève pour laisser puiser. Une corne de bœuf, préparée par les matelots, sert à puiser l'eau, en même temps qu'elle est le vase à boire. Ils choisissent une corne de préférence, parce qu'ils prétendent, peut-être avec quelque raison, que la corne a une vertu négative contre la contagion, et cette condition devient précieuse dans l'usage de ce vase commun. Le *charnier* bien nettoyé est rempli d'eau tous les matins, et son eau est livrée à la capricieuse consommation des familiers du gaillard d'avant. Dans les longues traversées, et lorsque la disette d'eau se fait sentir, le *charnier* est fermé avec un lourd cadenas, et chaque matin une distribution d'eau s'y fait aux marins de l'équipage. Le *charnier* et son usage donnent lieu à des scènes de mœurs maritimes, que nous ne pouvons pas développer ici par défaut d'espace ; nous renvoyons à la description qui en a été faite, page 99 du deuxième volume de la *France Maritime*.

CHARTE-PARTIE. s. f. C'est, en langage de droit maritime, l'acte ou le contrat passé entre un chargeur et le capitaine d'un navire du commerce, dans lequel sont stipulées les conventions de l'engagement pris par le capitaine de fournir son bâtiment pour y recevoir et arrimer convenablement les marchandises qui lui sont confiées ; de les porter dans un port désigné, et de faire voile un jour déterminé. Le prix qu'on est convenu de lui payer y est mentionné ; d'autres clauses débattues y figurent comme garanties mutuelles entre les parties contractantes. La *charte-partie* est faite en triple expédition, et signée par les parties.

CHASSE. s. f. L'emploi ordinaire de ce mot est pour exprimer la course hâtée d'un bâtiment de guerre, dans le but de joindre un autre navire qui fuit de toute la puissance de sa marche. Les deux navires, quoique placés dans des conditions différentes, peuvent faire application du mot *chasse*, chacun dans une acception opposée : on dit de celui qui fuit, qu'il *reçoit une chasse*, ou qu'il *prend chasse*, pour dire qu'il est poursuivi ; on dit du bâtiment qui s'efforce d'atteindre le fuyard, qu'il *donne ou appuie la chasse*. S'il est aidé d'un second, ce qui arrive souvent en escadre lorsqu'on poursuit un bâtiment supposé d'une force supérieure, on dit du second qu'il *soutient la chasse.* — L'action dont le mot *chasse* est le régime donne lieu au verbe *chasser* ; c'est poursuivre à outrance, s'attacher à joindre un navire pour le reconnaître, communiquer avec lui s'il est ami, ou le combattre s'il est ennemi.—Un bâtiment qui *chasse* est un *chasseur* ; dans sa manœuvre, il est couvert de toutes ses voiles pour acquérir la plus grande vitesse possible. On *chasse* aussi sans rien apercevoir; cette manœuvre de *chasser* peut se traduire par *aller à la découverte.* — On *chasse* pour apercevoir la terre; on *la chasse* ensuite pour la reconnaître après qu'elle a été aperçue. —On *lève la chasse*, on *abandonne la chasse*; c'est cesser de poursuivre ou de se mettre en quête, soit en changeant de route, soit en diminuant de vitesse. En escadre, la manière de disposer les vaisseaux pour donner la *chasse* est soumise aux règles de la tactique navale.

CHASSE-MARÉE. s. m. C'est un petit bâtiment communément employé au cabotage, dont la marche est avantageuse, surtout pour gagner malgré l'obliquité du vent. Le *chasse-marée* porte deux mâts principaux. Le plus grand est planté juste au milieu de sa longueur et fort incliné sur l'arrière, et porte une immense voile qui s'amène sur le pont. Le mât de misaine est tout droit et presqu'à l'avant; sa voile est moins grande que la première, et s'amène également sur le tillac. Souvent les *chasse-marées* ont un troisième mât placé à l'extrême arrière, et qu'on nomme, comme la petite voile qu'il porte, *tapecu.* Le gréement des *chasse-marées* est fort simple et exige peu de bras pour être manœuvré; il y en a de fort grands qui ont d'autres voiles par-dessus la misaine et la grande voile : ce sont des *huniers*, mais qui descendent également sur le pont lorsqu'on les soustrait à l'action du vent, différens en cela de la plupart des voiles semblables sur les autres espèces de navires, qu'on roule et serre sur leurs vergues, maintenues hautes dans la mâture.

CHASSER. v. n. On dit *chasser sur ses ancres;* c'est l'état d'un bâtiment à l'ancre, qui, chargé par la violence du vent et la grosseur de la mer, ne peut opposer une résistance suffisante à la tempête qui le pousse au rivage ou sur d'autres navires plus près de lui; c'est en reculant qu'il s'approche de la côte, en traînant avec lui ses câbles et les ancres qui ne peuvent plus le retenir. Cette situation périlleuse se présente sur des rades dont les fonds, trop solides ou trop mous, n'offrent pas de points d'appui suffisans aux ancres qu'on leur confie. Certaines conditions du sol sont nécessaires aux fonctions de ces puissantes machines; elles ne peuvent pas mordre sur un plateau rocailleux, et elles labourent sans opposition une vase molle où elles s'enfoncent. On dit qu'une rade a de la *chasse* lorsqu'elle offre de l'espace aux bâtimens qui, surpris par le mauvais temps, peuvent y *chasser sur leurs ancres* assez longtemps pour y espérer des secours ou un changement du temps.

CHATTE. s. f. Sorte de grand croc en fer, à trois ou quatre branches, sans ardillons, et dont la verge porte un anneau auquel peut s'attacher une corde. La *chatte* sert à accrocher au fond de l'eau un câble tendu qui a besoin d'en être sorti sans lever l'ancre à laquelle il est attaché. On s'en sert aussi pour pêcher ou ressaisir du fond, dans une rade, les cordages qu'on y a laissés tomber. A cet effet, la *chatte* est jetée à l'eau, et traînée sur le fond, au moyen d'une corde, dans le sens que l'on suppose le plus favorable à la rencontre des crocs de la *chatte* avec le cordage couché sur le fond (voir *Draguer*). On donne aussi le nom de *chatte* à un bâtiment caboteur en usage dans quelques petits ports de la Bretagne, et particulièrement dans celui de Pénerf, à l'entrée de la Vilaine. Ce petit navire, ainsi que les marins qui en ont adopté l'usage, sont remarquables sur la côte bretonne, où, plus qu'ailleurs, les genres variés de navires, ainsi que la science et les mœurs des marins, à part de légères différences, tiennent à un ensemble unitaire. La *chatte*, par ses formes, son système de voilure et sa manière de naviguer, n'a aucune analogie avec les nombreuses espèces de bâtimens côtiers de ce littoral. Pointue et relevée des deux bouts, souple et légère, médiocrement finie, la *chatte* porte trois mâts grêles et mal faits, presque nus. Celui du milieu est le plus grand; sa pose est droite. Les deux autres, placés aux extrémités, penchent légèrement vers celui du milieu. Trois voiles en forme de carrés longs, et mal suspendues à leurs vergues, sont les seules qu'elle peut déployer. Les extrémités de la *chatte*, semblables de formes, n'ont pas de désignation fixe; elles peuvent tour à tour être l'avant ou l'arrière du bâtiment, et, dans ce but, chacune porte un gouvernail qui peut être facilement ôté et remis, selon qu'elle devient avant ou arrière. Cette particularité dispense la *chatte* de virer de bord; pour changer sa route son évolution consiste à retirer le gouvernail de sa poupe, qui devient sa proue, *et vice versa;* orienter ses voiles, et se ranger au vent : manœuvre prompte et facile, que les autres navires exécutent lentement. La *chatte*, pour s'arrêter, ne fait pas usage d'ancres; ces machines sont remplacées par deux grappins en fer, qui figurent sur chaque extrémité du bâtiment comme les griffes de l'animal dont il a pris le nom, et à l'aide desquelles il se cramponne sur le fond des rades, et y résiste quand les autres navires chassent par la violence du vent. Les marins de ces mystérieux petits vaisseaux, comparés à ceux des autres bâtimens de cette partie de la Bretagne, présentent aussi des différences tranchées. Leurs habitudes, leur science et leur langage maritime ne sont pas les mêmes. Ils se mêlent rarement aux autres caboteurs; ils se mettent en mer à des heures différentes, et le plus souvent c'est la nuit. Telles circonstances atmosphériques redoutées des autres marins sont mises à profit par eux. Enfin, dans ce qu'une *chatte* et son équipage présentent d'étrange et de sournois, l'observation cherche et veut trouver l'origine de son nom. Les autres marins côtiers du pays attachent à ce singulier navire un préjugé traditionnel, dans lequel la superstition entre pour quelque chose ; ils ne manquent pas de se demander avec certain émoi, en arrivant au port, s'ils ont rencontré ou aperçu une *chatte* dans leur navigation.

CHAUDIÈRE. s. f. Cet ustensile, d'un usage général, ne doit figurer ici que sous son point de vue le plus remarquable : c'est lorsqu'il est employé sur un grand bâtiment de guerre, où alors il atteint des proportions anormales.

Pour un vaisseau, la *chaudière* étant destinée à fournir de soupe six à huit cents hommes, il faut d'abord que cet appareil puisse contenir environ deux barriques d'eau. On ne parvient à voir son intérieur qu'au moyen d'une petite échelle qui reste en permanence pour être appliquée contre les parois de ce vaste réservoir. C'est par ce moyen qu'on y épanche l'eau nécessaire à la fabrication de la copieuse nourriture qui va bouillir dans ses flancs. Le feu est allumé sous l'appareil, l'eau s'échauffe et va entrer en ébullition ; alors les novices, qui servent les matelots, apportent la viande, formant la ration de l'équipage, divisé par *plat* ou table de sept commensaux. Quand le *maître coq* ou maître cuisinier pour l'équipage a ajouté au copieux potage les ingrédiens qui doivent le compléter, le couvercle placé sur la *chaudière* est cadenassé pour éviter toute addition malicieuse ou toute frauduleuse soustraction ; des chaînettes, fixées aux barreaux de la cuisine, entourent le gros ventre du réservoir, sur lequel les oscillations du navire cesseront ainsi d'avoir un effet inquiétant.

Lorsque la soupe est faite, l'officier de quart est prévenu, et au premier son de la cloche qui annonce le dîner, toutes les gamelles, — ces soupières de bord, en bois cerclées en fer, — sont symétriquement rangées autour de la *chaudière* bouillante, dont le contenu va s'épancher sur les morceaux de biscuit brisés dans chaque gamelle. Le service du bouillon se fait hiérarchiquement, en commençant par les maîtres jusqu'aux novices. Puis, quand tout le bouillon et les légumes qui peuvent s'y trouver s'est divisé en flots égaux dans toutes les gamelles, restent les portions de viande, qui, liées à de petites brochettes de bois pour chaque service, sont à grand'peine reconnues par les novices chargés de les désigner comme leurs, et de les placer sur leur potage fumant. Mais ils ont eu soin de faire, à la brochette qui enfile leur viande, une remarque qui n'évite pas toujours les discussions qu'amène l'aspect plus ou moins friand d'un morceau pendu en alternative au bout du croc plongeur du maître cuisiner.

CHAUFFAGE. s. m. *Bois de chauffage*, ou *bois à brûler*, embarqué sur un navire pour l'usage de la cuisine. Dans les voyages aux mers polaires seulement, le *bois de chauffage* est employé à chauffer les poêles. On dit aussi le *chauf-*

fage d'un bâtiment en carène. (Voir *Chauffer.*)

CHAUFFER. v. a. C'est passer sur la carène d'un navire en réparation, des fagots de brande ou de genêt enflammés, en les tenant au moyen de longues perches. Ce *chauffage* a pour but de faire fondre et couler le brai étendu en couche épaisse sur les bordages, afin de laisser à découvert les trous, les fentes et tous les défauts de la carène, pour qu'il y soit remédié. Le *chauffage* détruit les vers qui attaquent les bois d'une carène. Dans la construction des bâtimens, on *chauffe* les bordages pour les assouplir et les courber, afin de pouvoir les appliquer plus facilement sur certaines parties contournées de la membrure, et qu'ils sont destinés à revêtir.

CHAVIRER. v. n. Mouvement d'un navire qui se renverse sur la mer, lorsque, surpris toutes voiles dehors par une violente rafale, sa stabilité est insuffisante contre la puissance du vent qui tend à l'incliner. Dans cet état désastreux, les mâts et les parties supérieures du bâtiment sont couchés sur l'eau, et une partie de sa carène se montre à sa surface. *Chavirer* est presque le synonyme de capoter ; le premier mot s'applique aux grands bâtimens, et le second aux petites embarcations. Les marins, profitant de l'image renfermée dans ce mot, ont fait du verbe neutre *chavirer* un verbe actif, pour exprimer le renversement sens dessus dessous d'un objet quelconque.

CHEBEC. s. m. Petit navire de la Méditerranée, gréé à trois mâts, portant voiles pointues et voiles carrées. Le mât de misaine est penché vers l'avant ; les deux autres sont à peu près droits. Le *chebec* n'est pas trop élevé sur l'eau pour qu'il ne puisse naviguer à l'aviron ; à l'occasion, on l'arme facilement en guerre avec des pièces de petit calibre.

CHEF. s. m. Ce mot exprime la supériorité que possède un homme sur certaines personnes affectées à des emplois ou à une spécialité sur laquelle il a la haute surveillance. Il y a le *chef de timonnerie,* — le *chef de gamelle,* — le *chef de hune,* — le *chef de pièce,* etc. — Le *chef de timonerie* est un des maîtres sur les bâtimens de l'Etat ; il est particulièrement chargé de tout ce qui est partie intelligente dans le matériel ou l'armement d'un vaisseau. Ainsi, les boussoles, les cartes marines, les longue-vues, les horloges, les pavillons, les signaux, etc., sont de son ressort, et il en fait opérer le service par des marins qu'on nomme *matelots timoniers*, lesquels sont eux-mêmes choisis parmi ceux de l'équipage qui présentent le plus de qualités morales. (Voir *Timonerie.*) —Le *chef de gamelle* est un officier, un élève, un maître, ou enfin un membre quelconque d'une table de bord alimentée par un traitement en sus de la ration accordée par le gouvernement, lequel est chargé par les autres de l'achat des provisions à terre et de leur consommation en campagne. Le cuisinier prend ses ordres et s'entend avec lui; c'est une espèce d'*économe*, dont la mission est d'abord d'obtenir le plus de provisions possible avec peu d'argent, puis, une fois en mer, de consommer peu en faisant bonne chère. Tout cela paraît assez difficile, et le talent d'un bon *chef de gamelle* consiste à triompher plus ou moins de ces difficultés; ces fonctions appartiennent ordinairement aux chirurgiens, dont les loisirs sont moins rares que ceux des officiers du bord, ou des maîtres, qui en sont les sous-officiers. — *Chef de hune*. On a déjà pu remarquer que, sur les bâtimens de guerre, il y avait des hommes affectés à une foule de services spéciaux : les canotiers, les caliers, les timoniers, les chaloupiers, etc. Le service de la mâture a aussi sa fraction de l'équipage, qu'on nomme *gabiers*. (*Voir* ce mot.) Ces gabiers vivent en partie dans la mâture, comme les caliers dans la cale; la hune, ce premier étage de chaque mât, est donc leur quartier général, et le *chef de hune* est le *chef* des gabiers affectés au service de chacun des mâts. Il reçoit directement les ordres de l'officier de quart ou du maître, et en commande et surveille l'exécution. — *Chef de pièce*. Des matelots adroits et jugés propres au service des pièces d'artillerie sont encore choisis dans l'équipage et mis en dehors des travaux communs sous le titre de canonniers. Le nombre de canonniers nécessaire au service de chaque pièce est donc spécialement destiné à armer, nettoyer, entretenir un canon sous la surveillance d'un *chef de pièce*. Dans un combat, c'est ce dernier qui pointe et met le feu; ce doit être un homme intelligent plus que tout autre, prudent et de sang-froid. Il reçoit directement les ordres de l'officier de batterie. S'il n'est pas nécessaire que tous les hommes qui servent une pièce d'artillerie sur un navire soient de parfaits canonniers, au moins faut-il que le *chef de pièce* ait toutes ces qualités. Le rôle des simples canonniers consiste principalement à tirer ou rembraquer les cordages qui maintiennent le canon; le chargeur est le seul qui, avec le *chef de pièce*, ait une fonction spéciale.

Autrefois les *chefs de pièce* étaient fournis aux navires de l'Etat par un corps d'artillerie de marine; aujourd'hui ces fonctions appartiennent entièrement aux marins. C'est une bonne amélioration, qui devait être adoptée pour plusieurs raisons : d'abord à cause de l'unité de service et de la facilité de se soustraire à un emprunt étranger à l'arme; puis surtout parce que le métier de marin étant plus difficile à apprendre que celui de canonnier, il arrivait presque toujours que les nouveaux embarqués étaient beaucoup plus longtemps à se former aux conditions de la navigation qu'un matelot ne l'était à se ployer au métier d'artilleur sur son élément. Il y a toujours un avantage général à faire dispa-

raître ces confusions de services particuliers, dans l'exercice desquels chacun apporte sans cesse son esprit de corps.—On appelait autrefois *chef d'escadre* l'officier qui a pris depuis le titre de contre-amiral. Le grade de *chef de division*, ou de *brigadier*, a été supprimé.—Le *chef de file* est en marine le marin ou le vaisseau qui est en tête de chaque ligne, dans un ordre quelconque de la tactique navale.

CHELINGUE. s. f. Embarcation légèrement construite, en usage sur la côte de Coromandel, et qui ne navigue qu'à l'aviron.

CHENAL. s. m. C'est un passage plus ou moins étroit entre des dangers ou des bancs qu'il faut franchir pour entrer dans une rivière, un port ou un bassin. Des balises indiquent ordinairement les limites de ce canal, et préservent le navire des dangers que présentent ses abords. — On dit *chenaler* pour exprimer qu'on donne dans un *chenal*.

CHEVILLAGE. s. m. C'est l'art de lier les pièces qui entrent dans la construction d'un navire au moyen de chevilles. C'est aussi l'ensemble de toutes les chevilles employées dans ce but. On dit alors : le *chevillage* de tel bâtiment est en fer ou en cuivre; le *chevillage* est bon, ou il est mauvais, selon les présomptions que l'on conçoit du soin ou de la négligence apporté à ce travail pendant la construction ou la réparation d'un navire.

CHEVILLE. s. f. L'usage qu'on fait des *chevilles*, comme moyen de liaison, exige qu'elles soient en fer ou en cuivre; et cette condition assigne à ce mot une acception différente du sens vulgaire. Les *chevilles* servent, dans les constructions navales, à réunir et lier invariablement ensemble certaines pièces qui composent un bâtiment; celles employées dans les contours submergés sont ordinairement en cuivre, pour qu'elles résistent mieux au principe corrodant de l'eau de la mer. Les *chevilles* varient de forme, de longueur et de noms, selon leur emploi dans les pièces de bois qu'elles réunissent. Les *chevilles* s'enfoncent à coups de masse dans les trous préparés pour les recevoir; cette opération s'appelle *cheviller*. On *cheville à bout perdu*; c'est ne pas faire traverser la *cheville* de part en part. *Cheviller à river*, c'est arrêter le bout d'une *cheville* qui traverse au moyen d'une virole ou bague en fer, sur laquelle le bout de de la *cheville* est rivé.

CHEVILLOT. (V. *Tolet de Tournage, Cabillot.*)

CHÈVRE. s. f. C'est une cabre perfectionnée. (*Voir* ce mot.)

CHICANER. v. a. On dit *chicaner le vent;* c'est vouloir rapprocher outre mesure le cap d'un bâtiment sous voiles du point de l'horizon d'où souffle la brise; mouvement préjudiciable à sa marche, en ce sens qu'il fait barbeyer les voiles. *Chicaner le vent* est une mauvaise habitude des matelots qui tiennent le gouvernail; elle peut s'expliquer par le désir qu'ils éprouvent de faire suivre au navire une direction de plus en plus rapprochée de la vraie ligne du voyage : car la fausse route que suit un bâtiment qui *chicane le vent* lui est imposée par un vent contraire auquel on ne peut présenter la surface des voiles que sous un angle très-petit; mais cet angle ne peut être moins de 67 degrés et demi (voir *Près, Plus près*). En dehors de cette limite, un navire gouverne bon plein (*voir* ce mot); en dedans de ce terme, il *chicane le vent*. L'officier qui surveille la manœuvre ne permet pas au timonier de *chicaner le vent*, et réveille son attention à cet égard en lui disant à l'occasion : *Portez bon plein, timonier; ne chicanez pas le vent!*

CHIQUE. s. f. Petit insecte, espèce de ciron noir des Antilles, qui s'introduit et se loge sous l'épiderme des pieds, où il se nourrit et multiplie; il y cause une inflammation douloureuse. Les matelots en sont souvent atteints; c'est en marchant sans chaussures dans le sable et dans les herbages, lorsqu'ils vont faire la provision d'eau ou de bois sur le bord des rivières, qu'ils sont piqués par les *chiques*. Les nègres sont très-adroits à les extirper. — La *chique*, comme on sait, est aussi le morceau de tabac en ligne ou en carotte qu'on mâche et conserve longtemps dans la bouche. Les marins doivent figurer pour les cinq sixièmes parmi les amateurs de la *chique*, les *chiqueurs*, comme on dit; et entre les marins, les matelots sont les *chiqueurs* par excellence. Qui dit matelot dit *chiqueur*. Il essaie d'abord de la *chique* par imitation, et, après avoir payé son apprentissage par maints hauts de cœur, il la garde par habitude et la recherche ensuite par besoin. Elle devient alors sa compagne obligée; il vit avec sa *chique*, par sa *chique* et pour sa *chique*. Quelle est donc la vertu récréative de cette herbe âcre et puante dont il remplit sa bouche, qu'il mâche avec bonheur et rejette en salive bistrée? Quelle est surtout sa propriété hygiénique sur le marin, qui souvent manque d'eau pour éteindre les ardeurs mordantes dont elle irrite son palais? — Le *chiqueur*, après avoir savouré pendant quelque temps sa chique, la serre soigneusement dans un petit sac qu'il appelle *blague*.

CHIROUTE. s. f. C'est le nom adopté par les marins pour le cigare, que l'on sait être le petit rouleau de tabac à fumer fait avec les feuilles de cette nicotiane. Le mot *chiroute* est indien, et les marins, en l'adoptant pour désigner un objet qui avait déjà sa dénomination, semblent vouloir y formuler un souvenir de leurs voyages : c'est une vanterie comme une autre.

CHOQUER. v. a. Expression employée pour dire filer ou lâcher un peu un cordage soumis à une grande tension. Il est sans doute emprunté au mouvement brusque, au *choc* que ressent

le cordage quand on le lâche. On dit *choquer les boulines*, pour que ces cordes, relâchées un peu, n'ouvrent pas autant la surface des voiles au souffle d'une brise oblique; ce qui annonce que le vent a donné, ou qu'on se l'est rendu plus favorable en faisant arriver le bâtiment.

CHOUQUET. s. f. Bloc de bois en forme de cube long (parallélipipède). Espèce de chapeau dont on coiffe un mât, et qui sert à maintenir le mât qui se superpose sur le premier. Pour cela, le *chouquet* est percé de deux trous; l'un carré, qui sert à le capeler sur la tête du mât inférieur; l'autre rond, pour laisser passer librement le mât placé au-dessus, et pour le contenir en l'embrassant, quand ce mât est élevé. Il y a un *chouquet* sur chaque mât destiné à en porter un autre.

CHUTE. s. f. On dit : *chute d'une voile, chute d'un filet;* c'est la hauteur verticale de l'un et l'autre de ces objets, quand ils sont tendus dans tous les sens. Si une voile est trop courte, on dit qu'elle *manque de chute*. La *chute d'une seine*, sorte de filet pour pêcher dans les baies, est proportionnée à sa longueur; une seine de 60 brasses de longueur doit avoir 20 pieds de *chute*.

CIEL. s. m. Ce mot est très-souvent employé par les marins; mais ils ne s'en servent que lorsqu'ils devisent des cas météorologiques dans l'intérêt de la marche et de la navigation du bâtiment; ils disent : *ciel nuageux, ciel brumeux; ciel pourri*, quand il tombe une petite bruine froide et pénétrante; *ciel orageux, ciel gris, ciel rouge, ciel d'enfer*, tous ces noms se rapportent à la couleur ou à l'état que les nuages et la lumière du soleil prêtent à l'atmosphère. Un beau *ciel*, celui qui est pur, d'un bel azur et sans nuages, les marins l'appellent *ciel fin*, de *fin, fine* (*beau, belle*), vieil adjectif normand qui, introduit dans la langue de l'Angleterre, avec d'autres mots de l'idiome des conquérans, s'y est définitivement incorporé. La couleur bleue du *ciel*, aperçue entre les clairières des nuages dans les mauvais temps, est désignée sous le nom de *vieux ciel;* les marins de la Manche l'appelle quelquefois *franc ciel*. Dans les tempêtes opiniâtres, lorsque les yeux cherchent sous la voûte sombre des nuages quelques signes dont on augure la fin de la tourmente, on entend les matelots dire : *Comment! il ne paraîtra pas un morceau du vieux ciel, seulement de quoi raccommoder ma culotte!*

CINGLER. v. n. Courir, sillonner la mer. Se dit d'un bâtiment sous voile qui suit une direction donnée : il *cingle au sud* ou *au nord;* il *cingle vers la terre*. Il y a pourtant cette légère différence entre *cingler* et *courir* : qu'un navire *cingle* vers un point, c'est-à-dire qu'il tend vers ce point; et qu'il court sur ce même point, ou qu'il en approche.

CISEAUX. s. m. pl. On dit *des voiles en ciseaux*, lorsque, le vent venant droit de l'arrière, une embarcation à voiles auriques, ou autres qui ne sont pas voiles carrées, les dispose, l'une sur la droite du bateau, l'autre sur la gauche, de façon à ce que, ne s'abritant pas l'une l'autre, les surfaces de toutes deux soient livrées à l'action du vent. — Dans le Levant, on dit : *orienter en oreilles de lièvre*, pour mettre la misaine et la grande voile en *ciseaux*.

CIVADIÈRE. s. f. On appelle ainsi une *vergue* (*voir* ce mot) et sa voile placées transversalement sous le mât de beaupré, qu'on sait être le mât incliné qui sort en éperon à l'avant du navire. Cette voile, que l'on voit représentée si bien gonflée par le vent dans de vieilles gravures de navires anciens, a été reconnue tellement inutile, qu'elle n'existe plus à bord d'aucun bâtiment. Les matelots en faisaient le sujet de leurs joyeuses moqueries. Elle ne se déployait à la mer que pour être séchée, et dans les rades pour servir de *masque*, c'est-à-dire pour empêcher que le vent venant de l'avant ne chasse la fumée de la cuisine sur le gaillard d'arrière. La vergue, c'est-à-dire la barre de bois qui portait la *civadière*, rendait quelques petits services, comme de servir de point d'appui aux cordages qui consolident le bout-dehors de foc, et encore on a trouvé le moyen de se passer d'elle à cet égard; en sorte que, cessant d'être utile, elle est devenue nuisible, et la vergue de *civadière*, à bord de beaucoup de navires, ne se voit plus sous le beaupré, qu'elle fatiguait inutilement de son poids.

CLAN. s. m. C'est l'ouverture faite dans la caisse d'une poulie, pour y recevoir le rouet sur lequel roule un cordage. Tout passage pour un filin, soit dans la muraille du bâtiment, soit dans l'épaisseur d'un mât, au bout d'une vergue ou de toute autre pièce de bois, dans lequel une corde court librement en roulant sur un rouet, est un *clan*.

CLAPOTAGE. s. m. Effet d'une mer clapoteuse (*voir* ce mot). Mouvement bruyant et irrégulier de la surface de l'eau, produit par des courans qui l'agitent en se croisant en divers sens, et très-commun dans les rivières et dans les rades où elles se déchargent. Le *clapotage* est incommode aux embarcations qui s'en trouvent rudement ballottées.

CLAPOTEUSE. adj. Se dit de la mer lorsque le vent, variable et soufflant avec certaine force dans chaque direction qu'il a capricieusement suivie quelques heures, soulève à la surface de l'eau une multitude de lames courtes et pointues, qui s'entrechoquent et s'arrêtent dans le sens qui leur est imprimé respectivement par chaque vent qui a régné. Une mer *clapoteuse* est bruyante; l'irrégularité et la brusquerie de son agitation impriment au navire des mouvemens souvent immaîtrisables. La mer est peu de temps *clapoteuse*. Lorsque le vent a pris une direction fixe,

elle s'aplanit d'abord, et les vagues soulevées à sa surface s'abaissent ensuite uniformément.

CLAPOTIS. s. m. C'est un mouvement de l'eau à la surface de la mer semblable au clapotage, avec cette différence qu'il est produit par les effets changeans de la brise, et que le clapotage est causé par les directions croisées des courans. Le *clapotis* appartient à une belle mer, et ne doit pas rigoureusement lui donner la qualification de *clapoteuse*.

CLASSES. s. f. pl. **CLASSER.** v. a. Le premier de ces mots est le nom d'un système établi par Louis XIV, sur l'avis du célèbre Colbert, pour le recrutement des marins nécessaires à l'armement des vaisseaux et autres bâtimens de la marine royale. D'après ce système, les gens de mer avaient été partagés en quatre parties ou *classes* dans les provinces maritimes du Ponant, à l'exception du Poitou et de la Saintonge, et seulement en trois dans ces deux dernières et dans celles du Levant, c'est-à-dire de la Méditerranée. Chacune de ces *classes* était alternativement réservée pour le service du roi pendant une année, et les autres devaient avoir une entière liberté de naviguer au commerce et de se livrer à leur industrie. A ce mode équitable, mais dispendieux, puisqu'il fallait solder la *classe* entière réservée et dont tous les marins devaient être prêts à marcher, on tarda peu à substituer celui des levées à tour de rôle; celles-ci s'opéraient d'après des matricules établies dans toutes les localités maritimes désignées sous le nom de quartiers, et sur lesquelles on inscrivait tous les marins et ouvriers de professions utiles à la marine, qui avaient pris naissance ou domicile dans la circonscription. Les *classes* ainsi détruites, on en conserva le nom pour le donner au système qui les avait remplacées et qui est encore en vigueur aujourd'hui. Tous les Français qui se livrent au métier de la mer, soit pour le commerce, soit pour la pêche, ou qui exercent une des professions nécessaires aux travaux des ports et arsenaux maritimes, sont tenus de se faire inscrire sur les matricules de leurs quartiers respectifs, et peuvent être levés à tour de rôle pour être embarqués sur les navires de l'Etat, ou employés aux travaux de ses chantiers ou arsenaux, suivant le besoin de ses armemens, soit en paix, soit en guerre.—On appelle *classer*, inscrire sur les matricules de la marine tout marin âgé de dix-huit ans, qui devra y figurer jusqu'à l'âge de cinquante ans, sans pouvoir changer de carrière. — Les *classes* forment une partie de la puissance navale du pays, puisque, dès l'instant où cela est devenu nécessaire à ses armemens, l'Etat trouve des équipages formés prêts à monter ses vaisseaux. « C'est » ainsi, dit Valin, que par des soins assidus et en » assez peu de temps, Louis XIV, secondé par » le grand Colbert, se vit en état, sans apporter » d'interruption au commerce de ses sujets, d'ar-

» mer ces flottes redoutables qui firent trembler » plus d'une fois des puissances qui jusque là » s'étaient attribué l'empire des mers. » Les places de commissaires des *classes*, d'abord vénales, finirent par être accordées seulement à l'intégrité et au mérite ; dès lors l'institution fit de grands progrès vers le bien. Puis, en 1765, on divisa les points d'enrôlement des *classes* en six départemens maritimes, qui eurent pour chefs-lieux : Brest, Toulon, Rochefort, le Havre, Dunkerque et Bordeaux. Mais ces départemens maritimes étant eux-mêmes divisés en quartiers ou arrondissemens fort multipliés, le personnel nombreux qu'entraînait cette organisation des *classes* jetait encore de la confusion dans les élémens de cette institution en labeur ; la révolution vint donner aux choses une face nouvelle. Une loi du 7 janvier 1791 supprima la plupart des titres dont les représentans faisaient peser, sur la classe des navigateurs, des impôts trop élevés pour leurs ressources. L'organisation bureaucratique fut simplifiée, et l'on fixa la paie, les conditions d'avancement et de retraite aux marins enlevés à la navigation marchande pour servir sur les bâtimens de l'Etat.

Enfin, en octobre 1795 (brumaire an IV), une loi vint donner aux *classes* le titre plus précis d'*inscription maritime*, et, en 1800, un décret impérial prescrivit la division des côtes en préfectures maritimes.

Il y eut encore, en 1814, quelques changemens opérés dans les titres du personnel supérieur de ces administrations et dans le siége des points principaux ; mais l'organisation définitive sembla enfin être réglée par l'adoption des mesures qui établirent les préfectures maritimes comme points centraux des travaux de l'*inscription*. Ces préfectures, au nombre de cinq, sont restées les mêmes ; ce sont les ports suivans : Brest, Toulon, Rochefort, Lorient et Cherbourg. La levée à exercer sur les gens de mer, et leur répartition sur les bâtimens qui réclament leur service, ressortisent d'un chef d'administration placé sous les ordres des chacun des cinq préfets maritimes.

Chaque préfecture contient dans sa circonscription un ou deux *sous-arrondissemens* dirigés par un administrateur qui prend le titre de commissaire général, commissaire principal, ou simplement de commissaire, suivant l'importance du point où il exerce son autorité. Les arrondissemens et sous-arrondissemens sont divisés en *quartiers,* administrés également, selon leur étendue, par des employés de l'administration maritime d'un grade plus ou moins élevé. Pour un autre mode de recrutement de l'armée navale, voir *Equipages de ligne.*

CLAVECIN. s. m. On donne ce nom à une partie de la *dunette* (voir ce mot) consacrée à la distribution des chambres des officiers sur les bâtimens à dunette. A bord des vaisseaux de ligne, un salon assez vaste, situé au milieu de l'espace occupé par ces petites chambres, sert de salle à manger au commandant du vaisseau.

CLEF. s. f. Ce mot s'applique à plusieurs morceaux de bois de diverses formes et employés à divers usages dans la construction des bâtimens. L'acception sous laquelle il est plus généralement entendu en marine, c'est lorsqu'il s'applique à un boulon de bois ou de fer, de certaine longueur et carré sur ses faces, et qui sert à supporter les mâts superposés. Pour cela, ces mâts élevés ont la caisse percée de travers en travers d'un trou carré, dont les dimensions conviennent exactement à celles de la *clef.* Lorsque le mât a reçu son élévation nécessaire, le trou de sa caisse reçoit la *clef,* dont les bouts s'appuient sur un appareil de charpente (voir *Elongis*) disposé à la tête du mât inférieur. Le mât superposé repose sur la *clef,* en même temps qu'il est maintenu par le chouquet situé au-dessus ; il ne reste plus qu'à le consolider complétement à l'aide des cordages (les haubans) dont il sera parlé plus loin.

CLIN. s. m. Terme de construction. *Border à clin* se dit d'une certaine manière d'appliquer les bordages sur les canots fins et légers. Elle consiste en ce que, au lieu de les ajuster les uns au-dessus des autres, en les faisant se toucher par leur face la plus étroite ou leur épaisseur, et de manière à former une surface lisse, on les fait se recouvrir à peu près comme les lignes d'ardoises d'un toit. Dans cette position, ils sont cloués ensemble, ou maintenus par des vis et des écrous. Les carrosses (*voir* ce mot) sont bordés à *clin.*

CLINFOC. s. m. C'est le nom de la voile légère taillée en forme de triangle que l'on voit à l'avant du navire, à l'extrémité du bout-dehors poussé sur le beaupré. Le clinfoc est une voile de beau temps ; elle est difficile à reployer sur le faible mât incliné qui la porte, si cette opération doit se faire par un grand vent et par une grosse mer : ce qui arrive quand l'officier de quart, peu attentif, a trop tardé à l'ordonner.

CLOCHE. s. f. Cet instrument est, à bord des navires comme partout, destiné à donner un signal, à communiquer un avertissement général. Il y avait deux *cloches* à bord des bâtimens de guerre, une grosse et une petite. La petite, appelée *cloche de la timonerie,* était derrière et servait à frapper les heures ; la grosse était devant, établie sous un appareil composé de deux montans et d'un chapiteau cintré en charpente. Ses attributions étaient nombreuses : elle répétait l'heure, elle annonçait les repas de l'équipage, elle appelait les blessés au pansement, elle sonnait l'alarme, elle signalait la position du vaisseau dans l'obscurité ou dans la brume, etc.; elle avait, pour ces divers cas, ses rhythmes et ses modulations appropriés. La *grosse cloche du bord* donnait lieu à des scènes de bord et à des manifestations du caractère matelotesque que nous ne pouvons reproduire ici; elles ont été développées à l'article *Cloche de bord*, dans le 2° volume de la *France maritime*; nous y renvoyons le lecteur. La *grosse cloche*, exposée à être frappée par les boulets dans un combat, volait en éclats parmi les combattans des gaillards, et devenait une redoutable mitraille. Dans le combat de Santo-Domingo, en 1806, le capitaine de frégate Caboureau, commandant en second du superbe vaisseau *l'Impérial*, fut horriblement blessé par une multitude de petits fragmens de la *cloche*. Depuis quelques années, on a renoncé à l'usage de la *grosse cloche*, et elle a été débarquée et mise à terre, comme disent les marins. Les matelots du vieux temps aimaient bien la *cloche*; elle est maintenant remplacée, sur les vaisseaux et frégates, par le tambour et le sifflet. — On appelle *cloche de plongeur* une machine hydraulique au moyen de laquelle on descend des hommes sous l'eau, dans les ports, à de grandes profondeurs; ils peuvent y respirer et travailler assez longtemps.

CLOUER. v. a. Littéralement: assujettir avec des clous. Nous ne plaçons ici ce mot de la langue ordinaire qu'à cause de son emploi dans une locution appartenant exclusivement à la marine, dans son sens propre, mais qui est devenue une belle figure oratoire; c'est celle-ci : *clouer son pavillon*. Dans un combat à outrance, cette action formule la détermination d'un équipage de vaincre ou mourir, de triompher ou de s'abîmer dans les flots avec le navire, sans cesser de laisser flotter le pavillon qui ne peut être amené.

CLOUS. s. m. pl. Moyen de liaison assez connu. En marine, les *clous* sont très-variés d'espèces, de formes, d'emploi et de noms; leur utilité y est permanente. Les *clous* qui nous semblent le plus mériter une place dans nos descriptions, sont les *clous à maugère*, dont la pointe est si courte et fine, et la tête si large et plate. Avant que l'on se fût avisé de revêtir les carènes des bâtimens avec des feuilles de cuivre, on les revêtissait en planches de sapin très-minces; ces planches étaient ensuite recouvertes de *clous à maugère* en si grande quantité, que leurs larges têtes, se touchant toutes, formaient un revêtement en fer sur la carène. (Voir *Mailleter*.)

COFFRE. s. m. Autrefois on embarquait sur les bâtimens des *coffres* d'armes, de pharmacie, de chirurgie, etc. Aujourd'hui, toutes ces choses sont placées dans des endroits qui leur sont destinés, sur des tablettes ou dans des armoires, et par conséquent plus à la main. A bord des bâtimens du commerce seulement, où l'on trouve plus difficilement de la place pour tous les menus objets d'armemens, il y a encore *le coffre du charpentier*, dans lequel sont réunis tous les outils nécessaires au charpentage, et *le coffre de médicamens*, petite pharmacie de campagne qui renferme les drogues de l'usage le plus facile et le plus général, ainsi que les instrumens de chirurgie les plus indispensables. — A bord des bâtimens de l'Etat, les effets de l'équipage sont placés dans des sacs d'égale grandeur, et qu'un numéro d'ordre affecte à chaque homme; mais les matelots du commerce placent leurs effets dans un *coffre* : c'est une espèce de grande malle en planche, dont l'intérieur est souvent divisé en une foule de compartimens. Le *coffre* et la cabane sont pour le matelot deux choses capitales; quand le travail a cessé d'exiger sa présence sur le pont, tant qu'il est libre, c'est sur son *coffre* ou dans sa cabane qu'il passe ses loisirs. Son *coffre* est devant sa cabane, et lui sert de marchepied pour y monter et en descendre; c'est sa chaise, sa table, son lit de repos; tout ce qu'il fait, il le fait dessus, tout ce qu'il possède, il le met dedans. Il le ferme à clef, avec toute l'importance qu'il peut y mettre; la cabane et le *coffre* sont complices de tous ses secrets. Dans les beaux temps il porte son *coffre* sur le pont, afin d'en sécher le bois au soleil; il en dresse le couvercle, et étale complaisamment dessus toutes les nippes qu'il recèle, et qui ne sont pas d'un usage journalier... Il harmonie les couleurs et recherche alors l'effet. Cette petite ostentation a pour but de se donner un certain relief vis-à-vis des officiers, des passagers, ou même des autres matelots, pour lesquels le contenu du *coffre* avait jusque là été un mystère. Le matelot a toujours quelques effets propres qu'il destine à se parer pour visiter les pays où se rend le navire; ce sont donc ses vestes bleu-clair qu'ornent tant de petits boutons polis, ses pantalons à *bretelles*, ses escarpins à rubans flottans, ses chemises à jabot en cotonnade de couleur, ses cravates de soie à couleurs éclatantes; ce sont toutes ces nippes de fête qu'il étale si artistement au soleil; et le chapeau! un *chapeau à poils*, comme disent les matelots, pour désigner tout chapeau qui n'est pas en cuir bouilli, quel luxe! un chapeau à poils! le voilà! Il sort d'un vieux mouchoir de coton qui nouait ses quatre coins sur son ouverture; il est un peu bossué par le contact des autres objets que recelait le *coffre*, un peu roussi par l'air caustique de la mer, un peu dégarni par l'usage, peut-être même un peu raccommodé avec du fil noir, et un peu cassé derrière par le frottement du col de la veste; mais, tenez! c'est un chapeau à poils! Tous les matelots n'en ont pas; le chapeau de feutre ou de soie est un grand acheminement vers les gants... L'insurrection s'arrête pourtant ici; le sous-pied, méprisé des *matelots fan-fans*, est abandonné à la guêtre du soldat. Voilà le rôle que, par les beaux jours du tropique, joue le *coffre* du matelot; il en fait un vaniteux bazar; mais s'il recèle dans un de ses angles cachés, dans le recoin secret d'un de ses compartimens, quelque objet d'un usage peu répandu, c'est alors que le matelot s'en décore ! N'y a-t-il pas dans ce *coffre* quelque chose qui puisse répandre sur son propriétaire une considération morale? La montre d'argent, le portefeuille en veau doré, tout cela est déjà placé en regard; mais que ne récèle-t-il pas encore? Un flageolet, un clyssoir, une pipe peu ordinaire; quelque objet donné par un passager au départ, et dont le matelot ignore l'usage : une paire de crochets, un diapason ou un vieil auteur latin ! Voyez ! comme cela est placé sous son jour le plus avantageux ! voyez comme cette paire de bretelles décrit en se tordant négligemment de belles S, qui montrent jusqu'aux vives couleurs de la doublure ! Voyez la fiole à eau de Cologne, la boîte de savon à barbe, parfumé de thym, et le pinceau ébourriffé qui trône sur la belle camisole de laine rouge que le matelot tient en réserve ! Le voilà assis près de son coffre, il reçoit les mêmes rayons de soleil, en raccommodant une manche de chemise ou un genou de pantalon; il retourne les objets pour que le soleil les baigne sur toutes les faces, il change à tout moment ses combinaisons pour produire de nouveaux effets; il faut deux heures d'air et de soleil à tout cela pour que rien ne se gâte, pour chasser les mites et les fourmis. L'heureux matelot, si les passagers viennent, en se promenant sur l'avant, parcourir toute cette foire de *coffres !*

Le matelot le plus honnête devient voleur à cause de ce meuble qu'il chérit tant. La campagne ne peut pas finir sans qu'il ait trouvé moyen de dérober un morceau de toile pour l'appliquer sur chaque côté, et un peu de peinture pour couvrir cette toile. Un luxe inouï, mais auquel on n'arrive qu'à la suite de plusieurs voyages, c'est de tracer sur le couvercle et sur les côtés des étoiles, des rosaces, des chiffres entrelacés d'ancres et de lauriers. Quant à l'intérieur, il doit également recevoir l'épaisse couche de peinture; mais toute la coquetterie du propriétaire se révèle au couvercle. Si le matelot possède du papier et une plume quelconque, il fera des portraits de navires enluminés avec du sang et du jus de tabac, puis en tapissera l'intérieur. Il ne peut manquer de s'y trouver aussi un ou deux portraits de Napoléon, et un brevet de prévôt d'armes, de danse ou de bâton; quelquefois une grossière figure d'animal gigantesque qui va manger un navire; ou Geneviève de Brabant, ou un calendrier de 1824. Au dehors du *coffre* vert, jaune, gris ou noir, à chaque bout, sur le taquet destiné à faciliter son transport, on voit une poignée en menu cordage, œuvre d'une minutieuse patience, où se révèle toute la science matelotesque du propriétaire. — Voilà le *coffre* du marin, sa fortune, son loisir, son idole. Il embarque en même temps que lui sur le navire; et, si la place est étroite, le *coffre* aura une meilleure place que l'homme. Le matelot

ne compte pas les naufrages où il a pu sauver son *coffre.*—Quand il veut mesurer une quantité et en faire apprécier l'importance, il dit : *plein mon coffre!* S'il méprise un navire, et qu'il dédaigne de s'embarquer dessus, il dit : tu n'auras pas mon *coffre !*

COIFFE. s. f. Petit morceau de toile que les matelots appliquent sur le bout de certains gros cordages stationnaires, tels que ceux qui sont employés à maintenir les mâts dans leur position fixe. Cette petite *coiffe*, recouverte de goudron ou de peinture, a pour effet d'empêcher l'infiltration des eaux pluviales dans les bouts spongieux des cordages. On met également une *coiffe* sur le bout des mâts, dans le même but ; leur position verticale, ainsi que la spongiosité du bois dont on les fait, réclament impérieusement le secours d'une *coiffe*, pour les préserver du dommage que leur causerait l'eau douce en y pénétrant.

COIFFER. v. a. Se dit d'un bâtiment qui, cinglant à pleines voiles, se trouve tout à coup recevoir le vent sur l'autre face de ces mêmes voiles, soit par un faux mouvement du gouvernail, soit qu'un changement de la brise ait causé ce contre-temps. Quand un bâtiment est *coiffé*, les marins qui veillent sur le devant s'en aperçoivent ordinairement les premiers ; ils avertissent aussitôt, en criant: *nous sommes coiffés devant !* Un navire *coiffé* par un fort vent peut se trouver compromis, si l'officier qui le dirige dans ce moment tardait à remédier à cette fausse manœuvre. Un bâtiment qui fait chapelle est nécessairement *coiffé.* (Voir *Masquer.*)

COITTES. s. f. pl. Ce sont deux grandes et fortes poutres composées de plusieurs pièces savamment réunies. Leur longueur est égale à celle d'un bâtiment. Les *coittes* servent de pièces de fondation à l'ingénieux appareil qui a été défini au mot *Ber*, lequel sert à supporter le vaisseau pour le lancer à l'eau, après que sa construction est achevée. Les *coittes* sont amenées sous la carène du navire encore sur ses chantiers; elles sont placées de chaque côté dans les coulisses du plan incliné qui conduit le vaisseau à l'eau. Le ber se fait ensuite sur les *coittes :* elles supportent donc le ber et la masse du navire pendant cette importante opération.

COLOMBIER. s. f. Pièce de bois de chêne qui entre dans la confection du ber d'un vaisseau pour sa mise à l'eau. Ils sont disposés en grand nombre de distance en distance, de manière à poser sur les coittes par leur pied, tandis que leur bout supérieur, taillé en biseau, va s'appuyer sur la carène du bâtiment et la supporter. Les *colombiers* sont, après les *coittes*, les pièces les plus importantes d'un ber.

COLONNE. s. f. Une escadre dans sa marche se met en colonnes, c'est-à-dire sur des lignes qui laissent une égale distance entre chaque rangée de vaisseaux, et entre chaque vaisseau de la ligne.

Une petite escadre règle son ordre de marche sur deux colonnes.

COMBAT NAVAL. Lutte sanglante entre des forces navales ennemies qui se cherchent ou se rencontrent. Le mot bataille, en marine, est peu usité et ne s'emploie qu'en parlant d'un conflit entre des escadres très-nombreuses ou des armées navales.

La marine française, qui, à partir d'une époque déjà reculée, obtint rarement des succès dans ses grandes batailles sur mer, s'est couverte de gloire dans mille combats particuliers. Les *combats* terminés par l'abordage se sont presque généralement dénoués à la gloire de nos armes. Il nous est impossible d'entrer ici dans tous les développemens que comporterait un sujet aussi important. Quelques écrivains ont, avant nous, abordé l'histoire du *combat naval*, et nous pensons que ce qu'auraient de mieux à faire ceux de nos lecteurs qui ne se contenteraient pas de ce que nos limites nous permettent de leur offrir, ce serait de consulter l'excellent article de M. J.-T. Parisot, dans l'*Encyclopédie moderne*, où cet écrivain a traité la matière sous ses points de vue didactique, historique et philosophique.

L'époque la plus glorieuse de la marine française fut sans contredit le règne de Louis XIV. Dans tous les combats que nos flottes livrèrent aux ennemis de la France, dans cette longue période de guerre, nous fûmes victorieux. 1692 vit, avec la bataille de la Hogue, s'interrompre cette série de triomphes maritimes : on sait, du reste, que Tourville y attaqua l'ennemi, fort de quatre-vingt-dix vaisseaux, n'en ayant sous ses ordres que quarante-quatre.

L'abordage, qui semble si bien convenir à l'intrépidité de nos marins pour clore toutes les actions navales, avait déjà donné une conclusion glorieuse à une foule d'actions de navire à navire, sous le règne de Louis XIV : on verrait, dans l'histoire de nos guerres modernes, combien ce terrible dénoûment a toujours puissamment contribué au succès de nos armes, en se répandant de plus en plus dans nos mœurs maritimes. « *L'abordage est le pas de charge des marins français*, » lit-on dans le bel écrit de M. J. T. P., sur le *combat naval* ; c'est le résultat des défauts et des qualités de notre esprit national, la fougue, l'entraînement, l'intrépidité, le manque de prudence et de sang-froid.

Depuis la désastreuse affaire de 1692, la France n'a pas été heureuse dans ses batailles navales ; mais ses *combats* particuliers ont plus que jamais élevé l'honneur de son pavillon. Sous la régence, l'abandon dans lequel les lésineries de Fleury laissèrent se ruiner notre marine, l'avait amenée à un tel état de dépérissement, qu'à la mort de ce cardinal la guerre nous trouva sans vaisseau à opposer à l'ennemi. Les officiers représentaient aussi tristement la partie morale de cette force délabrée, que nos vaisseaux ruinés son état matériel. La campagne de 1758 ne s'ouvrit qu'à la suite de nombreux efforts, qui permirent à notre flotte de débuter par quelques succès ; mais le traité de paix de 1763 devint la manifestation non équivoque de notre impuissance maritime, en face d'une guerre longue et meurtrière.

Les combats de mer livrés sous Louis XV n'offrent rien de remarquable dont nous puissions ou plaindre ou glorifier nos armes, et notre marine ne reparut sous une phase brillante qu'à l'époque de la guerre que nous soutînmes pour assurer l'indépendance des Etats-Unis, et vulgairement appelée guerre d'Amérique ; mais encore ce furent plutôt les *combats* singuliers que les affaires générales, qui léguèrent quelque gloire à la France.

Une autre époque, empreinte de revers maritimes, suivit ces années de luttes peu décisives : elle est connue sous le nom de guerre de la révolution et de l'empire. — 1794 marquera dans nos fastes par le combat du 15 prairial, où commandait le brave Villaret, ayant pour adversaire l'amiral Howe. — 1795 vit lutter dans la Méditerranée les flottes française et anglaise des amiraux Martin et Hotham, ce dernier avec 140 canons de plus que les défenseurs de nos couleurs nationales : l'affaire entraîna de grandes pertes chez les deux ennemis. — Le combat de Groix fut encore, sous Villaret, une lutte inégale, où la retraite préserva la majeure partie de nos vaisseaux d'un désastre que lord Bridport eût facilement achevé avec l'écrasante supériorité de ses forces.—Aboukir, de ses sanglantes bordées, vint éclairer un triomphe dont furent complices la confiance de notre amiral en chef et la routine de la tactique navale. — 1801 vit enfin se lever un grand jour de victoire, Algésiras, où Linois défit sir James Saumarez. Le traité d'Amiens, conclu en 1802, ne fut qu'une trève jetée par lassitude entre deux grandes périodes d'une même guerre.

Les engagemens de la période impériale, non moins nombreux que ceux de la période républicaine, s'effacent devant la grande bataille où nos armes courageuses se virent de nouveau écrasées sous la fortune de Nelson ; la routine fut encore ici un des élémens de nos revers, tandis que l'ennemi employait dans son attaque un mode neuf, et qui annulait les moyens de défense que prête la tactique navale. Que pourrions-nous dire encore après le souvenir de cette funeste journée de Trafalgar, quand il semble que partout, dans les grandes affaires navales, les mésintelligences, les routines de la tactique, et les abstentions d'une partie indispensable des forces, semblent continuellement paralyser la bravoure individuelle et la valeur de quelques chefs mal secondés? La Restauration a eu moins à faire pour triompher dans la Méditerranée, que la République et l'Empire pour y succomber.—La facette brillante de notre histoire maritime, répétons-le, se présente dans les *combats* particuliers, ou entre petites divisions, et non dans les batailles d'escadre à escadre (1). Pour les dispositions du *combat*, voir *Branlebas*. Il serait superflu de donner ici la description d'un *combat naval :* ces sortes de descriptions se trouvent partout. Les expressions techniques qu'elles renferment viendront se placer à leur ordre dans ce Dictionnaire.

COMBIEN PASSE-T-IL? C'est l'expression dont on se sert à bord pour demander l'heure. On l'adresse le plus ordinairement à celui qui veille l'horloge de sable, au moyen de laquelle on compte les heures, ou parties d'heures, selon la manière adoptée sur le navire pour diviser le temps. Il a été expliqué au mot *Ampoulettes,* que le temps employé par un sable fin à passer d'un des côtés de l'ampoulette dans l'autre, marque une fraction d'heure ; le sablier d'un usage habituel est celui d'une demi-heure : ainsi, l'expression de *combien passe-t-il?* peut se traduire par la suivante : *quelle est la demi-heure qui coule dans l'horloge depuis que le quart est commencé?* A laquelle on répond : il passe quatre ou cinq, ou six, etc. ; c'est-à-dire la quatrième, ou la cinquième, ou la sixième demi-heure, sur une division de quatre en quatre heures, appelée *quart*.

COMBUGER. v. a. C'est faire subir aux pipes ou futailles une préparation qui les rend plus propres à conserver l'eau de la provision. Cette opération consiste à les remplir d'eau mêlée d'un peu de chaux vive, longtemps avant de les embarquer ; elles sont ensuite vidées, rincées et remplies de l'eau de provision pour le voyage. Dans les futailles destinées à contenir le vin de campagne, on fait brûler une mèche soufrée ; pendant cette fumigation, on a soin de tenir la futaille bien bondée. L'acception sous laquelle nous venons de présenter le terme *combuger* s'éloigne beaucoup de son sens littéral : donner du *bouge,* c'est-à-dire de la courbure. *Combuger* des futailles, c'est proprement en courber les douves, opération que tout le monde a pu voir pratiquer par les tonneliers.

COMMANDANT. s. m. Ce mot est employé en marine pour exprimer, comme en sens vulgaire, l'autorité principale de tout officier supérieur dans l'exercice d'un service, avec le grade qu'il a acquis ; ainsi, un vice-amiral est *commandant* dans un port militaire, avec le titre de préfet maritime (*voir* ce mot) : anciennement il portait

celui de *commandant d'armes.* Les armées navales ou les divisions ont pour *commandans* des officiers-généraux, etc. Mais le cas où son acception devient plus spécialement maritime, c'est lorsqu'il s'applique à tout officier supérieur qui commande ; un capitaine de vaisseau qui commande un vaisseau, est appelé *commandant* par ses officiers et son équipage ; un capitaine de frégate, sur sa frégate est également appelé *commandant ;* ce même capitaine de frégate, étant autrefois second chef sur un vaisseau de ligne, était réduit au titre simple attaché à son grade : capitaine. Aujourd'hui c'est aux officiers d'un grade supérieur, récemment institué sous le titre de capitaines de corvette, que sont dévolues les fonctions de second chef sur les vaisseaux de ligne. Au-dessous de ce dernier grade, tout officier qui commande un navire est appelé sur son bord capitaine, à moins qu'il n'ait le commandement de plusieurs petits bâtimens réunis : il acquiert alors le titre de *commandant* du *convoi, commandant de la rade,* ne fût-il gradé que lieutenant de frégate. Lorsque le titre de commandant est donné sur leur bord à des officiers subalternes, ce n'est que par courtoisie. Quand il n'y a pas de bâtimens de guerre sur une rade, c'est le plus ancien capitaine reçu pour le commerce qui a le titre et les attributions de *commandant,* pour la police et la surveillance à exercer sur les navires de la rade. Il porte la flamme nationale comme signe de son autorité.

COMMANDE. s. f. C'est le nom d'un petit lien fait à la main, avec deux ou trois fils de caret tordus ensemble. Une *commande* remplace à l'improviste un bout de bitord.

COMMANDE! imp. C'était anciennement un cri que les matelots d'un équipage proféraient tous à la fois, et de toutes les parties du navire, immédiatement après le coup de sifflet qui précédait le commandement du maître d'équipage. Si l'officier de service donnait un ordre qui devait être aussitôt transmis à tout le monde, le maître d'équipage, toujours placé près de l'officier, et chargé de répéter l'ordre, faisait retentir le navire d'un bruyant coup de sifflet, dont l'intonation, comprise par les matelots, pouvait se traduire par ces mots : *Attention; je vais commander quelque chose!* Et les matelots, pour l'avertir qu'ils étaient prêts à exécuter son ordre, répondaient : *Commande!* Immédiatement après, l'ordre était transmis. Ce cri était de mauvais goût ; cet héritage traditionnel devait être abandonné sur les vaisseaux bien tenus ; et maintenant le commandement du maître est articulé aussitôt après le coup de sifflet.

COMMANDEMENT. s. m. On dit d'un officier de marine nommé en chef, qu'il a le *commandement* de telle escadre, ou de telle station, ou de tel bâtiment, d'une prise ou d'un corsaire ; on dit aussi d'un bon officier de manœuvre, qu'il

(1) Consulter, pour les guerres maritimes modernes, les *Chroniques de la Marine française* de 89 à 1830 (République, — Consulat, — Empire, — Restauration) ; 6 vol. in-8°, par Jules Lecomte et Fulgence Girard. — Les deux premiers volumes (la République) seront en vente le 1er avril 1846. — Les autres époques suivront par deux volumes, de deux mois en deux mois.

a un beau *commandement*, c'est-à-dire un *commandement ferme*, qui révèle sa confiance intime dans la manœuvre qu'il ordonne, ou dans l'ordre qu'il transmet. L'intonation forte de sa voix, l'articulation claire de ses paroles, et peut-être sa pose assurée et imposante en face de tout un équipage, ajoutent beaucoup à l'effet du *commandement*.

COMMANDER. v. a. Dans son acception maritime, ce mot ne se borne pas à exprimer la supériorité d'un officier sur les marins rangés sous ses ordres. On dit *commander un bâtiment*, c'est avoir la charge de le conduire à sa destination, de présider à sa conservation, et de s'illustrer avec lui au profit de la patrie ou de l'honneur national. *Commander son quart*, c'est être chargé de la responsabilité de la manœuvre du navire dans toutes les éventualités d'un espace de quatre heures. *Commander la manœuvre*, c'est faire exécuter une manœuvre avec les voiles. *Commander la batterie*, c'est présider aux exercices ou aux opérations qui s'y font, et en diriger l'action dans le combat.

COMME ÇA ! adv. Avertissement de l'officier chef de quart au marin qui tient le gouvernail, que la direction imprimée au bâtiment est bonne, et qu'il faut la lui conserver. L'homme du gouvernail répond *comme ça !* pour avertir l'officier qu'il l'a compris, et qu'il va s'appliquer à gouverner de cette manière : *comme cela ;* et aussitôt son regard se partage entre la boussole, les voiles et le signe indicateur du vent, pour conserver leurs rapports ; et si c'est la nuit, une étoile, dont il observe la position à l'égard d'une voile, lui sert pendant quelque temps pour conserver la direction voulue.

COMMETTAGE. s. m. Terme de corderie, pour exprimer la réunion des nombreux fils de caret, et leur torsion les uns sur les autres pour en former un cordon. C'est aussi la réunion et la torsion de trois ou quatre cordons ou torons pour la formation d'un cordage. Le *commettage* doit être égal partout dans la longueur d'une pièce de cordage. L'action de produire un *commettage* se dit *commettre ;* on *commet en aussière*, on *commet en grelin*. (*Voir* ces mots.) Le degré de *commettage* donné aux divers cordages s'exprime par *commettre au tiers*, *commettre entre le tiers et le quart*, et *commettre au quart ;* c'est-à-dire qu'un cordage étant *commis* ou *tordu au tiers*, les fils de caret qui entrent dans ce cordage occupent un espace en longueur moindre d'un tiers que celui qu'ils occupaient avant de subir la torsion. Le verbe *commettre* a nécessairement ses participes *commis, commise*.

COMMISSAIRE. s. m. Titre d'un officier supérieur de l'administration de la marine. Les *commissaires* sont répartis dans les divers arrondissemens maritimes, partout où la marine recrute ses marins. Il y en a qui siégent au mi-nistère de la marine, où ils prennent d'autres titres, selon les divisions auxquelles ils sont attachés. Les variantes de ce titre sont *commissaires généraux ordonnateurs, commissaires généraux, commissaires principaux, commissaires de première et de seconde classes, sous-commissaires, commissaires agens comptables ;* ceux-ci embarquent sur les navires. Les matelots, très-soumis devant les *commissaires* chargés de leur donner des directions pour aller embarquer, ou de régler leurs décomptes de solde, n'ont pas pour ces administrateurs la vénération indiquée par une attitude d'emprunt. Eugène Sue a décrit, dans sa *Salamandre*, une scène un peu exagérée qui met à peu près dans son vrai jour la profession de foi des matelots pour les *commissaires*.

COMMISSION. s. f. On dit qu'un navire est en *commission* lorsqu'il entre en armement. — Pendant les guerres maritimes, les corsaires qui poursuivent les ennemis pour s'en emparer y sont autorisés par une *commission* du gouvernement, sans quoi ils seraient considérés et poursuivis comme pirates.

COMMODORE. s. m. C'est un titre qui, dans les marines anglaise, hollandaise et américaine, décore temporairement le capitaine de vaisseau commandant une petite division de bâtimens de guerre. Ce titre de *commodore* n'a pas aujourd'hui d'équivalent dans notre marine ; il en avait un autrefois dans le grade de chef de division, et plus anciennement de brigadier des armées navales.

COMPAS. s. m. C'est le synonyme de boussole. Mais on dit plus souvent *compas* dans le langage de bord. — Le *compas de route* est celui qui, placé en regard du marin qui dirige le gouvernail, sert à maintenir le cap du navire dans la direction voulue. — Le *compas de variation*, ou *azimutal*, est une boussole dont on se sert pour observer le point où se lève et où se couche un astre, afin d'établir les calculs de la variation sur la donnée obtenue. — Le *compas renversé* se suspend aux poutres des chambres, et souvent dans la cabane du capitaine, afin qu'il lui soit facile de connaître à tout instant la route que suit le navire, sans pour cela venir consulter le *compas de route*. —Les *compas d'embarcation* sont de petites boussoles renfermées dans des boîtes portatives, et dont on munit les chaloupes ou canots, lorsqu'elles ont à faire un court voyage.— On dit *savoir son compas*, c'est-à-dire pouvoir réciter à la suite les uns des autres, et suivant qu'ils sont placés sur la *rose des vents*, tous les noms nommés aux subdivisions de l'intervalle des points cardinaux, et nommer de même tous leurs opposés. — Le vent fait le *tour du compas* lorsque, dans un court espace de temps, il a soufflé de diverses directions contraires les unes aux autres. — L'instrument de mathématiques qui sert à mesurer les distances sur les cartes marines est, comme chacun sait; un *compas*.

COMPORTER (se). v. n. Se dit d'un bâtiment dans les mouvemens de sa masse à la mer. Un navire dont les mouvemens sont doux, qui n'embarque pas d'eau, qui n'est pas canard, et ne fatigue pas ses mâts et sa coque, quels que soient son allure et l'état de la mer, est dit *se bien comporter*. C'est surtout lorsqu'il est à la cape que cette qualité est appréciée. Celui qui *se comporte mal* est un mauvais bâtiment, un faiseur d'avaries; il ne sort pas d'une épreuve sans porter des marques de sa manière vicieuse de *se comporter*. Ce sont des mâts qui cassent, des œuvres qui se disjoignent; ou, commé un animal rétif qui ne sent ni l'épéron ni le fouet, il n'obéit pas à son gouvernail, et reste le nez au vent et dans la lame à recevoir des coups de mer. Ces vices, qui ont une très-grande gravité, proviennent, ou des formes de la carène, ou de la mauvaise répartition des poids dans le chargement, ou des proportions mal établies entre les voiles et les mâts : tel navire *se comporte mal* dans un voyage, et *se comporte bien* dans un autre par suite des changemens survenus dans son arrimage et dans son installation. Un navire aussi *se comportera mal* avec telle voilure, et *se comportera bien* avec telle autre. Un bon officier de marine doit s'attacher à découvrir dans son vaisseau toutes les causes de ce vice capital, et étudier les moyens d'en neutraliser les effets ruineux ; c'est à lui de savoir, après mainte épreuve, quelles sont les voiles qui conviennent le plus à faire ressortir les qualités de son bâtiment.

CONDUIT. s. m. Petite pomme en bois trouée de part en part et façonnée de telle sorte qu'elle peut être attachée contre un mât ou un cordage. Les *conduits* sont distribués en grand nombre dans les agrès et dans la mâture ; ils servent à conduire de haut en bas, vers des directions libres et indiquées, les cordes souples qui servent à manœuvrer les voiles; les *conduits* les retiennent et empêchent leur balant désordonné.

CONDUITE. s. f. Frais de route payés aux marins de tous les grades lorsqu'il leur est ordonné de se déplacer pour se rendre au service d'un port à un autre, ou du port où ils sont débarqués à leurs quartiers d'inscription. Des règlemens fixent les *conduites* à tant par lieue depuis le grade de mousse jusqu'à celui d'amiral. La *conduite* du matelot est de trois sous par lieue. En cherchant des parallèles entre les *conduites* payées aux marins rapprochés par assimilation de grades, et la valeur morale de leurs services et de leurs conditions sociales, on reconnaît l'injustice des règlemens qui fixent les *conduites* pour certains officiers. C'est surtout à l'égard des capitaines au long cours, comparés aux lieutenans de frégate, que l'esprit de partialité se montre avec tout ce qu'il a d'inquali-

fiable chez une nation juste et essentiellement maritime. Par exemple : en cas de naufrage d'un bâtiment de l'Etat en pays étranger, le consul pourvoira largement au passage de retour en France de l'officier, et si le port de l'arrivée n'est pas celui auquel cet officier appartient, il lui sera payé une *conduite* qui, pour les lieutenans de frégate, sera de 1 fr. 50 c. par lieue. Le capitaine au long cours, qui est, par son assimilation, au moins l'égal et souvent le supérieur du lieutenant de frégate (loi du 3 brumaire an iv, art. 11), qui, appelé pour le service, revêt le même uniforme, partage le même sort dans les combats, remplit les mêmes fonctions, sera traité différemment. L'Etat alloue pour son passage la chétive somme de 1 fr. 30 c. par jour, et si le lieu de l'arrivée en France n'est pas celui qu'il habite ordinairement, on lui passera pour *conduite* 3 s. par lieue ! Il a servi comme l'officier de marine, il a déployé les mêmes talens et la même bravoure, et il est rétribué à certains égards comme matelot !

CONGÉ. s. m. Pièce importante délivrée par le ministre de la marine au capitaine d'un navire du commerce, qui l'autorise à naviguer pour la destination qu'il se propose de suivre. Le *congé* fait partie de ce qu'on appelle *papiers du navire*. C'est aussi la permission donnée à des matelots débarqués de se rendre chez eux avec une conduite qui leur est payée. Donner le *congé* aux marins se dit *congédier*.

CONGRÉAGE. s. m. Ouvrage de matelots qui consiste à remplir, avec du bitord ou un autre mince cordage, le petit vide qui sépare les cordons d'un cordage à sa surface. Faire le *congréage* se dit *congréer*.

CONNAISSANCE. s. f. On appelle *Connaissance* des temps un livre ou almanach publié tous les ans par le bureau des longitudes, pour servir de base aux marins dans une foule de leurs calculs astronomiques, dont ce livre renferme les élémens. — On dit : *prendre connaissance* d'une flotte, d'une terre, pour signifier s'en approcher pour la reconnaître. — Lorsqu'un bâtiment n'est pas certain de la position où il se trouve, il cherche à *prendre connaissance* d'un point bien connu, pour rectifier ses calculs, et donner toute sécurité à sa route, en prenant un nouveau point de départ.

CONNAISSEMENT. s. m. C'est une reconnaissance faite sous seing privé par le capitaine d'un bâtiment du commerce, qui spécifie les objets qu'il a reçus à son bord pour les transporter dans un pays convenu. Le *connaissement* porte la désignation des marchandises; le capitaine appose au bas de cette désignation, faite par le chargeur ou propriétaire, ces mots : *Que dit être*, et signe en s'engageant à porter lesdites marchandises à destination, sauf les *risques et périls de la mer*.

CONSENTIR. v. n. Se dit des mâts et de toutes sortes de pièces de bois qui fléchissent, plient ou se disjoignent sous les efforts qu'elles supportent. On surveille, on ménage un mât qui a *consenti;* en même temps qu'on remédie à la diminution de force ou de solidité qu'il en éprouve, comparativement à sa solidité première. Les bordages, les membres, les barrots, et en général toutes les pièces qui se lient mutuellement dans la composition d'un bâtiment, *consentent* si elles se séparent ou cèdent par la puissance qui les sollicitent, soit coups de mer, chocs d'abordage, ou échouage, etc.

CONSERVE. s. f. On dit naviguer de *conserve,* pour exprimer naviguer de compagnie, ou plusieurs navires en vue les uns des autres. — On nomme aujourd'hui *conserves,* en faisant de ce mot un substantif, certaines préparations culinaires qu'on embarque à bord des bâtimens qui font des voyages de long cours. Ces *conserves,* maintenant fort perfectionnées dans leurs préparations, et dont on doit les premiers essais à M. Appert, sont des mets de toute espèce, volailles, poissons, légumes, gibiers, fruits, laitage, cuits et préparés avec soin, puis renfermés dans des boîtes de ferblanc, ou dans de grosses bouteilles soigneusement privées d'air. Ces préparations, que M. Colin, de Nantes, a beaucoup perfectionnées, peuvent se conserver ainsi trois ou quatre ans, sans que la perte provenant du contact de l'air atmosphérique avec les substances qui les composent cause jamais un préjudice de plus de 10 pour 100. Le prix assez élevé des *conserves alimentaires* empêche que les navigateurs n'en fassent encore une consommation abondante. Mais presque tous les capitaines en général en prennent une provision plus ou moins considérable, pour le service de leur table dans les circonstances assez communes de la navigation, où il est impossible de faire de cuisine à cause du mauvais temps. Les paquebots, ou autres navires qui transportent des passagers, font une plus large consommation des *conserves,* qui, chauffées au *bain-marie,* sont aussi fraîches, aussi savoureuses que la préparation la plus soignée d'un *cordon-bleu* de bonne maison.

CONSIGNE. s. f. A bord des bâtimens de guerre, c'est la désignation du lieu où l'on conserve jour et nuit une lampe allumée et renfermée dans un fanal suspendu. La *consigne* est sous la direction spéciale du capitaine d'armes, cette espèce de commissaire de police d'un navire de guerre; il y pose une sentinelle qui surveille la lampe, et un caporal de service qui a la haute-main policière après lui. C'est de la *consigne* que partent tous les feux accordés par l'officier de garde, soit pour l'éclairage dans les parties obscures du bâtiment, soit pour les travaux de la cuisine. C'est à *la consigne* qu'est d'abord conduit par le capitaine d'armes, ou tout autre, le marin de l'équipage surpris en flagrant délit contre les règlemens de police du bord ; ce poste est le violon, d'où le délinquant est dirigé vers le cachot, ou vers la *barre de justice,* selon la gravité des circonstances. A la *consigne* sont déposés les objets appartenant aux matelots, qu'ils ont égarés, perdus ou laissés à la traîne, et qui sont restitués aux propriétaires réclamans. La *consigne* était anciennement sous le gaillard d'arrière des vaisseaux et frégates, à la porte de bâbord de la grande-chambre.

CONTES ou **CONTES DE BORD.** s. m. pl. Récits fabuleux et bizarres, que les matelots racontent quelquefois dans leurs loisirs pour rompre l'uniformité de leurs causeries. Il se trouve toujours dans les nombreux équipages un matelot dont la mémoire facile et l'éloquence raconteuse sont mises à profit par les autres marins, qui lui confèrent le titre de *conteur de contes,* et lui reconnaissent pour chaque séance une gratification d'eau-de-vie composée d'une petite dîme prélevée sur la ration de chaque auditeur. Ce *conteur,* type de l'espèce, n'est pas un farceur grotesque qui fait rire ; grave et prétentieux, il ne rit même pas de l'incident risible de son récit. Fier de son mérite oratoire, il ne consent pas à l'exercer en pure perte; sa susceptibilité à cet égard ne permet pas qu'on s'endorme quand il raconte, et il lèverait la séance, si un seul parmi l'auditoire ne répondait pas : *crac!* au mot *cric* qui termine chaque période de son discours. Mais s'il s'aperçoit de l'effet qu'il produit, alors son imagination se met en frais ; le merveilleux et le burlesque s'unissent et ressortent au gré de sa faconde matelotesque, dans laquelle l'emploi démesuré de l'S euphonique et du T tudesque rend l'hiatus impossible. — C'est autour de ce *conteur* que, dans les nuits de navigation tranquille, vient se grouper un auditoire avide de ces *contes* fantastiques. — Les *contes de bord* des matelots ont une certaine poésie dramatique ; les péripéties y sont tranchées et saisissables; l'exposition, le but, l'action, l'intérêt croissant, les surprises et le dénoûment, tout s'y trouve ; mais dans l'épopée du gaillard d'avant brillent surtout les événemens grotesques, les moyens exagérés, les comparaisons bizarres, les métaphores licencieuses. Le narrateur improvise et incorpore à son sujet le vent qui hurle, ou la lame sourde qui parfois tombe au milieu de son auditoire. Comme dans toutes les histoires, les personnages sont typés : «La princesse est jeune, jolie, bien faite; elle a reçu une belle éducation (ce qui n'est pas bien prouvé par les goûts et le langage qu'on lui prête) ; le prince est un beau jeune homme, qui ferait un fameux gabier ; il est amoureux comme un congre de la princesse, qu'il voudrait bien crocher en mariage ; mais les conditions dont auquel sont dures, surtout s'il lui faut faire cent lieues dans un égoût, la tête en bas et la bouche béante ; mais que ne ferait-il pas pour une princesse qui lui donnera tout le tabac et l'eau-de-vie qu'elle lui a promis ? une princesse si riche ; qui mange de la morue verte à l'ail tous les jours ; dont la robe de noce sera si belle, et si brillante d'or, d'argent, de pierreries et de pièces de cent sous, qu'il faudra trois navires de trois cents tonneaux pour la porter. Cependant après mille traverses glorieuses, et entre autres celle d'avoir été chef des rafalés dans un ponton anglais, le prince épouse la princesse ; et ils font une fête sterling, dans laquelle le cuisinier fait feu des quatre pattes et de la queue ; à ce point que les petits cochons rôtis courent les rues la fourchette et le couteau plantés sur le dos, coupe et mange qui veut ; et le plus beau c'est que des fontaines publiques coulent de l'eau-de-vie, du taffia et du vin à 24 sous. » Sauf les variantes, tels sont à peu près les *contes* des matelots. Heureuse la bordée dont le *conteur* fait partie ; les marins de cette portion de l'équipage l'entendent quand ils veillent sur le pont ; ils l'entendent encore lorsqu'ils sont couchés dans le hamac, avant de s'endormir, bercés par le roulis du navire. Mais le conteur n'a jamais pu arriver au dénoûment d'un *conte* de hamac ; l'auditoire lui a toujours fait défaut, ce dont il s'aperçoit bientôt, lorsque appelant l'attention par le *cric* final de la période, on ne lui répond que par les ronflemens d'un lourd sommeil. Désappointé, il se tait en apostrophant les dormeurs. — Les matelots ont encore des fables d'une autre espèce ; celles-là n'exigent pas de *conteur* particulier ; elles sont du domaine de tous ; ils se les racontent sous la forme de dialogues, en enchérissant à qui mieux mieux sur la bizarrerie des images ; telle la description de ce navire gigantesque dont il a été parlé dans le premier volume de la *France Maritime,* sous le titre du *Grand Voltigeur hollandais.* Tous les peuples marins de l'Europe possèdent cette fable. Vient ensuite l'histoire du *Brig damné,* que nos matelots ont emprunté aux Portugais. « Ce pauvre brig, selon l'histoire, vraie baille à brai, est le paria dans la grande famille des navires qui courent l'Océan. Il bat éternellement les mers du globe toujours à la cape forcée. On ne l'a vu que dans les mauvais temps. Un épouvantable bruit de chaînes et des lamentations s'y font entendre ; le Juif errant est à bord, et rien de plus extraordinaire que l'événement par lequel il s'y trouve, etc. Ce misérable brig est réduit à cette effroyable condition, parce que le capitaine, les officiers et les matelots consentirent à partir au rabais et sans vin, et qu'ils firent baisser les loyers des marins ; de plus ils se refusèrent à prendre pour *lest* (*V.* ce mot) obligé les marbres destinés à la construction des églises du Brésil, etc. » Cette histoire ne se raconte plus maintenant.

CONTRE-AMIRAL. s. m. C'est le troisième grade parmi les officiers-généraux de l'armée navale. Dans une escadre, dans un déploiement de forces maritimes, il commande l'arrière-garde, tandis que le vice-amiral et l'amiral dirigent, l'un l'avant-garde, l'autre le centre de la flotte. Le grade de *contre-amiral* est intermédiaire à ceux de capitaine de vaisseau et de vice-amiral ; il correspond à l'ancien titre de chef d'escadre. (Voir *Armée navale.*)

CONTRE-ARC. s. m. C'est une courbure contraire au sens ordinaire d'une courbe ; qui produit une ondulation, comme cela a lieu pour la quille d'un navire cassé et qui a pris de l'arc. La quille, qui devrait être courbée régulièrement par la chute des extrémités du bâtiment et être concave vers son milieu, présente au contraire des bosses aux points où repose le pied des mâts ; celles-ci sont déterminées par le poids des mâts et par la forte tension des cordages qui les maintiennent. Ces convexités partielles sont des *contre-arcs.*

CONTRE-BRASSER. v. a. Se dit des voiles que l'on dispose au moyen des bras, de manière à les faire recevoir le vent sur leur face antérieure ; ce qui fait reculer le bâtiment, ou l'arrête, ou au moins retarde sa marche, selon que l'on a *contre-brassé* plus ou moins de voiles. Les cas où l'on *contre-brasse* sont nombreux. En un mot, *contre-brasser,* c'est brasser au rebours du sens nécessaire pour faire enfler la voile par le vent.

CONTRE-MAITRE. s. m. Grade d'officier-marinier (sous-officier d'un équipage). le troisième en rang dans la hiérarchie de cette classe de marins qui descend ainsi : maîtres, seconds-maîtres, *contre-maîtres* et quartiers-maîtres.

CONTRE-MARÉE. s. f. Direction en sens inverse d'une partie des eaux de la mer, comparée au mouvement imprimé à leur masse par le phénomène des *marées* (voir ce mot), et ce dans un espace déterminé. C'est ordinairement le long des côtes que la *contre-marée* se fait sentir ; elle est causée par les accidens du rivage et du fond, sur lesquels les eaux qui les avoisinent viennent se heurter et acquérir, par le choc, un mouvement rétrograde en opposition avec le cours des eaux du large. Les marins côtiers sont très-habiles à profiter des *contre-marées* pour diriger leurs petits bâtimens malgré les forts courans des marées qui les arrêtent.

CONVOI. s. m. **CONVOYER.** v. a. **CONVOYEUR.** s. m. Un convoi est la réunion d'un certain nombre de bâtimens marchands qui naviguent en temps de guerre, ou dans des mers infestées de pirates, sous l'escorte et la protection d'un ou plusieurs navires de guerre, chargés de les défendre contre toute attaque de l'ennemi.

L'officier militaire qui commande le *convoyeur* (bâtiment qui protége le *convoi*) établit sur chaque navire des signaux réguliers qui servent à transmettre ses ordres ou ses avis. Les bâtimens du commerce qui font partie d'un convoi sont assimilés aux lois de la discipline militaire envers l'officier qui les protége. — On a souvent vu un bâtiment *convoyeur*, lorsque l'ennemi était rencontré, livrer la bataille et amuser ses adversaires pour donner le temps au convoi de s'élever dans d'autres eaux. Le salut du *convoi* a souvent pour conséquence la prise ou la défaite du *convoyeur*. Le nombre des navires de l'Etat qu'on destine à *convoyer* des voiles marchandes est en raison de la quantité de celles-ci, de la valeur de leurs cargaisons, ou de l'importance de leur arrivée à bon port. — On se souvient que le combat du 13 prairial, où commandait Villaret-de-Joyeuse, servit à favoriser l'entrée à Brest du fameux *convoi* de subsistances depuis si long-temps attendu, et dont la France avait un si pressant besoin. Souvent un *convoi* est composé de bâtimens de transport appartenant à l'Etat ou frétés par lui, et qui marchent à la suite d'une escadre, ou d'une force navale suffisante pour les protéger escorte jusqu'à leur destination. Parmi les ordres de la tactique navale, on distingue l'ordre de *convoi;* c'est celui où tous les vaisseaux ou armée ou escadre sont rangés sur une seule ligne et naviguent dans les eaux les uns des autres, c'est-à-dire marchent à la file dans une même direction autre que celle du plus près.

COQ. s. m. C'est le nom sous lequel on désigne à bord d'un grand navire le cuisinier de l'équipage. Sur les petits bâtimens du commerce, où les matelots sont peu nombreux, le cuisinier des officiers cumule les fonctions de *coq;* ce double emploi ne peut avoir lieu sur les navires de guerre, où les différences hiérarchiques divisent les habitans du bord en plusieurs tables, dont chacune a son cuisinier particulier. L'équipage a aussi le sien, et c'est le *coq*.

Le *coq*, à bord d'un navire, est encore un de ces rôles tranchés qui se dessinent fortement dans le pêle-mêle d'un nombreux équipage; mais c'est surtout à bord d'un vaisseau de ligne, monté par huit cents hommes, sous l'influence des mille exigences qui contrôlent sa responsabilité culinaire, et dans les embarras de sa pénible et sale besogne, que l'observation peut étudier ce caractère typique.

Le *coq* n'est pas un matelot pris dans l'équipage et affecté au service de la cuisine, comme on prend les caliers pour les travaux de la cale, les gabiers pour le soin des mâts, etc.; on trouverait même difficilement un marin qui se résignât à la condition de *coq*. Le *coq* n'est pas un marin du gouvernement; comme les cambusiers, il relève du fournisseur des vivres de la marine. Mais il a beaucoup na-

vigué; c'est même une condition essentielle de sa spécialité, dans laquelle il a plus besoin de l'habitude des bords que de talens culinaires. Qant à ceux-ci, ils se bornent à faire cuire du lard ou du bœuf salé dans une immense chaudière remplie d'eau de mer; à savoir faire une bouillie de biscuit, qu'il décore du nom bizarre de *turlutine;* plus, à opérer à grande eau la décoction d'une quantité énorme de haricots; enfin, le cas échéant, à savoir faire, toujours dans sa gigantesque marmite, le pot au feu de l'équipage avec la viande de bœuf et les légumes obligés : et c'est le triomphe des *coqs cordons-bleus*. — On a vu au mot *Chaudière* quels soins il est tenu de donner à l'immense vase qui résume toute sa batterie de cuisine, et comme dans ce soin il est assisté de ses *aides coqs*. Ceux-ci, sur lesquels il a la haute main, et aussi la main haute, vu son irascible humeur, sont ordinairement pris parmi les *novices* (*voir* ce mot), ou jeunes marins, dont le défaut d'allures nautiques a fait préjuger assez défavorablement de leurs dispositions maritimes pour devoir les appliquer aux petites utilités de la cuisine des matelots. L'atmosphère de fumée et de vapeurs dans laquelle le *coq* vit continuellement, la manipulation laborieuse de sa pesante et sale chaudière, le condamnent à une malpropreté inabordable : rarement chaussé, il porte une culotte de toile noire de graisse, maintenue par un bout de corde qui lui serre les hanches; une chemise enfumée, collée à sa peau par la transpiration de son corps et les vapeurs de sa cuisine, s'ouvre sur sa poitrine humide; ses yeux larmoyans s'ouvrent à peine sous ses paupières enflammées; ses cheveux courts se hérissent sur son chef; ses manches de chemise sont retroussées, et la couche de suie qui recouvre ses bras laisse à peine voir les tatouages dont ils sont bizarrement ornés. Dans cet équipage, on croira au parfum de fumée qu'il exhale et qui se détend dans un rayon d'une certaine étendue : l'odorat avertit de son approche lorsque, deux fois par jour, il vient demander à l'officier de service la commission qui doit assister à la distribution de la soupe, ou lui porter à goûter, avec certaine solennité, la primeur de son potage. Dans le *Tableau de la mer*, petit tableau burlesque, on a fait ainsi la description du *coq :*

Un malpropre, un vilain, qui sans cesse se grate,
Dont les yeux larmoyans sont bordés d'écarlate,
Qui quitte rarement sa cuiller et son croc,
Cet animal enfin que l'on appelle *coq*.

Les rapports du *coq* avec les matelots sont une hostilité continuelle, qui prend sa source dans sa parcimonie à distribuer les produits de sa chaudière, et que les matelots traduisent en rapine cambusière; dans sa qualité de *non combattant*, et dans sa mauvaise humeur, suite bien naturelle de son rude métier, et qui le rend prodigue de menaces envers tous. Sa position est un éternel qui-vive contre la malice vigilante de ses adversaires, qui s'étudient à lui faire de méchans tours, comme de glisser à son insu dans sa chaudière des savates ou de vieux chapeaux, dont la présence, imputée à sa négligence, le rend passible de punition. Pour empêcher ces odieuses additions aux alimens dont il a la surveillance, il est obligé de faire fermer à cadenas le couvercle de sa chaudière; et la clef, remise au capitaine d'armes, ne lui est rendue qu'au moment de la distribution du repas. Cette précaution nécessaire le prive de surveiller à volonté la cuisson de son pot au feu; et pourtant nul cuisinier connu n'est plus rigoureusement reponsable de la parfaite confection de son consommé. Enfin, quand la soupe est faite, et que d'après son goût, approuvé par l'officier de garde, elle va être distribuée à l'équipage en présence d'une commission; quand les nombreux servans de chaque plat, arrivés à la file, ont apporté leurs *gamelles* où le pain est taillé, la chaudière, trop lourde de son énorme contenu, et demeurée sur les barres de la cuisine, est alors découverte. Un nuage de vapeur s'en élève et remplit l'espace. Le *coq*, comme il a été dépeint, sa chemise en moins, son croc au côté, sa large cuiller sur l'épaule, se précipite dans le nuage brûlant, et le corps penché au-dessus du bouillant potage, y puise à grands coups de cuiller, dont un seul suffit pour tremper la soupe de sept hommes. La chaleur, le travail excitent sur son corps nu une transpiration abondante qui ruisselle et se mêle aux flots du consommé. Après la distribution de la soupe vient celle des morceaux de bœuf embrochés qui ont servi à la confection du bouillon. Pour celle-ci, le *coq* dépose sa cuiller et s'arme de son croc à double pointe; c'est à l'aide de cette fourchette qu'il pêche au fond de sa marmite les rations de viande, pour les délivrer à leurs véritables titulaires; opération difficile et sujette à mille scènes incidentes, dans lesquelles le *coq* a fort à faire pour parer au déluge de vociférations et d'attaques dirigées contre sa probité de *coq*. Pour plus complète description de ces scènes comiques, nous renvoyons le lecteur à l'article *Chaudière d'un vaisseau de ligne*, insérée à la page 212 du premier volume de la *France maritime*.

COQUE. s. f. C'est la boîte, le corps d'un bâtiment, le corps seul et isolé de tout ce qui complète un navire, tel que mâture, voilure, etc. Quand un navire est lancé à l'eau du chantier, ou de la cale de construction, ce n'est encore que la *coque*, qu'on livre ainsi au bassin. La *coque* d'un vaisseau de premier rang pèse environ 4,800,000 livres, ou 2,400 tonneaux; la pesanteur totale du même vaisseau armé pour six mois, serait de 5,500 tonneaux de 2,000 livres. — Celle d'un vaisseau de 80 canons, grandeur la plus générale des vaisseaux de guerre actuels, sera pour sa *coque* seulement de 3,600,000 li-

vres. Ce poids, pour les divers rangs des vaisseaux, est en rapport assez régulier avec celui du déplacement, causé par l'immersion de leur *coque*, en opérant sa conversion en poids, à raison de 72 livres le pieds cube d'eau. Ce qui constitue ce poids total de 3,600,000 livres pour la *coque*, est ainsi départi : 84,000 pieds cubes de bois de chêne brut, et 1,200 de sapin, lesquels, travaillés et mis en place, subissent une réduction de moitié par la main-d'œuvre. — Quand un cordage a subi une trop forte torsion, ou si, mouillé, ses fils se retirent, il se replie sur lui-même, et fait des *coques*, des ronds, qui l'empêchent de pouvoir glisser aisément dans les poulies ou dans les conduits où son passage est nécessaire. On défait les *coques* en détournant un peu le cordage.

COQUERIE. s. f. C'est le nom que l'on donne dans les arsenaux à l'appareil en maçonnerie disposé pour y faire la cuisine d'un navire en armement, ou en désarmement. (*Voir* Cayenne.) Le coq y tranporte sa chaudière, et tout son attirail de cuisine.

COQUERON. s. m. C'est le petit coin à l'extrême arrière, et dans le plus profond de la cale d'un navire. Il est au-dessous de la soute à poudre, et sert à ramasser des menus objets de l'article du maître canonnier. Dans les canots, ce sont les deux encoignures extrêmes à l'arrière et à l'avant.

CORBILLON. s. m. Espèce de petit baquet, ouvrage de tonnellerie, cerclé en fer, haut de 8 pouces, de forme ronde, plus large à la base qu'au bout supérieur. Il en est délivré un à chaque division de sept hommes destinés à manger ensemble, sur les bâtimens de guerre. Il sert à contenir le biscuit distribué pour un repas. C'est la corbeille au pain sur la table des matelots.

CORDAGE. s. m. Les cordages varient infiniment d'espèce, de grosseur et de force; chaque sorte a un nom. Les cordages sont presque généralement fabriqués avec du chanvre; cependant il y en a en *pitte* (filament d'une espèce d'aloès), en *quer* (enveloppe filamenteuse de la noix de coco), et en *bastin* (sorte de jonc du Levant). On voit même quelques bâtimens américains qui ont de menus *cordages* en coton. Nous connaissons peu les avantages que présentent les *cordages* en coton. A part quelques bâtimens pêcheurs de baleines qui s'en servaient pour lignes de harpon, nous n'en avons pas vu l'usage bien répandu. Quant au pitte, au quer et au bastin, leur emploi comme *cordage* est inférieur au chanvre, dont la force et la durée sont beaucoup plus grandes. Seulement ces trois derniers élémens, étant plus légers que le volume d'eau qu'ils déplacent, offrent l'avantage de pouvoir flotter plus aisément que le chanvre, et par conséquent risquent moins de s'user par leur frottement contre les rochers du fond, lorsqu'ils fonctionnent comme câbles. (*Voir* Bastin.) Le chanvre est d'ailleurs moins cher que tous les autres textiles, et ses brins sont beaucoup plus longs. On emploie encore dans de menus travaux, et dans les arts particulièrement, des cordages de soie, d'écorce de tilleul, de boyaux, de gomme élastique, et enfin de fils de cuivre ou de fer; mais il suffit de signaler simplement toutes ces exceptions, l'usage en étant fort arbitraire.

La fabrication des *cordages* est composée de deux opérations principales : *la filature, le commettage.* La filature consiste à réunir les brins de l'élément employé pour en faire un fil continu appelé *fil de caret.* (*Voir* ce mot.) Le commettage consiste à réunir, par le moyen de roues, plusieurs de ces fils qu'on tortille ensemble pour obtenir ce qu'on appelle un *toron.* Supposons qu'on ait *commis* ensemble dix fils de caret pour faire un toron, si l'on réunit et *commet* ensemble trois ou quatre de ces torons, on aura un cordage qu'on appelle *aussière.* (*Voir* ce mot.) Maintenant ces aussières, étant de nouveau soumises au commettage, dans le sens inverse de la torsion qu'elles ont reçue d'abord, formeront un autre *cordage* qu'on nomme *grelin;* chaque aussière qui aura contribué à former ce grelin ne sera plus relativement qu'un toron. .

Les câbles sont commis en grelin, c'est-à-dire que leurs torons sont de fortes aussières. (Voir *Câble.*) Comme les grelins formés de quatre aussières commises ensemble ne seraient pas ronds, on leur met une *mèche* ou cordage central d'une grosseur moindre que celle de chaque aussière, autour duquel ils s'enveloppent en se commettant. En général, le fil de caret commis en un cordage quelconque perd un tiers de sa longueur primitive. Voici la filière des *cordages* de grosse dimension : le fil de caret, qui est leur premier élément; le toron, formé directement de ceux-ci; l'aussière, formée de torons; le grelin, formé d'aussières; enfin les câbles, qui ne sont autre chose que de très-gros grelins. Tous ces cordages se mesurent à la brasse pour la longueur, au nombre de pouces de circonférence pour leur grosseur, au poids pour la vente.

Maintenant on se sert en marine d'une foule de menus cordages dont nous allons décrire les principaux.

Le fil de caret est le premier élément de tout cordage menu ou fort. On appelle *lusin* une petite ligne ou ficelle composée du commettage de deux fils de caret très-fins. — Le *merlin* est d'une qualité moins parfaite. — Le *bitord* est fabriqué avec les fils de caret les moins réguliers. — Le *quarantenier* est formé de quatre ou cinq fils.

Tous les cordages dont on vient de parler se trouvent imprégnés de goudron (qu'on sait être une résine noire et gluante, que l'on extrait des pins par le moyen du feu). Le fil de caret est d'abord goudronné; puis, à chaque fabrication plus compliquée, on renouvelle l'opération : elle a pour but de rendre le *cordage* moins sensible à l'influence de l'humidité, qui pourrit et détériore promptement. L'application du goudron aux *cordages* diminue aussi sensiblement la tendance qu'a le chanvre à se raccourcir à la pluie ; résultat qui entraînerait de graves inconvéniens dans une foule d'emplois du *cordage.*

Les cordages courans, qui sont destinés à faire un service actif, à rouler dans des poulies comme les cargues, à être souvent tirés et abraqués, doivent être moins commis que ceux qui restent à poste fixe, et qu'on nomme *dormans,* tels que les *haubans,* ces grandes échelles qui appuient les bas mâts à droite et à gauche du navire. — Le *cordage blanc* est celui qui n'est pas goudronné ; l'humidité le raccourcit tellement, qu'on a fait l'épreuve d'attacher et d'étendre un gros cordage sec sans goudron à deux fortes boucles de fer, et que l'humidité, en faisant retirer tous ses fils, arrachait les deux points de résistance.

CORDE. s. f. On ne connaît que des cordages en marine. Le mot *corde* n'a qu'une seule application sur un navire, c'est quand il désigne le petit bout de cordage attaché à la branche en fer qui sert à mettre la cloche en branle. Jamais le mot corde n'est prononcé à bord d'un bâtiment que pour désigner celle-ci, ou quelquefois l'instrument avec lequel on frappait autrefois les marins ou les mousses en contravention. Mais encore était-ce toujours l'idée de la *corde* de la cloche qui dominait, parce que la *corde* qui servait à battre était courte et pourvue d'un gros nœud à son extrémité, comme celle de la cloche du gaillard-d'avant.

CORDERIE. s. f. Atelier où se fabriquent les cordages.

CORNE. s. f. C'est ainsi que se nomme une pièce de bois de sapin, que l'on voit se projeter en arrière, portée par le bas mât d'artimon; elle sert à supporter la voile trapézoïde, qui a été définie sous le nom de *brigantine;* elle contribue avec la bome à l'installation de cette voile, dont elle étend la partie supérieure. Sa position très-penchée à l'égard du mât qui la porte la fait aisément remarquer dans l'appareil de mâture d'un bâtiment, d'autant plus que c'est au bout de la corne que s'arbore et se déploie le pavillon national. Sur certains navires, la *corne* prend le nom de *pic* (voir ce *mot*); là elle devient une pièce essentielle du système de voilure de ces bâtimens. — *Corne d'amorce,* c'est une corne de bœuf disposée pour contenir la poudre dont on amorce les canons; chaque chef de pièce en porte une en bandoulière ; un petit ressort, artistement disposé à la pointe de la corne, est pressé pour laisser couler le pulvérin contenu dans la corne.

CORNETTE. s. f. Sorte de pavillon en étamine, aux couleurs nationales. Sa forme est un carré long ; la partie rouge est fendue, et représente deux langues, deux cornes pointues ; la partie bleue est attachée à un bâton, sur le milieu duquel s'attache la corde fine, qui sert à l'arborer. La *Cornette* est le signe distinctif du capitaine de frégate, du lieutenant de vaisseau, et du lieutenant de frégate commandant une réunion de trois bâtimens de guerre au moins.

CORPS. s. m. C'est pour un navire à peu près le synonyme de coque ; c'est le bâtiment proprement dit sans mâture. On dit aussi le *bois :* ainsi la coque d'un bâtiment, son corps ou son bois, c'est le coffre nu, sans accessoire.

CORPS ET BIENS. s. m. C'est l'expression qui traduit l'idée d'un navire perdu avec tout son équipage, sans qu'il ait été possible de sauver hommes, marchandises ou débris. C'est de tous les événemens de mer le plus sinistre, mais heureusement le plus rare ; il est peu ordinaire que partie de l'équipage ne parvienne pas, dans un naufrage, à se sauver ou à être recueillie.

CORPS-MORT. s. m. Renferme à la fois l'idée de chacun des objets qui le composent, et de l'ensemble de ces objets ; mais, en général, c'est ainsi qu'on appelle un bateau fortement construit, et destiné à porter les câbles attachés à de fortes ancres, et qu'on dispose dans les endroits d'une rade les plus propres au mouillage des vaisseaux et frégates. Lorsque ces grands navires arrivent à ces mouillages, au lieu de se servir de leurs propres ancres et câbles, ils s'emparent de ceux du *corps-mort,* qui est aussitôt renvoyé dans le port. Quand le vaisseau remet à la voile, le *corps-mort* reprend ses câbles du vaisseau dont il occupe la place. A défaut de ces forts bateaux, lorsqu'un vaisseau a besoin d'un *corps-mort* pour y déposer ses propres câbles, il se sert ou de sa chaloupe, ou d'un appareil flottant, composé de plusieurs mâts réunis.

CORSAIRE. s. m. C'est un navire armé en guerre par un ou plusieurs particuliers, pour courir sus aux ennemis, les combattre et s'en emparer, si faire se peut. On donne aussi le nom de *corsaires* aux marins qui montent ces navires aventuriers. C'est dans cette dernière acception que la poésie mésuse de ce mot, en l'assimilant à celui de pirate, avec lequel il n'a pas de synonymie ; la licence poétique, qui excuse cette erreur, prouve aussi que la rigueur du purisme académique est aisément sacrifiée au besoin de la rime. Les *corsaires* sont, il est vrai, des marins guerroyeurs courant après un butin, mais seulement après celui exposé par les riches spéculateurs de la nation en guerre franche avec celle dont ils portent les couleurs. Ils portent à leur manière des coups funestes aux ennemis de leur gouvernement. Leur genre de guerre n'est pas tout à fait aussi chevaleresque que celui des marins de l'Etat,

mais il n'est pas atroce comme celui des pirates ; leur courage au-dessus de tous est proverbial, et leurs combats en fournissent des traits admirables, que leurs gouvernemens ont souvent reconnus par des récompenses honorables. Ils obéissent à la puissance des lois internationales ; leurs actes sont par conséquent contrôlés. Ils sont couverts par un pavillon reconnu ; et si le sort des combats les rend prisonniers de guerre, ils doivent être en cette qualité traités selon les conventions de nation à nation ; enfin les plus honnêtes gens du monde se font *corsaires,* sans cesser pour cela d'être d'honnêtes gens.

Les matelots *corsaires* ne sont pas de mœurs faciles et traitables, et ce serait une étude curieuse que celle de ces hommes à l'humeur vagabonde, au goût aventureux, aux passions ardentes, dont le caractère est formé sur le sauve-qui-peut d'une existence de dangers continuels. Chaque heure qui vient étant pour eux une question de mort ou d'esclavage, ils s'affranchissent par les sensations du présent, de toutes pensées de l'avenir, auquel ils croient moins par l'espoir des succès qu'ils y rêvent, que par la crainte des périls dont il est plein. Cette absence de réflexion maintient les matelots *corsaires* dans une versatilité de caprices et de volonté qui n'est pas sans dangers pour celui qui les commande. On a vu, au mot *Avance,* les joies extravagantes et de nouvelle espèce auxquelles les *corsaires* s'abandonnent à leur retour au port, après un voyage productif, après une course heureuse, comme ils disent.

CORVETTE. s. f. C'est parmi les bâtimens armés en guerre par l'Etat, celui qui prend rang entre le brig et la frégate. La corvette est ordinairement armée de vingt et jusqu'à vingt-six caronades. Il y a des *corvettes-brigs* qui sont de grands brigs, et des *corvettes* proprement dites qui ont trois mâts, et se rapprochent plus des frégates. *Les corvettes* sont construites de manière à avoir une marche rapide, et servent souvent d'aviso. — On appelle *corvette de charge* une corvette destinée à transporter d'un port à un autre, ou vers des points éloignés, les munitions des armemens de l'Etat.

COSSE. s. f. Sorte d'anneau en fer plat, cannelé sur sa circonférence extérieure, pour recevoir un cordage qui l'enveloppe en se repliant sur lui-même. Les *cosses* servent à plusieurs usages dans un bord ; elles sont répandues en grand nombre dans les agrès du navire. Le principal service des *cosses* est de préserver le cordage qui la presse du rude frottement qu'il éprouverait sur un croc ou une boucle en fer, en supportant elle-même ce frottement.

COTE. s. f. C'est le rivage ; la partie de la terre qui borde la mer.

COTRE. s. m. Petit bâtiment ne portant qu'un mât perpendiculaire et un beaupré. Il a une voile immense qui s'élève sur une bome à l'arrière de son unique mât ; le beaupré porte un foc, et entre ce foc et l'avant du mât, une autre voile aussi triangulaire, qu'on nomme trinquette. Les grands *côtres* ont d'autres voiles légères au sommet de leur mât. Ce genre d'embarcation s'appelle aussi *sloup* ou *sloop*. Mais ce dernier nom s'applique particulièrement aux *côtres* de petites dimensions, ou aux *bâtimens* qui font le cabotage pour le commerce. Les *côtres* de guerre sont armés de pierriers à pivots, de petits canons de 4 ou de 6 en cuivre, ou enfin de caronades de 8 et de 12. Ces *côtres*, qu'on appelle aussi *cutters*, du mot anglais, sont presque généralement affectés au service militaire des côtes, à la surveillance de la fraude, à la police des pêches, au transport des menus approvisionnemens. — Il y a pour ces différens services des *côtres* de guerre dans presque tous les grands ports de France. Les stations principales sont celles de Dieppe, de Cherbourg et de Granville, qui sont commandées par l'importance qu'ont sur ces points de la Manche les pêches des huîtres et du poisson. La station de Granville est ordinairement formée de trois *côtres* de différentes grandeurs, et dont l'ensemble présente un effectif de soixante-quinze hommes d'équipage. — Ces *côtres* sont commandés par des lieutenans de vaisseau ; un des trois est dit commandant de la station. Le service est fort actif sur ce point, et a pour objet la répression des abus que le voisinage des îles anglaises de Jersey et de Guernesey ne manque pas de produire souvent sur les bancs de pêche, dont le monopole appartient exclusivement à nos marins, en dedans de certaines limites. On sait que les populations maritimes de Cancale et de Granville vivent en partie du rapport de leurs bancs d'huîtres : leur industrie a donc besoin d'être protégée contre les déprédations commises souvent de vive force par les pêcheurs anglais, qui préfèrent pêcher eux-mêmes dans nos limites que de venir acheter dans nos ports les produits de notre propriété. — Les plus petits *côtres* sont de 20 à 40 tonneaux. — *Le Renard*, qui commande la station de Granville, est de 75 à 80 tonneaux. — On a vu au Havre, en 1831, un cutter de la marine de guerre anglaise qui ne jaugerait pas moins de 250 tonneaux. Ce sont les plus larges proportions auxquelles il soit possible d'arriver avec le genre de mâture des *côtres*. Le mât unique d'un pareil navire devient d'une grosseur telle, qu'il est très-difficile de trouver un arbre qui puisse le former, attendu qu'il doit être d'une seule pièce. — Les *côtres* marchent ordinairement fort bien, et approchent facilement du lit du vent.

COUBAIS. s. m. Embarcation de luxe en usage sur les côtes du Japon, et qui navigue à l'aviron.

COULER. v. n. et a. Faire la submersion d'un bâtiment. Ce mot est employé, dans le langage ordinaire, avec une acception exagérée de l'événement qu'il représente, parce qu'un navire ne peut guère *couler*, si, par ce mot, on entend disparaître de la surface pour aller au fond. Il faudrait que le chargement d'un bâtiment fût bien lourd pour qu'il en fût ainsi, et par conséquent que le poids de cette cargaison l'emportât sur la tendance qu'a le bois en général pour remonter à la surface, sous la puissance ascentionnelle du déplacement de l'eau. Un navire *coulé* est donc en général à quelques toises de la surface ; ses mâts, s'ils ne sont pas abattus, indiquent le degré de profondeur où il est entré. Un bâtiment *coule* par suite de l'invasion de l'eau dans sa cale, soit à la suite d'une avarie, soit après un combat, lesquels déterminent la voie d'eau. — Il est bien rare qu'un bâtiment *coule* instantanément par l'effet des trous dont les boulets ennemis ont criblé sa coque. — Quelquefois dans les ports on fait *couler* des navires avec intention : en 1810 la corvette *la Diligente* fut *coulée* à Lorient, pour y détruire les rats dont elle était infestée. Le vaisseau qui servit à Vasco de Gama dans sa découverte du passage aux Indes orientales, était, pour meilleure conservation, coulé dans un bassin de Lisbonne : on sait que les bois submergés se conservent plus longtemps. *Couler* en mer par délabrement de la coque d'un navire, est un sinistre très-rare ; l'histoire pourtant en signale plusieurs exemples. *Couler* dans les combats est une glorieuse fin de bâtiment de guerre ; c'est le *vaincre ou mourir* du navire héros, ou plutôt il meurt invaincu, car son pavillon n'a pas été baissé ; il est descendu flottant dans l'abîme. C'est toujours en se défendant vaillamment contre des forces très-supérieures, qu'un vaisseau peut couler dans un combat ; un si sublime naufrage illustre à jamais les généreux défenseurs qui l'ont voulu. La marine française compte plusieurs exemples de ce dévouement héroïque, et entre autres ceux offerts par le vaisseau *le Vengeur*, au combat du 13 prairial an II, et le vaisseau *le Redoutable*, à la suite du combat de Trafalgar. — COULÉ. État anormal d'un bâtiment qui s'enfonce dans la mer et disparaît à sa surface ; immersion complète de sa masse, par diverses causes. Un bâtiment est *coulé* par la surcharge des poids, quand sa masse est arrivée à être plus pesante que la quantité d'eau qu'elle déplace ; il est coulé par le mauvais état du calfatage des bordages, ou par l'existence fortuite de toute autre ouverture qui a laissé pénétrer l'eau de la mer à l'intérieur ; soit que cette ouverture provienne du choc de la carène contre un écueil, soit de l'effet des boulets ennemis dans un combat. — On dit : *chargé à couler bas*, d'un bâtiment dont la coque est entrée dans l'eau au delà des proportions voulues, sous le poids d'une lourde cargaison. — Un grand bâtiment de guerre menace un petit ennemi de le *couler*, c'est-à-dire de lui tirer en plein bois une volée d'artillerie, qui, défonçant sa faible muraille, livrera passage à l'eau, et le rendra hors d'état de marcher, de combattre, et souvent d'être encore habité.

COULEUR. s. f. En marine, on dit souvent *couleur* pour pavillon. Ainsi un officier commande: *Montez nos couleurs !* c'est-à-dire hissez ostensiblement le pavillon de notre nation.

COUP. s. m. Ce mot s'applique particulièrement à l'expression de deux idées en marine : *coup de vent, coup de mer.* On appelle *coup de vent* la continuité d'un vent violent. On appelle *coup de fouet* la dernière crise du *coup* de vent, ou bien le *coup* de vent lui-même, s'il est de peu de durée ; un *coup de mer*, le choc d'une grosse lame qui se brise sur un corps quelconque.

COUPÉ. s. m. C'est une élévation de quelques pouces faite à l'arrière d'un bâtiment sur le pont ordinairement plane dans toute sa longueur. — Il n'y a guère que les anciens navires qui aient ainsi leur pont *coupé* ; cette irrégularité avait pour objet de donner plus d'élévation aux chambres ménagées à l'arrière sur le pont trop rapproché de son *entrepont* ou pont inférieur.

COURANT. s. m. On dit le *courant* des cordages, pour désigner la partie de ceux-ci qui roule dans les poulies ; les *manœuvres courantes* sont les cordages qui agissent sous les efforts des marins, quand quelque opération de la mâture ou des voiles rend ce travail nécessaire. Manœuvres *courantes*, manœuvres *dormantes.* (Voir la fin du mot *Cordage.*) — On appelle *courans* certains mouvemens des eaux, réguliers ou irréguliers, causés, dans le voisinage des côtes, par les inégalités du fond, et qui tantôt restent dans les profondeurs de la mer, tantôt s'agitent à la surface. Le *courant* d'une rivière, d'un fleuve, c'est la pente des eaux qui descendent de la source pour se précipiter vers leur embouchure. Quelquefois ces courans, contrariés par les accidens sous-marins ou par leur lutte avec des bras ou des canaux qui se versent dans leur cours, remontent vers leur source ; mais ils ne tardent pas à suivre la pente naturelle dont ils avaient dévié dans un espace circonscrit. — Nous nous souvenons d'un point du Rhône voisin de Valence qui, par l'allure *contrariée* de ses courans, permettait de suivre en bateau une rive qu'on prolongeait à plus d'un mille de longueur, avec la facilité de rejoindre le point de départ rien qu'en changeant de rive, et cela sans le secours des voiles ni des avirons. Le milieu du fleuve était tracé par une ligne tourbillonneuse qui séparait les deux courans.

Il y a dans la Méditerranée des *courans sous-marins* qui offrent à l'étude de singuliers phénomènes. Nous regrettons vivement de ne pouvoir indiquer ici la source des notions que nous avions recueillies sur ces *courans;* mais nos souvenirs nous sont infidèles, et tout ce que nous constatons c'est que ce qui suit nous est étranger. — On sait que la Méditerranée reçoit constamment de l'Atlantique, à travers le détroit de Gibraltar, une masse considérable d'eau qui, avec celles que lui apportent les fleuves, sert à remplacer ce que lui enlève l'évaporation. Dans cet éternel renouvellement, cette évaporation n'enlève que de l'eau douce, tandis que les courans n'apportent que de l'eau salée. Comment peut-il se faire que la composition de cette mer ne varie point, et qu'elle reste sensiblement la même que celle de l'Océan? L'idée qui se présente le plus naturellement, c'est que l'excès du sel se trouve continuellement emporté par un *courant sous-marin.* Si ce *courant* existe, comme il n'entraîne qu'une partie de l'eau que les fleuves ont apportée, puisque l'autre partie a été pompée par l'évaporation, il faut qu'à volume égal, puisqu'il doit emporter tout le sel, il en contienne beaucoup plus que le courant supérieur. Or, jusqu'à une certaine époque, on n'avait pas trouvé la différence à laquelle on devait s'attendre entre les couches superficielles et les couches profondes ; leur composition était au contraire sensiblement la même. Le docteur Marcet, qui s'était précédemment beaucoup occupé de recherches analogues, présuma que ce défaut d'accord entre les résultats de l'observation et ceux du raisonnement pouvait tenir à ce qu'on n'avait pas encore pénétré à d'assez grandes profondeurs ; en 1830, il chargea le capitaine Smith, employé à cette époque à des travaux hydrographiques dans la Méditerranée, de lui procurer des échantillons pris aux plus grandes profondeurs auxquelles il serait possible d'arriver. M. Smith s'acquitta avec empressement de cette mission scientifique ; mais la mort du docteur Marcet rendit nul le résultat de ces recherches, et les échantillons furent dispersés. M. Vollaston parvint pourtant à en retrouver trois. Les deux premiers ne lui offrirent point une composition différente de l'eau de mer ordinaire ; mais le troisième, pris à une plus grande profondeur (1200 mètres environ), et à 50 milles seulement en deçà du détroit, contenait une quantité de sel quatre fois plus considérable que l'eau de la surface. Ainsi, un *contre-courant* ainsi composé, si on lui suppose un volume égal à celui du courant supérieur, n'aura besoin que du quart de la vitesse de ce dernier pour emporter une quantité de sel égale dans le même espace de temps, et empêcher ainsi une augmentation de salure. Ce résultat serait encore le même, si, à vitesse égale, le *courant* sous-marin n'avait que le quart de volume du *courant* supérieur.

Les *courans* sont fort dangereux pour les navires dont le calme et la vitesse du vent empêchent de régler la marche. Ils ont causé beaucoup de naufrages sur les côtes, et en pleine mer ils ont pour effet de changer la position d'un navire, en l'entraînant dans un parage où ne l'appelle pas la route qu'il doit suivre. Quand les marins s'aperçoivent, à la suite de leurs calculs astronomiques, qu'ils ont dévié de leur route ou du point où ils s'estimaient par suite du chemin parcouru, ils attribuent cette différence aux *courans*. Un navire ne peut pas juger s'il est entraîné par des courans, s'il n'a point une terre, un objet fixe qui lui serve de point d'observation.

COURANTE. adj. On dit *manœuvres courantes*. On entend par ce nom toutes les cordes souples et maniables qui passent dans les poulies et garnissent la mâture d'un navire prêt à faire usage de ses voiles. Elles servent à manœuvrer les vergues et les voiles, à leur donner les situations que les circonstances du temps ou les accidens de la navigation exigent ; tels sont les bras, les boulines, les balancines, les cargues, etc., et toutes les autres, dont nous n'avons pas encore eu occasion de donner la définition. Dans les rades où le navire n'a rien à redouter du vent, dans les bassins, on dépasse les *manœuvres courantes* afin de rendre plus léger à l'œil l'appareil du gréement d'un navire. La qualification de *courante* vient à ces cordages de ce qu'ils coulent rapidement dans les poulies quand ils fonctionnent.

COURBE. s. f. Pièce de bois fort utile qui tire son nom de sa forme ; elle sert à opérer des liaisons entre les diverses parties d'un navire. Les courbes sont en grand nombre dans la construction d'un bâtiment, et sont placées dans le sens le plus favorable pour effectuer des jonctions. Deux principales *courbes*, appelées *courbe d'étrave* et *courbe d'étambot*, sont importantes par le rôle qu'elles jouent dans l'édifice d'un navire, et par leurs larges dimensions. Elles deviennent rares aujourd'hui dans nos forêts ; elles ne peuvent pas être remplacées par des courbes en fer, comme cela arrive pour les autres courbes.

COURIR. v. a. C'est faire de la route : ce *bâtiment court au nord*, c'est-à-dire il fait du chemin vers le nord. — Deux navires *courent* à contre-bord, lorsqu'ils vont l'un au nord, l'autre au sud, par exemple, en recevant la brise chacun de différent côté. — *Faire courir les manœuvres*, c'est faciliter le jeu des cordages dans les poulies où ils passent. — *Courir à terre, courir au large*, se diriger vers la terre ou vers la haute mer. — On dit faire *courir la grande bordée*, lorsque l'équipage, divisé en deux portions égales, alterne pour un service du navire et les repas, les bordées destinées à faire le quart étant ordinairement des fractions moins nombreuses de l'équipage.

COURONNEMENT. s. m. C'est la partie de charpente qui encadre le navire à son arrière ; c'est le haut de sa poupe, toute la partie qui regarde l'arrière. La face extérieure de l'arrière d'un navire est ordinairement percée de fenêtres qui donnent dans les chambres placées sous le gaillard ; ces fenêtres sont souvent surmontées de sculptures qui ornent ce qu'on appelle le *tableau*. Les Américains, dont les paquebots ont les premiers peut-être donné l'exemple de ce luxe qu'on applique aujourd'hui à nos constructions commerciales, placent presque généralement sur leur arrière et au-dessus des sabords ou fenêtres de leurs chambres, un *couronnement* en sculptures représentant des attributs, des figures, des ornemens, dont la composition est, autant que possible, appliquée à tout ce qui peut se rattacher au nom que porte le navire. Cette mode, qui s'est promptement vulgarisée chez nous, est devenue une œuvre d'art dans son exécution, et les Américains viennent aujourd'hui emprunter le ciseau de nos sculpteurs pour orner leurs navires. Le Havre possède un artiste dont le talent semblait appelé à exécuter d'autres travaux que des ornemens de navires ; on lui doit une quantité prodigieuse de *couronnemens* et surtout de *figures*, statues penchées, dont on décore souvent la *guibre* ou l'avant d'un bâtiment. Cet artiste se nomme *Haumont*. — Le *couronnement* d'un navire, considéré comme le balcon qui ceint l'arrière, est le point de réunion des passagers en pleine mer ; ils s'y assemblent pour regarder l'espace que le bâtiment vient de parcourir ; c'est là que dans les beaux temps ils se livrent à la pêche, c'est de là qu'ils tirent sur ces pauvres oiseaux marins, qui cherchent souvent un point d'appui sur le bout d'une vergue ; c'est aussi l'estaminet de l'état-major.

COURS (*long-*). s. m. Grand voyage, campagne plus longue que le cabotage ; *voyage au long-cours*. — Capitaine *au long-cours*, officier du commerce qui a droit de mener un bâtiment sur tous les points du globe, dans toutes les mers.

COURSE. s. f. *Bâtiment armé en course* auquel il est permis de s'armer, aux risques et périls de ses propriétaires, pour courir sur les ennemis de l'Etat et s'en emparer. — Le mot *croisière* est appliqué aux bâtimens de guerre qui ont une mission pareille, seulement ce mot s'emploie encore à traduire différentes idées, comme il sera expliqué en temps et lieu. — Faire la *course*, c'est donc s'embarquer sur un navire armé en guerre par des spéculateurs qui ont obtenu *une lettre de marque* ou autorisation de leur gouvernement.

COURSIVE. s. f. C'est un passage étroit entre les cloisons des chambres ou des *soutes*, une planche étroite qu'il faut franchir pour parvenir à certains emménagemens du vaisseau.

COUTURE. s. f. C'est l'intervalle qui reste entre les bordages ou planches dont est revêtu un navire. C'est dans ces *coutures* que les calfats introduisent l'étoupe et le brai, afin de boucher toute issue à l'eau qui filtrerait dans l'intérieur de la coque. — Les *coutures* sont aussi, en marine, les points qui réunissent chaque laize des voiles.

COUVRE-LUMIÈRE. s. m. Plaque de cuivre ou de plomb qui sert à recouvrir la lumière d'une pièce d'artillerie, pour qu'aucun corps étranger ne puisse s'y introduire.—Le *couvre-platine* est un petit dôme également en plomb ou en cuivre, qu'on place sur la batterie, dont on arme aujourd'hui les lumières des canons, afin de les préserver de tout contact nuisible. Si la batterie est placée sur la lumière, le *couvre-lumière* est nécessairement retiré; ces deux ustensiles ne peuvent pas servir ensemble à la même pièce.

CRAQUELIN. s. m. C'est ainsi que les marins désignent un navire ou une embarcation d'une construction faible et peu solide. Un *craquelin,* c'est un bâtiment qui joue, craque dans toutes ses parties, et qui ne durera pas long-temps.

CRAVATE. s. m. Gros et solide cordage qu'on applique à la tête des bas-mâts d'un navire abattu en carène, pour crocher les appareils qui servent à faire l'abattage.—Le bout du cordage court et gros qu'on amarre comme un double anneau de corde à la tête d'une ancre portée par une embarcation, s'appelle aussi *cravate*. On dit prendre une ancre en *cravate*, d'une ancre qu'un bâtiment ou une chaloupe suspend et porte en *bandoulière*.

CREUX. s. m. C'est la profondeur du bâtiment à partir de son pont jusque sur la carlingue. Le *creux* est ordinairement égal au huitième de la longueur totale, ou à la moitié de la largeur du navire.

CROC. s. m. Le *croc* en fer ordinaire est affecté à une foule d'emplois en marine. Il est appliqué aux extrémités des appareils de poulies et de cordages, quand ces appareils doivent être mobiles. On en comprend trop aisément les applications, pour qu'il soit nécessaire de les expliquer. — Le cuisinier de l'équipage a son *croc*, espèce de longue fourchette qui lui sert à plonger dans sa chaudière. — Les matelots, quand ils veulent dire qu'une chose traîne en longueur, qu'un travail est suspendu, disent : *C'est resté au croc.*

CROISEUR. s. m. Bâtiment de guerre, dont la mission est de naviguer dans certains parages, d'aller et de venir sans cesse d'un point à un autre, soit pour veiller à l'arrivée d'un navire ou d'une flotte, soit pour lui intercepter le passage, ou pour attendre un renfort de forces, pour prendre ensuite une direction, ou enfin pour recevoir des avis, des messages promis, etc.

CROISIÈRE. s. f. Action du croiseur, c'est-à-dire du bâtiment devenu croiseur par la continuité de sa présence dans les mêmes eaux. Ainsi on dit: aller, rester en *croisière*, c'est-à-dire aller et venir, veiller et attendre l'ennemi pour le surprendre ; bonne ou mauvaise *croisière*, qui a ou qui n'a pas été fructueuse. —Les bâtimens de l'Etat sont seuls dits *en croisière;* les bâtimens du commerce, armés en guerre pour leur compte, sont *en course.* (Voir *Course.*)

CROIX. s. f. *En croix.* Lorsqu'il arrive qu'un bâtiment mouillé en rade sur deux ancres est entraîné par un changement du vent ou par un courant à présenter l'arrière du côté où regardait l'avant, lorsqu'il avait été primitivement affourché, ses câbles se croisent, ils sont *en croix ;* on est alors obligé de détacher le bout d'un des câbles qui tiennent à bord, et de défaire cette *croix*, en dépassant le câble lâché sous celui qui reste maintenu pour la sûreté du navire. Cette opération terminée, le câble reprend sa première position. — Les *vergues en croix* sont établies carrément sur leurs bras et balancines. En signe de deuil, on incline, on apique les vergues, qui sont transversalement placées sur les mâts, de façon à ce que le bout supérieur de l'une, en opposition avec le bout inférieur de l'autre, dessine des X dans la mâture, par l'effet de la perspective que présentent les mâts d'un brig ou d'un trois-mâts, confondus en un seul, quand on s'est placé devant ou derrière le bâtiment.

CUEILLETTE (en). adv. On dit *charger en cueillette,* pour exprimer qu'un bâtiment prend sa cargaison de différentes mains, d'espèces de marchandises variées, et qu'il n'est point rempli par un seul chargeur.

CUEILLIR. v. a. C'est plier un cordage mince ou gros, en le plaçant en ronds ovales ou superposés d'une grandeur proportionnée avec la facilité qu'il offre à se dérouler. Les manœuvres ou cordages *cueillis* sont prêts à être dévidés, à servir sans encombre et sans que, en reployant sur eux-mêmes, leur torsion leur fasse faire des coques. — On dit aussi *lover* et *glener.* (V. ce dernier mot.) — Les câbles sont *lovés* ou *cueillis* en larges plis dès qu'ils cessent de fonctionner. — Quand un changement à opérer dans la disposition des voiles a exigé que les matelots se portent à abraquer ou à tirer quelques cordages, dont les bouts pendent et se mêlent sur le pont, l'officier dit: *Pare manœuvres!* c'est le commandement de *cueillir* les cordages, en les crochant par longs ovales sur la tête du cabillot qui reçoit l'effort de la partie du cordage qui fonctionne.

CUISINE. s. f. Grandes caisses en forte tôle divisées en compartimens à fourneaux, four, etc., et qu'on attache à de forts anneaux sur le pont des bâtimens du commerce. Sur les grands navires de guerre, la cuisine est dans une batterie et à l'avant. Quand elle est sur le pont, une caisse en bois l'enveloppe et sert d'asile au cuisinier, forcé souvent de s'y réfugier dans les mauvais temps, qui ne le dispensent pas toujours de quelques apprêts de repas fort difficiles.

Le métier de cuisinier sur un navire est bien

le plus pénible emploi de tout un équipage : il faut que le malheureux soit à la fois boulanger, boucher, pâtissier, charcutier, etc. Tout le monde l'appelle, le harcèle, lui demande du service : c'est un métier d'enfer. Dans les longues traversées des Antilles ou des Indes, les passagers n'ont d'autre distraction que celle de la table : le cuisinier est donc pour eux une ressource précieuse ; aussi ne le perdent-ils pas de vue. Ils lui serviraient presque de marmiton : ils mettent le doigt dans la pâte que va cuire le four ; ils constatent quelques dernières plumes laissées à la carcasse d'un poulet ; ils s'informent du potage et indiquent des sauces inconnues dont se damne le pauvre cuisinier. Le passager gourmand est le cauchemar du cuisinier de bord, et tous les passagers sont gourmands. Et puis les matelots le volent : s'il tourne les talons, le flibustier, l'œil au *quart* (au guet), s'introduit furtivement dans la barraque, et, armé d'une fourchette, plonge dans la casserole et enlève une aile à la fricassée de poulet ; le malheureux, s'il s'en aperçoit, s'efforce de construire une autre aile à l'aide de débris de carcasse qu'il taille et barbouille de sauce ; mais si le capitaine reconnaît l'absence du morceau, il ne manque pas de demander si le poulet n'avait qu'une aile. Le cuisinier est rarement bien avec les matelots ; leur haine pour lui provient peut-être de ce qu'il prépare des alimens que ceux-ci ne peuvent pas manger. Quand ils le volent, ce n'est pas précisément par animosité, mais un peu par gourmandise. Quant à leurs niches, elles ont un caractère plus grave que les soustractions d'une côtelette, d'un œuf ou d'un rognon : ils jettent du sel dans la soupe, du poivre dans les charlottes, du tabac dans la purée, ou bien du fil de caret, de l'étoupe dans la julienne, des copeaux dans la choucroûte. Le dîner est servi : le capitaine constate la surabondance de l'épice ici, la présence du corps étranger là ; il fait venir le cuisinier. S'il n'est pas content des excuses que le pauvre diable tout enfumé lui présente d'une voix timide, une chaise lui est offerte, puis la soupière, préparée pour douze ou quinze personnes, est placée devant lui, pour qu'en présence de toutes les personnes que son défaut de soin ou sa maladresse ont privé de potage, il ait à le consommer tout entier.

CULER. v. a. C'est reculer, aller en arrière, rétrograder. Un bâtiment sous voiles *cule* lorsque le vent frappe la surface de ses voiles, dans une direction d'un point qui vient directement ou obliquement de l'avant. — Le bâtiment à l'ancre ou amarré dans un port *cule* lorsqu'il fait un mouvement en arrière. — Une embarcation *cule* lorsqu'on agit sur ses avirons dans le sens opposé à sa marche,

CUTTER. v. a. (Voyez *Côtre.*)

ALOT. s. m. Les *dalots* sont des conduits percés dans la muraille supérieure d'un navire pour livrer passage à l'eau amassée sur le pont, et qui s'écoule dehors au roulis par ces canaux doublés en plomb, et disposés d'espace en espace, suivant la longueur du navire.

DAMES. s. f. pl. Ce sont des chevilles en bois ou en fer qu'on plante dans des trous sur le bord des embarcations, pour retenir à droite et à gauche un câble ou autre cordage qu'on abraque ou qu'on laisse échapper. — On appelle aussi *dames* deux petites lattes qu'on enfonce de 4 à 5 pouces dans des espaces de leur mesure creusés sur le bord des embarcations, pour recevoir entre elles l'aviron et le retenir de l'avant et de l'arrière. Les avirons sont garnis avec une feuille de cuivre mince ou avec de la basane vers l'endroit où ils portent entre les *dames,* afin que le frottement continuel du mouvement de la nage n'entame point le bois sur ce point.

DANGER. s. m. Ce mot résume tout ce qui, au choc, peut compromettre la coque d'un navire, tel que les roches, les bancs, les brisans, etc.

DARCE. s. f. C'est ainsi que, dans les ports du midi de la France, on appelle un bassin non fermé par des portes ou écluses.

DAVIER. s. m. C'est un rouleau en bois dur qui, à l'une de ses extrémités, est traversé dans son diamètre par un essieu en fer, dont chaque bout repose sur une branche qui lui sert de point d'appui, et laisse libre l'exercice du rouleau. Ce davier se place sur les points où l'équipage doit hâler un câble ou quelque fort cordage, de manière à ce que, posant sur le rouleau légèrement creusé en gorge, il s'y maintienne et obéisse plus facilement sur le *davier* qui tourne sous la pression, qu'il ne le ferait s'il était en contact avec un point fixe. — Les *daviers* servent dans les chaloupes pour lever les ancres dont ils supportent le câble. — Il y a dans la mâture d'un navire quelques rouleaux ainsi placés pour faciliter les mouvemens de cordages ou de pièces de bois qui roulent dessus ; ce sont également des *daviers.*

DÉBANQUER. v. a. C'est quitter les eaux d'un banc où l'on est ordinairement retenu pour faire la pêche ; à Terre-Neuve, par exemple, on *débanque,* poussé par le mauvais temps qui force à abandonner le parage, ou bien quand la pêche est terminée, pour rejoindre le port d'armement.

DÉBARCADÈRE ou **EMBARCADÈRE.** s. m. Nom donné aux colonies occidentales, à un point du rivage ou du port qui présente un accès facile pour l'embarquement et le débarquement des marchandises apportées ou prises par les embarcations.

DÉBARQUEMENT. s. m. C'est la sortie d'un navire, des marchandises qu'il portait ou des personnes qui le montaient.

DÉBARQUER. v. a. Faire sortir d'un navire des choses ou des gens ; c'est faire un débarquement.

DÉBORDER. v. a. Ce mot exprime l'action d'enlever, ou plutôt d'arracher avec force les bordages qui recouvrent le squelette d'un navire en réparation, soit en totalité, soit en partie. Le mot *déborder* s'applique alors à la partie du navire que l'on déborde, et non aux bordages que l'on enlève : on *déborde la carène ;* on *déborde la batterie,* etc. On ne l'emploie pas pour exprimer l'enlèvement d'un seul bordage. (Voir *Délivrer.*) — A l'égard des voiles, ce mot s'emploie pour exprimer l'action de relâcher les cordes qui, fixées aux coins inférieurs d'une voile dite carrée ou au coin arrière des focs et voiles d'étai, servent à en étendre la surface, et à la retenir contre les efforts du vent. Une voile *débordée* flotte et s'agite avec violence si le vent est fort. Pour empêcher les terribles fouettemens des coins par lesquels elle était retenue, il faut avoir le soin de carguer ou amener cette voile à mesure qu'on la *déborde.* — Dans les canots, *déborder les avirons,* c'est les rentrer dans l'embarcation, en les retirant de dessus le bord ou point d'appui sur lequel les rameurs les balançaient dans le mouvement de nage. — *Déborder* s'entend aussi comme verbe neutre ; il exprime alors l'action d'un bâtiment qui s'écarte ou se sépare d'un autre navire, d'un quai, d'un ponton, etc. Il s'applique particulièrement aux canots qui vont quitter le bord; c'est le patron qui tient la barre du gouvernail, et qui exerce une autorité sur les canotiers, qui ordonne ce mouvement par le commandement de : *déborde !* Et le matelot placé en avant l'exécute, en poussant avec une perche armée d'un croc de fer (voir *Gaffe*) sur le bâtiment. Cette action est en opposition avec *aborder*.

DÉBOUQUEMENT. s. m. **DÉBOUQUER.** v. n. On appelle ainsi des passages étroits, des canaux resserrés, formés par des îles nombreuses, dont la navigation, toujours inquiétante, est pourtant recherchée, parce qu'ils abrégent la longueur et les difficultés de certaines traversées. Les *débouquemens* les plus généralement connus sont ceux de Saint-Domingue et des Antilles sous le vent. Les marins, dans leurs retours en Europe, préfèrent ces étroits passages et leurs dangers de quelques jours, à certains autres espaces de mer, où les vents toujours contraires les astreindraient à une navigation longue et laborieuse. Dans les *débouquemens*, le voisinage de la terre est dangereux, surtout dans les nuits obscures et venteuses; mais on veille; et par compensation on a l'action des courans et des brises favorables, et l'on a surtout un trajet moins long à parcourir. La différence entre le voyage d'un bâtiment qui choisit les *débouquemens*, et celui d'un autre navire qui s'obstine à passer au vent des Antilles, est grande en faveur du premier, et le dédommage largement des nuits blanches passées à veiller dans les *débouquemens*. Ces *débouquemens* conduisent à une vaste mer, où les manœuvres deviennent plus libres. On dit d'un bâtiment qui sort enfin de ce labyrinthe de canaux, qu'il est *débouqué*. *Débouquer*, c'est sortir des *débouquemens*.

DEBOUT. adv. L'acception maritime de ce mot ne peut guère se traduire, si ce n'est par : *de front*, ou *tête en avant*. On dit d'un bâtiment dont le devant se présente au vent, à la lame, au courant, qu'il est *debout au vent, debout à la lame, debout au courant;* on dit aborder *debout au corps;* c'est-à-dire heurter avec l'avant le navire que l'on aborde; un bâtiment court *debout à terre*, lorsqu'il se dirige vers le rivage pour le heurter avec son devant.

DÉBRIS. s. m. Comme dans le langage du monde, ce mot exprime un fragment arraché à un corps par une cause violente. Appliqué à la marine, il se rapporte à ces fractions de navires, dont l'éparpillement sur la surface de la mer, ou sur les rochers d'un rivage, a eu pour cause un naufrage ou un combat. Les *débris* rencontrés sur une mer lointaine ne sont pas muets pour les navigateurs; ils y trouvent parfois des inspirations qui tournent au profit de leur propre salut,

ou de l'humanité souffrante. Quand ces ruines flottantes ne sont pas applicables à un combat livré sur l'espace qu'elles occupent, elles attestent alors qu'une tempête a récemment passé sur ces vastes solitudes, et qu'un navire a payé de son désastre le malheur d'y avoir été surpris. L'aspect de ces *débris* porte une leçon de prudence dont on s'empresse de profiter. Interrogés dans leur forme, dans leur espèce, et même dans leurs couleurs, ils révèlent, ou font soupçonner parfois la présence de quelques victimes encore errantes sur la mer, dans de frêles canots; et l'on sait le religieux empressement des marins à se vouer à la recherche des malheureux naufragés en pleine mer. Les journaux anglais ont dernièrement retenti du sauvetage miraculeux de l'équipage d'un vaisseau de la Compagnie, qui prit feu et fut consumé au milieu de l'Océan austral, dans le sud du cap de Bonne-Espérance. Ses *débris* carbonisés furent rencontrés par un bâtiment anglais, parti de Londres après celui dont ils rencontrèrent les fragmens ; des marques reconnues sur des ballots qui couvraient la mer dans un large espace, fixèrent les soupçons sur le navire péri. L'absence des embarcations du bâtiment parmi ces ruines fumantes, attestait que l'équipage s'en était servi pour se sauver, et qu'elles ne devaient pas être éloignées. Le capitaine qui faisait cette triste rencontre conjectura si justement des circonstances du sinistre, et de la route qu'avaient dû suivre les naufragés; ses manœuvres furent combinées avec tant d'art, de sollicitude et de bonheur, que le deuxième jour il rencontra quatre embarcations remplies de l'équipage de l'infortuné navire. Il sauva ainsi soixante-dix personnes d'une mort certaine. On se rappelle encore le parti efficace que le contre-amiral Vaustabel sut tirer de la rencontre qu'il fit des *débris* de mâtures, de bastingages, de sculptures, de pavois, qui lui révélèrent la lutte terrible entre le brave Villaret-Joyeuse et l'amiral Howe, livrée à son intention; et comme, au milieu de ces fragmens ensanglantés qui battaient les flancs des navires de sa flotte, il proclama à ses équipages la sollicitude de la république veillant sur son retour en France.

Quarante années se sont passées, durant lesquelles les navigateurs de tous les pays ont religieusement questionné de tristes *débris* sur le sort du malheureux La Pérouse! Le hasard mit l'un d'eux sur la trace par des *débris* reconnus entre les mains des sauvages, et enfin il arriva sur les terribles écueils de l'île de Vanikoro, où d'autres *débris* irrécusables lui donnèrent la certitude que là s'était consommée cette illustre infortune. Ces précieuses ruines, rendues à la France, sont rassemblées dans la salle dite de La Pérouse au Musée naval de Paris. Ces muets témoins d'un célèbre naufrage, que durant quarante ans l'eau de la mer a rongés de son mordant, impressionnent tristement, et proclament la gloire d'un nom qui vivra toujours.

DÉCAPELER. v. a. Action de retirer de dessus un mât les cordages et autres objets qui y sont capelés. C'est l'opposé de *capeler.* (*Voir* ce mot.) On dit qu'un bâtiment a ses mâts *décapelés* lorsqu'ils sont nus et dégarnis de tous cordages.

DÉCAPER. v. n. Se tirer d'entre des caps pour gagner la haute mer. On le dit surtout d'un navire qui, ayant à sortir d'un golfe ou d'une baie, s'efforce de franchir les pointes ou les caps qui en bornent l'entrée ; quand il y a réussi, il est *décapé.*

DÉCHALER. v. n. En parlant de la mer, c'est baisser et se retirer par l'effet du reflux. On dit d'un navire échoué, et dont la mer, en se retirant, a cessé d'éloigner la partie supérieure de la carène, qu'il est *déchalé* de tant de pieds.

DÉCHARGEMENT. s. m. Action de décharger un bâtiment; c'est lui retirer son chargement, le débarquer, le mettre à terre. Ce mot ne s'emploie pas en parlant des navires de guerre, mais seulement de ceux affectés spécialement à porter des chargemens, soit de munitions, soit de marchandises. Le déchargement d'un navire du commerce au port de retour, est l'acte final du voyage qui vient de se terminer; c'est le moment d'anxiété pour les assureurs, qui ont garanti la valeur des marchandises contre les détériorations de la mer, ainsi que pour le propriétaire des marchandises, s'il ne les a pas fait assurer ; enfin, il inquiète le capitaine, qui va justifier vis-à-vis de la douane de l'exactitude rigoureuse de ses déclarations concernant le contenu de son bâtiment. Les premiers tremblent à chaque avarie qui se découvre à mesure que le déchargement s'opère. Pour le capitaine et le second, c'est sur les quantités en plus ou en moins trouvées sur le bâtiment que se partagent leurs appréhensions.

DÉCHARGER. v. a. C'est opérer le déchargement d'un navire, soit à l'aide de machines, si les colis à débarquer sont lourds, soit à force de bras, s'ils sont maniables. — C'est aussi, dans certaine évolution très-fréquente en navigation (voir *Virement de bord*), l'action de changer la position des voiles de tout un mât, lorsque étant coiffées, elles doivent être présentées de manière à recevoir le vent dans leur face postérieure; ce qui se fait en contre-brassant toutes ces voiles en même temps. Le commandement pour l'exécution de cette manœuvre est : *Décharge derrière, décharge devant.*

DÉCLINAISON. s. f. Terme d'astronomie. Pour définir ce mot et l'idée qu'il comprend, nous emprunterons les termes de la science. On dit donc *déclinaison d'un astre;* c'est l'arc d'un grand cercle de la sphère compris entre l'équateur et le centre de l'astre. La *déclinaison* se compte à partir de l'équateur. Un astre dont le centre se trouve sur l'équateur, a nécessairement 0° de

déclinaison. — Les cercles de *déclinaison* ne sont autres que des méridiens célestes. La *déclinaison* d'un astre prend le nom de *boréale* ou d'*australe,* selon qu'il se trouve dans l'hémisphère nord, ou dans l'hémisphère sud. La *déclinaison* des astres entre comme élément essentiel dans une variété de calculs astronomiques, dont les développemens n'entrent pas dans le plan de cet ouvrage; nous nous bornerons à dire que les calculs de latitude par la hauteur méridienne des astres, ne peuvent s'obtenir sans son concours. C'est combinée avec le complément de la hauteur observée, et retranchée ou ajoutée (selon qu'elle est australe ou boréale), qu'elle donne la distance de l'équateur céleste au zénith de l'observateur, distance égale à la latitude. — La *Connaissance des temps,* livre publié par le bureau des longitudes chaque année, donne les *déclinaisons* des astres pour chaque jour de l'année, et à certaines heures, chaque jour, pour quelques astres.

DÉCOUVERTE. s. f. Considérant ce mot sous son acception maritime la plus simple, c'est d'abord en escadre la mission donnée par l'amiral, à l'un de ses bâtimens bon coureur, *fin voilier,* comme disent les marins, de se porter en avant de toute sa vitesse, pour éclairer la marche du gros de la flotte. On dit alors de ce bâtiment qu'il *chasse en découverte.* Cette mission se complète par le soin de signaler à l'escadre les navires ou les terres qui auront été aperçus pendant sa durée. Le bâtiment qui en était chargé recevait anciennement le nom de *découverte.* Il existe encore de vieux traités de tactique navale dans lesquels on lit cette expression de signal : *Ordre aux découvertes de rallier.* Dans ce sens on emploie aujourd'hui le mot *chasseur.* On donnait aussi le nom de *découverte* à la fonction de l'homme placé sur le haut des mâts pour apercevoir les navires éloignés; on le nomme actuellement l'*homme de vigie.* — Le mot *découverte,* ajouté à celui de voyage : *voyage de découverte,* exprime alors une idée plus grandiose. On sait que ces voyages ont pour but principal la connaissance aussi complète que possible de la surface du globe, soit en découvrant des pays jusqu'alors inconnus, soit en explorant plus parfaitement ceux déjà découverts. Les premiers *voyages de découverte* remontent à une époque qui se rapproche de celle où la navigation n'avait pas encore acquis le perfectionnement nécessaire à ces hardies entreprises. Le plus ancien des historiens profanes, Sanchoniaton, rapporte que Néchos, l'un des plus illustres successeurs de Sésostris, fit faire à ses navigateurs un voyage de *découverte* incroyable, s'il est vrai qu'il fut entrepris avec des vaisseaux dans la construction desquels le papyrus était encore employé. Ces vaisseaux partirent du port d'Arsinoé, aujourd'hui Suez, parcoururent les côtes orientales de l'Afrique, doublèrent le cap de

Bonne-Espérance, contournèrent le continent africain le long de ses rivages occidentaux, rentrèrent dans la Méditerranée, et, après trois ans de voyage, vinrent s'arrêter aux bouches du Nil. C'est le voyage contraire à celui que les Portugais firent deux mille cinq cents ans plus tard, à grand'peine, comme on sait, et avec de meilleurs navires. Cinq cents ans avant l'ère chrétienne, Hannon, l'un des plus célèbres navigateurs de la république de Carthage, avait été chargé de faire le tour de l'Afrique, en sortant par le détroit de Gibraltar. On écrit qu'après avoir fait d'importantes découvertes, il pénétra jusqu'à l'extrémité de l'Arabie, dans les mers de l'Inde. Les Phéniciens, les Marseillais, ont porté l'esprit des *découvertes* jusqu'à s'aventurer audacieusement, avec leurs lourds vaisseaux, dans les mers au nord de l'Islande, découverte par Pythéas, et que les Romains appelaient *ultima Thule*. Quelques témoignages de la puissance maritime des Carthaginois, échappés à la haine des Romains, leurs exterminateurs, ont fait naître l'opinion que les navigateurs de cette république avaient reconnu les côtes de l'Amérique du Nord; et trois inscriptions en caractères puniques, trouvées sur un rocher, à l'embouchure d'une rivière, à cinquante milles au sud de Boston, ont donné lieu à cette version. Cependant, en admettant que Christophe Colomb et Vasco de Gama aient eu des devanciers dans les travaux qui les ont illustrés, la gloire de leurs *découvertes* ne peut leur être contestée, et ils en seront toujours les vrais titulaires. L'audace avec laquelle ils se sont élancés vers leurs incomparables entreprises, les routes qu'ils ont suivies pour y arriver, l'énergie et les talens qu'ils ont su déployer pour achever et conserver leurs conquêtes, furent des inspirations nées de leur propre génie, qui attachent à leurs noms seuls l'honneur de ces faits inouïs dans l'histoire des hommes.

Les Espagnols et les Portugais furent, comme on sait, les premiers et les plus ardens parmi les navigateurs des temps modernes à se jeter dans la carrière des *découvertes* sur mer; mais on ne saurait dire si cette ardeur leur fut inspirée par une vraie philosophie et l'amour des sciences, ou plutôt par le vertige des aventures hasardeuses, si naturel chez deux peuples les plus entraînés par les merveilles de la chevalerie errante, et surtout par l'ambition des richesses, à une époque où elles commençaient à devenir matériellement le besoin de tous. Depuis cette époque, on serait tenté de croire que les navigateurs de la péninsule Ibérienne, fatigués et satisfaits de leurs gigantesques travaux, se sont dit qu'ils avaient assez fait, et ont laissé aux autres nations maritimes la tâche de faire le reste. Magellan fut le dernier nom portugais qui se rattache avec éclat aux *voyages de découverte*. Depuis lors, les Anglais et les Français sont les naviga-

teurs qui se sont disputé l'honneur de marcher sur les traces des Espagnols et des Portugais; aussi audacieux, plus savans, plus philantropes et moins intéressés, leurs efforts ont eu pour unique but le progrès des sciences, la propagation des lumières et le bonheur des hommes. Tous les beaux noms qui se rattachent à ces sublimes dévouemens d'une philosophie rationnelle, ne déclinent aucune gloire dans l'histoire des découvertes : Anson, Drake, Lemaire, Byron, Cook, Furneaux, Bougainville, Kerguelen, La Pérouse, de Langle, d'Entrecasteaux, Baudin, sont inscrits sur les promontoires, aux bornes les plus reculées du monde habitable. — Depuis la paix actuelle, la tendance universelle du progrès a excité le zèle des voyageurs; et des noms nouveaux, dignes émules des modèles que nous avons cités, se sont illustrés en perfectionnant des *découvertes* inachevées : Freycinet, Krusenstern, Duperrey, Dumont d'Urville, Laplace, Pary et l'infortuné de Blosseville, le La Pérouse du Nord, brillent avec éclat au rang des voyageurs dignes de la reconnaissance des hommes.

DÉDOUBLER. v. a. Action d'enlever les feuilles de cuivre qui recouvrent la carène d'un navire, et dont l'ensemble sur cette partie submergée s'appelle *doublage*. (*Voir* ce mot.) On *dédouble* les bâtimens pour visiter et réparer leur carène.

DÉFENDRE. v. a. On dit *défendre* un canot pour dire d'éviter le choc que son erre pourrait lui donner en le faisant heurter contre un quai ou un navire. *Défend le canot!* signifie empêcher l'abordage, ce qui se fait aisément à l'aide d'une gaule de bois au bout de laquelle est un croc et une pointe émoussée avec laquelle on subit en cédant le premier choc de la rencontre. — *Défendre* a dans les combats une signification à laquelle la marine ne prête aucun sens particulier.

DÉFENSE. s. f. Les défenses sont de vieux cordages coupés par tronçons ou réunis en paquets, pour être placés sur les points de jonction de deux corps que le frottement pourrait altérer. Quand on charge sur un bâtiment des objets qui peuvent entamer sa coque en montant à bord, on place des *défenses* sur les conduits susceptibles d'être endommagés. Les embarcations qu'un navire tient à l'eau près de lui dans une rade ou dans un port sont momentanément garnies de *défenses* pour que les clapotemens de la mer, qui les fait souvent choquer les uns contre les autres et quelquefois même contre le bâtiment lui-même, ne brisent pas leurs faibles murailles.—On dit aussi une belle, une longue, une glorieuse *défense,* pour exprimer la résistance opposée par un navire attaqué par l'ennemi.

DÉFERLER. v. a. (Voir *Briser.*) On disait autrefois *déferler* les voiles, pour dire de les priver des liens qui les tenaient retroussées sur les vergues ; aujourd'hui on dit mieux *larguer*. (*Voir* ce mot.)

DÉFIER. v. n. C'est empêcher que le choc de deux objets qui se rencontrent soit trop violent. Ou dit *défie devant*, d'une embarcation qu'il faut défendre ; défends ou défie ont eu la même signification. — *Défier* se dit aussi au marin chargé de diriger le gouvernail, lorsque l'officier s'aperçoit que le navire a une tendance à de grands mouvemens, d'arriver ou d'auloffée ; il dit alors : *défie l'arrivée !* c'est-à-dire faites en sorte que le bâtiment n'arrive pas. On crie : *défie du vent !* lorsque l'obliquité de l'angle sous lequel on reçoit le vent fait qu'à certains mouvemens du navire, le vent risque de prendre les voiles par l'avant, au lieu de les emplir dans le sens favorable à sa marche.

DÉFONCER. v. a. Le vent *défonce* une voile lorsqu'il la crève et en déchire la toile. — La mer défonce les pavois, les chaloupes, les fenêtres, lorsque le choc de ses lames brise ces objets.

DEGRÉ. s. m. En géométrie c'est la 360e partie de la circonférence du cercle, divisée elle-même en 60 parties appelées minutes, et celles-ci en 60 secondes chaque. Sous son acception maritime, on entend *degré du globe*. Le *degré du globe* est ainsi la 360e partie des cercles qu'on imagine tracés sur la surface du globe ; il y devient une mesure linéaire déterminée, qui sert de base à la lieue marine. (*Voir* ce mot.)

DÉGRÉER. v. a. C'est retirer à un navire une partie de sa mâture et de ses cordages, ce qu'on appelle le *gréement*. Cette opération se fait lorsqu'un bâtiment doit passer quelque temps sans naviguer et qu'il doit stationner dans un bassin, ou qu'on veut visiter les pièces de sa mâture ou de ses cordages pour juger de leur solidité. — Un navire est *dégréé* lorsqu'il est privé de la majeure partie de ce qui lui est nécessaire pour naviguer. — Dans un combat il peut être *dégréé* par les boulets de l'ennemi ; — dans une tempête, par la violence du vent qui déchire ses voiles et brise sa mâture. — On disait autrefois *dégréage* ou *dégréement* pour exprimer l'opération de dégréer un bâtiment.

DEHORS. adv. On dit mettre *dehors*, d'un navire qui va prendre la haute mer ; il est *dehors* lorsqu'il a quitté le port ; il vient de *dehors* lorsqu'il rentre de la mer. — *Dehors* se dit aussi des voiles : toutes voiles *dehors !* c'est-à-dire livrées au vent.

DÉLAISSEMENT. s. m. En terme de droit maritime, on dit *délaissement* de l'abandon fait de marchandises endommagées à la compagnie d'assurances qui en a garanti la valeur. — Le *délaissement* est aussi quelquefois l'abandon forcé ou volontaire qu'on fait de gens ou de choses sur une terre ou dans une embarcation. Naviguant à la pêche de la baleine, en 1833, nous rencontrâmes, aux îles Malouines, un bâtiment américain qui ve-

nait de recueillir six hommes formant l'équipage d'une pirogue baleinière qui avait été *délaissée* par leur navire, dont les avait écartés la poursuite d'un cachalot. Le monstre, adroitement piqué, avait entraîné, avec la ligne fixée au harpon, la pirogue, qui se trouva bientôt hors de vue du navire, pour n'avoir pas voulu couper la ligne et abandonner cette proie. C'était vers la terre que le cachalot avait entraîné la pirogue. Après avoir perdu tout espoir d'être secourus par leur navire, les marins avaient pris le parti de se diriger vers une petite île détachée qui se trouvait dans leur horizon. Quelques jours après, les lames brisèrent la pirogue, et les Américains se virent prisonniers sur une terre qui n'offrait aucune ressource à l'existence. Des semaines, des mois s'écoulèrent ainsi ; alimentés par les plus ingénieuses ressources de l'intelligence, par la pêche, la chasse et des préparations de boucan, près de quatre mois après leur arrivée sur cette île, les malheureux matelots virent enfin un terme à ce *délaissement* ; ils furent recueillis par un trois-mâts de leur nation qu'appelait à terre le désir de se procurer de l'eau douce. Peu de jours après leur délivrance nous vîmes ces courageux marins ; leur état de souffrance physique n'était pas le même chez tous. Un harpon, sauvé dans les débris de la pirogue, fut le seul instrument de pêche et de chasse à l'aide duquel ces malheureux conservèrent leur vie. Nous avons ce harpon qu'ils nous donnèrent en échange de quelques petits services. Nous le conserverons comme un souvenir de notre vie maritime.

DÉLESTAGE. s. m. **DÉLESTER.** v. a. Opération qui consiste à mettre hors d'un bâtiment les poids arrimés au fond de la cale pour commencer à lui donner son assiette sur l'eau. Cette action se dit *délester* ; le marin qui, dans les ports, a mission spéciale de suivre et opérer le *délestage*, est appelé *délesteur*.

DÉLIAISON. s. f. C'est le commencement de la ruine d'un navire ; c'est la disjonction dans sa coque des pièces qui, par l'ensemble de leur réunion, servent à lier ses parties. La *déliaison* s'aperçoit au jeu de ces pièces, causé par les mouvemens du bâtiment. Ce jeu, qui n'existe pas dans les premières années de l'existence du navire, s'est formé et a grandi par l'âge et les fatigues, après mainte tempête. La déliaison a nécessairement eu ses degrés d'accroissement. Un bâtiment dont la *déliaison* est manifeste, est dit bâtiment *délié*.

DÉLIVRER. v. a. Action d'enlever, d'arracher d'un bâtiment tout ou partie d'un bordage, afin de visiter la membrure qu'il recouvre. C'est ordinairement un bordage sacrifié, et qu'il faut remplacer par un neuf.

DÉLOT. s. m. Sorte de bourrelet en cuir, sale et gras, en forme de doigtier, que le calfat porte au petit doigt de sa main gauche, où il a l'apparence d'une énorme verrue, et qui sert à garantir ce doigt des rudes frottemens de son fer quand il travaille. Le calfat aime son *délot;* et soit habitude, affection ou coquetterie de calfat, il le porte toujours, même hors de son travail; il mange, il dort avec son *délot;* c'est son fétiche caractéristique, comme les éperons du cavalier. Les calfats bretons l'appellent *doyau.* Ces divers noms tirent sans doute leur origine de doigt.

DEMANDE (à la). adv. En parlant d'un cordage qui exerce un effort, c'est le lâcher, selon qu'en fonctionnant, il paraît le demander; on dit *filer un câble à la demande,* ou *à la demande du vent.*

DÉMARRAGE. s. m. Un navire à flot ne pouvant demeurer à la place qu'il doit occuper sans le secours des amarres qui l'y retiennent, le *démarrage* est l'action de retirer les amarres pour faire subir un déplacement au bâtiment; c'est aussi l'accident par lequel il casse ses amarres, ses câbles, soit par la force du vent, soit par leur frottement sur le fond d'une rade. L'opération ou l'événement d'un *démarrage* donne lieu au verbe *démarrer.* Ce verbe ne s'emploie pas seulement pour exprimer le déplacement d'un navire; il se dit aussi de toutes les cordes, de toutes les manœuvres courantes, qui, d'attachées qu'elles sont à des points fixes, sont laissées libres. Les marins se servent du verbe *démarrer* dans un sens neutre, et en font le synonyme de partir; ils disent : *nous démarrons pour la Martinique.*

DÉMATAGE. s. m. Chute violente et perte des mâts d'un navire causées par un coup de vent, un échouage, un abordage, ou par les boulets dans un combat; événement terrible qui manque rarement de coûter la vie à des hommes, et de compromettre la sûreté du vaisseau.

DÉMATEMENT. s. m. Opération qui consiste à retirer les bas-mâts d'un bâtiment, au moyen de la machine à mâter, ou avec des bigues. Le *démâtement* est un travail d'une grande importance, surtout s'il est exécuté par le moyen des bigues, et sur une rade agitée. Il exige l'un des plus grands apparaux employés en marine. Les combinaisons de cet appareil étant toutes matérielles, l'exécution du *démâtement* est toujours confiée à la vieille expérience d'un maître de manœuvre, et au travail des matelots. On cite un *démâtement* extraordinaire exécuté à bord du vaisseau *l'Océan,* en rade de Rochefort, par l'ancien maître d'équipage de ce vaisseau. Les propos d'un officier ayant porté atteinte aux capacités et aux talens de ce vieux marin, il obtint de l'amiral Allemand de diriger seul, et à sa guise, le démâtage du grand mât de *l'Océan.* On dit que, profitant d'un jour où la mer était grosse, il enleva, au moyen d'un appareil de son invention, le grand mât, que, d'avance et à dessein, il avait alourdi par des poids inutiles. Lorsque le gigantesque mât fut complétement suspendu au-dessus du pont, ba-

lancé en quelque sorte par les mouvemens du vaisseau, il le laissa un instant dans cet état, exposé à la vue des nombreux officiers venus à sa requête des autres vaisseaux de l'escadre, pour être témoins de ce tour de force. Puis demandant le silence au moyen de son sifflet, et ôtant respectueusement son chapeau aux officiers rangés sur la dunette, il demanda que l'officier qui avait tenté de ternir sa réputation se chargeât de faire marcher jusque devant tout l'effrayant appareil avec le mât suspendu. L'officier, comme on le pense, ne se présenta pas; et le vieux maître Tournebœuf exécuta victorieusement ce qu'il avait proposé, à la grande admiration de l'amiral et des officiers.

DÉMATER. v. a. et v. n. Enlever les mâts d'un navire au moyen des apparaux, en être désemparé par un accident. — Dans un combat, c'est abattre les mâts de son adversaire à coups de boulet; dans ce cas on ordonne aux canonniers de tirer à démâter.

DÉPART. s. m. Le départ est un des tableaux les plus animés de la vie maritime; c'est le début d'une suite d'événemens inconnus dont le dénoûment peut être heureux ou fatal; c'est la réunion et la première mise en œuvre de tous les moyens qui doivent concourir à l'exécution d'une entreprise, dont le résultat peut être la ruine, la fortune, l'existence, la mort de plusieurs individus. C'est au départ que tout se rassemble, hommes et choses. Quelles scènes animées et bruyantes il provoque ! Voilà le quai, voilà le navire; ses pavillons claquent et battent l'air au sommet de ses mâts; son capitaine, ses officiers debout sur les pavois croisent en tous sens leurs ordres précipités; le pont du navire est encombré de cordages; les mousses sont assis sur les vergues, attendant que le cri de larguer les voiles leur fasse lâcher le dernier lien qui les tient retroussées; les fournisseurs s'amassent sur le quai; le boucher embarque avec effort les broches chargées de viandes saignantes et tuées au dernier moment, afin que la conservation en soit plus durable; le boulanger fait sauter de main en main ses tourtes qui décrivent des arcs dans les airs; le marchand de légumes encombre le gaillard d'avant de choux et de bottes d'oignons; les poules et les canards, ballottés dans les cages renversées, s'étouffent et crient à couvrir toutes les voix d'hommes; par-ci par-là un chou, un pain, un canard tombe à l'eau; le navire, mal amarré sur des cordages provisoires, s'approche et s'écarte tour à tour du quai d'où toutes ces choses semblent le prendre d'assaut. Le passager arrive avec la brouette de l'hôtel chargée de malles et de sacs de nuit; là douane intervient, le dernier point de contact avec la terre doit encore être une vexation du fisc; le gendarme de marine remet les passeports; les femmes commencent à éprouver leurs peureuses émotions; les curieux, les parens, les amis forment des haies impénétrables autour du bâtiment sur lequel se croisent mille cris. Il est temps! il va partir! accourez! Voilà les derniers venus, ce sont les matelots de l'équipage. Ces hommes qui se meuvent en tous sens sur le pont, ce sont des gens du port qui vont abandonner le navire quand son équipage de campagne en aura pris possession. Mais les matelots sont retardataires! le cabaret du coin leur verse les dernières rasades; chaque buvette de leur chemin a marqué par une libation les pas de leur route; adieu celui-ci, adieu celle-là! à ta santé! à la sienne! Embarque, embarque! le navire largue ses voiles; les câbles qui le retiennent font effort contre le vent qui veut l'entraîner. A bord! à bord! Voilà les coffres des matelots, le matelot et son coffre sont les derniers venus; ils sont *pleins* tous deux. Embarque! Qui est-ce qui manque encore à l'appel? Le pilote presse le capitaine; l'armateur donne ses dernières instructions verbales; voilà le courtier qui remet la boîte aux expéditions; tout est légalement et matériellement prêt. Allons! largue les huniers! Adieu vous autres! dites bien à ces personnes toutes les choses dont on vous a chargés! Et cette commission qui fait rire, et cette recommandation qui jette une larme sous la paupière!... Ah! bah! oublions la terre! la brise est fraîche et favorable; le soleil haut, le navire en frémit d'aise. Le quai fuit doucement contre la coque où se cramponnent encore quelques traînards... Les mains se joignent avec effort dans une dernière pression... Au revoir! adieu! bon voyage et prompt retour!

Qui fend là-bas la foule en trébuchant? qui est-ce qui crie ainsi le nom du navire? encore un matelot à la traîne! Allons, il est trop tard! Il y a vingt pieds entre le quai et le navire; il regarde la distance d'un œil stupide; il jette la fumée de sa pipe au nez de tous les curieux qui l'entourent; il jure un peu, et puis s'en va encore au cabaret porter quelques sous qu'il avait eu la faiblesse d'emporter; le navire cingle, — il boit; — le navire se penche sous la pression du vent, — il chancelle sous ses copieuses libations; mais c'est déjà trop d'insouciance et de rhum! A lui cette barque! — nage en double, et rattrapons; l'armateur paiera sur mes gages! Mais les sinuosités du port retardent le navire, et les efforts des rameurs en rapprochent l'embarcation sur l'arrière de laquelle le matelot aviné se goberge comme un aspirant en corvée; il commande : « Nage donc! » il jette sa pipe à l'eau. « Nage donc! » le voilà qui aide lui-même, car il voit fuir son navire, et sa raison l'assiége; il pousse sur l'aviron, encore, encore! bien! attrape la corde qu'on te jette! — il est à bord!

Le soir est venu. Les pains, les choux, les poules, les canards sont rangés par le cuisinier, par le maître-d'hôtel. Les matelots sont en costume de mer; les passagers font encore les cou-

rageux, et s'obstinent à leur cigare éteint; les femmes regardent couler l'eau; les officiers inspectent la mâture; les pavillons descendent sur leurs drisses; tout s'harmonie, se range, s'apprête pour le large; le vent est frais; les lames curieuses se dressent près du navire pour voir qui elles portent, — et les vapeurs de la nuit baignent la côte que beaucoup de ces gens ne reverront jamais!... (Voir *Appareillage*.)

DÉPARTEMENT. s. m. En marine, c'est ainsi qu'on nomme la circonscription maritime dont un grand port de l'Etat est le chef-lieu; il y a cinq *départemens* de la marine : Brest, Toulon, Rochefort, Cherbourg et Lorient. Tout le corps des officiers de la marine est réparti dans ces cinq ports; chaque *département* est la résidence obligée d'un certain nombre d'officiers et d'administrateurs entretenus; ceux-ci y exercent leurs services bureaucratiques; les autres y attendent des destinations ou arment les bâtimens de guerre en commission d'armement. On ne peut changer de *département* sans une autorisation supérieure; les officiers généraux seuls peuvent faire à leur choix élection de domicile, en informant toutefois le ministre du lieu de leur demeure.

DÉPASSER. v. a. Les acceptions maritimes de ce verbe ne diffèrent pas de ses acceptions ordinaires; on dit *dépasser* un navire lorsque, luttant de vitesse, on le devance, on passe avant lui. — On l'emploie pour exprimer la séparation d'un cordage ou d'un objet quelconque de l'endroit où il était passé. — *Dépasser* les manœuvres courantes, c'est les retirer de leurs conduits ou des poulies, pour en dégarnir la mâture. — On *dépasse les câbles*, en faisant sortir ce qu'il en reste dans le navire par les trous ronds (voir *Ecubiers*) par lesquels ils s'écoulent en fonctionnant. — *Dépasser les mâts;* parlant de ceux qui s'articulent les uns sur les autres, c'est les descendre sur le pont, les sortir par conséquent des chouquets qui les maintenaient en place.

DÉPENDANT (en). adv. On dit *courir en dépendant, arriver en dépendant,* en parlant d'un navire sous voile qui, cinglant pour approcher un autre bâtiment ou un point quelconque, ménage sa course en inclinant peu à peu vers l'objet qu'il veut rallier. On dit d'un navire qui manœuvre de cette manière : *Il vient sur nous en dépendant.* On devine qu'il veut se rapprocher, quoiqu'il ne présente pas directement le cap sur l'objet qu'il cherche à rallier.

DÉPENDRE, v. n. Se dit du vent qui, dans sa direction, semble incliner vers tel côté ou telle partie du navire; on dit le *vent dépend de tribord ou de bâbord,* ou *il dépend de l'arrière ou de l'avant.*

DÉPOT. s. m. On appelle à Paris le dépôt de la marine un établissement dirigé par un officier général, où sont construits les cartes et les plans. — On a ajouté depuis quelques années à ce dépôt une section historique contenant les précieuses archives où sont minutieusement classées toutes les pièces relatives à nos guerres maritimes; l'auteur de la partie maritime des *Victoires et Conquêtes*, M. J.-T. Parisot, ancien officier de la marine impériale, est le fondateur et le chef de cette importante division du ministère de la marine.

DÉPRESSION. s. f. (Voir *Abaissement.*)

DÉRADER. v. a. C'est être contraint à quitter une rade à cause de la grosseur de la mer ou de la violence du vent, qui compromet la sûreté du navire en menaçant de le jeter à la côte. En *déradant* on emporte quelquefois ses ancres, mais plus souvent on est forcé de les abandonner. *Dérader* est toujours un événement malheureux, mais il peut entraîner les plus graves conséquences, si le bâtiment réduit à cette dernière extrémité manque de vivres ou de toute autre provision, que la proximité de la terre ne rendait pas nécessaire d'amasser à bord.

DÉRALINGUER. v. a. Les voiles sont bordées d'une corde qu'on appelle *ralingue :* c'est cette corde qui, en encadrant la voile, contribue à sa solidité; *déralinguer,* c'est retirer cette corde qui fortifie son ourlet. La voile a perdu alors l'ensemble de sa force; et, livrée au vent sans *ralingue,* elle déchirerait bientôt. — Les marins sont partis de cette idée pour appeler déralingué ce qui n'est réellement que déchiré; ainsi, que l'avarie soit ou non près des *ralingues,* ils disent d'une voile déchirée qu'elle est *toute déralinguée.* Le mot des voiles s'est appliqué à toute autre chose n'ayant même pas de ralingues; ils disent un pavillon *déralingué,* une chemise, une culotte *déralinguée.*

DÉRAPER. v. a. et n. C'est faire quitter du fond, où elle stationne par son propre poids ou s'accroche aux aspérités sous-marines, une ancre que le navire ramène à la surface à l'aide de son câble. Cette opération fait conséquemment partie de l'appareillage. — Quelquefois, lorsque le vent est violent et charge un navire en rade, son ancre *dérape* et gratte le sol, sur lequel elle glisse jusqu'à ce qu'elle trouve où s'accrocher de nouveau. — Une ancre *dérapée* est une ancre soulevée du fond, qui ne retient plus le navire, sans pour cela être encore mise à bord ou en vue des marins qui la font monter. On dit aussi *déplanter* pour *déraper.*

DÉRIVE. s. f. C'est la déviation imprimée à la route d'un bâtiment au profit de la direction où portent le vent et les lames, à cause de l'étroitesse de l'angle mis entre la route que celui-ci veut suivre, et l'obliquité de la brise par rapport à cette route. La *dérive* est donc une mauvaise direction, un chemin perdu, semblable à l'effet du pas d'un homme ivre qui dévie sur un côté, au lieu d'avancer tout à fait au but vers lequel il est tourné. — On dit *aller en dérive* quand la force du vent contraignant à mettre peu de voiles dehors, un navire se trouve frappé de côté par les lames, et cède en travers à la violence de la bourrasque qui tend à l'entraîner dans sa direction.—On dit *en dérive,* d'un navire, d'une embarcation, ou enfin d'un objet quelconque abandonné sur l'eau à l'action du vent et des lames; les marins ont fini par dire *en dérive* à tout ce qui n'est point en place et traîne dans quelque partie du navire. — *Dériver,* c'est avoir de la *dérive.* — Quand un bâtiment se laisse entraîner par des courans qui le portent vers des points où il doit se rendre, on dit qu'il se laisse *dériver.*

DÉRIVES ou **DRIVES.** s. f. Sortes d'ailes en bois ayant à peu près la forme d'une semelle, formées de planches rassemblées, et qui sont fixées par un fort écrou de chaque côté, et vers le milieu de la longueur d'un navire construit à fond plat. Ces *dérives,* appropriées principalement à certains bâtimens du Nord appelés *galiotes,* et dont la construction est celle d'une caisse longue, ont pour objet d'augmenter la résistance latérale du fluide, et par conséquent de diminuer la dérive lorsque ces bâtimens naviguent avec un vent de côté. Ces *dérives,* tournant sur leur écrou, sont relevées dans le sens de la longueur du bâtiment, pour être laissées tomber quand la route l'exige. Alors elles descendent dans l'eau d'environ un tiers en dessous du creux du navire, et par conséquent dépassent inférieurement sa quille. Les *dérives* ne servent guère toutes deux à la fois; celle de dessous le vent est seule amenée, et fait force dans l'eau contre le vent qui entraîne le navire en frappant dans les voiles. — Le résultat obtenu par ces machines prouve que plus un navire est enfoncé dans l'eau par son chargement, moins il a de dérive.

DÉSARMEMENT. s. m. On a vu au mot *Armement* qu'armer un navire c'est placer à son bord tous les objets, provisions et ustensiles qui lui sont nécessaires pour opérer sa campagne; le *désarmement,* c'est l'acte qui suit cette campagne, et qui consiste à retirer du bord tous les élémens qui en faisaient un navire *armé,* tels que ses voiles, son artillerie, ses câbles, ses cordages, ses provisions de toutes sortes. Si le bâtiment qui rentre au port doit n'y pas séjourner long-temps et reprendre prochainement la mer, son *désarmement* sera moins complet, et pendant que s'opérera le débarquement des objets usés ou endommagés, mais qui demandent, pour une nouvelle campagne, des réparations ou un remplacement, on fera l'*armement* de certaines autres parties du navire, afin de précipiter le résultat. Quand un bâtiment, soit de l'Etat, soit du commerce, a subi un *désarmement,* est *désarmé,* il n'a plus d'autre équipage que quelques gardiens.

DÉSARMER. v. a. et n. C'est faire un désarmement. — On dit : *désarmer* une pièce d'artillerie, lorsqu'on retire le projectile qu'on y avait placé. — *Désarmer* une embarcation, c'est lui enlever ses avirons et son gouvernail. — Un équipage *désarme* lorsqu'il quitte un bâtiment. Un seul homme *désarme* également : quand il provient d'un navire qui a subi un désarmement, il dit : *J'ai désarmé sur tel navire.* (Voyez *Armer.*)

DÉSARRIMER. v. a. Défaire un arrimage, ce qui arrive quand on décharge le navire au lieu de sa destination, ou bien si l'on reconnaît qu'une partie quelconque du chargement est mal arrimée. Les grands mouvemens du navire en mer causent quelquefois des ébranlemens dans l'économie intérieure du vaisseau, et *désarriment* les colis.

DESCENDANT. s. m. Sur les rivages où la mer est affectée du phénomène des *marées* (*voir* ce mot), les eaux, dans l'espace de douze heures, sont assujetties à quatre états distincts, savoir : *basse mer*, quand elles se sont retirées ; le *flot* ou *montant*, lorsqu'elles reviennent couvrir la plage ; la *pleine mer*, quand elles ont atteint leur plus grande élévation ; et le *jusant* ou *descendant*, lorsqu'elles se retirent pour laisser les rivages à sec. Cependant on doit se garder de confondre *jusant* et *descendant ;* le premier exprime la retraite des eaux, et le *descendant* est la vitesse avec laquelle elles se retirent.

DESCENDRE. v. n. On dit des bâtimens qui suivent le cours d'une rivière pour en sortir et se mettre en mer, qu'ils *descendent ;* les navires du commerce des ports de Bordeaux et de Nantes *descendent*, les premiers jusqu'au Verdon, les seconds jusqu'à Saint-Nazaire. Les marins disent *descendre à terre*, pour aller à terre.

DÉSEMPARÉ, ÉE. part. du v. *désemparer.* État d'un navire qui a éprouvé des pertes de mâts, de voiles, ou de fortes avaries dans sa coque ; c'est un blessé dont la blessure saigne encore. A la suite d'un mauvais temps, d'un abordage ou d'un combat, un bâtiment se trouve toujours *désemparé*, plus ou moins, selon les circonstances qui ont concouru à compliquer les événemens dont il a été assailli. Dans un combat on cherche à *désemparer* son adversaire, et c'est presque toujours partie perdue pour celui des combattans qui est *désemparé* le premier. Cependant, quoique *désemparé*, un bâtiment peut encore naviguer ou combattre, et quelquefois avec autant de succès que dans son état ordinaire.

DÉSERTION. s. f. C'est, vulgairement parlant, l'abandon que fait un serviteur de l'État, du poste que lui assigne la nature de son service ; c'est l'absence illicite du militaire loin du drapeau auquel il est attaché. L'acception maritime de ce mot ne peut différer que par les nuances que lui prêtent les circonstances du délit dont il est l'expression. Tout marin ou autre individu faisant partie de l'équipage d'un bâtiment, qui s'absente du bord sans autorisation de ses chefs, et qui ne se présente pas dans le délai de trois jours, est réputé coupable du crime de *désertion*, et qualifié *déserteur ;* il est apostillé comme tel sur le rôle d'équipage. Si la *désertion* a lieu d'un bâtiment de guerre stationnaire dans un port du royaume, le cas est dénoncé, poursuivi et jugé quand le coupable est atteint. Si le navire est en voyage, dans un port étranger et en temps de guerre, le crime de *désertion* est considéré comme *en présence de l'ennemi*, aggravation qui entraîne une instruction judiciaire immédiate, par un conseil de guerre formé des officiers, qui jugent et prononcent même en l'absence du prévenu. Les degrés de gravité de la *désertion* sont nombreux ; ce crime a aussi ses variantes, selon les circonstances qui l'accompagnent. L'échelle des peines proportionnelles qu'il entraîne s'étend depuis la simple *mise aux fers* (c'est la détention à bord, au moyen de la barre de justice) jusqu'à la peine de mort. On conçoit que la *désertion* reconnue n'être qu'un abus de la permission de s'absenter, sans intention d'abandonner son drapeau, ne doit pas être punie comme la *désertion* étant de garde, faite en armes et en présence de l'ennemi.

Les cas de *désertion* sur les bâtimens de l'État sont peut-être rares, en raison de la rigueur des conseils de guerre dans l'application de la loi ; c'est que les officiers de marine, pouvant se faire juges dans ces conseils, comprennent tout ce qu'a de préjudiciable à la marine ce délit, si souvent renouvelé, et ils sentent la nécessité de le punir sévèrement dans chaque coupable. Mais sur les navires du commerce, où tout moyen légal de répression, l'appareil des lois et le prestige des uniformes n'existent pas, les cas de *désertion* sont bien déplorables, car les capitaines, dont l'intérêt est de combattre cette plaie, ont, pour tout recours, leur déclaration à faire aux commissaires des classes, dans les ports de leur retour ! formalité dérisoire, qui demeure sans effet, et dont les conséquences n'échappent pas aux calculs du matelot déserteur. Rien ne peut donc arrêter la *désertion* à bord des bâtimens du commerce. Les matelots justifient du mépris de leurs devoirs par un argument qui n'est pas sans portée vis-à-vis de la raison humaine, et qu'ils puisent dans l'avenir effrayant qui leur est tracé par leur inscription sur les matricules des classes, et par le spectacle attristant des vieux marins réduits à mendier, vu la cruelle insuffisance de leur solde de retraite, à grand'peine obtenue. C'est donc pour éviter un pareil sort, après trente-cinq ou quarante ans de services pénibles, mieux écrits sur leurs corps par les combats et les tempêtes, que sur les matricules des bureaux, qu'ils sont excités à changer de condition et de patrie, en se fixant dans les pays étrangers où quelque espérance sourit à leur industrie. C'est leur idée fixe : ils l'exécutent à la première occasion, au mépris des contrats signés, des lois écrites qu'ils oublient, des salaires gagnés qu'ils abandonnent, et du vide dangereux qu'ils causent par leur absence dans un équipage peu nombreux.

D'après cela, il est aisé d'expliquer pourquoi notre marine est le corps où les exemples de *désertion* se reproduisent le plus et d'une manière effrayante parmi la classe la plus nombreuse et la plus indispensable ; c'est à empêcher, très-souvent, des bâtimens français d'entreprendre leur retour en Europe, par le défaut d'équipage. Nous pouvons affirmer avoir vu, en 1819, à Buénos-Ayres, vingt bâtimens français compter chacun trois déserteurs en trois mois de séjour. Vingt navires s'y renouvellent quatre fois dans le cours d'une année, ce qui donnerait, de compte fait, deux cent quarante déserteurs dans un an, et, dans vingt ans de paix, quatre mille huit cents bons matelots perdus pour la France, dans le seul port de Buénos-Ayres ; ce seraient les équipages complets de six vaisseaux de quatre-vingts canons. Le remède à cette plaie funeste est simple, c'est d'assurer aux matelots, pour leurs vieux jours, un avenir plus digne de leurs beaux services.

DESSUS. adv. On dit le vent est *dessus* une voile, lorsque cette voile reçoit l'action de la brise sur sa face antérieure, et qu'elle agit alors pour faire reculer le navire ; c'est, à quelques égards, le synonyme de *coiffer*. — On dit qu'un bâtiment est *vent dessus vent dedans* quand, dans le même instant, ses voiles sont brassées de telle sorte que celles de tout un mât reçoivent le vent sur leurs faces postérieures, et tendent à faire marcher le vaisseau en avant, tandis que celles de tout un autre mât sont encore brassées, coiffées, et agissent pour le faire reculer ; si ces deux puissances sont d'égales forces, elles se neutralisent et le navire reste à peu près immobile sur l'eau. (Voir *Panne*.)

DESTINATION. s. f. C'est le lieu, le pays ou le parage de mer où doit se rendre un bâtiment ou une flotte. La *destination* est la première péripétie d'un voyage, comme le retour au point du départ en est la dernière. On dit d'un navire sur son départ, qu'il a telle *destination*, c'est-à-dire qu'il se rend à tel lieu, pour que le capitaine y accomplisse la mission dont il est chargé. — Des navires de guerre reçoivent l'ordre d'accompagner des bâtimens du commerce à leur *destination*. — C'est aussi la répartition des matelots, des ouvriers dans les bâtimens, dans les chantiers et ateliers.

DÉTAIL. s. m. C'est ainsi qu'on appelle, à bord d'un bâtiment tout équipé, les soins apportés à son administration intérieure, tant en ce qui regarde la conservation et la tenue matérielle d'un navire, la comptabilité générale des dépenses de toutes sortes qu'entraîne son entretien, que la discipline et la santé de l'équipage, etc., travail immense, qui laisse peser sur l'officier qui en est spécialement chargé, une responsabilité fort étendue. — C'est l'officier en second du bâtiment qui est naturellement chargé du *détail* : la supériorité de son grade sur les autres officiers, et la plus vieille expérience pour répondre aux exigences de cette importante fonction, lui décernent cet honneur. Sur les vaisseaux de ligne, le *détail* devient trop étendu pour que le second officier puisse seul suffire à une aussi immense gestion ; il la subdivise donc par départemens, selon leur spécialité particulière, et chaque département est mis sous la direction spéciale d'un officier. C'est ainsi que le premier officier, après le second, a la haute inspection de l'artillerie ; il préside à son entretien, à son arrangement, il contrôle la comptabilité du maître canonnier, lequel a la manipulation du matériel de cette arme. Un autre officier, qui a titre d'*officier de manœuvre* (Voir ce mot), exerce ses soins sur la tenue et la conservation des agrès, des câbles, des ancres, etc., et en général de tout le matériel confié au maître d'équipage. Un autre officier est chargé de la cale, où sa surveillance est immense. Toutes ces diverses branches du *détail* sont également importantes dans le but unitaire auquel elles tendent toutes. Elles sont des élémens de la gestion générale du second capitaine ; elles y arrivent pour s'y fondre par le compte rendu de chaque officier chargé, ainsi que par ceux du chirurgien-major, en ce qui le concerne, et du maître commis chargé de la comptabilité des vivres du bord. Nous manquons d'espace pour entrer dans une description minutieuse de ce qu'on appelle *détail* dans un vaisseau ; il nous sera donc difficile de faire apprécier à nos lecteurs tout l'intérêt de cette administration, et le mérite qu'elle déverse sur l'officier qui s'en acquitte selon les exigences d'un service bien fait. Il y eut sous l'empire des vaisseaux qui pouvaient poser comme modèles, par l'habilité de leurs officiers chargés du *détail*, et, entre autres, le vaisseau *l'Auguste*, d'Anvers, commandé par le capitaine Collet ; le vaisseau *le Régulus*, de Lorient, commandé par le capitaine Lucas.

A bord des bâtimens du commerce, le *détail* ne manque pas d'être aussi une responsabilité importante pour le second capitaine qui seul a la surveillance morale et matérielle de tout ce qui constitue son immense charge. Si elle n'a pas le relief imposant que cette fonction emprunte de son côté militaire sur les vaisseaux de guerre, elle a cette gravité qui s'y montre sans cesse à travers la crainte des tribunaux prêts à contrôler la gestion ; la douane, les assureurs, les armateurs, les intéressés, les passagers ne sont pas gens à faire grâce du moindre oubli qui a pu blesser leurs droits, leurs spéculations, leurs exigences, ou leurs espoirs. C'est au capitaine seul qu'ils s'adressent ; mais celui-ci s'adresse ensuite à son second, qui ne peut s'adresser à personne. La propreté, la tenue du bâtiment et de l'équipage, la comptabilité des consommations de toute espèce, la surveillance des chargemens et déchargemens, l'économie des provisions, l'ordonnance des repas, etc., constituent le *détail* d'un bâtiment du commerce.

DÉTALER. v. n. C'est courir vite ; manière de dire qu'un bâtiment est fin voilier, qu'il marche bien ; quand il est convenablement appareillé, les marins disent : *il détale rondement.*

DÉTALINGUER. v. a. C'est détacher d'une ancre le câble qui la retient par son anneau, et rentrer ce câble dans le navire, où il est ramassé dans la cale ou dans la fosse aux câbles.

DÉTAPER. v. a. C'est retirer de l'embouchure d'un canon le tampon ou tape de liége qui la ferme, pour empêcher l'eau ou tout autre corps d'entrer dans la pièce qui doit toujours être tenue libre et propre. On *détape* les canons au moment d'un exercice ou d'un combat ; ce soin appartient au chargeur.

DÉTRESSE. s. f. Ce mot, qui en sens vulgaire exprime un grand dénuement, un besoin extrême d'assistance, présente en marine la même idée, mais agrandie par le concours plus terrible de causes plus effrayantes. Le mot *détresse* en marine ne s'applique que dans les cas où les marins, renfermés dans un navire, sont en péril de perdre la vie, excepté le cas de combat. La *détresse* sur mer a ses degrés de gravité et ses variantes ; ainsi, un bâtiment dont l'équipage manque de vivres est en *détresse*, bien qu'il ait ses voiles et ses mâts ; la perte de ceux-ci sans la famine n'est pas *détresse*, c'est simplement un navire désemparé. Un vaisseau, envahi par l'eau de la mer, de telle sorte que les pompes ne sont plus d'aucun secours, est en *détresse*, bien que d'ailleurs il ne manque de rien. Un bon navire, bien appareillé et abondamment pourvu de vivres, mais battu en côte par une forte tempête contre laquelle il ne peut pas lutter, est en *détresse*. Certes, un seul de ces cas de *détresse* suffit pour satisfaire à l'acception du mot ; cependant il peut arriver, et le cas n'est pas sans exemple, qu'un pauvre bâtiment, maudit du ciel sans doute, résume les affreuses conditions d'une *détresse* plus complète : famine, voie d'eau, tempête et côte de fer sous le vent ! Cela s'est vu.

DEVANT. prép. *Devant le navire*, en face, vis-à-vis de son avant. On dit être *vent devant*, c'est-à-dire que le bâtiment étant sous voile, le vent le frappe par son avant. On conçoit que dans cette position toutes ses voiles sont coiffées, et qu'il ne peut avancer contre le vent. Les matelots se tiennent *devant*, c'est-à-dire sur l'avant, c'est leur quartier (comme on dirait *derrière* pour signifier sur le gaillard d'arrière). On dit aussi : *un navire devant nous*, etc.

DÉVENTER. v. a. On dit : *déventer une voile*, c'est l'empêcher de recevoir le vent, soit en la contrebrassant assez pour que le vent l'agitant de

côté, il la fasse barbeyer ; soit que passant près d'un navire ou d'une terre élevée, et dans une position à intercepter le vent à un bâtiment, celui-ci se trouve ainsi privé de recevoir la brise. Ses voiles sont dites *déventées* par cet abri.

DÉVERGUER. v. a. C'est séparer une voile de la draille ou de la *vergue* (*voir* ce mot) qui la supporte, où elle est attachée ; on la *dévergue* pour la réparer ou la changer, ou parce que le navire restant dans le port, il n'aura plus besoin de ses voiles ; alors on les *dévergue* pour les mettre en magasin.

DÉVIRER. v. a. On sait que le cabestan est un cylindre qui, mu par les marins à l'aide de barres en bois qui forment leviers, tourne et s'enveloppe des cordages sur lesquels on veut opérer une grande puissance. Quand il s'agit de laisser libre le cordage que la force avait roidi, et de le laisser à son tour agir en se développant du cabestan sur lequel ses plis nombreux s'étaient accumulés, on dit de *dévirer*. Virer, c'est faire agir le cabestan sur le cordage ; *dévirer*, c'est au contraire faire agir le cordage sur le cabestan.

DIANE. s. f. C'est un appel fait à bruit de caisse sur les grands bâtimens de guerre, pour signaler l'ouverture des travaux au point du jour. — Le coup de canon de *diane* est tiré à l'avant-garde des ports militaires, ou sur le navire-commandant de la rade ; c'est le moment qui sépare le repos de la nuit des travaux du jour.

DIFFÉRENCE. s. f. Ce mot s'applique particulièrement au tirant d'eau, à l'inégalité d'immersion des extrémités du vaisseau. Cette *différence* varie suivant la grandeur et l'espèce des navires ; elle se compte par pouces, depuis 12 environ jusqu'à 25 ou 30 pouces. — Quand un navire touche sur un banc ou sur des rochers, on dit ordinairement qu'il donne des *coups de talon*, parce que sa *différence de tirant d'eau* est cause que le talon de sa quille, extrémité de son arrière, touche la première l'obstacle que le navire a rencontré sous l'eau. — On appelle aussi *différence* tous les résultats causés par la dissemblance des observations astronomiques ou théoriques qui font la base des calculs nautiques.

DIFFÉRENCIOMÈTRE. s. m. Instrument ingénieux qui sert à reconnaître le tirant d'eau d'un bâtiment en pleine mer, et par conséquent sa *différence*.

DIMANCHE. s. m. Le *dimanche* est la plus petite de ces combinaisons de poulies et de cordages qu'on appelle *palans*. — C'est aussi un espace laissé vide par les barbouilleurs qui peignent dans un navire ; les matelots peu habiles à manier la brosse, et qu'on envoie dans des parties élevées de la mâture donner une couche de peinture à une vergue tremblante, ou à la fusée d'un mât, sont tellement gênés pour accomplir cette opération qu'ils laissent des *dimanches*. L'officier ou le maître qui s'en aperçoit renvoie le peintre combler les lacunes que son peu d'attention a causées, et cette partie est souvent la plus pénible de la corvée qu'on avait hâte de finir, puisqu'elle s'accomplit souvent dans la position la plus gênante, suspendu à quelque menue cordelle, aux agitations du navire, qui exigeraient parfois du matelot l'emploi des deux mains pour assurer sa solidité individuelle.

DIMINUER. v. a. On dit *diminuer* de voiles, c'est soustraire à l'action du vent une partie des voiles déployées, soit pour préserver les mâts menacés par la force de la brise, soit pour ralentir la marche du bâtiment. Dans ce dernier cas on dit aussi *diminuer* de vitesse, manœuvre qui a souvent lieu dans les escadres ou dans les convois, quand les bons marcheurs sont forcés d'attendre les traînards. On *diminue* de voiles en les carguant ou en serrant les plus légères ; on *diminue* de vitesse en *diminuant* de voiles ou en les disposant de telle sorte, au moyen des bras, que leur action sur le navire se trouve neutralisée.

DINGA. s. f. Barque côtière du rivage Malabar, ayant beaucoup d'élancement et de quête ; sa quille est courbée comme celle des navires du Nil ; quelques-unes sont d'un fort tonnage, sans pont ; un seul mât incliné sur l'avant porte une voile à antenne, d'une grande dimension ; l'inclinaison du mât sur l'avant facilite le changement de la voile dans les viremens de bord ; l'amure et l'écoute sont au même instant changées de côté en les passant par l'avant et l'arrière du mât, et l'antenne ne se trouve jamais sur le mât et toujours librement suspendue par sa drisse.

DINGUY. s. m. Petite embarcation du Gange, qui sert au transport des passagers et des promeneurs, soit de terre à bord des navires devant Calcutta, soit de Calcutta à Chandernagor. Chaque bâtiment à l'ancre devant Calcutta a un *dinguy* pour le service continuel du bord. Cette coutume *épargne* beaucoup les embarcations. Le *dinguy* des navires n'est manœuvré que par deux Indiens, dont le patron se nomme *ramori;* il est responsable des personnes qu'il transporte à terre et de celles qu'il ramène ; il n'aborde et ne déborde jamais sans en prévenir l'officier de service. Les *dinguys* qui naviguent sur le fleuve sont manœuvrés par quatre ou cinq Indiens ; en nageant avec leurs avirons ils tournent le dos au côté plutôt qu'à l'avant de l'embarcation, en sorte que leurs avirons, déjà très-courts, perdent encore de leur action comme leviers par leur position oblique. Une espèce de dôme en bambou et en jonc se dresse sur le tillac de derrière et devient un salutaire abri contre les ardeurs du soleil du Bengale.

DISCIPLINE. s. f. Entre les diverses acceptions de ce mot, il faut l'entendre ici comme lois, réglemens établis sur un navire pour obtenir l'obéissance, le bon ordre et le zèle de chacun dans le devoir de sa charge. Souvent, en marine, on confond dans ce mot la cause avec l'effet. Quand on dit : tel équipage est tenu sous une *discipline* sévère, on entend parler de la sévérité des règlemens observés à son égard ; et *discipline*, en ce sens, est le synonyme de bon ordre : il est alors pris pour la cause. Si l'on dit l'équipage de tel vaisseau est bien *discipliné*, on exprime par ce mot sa belle tenue, son instruction, sa soumission, son ardeur dans la manœuvre, son dévoûment dans le combat ; alors le mot *discipline* est l'effet, et peut se traduire par *éducation*. Cette dernière acception est plus généralement adoptée, comme formulant l'idée la plus importante, c'est-à-dire la fin, dont le même mot *discipline*, dans la première définition, n'est que le moyen.

C'est une question qui n'est pas encore résolue, et qui probablement ne le sera pas de longtemps, que celle des lois et règlemens les plus propres à obtenir une *discipline* parfaite des équipages français ; — si tant est qu'une parfaite *discipline* est celle qui, avec le but matériel obtenu, confirme aussi la satisfaction morale des subalternes qui subissent la loi, et la tranquille confiance des chefs qui la font observer : accord qui n'a pas toujours existé dans nos équipages, et dont l'absence doit être imputée aux modes de correction adoptés pour le maintien de la *discipline* parmi les matelots. — La loi qui, anciennement, avait mis les coups de canne en usage dans les régimens, dut se modifier et même tomber devant la réforme progressive du caractère national. Les coups de corde qui, sur les vaisseaux, étaient la traduction maritime des coups de bâton pour la troupe, se sont maintenus plus longtemps. La *discipline* obtenue par ce mode de pénalité, qui dégradait l'homme et blessait sa fierté, n'était qu'apparente, et ne servait qu'à cacher, sous les formes de la soumission, l'état d'hostilité continuelle des subalternes envers leurs chefs. On dut donc aussi supprimer dans la marine un genre de correction qui ne convenait plus à nos mœurs nationales, ce dont on s'aperçut quand il fut reconnu, dans les combats de mer, que, sur le pont des vaisseaux comme sur le champ de bataille de Fontenoy, tous les officiers tués ne l'étaient pas par les balles de l'ennemi. Ce danger, et les exigences du progrès, ont fait abolir les coups de corde sur les navires français ; mais le despotisme de quelques commandans y substitua des punitions nées du caprice, et qui ne furent ni plus justes ni plus heureuses. En 1819 encore, on a vu l'équipage d'une frégate française, en station à la Martinique, forcé pendant plusieurs semaines à ne pas porter de chaussures, à monter dans les cordages, à manœuvrer dans les embarcations pieds nus, et cela en punition de quelque manœuvre mal exécutée !..... Il y aurait beaucoup de faits semblables à citer pour justifier de l'imperfection de nos règlemens disciplinaires, qui laissent aux chefs la latitude de puiser dans leur capricieuse conception des moyens de *discipline* si étrangement en dehors des lois officielles, et si peu propres à produire l'effet désiré. — Aujourd'hui les équipages sont affranchis des coups de corde ; le régime pénitentiaire des bords est paternel dans l'étendue du mot ; les matelots, considérés dans leur qualité d'hommes, sont satisfaits, et les chefs sont confians ; les révoltes et les vengeances n'y sont plus à craindre. Mais la *discipline* est-elle parfaite sous d'autres rapports essentiels ? la dignité de l'officier est-elle satisfaite de l'obéissance et du respect du matelot ? les moyens de répression correctionnelle sont-ils suffisans ? Quel est l'effet correctif et redouté du retranchement, de la mise aux fers, du cachot et de l'exposition dans les haubans pour un matelot paresseux et insubordonné ?

DISPUTER. v. a. On dit *disputer le vent ;* manœuvre habile, qui ne peut s'effectuer qu'en présence d'un autre bâtiment sous voile, et qui consiste à lutter avec lui de vitesse et de promptitude à manœuvrer, pour prendre sur cet adversaire l'avantage du vent, c'est-à-dire à se placer entre lui et le point de l'horizon d'où souffle la brise. Ce succès obtenu, indique une supériorité de marche sur le navire vaincu, et cela sous l'allure la plus défavorable à un bâtiment sous voile ; si cette manœuvre a lieu entre deux navires ennemis, elle donne à celui qui a obtenu l'avantage du vent l'initiative de l'attaque et surtout de l'abordage. Cette manœuvre exige d'un officier de l'adresse, un grand fonds de science et beaucoup de pratique, surtout quand deux armées se *disputent* le vent.

DISTANCE. s. f. Ce mot se présente, dans le langage maritime, sous son acception ordinaire ; c'est aussi pour y exprimer un espace, un intervalle entre deux points comparés dans l'étendue. On dit : un navire paraît à grande *distance*, c'est-à-dire que l'intervalle qui le sépare du point d'où il est aperçu est grand. — En escadre, chaque vaisseau observe et garde sa *distance* à l'égard d'un autre vaisseau, ou une colonne sa *distance* à l'égard d'une autre colonne. — Un navire sous voile, près d'une côte, par une nuit venteuse, se tient à une prudente *distance* de terre. — Le cas où ce mot devient plus essentiellement maritime, sans pourtant rien changer à l'idée qu'il renferme, c'est en astronomie. Quand on parle de *distance* d'astre, on entend l'intervalle apparent ou vrai exprimé par un arc de cercle entre le soleil et la lune, ou entre la lune et les étoiles zodiacales ou autres, dont les mouvemens sont donnés par la Connaissance des temps. Ces *distances* observées ou mesurées avec des instrumens à réflexion, de la plus ingénieuse combinaison, et corrigées ensuite par le calcul de tous les effets de vision appelés *réfractions*, de positions à l'égard du centre de la terre, et qu'on appelle *parallaxe*, sont ensuite comparées à ces mêmes *distances* calculées d'avance à l'Observatoire de Paris, et insérées dans

la Connaissance des temps. Cette comparaison de *distances* sert à connaître surtout les heures différentes auxquelles le phénomène de *distance* a lieu simultanément à Paris et au lieu où il est observé, et de la différence de ces heures, on déduit le méridien sous lequel on se trouve. (Voir *Longitude.*)

DIVISION. s. f. C'est la réunion de trois bâtimens de guerre au moins sous la direction du chef le plus haut en grade, ou le plus ancien par date de brevet, si les trois capitaines sont du même grade. Une armée navale se divise en trois escadres, et chaque escadre en trois *divisions ;* neuf vaisseaux de ligne constituent une escadre ; au-dessous de ce nombre c'est une *division.* Une *division* de vaisseaux de haut-bord est commandée par un contre-amiral, ou, à son défaut, par le plus ancien des capitaines de vaisseaux de la *division.*

DOGRE. s. m. Petit bâtiment pêcheur dans les mers du nord de l'Irlande, de l'Angleterre et du Pas-de-Calais, spécialement employé pour la pêche du hareng et du maquereau ; il est ponté, il porte un grand mât au milieu, sur lequel il déploie une basse-voile et une autre voile supérieure ; un mât léger placé derrière porte une petite voile carrée et une brigantine ; sur un court beaupré, il installe un foc. Le *dogre* a, dans le fond de sa cale, un réservoir pour conserver le poisson vivant. — Il y a aussi de grands *dogres* qui font le cabotage, mais leur nombre semble s'éclaircir chaque jour.

DOME. s. m. Terme improprement appliqué à une élévation en planches de sapin qui encadrait, de trois côtés seulement, l'ouverture du pont pratiquée sur le gaillard-d'arrière des navires, pour descendre dans la batterie ou dans la chambre des officiers ; le dessus de cet encaissement, recouvert d'une couverture brisée, était d'un effet disgracieux et encombrait le pont de sa masse volumineuse. Les *dômes* sont supprimés sur les navires de guerre et remplacés par une sorte de berceau formé de quatre montans en cuivre poli, surmontés de deux cintres également en cuivre qui se croisent artistement au-dessus de l'ouverture ; cette élégante charpente, laissée à découvert tout le jour, est recouverte pendant la nuit et les jours de pluie, d'un capuchon en toile peinte qui garantit de l'eau et du froid la partie du bâtiment située au-dessous. Les bâtimens du commerce ont encore en partie les dômes en menuiserie ; seulement on s'est attaché à en perfectionner l'aspect.

DONNER. v. a. Ce mot a plusieurs significations maritimes. — On dit qu'un navire *donne la bande,* c'est-à-dire qu'il se penche, s'incline sur un côté sous la pression du vent. — *Donner dedans,* c'est entrer, *donner* dans un port, dans une rade. — *Donner* la cale, c'est faire subir le supplice de la cale. — *Donner* la voix, c'est chanter pour que les marins qui hâlent sur un cordage puissent s'accorder. — *Donner à la côte,* c'est s'y jeter. — Pour exprimer qu'un navire a pris part à une action navale, on dit de lui, comme d'un régiment, *il a donné*. — *Donner* des voiles à un autre navire, c'est reployer des voiles afin d'équilibrer la marche du bâtiment qu'on monte avec celle d'un autre vaisseau qu'on ne veut pas dépasser ; mais on dit mieux *rendu* dans ce cas ; c'est l'inégalité des moyens, de l'enjeu. — *Donner* dans des rochers, c'est s'y fourvoyer ; *donner* la route, c'est l'indiquer. — On comprendra par ces applications au mot *Donner*, celles que nous ne mentionnons pas, et qui peuvent encore se présenter.

DORMANT. s. m. Dans les combinaisons de cordages et de poulies qu'on appelle palans (*voir* ce mot), on appelle *dormant* le bout du cordage qui reste fixé à l'une des poulies, tandis que l'autre reçoit les efforts dont la transmission, après s'être opérée dans les retours des poulies, finit par entraîner le point sur lequel on place cet appareil. — On nomme *dormans* en général les gros cordages qui étayent les mâts d'un navire, et dont les noms particuliers sont *haubans, galhaubans, étais, sous-barbe*, etc. Les haubans sont ces larges échelles qui appuient le mât à droite et à gauche : tous ces mots seront expliqués à leur tour. Les *dormans* d'un navire sont en résumé les cordages qui restent à poste fixe, et ne sont jamais ni abraqués ni relâchés. — Les manœuvres *dormantes* sont donc tous les cordages qui sont roidis et fixés par les deux bouts, sans que les besoins ordinaires du service obligent de changer leur position.

DOUBLAGE. s. m. On appelle ainsi le revêtement en feuilles de cuivre, de zinc, ou en planches, qui enveloppe la carène d'un navire, afin de préserver cette partie submergée des piqûres des vers et de tous ces petits accidens qui attaqueraient les bordages. Le *doublage* en feuilles de cuivre rouge est reconnu le plus durable, le plus propre à la marche du navire, par la facilité avec laquelle ce fluide glisse sur sa surface polie, et enfin le moins attaquable aux chocs qui risqueraient de le crever, et aux coquillages ou herbes marines qui tentent de s'y fixer aux dépens de la vitesse du sillage. On a essayé de *doubler* les navires en fer-blanc, en plomb, en fer et en zinc ; cette dernière matière est la seule qui, après le cuivre, ait pu être employée convenablement, quoique sa durée soit bien moindre que celle de ce dernier métal. — Les *doublages* en bois offrent peu des avantages reconnus aux *doublages* en cuivre. Aujourd'hui on essaie le bronze.

DOUBLE (EN). adv. Faire une chose *en double*, c'est, en marine, la faire vite ; manger *en double*, travailler *en double*, c'est employer, pour accomplir ces choses, le moins de temps possible.

DOUBLE RATION. s. f. C'est un surcroît de boisson délivré à un équipage, au libre arbitre d'un chef, pour l'encourager ou pour le récompenser de travaux pénibles. Il y a des circonstances où la *double ration* est un usage consacré : ainsi les fêtes publiques, le passage de la ligne, etc.

DOUBLER. v. a. Faire un *doublage*. — Dépasser un point placé plus au vent que n'était d'abord le navire.

DOUCEUR (EN). adv. Littéralement, peu à peu ; c'est filer avec précaution un cordage, c'est remuer une chose avec ménagement. Dans quelques applications, c'est le contraire de *en double*. On dira à un marin qui retient un cordage qui supporte un objet quelconque : Amène *en double* ; amène *en douceur* ; c'est-à-dire : amène vite et sans crainte ; amène doucement et avec soin.

DRAGUE. s. f. La *drague* est un instrument de pêche dont la forme est celle d'une bourse, en fort filet souvent formé de petites mailles de fer, que l'on traîne ouvert sur le fond, pour prendre des huîtres, des moules ou du poisson. — On dit *draguer*, pour exprimer se servir d'une *drague*.

DRAILLE. s. f. C'est un cordage qui, attaché à une certaine élévation de la mâture, descend obliquement vers celui du mât placé à l'avant du premier d'où il descend, — du mât d'artimon au grand mât ; — du grand mât à celui de misaine ; — du mât de misaine au beaupré, — et sur lequel se développe une voile triangulaire ou quadrilatère, portant sur un de ses côtés des bagues qui font l'office d'anneaux, pour étendre ou resserrer la voile sur cette draille, qui sert de verge pour les recevoir. Les voiles qui se développent sur des *drailles* sont, quand elles appartiennent aux mâts perpendiculaires, des voiles *d'étais*, nom qu'elles empruntent à de gros cordages du nom *d'étais*, qui sont placés comme les *drailles*, dont souvent ils tiennent lieu pour déployer les voiles *d'étais*, et dont l'office est de contribuer à la solidité de la mâture, en la retenant de l'avant à l'arrière. Quand les voiles triangulaires dont on a parlé sont placées sur les *drailles*, qui s'abaissent du mât de misaine au beaupré, elles prennent le nom de *focs* (*Voir* ce mot).

DRESSER. v. a. A bord d'un bâtiment, ce mot est employé pour exprimer l'action de donner à un objet quelconque une position, à certains égards, en rapport avec la quille et avec la ligne verticale. On dit *dresser le navire, dresser une embarcation*, lorsque leur masse ou leur coque penchant plus d'un côté que de l'autre, force à corriger cet état irrégulier par une surcharge de poids du côté qui s'élève le plus, jusqu'à ce que l'axe de hauteur de leur masse soit dans un plan vertical. *Dresser la barre*, c'est mettre la barre du gouvernail au milieu du navire, dans le plan vertical de la quille. *Dresser les mâts*, c'est les faire bien se correspondre parallèlement, et aussi dans le plan de la quille. *Dresser les ver-*

gues, lorsqu'un bâtiment est à l'ancre, c'est balancer les barres transversales auxquelles se suspendent les voiles, de manière qu'étant bien dans le plan horizontal, elles forment aussi avec les mâts des angles droits.

DRISSE. s. f. On appelle ainsi les manœuvres courantes dont l'emploi est de *hisser*, élever les voiles, quand on les livre au vent ; ces cordes sont mises en double ou triple en passant par plusieurs tours dans des poulies qui prêtent leur mécanisme à l'action des *drisses* et les rendent plus puissantes selon le poids des voiles qu'il leur faut étendre le long des mâts. Chaque drisse prend le nom de la voile à laquelle elle est appliquée. Toutes les voiles d'un vaisseau, excepté les deux basses voiles et la brigantine, ne peuvent être livrées convenablement au vent sans le secours d'une drisse ; on voit par là qu'elles sont très-multipliées dans un navire. Les pavillons, les flammes, les guidons et les signaux sont hissés au haut des mâts par des drisses ; ce sont les plus minces et les plus souples.

DROIT, E, adj. Situation d'un objet qui a été dressé. Un navire qui n'incline d'aucun côté est *droit.* Pour dresser la barre, la mettre au milieu du bâtiment, l'officier commande au timonier : *droite la barre !* ou *la barre droite !* Le timonier répète le commandement, pour avertir l'officier qu'il a été entendu et obéi. La répartition bien entendue et bien observée des poids dans un navire le tient *droit ;* les marins tirent de cette vérité pratique en marine, une sentence morale, et disent à l'occasion : *chacun à son poste, et le navire est droit ;* c'est-à-dire que chacun se tienne à sa place, se mêle de ses propres affaires, et les choses iront bien.

DROME. s. f. On donne ce nom à la quantité réunie de mâts, de vergues, de bouts-dehors que l'on embarque pour remplacer ceux de ces mêmes objets que les accidents de la navigation peuvent faire rompre, ou perdre dans maints accidens. (Voir *Rechange.*) Ces bois, également répartis en deux lots selon leur dimension, sont disposés au milieu du navire dans le sens de sa longueur, selon les prévisions de l'expérience et les besoins présumés de leur emploi. Chaque lot est recouvert d'une toile peinte à plusieurs couches, pour en préserver les pièces de l'action ruineuse du soleil et de la pluie. L'un s'appelle *drome* de bâbord, l'autre *drome* de tribord, ou simplement la *drome,* en parlant des deux lots. — On dit aussi une *drome* d'embarcations, en parlant de plusieurs canots et chaloupes réunis en dépôt, et flottans dans un port. — Toute réunion de bois ou de mâts flottés, traînés par des canots, est une *drome.* — On dit d'une certaine quantité de futailles, ou pièces à eau flottantes amarrées ensemble, *drome* de pièces.

DROSSE. s. f. Il a été dit au mot *Barre de gouvernail,* qu'à bord des grands navires, comme corvettes et au-dessus, les dispositions de construction ont marqué la place de ce précieux levier dans une partie inférieure du bâtiment, tant pour le préserver des dangers des coups de mer et autres chocs, que parce que cette disposition détermine pour le gouvernail des proportions qui assurent mieux sa solidité. Il a été dit aussi que l'homme chargé de diriger la barre s'en tenait très-séparé, puisque, placé sur le pont, pour être en rapport continuel avec les transitions du temps, il ne pouvait transmettre au gouvernail ses mouvemens nécessaires qu'à l'aide d'un système ingénieux de poulies, de cordages et d'une roue, qui, combiné à propos, rend immédiate la pensée d'action du timonier sur la barre éloignée de lui. La corde faisant partie de ce système est ce qu'on appelle la *drosse* ou *drosse du gouvernail.* C'est un filin blanc fortement commis, afin de prévenir autant que possible son allongement par les efforts qu'il exerce sans cesse ; son milieu est d'abord placé sur le cylindre d'une roue fixée sur le pont, au milieu et sur l'arrière du navire. Ce cylindre est disposé de telle sorte, qu'après avoir été enveloppé par plusieurs tours de la *drosse,* les deux bouts de celle-ci sont conduits en bas, d'abord perpendiculairement, puis dans une direction horizontale, chacun séparément pour aller passer dans des rouets fixés dans la muraille du navire, et revenir enfin s'attacher sur la tête de la barre. On comprend que dans ses révolutions le cylindre s'enveloppe de la *drosse* d'un côté, tandis que de l'autre il laisse s'écouler partie opposée de la *drosse,* et que la partie dont elle s'entoure attire la barre vers le côté du bâtiment avec lequel elle est en rapport. On appelle aussi *drosse,* des cordages qui retiennent les basses vergues chacune au mât qui les porte, afin qu'elle ne s'en écarte pas par le gonflement de la voile livrée à l'action d'un fort vent arrière.

DROSSER. v. a. Entraîner ; se dit d'un bâtiment qui, sous voile et à la mer, cède à un mouvement immaîtrisable du vent, des vagues ou des courans, qui pousse sa masse dans une direction autre que celle indiquée par son allure. Les marins disent : *Les courans nous drossent, nous n'attraperons pas à la bordée.* C'est-à-dire que le cap du navire se dirige bien vers le but qu'on veut atteindre ; que le vent et la vitesse du bâtiment l'y conduiraient directement, mais qu'un courant l'entraîne de côté, en travers, et l'écarte peu à peu de la direction à suivre.

DUNETTE. s. f. C'est un pont léger, élevé au-dessus du pont supérieur, mais seulement à l'arrière, et comprenant environ le quart de la longueur du bâtiment. C'est ce que l'on pourrait appeler la terrasse, le belvédère du navire. Il domine le gaillard d'arrière, à peu près comme un balcon d'entresol domine une place. Sous la *dunette* sont distribués les logemens les plus commodes, les plus aérés et les plus susceptibles d'embellissement; à bord des navires de guerre ce sont ceux réservés aux officiers généraux, au commandant, aux passagers de distinction. Sur les bâtimens qui font la navigation de l'Iude, une *dunette* est absolument nécessaire pour y recevoir les passagers. C'est sur la *dunette* que se font les manœuvres du mât d'artimon. Sur la *dunette* se tient l'officier de quart; son regard embrasse mieux l'horizon, le temps et la voilure qu'il surveille. Sur la *dunette* aussi, le soir dans les beaux temps, les passagers et les officiers trouvent ce complément d'un bon dîner de bord, le café et la liqueur qui leur ont été préparés. Les conversations, les propos, les cancans de ces oisifs navigateurs, ont pour quartier général la *dunette*.

AU. s. f. Sur les bâtimens de l'Etat, l'*eau* de provision est renfermée dans des caisses en tôle, qui remplacent avec avantage les barriques dont se servent seulement encore les navires du commerce. La quantité d'*eau* embarquée sur les bâtimens de guerre est calculée sur une distribution de deux bouteilles chaque jour par chaque homme ; dans la navigation commerciale, l'*eau* est presque toujours délivrée à discrétion, hors dans les prolongemens des traversées, ou dans toute autre circonstance qui impose des mesures de précaution. — On dit d'un navire, *il fait de l'eau*, avec deux sens : l'un exprime que le bâtiment recueille à terre, au port de départ ou dans une relâche, une provision d'*eau* pour son voyage ; l'autre sens explique une idée d'avarie, que le navire reçoit l'*eau* extérieurement, que la mer sur laquelle il flotte pénètre dans sa cale par les vices de sa construction. — Outre l'idée simple qui se rattache à cette expression, on dit qu'un navire *a de l'eau*, pour exprimer que l'*eau* est assez profonde pour lui livrer passage sans que sa quille touche le fond, s'il veut pénétrer dans une rivière, dans une rade ou dans un port.

Une opinion généralement adoptée dans la marine, et souvent reproduite par de bons ouvrages spéciaux, c'est que l'*eau* saturée d'oxyde de fer est fort salutaire et se conserve bonne, saine et transparente pendant de longs espaces de temps ; cette opinion trouverait une singulière contradiction dans l'extrait suivant du Bulletin de la *Société d'encouragement pour l'industrie nationale*, en date du 20 mai 1829 : « Une médaille d'or de 500 fr. a été décernée à M. Da-Olmi, pour un enduit propre à garantir l'oxydation intérieure et extérieure des caisses en fer employées sur les vaisseaux de la marine royale pour contenir la provision d'*eau* douce. Le mastic de M. Da-Olmi, qui ne nuit en rien à la salubrité et à la bonne qualité de l'*eau*, et dont l'inaltérabilité a été constatée par trois années d'expérience, peut également s'appliquer aux tonneaux de la marine marchande, et sans doute à beaucoup d'autres usages que le temps et la pratique indiqueront... »

Les marins parlent souvent du singulier changement qu'éprouve en mer l'*eau* douce qui forme la provision des équipages ; ils ont maintes fois remarqué que cette *eau*, après être devenue graduellement trouble, puante et désagréable à boire, perdait subitement toutes ces mauvaises qualités pour redevenir limpide et inodore ; ils prétendent encore que si la corruption est portée à son plus haut degré, l'épuration sera plus complète et l'*eau* plus à l'abri de nouvelles transformations, tandis que si l'altération a été peu manifeste, cette *eau* sera toujours sujette à s'altérer dans les chaudes latitudes que parcourra le navire. Les Anglais semblent avoir une foi complète dans cette opinion, que nous avons toujours considérée comme un peu exagérée, et beaucoup d'entre eux font leur provision d'*eau* dans les rivières où l'*eau* passe pour être moins pure que dans les sources. Voici les raisons que la science semble offrir pour faire comprendre ce singulier phénomène. L'altération de l'*eau* embarquée à bord des navires est due à la décomposition des matières organiques que charrient toutes les rivières ; quand ces matières sont en quantité suffisante, les parties solubles des détritus d'animaux agissent comme ferment, les gaz se dégagent et les matières salines, restant seules, se précipitent en partie. Quand, au contraire, l'*eau* est moins impure, la décomposition est lente, progressive, incomplète, et la fermentation peut se renouveler d'une manière marquée, toutes les fois qu'elle est favorisée par une haute température.

EAU DE MER. — On trouve, dans plusieurs voyages maritimes et dans d'autres anciens ouvrages analogues, des indications assez curieuses sur la propriété de l'*eau de mer* ; on y lit que l'*eau de mer*, appliquée à la surface du corps, offre aux navigateurs un moyen de tempérer l'ardeur de la soif, et d'entretenir la chaleur vitale en diminuant la funeste impression du froid. Après les désastres d'un épouvantable naufrage, on cite un capitaine Kennedy qui parvint, ainsi que ses compagnons, à supporter les tourmens de la soif en trempant dans la mer des vêtemens, dont il se recouvrait ensuite le corps sans les avoir exprimés ; il se trouvait ainsi soulagé, et son palais desséché acquérait une humidité salutaire. Un autre capitaine anglais, du nom de Bligh, rapporte qu'il trempait également dans l'*eau de mer* ses vêtemens, lorsque, traversant l'Océan-Pacifique dans un bateau non ponté, il éprouvait de vives souffrances causées par la fraîcheur et l'humidité de la température. Dans l'impossibilité où il se trouvait de faire sécher ses habits pénétrés par l'eau de la pluie, il les plongeait dans l'*eau de mer*, mais il ne s'en recouvrait qu'après les avoir bien tordus. « Par ce moyen, dit-il, nous nous procurions un degré de chaleur que nous ne pouvions obtenir lorsque ces vêtemens étaient imbibés d'eau de pluie, et nous fûmes moins exposés aux rhumatismes, etc. »

Beaucoup de faits prouvent que l'homme supporte mieux une immersion prolongée dans l'*eau de mer* que l'action alternative de l'eau et de l'air pendant le même temps. On lit, à l'appui de cette opinion, dans le récit d'un naufrage à l'embouchure de la rivière de Mersey, que, durant le mois de décembre, des marins restèrent pendant vingt-trois heures cramponnés à la carcasse de leur navire submergé. La fraction de débris à laquelle ils s'étaient attachés ayant une position inclinée, les hommes de l'équipage qui s'étaient placés dans la partie la plus élevée du vaisseau étaient hors de l'eau, mais ils se trouvaient de temps en temps couverts par les lames, puis exposés au vent âpre qui agitait cette mer, tandis que d'autres étaient presque constamment couverts par l'eau. Les deux maîtres d'équipage qui se trouvaient placés dans la partie supérieure étaient des hommes vigoureux, dans la force de l'âge, et accoutumés aux plus rudes fatigues ; ils moururent au bout de quelques heures, tandis que les autres hommes de l'équipage furent tous sauvés et se rétablirent parfaitement.

Plusieurs savans se sont occupés de l'analyse de l'*eau de mer* par le moyen des précipitans ; un Anglais, le docteur Murray, en se basant sur le procédé de Lavoisier, a trouvé, dans la mesure nommée *pinte*, laquelle équivaut à une bouteille :

Sel commun. . . .	182,1 *gr.*	9672 *milligr.*
Muriate de magnésie	25,9	1376
Sulfate de soude. . .	7,5	398
Sulfate de magnésie	5,9	513
Sulfate de chaux. . .	7,1	577

Les résultats obtenus par ce chimiste, en conformant son analyse à la méthode de Vogel et de Bouillon-Lagrange, furent à peu de chose près conformes à ceux-ci. En général les résultats de toutes les analyses prouvent que les substances salines qu'on retire varient peu, quelle que soit la méthode qui préside à l'opération.

On a essayé plusieurs fois, mais avec un succès purement théorique et d'une manière peu applicable, de rendre l'*eau de mer* potable par l'évaporation. Les avantages de cette découverte ne sauraient être compensés par la difficulté qu'il y aurait, pour un navire, de se munir des appareils nécessaires.

—On dit *les eaux d'un navire* pour exprimer une petite étendue de l'espace qu'il vient de parcourir ; ainsi un bâtiment qui en suit de près un autre est dans *ses eaux*.— On dit encore de deux navires qui se trouvent dans le même horizon ou dans le même parage, qu'ils naviguent dans les mêmes *eaux*.

ÈBE. s. m. C'est le reflux, le jusant de la mer ; c'est la marée descendante.

ÉCHANTILLON. s. m. Grandeur et forme d'une pièce de bois ; son échantillon, c'est la manière dont elle est ouvragée : un bon, un mauvais *échantillon*. La pièce de charpentage est d'un bon *échantillon* si elle est propre à l'emploi qu'on lui destine, si les proportions sont irréprochables.— On appelle l'*échantillon* d'un navire, la force, l'épaisseur de la muraille ; on dit un bâtiment d'un fort ou d'un faible *échantillon*.

ÉCHELLE. s. f. L'acception ordinaire de ce mot ne change pas dans le langage maritime ; c'est toujours l'image d'un moyen de communication entre deux points placés l'un au-dessus de l'autre. Faisons observer cependant que les *échelles* d'un bord, composées de deux montans espacés de six ou sept pieds, et réunis par sept ou huit marches de neuf pouces de largeur sur un pouce d'épaisseur, seraient mieux nommées escaliers. Ces *échelles*, comme il est convenu de les appeler, sont en grand nombre dans un vaisseau de ligne, pour le besoin des communications entre les ponts. Le pont supérieur seul en compte six, dont la principale est l'*échelle* du dôme. — L'*échelle de commandement*, le grand escalier d'honneur, placée en dehors du vaisseau pour faciliter l'entrée à bord, est exclusivement réservée au commandant du vaisseau, aux officiers et aux personnes de distinction qui visitent le navire ; cet escalier, large et commode, est rendu plus confortable encore à l'occasion de quelque visiteur de haut parage ; de moelleux tapis adoucissent ses marches en planches ; des banderoles aux brillantes couleurs et aux emblèmes maritimes en pavoisent le pourtour.

—Il y a des *échelles* proprement dites, et dont l'espèce n'est applicable qu'à bord des navires ; telle est l'*échelle* de poupe, composée de deux cordages pour limons, rapprochés et maintenus par des échelons faits de bâtons tournés, longs de quatorze à quinze pouces, également espacés et artistement noués aux bras ou limons de l'*échelle*. L'*échelle* de poupe est toujours pendue sous la bome, en dehors de la poupe, et sert à descendre dans les canots amarrés derrière le navire. De longs taquets peu saillans sont aussi fixés à la muraille du navire, depuis sa flottaison jusqu'à la plus haute élévation, et servent d'*échelle* de fatigue. — En hydrographie nautique on appelle *échelle de latitude croissante*, ces lignes tracées latéralement sur les cartes réduites et divisées en parties ou degrés, qui grandissent à mesure qu'elles indiquent une latitude plus élevée. (Voir *Degré*). Les *échelles de longitude* sont celles tracées au haut et au bas des cartes marines, divisées en parties égales appelées degrés de longitude.

ÉCHIQUIER. s. m. Terme employé en tactique navale, et applicable à certain ordre de marche suivi par les vaisseaux d'une escadre. On dit : marcher en *échiquier* sur la ligne du plus près bâbord, les amures à tribord, c'est-à-dire que si les vaisseaux, naviguant en ligne, au plus près bâbord amures, virent de bord tous à la fois, et prennent les amures à tribord, sans cesser de se relever comme dans le premier ordre de marche, le nouvel ordre dans lequel ils sont disposés est l'échiquier ; en effet, la ligne du plus près bâbord se trouve toujours marquée par la position des vaisseaux, et ils sont tous échelonnés tribord amures. On peut en dire autant de l'*échiquier* sur la ligne du plus près tribord les amures à bâbord. Il y a plusieurs ordres de marche en *échiquier*.

ÉCHOUAGE. s. m., **ÉCHOUEMENT.** s. m., **ÉCHOUER.** v. a. et n. L'*échouage* est l'endroit d'une côte ou d'une plage unie, dont la position, à l'abri du vent et de la mer, est propre à laisser reposer un bâtiment à sec, soit légèrement incliné en s'appuyant sur l'un de ses flancs, soit maintenu droit au moyen des béquilles, sans lésion pour son économie. — On appelle aussi *échouage* l'état du bâtiment laissé à sec sur le rivage. L'*échouement* est le choc du navire contre le banc ou le haut-fond sur lequel il s'est arrêté. Ce mot est plus généralement employé dans le langage de droit maritime, pour exprimer un accident de navigation, classé parmi les sinistres de mer. On dit : naufrage, bris et *échouement* d'un navire sur tel ou tel point. — Le verbe *échouer* exprime l'action de l'*échouage*. On *échoue* un bâtiment pour pouvoir, à la retraite de l'eau, visiter et nettoyer sa carène ; cette opération ne peut s'appliquer qu'à des navires d'un certain tonnage, et n'est pas employée pour les grands navires. Quand on veut *échouer* un navire dans le but de mettre à découvert sa carène, l'opération se fait sans autres soins que de le faire toucher le rivage avec sa quille, et de laisser la mer se retirer. Cette manière d'*échouer* suppose qu'un navire ne porte pas de canons, et que sa carène est assez arrondie pour lui faire supporter l'*échouage* sans donner une trop grande inclinaison ; mais il est d'autres précautions à prendre pour les bâtimens portant de l'artillerie, et surtout pour ceux dont la carène, très-aiguë, rendrait l'inclinaison dangereuse ; ceux-là ne peuvent être *échoués* sans le

secours de béquilles. — Dans certains cas, en temps de guerre, on *échoue* son navire pour le soustraire à une capture inévitable par des ennemis supérieurs. — L'histoire de la marine offre plusieurs exemples d'*échouages* célèbres ; les uns déplorables, comme celui de la frégate *la Méduse*, sur le banc d'Arguin, en 1816 ; d'autres recommandables par la présence d'esprit et la courageuse détermination des chefs qui les ont voulus, comme celui des vaisseaux de l'amiral Linois au combat d'Algésiras.

ÉCLAIRCIE. s. f. Nom que les marins donnent au petit jour plus clair et momentané, perçant entre les nuages épais et sombres qui surchargent l'atmosphère dans les mauvais temps. Si dans ce moment l'azur du ciel, *le vieux ciel*, comme disent les marins, se montre dans l'*éclaircie*, c'est un présage du retour du beau temps. Quelquefois le soleil se laisse voir dans l'intervalle ; on s'empresse de profiter de sa courte apparition dans l'*éclaircie* pour observer sa hauteur, et l'appliquer aux calculs du moment. Souvent, dans les *éclaircies*, des travaux ajournés peuvent être repris, ou des manœuvres exécutées ; on s'encourage dans le travail, on dit : *profitons de l'éclaircie*.

ÉCLAIRCIR. (s'). v. n. Se dit du temps ou du ciel qui, après avoir été long-temps couvert par des masses de nuages sombres et épais, se rompt, se dégage enfin ; les nuages se détendent, le temps devient plus clair.

ÉCLAIREUR. s. m. Nom qui désigne, dans une escadre sous voile, le bâtiment détaché en avant par l'amiral pour éclairer la marche de l'armée. Les *éclaireurs* se détachent aussi sur les ailes ; ils se tiennent même sur l'arrière de la flotte à une grande distance, mais toujours à portée de faire distinguer leurs signaux, leur mission consistant aussi à signaler à l'escadre ce que leur position leur permet de découvrir.

ÉCOLE DE MARINE. s. f. Sorte de collège établi par le gouvernement pour l'instruction des jeunes gens destinés à devenir officiers de marine. Depuis un demi-siècle, l'*école de marine* a éprouvé divers modes d'organisation, et l'on ne peut affirmer que celui auquel on est arrivé soit adopté définitivement. Les *écoles* de marine établies sous l'ancien régime ne profitaient qu'aux jeunes marins qui aspiraient à devenir pilotes des vaisseaux du roi. Les jeunes nobles, exclusivement destinés par leur naissance à être admis comme officiers dans le *grand corps*, dédaignaient en quelque sorte de suivre ces cours ; c'était sur les bâtimens de guerre où ils embarquaient qu'ils achevaient, bien ou mal, sous la direction des maîtres pilotes, hommes très-instruits d'ailleurs, les notions mathématiques qu'ils avaient ébauchées dans les pensions. Aussi les officiers de l'ancienne marine foncièrement instruits en mathématiques et en astronomie étaient-ils fort rares. — Depuis la révolution de 93, l'*école de marine* n'exista plus que sous la forme de cours publics et gratuits, établis dans tous les ports de France, dirigés par des professeurs de mathématiques ayant un répétiteur, les uns et les autres nommés par le ministère de la marine. La carrière d'officier de marine étant alors ouverte à tous les sujets capables de satisfaire aux examens établis pour l'admission aux grades d'aspirant de deuxième et de première classe, une foule de marins suivaient ces cours, où ils trouvaient l'instruction exigée pour ces grades. La plus grande partie de nos officiers généraux et officiers supérieurs actuels ont puisé leur instruction dans ces cours publics des ports. — Sur les derniers temps de l'empire, deux *écoles spéciales* de marine, destinées à remplacer les cours publics pour la création des aspirans, furent organisées, l'une à Brest, et l'autre à Toulon. Ces écoles étaient établies dans chacun des deux ports, sur un des vieux vaisseaux de la flotte. Celui de Brest était l'ancien *Tourville*; celui de Toulon, *le Duquesne*. Ces vaisseaux, dont l'intérieur avait été disposé pour l'instruction des sciences théoriques, pouvaient recevoir chacun deux cent cinquante élèves; ils étaient sous la direction d'un capitaine de vaisseau; des officiers de marine de différens grades en étaient les professeurs, dans les diverses branches de l'instruction. Une corvette à trois mâts, affectée à chaque vaisseau-école, toute disposée et appareillée, servait à mettre en pratique les théories nautiques acquises dans les salles d'étude du vaisseau-école. Sur ces corvettes, les élèves étaient tour à tour matelots et officiers, exécutant complétement le service scientifique et matériel de marin. Ils appareillaient leur corvette et exécutaient dans la rade toutes les manœuvres possibles en marine. Ils ont souvent eu pour thème de jeter la corvette à la côte et de la relever. Cette organisation fut la plus efficace pour le but proposé; et il est facile d'en apercevoir les nombreux avantages. Malheureusement elle n'a pas assez duré pour justifier, par des résultats, l'excellence de l'idée qui avait présidé à sa création. — La Restauration vint; les *écoles spéciales* furent supprimées; et un ministre courtisan, pour flatter le duc d'Angoulême, grand-amiral de France, eut la pensée de créer, sur le plateau d'Angoulême, chef-lieu de l'apanage princier du grand-amiral, une *école de marine* sous le titre de *Collége royal des élèves pour la marine !* Cette école de marine, huchée sur le sommet d'une montagne, à trente lieues de la mer, contre l'opinion des officiers supérieurs de l'arme, fut l'objet d'une juste critique; elle causait une dépense de 80,000 fr. au ministère de la marine, sans produire les résultats attendus. — Aujourd'hui on est revenu à l'adoption des vaisseaux-*écoles*, imités des *écoles spéciales* sous l'empire.

ÉCOUTE. s. f. C'est ainsi qu'on appelle le fort cordage qui retient la voile gonflée par le vent, en arrêtant ses coins inférieurs aux pointes des vergues ou à la muraille du vaisseau. Ce sont les *écoutes* qui servent à les tendre, à les border; quoique de fortes dimensions, ces cordages sont quelquefois insuffisans pour résister aux efforts qu'ils ont à supporter; il faut alors à cette écoute ajouter le concours d'un autre cordage qui prend le nom de *fausse écoute*. Toutes les voiles carrées ont deux écoutes; les voiles auriques ou *latines* (*voir* ce mot), celles qui ne servent que dans les allures où le bâtiment reçoit le vent par le côté, n'ont qu'une écoute pour retenir le seul point libre de ces voiles, comme la brigantine, les voiles d'étai, les focs, etc.; les bonnettes aussi n'ont qu'une écoute, l'autre coin retenu à l'extrémité du bout-dehors l'est par un cordage appelé amure.

ÉCOUTILLE. s. f. On donne ce nom aux ouvertures carrées, sorte de trappes pratiquées au milieu des ponts pour établir la communication avec les parties inférieures du navire; elles se correspondent de pont en pont pour faciliter l'entrée et la sortie des marchandises et des lourds fardeaux que recèle le bâtiment; le nombre des écoutilles est en raison de celui des ponts et du besoin des communications; elles ont des noms particuliers en rapport avec leurs dimensions et avec les parties du vaisseau où elles sont pratiquées : celle qui est percée au milieu du navire est la principale et s'appelle la *grande écoutille;* on la nomme aussi très-improprement le *grand panneau.* Un encadrement, en bois de chêne, solidement établi autour des *écoutilles*, s'oppose à l'écoulement par ces ouvertures de l'eau répandue sur les ponts. Aux *écoutilles* sont placées les *échelles* dont la description a été donnée. C'est ici l'occasion de rappeler un événement arrivé à bord de la frégate *la Forte.* Dans une croisière que cette frégate faisait sur la côte de Coromandel, l'équipage s'était procuré plusieurs de ces énormes buffles de la presqu'île de l'Inde pour servir à sa nourriture. Au moment où le boucher abattait l'un de ces gigantesques quadrupèdes, le coup mal asséné rendit l'animal si furieux, que, se débattant sous la douleur, il cassa la faible corde qui le retenait à une boucle du pont dans la batterie. Le monstre, rugissant de rage, s'élança à travers la foule des curieux venus pour assister au sacrifice, renversant, écrasant sous ses pieds, déchirant à coups de cornes les marins sur son passage. L'alarme fut grande; personne n'osait se présenter pour arrêter le terrible animal, qui, resté maître de la batterie, la parcourait dans tous les sens. Blessé de plusieurs coups de fusil, loin d'en être arrêté, sa colère semblait s'accroître. Ce fut un calier qui avisa un moyen qu'il eut le courage d'exécuter : profitant des instans où le buffle, dans sa capricieuse course, était au bout de la batterie, il plaça lui-même et sans ordre les caillebotis qui servent à fermer la grande écoutille, mais de telle manière qu'en figurant un plancher sur lequel le bœuf pouvait être attiré dans sa fugue, ils étaient en même temps des bascules perfides qui pouvaient produire l'effet qu'il en attendait. Cette attente ne tarda pas à se réaliser; le monstre, harcelé de toutes parts par les gens de l'équipage à l'abri de ses atteintes, fuyant de tous côtés, passa enfin sur les caillebotis mal affermis, et sa lourde chute dans la cale par l'*écoutille* termina cet étrange et malheureux événement; il se brisa sur le plancher de la cale. On eut à déplorer des blessures faites à plusieurs marins.

ÉCOUTILLON. s. m. C'est une écoutille de petites proportions, que l'on pourrait appeler dans un vaisseau des issues dérobées, moyens de communication particuliers à l'usage d'un service spécial, comme celui de la soute à poudre ou de l'archipompe. Les panneaux qui servent à fermer les écoutilles sont quelquefois percés d'un *écoutillon* pour le passage d'une seule personnne.

ÉCOUVILLON. s. m. Ustensile pour le service de l'artillerie. L'*écouvillon* sert à nettoyer le canon après qu'il a tiré; c'est un cylindre en bois fixé à l'extrémité d'un long manche; le cylindre, proportionné au calibre de la pièce, est entouré de peau de mouton dont le frottement enlève l'humidité laissée par la poudre après son explosion. L'extrémité du cylindre est armée d'une spirale en fer, en forme de tire-bourre, qui sert à arracher du fond de la pièce les culots de gargousses enflammés qui peuvent y rester après le coup parti.

ÉCUBIERS. s. m. pl. Ce mot s'emploie rarement au singulier. Les *écubiers* sont deux trous percés à l'avant d'un navire, se dirigeant, un peu inclinés, du pont vers la mer, et servant à livrer passage aux câbles ou aux chaînes qui s'attachent aux ancres. L'examen burlesque de l'avant d'un bâtiment pourrait faire considérer les *écubiers* comme étant les deux yeux et la guibre un nez retourné.

ÉCUEILS. s. m. pl. Ce sont tous les dangers qu'offre la mer aux navigateurs : rochers, brisans, récifs, bancs, hauts-fonds, etc. — On n'emploie guère le mot *écueil* au singulier, parce que la généralité de l'idée qu'il représente a pour chacune de ses variétés des noms particuliers qui laissent à celui-ci l'expression de l'idée générale.

ÉCUME. s. f. C'est cette mousse d'une éclatante blancheur, qui naît du choc des lames entre elles ou contre un corps solide. L'*écume*, qui d'abord couronne les vagues comme des panaches, retombe sur leurs flancs et les veine de mille accidens bizarres qui les font ressembler à du marbre. Quand un navire parcourt, sous la pression d'un grand vent, la surface encore unie de la mer, l'écume que produit le choc des lames contre sa carène s'étend au loin et couvre longtemps la mer de sa nappe éblouissante; l'agitation des lames finit par percer de plus en plus; en s'étendant, la couche de l'écume perd de son épaisseur et finit par se dissoudre dans l'eau bleuâtre qu'elle a couronnée quelques instans. Le soleil donnant sur l'écume de la mer au moment où elle vient de se former, lui donne un éclat fatigant pour la vue.

ÉCUMEUR. s. m. C'est ainsi qu'on appelait autrefois les navires et les hommes qui exploraient les mers pour y exercer la piraterie. *Écumeur de mer*, c'est-à-dire homme qui ramasse tout ce qu'il trouve à sa surface. — *Écumer*, c'était faire le métier de pirate.

ÉLANCEMENT. s. m. Certaine partie arbitraire de la construction d'un navire, qui consiste à rendre son avant aigu, à lui donner de la pente et de la saillie vers la mer qu'il va parcourir; cet *élancement* est pris en dehors de la longueur totale du navire considéré d'après sa *quille*. Un bâtiment de 100 pieds de quille peut paraître, à cause de son *élancement*, être long de 110 à 115 pieds. — Il n'y a aucune règle pour les proportions à donner à l'*élancement*; le constructeur est l'arbitre des mesures relatives qu'il donne à cette partie de son édifice. — L'*élancement* contribue à la grâce et à l'élégance d'un bâtiment, il lui donne un air coureur et impatient.

ÉLÈVE. s. m. C'est la nouvelle appellation du grade maritime qu'on désignait, il y a vingt ans, sous le titre d'aspirant (*voir* ce mot). — Les *élèves*, en changeant le titre de leur grade, ont conservé les attributions qu'ils avaient autrefois : ils sont toujours placés entre les officiers et les maîtres, pour les besoins du service. Les *élèves*, comme les aspirans, sont divisés en deux classes; ceux de première ont rang de sous-lieutenant des corps royaux. Il y a encore sur les bâtimens de l'Etat des *élèves* en chirurgie et en pharmacie, qui forment la pépinière nécessaire au service des hôpitaux.—Les *élèves* de marine avaient autrefois, sous le titre d'aspirans, l'égrillarde et bruyante réputation des pages de la cour, et leurs incroyables aventures ont laissé dans les souvenirs étouffés de beaucoup d'officiers supérieurs de notre époque des impressions qui doivent leur faire paraître fort grande la différence qui existe entre les aspirans d'autrefois et les *élèves* d'aujourd'hui. Les temps sont changés, comme on dit toujours, et, si l'on voyait sous l'empire (époque florissante des aspirans) des marins de ce grade à trente ou trente-cinq ans, aujourd'hui l'*élève* a de quinze à dix-huit ans; à vingt ans il est officier, et a titre pour commander un navire. L'école navale de Brest, d'où sortent rigoureusement aujourd'hui tous les *élèves*, ne les livre au service actif de la marine de l'Etat qu'à la suite de rigoureux examens; aujourd'hui presque tous les officiers du grade de lieutenant de vaisseau, quelques-uns d'un plus haut grade, et tous les lieutenans de frégate ont fait leurs études dans cette école navale ; l'éducation spéciale et artistique qu'ils y reçoivent a fait de la marine, depuis quelques années, un des corps les plus distingués de l'État.

ÉLINGUE. s. f. **ÉLINGUER.** v. a. Fort cordage de peu de longueur, dont les extrémités sont réunies par l'entrelacement de leurs cordons ; ce qui lui donne la forme d'un cordage double et sans bouts. L'*élingue* est employée à ceindre les fardeaux, et à offrir un moyen de prise pour y crocher les apparaux ou guindages, quand on veut enlever ces corps pesans, soit pour les embarquer dans le navire, soit pour les en sortir. Les *élingues* varient de forme selon l'espèce des fardeaux auxquels elles sont appliquées. Celle qu'on appelle *élingue à pattes* est pareillement un bout de fort cordage, long de deux brasses, dont les extrémités portent chacune un croc large et plat ; les *élingues* à pattes servent à hisser les barriques. L'action de se servir de l'*élingue* donne lieu au verbe *élinguer*. Il y a certaine adresse à bien *élinguer* un fardeau que l'on veut enlever : la difficulté consiste à passer par-dessous l'objet l'*élingue* qui doit l'envelopper de manière à ce que le centre de gravité ne se trouve ni à droite ni à gauche, et que l'objet soit bien équilibré ; ce premier succès obtenu, on est maître du poids que l'on veut mouvoir. Cette opération a fourni aux matelots la figure dont ils se servent souvent dans leur langage pour confirmer leurs récits : *Le diable m'élingue* (m'enlève) *si ce n'est pas vrai.*

ELME (Feu Saint-Elme). s. m. On appelle de ce nom une vapeur enflammée, un météore électrique dont la nature n'est pas encore bien expliquée. Ce petit phénomène atmosphérique a lieu dans les nuits orageuses, lorsqu'un nuage bas et fortement électrisé passe au-dessus d'un navire. Les bouts des mâts élevés, agissant comme autant de pointes, se chargent de la lueur électrique, qui suit les cordages, et se divise quelquefois pour se répandre sur les vergues, où elle stationne un moment et disparaît bientôt.

ÉLONGER. v. a. Ce verbe s'emploie dans plusieurs cas et dans un sens différent : *Élonger une terre*, c'est en suivre le rivage avec un navire sous voiles, pour en contourner d'assez près les abords. *Élonger* un cordage, c'est l'étendre de manière que plusieurs hommes rangés à la file puissent le saisir à la fois pour le tirer simultanément. *Élonger* une ancre, c'est recevoir dans une chaloupe une ancre et le câble qui y est attaché, et la porter à une certaine distance du navire, où, après avoir été jetée à la mer, elle sert à retenir le bâtiment au moyen de son câble.

ÉLONGIS. s. m. plur. Ce sont deux madriers en chêne, appliqués sur les faces latérales des bas mâts, à peu près au dixième de leur longueur,

à compter de la tête, et placés dans le sens de la longueur du bâtiment, où ils servent à supporter ce léger plancher que l'on voit comme premier étage dans l'appareil de mâture d'un navire. Les *élongis* sont assez espacés pour laisser un passage au mât qui se superpose sur les bas mâts ; ce sont eux qui supportent la clef sur laquelle s'appuient les mâts immédiatement placés au-dessus.

EMBARCADÈRE. s. m. (Voir *Débarcadère*.)

EMBARCATION. s. f. On comprend sous cette dénomination tous les canots ou bateaux à rames employés dans le service des ports, et qui servent aux navires pour le transport des hommes et des choses ; à cet effet, chaque bâtiment de guerre a son *jeu d'embarcation*. Il se compose, pour un vaisseau de ligne, de la *chaloupe*, du *grand canot*, du *canot major*, du canot du *commandant*, de la *yole du capitaine de frégate*, de la *poste aux choux*, et souvent d'autres petits canots légers pour le service particulier des officiers, et même des *maîtres*. — Quelquefois cette dénomination s'étend jusqu'à des barques pontées, à un ou deux mâts, mais d'une petite dimension.

EMBARDÉE. s. f. Pour un bâtiment à l'ancre, c'est un grand mouvement de gauche à droite et de droite à gauche qui écarte sa proue de la direction qu'elle devrait garder. Ce mouvement, causé par l'action irrégulière d'un courant sous la carène du navire, est tel, que le câble qui le retient ne s'étend plus dans le sens de la longueur du bâtiment, mais qu'il prend une direction de côté, sous un angle d'autant plus fermé, que l'*embardée* est plus grande, ce qui ne laisse pas de fatiguer les amarres, et d'ébranler l'ancre sur le fond. La violence des *embardées* oblige de les diminuer, en maîtrisant le navire à l'aide du gouvernail, ce qu'on appelle gouverner sur l'ancre. Pour un bâtiment sous voiles, les *embardées* sont aussi des mouvemens de la proue hors de la ligne qu'elle doit suivre, causés par les tourbillonnemens de l'eau qui heurtent irrégulièrement la carène. Ce vice d'un navire dépend des formes grossières et mal observées de ses œuvres vives à l'arrière ; c'est surtout quand le vent souffle directement en poupe, avec quelque force et grosse mer, que les bâtimens *embardeurs* font preuve de ce défaut capital. — Sous toute autre allure que le vent arrière, une *embardée* provient de l'inattention de l'homme qui tient le gouvernail.

EMBARDER. v. a. ou n. Faire des *embardées ;* on *embarde* avec intention quelquefois dans les ports et rades encombrés de navires, pour laisser passer un bâtiment, en s'écartant de lui, ce qui se fait aisément à l'aide du gouvernail, pour peu qu'il y ait un courant. — Un navire chassé par un ennemi supérieur, et sur le point d'être atteint, fait subitement une *embardée* pour lui présenter le côté, et le foudroyer d'une bordée, afin de rendre les coups plus sûrs. Il em-

barde en s'aidant des voiles et du gouvernail, de manière à se présenter sur la perpendiculaire de la route qu'il suivait d'abord. *Embarder* n'est, dans tous les cas, qu'un écartement momentané de la direction dans laquelle l'avant du navire doit se présenter.

EMBARGO. s. m. Sorte d'arrêt qui défend à tous les bâtimens réunis dans un port d'en sortir, de faire usage de la libre pratique; mesure que le gouvernement du pays prend pour divers motifs, soit qu'il ait l'intention de ne la rendre que provisoire dans l'attente de quelques événemens politiques qui lui rendront utiles les bâtimens qu'il arrête ou seulement les équipages, soit qu'il exerce cette arrestation sur ceux d'une nation avec laquelle il entre en guerre, soit enfin par représailles. On met *embargo*, on lève l'*embargo*. Cette mesure gouvernementale, par sa gravité, semble ne devoir admettre que des motifs respectables par leur importance; mais cela n'a pas toujours été dans les *embargo* imposés. Nous en connaissons un qui eut pour cause ridicule la colère d'un vieux commandant de port, joué par sa fringante maîtresse, et qu'il présuma s'être réfugiée sur l'un des bâtimens prêts à sortir de la rade. il décréta un *embargo* général, dont le terme était fixé à la découverte de la dame, qui fut cherchée longtemps et non retrouvée. Le pire de ce révoltant *embargo* fut que le mauvais temps survint pendant sa durée; les navires retenus firent des avaries; de là des retards, des préjudices, et les capitaines se virent forcés dans leurs comptes rendus d'attribuer leurs désastres à *force majeure!* On doit bien présumer que cet acte inqualifiable du mépris pour le droit des gens n'a pu être exercé que sous l'un de ces gouvernemens encore sans nom et sans responsabilité de l'Amérique du Sud, où la présomption et la sottise se partagent l'autorité.

EMBARQUEMENT. s. m. C'est la destination, par autorité légale, d'un marin, d'un militaire, ou d'un passager sur un navire quelconque. On reçoit un ordre d'*embarquement*, ou un permis d'*embarquement*.—C'est aussi la mise à bord d'un objet qui fait partie du matériel d'armement ou de la cargaison.—L'*embarquement* des personnes, c'est leur arrivée à bord d'un navire. — Le gouvernement ordonne l'*embarquement* des troupes sur les vaisseaux prêts à les recevoir pour une expédition. — L'action de l'*embarquement* fournit le verbe actif *embarquer;* c'est prendre, recevoir et loger dans un navire des personnes ou des objets. On dit aussi s'*embarquer;* c'est entrer dans un bâtiment pour faire le voyage. On s'*embarque* dans une embarcation pour se rendre à bord d'un bâtiment éloigné. Descendre d'un navire pour entrer dans un canot qui attend le long du bord, c'est s'*embarquer* dans le canot. Lorsqu'à bord d'un vaisseau on veut faire disposer un canot, on *embarque les canotiers du commandant!* ou em-

barque les chaloupiers! Dans le mauvais temps, lorsque les lames soulevées par le vent se brisent contre le navire et jaillissent à bord, on dit alors : *le navire embarque beaucoup d'eau.* On dit au timonier qui tient le gouvernail : faites attention, ne laissez pas *embarquer* la mer.

EMBAUCHÉE. s. f. Terme employé dans les arsenaux et dans les ateliers de la marine; c'est le moment où les ouvriers, après leurs repas du matin et du midi, reprennent leurs travaux.

EMBELLE. s. f. (*vieux.*) C'était ainsi qu'on nommait la partie d'un bâtiment comprise entre les deux *gaillards* (*voir* ce mot), dégarnie de muraille ou de parapet, et garantie simplement par un bastingage supporté par des chandeliers en fer à hauteur d'appui. Ce bastingage pouvait se démonter pour faciliter l'embarquement des canots et chaloupes. Nos navires de guerre n'ont plus *d'embelle*, matériellement parlant. La muraille du pont supérieur étant continuée autour du bâtiment, cette partie en conserve seulement le nom; dans quelques navires du commerce, le pavois en planche qui garnit l'*embelle* s'enlève pour faciliter l'embarquement et le débarquement des marchandises.— Pointer *en belle*, corruption de *à l'embelle*, c'est diriger l'artillerie sur le milieu du vaisseau ennemi, au lieu de pointer en avant ou en arrière, et quand les deux combattans sont bien par le travers l'un de l'autre, la pièce qu'on pointe *en belle* est droite au milieu du sabord.

EMBELLIE. s. f. Changement favorable du temps; dispersion des nuages sombres qui surchargeaient l'atmosphère; modération du vent, qui laisse tomber la mer. L'*embellie* n'est souvent qu'un amendement passager du mauvais temps qui tourmente un navire, mais que l'on s'empresse de mettre à profit pour une manœuvre à exécuter, et ajournée par la gravité de la tempête, ou pour opérer quelque changement, réparer une avarie, etc...; le capitaine et les officiers ordonnent, les matelots agissent et s'encouragent: *profitons de l'embellie, disent-ils, ça pourrait ne pas durer.*

EMBOSSAGE. s. m. Position d'un ou plusieurs navires de guerre à l'ancre qui, par une disposition des câbles et d'autres amarres, peuvent être manœuvrés à volonté, pour tourner sur place et présenter leur artillerie à un point de la terre qu'il faut canonner ou à des bâtimens ennemis qui viennent les attaquer.

EMBOSSER. v. a. C'est l'action de faire l'*embossage*. Le vaisseau étant retenu par son câble, l'ancre devient le pivot sur lequel le vaisseau peut se mouvoir à l'aide d'un autre cordage qui, fixé au dehors au moyen d'une ancre légère ou à tout autre, et même sur le câble ou l'anneau de la première ancre, est ensuite abraqué pour faire tourner le vaisseau, en faisant puissance sur l'arrière. Ce cordage s'appelle *croupière* ou *croupiat*. C'est lorsqu'il s'agit de présenter le côté à un fort pour le canonner, ou à l'entrée d'une rade pour la défendre, que l'on *embosse* un navire. Une armée mouillée sur une rade foraine où elle peut être attaquée, se forme en ligne *d'embossage;* cette ligne, selon les localités ou les présomptions d'une attaque, est droite ou courbée, ou l'*embossage* se fait sur deux lignes par endentement des vaisseaux.

EMBOSSURE. s. f. Lorsque, dans un embossage, il manque de point fixe pour amarrer la croupière, ce cordage est alors attaché sur le câble qui retient le bâtiment, et c'est le moyen employé et le genre de nœud qui fixe la croupière sur le câble, qu'on appelle *embossure*. Mouiller en faisant *embossure,* c'est jeter l'anneau après y avoir fixé le cordage qui doit servir de croupière.

EMBRAQUER. v. a. (Voir *Abraquer*.)

ÉMÉRILLON. s. m. Croc en fer ajouté à une chaîne, qui sert à prendre les requins. Ce croc est terminé à sa tête par un petit boulon qui le retient, sans le serrer, dans une maille de la chaîne, de façon qu'il tourne aisément sans imprimer à sa chaîne le mouvement qu'il reçoit. — Ce nom *d'émérillon* a été donné par euphonie au croc, qui n'est autre chose qu'un grand hameçon, à cause de cette faculté qu'il a de tourner ainsi sur sa chaîne, sans lui imprimer de torsion, et l'*émérillon* n'est autre que la combinaison qui facilite ce jeu de l'instrument. — On appelle *poulie à émérillon* la poulie dont le croc qui la retient comme point fixe permet à la poulie ellemême de pivoter, afin de défaire les tours qui se trouvent dans les cordages auxquels ses clans livrent passage.

EMMÉNAGEMENT. s. m. C'est la distribution intérieure des chambres, cabanes, soutes, magasins, etc., d'un navire. On dit des *emménagemens* bien ou mal combinés.

EMPANNER. v. a. Mettre en *panne*. (Voir *Panne*.)

EMPLANTURE. s. f. C'est une sorte d'encaissement construit sur la carlingue du navire, pour recevoir le pied de ses mâts. — Dans une embarcation, l'*emplanture* est quelquefois creusée dans la carlingue, ou formée de tasseaux en bois, dont la réunion ménage dans son centre un carré où s'emboîte le mât aminci à sa base.

EMPOINTURE. s. f. C'est le coin supérieur d'une voile entre les côtés qui s'abaissent, et celle de ses faces qui s'étend horizontalement contre la vergue. — Lorsque la violence du vent contraint un bâtiment à rétrécir la surface de ses voiles, c'est à dire *à prendre des ris* (voir *Ris*), il y a un travail de matelot qui s'opère à l'*empointure*, et par conséquent au bout de la vergue, lequel travail consiste à bien arrêter les portions de toile repliées par couches sur cette vergue; cette opé-

ration, qui est le travail d'un marin expérimenté, s'appelle *prendre une empointure*. C'est un poste que briguent les matelots vaillans et courageux, car, à part les connaissances spéciales qu'exige la bonne exécution de l'*empointure*, la position du marin qui l'opère n'est pas exempte de danger, puisqu'il se trouve placé tout à fait en dehors et à l'extrémité d'une vergue vacillante, ayant fort à faire de ses deux mains pour son travail, et se retenant dans sa position difficile à l'aide de ses coudes, qui étreignent la vergue contre son estomac.

EN BELLE. adv. C'est, comme il a été dit plus haut, une corruption de *embelle*. On dit aussi qu'une ancre appelle *en belle*, lorsque le bâtiment est bien dans sa direction sur la longueur du câble, et qu'on ne fait pas d'embardées.

ENCABLURE. s. f. C'est la longueur d'un câble fixée à 120 brasses, mesure adoptée pour la plupart des cordages. L'encâblure elle-même est employée comme unité de mesure dans certains cas de marine, surtout en escadre. On s'en sert pour exprimer les distances entre les vaisseaux et les colonnes. La brasse était de 5 pieds, l'*encâblure* est exactement de 100 toises.

EN COCHE. adv. Ce mot s'emploie comme expression de la plus grande élévation qui peut être donnée à une vergue et à la voile qu'elle porte, d'après les dispositions de l'appareil de cordages et de poulies qui servent à lui transmettre son mouvement ascensionnel : on dit des *huniers* (voir ce mot), qu'ils sont *en coche*, quand ils sont hissés de manière que la vergue touche la poulie dans laquelle roule le cordage qui a servi à l'élever jusqu'à ce terme.

ENCONTRE (à l'). adv. Synonyme d'opposé, à rebours; se dit de deux bâtimens sous voile qui courent en sens inverses et parallèles ; ils ont les amures à l'encontre l'un de l'autre ; cette circonstance suppose que chacun est frappé par un vent de côté qui leur est également profitable.

L'*encontre* a lieu également, quoique les routes parcourues par les deux navires ne soient pas parallèles; mais alors elles se coupent sous un angle très-ouvert.

ENFANT TROUVÉ. s. m. C'est ainsi que l'on qualifie tout individu qui, ne faisant pas partie de l'équipage d'un navire, est trouvé à bord après le départ. Cet intrus, à qui il a été facile de se glisser sourdement dans le bâtiment (si d'ailleurs il n'a été assisté par quelqu'un de l'équipage), se tient caché dans quelque coin du vaisseau, jusqu'à ce que le grand éloignement de la terre ne lui laisse plus craindre qu'on puisse l'y déposer. C'est ordinairement le second jour après avoir pris le large que cet hôte imprévu se montre, pressé par le mal de mer, ou par le besoin de nourriture. L'apparition soudaine de ce nouveau visage cause de la surprise ; le premier mouvement du capitaine est un grand désappointement. Cet excédant de personnel sur son bord contrarie ses vues d'économie, car c'est presque toujours sur un bâtiment du commerce que le fait a lieu; c'est d'ailleurs un émigrant illégal que recèle son navire, et plus tard il sera l'objet d'investigations policières. Le fugitif ne manque pas de raisons pour se faire pardonner sa présence; mais elles sont rarement acceptées favorablement. Cependant, que faire? La terre est loin, le navire est libéré du dangereux voisinage de la côte; il file bien, le temps est favorable; le capitaine se résigne à garder à bord ce passager intrus, à le nourrir et à tâcher de l'utiliser pour compenser la dépense qu'il va occasionner. On l'inscrit sur le rôle sous le nom d'*enfant trouvé*, on oublie son escapade, c'est ce qu'il y a de mieux à faire.

ENFILADE. s. f. Bordée d'artillerie reçue dans le sens de la longueur du navire; bordée terrible, si elle est reçue en poupe : cette partie du bâtiment n'étant garantie que par de frêles croisées, les projectiles lancés en masse ne rencontrent aucune résistance pour parcourir l'intérieur du navire et tourbillonner dans la foule compacte des combattans répandus sur les ponts. Une moisson de morts qui tombent d'un seul coup, les canons renversés, les affûts brisés, une large brèche dans l'arrière du navire, l'écroulement de la mâture, tels sont les effets ordinaire d'une *enfilade*.

ENFILER. v. a. Donner l'enfilade à un navire ennemi que l'on combat, lui tirer des bordées, ou le canonner en enfilade. On a vu au mot *Enfilade* le désastre terrible qu'en éprouve un bâtiment. Deux navires qui combattent doivent donc s'étudier chacun à *enfiler* son adversaire, et éviter d'être *enfilé*, non-seulement parce que l'enfilade réduit promptement celui qui se laisse surprendre, mais parce que les positions respectives des combattans dans ce moment sont telles, que tout en écrasant son ennemi, l'*enfileur* n'en reçoit aucun mal. En bonne chevalerie, *enfiler* son adversaire ne serait pas généreux; car c'est l'attaquer par derrière, c'est le tuer sans lui laisser la possibilité de se défendre. Mais les marins ne sont pas scrupuleux sur un mode d'attaque qui ne peut être obtenu que par le déploiement de tout ce que la science, le sang-froid et le coup d'œil d'un officier de marine a de plus parfait; la difficulté de l'obtenir est assez compliquée pour qu'un officier en recherche le mérite. *Enfiler* un navire est un cas très-rare, l'attention d'un commandant étant plutôt portée à éviter l'enfilade qu'à la donner.

ENFLÉCHURE. s. m. On nomme ainsi les échelons en menu cordage que l'on voit fixés transversalement sur les grosses cordes dormantes qui descendent de la tête des mâts pour les maintenir de chaque côté du vaisseau (voir *Haubans*). C'est sur ces échelons, quelque peu vacillans, que les matelots s'élancent et semblent courir leste-

ment pour monter sur les mâts et y accomplir un travail pressant. Faire les *enfléchures* se dit *enflécher*.

ENGAGEMENT. s. m. C'est un combat de peu de durée que ne suit pas la prise ou la ruine de l'un des deux adversaires. —C'est, dans la marine du commerce, la convention qui engage le marin envers le capitaine ou l'armateur, pour un voyage à accomplir sous des conditions stipulées.

ENGAGER. v. a. et n. *Engager* une action, la commencer. — C'est aussi enrôler des marins, pour les faire naviguer sur les bâtimens de l'Etat ou du commerce. — Autrefois ceux qui, sans avoir les moyens de payer leur passage, voulaient aller à Saint-Domingue, obtenaient du gouvernement la facilité d'y parvenir, en *s'engageant* pour trois mois de service. — On dit : un navire *engagé* dans des écueils, lorsqu'il se trouve au milieu d'eux. On dit aussi *engagé*, d'un bâtiment qui incline de manière à faire craindre qu'il ne chavire, et qui souvent ne peut être redressé que par le sacrifice d'une partie de sa mâture.

ENSEIGNE. s. m. C'était, il y a peu d'années encore, le titre du grade le plus subalterne des officiers de marine; on a changé ce titre en celui de lieutenant de frégate; il équivaut au grade de lieutenant en premier du service de terre. C'est l'échelon immédiat entre l'élève de première classe et le lieutenant de vaisseau. — C'est avec le titre d'enseigne de vaisseau (aujourd'hui lieutenant de frégate) que les capitaines au long cours entrent dans le corps royal de la marine, lorsqu'ils y sont appelés par le besoin du service. — On nommait autrefois *gaule d'enseigne* un petit mât placé à l'arrière du navire, et qui servait à déployer le pavillon national.

ENTALINGUER. v. a. On dit plus ordinairement *étalinguer*. Ce mot exprime l'action d'attacher un câble, ou un cordage de proportions plus réduites, sur une ancre. Le nœud de forme particulière que le câble fait dans l'anneau de l'ancre, et le volume qu'il occupe, s'appelle *entalingure*. Tant que les bâtimens sont retenus en mer par la longueur de la traversée, les câbles, devenus inutiles, sont pour leur conservation ramassés, lovés en lieu sûr; ce n'est qu'en approchant du port où ils doivent s'arrêter que l'on *entalingue* les câbles.

EN TRAVERS. adv. Position d'un navire qui présente le côté à un autre objet qui sert de comparaison. On dit d'un bâtiment, qu'il est *en travers* au courant, au vent, c'est-à-dire qu'il se présente de côté aux directions que suit le courant, ou le vent, en le croisant. On dit, par analogie, tomber *en travers* sur un bâtiment, ou sur une roche, ou enfin à la côte. On dit aussi, d'un bâtiment sous voile, *mettre en travers;* c'est, à l'aide du gouvernail et de certaines combinaisons des voiles, amener le navire à présenter le travers au vent : cette expression ne veut pas dire seulement qu'il reçoit le vent par le côté, mais que, dans cette position, l'action neutralisée des voiles le tient immobile. (Voir *Panne.*)

ENTRAVERSER (s'). v. a. Action de présenter le côté d'un bâtiment de guerre, son travers, comme on dit, à une batterie à terre, ou à un point de la côte, ou enfin à des navires que l'on veut canonner. Opération qui s'exécute au moyen de l'embossage (*voir* ce mot). S'*entraverser* est la fin d'une opération dont l'embossage est le moyen indispensable.

ENTRÉE. s. f. Les marins expriment par ce mot l'espace compris entre deux points d'un rivage qui détermine l'ouverture d'un passage, d'un port, d'une rade, etc. C'est devant une *entrée* difficile par les accidens de localité que les grands bâtimens s'arrêtent pour appeler et attendre les pilotes pratiques, qui seuls savent les guider dans ces dangereux passages. On dit aussi l'*entrée en rade d'un bâtiment;* c'est le synonyme de l'arrivée après un voyage.

ENTREPONT. s. m. Dans les bâtimens qui n'ont que deux ponts ou tillacs (*voir* ce mot), on appelle *entrepont* l'intervalle qui les sépare; mais dans les frégates et vaisseaux au-dessus, ce nom n'est applicable qu'à l'espace qui sépare le pont le plus inférieur de la batterie qui se trouve au-dessus; ainsi l'*entrepont* est l'étage inférieur dans un grand navire. L'élévation perpendiculaire des *entreponts* varie de 5 à 6 pieds, selon les dimensions des bâtimens. L'*entrepont* comprend une infinité de dispositions qui se rapportent à l'économie intérieure du bâtiment; des chambres, des enclos, la pharmacie s'y trouvent; autrefois le four y était construit; une partie de l'équipage y couche dans les hamacs; les cambusiers y distribuent les rations de comestibles. Dans les vaisseaux, on appelle communément *entrepont*, l'espace compris entre la batterie basse et celle immédiatement au-dessus.

ENVERGUER. v. a. Attacher les voiles aux barres de bois transversales auxquelles elles sont suspendues. Le bord supérieur de la voile est disposé à cet effet, plusieurs œillets également espacés reçoivent un menu cordage qui, enveloppant la vergue de plusieurs tours, l'unit à la voile. — Les voiles à drailles s'enverguent sur leurs drailles, au moyen de bagues assez libres pour que celles-ci puissent rapidement se détendre ou se replier le long de ce cordage incliné. L'on *envergue* les voiles aux approches du départ; cette opération est le signe infaillible de l'appareillage prochain d'un bâtiment. Une voile enverguée est prête à être livrée au vent. Dans les temps de calme complet, lorsque les pavillons de signaux ne peuvent se déployer, on les *envergue* sur des gaules, et on les arbore ainsi sous la forme de bannières, afin qu'ils soient mieux aperçus par les bâtimens d'une escadre.

ENVERGURE. s. f. C'est le développement d'une voile dans la partie qui touche à la vergue; on dit d'un bâtiment, qu'il a beaucoup ou peu d'*envergure,* selon que ses voiles présentent plus ou moins de largeur ou de surface à leur partie supérieure. Ce mot, emprunté à la marine, est appliqué aux oiseaux pour exprimer l'extension des ailes d'une pointe à l'autre.

ENVOYER. v. a. Expression dont se sert l'officier qui commande sur un navire, pour dire aux canonniers de tirer sur l'ennemi, de faire feu de leurs canons. Le commandant ordonne d'abord à ses artilleurs de se tenir prêts, de bien pointer, *d'être parés,* selon l'expression technique, tandis qu'il fait approcher le navire, et cherche une position qui rende sa bordée plus meurtrière; quand il l'a trouvée, il commande : *envoyez!* c'est dans ce cas le synonyme de *feu!* — On le dit aussi au moment de commencer une évolution très-fréquente sur un navire à la voile, virer de bord. (*Voir* ce mot.) Lorsque tout est disposé pour cette manœuvre importante, qui doit se commencer par un changement de position du gouvernail, le timonier qui le dirige attend l'ordre de pousser la barre; cet ordre lui est donné par le mot *envoyez!* qui remplace chaque jour plus généralement l'ancien commandement : *à Dieu va!*

EN VRAGUE. adv. On dit embarquer ou charger *en vrague,* c'est mettre dans le navire, sans précaution, sans arrangement, sans arrimage enfin, tous les objets dont on l'emplit; ces objets sont jetés *en vrague,* sans ordre, à la hâte, provisoirement, sauf à leur donner plus tard une disposition mieux ordonnée.

ÉPARS. s. m. Nom que les marins donnent, dans la région intertropicale, à de petits éclairs très-fréquens, qui brillent à l'horizon sans trop se suivre et sans coups de tonnerre; souvent même le temps est beau avec les *épars.*

ÉPATÉ. part. Se dit des gros cordages dormans, qui maintiennent les mâts de chaque côté du vaisseau : ce mot exprime leur écartement du pied du mât qu'ils assujettissent. Cet écartement est en raison de la largeur de bâtiment, ou de la moindre longueur du mât; plus ces cordages sont *épatés,* plus le mât s'en trouve consolidé. L'*épatement* est la quantité dont l'un de ces cordages est *épaté.*

ÉPAULE. s. f. Terme d'architecture navale; c'est le renflement ménagé dans la partie extérieure d'un bâtiment, à l'avant, et sous le bossoir; cette rondeur gracieuse, qui se développe entre la flottaison et le haut du navire. Un bâtiment convenablement *épaulé* n'est pas canard; cette forme saillante est un point de résistance contre l'immersion de sa masse dans le fluide.

ÉPAVE. s. f. C'est tout ce qui tient de la destruction et que porte la mer, débris de navire ou d'embarcations, marchandises, mâture, poissons morts, etc. (Voir *Bris.*)

ÉPERON. s. m. Sur les galères des anciens, on

appelait ainsi un madrier ou épieu saillant à l'avant du navire, et au ras de l'eau ; son extrémité, terminée en tête d'oiseau, de bélier ou de poisson, était armée de fortes pointes en fer, dont le contact ne manquait pas de percer et pénétrer dans le corps d'un bâtiment qui en était frappé avec la vitesse acquise de la galère qui s'en servait. Sur les galères romaines on nommait cet éperon *rostrum*. La construction des bâtimens modernes ne comportait plus d'éperon de cette forme ; mais une pièce de charpente, sans ressemblance avec cet éperon, en avait conservé le nom traditionnel. Les nouveaux progrès en construction, et la perfection de forme donnée à l'avant des navires, laissent à peine soupçonner l'emplacement de l'*éperon*, surtout depuis que les murailles de coltis et leurs lourdes portes ont disparu.

ÉPISSOIR, s. m. **ÉPISSER** v. a. **ÉPISSURE**. s. f. L'épissoir est un instrument de matelotage en fer, ayant la forme d'une corne de bœuf légèrement courbée et pointu par un bout, tandis que l'autre se termine en marteau. L'*épissoir* n'a pas de grandeur arrêtée ; il varie de dimension suivant les travaux auxquels il doit être employé. Son usage général est de s'introduire par son bout effilé entre les torons d'un cordage et de pratiquer un jour entre eux en les séparant lorsqu'on veut faire une *épissure*. — L'*épissure* est la jonction opérée entre deux bouts de cordage d'égale grosseur, en décordant les torons commis ensemble, et en entrelaçant ceux d'un des bouts avec ceux de l'autre, de façon à ce que la réunion soit solide et propre sans offrir tout le volume d'un nœud ordinaire. L'*épissure* est le premier chapitre de la capacité du matelot. Pour exprimer l'inhabileté d'un marin, les matelots disent *qu'il n'est pas bon à faire une épissure.* —*Épisser*, c'est faire une *épissure*.

ÉPONTILLE. s. f. Les *épontilles* sont des colonnes en fer ou en bois qu'on place verticalement sous les ponts pour aider à la solidité de la construction.

ÉQUATEUR. s. m. C'est un grand cercle dont le plan est perpendiculaire à l'axe de la terre. Les deux parties de la surface du globe, limitées par l'*équateur*, étant égales, ont valu à ce cercle le nom d'*équateur*. On sait que chacune de ces parties s'appelle hémisphère. Nous ne croyons pas devoir nous étendre davantage sur ce mot, pris dans son acception géographique ; nous aurons occasion de le traiter dans un sens plus maritime, et plus conforme au plan de cet ouvrage. (Voir le mot *Ligne équinoxiale*.)

ÉQUIPAGE. s. m. C'est, sur un navire, l'ensemble des individus nécessaires pour le faire naviguer, le conserver et le défendre. Les travaux qui sont l'expression de ces nécessités étant nombreux et de différentes natures, l'*équipage* doit être composé d'hommes dont les capacités physi-

ques et intellectuelles offrent pour chaque spécialité une aptitude caractérisée. Ainsi, le capitaine et les officiers sont pour la partie intelligente, les méditations, les prévisions d'ordre et d'économie, qui exigent de hautes connaissances et les secrets de la science ; les médecins et chirurgiens, pour présider à la santé des hommes ; les charpentiers, les calfats, pour l'entretien de la coque du navire ; les cambusiers, pour le soin et la distribution des provisions de bouche ; enfin les matelots, pour le travail de peine, auquel chacun contribue suivant sa force et son courage, pour le salut et la défense du navire et de tout ce qu'il renferme. Tous ces individus (à bord des navires de l'État principalement) sont, dans chaque spécialité, répartis en quantités appropriées aux besoins du service, et mis en nombre sur chaque navire selon des règlemens établis par l'expérience. Pour les navires de guerre, le nombre des canons est le point de départ de la composition des *équipages*. Celui d'un vaisseau de 74 canons est à raison de dix hommes par canon, ce qui fait sept cent quarante hommes. Des modifications apportées dans la forme des canons ont réduit ce nombre à sept cents. Pour les navires du commerce, on se guide sur le nombre de tonneaux, en prenant pour point de comparaison dix hommes pour 100 tonneaux, et quinze hommes pour 200. Les bâtimens de commerce français portent des équipages plus nombreux, comparés aux Anglais et aux Américains ; en voici les raisons : premièrement, sous le rapport matériel, nos rivaux sont plus heureusement munis de toutes ces machines de force en fer, dont les puissans mécanismes suppléent, dans les opérations de résistance, aux bras que nous sommes forcés d'employer dans l'absence de pareils moyens. Sous le rapport moral, les Américains et les Anglais, riches en matelots, ne craignent pas, à la suite d'un voyage, de voir leurs équipages requis pour le service du gouvernement, et cette sécurité leur permet de contracter avec leurs équipages des engagemens de longue durée, pendant lesquels les matelots, devenant créanciers du navire, sont intéressés à ne jamais le déserter. — On dit que l'on fait son *équipage*, lorsqu'on rassemble les hommes qui doivent le composer. — Un *équipage* est bon ou mauvais, il est faible ou il est fort, selon le nombre et les capacités des individus. — Le rôle d'*équipage* est le registre où chacun est inscrit selon sa qualité à bord ; les soldes y sont indiquées ; cette pièce est délivrée par le commissaire des classes, au port d'armement. — Sous l'empire on créa les *équipages de haut bord et de flottille ;* belle institution, n'eût été la confusion de sa comptabilité. Ils furent abolis en 1814. — Depuis on a créé les *équipages de ligne,* organisés par compagnies formées des hommes de la conscription, et affectés au service de la marine de l'État pendant huit ans. Le temps n'est pas encore venu de décider du bon ou mauvais effet de cette institution ; disons pourtant qu'elle rencontre généralement peu d'approbateurs.

Ce mot *équipage* nous rappelle une anecdote dont un vieux capitaine de Boulogne-sur-Mer (lequel, croyons-nous, vit encore) a fourni au commencement de la paix les singuliers élémens. Ce digne marin était propriétaire d'un petit navire avec lequel il faisait le cabotage d'un port à l'autre de la Manche. Il partait de Boulogne et s'en allait au Havre. Là, son chargement mis à terre, s'il ne trouvait pas immédiatement du fret pour un autre port, il désarmait son bateau, congédiait son équipage, engagé sous ces conditions résiliatoires, et attendait que quelqu'un lui donnât des marchandises à porter sur un autre point. Après avoir tant bien que mal fait pendant plusieurs années ce petit commerce, le vieux marin se vit tout à coup arrêté dans sa carrière par un obstacle inattendu. Les minces bénéfices de sa navigation le contraignaient à faire les plus grandes économies, et celles-ci portaient principalement sur la nourriture qu'il donnait à ses hommes. Mais la ladrerie du vieux patron était peu à peu devenue telle, que bientôt pas un marin ne voulut s'embarquer avec lui, et qu'il ne put absolument plus se former un *équipage*. Un jour, désespéré de ce contre-temps apporté dans l'accomplissement de sa carrière, il se promenait tristement sur le quai, regardant d'un air plein de soupirs son bateau qui, le ventre vide, se dandinait paresseusement sur l'eau du bassin où le retenaient depuis plusieurs mois ses amarres. Tout à coup, un groupe de matelots promeneurs s'offre à lui ; le vieux veut essayer un nouvel assaut : « Eh bien ! mes garçons, leur dit-il, vous restez à terre comme des armateurs ; vous ne voulez donc plus naviguer, vous autres ? — Mais si, capitaine ***, répondit un des marins ; mais je ne trouvons pas d'embarquement. — Comment, mes enfans, vous ne trouvez pas de navires ! des gaillards comme vous ! Mais *l'Abricotine* est là ; j'ai un fret tout paré en magasin, mes garçons, et si vous voulez, dans trois jours nous partons ! — Oh ! capitaine ***, reprit un autre, je préférons rester à terre que d'aller avec vous, voyez-vous ; c'est pas que vous soyez un méchant homme, bien du contraire ! Mais tenez, vous le savez bien, vous avez une fichue réputation de mal nourrir votre monde, et de rendre des hommes dodus tout comme des harengs saurs…. Voilà pourquoi que personne ne veut s'embarquer avec vous, et que j' préférons rester à terre que mettre notre sac sur *l'Abricotine*. — Comment, comment, mes colibris, reprit le vieux congre avec l'air du plus profond étonnement, on dit ça de moi ? Est-il possible, Seigneur Dieu, qu'on m'ait fait une semblable réputation ! Écoutez, mes matelots, et vous allez répondre à mes questions : Est-ce que pour se rincer l'œil et la langue en se levant le matin, un bon coup de genièvre, ça n'est pas bon ? — Oui,

répondirent les marins en chœur. — Bien. Est-ce que, pour déjeuner, du pain frais, du beurre avec une moque de thé bien sucré et le coup de croc, ça n'est pas bon ? — Oui, capitaine. — Bien. Est-ce que, pour dîner, une bonne soupe grasse avec des légumes *plenty* et du biscuit pilé, et puis du bœuf frais, un plat de pommes de terre au gros sel et un bon verre de vin, toujours avec du pain frais, ça n'est pas bon ? — Oui, capitaine ***. — Bien. Est-ce que, pour souper, une bonne ratatouille de bœuf ou de mouton avec des navets ou des pommes de terre, du pain à discrétion et la goutte, ça n'est pas bon ? dites, mes équitables matelots ? — Oui, oui, M. le commandant ***. — Eh bien ! donc, mes garçons, qu'est-ce que vous pourriez demander de plus que cela ! Si tout ça n'est pas bon, ma foi allez à l'hôtel des Trois-Moineaux, car les Anglais qui y entrent comme des gaffes en sortent leur ventre sur une brouette…. — Eh bien ! puisque c'est comme ça, capitaine, j'embarquons sur *l'Abricotine* ; nous v'là tous les cinq et un mousse. — Tope, mes enfans ! »

Ils partirent.

Une fois en mer, le capitaine *** donna à son *équipage* du vieux bœuf salé de 1819, de la morue qui avait manqué la prime à la Martinique, du biscuit dont les vers avaient assez, et de la petite bière aigre, tout cela pesé, rationné, mesuré au dernier point.

La fureur de l'*équipage* ne fut supportable que par l'espoir de la prompte vengeance dont les matelots espérèrent jouir bientôt, en amenant le capitaine, qui s'était ainsi moqué d'eux, pardevant le commissaire de marine du port où l'on se rendait, afin d'en obtenir bonne justice avec dommages et intérêts.

Ces menaces n'émurent en rien le vieux marin. — On gagna enfin le port.

Cité devant l'autorité maritime, voici comment se défendit le capitaine *** :

« J'ai demandé à ces gens si ceci, cela était bon, n'est-ce pas vrai, vous autres ? — Précisément, s'écrièrent les plaignans. — Bien ! reprit le capitaine ; ils m'ont répondu que c'était très-bon, et qu'ils ne demanderaient jamais meilleure nourriture, quand bien même ils deviendraient dey d'Alger. Mais, mon commissaire, en leur demandant si c'était bon, c'était une question que je leur faisais par forme de passe-temps, et pour voir s'ils avaient des gosiers délicats ;… mais je ne leur ai pas dit que je le leur donnerais !!!… »

Les matelots furent forcés d'avouer que la conversation avait eu lieu ainsi, et le commissaire de marine dut renvoyer plaignans et prévenu dos à dos.

ÉQUIPEMENT. s. m. ÉQUIPER. v. a. L'application du premier mot résume, en marine, tout ce qui est nécessaire à un bâtiment de guerre ou de commerce, pour sa navigation, sa sûreté et sa défense ; hommes, agrès, apparaux, vivres, munitions, armes, ustensiles. Ces objets, mis à bord en quantité et qualités convenables, constituent l'*équipement* d'un navire, d'une division, d'une escadre, etc. L'action de procéder à l'*équipement* donne le verbe *équiper*; celui-ci peut se traduire par armer (*voir* ce mot). C'est fournir un bâtiment de tout son personnel et matériel d'armement; opération immense par le soin et l'activité que réclame la réunion complète des myriades d'objets de toutes sortes et de toutes dimensions, qui vont bientôt se ranger avec ordre dans le navire; opération durant laquelle l'attention qui préside à la partie matérielle se croise avec les prévisions de la prudence; opération, enfin, dans laquelle le moindre oubli n'a pas de lendemain qui le répare.

On cite encore dans la marine, comme un tour de force en ce genre, l'équipement du vaisseau *la Convention* au port de Brest, en 1798. L'ordre d'*équiper* ce vaisseau fut transmis télégraphiquement aux autorités du port, avec l'avis que ce 74 devait se joindre à l'escadre déjà sur rade, et retardée dans son départ par le vent contraire. C'était prescrire la plus grande célérité dans l'*équipement* de ce navire. Il fut pris au fond du port, où il flottait amarré le long d'un ponton, isolé, vide et complétement démâté; tout était à faire. Aussitôt les ordres sont transmis, tout ce qui donne la vie à un grand port est dirigé à l'exécution de cet *équipement*, et dans trente heures le vaisseau *la Convention* joignait son pavillon à ceux des autres vaisseaux, parmi lesquels il prenait rang.

ÉQUIPET. s. m. Petite étagère faite d'une planchette dont le bord est garanti par une tringle de bois mince, et qu'on établit dans les couchettes et dans les chambres de bord. Les *équipets* servent à serrer les objets d'un usage journalier; ils servent aussi de rayons pour y ranger des livres. Sur les bâtimens du commerce, les matelots les multiplient dans leur cabane; c'est le complément confortable de cette couchette qu'ils aiment comme leur *chez eux* exclusif. L'*équipet* du matelot recèle sa pipe, sa cuiller de bois, sa pommelle de voilier, son cabillot de sonde, et quelques vieilles nippes de laine en permanence de service.

ERRE. s. f. (Voir *Aire.*)

ERSE. s. f. Cordage de forte proportion, de peu de longueur, dont les extrémités sont réunies pour lui donner la forme d'une bague ou corde sans fin. C'est l'élingue à quelque différence près. L'*erse* est un travail de matelot. Les plus ordinaires sont faites avec un fil de caret d'une grande longueur; ce fil est replié en faisceau par de nombreux tours; un écheveau de fil entier rappelle la disposition des brins de fils dans la confection d'une *erse*. Quand les tours sont assez nombreux pour donner au faisceau une force suffisante, les fils sont maintenus dans cette position sans torsion, et seulement avec le

fil lui-même, disposé à propos. L'*erse*, comme l'élingue, sert à soulever de lourds fardeaux.

ERSEAU ou **HERSIAU.** s. m. Petite erse, plus faible, faite d'un cordon retiré d'un cordage qui a subi la torsion. Le cordon extrait, ayant conservé l'empreinte du commettage de son premier état, est recordé sur lui-même de manière à reformer la corde, mais sous la forme de bague ou anneau de cinq pouces de diamètre. Il sert à maintenir les avirons contre la cheville de bois ou de fer (voir *Tolet*) sur laquelle s'appuient les avirons d'un canot dans les mouvemens de nage.

ESCADRE. s. f. On appelle ainsi une portion de la flotte, une réunion de vaisseaux de ligne, depuis neuf vaisseaux jusqu'à vingt-six inclusivement; au-dessus de ce nombre, l'*escadre* est réputée armée. Dans une armée, ou dans une *escadre* de vaisseaux, les bâtimens de guerre moins forts, comme frégates, corvettes, avisos qui s'y trouvent, prennent collectivement le nom d'*escadre* légère. Lorsque les événemens ont décimé les vaisseaux d'une armée, si les *escadres* dont l'armée se composait d'abord se trouvent ne plus compter neuf vaisseaux, elles n'en sont pas moins les *escadres* avec leur numéro d'ordre et leur nom, comme un corps d'armée dans l'armée de terre n'en conserve pas moins sa dénomination après avoir été réduit de moitié par la guerre. Les *escadres* prennent des noms appropriés à la nature de leur mission. Il y a des *escadres d'observation;* ce sont celles chargées d'observer les mouvemens des *escadres* étrangères, sans être même en guerre. On dit *escadre de blocus,* etc. Dans une armée, les *escadres* qui en font partie prennent les noms de 1re, 2e et 3e, ou *escadre du centre, escadre de droite, escadre de gauche.* Dans l'ancienne marine, elles prenaient les noms d'*escadre blanche, escadre blanche et bleue, et escadre bleue.*

ESCADRILLE. s. f. Escadre qui n'est composée que de bâtimens au-dessous du rang des vaisseaux et frégates. (Voir *Flottille.*)

ESCALE. s. f. Traduction provençale du mot échelle; expression dont se servaient les marins de la Méditerranée pour relâche ou halte dans les nombreuses îles de l'archipel du Levant. Ce mot était emprunté à la position échelonnée de ces nombreuses îles, où s'arrêtaient forcément les timides navigateurs de cette mer obstruée. La nuit venue, ils s'abritaient dans les petits ports qu'elles offraient, ce qu'ils appelaient faire *escale.* Par suite, le mot s'est généralisé, et l'on appelle *escale* toute relâche ou temps d'arrêt d'un navire aux îles et ports sur la route de sa destination : on dit faire *escale* à tel port.

ESCALIER. s. m. (Voir *Echelle.*)

ESCOPE. s. f. C'est une sorte de cuiller en bois servant à puiser l'eau qui séjourne au fond des embarcations, pour la jeter dehors. — Il y en a de grandes, et dont la forme est allongée par une trampe, qu'on emploie à l'extérieur du navire pour le laver ou pour rafraîchir le bois des ardeurs du soleil.

ESPALMER. v. a. C'est nettoyer, rendre propre, disposer avec soin.

ESPARS. s. m. Ce sont des matériaux qu'on embarque sur les navires pour remplacer les pièces légères de la mâture qui se rompent quelquefois dans les avaries ; les *espars simples* ont jusqu'à 4 pouces de diamètre ; les *espars doubles* vont jusqu'à 7 pouces. Les mâts d'embarcation, les petits mâts de pavillon, etc., se font avec des *espars*.

ESPINGOLE. s. f. On nomme ainsi une arme à feu ordinairement en cuivre, qui a le canon très-court, et qui, depuis le milieu de sa longueur jusqu'à la bouche, s'agrandit graduellement en entonnoir. Cette arme se charge avec une poignée de balles à mousquet, et doit être tirée à petite portée, afin que l'écartement des projectiles ne les éloigne pas trop du but visé. On les place sur des pivots qui permettent de les pointer facilement tout autour de certains navires ; les embarcations en portent quelquefois aussi.

ESTACADE. s. f. Une *estacade* est une barrière provisoire construite à la hâte à l'entrée d'un port pour empêcher l'ennemi d'y pénétrer. Ce sont ordinairement des mâts, des cordages et toutes sortes de gros corps flottans qu'on lie ensemble, et qui servent à former cette barrière. — Pour les rivières, les passes des rades, etc., les *estacades* se construisent d'une autre manière ; elles consistent en pieux ou pilotis placés à d'étroites distances sur le fond. En 1828, un brig négrier, poursuivi par un croiseur au moment où il allait prendre sur la côte sa cargaison de Nègres, échappa à la confiscation qui le menaçait en construisant habilement *une estacade* flottante dans une passe étroite qu'il venait de franchir, et où devait se présenter, quelques heures après, ce bâtiment de l'État. Le négrier eut le temps d'embarquer ses Nègres, et faisait voiles pour vider par une passe opposée, lorsque le croiseur, engagé dans les rochers de la première passe, se trouva dans l'impossibilité de retourner à contre-vent, et fut contraint de déblayer le passage ; mais le brig, bon marcheur, était loin, et la courte portée des caronades du bâtiment de guerre ne lui permit pas de l'atteindre avec ses boulets.

ESTIME. s. f. Mot employé sur un navire en pleine mer, pour exprimer sa position approximée sur le globe. Cette position, n'étant obtenue que par des moyens qui cessent d'être mathématiques, par les nombreuses causes immaîtrisables qui répandent le doute sur leurs résultats, a reçu un nom qui ne fixe aucune certitude : *estime*, en navigation, doit se traduire par approximation. L'*estime* se calcule seulement par la connaissance du chemin parcouru par le bâtiment ; connaissance qui s'obtient par la mesure de la vitesse du navire à de certains inter-valles de temps. L'exactitude du résultat exigerait des conditions qui ne peuvent exister : ces conditions seraient une étude exacte de la direction que semble parcourir le navire sans déviation aucune ; l'égalité de la vitesse du bâtiment dans les intervalles où elle n'est pas mesurée, et la perfection efficace du petit appareil dont on se sert pour connaître cette vitesse. Or, toutes ces conditions n'existent pas : le navire semble suivre telle ligne sur la mer, et il en est écarté par la dérive, les courans et les chocs des lames. La marche du navire, variable comme les transitions du vent qui en est le seul agent, est inappréciable dans ses inégalités ; l'appareil avec lequel on mesure sa marche, *le loch*, comme on l'appelle (*voir* ce mot), dont la propriété est d'offrir un point fixe sur la mer, est sans cesse déplacé par le ballottage des lames, et cède à la cordelle qu'il doit retenir. D'après toutes ces difficultés, l'*estime* ne saurait être le guide d'un navigateur qui peut invoquer le secours de l'astronomie et de ses calculs infaillibles. Faire usage de l'*estime*, se dit *estimer* ; c'est tenir compte du chemin parcouru et de la route suivie, par les moyens que nous avons indiqués plus haut. On *estime* la dérive à l'œil, sauf à commettre de grosses erreurs ; on *estime* à la vue la distance d'une terre et d'un navire, mais sans certitude dans son *estime*.

ESTIVE. s. f. C'est ainsi qu'on appelle l'effort employé pour comprimer des marchandises élastiques de leur nature, et qui rempliraient un navire sans le charger : comme les ballots de coton, les balles de crin, de plume et de peaux, les cuirs, etc. Un bâtiment chargé par ce moyen est chargé en *estive*. Ce mot entraîne le verbe *estiver*, opération profitable à un bâtiment par le surcroît de marchandises qu'il en reçoit, mais ruineuse pour sa solidité à cause des efforts qu'elle lui fait supporter.

ESTROPE. s. f. On appelle ainsi un bout de cordage très-court, dont les deux extrémités sont réunies par l'entrelacement de leurs cordons, ce qui lui fait prendre la forme d'une bague ou anneau ; il sert à envelopper les poulies, en les pressant dans le sens aplati de leur caisse. L'utilité des *estropes* a de nombreuses applications : c'est par les *estropes* que sont suspendues les poulies dans les agrès. Une *estrope* est quelquefois capelée sur le bout d'une vergue ou sur la tête d'un mât, pour faire l'office d'un bourrelet plus doux au contact d'un cordage. Elles servent aussi dans les embarcations à maintenir les avirons aux chevilles de nage. Comme les *erseaux*, l'*estrope* est un travail de matelot. Tout objet garni ou ceint d'une *estrope* est dit *estropé*, participe du verbe *estroper*.

ÉTABLIR. v. a. C'est disposer un mât, une voile, un cordage dans l'état que réclame leur fonction essentielle. Dans ce sens, ce mot s'emploie plus généralement en parlant des voiles.

Pour établir une voile, elle est d'abord déployée pour rester un instant suspendue à sa vergue, où elle s'agite en plis bouffans, retenus par ses cargues; elle est ensuite bordée, c'est-à-dire que ses coins inférieurs vont se fixer, au moyen de leurs écoutes, aux extrémités de la vergue immédiatement au-dessous. Cela fait, elle est tendue au moyen de sa drisse, que l'on sait être le cordage qui lui transmet son ascension le long du mât; ensuite elle est brassée pour présenter convenablement sa face postérieure à l'action de la brise; si le cas l'exige, la bouline est abraquée; le bras du côté d'où vient le vent l'est aussi, et la voile est *établie.* — On dit aussi, d'un navire ou d'une escadre, qu'ils *établissent* leur croisière dans tel parage, devant tel port.

ÉTABLISSEMENT. s. m. En pilotage, c'est le nom donné à l'heure invariable de la pleine mer, dans un port, baie ou havre, le jour de la nouvelle et de la pleine lune. L'*établissement* est obtenu par suite d'observations réitérées, faites sur le lieu même. La *Connaissance des temps* et tous les livres de navigation donnent l'*établissement* de tous les ports.

ÉTAI. s. m. Gros cordage qui descend de la tête des mâts dans le sens de la longueur du bâtiment, en inclinant vers l'avant, sous un angle de 45 degrés environ. Les *étais* servent à contenir les mâts dans leur tendance à se pencher sur l'arrière du navire. L'*étai* du grand bas-mât est le plus gros cordage, dans l'appareil aérien qui a été défini sous le nom d'agrès, et qui le sera plus tard sous celui de *gréement.* (*Voir* ce mot.) On le nomme le *grand étai* : l'*étai de misaine* en diffère très-peu. Tous les autres *étais* (car chaque mât superposé a le sien) diminuent de grosseur proportionnellement aux mâts qu'ils étayent, et prennent les noms de ces mâts.

ÉTALE. adj. État de la mer durant l'espace de temps plus ou moins long, suivant les localités, où les eaux ont cessé de monter ou de perdre, dans les ports et sur les rivages affectés du phénomène des marées. Les marins côtiers font un substantif de ce mot; ils disent l'*étale* en parlant de ce court moment de stagnation des eaux. Dans les rivières où le courant est rapide, les marins profitent de l'*étale* pour faire subir un déplacement à leurs navires ou embarcations; ces manœuvres sont plus facilement exécutées dans l'état stationnaire de l'eau qui, dans ce moment de l'*étale*, est sans courant.

ÉTALER. v. a. Cette expression, dans le langage des marins, n'a aucune analogie avec son acception vulgaire. Le sens maritime de ce mot est *résister, faire tête.* On le dit d'un bâtiment sous voiles ou d'une embarcation qui fait usage de ses avirons, lorsque, voulant avancer contre la direction d'un courant qui leur fait opposition, la puissance qui les meut est égale à celle qui leur fait obstacle; en sorte qu'ils demeurent stationnaires sans avancer ni reculer. On dit de ces navires qu'ils *étalent* la marée ou le courant.

ÉTALINGUER. v. a. (*Voir Entalinguer.*)

ÉTALINGURE. s. f. (*Voir Entalingure.*)

ÉTAMBOT. s. m. Terme de construction; nom de l'une des trois pièces fondamentales de la charpente d'un navire; celle qui s'élève sur l'une des extrémités de la quille et termine la carène à l'arrière. C'est sur l'*étambot*, renforcé par le concours de plusieurs autres pièces, que se bâtit la poupe aux gracieux contours, aux riches sculptures. Sur l'*étambot*, viennent aboutir et se clouer les bordages qui revêtissent la carène à l'arrière. L'*étambot* porte le gouvernail, qui s'y attache par ses gonds; une échelle de pieds, dont les numéros sont découpés en plomb, indique sur l'*étambot* la calaison du navire à l'arrière. Les arbres qui fournissent les pièces d'*étambot* pour les vaisseaux de ligne sont rares; les proportions de ces pièces sont énormes : elles ne peuvent être retrouvées aujourd'hui que par l'assemblage de plusieurs troncs de chêne.

ÉTAMBRAI. s. m. C'est le nom donné aux ouvertures rondes, ovales ou carrées pratiquées dans l'épaisseur de chaque pont, et qui se correspondent pour le passage des bas-mâts, dont le pied repose dans le fond de la cale sur la carlingue. Les mâts ne remplissent pas exactement leurs *étambrais;* le vide est comblé par des coussins ou coins de bois tendre, qui, solidement pressés, y assujettissent les mâts. Les *étambrais* sont ensuite cachés par des braies en toile peinte.

ÉTANCE. s. f. Pièce de bois de chêne faisant l'office d'étançons ou bois-de-bout pour supporter les barrots des ponts par le milieu, pour prévenir leur affaissement sous les lourdes charges qu'ils supportent. Celles de ces *étances* placées sous les barrots, à l'ouverture des écoutilles, ont en longueur la profondeur du bâtiment; des coches, ou entailles profondes faites sur leurs arêtes, les convertissent en espèce d'échelles, dont les marins font usage pour communiquer promptement avec la cale.

ÉTANCHER. v. a. Action d'arrêter l'eau qui pénètre dans l'intérieur d'un bâtiment, en bouchant complètement l'ouverture qui lui laisse un passage, soit que ce vice de la carène ait eu pour cause le choc d'un boulet de l'ennemi, soit qu'il provienne des fatigues du navire sous une charge écrasante, ou des secousses violentes de la tempête. On a vu au mot *Aveugler*, qu'il exprime procéder à la réparation provisoire et imparfaite de ces jours dangereux qui se déclarent subitement dans la partie submergée d'un bâtiment. *Étancher*, c'est le complément d'aveugler; c'est l'application des meilleurs moyens pour remédier aux dangers d'une *voie d'eau.* (*Voir* ces mots.) On dit qu'un navire est bien *étanché*, et, par corruption, *étanche*, lorsqu'après avoir fait beaucoup d'eau, on est parvenu à l'assécher en bouchant exactement les vides par lesquels l'eau pénétrait ; — *étanche* se dit aussi des barriques et autres vaisseaux destinés à contenir des liquides.

ÉTARQUER. v. a. Se dit d'une voile ; c'est la hisser le plus possible, afin de la tendre dans tous les sens à l'action du vent, jusqu'à ce que son tissu fasse résistance au déploiement qu'on lui imprime au moyen de sa drisse et de ses écoutes, de manière que sa surface soit autant que possible dans un même plan. A mesure que la voile fait résistance aux efforts commis pour l'*étarquer* complétement, les matelots qui agissent sur les drisses s'encouragent en mêlant à leurs chants d'accord cette phrase : *Étarque, garçon ; fais faire la planche !* c'est-à-dire tends-la comme une planche.

ÉTOCS ou **ESTOCS.** s. m. pl. On appelle de ce nom des rochers rassemblés en grand nombre dans un espace de petite étendue, sur le bord d'une côte ou qui y tiennent. Ces écueils ne sont que les pointes saillantes, espacées et inégales du plateau qui leur sert de base ; les unes se montrent au-dessus de l'eau ; d'autres en effleurent seulement la surface ; d'autres enfin restent cachées sous la mer. La côte du département du Finistère est hérissée d'étocs, jetés dans ses eaux comme des pieux qu'on y a battus pour le soutien du rivage : *estoc* est un mot breton qui signifie appui, défense d'une côte contre la mer.

ÉTOILE. s. f. Nous comprenons ce mot dans son acception la plus ordinaire, et comme la dénomination de ces corps lumineux, jetés par myriades dans l'immensité, où ils brillent comme attachés à la voûte céleste. Dans ce sens, et pour plus complète définition, nous renvoyons le lecteur à ces savans ouvrages qui ont pour objet l'étude du ciel, et dont les ingénieuses dissertations, établies sur ce que la science des mathématiques a de plus concluant, entraînent avec intérêt vers des définitions qu'il n'est pas du ressort de cet ouvrage de développer. Nous ne parlerons donc ici des *étoiles* que sous le point de vue nautique , c'est-à-dire de la connaissance du ciel *étoilé* appliqué à la navigation.

Sans doute l'art de conduire les navires à travers l'Océan n'exige pas d'un marin toutes les profondes spéculations astronomiques, qui sont exclusivement le domaine de l'astronome proprement dit ; mais encore prescrit-il à tout navigateur qui comprend cet art dans ses rapports mathématiques, une assez complète étude en astronomie. Il prescrit surtout cette parfaite habitude de l'aspect du ciel *étoilé*, qui familiarise avec les positions respectives de certaines *étoiles* remarquables par leur éclat, et fait trouver au premier coup d'œil, et sans erreur, parmi cette multitude inqualifiable de corps scintillans, une *étoile* qui doit servir à des calculs du moment ou à indiquer les principaux points de l'horizon. Eh bien ! disons-le à regret, la plupart des navigateurs (et nous en-

tendons ceux qui, sur un bord, ont cette mission de la science, les officiers enfin), sont, à cet égard, forcés de se reconnaître inférieurs aux cultivateurs des campagnes ; c'est-à-dire qu'ils ne connaissent pas *leur ciel étoilé*, comme on dit ; à ce point que beaucoup d'entre eux ne sauraient pas distinguer les planètes des *étoiles* fixes aux apparences provenant de la nature propre de ces corps ; à moins qu'ils ne soient très-différenciés par leur volumineux éclat, comme *Jupiter* et *Vénus* ; mais, après ces deux planètes éclatantes, nous avons vu beaucoup d'officiers nous désigner *Sirius*,la plus brillante étoile fixe, comme planète, au détriment de *Mars* et des autres planètes plus petites. La plupart des principales étoiles zodiacales, dont les mouvemens sont donnés dans la *Connaissance des temps*, pour servir aux calculs de distance, échappent à leurs recherches. Mais disons aussi que la connaissance complète de l'aspect du ciel *étoilé* exige une étude soutenue à *ciel découvert* dans les deux hémisphères, et par une haute latitude, et que les explications faites simplement sur les planisphères sont insuffisantes. Nous nous hasardons même à dire que plus d'un savant astronome qui n'aurait pas quitté les observatoires européens, serait même embarrassé à l'aspect du ciel austral, pour y trouver les *alpha* des constellations sur lesquelles il a écrit de si savantes pages.

Les anciens navigateurs étaient plus versés que les modernes dans la connaissance du ciel *étoilé*, et devaient l'être ; comme les habitans du désert, ils n'avaient pour se guider et diviser les intervalles de la nuit que les positions des *étoiles;* et le jour leur était peut-être en cela d'un moindre secours. Certes, ils n'ont pas comme leurs successeurs demandé au ciel ses secrets ; ils n'ont pas comme eux fouillé ses mystérieuses clartés, à l'aide d'ingénieuses machines, qui nous montrent à la fois les merveilles de la création et notre impuissance à les comprendre ; non, leur étude du ciel *étoilé* était toute pratique, et point spéculative ; mais elle était plus du domaine comme plus nécessaire aux besoins de tous. La découverte de la boussole, des horloges et des instrumens à réflexion pour les observations solaires, a fait négliger aux marins l'étude du ciel *étoilé*. L'*étoile* polaire, que les anciens révéraient sous différens noms, comme la clef de leur science céleste, n'obtient qu'indifférence des navigateurs actuels ; et cependant, qu'un navigateur, par des accidens ordinaires de la navigation, soit tout à coup privé des précieux instrumens et des livres qui lui servent à se reconnaître sur les solitudes de la mer, combien alors lui serait utile cette connaissance pratique du ciel *étoilé* ! Nous citerons à cet égard une anecdote qui mérite de venir à l'appui de notre opinion : Le capitaine M....., savant officier, qui fut professeur de mathématiques à Lorient, et depuis correspondant estimé du baron de Zach, commandait en 1817 une petite goëlette. Arrêté en mer par des pirates qui lui enlevèrent tous ses instrumens de catoptrique, ses compas de route, ses cartes et ses livres, il était était resté sans un seul de ces précieux auxiliaires, sans même un loch pour mesurer son chemin. Il se trouvait alors dans l'océan Atlantique, à 250 lieues dans le sud des îles Açores. Dans cette conjoncture, après avoir décidé avec son équipage de relâcher à ces îles, afin de s'y procurer les instrumens dont l'absence compromettait tant d'intérêts, il s'empressa de profiter du vent qui, par une faveur assez rare dans le parage où il se trouvait, lui permettait de porter sa route au nord du monde ; mais comment, sans boussole, trouver le nord sur l'horizon obscur d'une nuit nuageuse ? Si encore l'étoile polaire eût été visible ; mais des nuages stationnaires, dans la direction du pôle, lui voilaient obstinément ce phare précieux, et sa route obliquait à l'égard du méridien. Quelques étoiles paraissaient entre les clairières laissées par les nuages, mais leur concours ne suffisaient pas pour déterminer le point du ciel obscurci où se trouvait l'étoile. Un vieux matelot, né paysan, qui ne savait pas lire, mais qui avait sans doute bien souvent regardé le ciel dans ses champs, proposa au capitaine M..... de lui indiquer où était sûrement l'étoile qu'il cherchait. Le capitaine accepta : « Eh bien, ajouta le marin, vous voyez bien cette belle étoile qui brille tant à bâbord ? — Oui, dit le capitaine, c'est *Acturus*, l'alpha du Bouvier. — Je ne sais pas, dit le matelot, nous l'appelons le *bœuf*. Vous voyez bien aussi ces deux autres qui ne brillent pas mal ? — Ce sont les deux gardes de la *Grande-Ourse*, dit le capitaine ; avec ces deux-là je trouverais l'étoile polaire : je n'aurais qu'à prolonger par en haut la ligne qu'elles déterminent ; mais où m'arrêter pour préjuger de la position de la polaire ? — Ah ! voilà, dit le matelot astronome ; après que vous avez tiré cette ligne, tirez-en une autre à partir du *bœuf*, qui vienne bien faire la croix avec la première ; là où ces deux lignes paraîtront se couper, c'est là qu'est la *tramontane*. » Le capitaine à tout hasard suivit le conseil du matelot. Il traça par la pensée ces deux lignes en angle droit, et gouverna sur le sommet de l'angle. Le ciel ne tarda pas à se rompre dans la partie du nord, et, à sa grande satisfaction, il aperçut l'étoile polaire devant lui. Ce savant officier mit à profit cette leçon d'astronomie pratique de son matelot, et se prémunit contre la disparition capricieuse d'*Acturus* dans les nuages. Il chercha dans la partie opposée du ciel quelque *étoile* remarquable qui pût au besoin lui servir à tracer le même angle avec les deux gardes de la *Grande-Ourse;* il trouva que les *étoiles* de la constellation de *Persée* lui offraient le même secours. C'est de cette manière que, dans l'hémisphère austral, on détermine par la pensée le pôle sud, qui n'est indiqué par aucune étoile : on sait

que les deux belles étoiles de seconde grandeur qui marquent la verge *de la Croix du sud* sont dans le méridien, quand la ligne de ces deux *étoiles* est dans le vertical ; elle passe nécessairement par le pôle. Pour déterminer la position de celui-ci sur cette ligne, il faut mener une ligne droite de *Canopus*, alpha du *Navire*, perpendiculairement sur la première ; le point d'intersection est à peu près le pôle. Les marins savent combien il serait précieux de pouvoir justement et au besoin déterminer les pôles dans le ciel.

ÉTOUPE. s. f. C'est d'abord, dans les ateliers où l'on fabrique les cordages, le rebut du chanvre qui reste dans les peignes quand on aligne les brins ; celle-ci s'appelle *étoupe blanche*, elle sert à fabriquer des matelas qui servent pour les malades sur les bâtimens de l'Etat. — L'*étoupe* ordinaire provient des vieux cordages goudronnés, dont les torons sont détordus, et qu'on transforme en charpie, en épluchant chaque fil de caret. Cette *étoupe*, la plus vulgaire, est celle qu'on emploie pour placer dans les joints des bordages et dans tous les interstices par lesquels on craint l'invasion de l'eau. Les calfats en font grand usage ; elle est pour eux ce qu'est le fil à une couturière ; c'est pour la chasser dans les jointures des planches qu'ils se servent de ces fers et de ces étourdissans *maillets* dont il a été parlé plus haut.

ÉTOUPILLE. s. f. Préparation inflammable disposée dans un tuyau de plume ou un bout de roseau et garnie d'une petite mèche, qu'on introduit dans la lumière des pièces d'artillerie qui ne sont pas pourvues de batterie ; cette *étoupille* sert d'amorce.

ÉTRANGLOIR. s. m. On nomme ainsi une cargue dont l'effet est d'étouffer promptement la toile d'une voile à corne qu'on cargue, parce que sa position sur cette voile lui fait en ramasser les plis principaux. Dans un mauvais temps, quand on cargue une brigantine, par exemple, l'officier recommande de haler promptement sur l'*étrangloir* afin de soustraire plus promptement à l'action du vent la toile qui, en cessant d'être tendue, risque davantage de se déchirer en battant violemment sans retenue.

ÉTRAVE. s. f. L'*étrave* est la pièce de bois qui termine l'avant du navire, et qu'on peut considérer comme une continuation de la quille, puisqu'elle fait corps et se lie avec elle. L'*étrave* est la base et l'appui de toutes les constructions qui dépendent de l'avant du bâtiment. — La *contre-étrave* est une seconde pièce de bois destinée, par sa jonction, à fortifier l'*étrave*. — L'*étrave* est garnie, sur chacun de ses côtés, de chiffres disposés de manière à faire connaître le tirant-d'eau du navire, c'est-à-dire de combien de pieds il s'enfonce dans la mer.

ÉTRIVE. s. f. Lorsqu'un cordage, au lieu d'être tendu dans une direction, forme un angle par la rencontre d'un autre cordage ou de tout autre objet qui le détourne, on dit qu'il appelle, qu'il est en *étrive*. — C'est aussi une sorte d'amarrage fait sur deux cordages à l'endroit où ils se croisent. — Faire une *étrive*, se dit *étriver*.

ÉVENTER. C'est donner le vent à une voile, prêter sa surface à l'action de la brise. — Lorsqu'un navire s'est arrêté dans sa route, en faisant porter à contre quelques-unes de ses voiles, de manière à ce que l'effet des unes neutralise celui des autres, pour reprendre sa première allure, pour acquérir de nouveau de la vitesse, il *évente*, c'est-à-dire qu'il établit, dans le sens voulu, toutes ses voiles, qui recevaient le vent les unes par devant, les autres par derrière.

ÉVITAGE. s. m. Mouvement de rotation opéré sur le bâtiment, quelle qu'en soit la cause. C'est aussi l'espace nécessaire pour *éviter*.

ÉVITER. v. a. Un navire mouillé sur une ou plusieurs ancres placées à son avant, *évite*, c'est-à-dire tourne autour du point fixe formé par ses ancres, si le vent ou le courant lui imprime une nouvelle direction. — Un bâtiment qui est amarré devant et derrière n'*évite* conséquemment pas. — On fait *éviter* un navire au moyen de cordages, lorsque, dans un port, dans un bassin, on veut changer sa position de l'avant à l'arrière.

ÉVOLUER. v. a. Ce mot signifie proprement tourner autour de son centre de gravité, en parlant d'un seul vaisseau. Il se dit donc d'un vaisseau qui change d'amure, qui se présente différemment à l'égard de la direction du vent, action purement mécanique qui exige de l'officier qui l'exécute une parfaite connaissance de son navire, pour le faire obéir et exécuter promptement, et dans le moins d'espace possible, les mouvemens qu'il veut lui imprimer ; *savoir mettre en rapport l'application de la puissance avec le bras du levier*. *Évoluer*, dans une acception plus large, est l'art de disposer plusieurs vaisseaux réunis dans un ordre propre à rendre leurs positions respectives plus convenables au but qu'un amiral se propose, soit pour naviguer de conserve, soit pour se présenter à l'ennemi, l'attaquer et le combattre ; c'est ce que, dans l'armée de terre, on appelle manœuvrer les divisions en campagne.

ÉVOLUTION. s. f. Mouvement d'un seul vaisseau sur son centre de gravité ; dans un autre sens on dit *évolution navale*, c'est l'axe quelconque des mouvemens de la tactique navale, science qui consiste dans la connaissance des différens ordres de marche ou de bataille, et des dispositions que prennent des vaisseaux en corps d'armée navale ou escadre, se mouvant tous ensemble ou successivement, pour parvenir à la combinaison ordonnée par le général. A chaque *évolution* que fait une armée navale, elle change de position par rapport au vent qui souffle, par rapport à l'ennemi, et souvent la situation respective de ses propres divisions change aussi. C'est de la parfaite intelligence de cette partie et de l'exacte et prompte exécution pour profiter des avantages que peuvent offrir les différentes combinaisons, que résultent le gain des combats et le succès des affaires maritimes. (Voir *Tactique navale*.)

EXERCICE. s. m. C'est, à bord d'un bâtiment de guerre, l'apprentissage des mouvemens auxquels son équipage doit être instruit, pour, à l'occasion, faire application de cette instruction. On dit *exercice* de la manœuvre, *exercice* des voiles, *exercice* des signaux. C'est l'instruction préalable de chacun dans ces diverses parties, afin de pouvoir les exécuter sans tâtonnemens. *Exercice* de combat, c'est la répétition du drame sanglant dont la représentation aura lieu à la première rencontre avec un ennemi.

EXPÉDIER. v. a. C'est mettre le capitaine d'un navire en demeure de partir, en lui remettant ses derniers ordres, ses paquets et les papiers du bâtiment.

EXPÉDITION. s. f. On dit les *expéditions* d'un bâtiment ; ce sont les documens ou papiers officiels qui constituent sa légalité, et qui sont, pour les navires du commerce : *le congé* accordé par le ministère des relations extérieures, c'est le passe-port du navire ; *l'acte de francisation* donné par la douane, c'est l'extrait baptistaire du bâtiment ; *le certificat de visite*, c'est son certificat de capacité ; *l'acquit de la douane*, c'est sa quittance des contributions ; *le certificat de la poste*, espèce de certificat de bonnes mœurs ; *le manifeste* donné par le courtier, c'est l'inventaire de la cargaison ; *la patente de santé*, qui atteste que ni lui ni le port qu'il quitte ne sont atteints du choléra ni de rien qui lui ressemble ; enfin, *le rôle d'équipage*, c'est la liste des noms et des rôles des acteurs dans le drame dont il est le théâtre. Tous ces papiers, dûment visés et paraphés, sont renfermés dans une boîte de fer-blanc, appelée la boîte aux *expéditions*. — Dans un autre sens, *expédition*, c'est l'exécution d'un projet par des bâtimens de guerre, qui doit être remplie avec des forces navales quelconques. On dit : une grande *expédition*, une *expédition* inconnue, une *expédition* autour du monde, etc.

AÇONS. s. f. pl. On appelle ainsi les formes évidées de la carène d'un navire. On a vu au mot *Acculement des varangues*, que la partie submergée d'un bâtiment doit présenter des vides, pour la division du fluide à l'avant, et pour l'action du courant d'eau sur le gouvernail à l'arrière ; ce sont ces vides et leurs développemens combinés avec les autres formes arrondies du centre pour la stabilité du navire, que l'on nomme les *façons ;* les bâtimens de peu de *façons* sont lourds et grands porteurs ; les grands marcheurs ont ordinairement beaucoup de *façons,* c'est-à-dire qu'ils sont peu ventrus. Les chalands, les chameaux dont les formes approchent de celles d'un coffre, n'ont pas de *façons.* On dit aussi arrimer une barrique ou un objet quelconque en *façons ;* c'est le placer dans l'arrimage, de manière que sa plus grande dimension soit dans le sens de la longueur du navire.

FAIBLE. adj. Lorsqu'un navire sous voile plie, incline aisément sous les pressions de la brise, on dit qu'il est *faible de côté.* On le dit aussi *faible d'échantillon,* quand ses murailles ont peu d'épaisseur ; c'est le défaut de nos vaisseaux actuels, comparés à ceux de l'ancien temps. Les bâtimens *faibles d'échantillon* ont l'avantage de mieux marcher ; cet avantage est payé par une moindre résistance offerte aux boulets de l'ennemi, qui entraîne une plus grande perte d'hommes dans les combats, et, à part ce désavantage, ils ont encore celui de se casser plus promptement.

FAILLI. adj. Quelque soin que l'on mette à former l'équipage d'un navire de marins capables, d'hommes forts et intelligens, il s'y glisse souvent de pauvres hères, mauvais novices sans capacité, et n'ayant pas de dispositions à devenir matelots ; ceux-là on les appelle *faillis gars, faillis chiens, faillis matelots.* Ce mot *failli* est sans doute le participe du verbe *faillir,* que les marins appliquent dans un sens dépréciable ; ainsi *failli gars* peut se traduire par gars qui a manqué sa vocation, *failli matelot,* par matelot manqué ; le mot *failli,* dans le langage du gaillard d'avant, est l'équivalent de bon à rien.

FAIRE. v. a. ou n. Comme dans le langage du monde, ce mot exprime exécuter ; mais son application maritime ne formule pas toujours l'action qu'elle semble indiquer en sens ordinaire ; ainsi, *faire de la toile* sur un bâtiment, ce n'est pas confectionner ce tissu, toile étant pris ici pour voile ; *faire de la toile,* c'est augmenter les voiles déjà déployées, ou en ajouter de nouvelles pour hâter la marche du bâtiment ; on dit dans ce sens *faire de la voile. Faire servir,* c'est disposer les voiles pour faire marcher le navire que l'on avait arrêté par une autre disposition de ces mêmes voiles ; *faire route* à tel air de vent, c'est diriger le navire vers tel point de l'horizon. On dit *faire de l'eau, faire du bois, faire des vivres,* c'est se munir et embarquer ces provisions ; *faire vent arrière,* c'est courir sous cette allure ; *faire côte,* c'est naufrager ; *faire tête,* c'est arrêter le bâtiment au moyen de son câble, qui se roidit et résiste, etc.

FALAISE. s. f. Les *falaises* sont des côtes escarpées, dont la base trempe dans la mer, et qui n'ont à leurs pieds ni plage ni grève qui les séparent de l'eau à la marée haute.

FANAL. s. m. Les *fanaux* servent beaucoup dans la marine pour les signaux de nuit. Ce sont de grandes lanternes vitrées qu'on éclaire avec de grosses bougies en cire jaune ; ceux qui sont destinés à faire des signaux sont garnis d'anneaux dessous et dessus, afin de recevoir la cordelle qui les élève et celle qui les abaisse. — Il y a encore les *fanaux* de combat, qui sont d'une moindre dimension, et se suspendent aux barrots pendant une action de nuit. — Les autres *fanaux* destinés aux différens services de l'intérieur d'un navire n'ont rien de spécial.

FARDAGE. s. m. C'est ainsi qu'on appelle tout ce qui se trouve d'inutile et de placé sans nécessité sur un navire ; le superflu de cordages, de poulies, de mâtereaux, tous les objets encombrans, et dont on pourrait facilement se passer. — Un bâtiment mal en ordre a beaucoup de *fardage.*

FARGUES. s. f. Elles remplacent les bastingages ou l'élévation des pavois à bord des petits bâtimens, pour garantir le pont de l'immersion des moindres lames qui se brisent contre la coque. Souvent les *fargues* sont volantes, c'est-à-dire qu'elles se placent et s'enlèvent à volonté; pour cela elles sont à coulisses par pièces de peu d'étendue, et s'ajoutent au bout les unes des autres jusqu'à ceindre le navire dans tout son pourtour, à l'aide de petits montans en fer qui les reçoivent; alors on les met en place, seulement lorsque le temps est équivoque et la mer clapoteuse.

FASIER. v. a. Les voiles *fasient* lorsque, la brise ne les prenant précisément en plein sur aucune de leurs surfaces, elles sont agitées comme un drapeau, et par conséquent ne prêtent plus leur secours à la marche du bâtiment. L'on dit aussi *barbéier, ralinguer* (*voir* ces mots).

FAUBERT. s. m. Sorte de grande housse en fil de caret spongieux, d'environ 2 pieds de longueur, et fortement réunie et cerclée de cordages à son extrémité supérieure, où s'attache un bout de filin ou un manche en bois. Le *faubert*, après avoir un peu traîné sur les ponts, se détord en étoupe, et sert d'éponge pour sécher toute l'humidité que laisse le lavage du navire, l'invasion subite d'une lame, ou toute autre cause inattendue. —Les *fauberts* emmanchés, ou simplement garnis d'un cordage, sont en grand nombre à bord des bâtimens, où ils sont nécessaires à chaque moment; le matelot n'aime pas à s'en servir, et relègue ce soin aux novices du bord. — Un matelot qui se respecte, disent- ils, ne doit jamais toucher le *faubert*, la *gratte*, ni le *balai*.—Se servir du *faubert*, se dit *fauberter ;* on dit vulgairement *fauberder.*

FAUSSE, FAUX. adj. Ce mot, en langage maritime, ne se présente qu'accompagné d'un substantif. Dans très-peu de cas il exprime une falsification de l'objet au nom duquel il s'accole, comme dans *fausse batterie, fausse bouteille, fausse galerie, etc. ;* dans ces cas il s'entend comme une imitation de batterie, de bouteille, de galerie. Dans un autre cas, il énonce l'exécution vicieuse de l'objet auquel il est joint ; comme dans *fausse coupe, fausse manœuvre,* à l'occasion d'un cordage, d'une voile ou d'une pièce de bois mal coupés, d'une manœuvre mal faite. Plus ordinairement il exprime une seconde édition de la chose qu'il accompagne, et qui vient en supplément de cette même chose déjà existante, comme *fausse amure, fausse balancine, fausse écoute, faux bras, fausse cargue, fausse drisse, etc.* Un grand nombre de manœuvres dormantes ou courantes, mises additionnellement dans des circonstances qui en réclament l'emploi, joignent leurs noms à l'adjectif *fausse* ou *faux.* Les combats, les mauvais temps et les manœuvres de force entraînent l'emploi de ces supplémens de manœuvres appelées *fausses.* En construction navale, le même mot est souvent appliqué dans

la même acception à diverses pièces de charpente, comme *fausse carlingue, fausse étrave fausse quille, etc.*

FAUSSE LAME. s. f. Se dit d'une lame que l'on n'a pu prévoir et qui frappe le navire dans une direction contraire à celle que devait lui imprimer le vent régnant.

FAUSSE SAINTE-BARBE. s. f. C'est un espace pris dans l'entre-pont des frégates et des grosses corvettes, entre les chambres des officiers et l'emplacement où ils mangent ; elle est sur l'avant de la sainte-barbe (*voir* ce mot), dont elle est quelquefois séparée par une cloison. Une deuxième cloison sur l'avant des chambres la sépare du reste de l'entre-pont.

FAUSSE ROUTE. s. f. C'est une direction détournée imprimée au bâtiment, souvent contraire à celle que l'on se propose de suivre dans une navigation. Les *fausses routes* s'exécutent la nuit seulement, et, lorsque chassé par un ennemi, on veut profiter de l'obscurité pour le dévoyer.

FAUX-COTÉ. s. m. C'est le côté d'un navire qui incline plus que l'autre à l'état lège, c'est-à-dire lorsque cette pente n'est pas causée par une surcharge de poids placés de ce côté. Le plus ordinairement le *faux-côté*, dans un bâtiment neuf, est un effet de son exposition à l'égard de l'action du soleil et du vent du nord, sur le chantier où il a été construit. Ses bois, plus séchés d'un côté que de l'autre, suffisent pour déterminer ce vice, d'ailleurs corrigible à la longue. Un *faux-côté* est plus opiniâtre quand il provient d'un vice de construction, et demande un contre-poids pour corriger cette pente anormale. Nous avons connu un bâtiment du commerce de Bordeaux, dont le *faux-côté* n'exigeait pas moins de 40 tonneaux de poids, placés de l'autre bord, pour le maintenir droit. Ces exemples de vices de construction sont assez communs.

FAUX-PONT. s. m. Pont volant, plancher non cloué, établi entre la cale et l'entre-pont ou premier pont des vaisseaux et frégates. Ce tillac n'est pas calfaté ; il sert principalement à établir les cadres des malades et des blessés, dans l'espace compris entre les deux grandes écoutilles, sur les côtés du *faux-pont* d'un bout à l'autre. C'était dans le *faux-pont* que logeaient anciennement les derniers officiers, ceux de la garnison, l'agent comptable, l'aumônier ; les chirurgiens et les aspirans y avaient aussi leurs *postes*, c'est-à-dire l'espace qui leur était affecté pour pendre leurs cadres et dresser leurs tables.

FAUX-SABORDS. s. m. On donne ce nom à des carrés en planches, espèces de portes volantes qui servent à fermer les embrasures des canons de la batterie haute des vaisseaux. Un trou rond, du diamètre du canon, laisse passer la volée de la pièce. Quelquefois les *faux-sabords* sont brisés en deux parties, qui tiennent à la muraille du navire par des pentures. Les fenêtres de la chambre de poupe ont aussi leurs *faux-sabords*, ce sont, à proprement parler, les volets des fenêtres.

FAYOLS. s. m. pl. Les marins prononcent *fayots*. C'est le nom qu'ils donnent aux haricots secs qui font une partie de leur nourriture, et qu'on leur distribue en ration à bord des bâtimens pour compléter leur dîner, ou plus souvent pour le repas du soir. Quoique ce farineux se présente presque sans intervalle sur la table des marins, on ne peut pas dire qu'ils aient pour lui de l'antipathie, malgré les vives plaisanteries épigrammatiques dont il est sans cesse le sujet. Les vieux marins conservent pour les *fayols* un goût d'habitude qui leur donne droit de présence sur leurs tables. Les matelots à bord les mangent avec plaisir ; les *fayols* sont nourrissans, d'une digestion facile. Les matelots les préfèrent aux fèves sèches, au riz et autres légumes secs embarqués pour alterner avec les *fayols*.

FELOUQUE. s. f. Bâtiment long, étroit et fort léger, en usage particulièrement dans la Méditerranée, et qui peut alternativement naviguer à l'aviron ou à la voile. — Bien que les *felouques* soient plus positivement affectées au cabotage des côtes, on en arme quelquefois, surtout pour la course en guerre.

FER. s. m. On dit les *fers* à calfat, de ces outils à pousser l'étoupe dans les jointures. — Le *fer* de gaffe est un croc adjoint à une petite pointe, garni d'une douille qui sert à le placer au bout d'un manche en bois. (Voir *Gaffe*.) — On dit : mettre un homme aux *fers*, pour signifier lui prendre les pieds dans les anneaux dont est garnie la *barre de justice*.

FERLER. v. a. C'est relever pli par pli, sur sa vergue, une voile déjà carguée, qu'on veut soustraire à la brise, ou qu'on avait étendue dans un port pour être séchée. Une voile *ferlée* ou *serrée* est placée à peu près sur la vergue sous laquelle elle pendait, mais un peu en avant, de façon que, vue de l'arrière, la vergue cache presque totalement les couches de toile que retiennent des bouts de menu cordage attachés d'espace en espace sur cette vergue, et dont on enveloppe la vergue et la voile par des tours pressés. — Ces cordages se nomment *rabans de ferlage*. (Voir ce mot.) Dans les rades ou les ports, les marins déploient une grande coquetterie à *ferler* ou *serrer* leurs voiles ; ils ont soin que les couches de plis en soient régulières, et que le volume de toile soit réduit aux plus minces proportions ; les rabans de ferlage sont aussi disposés avec symétrie, et leurs tours enveloppent la vergue et la voile à des distances égales. — En pleine mer on tient plus à la solidité d'une voile serrée qu'à l'élégance de son aspect.

FEU. s. m. Le *feu*, c'est le combat ; commencer le *feu*, c'est engager l'action ; cesser le *feu*, c'est le terminer. — Un *feu* vif, est un actif service de l'artillerie. — Le *feu* des gaillards, le *feu* des batteries, le *feu* des hunes, c'est-à-dire celui qui part de ces différens points. — On appelle les *feux* d'un bâtiment, ses fanaux allumés, les lampes de son service domestique, et enfin tout ce qui, pendant la nuit, révèle ou trahit sa présence ; on dit montrer, cacher, éteindre ses *feux*. — On dit apercevoir un *feu*, lorsque pendant la nuit on croit voir un autre navire qui se trouve dans les mêmes eaux, ou bien qu'on se trouve près de terre, et que la lumière d'un phare se montre dans l'obscurité. — Les fanaux qui servent de signaux de nuit sont également, dans leur exercice, appelés *feux*.

FIGURE. s. f. C'est le nom général qu'on donne à la statue, au buste, ou enfin à l'ornement de sculpture qu'on place au bout de la *guibre*, à l'avant d'un bâtiment, c'est-à-dire tout à fait à l'extrémité du navire, sous le beaupré. Cette *figure* est ordinairement en analogie avec le nom que porte le vaisseau, souvent un portrait d'armateur ou d'homme célèbre. On remarque au Havre, à l'avant de quelques navires du commerce, des bustes d'une fort bonne exécution, dus au ciseau de l'artiste dont nous avons parlé au mot *Couronnement*, et qui rappellent avec fidélité les traits de Foy, de Casimir Périer, de Talma, de Casimir Delavigne, et de quelques autres célébrités contemporaines. — Les *figures* en pied, qui ne sont autres que des statues de 5 à 6 pieds de haut, et posées avec une pente légère en harmonie avec l'élancement du navire, sont pour la plupart des femmes dont les attitudes nobles ou gracieuses, et le moelleux des draperies, complètent avec élégance l'avant des bâtimens bien tenus.

FIL. s. m. Ce mot, employé en marine comme terme de corderie, a été déjà expliqué au mot *Caret* (voir ce mot) ; après l'épuration du chanvre, il résulte des qualités différentes de ce textile, désignées sous le nom de *brins*, et classées par premier et second brin. (*Voir* ce mot.) Les fibres du chanvre sont ensuite tordues en *fils* pour la confection des cordages, et prennent les noms de *fils de caret* de premier et second brin. — On appelle *fil blanc* celui auquel on laisse sa couleur de chanvre ; *fil goudronné*, celui qui reçoit une teinte de goudron. — Le *fil à voile*, qui sert à coudre les voiles, est un *fil* moins gros de moitié que le plus fin *fil de caret*.

FILER. v. a. L'acception maritime de ce mot se traduit par lâcher. On dit *filer un cordage*, c'est le lâcher, le détendre, le laisser entraîner par l'effort qui l'attire. — Dans ce sens l'action de *filer* a ses variantes : *filer en douceur*, c'est lâcher avec précaution, peu à peu ; *filer à retour*, c'est lâcher en retenant prudemment le cordage à quelque point fixe, autour duquel il se déroule petit à petit, afin de pouvoir au besoin maîtriser l'effort qui l'entraîne ; *filer à la demande*, c'est lâcher par saccades, et selon que paraît le demander l'effort transmis au cordage ; *filer à réa*, c'est laisser couler le cordage avec vitesse, mais sans l'abandonner. — On dit aussi *file en grand ! file en bande !* c'est laisser toute liberté au cordage, l'abandonner à l'effort du corps sur lequel il exerçait une traction. — Toutes ces diverses manières de lâcher un cordage ont nécessairement leurs circonstances, motivées par la nature des travaux. — On *file la ligne de sonde* (voir ce mot) en la laissant descendre au fond de la mer avec le plomb auquel elle est attachée. — On *file la ligne de loch* à la demande de la vitesse du bâtiment. On *file du câble* pour le laisser s'étendre hors du navire à mesure que sa trop grande tension le demande. — *Filer le câble par le bout*, c'est le laisser s'écouler en entier par l'écubier ; le bout resté dans le navire y passe, et le câble tombe abandonné à la mer. Cet abandon d'un câble, qui n'a lieu que dans quelque circonstance menaçante pour un bâtiment, a fourni au langage pittoresque des matelots une figure qu'ils emploient en parlant d'un agonisant qui ne laisse plus d'espérance : ils disent qu'il *file son câble par le bout*.

FILETS. s. m. pl. La définition de ce mot est assez connue ; nous ne le considérons ici que sous ses divers emplois appliqués au service nautique et militaire d'un navire de guerre. — Les *filets de bastingage* sont ceux qui sont employés à retenir les hamacs et autres objets déposés dans les *bastingages* (voir ce mot), fixés par le bas à la muraille du bâtiment, et par le haut à la lisse que supportent les chandeliers. Ainsi tendus, ils complètent la petite galerie que les *bastingages* figurent dans tout le pourtour supérieur du vaisseau. — Les *filets d'abordage* sont ceux qui sont employés à envelopper le navire de tous côtés, en s'élevant à 7 ou 8 pieds au-dessus des *bastingages*, au moyen de cartahus qui les tendent ; ils défendent si puissamment le bâtiment contre l'assaut des abordeurs, qu'il devient impossible d'y pénétrer ; toute tentative pour l'envahir malgré ses *filets d'abordage*, est funeste aux ennemis cramponnés à leurs mailles. — Les *filets d'abordage* nous rappellent une anecdote qui trouve sa place ici. En 1815, le lougre *le Vigilant* était mouillé sur la rade de Saint-Nazaire. C'était au mois d'août, à ce moment de réaction et de fanatisme des prétendus amis du roi de l'époque ; les châteaux, les bourgs et les campagnes sur les deux rives de la Loire étaient en mal d'enthousiasme ; leurs habitans s'évertuaient en beaux semblans d'un zèle après coup. Un matelot déserteur de ce bâtiment s'y présenta un matin ridiculement armé de pied en cap d'armes anglaises, et s'adressant avec insolence au capitaine, il lui réclama sa solde échue depuis sa disparition du navire, ainsi que les effets qu'il y avait laissés en l'abandonnant ; et pour justifier sa forfanterie et son exigence, il les appuya d'une lettre qu'il remit au capitaine. Cette lettre,

signée d'un sieur de C....., se disant *commandeur* des armées royales sur le littoral, entre Loire et Vilaine, en son quartier-général à Guérande, engageait, en style paternellement protecteur, l'officier commandant le bâtiment du roi, de faire droit à la requête de ce *féal et bien amé* soldat royal, attendu qu'il avait aussi bien mérité son dû dans les *armées*, qu'il l'aurait pu faire sur les *vaisseaux ;* il finissait en recommandant au capitaine de se rendre digne de sa protection par une prompte satisfaction, ou de son courroux par un refus. Le capitaine choisit le courroux ; il fit donc désarmer son matelot retrouvé, le fit mettre aux fers sur son bord, et répondit au *commandeur* qu'il n'avait qu'à venir, qu'il l'attendait. Le *commandeur* ne vint pas ; mais il envoya son lieutenant, son autre luimême, le sire de *Pinguelen de Bois-Brillant*, lequel vint à la tête de cent hommes d'armes, composés de paysans, de sauniers, de réfractaires, de quelques gendarmes et douaniers apostats, tous vraie chair à farce, armés à la diable, comme des chouans enfin, puisqu'il faut les appeler par leur nom. Grand émoi des habitans de Saint-Nazaire, à l'occasion de leur venue ; on ferma les boutiques. Lettres sur lettres des notabilités intelligentes de Saint-Nazaire au capitaine du *Vigilant*, pour négocier un *armistice, un arrangement, une pacification :* le capitaine riait. Sommation *césarienne* en quatre mots du lieutenant Pinguelen de Bois-Brillant audit capitaine ; ledit capitaine répondit par quatre mots, qui renversèrent les espérances de paix, et volcanisèrent le chef et sa bande. Ce chef, on le voyait monté sur le mur du cimetière, attaché à sa formidable rapière, montrant son poing fermé au *Vigilant*, maugréant et jurant qu'il aurait le matelot captif, son argent et son sac, ou *le Vigilant* tout entier ; et à cet effet, il mit en réquisition trois grandes barges pour venir, à son heure, prendre *le Vigilant* à l'abordage.

Les rieurs n'auraient pas été pour qui se serait laissé surprendre par de tels adversaires. Le capitaine du *Vigilant* prit ses mesures. Il avertit de cette singulière algarade le sous-préfet de Paimbœuf, lui expliquant ses droits de garder à son bord un matelot porté sur son rôle d'équipage, ne le trouvant pas recevable à faire valoir son incorporation dans des bandes non autorisées, et d'ailleurs inutiles alors ; protestant contre qui oserait insulter son pavillon. Le sous-préfet lui répondit : Faites ; et il fit charger sa batterie. Le *Vigilant* portait dix pièces de canon de 6, et six caronades de 12. Elles furent gorgées de mitraille. Les *filets d'abordage* furent établis sur leurs cartahus. L'équipage tout entier, composé de quatre-vingt-cinq matelots, sortis en 1814 des pontons d'Angleterre, fut averti, et se réjouit d'avance. On attendit. — L'étale-mer eut lieu à 5 heures ; l'ennemi n'en profita pas ; le guerrier

Pinguelen de Bois-Brillant n'était pas marin, ou les bargers étaient de bonnes gens qui ne voulaient pas que sa folie tournât à mal; ce fut à six heures et demie, dans la grande force du descendant, que la bande expéditionnaire quitta le rivage aux cris de *vive le roi!* On tremblait d'inquiétude à Saint-Nazaire; on pouffait de rire à bord du *Vigilant.* Le convoi s'avance péniblement à grands renforts de rames, le long d'un rivage vaseux où le courant est moins fort et plus facile à refouler. Mais, ô guignon! une barge touche et s'échoue! c'est celle qui porte le centurion Pinguelen de Bois-Brillant, et ses trente hommes d'armes; — et d'une. Une seconde barge laisse arriver sur *le Vigilant;* mais, coupant trop court, elle est emportée par la violence d'un courant de grande marée qui l'entraîne sur la chaussée de rochers projetée au large de Saint-Nazaire; un miracle a sauvé la barge et les hommes;—et de deux. La troisième barge s'élève convenablement et se dirige sur *le Vigilant;* mais la vitesse immaîtrisable du courant qui la jette sur le navire épouvante les preux qu'elle transporte; l'honneur d'achever seuls la conquête pour laquelle ils sont venus les épouvante plus encore, et les cris qu'on entend dans cette barge, qui va se briser si elle aborde, ne sont plus des cris de guerre, mais des supplications d'assistance et de merci. Le capitaine du lougre dit à ses marins : « Pas de coups, mais des farces; laissez-les aborder, et soyez parés sur les cartahus du filet d'abordage devant à bâbord. » La barge vint s'appliquer avec force sous le bossoir de bâbord du bâtiment et se crever contre le bec d'une ancre en veille. Largue! crie le capitaine aux matelots qui tiennent les cartahus. Aussitôt le lourd *filet d'abordage* tombe sur la barge et l'enveloppe, en pressant sous ses fortes mailles les trente abordeurs, réduits à l'état de goujons pris au filet. Honteux et confus, ils juraient, mais un peu tard...... Le capitaine voulait les laisser là toute la nuit; mais la barge, crevassée, emplissait le long du bord. Les trente quidam furent pris sur *le Vigilant,* désarmés et mis aux fers. Mais l'illustre chef de l'expédition était toujours dans la barge envasée; survint une pluie battante et froide, bien qu'au mois d'août; on l'entendait crier et greloter lui et les siens, demandant pitié aux échos, en disant qu'il ne le ferait plus. Ce ne fut qu'à cinq heures du matin que le retour de la marée fit flotter sa barge et le rendit au rivage. Les trente prisonniers furent aussi remis à Saint-Nazaire. Les cent guerriers se retrouvèrent sans doute; un tiers était sans armes; ils se remirent en route pour leur quartier-général, sans le matelot déserteur, ni son argent ni son sac.

Filet de casse-tête. (Voir *Casse-tête.*)—Les *filets de pêche* sont nombreux de formes et de noms; cette variété de *filets* est selon les pays, les mers où ils sont employés, et aussi selon les poissons

qu'ils sont destinés à surprendre. Les *filets* les plus généralement connus, sont : l'alignole, l'aumaillade, la bastarde, la bichette, le boullier, la brassade, le canard, la drainette, l'essangue, le chalut, l'épervier, la flammergue, le ganguy, l'haveneau, le lengeon, la manet, le mangui, le picoto, la rissole, la seine, la sardinière, le trascini, le thonnaire, le tramaille, le tressure. — Chaque bâtiment de guerre est muni d'une seine et d'un tramaille, qui ordinairement sont faits à bord; on n'embarque que le fil pour les confectionner. —Ces *filets*, à bord d'un bâtiment, sont d'un très-heureux effet; non-seulement parce qu'ils procurent aux marins de l'équipage des repas de poissons pour les délasser de la nourriture uniforme des bords, mais encore parce que la pêche est une opération qu'ils aiment et qui les divertit beaucoup quand ils y sont appelés à leur tour.

FILIÈRE. s. f. Cordage qui fait l'office de lacet, et sert à tendre, soit des tentes que l'on réunit au moyen de ce lacet, soit des filets de casse-tête, de bastingage ou d'abordage. On appelle aussi *filières*, d'autres cordages fortement tendus dans la longueur des espars qui supportent les voiles, et auxquels s'attachent ces voiles, au lieu d'être attachées par des liens autour des vergues.

FILIN. s. m. C'est le mot employé pour désigner le cordage commis en aussière, c'est-à-dire composé de cordons simplement faits avec les fils de carret, tordus en faisceaux. Ce nom de *filin* le distingue du cordage qui est fait avec trois aussières réunies et cordées ensemble, et qu'on appelle *grelin.*

FIN, INE. adj. Qualification d'un bâtiment dont les façons sont rétrécies dans la carène, peu développées, ce qui en rend le fond aigu et propre à une grande marche. On dit d'un tel navire qu'il est *fin*, ou *fin de façons.* On dit aussi d'un bâtiment d'une marche supérieure, qu'il est *fin coureur* ou *fin voilier.* — Le mot *fin* s'applique au temps et à l'horizon. On dit *temps fin,* quand l'atmosphère est sans nuage, le ciel haut et clair; *horizon fin,* lorsque l'horizon est vivement tranché sur le fond du ciel.

FLAMBARD. s. m. Embarcation en usage sur les côtes de la Normandie pour la pêche au chalut; elle porte deux mâts avec leurs voiles. Le *flambard* est commun au Havre.

FLAMBEAU DE LA MER. C'est le titre de plusieurs anciens livres de pilotage, dont le plus renommé est le Portulan, traduit du dieppois, ancien dialecte flamand. Les caboteurs invoquent encore ces vieux ouvrages, aujourd'hui très-imparfaits : ils indiquent les routes à suivre, la direction et la force des courants, les sondes, les dangers, etc.

FLAMBER. v. a. Cette expression est employée dans les armées navales. L'action indiquée par ce mot peut se traduire ainsi : témoigner par un signal, à un navire, ou à son commandant, ou à l'un des officiers, le mécontentement du général : on *flambe* un navire pour une fausse manœuvre ou pour une évolution mal exécutée. Si le signal de mécontentement est appuyé par un coup de canon, il s'adresse au navire et à son équipage, et devient une sorte de punition morale : c'est une mauvaise note dont il est parlé ; on dit : Tel bâtiment a été *flambé* par l'amiral. — *Flambe* est la corruption de *flamme,* et cette *flamme* est celle du canon. C'est donc à tort qu'on dit *flamber,* quand il s'agit de signaux de mécontentement qui ne sont pas appuyés du coup de canon.

FLAMME. s. f. Signe flottant, aux couleurs nationales, arboré à la tête du grand mât, pour distinguer, des autres bâtimens, les navires de guerre, et ceux commissionnés par le gouvernement. Les bâtimens du commerce n'ont pas le droit de porter la *flamme* nationale ; mais, pour ne pas être privé de l'effet élégant que dans les jours de fête le navire emprunte aux pavillons qu'il déroule sur ses mâts, une *flamme* aux couleurs de fantaisie, arborée au grand mât, brille, se tord, et claque sur la flèche effilée d'un navire coquet. La *flamme* accompagne ordinairement le pavillon national. Cependant on l'arbore seule, principalement sur les rades, au point du jour, ou au coup de canon de diane, et on ne l'amène qu'à nuit close, ou au coup de canon de retraite, tandis que le pavillon s'arbore au lever du soleil et s'amène à son coucher. La *flamme,* faite d'étamine légère, est très-longue, comparativement à sa plus grande largeur, qui, pour les plus grands vaisseaux, est de deux pieds environ, pour diminuer en pointe vers le bout flottant ; quelquefois, pour plus de coquetterie, ce bout flottant est fendu d'un tiers de la longueur de la *flamme,* et représente deux langues qui se croisent, se tordent et se détendent aux caprices de la brise. Les bâtimens de guerre font usage de *flammes* de signaux, moins longues et plus larges, afin qu'elles exposent mieux leurs couleurs aux regards qui les observent. Les couleurs de ces *flammes* sont d'abord arbitrairement adoptées, mais généralement imitées sur tous les bâtimens de la flotte. — Les corsaires battent la *flamme* rouge.

FLASQUES. s. f. pl. Ce sont les deux principales pièces qui composent un affût de canon, chacune d'elles en forme un côté, et elles sont réunies par les essieux. — Il y a aussi les *flasques* de *guindeau.* (*Voir* ce mot.)

FLÈCHE. s. f. Il y avait anciennement un instrument d'astronomie ainsi appelé ; l'usage en est aujourd'hui complétement abandonné. — Les *flèches* de la mâture sont les parties les plus élevées des derniers mâts, celles qui n'ont point de cordages qui les étayent, et qui s'élancent au-dessus de la dernière voile, pour porter seulement

des pavillons, des flammes ou simplement une petite girouette. Quelquefois les *flèches* portent une voile légère ; mais cette voile est *volante,* c'est-à-dire qu'elle ne repose sur la *flèche* que lorsqu'elle est livrée au vent, et redescend sur le pont ou dans la hune pour être serrée ou ferlée. Les *flèches* contribuent par leur élévation à donner de la grâce au système de la mâture ; une fragilité apparente, au milieu des nuages où elles semblent confondues, rend plus frappante cette opposition de faiblesse et de puissance, que présente le grément d'un navire, avec les élémens terribles au milieu desquels il habite continuellement.

FLÈCHE-EN-CU. s. f. C'est une voile triangulaire et légère, qu'on établit quelquefois au-dessus de l'artimon ou de la brigantine, en montant contre le mât. Les bâtimens carrés ont rarement la *flèche-en-cu,* mais les côtres et les grandes goëlettes l'ont généralement.

FLIBUSTIER. s. m. On sait qu'en 1620 l'Espagne possédait presque sans partage le vaste territoire du Nouveau-Monde, qu'avait découvert Christophe Colomb. Mais tout l'archipel d'îles connues sous le nom d'Antilles était encore à cette époque occupé par les Caraïbes, contre lesquels les attaques des Espagnols furent souvent sans succès. Les Français et les Anglais essayèrent plusieurs fois d'intervenir entre les naturels de ces îles et les Espagnols, en armant des corsaires qui, sous de spécieux prétextes d'ordre, n'avaient réellement pour but que le pillage, et non l'ambition de créer des établissemens nationaux sur ces points éloignés de leurs continens. Ce furent ces expéditions, dont 1625 vit les plus importantes, qui firent naître ce qu'on appelle les *flibustiers.* Un gentilhomme normand, du nom d'Enambuc, aborda à Saint-Christophe, en même temps qu'un Anglais nommé Warner ; les deux chefs réunirent leurs armes pour combattre les naturels, et s'emparer des îles où ils avaient débarqué leurs forces. Mais l'occupation s'étant faite sans résistance, on s'occupa de mesures d'ordre et de prospérité. Cependant les Espagnols, jaloux de ce commencement de prospérité, déclarèrent une guerre acharnée aux alliés d'Europe, qu'ils battirent de la supériorité numérique de leurs forces. Le peu qui échappa de ces premiers flibustiers se réfugia dans l'île de Saint-Domingue, dont les Espagnols avaient abandonné la partie septentrionale. Ce fut alors qu'en attendant le moment venu de reconquérir leurs îles évacuées, les flibustiers se livrèrent avec acharnement à la poursuite des navires espagnols, dont ils pillaient les cargaisons en faisant les équipages prisonniers.

Mais souvent inquiets sur la portion de la grande île où ils s'étaient réfugiés, les compagnons d'Enambuc songèrent à prendre possession de l'île de la Tortue, située à 2 lieues de la première, et qu'occupaient quelques misérables habitans avec lesquels ils s'efforcèrent de sympathiser. Ce fut le quartier-général de la *flibusterie*, et là couvèrent par la suite ces projets et ces opérations gigantesques qui jetèrent un si vif éclat de renommée sur les intrépides marins qui s'y réunirent sous un même et fidèle drapeau.

Les aventuriers possesseurs de l'île inculte de la Tortue songèrent d'abord aux mesures vitales de leur institution, aux questions matérielles et d'ordre. Ils se divisèrent en trois catégories: les *boucaniers* (*voir* ce mot), les *flibustiers* ou écumeurs de mer, et les *habitans*, pris dans le nombre des marins qui consentirent à s'occuper de l'amélioration physique de l'île et de la culture des terres.

L'étymologie du mot *flibustier* est généralement considérée comme un dérivé de la langue anglaise; le mot *free-booter*, corsaire, picoreur, semble avoir servi à faire *friboutier*, depuis transformé en *flibustier*. — Il ne serait pas facile de donner ici d'autres développemens entraînés par tout ce qui dérive du mot *flibustier*, et l'on doit se resserrer dans d'étroites proportions qui ne permettent guère de considérer chaque mot que comme une *thèse* pure et simple à expliquer, et non à commenter, en s'égarant jusqu'aux écarts de l'analyse et de l'histoire; on voit seulement ici ce qui forma la société des flibustiers, sans qu'il soit nécessaire de connaître leur vie et leurs étonnans succès. Au mot *Boucanier* nous avons donné des détails qui se rattachent nécessairement à cette seconde catégorie de cette grande famille d'aventuriers. Nous terminerons par quelques traits sur les coutumes maritimes des *flibustiers*. Quand ils étaient en mer, et qu'à la rencontre d'un navire ils voulaient témoigner leur humeur de *sans quartier*, ils arboraient un pavillon noir où brillaient une tête de mort et deux fémurs croisés. Le bâtiment qui ne se rendait pas à la vue de ce sinistre appel avait son équipage massacré. Mais cette mesure n'était pas générale, et le pavillon noir n'était point hissé sans nécessité. Le sentiment patriotique dominait toujours ces fougueux marins, même au milieu des plus grands excès de leur bouillante ardeur: on les a vus souvent joindre leurs flottes aux bâtimens que l'Etat envoyait dans les mers où ils croisaient; seulement, dans le combat, ils ajoutaient au pavillon national leur impitoyable drapeau aux *ossemens croisés*.

Après de longues et périlleuses courses, et les manifestations souvent répétées du plus bouillant courage, les *flibustiers* finirent par se séparer, et, après le partage de leurs immenses richesses, beaucoup rentrèrent dans leur patrie, où, s'effaçant du monde, ils jouirent paisiblement des fruits de tant de dangers, d'audace et de travaux.

— Les matelots disent *flibuster*, pour signifier faire la fraude, la contrebande, la maraude, ou tout autre commerce illicite; le *flibustier*, se prêtant à toutes les extensions de leur langage, a, dans leur bouche, la valeur du *carottier* dans les régimens.

FLOT. s. m. Le *flot*, c'est le flux de la mer, le temps qu'elle met à monter, son mouvement journalier qui se renouvelle deux fois par vingt-quatre heures, et qui apporte une augmentation venue du large dans les eaux qui baignent les côtes. — Un navire à *flot*, est celui dont aucune partie n'est soutenue par un corps solide, et qui est totalement porté par la mer. — Les flots sont toutes les monticules que l'eau présente à sa surface sous l'effort du vent; les marins disent les *lames*.

FLOTTAISON. s. f. Ligne que trace le niveau de l'eau sur la coque d'un navire, en séparant sa partie submergée de celle qui ne l'est pas. Cette ligne de *flottaison* variera sur la carène du bâtiment, suivant qu'il sera peu ou beaucoup chargé.

FLOTTE. s. f. Réunion d'un grand nombre de navires qui doivent naviguer de compagnie; c'est un terme général dont les dérivés sont : *convoi, escadre, armée, etc.* Le nom de *flotte* s'applique également à l'ensemble de tous les bâtimens de guerre d'un Etat. La *flotte* de France, d'Angleterre, d'Espagne, etc.; règlemens pour la *flotte.*—On dit aussi bien une *flotte*, d'un grand nombre de bâtimens mouillés dans une rade, que de ceux qui sont sous voiles. — On nomme encore *flottes*, des barriques vides et bien bouchées qui servent à tenir à flot un câble dont on veut éviter le frottement sur un fond de rochers,— ou encore de petits morceaux de liége ou de bois léger, dont on garnit le côté de certains filets, dont une portion doit rester à la surface.

FLOTTER. v. a. Faire flotter, c'est mettre à flot, ou garnir de flottes.

FLUTE. Nom d'un grand bâtiment à trois mâts commissionné par le gouvernement, destiné à charger du bois de construction, ou des munitions de guerre et de bouche, et toutes sortes d'approvisionnemens, pour les besoins des colonies, de leurs navires stationnaires, de leurs garnisons; ou enfin pour accompagner une armée navale expéditionnaire. Quelquefois des frégates, et même des vaisseaux de ligne, sont employés comme *flûtes*; dans ce cas leur équipement militaire et leurs équipages sont modifiés conformément à leur mission. L'expédition d'Alger comptait bon nombre de vaisseaux de ligne et frégates armés *en flûtes*. Les *flûtes* réduites à la condition de navires de charge, comme les bâtimens de commerce, sont néanmoins mieux armés que ceux-ci, et portent une batterie et un équipage pour la servir. Ce mot *flûte* nous remet en mémoire une anecdote que nous rapportons ici, comme pouvant servir à rappeler une phase historique du personnel de notre marine. On se souvient que l'émigration de 1792 et 1793 laissa nos vaisseaux sans officiers, et que l'on ne put boucher ces vides déplorables dans les états-majors des bâtimens de guerre, qu'en prenant parmi les capitaines de la marine marchande, et même dans la classe des pilotes et des maîtres de manœuvre, des sujets pour remplir sur nos vaisseaux les fonctions d'officiers instruits! La gravité des circonstances ne permettait pas le choix d'un meilleur moyen; l'activité pressante de notre marine, à cette époque de luttes sanglantes, ne laissait pas le temps d'une investigation complète sur les talens du candidat. Le système d'égalité d'alors accordait indistinctement les honneurs de l'épaulette à tous les serviteurs de la patrie; il dut donc se trouver, dans le corps des officiers de la marine ainsi composé, des hommes au-dessous de leur nouvelle condition, sous le rapport de la science, du maintien et du langage. Si la crise révolutionnaire imposait la nécessité d'user de la bravoure et du dévouement patriotique des nouveaux officiers de la marine, plus tard, la dignité du corps exigea qu'ils en fussent élagués peu à peu, à mesure que l'état des choses permettait cette épuration. Cette digression nécessaire nous a écartés de l'anecdote annoncée; nous y revenons. L'un des officiers de cette époque, en récompense de quelque action remarquable, avait été conservé dans son grade de lieutenant de vaisseau; peut-être avait-il des qualités pratiques qui rendaient ses services utiles. — Le gouvernement ayant eu occasion de faire armer plusieurs *flûtes*, notre officier fut nommé à l'un de ces commandemens. Ce fut pour lui l'accomplissement de ses rêves d'officier de marine; et il s'en allait le disant partout. Il raconta sa bonne fortune à un officier de ses amis, qui, pour s'amuser de l'ignorance du capitaine de *flûte* sur la portée des mots, lui dit qu'il ne voyait pas dans sa nomination à ce commandement de quoi chanter bien haut. — Comment ça? demanda le capitaine de *flûte*. — Oui, répondit son ami, il y a eu dans la distribution de ces commandemens un passe-droit à votre préjudice. — Je ne comprends pas. — Mon cher, on vous a donné le commandement d'une simple *flûte*, qui n'a pas de canons, avec laquelle vous ferez peut-être le cabotage sur la côte; tandis que tel officier, moins ancien de grade que vous, a le commandement d'une *flûte traversière* beaucoup plus avantageuse; à votre place je réclamerais auprès du ministre et ferais valoir mes droits. » L'ignorance et l'orgueil ne doutent de rien; le capitaine de *flûte* réclama auprès du *citoyen ministre*; lui observant qu'une *flûte traversière* lui revenait de droit; se croyant d'ailleurs aussi capable que personne de lui faire faire *ses traversées*.

FLUX. s. m. Courant de la marée montante. Il dure six heures et un quart environ. Les marins l'appelle flot. (*Voir* ce mot.)

FOC. s. m. Voile triangulaire, dont le plan se développe dans le sens de la longueur du navire, et que l'on voit suspendue au-dessus du mât de beaupré, ce mât incliné à l'avant du bâtiment. Les navires ont ordinairement trois *focs* : le *petit-foc*, c'est celui qui sert toujours, tant que dure la navigation : il offre sa surface à l'action du vent; aussi est-il fait d'une toile très-forte et capable de résister aux plus violentes bourrasques; il s'use rapidement, moins par l'action des molécules d'air sur son tissu, que par ses frottemens destructeurs contre l'étai de misaine sous certaines allures; dans le vent arrière par exemple, cette voile ne se présentant pas directement au souffle de la brise, elle ne peut être enflée, et se balance sans aucun effet; dans ce cas un officier de quart économe des voiles fait serrer les *focs*. Le *grand-foc*, placé en dehors du premier, est ainsi nommé par sa plus grande dimension; il sert dans les temps ordinaires; la toile dont il est fait est plus souple. Le *grand-foc* se replie, quand il ne sert pas, sur le *bout-dehors de grand-foc* (*voir* ce mot). Cette opération est dangereuse pour les matelots qui l'accomplissent, lorsque le vent souffle avec force; les fouettemens violens de ses plis gonflés de vent, la position difficile des hommes sur ce mât grêle et incliné au-dessus de la mer, font craindre pour eux, surtout dans les nuits venteuses; il faut souvent rendre ces dangers moins grands en dirigeant le navire sous une allure plus favorable au travail des matelots, pour reprendre ensuite la première direction abandonnée un moment. Le *clin-foc*, c'est le *foc* des beaux temps; sa toile est fine, sa coupe est svelte; il est établi à l'extrémité du beaupré. Les *focs* se tendent le long de leurs drailles, au moyen d'une drisse fixée à l'angle supérieur de la voile. Ils sont maintenus à la draille par des bagues attachées de distance en distance le long du plus grand côté de la voile, et retenus au beaupré par l'un des coins inférieurs; ce coin, ainsi retenu par un lien, s'appelle le point d'amure. Enfin le *foc* est complétement tendu au vent par l'écoute, attachée à l'autre angle inférieur. L'action des *focs* sur le bâtiment est moins de contribuer à sa vitesse que de le maintenir dans la direction qui lui est donnée par le gouvernail; c'est comme puissance, agissant sur un bras de levier, qu'ils sont employés pour aider les mouvemens de la proue dans le sens opposé au vent régnant. La propriété des *focs* est de faire arriver le navire.

FOÈNE. s. f. Instrument de fer, espèce de fourche à 6 ou 7 branches, dont les extrémités sont terminées en dardillons; aplaties et de peu de surface, les branches se réunissent, pour former une douille de 5 ou 6 pouces, dans laquelle s'emmanche une gaule de bois de sap de 8 pieds de long, alourdie à l'une de ses extrémités par un morceau de plomb de 4 à 5 livres. La *foëne* et le manche sont réunis par un cordage disposé de telle sorte, qu'il ne gêne pas la séparation de la gaule et de la *foëne*, tout en les retenant tous les deux. La *foëne* sert à darder certains poissons, comme les dorades, les bonites, etc., quand ils s'approchent assez de la surface de l'eau pour être atteints par la *foëne* qui leur est lancée de toute la vigueur du pêcheur qui la dirige. Le petit cordage dont il a été fait mention sert à la retirer de la mer.

FOËNER. v. a. C'est faire usage de la foëne, c'est une manière de pêcher récréative ; un bon *foëneur* fait preuve d'adresse et d'un rapide coup d'œil. Il faut qu'il atteigne à une profondeur de 10 ou 12 pieds sous l'eau, un poisson dans toute sa vitesse, et qui n'offre pas une grande surface aux dents peu développées d'une foëne ; si le poisson est atteint par les branches de l'instrument, il est aussitôt renversé le ventre haut, par le mouvement de bascule du manche plombé ; et dans cette position il est facilement maîtrisé et mis à bord.

FOND. s. m. En langage ordinaire, c'est la partie solide au-dessous de la mer, à une plus ou moins grande distance de la surface de l'eau. Cette acception ne change pas en marine ; cependant l'usage maritime de ce mot entraîne quelques considérations qui se rattachent aux qualités du sol, aux profondeurs où la sonde va l'étudier, et qu'il est nécessaire d'exposer ici. On dit *fond* de vase, *fond* de sable, *fond* de roches, *fond* de gravier, de corail, de coquille, de coquillages brisés ; *fond* cuivré, *fond* de son, de coquillages et de sable ; enfin toutes les qualités du *fond* apportées par le suif du plomb de sonde, servent à en désigner la nature, et ces circonstances, indiquées sur les cartes marines, aident puissamment un navigateur à reconnaître sa position. On dit aussi *fond* mou, *fond* dur ; *fond* bas, celui qui est à une grande profondeur ; *fond* haut, celui qui est rapproché de la surface de la mer. On dit : il n'y a pas de *fond*, quand la sonde ne peut l'atteindre ; on est sur le *fond*, lorsqu'on approche des côtes et que la mer a perdu la couleur azurée qu'elle contracte sur les grandes profondeurs de l'Océan, pour prendre alors une teinte vert-sombre. On dit *petit fond* quand il y a peu de brasses d'eau ; *grand fond* quand le brassiage est grand. On appelle *fonds* d'un navire, les parties inférieures de la carène, formées par les contours ronds ou évidés des pièces de fondation (voir *Varangues*). On dit qu'un navire a de beaux *fonds*, des *fonds* fins ou des *fonds* plats ; les parties les plus rapprochées de la quille s'appellent le *petit fond* ; on dit aussi le *fond* de la cale, où repose la carlingue (voir ce mot). Le *fond* d'une voile, c'est sa partie comprise depuis le centre jusqu'au bord inférieur, qu'on appelle *ralingue de fond*. Dans les grands ports il y a le bureau des *fonds*, celui où se font les recettes d'argent, les paiemens, où se liquident les appointemens de soldes, les marchés, etc.

FORBAN. s. m. Synonyme de pirate. On emploie ce mot pour désigner un navire déprédateur et les scélérats qui le montent. Les *forbans* sont des voleurs sur mer, en guerre à mort avec le genre humain, qu'ils traquent sur l'Océan pour le ruiner à leur profit, et le sacrifier atrocement à leur sécurité. L'espoir d'une jouissance issue de leurs rapines, quand ils réussissent à s'échapper, et la crainte d'une mort immédiate et infamante s'ils tombent sous la main de la justice qui les poursuit, sont les continuelles alternatives de leur existence balottée. Les *forbans* n'ont pas de nation ; ils sont réprouvés par celles auxquelles ils ont appartenu.

FORÇAT. s. m. C'est le nom que, dans les ports, on donne aux condamnés aux travaux forcés. Les *forçats* étaient employés anciennement sur les galères (*voir* ce mot) à la manœuvre des rames ; aujourd'hui ils servent dans les arsenaux aux travaux de peine ; ils sont enchaînés par couple et vêtus d'une casaque rouge.

FORCER. v. a. et n. Dans certains cas, l'acception ordinaire de ce mot ne change pas, et signifie *contraindre* ; comme dans ce cas : *Forcer l'ennemi au combat ; le forcer à se jeter à la côte ; être forcé de fuir devant une tempête*, etc. ; dans un autre sens, le mot *forcer* est pris pour *augmenter* ; ainsi *forcer de voile*, c'est ajouter des voiles à celles qui sont déjà déployées, c'est en charger les mâts.

FORTUNE DE MER. s. f. Le commerce maritime emploie ce mot pour exprimer tous les accidens qui peuvent atteindre les marchandises embarquées sur un bâtiment. — Les assurances garantissent les navires et leur changement contre toutes les fortunes de mer, même les événemens de guerre. — On appelle des *voiles de fortune* toutes celles qui ne sont pas d'un usage régulier, qui ne servent que momentanément, et sont différentes des autres voiles en ce qu'elles ne sont pas garnies de vergues ni de tout le gréement qui accompagne celles qui restent à poste fixe. — *Un gouvernail de fortune* est celui qu'on parvient à construire à bord d'un bâtiment, pour remplacer le premier dont un accident a privé le navire. Les *gouvernails de fortune* n'ont pas de forme arrêtée, ils sont fabriqués suivant la nature des ressources qu'on possède en matériaux propres à entrer dans sa fabrication, et principalement en raison de la manière dont il pourra remplacer le gouvernail primitif. Cette opération est toujours fort difficile et fort scabreuse. — En 1827, revenant des grandes Indes sur le trois-mâts du commerce *la Pallas*, nous perdîmes notre gouvernail dans les parages du Cap de Bonne-Espérance. Nous parvînmes, après un long et laborieux travail, à construire un gouvernail de fortune qui fonctionna assez convenablement pour nous ramener jusqu'en France, c'est-à-dire à plus de trois mille lieues du point où nous était arrivé l'événement. — En général, tous les objets qui en remplacent d'autres provisoirement entraînent le mot de *fortune*.

FOSSE AUX LIONS. s. f. C'est un petit magasin destiné à recevoir les menus objets dont le détail ressort des fonctions du maître d'équipage des bâtimens de l'Etat ; elle est placée, à bord des grands navires, sur l'avant du mât de misaine, et un gardien y est continuellement en exercice. Une corruption, telle que le langage des marins en offre de nombreux exemples, a fait dire et ensuite consacrer le mot *fosse aux lions*, pour *fosse aux liens*, qui traduit avec vérité la destination de ce magasin, généralement encombré de menus cordages, de bitord, de merlin, de lusin, etc. — Les jeunes officiers du grade d'élèves qui reçoivent le châtiment d'une faute sont envoyés aux arrêts dans la *fosse aux lions* qui entraîne alors une application morale de prison provisoire.

FOUGUE. s. m. On sait que le mât placé le plus à l'arrière sur les navires qui en portent trois, sans compter le beaupré, prend le nom de mât d'artimon. Ce nom est donné à l'ensemble du mât, bien qu'il soit, comme tous les autres, composé de plusieurs mâts superposés sur le bas-mât. On a vu ailleurs qu'après le bas-mât vient le *mât de hune*, puis le mât de perroquet, du nom des voiles que ces différens mâts élevés supportent. On appelle néanmoins le mât immédiatement supérieur au bas-mât d'*artimon*, mât de *perroquet de fougue*, au lieu de lui donner le nom de *mât de hune d'artimon* qu'il devrait logiquement porter. La voile que soutient ce mât est appelée *perroquet de fougue*, au lieu de *hunier d'artimon*. L'origine de ce nom, qui semble d'abord anti-logique, vient de ce que les grains, les rafales et autres violens accidens de l'atmosphère étaient anciennement appelés *fougues ;* on s'était hasardé à placer sur le mât d'artimon une voile carrée qui, plus fragile que les autres huniers, prouva pourtant à l'expérience qu'elle était en état de résister aux *fougues :* de là le nom que les traditions et la routine ont conservé.

FOURRER. v. a. C'est entourer un cordage qu'on veut préserver des frottemens, de la pluie ou de tout autre accident, avec de menus cordages, tels que bitord, fil de carret, etc., en entortillant par rangs pressés et réguliers ce premier cordage à l'aide des seconds. — Souvent, avant de *fourrer* un câble ou un grelin, on l'enveloppe de bandelettes de toile à voiles imprégnées de goudron, et la garniture de cordelle se fait par-dessus ; ce moyen est le plus préservatif qu'on puisse employer.

FOURRURE. s. f. On appelle ainsi tout objet dont l'application sur un cordage et autour d'une amarre a pour but de le préserver de destruction, par ses frottemens contre un corps dur avec lequel il est en contact. Les *fourrures* se font avec de vieux cordages ou des badernes, ou de la vieille toile tirée des voiles inservables ; on en fait aussi en bois tendre ; comme celle qui est placée sous les écubiers pour supporter les câbles en dehors, etc. C'est aussi le nom donné à certaines pièces de charpente qui entrent dans la construction des bâtimens. Lorsque les parties de toile usées d'une voile sont remplacées par de la toile neuve, cette vieille toile est appelée *fourrure*, et ne sert plus que pour garantir les cordages des frottemens qu'ils ont à supporter ; les meilleurs morceaux de *fourrure* sont employés à d'autres usages.

FRAICHEUR. s. f. C'est le nom que les marins donnent au faible souffle d'une brise qui renaît après un calme profond. Une *fraîcheur* s'annonce de très-loin, et avant qu'on la ressente sur le navire. La surface de la mer, qui jusqu'alors était unie et luisante, se ternit et se ride sur les espaces que la *fraîcheur* parcourt ; en la voyant se former au loin, les marins disent : *Voilà la fraîcheur qui vient.*

FRAICHIR. v. n. Se dit du vent lorsque son souffle augmente, quel que fût antérieurement son degré de force. On dit, il *fraîchit*, quand une fraîcheur succède à un calme ; on le dit aussi dans la plus forte tourmente, si le vent semble acquérir plus de violence.

FRAIS. s. m. Les marins se servent de ce mot pour désigner les divers degrés de la force du vent ; ils en font un substantif qui remplace le mot vent, mais en l'accompagnant d'un adjectif qui est l'expression de sa force ; ainsi *très-petit frais* est l'expression de la plus faible brise possible ; *joli frais*, est un vent gaillard et uni, sans variation de force ; *bon frais*, est un fort vent qui déjà a atteint le degré suffisant de force ; enfin *grand frais*, celui qui passe la mesure, et approche d'un coup de vent.

FRANC. adj. Se dit du vent de côté susceptible d'être meilleur, et qui néanmoins permet à un navire de présenter à la route directe du voyage, sans dérive, et en faisant beaucoup de chemin. On dit : *le vent est franc, nous gouvernons en route.*

FRANC-BORD. s. m. On nomme ainsi tout le revêtement extérieur, ou bordage complet du bâtiment, depuis sa quille jusqu'à la première préceinte (*voir* ce mot), c'est-à-dire tout le bordage du navire susceptible d'immersion sous la plus grande charge possible. Un bâtiment qui n'est pas doublé en cuivre ou en toute autre chose, est dit naviguer sur son *franc-bord*.

FRANC-TILLAC. s. m. En langage de droit maritime, ce mot veut dire le seul pont du navire au-dessous duquel se trouve immédiatement la cale. Il est défendu à un capitaine de navire du commerce de charger aucune marchandise sur *franc-tillac*, à moins qu'il n'y soit autorisé par un écrit du propriétaire de la marchandise ; dans ce cas, il n'est plus responsable des avaries qui peuvent survenir.

FRANC-FILIN ou **FRANC-FUNIN**. s. m. C'est un cordage en aussière (*voir ce mot* et *Filin*), de trois, quatre et cinq torons, dont la grosseur varie depuis 4 jusqu'à 9 pouces de circonférence. Ces cordages sont blancs ; les fils de carret qui les composent n'ont pas reçu de goudron. Les *franc-filins* servent dans les ports aux grands apparaux de force. L'absence de goudron dans le *franc-filin* et le degré de torsion que subit ce cordage, le rendent spongieux et susceptible de se raccourcir s'il est humecté. Son raccourcissement est tel, que dans la construction du ber d'un vaisseau de ligne, au moment de sa mise à l'eau, quand la gigantesque masse repose sur les têtes des colombiers (*voir ce mot*), elle est, comme on sait, supportée aussi par les garnitures en *francs-filins* des colombiers, lesquelles ont été roidies par les moyens les plus puissans ; pour obvier aux relâchemens qu'auraient pu éprouver ces cordages sous l'effort de leur tension, on les arrose avec des pompes à incendie ; après avoir reçu cette aspersion, les *francs-filins* sont tellement raccourcis, que le nouvel effort qu'ils transmettent à la masse entière du vaisseau la soulève sensiblement.

FRANCHE. adj. On se sert de ce terme en marine en parlant des pompes, lorsqu'elles ne jettent plus d'eau, le piston qui agit dans le corps de pompe n'en trouvant plus à aspirer.

FRANCHIR. v. a. Ce mot a plusieurs acceptions très-distinctes ; il s'emploie en parlant des pompes, quand on ordonne de pomper jusqu'à ce que ces machines ne jettent plus d'eau. *Franchir* les pompes, est la même chose qu'assécher la cale d'un bâtiment, en extraire toute l'eau. — *Franchir* un banc, une barre, un écueil quelconque (*voir ces mots*), où un bâtiment pouvait s'arrêter et se briser, c'est passer par-dessus sans le toucher. On dit d'un bâtiment : *Il a franchi le banc ; il est paré du danger.* On dit aussi : le vent *franchit ;* c'est synonyme de il a donné, il devient plus franc.

FRAPPER. v. a. En marine, techniquement parlant, ce mot n'a aucune analogie avec son acception vulgaire ; il est employé pour expression d'une sorte de nœud, particulier à certains cordages. On *frappe* une bosse sur un câble ; on *frappe* un grelin en embossure, c'est lier le câble momentanément et fortement, avec une bosse ou avec un grelin d'embossage, de manière que ceux-ci se tournent sur le câble tendu, en l'étreignant sans pouvoir glisser. Lorsqu'on attache à une voile qui doit être livrée au vent les cordages qui servent à la tendre, on dit *frapper* les *écoutes.*

FRÉGATE. s. f. Dans la hiérarchie des bâtimens de guerre, c'est ainsi qu'on nomme ceux du second ordre, eu égard à leur force établie sur le nombre de leurs canons. Les vaisseaux (*voir ce mot*) étant par cette condition les premiers sur la ligne, les *frégates* viennent immédiatement après. Faisons observer cependant que cette dé- finition sera plus applicable à l'avenir, vu le système adopté pour la construction des bâtimens qui doivent composer la flotte, qu'elle ne l'est aujourd'hui. Notre marine se composant d'anciens et de nouveaux modèles de navires, nous voyons des *frégates* qui peuvent présenter en bataille plus de bouches à feu que certains vieux vaisseaux. La *frégate* serait donc mieux définie, en disant que c'est tout bâtiment de guerre qui ne porte qu'une batterie couverte et des canons sur le pont supérieur. En adoptant cette définition, il reste à expliquer les variantes que présente l'espèce de navire de guerre appelé *frégate*. Sans remonter plus haut qu'aux xvie et xviie siècles, on voit des *frégates* de 22 canons, qui seraient rangées aujourd'hui parmi les corvettes du second et troisième ordre. Les trois mâts qu'elles portaient déterminaient la désignation de *frégate*, plutôt que la force de leur artillerie. Les Espagnols désignent encore sous le nom de *frégate* tout bâtiment portant trois mâts ; ils ajoutent : de guerre ou de commerce, pour différencier les genres. A l'époque que nous avons citée, les plus fortes *frégates* ne dépassaient pas 40 canons ; encore étaient-elles très-rares. C'est depuis la guerre d'Amérique (1778) que les *frégates* ont reçu un développement et une attitude militaire qui les rendent supérieures en force aux vaisseaux de troisième rang de l'ancienne marine. Depuis cette dernière époque jusqu'à 1815, les *frégates* ne portaient pas moins de 28 canons de 18 en batterie, et 16 pièces de 8, ou caronades de 36 sur les gaillards (*voir ce mot*). Il existait encore quelques vieilles *frégates* serviables, qui portaient 26 canons de 12, et 10 autres pièces de petit calibre sur le pont. Quelques autres, considérées alors comme des exagérations audacieuses, portaient 30 canons de 24 en batterie, et 20 pièces de 12 sur les gaillards ; la *Forte* fut l'une de ces formidables *frégates* qui ne seraient que de seconde classe aujourd'hui. Notre flotte présente actuellement trois classes de *frégates* sous la qualification de premier, deuxième et troisième rang ; celles du troisième rang comprennent toutes les *frégates* de 44 et 46 bouches à feu construites avant le nouveau modèle adopté ; celles de second rang, ou *frégates* de 54 canons, portent 30 canons de 24 en batterie, et des caronades de 30 en batterie barbette ; enfin, celles de premier rang, les *frégates* de 60, sont armées de 30 canons de 30 en batterie, et 30 caronades de 30, qui forment une batterie complète sur le pont. Ce dernier genre de *frégate* est probablement celui où l'on s'arrêtera. Les Américains du Nord ont été les premiers à adopter ce système de navire, qui leur acquit une supériorité marquée sur les Anglais, dans la guerre entre ces deux nations en 1812. Les *frégates* anglaises de cette époque ne purent résister à leurs formidables adversaires. Les Américains ont fait sonner bien haut cette supériorité matérielle, sans expliquer avec vérité la disproportion inférieure des forces de leurs ennemis ; ils opposaient *frégate à frégate*, sans dire que les leurs étaient armées de 60 bouches à feu, et celles des Anglais de 48. Mais la supériorité du talent et de la bravoure a été du côté des Anglais, comme l'a prouvé l'abordage et la prise de la *frégate* américaine *la Constitution*, par la *frégate* anglaise *le Shannon*. Les *frégates* de 60 canons que l'on construit en France sont ce que l'on peut atteindre de plus parfait en navire de guerre de cette espèce ; elles sont pour nos rivaux d'outre-Manche les objets d'une juste admiration que l'amour-propre national ne peut déguiser, tant sous le rapport artistique de construction navale que sous celui de la tenue nautique et militaire d'un bâtiment de guerre. Si le vaisseau est le roi de l'Océan, la *frégate* en est à bon droit la reine : beauté, vitesse et force, voilà les titres de sa prééminence navale. Il faut la voir sur les vastes espaces de son empire et dans les diverses éventualités de sa destinée, justifier cette prérogative océanienne ; aucun navire n'est plus brillant dans les fêtes, plus redoutable dans le combat, plus vif et plus souple dans les évolutions, plus fort en face de la tempête ; aucun surtout n'est plus rapide à s'élancer sur la mer, qu'elle dompte de sa puissante carène ; aucun non plus, par les élémens de victoire qu'elle renferme, ne promet plus d'illustration au chef chargé d'y soutenir l'honneur du pavillon.

FRÉGATER. v. a. Terme que les marins emploient pour exprimer l'action de donner à un navire les formes d'une frégate. De grosses corvettes, des corsaires sont *frégatés*, lorsqu'avec une batterie couverte et un pont supérieur armé de pièces d'artillerie, ils formulent, dans leurs petites proportions, une frégate de guerre. Autrefois en escadre on se servait du mot *frégater* pour exprimer le service de frégate rempli par un bâtiment de guerre, quel qu'il fût. Cette expression a été changée en celle-ci : *faire la frégate*. Des vaisseaux bons marcheurs, évoluant rapidement, sont au besoin chargés de parcourir les lignes, de chasser en avant, de remorquer hors du feu un vaisseau maltraité, de *faire la frégate*.

FRET. s. m. En langage de droit maritime, c'est tout ou partie du chargement d'un navire du commerce, considéré dans le prix et paiement du transport des marchandises d'un port à un autre ; ce prix a un cours établi dans le port où le chargement a lieu. Le *fret* peut s'entendre pour loyer du navire et de l'équipage ; dans ce cas, il est mieux rendu par le mot *affrètement*. (*Voir* ce mot.) Les marins disent : *le fret est haut*, quand il se paie cher ; *le fret est abondant*, quand il y a beaucoup de marchandises à charger. On part avec un bon *fret* lorsque le navire est chargé complétement. Notre Code du commerce est plein d'incohérences en traitant du *fret ;* celle-ci, par exemple : La marchandise répond pour le *fret ;* c'est une garantie matérielle contre l'insolvabilité du chargeur de la marchandise. Et plus loin : Le *fret* est payé après la livraison de la marchandise. (Voir le *Code de commerce.*)

FRÉTER. v. a. (Voir *Affréter.*)

FRÉTEUR. (Voir *affréteur.*)

FRISE. s. f. Ce sont des travaux en menuiserie ou en sculpture que l'on place à l'extérieur du navire comme ornement à son avant, pour recouvrir la grossièreté du charpentage. — On nomme aussi *frise* une sorte de grosse étoffe de laine que l'on applique dans l'épaisseur des sabords ou des autres ouvertures, afin de clore plus exactement les interstices que laisseraient inévitablement les couvercles ou autres machines qui bouchent ces ouvertures.

FUIR. v. n. Un navire assailli par un très-gros temps, et obligé de céder à la force du vent, est dit *fuir devant le temps ;* c'est-à-dire obéir à l'impulsion que la tempête donne à sa route. Supposant qu'un bâtiment ait à aller dans le sud, si le vent s'élève avec une trop grande violence de la partie de l'est, si les lames grossissent et s'amoncèlent au point de battre le flanc du navire dirigé vers le sud, de telle sorte qu'elles menacent de lui causer de graves avaries en le battant dans toute sa longueur, il cesse de prêter côté au vent et aux lames, et fait vent arrière : il *fuit avec le temps.* Dans cette position il porte vers l'ouest, et ne court plus les dangers que présentait sa résistance à la fureur de la tempête, puisqu'il se laisse entraîner avec elle, et qu'il se dirige volontairement dans la même direction que suivent les lames et la brise. Mais, pour pouvoir *fuir*, il faut n'avoir point de terre ou de dangers dans la nouvelle route qu'on va suivre, et un bâtiment qui se trouve voisin d'une côte vers laquelle battent le vent et les lames ne peut *fuir* et se voit contraint à rester en travers à l'ouragan, en courant les chances continuelles d'être frappé d'un violent coup de mer. — Pour *fuir* il faut peu de voilure, car la route que l'on fait (à moins que le vent ne pousse le navire dans la direction de sa route) n'étant pas celle qu'on eût choisie, on a intérêt à la rendre moins considérable qu'on peut. On *fuit* souvent à *sec de toile*, c'est-à-dire sans voiles, à *cordes et à mâts*, avec la seule impulsion que reçoit le bâtiment de la surface qu'offrent les mâts et les cordages à l'action d'un vent déchaîné.

FUNIN. s. m. Mot peu usité qui représente un cordage fabriqué sans goudron, et qui se dit *cordage blanc*. Les *funins* sont ordinairement de gros cordages dont on se sert plus particulièrement dans les chantiers et dans les ports que sur les navires. — *Funin* vient du latin *funa*, corde; et l'on trouve dans nos vieux auteurs la *fune* pour la corde.

ABARE. s. f. Bâtiment de transport pour l'Etat; sa grandeur varie de trois à six cents tonneaux. Les *gabares* ont trois mâts et sont armées de caronades; elles sont commandées par un officier de la marine royale, mais leur équipage appartient quelquefois au commerce, et les matelots y sont engagés au mois, comme sur les bâtimens marchands. Les *gabares* transportent d'un port à l'autre et jusque dans les colonies les munitions, les objets d'armement, l'artillerie, les troupes, les vivres, et en général tout ce qui est nécessaire pour l'équipement des vaisseaux de l'Etat. Il y a des bateaux affectés au transport des marchandises d'un navire à l'autre, ou d'un navire au port, qu'on nomme également *gabares;* les patrons qui commandent ces barques qu'on voit quelquefois faire le petit cabotage se nomment *gabariers.* — Certaines barques destinées à recevoir la vase provenant du curement d'un port, portent le même nom.

GABARIT. s. m. C'est le modèle en planches minces et souvent rapportées ensemble par morceaux, d'une pièce de charpentage dont la forme est adoptée. Les *gabarits* sont ce que, dans divers autres arts, on appelle des *patrons.* Si un vieux navire qu'on démolit était reconnu posséder de bonnes qualités pour la navigation, on prend le *gabarit* de chacune des pièces de sa construction, pour construire un nouveau bâtiment sur des proportions semblables. — Quelquefois le mot *gabarit,* qui ne s'applique généralement qu'aux pièces de la construction, sert pour l'ensemble; et pour exprimer qu'un navire est d'une forme gracieuse, que sa coque est convenablement tournée, on dira qu'il est d'un beau *gabarit.*

GABIER. s. m. Sur les bâtimens de guerre, les *gabiers* sont des matelots d'élite spécialement affectés au service de la mâture. Il y a des *gabiers* de beaupré, de misaine, de grand mât

et d'artimon. Tout ce qui se présente à faire dans l'élévation d'un mât, depuis sa saillie du pont jusqu'à la pomme qui termine la flèche, est de la compétence des *gabiers* attachés à ce mât. Fort rarement ces *gabiers* s'occupent des travaux qui se font sur le pont ou dans l'intérieur du navire, comme les caliers qui sortent à peine du cercle de leurs occupations routinières, même pour un naufrage. Les *gabiers* vivent en l'air, leurs pieds ne portent jamais en plein, ils sont toujours sur des cordes; leur séjour habituel c'est la *hune,* dont le parquet n'est le plus souvent formé que de petites lattes de bois, qui laissent des jours entre elles. Autrefois l'isolement des *gabiers* avec le reste de l'équipage était beaucoup plus complet qu'aujourd'hui, puisque, si le temps le permettait, ils couchaient dans la *hune,* et y déposaient les sacs contenant leurs effets. — Dans les rades les *gabiers* servent quelquefois de canotiers, service que déjà nous avons signalé comme honorable parmi la multitude de fonctions qui divisent un équipage. — Les *gabiers,* employés en certain nombre pour chaque mât, sont sous la surveillance et les ordres directs d'un chef de hune, officier marinier de bas grade. — Le mot *gabier* vient de *gabie,* espèce de demi-hune propre à certains navires de la Méditerranée.

GAFFE. s. f. C'est le nom d'une longue perche en bois de sap, de la grosseur d'un manche de bêche, dont l'une des extrémités est armée d'un fer portant deux pointes : l'une droite un peu aiguë, et l'autre régulièrement courbée et crochue, réunies par une douille qui reçoit le plus gros bout du manche. La *gaffe* fait partie de l'armement des embarcations, avec les mâts, les voiles et les avirons; elle est spécialement confiée au canotier le plus en avant dans le canot, appelé le *brigadier;* celui-ci s'en sert pour écarter le canot d'un navire ou d'un quai, en appuyant la pointe sur le bâtiment dont on veut se séparer, et poussant avec le manche pour opérer la séparation; il s'en sert également pour rapprocher et maintenir l'embarcation le long d'un bâtiment, en accrochant la pointe recourbée sur un point qui offre quelque prise. Les canots complétement munis ont deux *gaffes,* l'une à l'avant, dont le manche a 10 ou 12 pieds; une autre à l'arrière, beaucoup plus courte, maniée par l'un des canotiers dans cette partie du canot, et qui ne sert que pour accoster l'embarcation et compléter son contact avec l'objet qu'elle aborde. Les marins, pour exprimer une petite distance, disent : *à longueur de gaffe.* Les matelots, dans leur langage figuré, lui ont emprunté des comparaisons et des métaphores ; ils disent : *maigre et long comme un manche de gaffe.* En annonçant la mort de quelqu'un, ils disent *qu'il a avalé sa gaffe.*

GAGNER. v. a. Se dit lorsqu'un bâtiment court après un autre ; si la distance qui les sépare diminue, on *gagne* de vitesse le navire qui fuit. On *gagne* au vent d'une terre, d'un port ou d'un bâtiment, c'est-à-dire qu'on se rapproche, à l'égard de ces objets, du point de l'horizon d'où souffle le vent.

GAILLARD. s. m. On appelle de ce nom les deux parties extrêmes du pont supérieur d'un navire ; l'une, comprise entre le couronnement et le grand mât, c'est le *gaillard d'arrière*, qui comprend environ la moitié de la longueur du pont ; l'autre, qui commence à l'avant du navire et se termine en arrière du mât de misaine, s'appelle le *gaillard d'avant*, et comprend environ le quart de l'étendue du pont. Les deux *gaillards* se trouvent ainsi séparés par l'espace qui a été défini sous le nom d'*embelle* (*voir* ce mot). Les *gaillards* des vaisseaux et frégates sont garnis d'artillerie. Sur les bâtimens à batterie barbette, les parties du pont désignées comme *gaillards* conservent leurs noms. Les *gaillards* sont les postes de combat les plus dangereux ; les combattans, exposés aux éclats, à la mitraille et à la mousqueterie de l'ennemi, y sont encore menacés de la chute des mâts, des poulies et des cordages qui s'écroulent sous le choc des boulets. Les hasards de la bataille les mettent sous le niveau de l'égalité ; mais, considérés sous le rapport moral, le *gaillard d'arrière* et le *gaillard d'avant* sont à une immense distance par les conditions sociales de leurs habitans respectifs. Au *gaillard d'arrière*, les honneurs, la fortune, l'intelligence ; c'est le quartier aristocratique du bord ; le commandant y trône sur son banc de quart, dans les circonstances solennelles de sa noble mission ; les officiers y veillent et commandent pour le salut du vaisseau ; ils s'y promènent ou s'y assemblent dans leurs loisirs. Beau et brillant des nombreux instrumens nautiques et militaires qui le parent, le *gaillard d'arrière* commande le silence et le respect aux familiers de l'autre *gaillard* que le service y appelle.—Au *gaillard d'avant*, les fatigues, les privations et les dangers ; c'est la place publique du vaisseau, où le petit cabestan qui s'y dresse formule un pilori pour les jeunes mousses qu'on y fouette. Les matelots peuplent le *gaillard d'avant* ; c'est là qu'ils s'ébattent librement en causeries gaies et incessantes, en chansons graveleuses et sentimentales, en contes de bord bizarres et spiri-

tuels. Le *gaillard d'avant* est le dépôt des archives, où les vieilles traditions maritimes sont conservées vivantes et se transmettent aux générations qui s'y succèdent ; c'est sur le *gaillard d'avant* que l'observateur doit aller étudier le caractère normal du matelot et ses scènes de bord.

GALÈRE. s. f. Le plus ancien des bâtimens de guerre connus. C'est à l'époque de la guerre de Troie qu'il faut s'arrêter pour chercher l'origine de la *galère ;* en passant au delà, on s'égare dans le dédale des récits fabuleux. Il faut donc accepter les navires des Béotiens, qui portaient cent cinquante hommes, comme le premier degré de l'échelle qui conduit à la gigantesque et incroyable *galère* de Ptolomée Philopator, dont il sera parlé au mot *Navire* (*voir* ce mot). Les *galères*, nombreuses d'espèces, de formes et de noms, étaient comprises sous la dénomination générale de *navires longs* ou *à rames.* C'est à l'occasion des guerres maritimes entre les Grecs, les Romains et les Carthaginois, que les *galères* commencent à recevoir des modifications et des développemens plus appropriés aux combats de mer. Jusqu'alors les *galères* proprement dites sont *unirèmes*, c'est-à-dire *galères* à un seul rang de rames. On voit plus tard des *birèmes*, inventées par les marins d'Érytrée, selon Pline ; des *trirèmes*, attribuées aux Corinthiens, comme l'atteste Thucydide ; des *quadrirèmes*, construites par les Carthaginois, selon Aristote et Pline, lib. 7, cap. 56. Les *quinquérèmes*, inventées par Nesitonne Salaminius, selon Pline, furent les navires longs dont les Romains composèrent leur première armée navale, d'après Polybe, lib. 1. Le modèle de ces *galères* avait été pris sur une *quinquérème* carthaginoise, échouée sur les rochers du phare de Messine. Les noms de ces diverses sortes de *galères* sont mal interprétés, si l'on croit qu'ils désignent autant de rames superposées. Pour ne pas s'expliquer complétement, les traditions ne doivent pas être comprises dans ce sens. Les recherches faites depuis, les dissertations profondes des savans et le simple bon sens, ne laissent plus admettre trois, quatre, cinq et six rangs de rames superposés, sur des navires dont la condition essentielle était d'avoir peu de *creux* ; d'ailleurs, en se rappelant que les *quinquérèmes* romaines portaient six et sept cents hommes, et souvent plus, la capacité de pareils navires suppose déjà, pour le rang le plus près de l'eau, des rames d'une dimension telle, que leur manœuvre nécessite les efforts de deux hommes au moins. Les rames doivent nécessairement augmenter de dimensions à mesure que leur position d'action les éloigne de l'eau, en sorte que les rames du rang supérieur deviennent sans effet, ou d'une longueur non maniable. Tous les ouvrages italiens que nous avons consultés sur les *galères* antiques traduisent les mots *birème*, *trirème*, etc., par galère de deux rames par banc, de trois rames par banc ; *galee de duoi remi per banco* (voir l'*Armata navale* de Pantero Pantera). Il reste seulement à expliquer les dispositions d'un banc qui permettaient l'action simultanée de trois, quatre ou cinq rames. Charnock, écrivain anglais, qui s'est livré avec bonheur à des recherches sur ces questions désormais résolues, explique d'une manière lucide les dispositions des rames de la *galère dodici remi,* dont Alexandre le Grand fut l'inventeur; et celle de Ptolomée Philadelphe, qui portait trente ordres de rames; et le navire bien plus étonnant encore de Hiéron, roi de Syracuse, construit par Archias, qui présentait quarante rangs de rames. Ces monstrueux navires et les dispositions de leurs rames ont contribué à décider, selon Charnock, que le mot *ordre* de rames est plus rationnel que celui de *rang*. Dans les définitions des birèmes, trirèmes, etc., cet auteur donne la figure d'une *galère* ancienne à sept rangs de rames, qu'il dit avoir appartenue à Cyrus. On y voit un navire dont l'élévation au-dessus de l'eau est celle de nos corvettes ; sept divisions de rames, réparties également dans toute la longueur du navire, et séparées par un intervalle égal à celui qu'elles occupent, comptent chacune sept rames.

Les *galères,* soit antiques, soit d'une époque rapprochée du moyen âge, étaient des navires longs, ras d'eau, de peu de calaison ; elles naviguaient à la rame et à la voile ; elles portaient deux simples mâts courts, surmontés d'une sorte de cage appelée *corbis,* qui fut l'origine de la gabie ou de la hune. Deux immenses voiles à antennes étaient manœuvrées avec difficulté sur ces mâts trop faibles pour les porter. Ces navires, appropriés à la Méditerranée, étaient d'une navigation dangereuse par un mauvais temps. Sans tillac, un coup de mer en se brisant sur eux les emplissait, noyait les rameurs, et les rendait innavigables. Les *galères* étaient armées d'un éperon, ou sorte de bélier hérissé de pointes de fer, qui se projetait en avant de l'étrave et au ras de l'eau.

Rarement cette pointe formidable manquait de pénétrer dans un autre navire qu'elle heurtait de toute la vitesse imprimée à la *galère* par ses rameurs. C'était au moyen de l'éperon, que ces bâtimens se coulaient dans les batailles navales. Très-souvent l'effet d'un éperon, qui ne pouvait plus être retiré du navire ennemi, était funeste aux deux *galères* attachées par ce terrible lien. Les anciens avaient encore sur leurs *galères,* outre les armes de trait, des machines épouvantables pour la destruction de leurs adversaires, et entre autres des corbeaux ; c'étaient d'énormes blocs de fer façonnés de diverses manières, et suspendus au bras d'une grue, qui se manœuvrait au moment de l'abordage, pour faire correspondre le corbeau au-dessus de la *galère* abordée. Dans cette posi-

tion, la formidable masse, jusqu'alors suspendue par une chaîne, était abandonnée à sa pesanteur, et ne manquait pas de briser dans sa chute la *galère* ennemie. L'emploi de l'artillerie sur les *galères* dut nécessairement en modifier les formes et les dispositions. Ces navires, entre les mains des Vénitiens, des Génois et des Napolitains, reçoivent à cette époque tous les perfectionnemens dont ils sont susceptibles. La phase typique des *galères* est à l'époque de la bataille de Lépante. C'est alors que la *galère* se montre avec tout ce que ce nom a de terrorifiant. Les voilà ces *galères* de Venise l'invincible, avec leurs canons horribles, imparfaits, et si hideusement nommés ; voilà ces chiourmes effrayantes, où gémissent durant leur vie entière, sous le fouet qui les taille, et en expiation de leurs crimes, ces forçats italiens attachés à la rame avec un esclave barbaresque et un *buonevoglio* d'Espagne ! Et en regard de cette coursive, où grouillent la misère, l'abjection, les souffrances et le désespoir, la pompe, le luxe, l'orgueil des nobles officiers de Venise, la maîtresse de la mer ! la conquérante des marins méditerranéens ! Les Français, les Espagnols eurent aussi des *galères* construites, armées et administrées à l'instar des Italiens. Mais elles ne furent jamais regardées comme leurs navires de guerre exclusifs. La France avait ses chantiers des *galères* à Toulon et à Marseille. Elle avait son général des *galères,* dignité très-briguée alors. Un de ces navires, et probablement le plus beau de l'espèce, embelli par le ciseau du Puget, a subsisté longtemps à Toulon après qu'on eut cessé d'en faire usage ; une partie de ses ornemens de poupe, deux Renommées et deux Tritons, chefs-d'œuvre du Puget, sont religieusement conservés au Musée naval à Paris. On y conserve aussi le modèle sur une belle échelle de cette superbe *galère,* que nous croyons être *la Capitane* ou *la Réale.* Ce modèle d'un travail achevé est estimé 16,000 francs.

GALERIE. s. f. Sorte de balcon qui ornait la poupe des vaisseaux, et même des frégates anciennement. Les frégates furent privées de *galerie* lorsqu'on supprima les dunettes sur ces navires. Les vaisseaux de guerre et de la compagnie conservèrent longtemps cet accessoire confortable et gracieux. Les *galeries* alors s'élançaient au-dessus de la mer, à 3 ou 4 pieds de saillie. Abritée au-dessus par le prolongement du pont de la dunette, elles étaient à la hauteur du gaillard d'arrière de plain-pied avec la chambre de conseil, pour les vaisseaux de 74 et de 80, et les frégates ; les vaisseaux à trois ponts en avaient deux ; la seconde était de niveau avec la batterie haute. Ces *galeries* sont autrement disposées aujourd'hui ; elles n'ont plus de saillie en dehors de la poupe, en attendant qu'elles soient supprimées complétement, et l'époque n'en est pas éloignée.—On nomme également *ga-*

lerie, à bord des vaisseaux et frégates, un espace de 3 ou 4 pieds de large, espèce de corridor libre, ménagé dans toute la longueur de l'entrepont, entre la muraille intérieure du vaisseau et une cloison qui en détermine la largeur ; cette *galerie* a pour objet de tenir libre et sans encombre le côté intérieur du bâtiment qui, dans l'entrepont des vaisseaux, est au-dessous du niveau de l'eau, afin que si dans les combats, des boulets traversent cette partie submergée de la coque, il y soit plus promptement et facilement remédié, au moyen de burins (*voir* ce mot) dont on bouche les trous faits par les boulets.

GALET. s. m. C'est le caillou rond et poli que la mer agitée roule en grande quantité sur le rivage des côtes, et que les marins emploient souvent pour lester leurs navires, c'est-à-dire pour leur donner une première assiette dans le fluide.

GALETTE. s. f. C'est le nom du pain biscuit, tiré de sa forme plate pointillée, ronde ou carrée. Une *galette* pèse 6 onces, et fait la portion de pain d'un matelot pour un repas. (Voir *Biscuit.*)

GALHAUBAN. s. m. C'est le nom de l'une des plus longues manœuvres dormantes dans l'appareil aérien de cordages et de mâts qui se dresse sur un navire. Les *galhaubans* sont pour maintenir les mâts qui s'articulent sur les bas mâts ; ils sont capelés sur la tête des mâts, et fortement retenus à la muraille du bâtiment par leurs caps-de-mouton. Les *galhaubans* tendus, et sans aucune corde ou autre objet qui les croise et les touche dans l'espace qu'ils occupent, servent souvent aux jeunes matelots alertes de conducteurs le long desquels ils se laissent glisser rapidement du haut d'un mât, pour arriver plus vite sur le pont.

GALION. s. m. Ce mot, tiré de l'italien *galeone*, était le nom que les marins espagnols donnaient aux grands bâtimens qu'ils envoyaient à leurs colonies de l'Amérique du Sud, et particulièrement au Chili et au Pérou, pour en rapporter les riches cargaisons qui consistaient principalement en matières d'or, d'argent et pierres précieuses extraites des mines de l'Amérique. Ces *galions*, traqués par les corsaires, étaient toujours armés en guerre, et souvent escortés par des frégates et vaisseaux.

GALIOTE. s. f. Ce nom est encore un de ceux empruntés à la nomenclature des bâtimens de la Méditerranée, *galeote* ; il désigne une sorte de navire fort, de formes pleines, de peu de façons. En fait de *galiotes*, la marine de France n'a eu que des *galiotes à bombes* ; elles portaient deux mortiers qu'on établissait sur une plate-forme, ou massif de pièces de bois croisées, en avant du grand mât ; cette disposition et l'espace nécessaire pour la libre projection des bombes, excluent le mât de misaine sur les *galiotes à bombes* ; elles ne portent qu'un grand mât placé un peu plus de l'avant qu'il ne l'est ordinairement, et

un petit mât sur l'arrière. Les Hollandais se servent plus que les autres navigateurs du gréement et de l'ancienne construction des *galiotes*. Aujourd'hui, en parlant de *galiotes*, on entend les *galiotes* hollandaises ; ce sont de forts et lourds navires, dont les formes rondes et sans grâce sont appropriées aux éventualités de leur navigation dans la Baltique, obstruée de bancs et de glaçons flottans. — Les Barbaresques font usage de *galiotes* avec lesquelles ils se livrent à la piraterie, ce sont des espèces de galères. — On appelle aussi *galiotes*, des barres en bois de *chêne*, portant rainures, qui traversent les écoutilles ; elles s'y placent et s'en retirent à volonté, et servent à soutenir les caillebotis qui ferment les écoutilles.

GALIPOT. s. m. Sorte de mastic particulier à la marine, composé de résine et d'un corps gras, liés par une cuisson. Le *galipot* sert à enduire les carènes et les bordages extérieurs de certains navires du commerce.

GALOCHE. s. f. C'est le nom d'une sorte de poulie longue et plate, dont l'une des faces est coupée, de manière à pouvoir placer promptement, sur le rouet qui roule à l'intérieur, le cordage qu'autrement on ne pourrait disposer qu'en le passant par l'un de ses bouts dans le canal de la caisse ; une bande de fer à charnière, qui se rabat sur la coupure, y maintient le cordage qu'on y a placé. Les *galoches* servent dans les manœuvres de force.

GAMBES. s. f. pl. On a remarqué sur tous les navires, ou sur les dessins fidèles qui en représentaient, l'espèce de plate-forme qu'on nomme *hune* en marine, et qui est placée à la tête de chaque bas mât sur les brigs et autres bâtimens d'une plus grande dimension. Les échelles de cordes qui s'élèvent de chaque côté du mât, en partant d'un bord et de l'autre de l'extérieur du navire, vont se réunir à la tête de ce bas mât au haut duquel elles conduisent. La *hune* se trouve donc placée à peu près au point de jonction de ces échelles, qui ne donnent point cependant la facilité de monter sur sa plate-forme. Il a fallu qu'on installât une autre sorte d'échelle, qui ayant son point de départ des premières, vient se fixer aux côtés latéraux de la hune pour en rendre l'accès praticable. Ce sont celles-ci qu'on appelle les *gambes*. Ainsi le matelot qui a monté sur les *haubans* ou premières échelles, a eu pendant son ascension le corps à peu près droit, parce que ses mains, appuyées sur chaque portion de l'échelle que devait bientôt parcourir les pieds, rendaient par la longueur des bras une position perpendiculaire malgré la pente de l'échelle ; mais pour gravir les *gambes*, le marin grimpe en tournant le dos au point d'où il s'est élevé, la ligne des *gambes* avec les *haubans* formant un angle d'environ 55 degrés, et le matelot qui se laisserait choir des *gambes* tomberait inévitablement sur les premières échelles qu'il aurait franchies, c'est-à-dire les *haubans*, en supposant régulières les agitations du navire. Les *gambes*, comme les *haubans*, sont formées de gros cordages placés à d'étroites distances les uns des autres, et réunis à environ un pied d'intervalles par d'autres petits cordages qui ont été traités sous le nom d'*enfléchure*, et qui forment les marches ou échelons de ces *haubans* ou *gambes*.

GAMELLE. s. f. La gamelle est la soupière, le plat ordinaire des matelots. C'est une sorte d'écuelle en bois, cerclée de fer, et fabriquée comme un demi-seau; un bout de chaque cordelle, retenu en regard à chaque côté par un nœud, sert d'anse à ce vase dont la capacité est à peu près égale à celle d'un demi-seau ordinaire. Sur les bâtimens de l'Etat, la gamelle est destinée à contenir la ration de sept hommes. — *Chef de gamelle* (voir *Chef*).

GARANT. s. m. Nous avons déjà eu lieu de parler d'un petit appareil de cordes et de poulies dont l'ensemble forme ce qu'on appelle un *palan*. Les poulies attachées sur des points qu'on veut réunir prêtent leur action au cordage qui, d'abord fixé sur l'une d'elles (le *Dormant*, voir ce mot), passe un certain nombre de fois et alternativement dans chacune des machines, puis vient de son autre bout recevoir l'effort des marins qui tirent dessus : ce bout du cordage est celui qu'on appelle le *garant*. Le *garant*, en allant et venant d'une poulie à l'autre, en passant dans les petits rouages que chacune d'elles contient, transmet l'effort qu'il reçoit jusqu'au *dormant* qui fait la résistance, et force conséquemment les deux poulies à se rapprocher, soit que l'une avance vers l'autre restée à poste fixe, soit que toutes deux elles entraînent une résistance qui a nécessité l'emploi du *palan* pour être vaincues. (Voir *Palan*.)|

GARCETTE. s. f. Tresse en bitord ou en tout autre menu cordage, faite à la main par un engencement alternatif de brins en nombre impair. — Les *garcettes* n'ont jamais plus de 6 à 7 pieds de longueur; elles servent principalement d'amarrages pour rétrécir la surface de certaines voiles lorsque le vent est devenu trop fort. (Voir *Ris.*) — Les *garcettes* servent encore à lier le câble au cordage sans fin appelé *tournevire*, et qui sert à lever l'ancre au moyen du cabestan autour duquel on l'enroule. Dans les anciens usages de pénalité maritime, la *garcette* était l'instrument avec lequel on frappait sur le dos nu les matelots qui avaient encouru un châtiment.

GARDE-COTE. s. m. Bâtiment de l'Etat, généralement choisi parmi ceux de petite dimension, pour protéger en temps de guerre la rentrée et la sortie d'un port des navires du commerce que l'ennemi pourrait surprendre. — Les *garde-côtes* font aussi le service de la police des pêches et de la fraude. (Voir *Patache*.)

GARDE-FEU. (Voir *Gargoussier.*)

GARDE-MARINE ou DE LA MARINE. s. m. C'était, avant la révolution, le titre des jeunes marins destinés à devenir officiers, qui ont pris depuis le titre d'*aspirans*, et plus récemment celui d'*élèves.*

GARDE-TEMPS. s. m. Montre marine ou chronomètre, servant à indiquer la longitude du navire qui le porte sur les solitudes de l'Océan.

GARDIEN. s. m. Homme employé à la garde d'un navire ou à la conservation de toute autre chose du ressort d'un armement maritime. Le *gardien* est un des types des gens de mer ; c'est ordinairement un vieux matelot invalide, ou, s'il est moins cassé par l'âge, déjà usé par la mer, peut-être estropié dans quelque accident de la navigation. Il a toutes les qualités du chien de garde ; il dort d'un œil, assis à son poste ; il est fidèle, vigilant, inquiet comme lui; mais, comme lui, il est hargneux, aboyeur et peu traitable. On ne met pas le pied sur son bateau sans montrer ses pièces; il faut qu'il sache qui vous êtes et ce que vous venez faire. Ne soyez pas curieux, et ne comptez pas sur sa complaisance pour visiter le navire, il n'a les clefs de rien..... Il vous regarde à regret marcher sur son pont, arrosé par lui de l'eau du bassin, et sur lequel chacun de vos pas laissera une empreinte de boue. S'il est à bord d'un bâtiment marchand, et que vous alliez lui demander un renseignement sur le capitaine ou l'armateur, il ne sait pas où demeurent ceux-ci, il ne les a pas vus; si le navire est à vendre, il n'en sait rien, il n'a pas entendu parler de cela.... il a sa place à conserver, le digne *gardien*. Sa femme est une vieille marchande de pommes; elle lui fait une grosse soupe qu'elle lui apporte soir et matin dans un pot où l'épaisse nourriture est enfouie comme dans un puits. Le *gardien* mange sur le pont, sa femme est accroupie à côté de lui, son chien le regarde ; en s'en allant, la vieille fourre dans son panier quelques débris de toile à voile, de cordage en étoupe, de vieilles provisions avariées. Quand l'armateur vient à bord, le *gardien* met une planche du quai au navire, et il hisse le pavillon à la corne; ce jour-là il frotte un peu les cuivres des serrures et du cabestan ; il dit que tout le monde lui fait des complimens sur le navire de monsieur. Il ne monte pas beaucoup dans la mâture parce qu'il n'est pas valide; toutes les fois qu'il le peut, il demande l'auxiliaire de trois ou quatre hommes de corvée pour les réparations urgentes; alors il commande, il a la confiance du capitaine. Le dimanche il reçoit des visites, sa femme se débarrasse de ses garçons et de ses filles en les envoyant gambader à bord du navire que garde le vieux marin; ceux-ci font des invitations; le *gardien* n'en prend son parti que parce qu'il entrevoit un rôle à jouer, même aux yeux de toute cette marmaille ; il les pousse et leur lâche son chien tout goudronné pour les mordre.— Quand enfin un navire finit par entrer en armement et quitter le port, le *gardien* est le dernier à descendre de son bord ; il lègue d'importantes instructions au maître d'équipage sur le placement de chaque chose, et il trouve en se séparant du navire un soupir étouffé sous l'enveloppe velue de sa poitrine, puis il cherche un autre bâtiment à garder ; il a ses habitués ; on l'appelle le *père un tel*, et dès que ses navires accoutumés reparaissent au port, le premier il met le pied dessus. Il gagne 30 sous par jour et 3 fr. par nuit. Le jour il ne fait rien, la nuit il se repose.

GARGOUSSE. s. f. On nomme ainsi un petit sac de forme cylindrique, fait de parchemin, de serge, de toile, de papier fort, ou de tôle fort mince, qui doit contenir la poudre de guerre pour la charge d'un canon. Ce petit sac, plein de poudre, conserve son nom de *gargousse ;* il prend alors les formes et les dimensions du calibre de la pièce ; on fait des *gargousses* pour tous les calibres. On distingue deux sortes de *gargousses* pour un même canon : *gargousse* d'exercice et *gargousse* de combat. Celles-ci sont toujours en nombre beaucoup plus considérable ; la poudre en est d'une qualité supérieure à celle qui sert aux exercices ; la quantité ordinaire de poudre dans une *gargousse* de combat, est, en livres, le tiers du poids du boulet ; ainsi une pièce de 30 reçoit 10 livres de poudre pour sa charge. Beaucoup de marins pensent que cette quantité de poudre fixée au tiers du poids du projectile est trop forte. (Voir *Poudre.*)

GARGOUSSIER. s. m. C'est le nom d'un étui en cuir ou en bois léger, de forme cylindrique, bouché à l'un de ses bouts, et fermé à l'autre par un couvercle ; il peut contenir une gargousse. Dans le tumulte d'un combat les *gargoussiers* servent à préserver de tout accident du feu les gargousses que l'on y renferme, dans le trajet depuis le magasin à poudre jusqu'aux canons où elles sont employées. Chaque canon d'un navire a au moins son *gargoussier*. Dans le combat il est confié à l'un des servans de la pièce, qui a titre de *pourvoyeur*. C'est ordinairement le service des jeunes mousses, ces braves enfans, les plus braves peut-être dans un combat de mer, on les voit traverser la batterie en courant, se pencher sur le bord de l'écoutille qui répond au magasin à poudre (voir *Soute à poudre*), remettre aux serviteurs des poudres son gargoussier vide, et recevoir en échange un gargoussier plein ; retourner promptement à son canon, et y annoncer son retour à son chef de pièce, en lui criant avec sa voix d'enfant : *Gargousse de 30 rendue, chef!* — Les gargoussiers sont, hors le cas de combat, déposés à la *sainte-barbe* (voir ce mot), où ils sont rangés avec ordre sur des rayons, et toujours garnis d'une gargousse.

GARNIR. v. a. Les marins se servent de ce mot pour exprimer l'action de munir un mât, une vergue, une voile, un cordage, etc., de tous les liens, poulies et autres accessoires qui complè-

tent la sûreté de ce mât et de cette vergue, et la mettent en état de fonctionner. — On *garnit* un câble, un cordage, avec de la baderne, de la fourrure, ou de la toile goudronnée, pour le préserver d'un frottement nuisible. — On *garnit au cabestan*. C'est envelopper l'arbre de la vigoureuse machine de trois ou quatre tours d'un cordage qu'elle doit tendre, et placer les barres au moyen desquelles on lui imprime son mouvement de rotation.

GARNITURE. s. f. En architecture navale, on appelle *garniture* les bois mis, sans beaucoup de soin, dans les vides entre les pièces de la membrure. — Dans les arsenaux maritimes, c'est le vaste magasin où les matelots, sous la direction des maîtres, coupent, garnissent, travaillent les cordages pour les agrès des bâtimens, et les disposent à être mis à leurs places sur les mâts. — La *garniture* d'un mât, d'une vergue, d'une voile, d'un canon, c'est l'ensemble de poulies, de cordages, de liens, de cosses, de garcettes, etc., qui le met en état de fonctionner.

GATTE. s. f. C'était une forte cloison transversale qu'on élevait à 3 ou 4 pieds au-dessus du plancher de la batterie basse à bord des vaisseaux, en avant du mât de misaine, et très-près des écubiers, ce qui formait en avant un petit retranchement dont le but était d'empêcher l'eau de la mer, qui pouvait entrer par les écubiers, de se répandre dans la batterie. On en profitait comme d'un lieu de décharge dans lequel le maître d'équipage faisait déposer, sans arrangement, toutes sortes d'ustensiles ou d'objets pour le service, ce qui ne manquait pas d'en faire un ramassis d'un mauvais effet. La plupart des vaisseaux n'ont plus de *gatte*.

GAULE D'ENSEIGNE. s. f. (Voir *Bâton de pavillon.*)

GENOPE. s. f. C'est ainsi que les marins appellent la forte pression d'un cordage tendu, contre un point fixe ; c'est la réunion de ces deux objets, mis en contact au moyen d'un lien, soit en bitord ou autre menu cordage, qui enveloppe à plusieurs tours le cordage tendu et la boucle, ou un autre cordage dormant ; la *genope* bien faite empêche le cordage de se détendre. — Faire une *genope*, se dit *génoper*. Dans les manœuvres de force, l'instant de *génoper* un cordage sur lequel on agit s'annonce par le commandement de : *Génope!* articulé par le maître qui conduit le travail.

GENS. s. m. plur. Tous les hommes au service de la marine, qui n'ont d'autre titre ou brevet de leur grade que leur inscription sur les matricules des classes, sont nommés *gens de mer*. — Les marins se servent très-souvent de ce mot, et disent : *Les gens de l'équipage, les gens de la cale, les gens de la cambuse.* Les matelots d'un même bord ne se servent pas d'un autre mot pour dire :

Ces matelots sont de notre équipage, ils disent : *Ce sont nos gens.*

GIBERNE D'ÉQUIPAGE. s. f. Les *gibernes d'équipage* sont petites ; elles peuvent contenir vingt à vingt-quatre cartouches ; elles sont attachées au ceinturon du sabre d'abordage, et se portent en avant.

GIROUETTE. s. f. Bande d'étamine ou de toile légère montée sur une verge plantée à l'extrémité d'un mât pour marquer la direction apparente du vent, et sa force, suivant qu'elles sont plus ou moins violemment agitées ; la manière dont leur petit mécanisme est construit leur permet de tourner, sur le pivot qui les porte, au moindre souffle changeant de la brise. Les *girouettes* ornent les mâts qu'elles terminent par leur petite languette de couleur éclatante.

GISEMENT. s. m. C'est la situation d'une terre par rapport aux divisions de la boussole ; l'expression de *gisement* implique l'idée d'une côte, d'un rivage pris dans leur longueur. Si on dit qu'une île *gît* N.-O. et S.-O., on entend que les deux points les plus éloignés qu'elle présente à la vue se trouvent dans la direction de ces deux divisions ou airs de vent.

GLÈNE. s. f. C'est l'assemblage des tours que forme sur lui-même, en se reployant, un cordage qui, dans toute sa longueur, est placé en couches arrondies dont chaque anneau se joint aux autres en les recouvrant de ses tours multipliés. Un cordage mis en *glène* peut être facilement transporté d'un endroit à un autre, puisqu'il forme un paquet assez compacte, et en même temps il est d'un libre exercice, puisque chacune de ses couches régulières se développera à mesure qu'elle en sera sollicitée.—Faire une *glène* se dit *gléner* (voir *Cueillir, Laver*).

GODILLE. s. f. **GODILLER.** v. a. *Aller à la godille*, c'est se servir, par un beau temps, d'un aviron qu'on emboîte dans un demi-cercle taillé au milieu de l'arrière d'un canot, pour faire avancer celui-ci en dirigeant l'aviron d'une certaine manière ; par ce moyen, un homme peut, avec une seule rame, faire avancer une légère embarcation. — Faire la *godille*, se dit *godiller*.

GOÉLETTE. s. f. La *goëlette* peut être considérée comme le plus petit des navires employés au long cours. Elle porte deux mâts un peu inclinés vers l'arrière ; elle marche immédiatement après le brig, dans la classification des navires, sous le rapport de leur mâture. Sa capacité varie de trente à cent tonneaux, rarement plus. — Les *brigs-goëlettes*, ainsi appelés parce que leur mâture participe de ces deux espèces, tiennent le milieu entre eux pour la grandeur ordinaire. Les *goëlettes* sont de légers navires qui marchent bien, et se prêtent facilement à toutes les ondulations des lames.—Il y a des *goëlettes* de guerre qui servent de mouches dans les escadres, ou qui sont attachées aux stations d'outre-mer. (Voir *Brig*.)

GOÉMON. (Voyez *Algue*.)

GOGUELIN. s. m. Esprit familier dont les matelots s'effraient entre eux. Il n'est guère de navire à bord duquel il n'y ait quelque tradition de fantômes, d'esprit nocturne et malveillant dont les actions n'aient légué des souvenirs effrayans aux contes des matelots. Ils n'y croient pas, sans doute, mais pour savoir que les *goguelins* n'existent pas, ils ignorent s'ils n'ont pas existé, et la multitude de tours qu'on leur prête arrive à eux avec une vague incertitude qui n'exclut pas toute confiance. Les *goguelins* passent pour se montrer dans les parties sombres du navire, dans les nuits d'obscure tempête, auprès du hamac des mourans. La description de ce fantôme n'est pas bien arrêtée, on l'a bâti de cent manières. — Dans ses *Contes de bord*, Éd. Corbière a écrit un récit fort piquant des prouesses d'un *goguelin*. — C'est du reste un peu le croquemitaine des mousses, vis-à-vis desquels on s'attache toujours à ne pas déconsidérer cet épouvantail.

GONNE. s. f. On appelle ainsi les barils qui contiennent le goudron.

GOUDRON. s. m. On dit aussi *gaudron*. Cette gomme noire et gluante d'un usage si général en marine, s'obtient des pins, des mélèzes, des sapins et des autres arbres résineux par le moyen du feu. Le pin et le sapin, taillés par morceaux et réduits en charbon par un feu vif sur des appareils construits dans ce but, distillent une grande quantité de *goudron* auquel la cuisson donne la couleur foncée. Presque tous les cordages dont on se sert en marine sont imprégnés de *goudron*. Le plus estimé vient de Moscovie et de Suède.— Appliqué sur le bois comme une peinture, il le préserve des gerçures que cause la trop grande chaleur, et retarde la pourriture causée par l'humidité.

GOUDRONNAGE. s. m. Action d'imbiber de goudron de la toile, du fil de carret, des cordages, ou généralement tout ce qui réclame le concours de cette production végétale.

GOUDRONNER. v. a. Faire un goudronnage, se servir de goudron.

GOULET. s. m. C'est le canal étroit et long, droit ou tortueux, qui communique d'un port à la mer, et sert de passage pour entrer et sortir du port. Ces étroites issues sont facilement défendues ; le rapprochement des deux rivages opposés permet l'établissement de forts et de batteries, dont les canons croisent leurs projectiles dans une direction plongeante ou rasante. Le *goulet* de Brest est l'un des plus formidables connus. Les courans de la mer sont rapides dans les *goulets*.

GOURABE ou **GOURABLE.** s. m. Navire du commerce dans l'Inde, et particulièrement en usage dans le golfe de Perse. Les *gourabes* sont de grandes barques, portant trois mâts, appareillés, à peu de différence près, comme les navires européens; leur construction ne diffère de celle de nos bâtimens que par l'avant, dont l'élancement est tel que le beaupré s'en trouve presque entièrement enveloppé. Les *gourabes* circonscrivent leur navigation dans les mers comprises entre le méridien de Madagascar et le détroit de Malaca. Ces bâtimens sont susceptibles de grande marche. L'un de nos plus estimés capitaines de vaisseau, le commandant B***, avant d'entrer dans la marine de l'État, s'était acquis une brillante réputation de corsaire dans les mers de l'Inde. C'était avec une *gourabe* armée en course qu'il allait surprendre jusque dans les eaux du Gange les navires de la compagnie des Indes.

GOURGANE. s. f. C'est le nom donné par les marins aux fèves sèches embarquées en provision, pour les soupers et les dîners maigres des équipages. Les *gourganes* ne sont pas du goût des matelots. Il est vrai que ce farineux engendre promptement des vers, et que la pellicule qui le recouvre lui donne de l'amertume. Il serait facile d'obvier à ces inconvéniens en faisant subir aux fèves, avant de les embarquer, une préparation à l'étuve.

GOURNABLE. s. f. Longue cheville en bois de chêne ou d'acacia, d'une forme arrondie, qui sert à attacher les bordages sur les membres du navire, et à diminuer d'autant l'emploi des clous de fer ou de cuivre.

GOUVERNAIL. s. m. Ce mot a été souvent employé dans cet ouvrage, sans autre définition de l'objet dont il est le nom; sa vulgarité en a autorisé en quelque sorte le libre usage : l'utilité du *gouvernail* sur les navires est assez généralement connue, et ce mot s'est introduit dans le langage du monde pour y formuler avantageusement des images empruntées à l'action qu'il rappelle.—Le *gouvernail* est cette pièce de charpente en bois de choix, qu'on voit suspendue à l'arrière des vaisseaux; il est attaché à l'étambot par des gonds, sur lesquels il tourne librement au moyen d'un levier, et, plongé dans l'eau autant que la carène, il sert à transmettre au bâtiment la direction qu'on veut lui faire prendre. Cette machine, la plus indispensable à un bâtiment de mer, puisque sans son secours il n'est plus qu'une masse flottante sans but et sans allure, un corps sans volonté et sans intelligence, est arrivée aujourd'hui à sa plus complète perfection. En comparant le *gouvernail* actuel à celui dont faisaient usage les premiers navigateurs, on soupçonne combien de modifications cette précieuse machine a dû subir : le premier *gouvernail*, celui dont les artistes adoptent encore la forme traditionnelle, parmi leurs emblèmes maritimes, est littéralement une pelle large et courte, qui servait comme un aviron à l'arrière des galères. Le *gouvernail*, tel qu'il est aujourd'hui, est composé de plusieurs pièces, dont la principale, appelée la mèche, est une pièce en chêne de premier choix, comprenant toute la longueur de la machine. La mèche, réduite aux dimensions de l'étambot auquel elle s'applique, conserve à son extrémité supérieure, sa tête, comme on l'appelle, des proportions plus développées, pour recevoir, dans un trou carré dont elle est percée, la *barre* (voir ce mot) qui sert à mouvoir le *gouvernail;* cette partie de la mèche doit rentrer dans le bâtiment par un large trou pratiqué à la *voûte* (voir ce mot). La partie extérieure de la mèche supporte les autres pièces de bois juxtaposées, dont l'ensemble forme ce qu'on appelle le *safran;* c'est la partie large du *gouvernail*, celle dont la surface est exposée à l'action vive du courant d'eau qui s'échappe sous la carène de l'avant à l'arrière, par la vitesse du navire, et qui transmet à la masse du bâtiment, par l'impulsion de ce courant, les directions nécessaires, comme les poissons sont dirigés par le choc du courant d'eau sur la surface de leur caudale, dont le gouvernail est une parfaite imitation.

Le *gouvernail*, placé droit dans le plan longitudinal du bâtiment, n'opère aucun changement dans la direction que suit le navire, parce que, dans cette position, son safran n'est qu'un prolongement des façons de la carène à l'arrière, sur les deux faces duquel le courant d'eau du sillage glisse également; mais si cette continuité du plan est troublée par un mouvement du *gouvernail* sur ses gonds, et si l'une des faces du safran se trouve alors plus fortement frappée par la résistance qu'elle oppose à la fuite du courant, son action est de pousser la poupe dans le sens opposé. Plus cette face se présentera à l'action vive de l'eau, c'est-à-dire plus le *gouvernail* aura tourné sur ses gonds au moyen de la barre, plus la poupe sera poussée rapidement. Les navires qui obéissent promptement aux petits mouvemens de leur *gouvernail* sont préférables sous beaucoup de rapports. Il entre dans la science d'un officier de manœuvre d'aider l'action du *gouvernail* de son bâtiment par la disposition des voiles qu'il établit sur les mâts, et ce tact n'est pas également possédé par les marins; on a vu des navires sentir vivement leur *gouvernail* sous tel officier, et y obéir lentement sous tel autre.—L'un des plus grands désastres dont un bâtiment puisse être atteint, c'est la perte de son *gouvernail;* et quoique ce malheur soit très-rare, la navigation attend encore une sécurité complète contre ces sortes d'événemens, comme elle attend aussi les moyens de pouvoir remplacer promptement, et avec une efficacité satisfaisante, la perte de ce précieux auxiliaire du salut d'un navire. On a vu, au mot *Fortune*, par quels moyens on supplée à la perte en mer du *gouvernail*. — On doit aisément se convaincre combien la mission du marin chargé de manœuvrer le *gouvernail* est importante et réclame d'intelligence, d'habitude et d'attention!

GOUVERNER. v. a. et n. C'est diriger matériellement un navire, le faire évoluer sur son centre au moyen du gouvernail. Lorsque, étant sous voile, on veut lui faire suivre une direction, l'homme placé au gouvernail, autrement dit l'homme de barre, ou timonier, reçoit de l'officier de quart, ou du timonier qu'il remplace, l'ordre de *gouverner* à tel air de vent de la boussole, ou à telle route. On *gouverne* sur une terre, sur une rade, sur un bâtiment, sur une étoile : c'est mettre, au moyen du gouvernail, le cap du navire sur ces divers points. On *gouverne* sur son ancre, sur sa bouée, lorsqu'étant au mouillage dans une rivière, l'action irrégulière du courant fait faire au navire de grandes embardées. Bien *gouverner* un navire, est une des qualités les plus appréciables dans un matelot; c'est un tact pratique qui n'est pas le domaine de tous, et qui demande une longue habitude. Ce talent de bien *gouverner* a, sur la marche et les évolutions du bâtiment, des effets tellement appréciables, que, dans les circonstances importantes, on appelle à la barre (au gouvernail) le timonier qui s'est fait remarquer par son habileté dans cette fonction. Tel officier très-instruit en hautes sciences pour indiquer la route que doit suivre le navire dans son voyage, ne saurait pas, au moyen du gouvernail, le *gouverner* une demi-heure à la route qu'il aurait indiquée. On dit qu'un navire *gouverne* bien, lorsque, sous toutes les allures, il obéit promptement à l'action de son gouvernail.

GRAIN. s. m. Accroissement violent et momentané du vent, s'il en règne, ou brise qui s'élève dans le calme. La durée des *grains* n'a rien de fixe, pourtant elle excède rarement un petit nombre de minutes. La venue d'un *grain* se révèle par la présence des nuages qui l'apportent, et plus ces nuages montent vite dans le ciel en quittant l'horizon d'où ils se sont élevés, plus ils promettent de violence à la bourrasque qu'ils vont laisser échapper dans l'air et sur l'eau. M. de Grandpré prétend que les *grains* les plus dangereux sont ceux qu'on nomme *tornados*, parce que rien en apparence ne les distingue des autres; mais le vent s'avance en tourbillonnant de telle sorte qu'en un court espace de temps il éprouve deux ou trois sautes fort brusques, et que si l'on ne se tient pas prudemment sur ses gardes, on peut perdre ses voiles et une partie de la mâture qu'il briserait en passant violemment dessus.

Les *grains* les plus perfides et les plus redoutés des navigateurs sont ceux qu'ils nomment *grains blancs*. Rien dans le ciel ne trahit leur approche; tout est calme, et tout à coup ils fondent sur le navire avec une fureur, qui parfois compromet gravement sa sûreté. Ces *grains blancs* sont sur-

tout à redouter dans les parages de l'équateur. Un navire cingle indolemment sur une mer paisible, la molle fraîcheur de la brise s'engourdit sous les rayons brûlans du soleil, la stagnation de l'air est presque complète. Le navire élève dans sa mâture les voiles les plus frêles, tant il est avide de recueillir le moindre soupir de la brise; l'équipage, balancé par le roulis et abattu par la chaleur de ces torréfiantes latitudes, se livre mollement à des travaux qui n'appellent en rien son attention vers la mer... Mais un petit nuage sans corps et si transparent qu'il semble un débris de gaze envolé dans l'atmosphère, s'élève de l'horizon et grimpe dans le ciel bleu où ses contours indécis blanchissent à peine... Tout à coup un sifflement aigu se fait entendre dans la mâture; les voiles se sont d'abord gonflées sous les bouffées d'un vent instantané, les cordages oscillent, les mâts grincent, puis, comme rien n'est prévu, comme dans le premier moment chacun est livré à l'étonnement et à la réflexion, le poids du vent défonce les voiles imprudentes, brise les mâtereaux mal appuyés, rompt les cordages qui tentent vainement d'opposer leur faible résistance à cette bourrasque inattendue. Heureux lorsque de graves avaries ne punissent pas les marins de leur pardonnable imprévoyance! heureux sont-ils, si la violence du *grain blanc* n'entraîne pas quelque grave catastrophe : la perte d'un mât, l'inclinaison forcée du navire!

Presque toujours les *grains* sont accompagnés de pluie, c'est au bouillonnement qu'ils étendent sous leur passage qu'on reconnaît ordinairement leur venue. Ils sont fort communs sur toutes les mers, mais plus particulièrement peut-être dans les Indes à l'époque du renversement des moussons. — L'équateur est le théâtre habituel des ravages qu'exercent sur les paisibles navires les tant redoutés *grains blancs*. — On appelle *grainasse* de petits *grains* peu violens et très-fréquens dans les changemens de temps ou dans les vents variables.

GRAND-BRAS. s. m. Cordages placés à chaque extrémité de la grande vergue, pour la faire tourner facilement sur le mât qui la porte, en lui faisant alternativement porter vers l'avant ou vers l'arrière chacune de ses extrémités. (Voir *Bras.*)

GRAND FRAIS. s. m. Grand vent régulier dans sa violence. (Voir *Vent.*)

GRAND MAT. C'est le mât du milieu sur un trois-mâts, celui de l'arrière sur un brig ou une goëlette, et le mât principal sur toute espèce de bâtimens, de quelque dimension qu'ils soient. Le *grand mât* est composé de plusieurs mâts superposés au bas-mât. Le premier après celui-ci, est le *mât de hune*, parce que la galerie qui porte ce nom dans la mâture est à la tête du bas-mât, et reçoit en quelque sorte la base du mât de hune; vient ensuite le *mât de perroquet*, qui se trouve le troisième à partir du bas-mât, puis enfin, sur certains grands navires, le *mât de cacatoi*, qui est ordinairement le dernier, à moins qu'il ne soit surmonté de flèches dont l'objet est bien plus de porter des pavillons que des voiles. (Voir *Mât*.)

GRAND MAT DE HUNE (d'hune). s. m. C'est celui qui s'élève immédiatement sur le grand mât et qui porte la vergue et la voile de hune. (Voir *Mât*.)

GRAND MAT DE PERROQUET. s. m. Il s'élève sur le mât de hune, et sert à porter la vergue et la voile du *grand perroquet*.

GRANDE VERGUE. s. f. C'est la plus grosse et la plus longue d'entre toutes ces barres transversales qui coupent la mâture perpendiculaire en croix et qui supportent les voiles. Cette *grande vergue* est placée à la tête du grand mât (le bas mât); elle porte la *grande voile*. (Voyez *Voile*.)

GRAPPE DE RAISIN. s. f. Des paquets de mitrailles, de biscaïens rassemblés, prennent ce nom dans le service militaire. — Les marins appellent aussi *grappes de raisin* certaines productions de la mer qu'on rencontre parmi les herbes marines dans les parages de la zone torride; c'est une espèce de goëmon grumeleux, détaché par petites boules liées ensemble par des membranes cachées. On dit vulgairement de cette plante : *des raisins des tropiques*.

GRAPPIN. s. m. Verge de fer de 4 à 7 ou 8 pieds de long, terminée à l'un de ses bouts par cinq branches recourbées intérieurement et terminées par une sorte d'oreille en pointe. Le bout opposé porte un anneau sur lequel s'attache un cordage. Les petites embarcations, les canots, les chaloupes se servent de *grappins*, comme les grands navires se servent d'ancres.—On emploie souvent les *grappins* dans les luttes sur mer, lorsqu'on veut tenter l'abordage et qu'on a lieu de craindre que les deux bâtimens abordés ne se séparent l'un de l'autre. Les *grappins*, pendus dans la mâture aux extrémités des vergues, s'accrochent, à la rencontre des bâtimens, parmi les cordages de l'adversaire, et rendent momentanément toute séparation impossible. (Voir *Abordage*.)

GRATTE. s. f. Sorte de petite racle plate et triangulaire en fer, tranchante des trois côtés, ayant une douille au milieu qui reçoit un petit manche. Cet instrument est, à bord d'un navire, l'un des agens les plus actifs de la propreté qu'on y admire. Dans les mains des jeunes matelots, la *gratte* ne fait grâce à aucune tache de suif ou de goudron tombée des mâts sur le plancher brillant des ponts, ou sur la peinture extérieure du bâtiment; elle sert aussi à enlever de dessus certains mâts la croûte de graisse et de poussière qui s'est durcie à leur surface, en altérant le poli qui leur est nécessaire. Mais sa plus grande utilité consiste à enlever de dessus les jointures des planches l'excédant du brai que le calfat, prodigue de

cet enduit, a répandu sur les bordages en achevant son calfatage. La *gratte* y passe et ne laisse dans la fente que le brai nécessaire, indispensable pour recouvrir l'étoupe dont elle est remplie.

GRATTER. v. a. Faire usage de la gratte; c'est le service des jeunes matelots, des novices et des mousses. Les anciens croiraient redescendre à la condition de novices dont ils sont sortis à grand'peine, s'il leur fallait encore *gratter*. A défaut d'autres, il faut qu'ils s'y soumettent; mais l'amour-propre de matelot en est atteint. Il y a dans les ports de commerce de vieux marins pauvres, et ne pouvant mieux faire, qui se font une industrie spéciale de *gratter* les navires; ils se forment en petite société de quatre ou cinq, sous le titre de *gratteurs*; ils entreprennent, pour un prix convenu avec le capitaine, de *gratter* à blanc son navire, c'est-à-dire de le débarrasser de l'excédant du brai dont les calfats l'ont sali dans les réparations que le bâtiment a reçues. Le métier de *gratteur*, par sa malpropreté et ses dangers pour la vue, est un de ceux auxquels on s'étonne qu'il y ait des hommes assez malheureux pour se vouer.

GRÉEMENT. s. m. C'est l'ensemble de cet édifice aérien de mâts et de cordages qui se dresse sur un navire pour lui donner le mouvement; c'est ce système de cordes qui se croisent ou se suivent pour le maintien des mâts et la manœuvre des voiles, et qui semblent tendues et rangées plutôt par coquetterie que par nécessité. Le *gréement*, qui a reçu poétiquement de quelques écrivains le nom de chevelure du vaisseau, serait aussi bien nommé les nerfs et les tendons qui transmettent à ses ailes les mouvemens et les dispositions nécessaires à sa vitesse. Le *gréement* comprend toutes les cordes, les poulies, les voiles, et tous les autres objets nécessaires ou accessoires au service des mâts et des vergues. Dans cet immense pêle-mêle de cordages, roides ou souples, gros ou minces, aucun ne s'y trouve qui n'ait son importance marquée et son nom particulier, dans le but unitaire qui les rassemble : la sûreté et la marche du navire.—Dans quelques cas, le mot *gréement* s'entend comme *garniture*. (*Voir* ce mot.)

GRÉER. v. a. C'est mettre en place sur un bâtiment, et dans une disposition prête à fonctionner, le gréement. La manière de *gréer* les vaisseaux est aujourd'hui simple, légère et solide, comparée à celle en usage dans l'ancienne marine. On s'est attaché à faire disparaître les grosses poulies dont le nombre alourdissait disgracieusement le gréement; une comparaison à cet égard peut en être faite sur deux vaisseaux modèles conservés au Musée naval : l'un de ces vaisseaux est *le Royal-Louis* de Louis XV, et l'autre *l'Océan*, qui existe encore.

GRÉEUR. s. m. On donne ce nom à de vieux marins sédentaires qui se réunissent en société de quatre ou cinq, et qui, dans les ports de commerce, entreprennent de gréer les navires qui n'ont pas encore d'équipage. Ils traitent comme les gratteurs avec le capitaine.

GRELIN. s. m. C'est le nom d'un cordage d'après la manière dont ses cordons sont assemblés. Il a été dit que l'*aussière* est composée de trois ou quatre cordons ou faisceaux de fils de carret commis ensemble ; le *grelin* est la réunion de trois aussières. Il est facile de reconnaître le *grelin* de l'aussière par sa surface plus raboteuse ; en grosseur il tient le milieu, sur un navire, entre l'aussière et le câble. Sur un vaisseau de ligne, sa plus forte dimension est de 11 pouces de circonférence et 120 brasses de longueur. Le *grelin* est réputé câble quand il dépasse 11 pouces ; c'est une des principales amarres d'un bâtiment, elle sert dans les mouvemens de rade. Les bâtimens de guerre embarquent plusieurs *grelins* de diverses grosseurs.

GRENADE. s. f. On sait que c'est un petit boulet creux rempli d'artifices, avec une fusée extérieure pour y mettre le feu ; elles sont lancées à la main dans la masse des ennemis, où elles ne manquent pas d'éclater, et de blesser et tuer les hommes par l'éparpillement de leurs éclats. Elles ont été abandonnées depuis longtemps dans les armées de terre, et les compagnies de *grenadiers* n'en font usage que comme d'un emblème qui désigne les soldats d'élite. Elles ont été conservées sur les vaisseaux, étant mieux appropriées aux combats de mer. Les hommes exercés au jet des *grenades* sont très-précieux au moment d'un abordage ; le ravage causé par ces projectiles ouvre le passage aux abordeurs.

GRENIER. s. m. On nomme ainsi une plateforme faite au fond de la cale avec du galet ou du bois, ou toute autre chose, et sur laquelle on pose les premiers ballots de marchandises du chargement. Le *grenier* doit être élevé de 18 pouces au-dessus de la carlingue ; son utilité est de préserver les marchandises placées au fond de cale du peu d'eau qui y séjourne, même dans les bâtimens les mieux étanchés. Dans quelques ports, le *grenier* est appelé *fardage*.

GRENIER (EN). adv. On dit *charger en grenier* ; c'est jeter dans la cale du navire, sur des nattes ou de vieilles voiles, le sel, le blé et autres denrées de même nature. La cale ressemble alors à un vaste magasin qui contient sans autre disposition la même marchandise qu'on y a jetée.

GRÈS. s. m. plur. Ce mot est employé à exprimer plus spécialement les cordages du gréement, et ne sous-entend que ceux qui sont indispensables à la tenue des mâts, c'est-à-dire les cordes dormantes. La sécurité des mâts dépendant beaucoup de la continuelle tension de ces cordes dormantes, celles-ci sont de temps à autre retendues quand le moindre relâchement

vient en prescrire la nécessité. Dans ce cas, les marins disent : *nous allons tenir nos grès.*

GRIBANE. s. f. Nom d'une petite barque des côtes de la Manche, employée sur les rivières de Somme et de Seine. L'usage de ces barques diminue tous les jours ; elles ont deux mâts très-courts et un beaupré. Lorsqu'elles gréent un hunier au grand mât, elles poussent un petit mât supérieur. Le port de ces petits navires varie de 40 à 60 tonneaux.

GRIL. s. m. C'est une plate-forme de charpente, composée de plusieurs pièces de bois très-fortes qui se croisent, et qu'on établit le long d'un quai, pour recevoir les bâtimens qui s'y échouent convenablement pour les réparations qu'on leur fait subir. Le *gril* devient ainsi un terrain solide sur lequel le navire en réparation repose sans fatigue.

GROS. s. m. On dit le *gros d'eau* ou *gros de l'eau* ; c'est une expression employée par les pilotes côtiers et par les charpentiers pour la *pleine mer*, le jour des nouvelles et pleines lunes. Le *gros de l'eau* est la circonstance choisie pour lancer à la mer les bâtimens neufs. On dit aussi du *gros temps* pour du mauvais temps.

GROS BOIS. s. m. (Voir *Acon.*)

GROSSE MER. s. f. La violence du vent, en soulevant les lames qui s'amoncèlent et se pressent sous son action, fait la *grosse mer*. La navigation devient alors difficile et pénible pour les bâtimens qui reçoivent sans cesse les atteintes dangereuses de la brusquerie des mouvemens de l'eau. Souvent la mer ne cesse pas d'être grosse lorsque s'est apaisé le vent qui l'avait soulevée ; presque généralement la mer reste montagneuse un ou deux jours après le passage d'une tempête, et c'est alors que le danger que présente une grosse mer est plus grave pour le navire, parce qu'il ne se trouve plus appuyé par la brise qui frappait dans sa voilure, et qu'il se trouve exposé à tous les caprices des ondulations de la surface.

GUEUSE. s. f. Gros lingot de fer coulé, du poids de 50 à 100 livres, d'une forme *régulière*, et destiné à servir de lest, pour donner à un bâtiment l'assiette qu'il lui faut avoir sur l'eau afin de bien naviguer.

GUI. s. m. Voyez *Bôme,* dont ce mot est synonyme.

GUIBRE. s. f. C'est l'assemblage de pièces de charpente qui s'applique à l'étrave d'un bâtiment, pour lui donner de la grâce et de la noblesse ; cette *guibre* porte à son sommet antérieur la figure ou le morceau de sculpture qui décore l'avant du navire, comme il a été dit au mot *Figure*. La *guibre*, quand elle est d'une coupe gracieuse, contribue beaucoup à la beauté des lignes qu'offre l'ensemble d'un bâtiment ; mais sa solidité est loin d'être complète. Exposée à l'avant au premier choc des lames, qu'elle divise comme pour faire place au navire, la *guibre* est souvent fracassée par les coups de mer qui battent sur elle. — Il n'y a pas très-longtemps que l'on a appliqué, pour la première fois, des *guibres* aux étraves des bâtimens ; les nations du Nord ne les ont même pas encore généralement adoptées.

GUIDON. s. m. Tout officier supérieur qui commande une division de bâtimens de guerre, ne fût-elle forte que de trois voiles, porte un *guidon*, ou petit pavillon national à deux pointes, à la tête du grand mât du bâtiment qu'il monte. La forme du *guidon* est semblable à celle de la cornette ; seulement, au lieu d'être livré à plat au souffle du vent, le *guidon* flotte comme les pavillons ordinaires. — Ses dimensions sont calculées sur celles du navire qui le porte.

GUINDAGE. s. m. Action d'élever sur celui qui le supporte un des mâts détachés qui sont poussés les uns au-dessus des autres dans l'ensemble d'un mât. On dit le *guindage* d'un mât, pour signifier sa hauteur ou sa longueur : ce *navire a beaucoup de guindage*, c'est-à-dire sa mâture est élevée par la longueur de chacun des mâts superposés qui la composent.

GUINDANT. s. m. Ce qui se dit guindage pour un mât est *guindant* pour une voile, c'est-à-dire que c'est la longueur de bas en haut ; si le mât a beaucoup de *guindage*, la voile peut avoir beaucoup de *guindant* : le contraire est impossible.

GUINDEAU. s. m. Sorte de cabestan horizontal, d'une forme cylindrique, et qui, reposant par chaque bout sur des pièces de charpente, s'enveloppe, en tournant sous l'effort des barres, comme le fait le cabestan, du câble ou cordage sur lequel il doit agir. Pour faire effort sur les barres du cabestan, on marche autour de celui-ci en décrivant un cercle limité par la longueur des leviers sur lesquels la force est appliquée, tandis que, pour faire tourner le *guindeau*, il faut d'abord placer la barre perpendiculairement dans un des trous dont il est garni, et forcer à poids de corps sur le levier jusqu'à ce que la réunion de ces moyens fasse obéir le cylindre, et par conséquent incliner les barres dans le sens des efforts qu'elles reçoivent. Quand le point où est arrivée la barre ne permet plus qu'elle fonctionne, elle est retirée du trou dans lequel elle emboîtait et replacée perpendiculairement. Des langues ou marteaux de fer, qui tombent dans un engrenage, maintiennent chaque effort exercé sur le cylindre. Ainsi l'on conçoit que le marin qui agit sur une barre de *guindeau* se trouvera d'abord faire force sur sa barre placée d'à-plomb, comme s'il voulait la faire pencher vers lui. A mesure que l'effort obtient un résultat, cette barre forme une ligne plus horizontale ; bientôt il en atteindra facilement l'extrémité avec ses mains, sans pour cela quitter le pont, pour s'y suspendre et l'entraîner par le poids de son corps ; puis enfin la baissant

toujours et l'ayant penchée jusqu'à la trouver à ceinture d'homme, le marin appuiera ses genoux et ses bras roidis sur cette barre, qui, dès qu'elle sera arrivée à toucher le pont, sera retirée et de nouveau placée dans un des trous supérieurs.

Le *guindeau* est un des plus puissans agens de force que possèdent les navires ; son utilité est surtout appréciable à bord des bâtimens du commerce, où, plus que partout ailleurs, il est indispensable de suppléer par des moyens mécaniques à la faiblesse numérique des équipages. — Cette dernière raison, qui place le *guindeau* sur tous les navires du commerce, le rend assez rare sur ceux de l'Etat.

Les ancres que retiennent les chaînes ou les câbles sont presque généralement retirées du fond à l'aide du *guindeau*. C'est sur cet appareil que s'accomplissent toutes les œuvres de force. — Il est placé sur l'avant du navire, dans la position la plus propre à prêter son secours à l'appareillage. Le cabestan le représente sur l'arrière. En pleine mer, lorsque le cours des occupations journalières et des petits travaux de bord ne rend pas fréquentes les fonctions du *guindeau*, il devient le centre où se réunissent les matelots, qui en font leur siége ordinaire, au besoin leur table, leur établi. Chaque petit trou destiné à recevoir le bout des barres devient une étroite cachette où chacun ramasse la chique qu'il est obligé de quitter un instant, sa cuiller à manger, ou quelque autre ustensile d'un usage commun. Le *guindeau*, qui coupe presque complétement le navire dans sa largeur, est souvent adossé au mât de misaine ou au moins très-près de ce mât ; vers son milieu et sur son avant s'élève le double poteau qui porte la cloche : ce poteau est lui-même une fraction du système, et c'est généralement à lui que sont fixés les marteaux, ou langues de fer, appelés *palles,* dont la chute réitérée dans les engrenages du *guindeau* sert à retenir chacun de ses efforts.

La division du pont d'un navire, séparée du reste par le *guindeau*, sur son avant, est en quelque sorte le quartier-général des hommes de l'équipage. Le capot ou panneau qui livre accès à leur logement placé sous cette partie du pont, est percé dans cet endroit, et comme le marin a coutume de faire de nombreux voyages du pont à sa cabane ou à son coffre, il arrive que la majeure partie de l'équipage se réunit presque continuellement sur ce point. C'est près du bossoir que se place, quand cela est urgent, un homme de vigie. Tous les travaux du beaupré retiennent les hommes sur cette partie du pont ; ils y fument, ils y chantent, ils s'y disputent : on ne les entend guère ! L'officier ne quitte pas les approches du gouvernail, s'il n'a quelques ordres à donner ; le matelot aime, autant que cela lui est possible, à ne pas être sous les yeux de ses chefs.

Le nom donné au *guindeau* tient sans doute de

ce que son action est particulièrement nécessaire au guindage des mâts, bien que le cabestan soit également propre à ce travail; mais, nous l'avons dit, le concours de cet appareil est surtout appliqué à toutes les opérations qui se rattachent aux ancres, qu'on ne peut guère facilement lever ni déraper sans sa participation.

GUINDER. v. a. Faire un guindage.

GUINDERESSE. s. f. Fort cordage qui sert à élever à leur place, à guinder les mâts qui se superposent. A cet effet, elle est passée dans de fortes poulies à croc placées au chouquet du mât inférieur, pour revenir passer dans des clans pratiqués dans la caisse du mât qui doit s'élever, et enfin s'attacher ou faire dormant sur un piton en fer disposé sur le chouquet. L'autre partie de la *guinderesse* se tourne sur un cabestan ou un guin-deau; celui-ci, dans ses révolutions, s'enveloppe de la *guinderesse*, en lui imprimant un effort qu'elle transmet au mât qu'elle doit élever.

GUIPON. s. m. Gros pinceau à l'usage des calfats, qui sert à étendre le brai chaud, ou tout autre enduit, dont on recouvre les coutures des bordages ou la carène entière du bâtiment. Le *guipon* est simplement une houpe faite avec des bandes d'étoffe laineuse, ou de lisière de drap, ou de morceaux de peau de mouton, coupés en ronds, réunis les uns sur les autres, et traversés par un grand clou qui les fixe au bout d'un manche de 4 pieds de longueur. Le *guipon,* dont l'aspect et la forme bizarre sont la grotesque parodie d'un pinceau plus artistique, n'en est pas moins, dans les mains d'un calfat, un objet qui provoque sa fierté et son amour-propre dans l'usage qu'il en fait.

ABITACLE. s. m. Ce mot, en style sacré, signifie demeure d'un objet vénéré. Dans ce sens il est dûment appliqué au petit meuble qui, sur un vaisseau, recèle la boussole, cet instrument précieux dont la puissance mystérieuse préside à la destinée d'un navire sur les solitudes de la mer. — On a vu, au mot *Boussole*, que la sûreté de la navigation d'un bâtiment assigne la place de ce précieux auxiliaire sur le pont, pour que l'homme placé au gouvernail puisse à chaque instant en consulter les divisions horizontales ; un abri, qui le défendît contre tout choc et contre les intempéries de l'atmosphère, lui était nécessaire, et une petite armoire lui fut consacrée. Cette armoire, placée en avant, et près de la barre du gouvernail, reçut le nom d'*habitacle*. C'est dans l'*habitacle* que, bien assise et librement balancée, la boussole expose au timonier sa *rose* aux trente-deux airs, visible durant le jour par la clarté du temps, et durant la nuit par la lumière d'une lampe suspendue. Autrefois l'*habitacle* n'était qu'un meuble grossier ; ouvrage de menuiserie, dont les défauts étaient cachés sous une épaisse peinture ; privé de goût, il se dérobait aux regards sous le fronteau abaissé de la dunette, ou derrière le dôme ; sale et bigarré de l'empreinte des doigts de ses familiers ; empuanti par la fumée et l'huile corrompue de sa lampe mal soignée, il choquait désagréablement les sens, en même temps que son vitrage terne et gras excitait l'impatience des timoniers dans les nuits obscures : heureux pourtant si la pose douteuse et mal affermie du meuble imparfait opposait une résistance suffisante aux accidens du voyage. — Mais les temps et les choses ont changé, et le progrès a fait que ce sale et difforme bouge est devenu un joli petit temple digne de son nom et de l'oracle mystérieux qu'on y consulte. — Aujourd'hui les habitacles des navires de guerre et du commerce sont des ouvrages de délicate ébénisterie, où le cuivre brille sur l'acajou, affermis sur le pont, au milieu du bâtiment, en avant de la barre, et défiant par leur pose solide et gracieuse les chocs et les roulis ; isolés, et réfléchissant l'éclat de leurs bronzes polis. Un dôme de verre, surmonté d'une petite galerie à colonnes, recouvre de sa périphérie l'élégante boussole qui se balance au-dessous. — Le soir, une lumière égale et mystérieuse comme le phénomène qu'elle éclaire, apportée par la combinaison ingénieuse de quelques réflecteurs, frappe de ses rayons anguleux le dessous de la boussole, dont le tableau, fait d'une feuille de talc, laisse lire par sa transparence la *rose* et ses divisions, dessinées en noir sur sa surface polie. — Enfin, une montre posée dans un emplacement artistement ménagé dans l'entablement du petit tabernacle, expose à tous les yeux les heures de son cadran, et complète l'*habitacle* moderne.

HACHE-D'ARMES. s. f. C'est une petite hache, spécialement à l'usage des navires de guerre ; le manche en est très-court (deux pieds), de manière que d'une seule main on peut aisément brandir cette arme ; d'un côté du manche est le tranchant, et de l'autre côté est une forte pointe en fer, longue de six ou huit pouces, courbée par en bas. Une sorte de ressort, fixé à la tête de la hache, sert à la suspendre au ceinturon du sabre. Les *haches-d'armes* sont de bonnes armes offensives et défensives ; dans les mêlées corps à corps dans les abordages, une partie des abordeurs est armée d'une *hache-d'armes*. Au moyen de sa pointe courbée qu'ils enfoncent dans les bordages du navire abordé, ils s'aident du manche pour monter à bord de l'ennemi. Ils s'en servent aussi pour fendre les crânes, trancher les manœuvres courantes et dormantes, etc.

HAIN ou HAIM. s. m. C'est le nom que les marins et les pêcheurs des côtes donnent à l'hameçon, qu'on sait être le petit croc en métal qu'on attache à une ligne de pêche, et qu'on recouvre d'un appât pour prendre le poisson. La petite languette piquante qu'on voit se détacher à sa pointe crochue, est appelée *dardillon*. On embarque à bord des bâtimens une grande quantité d'*hains* de toutes grandeurs pour le service de la pêche.

HALAGE. s. m. C'est le travail de tirer sur des bâtimens, des pièces de bois ou sur des cordages, dans des ports, dans des bassins, sur des canaux, ou sur le bord des rivières; une corde fixée sur le navire, ou l'objet quelconque sur lequel on exerce un *halage*, est tirée par les efforts des hommes ou des chevaux. Le *halage* est également le déplacement de l'objet, et l'action de lui faire subir ce déplacement. C'est aussi un terme de corderie. (Voir *Haler.*)

HALE-BAS. s. m. C'est le nom d'une petite manœuvre courante, qui est attachée à la pointe supérieure des focs et des voiles d'étai; elle agit en opposition avec la drisse; celle-ci a servi à déployer la voile, en la faisant monter le long de sa draille, le *hale-bas* sert à faire descendre, amener la voile quand on veut la soustraire au vent et la reployer; en général, on donne le nom de *hale-bas* à tout cordage dont l'action est d'accélérer la descente de l'objet auquel il est attaché. Plusieurs petites voiles et pavillons, trop légers pour descendre convenablement par leurs poids, ont des *hale-bas.*

HALER. v. a. Tirer vers soi un cordage; transmettre par son moyen un effort au corps auquel il est attaché. Observons qu'en marine on dit *haler* quand la direction du cordage est presque horizontale; si au contraire l'effort se fait de bas en haut, on dit *peser* (*voir* ce mot); si l'effort se transmet de haut en bas, on dit *tirer* (*voir* ce mot). On *hale les boulines*, on *hale les embarcations à terre*; on *hale un vaisseau sur une cale, etc. Haler* un bâtiment à la cordelle, c'est l'action du halage, pour faire marcher un bâtiment le long d'un rivage; ceux qui halent sont à terre, et marchent pour *haler.*

HALER (se). v. pr. On se sert de cette expression pour rendre les efforts pénibles que fait un bâtiment sous voile, lorsque, par un vent contraire, il cherche à se mettre au vent d'une terre, ou de l'entrée d'un port, ou d'un autre navire; on dit qu'il se *hale au vent*, c'est-à-dire qu'il veut se mettre en position de recevoir le vent avant la terre, ou le navire. On dit aussi qu'un navire *se hale* dans le port ou dans le bassin: c'est le faire marcher vers ces points, au moyen d'un cordage, d'une aussière, que l'on a attachée à un point fixe, dans la direction que le bâtiment doit parcourir, et tirer du bord sur ce cordage. — Les matelots ont tiré parti des images que ce mot leur fournit, pour l'employer dans leur langage; ils disent : *Je lui ai halé sa bonne amie, je lui ai halé un coup de croc,* c'est-à-dire : Je lui ai ravi sa maitresse, j'ai fini par obtenir un petit verre d'eau-de-vie.

HAMAC. s. m. Autrefois nommé *branle,* des oscillations que lui imprime le mouvement du bâtiment. C'est le lit suspendu dont se servent les marins sur les navires.

Sa matière est une laize de grosse toile; sa forme, un carré long de six pieds sur deux et demi de large.

Les deux extrémités de ce parallélogramme sont garnies d'une rangée d'œillets que de petites cordes, dont la réunion s'appelle *araignée,* re-

cueillent de chaque côté pour aller se réunir à un anneau formant le centre de tous ces rayons. Des crocs en fer, fixés aux barrots sous les ponts, reçoivent les anneaux de chaque extrémité du hamac, et le tendent convenablement pour son usage.

Autrefois, comme du reste cela se pratique encore sur bien des bâtimens du commerce, le hamac restait presque constamment pendu à ses crochets; ce n'était que dans l'urgence de cas extrêmes qu'il était décroché et roulé en petit ballot pour être placé dans les bastingages, et servir à amortir une partie de la mitraille; mais aujourd'hui aucun hamac ne reste pendu durant le jour sur un bâtiment de l'Etat; les navires du commerce ont presque généralement des cabanes pour coucher leur équipage. — Le commandement de *branle-bas* est resté dans la marine; son origine traduisait l'expression de décrocher les *branles.*

Le hamac n'est pas seulement en usage à bord des bâtimens; les créoles, sous le ciel torride de nos colonies indiennes et de nos Antilles, ont adopté pour leurs siestes cette couche flottante, si bien appropriée aux habitudes indolentes de leur vie. Mais sous l'habitation du planteur ou à l'ombre embaumée des magnoliers et des tamarins, le hamac n'est plus le grossier lambeau de toile qui reçoit la brune couverture et le mince matelas, chétive literie destinée à tous les marins; c'est un élégant filet de latanier, dont les cordons de couleur forment les mailles, en combinant leurs nuances avec goût et régularité.

Quelle est l'origine du hamac? quelle est son étymologie? Les créoles l'ont-ils emprunté aux caraïbes ou aux autres tribus indigènes de l'Amérique avec les lits desquels son analogie est si complète? Est-il une couche adaptée par l'esprit inventif de nos marins, aux aisances de la navigation?

Si nous voulions faire parade de recherches, nous dirions que le hamac doit être d'une invention fort reculée, si on le compare au lit suspendu des anciens que les médecins conseillaient dans certains cas de blessures, pour offrir plus de bien-être aux malades et pour donner au corps des mouvemens qui n'entraînaient ni douleur ni fatigue. On attribue l'invention de ce lit suspendu (*lectus pensilis*) à Asclépiade; Mercurialis en parle longuement dans le troisième livre de sa *Gymnastique.* Ce lit était soutenu, à quelque distance de terre, par des cordes attachées aux quatre angles; il était fabriqué d'une forte étoffe de lin. — On trouve dans quelques auteurs classiques des descriptions de baignoires suspendues : *Balneorum suspensura inventa est,* dit Sénèque, *ne quid ad lautitiam deesset* (Epist. 90). On lit ailleurs qu'Alcibiade fut censuré par les Athéniens, parce qu'au lieu de se coucher simplement sur le pont, il suspendait son lit avec des cordes pour adoucir les mouvemens du roulis.

Bien des raisons rattacheraient donc l'invention du hamac aux usages nautiques des Grecs, surtout pour ce qui serait du service de leurs malades; d'un autre côté, les habitudes traditionnelles des peuples de l'Inde semblent également présenter quelques points sur lesquels les conjectures puissent s'appuyer. Ces diverses opinions ont été l'objet d'ingénieuses dissertations entre plusieurs *radicalistes* dont quelques-uns ont prétendu trouver dans la langue des premiers habitans des Antilles l'expression génératrice de ce mot. Nous, nous le croyons plutôt, avec leurs adversaires, né de *hang-matt*, qui signifie natte suspendue, dans les langues du nord.

HANCHE. s. f. C'est la partie extérieure du navire qui est située entre l'arrière et le milieu des côtés; quand on a le vent de la *hanche*, c'est presque vent arrière. — Aborder un navire par la *hanche*, c'est l'aborder vers l'extrémité postérieure d'un de ses côtés, pas précisément par son arrière. — Pour désigner la présence d'un bâtiment ou d'un point de côté, par rapport au navire à bord duquel se fait l'observation, on dit que l'objet indiqué se voit par la *hanche*, comme dans d'autres cas on dirait que cet objet est par l'*avant*, par l'*arrière*, par le *travers*, pour un des côtés; par le *bossoir*, pour signifier un peu à droite ou à gauche de l'avant. — La *hanche*, dans ces désignations, est comparativement à l'arrière ce que le bossoir est à l'avant.

HARENGAISON. s. m. Par ce mot, les pêcheurs de la Manche désignent l'époque annuelle où les harengs passent dans les eaux de leur pêche. — La morte saison est celle où l'on ne pêche pas, l'intervalle entre les *harengaisons*.

HARPON. s. m. Instrument en usage dans la pêche de la baleine. Le *harpon* est un dard en fer, formant un angle obtus d'environ 120 degrés, dont les côtés ont 3 pouces de hauteur. Le troisième côté, épais d'environ 5 à 6 lignes, est formé par un angle rentrant au milieu duquel est une branche en fer de 3 pieds de long; cette branche est terminée par une douille en fer, dans laquelle s'emboîte le manche qui sert à le lancer. Une corde fixée à l'extrémité de ce manche permet de retenir à soi l'instrument ou de le rapprocher du point qu'il a atteint. (Voir *Pêche de la baleine*.) — On emploie pour la pêche des bonites, des thons, des marsouins et autres gros poissons, un *harpon* dont la forme est différente de celui qui est en usage pour les grandes pêches; celui-ci est plutôt un instrument de délassement, bon à remplir les loisirs des marins qui saisissent avidement toutes les occasions que leur présente la pleine mer d'exercer leur adresse quand de gros poissons s'approchent du navire. — On appelle *harponneur* celui qui se sert habituellement du harpon. — Sur les baleiniers, ce *harponneur* est un des sous-officiers du bord.

HAUBANS. s. m. Gros cordages qui servent à étayer les mâts sur les côtés du navire, et dont on a ensuite fait des échelles pour servir à atteindre le haut de ces mâts. — Les *bas-haubans* sont ceux qui s'élèvent depuis les bords supérieurs de la muraille du navire, jusqu'au sommet des bas mâts. — Les *haubans* de hune s'élèvent du pied de ce mât de hune, écartés à leur base par cette hune, et se rapprochant jusqu'à l'extrémité supérieure. — Ceux de perroquet partent écartés des barres de perroquet, et se rejoignent en se rapprochant jusqu'au sommet, et ainsi de tous les mâts. — Le *hauban* est représenté dans toutes les constructions architecturales par les madriers, les contre-forts ou les étançons.

Le *hauban* ou mieux les *haubans*, puisque chacun d'eux est seulement un des cordages qui, réunis en nombre, forment de chaque côté des mâts l'ensemble de ces systèmes; les *haubans*, disons-nous, jouent un grand rôle dans l'économie maritime. Ils figurent d'abord en premier rang parmi les pièces indispensables du gréement, comprises dans la généralité de l'expression : manœuvres dormantes. Dans les grandes tempêtes, dans les sinistres de mer, lorsque le capitaine se voit contraint de sacrifier une partie de la mâture au salut de la coque, lorsque le vent menace de rendre le navire et son équipage complices de la lutte que la tempête livre aux mâts dépouillés de voiles, c'est sur les haubans que se portera le coup terrible qui devra renverser la mâture... La hache est levée, elle mord dans les cordages dont les fibres craquent et s'allongent sous les efforts de la bourrasque, puis la plaie s'agrandit, les tronçons arrachent leurs derniers fils, tout se rompt à la fois, la mâture croule emportée par le vent... Les *haubans* étaient le dernier point de la résistance, il a fallu les sacrifier.

Les *haubans* sont les points d'observation sur lesquels on s'élève pour mieux apercevoir ce qui entoure le navire; et comme ils conduisent aux hunes et aux barres, — ces belvédères de la mâture, — ils sont fort fréquentés, surtout sur les bâtimens du commerce. Il y a toujours quelqu'un ou quelque chose sur les *haubans :* — Un matelot qui va serrer une voile ou réparer un cordage ; — quelques vêtemens lavés par le novice, qui sèchent en se gonflant d'air, attachés aux minces enfléchures qui sont les marches de cet escalier aérien. Autrefois on usait beaucoup d'une punition quelque peu tombée aujourd'hui en désuétude : c'était, comme on disait, de mettre un homme *au sec dans les haubans*. Cela consistait à envoyer le délinquant les pieds nus, supportés par les fines enfléchures qui entraient dans sa chair sous le poids de son corps, dans les *bas-haubans*, où battait un vent frais et piquant. Le marin était ordinairement *mis au sec* précisément au moment où l'heure était arrivée à sa bordée d'aller se reposer dans le hamac ou la cabane, des fatigues d'un quart de quatre ou de six heures de veille. — Dans certaines opérations de stratégie navale, ou dans des circonstances que la tempête a rendues difficiles, on a vu des chefs avoir recours à un moyen que nous indiquerons, ainsi que les conditions dans lesquelles il s'accomplit. Il arrive souvent qu'un bâtiment soit obligé de faire un mouvement de rotation que nous avons défini au mot *Arrivée*, lequel consiste à tourner sur son axe vertical, en faisant céder son avant à la pression du vent qui tend continuellement à le tourner ou l'abattre dans sa direction. Il peut y avoir beaucoup de danger à mettre dehors une voile qui, étendue sur l'avant du navire, doit faciliter ce mouvement. Cette voile pourrait ou trop précipiter l'action, ou être emportée par la bourrasque, et causer quelque avarie. Les *haubans* prêtent ici leur secours. L'officier y fait monter un certain nombre de marins qui s'y cramponnent, aplatis et pressés les uns contre les autres, de manière à présenter momentanément une surface immobile à l'action du vent, surface qu'il est extrêmement facile d'élargir, de rétrécir ou de soustraire à la brise, suivant que cela devient nécessaire. De cette façon, l'opération se fait avec sécurité et en fort peu de temps, et des avaries redoutables sont évitées.

L'auteur des *Scènes de la vie maritime* trouve l'étymologie de *hauban* dans la réunion des deux mots hollandais *hoof-band : band*, lien, cordon, attache; et *hoof*, tête. La figure ne saurait être plus exacte, car le *hauban* serre la tête du mât à son capelage comme un bandeau. Le *hoof-band* des Hollandais est le *head-band* des Anglais, qui, au surplus, se servent d'un autre mot pour désigner les *haubans*.

HAUT. adj. Comme dans le langage du monde, ce mot indique une position élevée à l'égard d'un point de comparaison. On dit un bâtiment *haut* sur l'eau, s'il est plus élevé au-dessus du niveau de la mer que les autres bâtimens de son rang. — On appelle *haut-pendu*, un nuage noir qui passe rapidement sur le navire, et qui donne un peu de pluie, et quelquefois du vent; il oblige de veiller au salut des mâts, et souvent de baisser quelques voiles, ce qu'on appelle *saluer le haut-pendu*. On dit une terre *haute; les voiles hautes;* on comprend sous ce nom général, toutes les voiles au-dessus des basses voiles. On disait anciennement vaisseau de *haut-bord*, capitaine de *haut-bord*. Sous l'empire, les marins au service de la France étaient divisés en *équipages de haut-bord*, destinés à monter les vaisseaux et frégates; et en *équipages de flottille*, pour armer les petits navires.

HAUT (en). adv. Dans un navire, les hommes qui sont restés dans la cale, ou entre les ponts, disent de ceux qui sont sur le pont, ils sont *en haut; le quart est en haut.* Ceux qui sont sur le pont disent des marins dispersés sur les mâts, qu'ils sont *en haut; l'homme de vigie est en haut; les gabiers sont en haut;* l'ancre qu'on relève du fond

de la mer au moyen de son câble, est *en haut*, lorsqu'on la voit paraître à la surface de l'eau, et qu'on peut la saisir avec le croc du capon. — Pour faire monter tout l'équipage sur le pont, on dit : *tout le monde en haut! en haut le monde!* Commandement qui se fait entendre dans les circonstances graves ou solennelles.

HAUT-BORD. s. m. C'est ainsi que l'on désignait anciennement les bâtimens qui naviguaient au long cours, quels qu'ils fussent, grands ou petits, pour les distinguer des galères, des bateaux plats et autres bâtimens qui ne s'éloignaient pas beaucoup des côtes.

HAUTE-PAYE. s. f. C'est la solde d'un marin classé, lequel par son mérite à la mer, ou par son dévouement dans certaines circonstances, est arrivé à la paye la plus élevée fixée par les ordonnances. Un matelot est à la *haute-paye* lorsqu'il reçoit celle de *gabier*, la plus forte dans la classe des matelots.

HAUT ET BAS. adv. Cette expression s'emploie pour presser un travail qui doit s'exécuter en même temps dans toutes les parties d'un navire; ainsi on dit employer le monde *haut et bas;* c'est-à-dire le faire travailler sans relâche, dans la cale et sur les mâts, dans les batteries et sur le pont. — On dit aussi nettoyer *haut et bas;* c'est nettoyer partout.

HAUTEUR. s. f. Ce mot s'emploie dans diverses circonstances en marine; on dit *la hauteur dans les batteries* ou entre les ponts; par ces mots on entend l'intervalle qui sépare deux ponts; le vide qui subsiste entre le plancher de l'un, et la voûte de l'autre. On dit *hauteur de batterie*, de l'élévation qui est au-dessus de la surface de la mer, du bas de l'une des embrasures situées au centre de cette batterie. — La *hauteur* d'un astre en astronomie, c'est l'arc du vertical de cet astre, compris entre son bord inférieur (pour le soleil et la lune) et l'horizon, et que l'on obtient au moyen des instrumens à réflexion; cet arc entre comme élément indispensable dans plusieurs calculs astronomiques de haute portée, qu'il n'est pas du ressort de cet ouvrage de développer; pour nous borner à la spécialité de notre plan, nous dirons que la *hauteur* méridienne du soleil, étant un élément indispensable au calcul de chaque jour, sur un bâtiment en mer, il est un moment (onze heures et demie du matin) où, par ordre de l'officier de quart, les autres officiers qui ne sont pas de service sont avertis qu'il est temps de prendre *hauteur*. Alors chaque observateur va suivre avec son instrument de catoptrique le mouvement ascensionnel de l'astre, jusqu'à son petit temps d'arrêt apparent dans le méridien. — On dit aussi en marine, être à la *hauteur* de tel cap, de telle île, c'est-à-dire, être dans l'est ou dans l'ouest de cette île, en d'autres mots être sur son parallèle, ou par sa latitude.

HAUT-FOND. s. m. Montagne sous-marine,

dont le sommet s'élève assez près de la surface de la mer, et au-dessus duquel un bâtiment doit éviter de passer. Les *sondes* sont inégales sur un *haut-fond*; un seul espace, et qui sans doute est le plateau de cette élévation sous-marine, donne un brassiage égal, mais en dehors duquel les profondeurs augmentent comme la pente descendante de la montagne. Un *haut-fond* est annoncé par la couleur verdâtre de l'eau au-dessus de son point culminant, et par quelques oiseaux marins qui y font la pêche aux petits poissons du genre polypeux qui s'élèvent des fonds.

HAUTS (les). s. m. pl. On dit les *hauts* d'un bâtiment, en opposition des bas, ce qui désigne autant la capacité intérieure des parties hors de l'eau, que ses côtés. Les *hauts* d'un navire doivent se compter extérieurement depuis quelques pieds au-dessus de la flottaison, jusqu'aux bastingages, et tout autour du bâtiment. C'est cette partie qu'il faut entendre, quand on dit : *les hauts sont en bon état; les hauts ont besoin de réparations.* On entend aussi par les *hauts*, les murailles, les bois, qui sont au-dessus du pont supérieur, et que nous avons définis sous le nom d'accastillages; ainsi raser les *hauts* d'un vaisseau, c'est lui enlever cette partie élevée de sa muraille, lui supprimer ainsi son pont supérieur, et faire que le pont placé immédiatement au-dessous devienne le pont le plus élevé. (Voir *Vaisseau rasé.*)

HAUTURIER. s. m. C'était ainsi que l'on nommait anciennement les navigateurs au long cours, et particulièrement ceux qui avaient la qualité de pilotes, à cause de la science astronomique, à l'aide de laquelle ils dirigeaient les vaisseaux à travers les espaces de la mer; ces pilotes consultaient les hauteurs des astres, et du mot hauteur on a fait *hauturier.* Ce nom distinguait les pilotes instruits, des pilotes *lamaneurs* (*voir* ce mot) et des marins caboteurs.

HÉLER. v. a. C'est, en mer, parler à l'aide du porte-voix d'un navire à un autre. On ne peut *héler* convenablement que lorsque deux bâtimens courent vent arrière, ou quand le temps est beau; mais s'ils se trouvent placés au vent l'un de l'autre, et que le vent soit fort, les paroles du bâtiment placé sous le vent sont ordinairement perdues pour l'autre, à moins qu'il n'y ait un très-grand rapprochement entre les deux navires (Voir *se Parler.*) — Sur les bâtimens chargés de la police des rades, on *hèle* la nuit les embarcations qui passent dans le rayon de la voix.

HERPES. s. f. pl. Ce sont des courbes légères en bois façonné qui font partie de l'accastillage de la guibre.—On appelle encore *herpes marines* les trouvailles qu'on fait sur les rivages ; et, par extension, ce mot s'applique également aux coraux et coquillages que la mer laisse à sec en se retirant.

HEUSE. s. f. Partie mobile, piston qui entre dans l'appareil d'une pompe. (Voir *Pompe.*)

HILOIRE. s. f. Ce sont des bordages en chêne qui encadrent les ponts, ordinairement faits en sapin, de manière à augmenter leur solidité. Les ouvertures percées dans les ponts pour livrer passage à l'intérieur du navire sont également bordées de pièces improprement appelées *hiloires*, élevées de 6 pouces et au delà, pour empêcher la chute de l'eau, ou des objets placés sur les ponts, que les agitations du navire précipiteraient par les ouvertures. *L'hiloire* est toujours le bord, l'endroit où finit une partie quelconque de la surface d'un pont. C'est une bordure destinée à renforcer le tissu, à contenir la surface, à consolider la résistance de son ensemble.

HISSER. v. a. Élever un pavillon, une voile, un objet quelconque à l'aide d'un cordage simple ou d'un palan. Pour être déployées au vent qui les gonfle, les voiles sont *hissées*; les cordages qui participent à cette préparation sont, comme cela a déjà été dit, les drisses. — L'opposé de *hisser* est amener. — On *hisse* les voiles en chantant, à bord des bâtimens du commerce ; les chants qui servent à accorder les marins sont souvent composés de syllabes traînantes empruntées au verbe auquel donne lieu l'opération qui s'exécute : *hissa, ho, ha, hisse!*

HIVERNAGE. s. m. Saison des coups de vent, des ouragans et des pluies dans les Antilles. Cette crise dure environ trois mois : juillet, août, septembre ; pendant ce laps de temps, les bâtimens se retirent dans des baies abritées par leur position, ou effectuent leur retour en Europe. — *Hiverner*, c'est passer la saison de l'*hivernage* dans un abri.

HOMME DE MER. s. m. On dit un *homme de mer*, comme on dit un homme de guerre, en bonne part, avec une idée honorable du caractère et de la capacité de celui auquel s'applique cette expression. Sa signification est donc tout autre, et renferme une autre valeur que la dénomination vulgaire d'homme de loi, homme de lettres, qui désigne simplement une profession. — *L'homme de mer* est celui qu'une longue expérience a rendu marin habile, que de longues études ont fait mathématicien et profond astronome, et ce n'est pas seulement un homme qui fait métier de naviguer. — *L'homme de mer* est doué d'une grande fermeté, de courage, de sang-froid et de présence d'esprit; il sait se ployer sous certaines circonstances, et se dresser devant les autres; il reste inébranlable au milieu des événemens les plus critiques de son aventureuse profession, et demeure le dernier à son poste quand il faut mourir. (Voir *Marin.*)

HONNEURS. s. m. Ce sont les cérémonies qui se font à propos d'un prince, d'un dignitaire de l'arme ou d'un supérieur, à bord des bâtimens de l'Etat; pour rendre *les honneurs* à un chef, on tire des coups de canon, on hisse des pavillons dans la mâture, on met l'équipage sous les armes. Des règlemens fixent l'importance des *honneurs* de la manière suivante : pour un prince du sang, on tire vingt et un coup de canon et on crie cinq fois ; pour les princes de deuxième ordre, dix-neuf coups de canon ; pour les amiraux, les ministres, les ambassadeurs, les maréchaux, ou tout commandant en chef, dix-sept coups et trois cris. Les nombres diminuent encore en raison des grades des autorités qu'on reçoit. — A la mort d'un officier en mer, on lui rend des *honneurs* par un certain nombre de coups de canon qui diminue successivement jusqu'à se réduire à un seul pour le dernier grade ; ces coups se tirent à l'instant où le corps est lancé à l'eau. Il s'y joint trois décharges de mousqueterie faites par le piquet de marins commandé pour prendre les armes, lequel est plus ou moins nombreux suivant le grade du défunt. Pour les élèves des deux classes et les maîtres (ceux-ci sont les premiers sous-officiers de l'équipage), on se borne aux trois décharges de mousqueterie faites par des piquets de trente, vingt et quinze hommes. — Tout ceci regarde, bien entendu, seulement les bâtimens de l'Etat. Dans ces funèbres cérémonies, les voiles sont aussi momentanément carguées pour un commandant de navire, et le pavillon national mis en berne. — On dit ranger, passer à l'*honneur*, pour signifier passer aussi près que possible d'une jetée, d'un navire, d'un rivage, sans y toucher.

HORIZON (visuel). s. m. Limite que peut atteindre le regard en s'égarant sur la mer ; grand cercle de la sphère qui borde au loin l'immensité de l'eau en la séparant du ciel. L'*horizon* est bien souvent consulté par les marins, car c'est là que se présentent tous les accidens qui viennent jeter quelque variété dans l'uniforme monotonie de leur existence. Terre, navire, rocher, tempête, tout vient de l'*horizon ;* quand il est vide, le navire est seul, et un rayon de plusieurs lieues le sépare de toute chose, dans ce grand vide à peine peuplé de quelques poissons et de quelques oiseaux. Du haut de la mâture l'horizon s'agrandit, et on a vu au mot *Abaissement* que telle chose, invisible pour les navigateurs restés sur le pont, devient apparente pour celui qui s'élève davantage au-dessus de la surface de la mer. C'est de l'horizon que viennent ces sensations que provoque la vue d'une côte désirée, qui émerge au loin avec les nuages, par de beaux jours de navigation. Il y a un charme inconnu à contempler cette limite du regard, au delà de laquelle l'âme s'élance, entraînée par la pensée ou les désirs, jusqu'à la terre bien-aimée. Beaucoup de marins, blasés sur mille émotions dramatiques, ne peuvent contempler l'*horizon* d'un beau jour, sans bientôt sentir des larmes trembler dans leurs yeux ; c'est que l'*horizon* renferme le passé et l'avenir, c'est qu'il enveloppe les regrets et l'espé-

rance ; c'est que l'*horizon* c'est l'ourlet de chaque jour, et qu'on ne sait ce qu'enveloppe de joie ou d'infortune ce long tissu qui s'étend au delà et qu'on appelle l'océan, la vie ! De poétiques et religieuses impressions émanent de ce mystère ; tout cela est pour le cœur, et la tête n'en reçoit rien. La pensée, et la raison sa sœur, exercent un travail à part ; si leur action peut s'étendre jusqu'aux sensations de l'âme, elles les tuent.

On dit *horizon fin,* lorsqu'il trace une ligne légère qui le découpe sur le ciel, — un *horizon gras,* lorsqu'il semble effacé et incertain, — un *horizon venteux,* quand il soutient les nuages, — brumeux, rapproché, éloigné, suivant les caprices de l'atmosphère.

HORLOGE. s. f. Il ne faut pas s'attendre à voir un ouvrage d'*horlogerie* dans le petit instrument qui, sur un vaisseau, sert de mesure ordinaire pour compter les heures, et que les marins ont pompeusement revêtu du nom d'*horloge ;* c'est plutôt le modeste produit d'un fabricant de verres et d'un tourneur, et dont la combinaison a été déjà définie sous le nom d'*ampoulettes* (voir ce mot). — Cette méthode de mesurer le temps, la plus ancienne peut-être, est généralement connue sous le nom d'*horloge de sable,* ou plus simplement *sablier ;* elle divise le jour en quarante-huit parties, d'une manière peu exacte sans doute, mais suffisamment pour les changemens de quart et les repas. L'écoulement du sable d'une ampoulette dans l'autre ne durant qu'une demi-heure, il faut qu'un surveillant soit attentif à renverser *l'horloge,* et faire prendre au petit flacon vidé de son sable, une position inférieure, pour qu'il se remplisse de nouveau du même sable dont est plein le flacon supérieur ; écoulement qui durera une demi-heure, et ainsi de suite. On dit que *l'horloge dort,* quand on a négligé de la tourner. Quand elle a été tournée avant que le sable d'une ampoulette ait totalement passé dans l'autre, on dit qu'on a mangé du sable. C'est une fraude à laquelle sont enclins les *pilotins,* ou le matelot qui veille *l'horloge ;* ce sont des fractions d'heures qu'ils enlèvent au temps qu'ils doivent veiller sur le pont, et dont profitent tous les hommes de quart. Il résulte du sable mangé d'un midi à l'autre, que le midi suivant arriverait trop tôt, si l'on n'avait pas à le comparer au midi donné par de meilleures montres, ou par l'observation méridienne du soleil. Cette rectification nécessaire de l'*horloge* à midi fait que le quart, qui doit se terminer à cette heure, est toujours plus long en compensation de ceux durant lesquels on a mangé du sable. — Il y a à bord des navires de guerre une *horloge de sable* de quatre heures, dont on fait rarement usage, seulement dans les circonstances où les préoccupations sont portées vers des objets plus importans que la surveillance d'une *horloge ;* dans un combat, par exemple. — Il y en a d'autres d'une minute, d'une demi-minute et d'un quart de minute : celles-ci servent pour jeter le loch. (*Voir* ce mot.)

HOUACHE. s. f. C'est ainsi que les marins appellent la trace que, dans sa marche, le bâtiment laisse à la surface de la mer en refoulant le fluide. Plus la vitesse du navire est grande, plus cette trace est longue et marquée ; sous la poupe, près du vaisseau, elle n'est d'abord qu'un tourbillonnement bruyant de l'eau qui se précipite pour remplir le vide causé par le déplacement de la rapide carène ; mais à peine le vaisseau s'est-il avancé d'une quantité égale à sa longueur, que les tournans de l'eau ont cessé, et qu'une longue traînée blanche et unie les remplace ; de chaque côté de ce sillon blanc que les petites lames ne viennent pas troubler, deux lignes d'écume se prolongent parallèlement, et tranchent sur l'azur de l'eau que le navire n'a pas heurtée de sa guibre ; peu à peu la *houache* s'efface, et, à quelques longueurs du bâtiment, il ne reste plus aucun signe de son passage sur la mer. C'est dans la *houache* que se tiennent ordinairement tous les oiseaux marins que l'on rencontre parfois en grande quantité sur les solitudes de l'Océan ; ils y saisissent tous les débris qui tombent ou que l'on jette du navire, et qui peuvent leur servir de nourriture. — La nuit, la *houache* est, dans certaines mers, beaucoup plus longue plus longtemps visible, en ce qu'elle est lumineuse ; sa clarté, quelquefois éblouissante, est un effet des principes phosphorescens que contient l'eau de la mer, et qui sont transmués par le choc du bâtiment à son passage. — On appelle également *houache* un petit morceau d'étamine, de couleur tranchante, attaché artistement sur la ligne de loch. C'est à partir de cette *houache* que l'on commence à compter les divisions écoulées de la ligne pendant l'expérience. (Voir *Loch*.)

HOUARI. s. m. Bâtiment à deux mâts, gréant deux voiles auriques qui se hissent le long des mâts ; une partie du grand côté de chaque voile est enverguée au mât, au moyen de bagues qui l'enveloppent et s'attachent à la voile ; l'autre partie est enverguée sur un espar léger qui, en s'élevant au-dessus du mât, semble en faire la continuation. Le *houari* a de plus un foc à chaque mât : il sert au cabotage dans le nord. On dit des voiles en *houari* ou gréées en *houari*. Ce genre de voilure est très-souvent adopté sur les légers canots des navires ; le système en rend la manœuvre facile et prompte : une seule personne peut conduire et manœuvrer un canot gréé en *houari*.

HOULE. s. f. C'est ainsi que les marins appellent l'état de la mer qui, après avoir été furieusement agitée et hérissée de grosses vagues écumeuses, ondule en élévations arrondies, dont les pentes sont douces et d'une forme allongée, et dont les bases sont larges. La *houle* est une réminiscence d'une grosse mer passée. Ce sont les agitations imprimées par le vent furieux qui s'est apaisé, lesquelles conservent encore leurs formes, leur direction, mais sans bruissement et sans écume. On dit la *houle est forte*, ou *il y a petite houle*, la *houle* vient de tel bord ou de tel air de vent. On dit aussi de la mer *qu'elle est houleuse*, et souvent elle est *houleuse* dans un sens qui est en opposition avec le vent régnant ; en sorte qu'un navire peut se trouver à cingler en présentant le devant à la *houle* ; circonstance nuisible à sa marche, puisque la *houle*, s'avançant dans la direction contraire, lui fait obstacle, en même temps qu'elle fatigue le bâtiment par les violens *tangages* (*voir* ce mot) qu'elle lui cause. Si la direction que suit le navire est dans le sens de la *houle*, celle-ci lui est favorable et ne le fatigue pas : le bâtiment en est légèrement balancé ; mais il *roule*, ou incline de côté et d'autre, si la *houle* le prend de côté. Il est certaines mers, comme celles sur les côtes du Brésil et à l'embouchure de la Plata, où la *houle*, qui se manifeste tout à coup dans un beau temps, peut être prise pour l'indice d'un grand vent qui ne tardera pas à souffler de la partie de l'horizon d'où provient la *houle* observée.

HOUPÉE. s. f. C'est un état de la mer peu différent de celui qui a été défini sous le nom de clapotage ; il a à peu près les mêmes causes et les mêmes effets ; ce sont des lames qui se choquent et montent réciproquement l'une contre l'autre, après une variété dans les vents qui ont plus ou moins soufflé. Le choc produit à leur sommet une masse d'écume blanche qui les fait ressembler à des *houpes*.

HOURDI. s. f. Terme d'architecture navale ; c'est le nom de la pièce de bois transversalement posée par son milieu sur l'étambot, à l'endroit où la poupe a le plus de largeur ; on l'appelle la *barre d'hourdi* ; elle fait l'office d'un bau à l'extrême arrière, et à la hauteur d'un pont ; elle détermine la hauteur des deux embrasures percées dans l'*arcasse* des bâtimens de guerre.

HOURQUE. s. f. Sorte de grand bâtiment de transport dans le Nord ; la *hourque* porte deux mâts à pible, l'un au centre, l'autre à l'arrière. La position de ces mâts, et les voiles qu'ils portent, placent le point vélique ou centre de voilure, si mal en rapport avec le centre de gravité, que ces bâtimens ne possèdent aucune bonne qualité à la mer, ni pour éviter les lames, ni pour marcher, ni pour gouverner. Aussi les marins donnent-ils par mépris le nom de *hourque* à tout grand bâtiment dont les mauvaises qualités ont encouru la flétrissante comparaison des qualités vicieuses de la *hourque*.

HUBLOT. s. m. C'est le nom d'une petite ouverture carrée qu'on perce de part en part dans la muraille des grands bâtimens, pour donner du jour et de l'air dans l'entrepont. Ces petites fenêtres étant destinées à éclairer des parties sub-

mergées de l'intérieur, ou au moins très-voisines
de la surface de la mer, sont elles-mêmes peu
élevées au-dessus de l'eau, et ne produisent qu'un
jour plongeant; jour possible dans les beaux
temps seulement, et souvent d'un seul côté du
navire, celui qui n'incline pas. Les *hublots* se
ferment au moyen d'une épaisse petite porte, ou
mantelet (*voir* ce mot) qui roule sur une forte
double penture qui la retient à la muraille du navire. Quelquefois les *mantelets* des *hublots* portent au milieu un verre lenticulaire hermétiquement appliqué, et qui laisse pénétrer un peu de
clarté dans l'intérieur quand le *hublot* est fermé.
Les vaisseaux et frégates ont une assez grande
quantité de *hublots* distribués autour du navire, à
quelques pieds au-dessus de la ligne de flottaison.

HUNE. s. f. Plate-forme anciennement construite en planches jointes, aujourd'hui presque
généralement parquetée de petites lattes à jour,
ayant la forme d'un parallélogramme dont les angles sont arrondis. Sa largeur est moitié de celle
du pont du navire, et sa longueur, de l'avant à
l'arrière, les deux tiers à peu près de sa largeur;
elle se place à la tête des bas-mâts et forme le
premier étage de la mâture; le mât qui s'élève
au-dessus d'elle lui emprunte son nom. Les bas-
haubans s'élèvent jusqu'à la *hune* et se réunissent
sur la tête du bas-mât dans l'extrémité duquel
celle-ci est passée; les gambes servent à la maintenir de chaque côté, en même temps qu'ils aident
à y parvenir. Des extrémités latérales de la *hune*
partent les haubans de *hune* qui appuient sur ses
côtés le mât de ce nom, et se réunissent à son
extrémité supérieure sous les *barres* qui font pour
ce mât de *hune* l'office de la *hune* pour le bas-mât.
Les principaux travaux de la mâture s'exécutent
facilement dans les *hunes*, qui peuvent contenir
plusieurs hommes; et à bord des grands bâtimens
de guerre, c'est, comme on l'a dit au mot *Gabier*, le
séjour habituel de ces marins. Dans un combat, on y
place des pierriers, des espingoles pour faire feu
sur l'ennemi, et la mousqueterie de ces points élevés est fort meurtrière, parce qu'elle se fait avec
plus d'avantage et de justesse que dans la confusion des gaillards. La forme de la *hune* a subi
beaucoup de transformations, et dans les époques
reculées elle a joué un grand rôle dans les batailles navales; pour cela elle eut alternativement
la forme d'une cage ou espèce de cachette, puis
celle d'une tour, et depuis, d'une plate-forme mas-
sive et balustrée. Aux xiiie et xive siècles on en
faisait un important point d'attaque, et des soldats
qui y étaient appostés lançaient de là sur l'ennemi

des pierres et des flèches. La Cosmographie de
Belleforest offre des figures où ces coutumes de
guerre sont reproduites, et dans un récit de
bataille navale livrée en 1304, entre Philippe le
Bel et un comte de Flandre, Guillaume Guyart
dit quelque chose qui peut être traduit ainsi de
son langage de chroniqueur dans le nôtre :

« Les vaisseaux sont si bien armés, que je crois
» qu'on ne vit jamais un si grand nombre d'hom-
» mes aussi bien ordonnés. Au bout des mâts sont
» les tours bien crénelées à quatre angles, garnis
» de flèches et en pierres amassées à cet endroit;
» chacun de ces châteaux (tours) a quatre bons
» sergens. »

HUNIER. s. m. Voile suspendue sous une
vergue attachée au mât de hune; sa forme est
trapézoïde; ses points inférieurs se fixent par
leurs écoutes, aux extrémités de la basse vergue,
et elle se trouve tendue au vent lorsque, par le
moyen de sa drisse, la barre transversale qui la
supporte monte le long du mât de hune du haut
duquel elle tombera comme une bannière. Chaque mât porte un *hunier* parmi les navires plus
grands que la goëlette, souvent elle-même comprise. Ces *huniers* sont les principales voiles d'un
bâtiment; elles sont les mieux placées pour recevoir le vent et donner de l'impulsion à la masse;
la moitié de la surface supérieure d'un *hunier* est
garnie de bandes de garcettes qui dans certaines
circonstances servent à rétrécir la surface de ces
voiles en aidant à maintenir une partie de la toile
relevée par couches régulières sur la vergue qui
les supporte (voir *Ris*). Le perroquet de fougue
est le *hunier* d'artimon. On appelle *petit-hunier*
celui qui est au mât de misaine, et *grand-hunier*
celui qui est au grand-mât.

HYDROGRAPHIE. s. f. Connaissance des
mers, des côtes, des îles, des parages, des ports,
des rivières, des baies, des fleuves, etc., qui sont
répandus sur le globe; science indispensable au
marin, et qui produit les cartes dont la navigation
fait un fréquent usage. L'*hydrographie* entraîne
aussi la science de certaines observations d'astronomie pratique, l'art de pointer la carte, de construire des places et de faire les calculs de navigation. Celui qui enseigne ou possède l'*hydrographie* est *hydrographe*.

HYPOTHALASTIQUE. s. f. Art de naviguer
sous les eaux, problème pour la solution duquel il
a été fort souvent fait des tentatives généralement
couronnées de peu de succès. (Voyez *Torpédo* et
les articles sur la navigation sous-marine publiés
dans la première année de la *France Maritime*.)

LOT, s. m. Rocher dont le sommet reste au-dessus de la surface de la mer; quelquefois c'est un assemblage de roches, de coraux, de madrépores.

INCLINAISON. s. f. C'est la bande que le vent donne à un bâtiment en le penchant sur un de ses côtés. — C'est aussi une pente donnée à dessein à la mâture dans le sens de l'arrière du navire, quelquefois, mais rarement, sur l'avant, à moins que cette *inclinaison* irrégulière n'entre dans le système de mâture affecté à certains petits navires du Levant qui ont été décrits.

INSTALLATION. s. f. Dans le langage du monde ce mot s'applique aux individus; en marine, il s'applique aux choses. L'*installation* sur un navire, c'est le parfait arrangement de tout ce dont il est muni pour naviguer, c'est son économie intérieure. Un navire est bien ou mal *installé* suivant que son gréement, ses emménagemens, ses appareils sont plus ou moins commodément disposés pour un service actif, et pour l'ordre et la bonne tenue de leur aspect. — *Installer,* c'est faire cet arrangement.

INSTRUMENT. s. m. Les marins appellent ainsi leur cercle de réflexion, leur sextant, leur octant, et enfin tous les appareils mathématiques qui servent à obtenir les données pour accomplir leurs calculs de navigation.—Un *instrument* bon ou mauvais, rectifié ou en mauvais état, etc.

INTERLOPE. s. ou adj. Bâtiment fraudeur, qui fait le commerce des marchandises en se dérobant aux droits établis par le fisc. — Dans les Antilles et dans l'Amérique espagnole, on désigne sous ce nom jusqu'aux hommes qui forment les équipages de ces bâtimens.

INVERSION. s. f. Terme de tactique navale; c'est le renversement d'un ordre de marche ou de bataille quelconque, soit sur une seule ligne ou sur plusieurs colonnes, dans lequel chaque vaisseau se trouve avoir devant lui le vaisseau qu'il avait derrière, et une ligne ou colonne a pour *chef de file* celui-là même qu'elle avait pour *serre-file* avant l'évolution; par conséquent, ceux qui se trouvaient d'abord en tête de la ligne ou des colonnes, se trouvent, après l'évolution, à la queue de leurs lignes respectives. Pour effectuer une *inversion*, les vaisseaux n'ont eu qu'à tourner sur eux-mêmes sans quitter leurs rangs, c'est-à-dire *virer de bord* tous en même temps; c'est enfin un complet demi-tour de chaque vaisseau.

ITAGUE. s. f. C'est le nom d'un cordage de certaine grosseur, selon les proportions ou la pesanteur de l'objet qu'il doit enlever; l'un de ses bouts est frappé ou fixé sur le fardeau; l'autre bout est passé dans le canal d'une poulie ou clan d'un mât, dans lequel roule un rouet, pour recevoir ensuite la puissance qui doit le mettre en action de hisser; de cette manière, il agirait simplement; mais sa grosseur peu saisissable, et là pesanteur du corps qui le retient, exigent une combinaison de plus pour compléter la fonction de l'*itague.* Cette combinaison consiste à fixer une poulie à double rouet au bout libre de l'*itague*, en la faisant envelopper (estroper) par ce cordage. Cette poulie est liée à une pareille par une autre corde souple et maniable, dont les tours et retours correspondans composent ce système de force qui a été défini sous le nom de *garant*, et qui, dans ce cas-ci, prend le nom de *garant de l'itague.* La poulie inférieure du garant étant retenue à un point fixe de la muraille du vaisseau, si une puissance fait effort sur le *garant* pour rapprocher les deux poulies, le rapprochement ne peut avoir lieu que par la transmission de l'effort à l'*itague,* qui le transmet à son tour au fardeau et l'enlève. Les voiles hautes, telles que les *huniers,* s'élèvent le long des mâts de hune au moyen d'une *itague,* qui, après avoir passé dans un clan percé à la *noix* du mât, vient ensuite s'attacher à la vergue, ou barre de bois transversale à laquelle s'attache la voile. — Les portes (voir *Mantelet*) qui ferment les embrasures des canons de la batterie basse des vaisseaux, sont levées, au besoin, par des bouts de cordes appelés *itagues de mantelet de sabord.* Ces *itagues,* attachées à des boucles fixées sur la face extérieure de ces portes, passent par des trous percés dans la muraille du vaisseau, et sont tirées dans la batterie au moyen d'un petit garant quand on veut ouvrir l'embrasure,

AMBET-TE. s. f. Terme de charpentage en architecture navale ; c'est le nom donné à tous les bois de bout ou montans, que l'on voit distribués sur le pont d'un navire de guerre ou de commerce, ou dans les batteries d'un vaisseau. Ces *jambettes* servent de points fixes pour y arrêter un cordage au besoin, ou à supporter un système de charpente qui sert au même usage. Ces *jambettes* sont quelquefois percées à leur pied, d'un clan dans lequel roule un rouet en bois de gaillac, quelquefois en bronze ou en fer. — On appelle aussi *jambette*, toujours en charpentage, les bouts des membres appelés allonges, qui excèdent en hauteur la muraille de l'accastillage. Ces bouts d'allonges sont conservés à la hauteur de 8 ou 12 pouces au-dessus de la pièce de chêne qui termine l'élévation de la muraille ; ils sont façonnés et adoucis sur les arêtes, pour les rendre moins tranchans aux cordages, amarres, etc., qu'on y attache. On ménage trois ou quatre *jambettes* de chaque côté sur l'avant pour la manœuvre des ancres et des amarres.

JAS. s. m. Les marins disent plus ordinairement *jouail*. Le *jas* d'une ancre est cette grosse et forte traverse en bois de chêne, faite de deux pièces, réunies et contenues à la tête de la verge de l'ancre, au moyen de plusieurs liens de fer. On voit le *jas* d'une ancre dans les dessins qu'on donne de cette puissante machine ; il est placé dans un plan perpendiculaire à celui des deux pattes. La disposition croisée de ces deux parties d'une ancre a pour objet de donner à ce précieux auxiliaire sa salutaire efficacité, qui consiste à forcer l'ancre de s'accrocher sur le fond. Les parties d'un *jas d'ancre* sont, dans certains accidens de mer, applicables à divers emplois.

JAUGE. s. f. C'est, en langage de droit maritime, l'expression dont on se sert pour dire la capacité d'un bâtiment, c'est-à-dire le vide qu'il offre pour le logement des marchandises, ou autres objets qu'on peut y placer. La *jauge* s'exprime en *tonneaux* (voir ce mot). L'article 34 de la loi du 27 vendémiaire an XIII, rapportée par celle du 12 nivôse de la même année, ordonne de calculer la *jauge en tonnage* de la manière suivante : Ajouter la longueur du pont prise de tête en tête, à celle de la quille, prendre la moitié de cette somme, qu'on multipliera par la plus grande largeur du navire, et multiplier ce produit par la hauteur de la cale et de l'entrepont, Ce produit obtenu, on le divisera par 94; le quotient exprimera la *jauge* en tonneaux. — Cette formule donne des résultats assez approchés pour qu'il soit inutile d'en chercher de plus exacts. D'ailleurs il n'y a point de méthode générale qui puisse calculer la capacité d'un bâtiment avec une précision mathématique, vu la courbe de la périphérie intérieure. Celle-ci a l'avantage d'être simple, et de donner une *jauge* uniforme, et c'est le but qu'on a voulu atteindre. Toutes les dimensions doivent être prises de dedans en dedans, parce que le droit de tonnage est imposé sur la contenance, et non sur le volume du navire. — Toutes les nations maritimes n'adoptent pas la même formule pour fixer la *jauge* de leurs navires, et les différences sont sensibles. — A la Nouvelle-Angleterre surtout, où le commerce maritime national est très-protégé, la *jauge* des navires est représentée par un chiffre moindre que celui que produirait notre manière de reconnaître leur *jauge ;* aussi dans le dernier traité de commerce conclu avec les Américains, ceux-ci insistèrent-ils vis-à-vis l'ambassadeur français, pour que les droits imposés aux navires en France et en Amérique fussent réglés sur les *jauges* respectives des navires, d'après leurs *actes de nationalité.* L'avantage que les Américains obtenaient par cette clause fut disputée avec talent par M. Hyde de Neuville, et ne fut consenti toutefois que parce qu'il était réclamé *en compensation de certaine indemnité que les Américains prétendaient avoir à répéter contre la France.* Ils n'en réclamèrent pas moins plus tard la susdite indemnité qu'ils ont obtenue, et la clause avantageuse de la *jauge* des navires subsiste toujours.

JAUGEAGE. s. m. C'est ainsi qu'on nomme

l'opération par laquelle on procède pour obtenir la jauge d'un navire.

JAUGER. v. a. Action de calculer la jauge d'un bâtiment pour savoir, en mesurant sa capacité, combien il peut contenir de tonneaux d'arrimage à raison de 42 pieds cubes par tonneau.

JAUGEUR. s. m. C'est le titre de celui qui, dans les ports du commerce, est commissionné par la chambre de commerce et par la douane pour jauger les navires.

JAUMIÈRE. s. f. Terme d'architecture navale ; les marins l'appellent le *trou du gouvernail*. Quelques-uns l'appellent *gousset* ; il désigne l'ouverture à peu près circulaire que l'on ménage dans la voûte (*voir* ce mot) des grands bâtimens, pour le passage de la tête du gouvernail, et de la partie de la mèche de cette précieuse machine qui entre dans le navire, après qu'elle est en place, et qu'elle repose sur les gonds qui l'attachent à l'étambot. C'est autour de la *jaumière*, et pour empêcher l'entrée de l'eau de la mer par le vide qu'y laisse le gouvernail, en y tournant librement, que l'on cloue la braie (*voir* ce mot) sur laquelle il a été raconté une anecdote.

JET. s. m. Action de jeter à la mer, dans certaines circonstances sinistres, les marchandises qui sont un surcroît de charge dangereux pour un bâtiment, et le mettent en péril d'emplir et de couler sous les coups de mer qu'il ne peut éviter par son allure pesante. Dans ce cas, si les circonstances permettent le choix des fardeaux dont il faut faire le sacrifice, on commence par ceux de moindre valeur et les plus pesans, et surtout par les moins utiles ; mais ordinairement cette désastreuse ressource ne laisse ni la possibilité ni le temps de choisir, et les objets lourds et volumineux qui tombent sous la main sont les premiers jetés. Le *jet*, en droit maritime, est considéré comme *avarie grosse* ; c'est-à-dire que chaque propriétaire des marchandises renfermées dans le bâtiment doit supporter sa part des pertes bien constatées, occasionnées par le *jet*, et ce, au prorata des valeurs que chacun a sur le vaisseau. Il ne serait pas juste que celui dont les marchandises ont été sacrifiées, parce que le hasard les avait placées à portée de l'être, supportât seul une perte que nécessitait le salut commun, et que celui dont la denrée repose bien abritée au fond de la cale jouisse de l'avantage de la voir arriver à bon port, sans dédommager le malheureux à l'infortune duquel il doit cet avantage.

JETÉE. s. f. Sorte de chaussée marine, en pierre ou en bois, solidement bâtie, qui se projette du rivage dans la mer, à une certaine distance, soit dans les ports ou à leur entrée, ainsi qu'à l'embouchure des rivières et des havres, et qui souvent détermine le chenal que doivent suivre les bâtimens qui entrent et sortent de ces ports. Les jetées servent aussi pour le halage des navires, le débarquement des fardeaux au moyen de grues et de guindages, et pour l'embarquement des personnes dans les canots qui viennent s'y ranger. (Voyez *Môle*.)

JETER. v. a. Ce mot, en marine, n'a pas d'autre acception que celle qu'il comporte dans le langage ordinaire. C'est toujours lancer au loin, ou laisser tomber un objet. — On *jette* le loch (*voir* ce mot) derrière le navire sous voile, pour connaître sa vitesse. — On *jette* l'ancre ; c'est l'abandonner à son poids, pour qu'elle se rende au fond de l'eau. — On *jette* les grappins d'abordage, lorsque deux vaisseaux ennemis étant engagés dans une lutte corps à corps, on veut, pour tout le temps que doit durer le duel acharné, les lier au moyen de ces liens de fer. — On *jette* des marchandises à la mer sur un bâtiment trop chargé, et accablé sous les coups de mer. — On *jette* un navire au plein, c'est-à-dire sur les rochers ou la plage d'une côte.—Après un combat on *jette* les morts à la mer.

JEU. s. m. Un *jeu* de voiles, un *jeu* de pavillons, c'est la série complète de ces choses, toutes celles qui sont nécessaires au service d'un bâtiment ; un *jeu* d'avirons, c'est le nombre nécessaire à l'équipement d'une embarcation, etc.

JONQUE. s. f. Gros bâtiment chinois, grossièrement construit, portant de 200 à 500 tonneaux, et garni de voiles formées par l'assemblage de nattes ou de grosse étoffe de coton. Ces lourdes embarcations sont affectées, soit à la guerre, soit au commerce : ces dernières naviguent jusque dans les Philippines et les Moluques.

JOTTEREAUX. s. m. pl. Ce sont des pièces de bois dont la longueur rigoureuse serait celle du quart de la hauteur du bas-mât au sommet duquel on les applique. Leur rôle est de renforcer cette partie du bas-mât et de recevoir les élongis sur lesquels on a vu que se pose la hune.

JOUE. s. f. Nous avons dit, à propos des écubiers et de la guibre, que ceux-ci étaient les yeux, et celle-là le nez de cette espèce de figure que forme l'avant, considéré comme étant la tête du navire. Cette analogie de l'avant d'un navire avec une figure étant adoptée, les *joues* sont les parties qui s'abaissent sous les bossoirs qui, à leur tour, pourront figurer les deux oreilles. Ces *joues* sont, pour la partie antérieure du navire, ce que sont les hanches à l'arrière, c'est-à-dire le point où s'arrondit la coque en se terminant par son extrémité. — On voit dans les magnifiques eaux-fortes d'*Ozanne* des projets de navires dont quelques avans présentent assez complétement l'imitation de têtes fantastiques pour de grands vaisseaux. Mêlées avec l'eau où elles devraient se baigner, ces faces monstrueuses auraient quelque chose d'horrible et de grand tout à la fois ; il est regrettable de ne pouvoir juger de l'effet matériel produit par cette bizarre pensée d'artiste.

JOUR. s. m. Ce mot est souvent employé en marine, mais en commençant, comme dans la division du temps civil, à compter un, deux, etc., après minuit. Ainsi, on dira : Nous avons vingt *jours* de vivres ; — nous n'avions plus que trois *jours* d'eau ; — soixante *jours* de mer ; — dix *jours* de relâche. — En marine, comme en astronomie, le *jour* est de vingt-quatre heures, que l'on compte d'un midi au midi suivant.

JOURNAL. s. m. Registre sur lequel est scrupuleusement consigné tout ce qui se passe d'un midi à l'autre à bord d'un bâtiment. Il y a premièrement le *journal du bord,* registre officiel et authentique, puis chaque officier a le sien particulier, où il ajoute aux faits survenus, aux variations atmosphériques et aux travaux journaliers, ses impressions personnelles, ses opérations particulières. Le *journal du bord* est tenu tour à tour par chacun des officiers qui commandent les quarts, ou au moins sous sa surveillance et sous sa direction. On y mentionne la direction et la force du vent, l'état du ciel et de la mer, la route que fait le navire, sa vitesse, sa voilure, le chemin qu'il a parcouru d'heure en heure, la dérive, la variation, les changemens opérés dans sa voilure, les transitions atmosphériques, les observations astronomiques, le résultat des calculs de la route, puis les travaux opérés par l'équipage, les événemens inattendus, les rencontres de bâtimens, de rochers ou d'épaves, les vues de terre, les avaries, les accidens, les observations de toute nature, les maladies, les morts parmi l'équipage, etc., enfin tout ce qui constitue l'histoire minutieuse de tous les instans et de toutes les choses.

C'est là ce qui doit former les élémens du *journal officiel.* — Les officiers qui en font un particulier négligent un peu la partie sévère de ces détails, et s'étendent plus volontiers sur la partie pittoresque ; comme les rencontres de navires, les relâches, les excursions à l'étranger, les événemens anormaux, enfin. Un bon officier de marine doit constamment écrire son *journal* et ne le jamais interrompre. Il y puisera souvent d'excellens documens pour mille nécessités ultérieures, et l'expérience du passé pourra lui être fort précieuse pour une foule de circonstances difficiles de son inconstante carrière. A part leur valeur spéciale, les *journaux de bord* des officiers ont encore une valeur littéraire non moins précieuse, et, pour notre part, nous leur devons beaucoup. Si tous les jeunes officiers s'appliquaient à faire exactement leur *journal,* comme ils sentent et comme ils voient tant de choses que voient si peu de gens, ils contribueraient beaucoup, nous n'en doutons pas, à aider le mouvement qui s'opère de jour en jour pour porter l'attention du pays sur sa marine.

JUMELLE. s. f. Pièce de bois d'une longueur arbitraire, creusée sur une de ses faces et arrondie de l'autre, pour être appliquée à un mât et faire corps avec lui. Ces *jumelles* renforcent un mât éclaté, endommagé ou trop faible ; elles servent aussi à le préserver des contacts ruineux pour sa solidité. — Garnir un mât de *jumelles,* se dit *jumeler.*

JUSANT. s. m. On dit encore *reflux* ou *èbe ;* c'est l'action de la mer descendante qui s'opère, deux fois par vingt-quatre heures, dans les lieux de marée. — Le *flot* est l'opposé du *jusant.*

ABOURER. v. a. La marine emprunte ce mot au langage du monde, pour formuler dans certaines circonstances accidentelles l'image qu'il rappelle. On dit qu'une ancre *laboure*, lorsqu'en chassant (*voir* ce mot), l'un de ses becs ne mordant pas assez le fond pour s'y arrêter, elle est entraînée par le bâtiment au moyen du câble, et trace sur le sol, peu solide au fond de l'eau, un sillon tel que peut le faire une charrue. C'est ordinairement sur un fond rocailleux, et seulement recouvert d'une mince couche de sable ou de vase, que les ancres *labourent*; l'extension que l'on donne au câble ne suffit pas dans ce cas pour arrêter le *navire*, que le vent pousse à la côte; il faut alors jeter une seconde ancre, et quelquefois une troisième, pour que la faible résistance de chacune, en égratignant le fond, devienne par le concours une résistance suffisante. On dit aussi qu'un bâtiment *laboure* avec sa quille, lorsque, cinglant à pleine voile sur un banc, ou sur un petit fond où l'eau lui manque, sa quille, cette longue pièce principale qui termine le dessous de la carène, s'imprime légèrement sur le fond, et, sans que le navire en soit arrêté, y laisse une longue trace, comme le fer d'un patin sur la glace. Un bâtiment qui *laboure*, remue la vase du fond qui monte à la surface de l'eau, et tourbillonne sous la poupe dans les agitations de la houache. La frégate *la Méduse*, dont l'horrible naufrage fournit une si triste page à l'histoire de notre marine, *labourait* depuis plus de dix minutes sur le fond du *banc d'Arguin*. L'officier de quart qui s'en aperçut par le sable et d'autres matières apportés du fond à la surface de la mer, et qui formaient autour de la rapide frégate une ceinture bourbeuse de sinistre présage, fit en vain prévenir le commandant du danger dont on était menacé; *la Méduse*, ne trouvant plus d'eau pour continuer à courir en *labourant*, s'arrêta sur le haut du banc! On sait le reste ! ! !... — Les marins disent aussi dans un sens figuré qu'un bâtiment *laboure la mer*, lorsque, bon marcheur et appareillé sous une voilure qui l'incline, en lui imprimant une grande vitesse, il franchit par petits bonds les vagues qui se courbent et écument sous le tranchant de sa guibre. Ils le disent aussi des canons, lorsque, dans les grandes inclinaisons d'un navire de guerre sous les pressions d'un bon frais, les canons, abaissés jusqu'à la mer, en effleurent la surface avec le bout de leur *volée*.

LACHE. adj. C'est le mouvement d'un navire, lorsque, naviguant sous une allure qui rapproche son avant du point de l'horizon d'où souffle la brise, il a une continuelle tendance à s'écarter de cette allure si rapprochée du vent, et à prendre une position où la brise lui devient plus franche; à *arriver* (*voir* ce mot), malgré les voiles établies pour le maintenir dans la direction qu'on veut qu'il suive. *Lâche* est l'opposé d'ardent (*voir* ce mot). C'est un défaut capital dans tout bâtiment, et surtout dans un navire de guerre susceptible de contribuer à la formation d'un ordre de bataille ou de marche; c'est par le secours de son gouvernail, disposé de manière à empêcher cette propension vicieuse, que l'on parvient avec peine à contenir un navire *lâche*; cette ressource est nécessairement nuisible à la marche, un bâtiment ne marchant jamais mieux que lorsque son gouvernail est droit. Les navires qui marchent mal sont ordinairement *lâches*. (Voyez *Mou*.)

LACHER. v. a. Ne se dit en marine qu'en parlant d'une bordée d'artillerie tirée de près et à la fois : on dit d'un navire de guerre qu'il *lâche* sa bordée à l'ennemi, lorsqu'il en est rapproché à portée de fusil ou de pistolet.

LAGUIS. s. m. Il a été dit au mot *Chaise*, que certains travaux à faire dans le grécment, ou dans la coque du bâtiment au dehors, ne pouvaient être exécutés qu'en y suspendant le travailleur, dont les deux mains employées à sa besogne ne pouvaient servir à le retenir dans sa position gênante. Le *laguis* sert aussi à suspendre un travailleur dans le même cas, et n'est qu'une chaise improvisée avec une corde ou une tresse, dont on a disposé le bout au moyen d'un nœud, de manière à offrir un siége pour qu'un matelot s'y place, et soit hissé à l'endroit où son travail l'appelle. Le nœud particulier qui assure au matelot ainsi balancé dans ce siége aérien sa sécurité, s'appelle *nœud d'aguis*.

LAGUNES. s. f. pl. Étroits canaux formés par le rapprochement de petits îlots ou hautfonds : ce sont ordinairement des espaces trop bornés pour recevoir de grands bâtimens, et souvent dangereux par les écueils dont ils sont obstrués.

LAISSE. s. f. C'est le nom que l'on donne à la partie du rivage comprise entre le bord de l'eau quand elle est tout à fait basse, et le bord de l'eau quand elle sera tout à fait haute ; c'est cette étendue en hauteur que l'eau aura couverte, en montant, et laissée découverte en descendant, que l'on appelle la *laisse*. — On donne aussi ce nom à tout ce que la mer amoncelle au haut du rivage en montant, et qu'elle y dépose en se retirant ; la *laisse* dans ce cas sert à marquer pour chaque jour le terme où l'eau s'est élevée ; c'est ordinairement une longue trace d'épaves légères et sans valeur, qui chargeaient la surface de la mer.

LAISSER. v. a. Ce mot est pris quelquefois pour *abandonner*, comme *laisser ses ancres au fond*, soit parce que ne pouvant pas les lever, ou n'en ayant pas le temps, on a coupé les câbles ; soit parce que les câbles ayant cassé sous les efforts pour lever les ancres, on ne peut s'occuper de les draguer. On *laisse* une embarcation à terre ; on *laisse* des hommes sur une terre au moment d'un départ. — *Laisser* dans un autre sens se prend pour permettre, cesser de s'opposer ; on *laisse arriver ;* c'est, de très-près du vent que cinglait un navire, le faire présenter davantage ses voiles au vent, pour acquérir plus de vitesse et moins de fatigue. Le commandement de *laisse arriver !* ne se fait jamais entendre à bord d'un navire, sans causer de l'impression à l'équipage, qui sait toujours apprécier l'importance du cas auquel il se rapporte : si après avoir longtemps disputé le vent à un navire, ou s'être halé péniblement au vent d'un port, la position convenable permet de prendre une allure jugée plus douce, l'ordre au timonier de *laisse arriver !* fait plaisir. Si, étant au vent de l'ennemi, le moment de se rapprocher de lui et de l'attaquer est venu, le commandant d'un navire de guerre commande *laisse arriver !* cet ordre retentit dans les poitrines ; le cœur se comprime, le courage se monte, l'impatience hâte l'instant dont il est le présage ; c'est au combat que l'on va, *laisse arriver*, pour les marins ; c'est *Dieu le veut,* pour les croisés ; c'est *Mont-Joie et saint Denis,* pour les vieux guerriers de France ; c'est *en avant,* pour les grenadiers de Napoléon !

LAMANEUR. s. m. C'est ainsi qu'on nomme tous pilotes chargés spécialement de l'entrée et de la sortie des navires, de quelques ports, baies, rivières, compris dans un rayon de côte très-circonscrit. Ils sont à cet effet reçus, commission-nés et brevetés par le gouvernement. Ils connaissent les dangers, les courans, les profondeurs de l'eau, et en général tous les accidens de la côte qu'ils doivent fréquenter dans les éventualités de leur service de pilote. Leur présence à bord d'un navire est au moins une garantie morale pour le capitaine, et qui le met à l'abri de tout reproche vis-à-vis qui de droit, dans le cas où le navire éprouverait quelque sinistre. (Voir *Pilote.*)

LAME. s. f. Souvent on dit aussi *vague.* Ce sont des monticules formés à la surface de la mer par l'agitation qu'elle reçoit sous l'effort du vent. Le cours des *lames* est toujours complice de la brise qui les pousse, de sorte que non-seulement un navire a pour ou contre lui le vent quand il navigue, mais encore les lames qui contribuent à le pousser si elles battent son arrière, ou à le retarder si elles le frappent par-devant. — Quelquefois il arrive que le vent et les *lames* ont une direction différente ; cela provient d'un changement de vent qui, ayant d'abord entraîné la mer dans le même mouvement que lui, n'a pas encore eu assez d'action sur cette mer pour la détourner d'une impulsion donnée et la pousser dans sa nouvelle direction. Cette divergence est fort dangereuse pour le bâtiment quand le vent et les *lames* sont violens, parce qu'il se trouve être le point de résistance qui reçoit le choc des deux forces. — On dit des *lames longues* de celles qui viennent de loin et occupent un large espace pour se rouler. Des *lames courtes* sont celles qui, au contraire, se multiplient en se succédant avec rapidité ; ce sont les plus dangereuses, parce qu'elles cahotent bien plus violemment tout ce qui se trouve à la surface. — On appelle *lame sourde* un gonflement inattendu de la mer, voisin du navire qui n'a pu recevoir les premières oscillations qui précèdent les *lames* ordinaires ; la *lame sourde* s'élève tout à coup sur un de ses côtés, et grimpe à bord en tombant lourdement sur le pont sans qu'on ait pu prévoir sa venue.

LANCER. v. a. On *lance* un navire lorsqu'il est fini de construire et qu'on le met à l'eau. Entre les différentes manières de *lancer* un navire, celle qui se pratique au moyen d'un berceau est la plus sûre et la plus pratiquée (voyez *Berceau*). Le vaisseau est, comme il a été dit, construit sur un plan incliné d'où il glisse facilement jusqu'à la mer, et le moment choisi pour cette opération est toujours celui où la marée, ayant acquis sa plus grande hauteur, met le plus promptement à flot le bâtiment. C'est par l'arrière qu'on met à l'eau les navires. Une autre méthode de *lancement*, laquelle est surtout en usage pour les bâtimens du commerce, s'exécute au moyen d'une coulisse établie dans le sens du prolongement de la quille et penchée jusqu'à la mer, jusqu'aux limites où le sol doit cesser de le soutenir. De fortes pièces de charpente sont dressées à droite et à gauche de manière à soutenir le vaisseau à son passage ; toutes ces pièces sont bien suivées et graissées ; des arcs-boutans, des étançons complètent la solidité du système. Pour *lancer* le navire lorsque toutes les pièces qui doivent le conduire à l'eau sont préparées, il reste à couper quelques cordages qui seuls le retiennent à son arrière, pour le laisser ensuite conquérir son nouvel empire. — Anciennement, il y avait au *lancement* d'un navire une opération fort périlleuse, qui consistait à enlever d'un violent coup de masse un dernier étançon appelé *clef*, qui s'opposait, à l'extrémité du plan incliné, au départ du bâtiment. On chargeait quelquefois alors un condamné à mort ou un forçat, de la difficile opération, pour récompense de laquelle il avait sa grâce s'il échappait aux dangers qu'elle présentait. Beaucoup ont heureusement subi cette épreuve, d'autres en ont été victimes.

Parmi toutes les grandes choses qui s'opèrent en marine, la mise à l'eau d'un navire n'est ni la moins curieuse, ni la moins importante. La répétition de ces solennités a pu seule les rendre indifférentes aux populations des côtes ; mais pour l'homme étranger à la marine, ce sera toujours un grand et intéressant spectacle. Pour l'observateur, il est beau d'y voir l'homme que la puissance de la statique a rendu maître d'un colossal vaisseau ; pour le peuple, c'est un nouveau moyen de travail qui s'en va tenter la fortune et porter celle de beaucoup d'entre eux ; pour le navire enfin, c'est son inauguration et son baptême ; c'est le jour de ses fiançailles avec l'Océan. Le prêtre le bénit. Il est garni de pavillons flottans et de bouquets ; il a un parrain et une marraine qui lui donnent un nom, puis il entre en carrière !

D'abord vous le voyez vacillant et indécis comme un homme qui va franchir un pas dangereux ; mais il parcourt quelques pieds, et à mesure qu'il avance, sa quille reçoit le contact de la rainure suivée où elle glisse plus facilement ; il acquiert de la vitesse et se débarrasse peu à peu des pièces de charpente qui le soutenaient quand il était immobile ; il court ; la mer s'ouvre pour le recevoir, et les lames que soulève son choc s'élèvent autour de lui et viennent en écumant baiser ses jeunes préceintes.

Une fois lancé, le navire va recevoir sa mâture. On a cependant vu des exceptions, rares il est vrai, à cette règle traditionnelle. Pendant les guerres maritimes de l'Empire, de petits corsaires ont été construits, lestés, doublés, mâtés, gréés, munis de toutes leurs provisions et de leur artillerie, l'équipage à bord et les voiles palpitantes, tout cela sur la terre ferme ! sur le rivage, en face de la mer... puis l'ennemi s'est montré à l'horizon ; un signal a été donné, et le petit bâtiment s'est élancé au large à la poursuite de l'Anglais, tout d'une pièce, sans s'arrêter même pour dire adieu ; il est parti tout d'un coup, comme

un cheval ardent qui sort au galop, sellé et bridé, de son écurie, pour franchir la plaine !

LAN. s. m. pl. Déviation momentanée, écart où tombe un navire, soit que les inattentions du marin qui dirige le gouvernail causent ces sinuosités, soit que le choc des lames contre la coque du bâtiment rende ces *lans* difficiles à maîtriser. On doit estimer avec soin la valeur de ces écarts, préjudiciables à la vitesse et à la vraie route du navire, afin de ne pas commettre d'erreurs dans les calculs établis sur le chemin qu'on attribue au bâtiment pendant la durée d'un quart.

LARDER. v. a. C'est passer dans un tissu de grosse toile, d'un paillet ou d'une sangle, des bouts de bitord ou de menu cordage, en faisant revenir sur la même face les deux bouts qu'on effile en étoupe, de façon qu'en multipliant ces passes on obtient une espèce de fourrure rude et épaisse, propre à préserver des frottemens qui altéreraient les corps qui n'en seraient pas recouverts.

LARGE. s. m. Eloignement de la terre ; étant à proximité du rivage ou sur le sol même, on dit venir du *large* de tout ce qui apparaît à l'horizon ou qui s'approche d'au delà certaines limites. Pour le navire qui navigue voisin de la côte, il y a deux côtés distincts : le bord de terre et le bord du *large*. Tout navire qui dirige son avant du côté de l'horizon prend le *large ;* s'il passe près d'un point quelconque, du bord opposé à la plage, il passe du bord au *large*. Le vent vient du *large ;* la mer est grosse au *large*, etc. On dit pousser au *large* pour dire s'écarter avec un navire ou une embarcation d'un quai, d'une terre ou d'un autre navire.

LARGUE. adj. Synonyme de lâche, détendu, délivré de toute force et de toute action. Un cordage *largue* cesse de fonctionner ; il est abandonné aux mouvemens que lui imprime le vent ou le roulis ; son action est nulle, il est en bande. Toutes les cordes qui servent à établir une voile, ses drisses, ses bras ou ses écoutes, sont *larguées* lorsqu'on serre cette voile. Le commandement de *larguer* une manœuvre est un de ceux qu'on répète le plus souvent en marine ; il est fréquemment donné du haut de la mâture par un simple matelot qui a besoin, pour accomplir son travail, qu'un cordage roidi soit lâché ; il crie de *larguer* telle manœuvre. On appelle ordinairement un vent *largue*, celui qui frappe le navire par un de ses côtés, plutôt en dépendant de l'arrière que de l'avant. Toutefois, rigoureusement parlant, le vent peut dépendre encore un peu de l'avant et être déjà *largue*, comme nous l'expliquerons ci-après. Quand un bâtiment navigue sous cette dernière allure et que la brise devient un peu plus favorable en ouvrant l'angle que forme son souffle avec la direction du navire, on dit qu'il y a du *largue*, c'est-à-dire que le vent devient plus favorable. — Le *largue* est une des trois allures principales du navire. Dès que la direction du vent fait avec celle de la quille un angle de plus de 67°, on court *largue*. On est *grand largue* lorsque l'origine du vent répond à un point de l'horizon situé en arrière de la perpendiculaire à la quille.

LATINE. adj. Ce mot est toujours accompagné du mot voile : on dit *voile latine ;* c'est généralement le nom qu'on donne aux voiles de forme triangulaire, telles que les focs, les voiles d'étai et les voiles enverguées sur des antennes, comme celles des galères d'autrefois. Presque tous les navires de la Méditerranée, et surtout ceux qui fréquentaient les mers du Levant, et qui étaient connus sous le nom de bâtimens latins, portaient anciennement des voiles triangulaires ; c'est de là sans doute que le nom de *latine* a été donné aux voiles de cette forme.

LATITUDE. s. f. C'est, sur le globe, la distance d'un lieu à l'équateur, comptée sur la ligne nord et sud, dans quelque hémisphère que se trouve ce lieu. D'après la définition qui a été donnée de l'équateur, on sait que ce cercle divise la surface du globe en deux parties égales appelées hémisphères ; chaque lieu, sur ces deux hémisphères, a nécessairement sa *latitude*. La *latitude* d'un lieu prend le nom de *nord* ou de *sud* suivant l'hémisphère dans lequel il se trouve. En se représentant exactement la figure sphérique du globe, on comprendra que, sur chaque hémisphère, il est un point également éloigné de tous les points de la circonférence de l'équateur et qui en est le plus distant ; ces points sont les pôles de la terre ; leur distance à tous les points de l'équateur est mesurée par un arc de 90°. Cet arc, comme on sait, appartient au méridien ; c'est donc sur le méridien que se compte la latitude, de l'équateur vers le pôle, depuis 0° jusqu'à 90°, et, de part et d'autre, de l'équateur. Si l'on imagine sur la surface du globe, et dans chaque hémisphère, des cercles parallèles à l'équateur, il est clair que tous les points situés sur l'un de ces cercles auront la même *latitude ;* d'après cela, la *latitude* d'un lieu seule ne suffit pas pour trouver sa position sur le globe, puisqu'elle est celle d'une multitude d'autres lieux ; c'est avec le concours de la longitude (*voir* ce mot) que l'on peut déterminer cette position. — Ce n'est qu'à l'aide de l'observation des astres que les navigateurs peuvent obtenir mathématiquement leur *latitude ;* mais l'observation méridienne du soleil est celle qui donne le résultat le plus prompt et le plus rationnel, en ce qu'il est le produit du calcul le plus simple ; voici sur quel raisonnement sa formule est établie : on se représente le plan du méridien prolongé jusqu'au ciel, et y traçant un cercle que l'on appelle le méridien céleste, la *latitude* du lieu où l'on observe s'y trouve représentée par l'arc qui mesure la distance de l'équateur céleste au zénith de l'observateur, et c'est cet arc qu'il faut trouver ; pour cela, à l'aide d'un instrument à réflexion pro-

pre à mesurer les angles, on obtient la hauteur du soleil au-dessus de l'horizon, quand cet astre passe au méridien ; cette hauteur, supposée vraie (et elle l'est lorsqu'on lui a appliqué certaines corrections qu'il est inutile d'expliquer ici), est ensuite retranchée de 90 degrés ; le reste donne la distance du soleil au zénith. On sait chaque jour, au moyen de *la Connaissance des temps*, Almanach astronomique, publié par le bureau des longitudes, à quelle distance le soleil se trouve de l'équateur, soit dans l'un, soit dans l'autre hémisphère ; cette distance, qu'on nomme déclinaison du soleil, est ajoutée ou retranchée, selon le cas, de la distance du soleil au zénith, et le résultat est la *latitude* cherchée. Ce résultat si important est obtenu par un calcul plus prompt à faire qu'à expliquer : vingt chiffres au plus suffisent à sa formule ; les deux premières opérations de l'arithmétique y concourent seulement ; aucune erreur de compte n'y est possible. Mais, comme il a été dit, la *latitude* seule ne suffit pas pour fixer la position d'un navire sur la mer, et la longitude sert à préciser cette position par un autre calcul qui n'est pas d'une exécution aussi facile, ni d'un raisonnement aussi simple. — Avant l'invention des instrumens de catoptrique propres à mesurer la hauteur des astres, les navigateurs calculaient leur *latitude* plus promptement encore à l'aide de l'astrolabe, de l'arbalestrille, du bâton de Jacob et autres instrumens aussi imparfaits ; ils obtenaient tout de suite la distance de l'astre au zénith ; mais cet élément du calcul leur était donné d'une manière si douteuse, qu'il n'y a pas à regretter la petite opération de plus exigée par l'usage des parfaits instrumens à réflexion. On verra, au mot *Navigation*, l'immense secours de la *latitude* pour aborder avec précision les îles et certains ports des continens.

LATTE. s. f. On nomme ainsi une forte tringle de bois plate de 3 ou 4 pouces de large, et dont l'emploi se multiplie pour divers usages à bord d'un navire, particulièrement pour la confection des caillebotis dont on ferme les écoutilles pour former le plancher des hunes, etc. — On emploie des *lattes* d'une autre espèce, plus forte, dans la construction des navires. — Des *lattes* plus longues, minces et pliantes servent aux constructeurs de navires à tracer sur un plancher les contours des pièces que l'on voit former les côtes d'un bâtiment en construction. — On appelle également *lattes de hune*, de courtes bandes de fer aplaties, dont un bout se recourbe pour envelopper comme une estrope un cap-de-mouton ; ces *lattes* se placent dans des trous ou mortaises percés sur le bord des hunes ; le cap-de-mouton, qui reste en dessus sur le bord de la hune, sert à donner au hauban du mât d'hune la tension qu'il doit recevoir. Le bout inférieur de la *latte*, percé d'un trou, reçoit le croc d'une gambe et sert de point d'appui à ce cordage. Certains navires de petites dimensions, et la plupart de ceux de construction hollandaise, ont des *lattes* au lieu de chaînes pour fixer le hauban sur le côté du navire.

LAVER. v. a. Excepté en construction navale, où le mot *laver* reçoit un sens très-différent de son acception vulgaire, puisqu'alors il exprime l'enlèvement à la scie des croûtes pour l'équarrissage des pièces de bois, ce mot ne change pas de signification en marine. C'est l'action de nettoyer par le secours de l'eau ; mais nous devons, à la marche suivie du plan de cet ouvrage, quelques développemens qui se rattachent aux opérations de propreté dont le mot *laver* formule l'action. D'abord *laver haut et bas,* c'est nettoyer à grande eau, puisée dans la mer, soit au moyen de seaux, soit par le secours de pompes appropriées à cet usage, les ponts et les murailles du bâtiment ; et voici comment on y procède à bord des bâtimens de l'État : les ponts, débarrassés de tous les cordages, sont d'abord recouverts d'une légère couche de sable, sur laquelle les matelots passent et repassent une énorme pierre polie qui, par un mouvement de va-et-vient, imprimé, au moyen d'une corde attachée à chaque bout, exerce son rude frottement sur le pont, dont les planches blanchissent à mesure sous les grincemens du sable. Les seaux d'eau arrivent ensuite, portés par les matelots aux jambes nues ; les quartier-maîtres les reçoivent et les vident sur le pont, avec vigueur et une certaine adresse. Le sable ne résiste pas à ces copieuses aspersions, et, mêlé au cours de l'eau, il ruissèle et s'échappe avec elle par les dalots. En même temps, des novices, armés de brosses rudes, aux longs manches, frottent encore les planches du pont qui finissent de blanchir. Les affûts, les canons, la muraille, le râtelier des cabillots, rien n'échappe aux torrens d'eau que les quartier-maîtres font pleuvoir : un petit brin de bois, un grain de sable, un fétu reste-t-il encore ? vite un seau d'eau pour lui tout seul, et qu'il disparaisse ; l'eau ne manque pas. Arrivent ensuite les fauberts, la chevelure bien tordue, bien sèche, portés par d'autres matelots ; ils sont passés dans les coins étroits, ou balancés par soubresauts dans les larges espaces ; pompant l'humidité, asséchant les planches, essuyant les canons : le faubert, c'est l'éponge du vaisseau. — Sur la dunette, sur les gaillards, dans les batteries, partout même opération : de l'eau qu'on pompe, de l'eau qu'on apporte, de l'eau qu'on répand, de l'eau qu'on essuie ; le raclement des brosses, le grincement des *pierres infernales,* le cliquetis des pompes, c'est pour le moment le sabbat du vaisseau ; mais quand il a cessé, et que le soleil du matin vient, de ses rayons d'or, jeter un vernis sur cette récente ablution du navire, quelle propreté, quelle fraîcheur, quel parfum d'Océan a laissé cette eau de mer dans tout le bâtiment : *quale buono respiro !* comme dit le pê-

cheur italien. Voilà ce qu'on appelle *laver* un navire ; besogne de tous les jours, depuis le moment où le vaisseau a reçu son équipage ; première opération du matin, qui n'est jamais remise ; pour laquelle on ne se relâche pas, quelque temps qu'il fasse, quelque froide que soit la bise. Quand le jour est à peine levé, que personne n'a encore rien dit, la première parole que fait entendre l'officier de quart, c'est l'ordre de : *Attrape à laver !* Tous les hommes de quart y sont occupés, ils y concourent avec plaisir, car ils savent que c'est une mesure hygiénique à laquelle on doit à présent la santé des équipages, que l'on voyait autrefois décimés par les maladies épidémiques des bords. — *Laver* les effets de l'équipage, c'est encore une opération de propreté, moins fréquente, mais non moins utile que celle dont la description précède ; celle-ci est pour le compte particulier de chacun ; c'est la lessive du linge d'usage et du hamac où l'on couche ; elle a ses jours marqués dans la semaine pour le linge, et dans la quinzaine pour les hamacs, jamais ensemble ; ce serait trop à la fois. En rade, l'eau douce est accordée pour blanchir le linge. Quant au savon, qui en a en use. A la mer, c'est avec de l'eau salée que l'on procède au blanchissage : le savon ne s'y dissout pas ; d'ailleurs on n'en a pas : la brosse le remplace, à la grande destruction du linge, qui s'y attache en loques invisibles. Le jour de lessive, le lavage du navire est retardé. Les gaillards, les batteries sont convertis en vastes buanderies, où chaque lavandier étend sur le plancher des ponts son linge qu'il humecte, savonne, frotte, roule, étreint et secoue, jusqu'à ce qu'une blancheur équivoque, obtenue à grand' peine, s'accorde avec son économie et ses besoins. Les effets lavés sont ensuite attachés humides par chacun à de nombreux cartahus, disposés entre le grand-mât et le mât d'artimon, sur les haubans et sur le bord des hunes, de manière à couvrir le gaillard d'arrière. Des chemises de toutes couleurs, des pantalons, des gilets de laine aux raies bleues, des foulards jaunes en coton, composent ordinairement les lessives des matelots ; quelquefois la veste ronde de nankin, le gilet piqué à petites fleurs, et le foulard de soie, viennent révéler, dans ce pêle-mêle de nippes, la coquetterie d'un *matelot fanfan.* Tout étant prêt, les cartahus chargés de linge sont, au coup de sifflet du maître de quart, hissés et tendus ; et soudain cette masse de hardes humides flotte, s'agite et claque au souffle de la brise, en même temps qu'elle sèche et blanchit gonflée d'air et inondée de soleil. Le soir les cartahus sont amenés, et chacun vient détacher et plier ce linge lavé par ses soins.

LAZARET. s. m. C'est ainsi que l'on nomme l'établissement isolé, soit par des murs ou des grilles, soit qu'il soit placé sur une île dans les rades où il s'en trouve, et dans lequel on renferme pendant quelque temps, sans contact avec l'extérieur, les personnes et les marchandises des bâtimens soumis à une *quarantaine* (*voir* ce mot). Les *lazarets* les plus remarquables sont ceux établis dans les ports de la Méditerranée. L'administration des *lazarets* est très-importante, et occupe un personnel nombreux.

LÉGE. adj. Etat d'un bâtiment vide, qui n'a rien à bord, aucun poids dans sa cale, qui lui donne de la *stabilité* sur l'eau. — Par extension exagérée, on dit d'un navire qu'il est *lége*, lorsqu'il n'est pas assez chargé ni calé. — On le dit aussi d'un bâtiment marchand qui, pour faire son retour, n'a pu se procurer un chargement; il revient *lége*, c'est-à-dire sur son *lest* (*voir* ce mot).

LEST (le T se prononce). s. m. Nom que l'on donne à l'ensemble des premiers poids, d'une matière quelconque, que l'on met dans le fond d'un bâtiment pour l'asseoir sur l'eau, et lui donner une stabilité nécessaire, sans laquelle il ne pourrait résister à la moindre puissance inclinante. Les bâtimens de guerre ont ordinairement leur *lest* en saumons de fer appelés *gueuses*. Les bâtimens marchands ont presque toujours un *lest* composé des marchandises lourdes dont on les charge; mais quand leur chargement, composé de choses légères, est plus propre à les remplir qu'à leur donner du pied dans l'eau, alors ils prennent un *lest* en galet ou en pierres; ou, à défaut de galet et de pierres, on le prend en terre ou en sable, mais renfermé dans des caisses ou des barils; sans cette condition ce *lest* serait très-dangereux si le bâtiment venait à faire de l'eau. Aux termes des règlemens de police de la navigation, un navire ne doit pas stationner sur une rade, sans avoir un *lest* égal au moins au quart de son *port* ou *tonnage* en poids quelconque, et ne peut mettre à la voile pour aller en mer sans les deux tiers au moins de ce même tonnage. Le *lest* proprement dit d'un vaisseau de 74 canons, c'est-à-dire l'ensemble des poids morts que l'on met au fond de cale, pour coopérer avec les autres objets d'armement au chargement de guerre du vaisseau (lequel chargement est de 1400 tonneaux de 2000 livres chaque), doit être de 200 tonneaux de *lest*, en fer ou en pierres, c'est-à-dire le septième de sa charge totale. Lorsque l'on arme un bâtiment, on doit avoir le soin de se ménager, et garder dans un coin accessible, une certaine quantité de *lest* susceptible d'être transportée dans quelque partie du navire, où semble l'exiger sa stabilité, son redressement, ou la calaison de ses extrémités, afin de le faire mieux se comporter sous voile. Ce *lest* s'appelle *lest volant*.

LESTAGE. s. m. Action de placer le *lest* convenablement dans un bâtiment, d'abord au centre, et de l'étendre proportionnellement à la finesse des façons; un bon *lestage* assure d'avance les bonnes qualités d'un navire sous voile.

LESTE. adj. Ce mot apporte dans la marine son acception ordinaire, et peut se traduire par souple, léger, dégagé; on le dit d'un bâtiment dont le gréement bien propre, peigné et tendu, ne laisse voir aucune confusion de cordages et de poulies, dont les batteries (si c'est un navire de guerre) ne sont embarrassées par aucun objet nuisible à la manœuvre de l'artillerie, et dans lesquelles tout se trouve disposé avec ordre et propreté. — On dit d'un matelot qu'il est *leste*, quand il est actif, vif, intelligent, qu'il monte rapidement dans les cordages. Les officiers se servent quelquefois de ce mot pour hâter les matelots dans leurs travaux : *Allons, vite, soyons lestes, garçons.*

LESTER. v. a. Faire un lestage, répartir avec intelligence le lest dans un bâtiment.

LESTEUR. s. m. C'est celui qui arrime le lest dans un navire. Il y avait autrefois dans les ports des *lesteurs* jurés; aujourd'hui le meilleur *lesteur* d'un bâtiment, c'est le capitaine ou le second, qui, ayant étudié son navire à la mer, sait où placer les poids dont l'action, comme lest, détruira un vice ou procurera une qualité au bâtiment.

LETTRE. s. f. Brevet que le gouvernement délivre au capitaine au long cours qui a subi ses examens théoriques et pratiques. Les maîtres au cabotage reçoivent également une *lettre* après avoir rempli les mêmes conditions. — Les *lettres de marque* sont des autorisations que l'Etat délivre aux capitaines et armateurs, pour armer en guerre leurs navires et courir sus aux ennemis pendant la guerre. — La *lettre de santé* est un certificat qui atteste la parfaite salubrité du point que quitte un navire, et rassure les autorités du lieu où il se rend sur les dangers qui pourraient menacer la population s'il était porteur de maladies contagieuses.

LEVÉE. s. f. C'est pour la marine ce qui est déterminé sous le même titre ou sous celui de conscription pour l'armée de terre. La *levée* est un rassemblement, exigé par les besoins du service de l'Etat, d'un certain nombre de marins inscrits dans les bureaux des classes, et qui sont dirigés sur les points où ils doivent former des équipages pour les bâtimens de guerre.

LIAISONS. s. f. pl. Assemblage des pièces de charpente qui forment l'ensemble de la construction d'un navire, ou plutôt l'image de la réunion des principales d'entre toutes ces pièces. —Un bâtiment a de bonnes ou mauvaises *liaisons*.

LIEUTENANT. s. m. Dans la hiérarchie des officiers de marine on compte d'abord deux sortes de lieutenans; les uns appartiennent à la marine commerciale, les autres à celle de l'Etat. Puis dans cette dernière, on distingue les lieutenans *de vaisseau* et les *lieutenans de frégate*. Pour en finir avec les officiers de la marine marchande à propos du mot *lieutenant*, nous dirons que la plupart des navires d'un tonnage supérieur à 200 tonneaux sont montés, en outre du capitaine, de deux officiers, dont l'un a le titre de second capitaine ou simplement de *second*; l'autre c'est le lieutenant, c'est-à-dire la troisième autorité du bord. Sur quelques grands bâtimens qui font de longs voyages, il y a un quatrième officier qui prend rang après ceux-ci sous le titre de sous-lieutenant; tous ces officiers n'ont point de place réservée dans l'état-major de la marine de l'État s'ils ne sont pourvus du brevet de capitaine au long cours.

Le *lieutenant de vaisseau* a rang de capitaine dans les corps spéciaux de l'armée de terre; le lieutenant de frégate marche de pair avec les lieutenans en premier des mêmes corps; c'est ce dernier grade maritime qui portait, il y a peu d'années encore, le nom d'enseigne. Dans la nouvelle échelle de grades, le *lieutenant de vaisseau* est placé entre le capitaine de corvette son supérieur, et le lieutenant de frégate.

A bord d'un bâtiment de l'État, l'officier chargé du détail reçoit le titre officiel de *lieutenant en pied*. C'est de tout un bâtiment l'attribution la plus compliquée et la plus responsable après celle du commandant. Le *lieutenant en pied* reçoit communication de tout ce qui se fait à bord; rien ne doit lui rester étranger, sa surveillance s'exerce sur tout, son contrôle s'étend sur chaque chose. Les maîtres chargés de chaque spécialité sont les aides-de-camp. C'est une position qui, pour être bien remplie, exige une foule de qualités et de connaissances qui, dans d'autres circonstances, ne semblent pas absolument nécessaires à un marin. — Sur les vaisseaux, les quarts sont commandés par les lieutenans avec d'autres officiers et des élèves sous leurs ordres. — Sous Louis XVI le grade de *lieutenant* de vaisseau correspondait à celui de major d'infanterie. — Aujourd'hui, comme alors, lorsque plusieurs officiers de ce grade se trouvent sur un même bâtiment, la préséance revient au plus ancien dans ce grade; ainsi une gabarre, une corvette ou un brig, espèces de navires que peuvent commander les *lieutenans de vaisseau*, se trouvent quelquefois avoir deux ou trois officiers portant les mêmes épaulettes, et cependant les lois hiérarchiques de la discipline seront en vigueur en face de la simple ancienneté, comme en face de grades supérieurs. Autrefois on donnait le titre de *lieutenant-général des armées navales* au grade qui était intermédiaire entre celui de vice-amiral et celui de chef d'escadre. — Un juge qui présidait les tribunaux de l'amirauté, prenait le titre de *lieutenant-général de l'amirauté*.

LIGNE. s. f. Petit cordage qui reçoit dans le gréement et les travaux d'un navire mille applications, dont les principales figurent ainsi dans un armement. — *Ligne* de sonde (pour, à l'aide d'un plomb, chercher à mesurer la profondeur de la mer). — *Ligne* de loch (pour mesurer la vitesse du navire). — *Ligne* d'amarrage. — *Ligne* à enflechures, pour faire ces dernières. Toutes les *lignes* varient de grosseur suivant l'emploi auquel on les affecte, et elles sont ou blanches, c'est-à-dire de chanvre pur et simple, ou goudronnées. — On appelle *ligne* de flottaison, la ligne que forme sur la coque d'un navire la surface de l'eau qui le porte. — Une *ligne* en tactique est l'ordre d'une armée navale, soit en marche, soit en bataille, lorsque chaque bâtiment en suit un autre après le chef de file. — On appelle *ligne de foi* une trace indiquée sur l'alidade d'un instrument de mathématiques à réflexion; celle qui est marquée dans les boîtes des boussoles, pour indiquer l'avant du navire qu'on doit s'efforcer à tenir en rapport avec l'air de vent indiqué, reçoit le même nom. — Le vaisseau de *ligne* est celui qui est d'une force et d'une capacité suffisantes pour le mettre en rang dans une armée navale. — La *ligne* équinoxiale ou équateur est ce grand cercle de la sphère qui sépare le nord du sud, par suite d'un usage consacré de temps immémorial. Le passage de la ligne donne lieu à toutes les extravagantes cérémonies dont il a été parlé au mot *Baptême*.

LIGNEROLLE. s. f. C'est le nom d'une mince ficelle que les matelots fabriquent eux-mêmes à bord des bâtimens. La *lignerolle* se fait avec de l'étoupe sortie des vieux cordages; elle est un peu plus forte que le fil-à-voile, et composée de deux fils aussi fins que les matelots peuvent les filer entre leurs doigts; ces fils sont réunis, tordus et roulés sur le genou avec la paume de la main. Un morceau de vieille toile ou fourrure, appliqué et tendu sur le genou, offre une surface unie, sur laquelle se donne le tors à la *lignerolle*; c'est une besogne qui n'est pas tellement préoccupante, que, tout en l'exécutant, les travailleurs ne puissent se livrer à leurs causeries de gaillard d'avant. La *lignerolle* sert à faire de petits amarrages, ou à lier plus proprement qu'on ne le pourrait faire avec du bitord; on en fait quelquefois des lignes de pêche et même des filets.

LIMANDE. s. f. On a vu au mot *Fourrer*, qu'avant de recouvrir un cordage de la petite cordelle préservatrice qui l'enveloppe et le presse par tours serrés et rapprochés, une bande de toile imprégnée de goudron est d'abord tournée sur le cordage pour sa plus grande conservation; cette bande de toile a nom *limande*. Les *limandes* sont faites avec de la fourrure sortie des vieilles voiles; rarement avec de la toile neuve qu'on appelle *rondelette*; elles sont coupées aussi longues que possible, et large de quatre doigts. Les *limandes* ne peuvent s'employer que sur des *manœuvres dormantes*, pour les préserver des frottemens et des contacts nuisibles. — Les charpentiers donnent aussi le nom de *limandes* à certaines pièces de bois qu'ils placent au défourni de quelque pièce. — Les calfats nomment également *limande* une bande de plomb laminé, qu'ils appliquent et clouent sur les joints des bordages des ponts ou des murailles du navire, mais seulement dans les endroits où quelque objet ou œuvre de charpente, placé après coup, y vient gêner le travail que ces joints peuvent réclamer plus tard du calfat; c'est pour y maintenir plus efficacement l'étoupe et le brai, et reculer autant que possible le besoin de les réparer, qu'on recouvre ces joints de *limandes* de plomb.

LINGUET. s. m. Les marins nomment ainsi un morceau de bois de chêne, de forme quarrée, long de 12 à 18 pouces, garni à l'un de ses bouts d'un cercle de fer, et qui fait partie du mécanisme d'un *cabestan* ou d'un *guindeau* (voir *ces mots*). Sa fonction, dans le système de ces robustes machines, est de s'opposer à tout mouvement rétrograde de l'appareil, ou de l'appuyer dans ses temps d'arrêt contre l'effort de ce qui lui fait résistance; pour cela il agit en arc-boutant, retenu par une de ses extrémités à un point fixe, au moyen d'un boulon en fer autour duquel il tourne librement, tandis que l'autre extrémité s'appuie sur le cylindre de la machine, en s'engrenant dans des adents qu'on y a pratiqués, mais de telle sorte qu'il ne peut gêner les révolutions du cylindre dans le sens où il fonctionne, et qu'il fait résistance à ses mouvemens dans le sens rétrograde. On comprend que le *linguet*, pour son efficacité, doit être en rapport en même temps avec la mécanique tournante et avec un point fixe pris en dehors de la machine. Les *linguets* varient de forme et de nombre, suivant qu'ils sont appliqués au cabestan ou au guindeau. On voyait à bord de *l'Harmonie*, navire de commerce de 600 tonneaux, du port de Bordeaux, un cabestan qui portait cinq *linguets* en fer, attenans au cylindre de la machine, avec laquelle ils marchaient nécessairement. Dans leur action de résistance, ils butaient en s'engrenant dans les adents d'une crémaillère en fonte fixée solidement sur le pont, autour du cabestan. Les *guindeaux*, perfectionnés aujourd'hui, portent un admirable système de *linguets*, qui rend impossible la perte du moindre effort des hommes qui agissent sur les barres. Le mot *linguet* est une corruption de *languette*, ancien nom du même objet, que les Espagnols appellent encore *linguetta* : c'est en effet la langue du *guindeau*.

LISSE. s. f. Terme de construction navale, et qui désigne généralement de longues tringles en bois de diverses formes, droites ou contournées, et de faible épaisseur comparativement à leur longueur. Ce sont des *lisses* que l'on voit disposées en ceintures espacées, sur la membrure d'un navire en construction, et qui semblent en partager la masse en tranches longitudinales. Ces *lisses* servent à maintenir provisoirement les membres dans leur position sur la quille, et dans leur écartement à l'égard les uns des autres, en

même temps qu'elles servent à indiquer par leurs contours la forme des pièces qui doivent remplir les vides et compléter le squelette du bâtiment en construction. Toutes ces *lisses* reçoivent des noms qu'elles empruntent aux parties du navire où elles sont appliquées : telles que les *lisses des façons, lisses de fond, fausses lisses*, près de la quille ; *lisses de ceinture, lisses d'accastillage*, celles du haut ; *lisses de plat-bord, de vibord, de couronnement*, etc. On a aussi des *lisses* de batayole, de bastingage, de porte-haubans ; des *lisses de fronteau*, etc. Toutes ces dernières *lisses* sont supportées par des chandeliers en fer à hauteur d'appui, et font l'office de garde-fou.

LISSER. v. a. Action de placer les *lisses* sur un navire en construction, pour maintenir et assujettir la position des membres sur la quille.

LISTEAU. s. m. Petite *lisse* ou bout de *lisse*. En menuiserie, c'est un simple morceau de bois destiné à recevoir un clouage pour supporter une planche qui s'y appuie.

LIT. s. m. Ce mot sert en marine à désigner une trace ou une direction. Les marins disent le *lit du vent*; c'est la ligne suivant laquelle il souffle, ou le point de l'horizon d'où il arrive. Un navire se présente dans le *lit du vent*, lorsque le vent le frappe juste par le devant, rigoureusement parlant.

Le *lit* d'un courant, ou d'une rivière, est la ligne directe suivie ou tortueuse que suit le cours de l'eau. Les marins disent aussi *lits de calme* ; en pleine mer, ils nomment ainsi les espaces unis qui se suivent comme une trace huileuse sur l'eau, et que la brise ne ride pas de son souffle. Ils appellent *lit de marée*, ces longs rubans d'écume provenant d'un léger clapotage de l'eau par l'action d'un courant.

LIURE. s. f. Sorte d'amarrage, faite par un fort et gros cordage, pour opérer par plusieurs tours rapprochés, et serrés avec tout l'effort possible, la réunion de deux objets, tels qu'un mât avec un autre mât. La principale *liure*, sur un navire, c'est *la liure de beaupré*; elle lie le mât de beaupré à l'éperon, et s'oppose à tout mouvement de ce mât de bas en haut. La *liure* de beaupré se fait par les meilleurs gabiers et sous la surveillance d'un *maître* de manœuvre; elle est faite avec une guinderesse ou quelque autre cordage qui ait servi, et qui, bon encore, n'a pas le désavantage d'allonger par les puissans efforts qu'on lui fait supporter comme *liure*.

LIVARDE. s. f. C'est le nom d'une perche longue et légère dont on se sert pour établir une voile de canot, qui, étant d'abord attachée au mât par l'un de ses côtés, est ensuite tendue par la *livarde* qui la croise en diagonale, en écartant l'angle supérieur de toute l'étendue du bord supérieur de la voile; la *livarde* est ensuite maintenue au pied du mât par un lien.

LIVRE DE SIGNAUX. s. m. (Voir *Tactique navale*.)

LIVRET. s. m. C'est, comme dans la troupe et parmi les ouvriers des corps de métiers, un petit livre que doit avoir chaque marin, sur lequel on inscrit son nom, son âge, son signalement, son grade et ses services. Les sommes qui lui ont été payées pour solde et conduite y sont portées. Le *livret* d'un matelot est tout à la fois sa carte de sûreté, son sauf-conduit et son livre de comptes.

LOCH. s. m. On appelle de ce nom un petit appareil qui sert à mesurer en mer la marche du navire. Il contribue nécessairement au salut du vaisseau, puisque de la mesure du chemin parcouru, le navigateur conclut sa position sur le globe. A ce titre, le *loch* se range parmi tant d'autres instrumens précieux invoqués par la science du navigateur ; mais loin de leur ressembler, ni par leurs savantes conceptions, ni par leurs perfections matérielles, le *loch* n'est que le modeste produit d'un tourneur et d'un cordier ; une simple théorie en a combiné le système, et, disons-le sans récuser son utilité, il est le plus vulgaire et le plus imparfait des moyens qui concourent au salut d'un bâtiment sur la mer. Il se compose d'un petit triangle en bois commun, qu'on appelle le *bateau de loch*, dont l'un des côtés est alourdi par une bandelette de plomb. A chacun de ses angles est fixé un bout de ligne de 18 pouces, et ces trois bouts, comme trois branches, se réunissent à une seule ligne longue de 100 mètres environ, laquelle est divisée en intervalles égaux, qui reçoivent le nom de *nœuds*. Cette ligne se roule sur un rouet, ou espèce de petit treuil, traversé par un essieu sur lequel il tourne très-librement. Voilà toute la valeur matérielle du *loch* ; tant qu'à sa valeur intelligente, voici sur quelle théorie elle repose.

Les marins comptent leur chemin par *milles* de trois à la lieue. La précision rigoureuse de leurs calculs exige qu'ils sachent, pour chaque heure de la durée de leur navigation, combien de milles sont parcourus par le navire. Cela posé, si une ligne, divisée en un grand nombre de parties dont chacune représente un mille, est fixée sur la mer par l'un de ses bouts, et qu'elle soit ensuite librement filée du navire, à mesure qu'il s'éloigne, il suffira de compter au bout d'une heure combien de divisions de la ligne auront été filées pour savoir combien de milles, ou tiers de lieue, le vaisseau aura parcourus pendant ce temps. Mais il arrive souvent que la vitesse du vent fasse parcourir au bâtiment 12, et même 13 milles par heure ; qu'on n'induise pas de là qu'il faille une ligne matériellement longue de quatre lieues et un tiers, et qu'il faille la filer durant une heure entière : non, une ligne de 100 mètres environ, et une demi-minute de temps suffisent à cette opération, et cela par une représentation réduite du mille, comparée à une réduction pro-

portionnelle de l'heure. Ainsi le mille marin étant de 5,400 pieds, on a pris une longueur de 45 pieds, qui est la cent vingtième partie d'un mille, pour être comparée à une demi-minute, qui est la cent vingtième partie d'une heure ; et, dans le cas d'une vitesse constante du vaisseau pendant une heure, 45 pieds peuvent représenter le mille entier, et la demi-minute l'heure entière. D'après cet exposé, si depuis certain point, signalé sur la ligne par une marque appelée *houache* (voir ce mot), on compte le nombre d'intervalles de 45 pieds, qui se trouve sur la quantité de ligne filée hors du vaisseau durant une demi-minute, ce sera, pour ce moment, le nombre de milles que parcourrait le navire durant une heure de vitesse constante.

L'expérience du *loch* exige le concours de trois personnes. La plus expérimentée, chef de l'expérience, annonce aux deux autres (ce sont deux jeunes novices), par le cri *au loch !* que l'expérience va avoir lieu. A cet appel, l'un des novices s'empare du rouet sur lequel est roulé la ligne, il le tient au-dessus de sa tête par les poignées saillantes de l'essieu. L'autre novice est muni d'une horloge de sable d'une demi-minute. Tout étant disposé, le chef de l'opération jette dans la mer le petit triangle ou *bateau de loch*, et aussitôt il commande *attention* à ses coopérateurs. La ligne se déroule, et la rapidité de ses révolutions est en raison de la vitesse du bâtiment. Lorsque la *houache*, placée sur la ligne comme marque d'où l'on commence à compter, passe dans les mains du chef, il ordonne : *tourne !* A cet ordre, celui qui tient l'horloge de sable la renverse ; il observe attentivement l'écoulement du sable, et avertit par le cri *stop !* l'instant où il cesse de couler. A ce signal, le chef arrête la ligne ; des marques placées dans le voisinage du point d'arrêt indiquent au chef le nombre de milles et fractions de milles que le vaisseau parcourt dans une heure.

Aux deux jeunes novices appartient le soin de rentrer dans le navire la ligne et le *bateau de loch* qui se trouvent, après l'opération, traînés par le bâtiment. C'est un travail qui n'est pas de leur goût, surtout si la vitesse du navire est grande, et si l'on parcourt des latitudes froides. Cette besogne est souvent pour eux le sujet de vifs débats, d'abord discutés sourdement sur le gaillard d'arrière, et parfois vidés dans un coin solitaire de l'entrepont par la pratique des principes d'une rude gymnastique, et cela, parce que les parties inégalement occupantes de ce travail causent des choix établis par la paresse. Cependant il est de règle que celui qui tenait l'horloge durant l'expérience, hale à bord cette ligne fortement tendue, qui, par sa finesse et sa résistance, brûle, écorche, en glissant à chaque instant, les mains endolories du haleur.

Aux personnes qui n'ont pas vu faire l'expérience du *loch*, l'explication ci-dessus présentera un point difficultueux, et ce sera sans doute à l'égard du prétendu point fixe, pris en pleine mer, et auquel est attaché sur l'eau l'un des bouts de la ligne filée du vaisseau qui ne s'arrête pas. Nous répondrons que le petit triangle en bois, auquel est attachée la ligne, fait l'office de ce point fixe. Suspendu par les trois bouts qui l'unissent à la grande ligne, comme l'est à peu près le plateau d'une balance, il est lancé dans la mer de l'arrière du vaisseau, et prend dans l'eau une position verticale sollicitée par son côté alourdi. Il se maintient ainsi, en présentant au vaisseau et à l'action de l'eau sa plus grande surface, laquelle oppose une résistance suffisante à la ligne librement filée, pour que, dans une demi-minute, il ne se soit pas sensiblement écarté de l'endroit de la mer où il était tombé d'abord. Nous n'expliquerons pas toutes les imperfections du *loch*, ni les erreurs dangereuses dans lesquelles tomberaient le navigateur qui se bornerait à compter sur les résultats qu'il donne; nous nous bornerons à dire que le *loch*, né défectueux, et par cela seul peu digne d'attention, semble avoir été frappé d'oubli dans les perfectionnemens apportés à toutes les autres parties du matériel de la navigation. Il est resté commun et vicieux comme aux premiers temps de son invention, bien qu'il renferme l'idée d'un *sillomètre* plus parfait, et que l'art attend depuis longtemps. Aussi, pauvre paria retardataire, n'est-il admis à faire son apparition sur le brillant gaillard du vaisseau que comme une utilité aux jours de peine, c'est-à-dire quand le navire met en mer; encore le relègue-t-on, tout humide de sa dernière fonction, dans un coin hors de vue, d'où il est tiré chaque demi-heure d'un long voyage, pour aller se roidir péniblement dans les tourbillons d'un sillage rapide. — De retour au port, s'il y arrive, lorsque le bâtiment se pavane de toute sa beauté, quand les gaillards éclatent de luxe, quand chaque jour semble un jour de fête, le pauvre *loch*, pour prix de ses nombreux services, est séché par calcul; et comme il n'a que de l'utilité, il est exilé dans le coin obscur de quelque *soute*, indigne de figurer sur le pont parmi d'autres machines plus brillantes que lui. Son origine est des plus anciennes parmi les instrumens de pilotage, mais ne date pas de très-loin. On ne le trouve pas dans les attributs et emblèmes qui décoraient les trophées nautiques des anciens, où figurent le gouvernail et le plomb de sonde. Il est même postérieur à Christophe Colomb.

Son étymologie est un mystère. Les Anglais l'appellent *log*, les Espagnols *la corredera*.

LOF. s. m. C'est la moitié du vaisseau coupé dans sa longueur, moitié qui est située du côté d'où vient le vent, du bord où sont les amures; c'est dans ce cas, et pour cette partie du navire, le synonyme de : *au vent*. — Le côté du *lof*, du vent, opposé de *sous le vent*. — On dit le *lof* de grand voile ou de misaine, en parlant du coin in-

férieur de l'une de ces voiles où est placée l'amure; lève les *lofs!* c'est commander de retrousser les coins de ces basses voiles à l'aide des cargues. —Virer *lof pour lof,* c'est retourner le navire qui, recevant la brise par un côté, la droite par exemple, obéira peu à peu au vent jusqu'à le recevoir par derrière, puis, continuant son évolution, viendra lui présenter le côté gauche jusqu'à ce qu'il se trouve rendu à un angle semblable à celui qui existait sur l'autre côté, entre sa quille et la direction du vent. Le bâtiment qui vire *lof pour lof,* fait comme un homme qui, voulant se retourner, ne veut pas se trouver face à face avec un vent violent, et lui prête le dos pour le recevoir enfin par sa droite ou sa gauche après l'avoir reçu du côté opposé. — On dit au matelot qui dirige le gouvernail : *lof !* pour l'inviter à présenter davantage qu'il ne fait l'avant du navire dans la ligne d'où vient la brise; c'est le contraire du commandement de : *arrive! laisse arriver!* qui ordonne d'obéir au vent en se rapprochant de la direction vers laquelle il entraîne.

LOFFER. v. a. C'est venir au lof, faire une auloffée. (Voir *Lof* et *Auloffée.*)

LOGEMENT. s. m. C'est en général la désignation des lieux habitables à bord d'un bâtiment : le *logement* du capitaine; le *logement* des passagers. — Mais dans la marine du commerce, on dit plus positivement le *logement* de l'emplacement occupé par les matelots, par les gens de l'équipage, commensaux du gaillard d'avant.

Ces *logemens* contiennent les cabanes des matelots, leurs coffres, tout leur bagage enfin. L'ouverture qui y donne accès est pratiquée sur l'avant du mât de misaine : l'écoutille en est étroite, l'escalier rapide et glissant. Il n'est pas d'heure du jour où il ne se trouve quelque matelot dans ce *logement;* quelle que soit l'importance du travail qui sollicite sur le pont ou dans la mâture la présence de tout l'équipage, il y a toujours quelque traînard qui a oublié son couteau, ou qui choisit précisément cet instant pour avoir mal au ventre ou pour changer de culotte. *Le logement,* c'est l'oubliette où se réfugie le paresseux; il sait que rarement les officiers y descendent, et les matelots entre eux ont une grande indulgence pour ces clandestines évasions faites du travail en faveur du *logement.*

C'est pourtant un abominable lieu, obscur, étroit, encombré, et imprégné de mille senteurs que mêlent dans la chaude et lourde atmosphère le suif, le goudron, l'huile de lampe, les vêtemens humides et les mains sales.... c'est égal! Assis sur leur coffre, le dos tourné à leur cabane, les matelots chérissent le *logement.* Le jour n'y vient que par l'ouverture qui y livre passage, et que la pluie ou l'invasion des lames sur le pont contraignent souvent à fermer; à peine alors de ternes lueurs y pénètrent-elles par quelques rares lentilles de gros verre, qui, percées sur le pont, jettent de miopes regards dans cet asile enfumé.... La mer qui se brise avec fracas contre l'avant du navire qui la sépare dans sa course, jette mille craquemens dans tout le charpentage, les lames grincent contre les parois extérieures, le temps est affreux, tout l'avant plonge dans les vagues, et des avalanches d'eau ruissellent par les ouvertures que laissent les panneaux.... les matelots dorment ! Les mouvemens du navire sont sur ce point d'une brusquerie à décrocher le cœur, ils ne sont pas de quar' ils dorment ! — Pendant le jour, le froid ou la p ac les empêchent de prendre leurs repas en plein air, ils *s'affalent dans le logement* et dressent leurs gamelles sur les coffres..... et avec tout cela le roulis qui renverse tout, la fumée noire de la lampe d'huile de poisson qui remplace le jour, l'odeur de la pipe d'ignoble tabac que fume un dégoûté qui n'a pas faim !... Oh! le logement des matelots! il n'y a ni bivouac, ni corps de garde, ni antre de Bohémiens ou de lazzaroni qui ressemble à cela, croyez-le bien !

LONGER. v. a. Longer un quai, un navire, c'est avancer dans le sens de sa longueur et parallèlement avec lui : on *longe* ou *élonge* un bâtiment pour le bien prendre à l'abordage.—*Longer* une terre, c'est faire sa route en contournant ses accidens, en se maintenant à étroite distance de la plage.

LONGITUDE. s. f. Elément qui, avec la latitude, détermine, le point d'intersection d'un méridien et d'une parallèle quelconque, c'est-à-dire le lieu précis où se trouve un navire sur la mer.

La détermination des longitudes est restée, malgré de nombreuses recherches, un des plus mystérieux arcanes de la science astronomique; toutes les grandes nations maritimes ont offert de grandes récompenses pour la solution de ce problème qu'on n'a pu jusqu'à ce jour résoudre d'une manière rigoureusement exacte, mais dont on a obtenu, par plusieurs méthodes, une solution approximative, suffisante pour les besoins de la navigation, puisque les erreurs possibles n'excèdent pas la portée de la vue, et qu'on ne saurait arriver de nuit sur une terre ou un danger qu'on n'aurait pas aperçu avant la chute du jour.

On sait que dans l'espace de vingt-quatre heures la terre complète une révolution sur son axe, et présente successivement à l'influence des rayons solaires, sinon toutes les parties de sa surface, du moins celles qui sont situées entre les cercles polaires. Cette rotation étant rigoureusement uniforme; chacun de ses points décrit un arc d'un degré en quatre minutes de temps. C'est ce fait qui a donné naissance aux deux méthodes dont on fait usage pour déterminer la *longitude.* L'une de ces méthodes consiste à mesurer, non pas la distance exacte qui sépare les lieux, mais leur intervalle évalué sur un cercle parallèle à l'équateur. Dans la seconde méthode on conclut la différence des *longitud* s de celle de l'heure

qui se compte au même instant dans différens lieux.

Le premier moyen ne peut, ainsi que nous l'avons expliqué au mot *Estime,* inspirer que bien peu de confiance. La deuxième méthode offre deux procédés beaucoup moins défectueux qui mènent au même résultat. Le plus simple est d'avoir une montre dont la marche, parfaitement réglée, reste à peu près invariablement fixe et dépendante de l'heure marquée au lieu du départ, en quittant une terre dont la *longitude* est bien connue. Il est en outre facile de s'assurer de l'heure sur le point de l'Océan où l'on se trouve, et la différence entre cette heure du lieu de départ suffira pour conclure la *longitude* cherchée, laquelle sera orientale ou occidentale suivant que l'une des deux heures comparées avancera ou retardera sur l'autre.

On conçoit que de la précision de l'heure offerte par la montre qui conserve la marche donnée à terre, dépend l'entière exactitude de ce calcul. On a perfectionné pour cet objet des montres qui, appelées *garde-temps, montres marines* ou *chronomètres* (mesure du temps), laissent souvent fort peu à désirer. D'ailleurs on a soin, par des calculs astronomiques, de vérifier souvent la marche de ces précieux instrumens. Aujourd'hui la recherche de la *longitude* par la montre marine est la plus en usage. Elle entraîne d'ailleurs beaucoup moins de lenteurs et d'hésitation que l'observation des distances de la lune au soleil ou aux étoiles, qui font l'élément des autres calculs, que nous n'entreprendrons pas d'expliquer, dans la défiance que nous éprouvons de notre habileté à rendre intelligibles des matières aussi abstraites. (Voir *Latitude.*)

LONG-PIC. adv. (Voyez *Pic.*)

LOUGRE. s. m. Petit bâtiment leste et coquet, mâté d'un grand mât, d'un de misaine, et d'un tapecu, petit mâtereau placé à l'extrême arrière; son beaupré est très-court et horizontal. Tous ses mâts ont vers l'arrière une pente fort prononcée. Il porte sur ses basses voiles des huniers, rarement d'autres voiles plus élevées.

LOUVOYER. v. a. Avoir les amures des voiles tantôt d'un côté, tantôt de l'autre, c'est-à-dire recevoir le vent alternativement par chacun de ces côtés, en naviguant le plus près possible de son lit, afin de gagner dans la direction d'où il souffle. Quand on renouvelle souvent l'évolution de *virer de bord,* qui consiste à retourner le navire, on *louvoye* à petites bordées. C'est ainsi qu'on fait dans les rades, dans les passes, et partout où le navire ne peut prolonger de longues lignes à droite et à gauche, pour finir par gagner le point intermédiaire, en s'avançant obliquement peu à peu. On comprendra donc que le but d'un navire en *louvoyant,* est de gagner un point vers lequel le vent ne le porte pas directement, en prolongeant des bordées qui s'en approchent graduellement. Un navire que des vents contraires repoussent ainsi du lieu de sa destination a beaucoup de peine à gagner d'une manière un peu visible sur la route qu'il franchirait si rapidement avec une brise favorable. En supposant que vingt lieues seulement séparent un vaisseau du port qu'il veut atteindre avec un vent qui souffle directement de ce port, et qui par conséquent est seulement propice à en sortir, il faudra qu'il prolonge ses bordées vis-à-vis de ce port, en lui prêtant alternativement chacun de ses côtés; s'il étend chacune de ces bordées à une ligne de cinq lieues, il ne gagnera guère qu'une lieue par bordée vers le point d'arrivée, en supposant toutefois un temps passable : de sorte que, pour gagner les vingt lieues dans le vent, il lui faudra courir vingt bordées, et par conséquent faire cent lieues de chemin, dont quatre-vingts d'inutiles, pour un résultat de vingt seulement qui constituaient la distance à franchir. — On dit *louvoyage* pour l'action de *louvoyer*. — Ce *louvoyage* est un des plus grands retards qui soient apportés à la navigation, d'autant plus que tous les navires ne sont pas propres à le pratiquer avec avantage, et que beaucoup, loin de parvenir à gagner dans le vent en *louvoyant*, ou perdent à chaque bordée, ou se trouvent heureux de faire un chemin inutile, sans succès comme sans désavantage, en parcourant sans cesse la même ligne.

—Une flotte qui *louvoye* a de grands ménagemens à garder pour ne pas faire d'avaries. — Les matelots disent quelquefois d'un homme qui apporte des retards à une chose, ou qui cherche des circonlocutions pour la dire, qu'il *louvoye : Allons, voyons, ne louvoyez pas comme cela !*

LOVER. v. a. (Voyez *Cueillir.*)

LOXODROMIE. s. f. mot tiré du grec et qui signifie littéralement *course oblique.* C'est la ligne courbe que parcourt, sur la surface du globe, un navire dont la route coupe tous les méridiens obliquement et sous le même angle.

LUMIÈRE. s. f. On sait que le trou pratiqué à la culasse des canons, ou à la batterie des autres armes à feu, s'appelle ainsi.

LUNAISON. s. f. Laps de temps qui s'écoule dans l'intervalle de deux lunes consécutives. C'est cette durée que les marins appliquent à leurs observations atmosphériques : une bonne *lunaison,* une *lunaison* venteuse, une *lunaison* de calme, etc.

LUSIN. s. m. Très-petit cordage en fil de chanvre blanc ou goudronné, formé du commettage de deux fils de carret très-fins. Son emploi le plus ordinaire s'applique aux amarrages, quelquefois à la couture de grosse toile dans certaines parties de leur surface. — Le *lusin* qui n'est pas goudronné serait appelé de la ficelle dans le langage ordinaire.

ACHINE A MATER. s. f. Hardi et puissant appareil, composé de plusieurs mâts ou longues pièces de bois ingénieusement rassemblés, dont la combinaison a pour but d'offrir un point de suspension élevé pour y fixer les cordages qui servent à hisser les bas-mâts des vaisseaux de grande dimension, soit pour placer ces mâts dans le navire, soit pour les en retirer. La *machine à mâter* d'un port est une des premières choses qui se présentent aux regards de l'observateur; du quai solide qui lui sert de piédestal, elle projette dans l'espace son système aérien comme un jet incliné; elle domine et semble commander à tous les autres appareils importans qui se groupent dans un arsenal maritime. Quand le regard a mesuré la hauteur et la pose de cette gigantesque machine, et que la pensée compare les efforts immenses qu'elle est appelée à supporter, on ne peut se défendre d'un doute vague, auquel succède rapidement un sentiment d'admiration si on demeure convaincu de la solidité infaillible et de la force toute puissante de ce colossal appareil. — Qu'on se rappelle les dimensions et le poids énormes du grand mât d'un vaisseau de 130 canons, et qui ont été expliqués au mot *Bas-Mâts* (*voir* ce mot), et l'on présumera combien le génie de la science a dû multiplier ses combinaisons pour donner à cet audacieux système la puissance d'enlever et de suspendre dans l'espace une masse d'une telle pesanteur. Cette machine consiste en deux hauts mâts composés chacun de plusieurs pièces savamment assemblées; ces deux mâts, réunis par leurs têtes, s'écartent par leurs pieds, en angle aigu, comme celui que forme une chèvre, et sont dans cette disposition fortement tenus par des traverses ou clefs qui les lient de distance en distance. Ces deux mâts sont plantés par leurs extrémités inférieures dans la maçonnerie et sur le bord d'un quai ou plate-forme solidement construite, et de manière qu'ils inclinent au-dessus de la mer pour que leur tête réponde perpendiculairement au milieu du vaisseau amené le long de ce quai, et sous la machine pour y recevoir ses bas-mâts. Dans cette position penchée, ces deux mâts principaux sont contenus et affermis en arrière par une autre combinaison de mâts placés en arcs-boutans, endentés artistement par un bout avec les pièces principales de la machine, et par l'autre avec le sol. On établit, en outre, sur les côtés et en arrière de la machine, plusieurs *haubans* ou étais en filin, les uns frappés à la tête de l'appareil, les autres à divers points de la hauteur des mâts. Voilà pour la solidité de la machine. Quant à son mécanisme, il consiste en quatre puissantes *caliornes* (*voir* ce mot) garnies de leurs *garans*, en *franc funin*, de cinq ou six pouces de grosseur; les poulies d'appareil, à triples rouets, sont fixées, les supérieures au sommet de la *machine à mâter*, et les inférieures sont fortement saisies ou attachées sur le mât à enlever. Le garant va se tourner sur le cylindre d'un treuil qui se meut au moyen de deux tambours, dans lesquels des hommes marchent, ou, à défaut de treuils, sur des cabestans disposés sur la plate-forme de la *machine à mâter*. Cette plate-forme, ordinairement pavée en larges dalles, est entourée de maisonnettes, servant, les unes à renfermer et préserver des injures du temps les francs funins, les poulies, les caliornes, et tous les ustensiles qui servent à faire fonctionner la machine; les autres sont les logemens des gardiens, les guérites des sentinelles et de tous les surveillans préposés à la garde et aux soins de l'importante machine. — Lorsqu'il s'agit de *mâter* un vaisseau, c'est-à-dire d'y placer les bas-mâts, la machine est d'abord scrupuleusement examinée dans toutes ses parties. Le moindre doute sur la solidité sa plus parfaite donne lieu sur-le-champ à réparation ou consolidation dans la partie suspecte. Cela fait, le mât, tout garni de ses *estropes*, de ses *élingues, cravates, cartahus, quides* et *cabans*, est amené, à la mer haute, sous la *machine à mâter*. Les caliornes ou apparaux sont crochés et fixés sur le mât, de manière que les points de suspension étant pris du côté de la tête du mât, à certaine distance de son centre de pesanteur, le mât doit nécessairement être enlevé par la machine, en présentant son pied ou emplanture en bas. Lorsqu'il se trouve assez élevé pour que son pied passe librement au-dessus du pont du vaisseau, celui-ci est amené au-dessous, en présentant son étambraie au pied du mât, qui, en descendant et conduit par les guides, s'y engage; les cabestans, en dévirant, le laissent descendre, conduit d'étambraie en étambraie à travers les ponts, jusqu'à ce que son pied aille reposer sur la carlingue du vaisseau, dans un appareil de charpente disposé à le recevoir. Avec une *machine à mâter*, on peut accomplir le mâtement de quatre bas-mâts d'un vaisseau dans une seule journée; c'est l'un des précieux avantages que cet appareil a sur les autres moyens employés à son défaut.

MACHOIRE. s. f. Terme de charpentier. C'est le nom d'une espèce de fourche ou de croissant qui termine le bout intérieur de la corne d'artimon, de la bôme, ou de toute pièce de mâture, par lequel ces diverses pièces s'appuient sur le mât qui les porte. La *mâchoire*, en s'appuyant sur le mât, en enveloppe à moitié la circonférence, et semble en effet le mordre comme une mâchoire. La *mâchoire*, par sa forme et par d'autres dispositions accessoires, en même temps qu'elle assujettit la bôme ou la corne à sa place, facilite ses mouvemens autour du mât contre lequel elle bute.

MACRÉE. s. f. Plus connue par le nom de *mascaret*, s. m. C'est ainsi qu'on appelle ce phénomène, dont quelques grandes rivières sont affectées, et qui se reproduit de temps à autres, plus ou moins fort, plus ou moins désastreux, au grand effroi des navigateurs riverains. Le mascaret, comme la *barre* (voir *ce mot*), est une convulsion sourde et menaçante des eaux de la mer, produites par le choc de deux courans contraires, avec cette différence que les barres ne se forment qu'à l'embouchure même des fleuves, et que les *mascarets* se manifestent tantôt sur un point, tantôt sur un autre, dans toute l'étendue que peut parcourir, dans une rivière, le courant de la marée montante, c'est-à-dire que le *mascaret* a lieu au point où le courant du flux de la mer se heurte avec le courant naturellement descendant de la rivière. Dans la formation de ce phénomène, c'est d'abord le courant descendant du fleuve qui semble, pendant quelque temps, maîtriser celui de la marée, et lui opposer la résistance de sa masse descendante; la marée arrêtée se grossit de la masse d'eau poussée par le flux, et se forme en une vague élevée qui ondule et refoule devant elle le courant du fleuve qui, n'opposant plus d'effort à la masse d'eau qui domine son niveau, est surmonté et envahi par l'énorme vague qui se déroule, se brise, écume et gronde en détendant son onde sur les rives du fleuve, renversant et roulant, dans son tourbillon ascendant, tout ce qui s'oppose à son action. Plusieurs rivières de France sont sujettes au *mascaret*, et entre autres

la Seine aux environs de Quillebœuf, et la Dordogne aux environs de Saint-André-de-Cubsac. Le *mascaret*, aux environs de Quillebœuf, est très-dangereux pour les bâtimens qui, par défaut d'eau, se trouvent arrêtés et même échoués au moment où le *mascaret* se fait sentir. C'est alors une question de naufrage pour le pauvre petit navire que le *mascaret* va venir battre de sa redoutable vague. L'équipage l'abandonne en retirant du bâtiment tout ce qu'il est possible d'en retirer; et vouant le tout à la providence, il attend sur le rivage le dénoûment du triste spectacle dont il va être témoin. Quelquefois le bâtiment abandonné n'est que renfloué par la houle du *mascaret*, qui le redresse sans autre accident; d'autres fois aussi il est couvert, englouti et roulé comme une épave; ses mâts brisés, ses débris éparpillés sont emportés par le furieux *mascaret*, qui continue à se détendre et à battre le rivage épouvanté. Le plus terrible *mascaret* connu est celui du Gange. Les habitans de Calcutta racontent des effets incroyables du *mascaret* de ce fleuve. Les Anglais l'appellent *bore*.

MADRAGUE. s. f. Grand filet dont on se sert dans la Méditerranée pour la pêche, et surtout pour celle du thon. C'est aussi le nom de l'espace de mer qui pourrait être considéré comme un grand parc qu'on ferme avec le filet.

MAESTRAL. s. m. C'est le nom que les habitans de la Provence donnent aux forts coups de vent qui soufflent de la partie du nord-ouest. Ces coups de vent sont d'une très-grande violence et fort redoutés des navigateurs de la Méditerranée. Les Provençaux prononcent *mistrao* ou *mistral*.

MAGASIN GÉNÉRAL. s. m. Dans les ports de guerre, c'est ainsi qu'on appelle l'immense édifice où l'on renferme, dans un ordre d'arrangement approprié aux besoins du service des armemens des vaisseaux, tous les objets qui doivent composer l'équipement des navires de guerre, le service des ateliers et des bureaux. C'est le magasin principal, placé sous la responsabilité d'un officier de l'administration, que l'on nomme garde-magasin. Chaque bâtiment de guerre y a son magasin particulier, où est déposé son gréement et les autres milliers d'objets de son armement. Le nom du vaisseau est écrit au-dessus de la porte. L'artillerie est la seule direction des ports militaires qui a son magasin particulier, et qui ne se confond pas dans les agglomérations du *magasin général*. — On a, depuis quelques années, établi un *magasin général* à bord des bâtimens de guerre. C'est aussi un enclos du bâtiment destiné à contenir et ranger avec ordre tous les articles fournis par le *magasin général* du port d'armement, et susceptibles d'être employés et consommés pour les besoins du bâtiment. Un commis comptable est chargé de la responsabilité des objets contenus dans le *magasin général* du bord.

MAILLE. s. f. C'est ainsi que l'on nomme, en construction navale, l'intervalle qui existe entre les membres de la carcasse d'un bâtiment. Dans la muraille, ce vide ne doit pas être plus grand que le diamètre des boulets de 18, c'est-à-dire cinq pouces. Pour plus grand avantage de la construction, afin de rendre les murailles plus impénétrables aux projectiles de l'artillerie, on remplit les *mailles* avec des fourrures en chêne à hauteur des batteries. — On appelle aussi *mailles* les vides laissés par les fils dans la confection des filets, soit de pêche ou autres.

MAILLER. v. a. Ce mot est employé pour exprimer l'action d'attacher à certaines voiles en usage sur les bâtimens caboteurs une partie de toile pour en augmenter la surface; ce qui se fait en laçant la partie supplémentaire à la voile au moyen d'une ligne et d'œillets disposés d'avance.

MAILLET. s. m. Nom que l'on donne au marteau en bois dont se servent les calfats pour frapper sur le ciseau avec lequel ils introduisent l'étoupe dans les jointures des bordages. Ce *maillet*, dont les deux têtes sont aussi longues que le manche, est fait d'un bois dur et sonore; le calfat sait le rendre plus retentissant en pratiquant deux cannelures croisées dans chaque bras du *maillet*, ce qui achève de lui donner un éclat assourdissant. Lorsque les réparations d'un navire nécessitent le concours d'un grand nombre de calfats, le tintamarre des *maillets* sur les flancs du navire, ou sous les voûtes des ponts, n'est pas supportable.

MAILLETAGE. s. m. On appelle ainsi la multitude de *clous à maugère* (*voir* ce mot), dont les larges têtes, très-rapprochées les unes des autres, recouvrent en totalité le revêtement en planches minces appliqué sur la carène des bâtimens. C'était le moyen que l'on employait anciennement pour garantir la partie submergée de la carène de l'attaque des vers et des coquillages univalves qui s'y attachent dans les longues navigations, et, comme il a été dit au mot *Bernache*, ne manquent pas d'être préjudiciables aux bois. Les doublages en feuilles de cuivre rouge remplacent avantageusement le *mailletage*. L'action de couvrir ainsi la carène des vaisseaux se dit *mailleter*. Ce procédé n'est plus employé aujourd'hui qu'à l'égard des pontons et autres *réserves* ou corps flottans à poste fixe. L'oxyde des têtes de clous, en se répandant dans les interstices, finit par compléter une croûte ferrugineuse d'une certaine épaisseur et d'un bon effet pour la carène de ces vieux navires condamnés à ne plus sortir du port.

MAILLETER. s. f. Action de couvrir de clous à maugère la carène d'un bâtiment déjà revêtue en totalité de planches de sap très-minces. (Voir *Mailletage.*)

MAILLOCHE. s. f. C'est le nom d'un gros maillet dont la masse, arrondie cylindriquement, est sur l'un de ses côtés creusée d'une cannelure qui peut recevoir la moitié de la circonférence d'un cordage. La *mailloche*, qu'on appelle aussi *mailloche à fourrer*, sert à fourrer les cordages, c'est-à-dire à les couvrir de bitord par tours serrés et rapprochés. C'est, comme on l'a vu au mot *Fourrer*, un travail de matelot qui s'accomplit par le concours de deux travailleurs; l'un qui tourne la *mailloche*, dont les révolutions autour du cordage distribuent et serrent les tours du bitord; l'autre qui dévide la pelote de bitord, en la faisant suivre autour du cordage les révolutions de la *mailloche*.

MAILLON. s. m. Sorte de nœud coulant, ouvert en forme de cercle plus ou moins grand, que l'on fait avec un petit ou moyen cordage, et qu'on emploie lorsque l'on veut saisir au fond de l'eau, ou autre part, un objet que l'on ne peut atteindre autrement qu'au moyen de ce nœud. On laisse descendre le *maillon* sur l'objet; il l'enveloppe et se serre à la plus légère résistance qu'il rencontre lorsqu'on hale le cordage. On coule souvent un *maillon* sur une ancre lorsqu'on veut enlever cette machine du fond sans se servir du câble; le *maillon* est alors dirigé pour saisir le bec de l'ancre qui reste élevé au-dessus du sol. — On s'en sert aussi dans la pêche du requin, pour mettre à bord le monstre qui s'est pris à l'émérillon de fer que recouvrait l'appât trompeur. Le furieux animal pourrait, par ses violentes convulsions, se délivrer en laissant au croc qui le retient sa mâchoire déchirée; c'est pour empêcher sa fuite qu'un *maillon*, adroitement coulé sur sa queue, vient en aide pour embarquer le redoutable poisson.

MAIN. s. f. *Main sur main*. Lorsque des marins halent sur un cordage, chaque effort est séparé par un petit intervalle de temps qui permet aux hommes de changer la position de leurs mains pour obtenir un nouveau résultat. La résistance qu'offre souvent le cordage sur lequel sont commis les efforts exige que ces efforts se fassent par coup; mais, lorsque la résistance que fait le point auquel le cordage transmet la force n'est pas considérable, on peut haler continuellement ce cordage sans marquer un repos entre chaque effort, en se servant tour à tour de chacune des mains qu'on déplace à mesure qu'on obtient le résultat désiré. Cette dernière manière de tirer, de haler, d'embraquer, de hisser, de peser enfin, s'appelle *main sur main*. — On nomme *main de fer* une grosse crampe qu'on cloue provisoirement sur un point solide de la charpente du navire, pour obtenir momentanément un point de résistance.

MAISTRANCE. s. f. Réunion des maîtres de différentes spécialités attachés à un port ou embarqués sur un navire de l'Etat. Ce mot exprime, pour ces sous-officiers, ce qu'est pour les officiers l'expression collective d'état-major. La hiérarchie navale comprend donc les généralités suivantes : état-major, *maistrance*, officiers mariniers, matelots.

MAITRE. s. m. Sous-officier de marine. Le *maître d'équipage* d'un grand navire de guerre, aussi désigné sous le titre de *maître de manœuvre*, a le grade correspondant d'adjudant sous-officier de l'armée de terre ; il en porte l'épaulette. C'est le premier sous-officier du bord. En subissant un examen théorique, il peut devenir officier. Les fonctions du *maître d'équipage* sont fort importantes ; il reçoit directement les ordres des officiers et les fait exécuter par l'intermédiaire des *contre-maîtres*, ou *quartier-maîtres*, comme on dit vulgairement. Il transmet souvent le commandement à l'aide d'un sifflet, pour lequel on a créé un langage à part, et que comprennent fort bien les marins. (Voir *Sifflet.*) La somme de connaissances que doit posséder un *maître d'équipage* est fort étendue ; les principales et les plus indispensables consistent dans la science complète de toutes les manœuvres et appareils possibles sur un vaisseau. Il doit connaître à fond l'art du gréement et du mâtage, et en général tout ce qui se lie à l'établissement matériel et à l'équipement d'un navire dans quelque circonstance que ce soit. Une voix forte, nette et distincte lui est nécessaire pour se faire entendre de tout l'équipage et d'une partie à l'autre du vaisseau. Le *maître d'équipage* est chargé de tout le rechange de son bâtiment, en toile, cordages, goudron, suif, câbles, ancres, etc. — Il y a dans les ports de l'Etat un *maître d'équipage* de port, ou simplement *maître de port*, qui sert, à proprement parler, de bras droit au capitaine de port, chef des mouvemens maritimes. Ce *maître* est chargé de la conduite de tous les appareils de force qu'entraînent les opérations maritimes. — Le *maître canonnier* d'un navire de guerre possède sur les canonniers la même autorité dont est revêtu le *maître d'équipage* par rapport aux matelots ; c'est lui qui a la responsabilité et la haute surveillance de tout ce qui constitue l'armement en grosse et menue artillerie. — Le *maître charpentier*, le *maître voilier*, le *maître calfat*, etc., dirigent les matelots ouvriers qui sont employés à ces diverses spécialités. — Dans les arsenaux maritimes, il y a des *maîtres* chargés des mâtures, des forges, du charpentage, des voileries, des corderies, des tonnelleries, etc. — On appelle *maître entretenu* un marin qui, long-temps employé par l'Etat, soit dans les ports, soit sur les navires, et soldé simplement au mois ou à la journée, finit par acquérir un traitement fixe et annuel. — A bord des bâtimens du commerce, le *maître d'équipage* est simplement un matelot d'élite, que le choix d'un capitaine de navire a élevé à ce grade tout de convention, et qui s'y est trouvé consacré par plusieurs campagnes. — On nomme *maître* au cabotage les patrons ou capitaines munis d'un brevet qui leur donne le droit de mener leurs navires d'un port à l'autre sans s'éloigner à

de très-grandes distances des côtes. (Voir *Cabotage*). Le *maître bau* d'un bâtiment, c'est sa plus grande largeur. (Voir *Bau.*) *Maître ancre* (voir *Ancre*), et ainsi des autres termes de marine précédés de l'adjectif *maître*.

MAJEUR. adj. Les plus forts bas-mâts d'un navire sont dits mâts *majeurs*. Les voiles portées par ces mâts sont conséquemment les voiles *majeures*, les voiles principales ; mais on a étendu cette dénomination aux huniers du grand mât et du mât de misaine, et les quatre voiles *majeures* d'un vaisseau sont la grande voile, la misaine, le grand hunier et le petit hunier. Les lieues *majeures* sont celles de grands cercles sphériques que les observateurs réduisent en lieues mineures, sur une moyenne latitude entre celle du départ et celle de l'arrivée, pour obtenir la longitude formée par la différence.

MAJOR. s. m. Les chirurgiens ou officiers de santé chargés en premier du service sanitaire d'un navire prennent le nom de *major*.—*L'état-major* d'un bâtiment, c'est la réunion de tous les officiers qui sont chargés de chaque partie du service. La marine de l'Etat ne comprend pas le commandant parmi *l'état-major*,—Il y a dans les ports militaires un officier supérieur ou général qui prend le titre de *major de la marine*, et qui est chargé de la haute surveillance des mouvemens du port ; c'est lui qui règle le service des autres officiers attachés au port, et qui reçoit directement les ordres du préfet maritime. — Un *major d'escadre* est un officier supérieur, ou un contre-amiral, placé sous les ordres de l'amiral commandant en chef, pour transmettre les ordres donnés à chaque partie de sa flotte et en surveiller l'exécution.

MAL DE MER. s. m. Byron, le grand sceptique moderne, qui refusait de croire à tant de choses, sans nier précisément le *mal de mer*, ou au moins l'impossibilité de le guérir, dit, dans le chant deuxième de *Don Juan*, que le meilleur remède qu'on puisse opposer à cette maladie, c'est un bifteck.... Nous reviendrons sur cette opinion du noble voyageur, qui n'est pas au fond si ridicule qu'elle le peut sembler à la première impression.

Qu'est-ce que le *mal de mer?* Ne faisons pas cette question à la science, qui s'est si souvent vue fort embarrassée de la définir, et interrogeons les gens du monde portés momentanément sur l'Océan, ou adressons-nous aux marins qui l'éprouvent ou en ont sans cesse sous les yeux le tableau risible et affligeant à la fois. Les causes du *mal de mer* sont encore obscures ; l'effet général est ceci : un abattement de toutes les facultés, une altération profonde dans le moral, bientôt partagée par l'organisation physique. Les symptômes sont, au début, un violent mal de tête ou des douleurs d'estomac; l'extrémité du nez se refroidit, et l'épigastre éprouve des mouvemens fatigans de constrictions spasmodiques. Cet état de malaise s'accroît encore et l'estomac rejette ce qu'il contenait. S'il est vide, les contractions et mouvemens antipéristaltiques de ce viscère sont d'autant plus violens et douloureux qu'il n'a rien à expulser. Puis un complet abattement s'empare du malade; il devient indifférent à tout ce qui l'entoure, incapable de résistance ou de volonté, se trouvant mal partout et dépourvu d'énergie pour changer de lieu. L'insouciance des choses extérieures est alors si grande, qu'un homme violemment atteint du *mal de mer* resterait immobile et insensible à tout ce qui menacerait ou compromettrait son existence. On a vu souvent des passagers que le *mal de mer* avait frappés sur le pont du navire, y demeurer dans une même position, indifférens à la pluie qui les transperçait, aux lames que le vent poussait à bord avec menace de les enlever dans leur choc. L'œil est fixe, la bouche mauvaise, les membres pendans, la pensée sans allure, et l'inertie la plus complète a remplacé toute espèce d'énergie et de volonté.

A part les oscillations éprouvées par le navire sous le ballottement que lui imprime la mer ou la brise, on ne sait quelles raisons déterminent ce bouleversement physique et moral des individus transportés sur l'eau. On a pensé que l'air de la mer entrait pour une cause dans ce phénomène; mais il a été depuis observé que le séjour sur les lacs, les fleuves et les rivières, causait le *mal de mer*, aussi bien que les plus grandes convulsions de l'Océan. L'irrégularité de cette maladie présente, du reste, des variations bizarres suivant les individus, et l'observateur est entièrement dérouté par ses caprices. Ainsi, certains sujets s'embarqueront sur mer pour la première fois et seront acteurs de toutes les crises de l'Océan sans éprouver le moindre dérangement dans leur économie animale. D'autres seront pendant quelques heures ou quelques jours tributaires de cette affection, et s'en verront délivrés pour ne la plus jamais subir, ou seulement à de rares intervalles, après un long séjour à terre ou après une navigation paisible que viennent troubler des orages. D'autres, enfin, éprouvent pendant toute la durée de leur traversée les cruelles atteintes d'une maladie à laquelle rien ne peut les soustraire, ni le calme de l'atmosphère, ni le changement de la température, ni le repos du corps, ni l'occupation de l'esprit.

On a vu des personnes si violemment attaquées par le *mal de mer* pendant leur traversée pour les Antilles, qu'elles refusaient obstinément de revenir en France dans la crainte de repasser par les mêmes souffrances.—D'autres eussent volontiers sacrifié une forte partie de leur fortune pour être mises à terre après les débuts d'une naviga-

tion pénible. — Pourtant personne n'est jamais mort du *mal de mer*.

Les marins n'y sont pas sensibles, après lui avoir peut-être payé un premier et léger tribut; l'habitude les a blasés, et les nécessités de leur service leur feraient étouffer promptement tout soupçon de maladie s'ils s'en voyaient assaillis, en supposant que l'amour-propre ne suffît pas pour le leur faire dissimuler. Du reste, si, dans le principe du mal, avant qu'il ait atteint certaine période qui entraîne cet abattement général et cette inertie dont nous avons parlé, le sujet possède assez de courage pour lutter avec les premiers symptômes, soit par une activité plus grande, soit par l'absorption complète de l'esprit appliqué à des impressions étrangères, il est presque certain qu'il évitera les progrès du mal et se verra en peu d'instans débarrassé des tentatives impuissantes de la maladie contre sa volonté et son courage à y résister. C'est là en grande partie tout le secret des marins pour n'avoir pas le *mal de mer*.

Du reste, pour notre compte, nous croyons fort que toutes les ressources pharmaceutiques sont impuissantes contre cette douloureuse affection. Il est impossible d'arrêter les effets dont on ne peut empêcher la cause. Si les mouvemens d'un bâtiment étaient simples, c'est-à-dire qu'ils s'opérassent continuellement dans des sens de roulis et de tangage sans oscillation et sans abaissement alternatifs; si ses agitations n'étaient pas dans certains momens et jusqu'à certain point circulaires et rotatoires, le centre de gravité serait le point du bâtiment qu'il faudrait rechercher pour se soustraire au *mal de mer* attribué aux mouvemens du vaisseau. Mais ce centre de gravité se meut lui-même à tout moment, et ne présente point de stabilité, bien que l'agitation qu'on y éprouve soit beaucoup moins grande qu'aux extrémités du bâtiment.

Les seuls remèdes simples qui s'offrent comme palliatifs plutôt que comme préservatifs contre le *mal de mer*, sont d'abord le grand air, l'absence complète de toute affection désagréable à l'odorat, et aussi l'usage du hamac. Il est souvent arrivé que le remède de Byron fut employé avec succès; et pour notre part nous nous sommes toujours bien trouvé de nous charger l'estomac d'une part, et de nous distraire l'esprit de l'autre, pour nous garder du mal de mer, qui ne nous atteignait pas en face de ces précautions physiques et morales. On a encore essayé de s'en délivrer à l'aide de compressions de l'abdomen et par l'usage de certaines boissons acidulées; mais, on est forcé d'en convenir, tous ces moyens n'ont d'autre empire sur la maladie qu'un empire indirect, qui agit sur le moral du patient, qu'ils frappent en lui donnant l'espérance de leur efficacité. Ce qu'il faut acquérir, c'est l'habitude; on la paie par un noviciat plus ou moins long, plus ou moins pénible. Nous le répétons, rien n'est bizarre comme la durée et la violence de cette affection; et, à côté de gens qui se sont impunément embarqués sur les flots sans en ressentir les atteintes, on trouve des marins d'une expérience consommée que vingt années de navigation n'ont pu affranchir de ce malaise continuel qu'ils bravent avec un héroïque courage.

Le grand remède au *mal de mer,* celui dont on ne peut nier l'efficacité, et que désirent si ardemment les pauvres passagers, c'est la terre et rien autre chose.

MALSAIN, adj. Désignation du fond de la mer lorsqu'il est garni d'écueils ou de dangers cachés sous l'eau, et pouvant compromettre la sûreté du navire qui y mouille ou qui y navigue. Les côtes où l'eau est peu profonde, et qui sont bordées de rochers, sont dites *malsaines.*

MANCHE. s. f. La géographie et la marine ont sans doute emprunté ce mot au langage du monde pour l'appliquer aux divers objets qui figurent aussi un canal long et étroit. Géographiquement parlant, on sait que l'on appelle ainsi le bras de l'Océan qui sépare la France de l'Angleterre; qui, large à l'épaule représentée par l'intervalle compris entre la pointe du Cornwall en Angleterre et l'extrémité du Finistère en France, s'allonge, se courbe et se plisse, selon les découpures des terres, forme son coude à Antifer, et s'allonge encore jusqu'au poignet représenté par l'espace rétréci qui sépare Douvres et Calais. On dit aussi la *manche* de Bristol, en parlant du bras de mer qui sépare l'Angleterre de l'Irlande. Ces mers étroites, dont les embouchures s'ouvrent aux vents et aux vagues de l'Océan comme des gueules d'entonnoir où s'engouffrent avec plus de violence les vents et les lames, sont, pour plus de dangers, bordées de rivages hérissés de déchirures rocailleuses et tourmentées par des courans immaîtrisables; de plus, pour compléter l'anxiété croissante des navigateurs, elles sont le rendez-vous obligé des myriades de navires qui s'y croisent en tous sens. Les nuits obscures, les temps de brume y sont surtout inquiétans par les abordages souvent funestes auxquels les navires sont exposés. — *Manche,* dans un autre sens, désigne ces longs boyaux de diverses formes et longueurs, en cuir ou en toile, dont on se sert comme de conduits pour transvaser des liquides d'une futaille à une autre dont on ne peut approcher par les embarras d'arrimage qui s'y opposent. Celles qui servent à transvaser le vin et l'eau-de-vie sont en cuir; celles qu'on emploie pour l'eau sont en toile. Le bout de la *manche* dans lequel le liquide est versé, est une large embouchure qui se rétrécit à mesure jusqu'à l'étroite dimension du conduit; celui-ci conserve son rétrécissement jusqu'au bout par lequel s'écoule ce qu'on y verse, pour être plus facilement introduit par la bonde dans les pièces. — Les pompes ont aussi des *manches*

qui reçoivent l'eau que ces mécaniques dégorgent pour la conduire au dehors sans mouiller les ponts. Les *manches-à-vent,* autrement dit les *ventilateurs,* sont celles qui servent à établir des courans d'air dans l'intérieur, et à rafraîchir, par ce moyen, les parties inférieures du navire, souvent inhabitables par l'ardeur d'une atmosphère intertropicale, augmentée encore par la fermentation des mille matières entassées dans le vaisseau. Les *manches-à-vent* sont d'un grand diamètre, maintenu dans la longueur de la *manche* par des cercles en bois; elles se hissent par l'un des bouts au-dessus des principales écoutilles, au moyen d'un cartahu. La gueule, présentée au souffle de la brise, est maintenue ouverte par deux bouts de ligne. Le bout inférieur est introduit dans les écoutilles jusqu'au pont que l'on veut aérer; bientôt l'air et le vent se pressent par la bouche béante de la *manche;* ils la remplissent et descendent pour se répandre dans les parties basses du vaisseau. De loin, les *manches-à-vent* ne se laissent pas deviner par un observateur peu familiarisé avec la marine; on les prendrait pour des tronçons de mât, ou des tuyaux de poêles, n'étaient leurs oscillations continuelles, leur courbure produite par le vent qui les presse, et la couleur blanche de la toile dont elles sont faites.

MANCHE. s. m. Comme dans le langage ordinaire, c'est la partie d'un ustensile par lequel il est tenu dans la main lorsqu'on en fait usage. Le *manche* d'un aviron est la portion de ce levier qui est en dedans du point d'appui; il est d'environ le tiers de sa longueur; cette partie est celle que l'on tient quand l'aviron est manœuvré.—Le *manche* d'une gaffe, d'un harpon, d'une foëne, sont des perches longues et minces en bois de sap qui portent ces divers ustensiles, et auxquels ils tiennent par la douille. — Le *manche* d'un guipon, d'un faubert, sont de grossiers bâtons auxquels ils sont attachés.

MANÉAGE. s. m. Travail à la main, sorte de corvée exigée des matelots; redevance gratuite en usage dans quelques ports de commerce, et qui se rapporte au maniement des planches, des poissons, etc., et pour laquelle les travailleurs ne reçoivent pas de salaires du négociant qui les occupe habituellement.

MANGÉ, ÉE, part. du verbe *manger.* (*Voir* ce mot.)

MANGER. v. a. Pris au figuré, on a vu au mot *Horloge* que *manger* du sable, c'est frauder quelques fractions du temps que doit durer un quart, en tournant le sablier avant que le sable contenu dans l'ampoulette supérieure soit complétement écoulé. — On dit qu'un navire est *mangé* par une côte lorsque, fondu dans la teinte bleuâtre d'une terre qui se trouve au delà dans la même direction, il se profile faiblement ou a totalement disparu pour l'observateur éloigné. — Une terre *mange* le vent à un navire ; ou un bâtiment *mange* le vent à un autre bâtiment, c'est-à-dire lui dérobe le vent. *Manger,* dans ce cas, est le synonyme d'*abreyer.* (*Voir* ce mot.) On dit aussi qu'un navire est *mangé* par la mer : cette expression des marins est pittoresque et poétique, elle formule l'image d'un pauvre bâtiment qui, lourd et assailli par une tempête, ne s'élève plus aux ondulations des vagues, mais reste accablé sous la violence de leurs chocs répétés ; alors elles se ruent sur lui, le ballottent, le roulent et le poussent, et lorsque, placé entre deux énormes masses d'eau, l'une sur laquelle il s'appuie tout pantelant, et l'autre qui vient en le dominant rouler sa crête écumeuse au niveau de ses mâts, il semble englouti dans une immense gueule d'eau, dont les mâchoires vont le mordre et se fermer sur lui.—On dit aussi qu'un navire est *mangé* par la nuit ; c'est lorsque sa silhouette n'est plus visible par l'obscurité. Il est *mangé* par la brume lorsqu'il a disparu dans le nuage de vapeur. On dit aussi qu'il est *mangé* par le soleil, lorsque, placé justement à l'égard d'un autre bâtiment dans le reflet brillant de l'astre sur la surface de la mer, il ne peut être vu à cause du brasillement dont il est enveloppé.—On dit, dans une acception plus vulgaire, *faire manger* le monde : c'est ordonner que le repas de l'équipage soit servi.

MANIABLE. adj. Ce mot s'emploie pour exprimer l'état docile d'une chose ou d'un objet qui peut être facilement dompté ; il se dit d'un cordage que l'on peut tordre ou remuer à volonté, d'un mât que l'on peut transposer. Au figuré, il se dit d'un bâtiment facile à faire évoluer, à gouverner : *bâtiment maniable qu'un enfant gouvernerait.* Par extension métaphorique, les marins l'appliquent au vent, au temps et à la mer ; ainsi vent, temps et mer *maniables* expriment un état supportable des élémens, qui permet d'en profiter en déployant les voiles que l'on croit nécessaires pour activer la marche du navire.

MANOEUVRE. s. f. En marine, cette expression devient toute spéciale et ne conserve rien de son acception vulgaire. C'est, dans un sens, le nom générique sous lequel on comprend tous les cordages qui composent le gréement d'un navire, et qui servent (comme il a été dit au mot *Gréement*), les uns à maintenir les mâts dans leurs positions nécessaires, les autres à donner aux voiles l'extension et les mouvemens qui les rendent profitables aux diverses allures du bâtiment. Les premières sont appelées *manœuvres dormantes,* parce qu'elles sont fixes en fonctionnant ; tels sont les étais, les haubans, galhaubans, gambes, drailles, etc. Les secondes sont appelées *manœuvres courantes,* parce qu'elles agissent en courant dans les poulies, où elles roulent avec vitesse ; tels sont les boulines, balancines, cargues, drisses, hale-bas, écoutes, etc.—Dans un autre sens, on dit *manœuvre d'un bâtiment ;* on entend par là une évolution, un mouvement du navire autour de son axe vertical, ou une direction imprimée à sa masse par la volonté de l'officier qui pour l'instant le gouverne. On dit une *manœuvre hardie,* lorsqu'elle est tentée avec quelque chance d'insuccès dans un espace étroit et en face de quelque danger ; on dit une *belle manœuvre,* lorsque, neuve dans son idée, elle a nécessité, de la part de l'officier qui l'a conçue, une combinaison de soins préalables pour en assurer l'exécution, et qu'en même temps elle s'est accomplie avec promptitude, intelligence, dans un but proposé et avantageux. En *manœuvre hardie,* nous devons rappeler celle qui fut exécutée par le baron B***, commandant la frégate française *la C***,* en 1807. Cette frégate se rendait à l'Ile-de-France ; elle traversait le banc des Aiguilles, lorsqu'un matin, au lever du jour, on s'aperçut que pendant l'obscurité on avait malheureusement donné au milieu d'une flotte anglaise composée de plusieurs vaisseaux de la compagnie des Indes et de plusieurs bâtimens de guerre, et entre autres un vaisseau de 74. *La C**** en était entourée ; il y avait des frégates au vent, des vaisseaux sous le vent, des bâtimens derrière, des avisos devant : elle était, enfin, au centre d'un cercle d'ennemis dont le moindre était capable de se mesurer avec elle. La position était critique et de nature à légitimer le désespoir d'un marin ordinaire. Le commandant B*** ne se laissa pas déconcerter ; un coup d'œil sur les positions des navires ennemis et sur le temps furent son premier mouvement ; puis il se dit sans doute : Pris pour pris, essayons à nous tirer d'ici. A peine fut-il aperçu, que les signaux des bâtimens anglais couraient sur les drisses, et dénoncèrent la présence du bâtiment étranger. Chacun arbora son signal respectif ; le vaisseau de 74 se distinguait par son signe de commandant de la flotte. Une frégate anglaise gouvernait pour se rapprocher de *la C**** et la combattre ; mais la frégate française, par un brusque changement de route, se dirigea sur le vaisseau commandant, avec toute l'apparence d'un ennemi vaincu d'avance, qui ne demande que le triste honneur de se rendre à un adversaire plus puissant que lui. Les Anglais s'y laissèrent prendre ; chaque navire de l'escadre ennemie reprit son poste, et observa sa distance pour être témoin de l'humble soumission de la frégate française sous le formidable travers du vaisseau amiral. Celui-ci, dans une attitude fière et insoucieuse, et se dandinant sur la houle, laissait venir à lui cette petite frégate inoffensive, qui s'avançait péniblement à l'aide de quelques voiles trouées par le voyage, et qu'une brise molle et chaude balançait faiblement. Le vaisseau l'attend comme un maître et seigneur attend l'hommage de son vassal. Le commodore anglais, sans s'occuper du soin d'une victoire trop facile, rêve déjà l'humiliante réception qu'il destine au capitaine français qui va bientôt lui remettre son épée ; mais ce qui se passe à bord de la frégate française n'est pas de nature à servir la vaniteuse présomption du commodore : le commandant français avait observé que les vaisseaux ennemis étaient privés de ces petits mâts supérieurs sur lesquels se déploient les voiles hautes et légères, si avantageuses à la marche d'un navire sous les pressions capricieuses d'une brise faible. C'est un usage adopté par les Anglais, quand ils passent sur le banc des Aiguilles dans leur retour en Europe, de se défaire de ces mâts frêles et élancés ; c'est une précaution nécessaire dans certaine saison, où les mauvais temps sur cette mer tourmentée prescrivent de débarrasser la mâture de ces poids inutiles. Par anomalie, ce jour-là le temps était calme. La frégate française, n'ayant pas à redouter les mauvais temps de ce parage dans la route qu'elle avait à suivre, avait conservé ces mâts légers ; elle aurait pu, au besoin, offrir au vent une surface de voiles double de celle des ennemis, et *la C**** marchait bien. Cette remarque fut l'éclair précurseur de la foudre qui fermenta tout à coup à bord de la frégate française. Sous l'empire d'une inspiration nouvelle, le commandant B*** ne veut pas seulement le salut de sa frégate ; il le veut terrible au vaisseau de 74 qu'il a devant lui. Ce vaisseau est désormais le seul et dernier obstacle à sa route ; tous les autres sont derrière. *La C**** va donc vers lui, déviant et venant de mauvaise grâce, comme un navire en désespoir ; mais son équipage, instruit et rassuré par le secret de son commandant, se multiplie pour exécuter ses ordres ; et, d'abord, tout ce qu'il y a de bouches à feu à bord est gorgé de boulets et de mitraille, les fusils sont disposés sur le pont. Chaque officier, chaque matelot est instruit du rôle qu'il va remplir dans le tour de force qui seul peut sauver la frégate. Les canonniers sont aux pièces, les gens de la mousqueterie à leurs fusils, les hommes de la manœuvre à la manœuvre ; toutes les têtes se baissent ; les gabiers se tapissent dans les hunes ; d'autres, sur les vergues, se cachent le mieux qu'ils peuvent. Dans ces dispositions, l'on va toujours, les poitrines battent, on attend, on approche. « Silence ! » crie B*** à son monde, et il va se présenter franchement au travers du vaisseau anglais ; mais celui-ci, que son mauvais destin conduit, fait un mouvement d'auloffée ordonné par l'orgueil de son commandant, pour forcer la frégate française à venir se mettre sous le vent à lui, et, dans cette position humiliante, lui faire baisser son pavillon. Dans ce mouvement, il présente l'avant au travers de la frégate ; il lui montre ses gaillards, sa dunette, ses haubans, chargés de monde. « Pour le coup, dit B***, il est temps. » Il fait un signe, et, comme un tonnerre, la foudroyante artillerie de *la C**** se dégorge à bout portant sur la foule compacte qui couvre les ponts du vaisseau ; elle en était si

près, qu'elle fut comme attachée au navire anglais par le jet de feu qui jaillit de ses flancs. Dans le nuage de fumée dont elle s'est enveloppée, elle lui dérobe la merveilleuse manœuvre qui va la sauver. Un seul coup de sifflet se donne, et de toutes parts les bout-dehors sont poussés, les bonnettes sont jetées à la mer et hissées humides à leurs vergues, les voiles hautes sont établies comme par enchantement, et partout, sur l'immense surface de voiles qu'elle présente, les pompes à incendie lancent leurs jets d'eau, qui arrosent et resserrent le tissu des voiles. Dans moins de temps qu'il n'en faut pour le dire, *la C**** fut chargée de voiles et orientée sous l'allure la plus convenable à sa marche. Quand le nuage de fumée fut dissipé et qu'il permit de reconnaître l'état du vaisseau anglais, *God damn ! what a disappointment !* comme un goéland auquel un coup de fusil a cassé les deux ailes, il était là, sur la lame, comme étourdi du coup, tournant sans but, montrant à la frégate française son avant crevassé et camus, sa guibre emportée, sa *vergue de misaine*, celle du petit hunier coupées, son gréement haché, la mer rouge autour de ses flancs, mal en point, incapable de remuer et de forcer de voiles pour chasser la damnée frégate, *the damned frigate !* Il lui jette quelques coups de canon de rage ; il ordonne aux autres navires de son convoi de courir après. Chacun fit de son mieux ; mais ce fut temps perdu : à quelques semaines de là, la frégate *la C**** entrait à l'Ile-de-France.

On cite, avec raison, comme une belle manœuvre celle de la frégate *la Didon*, commandée par le commandant Millius, dans l'escadre de l'amiral Villeneuve. Cette frégate fut chargée par l'amiral d'aller transmettre, à la voix, un ordre à tous les vaisseaux. L'armée cinglait sur une seule ligne à l'allure du largue. *La Didon* part et se dirige sur le vaisseau serre-file extrême de la ligne, lui passe au vent en le rangeant à portée de voix, lui transmet l'ordre du général, et, forçant de vitesse, elle arrive et va couper la ligne entre le vaisseau auquel elle vient de parler et celui qui le précède ; passe sous le vent de celui-ci, le range à portée de voix, lui transmet le même ordre, et, le doublant de sillage, elle loffe et va encore couper la ligne entre ce second vaisseau et celui dont il est le serre-file ; passe au vent de ce troisième vaisseau, le range au vent, et lui transmet également l'ordre de l'amiral. Elle continue ainsi de serpenter dans la ligne, composée de vingt et quelques vaisseaux, passant au vent de l'un, sous le vent de l'autre, sur l'avant de tous tour à tour, sans gêner la marche ni la position d'aucun, et remplissant admirablement sa mission. Cette *manœuvre*, dont l'idée était neuve et hardie, exigeait de l'officier qui l'accomplissait coup d'œil, tact et sang-froid ; son exécution réclamait rapidité et ensemble des mouvemens dans les diverses allures que la frégate était obligée de prendre : tantôt grand largue, tantôt au plus près ; ses voiles se brassaient toutes spontanément, comme si un seul ressort eût imprimé aux vergues leur rotation sur les mâts, et tout cela exécuté dans le plus grand silence. Cette *manœuvre* du commandant Milius fut admirée des marins qui en furent témoins. Il est vrai que *la Didon* manœuvrait et marchait très-bien, et que la disposition des vaisseaux sur une ligne du grand largue favorisait ce mouvement élégant. — Dans les circonstances où le concours de tous les matelots est nécessaire pour l'exécution d'une évolution, on commande : *tout le monde à la manœuvre!* — Après une *manœuvre* ou quelque mouvement de voiles terminés, on commande aux hommes : *pare manœuvre!* c'est-à-dire débrouillez les cordes qui ont servi à l'évolution, qui ont été jetées sur le pont, et gisent sans ordre éparpillées sur les gaillards ; on les cueille, on les roule, on les relève sur les cabillots. — Le même mot *manœuvres*, pris au pluriel, s'entend des mouvemens généraux d'une escadre, ou d'une armée, espèce de stratégie navale qui a un champ de bataille et quelquefois une mer pour théâtre. La campagne entière d'une armée est souvent une seule *manœuvre;* c'est lorsqu'un amiral a persisté et conduit à sa fin un plan adopté. En présence de l'ennemi, tous les changemens de position, les passages d'un ordre à un autre, qui ont pour but l'attaque, la défense, etc., sont des *manœuvres.*

MANŒUVRER. v. a. C'est l'art de combiner les manœuvres et de les exécuter avec les voiles et l'action du gouvernail, si on l'entend dans le sens du manége d'un bâtiment. — Pris dans un sens moins matériel, c'est conduire habilement une escadre, et la diriger dans toutes les circonstances difficiles d'une longue navigation ou d'une mission spéciale.

MANŒUVRIER. s. m. Qualification honorable que l'on donne à l'homme de mer qu'une longue expérience et une parfaite théorie des mouvemens d'une escadre et d'un bâtiment rendent habile dans la conception et dans l'exécution des manœuvres navales. Tous les marins ne peuvent pas être *manœuvriers;* cette qualité, résumant l'application des hautes sciences et une pratique soutenue, doit être exclusivement le domaine des officiers. Tous les officiers de marine, chargés de manœuvrer les navires, doivent donc être *manœuvriers;* mais tous ne le sont pas également. Les qualités essentielles et accessoires qui constituent le bon, le parfait *manœuvrier,* ne sont pas seulement des résultats de l'étude et du temps, mais aussi des dispositions naturelles du marin qui se rend supérieur dans cette partie mécanique du *maniement* des vaisseaux. Les *bons manœuvriers* sont rares. Un coup d'œil juste et rapide, une conception saine et hardie, un commandement clair et précis, une voix re-

tentissante, un maintien assuré et un sang-froid imperturbable, telles sont les qualités naturelles qui prédisposent l'officier à devenir un *bon manœuvrier,* et sans lesquelles il ne sera qu'un *manœuvrier* ordinaire. Puis après viennent l'expérience et la théorie : la première pour commander l'exécution; la seconde pour appliquer les principes et leur combinaison raisonnée. Le *manœuvrier,* par la pratique seule, n'a qu'une habileté mécanique; celui qui, à cette habileté, joint la connaissance de l'action des fluides sur les surfaces et de la puissance du levier sur les corps, sera un plus sûr *manœuvrier.* On peut être *manœuvrier* par la pratique sans théorie; le théoricien sans pratique ne peut être *manœuvrier.* — Le mot *manœuvrier* peut se traduire par *tacticien,* quand les manœuvres d'un officier général ont pour but les mouvemens stratégiques d'une armée en présence de l'ennemi. Ce même mot acquiert une acception plus étendue, si cet officier général résume, dans une manœuvre, toute la pensée d'une campagne. Ainsi l'amiral Villaret-Joyeuse, détournant par une manœuvre habile la flotte de l'amiral Howe du parage qu'elle occupait, pour que le convoi du contre-amiral Vanstabel pût le traverser librement dans son retour en France, fut plus que *bon manœuvrier,* il fut savant tacticien et profond politique. Nous citerons un exemple de la nécessité d'un excellent coup d'œil et d'un grand sang-froid dans le *bon manœuvrier.* En 1806, la division navale aux ordres du général Lhermite traversait l'Atlantique. Un jour on aperçut un navire que la frégate *le Président* eut ordre de chasser. Cette frégate eut bientôt atteint le bâtiment étranger, qui fut reconnu neutre. Aussitôt des signaux de l'amiral ordonnèrent à la frégate de venir lui rendre compte à la voix de la reconnaissance du navire visité, et de lui passer à poupe. Les positions respectives de la frégate et du vaisseau *le Régulus,* à l'égard du vent, rendaient cette manœuvre possible; mais l'état du temps, la grosseur de la mer et l'heure avancée du jour en rendaient la parfaite réussite très-scabreuse. Cependant le commandant de la frégate ordonna à son officier de manœuvre d'exécuter l'ordre signalé. Le vaisseau *le Régulus* était suivi de très-près par la frégate *la Cybèle,* et tous deux cinglaient à l'allure du largue, tribord-amure avec une grande vitesse. La frégate *le Président,* située au vent, courut grand largue pour joindre *le Régulus* au point d'intersection présumé des lignes parcourues par ces deux navires. Il y avait déjà, dans cette direction imprimée à la frégate, un calcul de translation établi sur les vitesses relatives des deux bâtimens. On approcha rapidement de ce point. Puis vint un moment où la frégate courut tout à fait vent arrière pour croiser la route du *Régulus,* et lui passer à poupe dans l'étroit passage laissé par *la Cybèle;* cette frégate, n'étant plus qu'à une longueur de bâtiment du *Régulus*, gouvernait sur le beaupré de ce vaisseau avec une vitesse de neuf milles à l'heure! Tous les marins du *Président*, excepté son officier de manœuvre, tremblèrent à l'idée de la plus petite erreur de distance, ne fût-elle que d'un pied. Quel horrible choc et quel désastre s'en seraient suivis! Chaque bond de la frégate, chaque élan du vaisseau semblaient, aux regards épouvantés, concourir mutuellement à un abordage effrayant, quand, à l'admiration de tous les marins de la division, la frégate *le Président* passa en inclinant au roulis ses basses vergues au-dessus de la dunette du *Régulus*, tandis que le commandant rendait compte au général Lhermite du résultat de sa mission. Dans ce moment, on vit le général applaudissant de sa galerie à cette hardie manœuvre, en criant: « Bravo! commandant Labrosse. — Général, répondit le commandant, tout le mérite est à mon officier de manœuvre. — Eh bien! complimentez-le pour moi, en attendant que je le complimente moi-même, » répondit le général. Un instant après, des signaux couraient sur les drisses du *Régulus*. L'un des signes était: Le général est satisfait. Puis à un autre mât: au lieutenant Giraud du *Président*.

MANOQUE. s. f. C'est un écheveau de petite ligne, telle que bitord, lusin, merlin, etc., sur lequel on coupe à mesure que l'exigent les besoins du service.

MANQUER. v. a. L'acception ordinaire de ce verbe fait comprendre que, dans certaines applications maritimes, telles que l'abordage, le virement de bord, l'attérage, il exprime que l'opération a échoué. La grosseur de la mer, la violence du vent, le trop grand calme, et quelquefois la mauvaise direction donnée au gouvernail ou à la manœuvre, font *manquer* une évolution.

MANTELET. s. m. Volet qui sert à fermer les sabords. Les *mantelets* de frégate sont partagés en deux parties, fixées chacune à la muraille du navire, au-dessus et au-dessous de l'ouverture qu'ils doivent clore, de façon que, pour condamner le sabord, on laisse tomber la partie supérieure du *mantelet*, en relevant l'autre, qui, par sa jonction avec la première, clôt hermétiquement l'ouverture. Lorsque la mer est grosse et qu'elle menace d'entrer dans la batterie d'un navire de guerre par ses sabords, on ferme les *mantelets*, ou au moins leur partie inférieure est relevée.

MARCHAND. s. m. Un *bâtiment marchand* est celui qui est employé au commerce; le titre de *marchand* le distingue des bâtimens de l'Etat qui sont destinés principalement à faire la guerre. Le *bâtiment marchand* appartient à un ou plusieurs particuliers, qu'on appelle armateurs; le gouvernement est propriétaire des bâtimens de guerre. Bien que le titre d'officier de marine appartienne logiquement aussi bien aux états-majors des navires *marchands* qu'à ceux des navires de l'Etat, on dit cependant plus particulièrement officiers de marine des individus qui montent ces derniers navires; ceux qui naviguent pour le commerce sont dits *officiers marchands*. — La marine de l'Etat porte un uniforme et reçoit une solde annuelle; — la marine *marchande* n'a rien de distinctif dans sa tenue, et ne reçoit d'appointemens que pendant la durée des campagnes ou des armemens qu'elle opère, suivant des conventions débattues de gré à gré entre les marins et les armateurs. Il serait à désirer qu'un uniforme simple et sévère, en harmonie avec le grade militaire auquel correspond leur brevet, fût donné par le gouvernement aux capitaines au long cours lorsqu'ils commandent à l'étranger; en contribuant à élever le respect moral dû à la marine française en général, cette mesure aurait de plus, dans une foule de circonstances, une grande influence sur les résultats matériels des opérations. Elle donnerait un plus grand caractère de gravité à la discipline si indécise de la navigation *marchande*; un capitaine, dans les circonstances graves ou solennelles, se revêtirait de son frac d'uniforme, comme l'autorité civile de l'écharpe qui constitue sur-le-champ en puissance réelle l'attitude de l'homme, considéré jusque-là seulement en raison de la force de son caractère, ou de l'ascendant qu'il avait su prendre sur ses subordonnés.

La navigation *marchande* est la première source de prospérité d'un pays baigné de mers; la marine militaire, instituée pour la défendre, lui doit aide, secours et protection. — En temps de guerre, il y a des bâtimens *armés en guerre et en marchandises*, c'est-à-dire qu'ils sont à la fois bâtimens de guerre et bâtimens *marchands*. Ces expéditions, commandées par des officiers du commerce, sont autorisées par le gouvernement, comme les corsaires dont il a été parlé. — Un grand nombre des vieux capitaines *marchands* qui naviguent aujourd'hui sont des officiers de la marine de guerre impériale, qui, à la restauration, se sont retirés pour le commerce; la plupart ont été aspirans ou enseignes; quelques-uns ont été capitaines de frégate.... Ils ont abandonné les chances de gloire, devenues difficiles, pour la fortune que leur promettait la paisible navigation de l'Inde et des Antilles.

MARCHE. s. f. La *marche* d'un navire, c'est la vitesse qu'il prend en parcourant la mer, poussé par le vent qui souffle dans ses voiles. — Une *bonne marche* est celle qu'obtient un bâtiment dont les formes sont élancées et susceptibles de diviser facilement le fluide. Quand sa coque est construite de cette façon, on dit que le navire a une *marche supérieure*. Quelquefois la *marche* accélérée ou ralentie d'un vaisseau dépend de son arrimage ou de la disposition de sa mâture, comme on a pu le voir dans une anecdote citée à ce propos au mot *Avantage*. — Une *mauvaise marche* provient des vices de la construction, de la pesanteur des formes de la carène, et quelquefois, avec un bâtiment qui offre des conditions de *marche*, du trop grand poids qui affaisse sa coque dans l'eau, et le prive de ses avantages de *marche* et de bonne navigation.

MARCHEPIED. s. m. Cordes légères, mais solides, tendues sous les vergues qui supportent les voiles, pour que les marins, qui vont larguer ou ferler ces voiles, puissent se tenir à ces espares. Lorsqu'un matelot a les pieds portés par le *marchepied*, il a la vergue à la hauteur de l'estomac environ, et à l'aide de ses coudes, ou de la pente qu'il donne à son corps, il s'y cramponne suffisamment, tandis que les mains opèrent suivant l'ordre qu'il a reçu. — Dans les rades ou dans les ports, les officiers qui tiennent à donner au gréement de leur navire la plus grande apparence de légèreté possible font relever les *marchepieds* sur la vergue, comme dans d'autres parties de la mâture on soustrait à la vue beaucoup de cordages dont le concours est momentanément inutile.

MARCHEUR. s. m. Bon *marcheur*, mauvais *marcheur*, se dit du navire qui a la qualité de faire facilement sa route, ou de celui qui divise la mer péniblement. Avec une brise égale pour deux bâtimens dont la voilure sera aussi balancée, il pourra y avoir une différence d'un quart ou d'un tiers sur le résultat obtenu. (Voir *Marche*.) On dit aussi *bon voilier, mauvais voilier*, pour bon ou mauvais *marcheur*.

MARÉE. s. f. Se dit de deux mouvemens périodiques de la mer, par lesquels les eaux s'élèvent et s'abaissent alternativement deux fois par vingt-quatre heures, en coulant de l'équateur vers les pôles, et refluant des pôles vers l'équateur. On appelle aussi *flux* et *reflux* ce mouvement. (*Voir* ces mots.)

Quand la lune entre dans son premier et dans son troisième quartier, c'est-à-dire à l'époque des nouvelles et pleines lunes, les marées apportent plus abondamment les eaux du large; on les appelles *hautes marées*. — Quand, au contraire, la lune se trouve dans son second et dans son dernier quartier, les *marées* sont plus basses; on les appelle *mortes marées* ou mortes-eaux.

Le phénomène des *marées* offre trois périodes distinctes : celle qui se répète chaque jour, sa période journalière est de 24 heures 49 minutes, pendant lesquelles il y a deux mouvemens de flux et de reflux. Ce laps de temps est celui que semble mettre la lune à faire le tour de la terre, ou, dans d'autres termes, à revenir dans le plan d'un même méridien terrestre. La période mensuelle présente les *marées* plus fortes dans chaque lunaison; la période annuelle date des équinoxes, époque où les *marées* atteignent leur plus grande hauteur comme leur plus grand abaissement sur les côtes. L'explication de la connexité de rap-

ports qui lient les mouvemens des *marées* avec les périodes lunaires ne sont point de nature à entrer dans le plan de cet ouvrage, qui ne doit offrir les explications cherchées qu'au point où les ouvrages techniques cessent d'être clairs pour les gens du monde.

Le mouvement des eaux qui s'effectue d'orient en occident doit porter sur les côtes de l'Amérique les productions de nos rivages; et des mouvemens fort irréguliers, aidés des brises, peuvent seuls jeter dans nos parages les produits des Indes et des mers de l'hémisphère sud. — Quelquefois on a vu, à de grandes distances des côtes, des bancs entiers de pierres ponces qui ne pouvaient provenir que des volcans des îles et de la terre ferme, que des courans avaient ainsi drossés au large. D'Alembert dit quelque part que ce fut à un indice de cette nature que l'on soupçonna une communication de la mer des Indes avec notre Océan, avant la découverte de cette communication.

Il y a des courans contraires qu'on rencontre le long des côtes, et dont l'action détourne le cours régulier des eaux ; ces courans sont appelés *contre-marées*. — Un bâtiment peut avoir pour lui *vent et marée* pour atteindre un point vers lequel le portent ces deux élémens. — Il va contre vent et marée, si un courant l'entraîne à l'encontre de ceux-ci. (Voir *Courant, Flot, Flux, Jusant, Montant, Reflux*.)

MARGOUILLET. s. m. Petit conduit en bois de la forme d'une boule, percé de part en part, et qui, fixé à un cordage stable, sert à maintenir un autre cordage plus léger qui passe dans son épaisseur et y joue facilement.

MARGUERITE. s. f. C'est un cordage supplémentaire qu'on amarre dans certaines occasions au milieu d'une manœuvre pour servir, lorsqu'on le tire avec force, à augmenter ou à faciliter l'effet de cette première manœuvre en doublant les facilités qu'on a d'y opérer une force. Ordinairement la *marguerite* s'applique à la levée des ancres dont le poids fait une résistance trop considérable pour qu'ils soient soulevés par les moyens ordinaires.

MARIE-SALOPE. s. f. Embarcation d'une construction le plus possible appropriée à son emploi, qui est de porter à certaine distance des bassins ou des ports les vases qu'on en a extraites à l'aide de machines. La mâture et la voilure des *marie-salopes* sont fort arbitraires, et dépendent, soit des localités, soit plutôt de là capacité de l'embarcation, qui n'a pas toujours été employée à ce bas usage. Deux ou trois hommes suffisent ordinairement pour les manœuvrer.

MARIN. s. m. On ne devrait donner le nom de *marin* qu'à un homme qui est tellement habitué avec la mer et les vicissitudes de sa profession, qu'il s'est fait une patrie de l'Océan, et qu'il se considère aussi dépaysé, lorsqu'il est sur le sol, qu'un soldat le serait à son tour s'il habitait la mer. Tout enfant, le *marin* s'est jeté dans une carrière où il a grandi, où il s'est développé, où il s'est fait homme enfin. Il a peu à peu divorcé avec les impressions communes aux autres, privé du contact continuel de choses qui ne se rencontrent plus que de loin en loin pour lui; ses idées ont pris une autre tournure; il s'est fait de la mer une seconde nature. Il quitte sa famille pour aller courir mille chances aventureuses; il sait si peu s'il reviendra, qu'il est insouciant pour l'avenir. En général, s'il n'a point de charges domestiques qui lui dictent des lois d'ordre et d'économie, il est prodigue et insouciant. Il est brave, parce que son courage, sans cesse mis à l'épreuve, s'est fortifié dans la répétition des luttes que lui ont offertes les circonstances; il est prodigue, parce que les entr'actes du grand drame de sa vie sont si courts, que, dès qu'il est à terre, il cherche à se dédommager des maux qu'il a soufferts, et s'escompte des plaisirs en compensation de ceux que peut lui refuser l'avenir. Son insouciance naît de la mobilité des impressions dont il est assiégé, et qui, à force de ballotter son âme et de l'attaquer dans les préludes de sa vie, l'ont aguerrie et blasée en recouvrant cette âme de la triple cuirasse dont Horace a parlé.

Une chose doit donner au *marin* une haute idée de la noblesse de sa profession et puissamment contribuer à l'élévation de ses sentimens; c'est la grandeur et la force des adversaires avec lesquels il lutte sans cesse, et l'avantage qui se détermine presque toujours en faveur de l'homme dans son duel avec les élémens. Sur terre, quelle que soit la fierté qui distingue un homme, il est obligé de s'humilier à chaque pas vis-à-vis d'intelligences supérieures à la sienne, de talens plus complets que le sien, de monumens, d'institutions, de bruits de gloire qui écrasent son individualité en la refoulant aux bas échelons de la puissance et du génie.—En mer, au contraire, l'homme est maître, *maître après Dieu*, comme le dit le langage du droit maritime; rien n'est plus grand, plus fort que lui; son navire, il l'a fait; l'immensité, il la parcourt et en sillonne à son gré la surface; le vent de la mer ameute-t-il contre lui ses bouffées et ses lames, il mesure de sang-froid la somme de résistance qu'il faut lui offrir, et ne cédera que pouce à pouce. Vienne alors de plus grands efforts de la mer et du vent, vienne la tempête! il continue énergiquement sa noble lutte; à peine abandonne-t-il aux tourbillons qui lui jettent tant de menaces quelques lambeaux de mâture, comme l'arbre géant livre quelques feuilles à la brise qui joue dans ses branchages. Mais les lames accourent et s'ameutent plus pressées, le vent les soulève et les agace; les rafales arrachent de l'horizon le crêpe noir des nuages pour en voiler le ciel; toutes ces voix inconnues

et inanalysables qu'échangent l'Océan et le vent dévastateur, répètent les plaintes des victimes qu'ils ont fait périr, et des menaces pour celles que leur promet le concours de leurs fureurs... Le navire offre toute la force de sa résistance à l'action combinée de toutes ces attaques. Le *marin*, c'est l'âme de cette résistance qui fait si noble partie dans ce duel; il regarde, il attend, il prévoit, il oppose sans cesse de nouvelles combinaisons à de nouvelles hostilités; son sang-froid lui donne des ressources inépuisables, sa science pratique des moyens d'obvier à tout, sa pensée active est un bouclier qui défend chaque partie de ce grand corps dont il est l'esprit. Puis, fatigués de leurs convulsions, les élémens usent leur fureur dans de dernières crises; la mer s'affaisse sous le vent, qui, en s'assoupissant, a cessé de tourmenter ses lames; de derniers et rares efforts signalent, comme ceux d'un adversaire vaincu, sa fatigue impuissante; puis tout devient calme et bientôt serein. Le navire est encore entier dans l'arène, rajustant à peine quelques frivolités de sa toilette, sans qu'aucun de ses membres garde l'empreinte du combat; il est là, porté par son ennemie assoupie, comme un cavalier qu'un coursier fougueux n'a pu abattre, et qui, las de ses soubresauts sans résultat, a repris indolemment une allure soumise.... Où trouverez-vous sur la terre des situations qui puissent élever l'âme à un pareil degré?

La fierté des Scythes et des Arabes provient de l'élévation que donne à chacun d'eux la grandeur du désert qu'ils habitent; ce qui humilie l'homme, c'est la continuelle présence de choses qu'il ne peut pas faire, ou qu'il ne peut pas comprendre.

Quelle que soit, sur le caractère qui lui est propre, l'influence des événemens qui s'accomplissent dans la carrière du *marin*, il doit, pour être à la hauteur de sa profession, y apporter une certaine organisation que rien ne peut former si elle n'est pas naturelle. Ainsi, jamais un homme pusillanime, doué d'une prudence excessive, vivant d'appréhensions et de craintes, ne peut devenir un *marin*, c'est-à-dire un être qui en dirige d'autres et porte toute la responsabilité de leur vie et de leur fortune. Oui, sans doute, il faut, dans cette aventureuse carrière, l'éternelle étude des combinaisons et des moyens qui en garantissent l'exercice. Mais il est des momens, de toute gravité, où le génie du *marin* cesse de s'appuyer sur les leçons de l'expérience; il y a des instans de sublime alternative où, s'abandonnant aux hasards de son inspiration, il s'écarte de toutes les lois conventionnelles, obéissant à un instinct sacré qui l'entraîne dans des résolutions illogiques ou imprudentes. La réussite couronne presque toujours ces aventureuses tentatives; mais, pour en avoir conçu la pensée, pour avoir eu l'audace de donner à cette pensée une exécution, il faut le génie du *marin ;* ce génie, il faut l'apporter dans la carrière, et on ne le remplacera guère par des études théoriques ou ces moyens vulgaires d'application qui s'offrent à tous les individus en général. On naît donc *marin,* comme on naît poëte ou artiste ; et, parmi les navigateurs, les hommes du métier pur et simple sont aussi nombreux que, dans l'art et dans la poésie, les versificateurs au mètre, et les artistes auxquels l'étude a seulement fait acquérir les moyens mécaniques, sans la pensée, sans l'inspiration.

Il y a dans l'âme un mouvement qui fait sa vie, et dont rien ne doit la déposséder. Chez beaucoup d'hommes, le besoin de courir des dangers est un noble instinct qui les agite sans cesse et les entraîne dans de hasardeuses aventures.—La femme elle-même ne vit réellement que par les émotions, et l'homme le plus aimé d'une femme est celui qui lui en a le plus causé : ainsi s'expliquera l'aveuglement de l'amour qui se donne à un être indigne, mais dont la vie et le contact promettent ces émotions désirées. Le vieux *marin* se rappelle sa vie passée, par les catastrophes qui en ont échelonné les phases dans ses souvenirs — comme la femme se retrace ses jeunes amours à l'aide d'une certaine solidarité qui existe entre sa mémoire et son cœur, dans lequel palpitent encore, sous le souffle des regrets, les émotions qui agitèrent sa vie. Dans sa vieillesse, le *marin* a toujours d'indéfinissables regards pour la mer qui l'a bercé enfant, qui a ballotté sa vie, qui, dix fois dans le naufrage, l'a jeté mourant sur la grève ; où il n'a repris ses forces que pour aller sur l'eau courir de nouveaux dangers. L'homme tient bien plus à la vie par les souffrances qu'elle lui a causées que par les jouissances qu'il en a reçues, et cette analogie se retrouve encore dans l'inexplicable amour que nous portent parfois les femmes.

On a répété, comme exemple d'un problème insoluble, que le marin, à peine arraché à la mort ou aux dangers de la navigation, oubliait promptement toutes ses vicissitudes pour courir de nouveaux hasards sur l'élément perfide dont il s'est fait une patrie ; nous ajouterons à cette observation très-réelle, et chaque jour armée de nouvelles applications, que nous ne doutons nullement de ceci : c'est qu'un vieux *marin*, averti que l'heure de sa mort doit sonner sous peu, préférera s'aventurer dans une dernière course, pour livrer son corps aux lames sur lesquelles il a passé sa vie, que de mourir paisiblement au foyer de sa famille ou près des mercenaires qui prennent soin de ses vieux jours.

Terminons ce trop long article par une citation empruntée à Éd. Corbière, et que nous croyons ici fort à sa place :

> Et pourquoi craindrai-je cette eau
> Où j'ai passé toute ma vie ?

> Ces vents ont flatté mon berceau,
> Ces flots ont été ma patrie.
> Et puisqu'un jour il faut mourir,
> Un franc marin qui fuit la terre
> Doit rendre le dernier soupir
> Dans la vague qui fut sa mère…

MARINE. s. f. Ce mot doit s'entendre sous plusieurs acceptions ; c'est d'abord l'assemblage de tous les bâtimens flottans, grands et petits, appropriés aux besoins maritimes d'un peuple.— Pris dans un sens moins matériel, c'est cet art sublime, merveilleuse combinaison de science et d'audace, chef-d'œuvre de conception humaine, qui, domptant la mer et neutralisant ses dangers, a fait de l'Océan le domaine de l'homme. — En politique, c'est cette puissance militaire et commerciale d'une nation maritime, source de gloire et de richesses, et qu'un poëte a prétendu définir par cette pensée :

> Le trident de Neptune est le sceptre du monde,

pensée suffisamment compacte, et qu'il faut sans doute traduire par celle-ci :

> Le peuple possesseur de la plus puissante marine peut prétendre à la domination universelle.

Sans nous arrêter à commenter ce principe paradoxal, convenons cependant que dans l'équilibre social des peuples civilisés, une forte *marine* est, pour quelques nations, non-seulement l'auxiliaire indispensable de leur existence politique, mais encore un puissant et formidable levier qui peut élever les faibles au niveau de prépondérance des forts. — On entend aussi par *marine* l'administration, organe vital et conservateur de cette immense connexion de vaisseaux et de marins. — Enfin on appelle *marine* le personnel de la flotte (officiers et marins) qui en est le nerf d'action.

On ne saurait fixer l'époque et le peuple auxquels se rattache l'idée première de la *marine.* Les traditions les plus anciennes sur l'histoire des hommes nous révèlent l'existence de cet art plus ou moins développé, et né du besoin des communications et des échanges entre les peuples. La première *marine* était donc commerciale ; sa sécurité et le besoin de protection auront donné lieu plus tard à une *marine* militaire. Nous n'entreprendrons pas de développer ici une explication complète des élémens qui constituent matériellement une *marine.* Qu'on se représente, s'il est possible, et pour un vaisseau seulement, l'immense échelle de détails de toutes sortes qui sépare le colossal navire, voguant avec ses cent trente canons et ses mille hommes d'équipage, de la coupe, dans la forêt, des arbres dont il est bâti ; de l'extraction, dans la mine, des métaux qui consolident ses parties ; que cette image se reproduise pour tous les bâtimens, grands, moyens et petits, dont se compose une marine, et l'on comprendra que l'espace nous manque pour une matière aussi vaste. — Sous le rapport matériel et scientifique, la *marine* a nécessairement passé par des phases d'avancement, proportionnées à la civilisation. Mais le terme n'est pas éloigné où le perfectionnement ne laissera guère de progrès à espérer dans ce grand art. — On n'en peut pas dire autant sous le rapport administratif; et cette face morale de notre marine laisse beaucoup à désirer. Il y a deux cents ans que notre législation est en travail d'une constitution organique pour cette partie précieuse de notre puissance nationale. Depuis ce temps, il y a eu beaucoup de plans d'organisation conçus et élaborés avec sagesse, et convenablement applicables à diverses époques; mais les ménagemens à prendre vis-à-vis du corps d'officiers de l'ancienne *marine* en ont toujours fait reculer la mise en vigueur : c'est que ce n'était pas chose aisée à un ministre de l'ancien régime, que de rendre exécutoires des règlemens qui ne recevaient pas l'approbation de ces orgueilleux gentilshommes officiers du *grand corps ;* il y allait de sa faveur en cour et de son portefeuille, si des innovations ou des lois, quelque justes et nécessaires qu'elles fussent, portaient la plus légère atteinte aux prérogatives outrées de ce *grand corps*, à l'orgueil intolérable, aux préjugés révoltans qui le dominaient, et qui en faisaient une espèce de coterie puissante par son union et sa volonté, devant laquelle, on aura de la peine à le croire, l'autorité n'avait pas toujours raison. Il n'a fallu rien moins que la révolution de 1789 pour changer l'esprit de ce corps, en le composant d'une autre classe de sujets aussi distingués, plus éclairés, plus instruits, et appelant de bonne foi sur la *marine*, au perfectionnement de laquelle ils se dévouent, la constitution qui lui donne enfin une organisation arrêtée. — La *marine militaire* est la première de l'Etat; longtemps en Hollande elle ne fut que la seconde. Le corps des officiers, entretenu par l'Etat, est composé de tous les grades ayant leurs analogues dans l'armée de terre, depuis l'amiral, qui répond au maréchal, jusqu'à l'élève, qui est assimilé au sous-lieutenant. Les matelots, levés par l'administration des classes, appartiennent à la *marine* de l'Etat, qui les requiert au besoin. La mission de la *marine* militaire est essentiellement de donner protection et assistance au commerce maritime national, et, selon les variations de la politique, de combattre à l'occasion les *marines* des Etats ennemis de son gouvernement.—Vient ensuite la *marine* marchande ou du commerce. (Voir **Marchand**.) Celle-ci compte un plus grand nombre de bâtimens; elle se compose de tous les navires que des négocians et des industriels expédient à leurs frais, pour le transport des marchandises de nos fabriques, dans les diverses contrées du

globe, et pour les spéculations chanceuses des pêches. — Anciennement la *marine* marchande de France était très-mal tenue dans le matériel de ses navires; les améliorations et les perfectionnemens y étaient très-attardés; ses navires, lourds et pesamment appareillés, étaient d'une marche lente et d'une allure vicieuse, d'une apparence sale et abandonnée, qui la faisait déprécier, ainsi que ses officiers, par les marins de la marine militaire. Mais depuis vingt ans, cette marine a pris un tout autre aspect. Les officiers de la marine impériale, éliminés du corps par les ministres de la Restauration, apportèrent à la marine du commerce, qui devint alors leur refuge, leurs connaissances et leur esprit d'ordre. Les bâtimens du commerce reçurent par leurs soins une installation entendue, une couleur de propreté, des perfectionnemens matériels, qui les font rivaliser de tenue avec les navires de guerre; naviguant aussi bien, manœuvrant aussi vite, et cela avec des moyens d'exécution très-inférieurs. Les navires marchands de Bordeaux et ceux du Havre sont remarquables par le luxe et l'entente de leur installation, qui ne craint plus la comparaison des bâtimens de l'Etat. Les officiers de cette marine, officiers marchands, comme on les appelle, rivalisent de science, d'éducation et de sociabilité avec les officiers de la marine militaire, très-bons manœuvriers, navigateurs actifs et prudens, observateurs habiles. Laissés à eux-mêmes, presque sans lois, pour faire régner sur leurs bords une discipline, sans laquelle il n'y a pas de marine possible, ils savent trouver dans leur énergique volonté et dans le sentiment de leur valeur morale sur la force brutale du nombre, le nerf répressif, que l'insuffisance de notre Code disciplinaire maritime leur dénie. Que l'on joigne à toutes ces qualités d'officiers l'expérience, les calculs de prévision du négociant, la tenue des livres, la connaissance immense des coutumes et lois des pays divers qu'ils sont appelés à visiter, le rapport comparatif des monnaies et des poids, les prix avec leurs variantes des denrées de tous les pays, l'étude de plusieurs langues étrangères, et l'on comprendra qu'une *marine* de commerce, conduite par de pareils officiers, est une marine distinguée et une puissance de prospérité pour un pays, avec cela qu'elle est la pépinière des meilleurs matelots de la *marine* de l'Etat; que celle-ci y recrute ses meilleurs gabiers et timonniers: c'est que le nombre réduit d'un équipage de navire de commerce rend les occupations des matelots multiples, continuelles et du ressort de tous, et qu'ils doivent acquérir promptement par la force des exigences tout ce qu'il est du domaine du matelot de savoir dans toutes les circonstances de son rude métier.

Depuis 1604 jusqu'en 1775, la France comptait une *marine* de plus, qui tenait le milieu entre la *marine* du commerce, qui était alors peu de chose, et celle de l'Etat, qui était tout : c'était la *marine* de la Compagnie des Indes ; elle était montée sur une échelle peut-être plus grandiose que celle de la marine du roi, parce que tout ce qu'il y avait de riches, de puissans et de nobles dans le royaume, y était personnellement intéressé. La *marine* de la Compagnie exploitait exclusivement le commerce de l'Inde. Elle avait un port, sa propriété exclusive, sur la côte de Bretagne, Lorient, où s'effectuait le retour de ses vaisseaux. En 1740, cette *marine* comptait trente-cinq vaisseaux et frégates, parmi lesquels plusieurs vaisseaux de 900 à 1500 tonneaux, et plusieurs frégates de combat. Elle avait ses cours des comptes, ses matricules séparées de la *marine* royale, un corps d'officiers, dans l'instruction duquel les sciences essentielles et accessoires, les hautes connaissances, étaient rigoureusement exigées ; ce qui en faisait un corps d'officiers aussi distingué et plus instruit que celui du grand corps. Ces officiers appartenaient à des familles distinguées et étaient brevetés par le roi. Le corps d'officiers de la Compagnie était la pépinière et surtout l'auxiliaire indispensable de celui de la *marine* royale. La *marine* de la Compagnie avait ses lois réglementaires, ses uniformes, son pavillon, son sceau avec ses armes : c'était un globe d'azur chargé d'une fleur de lis d'or, avec cette devise : *Florebo quocumque ferar.* En 1769, il ne restait de cette puissante *marine* que des vestiges sans force. Les pertes, les malheurs, les infidélités, et même les trahisons, dans l'Inde et en France, amenèrent la chute graduelle de la Compagnie et l'extinction de sa *marine*, que la révolution de 1789 vint consommer entièrement.

MARINIER. s. m. Ce mot est plus généralement employé pour désigner les hommes qui, sur les rivières, conduisent les bateaux, les bacs, les coches et les trains de bois flottés ; il ne s'applique en marine qu'accompagné du mot *officier :* on dit *officier-marinier.* (*Voir* ce mot.)

MARIONNETTE. s. f. On appelle ainsi une espèce de poulie dont la caisse semble avoir à peu près la forme d'une navette, c'est-à-dire qu'elle est un peu longue et pointue de chaque bout. On pose les *marionnettes* verticalement au ras du pont, maintenues dans leur position verticale entre la sole et les tablettes des bittes légères qui sont établies auprès des bas-mâts ; elles y sont placées de telle sorte que, leurs extrémités étant libres dans les trous des tablettes qui les encadrent, elles peuvent tourner et pivoter, et présenter leur canal dans tous les sens. Elles reçoivent les manœuvres courantes qui descendent le long des bas-mâts, et détournent la direction verticale de ces manœuvres dans le sens horizontal. Les *marionnettes* ont été inventées par le chevalier de Kersaint, capitaine de vaisseau, et appliquées pour la première fois sur la frégate *l'Iphigénie*,

construite à Lorient et commandée ensuite par cet officier supérieur.

MARMOTTE. s. f. Petit baril portatif, défoncé par un bout, pour être garni d'une coiffe ou soufflet en cuir. La *marmotte* ainsi disposée sert à recevoir et transporter, dans les batteries et dans les parties inférieures d'un navire de guerre, une mèche allumée. — Les calfats appellent aussi de ce nom une grossière et sale petite boîte dans laquelle ils serrent leurs outils.

MARNER. v. n. Se dit pour indiquer l'abaissement de la mer par l'effet du reflux, et la différence de son niveau à marée haute et à marée basse. Sur tel point des côtes, par exemple, la mer marne communément de 50 pieds, et sur tel autre de 10 pieds seulement. Quelquefois des circonstances atmosphériques concourent, avec l'influence attractive des astres sur la mer, à activer cette retraite des eaux ; on dit dans ce cas : *la mer marne beaucoup.*

MARQUE DISTINCTIVE. s. f. Signe arboré par un navire de guerre pour faire reconnaître le rang qu'il occupe dans une escadre dont il fait partie, sa mission spéciale dans le service d'escadre, ou pour signaler la présence sur son bord d'un officier général, en indiquant son rang dans la hiérarchie des grades. La *marque distinctive* de l'amiral, qui correspond au grade de maréchal de France dans l'armée, est le pavillon national hissé à la tête du grand mât. (Le pavillon national hissé à la tête d'un mât se dit pavillon carré.) C'est aussi la *marque distinctive* d'un vice-amiral investi du commandement de vingt vaisseaux de ligne au moins ; au-dessous de ce nombre, sa *marque distinctive* est le pavillon carré au mât de misaine. Le contre-amiral l'arbore à la tête du mât d'artimon. La *marque distinctive* d'un capitaine de vaisseau commandant une division navale, est le *guidon* au grand mât. (*Voir* ce mot.) Celle de tous les autres officiers dans les grades inférieurs à celui-ci, quand ils commandent une réunion de trois navires au moins, est la *cornette* au grand mât. (*Voir* ce mot.) La *marque distinctive* de tout bâtiment de guerre, dont le capitaine ne commande pas une division, est la flamme. (*Voir* ce mot.) Les bâtimens marchands ont pour *marque distinctive* celle du département maritime où ils sont armés : il a été donné, dans le premier volume de la *France maritime*, un tableau synoptique de ces divers pavillons affectés aux ports de France. La *marque distinctive* de tout officier général, ou supérieur, est arborée à bord de tout navire de son commandement aussitôt qu'il y fait acte de présence ; alors elle cesse de l'être à bord du vaisseau qu'il monte habituellement, dès qu'un autre vaisseau l'a arborée ; elle est rehissée sur le vaisseau amiral aussitôt qu'elle cesse de flotter à bord d'aucun autre vaisseau de l'escadre. Anciennement la *marque distinctive* des officiers généraux, pour la nuit, était en escadre, pour l'amiral, la lumière de trois énormes fanaux de poupe ; le vice-amiral en allumait deux, le contre-amiral un seul. L'usage de ces feux de poupe est aboli dans nos escadres.

MARQUER. v. a. Comme dans le langage ordinaire, c'est rendre un objet remarquable par un signe quelconque ; ainsi l'on *marque* une ligne de sonde, une ligne de loch, un câble. C'est, après en avoir divisé la longueur en certaines unités de mesure, signaler chaque point de division par une marque qui peut indiquer tout de suite, de jour comme de nuit, l'ordre numérique de la division à laquelle cette marque se rapporte. Ces marques sont ordinairement de petits morceaux de cuir ou des bouts de ligne artistement interpassés dans les cordons de la ligne, et portant des nœuds ou des coches en nombre approprié à la division signalée. — *Marquer* se dit aussi de la mer, lorsque, dans les pays où il n'y a que très-peu ou pas de flot, on remarque qu'elle a monté ou descendu de quelques pieds sur une plage où elle a laissé une ligne de démarcation.

MARQUES. s. f. Il a été dit au mot *Marquer* que des signes sont employés pour désigner les points de division d'une ligne ; ces signes sont des *marques.* — On appelle aussi *marques* les objets qui sont remarquables sur un rivage et à quelque distance des bords de la mer, tels que clochers, tours, fortifications, maisons, arbres, monticules ou accidens de terrain, et dont les positions relatives peuvent servir à indiquer les directions que doit suivre un bâtiment pour chenaler sécurément dans les passages étroits et dangereux à l'entrée des rivières, havres et ports. (Voir *Amers.*) Par l'observation de ces *marques*, bien connues des pilotes lamaneurs, on peut reconnaître à chaque instant le progrès que fait le navire dans la direction qu'il suit, et déterminer pour chaque instant sa position à l'égard d'un écueil dont on craint le voisinage. Lorsque l'entrée difficile d'un havre ou d'une rivière nécessite des *marques* à terre, sur un rivage nu, uniforme et sans accidens, des *marques* y sont alors placées de main d'homme ; ce sont ordinairement des pieux réunis en masse, pour offrir une surface visible de loin, et peints en couleurs tranchantes.

MARSOUIN. s. m. Terme d'architecture navale. C'est le nom donné par les constructeurs de bâtimens à deux pièces de bois courbes qui, réunies à la carlingue par un endentement ingénieux, servent à lier l'étrave et l'étambot avec la quille et les membres voisins de ces parties extrêmes du navire ; ils élèvent leur bout supérieur jusque sous le premier pont, et embrassent dans ce développement une grande partie de la contre-étrave à l'avant, et de l'arcasse à l'arrière avec lesquelles ils se lient. — On appelle aussi *marsouin* la tente qu'on établit sur les bâtimens en avant du mât de misaine ; il est une partie de cette immense tenture en toile établie dans toute la longueur du pont pour le préserver des ardeurs du soleil (voir *Tente*) ; il est exclusivement à l'usage des matelots, puisqu'il projette son ombre sur le gaillard d'avant, qui est leur quartier naturel. — C'est aussi le nom de ce rapide poisson, de la famille des cétacées, sur lequel il a été brodé tant de fables, qui peuple la mer de ses innombrables légions que l'on rencontre dans toutes les mers du monde, et dont la pêche est si difficile. Les *marsouins* vivent en société ; c'est toujours par bataillons épais que l'on fait leur rencontre. A la direction qu'ils suivent quand on les aperçoit, on est porté à penser qu'ils ont vu le bâtiment avant d'avoir été aperçus eux-mêmes ; car c'est toujours sur le navire qu'ils se dirigent, et, quand ils en sont très-près, ils arrivent par élans rapides et gracieux, et en s'élançant hors de l'eau à une grande hauteur. Ils s'approchent du bâtiment comme pour le reconnaître, le flairer, et se jouer autour de lui, quelle que soit sa vitesse ; ils le contournent dans tous les sens, croisent son sillage, semblent s'arrêter sous sa guibre comme pour lui laisser prendre une avance et le dépasser d'un bond. Si la mer est grosse, on les aperçoit, dans la transparence et sur le plan incliné des lames, descendre avec la rapidité d'une flèche, laissant aussi sur la surface de la mer la houache huileuse de leur sillage. On aime à les voir. Les matelots tirent de leur apparition des pronostics sur les vents à venir. Ils prétendent que les *marsouins* se dirigent dans le sens contraire du vent qui doit souffler ; ils disent alors : *les marsouins vont chercher le vent.* Ils aiment à s'exercer (quoique toujours en pure perte) à la pêche de cet imprenable poisson. Il n'y a d'autre moyen de pouvoir s'en emparer, que de le percer avec une sorte de lance appelée *harpon* (*voir* ce mot), qu'il faut lui jeter à son rapide passage, et avec assez de force pour que la pointe du fer, en le traversant de part en part, prenne au dehors une forme qui s'oppose à sa sortie par la blessure ; sans cela, le fer resté dans les chairs est arraché par la traction que l'on exerce sur la corde qui retient le harpon, lorsqu'on veut mettre à bord le *marsouin* blessé. Il est remarquable que, fussent-ils dix mille réunis autour du bâtiment près duquel ils semblent se plaire, que si un seul est blessé par le harpon, dans l'espace d'une demi-minute ils ont tous quitté un si dangereux voisinage et repris la route de leur voyage.

MARTINET. s. m. C'est une petite combinaison de cordage qui sert de balancine à la corne d'artimon, laquelle, comme on sait, supporte la brigantine ou la voile appelée artimon. Ce martinet va et revient plusieurs fois du chouquet du mât d'artimon à cette corne, qu'il maintient dans sa position oblique. — Il y a aussi un *faux martinet*, cordage simple, qui va de l'extrémité de la corne à la tête du mât de perroquet de fougue.

MARTINGALE. s. f. Sorte de hauban placé sous le boute-hors-de-foc, passant par l'extrémité d'un arc-boutant, et qui, fortement roidi en rentrant sur l'avant du navire, contribue à la solidité de ce mât incliné.

MASCARET. (Voir *Macrée.*)

MASQUER. v. a. Un navire *masque* lorsque le vent, au lieu de frapper les voiles par l'arrière, de manière à donner à la coque une impulsion de marche, bat au contraire les voiles sur leur surface antérieure, à contre-sens en un mot. Une seule voile peut se trouver *masquée* si elle est mal disposée par rapport à la direction du vent. Un navire peut être *masqué* fortuitement ou par le vouloir de l'officier qui préside à la manœuvre. Dans ce dernier cas, c'est pour arrêter complétement la course du navire, ou seulement pour diminuer sa vitesse qu'on présente d'une manière irrégulière toutes les voiles, ou simplement quelques-unes d'entre elles à l'action du vent. Ainsi, en *masquant* un bâtiment, on le fait reculer, ou on l'arrête dans sa marche, ou on amoindrit son sillage. Cette manœuvre s'opère souvent dans les parages où l'on rencontre des navires contre lesquels on craint de se heurter, ou dans l'entrée d'un port, etc. Un navire ne peut être *masqué* que s'il reçoit le vent par un de ses côtés, à un angle plus ou moins ouvert. — Un navire peut aussi *masquer*, malgré la volonté de ceux qui le montent, soit par suite d'une inattention du timonier, qui donne une fausse direction au gouvernail, soit à cause d'un subit changement de vent. Cette seconde circonstance d'une manœuvre involontaire peut entraîner de graves conséquences, et voici pourquoi : une voile livrée au vent reçoit un effort qu'elle communique, en s'en déchargeant en partie, aux différens cordages qui servent à l'installer, et principalement aux bras, écoutes et amures ; le mât lui-même qui porte cette voile est consolidé par les haubans et galhaubans pour le concours de la résistance qu'il opère dans certaines parties de sa longueur. Il y a donc une combinaison de départitions dans la résistance opérée en premier lieu par la voile, mais transmise, comme on vient de le voir, à d'autres agens qui ont pour effet d'entretenir le navire dans la direction vers laquelle le vent doit porter sa coque. Mais si une voile, ainsi appuyée du côté où elle fait sans cesse effort, vient à être frappée sur sa face opposée, le concours de tous les accessoires sur lesquels se partage la résistance, n'existe plus pour faire une opposition suffisante à cette attaque inattendue ; aucun cordage, excepté l'étai, n'est placé de façon à protéger le système dans ce nouveau sens, et la voile s'appliquant violemment contre le mât, à peine appuyé de ce côté, risque beaucoup de l'abattre sous le poids du vent, qui se rue dans sa large surface. Beaucoup de démâ-

tages ont été causés par les accidens qui font *masquer* un navire ; lorsque le vent est faible, cet accident est sans conséquence, mais avec une forte brise, il entraîne des dangers réels. (Voir *Virer de bord.*)

MAT. s. m. C'est cette pièce de bois grosse et longue, courte et faible, suivant le navire ou l'embarcation, qui s'appuie sur la carlingue, pour porter les voiles nécessaires à la route du vaisseau. On appelle *bas-mât*, comme on l'a vu plus haut, le mât qui repose sur la carlingue, et prête appui à ceux qui doivent s'élever au-dessus de lui. Voici, bien qu'on les retrouve chacun à leur rang dans cet ouvrage, la liste et la position des mâts d'un navire. Supposons un trois-mâts, et dans cette catégorie seront conséquemment compris les corvettes, les gabarres, les frégates et les vaisseaux de guerre.

Mâts perpendiculaires ou légèrement inclinés, suivant l'espèce du navire :

1. *Mât de misaine :* un bas-mât.
2. *Grand mât :* un bas-mât.
3. *Mât d'artimon :* un bas-mât.

Au-dessus :

1. Petit mât de hune.
2. Grand mât de hune.
3. Mât de perroquet de fougue.

Au-dessus :

1. Petit mât de perroquet.
2. Grand mât de perroquet.
3. Mât de perruche.

Pour les grands navires,

Encore au-dessus :

1. Petit mât de cacatois.
2. Grand mât de cacatois.
3. Mât de cacatois de perruche.

Quelquefois encore au-dessus :

Des flèches ou mâts de baume.

Beaupré.

1. Un bas-mât de beaupré.
2. Un boute-hors grand foc.
3. Un boute-hors de clin foc.

Ces derniers mâts correspondent au bas-mât, au mât de hune et au mât de perroquet perpendiculaires.

On dit un mât, pour l'ensemble de ceux qui sont superposés les uns aux autres, comme on le dit pour chacun d'eux séparément.

Les mâts sont, comme on le pense bien, les plus puissans agens du vaisseau. Des mâts, des vergues, des cordages et des voiles composent tout l'appareil qui est nécessaire pour lui communiquer le mouvement que lui peut prêter le vent. Les voiles reçoivent d'abord l'impulsion de la brise, elles la transmettent aux vergues qui les supportent, et les vergues étant portées par les mâts étroite ment liés au vaisseau, l'effort du vent arrive à la coque qui, dès lors, pressée par cette puissance, refoule le fluide, surmonte la résistance qu'il oppose plus ou moins facilement suivant la légèreté de sa construction, et sillonne la mer avec une rapidité proportionnée à la cause qui sollicite ce mouvement.

On a vu ailleurs que chaque mât superposé est séparé de celui sur lequel il s'élève, par une *hune* pour le mât de hune, par des *barres* pour les autres. L'explication complète du mât sera suffisamment développée en se reportant aux mots *Bas-Mâts, Brig, Beaupré, Barres, Hunes*, etc.

MATAGE. s. m. Opération qui consiste à placer sur un navire ou une embarcation les mâts qui lui sont nécessaires pour naviguer. — (Voir *Machine à mâter, Démâtement.*)

MATELOT. s. m. Marin dont la position est hiérarchiquement celle du soldat dans l'armée de terre.

Moralement, le matelot n'a pas avec le soldat le plus léger rapport; ses mœurs, ses habitudes, ses plaisirs sont autres. Le matelot n'aime pas le soldat, qui le lui rend bien du reste; ils ne se rencontrent que pour se battre; dans les ports de commerce ou de guerre qui ont garnison, les luttes fréquentes entre ces êtres antipathiques mettent la ville en émoi.

Dans l'organisation du matelot, il y a tout ce que la physiologie découvre chez le marin proprement dit; seulement l'éducation développe chez les uns ce que l'ignorance laisse engourdi dans l'âme des autres. Mais fierté et abnégation, audace et naïveté, haine et dévouement, prudence et témérité, tout cela réside en lui et s'éveille à la moindre sensation qui l'effleure; il reçoit comme un miroir la mobile impression de tout ce qui l'aborde, mais cette première impression est une touche qui fait résonner une passion, elle bruit d'abord tumultueusement dans son âme, puis s'exhale au dehors avec éclat; étouffez le son, alors!

Que pourrions-nous vous dire du *matelot*, qui ne soit une répétition de ce qui vous en a déjà été dit ailleurs? M. Jal y a consacré un bon article dans le 1er volume de la *France Maritime*; chaque roman de l'école vous a présenté quelque personnification de ce type original; nous n'avons plus rien à vous en dire, et nous croyons plus intéressant de citer ici deux anecdotes propres à peindre son caractère, que de nous abandonner à suivre tous les accidens moraux de son organisation, ou à creuser son caractère et ses allures pour y adapter l'analyse de la physiologie.

A bord d'un bâtiment du commerce, qui se rendait aux Antilles, se trouvaient deux *matelots*, qu'une communauté d'âge et de goût serra en peu de jours dans une étroite amitié. Après trente ou trente-cinq jours de mer, l'un des deux amis

vit disparaître de son coffre une petite réserve de tabac que le parcimonieux *matelot* partageait chaque jour, brin à brin, avec son nouveau camarade, lequel s'était montré trop prodigue de sa provision au commencement du voyage. Une nuit la provision de tabac disparut. Le propriétaire de ce petit trésor accusa amicalement son commensal de cette farce de bord, qui fut niée et repoussée avec chaleur; la dispute s'échauffa de part et d'autre, les premières récriminations se changèrent en injures, et l'amour-propre compromis des deux côtés causa bientôt une lutte sérieuse entre les deux anciens amis. On se précipita vers eux pour mettre fin à leur combat, mais déjà l'un des deux, renversé par son adversaire, roulait sur le pont, après s'être causé une grave blessure à la tête en heurtant la patte d'une ancre malheureusement voisine de l'espace rétréci de la lutte.

Sa blessure était fort grave; quelques *matelots* dirent légèrement que cet accident était une punition que Dieu faisait au vol; le matelot n'entendit que ces paroles, et tomba dans un fiévreux délire, qui, aggravant l'état de son mal, le tua en deux jours.

Tous les regrets, toutes les protestations du camarade du pauvre moribond furent inutiles et se brisèrent contre un cadavre impuissant à les entendre. — La désolation fut dans l'équipage.

Quelques jours après, la blague contenant le tabac fut retrouvée; le marin, qui pendant la nuit avait pris au hasard un vêtement dans son coffre, pour se garantir plus complétement de la fraîcheur pendant son sommeil, l'avait par mégarde jetée dans sa cabane.

Le *matelot* mort laissait à terre une femme et deux enfans; son camarade inconsolable, ayant réussi à cacher à la veuve et aux orphelins, désormais sans ressources, les malheureuses circonstances de la mort de leur protecteur, se dévoua à cette famille abandonnée. Il épousa la femme de son ancien camarade, qui n'était ni jeune ni jolie, et il adopta ses deux enfans. Une fraîche jeune fille, à laquelle il avait promis sa main en échange d'une union assortie, ne put trouver grâce vis-à-vis de l'inébranlable résolution du *matelot*.

Cet homme navigue encore à Saint-Malo. — Il se nomme Ed. Louvet; il avait alors vingt-quatre ans.

—Un brig de Granville venait de mouiller dans la rade de la Barbade. A peine ses voiles furentelles serrées, que l'équipage presque en entier se jeta à la mer pour se délasser, par la nage et les plaisirs du bain, des travaux qu'il avait accomplis pendant une traversée fort rude. Mais à peine quelques-uns des marins avaient-ils plongé plusieurs fois, qu'on signala du bord un requin qui avançait à grands coups de nageoires. Tous les *matelots* s'approchèrent du navire en se cramponnant aux cordages, pour y monter ; mais un d'eux, moins prompt que ses camarades, est joint à temps par le monstre qui, à l'instant où celui-ci allait toucher une chaloupe, lui enlève une cuisse d'un seul coup de son effroyable gueule. Hissé à bord, le marin expira en quelques minutes.

Pendant l'agonie du malheureux, un jeune matelot, son ami d'enfance et son compatriote, s'approcha du moribond, et, donnant cours à sa douleur, promit à ses camarades assemblés d'en tirer vengeance. « Il était né dans la même ville que moi, disait-il, sa mère m'aimait comme son fils, nous ne devions pas nous quitter ainsi ! Je vais te venger, mon pauvre frère, ou bien je mourrai comme toi ! »

En achevant ces paroles, il descend précipitamment dans le logement d'équipage, d'où il remonte bientôt nu et le bras armé d'un redoutable couteau de cambuse ; à peine a-t-on pu juger de son dessein, qu'il a franchi le pavois, et qu'il tombe à la mer.

Ce fut un bien palpitant spectacle pour les matelots, croyez-le, que de contempler, agités par tant de craintes et d'espérances, cet affreux duel qui allait s'accomplir dans ces eaux encore rougies du sang d'un de leurs camarades ! Les marins rassemblés concentrèrent toute leur vie dans le regard..... Leur courageux compagnon et l'énorme requin sont en présence.

Affamé et excité peut-être par son premier succès, le monstre s'avance, en battant l'eau de sa queue, vers la nouvelle victime qu'il vient d'apercevoir. Mais le marin a déjà tout son sang-froid, il se tient dans une position avantageuse à toute agression, et son bras, armé du couteau qu'on voit briller dans la mer, se tient en arrêt et dirigé vers le requin. L'homme est immobile, mais le monstre s'approche, s'approche toujours. Grandis tous deux par l'optique causée par le volume d'eau qui les sépare de la surface, cette affreuse lutte qui se prépare entre les deux adversaires a quelque chose de surnaturel et de formidable qui jette dans l'âme une émotion pleine de terreur... Le requin a ouvert la gueule, mais le matelot a plongé pour l'éviter.

Les mouvemens du requin ne sont pas agiles comme ceux de la plupart des poissons, il se remue avec lenteur, et la conformation singulière de sa tête le contraint à se retourner presque sur le dos pour que sa gueule, placée à quelque distance de l'extrémité antérieure de sa tête, puisse atteindre la proie sur laquelle il se dirige. Cette particularité, connue du courageux matelot, était l'objet de son attente, et il y comptait pour le succès de son hasardeux projet.

En effet, près de l'atteindre, le monstre s'était retourné sur le dos, — le marin l'avait évité en plongeant lestement, et plusieurs tentatives du monstre, de plus en plus animé, avaient eu un ré-

sultat semblable, grâce à la souplesse et au sang-froid du jeune matelot.

Enfin, profitant d'un instant où son adversaire se retournait plus lentement que de coutume, l'intrépide marin lui plongea violemment son large couteau dans la gorge. — Des flots de sang teignirent la mer, et des battemens de queue, en agitant la surface, redoublèrent l'anxiété de l'équipage, qui avait peu à peu cessé de pouvoir juger de l'issue de cette lutte affreuse, à mesure que dans leur joûte les deux adversaires s'étaient éloignés du bâtiment. On vit du sang ; à qui était-il ? à leur camarade ou au monstre ? Le duel opiniâtre dont témoignait l'agitation de l'eau à quelque distance aurait-il un dénoûment heureux ou déplorable ?... L'anxiété était à son comble, quand enfin, reprenant la surface pour nager vers son navire, l'héroïque matelot parut en trouant l'eau avec sa tête ensanglantée. Mais peu à peu la mer, en frappant le nageur, lava son front du sang de son formidable adversaire, et mille acclamations accueillirent le long du bord le vainqueur du requin, dont la carcasse expirante battait encore au loin la surface rougie de l'eau par ses dernières convulsions.

Cet homme s'appelait Vidoudier. Il est aujourd'hui embarqué sur un navire de l'Etat, au département de Cherbourg. Nous l'avons connu, ainsi que le généreux Ed. Louvet.

Que dirions-nous encore après ces deux faits si caractéristiques, pour essayer de peindre le matelot ? Résumons donc notre opinion sur lui : il est habile à faire tout ce qui constitue le métier pratique de la mer ; beau temps, mauvais temps, il va toujours ; c'est un homme de main, propre à tout ce qu'on lui commande, qui possède en lui-même une sorte de mécanique usuelle qu'il prête à tout ce qu'on en veut faire. Il est aussi bon soldat que gabier agile, hardi, entreprenant, rompu à la fatigue, suppléant à la force, quand elle lui manque, par l'adresse la plus merveilleuse ; il ne se plaint ni du temps, ni des intempéries, ni du travail quand il sait avoir des nécessités à traverser. Tout grossier qu'il paraît, rarement il manque à ses supérieurs, et son intelligence sait lui faire parfaitement distinguer l'officier réellement capable de celui qui n'a d'autre titre à son respect et à son obéissance que sa supériorité. Du reste, le matelot ne désire ni privilége ni grâce en sa faveur, il veut ce que lui accorde la loi ou l'usage, et ne demande rien de plus. Il a besoin qu'on soutienne son moral, et qu'on ne l'humilie pas ; il aime les louanges données à ses efforts ; il est sensible aux soins et aux égards qu'on accorde à sa maladie ou à ses peines ; il souffre difficilement le passe-droit ou l'injustice, parce qu'il est bon juge et censeur impartial pour ses chefs, pour ses compagnons et pour lui-même. Les gloires et les revers de nos armes navales ont souvent été singulièrement influencés par l'état général de moralité d'un équipage et la haine ou le dévouement qui l'animait envers son chef.

Le matelot aime à jouir pleinement de ce qui lui est dû ; sa ration doit être complète et de qualité convenable, ses vêtemens aisés ; il a la haine de l'uniforme. Ses repos et ses occupations doivent être réglés et proportionnés avec justice. Il faut lui déguiser la loi sous laquelle il agit, sous des prétextes d'ordre, et si l'on fait des appels à sa bonne volonté, il y répondra toujours ; mais pour le bien conduire, il faut absolument le connaître. Avec cette étude indispensable au chef, à l'homme de mer enfin, il pourra tout entreprendre avec son équipage, s'il a répondu : *oui !* à son appel.

MÂTER. v. a. Action de placer les bas-mâts à bord d'un bâtiment, dans les places qu'ils doivent occuper pour fonctionner. C'est la première opération importante que subit un navire après son lancement à l'eau, et qui s'exécute au moyen de bigues ou de la machine à mâter. Il a été dit à la définition de cette machine à mâter, comment on procède au placement des bas-mâts au moyen de cet appareil. Cette opération devient plus longue et plus difficile par le secours des bigues ; elle n'est même pas sans dangers, si elle est accomplie sur une rade agitée, où les mouvemens du vaisseau transmis aux bigues, déjà chancelantes sous l'énorme poids du mât qu'elles suspendent, multiplient les difficultés, et font naître la pensée de la chute possible de tout l'effrayant système. — Cette opération, étant un travail tout matériel, est confiée à l'expérience des maîtres d'apparaux et des matelots placés sous leur direction. — Pris au figuré, on emploie le mot *mâter* comme synonyme de dresser, mettre debout. On dit mâter une barrique, une pièce de bois ou un objet quelconque : c'est poser sa plus grande dimension dans le sens vertical ou approchant.

MÂTEREAU. s. m. C'est le nom d'un petit mât ou une portion de mât, dont les proportions réduites indiquent qu'ils remplacent momentanément un autre mât absent.

MÂTEUR. s. m. C'est le nom du maître-ouvrier qui, dans les grands ports de l'Etat, a seul la direction et l'exécution des mâts de toutes sortes, soit d'une seule pièce, soit d'assemblage. Il choisit dans le parc aux bois de mâture les pièces de brin pour le mât qu'il doit faire ; il les dispose, les façonne selon leur destination. Ce chef d'atelier dirige également la confection des *vergues, hunes, barres, jottereaux, chouquets, boutdehors, espars* et *arc-boutans,* etc. (*voir* ces mots), toutes pièces qui entrent dans la mâture d'un navire. Dans quelques ports du commerce on l'appelle *mâturier.*

MÂTURE. s. f. Ce mot s'applique improprement, mais par abréviation, à la machine à mâter, et à l'atelier où se fabriquent les mâts. Son application la plus spéciale sert à exprimer l'élégant appareil de mâts qui se dresse sur un navire, et qui comprend dans son ensemble les bas-mâts qui en sont la base, et les mâts plus ou moins forts et effilés qui s'élèvent au-dessus, ainsi que toutes les œuvres de charpentage, telles que *hunes, barres, chouquets, élongis,* etc., qui servent à maintenir ces mâts dans leur position élevée. Dans ce sens on dit d'un bâtiment qu'il a une *belle mâture ;* une *mâture légère et bien tenue ;* ou une *mâture lourde et chargée,* selon les proportions bien ou mal observées dans la confection de ses mâts, et d'après l'aspect plus ou moins gracieux de leur pose et de leur entretien. — Par extension, le mot *mâture* comprend, avec les mâts qui composent cet édifice aérien, ceux encore qui composent la drome, que l'on sait être l'assemblage des mâts de réserve. D'après cette acception, on dit d'un bâtiment qu'il *prend* ou *embarque sa mâture.* — *L'art de la mâture* consiste à fabriquer les mâts et toutes les œuvres de charpentage qui constituent une mâture ; cet art repose en partie sur une théorie approfondie du mouvement des corps par la puissance du levier. Il a pour point de départ des dimensions à donner aux diverses pièces de *mâture,* la plus grande largeur du vaisseau. (Voir *Bau.*) Il comprend aujourd'hui une difficulté d'exécution pour le travail des bas-mâts des plus gros navires, tels que frégates et au-dessus, qui provient de la rareté des grands arbres nécessaires à la confection d'un bas-mât de fortes proportions. Il a fallu suppléer à cette pénurie de pièces suffisamment grosses et longues, par ce que l'on appelle *mâts d'assemblage,* ingénieuse combinaison de plusieurs pieds d'arbres réunis et ajustés par des adens correspondans, cloués et maintenus dans leur réunion par de nombreux cercles de fer ; et tel est l'immense progrès de l'art de la mâture dans la confection des mâts d'assemblage, que l'on obtient par ce moyen des mâts plus forts que ceux qui seraient faits avec un seul pied d'arbre.

MAUGÈRE. s. f. placard en cuir fort, cloué sur les dalots du premier pont, les plus près de l'eau, mais par le haut seulement. L'eau pour s'écouler par les dalots presse en dehors le bas de la *maugère.*

MAUVAIS. adj. Les marins l'appliquent ordinairement au temps ; ils disent *mauvais temps,* et pour eux ce n'est pas toujours le concours menaçant d'un vent violent, d'une mer mutinée, et des averses pluviales qui accablent le navire. La condition du *mauvais temps,* pour le marin, c'est le vent contraire à la route du voyage, accompagné des autres circonstances atmosphériques et de la mer, qui réduisent le bâtiment à une allure pénible et tardive. Dans cette manœuvre de résistance opposée au choc des éléments, le navire souffre, l'équipage fatigue, le voyage s'attarde et les intérêts languissent. Ainsi la tempête la plus furieuse, pour le marin qu'elle favorise, n'est pas du *mauvais temps;* que le vent se rue sur son navire, que la mer le fouette à coups de vagues, que le ciel se fonde sur lui en avalanches d'eau, si la route qu'il suit est bonne et d'autant meilleure qu'il s'y élance avec plus de vitesse, ce n'est pas là du *mauvais temps.* Le navire, en cédant aux bourrasques, en diminue les violences : il ne fatigue pas; les matelots n'exercent qu'un travail de veille ; le voyage s'accélère, c'est assez pour que le marin dise au milieu de la tourmente : *c'est beau temps.*

MAUVAISE TENUE. s. f. Voir *Tenue.*

MÈCHE. s. f. C'est le nom que les charpentiers donnent à la pièce principale d'une œuvre de charpentage composée de plusieurs pièces, et autour de laquelle viennent s'ajouter et se consolider mutuellement toutes les pièces composantes. Ainsi la *mèche* d'un mât, d'un cabestan, d'un gouvernail, sont, dans chacun de ces objets, la pièce fondamentale autour de laquelle se réunissent et se lient les autres parties qui la complètent. C'est sur la *mèche* que se transmet l'effort d'action.—On dit aussi la *mèche* d'un cordage; c'est, pour les cordages commis en quatre cordons, un petit faisceau de fils autour duquel se réunissent les cordons, afin de leur donner une torsion égale et régulière. La *mèche* d'un cordage n'ajoute rien à sa force; elle est ordinairement faite de bourre de chanvre, ou au moins d'une qualité de chanvre très-inférieure. — La *mèche* de guerre est un gros filin blanc, peu tordu, que l'on fait bouillir avec du soufre et du salpêtre pulvérisé; on la coupe par bouts de trois pieds environ, pour servir à conserver le feu, en la tenant allumée et supendue dans la cuisine ou dans un baril à mèche. On en garnit les manches des boutefeux, pour mettre le feu aux canons dans les combats, lorsque la batterie ou *platine (voir ce mot)* manque d'enflammer l'amorce.

MELIS. s. m. C'est le nom d'une qualité de toile de fabrique française, et qui sert à faire certaines voiles d'un bâtiment. On distingue le *melis* en deux qualités : double et simple. Le *melis*, par la force et la souplesse de son tissu, est propre à faire les voiles qui n'ont pas besoin d'être exposées à résister au vent, et être soustraites avec promptitude à sa violence : tels sont les huniers, que l'on fait avec du *melis double*, et les *perroquets (voir ce mot)* avec du *melis simple.*

MEMBRE. s. m. C'est le nom donné par les marins à chacune des côtes qui entrent dans le squelette d'un navire. Un *membre*, que l'on nomme aussi *couple*, se compose de plusieurs pièces de bois de chêne, savoir : d'une *varangue*, qui pose sur la quille par son milieu, et dont la forme est d'autant plus bifurquée qu'elle se rapproche davantage de l'une ou l'autre extrémité du bâtiment ; de deux *genoux*, prolongemens de la varangue, avec laquelle ils se lient par des morceaux

de fer appelés *goujons;* enfin de plusieurs autres pièces appelées *allonges droites* ou *de revers*, placées à la suite de la varangue et des genoux, et au bout les unes des autres, toujours appliquées l'une contre l'autre en se croisant et se liant avec des goujons, et contournées selon la forme arrondie, droite ou aiguë, de la carcasse du bâtiment.

MEMBRURE. s. f. C'est l'assemblage des pièces de bois qui, dans la construction d'un bâtiment, forment ses côtes sous le nom de *membres* ou *couples* de levée. C'est sur cet assemblage complet de membres, qui représente le squelette du navire, que s'applique et se cloue le revêtement extérieur, qui a été défini sous le nom de *bordages* et *bordé.* (*Voir* ces mots.) On dit d'un navire qu'il a la *membrure forte* ou *faible*, selon que la construction a laissé une plus ou moins grande épaisseur aux bois de la *membrure*, dans le sens transversal du navire. — On dit d'un vieux navire cassé par l'âge et que de nombreux services ont éprouvé, que sa *membrure joue*, lorsque, ballotté par la mer, on aperçoit ses pièces se disjoindre et se resserrer tour à tour à chaque mouvement violent qu'il éprouve.

MER. s. f. Vaste étendue d'eau qui sépare les continens. Les diverses parties de la mer empruntent des noms particuliers aux pays qu'elles environnent ; ainsi la *mer* des Indes, du Sud, du Nord, Glaciale, Baltique, Atlantique, Méditerranée, Blanche, Rouge, Noire, etc.

La *mer* est plus dense que l'eau douce, d'un 35e environ, à cause des sels qu'elle contient; sa profondeur est inconnue sur une foule de points. Un Anglais, le docteur Young, a publié des observations qui porteraient à croire que la profondeur moyenne de l'Océan Atlantique est de 3 milles environ, et celle de l'Océan Pacifique de 4 milles; pourtant la sonde n'a jamais pu atteindre à plus de 2 milles de la surface.

De toutes les *mers* du globe, les *mers* d'Europe sont peut-être les moins profondes ; la plus grande profondeur qu'on ait constatée pour l'Adriatique, entre les bouches du Pô et la Dalmatie, est de 132 pieds. La profondeur du bassin de la Méditerranée est fort inégale; entre Ceuta et Gibraltar, on a éprouvé un développement de sonde de 5,700 pieds. Dans les parties les plus retirées du détroit, elle varie de 960 à 3,000 pieds.

M. Scoresby a sondé les *mers* boréales par 76° latit. N. et 4° long. O., à une profondeur de 7,600 pieds, sans avoir rencontré le fond. Dans les mêmes parages, le capitaine Parry a vainement interrogé ce prodigieux abime; l'expérience tentée par le capitaine Scoresby est la plus complète qui ait été accomplie dans ces *mers*, et bien qu'elle ait été sans résultat, elle prouve au moins l'immensité de leurs profondeurs.

On ne doute plus aujourd'hui que le volume des eaux de la mer diminue d'année en année. On observe facilement qu'elle abandonne peu à peu les côtes qu'elle baigne, à mesure que ses limites se resserrent. L'action des courans ou l'influence des vents détermine seule la crue qu'on pourrait lui attribuer sur quelques points, en voyant les dégâts qu'elle cause en les rongeant sans cesse. Mais au large, la surface de la *mer* s'abaisse, et par conséquent son volume diminue. La preuve de cette retraite de la *mer* se rencontre sur les côtes, et particulièrement dans la Baltique, qui peu a peu à laissé à découvert des plages sur le bord desquelles se trouvaient des villages qu'on voit maintenant fort éloignés de son plus haut point d'élévation. Des ancres, des débris, des anneaux d'amarrage se découvrent souvent dans l'intérieur des terres, et des rochers qui, il y a moins d'un siècle, paraissaient à peine à la surface, s'élèvent aujourd'hui à plusieurs pieds hors de l'eau. Quelques physiciens prétendent même que la surface de la *mer* baisse de 4 lignes et demie par année, et conséquemment de 4 pieds 5 pouces par siècle. (Voir *Eau de mer.*)

On dit la *haute* ou la *basse mer*, pour désigner la plus grande croissance ou le plus grand retrait des eaux apportées ou enlevées par le flux et le reflux. Flot, flux et mer montante sont synonymes, comme jusant, èbe, reflux et mer descendante. — On dit *prendre la mer*, pour signifier partir avec un navire; — *tenir la mer*, pour y rester; — *venir de la mer*, pour rentrer au port; — une *mer* belle, agitée, calme, houleuse, etc.; — qui brise, qui déferle, qui bat en côte. — Un homme *à la mer*, c'est un homme tombé dans l'eau. — On dit un *homme de mer*, un *loup de mer*, pour un bon marin, un homme qui possède la science parfaite de tout ce qu'il faut faire quand on est *en mer*.

MÉRIDIEN. s. m. Grand cercle de la sphère céleste, qui passe par les pôles de l'équateur et par le zénith de ce lieu; par son intersection avec le globe de la terre, il forme un autre cercle qu'on appelle *méridien terrestre*; ce nom lui est vraisemblablement donné parce qu'il divise en deux parties égales les arcs diurnes de tous les parallèles, et que par conséquent il partage également en deux le temps que passe un astre sur l'horizon; on compte midi, quand le centre du soleil est arrivé à ce cercle.

Les marins, après les astronomes, ont nommé premier *méridien* celui d'où ils commencent à compter leur longitude; chaque nation choisit arbitrairement ce point de départ. Les Français comptent de l'Observatoire de Paris; les Anglais, de Greenwich; les Espagnols, de l'île de Fer. — On nomme *méridien* magnétique le cercle dans le plan duquel l'aiguille aimantée se dirige.

MERLIN. s. m. Petit cordage de deux ou trois fils goudronnés, fort en usage pour une foule d'amarrages, et dont les voiliers se servent comme de fil pour coudre les cordes appelées *ralingues*

dont sont ourlées les voiles. — Se servir ainsi du *merlin*, c'est *merliner*.

MESTRE. s. m. Dans le Levant, on nomme *arbre de mestre* le grand mât de certains bâtimens. On dit la voile, l'antenne, la vergue de *mestre*.

MÉTACENTRE. s. m. L'un des mots les plus abstraits de la nomenclature navale, et par conséquent très-difficile à définir sans faire de la science et sans s'aider d'une figure. Pour en bien comprendre la signification littérale, il faudrait interroger le grec d'où il tire son origine. En attribuant à sa première partie *méta* la valeur qu'elle a dans *métamorphose* et *métaphore*, on trouverait: *centre qui change* ou *centre variable*, et *point au-dessus du centre*, si l'on veut entendre *méta* comme dans *métaphysique*. Le *métacentre* est à la fois ces deux choses: un centre qui varie et se déplace, suivant le plus ou moins d'inclinaison latérale du vaisseau, et un point qui doit toujours être au-dessus du centre de gravité de la masse entière.

On sait qu'un corps quelconque, posé sur un plan, ne peut tenir debout si la verticale abaissée de son centre de gravité tombe en dehors de la face qui lui sert de base; que, si cette face est courbe, elle ne peut avoir avec le plan qu'un seul point de contact, et que c'est dans la verticale passant par ce point que l'on doit maintenir le centre de gravité du corps, pour qu'il ne tombe ni d'un côté ni de l'autre, et qu'il demeure comme on l'a posé. Il n'y a personne qui n'ait fait, en s'amusant, ces petites expériences d'équilibre.

Tout corps immergé en partie, un vaisseau par exemple, est dans un cas à peu près semblable au dernier cité. Mécaniquement parlant, il a pour appui dans le fluide, non pas une surface entière, mais un point unique autour duquel il est en équilibre, et ce point est le centre de gravité de sa partie submergée.

Quand le vaisseau est droit, la verticale qui passe par ce point et celle qui passe par le centre de gravité de la masse entière se confondent; mais elles s'écartent dès que le vaisseau incline, et la seconde perd sa verticalité. C'est le point d'intersection de ces deux lignes que l'on a appelé *métacentre*, et tout le monde conçoit qu'il change de position et s'abaisse à mesure que le vaisseau incline davantage.

Tant que le centre de gravité de la masse demeurera, par rapport à la verticale du nouveau point d'appui, du côté opposé à celui où le vaisseau incline, l'action de la pesanteur qui s'y trouve réunie tendra à faire tomber le vaisseau de ce même et premier côté, et par conséquent à le redresser; tandis que, si le centre de gravité de la masse passait du côté où le vaisseau incline, la pesanteur agirait dans le même sens que la force inclinante et ferait chavirer le vaisseau.

Il importe donc, pour prévenir un pareil accident, que, dans les devis de la construction, du gréement et de l'arrimage du vaisseau, l'ingénieur assigne au centre de gravité de tout le système une position telle que, dans la plus forte inclinaison que le vent pourrait donner au vaisseau, ce centre ne franchit jamais la ligne du *métacentre*, et que la pesanteur pût toujours contrebalancer la force inclinante. (Voir *Stabilité*.)

METTRE. v. a. Ce mot pour la marine ne varie guère de son acception ordinaire; on dit *mettre à la mer*, pour signifier ou lancer un bâtiment, ou le faire sortir du port pour prendre la mer; — *mettre à flot*, pour faire flotter; —*mettre à la cape*, disposer le navire sous cette position; —*mettre un canot à la mer*, — *mettre* une voile dehors, — *mettre* le vent dans les voiles, —*mettre* le cap sur un point désigné, — *mettre au sec*, — *mettre* en rade, — *mettre* dans le port, etc., etc.

MEURTRIÈRE. s. f. Anciennement quelques grands bâtimens de guerre avaient des trous percés dans le pont pour qu'il fût aisé de tirer d'en dessous contre les gens qui occupaient le pont supérieur; c'étaient des *meurtrières*. M. le vice-amiral Willaumez avait proposé d'établir une *meurtrière* entre chaque sabord dans les murailles des batteries supérieures d'un vaisseau ou d'un autre grand navire, pour tirer avec un fusil sur les chargeurs ennemis. — Les nouveaux fusils se chargeant par la culasse seraient très-convenables au service de ces *meurtrières*, dont un bon service pourrait rendre l'effet désastreux pour l'ennemi.

MILLE. s. m. En navigation le chemin se mesure par tiers de lieue, appelé *mille*; cette proportion équivaut à une minute de l'équateur ou à 950 toises d'étendue. Ainsi la marche d'un navire, comptée à chaque heure ou à chaque durée de quart, est résumée en *milles*. La marche des bâtimens, comparée entre les plus traînards et les plus rapides, ne varie guère que d'un tiers en plus en faveur de ces derniers. Ainsi le navire mauvais marcheur, qui obtiendra 2 lieues ou 6 *milles* à l'heure avec une force de vent quelconque, pourra voir près de lui un autre bâtiment portant la même voilure et jouissant des mêmes avantages atmosphériques, lui gagner 1, 2 ou enfin 3 *milles* pendant la durée d'une heure. Il arrive donc quelquefois qu'un navire lourd ou trop chargé aperçoive de grand matin un autre navire à toute distance derrière lui, et que le gagnant peu à peu, ce dernier se trouve l'avoir atteint à midi, tandis qu'au soir il se trouve aussi loin sur l'avant du bâtiment traînard, qu'il était loin de lui sur son arrière lorsqu'il avait primitivement été aperçu. (Voyez *Loch*.)

MI-MAT (à). adv. Une voile n'est hissée ou amenée qu'à *mi-mât*, si la vergue est arrêtée sur le milieu de la longueur du mât au haut duquel elle est ordinairement élevée. — Dans un grain on amène quelquefois les voiles à *mi-mât*, ou on les arrise simplement, pour soustraire une partie de leur surface à l'accroissement du vent.

MINAHOUET ou **MINAOUET**. s. m. Petit instrument dans le genre de la mailloche, et qui sert à garnir un mince cordage de la même façon que celle-ci est employée pour un plus gros. — Il y a encore de ce nom un petit appareil de cordages qui sert à bord des petits bâtimens pour roidir les haubans.

MINEURES. adj. On dit les *lieues mineures*; ce sont celles que l'on parcourt à l'est et à l'ouest sur un petit cercle. Pour les calculs de route on est forcé de réduire en lieues *mineures* les lieues majeures, ce qui se fait par le moyen du quartier de réduction.

MINOT. s. m. C'est ainsi qu'on appelle une espèce d'arc-boutant en bois, saillant sur l'avant du navire de chaque côté en dehors de la *poulaine*. (*Voir* ce mot.) Les *minots* servent à retenir l'un des coins inférieurs de la basse voile appelée la *misaine* (*voir* ce mot), c'est-à-dire celui de ces coins placé du côté d'où vient le vent, et auquel tient le cordage qui a été défini sous le nom d'*amure*. (*Voir* ce mot.) Une poulie courte, à large canal, est fixée au bout extérieur du *minot*, et reçoit le gros cordage appelé *amure*, et la voile, par cette combinaison, se trouve portée et assujettie en avant et de côté, selon que l'obliquité du vent a nécessité cette disposition de la misaine. — Si, comme nous l'avons déjà dit, l'examen burlesque de l'avant d'un navire a fait trouver à cette partie quelque analogie avec une grotesque figure jouflue, dont les écubiers sont les yeux, la guibre le nez retroussé, et les bossoirs les oreilles, les *minots* peuvent à bon droit être adoptés pour la représentation des cornes de cette monstrueuse tête. Ozanne, dans ces précieuses eaux-fortes dont quelques originaux sont conservés au Musée naval, n'a pas manqué de donner cette destination aux *minots*, en dessinant ses capricieux projets de navires, où quelques avans imitent complétement de monstrueuses faces. Les *minots* sont également nommés *pistolets* et *porte-lofs de misaine*.

MIRAGE. s. m. Effet surprenant de la vision; phénomène d'optique causé à la surface du globe par la réfraction de l'atmosphère, et dont la véritable cause, expliquée par la théorie des illusions de la lumière, semble pourtant se soustraire aux recherches, en ce qui concerne les variantes de ces merveilleuses déceptions. Les marins avaient observé que, dans certaines circonstances, les vaisseaux à la voile, situés dans le lointain (et souvent hors de la portée de la vision directe), offraient, outre l'image qui est droite, une seconde image renversée; ils ont donné à ce phénomène le nom de *mirage*, que l'on a appliqué par extension à un autre phénomène qui a lieu à la surface de la terre, et embrasse un champ beaucoup plus étendu. Le célèbre Monge, qui avait souvent été témoin de ce dernier phénomène dans la campagne d'Egypte, en dévoila le premier la mystérieuse cause, en la cherchant dans la réflexion des rayons lumineux sur la surface invisible d'une couche d'air située près de la terre. A l'aide de cette cause, tout ce que le *mirage* semblait offrir de surprenant vient se ranger parmi les effets connus des lois de la lumière réfléchie. — La production du phénomène dont il s'agit exige que l'on soit dans une grande plaine, à peu près de niveau ; que cette plaine se prolonge jusqu'au terme de l'horizon, et que, par son exposition au soleil, elle puisse acquérir un haut degré de chaleur. Ces circonstances se trouvent réunies dans le terrain de la basse Egypte. Nous aurons pourtant occasion de citer quelques exemples de *mirage*, rapportés par le capitaine anglais Scoresby, sous le nom de *Optical phenomena of unequal refraction*, dans lesquels une haute température des couches atmosphériques n'est pas absolument indispensable aux effets étonnans du phénomène.

Voici maintenant à quels traits on reconnaît le mirage. L'espace dans lequel il se montre, et qui auparavant offrait de toutes parts aux yeux un sol aride, jusqu'à une certaine distance, paraît terminé, à environ une lieue, par une inondation générale. Les villages qu'elle environne ressemblent à des îles placées au milieu d'un grand lac. On voit sous chacun d'eux son image renversée, telle qu'on la verrait sur une surface d'eau réfléchissante, située en avant. Les contours de ces images paraissent imparfaits en raison de l'éloignement ; les détails échappent à la vue ; les masses seules se profilent, et cette ordonnance d'optique complète l'illusion. — A mesure qu'on approche d'un village placé dans l'inondation, le bord de l'eau apparente s'éloigne, le lac s'amoindrit, et tout à coup disparaît à la vue ; mais le phénomène qui cesse pour un village et son lac, se reproduit pour un autre village que l'on voit au delà. On se rappelle que, dans l'expédition de Bonaparte en Syrie, ces images fantastiques relevaient parfois le courage de ses troupes harassées de fatigue et de soif, lorsque de loin elles leur promettaient de l'ombre et de l'eau, et comme dans cette merveilleuse campagne, sur cette terre des merveilles, le moral de nos soldats souffrans se consolait par ces mensonges de la nature et par ce jeu bizarre de biens apparens qui semblaient danser et fuir devant eux. — La théorie du *mirage* repose sur ce principe : Lorsque la lumière passe d'un milieu dans un autre qui est plus rare, sous un angle d'incidence qui va toujours en diminuant, il est un terme où l'angle de réfraction étant droit, la direction du rayon réfracté coïncide avec la surface de contact des deux milieux ; en sorte qu'au delà de ce terme, le même rayon se relève au-dessus de cette surface en faisant avec elle un angle de réflexion égal à l'angle d'incidence. C'est de ce principe, combiné avec d'autres con-

séquences atmosphériques provenant de l'inégale densité des couches d'air, de l'ardeur du soleil et de la nature du sol qui prête aux évaporations, que Monge déduit l'explication des effets du *mirage*, les inversions apparentes des objets réels, la répétition multiple de leurs figures et leurs superpositions au-dessus de l'horizon. Il n'est pas du ressort de cet ouvrage de chercher à développer davantage la théorie du *mirage*, ces explications sont spécialement du domaine de la physique ; nous nous bornerons à reproduire ici quelques effets d'optique de ce phénomène dans ses rapports avec la marine. — L'eau de la mer permettant aux rayons lumineux de pénétrer dans l'intérieur de sa masse jusqu'à une certaine profondeur, sa surface ne s'échauffe pas, à beaucoup près, autant que celle d'un sol aride dans la même circonstance ; ainsi elle ne peut communiquer à la couche d'air qui repose sur elle, qu'une température peu élevée, mais l'évaporation y supplée. Entre les effets les plus surprenans du *mirage* observés par les marins, ceux rapportés par le capitaine Scoresby, du navire baleinier *le Baffin*, dans un voyage à la côte du Groënland en 1822, seraient de nature à faire taxer d'exagération la description de ces merveilleux effets de *mirage*, si on ne la devait à l'un des plus consciencieux navigateurs de l'époque.

Ce capitaine rapporte que du 1er juin au 24 juillet, la température devint pour lui très-supportable ; la banquise élargissait ses clairières, le navire put cingler dans des espaces plus libres. Les brumes amoncelées vers le nord enveloppèrent moins souvent le navire de leurs froides vapeurs. Un soleil resplendissant étendait ses rayons consolateurs sur ces affreuses solitudes, et les marins respiraient enfin dans un air plus élastique et plus pur. Aux bienfaits physiques qu'ils ressentaient du retour de la tiède saison, se joignaient encore les accidens récréatifs d'une navigation plus active, qui, dans ces régions désolées, ne manquent pas d'offrir au voyageur, outre l'intérêt de leur espèce, le charme de leurs transitions imprévues. Pour compléter pour eux ce retour des impressions agréables, des spectacles les plus étranges et d'autant plus intéressans que l'imagination ne saurait en soupçonner les mystérieux ressorts, vinrent plusieurs fois s'offrir à leurs regards émerveillés. Après la magnificence des aurores boréales, la nature, dans ces hautes latitudes, n'a pas de caprice plus surprenant que les fantastiques effets du *mirage*, et ce n'est pas sans craindre d'en affaiblir l'intérêt que l'on ose en aborder la description.

Un ciel clair, un temps calme et un soleil chaud, sont les circonstances les plus favorables au phénomène. — Un jour, rapporte le voyageur, elles se trouvaient toutes réunies, et pour ajouter aux effets du *mirage* qu'elles promettaient, plusieurs navires se trouvaient justement placés dans la partie de la banquise sur laquelle la couche atmosphérique exerçait sa vertu réfringente. D'abord un immense glaçon, dont le bord abaissé et la surface unie ne laissaient apercevoir aucune inégalité sensible, parut se rapprocher du navire de 3 ou 4 milles : il s'éleva et laissa voir aux yeux des irrégularités qui, deux minutes auparavant, ne se révélaient pas aux lunettes d'approche; puis tout à coup la surface nette et plane de ce vaste glaçon se hérissa de projections innombrables, égales et régulièrement espacées, comme la crénelure d'une antique muraille. Bientôt ces créneaux troublèrent leur distance, s'allongèrent dans le sens de la verticale ; leurs formes variées et bizarres saisissaient le regard, sans qu'il fût possible de suivre leurs transitions rapides. Ces denticules éblouissantes de la lumière solaire se profilaient sur l'azur d'un ciel fin. Alors le mur de glace qui servait de base à ces pics scintillans se fendit en larges coupures, et présenta à l'horizon une ceinture de forteresses isolées, puis tout à coup une pareille suite de bastions se forma dans le ciel, mais dans le sens renversé; leurs dentelures projetées de haut en bas s'allongeaient vers leurs homologues dans l'image inférieure comme les dents d'une gigantesque mâchoire; puis, toutes les pointes se touchèrent, se confondirent, laissant paraître dans leurs intervalles l'éther du ciel. Les deux images se rapprochèrent, et ce fut alors un immense coupon de dentelle sur un canevas bleu. Ensuite il s'amoindrit, s'abaissa jusqu'à l'épaisseur réelle du glaçon; mais la scène changea subitement, et celle qui vint émerveiller les yeux jetait de l'inquiétude dans le sentiment de plaisir qu'elle imprimait à l'âme. Quel spectacle que de voir dans ce désert une ville de cristal surgir tout à coup de la surface de la mer! car c'était bien une ville, comme l'imagination en accorde à la puissance des fées ; une ville multiple ; mélange magique d'orientalisme et de moyen âge ; pêle-mêle éclatant de palais et de cathédrales, de temples et d'églises, d'obélisques, de flèches de clochers, de colonnades, de phares, d'arcades ; puis le merveilleux de la vision se mêlant à la vérité des formes, les pyramides échelonnaient leurs larges triangles ; les cônes des tours se superposaient sans se joindre ; les dômes s'emboîtaient suspendus dans l'espace ; les fûts s'allongeaient par vertèbres détachées, puis sur le front cristallisé de cette Memphis céleste, un soleil pur jetait une aigrette ardente, dont les rayons, en se rompant dans la transparence prismatique des édifices, les illuminaient des couleurs de l'iris, et complétaient la magnificence de cette sublime illusion. Mais devant ce magnifique spectacle, un spectacle grotesque était offert aux navigateurs par l'action du phénomène sur les navires en vue ; et ici la science serait peut-être encore plus en défaut pour expliquer les effets

bizarres du *mirage* : tous ces bâtimens défigurés n'offraient que désordre et disproportions : l'un élevait sur la mer une coque monstrueuse, surmontée de mâts grêles et tronqués ; l'autre conservait la coupe svelte de son bois, au-dessus duquel ses basses voiles, déprimées au tiers, pendaient comme des lambeaux sous des huniers gigantesques ; celui-ci étalait des *perroquets* dont un seul eût enveloppé ce qui restait du navire ; celui-là, sur sa coque et sa voilure réduites à rien, élevait des flèches nues d'une prodigieuse longueur ; un autre portait sur la pointe de ses mâts une répétition renversée de ses voiles ; d'autres réfléchissaient trois à quatre fois leur image retournée et suspendue dans l'air. Toutes ces apparences grotesques de navires parias amusaient l'équipage et ne manquaient pas de fatiguer la réflexion arrêtée par ces jeux de la lumière. Mais ce qui compléta la surprise des spectateurs, ce fut, dans une haute région du ciel, l'apparition de la silhouette renversée d'un navire à la voile, conservant toutes ses proportions rigoureuses, paraissant se diriger autrement et sous une voilure différente d'aucun bâtiment en vue. Cette image était certes celle d'un navire hors de vue, et d'autant plus éloigné qu'il était réfléchi plus haut dans l'espace. Villes et fantômes s'évanouirent peu à peu, en changeant mille fois de formes, et si rapidement qu'il n'était pas possible d'en saisir l'esquisse. La chute du soleil amena au regard la dépression des images, comme pour l'oreille un son se perd en s'éloignant...

MISAINE. s. f. Nom de la basse voile carrée portée par le mât vertical placé à l'avant d'un navire. Elle est comprise dans la série des quatre voiles qualifiées *majeures* (*voir* ce mot), et peut-être est-elle la principale entre celles-ci, non par les proportions de sa surface, mais par le rôle qu'elle joue dans toutes les circonstances atmosphériques d'une longue navigation. Sa position sur l'avant rend son effet plus direct sur la masse du bâtiment, dans l'impulsion à lui imprimer, et se combine plus efficacement avec l'action du gouvernail. Aussi la *misaine* est-elle la voile de tous les temps; elle ne se supprime que devant une tempête irrésistible. Toutes les voiles sont soustraites aux bouffées d'un vent menaçant, que la misaine reste encore pour faire fuir le bâtiment devant les élémens mutinés. La toile dont est faite la *misaine* est la plus forte qui soit employée dans tout le système de voilure ; *l'artimon de cape* et *le petit foc* sont faits avec la même toile, appelée en terme de voilerie, *quatorze cents fils.* C'est à la *misaine* que le mât qui la porte emprunte son nom : *mât de misaine.* L'espars transversal auquel elle est suspendue emprunte aussi son nom : *vergue de misaine.*

MISE. s. f. *La mise à l'eau* d'un bâtiment, c'est son lancement du terrain où il a été construit, dans la mer qui l'attend; c'est la prise de possession de son empire, où il s'élance pavoisé de drapeaux, de fleurs et de feuillage. (Voir *Lancer*.)

MISTIQUE. s. m. Bâtiment côtier de Grèce, d'Espagne et de Portugal, portant des voiles latines; il est d'un faible tonnage.

MITRAILLE. s. f. Ce mot, généralement connu, est le nom d'une réunion de petits boulets, biscaïens ou balles, renfermés dans des boîtes de tôle de forme cylindrique, et du calibre des canons, ou arrangés par grappes autour d'une tige en fer, et contenus par un sachet de forte toile. Les premières s'appellent *boîtes de mitraille;* les secondes, *grappes de raisin*. On sait l'effet meurtrier de ces projectiles multiples, dans une foule de combattans, où ils s'éparpillent, libres de leur enveloppe, qui s'est déchirée par l'expansion de la poudre. C'est au moment d'un abordage, ou en se battant de très-près, que les marins se servent de *mitraille,* en y ajoutant le boulet rond obligé de la charge d'un canon ou d'une caronade, quand les corps durs dont on compose les *boîtes de mitraille* sont ronds et polis, comme le sont ordinairement les balles. Il y a quelquefois une certaine humanité dans la confection de ces instrumens de mort, mais il n'en est pas toujours ainsi; et l'on a vu de ces *boîtes* contenir des débris informes de ferraille et de cuivre oxydés, et jusqu'à des tessons de bouteilles. Ce moyen d'une lâche barbarie, qui ne veut pas seulement l'affaiblissement d'un ennemi par des blessures légères, mais encore la mort certaine et gratuite des malheureux atteints par ces hideux projectiles, n'est pas complétement banni du mode de combattre de certaines nations, dites civilisées, et se targuant de philanthropie.

MODÈLE. s. m. C'est, comme le mot l'indique, la répétition exacte, mais sur une échelle petite, d'un bâtiment dont on veut conserver le souvenir matériel; c'est la copie portative et fidèle des formes d'un navire, de son gréement, de sa mâture, et de son installation. Il y a dans les grands ports une salle dite *Salle des modèles*, où sont conservés les *modèles* des bâtimens de guerre qui y ont été faits. Celle du port de Brest était remarquable par la quantité de *modèles* qui y étaient conservés. Mais le *Musée naval* de Paris est ce que la France possède de plus admirable dans ce genre. La précieuse collection de *modèle* qui s'y trouve aujourd'hui est un monument national qui fait l'orgueil de nos marins et l'admiration des étrangers.

MOLE. s. m. Ouvrage de maçonnerie en larges pierres dures, taillées et ajustées avec art, qui s'avance du rivage dans la mer, à l'entrée d'un havre, et dont la forme offre le moins de prise aux plus fortes vagues, tout en leur faisant résistance. Le *môle* est un travail plus solide que la jetée, la chaussée et la digue. Les *môles* ferment les havres du côté qui est le plus frappé par les vents du large; un bâtiment situé en dedans d'un môle est à l'abri des mauvais temps.

MOLLIR. v. n. Se dit du vent qui diminue de force, qui tombe. (*Voir* ce mot.) Les matelots disent *le temps mollit; le temps commence à mollir. Mollir*, dans une autre acception, est verbe actif, et s'applique à un cordage dont la roideur diminue; un hauban, un étai qui ne conservent plus la forte tension qui leur est nécessaire, ont *molli*. On le dit aussi pour lâcher un cordage sur lequel des haleurs exercent une traction; on dit alors *mollis l'aussière! mollissez le garant!* Par extension, les marins disent d'un homme dont le courage se perd : *il mollit!* — On dit également *mollir la barre du gouvernail*. C'est, dans certaines circonstances de l'allure d'un navire, ordonner au timonier qui tient la barre, de laisser librement ce levier prendre la position que lui imprime l'action du courant sur la surface du gouvernail; dans ce cas, d'une situation forcée qu'avait la barre au moment du commandement, elle prend d'elle-même une position droite.

MONDE. s. m. Dans certains cas c'est presque le synonyme d'équipage. On dit un bâtiment à tout son *monde*, c'est-à-dire son équipage est complet. — Dans un autre cas, il exprime seulement une partie de l'équipage, tel que : *tout le monde à la manœuvre;* c'est-à-dire les gens affectés à l'exécution des manœuvres. A cet ordre, les caliers, les cambusiers, les infirmiers ne bougent pas; ils ne sont pas de ce *monde*-là; ils sont de l'équipage seulement.— On dit, selon les circonstances, envoyer du *monde* à terre, ou à bord d'un navire; reprendre son *monde;* ce mot sous-entend alors une quantité indéfinie d'hommes pris dans l'équipage. Dans le cas d'un travail pressant, on ordonne : *tout le monde en haut!*

MONTANT. s. m. Terme de construction navale; il s'applique à tout morceau de bois de quelque dimension qu'il soit, placé verticalement à poste fixe; il sert à supporter des traverses qu'on y adapte, ou des objets qu'on y suspend. On distingue les *montans de bittes, montant de cloche, montant de batayoles, montant de tentes, etc.* — On appelle aussi *montant*, tout le temps que dure le flot dans les ports et rivières affectés du phénomène des marées, comme le flot ou le flux; il exprime le retour de l'eau; mais il faut dire flot pour la direction de l'eau, et *montant* pour sa vitesse.

MONTER. v. n. Comme dans le langage ordinaire, c'est se transporter de bas en haut: on dit donc faire *monter* le monde; c'est, des parties inférieures du bâtiment où reposait l'équipage, le faire arriver sur le pont. *Monter* dans les hunes, dans le gréement et sur les mâts, c'est s'élever dans les agrès du bâtiment par les moyens disposés pour ces sortes d'ascensions. Comme verbe actif, on dit *monter* un vaisseau sur une cale; c'est, de la mer où il flotte, le haler sur un plan incliné à terre pour le réparer; opération gigantesque, chef-d'œuvre d'audace et de sciences mathématiques, que nous avons imitée des Anglais, en surenchérissant sur les faits. — On dit aussi d'un officier-général qu'il *monte* un vaisseau lorsqu'il y arbore son pavillon de commandement.

MONTRE MARINE. s. f. Grosse montre montée sur le bâtiment comme une boussole, et placée dans une boîte portative; on la nomme aussi *garde-temps*. Les *montres marines*, destinées à faciliter la recherche de la longitude, puisque leur objet est de rappeler, le plus régulièrement possible, l'heure du point d'où l'on est parti, ont acquis de nos jours une grande perfection, et avec leur secours on peut espérer de pouvoir déterminer la longitude du lieu où l'on se trouve, à une demi-lieue près. L'ingénieur Louis Berthoud est celui qui, dans l'opinion de beaucoup de marins, a porté la *montre marine* aux meilleures conditions d'exactitude. Les Anglais, qui passaient anciennement pour avoir les plus parfaits instrumens de ce genre, ne nous offrent plus aujourd'hui rien à envier.

MOQUE. s. f. Sorte de caisse en bois assez semblable à celle des poulies, mais pleine et sans rouet comme ces dernières; son milieu est percé d'un trou rond ou ovale dans lequel passe un cordage ; elle est garnie d'une estrope qui sert à la fixer au point où elle doit fonctionner. Les *moques* reçoivent les bouts des étais, et ceux des haubans et galhaubans à bord de quelques bâtimens qui n'ont pas de cap-de-moutons.

MORDRE. v. a. Une ancre qui est au fond de l'eau *mord* le fond lorsqu'elle enfonce une de ses pattes dans la vase, le sable ou les accidens sous-marins ; pour retenir convenablement le navire par l'intermédiaire de son câble, il faut que l'ancre *morde;* les fonds où elle ne peut mordre ne sont pas de bonne tenue, les navires n'y sont pas en sûreté.—On dit *mordu* d'un cordage qui se trouve arrêté dans son mouvement entre la caisse et le rouet, soit d'une poulie, soit en s'engageant entre deux objets quelconques qui l'étreignent et en empêchent l'action.

MORNE. s. m. C'est ainsi qu'on appelle aux Antilles les montagnes qui sont voisines du rivage et qu'on voit distinctement de la pleine mer. — Une partie de l'action d'un roman maritime ayant pour titre *l'Abordage* se passe sur les *mornes* de la Martinique. — Un petit *morne* s'appelle *mornet*.

MORTAISE. s. f. Les trous creusés dans la tête d'un cabestan ou sur les pièces d'un guindeau pour recevoir les barres qui servent à virer, sont des *mortaises*. La tête du gouvernail est également percée d'une *mortaise* qui reçoit la barre à l'aide de laquelle on dirige cette machine.— Les caisses des mâts de hune et de perroquet ont aussi des *mortaises* pour recevoir la clef qui les soutient

sur les élongis. — Une caisse de poulie est traversée par une ouverture qui prend le même nom, et dans laquelle se place le réa.

MORTE- CHARGE (à). adv. Le navire qui a reçu dans sa cale tout ce qu'il est possible de lui faire porter en poids, sans le priver des qualités les plus indispensables de navigabilité, est chargé *à morte-charge*.

MORTES-EAUX. s. f. p. Epoques où les eaux qu'apportent les marées sont les plus basses, où le flot et le jusant ont peu d'action.

MOU. s. m. C'est quelquefois le synonyme de *balant*. — Le *mou* d'un cordage, c'est la partie lâche; quand le cordage est trop roidi, soit pour la conservation de sa propre solidité, soit pour ralentir ou diminuer l'action qu'il exerce sur des points, on lui donne du *mou*, on le mollit, on diminue à volonté sa tension.—Quand on commande d'abraquer un cordage, on entend d'en faire disparaître le *mou* sous quelques premiers efforts dont une légère tension est la conséquence. — Un bâtiment bien tenu ne doit pas avoir de *mou* dans son gréement, c'est un signe de négligence.

MOUCHE. s. f. Sorte d'aviso ; petit navire de marche et d'évolution facile qui a mission d'observer la position des ennemis, de transmettre les ordres d'une partie à l'autre de l'escadre ou des convois, qui, en un mot, fait les commissions de l'officier qui commande en chef.

MOUILLAGE. s. m. On dit aussi *ancrage*. C'est un parage où un bâtiment peut jeter l'ancre pour y séjourner avec un abri contre le vent et la grosse mer. Le mot *mouillage* implique l'idée d'un point de la côte ou de la mer dont la profondeur n'est pas considérable et ne s'étend pas au delà des limites d'une longueur de câble. On dit un grand *mouillage* de celui qui est profond, petit *mouillage* de celui qui ne l'est pas. — Un *bon mouillage* est protégé de la violence du vent par la configuration des côtes. — Un *mouillage sain* a les abords sans rochers pernicieux. — Un *mouillage solide* a le fond mou et propre à retenir l'ancre qui peut aisément y mordre. — Un bâtiment qui stationne en rade est au mouillage. Il y a des *mouillages* dans les ports, mais dans les bassins les navires s'amarrent sans avoir besoin de mettre une ancre au fond pour se maintenir. (Voir *Mouiller*.)

MOUILLER. v. a. et n. C'est laisser partir du navire l'ancre qui, en reposant au fond où elle s'accrochera ou mordra, doit retenir à la surface le bâtiment par l'intermédiaire de son câble ; on *mouille* sur une seule ancre ; on *mouille* en affourchant (voir *Affourcher*); on *mouille* en s'embossant (voir *Embossure*).

Le mouillage est, comme l'appareillage, une des belles opérations de la tactique navale. Ce bâtiment qui s'arrête tout à coup dans sa course, tandis que le vent qui l'entraînait souffle toujours, qui s'arrête au milieu des lames avec lesquelles il courait; ce navire qui mord le fond et reploie ses ailes sous la puissance du commandement d'un seul homme, offre un beau triomphe de la volonté intelligente sur la puissance des masses et le cours des événemens atmosphériques. Par un mauvais temps cette manœuvre, exécutée sur un vaisseau ou une frégate, est fort belle à considérer. Peu à peu les voiles se sont étouffées sous la pression de leurs cargues; le vent se réfugie dans leurs plis, et donne encore de la vitesse au bâtiment; tout à l'heure penchée sous la brise, la coque s'est redressée, indécise dans ses mouvemens; la poulaine, penchée sur l'eau, semble regarder le fond, et dévie un peu sur chaque bord, comme pour choisir sa place; à mesure qu'il approche du point où il compte s'arrêter, le vaisseau ralentit son erre, puis ce cri : *Mouille!* se fait entendre... L'ancre, depuis longtemps balancée à ce bras du navire, est lâchée du bossoir d'où elle s'échappe vers le fond. La chaîne qui les tiendra l'un à l'autre sort bruyamment de l'écubier, et va se tendre entre la puissance sans cesse sollicitée par le vent et la mer à la surface, et la résistance sous-marine à laquelle elle transmettra tous les efforts supérieurs. — On voit quelquefois des bâtimens *mouiller* sous toutes voiles; pour exécuter cette imposante manœuvre, il faut être favorisé d'un beau temps et avoir un nombreux équipage. Nous avons vu, en 1831, sur la rade de *Table-Bay*, au Cap de Bonne-Espérance, une frégate venir ainsi au mouillage, et cela fut un fort beau spectacle pour nos yeux de marin. Le ciel et la mer échangeaient les teintes les plus pures d'un bleu tout brillant à travers l'air poudré d'or; une dentelle de sable d'argent courait au bord de ce splendide tapis de l'Océan ; les terres élevées voilaient leurs têtes dans de nuageux turbans de gaze. La frégate avait toutes ses voiles dehors; les risées du vent les plissaient à peine, elle s'était couverte de la plus extravagante toilette de coton blanc d'Amérique. Jamais on n'avait tant vu de voiles sur une seule mâture ; elles semblaient se multiplier au soleil comme les pétales blanches d'un camélia. La coque était reluisante du plus beau *black* anglais ; les embarcations s'échappaient du navire et tombaient à l'eau, longues et vertes, comme des feuilles enlevées par de folles brises à l'arbuste en fleur; ses couleurs nationales jouaient comme un papillon bigarré dans sa voilure, et les mâts portaient fort haut dans l'air brillant leurs branches effilées. Tout à coup le bâtiment s'arrête... son ancre tombe dans l'eau pour lui donner racine, et comme par enchantement, toutes les voiles si nombreuses, si pressées au-dessus ou à côté les unes des autres, disparurent aux regards les plus attentifs ; les seuls mâts restèrent debout avec leurs vergues croisées, et le pavillon d'Amérique se gonflant sous les soupirs de la faible brise... Les voiles déverguées à l'avance, préparées avec des nœuds connus en marine, étaient toutes descendues de leurs vergues au coup de sifflet du maître, sans pour cela qu'un seul homme montât dans la mâture pour aider l'exécution de cette splendide manœuvre. — Il faut de rares conditions de temps et de nombreux préparatifs pour accomplir avec succès un mouillage semblable, mais nos officiers de la marine royale ne laissent pas échapper les occasions qui se présentent d'en donner à la rade le magnifique spectacle. — Les matelots ont coutume de dire qu'un bâtiment *mouille avec sa quille* lorsqu'il laboure le fond ou reste couché.

MOUILLEUR. s. m. Machine qui a pour objet de faciliter l'opération du mouillage ; elle consiste en une verge de fer d'une longueur égale à celle de l'ancre; on la place horizontalement à l'extérieur du navire, contre la muraille, à partir du bossoir jusque vers les premiers haubans de misaine. Ainsi placé sur deux forts pitons, le *mouilleur* a quelque analogie avec une tringle ou vergette ; la disposition est à peu près la même. A ses extrémités cette verge a deux oreilles auxquelles on accroche la bosse-debout et la traversière à l'appel desquelles elle vient vers son milieu ; une petite broche en fer traverse la muraille du navire et sert à donner au *mouilleur* le mouvement d'inclinaison nécessaire pour faire décrocher la bosse-debout de la traversière. L'ancre se mouille ainsi plus facilement. Ce système, de l'invention de M. Pestel, directeur des constructions navales, n'est guère en usage que sur certains grands bâtimens de l'Etat; on ne le voit sur aucun navire du commerce.

MOUSQUETON. s. m. C'est le nom d'une arme à feu à l'usage des navires de guerre ; c'est une modification du fusil de munition ordinaire, ayant même calibre et même portée, quoique plus court. Le mousqueton est léger et maniable, et ces avantages le rendent d'une grande utilité dans les hunes, entre les mains des gabiers, et dans les batteries où il est ajusté par les sabords sur les chargeurs ennemis. Les nouveaux mousquetons portent une baïonnette très-longue, qui ne s'adapte que dans le cas d'une mêlée d'abordage.

MOUSSE. s. m. Le degré le plus bas de l'échelle hiérarchique des marins, c'est celui de *mousse;* c'est le titre et le grade de l'enfant de dix à seize ans qui s'embarque; qui est jeté si tendre dans une carrière si rude, où son emploi, tarifé six ou neuf francs par mois, devient à la fois une aide à l'indigence de ses parens, et un profit à l'Etat, pour qui le *mousse* est un matelot à venir. — Soit qu'un entraînement instinctif, ou une nécessité qui ne choisit pas, pousse ce pauvre enfant dans sa nouvelle existence, il y entre gaiement, fier d'être un serviteur de son pays; sa petite intelligence, qui ne sait encore rien, hors rêver, bâtit des châteaux, et s'étonne des larmes de sa mère, qui, l'accompagnant jusqu'au rivage, et l'embrassant pour la dernière fois peut-être, laisse tomber dans son cœur ces paroles de confiance : A la garde de Dieu !

A peine a-t-il mis le pied sur ce navire, sa nouvelle école, son nouveau monde, que cette scène bruyante et sévère, la servitude qu'il y trouve, et la rigoureuse exigence de maîtres étrangers, viennent effacer le riant tableau de ses rêves d'enfant, et jeter dans son âme un sentiment de peine qui lui explique les regrets et les derniers mots de ses parens. Cependant il s'y fait ; sa détermination prend le dessus ; l'habitude, l'exemple et la crainte du châtiment le façonnent ; son intelligence lui vient en aide ; puis il se sent utile ; il s'enhardit, et huit jours suffisent pour le mettre à la hauteur de sa rude condition, et le faire marcher de pair avec les autres *mousses* ses anciens.

En fixant le nombre des *mousses* d'un navire de guerre au quinzième de l'équipage, ou au moins à un *mousse* pour deux canons, la loi en veut faire des serviteurs utiles pour la marine, et non des domestiques d'officiers au service desquels ils n'apprendraient que les mœurs et la science des valets, si la prévoyance des règlemens et les exigences du service, tout en tolérant cet abus, n'en détournaient les mauvais effets. Elle prescrit donc pour ces jeunes élèves un contact plus en rapport avec leur destination nautique, et c'est en les attachant au service commun de sept marins, maîtres, quartiers-maîtres ou gabiers de l'équipage, qu'elle prépare l'éducation maritime de ces matelots à venir. A telle école le *mousse* profitera, croyez-le bien. Ce serait une. étude intéressante à suivre, que le développement de cette jeune âme, où chaque qualité du matelot va se réfléchir. Auprès des sept commensaux dont il est le serviteur, son devoir consiste à servir les repas, et à nettoyer les ustensiles grossiers qui ont fonctionné dans ces parcimonieux festins ; puis à répondre aux caprices de sept capricieuses volontés qui ne lui passent rien et ne le récompensent jamais. Ses maîtres lui ont promis en retour protection, soins et conseils ; mais ce programme est rempli par un mode d'y procéder si bizarre, et si tyrannique pour ses désirs d'enfant, qu'il croit l'indifférence de ses tuteurs de beaucoup préférable. Et en effet, toujours une pensée de malice perce dans le moyen dont on use avec lui, même quand il lui profite : c'est ce que les marins appellent *faire manger de la vache enragée*. Le *mousse* sait nager, mais pour première leçon on l'a jeté à l'eau un jour qu'il faisait froid, et le professeur se vit contraint de s'y précipiter aussi après pour le sauver ; il sait *boxer*, mais après être resté cent fois sous les écrasantes leçons de la gymnastique. Tout ce qu'il acquiert lui coûte un danger, une peine, ou une privation dont ses maîtres s'amusent, et cela lui jette du fiel dans l'âme. Cependant l'un de ses patrons le traite

paternellement ; il lui raccommode ses effets, lui lave son linge, lui garde ses quelques sous, et lui permet quelques loisirs avec ses camarades les *mousses* ; ce qui réveille la sensibilité de son cœur : il aime celui-là avec reconnaissance.

A cette école le *mousse* devient actif, souple, adroit, fin surtout, parce que la tyrannie et l'injustice lui apprennent à ruser ; malicieux, parce qu'il se paie des mille taquineries dont il est l'objet ; hardi, intrépide, parce que ses contraintes de tous les jours montent son jeune courage ; il est fou dans ses joies, parce qu'elles sont rares et courtes, et qu'il en profite bien. Il est gourmand parce qu'on lui fait sa part du repas très-petite. Sa mémoire est prodigieuse ; il sait toutes les chansons du bord, et les noms des huit cents hommes du vaisseau. Il est de tous les événemens qui se passent à bord, et le long du bord ; si l'on danse en rond sur le gaillard, il y est ; si l'on chante dans la batterie, il est du concert ; il aime à monter sur les mâts ; il voltige, court, s'élance dans cet édifice de cordes, comme un écureuil sur les arbres. Il s'assied sur l'extrémité élevée de la flèche la plus haute, et se suspend par une main au milieu d'un étai. Il n'a pas peur du requin, il se baignerait dans ses eaux ; il redoute le martinet, il pâlit quand on l'en menace. Le trait qui le peint le mieux, c'est sa bravoure dans un combat ; car il a un poste de combat, et un poste très-important : il est chargé de pourvoir un canon de poudre, et y est plus propre que personne. Il aime son canon ; il pend son hamac auprès ; il y est toujours le premier rendu dans le branle-bas. Il apporte à l'exercice la même ardeur que dans le combat, et dans le combat, le même sang-froid qu'à l'exercice ; dans ce choc de géans, quand les bordées ébranlent le navire ; quand les cris, les plaintes, les ordres se mêlent au tumulte de la bataille ; dans ce hideux pêle-mêle de morts, de blessés et de chairs palpitantes qui lui jettent du sang ; heurté par les débris qui éclatent autour de lui ; dans ce nuage de salpêtre qui remplit la batterie, sans effroi, il court, il saute, il se glisse dans la foule, arrive à l'écoutille, échange son gargoussier vide de poudre contre un plein, retourne à sa pièce, avertit le chef de son retour, et sa voix d'enfant qui crie : *gargousse de 30 rendue, chef!* domine le tintamarre du combat. Si l'on s'élance à l'abordage, il y va dans ce duel où il aura un homme pour adversaire, et quelquefois il y a vengé son maître, ou celui qu'il affectionnait le plus, et qui venait de tomber à ses côtés.

Hâtons-nous de le dire, le tableau que nous venons de tracer se rapporte en grande partie au passé ; le *mousse* n'est plus comme autrefois un pauvre ilote en butte au barbare caprice des matelots, et laissé à lui-même pour se former à la scandaleuse morale des bords ; aujourd'hui les lois le protègent, la sollicitude paternelle des chefs veille sur lui ; les matelots plus éclairés, plus humains, respectent en lui l'homme à venir ; à bord des navires du commerce surtout, le *mousse* est moins un serviteur qu'un élève que chacun prend plaisir à former, pour son bonheur et au profit de la société ; les bons exemples, les leçons de toutes sortes lui sont donnés, et il en profite bien. Enfin, il est toujours remarquable qu'à travers le tumulte de sa vie accidentée, son cœur ne perd rien de ses premières impressions filiales ; et pour lui, le voyage n'est bien fini que lorsqu'il a remis à ses vieux parens les profits qu'il en a retirés.

MOUSSON. s. f. On donne ce nom aux vents qui affectent les mers de l'Inde, soufflant six mois dans un sens, et six mois dans le sens diamétralement opposé, de part et d'autre de l'équateur ; mais avec cette circonstance remarquable, que dans le temps où le vent règne du nord-ouest d'un côté de l'équateur (au sud), il souffle du nord-est de l'autre côté ; et tandis qu'il souffle du sud-est au midi de l'équateur, il règne du sud-ouest au nord. Ce phénomène atmosphérique, que l'on peut considérer comme invariable dans ses retours et dans toutes ses autres circonstances, a longtemps occupé les méditations et les recherches de la philosophie, sans qu'elle puisse se flatter d'être parvenue à saisir complétement la cause physique de cet étonnant mystère. On comprendra que les navigateurs, dans leurs voyages et retours de l'Inde, doivent être attentifs à se servir des lois constantes des *moussons* pour accélérer et rendre facile leur navigation. On dit *partir* avec *la mousson ; naviguer* à *contre-mousson.* Au changement des *moussons* il arrive souvent de ces ouragans terribles, qui semblent un combat à outrance des vents se disputant la possession d'un empire.

MOUTON. s. m. *Mouton du Cap.* Nom que l'on donne à un énorme oiseau de mer, de la famille des pétrels, mais sans doute le géant de l'espèce ; sorte d'aigle de mer, au bec crochu, aux larges envergures, mesurant jusqu'à 15 pieds du bout d'une aile à l'autre, et qui peuple les latitudes froides de l'Océan austral. Son vol est bas, rasant, gracieux et sans mouvement de nage. Cet oiseau affamé se jette sur tous les débris qui tombent du navire. On le prend avec une ligne flottante dont l'hameçon est amorcé d'un morceau de lard. — Les marins donnent aussi le nom de *moutons* aux petites nappes d'écume que les lames détendent en se brisant sur la surface foncée de la mer, au commencement d'une augmentation de la brise : cette expression est pittoresque. Cette circonstance donne lieu au verbe *moutonner.* On dit : *la mer moutonne,* quand sa surface se couvre de ces *moutons.*

MOUVEMENT. s. m. Changement de position d'une armée par des évolutions qui varient l'ordre et les dispositions des vaisseaux. — On dit d'un navire qu'il a des *mouvemens* doux, durs ou ruineux, selon que le vent et la mer agissent sur sa masse avec plus ou moins de violence, en fatiguant plus ou moins ses œuvres et sa mâture, et le rendent aisé ou difficile à gouverner. — On dit aussi *mouvemens du port.* C'est une direction administrée par des officiers de marine dans les ports de l'Etat, et d'où émanent les ordres et les permissions qui ont pour objet le déplacement des corps flottans.

MOYEN. adj. Il a été expliqué au mot *Latitude* que l'on peut imaginer sur la surface du globe des cercles tracés parallèlement à l'équateur. Un espace en latitude se trouve nécessairement compris entre deux parallèles. Le parallèle que l'on imagine tracé à égale distance des deux premiers, est le *parallèle moyen* de cet espace en latitude ; c'est sur ce *moyen parallèle* que les navigateurs réduisent les lieues en longitudes.

MUNITIONS NAVALES. s. f. Approvisionnement collectif des objets de guerre et de bouche nécessaires à l'armement d'un navire de l'Etat, et par extension à une escadre.

MURAILLE. s. f. On dit la *muraille* ou les *murailles* d'un bâtiment, en parlant de l'épaisseur de son enveloppe, de son côté, comprenant membres, bordages et vaigrages, depuis la flottaison jusqu'en haut.

ABLE. s. m. Trou percé au fond d'une embarcation pour en faire échapper l'eau qui s'y trouve lorsqu'elle est halée sur le rivage ou suspendue au bâtiment. Ce trou est condamné par un bouchon qu'on retire facilement, et qu'on appelle *tapon*, bien qu'en général les marins l'appellent également *nable*.

NAGE. s. f. C'est le travail des avirons agissant sur l'eau, pour faire avancer l'embarcation. — Les *bancs de nage* sont placés dans la largeur des canots, pour recevoir les hommes qui se servent des avirons. — Une petite tente en toile légère, qu'on place quelquefois sur les embarcations, au-dessus des canotiers, s'appelle *tente de nage*.

NAGER. v. n. Faire mouvoir les avirons pour imprimer un mouvement à l'embarcation. — Tenir son corps sur l'eau, et s'aider des pieds et des mains, pour avancer dans une direction quelconque.

NAGEUR. s. m. Ne s'applique guère pour désigner le canotier se servant d'une rame dans un canot, qui se dit mieux rameur. — Le *nageur* est l'homme qui sait nager, donner à son corps de la vitesse; quand un marin *nage* bien, on dit qu'il nage *comme un poisson*.

NASSE. s. f. Espèce de panier qui a le même usage que le casier; sa forme est circulaire, mais plate au-dessus et au-dessous; sur sa face supérieure, une espèce d'entonnoir en toile, et quelquefois en osier, livre passage au poisson qu'attirent les appâts placés dans l'intérieur de la machine; mais une fois entré, il n'en peut plus sortir. La *nasse* se place au fond de l'eau; elle est ordinairement faite en filet qui recouvre un squelette d'osier. Son système de capture repose toujours sur la même combinaison, si sa forme varie suivant les localités où elle est en usage.

NAUFRAGE. s. m. Ce mot peut, nous le croyons, se passer d'une explication rigoureuse. Qui ne sait que le *naufrage*, c'est la perte d'un bâtiment qui se brise contre une terre ou un écueil, qui périt en pleine mer, par une voie d'eau ou la fureur d'une tempête? Nous voudrions citer un de ces événemens, et l'embarras est grand d'en choisir un parmi tant de pages si dramatiques, qu'ont rendues plus poignantes encore les écrivains qui les ont rapportées. Nous aurions donc le désir d'imprimer ici la relation la plus naïve, celle du marin lui-même, qui a joué le principal rôle dans l'événement. Nous choisirons l'extrait suivant du rapport de M. Lenormand de Kergrist, qui, alors lieutenant de vaisseau, commandait la flûte de l'Etat *la Caravane*, et, dans la nuit du 22 octobre 1817, fit *naufrage* au vent de la Martinique. Le choix tout naturel de cet événement sera expliqué par deux considérations : l'une ressortira de l'intérêt qu'offre le récit du brave commandant de *la Caravane;* l'autre, par les lignes que nous ajouterons au rapport, pour finir cet article.

« . . . . . A trois heures, le vent augmenta de nouveau; je donnai la route à l'est, afin de m'éloigner de terre dans le cas d'un coup de vent. Je filais dix nœuds, lorsque je fus obligé de serrer le grand hunier. Je fis dès lors gouverner au sudest, transfiler toutes les voiles sur leurs vergues, tout préparer enfin pour recevoir le coup de vent qui s'annonçait.

» A six heures et demie, les mâts de hune tombèrent, et dans le moment la misaine et le petit foc furent enlevés. J'ordonnai alors de couper le mât d'artimon, dont la chute n'empêcha pas le bâtiment de venir en travers. Les faux sabords furent enfoncés, la batterie se remplit et l'on trouva dix pieds d'eau dans la cale.

» Je donnai l'ordre de couper le grand mât et le bâtiment fut soulagé. J'avais l'espoir de conserver le mât de misaine, mais bientôt un tourbillon l'emporta...

» On parvint à détacher le gréement de ce dernier mât; celui des deux autres l'était depuis longtemps, ainsi leurs tronçons ne fatiguèrent point l'extérieur du bâtiment. Les saisines des dromes et du grand canot avaient été doublées sur le pont, toutes les pompes garnies et les voiles de rechange doublées et clouées sur les panneaux. Enfin nous n'avions plus pour le moment qu'à nous occuper à pomper et à épisser les câbles que j'avais coupés.

» A quatre heures du soir, j'eus la satisfaction de voir les pompes franches et le bâtiment ne faisant point d'eau. Mais quelle fut ma surprise, lorsqu'à cinq heures on aperçut la terre à moins de trois lieues sous le vent à nous. Ses deux extrémités furent relevées, l'une au sud-ouest, et l'autre au nord-ouest du compas. Les vents avaient soufflé du nord au sud-est dans l'ouragan; ainsi je me trouvais rapporté à terre avec une force incalculable, par la lame et les courans.

» Le vent était alors au sud-est, et nous lui présentions le côté de bâbord. Ainsi que la mer qui était très-houleuse, il nous jetait dans le nord-ouest. Ce concours de contrariétés nous obligea à laisser arriver de manière à doubler la pointe relevée au nord-ouest, car nous étions évidemment dans l'impossibilité de doubler l'autre au sud-est, nommée la *pointe d'Enfer*. Je fis mâter le grand canot qui était sur la drome, et à l'aide de ses voiles et d'un perroquet établi sur le mât de perruche de rechange, le bâtiment arriva. On le tint gouvernant, jusqu'à ce que le vent ayant beaucoup tombé, passant à est-sud-est et successivement à l'est, m'enleva l'espoir de sauver le bâtiment que Sa Majesté m'avait confié. Le vent, et la mer surtout, nous jetèrent rapidement en travers sur une côte garnie de récifs, qui s'étendent à plus d'une lieue de terre, sur laquelle le hasard seul pouvait nous faire rencontrer un mouillage. Je sondai continuellement; enfin à neuf heures et demie, ayant trouvé un fond de sable par neuf brasses d'eau, à une encâblure et demie des récifs, je me décidai à mouiller trois ancres. Deux tinrent bon un instant, mais la violence de la mer les fit chasser, et nous tombâmes en travers sur les récifs. Les lames nous couvraient et déferlaient avec une telle force, qu'en moins de dix minutes le bâtiment fut partagé en trois parties. L'avant jusqu'au passavant fut emporté à une portée de fusil de la poupe, et le centre à une petite distance sur les récifs, Dans ce moment fatal plusieurs personnes furent enlevées par la mer et les débris. Il était environ minuit, et la nuit était assez obscure pour qu'on ne distinguât pas le rivage.

» N'ayant pas l'espoir de sauver tout l'équipage, je laissai libres ceux qui pensaient y parvenir en suivant les débris, sur lesquels un très-petit nombre parvint à terre. La plus grande partie cependant resta près de moi dans l'arrière du bâtiment, où nous passâmes une nuit affreuse, couverts par les lames et menacés à tout instant d'être emportés par elles. Le jour parut enfin, et je vis qu'avec de l'adresse et du courage il serait possible de sauver même les enfans. Je désignai des maîtres et des matelots, sous la direction des officiers, pour

travailler à construire de petits radeaux. Un canot, qui avait été jeté en travers sur l'arrière, fut mis à la mer, et pour ainsi dire transporté par nos hommes au delà des récifs. Je chargeai nos meilleurs nageurs d'escorter les radeaux jusqu'au delà des récifs, où le canot attendait. A dix heures du matin, trois dames et leurs enfans étaient à terre, ainsi que plus de quarante hommes; à trois heures de l'après-midi, il ne restait plus avec moi que dix-huit hommes. La mer étant devenue très-grosse, je pris la résolution d'abandonner avec ces malheureux la poupe du bâtiment, pour nous placer sur la partie du centre, au milieu des récifs, afin d'y passer la nuit, le canot n'étant plus en état de nous porter secours sans être réparé. Je m'étais établi au milieu de ces restes, lorsqu'à cinq heures du soir une pirogue armée par des nègres, la seule qui fût restée aux environs, vint dans les brisans pour nous sauver. Je fis arracher quelques planches que nous amarrâmes, et nous franchîmes avec elles les dangers, pour gagner la pirogue qui, en trois voyages, nous mit à terre. »

L'état-major entier de *la Caravane* fut ramené en France par le capitaine F. Lecomte, ancien officier de la marine impériale, qui commandait alors un des plus beaux navires du commerce de nos ports : *l'Elisabeth*.

NAUTIQUE. adj. Toutes les choses ou études scientifiques qui se rapportent à la navigation prennent ce nom de *nautique :* des instrumens *nautiques*, — un baromètre *nautique*, — l'astronomie *nautique*, etc.

NAVAL. s. m. Se dit de tout ce qui concerne les vaisseaux et principalement les vaisseaux de guerre : l'architecture *navale*, — les forces *navales*, — combat *naval*, etc.

NAVIGABLE. adj. des deux genres. Il désigne un espace de mer, ou une rivière, un fleuve, un golfe, etc., dans lequel un bâtiment peut se risquer et franchir des distances, malgré les bancs, les rochers, les écueils enfin qui y sont répandus, et qui peuvent être évités. —Un espace peut n'être pas *navigable* pour certains bâtimens et l'être pour d'autres, suivant leurs dimensions, desquelles résulte la profondeur que la coque atteint dans l'eau qui la porte. — Une mer qui n'est pas *navigable* est donc celle qui est trop encombrée d'écueils, ou dont les eaux ne sont pas assez profondes pour porter des bâtimens.

NAVIGATEUR. s. m. Homme qui voyage sur mer. Il y a dans ce mot une idée morale de supériorité comme marin, une espèce de synonymie avec homme de mer, qui fait qu'on ne devrait l'appliquer qu'en parlant d'un marin consommé, d'un homme qu'une longue pratique de la navigation et une supériorité continuelle sur les événemens ont rendu un modèle pour tous ceux qui suivent la même carrière. Un *navigateur*, c'est Anson, c'est d'Entrecasteaux, c'est La Pérouse, c'est Dumont-Durville. On voit que, pour obtenir cette qualité, il ne suffit pas d'être seulement un homme qui navigue. On dit un *navigateur* comme on dit un guerrier; le *navigateur* est au marin ce que le guerrier est au militaire : ce sont les illustrations des deux corps.—Ce fut dans un journal mensuel, portant le titre de *Navigateur*, que M. Ed. Corbière écrivit, en 1829, les premières scènes maritimes qui aient paru dans la littérature française. La collection du recueil fondé par cet écrivain, et dans lequel il planta l'étendard littéraire qu'il a si bien porté depuis, suivi par tant d'imitateurs, est devenue de la plus complète rareté. La *France Maritime*, en prenant naissance depuis, a continué, en la développant, l'idée première qui avait présidé à la fondation du *Navigateur*.

NAVIGATION. s. f. Science théorique et pratique qui enseigne à conduire un bâtiment sur mer, à lui faire quitter un point pour en atteindre un autre.

Quels immenses progrès ont signalé le cours des siècles à l'endroit seul de la *navigation* depuis les anciens Grecs jusqu'à nos jours! Quelles initiations ont amené jusqu'au formidable vaisseau à trois ponts de nos jours la barque à Caron, ainsi décrite au livre sixième de Virgile :

> ..... Gemuit sub pondere cymba
> Sutilis et multam accepit rimosa paludem.

Quelle foi les anciens n'avaient-ils pas dans la nécessité d'une perfectibilité maritime, lorsqu'ils divinisaient ceux d'entre eux qui amélioraient quelque moyen de *navigation*, et que les noms de leurs bâtimens, consacrés après les essais d'une course lointaine, étaient placés parmi les constellations célestes (1)!

Mais nos progrès n'ont pas seulement été matériels, et le développement des sciences mathématiques n'a pas été moins important que celui de notre habileté architecturale. On ne sait aujourd'hui quels progrès il reste à faire à la *navigation;* et à part la découverte d'un moyen infaillible de déterminer facilement les longitudes en pleine mer, pour la partie théorique, et quelques améliorations mécaniques qu'on soupçonne chaque jour pour la pratique de l'art, on ignore vraiment quels perfectionnemens l'avenir réserve à la *navigation*. Les résultats sont grands aujourd'hui! quand on envisage qu'un bâtiment de 400 tonneaux, d'une valeur intrinsèque de 250,000 f., dans lequel on place ordinairement une cargaison d'un prix de 4 à 500,000 fr., quitte un port pour traverser tous les orages de l'Océan, monté par douze ou quinze hommes, et atteindra sa destination, après avoir franchi un espace de

(1) Le *Bélier* et le *Taureau*, du nom de deux bâtimens des anciens Grecs.

deux ou trois mille lieues; quand on se représente une pareille conquête de la science et de la pratique en faveur de la navigation moderne, on se demande ce qu'il pourra rester à faire à nos enfans pour continuer les perfectionnemens qui se sont accomplis en marine depuis le vaisseau d'Enée et les récits d'Ovide. Mais la *navigation* est une des rares exceptions de la supériorité de notre époque, et l'art s'est bien appauvri sous d'autres aspects : Raphaël, Horace, Praxitèle, Michel-Ange, où sont ceux qui, vous prenant pour points de départ, vous ont laissés derrière eux aussi loin que le sont nos vaisseaux modernes des premiers navires des anciens Grecs !

NAVIGUER. v. a. Voyager sur la mer.

NAVIRE. s. m. Sans le voyage à Paris de l'espèce de caisse allongée, et plantée de mâts sans proportion, qui a apporté l'obélisque de Luxor, beaucoup de gens en seraient encore à considérer comme un navire les bains flottans de la Seine, ou le vaisseau d'argent qui brille sur le champ d'azur des armes de la ville de Paris.

Qu'ils gardent leur ignorance primitive, ceux qui croient s'être construit une idée à peu près logique d'un navire, à l'examen de cette enveloppe informe que nous a ramenée des rives du Nil, M. Verninhac de Saint-Maur; qu'ils restent sur les impressions que leur ont laissées ces figures de trirèmes ou de galères antiques, dont leurs études leur ont présenté l'image : un navire, ce n'est rien de tout cela. C'est un être, c'est une machine, suivant qu'il a le repos ou la vie : le port ou l'Océan. Il s'élance du chantier de construction, comme l'homme naît au monde; il reçoit le baptême qui le bénit dans la carrière dont il va bientôt accomplir les préludes; il reçoit un nom sous lequel il vivra fort et courageux, en allant sur tous les points du globe, actif voyageur, montrer, par les couleurs de son pavillon, le nom de sa grande famille nationale. Plus sa vie sera active et accidentée, plus il perdra de chances de longévité. La maladie pour lui, c'est la tempête, l'agonie c'est le naufrage. Il a une âme, c'est son capitaine.

Quelle existence d'homme est plus aventureuse que celle d'un navire! N'a-t-il pas comme celui-là ses développemens, sa croissance, ses fardeaux à porter, sa mission à accomplir? N'a-t-il pas ses ducls, ses blessures, ses jours de soleil et de joie, ses nuits de tempête et d'infortune? Où va-t-il? son but, l'atteindra-t-il? le vent de la mer ne flétrira-t-il pas sa brillante toilette? chaque pas qu'il fait dans sa carrière, ne l'avance-t-il pas vers la mort ou le naufrage, bien qu'il porte ses yeux sur les oasis arrangées par ses désirs, et dont il a jalonné ce qu'il avait à dépenser d'existence? Pauvre navire qui vogue dans le bleu de l'air, sur le bleu des mers, vers un point peut-être prochain, peut-être éloigné, dont l'horizon brillant ou sinistre te cache perpétuellement la distance ! L'homme est comme toi pauvre navire ! ballotté par les lames de la vie, il espère atteindre le but, si aucun rocher ne se dresse dans sa dévorante carrière; si aucun jour de deuil, aucun nuage terne voilant le ciel ne vient obscurcir son chemin !

Le navire est la matérialisation de ces deux données mathématiques : la puissance et la résistance. C'est l'activité et l'indolence, la force et l'inertie; un souffle l'anime comme la statue de Memnon, qui parle avec la brise. Son chef met le pied sur son bord; il se dispose à l'obéissance. Tout va frémir en lui, l'impatience va gagner ses cordages. S'il attaque la mer, voyez comme il rend amoureusement aux lames, en se plongeant parmi elles, les baisers dont elles accourent presser ses flancs arrondis ! comme il secoue joyeusement ses pavillons et ses flammes ! comme ses voiles frémissent impatientes sous les premières palpitations de la brise ! Va ! pars, navire aventureux qui va sillonner des déserts sans routes, des abîmes sans fonds, pendant des nuits sans étoiles et des jours sans soleil !

Bâtiment et *navire* sont synonymes ; — pourtant l'usage fait une plus fréquente application du mot *navire* aux vaisseaux de l'Etat; on dit un bâtiment marchand; un *navire* de guerre. — Il est presque inutile d'ajouter que *navire* vient de *navis*, emprunté lui-même par les Latins, au *naus* des Grecs. Les Italiens et les Espagnols disent *nave;* les Portugais *navio*. — Avant de dire *navire*, on disait *nef* pour toutes espèces d'embarcations; ce mot a été réservé par les poëtes pour les plus petits bâtimens. — Les Gaulois désignent le *navire* par le mot *Pile*, d'où l'auteur d'un traité d'hydrographie, publié par le père Fournier en 1603, fait dériver le mot *Pilote*.

NÉGRIER. s. m. Homme ou bâtiment qui fait la traite des noirs. Les lois les plus sévères se sont élevées au profit d'un principe, contre le commerce des *négriers;* deux grandes nations maritimes se sont coalisées pour, de tout leur pouvoir, en arrêter les effets, en surveillant les parages les plus fréquentés par les navires qui font la traite : tout cela est inutile. Tant qu'on achètera des noirs aux Antilles, la traite des noirs se fera, et les peines sévères dont on frappera les délinquans serviront à rendre le métier plus profitable à ceux qui réussiront, à cause de la plus grande élévation du prix de leur cargaison humaine.

Quelle que soit la rigidité de la législation à l'égard de la traite des noirs, et de quelque infamie que l'opinion veuille flétrir ceux qui s'y adonnent, on n'est point encore parvenu à montrer le *négrier* comme un criminel aux yeux du peuple. Les peines réservées à ce commerce sont pourtant infamantes; mais on ne saurait encore retirer l'intérêt et la pitié qu'on accorde à celui qui s'est laissé surprendre à cette

dangereuse profession. Entre marins surtout, on n'y fait pas attention, et ceux des officiers de marine ou des matelots qui ont fait la traite des noirs ne s'en cachent guère. Toutes les belles phrases de la philanthropie résonnent peu dans ces âmes positives, et les besoins des colonies avec lesquelles ceux-ci sont souvent en contact, leur ont peu à peu fait sur l'esprit une impression qu'ils n'en sont plus à raisonner, mais qui leur a fait une opinion que l'habitude a enracinée en eux. — Ajoutons à cela que le marin est plus prêt que toute autre personne du monde, par sa position spéciale, à être *négrier;* qu'il en voit tous les jours, et qu'il assiste peu aux débats parlementaires, qui ont rêvé de philanthropie comme une vieille fille rêve sagesse. Le marin ignore complétement qu'il s'est formé des sociétés pour l'extinction de la traite et l'abolition de l'esclavage, dans lesquelles, pour 20 fr. par an de cotisation, on a le droit de faire de la moralité et du principe théorique, après avoir amassé sa fortune dans les mystérieuses opérations de ce qu'on appelle la bourse ou le commerce..... Le marin ne sait pas tout cela, il n'est pas philanthrope, et il excuse son camarade qui est *négrier*... Pardonnez-lui !

Une tradition des plus populaires en marine, celle *du bâtiment maudit*, attribue à la première opération de traite des noirs la punition étrange de ce navire, qui, juif-errant de la mer, vogue sans but et sans fin dans l'Océan, où, comme l'a dit M. de la Touche,

> ..... Il n'aborde aucune part.
> Errant navigateur, sans guide, sans boussole,
> Incessamment battu d'un pôle à l'autre pôle,
> Il fuit ; et des autans défiant les efforts,
> Il brave impunément l'airain tonnant des forts.
> Jamais d'un pavillon la flottante richesse
> N'a nommé la patrie où son retour s'adresse.
> Qui dira de quel bord ce navire est venu?
> Où va-t-il ? — On l'ignore. — Et son nom ? — *l'Inconnu.*

On lit plus loin :

> On raconte, mon fils, qu'un grand forfait s'expie
> Dans les flancs habités de ce navire impie.
> Les rameurs, se frayant d'homicides chemins,
> Ont osé contre l'or échanger les humains;
> Etc.

Si tous les *négriers* qui, depuis le *Maudit* ou l'*Inconnu*, ont traversé l'Océan, avaient éprouvé le sort de ce fantastique navire, on irait aujourd'hui à la Guadeloupe avec une échelle qu'il suffirait de placer d'un bâtiment à l'autre pour les franchir.

NEPTUNE. s. m. Grand recueil de cartes marines, livre d'hydrographie. Le *Neptune oriental* est celui qui contient les cartes réduites de l'Inde.

NEUTRE. adj. C'est un navire qui navigue sous le pavillon d'une nation qui n'a point pris cause dans la lutte que se livrent d'autres nations maritimes. Il peut impunément traverser leurs escadres, s'approcher du théâtre de leurs combats, entrer dans leurs ports, et en un mot poursuivre sa mission, sans crainte de violation de la part des bâtimens avec lesquels il peut se trouver en contact.

NEZ. s. m. On dit qu'un bâtiment est sur *le nez*, lorsqu'il est trop chargé sur son avant, que cette partie s'enfonce dans la mer plus que ne le comportent les lois de charge et la départition judicieuse des poids.

NIVEAU. s. m. *Le niveau* de l'eau, c'est la surface de cette eau; le *niveau* de la mer, par rapport à un navire, c'est la ligne de flottaison; en un mot, c'est l'horizontalité.

NŒUD. s. m. Il y a, en marine, des nœuds de tant d'espèces, et de complications si différentes, qu'il serait absolument impossible de les faire tous comprendre par des explications écrites, sans le secours des planches. Mais nous pensons que cette description n'est pas nécessaire dans un ouvrage qui a le but de celui-ci, et nous nous bornerons à citer les principaux, qui sont ceux-ci : le *nœud d'anguille, de bois, coulant, plat, d'aguis, d'écoute, de bouline, de jambe-de-chien, de hauban, de tire-veille, de vache, de gueule-de-raie, de gueule de-loup, de cul-de-porc, de tête-d'alouette, de tête-de-mort, de demi-clef, etc., etc.*

Sur la corde du loch on a vu, à la définition de ce mot, que la longueur des milles, réduite sur cette corde par une valeur de temps proportionnée, prenait le nom de nœuds. Un bâtiment qui fait deux lieues à l'heure file six nœuds ou six milles, puisque chaque mille est marqué sur la ligne par un nœud. (Voir *Loch.*)

NOIX. s. f. Les marins donnent quelquefois le nom de *noix* à la partie d'un cabestan qui reçoit les barres ou leviers, au moyen desquels on fait tourner cette machine. Nous avons déjà désigné cette partie du cabestan par les noms de tête ou chapeau. — On appelle *noix* d'un mât, un renflement pris sur l'excédant du bois, et ménagé en confectionnant le mât. La *noix* est à quelques pieds au-dessous de l'extrémité supérieure, et sert de point d'appui aux élongis des barres de perroquet, ce petit plancher, qui, dans la mâture, formule le second étage de tout un mât.

NOLIS. s. m. Terme de droit maritime; synonyme de fret. (*Voir* ce mot.)

NOLISEMENT. s. m. Voir *Affrètement.*

NOLISER. v. a. C'est traiter du nolis d'un bâtiment du commerce, l'affréter, ou le prendre à loyer.

NOM. s. m. Les noms qu'on donne aux navires offriraient le sujet de recherches et de remarques pleines d'intérêt. Mais nous ne saurions faire ici cette curieuse étude.

Les anciens Grecs ornaient, comme on sait, le pavillon de leurs vaisseaux d'une figure emblématique, qui imposait à la coque un nom qui ressemblait toujours à ceci : *Pégase, Tigre, Bélier, Taureau, Scylla,* etc., espèces d'invocation sous la foi desquelles se rangeaient ceux que transportaient les vaisseaux.

Les Carthaginois, les Romains ont toujours cherché à rappeler à l'imagination l'espèce et la destination du navire sur lequel ils inscrivaient un *nom.* Pourtant le caprice ou l'exaltation héroïque ont souvent modifié cette marche première, et ce n'est à proprement parler qu'à dater du règne de Louis XIV, qu'une méthode régulière fut suivie pour les *noms* à donner aux navires.

Les *noms* appliqués aux vaisseaux de guerre depuis cette époque jusqu'à nos jours ont toujours tourné dans la pensée de représenter à l'idée un emblème. Ainsi les plus grands bâtimens, les vaisseaux, se sont appelés *le Solide, le Jupiter, le Sceptre, le Redoutable;* — les frégates : *la Forte, la Valeureuse, la Pallas, la Vénus;* — les corvettes : *la Diligente, la Sylphide;* — les avisos : *le Coureur, le Surveillant;* — les gabarres et les flûtes : *la Pourvoyeuse, l'Abondance;* — les brûlots ou les chaloupes canonnières : *le Dragon, l'Etna,* etc.

Pourtant les transitions par lesquelles la politique fit successivement passer les époques, vit tour à tour ces vaisseaux s'appeler *le Tyrannicide, le Révolutionnaire, le Brutus;* — plus tard : *le Desaix, le Montebello;* — plus tard encore : *le Duc-d'Angoulême, le Royal-Louis.*

Les *noms* donnés aux bâtimens du commerce offrent de bien grandes anomalies et de plus nombreux caprices. Le nom d'une femme d'armateur, d'un fils de capitaine, d'un artiste ou d'un négociant célèbre, d'une ville auquel il appartient, voilà les différentes sources où l'on puise le *nom* à donner à un bâtiment qui quitte le chantier de construction; *le Casimir, la Sophie, le Havre, le Commerce,* sont les *noms* les plus ordinaires dans leur genre qui soient donnés aux navires de la marine marchande.

Monument des vicissitudes politiques et des révolutions des Etats, un vaisseau à trois ponts, qui en 1830 était encore sur les chantiers de Cherbourg, offrait à lui seule une page complète de l'histoire de France.

Mis en chantier en 1812, ce formidable navire reçut le nom de l'héritier présomptif de l'empire : *le Roi-de-Rome.* En 1814 on détruisit les souvenirs bonapartistes, et le vaisseau fut appelé *l'Inflexible.* Napoléon revint de l'île d'Elbe en 1815, et le nom impérial s'écrivit de nouveau au fronton du colosse. Cent jours plus tard, on écrivit de nouveau *l'Inflexible* sur la rature du *Roi-de-Rome.* — L'enfant du miracle, comme l'a dit M. de Châteaubriand, vint effacer de nouveau le nom deux fois rendu, mais mal justifié, et lui donna celui de *Duc-de-Bordeaux.* Partageant les fortunes de la France, le vaisseau sur lequel se ballottaient tant de baptêmes essaya d'un nom plus stable à la révolution de juillet. — Il est depuis resté *le Friedland*. Mis en chantier sous l'oriflamme impérial, le pavillon tricolore l'a couronné pour son dernier baptême.

NONIUS. s. m. C'est le nom de la petite portion de cercle en ivoire, ou en platine, que porte l'alidade d'un instrument à réflexion, et qui sert à faire connaître, au moyen de sa division en parties égales, comparée aux degrés et parties de degrés qui lui correspondent sur l'arc, ou limbe de l'instrument, les fractions de ces parties dont le nombre indique la grandeur des angles mesurés avec cet instrument. On l'appelle aussi *Vernier*, du nom de l'inventeur.

NORD. s. m. Nom du pôle, ou extrémité de l'axe de la terre, compris dans l'hémisphère où se trouve l'Europe. Tout ce qui provient de cette direction est dit venir du *nord*, ou appartenir au *nord*; le vent qui souffle du pôle *nord*, est au *nord*, ou simplement *nord*.

On dit des nuages qui paraissent provenir de cette direction, qu'ils chassent du *nord*. Un objet qui se trouve placé entre le *nord* et un autre objet, est au *nord* de celui-ci; dans ce cas, l'observateur situé sur le second objet voit le premier au *nord* de lui. On court au *nord* si l'on se dirige vers le pôle. On regarde le *nord*, si en regardant l'horizon on a le soleil levant à la droite. Le *nord* est approximativement indiqué par l'instrument qui a été défini sous le nom de boussole. (*Voir* ce mot.) Le *nord* est l'un des quatre points cardinaux de l'horizon, et toujours cité le premier.

NORD-EST. s. m. On prononce *Nordai*. L'horizon étant divisé par ses quatre points cardinaux, le *nord-est* est le point, sur la circonférence de ce cercle, qui partage l'intervalle compris entre le *nord* et l'*est*, et qui prend le nom collectif de ces deux points cardinaux. Toutes les circonstances expliquées au mot *nord* s'appliquent par analogie au mot *nord-est*: ainsi le vent peut souffler du *nord-est*, un navire courir au *nord-est, etc.* Pour exprimer ce mot, les marins ne se servent que des deux initiales N.-E.

NORD-OUEST. s. m. On prononce *Noroi*. Point de l'horizon placé entre le *nord* et l'*ouest*, et qui, comme le *nord-est*, divise l'intervalle qui sépare ces deux points cardinaux, en deux arcs de 45 degrés, et prend collectivement le nom de chacun. On dit du vent qui provient de ce point, qu'il est au *nord-ouest*; d'un navire qui s'y rend, qu'il court au *nord-ouest*. Les marins l'écrivent par les deux initiales N.-O. Les matelots des côtes de la Manche et des rivages du golfe de Gascogne donnent le nom de *noroi* à une sorte de gros paletot ou caban (*voir* ce mot) dont ils s'enveloppent dans les mauvais temps. Ce nom est une allusion à l'usage qu'ils font de ce vête-

ment dans les tempêtes furieuses que le vent de *nord-ouest* ne manque jamais de soulever sur ces deux petites mers.

NOURRITURE. s. f. On dit *nourriture de temps;* expression que les marins appliquent à certaine apparence de l'horizon, quand des nuages livides semblent animer la partie du ciel d'où leur vient la brise, et nourrir les grenasses qui se succèdent; ce qui annonce que l'état du vent se soutiendra encore quelque temps en force et en direction. Les marins disent aussi *temps nourri*.

NOUS. pron. Les marins d'un même bâtiment se servent de cette expression en parlant de leur navire, en le comparant soit à un objet, soit à une circonstance qui s'y rapporte; ils disent : *nous courons sur la terre; nous filons bien*, etc.

NOVICE. s. m. C'est le mousse qui a grandi, qui a pris des forces, qui se forme au matelotage, et deviendra bon matelot; ou c'est le volontaire, âgé de plus de seize ans, que sa vocation pousse à être marin; ou c'est le jeune citoyen provenant du mode de recrutement employé aujourd'hui pour compléter les équipages; dans ces deux derniers cas, c'est le conscrit de la marine, comme le matelot en est le vétéran. Si l'administration des classes s'en empare, ce qu'elle a droit de faire après que le novice volontaire est resté un an embarqué, il est immatriculé marin jusqu'à l'âge de cinquante ans, en croissant en grade, selon ses capacités et les éventualités de sa carrière. Le novice sur les bâtimens de l'Etat reçoit de 15 à 18 fr. par mois. Sa physiologie nous le montre tenant du mousse et du matelot; il est moins turbulent que le premier, et n'a pas encore l'allure décidée du second; mais il y tend. Les meilleurs *novices* sont ceux qui proviennent des bâtimens du commerce. Ils savent et peuvent faire tout le travail du matelot, sans craindre la comparaison; ils sont même plus travailleurs, parce que le matelot use beaucoup du droit de se décharger sur eux d'une grande partie de sa besogne.

NOYER. v. a. L'emploi de ce mot, en marine, est une figure empruntée à son acception vulgaire. *Noyer* les poudres, c'est, au moyen d'un large robinet qui communique au dehors de la carène, introduire l'eau de la mer dans les soutes où sont renfermées les poudres, pour empêcher leur explosion, lorsque par accident le feu prend dans un navire et fait des progrès. Les vices de construction d'un bâtiment causent souvent une trop grande immersion de sa masse; on dit de ce navire qu'il est *noyé*. On le dit de la batterie d'un vaisseau de guerre, quand ce vice d'immersion rapproche trop les embrasures des canons de la surface de l'eau. Un bâtiment de commerce trop chargé est dit *noyé* sous sa charge.

NUAISON. s. f. Durée soutenue pendant plusieurs semaines d'un vent qui souffle dans la même direction. Une nuaison est bonne ou mauvaise, selon qu'elle favorise ou contrarie le départ ou l'arrivée des bâtimens. Ce mot est très-usité sur les côtes de Bretagne, et surtout par les pilotes lamaneurs. On cite une *nuaison* extraordinaire de vent d'amont en 1792 ou 93. Les vents soufflèrent avec une telle opiniâtreté de l'est et du nord-est dans l'Atlantique et sur la côte, que les navires partis des Antilles pour les ports de l'Europe en éprouvèrent un retard si alarmant, que les gouvernemens expédièrent à la rencontre de leurs navires retenus en mer, d'autres bâtimens chargés de vivres et de secours de toutes sortes, dont on leur supposait un grand besoin.

NUMÉRAIRE. adj. On dit *signal numéraire ;* c'est un signal qui indique, pour chaque bâtiment d'une escadre, le numéro d'ordre qui lui est affecté, ou qui exprime une quantité quelconque. Comme les *pavillons (voir* ce mot) ou signes dont on se sert sont peu nombreux, et que leurs combinaisons, quoique variées à l'infini, ne suffisent pas pour signaler les expressions du vocabulaire des signaux, on accompagne les signes d'un guidon particulier, qui indique le chapitre du répertoire où doit être lue l'expression du signal ; ainsi le chapitre des quantités a son guidon, qu'on appelle *guidon numéraire.*

BSERVATEUR. s. m. Qualité d'un marin qui est exercé à oberver les astres lorsqu'il navigue ; officier chargé de faire des observations astronomiques, qui ont pour but de constater la latitude et la longitude du point où le navire se trouve. On dit d'un marin, qu'il est *bon observateur*, lorsqu'il se sert de son instrument mathématique d'observation avec dextérité, qu'il saisit promptement la position de l'astre sans être gêné par les agitations du navire.

OBSERVATION. s. f. Etude de la position des astres pour la conduite d'un navire en mer. — Un *bâtiment d'observation* est celui qui est détaché d'une flotte ou d'un convoi, pour aller observer les mouvemens de l'ennemi. — Une *escadre d'observation* reste devant un port pour voir ce qui s'y passe, et quels navires y entrent ou en sortent, mais elle ne fait pas le blocus de ce port.

OBSERVÉ, ÉE. adj. En mer, on obtient la latitude et la longitude du point où l'on navigue, par deux moyens : l'un est le résultat de l'appréciation plus ou moins exacte du chemin fait dans un temps quelconque, et cette détermination s'appelle la latitude ou la longitude estimée ; l'autre moyen s'emprunte à l'étude des astres, et donne au résultat obtenu le nom de latitude ou de longitude *observée*.

OBSERVER. v. a. Action de l'observateur qui fait une observation.

OCÉAN. s. m. C'est cette immense étendue d'eau salée qui sépare les deux continens, et encadre toutes les terres. Le mot *Océan* désigne la mer en général à l'exclusion des eaux renfermées par des terres. Anciennement la division de l'*Océan* se formait de quatre parties qui portaient les noms suivans : l'Atlantique ou Occidental, le Pacifique ou mer du Sud, l'Hyperboréen ou Septentrional, et le Méridional. Aujourd'hui on a seulement conservé les deux grandes divisions d'*Océan* Atlantique et de Grand *Océan*, chacun divisé en trois parties désignées, en ajoutant à leur nom les dénominations de Boréal ou Septentrional, Equatorial ou Equinoxial, et Austral ou Méridional.

L'*Océan* prête au figuré et à la poésie une des plus grandes images de la pensée ; son étendue, sa profondeur, la soudaineté de ses passions, la sévérité ou le calme sublime de ses mobiles physionomies ont donné la plus large expression de grandeur aux figures qui lui empruntent une comparaison. — Les matelots ont généralement pour opinion que l'*Océan* est sans fond, et comme ils savent fort bien que la terre est ronde, ils s'imaginent que, percée de part en part, et traversée par ce volume d'eau salée, un poids assez considérable pour suivre avec continuité les lois d'immersion sortirait par l'extrémité opposée de l'*Océan*, si la terre, dans sa révolution diurne, ne contrariait pas cette propension. Mais ceci est un conte ou une opinion de matelot, et s'ils abandonnent l'idée de la possibilité de cette prodigieuse immersion pour une pierre ou tout autre corps pesant, ils ne renoncent pas aussi facilement à croire qu'un poisson courageux ne puisse s'enfoncer aux Canaries, par exemple, et venir reprendre l'air dans l'*Océan* Pacifique...

Un bâtiment qui fait souvent les mêmes voyages, et qui traverse l'*Océan* pour aller de France aux Antilles, supposons-nous, retrouverait souvent la ligne qu'il a précédemment parcourue, si sa quille, en fendant la mer, avait laissé une trace à sa surface. On passe dans les mêmes eaux, et l'on y navigue souvent des jours entiers. La manière de reconnaître cette similitude de route est simple. La carte marine de l'espace que parcourt le navire est marquée chaque jour à midi par le résultat du calcul d'astronomie qui vient de déterminer le point où l'on passe, et une ligne tracée d'un midi à l'autre sur chacun de ces points d'arrivée et de progression vers la destination du navire, indique la ligne que l'on a parcourue. Cette expérience, renouvelée au voyage suivant, offre souvent un résultat analogue à celui du précédent voyage.

OCTANT. s. m. Instrument d'observation astronomique, qui comprend un secteur de cercle de 45°, divisé depuis 0° jusqu'à 90°. Avant qu'on eût adopté le sextant et inventé le cercle de réflexion, l'*octant* était de l'usage le plus général en marine. Il ne faut pas être un observateur très-habile pour parvenir à reconnaître la hauteur dont un astre est élevé sur l'horizon, à l'aide de cet instrument. Autrefois l'*octant*, fait en bois, était de grande proportion, les marins l'appelaient plaisamment *tire-pied*. Aujourd'hui on en a réduit les formes, et on en voit qui n'ont guère que 5 à 6 pouces, de 2 pieds de long qu'ils ont eus quelquefois. Le cuivre a aussi en partie remplacé le bois, et une plus grande complication de lunettes et de verres coloriés est venue faciliter l'opération de l'observateur.

OEIL. s. m. C'est généralement un trou percé dans une voile pour qu'il puisse au besoin y être passé un cordage. — *OEil de pie*. On appelle ainsi les trous qui reçoivent les garcettes, dont les huniers ont trois rangées vers leur moitié supérieure. (Voir *Ris*.)

OEILLET. s. m. Ouverture à peu près ronde pratiquée pour livrer passage à un cordage; sorte d'anneau, de bague, formé par un pli de cordage pour diverses applications matérielles.

OEUVRES. s. f. pl. Les *œuvres vives* d'un bâtiment, c'est toute la partie de sa carène qui est submergée. — Les *œuvres mortes* comprennent tout ce qui reste au-dessus de l'eau. — La ligne de flottaison sépare conséquemment les *œuvres mortes des œuvres vives*.

OFFICIER. s. m. Echelon quelconque dans la hiérarchie navale parmi ceux qui commandent et font partie de l'état-major.

Dans la marine de l'Etat les élèves de première et de deuxième classe ne sont cependant rigoureusement pas considérés comme *officiers;* ce titre ne s'accorde qu'à compter du grade de lieutenant de frégate.

Pour les bâtimens du commerce, les *officiers* sont le capitaine, le second, le lieutenant, — le sous-lieutenant et le chirurgien, quand par hasard il s'en trouve, ce qui peut à vrai dire être considéré comme une exception, hors pour les pêcheurs de baleine et de morue, ou pour les très-grands navires dont l'équipage excède vingt-et-un hommes.

Puisque nous en sommes sur les *officiers* du commerce, disons quelques mots de leur genre de service.

L'homme le plus occupé, le plus chargé de responsabilité sur un bâtiment marchand, c'est le second capitaine. Bien que la loi n'exige pas qu'il soit muni du brevet de capitaine au long cours, il faut d'abord qu'il soit en état de conduire le bâtiment et d'en diriger les affaires en pays étranger, puisque la mort du capitaine nommé par les armateurs l'investirait momentanément de cette qualité, et que les nouvelles fonctions auxquelles il serait appelé lui en rendraient

la science théorique et pratique, ainsi que les connaissances commerciales, nécessaire. Mais à part cette éventualité, ses attributions réelles sont multiples; il a la surveillance de l'économie générale du bord, et ses investigations doivent s'étendre depuis les choses matérielles, les objets de rechange, les réparations de la mâture qu'il dirige, etc., etc., jusqu'à la consommation journalière de vivres, et enfin jusqu'aux moindres détails du bâtiment. En outre, c'est lui qui a la responsabilité de la cargaison, qui a reçu les marchandises, les a enregistrées sous leurs marques et numéros; les reçus signés par le capitaine ont été délivrés sur la confiance qu'inspire le manifeste de chargement que dresse le second; c'est encore lui qui, après avoir procédé au placement de ces marchandises dans la cale, fait directement opérer le déchargement; le désarrimage se fait en partie sous ses yeux; les comptes de réception qu'il a dressés au chargement de son navire, il les vérifie au débarquement. Mais à une simple réparation ne s'arrêteraient point les conséquences d'une erreur, si elle venait à être reconnue. Pour les bâtimens qui arrivent en France chargés de denrées sur lesquelles la douane exerce sa surveillance fiscale, il y a surtout de graves résultats qui attendent ces erreurs si faciles à commettre dans l'encombrement d'un chargement fait souvent à l'étranger : un boucaut de sucre, un sac de café ou de riz en plus ou en moins que la déclaration du capitaine, basée sur l'embarquement, n'en a déclaré, entraîne des procès et des confiscations irrémédiables. On voit que toute cette responsabilité roule sur le second, et que pour remplir dignement son poste, il faut qu'il soit non-seulement bon marin et manœuvrier, mais encore homme de tête et de comptes, un économiste, en quelque sorte un homme complétement dévoué aux intérêts de ceux qui l'emploient, et que l'amour-propre soutient dans l'espoir d'obtenir à commander à son tour un navire.

Le lieutenant partage avec le second la division du temps qu'on appelle *quart*, pour présider à la manœuvre et à la route du navire. Toutes ces attributions, que nous venons d'énumérer, et qui sont particulières au second capitaine, sont à part de cette surveillance de la route et de la manœuvre, qu'il est obligé d'exercer quand *il est de quart*, c'est-à-dire quand son tour est venu de commander le *quart :* aussi, pour les accomplir toutes, est-il souvent forcé de prendre sur les instans de loisir que parfois semble lui laisser son rigoureux service.

Le lieutenant est donc plus occupé des choses intelligentes du navire; il s'occupe des calculs de route, il vérifie les ampoulettes, les lignes de loch et de sonde, les boussoles, il règle les montres, il surveille la domesticité de bord; s'il n'y a point de chirurgien sur le navire, et il y en a rarement, il est chef de gamelle, c'est-à-dire qu'il veille à la consommation des provisions de bouche, et qu'il préside à la distribution des rations de l'équipage. Dans tous les emplois que nous avons indiqués comme étant ceux qui entraînent en premier lieu la responsabilité du second capitaine, il prend une part secondaire, mais qui ne s'étend jamais jusqu'au partage égal des attributions. Le capitaine, à terre, s'occupe des affaires de son navire; en mer, il ne fait pas de quart, et dispose à son gré de ses instans; il n'a sur son bâtiment à essuyer aucun contrôle, il commande, et voilà tout. La faiblesse des équipages que le commerce emploie pour la navigation contraint souvent les *officiers* à aider aux travaux du bord. Ainsi, quand on hisse une voile lourde, et qu'une seule partie des matelots se trouve sur le pont, par la division des quarts, il faut que l'*officier* donne aide à son monde, et ajoute le surcroît de sa force à la faiblesse de l'ensemble. On le voit, c'est un pénible état que celui d'*officier marchand*, et, sans la perspective de devenir capitaine et de commander un navire, ce serait un pire métier que celui de simple matelot. Croirait-on que des fonctions aussi intelligentes, et qui exigent dans un seul homme tant d'aptitudes diverses, soient aussi mesquinement rétribuées qu'elles le sont! un second capitaine a 100, 110 ou 120 fr. par mois, tant que dure la campagne; ces appointemens comptent de la sortie à la rentrée au port; un lieutenant a 75 ou 80 fr. Avouons en passant qu'il vaut mieux écrire ce *Dictionnaire pittoresque de marine* que d'être encore à faire des traversées aux Antilles, comme lieutenant, comme second et même comme capitaine, avec des appointemens si minimes!

Nous nous sommes un peu étendus sur les attributions d'*officier* du commerce, parce qu'en général elles sont moins connues que celles des *officiers* de l'Etat, dont nous allons aussi parler.

Les *officiers* de guerre sont distingués par les diverses fonctions qui forment la nature de leur service. Les principales énumérations sont celles-ci : *officier de quart*, celui qui préside à la manœuvre et aux travaux du navire pendant un temps donné : la durée d'un quart est de quelques heures; — *officier de garde*, celui qui, dans une rade ou dans un port, a la police du bâtiment; — *officier de manœuvre*, celui qui prend le commandement, sous la direction du capitaine, dans les circonstances majeures, comme on l'a pu voir à notre article *Manœuvrier;* — *officier de signaux*, chargé des pavillons; de composer et d'interpréter les signaux qu'on échange entre navires; — *officier de batterie*, qui, dans un combat ou un salut, commande le feu d'une batterie, et la préside de toute son activité; — *officier de santé*, ou chirurgien major; — *officier de gamelle*, qui s'occupe de l'économie des vivres. — Les *officiers auxiliaires* ou *entretenus*, sont, comme

on l'a déjà vu, ceux qui ne font qu'accessoirement les uns, définitivement les autres, partie du corps militaire de la marine. — Les bâtimens de l'Etat embarquent encore un *officier comptable* ou d'*administration*, qui fait les affaires financières du bord; les *officiers mariniers* sont des espèces de caporaux et de sergens pris dans les rangs des matelots, pour être placés entre ceux-ci et les maîtres. Ils veillent à l'exécution des ordres qui ont été donnés, et sont continuellement avec les matelots, dont ils partagent en partie les travaux.

Le titre d'*officier de marine* est un des plus distingués de l'armée d'une nation puissante. On sait quelles graves et profondes études on exige de ceux qui se présentent aux rigoureux examens qui donnent l'entrée dans le corps militaire, à la sortie des écoles navales. On peut dire avec vérité que c'est l'arme qui exige dans ceux qui la composent la plus grande variété de connaissances et les plus sérieuses études. L'Ecole polytechnique fournit un assez grand nombre d'*officiers* à notre marine, aussi est-il incontestable que ce corps est le plus remarquable parmi les marines européennes.

ORDONNATEUR (Commissaire). s. m. Dans les ports militaires, c'est le titre que prend le chef des officiers civils quand il n'y a pas d'intendant. Il a sous sa direction des commissaires, sous-commissaires, commis de diverses classes, etc., etc.

ORDRE. s. m. C'est l'arrangement, d'après la tactique navale, des vaisseaux et autres bâtimens réunis en armée, ou en convoi, sous un même commandement supérieur. C'est du vaisseau amiral qu'émanent les signaux qui fixent la formation des différens *ordres*. Ils se forment par les évolutions et les manœuvres qui sont indiquées comme plus promptes à produire les positions relatives de chaque navire. Les principaux ordres sont : les ordres de marche sur une ou plusieurs colonnes, les ordres de bataille sous telle ou telle amure, les ordres de chasse ou de retraite, les ordres renversés ou naturels. Tous les *ordres* ou dispositions des vaisseaux d'une escadre ont pour but la formation de l'ordre de bataille. Le meilleur est celui dont l'évolution, pour le développement de l'armée, joint à la simplicité l'exécution la plus prompte.

OREILLE. Ce mot s'entend en marine dans plusieurs sens; on appelle *oreilles* d'une ancre, les parties saillantes et larges qui terminent les pattes par lesquelles l'ancre se cramponne sur le fond. — Le même nom est donné à des ouvrages de charpente faits avec soin, qu'on applique en dedans de la muraille et de chaque côté du gaillard d'arrière, et façonnés de telle sorte que l'on peut y retenir les écoutes de la grande voile ou d'autres gros cordages. On les nomme *oreilles* *d'âne.* — *Oreilles de lièvre* se dit de la disposition des voiles de certains petits canots dans l'allure du vent-arrière, lorsque l'une de ses voiles a son écoute d'un côté, et l'autre voile son écoute du côté opposé. Ces voiles représentent de loin la grossière image d'une paire d'oreilles de lièvre.

ORGANEAU. s. m. C'est le nom du gros anneau qui tient à l'ancre, et dans lequel est passé et attaché le câble. On le désigne aussi quelquefois sous le nom de *cigale,* pour le distinguer des *organeaux* de fortes proportions scellés dans la muraille d'un quai ou sur divers corps flottans.

ORIENTER. v. a. Action de disposer les voiles, de les tendre et de les présenter convenablement au vent qui souffle, au moyen des drisses, des écoutes, des bras et des boulines, afin de rendre leur action le plus favorable possible à la marche du bâtiment. Les diverses situations d'un navire, qui ont été définies sous le nom d'*allures* exigent une manière particulière d'*orienter* les voiles. Alors le mot *orienter* s'applique par extension au bâtiment lui-même, et l'on dit qu'il est *orienté au plus près du vent,* ou *vent largue,* ou *vent arrière, à la cape,* etc.

ORIN. s. m. Il en a été parlé au mot *Bouée.* (*Voir* ce mot.) Sa description est simple; c'est celle d'un gros cordage dont la grosseur, fixée au cinquième de celle du câble, lui donne la force de porter l'ancre au besoin. La longueur est de 20 à 40 brasses, selon la profondeur des rades. Son utilité est importante ; attaché à l'ancre par un bout, l'*orin* est tendu dans une direction ascendante au moyen d'une bouée flottante qui retient son autre extrémité, de telle sorte qu'il peut toujours être saisi. Il sert à indiquer la place que l'ancre occupe au fond de l'eau, pour qu'un autre navire n'y vienne pas jeter la sienne, et à trouver l'ancre perdue par la rupture possible du câble. Il sert aussi à faire prendre à la lourde machine sur le fond la position qui lui donne son action de résistance; enfin, lorsque la patte de l'ancre, en fonctionnant, s'est arrêtée dans le creux de quelque roche, ou trop enfoncée dans la vase d'où elle ne peut être arrachée par la traction exercée sur le câble, c'est par le secours de l'*orin* qu'on enlève la pesante machine; ce qu'on appelle *lever l'ancre par les cheveux.*

ORTIVE. adj. Terme d'astronomie employé dans une observation du soleil faite le matin, au moment où cet astre surgit de l'horizon. Cette observation, qui s'appelle *amplitude* (*voir* ce mot), prend le nom d'*amplitude ortive.* La même observation faite le soir, au moment où le globe de lumière va se cacher sous l'horizon, s'appelle *amplitude occase.*

OUEST. s. m. C'est le nom de l'un des quatre points cardinaux de l'horizon. Il est à quatre-vingt-dix degrés du pôle nord. L'*ouest* est la partie du ciel vers laquelle on voit les astres disparaître à l'horizon, se coucher, comme on dit. On sait que les marins abrégent l'expression des quatre points cardinaux, en ne se servant que des initiales de leurs noms. Pour nord ils écrivent N.; pour est, E.; pour ouest, O.; et pour sud, S.

OURAGAN. s. m. C'est l'expression de la plus horrible agitation de l'atmosphère, qui résume tout ce qu'une tempête a de violence. Vent furieux, sans lois, sans direction déterminée, et variable dans sa fougue. Cette commotion atmosphérique est rangée, par les savans, dans la classe des *vents produits par des causes souterraines.* Leurs effets sont si désastreux, comparativement à ceux causés par les tourmentes ordinaires, que l'on a cherché à leur trouver une cause hors de la théorie suivie pour les mouvemens des fluides aériformes. Les *ouragans* n'affectent pas les zones tempérées, et semblent se renfermer dans la région intertropicale. Les Antilles sont souvent le théâtre de ces horribles secousses de l'air. Les *ouragans* laissent dans l'esprit des habitans de ces contrées des impressions si profondes, qu'ils divisent les époques par le souvenir de leurs ravages : effrayantes archives de ruines ! Mais le golfe du Bengale et les mers de Chine, où ils sont connus sous le nom de *tiphons,* sont les climats où les *ouragans* sont le plus épouvantables. La matière sulfureuse et électrique est, selon Ducoudray, Daprès et Horsburgh, la base de ces ouragans. Ils sont toujours terminés par la chute du tonnerre. Après un *ouragan* il s'écoule régulièrement plusieurs années de calme, comme si la terre s'était purgée par cette crise, et qu'il fallût, comme aux volcans, un certain temps pour que les matières rentrassent en fermentation propre à renouveler ces secousses formidables.

OURSE. s. f. Nom du gros bout de l'extrémité inférieure d'une vergue à antenne, sur lequel on frappe les palans dits de l'*ourse* pour la mouvoir. Anciennement, les grands navires portaient une grosse vergue, également fort inclinée, à tribord du mât d'artimon, et dont le bout inférieur, nommé *ourse,* descendait à 5 ou 6 pieds seulement du tillac. On voit encore souvent cette figure sur les anciennes images de navires. — La corne a remplacé cette *ourse* d'artimon.

OUVERT. s. m. On appelle ainsi l'entrée d'un port, d'une rade ou d'une rivière. On est à l'*ouvert* d'un endroit quand, arrivant du large, on se trouve placé à l'ouverture de l'espace où l'on veut pénétrer.

OUVRE-L'OEIL ! imp. On crie aux vigies, aux hommes du bossoir : *Ouvre-l'œil !* pour leur recommander toute l'attention possible à ce qui se passe dehors du bâtiment, dans la mer qui l'entoure, jusqu'à l'horizon. On sait quelle est, dans certaines circonstances, la gravité de la surveillance confiée à l'homme de vigie ; et ce cri, cette interpellation qu'on lui prodigue quand la position du navire l'exige, sert à le stimuler, à l'empêcher de tomber dans l'apathie ou le sommeil, auxquels invitent parfois le balancement du navire, le défaut d'alimens pour l'esprit, et les regards étendus dans le vide de l'espace. — Dans les lois navales, le sommeil auquel l'homme de vigie s'abandonne entraîne une punition aussi rigoureuse que celle qui atteint le factionnaire endormi à son poste. Les matelots disent, pour l'excuser, d'un homme qui s'endort au bossoir : *Ce n'est rien ! il fermait ses yeux pour les tenir chauds !* ou bien encore : *Il regardait en dedans.*

OUVRIR. v. a. Lorsqu'un bâtiment navigue, il peut arriver qu'il voie à distance deux objets diversement éloignés de lui, mais qui se trouvent confondus en un seul, parce que le plus rapproché masque le second. Mais, en continuant sa route, si le navire voit ces deux points se détacher l'un de l'autre, s'isoler enfin, on dit qu'ils s'*ouvrent*. C'est ainsi que des amers, des marques observées à terre, telles que des clochers, des tours, des maisons apparentes, des arbres isolés, servent à guider un bâtiment, suivant certaine combinaison de sa route ; il tiendra ces objets l'un par l'autre, ou bien *ouverts* d'une voile, de deux voiles ou d'un certain nombre de ces proportions, qui sont égales à des largeurs de navire. — *Ouvrir* les voiles, c'est les brasser de façon à ce qu'elles reçoivent la brise sous un angle plus favorable à la vitesse du bâtiment. — Dans ses autres acceptions, *ouvrir* les sabords, les écoutilles, ce mot n'a pas de signification particulière.

PAFI ou *Pacfi.* s. m. Expression abandonnée par la plupart des marins, et qui désigne une basse voile. Les *pafis* d'un navire sont la grande voile et la misaine.

PAGALE (EN). adv. Laisser tomber précipitamment. Amener une chose en la laissant en quelque sorte livrée à son propre poids, se dit amener *en pagale*. On mouille *en pagale* lorsqu'on laisse subitement tomber l'ancre sans prendre toutes les précautions ordinaires. — On affale *en pagale* en jetant avec confusion des choses dans le navire. — On amène *en pagale* les voiles en larguant subitement leurs drisses; elles tombent alors de tout le poids de leurs vergues et de leur toile qui se plisse et se drape au hasard parmi les cordages et tous les accessoires. En un mot, une chose faite *en pagale* est faite sans précaution, sans ordre, sans arrangement.

PAGAYE. s. f. Sorte de petit aviron court dont la pelle est très-large et qui se manie plus facilement que celui-ci. La *pagaye* est surtout en usage dans les Indes et aux Antilles, et elle forme presque complétement l'armement des pirogues. Les Nègres ont une grande adresse à s'en servir, et leurs légères embarcations obtiennent, à l'aide des *pagayes*, une vélocité prodigieuse.

PAGAYER. v. a. Se servir d'une pagaye. Dans les embarcations ordinaires, les rameurs sont assis sur des bancs, et agitent leur aviron balancé sur le bord de la lisse où il est retenu par des dames. Pour *pagayer*, on se tient au contraire debout, ou assis directement sur le bord de l'embarcation, et on se trouve disposé à pencher le corps dans tous les sens, en même temps que les bras sont libres et peuvent facilement opérer tous les mouvemens nécessaires. La pagaye est alors plongée dans l'eau de toute la profondeur de sa pelle, et retirée à mesure que le point de l'eau sur lequel elle agissait dépasse celui où l'individu peut exercer sa force. Les grandes pirogues caraïbes sont montées d'un certain nombre d'hommes qui *pagayent* ainsi de chaque côté; les petites peuvent être dirigées par un seul homme qui, placé à l'extrême arrière, trempe alternativement sa pelle de chaque côté de lui, et opérant une égale force à droite et à gauche, parvient aisément à donner à sa barque une vitesse directe sur le point où il veut se rendre.—On appelle *pagayeur* celui qui pagaye.

PAILLET. s. m. C'est le nom d'une sorte de natte, travail de matelot, faite avec de gros *torons* (*Voir* ce mot) ou faisceaux de fil de carret. Ce tissu, épais et souple, est très-utilement employé dans les bords. On en fait de toutes grandeurs, mais généralement plus longs que larges : il y en a d'unis; d'autres ont l'une de leur face couverte de petits bouts de filasse artistement passés dans la trame, afin d'en rendre le contact plus doux; ceux-là s'appellent *paillets lardés.* Les *paillets* servent à recouvrir des parties de mâts, de vergues ou de gros cordages dormans, pour les préserver du rude frottement auquel ils sont exposés. Les câbles, surtout, sont enveloppés de *paillets* dans la partie qui frotte sur le plomb des écubiers.

PALAN. s. m. Appareil très-usité dans toutes les œuvres de force qui s'exécutent en marine ; il se compose de deux *poulies* à un ou deux *réas* (*Voir* ces mots), et d'un cordage souple passé dans ces poulies par des retours correspondans qui unissent les deux poulies et complètent le système. Si l'une des poulies, armée d'un croc, est arrêtée à quelque point fixe, et que l'autre soit, au moyen de son croc, adaptée sur un fardeau à mouvoir, la traction exercée sur le cordage fera tendre les deux poulies l'une vers l'autre, et par conséquent le fardeau tendra vers le point fixe. Le *palan* est un auxiliaire dont le service est permanent sur un navire; s'il faut hisser, enlever, tendre, contenir, mouvoir avec force et promptitude, le *palan* est indispensable; aussi, comme les cas où ils sont appelés, les *palans* varient d'espèces et de noms : *palan de bredindin, palan de candelette, palan de boulines, palan de retraite, palan à itague, palan de drosse, palan à croc, à fouet, à émérillon, palan de bout de vergue, palan de dimanche,* etc. : ce dernier est le *palan* mignon, le *palan* portatif.

PALANCRE ou **PALANGRE.** s. f. C'est le

nom d'une longue et grosse fune sur laquelle sont disposés, à distances égales, trente ou quarante bouts de ligne de pêche armés chacun d'un hain ou hameçon. La *palancre* se couche sur le fond d'une baie où elle est retenue par des poids. Les gros poissons plats, tels que turbots, raies, etc., s'y prennent.

PALANQUER. v. a. Faire usage du palan.

PALANQUIN. s. m. C'est le nom d'une manœuvre courante qui sert à produire un pli transversalement dans la surface d'un hunier, afin de faciliter le travail des matelots dans l'action de *prendre des ris*. (Voir *Ris*.) Cette manœuvre se faisant toujours quand le vent est fort, les efforts des hommes s'épuiseraient sans succès s'ils prétendaient plier cette voile lourde de pluie et gonflée de vent, par le seul secours de leurs mains. Pour rendre cette opération facile, après que la voile a été amenée et brassée convenablement, les *palanquins*, dont les extrémités sont frappées de chaque côté sur le bord du hunier (sur sa ralingue de chute), forcent le côté de la voile à se plier par la traction qu'on exerce sur ces cordes, en ramenant les points de la voile où leurs extrémités sont fixées, vers les bouts de la vergue; de cette manière, le pli que les matelots auraient inutilement tenté de faire à force de poignets, se trouve fait par les *palanquins*.

PALE. s. f. On appelle ainsi la partie plate et large d'un aviron de canot, qui trempe dans l'eau au mouvement de nage.

PALME. s. f. C'est le nom d'un petit navire en usage dans l'Inde, et particulièrement dans le golfe Persique et sur la côte de Malabar. La *palme* a l'avant très-élongé et bas, l'arrière élevé; un grand mât au tiers de sa longueur, à compter de l'étrave, et un petit mât derrière. Les Marates en armaient en guerre.

PANNE. s. f. Situation d'un bâtiment sous voile, qui demeure immobile ou à peu près, par une disposition de ses voiles, dont quelques-unes agissent pour lui imprimer un mouvement en avant, et d'autres tendent à le faire reculer; en sorte que leurs effets égaux et opposés se neutralisant, le navire reste sans mouvement, hors celui de la dérive que produit toujours sur les corps flottans le choc des lames et la puissance du vent. Il est facile de faire passer un bâtiment d'une allure quelconque où sa vitesse est grande, à l'état de la *panne;* et ces cas sont fréquens, en armée surtout, quand on veut conserver les *ordres* ou les former. On met en *panne* pour attendre, soit un bâtiment qui s'approche, soit un canot qui vient; pour *sonder*, pour combattre, pour sauver un homme tombé à la mer, etc. On met en *panne* sous diverses allures et avec plus ou moins de voiles : *bâbord au vent, tribord amure; toutes voiles dessus, sous petite voilure ; vent dessus, vent dedans, et en ralingue brassé carré.* Cet état d'un navire arrêté a fourni au langage figuré des ma-

telots une expression qui peint bien leur pensée. En parlant à quelqu'un arrêté tout à coup dans une entreprise ou dans un discours, ils disent : *Eh bien! tu restes en panne!*

PANNEAU. s. m. La métonymie confond deux choses dans ce nom : l'ouverture pratiquée sur le pont, puis la trappe ou le couvercle qui sert à la clore; mais plus généralement on appelle *écoutille* le *panneau*, pris dans le sens d'ouverture, de trou propre à livrer passage; l'assemblage de planches qui en forme, en quelque sorte, la porte, est le véritable *panneau*. Pour une grande écoutille, le *panneau* est formé de trois planches à assemblages qui s'isolent et permettent de n'en ouvrir qu'une portion. Les écoutillons n'ont qu'un *panneau*.

PANTENNE (EN). adv. Un gréement, une mâture *en pantenne* est celle d'un navire qu'un combat, un abordage, ou tout autre accident de force majeure a désemparé; dans cet état, le bâtiment a ses voiles déchirées, criblées ou amenées sans règle, ses mâts sont chancelans ou cassés, ses vergues rompues, irrégulièrement établies, ses cordages échevelés; enfin tout manque d'ordre, de précision, d'harmonie; il y a des avaries de toutes sortes dans la mâture : tout alors est *en pantenne*. Pour donner une idée exagérée du mauvais état d'un navire, on dit : Il est tout *en pantenne*. Après un combat, un engagement, un vaisseau se retire *en pantenne*. Une autre exagération de cette locution fait dire qu'un navire est *en pantenne* lorsque la mort de son capitaine a fait apiquer, en signe de deuil, les vergues en X, et que les pavillons restent momentanément à demi hissés.

PANTOIRE ou **PENDEUR**. s. m. Gros cordage passé à la tête de chacun des bas-mâts, relevé en double, et qui, tombant de dix à douze pieds, sert à crocher les caliornes, les gros palans, ou enfin les agens de forces auxquelles on a recours pour remuer de grands poids sur le pont, ou quelquefois pour embarquer des marchandises lourdes. — Dans l'abattage d'un bâtiment, ces *pantoires* servent aussi à crocher certains appareils dont il a été parlé à l'explication de cette grave opération. Il y a aussi, au bout des basses vergues et des vergues de hunier des grands navires, des *pendeurs* qui supportent les poulies dans lesquelles passent les bras en double destinés à faire mouvoir ces vergues, pour orienter les voiles qu'elles portent.

PAPIERS. s. m. pl. Les papiers d'un navire, c'est son rôle d'équipage, sa commission, ses patentes de santé, ses connaissemens de cargaison, etc. Le capitaine les réunit dans une boîte imperméable, afin de les transporter facilement et sans danger lorsque la nécessité l'exige. Dans un événement de mer, une des choses qu'on cherche le plus à conserver, c'est la boîte aux *papiers*. (Voir *Expéditions*.)

PAQUEBOT. s. m. Bâtiment de choix dont les formes sont élégantes et propres à une marche rapide, qui peut recevoir et loger convenablement des passagers. Un *paquebot* n'a pas de dimensions arrêtées, il peut n'être qu'un côtre ou offrir les larges proportions d'une corvette. Son nom vient de *boat*, bâtiment, et *paquet*, qui explique sa première application de porter des paquets, c'est-à-dire des correspondances. Les *paquebots* accomplissent ordinairement des traversées régulières entre différens points pour lesquels ils font le service des lettres, des marchandises légères et des passagers. Il y a des *paquebots* qui font la navigation de l'Inde et des Antilles; des lignes régulières de *paquebots* sont établies au Havre, particulièrement pour correspondre activement avec les Etats-Unis d'Amérique. Il part de ce port un *paquebot* tous les cinq jours, et chacune de ces périodes de temps en voit presque toujours arriver un du large. Ces *paquebots* sont les plus splendides bâtimens qu'il soit possible de voir; leurs larges proportions prêtent un espace très-vaste à leurs aménagemens confortables; ils sont presque tous d'une marche supérieure, et il n'est pas rare d'en voir rentrer au port avec une traversée de dix-huit ou vingt jours.

Cette ligne de *paquebots* est la plus riche, la plus active et la plus remarquable que possède l'Europe; elle appartient en majeure partie à de riches capitalistes américains qui s'attachent sans cesse à en améliorer le service, à embellir leurs aménagemens intérieurs. Une mesure qui, au premier abord, pourrait passer pour de la galanterie, mais qui n'est au fond que de la reconnaissance, a fait nommer la plupart de ces beaux bâtimens en souvenir des illustrations de la France; ainsi on voit battre le pavillon américain sur les couronnemens dorés où on lit ces noms : François Ier, Bayard, Charlemagne, Talma, etc. (Voir *Chambre*.)

PAQUET (EN). adv. *En paquet* est encore plus significatif que en pantenne; c'est le plus complet abandon de choses qu'on délaisse à elles-mêmes. — On dit un *paquet de mer*, pour désigner une grosse et pesante lame qui tombe à bord pendant la tempête; c'est l'expression la plus significative pour traduire le danger de l'invasion de l'eau sur le navire : *Nous avons reçu de fameux paquets de mer*, disent les matelots; d'autres ajoutent plaisamment : *Il tombait à bord tant de paquets de mer, que nous ne savions plus où les mettre*, c'est-à-dire que les malheureux ne savaient plus où se fourrer pour se préserver d'être emportés par ces lames dangereuses.

PARAGE. s. m. Espace quelconque, partie de la mer dont on veut donner l'idée à propos d'un point, d'une terre, d'une ile ou d'un navire. On dit les *parages* de Ténériffe, les *parages* de Ceylan, pour dire les eaux qui entourent ces iles.

— Nous naviguions dans les mêmes *parages*, c'est-à-dire que nous étions à quelques lieues de distance l'un de l'autre, en pleine mer, ou près d'une côte.

PARAGLACE. s. m. Espèce de renfort, de garniture improvisée qu'on bâtit avec des tronçons de mâts, des esparts, etc., et qui, liée solidement avec de nombreux cordages, se place à l'avant de la flottaison d'un navire au mouillage, pour préserver ses câbles du contact dangereux des morceaux de glace que charrie la surface, et qui pourraient couper ces câbles ou endommager l'avant du bâtiment. — Certaines navigations par des latitudes élevées, où la rencontre des glaces est fort commune, forcent à prendre la précaution de revêtir les joues des navires avec des planches, qui s'y appliquent exactement, et en dessinent les contours; cette sorte de doublage prend aussi par extension le nom de *paraglace*.

PARALLÈLE. s. m. Circonférence des petits cercles de la sphère tracés parallèlement à l'équateur. Les *parallèles* peuvent se multiplier à l'infini et avoir tous leur centre sur l'axe du monde, en diminuant de grandeur à mesure qu'ils approchent des pôles. Tous les points qui sont sous le même *parallèle* ont la même latitude, leurs jours et leurs nuits sont égaux. — On appelle *moyen parallèle* un *parallèle* figuré entre deux latitudes données.—En terme géométrique, *parallèle* est féminin.

PARATONNERRE. s. m. Il ne serait point question ici de cette machine qui n'a rien de spécial, s'il ne nous avait pas semblé convenable d'indiquer comment elle s'applique à la marine. Le *paratonnerre* d'un bâtiment se place au sommet de son mât le plus élevé; les navires de l'Etat en ont tous; la plupart de ceux du commerce n'en ont pas. Si les mâts d'un bâtiment sont espacés de moins de 50 pieds, on se contente d'un seul, parce qu'il est reconnu que l'attraction qu'une pointe exerce sur la matière qui forme le tonnerre possède une sphère d'activité qui s'étend jusqu'à cette distance. — Si l'éloignement est plus considérable, on les multiplie. Une longue chaînette ou cordon en fil de laiton part du *paratonnerre* sur lequel est placée la girouette, et descend jusqu'à la mer.

L'application d'un *paratonnerre* sur un bâtiment est une précaution fort utile, et que généralement on dédaigne, bien que l'expérience en ait fréquemment démontré la précieuse utilité.

PARC. s. m. On nomme ainsi certains espaces réservés au bétail, aux moutons, qui forment les provisions de l'état-major d'un bâtiment. —Les *parcs à boulets* sont de petits réservoirs placés entre les canons pour recevoir quelques boulets. —Un *parc d'artillerie* est un établissement d'un port destiné à contenir tout ce qui se rattache à cette arme. — Il y a des *parcs* pour la pêche et d'autres pour la conservation des huîtres. Ces derniers doivent être construits sur une plage avec une inclinaison vers la mer ; le réservoir, qui a de 4 à 5 pieds de profondeur, communique avec la mer par un petit canal qui sert à en renouveler l'eau. Pour que celle-ci puisse être toujours limpide, le fond du *parc* doit être garni de petits cailloux. Les huîtres y sont placées à une profondeur suffisante pour n'être pas exposées au contact de l'air, sans pour cela qu'elles soient trop voisines de la vase ; l'époque des chaleurs, celle où la pêche des huîtres est abandonnée, sert à nettoyer et réparer les *parcs*. On en compte quelques-uns d'assez famés dans la Manche ; les principaux sont ceux de Bernières, de Courseulle, de Fécamp, de Dieppe, du Havre et de Tréport. Celui d'Etretat, abandonné aujourd'hui, était en 1783 un des plus renommés de France. Le *parc* qui existait depuis longtemps au Havre avait aussi une réputation fort étendue ; les travaux du génie en ont motivé la destruction ; celui par lequel on a remplacé le premier n'offre pas les mêmes avantages. Cancale et Granville, qui fournissent en majeure partie toutes les huîtres des *parcs* de la côte, ne peuvent point en établir sur leurs grèves, à cause de l'action continuelle des vents qui les dégradent. Sur l'Océan nous n'avons qu'un port en réputation, celui de Marennes.

PARE-A-VIRER ! imp. Commandement qui prépare à l'évolution du *virement de bord* (*Voir* ce mot) ; c'est le *garde à vous* de l'officier de troupe ; à cet ordre les matelots se portent sur les différens points où leur présence va devenir nécessaire.

PARÉ, ÉE. part. Abréviation de préparé, synonyme de prêt, de disposé à une chose.—L'ancre est *parée* pour le mouillage ; — nous sommes *parés* pour le combat. — Etes-vous *parés ?* Oui, commandez !

PARER. v. a. Eviter. *Parer* un cap, c'est le doubler ; — *parer* un rocher, c'est s'en écarter, ne pas s'y jeter ; — *parer* un choc, un abordage, c'est l'éviter. — Un navire placé dans des écueils ou dont la quille touche le fond est *paré* lorsqu'il est parvenu à se dégager de cette position. — *Parer* a souvent aussi la valeur de préparer ; ainsi on dit, *parez* les câbles, *parez* les canons.

PARIA. s. m. Epithète ironique que les matelots donnent à un bâtiment de misérable apparence, mâté et gréé sans goût et sans méthode, mal tenu et présentant enfin le tableau d'un désordre complet. Les marins ont d'abord donné ce nom à de pauvres navires caboteurs du Bengale, montés par des Indiens *parias*, que l'on sait être la caste la plus basse chez les Indous. Ces malheureux, que le mépris et les persécutions des autres castes réduisent à la condition la plus misérable, appareillent leurs barques avec tout ce qu'ils peuvent se procurer par le vol ou autre-

ment ; pour peu qu'un objet qui leur tombe sous la main ait de sa nature une destination maritime, sans égard à ses disproportions et à sa vétusté, ils l'appliquent à l'appareil de leurs petits navires ; aussi rien de plus bizarre que l'aspect d'un *navire paria du Gange*, qui, grotesque et attristant, excite le rire et la pitié : c'est une coque enhuchée aux côtés inégaux ; c'est un mât grêle et tortueux coiffé d'un chouquet de frégate ; sur ces mâts et ces vergues, une confusion de vieux bouts de cordes formulent des agrès ; un courant grossier, et un dormant grêle ; puis d'énormes moufles pour hisser ses voiles, si l'on peut appeler de ce nom une friperie de vieilles loques de coton, sales et réunies par des nœuds, offrant au vent plus de passage que de surface, etc. Pour l'intérieur, il n'est pas de hutte de Lapons ou de bouge enfumé et empuanté qui ne soit du luxe en comparaison, et pourtant les négocians de Calcutta confient à ces navires, aussi mal conduits que mal disposés, de riches chargemens d'indigo à porter au bas du fleuve : tel est le *paria* modèle.

PARISIEN. s. m. Injure la plus offensante pour un matelot et la plus capable d'exciter sa colère. C'est l'épithète écrasante qu'un équipage donne à un mauvais sujet du bord, à un vaurien que son incapacité maritime rend le point de mire de mille taquineries matelotesques. En cherchant la cause morale de la vertu irritante de ce mot sur le caractère assez endurant des matelots, on trouve que ce nom fut d'abord donné aux jeunes vagabonds de la capitale, qui, forcés d'aller chercher sur les vaisseaux une existence que Paris ne leur offrait plus, apportaient sur les navires leurs vices et leurs mauvaises dispositions pour une vocation qui demande de l'agilité, un goût décidé et une santé robuste. C'est là sans doute l'origine de cette injurieuse allusion. Le gaillard d'avant conserve encore la tradition d'un fait qui prouve combien ce mot hostile, jeté à la face d'un marin, peut exciter sa fureur. Deux matelots se disputaient, ou, comme ils disent, *s'étaient pris de gueule.* Ils en étaient à ces ronflantes et énergiques apostrophes qui font vibrer les vitres d'un cabaret ; ils avaient épuisé leur répertoire (et ça dura longtemps), au grand divertissement des assistans, qui n'y voyaient pas encore le moindre sujet de fâcherie, et ne jugeaient que le plus ou moins de mémoire loquace des deux champions, qui se renvoyaient la balle à qui mieux mieux. Les noms de brigand, de voleur, de scélérat avaient été échangés et avaient glissé sur la susceptibilité cuirassée des deux adversaires, lorsque l'un d'eux, un peu vaincu par la faconde de l'autre, s'avisa d'appeler celui-ci *bigre d'hypothénuse.* Ce mot fit dresser les oreilles de celui auquel il s'adressait ; selon lui, ce propos, qu'il entendait pour la première fois, devait être une horrible injure qui le mettait en défaut; la crainte d'être vaincu le pousse à se saisir d'une ressource terrible; puis, avec le sentiment de la fureur qu'il va causer, il laisse tomber sur son antagoniste l'écrasante épithète de *cré mauvais Parisien*. Ce fut alors de toutes parts un cri général d'horreur, et le signal de la plus affreuse gymnastique entre les deux disputants, à la suite de laquelle ils portèrent à l'hôpital, qui son nez écrasé et ses dents brisées, qui ses yeux meurtris et des côtes enfoncées.

PART. s. f. A la pêche, à la course et dans d'autres industries maritimes aventureuses, dont le succès repose sur des éventualités de voyage, les marins ne reçoivent pas de solde mensuelle, mais une part du produit de l'entreprise, et proportionnée aux services de chacun au profit de l'intérêt commun; c'est ce que l'on appelle naviguer à la *part;* plus le voyage est fructueux, plus la *part* de chacun est large.

PARTANCE. s. f. Moment où va s'effectuer le départ; c'est l'instant de l'appareillage. La communication avec la terre a cessé; tout est prêt, on n'attend que le commandant, ou quelque canot attardé envoyé pour recueillir les traînards de l'équipage : le navire les appelle par des signaux de ralliement qui flottent à ses mâts, ou par des coups de canon tirés par intervalles : c'est le cheval qui hennit, mord son frein et veut partir.

PASSAGE. s. m. C'est, dans un sens, le temps que dure une traversée sur mer d'un port à un autre, plus ou moins longue, plus ou moins pénible, selon que les circonstances atmosphériques ont été favorables ou contraires. On dit aussi *passage de la ligne;* instant où un bâtiment, cinglant sur le méridien, coupe la ligne équinoxiale, et passe d'un hémisphère dans l'autre; circonstance de navigation qui donne lieu à cette vieille et ridicule saturnale de bord, connue sous le nom de *baptême de la ligne* (voir le mot *Baptême*), qui a été décrite dans le second volume, page 281, de *la France Maritime.* — *Passage,* sous une autre acception, est l'embarquement sur un navire d'un individu qui ne fait pas partie de l'équipage, qui paie un prix convenu, pour être transporté au lieu de la destination du bâtiment, et qui pour cela prend la dénomination de *passager.* Le *passager* est un caractère typique, dont la description mériterait un article étendu; mais nous nous en abstenons par défaut d'espace, et nous renvoyons le lecteur à ce qu'a également dit à ce sujet le second volume, page 523, de *la France Maritime.*

PASSE. s. f. Canal étroit entre deux rivages, deux rochers, ou deux objets où l'eau se trouve profonde, et permet le passage à un bâtiment pour entrer, donner dans cette *passe* qui conduit à une mer plus libre, ou dans une rivière, dans un port, ou dans une baie. — On donne aussi le nom de *passe* dans les épissures (*Voir* ce mot),

au bout des cordons que l'on introduit dans les intervalles des torons, pour exécuter ce travail de marin.

PASSE-AVANT ou **PASSAVANT.** s. m. C'est la partie des grands navires qui conduit de l'arrière à l'avant sur chacun de leurs côtés. Le milieu entre les *passavans* est occupé par les ouvertures ou panneaux qui livrent accès dans la cale et dans une grande partie de l'intérieur du navire. Toutes les marchandises ou tous les autres objets qu'on met dans la cale du navire embarquent par les *passavans.* En pleine mer, les couvercles qui ferment les panneaux sont surchargés des embarcations et particulièrement de la chaloupe. — Ainsi les *passavans* sont la partie la plus libre et la plus dégagée d'un bâtiment. Comme ils sont compris entre deux mâts, ils n'ont aucun cordage qui entrave leur communication avec l'extérieur; c'est la promenade habituelle des marins pendant la durée de leur *quart.* Cet espace ayant environ 7 à 8 pieds de large sur une quinzaine de longueur, sur les bâtimens ordinaires, ils en parcourent continuellement l'étendue, s'arrêtant parfois pour s'appuyer sur la *lisse* (cette espèce de parapet qui encadre le navire) et regarder au large. L'arrière est réservé aux officiers et aux passagers; les matelots n'y viennent guère que pour y remplir les devoirs de leur service. Sur quelques navires le parapet ou pavois qui borde les *passavans* du côté de la mer s'enlève et rend l'accès plus facile aux choses extérieures.

PASSE DU MONDE SUR LE BORD! imp. Commandement, précédé d'un coup de sifflet du maître d'équipage, à deux matelots en grande tenue, de se placer de chaque côté de *l'échelle de commandement* (*Voir* ce mot), au passage d'un officier qui va monter ou descendre du bord ; c'est une cérémonie honorifique prescrite par les règlemens du service de bord.

PASSER. v. a. On dit *passer les manœuvres;* c'est introduire dans le canal des poulies, ou dans les conduits de toutes sortes qui doivent les recevoir, les manœuvres courantes qui complètent le gréement d'un navire. — *Passer au vent d'un bâtiment,* c'est, en le gagnant de vitesse, se placer entre lui et le point de l'horizon d'où vient la brise; — *passer à poupe,* c'est croiser avec son navire le sillage d'un autre bâtiment, en *passant* assez près de sa poupe pour pouvoir converser à la voix. — On fait *passer du monde sur le bord* (*Voir* ce mot); faire *passer à la bande,* c'est ordonner que l'équipage monte sur les vergues ou dans les haubans, mais d'un seul côté du bâtiment, pour saluer à la voix par des vivats adoptés, les officiers-généraux et les personnages importans qui quittent le navire, ou un bâtiment qui passe. *Passer par-dessus le bord,* c'est s'y introduire ou en sortir clandestinement; on le dit aussi pour un objet jeté à la mer; *passer sur un* *bâtiment*, c'est s'y embarquer passager (Voir *Passage*). En armée, les vaisseaux *passent* d'un ordre à un autre.

PATACHE. s. f. Petit bâtiment armé par l'administration des douanes pour surveiller les côtes et empêcher la fraude.

PATARAS. s. m. On appelle ainsi de gros cordages, qui, ayant déjà servi, ne sont plus susceptibles de s'allonger en travaillant, et qui sont employés à renforcer les haubans des bas-mâts, lorsque le mauvais temps ou quelque autre raison fait juger cette précaution nécessaire. — Ces *pataras* servent aussi dans l'abattage d'un navire, on les fait fonctionner sur les mâts.

PATENTE DE SANTÉ. s. f. C'est une pièce légale que le comité de santé d'un port ou le consul délivre au capitaine d'un bâtiment pour constater, au lieu de sa destination, l'état sanitaire du point de départ. C'est d'après les termes de cette pièce que l'on motive la libre admission d'un navire, ou son obligation d'entrer en quarantaine, c'est-à-dire de rester, pendant un temps donné, séquestré au large, dans un lazaret ou dans un bassin, sans communication avec le dehors.

PATINE-TOI ! imp. Expression du gaillard d'avant, qui équivaut à une recommandation de faire promptement une chose. *Se patiner* au travail, c'est faire ce travail en double, avec précipitation.

PATRON. s. m. C'est le titre du marin qui commande pour le petit cabotage. — Sur les bâtimens de guerre, il y a pour chaque embarcation un marin chargé de la surveillance de son armement, et qui la gouverne lorsqu'elle est mise à la mer. Chaque canot, depuis la chaloupe jusqu'à la plus légère pirogue, a son *patron*, qui commande aux canotiers. Ce *patron* est ordinairement un homme d'ordre, qui a la confiance des officiers; il doit être le moins ivrogne que cela est possible, ne pas s'amuser à terre lorsque sa mission l'y fait descendre, et veiller à la bonne tenue de son petit équipage. Les *patrons* d'embarcation sont souvent pris parmi les gabiers. — Les bâtimens de commerce, tenus avec un très-faible équipage, n'ont pas de *patrons* spéciaux, mais le titre de *patron* se donne à l'homme qui prend momentanément le gouvernail en main.

PAUMELLE. s. f. C'est le dé à coudre des voiliers. La *paumelle* est un dé plat, dont les trous sont fortement accusés, lequel est cousu à une bande de cuir qui fait le tour de sa main; le dé se trouve placé dans le creux de la paume de la main; une ouverture livre passage au pouce, de façon à ce que cet ustensile ne tourne point, et reste établi dans sa position. A chaque point que fait l'ouvrier dans la rude toile que perce sa grosse aiguille, il pousse avec le dé de sa *paumelle*, de manière à traverser promptement le tissu. L'habitude qu'ont les voiliers, et tous les matelots en général, de se servir de la *pau-*

melle, en rend le service très-rapide. — Les cordiers donnent également le nom de *paumelle* à un morceau de tissu de gros drap dont ils s'enveloppent les doigts par lesquels passe le fil que tortille la roue de la mécanique. Cette *paumelle* a d'une part l'avantage de préserver la peau du rude et perpétuel contact du chanvre durci en corde, et de l'autre, celui que son frottement produit à ces fils en les rendant plus lisses et mieux cordés.

PAUMOYER ou **POMAYER.** v. a. *Paumoyer* un câble, c'est le parcourir main sur main dans la plus grande partie possible de sa longueur. — Ainsi un bâtiment au mouillage, par un temps calme, fait *paumoyer* son câble pour le visiter ou le garnir. Partant du navire, le canot va ainsi jusqu'à ce qu'il se trouve à pic, après avoir alternativement placé sur son rebord toutes les parties de ce câble. — Par extension, les marins disent quelquefois *paumoyer* un cordage, pour signifier le parcourir à la main dans toutes ses parties.

PAVILLON. s. m. C'est ainsi que les marins appellent l'enseigne nationale que les soldats nomment *drapeau*. Le *pavillon* est l'étendard qui sert à signaler la nation du bâtiment sur lequel il flotte. Chaque nation a le sien, différencié par les couleurs adoptées par chaque peuple : ces couleurs changent dans les crises révolutionnaires qui bouleversent la constitution d'un Etat. Le *pavillon* français, jadis blanc et devenu tricolore, serait à cet égard le sujet d'un assez long article, mais nous ne prétendons pas nous jeter dans des questions en dehors du plan de cet ouvrage. Ni l'origine de ses couleurs sous les différens régimes, ni l'étymologie du mot *pavillon,* ne doivent nous occuper. On a écrit à ce sujet beaucoup de belles phrases dont le pathos n'a servi qu'à prouver que leurs auteurs n'en savaient rien. — A bord d'un navire de guerre, les *pavillons* sont nombreux; les principaux sont *le grand pavillon de poupe*, celui des occasions solennelles; ses proportions sont larges; il s'arbore à la corne de la brigantine ou à la gaule d'enseigne (voir *Bâton*); il a en longueur (que l'on nomme *battant*) la plus grande largeur du bâtiment, et en hauteur ou guindant, les deux tiers du battant; sa forme est rectangulaire. Il est fait en étamine d'un tissu souple et léger. Ensuite vient *le pavillon de beaupré* qui flotte à une gaule placée sur ce mât aux jours de fête; puis celui de commandement des officiers-généraux, qu'on appelle *pavillon carré*. (Voir *Marques distinctives*.) Dans les cas ordinaires du service en rade, pour les bâtimens de l'Etat, le *pavillon* de poupe s'arbore le matin au lever du soleil avec certaine solennité; il est salué dans son ascension de plusieurs coups de fusil, les tambours battent au drapeau, toutes les sentinelles lui font volte-face et présentent les armes; le soir, au coucher du soleil, on l'amène avec la même cérémonie.

En mer, le *pavillon* n'est arboré qu'en présence d'un bâtiment qui passe ; c'est une politesse qu'on lui adresse ou qu'on lui rend. Dans une rencontre avec l'ennemi et au moment d'un combat, les deux adversaires se couvrent de leur *pavillon* national, qui, au moment où il se déroule, est salué des vivats de l'équipage et d'un coup de canon, qui affirme à l'ennemi la nationalité du bâtiment indiquée par les couleurs dont il se pare. Ce spectacle si imposant, si solennel, au moment d'une lutte terrible, offre à l'éloquence des mouvemens oratoires dont un écrivain a saisi les sublimes inspirations dans une belle description du combat de *la Surveillante* contre la frégate anglaise *le Québec.*

Les *pavillons* de signaux sont de moindre dimension, de couleurs diversement variées, arbitrairement choisies, et ensuite généralement adoptées ; ils servent à signaler, entre vaisseaux d'une escadre, tous les articles du vocabulaire des signaux qui appartiennent à la tactique navale. Il n'était pas permis autrefois à un navire du commerce d'arborer le *pavillon* tout blanc, qui était exclusivement le *pavillon* des vaisseaux du roi ; celui des vaisseaux marchands portait *une croix blanche dans un étendard d'étoffe bleue.*

PAVOIS. s. m. pl. Longues bandes de drap de couleur, parsemées d'emblèmes d'une couleur différente et tranchée, dont on recouvre, aux jours de solennité, l'extérieur des bastingages d'un navire de guerre ; le fronteau de la dunette, les batayolles des hunes, et d'autres parties du navire et de sa mâture sont décorées de ces ornemens un peu hors d'usage. Les *pavois* sont un surenchérissement de la toilette ordinaire du vaisseau. (Voir *Pavoiser.*)

PAVOISER. v. act. C'est orner un navire de guerre de ses pavois, dans les occasions solennelles ou aux jours de fête ; c'est le parer de tout ce qui peut ajouter à la beauté de ses formes et à sa brillante tenue. Le complément du pavoisement se fait avec les pavillons de toutes sortes, les flammes et guidons de toutes couleurs qui se trouvent à bord, et qui, disposés avec art sur les drisses, flottent au haut des mâts, se déroulent aux bouts des vergues, et claquent dans toutes les parties de la mâture, où ils mêlent l'éclat de leurs couleurs dans la belle chevelure du gréement. Les pavillons des principales nations sont déployés aux bouts des basses vergues ; les places d'honneur dans cette cérémonie, et leur classement est une question d'étiquette qui subit des influences diplomatiques pour la préséance des rangs. Elle réclame du commandant, responsable de cette distribution et de ses conséquences, un tact et une parfaite connaissance des rapports d'amitié qui lient les diverses nations et la sienne. L'ordre de préséance est la grande vergue à tribord, la grande vergue à bâbord, la vergue de misaine à tribord, la vergue de misaine à bâbord,

la vergue barrée à tribord, la vergue barrée à bâbord. On a quelquefois, par les interprétations du pavoisement, prétendu formuler son mépris pour la nation à laquelle appartient un pavillon, en le plaçant sous le beaupré ou près de la *poulaine.* (*Voir* ce mot.) Cette lâche et grossière ironie, sans esprit et sans goût, et tout au plus excusable à des matelots dans leurs jours de farces, était, dans la dernière guerre maritime et depuis la paix de 1815, du goût des officiers de marine d'une nation qui se dit généreuse et policée. Sous la Restauration, une frégate anglaise eut l'impudeur de reléguer sous son beaupré, un jour de pavoisement sur la rade de l'une de nos colonies des Antilles, le pavillon tricolore de la république et de l'empire, et cela en présence de plusieurs bâtimens de guerre français sous le commandement de l'amiral Duperré. L'indignation des équipages français fut à son comble, et quoique le pavillon blanc flottât alors aux mâts de leurs navires, nos marins conservaient toujours au pavillon proscrit leur amour et leurs souvenirs. L'amiral Duperré, dont les brillans antécédens accomplis sous ce glorieux pavillon auraient suffisamment servi de prétexte à l'indignation de son âme loyale, n'interpréta que l'intention insultante de cette méprisable manifestation, et tout de suite réclama et obtint du commandant anglais une éclatante réparation. Cette grossière inconvenance fut, dit-on, imputée à l'étourderie d'un jeune officier.

PAYE. s. f. Solde d'un matelot. La *paye* est différente pour chaque classe ; elle se liquide par l'intervention des commissaires aux revues, par mois ou par trimestre. Le jour de *paye* est le jour de folie des matelots. On peut en lire une description un peu exagérée dans *la Salamandre* d'Eug. Sue. (Voir *Avance.*)

PAYER. v. act. et n. Dans un sens, c'est solder les gages des marins, dans un autre on le dit d'une pièce de bois qui remplit, par un excédant, le vide causé par le défourni d'une autre pièce.

PEIGNER. v. act. Terme de corderie : c'est le travail qui a pour objet d'épurer le chanvre, et par cette opération séparer le premier brin du second, au moyen d'un instrument, espèce de peigne grossier. — Les matelots *peignent* aussi les bouts des cordons, en faisant les épissures et queues de rats; ils se servent pour cela de leurs couteaux.

PELLE-D'AVIRON. s. f. (Voir *Pale.*)

PELTA. s. m. Nom que l'on donne aux paysans ou aux gens sans ouvrage qui, à l'époque du départ des navires de la Manche pour la pêche de la morue, à la côte de Terre-Neuve, s'embarquent pour être employés à terre aux travaux de cette pêche et aux préparations que subissent les morues avant d'être transportées en France. Les *Peltas* ne sont que des ouvriers de peine, sous la direction des maîtres et chefs de la pêche, et ne sont pas marins. Les matelots s'exercent en épigrammes et autres taquineries au détriment des pauvres *peltas*, dont le caractère et la physiologie fournissent d'ailleurs matière à la malice matelotesque.

PENDANT-D'OREILLE. s. m. C'est le nom d'une petite poulie simple qui pend au bout des *vergues* (voir ce mot), dans lesquelles roulent les drisses des bonnettes.

PENDEUR. s. m. (Voir *Pantoire*.)

PENEAU. adv. On dit *faire peneau*. C'est la dernière disposition d'une ancre qu'on va mouiller ; alors elle ne tient au bâtiment que par sa bosse de bout qui la suspend au bossoir ; du reste elle est complétement libre. Le câble qui y tient est étendu dans la batterie ou sur le pont, dans les petits navires, et prêt à s'écouler à la chute de l'ancre, quand elle sera abandonnée à son poids.

PÉNICHE. s. f. Embarcation svelte et légère, élégante de forme, rapide à la voile et à la rame, fusion complète de toutes les perfections des grands canots gréés en lougres. —Il y avait dans la flottille de Boulogne, à l'époque des projets de descente en Angleterre, des *péniches* d'un modèle très-différent de celui dont la description précède : celles-là surpassaient de beaucoup les proportions des *péniches-canots;* elles bordaient quarante avirons, étaient armées d'un canon, d'un obusier et d'un mortier, ainsi que de plusieurs *pierriers*, et portaient soixante-dix marins et soldats.

PENON. s. m. Espèce de petite girouette qui sert à indiquer la direction du vent, quelque faible qu'il soit ; il est rendu sensible au plus léger souffle par sa légèreté. Le *penon* est fait d'un bout de fil à voile qui passe dans plusieurs tronçons de bouchons de liége, espacés de 2 à 3 pouces, et sur la circonférence desquels on a planté des petites plumes de volailles. Le *penon* est ensuite attaché au bout d'une vergette en fer, que l'on plante sur le bord de la lisse de bastingage du côté du vent, et exposé à la vue du timonier et de l'officier de quart, qui ont à le consulter souvent.

PERÇAGE. s. m. Terme d'architecture navale. L'art de *percer* consiste à diriger les longues tarières à l'aide desquelles on fait les trous pour les chevilles et gournables qui entrent dans la construction d'un bâtiment et lient les pièces de sa charpente. L'ouvrier qui exécute ce travail s'appelle *perceur*.

PERCÉ. part. Se dit d'un navire en parlant du nombre de ses embrasures, et par conséquent de la quantité de pièces d'artillerie qu'il pourrait porter. On dit donc qu'un vaisseau est *percé* pour tant de canons, mais qu'il n'en porte que tant pour certaines raisons.

PERDITION. s. f. Etat presque désespéré d'un bâtiment affalé sur une côte dangereuse par la violence des courans ou d'une tempête, et menacé du danger d'y périr. Un navire que les accidens de la navigation ont fait échouer sur un banc de sable ou de roche, est en *perdition*, parce que sa position peut devenir plus mauvaise par la complication des événemens.

PERDRE. v. a. Un combat, un naufrage, un événement de mer enfin, fait *perdre* à un navire ses mâts, ses voiles, son gouvernail, etc. — Si le câble ou la chaîne de mouillage viennent à casser, ils font *perdre* l'ancre. — On *perd* de vue la côte dont on s'éloigne.—On *perd* le fond dès que la sonde ne peut plus l'atteindre. — Un navire *perd* de sa marche lorsqu'il est trop pesamment chargé. — On *perd* une embarcation qui ne revient pas à bord. — La mer *perd* lorsque les marées rapportent moins d'élévation au rivage.

PERDRE (se). v. pron. C'est faire naufrage ; on se *perd* sur une côte, sur un récif. — Pour signifier qu'on a fait naufrage sur un point, on dit : nous nous sommes *perdus* à tel endroit.

PÉRIPLE. s. m. Mot qui signifie voyage dans la langue grecque. Il a été appliqué à l'ancienne hydrographie pour signifier une navigation autour d'une côte, en longeant le littoral sans prendre la haute mer.

PÉRIR. v. n. Naufrager, mais avec une idée plus complète de destruction. Un bâtiment a *péri* corps et biens, c'est-à-dire que rien n'en a pu être sauvé.

PERROQUET. s. m. C'est le nom que porte le mât, la vergue et la voile qui sont gréés au-dessus du mât de hune, c'est-à-dire au-dessus du second mât. Pourtant ces noms généraux ne s'appliquent que pour le grand mât et le mât de misaine sur un bâtiment à trois mâts ; le mât d'artimon a des noms particuliers pour les mâts qui s'élèvent au-dessus du bas-mât, et nous avons déjà signalé cette singularité illogique. Le mât de *perroquet* d'artimon s'appelle mât de perruche, et la voile que porte ce mât, comme la vergue sur laquelle elle s'étend, ont le même nom. — Le *perroquet de fougue* est le hunier d'artimon. — Les *perroquets* sont de bonnes voiles de route ; un bâtiment navigue bien avec ses basses voiles, ses huniers et ses *perroquets*. — Il y a quelques navires qui n'ont pas ce qu'on appelle de *perroquets garnis*, c'est-à-dire que pour eux ces voiles sont volantes, qu'elles ne restent dans la mâture qu'autant qu'elles sont déployées au vent, mais que dès qu'elles cessent de servir, la vergue et la voile sont amenées sur le pont. Les *perroquets garnis*, au contraire, sont fixés sur le mât ; si la force du vent contraint de lui dérober leur surface, des matelots montent dans la mâture pour reployer ces voiles sur leur vergue ; mais ainsi roulés, ils restent en haut pour être de nouveau déployés dès que le permettra la décroissance de la brise. Les *perroquets volans* sont ordinairement gréés sur la flèche du mât de hune, qui se prolonge assez haut pour recevoir au besoin ces voiles supplémentaires.

PERRUCHE. s. f. (Voir *Perroquet.*)

PERTUIS. s. m. Passage resserré entre deux terres à l'entrée d'un fleuve ou d'une rivière.

PESER. v. a. Exercer des efforts sur un cordage qui descend d'en haut ; si le cordage était horizontal, on dirait *haler*. Pour hisser une voile, il faut *peser* sur sa drisse ; pour *peser* sur une manœuvre, les marins se groupent, placent tous leurs mains aussi haut que possible sur le cordage qu'ils font descendre à mesure qu'ils lui impriment un effort. — On pèse main sur main, lorsque la résistance n'est pas forte, comme dans l'autre sens on hale à courir.

PETIT. s. m. S'applique à tous les mâts, vergues et voiles qui surmontent le bas-mât de misaine. On distingue ainsi ces objets de ceux qui leur sont à peu près semblables de dimensions, et que porte le grand bas-mât, en leur donnant le nom de grand. — On appelle *petit-fond* le dessous d'un bâtiment, ou quelquefois aussi l'espace où un navire se trouve mouillé avec une profondeur d'eau à peu près égale à celle que tire la coque.

PHARE. s. m. On donne cette désignation à un mât et à tout ce qu'il porte ou qui y tient : le *phare* d'avant, le *phare* d'arrière, désignent les voiles, mâts, vergues, cordages du mât de misaine ou du grand-mât. Nous pensons qu'on devrait écrire *fard*, diminutif de *fardage* ou *fardeau*, tout ce qui charge un mât. — On nomme aussi *phares* ces constructions élevées sur les points visibles ou culminans des côtes ou des rivages pour recevoir un ou plusieurs feux, qui servent à appeler l'attention des navigateurs sur le point où ils brillent pendant la nuit. Les marins appellent aussi les *phares* tours à feux. L'origine du nom de *phare*, donné à ces édifices, est attribuée à ce que Ptolémée fit élever la première tour à feux sur l'île de *Pharos*, près d'Alexandrie, et qui tient aujourd'hui à la terre ferme.

Le *phare* le plus remarquable que nous possédions, comme monument architectural, est celui de Cordouan, à l'embouchure de la Gironde. Celui de Barfleur, plus simple dans sa construction, est d'une élévation hardie. Ceux qui dominent le cap la Hève, près du Havre-de-Grâce, méritent aussi une mention, qu'ils doivent surtout à l'avantage de leur position élevée.

Il y a sur la côte d'Angleterre, près de l'entrée de la Manche, dont les eaux séparent les deux plus grandes nations maritimes du monde, un *phare* appelé *Eddystone*, élevé dans la baie de Plymouth, et dont l'édification offre une histoire assez curieuse.

A cinq lieues environ de la ville et à trois lieues du point de terre le plus avancé dans la mer, se trouvait un rocher que la haute mer recouvrait entièrement à chaque marée. Bien des navires étaient venus se perdre sur ce danger

voisin du port, et l'on désirait ardemment d'y voir élever un *phare*. Mais l'éloignement de la côte, les difficultés de réunir sur ce point avancé des ouvriers et des matériaux, avaient sans cesse écarté tout projet réel, qui du reste présentait encore les difficultés d'exécution, que la grosse mer et les gros vents de la mer ne pouvaient manquer de compliquer encore.

Un mécanicien entreprenant se résolut à essayer cette difficile construction. En quatre ans il parvint, après d'incroyables travaux, à bâtir un *phare* de 90 pieds d'élévation. Mais la mer, si mauvaise dans ce passage, franchissait l'édifice dans ses soubresauts et ébranlait souvent le *phare*, dont la construction était du reste fort ingénieuse. Les gardiens effrayés répugnaient à habiter, si loin de tout secours, le chancelant édifice, et, quelle que fût l'assurance du constructeur, il était fort difficile de les rassurer complétement sur leur vie, lorsqu'il s'élevait une tempête. La confiance qu'avait le mécanicien dans son œuvre le perdit. Un soir, s'y trouvant retenu pour des réparations, il s'éleva une tempête qui pendant la nuit enleva le *phare*. Peu de temps après, la perte d'un vaisseau et de tout son équipage sur la roche d'Eddystone fit décider la construction d'un nouveau *phare*, dont le parlement fit sur-le-champ commencer les travaux.

La nouvelle construction fut terminée en moins de deux années ; l'étoile du salut parut de nouveau pendant chaque nuit aux regards des navigateurs. Cette fois, bâti en bois et parfaitement rond de forme, le *phare* résistait aux lames et aux vents les plus furieux qui n'avaient point de prise sur sa surface unie. Mais le feu prit au *phare* de bois le 2 décembre 1755. Il y aurait un long et intéressant article à faire pour raconter cet événement ; nous n'en avons pas le loisir : donc et de deux pour le *phare* d'Eddystone.

Au bout de trois ans le monument était de nouveau sorti de sa base rocheuse. Mais, pour cette fois, les précautions les plus minutieuses dans lesquelles puisse se réfugier la prudence d'un ingénieur présidèrent à son édification (1). La disposition de chaque assise fut habilement combinée ; les pierres qui la composent furent assemblées à *queue d'aronde* autour du centre ; elles furent en outre traversées du haut en bas par des dés en marbre, pénétrant aussi dans les pierres de l'assise supérieure. Par suite de ce système, chaque assise forme un ensemble dont pas une pierre ne peut se détacher, et les assises supérieures, liées avec les inférieures, ne peuvent absolument pas glisser sur elles. Le roc lui-

(1) Les difficultés sans nombre qu'il fallut vaincre pendant ces trois années, et qui ne laissèrent, à cause du mauvais temps, que 111 jours 10 heures de travail, ont fait l'objet d'une notice historique sur le phare d'Eddystone, publiée avec des gravures par M. Smeaton, qui réussit à relever le phare pour la troisième fois.

même, qui était inégal à sa surface, a fait les frais de la majeure partie des assises inférieures; et taillé aussi à *queue d'aronde*, il s'est uni aux blocs de pierre rapportés; et l'édifice entier, qui aujourd'hui s'élève de près de 100 pieds, forme un seul bloc qui est en quelque sorte la continuation du rocher.

Les marins anglais ne sont pas les seuls qui connaissent le *phare* d'Eddystone, car presque tous les bâtimens qui entrent dans la Manche avec des vents qui le permettent, vont en faire le relèvement à leur passage. Tout porte à croire que cet édifice durera désormais autant que le rocher sur lequel il s'élève.

On s'imagine bien que si un brasier de bois ou de charbon de terre était placé sur le sommet d'une tour, il serait vu de tous les points de l'horizon. Mais la portée de ce point lumineux ne pourrait atteindre plusieurs lieues qu'autant qu'il serait perpétuellement alimenté par une grande quantité de combustible, et surveillé par d'actifs gardiens. Un semblable système d'éclairage était fort défectueux; vers la fin du dernier siècle, on imagina, pour le *phare* de Cordouan, de placer une lampe d'Argant au foyer d'un miroir parabolique argenté; voici en peu de mots quel était l'élément de ce système.

On sait que si un point lumineux est placé au foyer d'un miroir concave parabolique, tous les rayons qui vont frapper dans des directions diverses la surface de ce miroir, se trouvent réfléchis en un seul faisceau de rayons parallèles; ainsi l'observateur sur lequel on dirigerait l'axe du réflecteur recevrait tous les rayons émis par le point lumineux, au lieu de n'être frappé seulement que par le petit nombre des rayons envoyés dans sa direction, comme cela arriverait sans l'appareil parabolique.

Mais la direction de la lumière ne frappant qu'un seul point de l'horizon, et la multiplication des moyens ne pouvant dans aucun cas faire distinguer le foyer partout à la fois, sans qu'il restât des intervalles d'invisibilité pour les points éloignés dans le cercle étendu jusqu'aux limites duquel peut arriver la lumière, on a imaginé de faire tourner le système, de façon à ce qu'il se montrât alternativement sur tous les points de sa portée.

Ce principe d'éclairage fut le seul qui offrît quelques nouvelles combinaisons jusqu'en 1823.

On sait encore que la lentille jouit de la propriété de rendre en un seul faisceau de rayons parallèles les rayons obliques qui lui arrivent de tous sens du côté opposé. M. Fresnel fit l'application de ce nouveau procédé à quelques *phares*. La multiplication des lentilles tout autour du foyer de lumière avait donc pour effet, pendant la rotation de l'ensemble, de montrer aux navires éloignés une lumière tantôt vive et brillante, tantôt puissante par degrés, puis éclip-

séc pour repasser de nouveau par diverses transitions de force et d'éclat.

Mais ce nouveau système d'éclairage, déjà fort en progrès sur les installations précédentes, avait encore un perfectionnement à recevoir. Par des effets d'optique que nous ne saurions essayer de faire comprendre ici, une partie des rayons lumineux échappés du foyer de lumière allaient se perdre en haut et en bas, sans se converger tous dans la lentille qui en réunissait une partie pour la rejeter dehors. On a remarqué à l'exposition des produits de l'industrie, faite à Paris en 1834, un modèle d'éclairage qui présentait des combinaisons nouvelles dont était écarté le dernier obstacle que nous signalons, au sujet de la perte d'une partie de la lumière.

Un nouvel appareil de miroirs réunit les rayons égarés pour les verser tous dans la lentille, et conséquemment en augmenter l'éclat extérieur.

Les lampes qui forment le foyer lumineux sont disposées d'après le système Carcel, dans lequel un mouvement d'horlogerie amène toujours au bec une huile surabondante qui baigne sans cesse la mèche; cette mèche elle-même n'est point unique : il y en a plusieurs concentriquement placées les unes dans les autres. On admet que la portée d'un *phare* de premier ordre peut être, pour les éclats, de onze à douze lieues marines, équivalentes à 15 à 16 lieues de poste.

On lisait dans les journaux anglais, il y a quelques années, qu'un ingénieur de cette nation venait de découvrir un moyen de produire une lumière très-vive avec une simple boule de chaux. On assurait que quelques expériences faites à Londres avaient eu un résultat assez satisfaisant pour faire considérer comme prochaine l'application de cette découverte. Voici quelle était la combinaison de ce système : une petite boule de chaux, fixée à l'extrémité d'un fil de platine, tournait sur elle-même et recevait divers jets enflammés d'un mélange de gaz hydrogène et oxigène. Cet appareil simple donnait une lumière d'une blancheur extraordinaire, visible à une très-grande distance, et surtout fort économique. Nous ne croyons cependant pas que l'application en ait été faite aux *phares* de la Grande-Bretagne.

Les feux fixes sont, jusqu'à ce jour, simplement éclairés par un nombre plus ou moins considérable de becs de lampes groupés au milieu d'une rotonde en verre; mais peu à peu les perfectionnemens que nous venons d'indiquer gagneront tous les *phares*, dont le secours est si puissant pour indiquer leur route et leur position aux navigateurs, et les préserver du naufrage.

PHOSPHORESCENCE (de la mer). s. f. En examinant avec soin le phénomène de la *phosphorescence* des eaux de la mer, on a découvert qu'il était dû à plusieurs animaux de classes, de grandeurs et de formes diverses, qui se précipitent à la surface de l'eau, lorsque la mer est en mouvement, et lui donnent, surtout par les nuits obscures, l'aspect d'une mer de feu.

La science fait l'application des molécules lumineuses aux méduses et à certaines espèces de galères. Péron y ajoute une espèce de pyrosome, qui a la propriété d'être également très-phosphorescent. Dans un ouvrage anglais, ayant pour titre : *Recherches zoologiques*, par Thompson, on trouve la description de plusieurs espèces d'animaux auxquels sont attribués les effets phosphorescens de l'eau ; ils sont du genre des cinthyos ; le genre lucifer et les noctiluques y sont également compris.

Enfin un crustacé lumineux, dont la forme est analogue à celle des crevettes, est longuement décrit par Spallanzani, qui a consacré de longues études à la recherche de ce phénomène de l'Océan.

Il y a des nuits obscures pendant lesquelles le navire, poussé par une brise un peu vive, semble voguer dans des flots de lumière. Ainsi éclairée à sa surface, la mer ouvre son sein aux investigations du regard, à une très-grande profondeur. C'est sous la zone torride principalement que cette *phosphorescence* est la plus magique. En fendant de sa poulaine ce brasier ardent, le navire en dégage des étincelles qui s'élèvent et retombent au loin, en enflammant les espaces moins colorées par le feu. Considérée de près, la mer semble alors un ciel bleu dans lequel se perdent des myriades de petits astres perpétuellement agités. La contemplation d'une mer *phosphorescente* est un des spectacles les plus splendides et les plus étonnans que puisse contempler un homme peu au fait des phénomènes que présente la navigation.

PIBLE (à). adv. Les bâtimens de proportions bornées du Levant ont des mâts faits d'un seul tronc, ou du moins d'un seul jet, qu'on nomme mâts *à pible*.—Ces mâts n'ont ni hunes ni barres ; une mâture *à pible* est la plus simple qu'il y ait en marine.

PIC (être à). adv. Un navire est *à pic* lorsque son câble est assez halé en dedans pour qu'il soit arrivé à se trouver justement au point de la surface de l'eau qui correspond verticalement à celui du fond où est son ancre, de sorte que la moindre force qui sera exercée sur ce câble devra désormais séparer cette ancre du fond. — *A long pic* signifie être encore à quelque distance de cette perpendiculaire qui réunit l'ancre et le vaisseau par la tension du câble.—On sait qu'une côte, une falaise *à pic* est celle qui s'élève directement vers le haut, et qu'il est impossible de franchir.

PIÈCE. s. f. Nom donné aux canons, en ajoutant leur calibre à cette dénomination ; ainsi on dit une *pièce* de 18, de 24, de 36. Le canonnier qui commande le service d'un canon a le titre de *chef de pièce* (*voir* ce mot). On connaît dans les autres applications la valeur du mot *pièce*, appli-

qué au barillage, aux blocs de bois, aux paquets de cordages, aux rouleaux de toiles, etc.

PIED. s. m. C'est, pour la marine, sans différence spéciale, une mesure de 12 pouces. — Dans d'autres cas, on se sert du mot *pied* ainsi qu'il suit : Le *pied du vent*, c'est-à-dire le point direct d'où le vent souffle ; — du *pied dans l'eau*, se dit de l'eau, par rapport à un bâtiment qui s'y enfonce plus ou moins ; — on a le *pied marin*, lorsqu'une pratique suffisante de la navigation ou un séjour assez prolongé sur la mer permettent au corps de se bien équilibrer aux mouvemens continuels que causent à la coque les agitations des vagues ou de la houle.

PIERRIER. s. m. C'est le nom du plus petit canon dont on se sert sur les navires. Le *pierrier* porte une demi-livre de balles, ou plus généralement un boulet d'une livre. Ses petites proportions permettent de le monter sur un pivot en fer, auquel il est artistement lié. Ce pivot ou chandelier est introduit dans un montant en bois, solidement fixé à la muraille extérieure du bâtiment, et dans lequel il tourne librement pour faciliter le pointage du *pierrier* dans tous les sens. On arme les hunes et les embarcations de *pierriers*. Ces petites pièces d'artillerie doivent avoir aussi leurs *batteries* ou *platines* (*voir* ce mot).

PIÉTAGE. s. m. Division en pieds et demipieds, tracée sur les côtés de l'étrave et de l'étambot d'un bâtiment, et qui sert à faire connaître dans les rades, quand la mer est belle, le nombre de pieds de calaison du navire, afin de pouvoir établir et conserver la différence d'immersion entre l'avant et l'arrière, que comporte la meilleure assiette d'un navire dans le fluide.

PIÉTER. v. a. C'est marquer le piétage sur l'étrave ou l'étambot ; cela se fait avec des chiffres en petites lames de plomb, de 6 pouces de hauteur ; on commence à *piéter* à partir du *talon* (*voir* ce mot) de l'étambot.

PIGOU. s. m. Sorte de chandelier en usage à bord des bâtimens pêcheurs et de commerce ; on s'en sert quand le travail de la cale se prolonge dans la nuit. Ce chandelier est simplement une douille en fer propre à recevoir une chandelle ; en dessous se projettent, selon un angle très-ouvert, deux pointes en fer, au moyen desquelles on assujettit le *pigou*, en le plantant dans les épontilles ou dans la muraille.

PIGOULIÈRE. s. f. Lourde et grossière embarcation construite pour contenir des fourneaux en maçonnerie, portant de vastes chaudières propres à faire fondre le brai ou tout autre matière, dont on se sert pour enduire la carène et les coutures des ponts et de la muraille d'un bâtiment. Les *pigoulières* sont remorquées en rade, pour servir à un navire qui reçoit quelques réparations légères de calfatage. Ce fourneau flottant est mouillé dans le voisinage, et le brai en est apporté bouillant à bord. Cette précaution prévient le danger qu'il y a pour un navire, de fondre du brai à bord (voir *Brai*). — C'est aussi le nom des fourneaux en maçonnerie construits à terre dans le même but, pour le service des bâtimens dans le port.

PILLAGE. s. m. Ancien droit des marins de prendre et de s'approprier les effets de l'équipage d'un navire pris. Ce reste de barbarie du moyen âge accordait en outre aux preneurs le droit d'enlever à un prisonnier la somme de trente livres; tout son argent, sauf ce qu'il possédait de plus, rentrait dans le butin commun, pour être partagé selon le droit de chacun.

Aujourd'hui, si un navire pris est pillé par quelques matelots rapaces, comme il s'en trouve toujours dans les équipages, cet acte infâme est réprimé; la morale l'a rangé parmi les méfaits qu'elle stigmatise; il ne se commet plus que parmi les pirates.

PILOTAGE. s. m. Science du pilote, qui anciennement était chargé de la conduite du bâtiment en mer. Le commandant et les autres officiers ne s'occupaient que des évolutions et des manœuvres du vaisseau. Au pilote appartenait le soin des observations et des calculs qui servent à déterminer la position du navire sur la mer, et sa direction à travers les vastes espaces de l'Océan. Ainsi le *pilotage* était ce que l'on appelle aujourd'hui navigation; et, comme cette science, il consistait à savoir observer les hauteurs et les distances des astres, leurs amplitudes et azimuths, pour en déduire tous les calculs astronomiques dont ces observations sont les premières données; à mesurer le sillage du bâtiment, à estimer la dérive, à faire des relèvemens, à pointer la carte; et une multitude de petites connaissances plus matérielles, que l'on comprend aujourd'hui dans les attributions de la timonerie, comme la correction des sabliers, le soin des boussoles, etc., étaient du ressort du pilotage. — Dans une autre acception, le *pilotage* est la science plus locale, qui consiste à guider entre les écueils et les divers dangers qui obstruent l'embouchure des rivières et des ports, les navires qui doivent y entrer. Cet art réclame une connaissance parfaite des lieux, et surtout du fond de la mer, aux environs des passages étroits fréquentés par les bâtimens, connaissance qui s'obtient au moyen de la sonde; et aussi celle des amers et marques, qui servent à indiquer les sinuosités des passes, et enfin les effets variables des marées dans ces canaux étroits.

PILOTE. s. m. On en distingue de trois sortes : celui qui, comme autrefois, était chargé, à bord des bâtimens du roi, de la conduite du navire en mer, et qu'on appelait *pilote hauturier*. Il avait rang d'officier, quoiqu'il ne pût jamais ou rarement le devenir, ni entrer dans le grand corps, comme on disait alors. Il portait l'uniforme et jouissait d'une grande considération à bord. Le *pilote côtier*, qui est ordinairement pris parmi les

maîtres ou patrons pour le petit cabotage. Sa science consiste à conduire les bâtimens le long des côtes d'une certaine étendue, et qu'il a souvent fréquentée. Il en connaît toutes les découpures et les accidens; il en sait les meilleurs ports, pour y mettre un bâtiment à l'abri. Enfin, le *pilote lamaneur* (voir *Lamaneur*).

PILOTE-BOT. s. m. Petit navire de l'Amérique septentrionale; svelte et gracieuse embarcation, rapide et solide à la mer, ordinairement gréée en goëlette (*voir* ce mot); goëlette modèle qui sert aux pilotes pour aller en mer à la rencontre des navires qui cherchent la terre et l'entrée d'un port. Ce mot est une corruption du mot anglais *pilot-boat*, littéralement : bateau de pilote.

PILOTER. v. a. Action de conduire un bâtiment; le diriger en mer, ou le long d'une côte, ou dans un étroit passage entre des écueils, des rochers courants, pour le mettre dans un port ou une rivière.

PILOTIN. s. m. C'est le titre d'un jeune novice embarqué, qui était autrefois sous la direction spéciale du pilote, pour l'aider et s'instruire dans les opérations de pilotage. Depuis la suppression des anciens pilotes, les *pilotins* sont attachés à la *timonerie* (*voir* ce mot), où ils aident à jeter le loch, à faire les signaux, à veiller l'horloge, sonner les heures et transmettre les ordres de l'officier de quart. Cette condition a quelque chose de plus désirable que celle des novices apprentis matelots, et s'accorde aux jeunes novices recommandés. A bord des bâtimens de commerce, les *pilotins* sont une classe de jeunes gens qui font aussi leur noviciat de marins, et qu'un commencement d'éducation et d'autres considérations sociales mettent à même de devenir un jour capitaines au long cours. Ils y font aussi les ouvrages de la timonerie, sont à l'occasion chargés de missions de confiance qui exigent du talent et de l'intelligence; ils mangent souvent et frayent avec les officiers du bord.

PINASSE. s. f. Embarcation d'origine basque, qui va à la voile et à l'aviron, de forme longue, étroite et légère Les Anglais appellent *Pinace*. un canot affecté au service particulier de l'étatmajor du bâtiment.

PINCE. s. f. Les marins donnent ce nom à la partie aiguë des façons extrêmes et submergées d'un bâtiment. — C'est aussi le nom de cet outil en fer, espèce de levier pointu d'un bout et terminé à l'autre extrémité en forme de pied de chèvre. La pince est très-utile à bord d'un navire de guerre; chaque canon a sa *pince*, qui sert à diriger le pointage. Dans la cale, dans les hunes, dans toutes les opérations de charpentage, la *pince* joue un rôle important.

PINCÉ, ÉE. part. Un navire *pincé* dans ses formes est celui dont les façons submergées sont aiguës, tranchantes à l'avant pour diviser le fluide, évidées à l'arrière pour la fuite du courant d'eau. Un navire trop *pincé*, ou trop fin, est d'une stabilité difficile ; un arrimage bien observé peut seul y remédier. Ces bâtimens marchent ordinairement très-bien.

PINCE-BALLE. s. f. Espèce de grande tenaille dont les pinces sont hémisphériques, avec manche, le tout en fer. Ils servent aux calfats pour retirer du feu un boulet rouge, et le porter dans un baquet qui contient du brai que l'on veut fondre et rendre liquide ; ils servent aussi à mettre les boulets rouges dans les canons.

PINCER LE VENT. v a. Expression des marins pour dire qu'un navire rapproche le plus possible sa *proue* de l'origine du vent, dont la direction oblique, à l'égard de la surface des voiles, a fait orienter et brasser très-ouvert, à l'aide des bras et des boulines. Un bâtiment ne peut *pincer le vent* qu'avec une belle mer ou un courant qui aide sa manœuvre. Il ne faut pas confondre l'acception de ce mot avec celle de *chicaner* (*voir* ce mot) dont les descriptions se rapprochent, mais dont les situations sont différentes. La condition de *pincer le vent* est de faire du chemin, d'avancer convenablement. Le bâtiment qui chicane le vent n'y gagne rien ; il s'arrête devant lui, baisse la tête, bat la lame et lui tourne le dos pour reprendre son aire.

PINGRE. s. m. C'était le nom de bâtimens du commerce dont la construction, le genre de mâture et le gréement ont beaucoup varié pour se rapprocher d'un système plus uniforme. On ne donne plus le nom de *pingre* qu'aux navires sans guibre et ne portant pas de figure à l'avant, mais seulement une courbe dont on figure un serpent, que la liure de beaupré semble étreindre de ses plis serrés. La marine française a compté des corvettes de guerre et même des frégates *pingres :* entre autres la corvette *la Colombe* et les frégates à bombes *l'Immortalité* et la *Vengeance*.

PINQUE. s. f. Bâtiment du commerce, construit à fond plat, de peu de façons, ayant l'arrière élevé ; il a communément trois mâts et porte des voiles latines sur des antennes. Il porte quelquefois de l'artillerie.

PIQUER. v. a. Synonyme de *compter* en langage vulgaire : frapper, avec le battant, la cloche d'un seul côté. C'est de cette manière qu'à bord des navires on fait sonner les heures chaque fois que l'horloge de sable, cessant de couler, indique qu'il s'est passé une demi-heure de plus depuis que le quart est commencé, ce qu'il faut annoncer à l'équipage en *piquant l'heure*, c'est-à-dire en frappant autant de coups de cloche, espacés deux à deux, qu'il s'est écoulé de demi-heures depuis le commencement du *quart* (*voir* ce mot). C'est un soin auquel on ne manque pas, et qui trouve cent officieux pour un. Les mousses surtout aiment avec passion à *piquer l'heure* sur la grosse cloche. Ils se tiennent dans son voisinage quand vient le moment, souvent au détriment de leur service ; puis, quand le signal est donné par la petite cloche du gaillard d'arrière, ou par le cri de *attrape quatre !* ou *cinq !* ou *huit !* on les voit se précipiter avec toute la pétulance de leur âge, se pousser, se culbuter, se battre même, pour s'emparer du battant de la cloche et frapper de toute leur vigueur, souvent même au péril de leurs petits doigts étourdiment pressés entre le lourd marteau et la paroi de la cloche. — On disait autrefois aussi *piquer* un homme à coups de corde, c'est-à-dire le frapper à nu sur le dos.

PIQUER. v. n. On dit *piquer au vent*. C'est le synonyme de pincer le vent. (*Voir* ce mot.)—La carène d'un navire se *pique* à la mer, ou dans les eaux de certaines rades intertropicales, de la morsure incessante d'un ver rongeur qui s'attache aux bois submergés.

PIRATE. s. m. Nom qu'on donne collectivement aux navires et aux gens qui font la piraterie, le vol sur mer ; synonyme de *forban*. (*Voir* ce mot.) La définition du mot *pirate* se résume à ceci : Voleur et assassin qui pille et détruit les bâtimens en les poursuivant sur l'Océan. Quant à l'histoire de ce mot, elle est complète dans un fort bon article publié à la page 135 du 3ᵉ volume de la *France Maritime*. — On dit *piraterie* pour désigner la profession du *pirate*, et *pirater* pour l'exercer.

PIROGUE. s. f. Embarcation de proportions arbitraires, dont l'espèce est très-variée suivant les pays auxquels elle appartient et l'application de son concours. Dans les Indes elle est souvent faite d'un seul tronc d'arbre creusé au dedans, et façonné en dehors de manière à ce que sa forme offre la plus grande rapidité possible. Les *pirogues* sont généralement fort longues, fort étroites et fort légères sur l'eau, dans laquelle elles entrent à peine. Il faut une certaine habileté, ou tout ou moins de l'habitude, pour les manier, tant elles sont volages et prêtes à chavirer. Bien qu'elles naviguent quelquefois à la voile, le peu de stabilité qu'offre leur forme les rend plus propres à être manœuvrées à l'aviron. Les plus longues *pirogues* sont bâties par membres et bordages, suivant le système ordinaire de construction. La fragilité de ces embarcations si grossières et si rapides borne leur navigation à la vue des côtes, et leur usage est surtout commun dans les rades et dans les rivières. — On emploie pour la pêche de la baleine des *pirogues* qui servent à poursuivre le cétacé. Ce sont de belles embarcations qui n'empruntent à leurs homonymes de l'Inde ou des Antilles que la forme pointue des extrémités et une élégance particulière. Ces *pirogues* vont indifféremment à la voile ou à l'aviron, et sont montées par six hommes. (Voir *Baleinier*.)

PISTOLET. s. m. Synonyme de *Minot*. (*Voir* ce mot.)

PITE. s. m. Partie filamenteuse d'une espèce d'aloès (*Agave americana*), très-commune, non-seulement dans l'Amérique d'où elle tire son surnom, mais encore en Asie, en Afrique, et même dans le midi de l'Europe; avec cette matière textile, on fabrique des cordages plus légers que ceux de chanvre, et d'une force bien supérieure.

PLAGE. s. f. Terrain plat et horizontal ou légèrement incliné vers la mer, et sur lequel la marée monte et se retire alternativement.

PLAIN ou **PLEIN.** s. m. C'est le point d'un rivage qu'atteint la mer, lorsqu'elle est pleine ou dans son *plein*. — On dit d'un bâtiment échoué aussi près que possible du bord de la mer, qu'il est *au plain*.

PLANCHE. s. f. Il y a pour toutes les embarcations, celles des bâtimens de l'État surtout, une planche dont la longueur est à peu près des deux tiers de celle du canot, et dont une des faces est garnie d'une petite tringle en bois, d'espace en espace, pour empêcher les pieds de glisser lorsqu'on passe dessus, et sert ainsi de pont volant entre l'embarcation et la terre. L'usage de cette *planche* fait dire vulgairement aux marins, en parlant d'un navire qui met sous voiles : la *planche est tirée*, c'est-à-dire que les communications sont interrompues entre la terre et le bâtiment qui s'en va. — La *planche de roulis* est une planchette qu'on place en garantie sur le bord d'une cabane pour n'être pas jeté dehors, par les mouvemens violens du navire, pendant le sommeil. —La *planche du coq* est un bout de planche de 6 à 7 pieds, qui, placé sur les grilles sur lesquelles repose la chaudière de l'équipage, aide à descendre cet appareil, en le faisant glisser, sur le pont, où doit se faire la distribution. Cette même *planche* trouve quelquefois une triste application lorsque quelqu'un meurt à bord. Enveloppé de toile, alourdi par les pieds avec quelques boulets, le cadavre est placé sur la *planche du coq*, laquelle posée sur la lisse, ou présentée par l'ouverture d'un sabord avec une inclinaison vers la mer, sert de pont au marin défunt pour passer du navire qu'il habitait jusqu'aux gouffres de l'Océan, dont il va sonder les mystérieuses profondeurs. Cette *planche du coq* a fourni un admirable épisode à Eugène Isabey, ce jeune peintre de tant d'esprit et de talent. On a vu au salon de 1836 son tableau des *Funérailles d'un officier de marine sous Louis XVI;* c'est une des pages les plus poétiques et les plus lugubres que la peinture moderne ait empruntées à la marine. La toile est haute et étroite ; elle représente un vaisseau de l'État naviguant sous bonne voilure au tomber du jour. C'est tout son côté ou passavant de bâbord que présente le navire ; le haut de la mâture ainsi que l'arrière se perdent dans le cadre. L'état-major et une partie de l'équi-

page sont rassemblés sur le bord; les uns sont cramponnés aux haubans, les autres faufilés par les sabords pour voir l'immersion. Le cadavre est enveloppé dans un grand linceul blanc; un boulet est attaché à ses pieds. Ce cadavre, ce corps enveloppé est d'un dessin admirable : on voit tous les contours amaigris qui doivent concourir à l'effet de ce sinistre aspect ; la tête est penchée avec un effrayant abandon... On va le lancer du sommet d'un sabord de la batterie haute; le prêtre lui jette les dernières gouttes d'eau bénite et ses dernières prières; tout l'équipage s'unit au psaume; beaucoup de mains sont jointes; mille expressions diverses, — terreur ici, plus loin insouciance; là curiosité, ici recueillement, — complètent la partie morale de cette belle et large composition. On regarde les sombres lames dans lesquelles va s'abîmer ce cadavre, on voit celle qu'il va percer.... L'harmonie de toute cette composition est complète : le ciel, la mer, l'abandon des voiles flottantes, tout participe de cette lugubre poétique; tout dans cette magnifique composition est terreur et mystère.

On appelle *jours de planche* le nombre de jours que certaines conventions commerciales fixent de gré à gré pour l'embarquement ou le débarquement de la cargaison d'un navire; cette expression est évidemment empruntée à l'usage qu'ont les marins de placer une longue *planche* pour faciliter la communication du quai au navire; tant que cette *planche* est en place, le bâtiment peut recevoir ou délivrer des marchandises. Cette *planche* s'appelle *planche de charge.* — Lorsqu'on veut exprimer qu'une voile est bien tendue par les cordages qui la garnissent et l'installent dans la mâture, on dit qu'elle fait la *planche;* un officier commande aux matelots qui hissent la voile : *Fais faire la planche!* —Les nageurs qui parviennent à rester immobiles sur une mer unie, couchés sur le dos à la surface, les bras collés au corps, disent qu'ils font la *planche.*

PLAT. s. m. Ce mot s'emploie en marine sous diverses acceptions; dans un sens on dit le *plat* d'un aviron, en parlant de la partie plane de ce levier de nage, et qui a été définie sous le nom de palle. Le patron d'un canot commande au besoin à ses canotiers : *Les avirons à plat !* c'est-à-dire de sortir les palles de l'eau où elles trempaient en nageant, et en tourner le côté *plat* parallèlement à la surface de la mer, en tenant les avirons bas et alignés. —Dans un autre sens un *plat* est une réunion de sept hommes, désignés par le *lieutenant en pied* (*voir* ce mot), pour manger ensemble à la gamelle et boire au même bidon. Tous les hommes de l'équipage d'un bâtiment de guerre particulièrement sont ainsi réunis par divisions de sept commensaux, en les composant de marins de la même classe ou rapprochés par la spécialité de leurs fonctions à bord. Chaque *plat* porte son numéro et sa désignation, et reçoit sa pitance à tour de rôle; le *plat* des maîtres est le premier servi; puis viennent le *plat* des contre-maîtres, des officiers mariniers, des gabiers, des matelots par premier, deuxième, troisième, etc., des novices, des soldats passagers et de la garnison, etc. Les *plats* qui n'ont pas de mousse, et c'est le plus grand nombre, sont desservis par l'un des sept convives *ad turnum*. Celui de service se rend à toutes les distributions pour recevoir la portion d'ordinaire, dont il demeure responsable jusqu'à complète consommation. Il a de plus la corvée de nettoyer les ustensiles. — On dit aussi *border à plat;* c'est, en parlant d'une basse voile, des focs, des voiles d'étai, tendre le plus possible leurs surfaces à l'action du vent, en tirant sur l'écoute qui fonctionne, leur faire la planche.

PLAT-BORD. s. m. C'est le nom du bordage large et épais qui, appliqué à plat sur le sommet de la muraille d'un bâtiment, recouvre le bout des membres de la carcasse et termine le haut du navire.

PLATE-BANDE. s. f. Large bande de fer recourbée et façonnée pour embrasser et contenir, en les recouvrant, les tourillons des canons sur les flasques de leurs affûts. — On donne aussi à diverses pièces de bois qui entrent dans la charpente d'un bâtiment le nom de *plate-bande.*

PLATE-FORME. s. m. Plancher volant ou à demeure, fait avec moins de soin que les ponts. Les principales à bord d'un bâtiment de guerre sont : celle de la *soute à poudre* (voir ce mot), sur laquelle se disposent et se préparent les gargousses; celle de la cale, sur laquelle on love les câbles et les autres principales amarres du navire, et sur un coin de laquelle les caliers établissent leurs quartiers de résidence. En faisant le branle-bas de combat, sur les bâtimens de guerre, on établit une *plate-forme* sur laquelle les chirurgiens procèdent au pansement des blessés. C'est dans la cale qu'on dresse ce théâtre de douleurs, afin de mettre les opérateurs et les opérés à l'abri des coups de l'ennemi, dont il leur arrive encore parfois d'être atteints.

PLATE-VARANGUE. s. f. La *varangue* (voir ce mot), cette première partie fondamentale de chaque membre ou côte du squelette d'un bâtiment, est plus ou moins bifurquée selon la finesse que le constructeur prétend donner au fond du navire. (Voir *Acculement.*) Lorsque l'acculement de varangue est nul, le bâtiment est dit à *plate-varangue.*

PLATINE. s. f. C'est le nom d'un mécanisme ingénieux fort ressemblant à la batterie d'un fusil, dont il est une modification, appliqué aux canons des navires de guerre. C'est au moyen de cette *platine* que l'on communique le feu aux pièces, ce qui se faisait autrefois par l'intermédiaire du *boute-feu.* (Voir ce mot.) Cet ancien auxiliaire n'est pas complétement proscrit, mais il ne sert que dans les cas où la *platine* manque d'enflammer

l'amorce. Le mécanisme, renfermé dans un emboîtement en cuivre, est armé d'un *chien* portant un silex; une gâchette extérieure opère le choc de la pierre contre le recouvrement du bassinet, au moyen d'une ficelle que le chef de pièce tient à la main, tandis que, placé en arrière du canon, il en dirige le pointage ; et quand il l'a trouvé, un coup sec qu'il imprime à cette ficelle fait partir le coup sans intervalle sensible entre l'explosion, et le sentiment d'un pointage exact. Par le secours de cette ingénieuse machine, le commandant d'un vaisseau de ligne obtient la détonation simultanée de ses quatre-vingts ou cent trente pièces d'artillerie : il suffit que son commandement de feu ! ait été entendu par chaque chef de pièce, qui n'a qu'une simple traction à imprimer au cordon de *platine* pour opérer la décharge. Cette *platine* est adaptée au renfort de la culasse du canon et communique avec la lumière; des vis à écrou l'assujettissent invariablement.

PLEIN. s. m. Les marins disent souvent le *plein de l'eau,* pour le moment où la mer a cessé de monter, ou qu'elle est complétement pleine. — Lorsqu'un navire cingle sous une allure qui rapproche son avant du point d'où souffle la brise, et que l'homme placé à la barre du gouvernail chicane le vent, on entend souvent l'officier qui veille la manœuvre lui commander : *Plein la voile! Ne chicanez pas le vent!* c'est-à-dire de faire *arriver* le bâtiment au moyen du gouvernail, pour mieux présenter les voiles à l'action de la brise, et qu'elles *s'emplissent* de vent; alors le navire *porte bon plein;* il incline un peu plus, mais il en devient plus rapide. L'officier dit aussi au timonier : *Près et plein;* c'est une recommandation de gouverner le plus près possible de l'origine du vent, sans le chicaner. — La mer est *pleine* lorsqu'elle ne monte plus. — La cale est *pleine* quand elle ne peut plus rien recevoir. On dit alors que le bâtiment a son *plein.* Un canot porte son *plein d'eau,* lorsque, rempli d'eau, il ne submerge pas complétement, et peut encore, avec cet excès de charge, naviguer à la voile et à l'aviron.

PLET. s. m. C'est le nom que les marins donnent au pli en rond d'un cordage quand on le *cueille* (voir *Cueillir* et *Lover*); mais il s'applique plus particulièrement aux câbles et aux grosses amarres. Donner le *plet,* faire le *plet* est un travail qui réclame de grands efforts d'hommes, lorsque le câble est difficile à dompter, et que l'espace dans lequel on le plie en rond sur lui-même est étroit.

PLI. s. m. Comme dans le langage ordinaire, ce mot exprime les *plis* d'un tissu; on l'applique aux voiles lorsqu'on les relève sur les *vergues* (voir ce mot) par *plis réguliers,* soit pour diminuer leur surface à l'action d'un vent frais, soit pour les soustraire complétement à sa violence, soit enfin pour les serrer avec soin dans les rades.

PLIANT. s. m. Siége sans dossier, à l'usage

des bords, composé d'une petite charpente qui s'ouvre et se ferme par un jeu de pivots, et d'un fort coupon de toile cloué sur le bord des traverses supérieures. Les élèves, les maîtres s'en servent; il est peu encombrant, et c'est son seul mérite dans les logemens étroits d'un navire.

PLIER. v. n. Dans un sens, c'est le synonyme d'*incliner* ou *donner la bande,* et se dit d'un bâtiment sous les pressions d'un fort vent qui le frappe de côté. — Dans un autre cas, il est pris pour *fléchir :* un navire de guerre qui *plie* dans un combat sous le feu de son adversaire, révèle son infériorité, et cherche à quitter la partie.

PLOMB. s. m. Ce métal, appliqué sous toutes les formes à bord d'un navire, n'est considéré que sous un seul aspect; c'est lorsque, façonné en petite pyramide percée au sommet pour recevoir le bout d'une ligne, il sert aux marins pour mesurer la profondeur de la mer et interroger la nature des fonds sous-marins que l'on peut atteindre. Il a le nom de *plomb de sonde.* Il est plus ou moins pesant selon les profondeurs où il est jeté. La base de sa forme pyramidale est creusée et remplie, au moment de son immersion, d'une boule de suif, qui doit, en s'appliquant sur le sol, se charger de fragmens et s'imprimer des irrégularités du petit espace où il est tombé. Ces indices rapportés par le *plomb de sonde,* quand il est rehissé à bord au moyen de la ligne, servent au pilote à reconnaître la position de son navire. Les *plombs* de sonde les plus lourds pèsent 100 livres. Les plus légers, qui servent pour sonder à la main, sont des poids de 7 à 8 livres. (Voir *Sonder.*)

PLONGER. v. n. Synonyme de caler. (Voir *Calaison.*)

PLONGEUR. s. m. Nom qu'on donne à un homme qui est parvenu à rester quelque temps sous l'eau et à y accomplir certains travaux, tels que l'amarrage de grelins, la visite des fonds d'un bâtiment, celle des ancres, etc. On rencontre dans les Indes et dans les Antilles des *plongeurs* très-exercés. La pêche des perles à Ceylan, sur les côtes de la Californie et ailleurs, se fait par l'auxiliaire des *plongeurs.* Les Nègres sont si habiles dans cet art, qu'ils descendent à 25 et 30 brasses chercher des pierres au fond, ou visiter l'emplacement où un bâtiment peut placer son ancre pour qu'elle soit de bonne tenue. En 1829, un officier du trois-mâts *la Loire* du Havre, mouillé dans la rade du Fort-Royal, laissa tomber à la mer un sac d'argent qu'il embarquait en venant de terre. L'événement s'était surtout compliqué en ce que, frappant contre le bord, le sac s'était ouvert ou crevé, de sorte que les écus étaient tombés au fond en s'éparpillant. On fut chercher à terre un noir renommé pour son adresse à retirer du fond des objets perdus. Il y avait 26 brasses, c'est-à-dire 150 pieds d'eau. En moins de deux heu-

res, y compris ses repos, l'habile *plongeur* rapporta 940 fr., sur 1000 que contenait le sac: le fond de roche avait à la vérité favorisé cette opération. Les plongeurs maltais sont aussi très-renommés.—On a depuis peu de temps perfectionné un appareil nommé *cloche à plongeur,* et dont la plus parfaite, en cela différente des premières, est d'un seul morceau de fer fondu. Sa forme est celle d'une caisse oblongue ouverte par en bas; sa longueur est de 6 pieds. Sa partie inférieure est plus lourde que le reste; au surplus l'ensemble de la machine ayant plus de poids que le volume d'eau déplacé, l'immersion est rapide. Le plafond, percé de douze à quinze trous garnis de verres fort épais, livre passage à une lumière suffisante. Une manche ou tuyau en cuir d'un pouce de diamètre arrive également à ce plafond du point supérieur de la surface d'où l'air est sans cesse communiqué à la cloche au moyen d'une pompe refoulante; une soupape en cuir, placée à l'orifice inférieur de la manche aussi en cuir, empêche l'air de sortir de la machine. Des deux côtés sont établis des petits bancs à marchepied sur lesquels deux hommes peuvent s'asseoir; une chaîne rivée au plafond sert à soutenir les pierres que la machine enlève du fond, ou celles qu'elle y apporte. Une expérience bien simple, et qu'il est facile de faire, prouvera d'après quel principe est construite la *cloche à plongeur.* Qu'on prenne un verre à boire, dont l'intérieur soit bien sec, qu'on le plonge dans l'eau et qu'on l'en retire en ayant soin de le tenir bien perpendiculairement, on reconnaîtra que les parois intérieures n'ont été mouillées qu'à une légère distance du bord, que l'eau n'a point pénétré dans toute la cavité, et qu'un insecte, placé au fond du verre, aurait pu y séjourner impunément pendant l'immersion, sans être atteint par l'eau. Voilà le système sur lequel est basée la *cloche à plongeur.* L'air, qui occupe un espace plus rétréci à mesure que la cloche s'enfonce, finit par acquérir une telle élasticité que l'eau ne peut le déplacer, et que les individus qui occupent l'espace rempli par l'air n'ont aucune espèce de danger à courir. Il est facile de rester longtemps sous cette cloche, et à l'époque de la construction d'une jetée en pierre, près de Dublin, en Irlande, des dames y séjournèrent trois quarts d'heure : son auxiliaire a été fort utile à la construction du pont de Bordeaux. On cite bon nombre de curieux qui se sont laissé affaler dans les cloches dont les travaux des bassins de Cherbourg ont réclamé l'usage. La lumière parvient assez abondamment dans les *cloches à plongeur* pour qu'il soit possible de lire à 35 ou 40 pieds sous l'eau tranquille d'un bassin. — *Bateau plongeur.* M. Castéra, vénérable philanthrope, homme désintéressé, qui s'est ruiné pour la science, inventa, en 1809, un *bateau plongeur,* dont voici la brève description : Il était pourvu, 1° de réservoirs particuliers que l'on remplissait d'eau à volonté, au moyen de pompes qui faisaient monter ou descendre l'embarcation; 2° de verres et de manches en cuir pour obtenir la facilité de voir les objets et de les saisir; 3° de tuyaux de respiration communiquant de l'intérieur du bateau à l'atmosphère, comme ceux appliqués depuis aux cloches; il y avait de plus un soufflet à double vent destiné à recevoir ou à chasser l'air; 4° d'avirons ou rames de proportions légères; 5° de lest fixé à la quille afin que son poids ne fatiguât pas le bateau, et dont l'arrangement était tel que le navigateur pouvait à son gré en séparer du bateau tout ou partie. Ce bateau offrait les moyens de le diriger sous l'eau, d'y voir et de saisir les objets, de descendre jusqu'à 30 pieds de profondeur et de regagner facilement la surface, tout cela sans le moindre danger. Ce genre de bateau pouvait être fort précieux en temps de guerre, soit comme aviso caché, soit enfin comme combattant lui-même, puisqu'il pouvait être armé et se montrer tout à coup à son ennemi et le surprendre. La réunion d'une flotte de *bateaux plongeurs* pouvait être un excellent expédient de guerre navale. La recherche des naufragés, l'étude du fond et des écueils pour la formation des cartes marines pouvaient s'aider très-efficacement de l'ingénieux bateau de M. Castéra. Depuis cette première invention, il a été fait par d'autres ingénieurs quelques modifications ou perfectionnemens au *bateau plongeur* dont la description précède; pourtant l'usage n'a pu encore en être familiarisé dans la marine.

POC A POC. adv. Locution triviale empruntée à la langue espagnole, qui sert à exprimer la lenteur avec laquelle se fait une chose; un bâtiment qui marche mal, dont l'allure est lourde, est dit aller *poc à poc.*

POINT. s. m. C'est la situation d'un lieu ou d'une chose sur la surface du globe, déterminé par latitude et longitude. C'est l'endroit où un bâtiment se trouve sur la mer, tous les jours, et à tous les instans. Les marins, à chaque midi, font un calcul sur le chemin parcouru depuis la veille à pareille heure, et ils appellent ce calcul leur *point;* à chaque midi la position du navire est donc constatée. — On appelle *point observé* celui qui est la conséquence d'observations faites sur les astres, et *point estimé,* celui qui se déduit de l'appréciation du chemin parcouru et calculé suivant les directions vers lesquelles a gouverné le navire.— Le *point de départ,* c'est le lieu d'où le bâtiment part à midi, à l'instant où sa position est constatée; le *point d'arrivée,* c'est celui qui sert de limite au chemin dont l'appréciation fait l'élément du calcul; — le *point d'arrivée* se marque chaque jour sur la carte, à l'aide des degrés de latitude et de longitude qu'y représentent les lignes tracées par le dessinateur; de cette façon, on reconnait chaque jour la distance qui sépare du lieu qu'on a quitté, et celle qui reste à franchir pour

atteindre la destination désirée. Ce report du point, fait chaque jour sur la carte marine, permet donc de juger également, à bien peu de chose près, le parage où le bâtiment se trouve, et l'absence ou le voisinage d'îles, de terres, de rochers, etc.; c'est ainsi qu'on reconnaît également quand on doit se trouver sous les principaux cercles de la sphère, que l'hydrographie a appelés les tropiques et l'équateur. — On dit le *point d'une voile,* pour désigner le coin qui se trouve placé à un endroit qu'on désigne par ces mots : le *point du vent* (celui qui est placé du côté d'où vient le vent); le *point de dessous le vent* (celui qui est son opposé).

POINTE. s. f. En géographie, langue de terre qui s'avance dans la mer. — Souvent les marins désignent sous le nom de *pointe* les airs de vent tracés sur la boussole; — brasser en *pointe,* c'est tourner les vergues, et par conséquent les voiles du navire, le plus qu'il est possible dans le sens de la quille, et jusqu'à ne former avec celle-ci qu'un angle de 40° environ; cette opération se pratique pour rapprocher autant que possible du lit du vent la route que suit le navire. — On appelle voiles *en pointe,* toutes celles qui ne sont pas carrées, telles que les voiles d'étai, les focs, etc.

POINTER. v. a. et n. On dit quelquefois *pointer* pour signifier faire son point, c'est-à-dire calculer la latitude ou la longitude du point où l'on est; — *pointer la carte,* c'est reporter sur la carte le lieu où l'on estime que doit se trouver le bâtiment, d'après l'observation estimée ou observée qui a été faite (voir *Point*);— les canonniers disent *pointer* pour exprimer qu'ils ajustent avec les pièces d'artillerie. — Le résultat obtenu sur la carte marine, ou celui de la direction donnée à un canon, s'appellent tous deux *pointage.*

POLACRE. s. f. Espèce de bâtiment de la Méditerranée, qui a trois mâts à pible, c'est-à-dire d'un seul morceau, et qui porte des voiles carrées. Il y a du reste des *polacres* voilées de différentes manières, et on voit même sur quelques navires une sorte de voile en pointe à laquelle le nom de *polacre* est également donné. — Une petite *polacre* s'appelle *polacron.*

POMME. s. f. Boule de bois fort aplatie qu'on ajuste à l'extrémité supérieure des mâts perpendiculaires des navires; comme leur diamètre est plus large que celui des mâts sur lesquels elles s'emboîtent, les *pommes* sont percées d'un ou deux petits trous dans lesquels on fait passer la drisse de flamme ou de pavillon, qui, par ce moyen, peut être hissé jusqu'au sommet du mât. La *pomme* du grand mât d'un vaisseau peut avoir 20 pouces de diamètre, bien qu'elle semble loin d'être aussi large, vue de l'élévation où elle est placée. Il n'y a au-dessus de la *pomme* d'un mât qu'une branche en fer qui supporte la girouette. On voit quelquefois des matelots assez intrépides ou assez imprudens pour grimper sur la *pomme* d'un vaisseau, et s'y tenir debout, n'ayant simplement pour appui que la frêle vergette de fer sur laquelle tourne la girouette. Il y avait, en 1828, à bord du vaisseau *la Couronne*, un gabier qui se déshabillait et se rhabillait en se tenant debout sur la *pomme* du grand mât, lorsque le vaisseau était dans le port ou dans une rade paisible; les officiers finirent par défendre à ce marin un aussi dangereux exercice. — Il y a dans un navire une foule de *pommes* appliquées à différens usages secondaires, et que nous nous bornerons à énumérer, sans essayer d'en donner les définitions inutiles dans un ouvrage comme celui-ci; ce sont les *pommes* de racage, goujées, de tournevire, de tire-veilles, etc. (*Voir* ces différens mots.)

POMPE. s. f. C'est un long tube en bois qui, à l'aide d'un petit appareil intérieur, sert à aspirer l'eau dans laquelle trempe sa base, pour la rejeter par son extrémité supérieure, lorsque le mouvement ascendant et descendant est imprimé à la soupape intérieure à l'aide du levier à bras. L'appareil aspirant de la *pompe* est formé par une chopinette et une heuse à soupape; le système des fonctions de ces objets est généralement connu. — Un vaisseau de guerre a quatre *pompes* autour de son grand mât; les navires de moins grande dimension n'en ont que deux. Ces *pompes* sont spécialement destinées à enlever l'eau qui séjourne au fond de la cale, et qui doit toujours se trouver en plus grande quantité au pied du grand mât que partout ailleurs, si le navire est droit. — Il y a encore d'autres *pompes* affectées à divers usages, et qui sont celles-ci : la *pompe d'étrave*, située contre l'étrave, et qui prend l'eau à la mer, pour la verser sur le pont, suivant les continuels besoins de propreté, de lavage, etc. — Les *pompes* à main sont portatives; leurs corps sont en cuivre ou en ferblanc; elles servent aux transvasemens qui s'opèrent journellement dans les cambuses. — On dit que la *pompe est chargée*, lorsqu'elle a son mécanisme intérieur en contact avec l'eau inférieure, et qu'elle est en état de la rejeter par en haut;—la *pompe est franche*, lorsqu'elle ne trouve plus d'eau à sa base. — Les *pompes* d'un bâtiment doivent être toujours maintenues dans le meilleur état de service, car leur utilité de tous les instans peut parfois devenir un indispensable moyen de salut. Dans un combat, dans un abordage, dans un échouage, les *pompes* sont souvent destinées à sauver l'équipage de sa perte, en lui conservant sous les pieds un asile que la mer envahit et qu'elle menace d'engloutir. On se souvient de cette énergique boutade d'un de nos plus célèbres marins qui, dans un pressant danger, voyant tout son équipage se prosterner pour adresser des prières aux saints les plus en crédit dans leur opinion, leur cria, comme un appel à un secours plus matériel et plus certain : *Mais sainte Pompe, corbleu ! sainte Pompe ! vous l'oubliez donc !*

PONANT. s. m. C'est l'occident opposé du levant, orient.

PONANTAIS. s. m. Nom donné par les Levantins, marins du Levant, à toutes les populations maritimes de l'Océan et du Nord, habitans du Ponant.

PONT. s. m. Plancher simple ou multiplié à divers intervalles superposés, qui recouvre la coque d'un bâtiment; à vrai dire, et bien qu'on dise un vaisseau à *trois ponts*, il n'y a de pont que celui qui est supérieur, qui sert pour ainsi dire de couvercle au navire; les autres sont des batteries, des entreponts. (*Voir* ce mot.) Les petits navires ainsi que les embarcations à rames, n'ont point de *ponts*, ne sont point pontés. — Le *pont* est quelquefois appelé *tillac*, mais ce mot a vieilli et s'est réfugié dans les opéras comiques, pour rimer avec hamac et tabac.—Les gaillards d'avant et d'arrière sont les parties opposées des extrémités d'un *pont*. — Le *pont*, c'est la scène, la place publique, le forum d'un navire; les hommes et les officiers de quart s'y promènent; c'est de là que s'exécutent toutes les manœuvres de la mâture; c'est le centre de l'action. Dans les grandes occasions, on crie : *tout le monde sur le pont!* et à ce commandement, un vaisseau voit les mille hommes qui, en temps de guerre, forment son équipage, se presser et se ranger en ordre sur le *pont*. — Mettre le *pont* à un navire, c'est le *ponter*.

PONTON. s. m. Le *ponton*, proprement dit, est un gros bâtiment carré à fond plat, espèce d'énorme coffre fortement construit, élevé sur l'eau, quelquefois portant un robuste mât, presque toujours un, deux, ou quatre puissans cabestans. Son pont est percé de plusieurs écoutilles pour la communication avec l'intérieur et pour les dispositions de certains apparaux. Les *pontons* sont multipliés dans les grands ports, où ils rendent d'importans services; mouillés dans les endroits les plus profonds, retenus par quatre fortes chaînes, défiant ainsi la force des courans et la violence du vent, ils deviennent des quais flottans le long desquels les plus gros vaisseaux s'amarrent avec sécurité, et où ils reçoivent, au besoin, toutes sortes de réparations; ils y abattent en carène et y complètent leur armement. — Les *pontons* tels qu'ils viennent d'être décrits sont rares, parce que le même recours peut être obtenu de vieux vaisseaux cassés, et qu'il y a économie à s'en servir. Devenus incapables de tout autre service, ces vétérans de la flotte sont réduits à la condition de *pontons* en les démembrant dans leurs œuvres hautes, en rasant leurs batteries; en sorte qu'il ne reste plus du vaisseau jadis si beau, si formidable, que le fond et les *préceintes* (*voir* ce mot) tant de fois meurtries par les lames et les boulets. Ce tronc de navire flotte encore péniblement, noir et rouillé; triste souvenir d'un beau passé, comme le gabier invalide qu'on a fait son gardien; de là la figure que les marins emploient pour peindre leur pensée à l'égard de certains bâtimens, quand ils disent : *vieux comme un ponton, rasé comme un ponton.* Est-ce par cette analogie que les Français ont donné le nom de *ponton* à ces horribles cachots flottans que les Anglais appellent *prison-ships,* littéralement vaisseaux-prisons? Sous cette acception le mot *ponton* comprend tout ce que la pensée peut concevoir de plus inhumain. — On sait que les *pontons anglais* furent, durant la guerre dernière, ces affreuses bastilles flottantes où le gouvernement se disant *le plus philanthrope, le plus libéral* du monde, entassait les prisonniers français que de nobles défaites mettaient en son pouvoir! On n'a pas assez connu les tortures sans nom que, pendant dix et quinze ans, nos malheureux compatriotes ont supportées dans ces carcasses délétères. Nous ne saurions pas les énumérer et les dépeindre ; qu'on lise les articles d'Edouard Corbière. Disons seulement que l'infernale intelligence qui créa le *ponton anglais,* et le gouvernement qui eut la cruauté d'en matérialiser la pensée, ont stigmatisé la nation britannique d'un opprobre éternel aux yeux de l'humanité.

PORT. s. m. Lieu sûr et tranquille que l'eau de la mer remplit, bien encadré par le rivage, qui laisse une issue pour communiquer avec la mer tout en protégeant l'intérieur du bassin des violences de la mer et du vent. Les vaisseaux y sont en sûreté contre la tempête. Les *ports* se distinguent par leur importance, et prennent des noms que leur assignent leurs accidens naturels. Le complément d'un bon *port* est une bonne rade avec laquelle il communique avant de s'ouvrir sur la mer. Ceux qui à cette condition joignent encore celle d'avoir des eaux profondes en tout temps, sont les premiers *ports,* comme ceux de Brest et de Toulon en France; de Milfordhaven, de Portsmouth en Angleterre ; de Rio-Janeiro, etc., à l'étranger. Il est des *ports* qui ont reçu toutes ces conditions de la nature, et dont l'homme n'a eu qu'à profiter en les perfectionnant selon son caprice. Quelquefois une bonne rade a donné l'idée de faire un *port* à côté; comme à Toulon. Ailleurs un *bon port* a donné lieu à faire une rade devant, comme à Vigo. Enfin l'homme a aussi fait *port* et rade tout à la fois, comme à Cherbourg. Les *ports* capables de recevoir les plus gros vaisseaux en tous temps sont les *ports* de premier ordre ; on les appelle *ports militaires* ou *ports de l'État,* anciennement *ports du roi.* Ceux qui n'admettent que des navires d'une calaison moyenne sont appelés les *ports du commerce;* moins pour cette raison que pour leurs produits agricoles et manufacturiers qui y stimulent l'industrie et les spéculations, comme Bordeaux, Marseille, etc. Un *port fermé* est celui dont on ne voit pas la sortie quand on est dedans, comme le *port Jackson* à la Nouvelle-Hollande ; un *port ouvert* est le contraire ; un *port de barre,* comme Bayonne, a son entrée obstruée par une barre ; un *port de marée* est celui que la mer en se retirant laisse à sec. On dit un *bon port,* un *mauvais port.* Un *port de relâche* est celui où l'on se rend pour réparer les avaries éprouvées à la mer, ou faire reposer l'équipage fatigué et souffrant. *Port de destination,* c'est celui où doit se rendre le bâtiment pour accomplir un voyage projeté.—*Port* se dit aussi pour exprimer le poids en tonneaux que peut porter un navire. — *Port permis,* c'est la quantité de marchandises ou de tonneaux que les officiers du commerce sont autorisés à embarquer pour leur compte sans payer de fret à l'armateur. Pour le capitaine, le *port permis* en tonneaux est d'un pour cent.

PORTAGE. s. m. On donne ce nom aux contacts mutuels de certaines parties de la mâture et du gréement, qui ne manquent pas d'exercer un frottement nuisible sur ces parties. Ces contacts ou *portages* sont : celui d'un hauban contre une vergue, ou d'une voile contre un étai, ou d'une manœuvre dans sa poulie, etc. On a soin de garnir les objets en contact de quelque fourrure qui adoucisse le frottement.

PORTÉE. s. f. Intervalle d'une certaine étendue ; projection relative de l'effort d'un objet ; en marine on se sert de diverses *portées* pour expressions de distances. On dit approcher un navire à *portée de canon ;* c'est-à-dire à la distance que parcourt le boulet d'un canon par l'effet du tir. Combattre l'ennemi à *portée de pistolet,* se tenir à *portée de voix* du général. La *portée* de la plus forte voix dans le grand porte-voix est, terme moyen, de trois encâblures.

PORTE-HAUBANS. s. m. On appelle de ce nom des saillies en forts bordages que l'on voit de chaque côté extérieur du navire à la hauteur du pont, et qui correspondent à peu près aux basmâts. Les *porte-haubans* servent de point d'appui aux *cap-de-moutons* (*voir ce mot*) fixés sur la muraille extérieure au moyen de leurs chaînes, sur lesquels les bas-haubans viennent recevoir la forte tension qui leur est nécessaire pour le maintien des bas-mâts. Les *porte-haubans* d'un vaisseau, et même d'une frégate, sont assez spacieux pour offrir une retraite clandestine aux matelots et novices joueurs ; ils s'y réfugient, croyant se livrer avec sécurité aux chances attrayantes d'un brelan défendu ; mais le capitaine d'armes, cet infatigable commissaire de police du bord, a bientôt dépisté les contrevenans, qui ne sont avertis de leur prise en flagrant délit, que par le déluge d'eau que vomissent sur les joueurs et la galerie les nombreux seaux d'eau déchargés avec vigueur dans ce cercle en désarroi ; sans préjudice des autres peines et amendes applicables. A bord des bâtimens ras d'eau qui traversent la zone torride, les *porte-haubans* reçoivent assez souvent de ces délicats poissons volans, qui viennent étourdiment s'y échouer et mourir dans la nuit. Le cuisinier ne manque pas d'y faire sa ronde tous les matins; et s'il n'a pas été devancé par le chat du bord, très-amateur de cette manne océanienne, il s'en empare pour en faire sa cour à la friandise libérale de quelque passager.

PORTE-LOF. s. m. Synonyme de minot et pistolet. (*Voir* ces mots.)

PORTER. v. a. Ce mot est employé en marine avec son acception vulgaire, pour exprimer la puissance militaire d'un navire de guerre. On dit qu'il peut *porter* tant de canons, c'est-à-dire les monter et s'en servir contre l'ennemi. Dans le même sens, il sert à exprimer la charge possible d'un bâtiment du commerce; on dit : il *porte* tant de tonneaux. Un navire qui *porte bien la voile* est celui qui résiste au vent de côté et incline difficilement sous l'effort de ses voiles. — *Porter* est aussi verbe neutre dans les cas suivans : *faire porter une voile*, c'est la remplir de vent, faire qu'elle ne barbeye pas, soit en la brassant convenablement, soit par l'intermédiaire du gouvernail. — *Laisser porter*, c'est le synonyme de *laisser arriver*. (*Voir* ce mot.) On dit aussi, *porter au nord, porter en route, porter au vent d'une île*, c'est faire avancer le navire en présentant sa proue dans les directions indiquées; comme on dit aussi : le vent n'est pas *portant, le bâtiment ne peut pas porter à la route ordonnée*, c'est-à-dire le vent ne permet pas de faire suivre au navire la route prescrite par le capitaine.

PORTE-VOIX. s. m. Les Anglais l'appellent *speaking trumpet* (trompette parlante). Cette dénomination est aussi pittoresque que la nôtre, et peut-être plus exacte. C'est effectivement une sorte de trompette en fer-blanc qui rend, avec une intonation plus volumineuse, les paroles qu'on y crie par son embouchure. Il y en a de plusieurs sortes; le *petit porte-voix*, nommé aussi *porte-voix à main* ou *braillard*, c'est le *porte-voix* de l'officier de quart, avec lequel il commande les manœuvres. Chaque officier a le sien; plus ou moins modeste, plus ou moins coquet. Quelquefois il est simplement recouvert d'une grosse peinture, comprise dans le devis du peintre qui a barbouillé le navire. Simple comme l'homme de mérite qui lui fait dire de bonnes choses, c'est le *porte-voix* du marin. Plus souvent il est tout brillant de vernis, de filets d'or, d'emblèmes, de chiffres et d'armoiries, inutile blason de fatuité sur l'Océan ! sa voix arrive mal aux oreilles du gaillard d'avant; c'est le *porte-voix* de l'officier, ce qui ne veut pas toujours dire marin. Le mot *porte-voix* est souvent employé par un commandant pour formuler sa pensée à l'égard d'un officier manœuvrier. Quand il lui dit : Conservez le *porte-voix*, c'est lui dire, soyez mon officier de manœuvre dans cette grave circonstance, et veillez au salut du vaisseau. S'il lui dit : je vous retire le *porte-voix*, c'est comme si l'on disait à un ministre : je vous retire votre portefeuille, vous n'êtes plus ministre. — Vient ensuite le grand *porte-voix* pour héler les navires en mer, ou les embarcations en rade. Il a deux corps qui se tirent pour allonger l'instrument et lui donner plus de portée. — Puis le *porte-voix* de combat, dont le long tube, traversant les ponts du vaisseau, joint le commandant aux chefs de batteries, et rend l'expression de sa pensée à tout son équipage.

PORTUGAISE. s. f. Sorte de liure dont les tours, conduits en serpentant entre deux bouts d'esparts ou de bigues, qui se croisent, lient solidement leurs extrémités.

PORTULAN. s. m. Ou le guide des pilotes côtiers. Ancien livre de navigation qui a été défini au mot *Flambeau de la mer*.

POSTE. s. m. Dans un port, c'est la place fixe assignée à un ponton ou à tout autre bâtiment stationnaire; ils y sont retenus par de fortes amarres, appelées amarres de *poste*. Dans une armée ou dans un convoi, c'est le rang où doit se maintenir un bâtiment. D'après les signaux du général, un vaisseau prend son *poste;* un brave capitaine le conserve et le défend; un lâche l'abandonne. Chaque homme à bord a son *poste* pour le combat et pour la manœuvre; on sait que celui du commandant est sur son banc de quart. Chaque chose à bord a également son *poste*. Les places désignées aux diverses personnes du bord pour leur habitation se nomment aussi des *postes*. Il y a le *poste* des chirurgiens, le *poste* des élèves, le *poste* des maîtres : ce sont les endroits qu'ils occupent pour manger et suspendre leurs cadres.

POSTE-AUX-CHOUX. s. f. C'est un canot dont la corvée spéciale est le transport des vivres ; qui, chaque jour, lorsqu'un bâtiment de guerre est dans une rade, va chercher à terre les provisions de bouche qui doivent être consommées dans la journée. Ce canot, qui n'est pas très-alerte parce qu'il est toujours chargé, et que les rameurs n'y sont pas à leur aise, tant il est encombré, tient le milieu entre la chaloupe lente et grave, et le canot de promenade vif et rapide. — Lorsqu'un canotier fait mal manœuvrer son aviron, qu'il n'est point agile, on lui dit qu'il nage comme dans la *poste-aux-choux*.

POT-A-BRAI. s. Chaudière de fonte ou de potin, dans laquelle on fait fondre le brai qui sert à remplir les coutures déjà garnies d'étoupe et pressées par le calfatage.

POTENCE. s. f. Autrefois presque tous les navires avaient sur leur pont des montans en bois verticaux, élevés de 5 à 6 pieds, réunis à leur sommet par une barre transversale. Ces *potences*, placées par deux en regard l'une de l'autre, servaient à supporter des esparts de rechange, des avirons, des matériaux, et en général tous les menus objets encombrans qui forment ce qu'on appelle encore la drome, ou faisceau d'ustensiles de rechange. Souvent les canots étaient renversés et placés sur les potences, et formaient ainsi un abri sur un certain espace du pont, en le dégageant d'une pièce encombrante. Aujourd'hui les *potences* sont presque généralement supprimées; on maintient encore sur quelques bâtimens du commerce celle qui porte la grosse cloche du gaillard d'avant.

POUDRIN. s. m. C'est la partie la plus subtile de l'eau que, dans le choc des lames, le vent dégage et jette en pluie fine sur le bâtiment.

POUILLOUSE. s. f. C'est une voile d'un usage peu commun, qui se hisse en avant du grand-mât, et se développe sur le grand étai; on devrait l'appeler grande voile d'étai. Cette voile, dont on se sert fort peu aujourd'hui, était mise dehors dans les coups de vent, parce que sa situation dans la mâture était propre à donner au vaisseau des mouvemens doux et réguliers.

POULAINE. s. f. On a parlé aux mots *Étrave* et *Guibre* des dispositions de menuiserie et de charpentage qui entrent dans la construction de ces prolongemens construits à l'extérieur de l'avant du navire; c'est l'ensemble de ces dispositions et de ces ornemens qu'on appelle *poulaine*. Les anciens navires, par l'élévation de cette espèce de construction entée sur la première, représentaient assez imparfaitement, par l'extrémité antérieure, les *souliers à la poulaine*, dont la forme allongée, pointue et relevée, était fort recherchée au moyen âge. Mais cette forme s'est modifiée avec le progrès de notre architecture navale; l'*éperon* est devenu *poulaine*. Tout le monde a remarqué cette ligne courbe et gracieuse qui découpe l'avant d'un navire, et ressemble communément à un bec de perroquet renversé; des pièces de charpente forment, arquées sur ce point, une sorte de prolongement à l'avant du bâtiment. Une espèce de parapet découpé en sculpture, ou simplement garni de panneaux, s'étend jusqu'à l'extrémité, qu'orne souvent une statue, un buste, ou une conque, ou tête de violon. L'ensemble de toutes ces constructions entées sur l'étrave prend, comme il a été dit, le nom de *guibre*. L'espèce de petite galerie s'appelle *poulaine;* les pièces de bois courbées qui la supportent sont les *harpes;* enfin la partie de tout cet ensemble, qui la première recevrait le contact d'un corps poussé contre cet avant, porte le nom imagé de *taillemer*.

POULIE. s. f. Petit bloc de bois de forme ovale, aplati sur deux côtés, et percé d'une, deux ou plusieurs mortaises ou larges fentes dans lesquelles sont placées des roues en bois reposant toutes sur un essieu commun qui transperce la machine. Une *poulie*, c'est l'ensemble de plusieurs choses qui, prises isolément, s'appellent la *caisse,* le *réa,* l'*essieu*. La caisse est en bois de hêtre ou d'orme, le réa en gayac ou en porcelaine, comme nous allons le voir, et l'essieu en houx, en chêne vert, en cuivre ou en fer. Un dé en métal, qui ceint le trou percé au milieu du réa ou rouet, empêche que le frottement de l'essieu ne l'altère, lorsque celui-ci est en fer ou en cuivre. Les *poulies* sont du plus commun usage dans la marine, et leurs nombreuses applications entraînent quelques variétés de formes que nous citerons plus bas. La perfection de cette machine consiste à ce que le frottement des rouets contre le cuivre, lorsqu'un cordage passé sur ceux-ci les fait tourner sur leur essieu, soit le moins fort possible; une seconde condition cherchée, c'est que la moindre pesanteur et la plus grande diminution du volume possible restent en rapport avec la destination de l'appareil. Ces conditions de perfection consistent surtout en ceci, que l'écartement qui existe entre les rouets et la caisse soit toujours le même, et que le cordage ne risque pas d'abandonner le rouet sur lequel il tourne, pour se glisser à côté, où il se trouverait retenu; que le trou percé au milieu du rouet, et dans lequel passe l'essieu, ne s'agrandisse pas; que cet essieu ne s'use point dans certaines parties plutôt que dans d'autres; ce qui rendrait irréguliers les mouvemens du mécanisme, et enfin que la solidité et la légèreté de la *poulie* soient réunies de manière à ce que ce petit appareil ne soit pas trop développé et ne fasse pas une tache dans le gréement d'un navire.

Le frottement continuel qui s'opère dans chaque partie formée de différentes espèces de bois et de métaux, avait, jusqu'à une certaine époque, rendu les *poulies* l'objet d'une minutieuse surveillance; on a imaginé de remplacer le rouet de gayac par un rouet en porcelaine, qui offrait l'avantage de n'être point entamé par le frottement de l'essieu de métal sur lequel il tourne, ni d'entamer le bois de la caisse sur lequel glisse, sans l'endommager, le contact poli de la porcelaine. La différence du prix de la porcelaine substituée au gayac est fort minime, et cette substitution est presque générale aujourd'hui dans les deux marines, du commerce et de l'État.

On a vu au mot *Estrope* comment ce cordage ceint la *poulie*, à l'aide d'un sillon creusé dans la caisse, et dans lequel entre à demi cette estrope. Quelques *poulies* sont estropées en fer; ce sont celles qui sont attachées à la coque, au pont du navire, ou à quelques parties solides de la mâture. Il y a des *poulies simples*, qui n'ont qu'un rouet; des *poulies doubles*, qui en ont deux; des *poulies* en trois, en quatre, dans lesquelles un pareil nombre de tours de cordage peut être placé sur autant de réas.

Nous n'entreprendrons point de désigner toutes les applications des *poulies*, et nous nous résumerons en disant qu'on place une *poulie* partout où la force à employer sur un cordage exige que la transmission s'opère sur une multiplication de retours de ce cordage. Souvent les *poulies*, trop pressées par la force imprimée au cordage qui les traverse, se fendent ou éclatent au milieu de l'opération. Ce fut une poulie de guinderesse (voir *Guinderesse*) qui, trop violemment pressée par un fort cordage, en guindant un mât, tua du choc d'un de ses éclats le commandant Drouault, qui tomba roide mort sur le pont de la frégate *la Galathée* au moment où il encourageait de la voix ses matelots, qui s'épuisaient en efforts pour surmonter la résistance.

POULIER. s. m. On appelle ainsi, sur les côtes de la Manche seulement, un amas de galets, ou de sables et de cailloux, qui est charrié par la mer à l'entrée des ports ou des rivières.

POUPE. s. f. Arrière du navire, opposé à la proue, l'avant; poste d'honneur d'un bâtiment (voir *Arrière*). Si nos limites nous le permettaient, nous considérerions la *poupe* d'un navire sous le point de vue matériel, et nous nous livrerions à quelques études d'architecture et de transformations de formes, comme le mot *arrière* a été pour nous le thème des appréciations physiologiques sur les événemens dont il est le centre. A défaut de forces et de place pour faire un tableau, nous ferons une esquisse.

On concevra que la première barque, tout informe qu'elle fût dans sa construction, attacha cependant sur celui qui osa s'y risquer une certaine importance dont sa hardiesse ou son invention furent les causes premières. Pour mieux voir tout ce qui pouvait mettre obstacle à sa navigation, le pilote s'assit à l'arrière, et comme il résumait en lui toute l'audace et l'expérience navale de cette époque inhabile, il fit un poste honorable de celui qu'il adopta. Plus tard, l'invention du gouvernail exigea sur ce point la continuelle présence d'une volonté intelligente, et la considération accordée à la *poupe* s'affermit davantage. Bientôt, les progrès de la navigation des Carthaginois virent, avec leurs développemens maritimes, la *poupe*, jusque-là seulement honorable, devenir en quelque sorte un lieu sacré; les dieux protecteurs de la navigation s'y réfugièrent; les vaisseaux prétoriens y plaçaient les images symboliques de leurs croyances païennes; et le Christ réformateur, en triomphant des croyances antiques, y prit place dans la foi ardente des navigateurs religieux. Ainsi sanctifiée par la présence d'images vénérées, la *poupe* des vaisseaux fut longtemps un lieu de refuge où la justice s'arrêtait dans la poursuite d'un coupable. Toute cette importance morale donnée à la *poupe* devait peu à peu s'étendre jusque dans la construction matérielle, et l'architecture navale se prépara à devenir ce qu'elle fut plus tard pour les galères aux *poupes* si splendides. Le *gubernator* (l'homme du gouvernail) partagea son siège avec les rois que leur fortune guerrière transportait sur les vaisseaux, et la poupe s'éleva, plus majestueuse et plus élégante, sous cette noble occupation, comme le palais domine la maison, comme le trône domine le siége populaire.

La *poupe* antique, développée sous ces idées de religion et de préséance, devint donc plus élevée et plus majestueuse, à mesure que les progrès de la navigation donnèrent des proportions plus larges aux constructions navales. Elle devint pour le capitaine de la galère ce qu'est la butte élevée du haut de laquelle le général domine la bataille.

A mesure que les guerres sur mer devinrent plus fréquentes, au milieu des luttes de tous ces peuples belliqueux de l'Orient, la *poupe*, élevée, architecturale, devint un point favorable au combat, un *château d'arrière*, comme on a dit depuis, un bastion élevé du haut duquel les flèches pleuvaient plus aisément sur l'ennemi placé bord à bord, ou sur les assiégeans qui avaient eu recours à l'abordage.

Les *poupes*, élevées et couronnées de châteaux de combat, se transformèrent et s'accrurent en proportion jusqu'au xviie siècle. Dès cette époque, l'art moral de la navigation, perfectionné, entraîna la perfection architecturale, et l'abaissement des *poupes;* on reconnut peu à peu les inconvéniens de ces constructions primitives, pour la facilité de la manœuvre. Les modèles que nous représentent les gravures du xviie siècle rappellent sans doute encore les *poupes* des splendides galères du xvie; mais déjà l'initiation à nos constructions modernes se fait beaucoup sentir : les *poupes* se festonnent de galeries et de sculptures; elles perdent peu à peu en élévation, et se recouvrent, plus encore que par le passé, sous de splendides ornemens, dont le siècle de Louis XIV fit une si ample profusion dans toutes les parties de l'art. On voit dans les tableaux de Bak-Huisen et dans les modèles en relief que possède le Musée naval de Paris, l'expression la plus complète de cette élégance de formes et d'ornemens qui se perdit bientôt dans la sévérité des lignes qui, s'abaissant peu à peu, ont fait les *poupes* modernes. Dans nos conditions actuelles de navigation, les *poupes* des vaisseaux sont dans une harmonie complète avec le point où en est arrivée notre expérience astronomique, et notre science de la manœuvre des bâtimens. Il reste un perfectionnement que divers ingénieurs cherchent à produire depuis quelques années, sans que la certitude de sa valeur en rende l'application générale, c'est la forme ronde appliquée aux *poupes* de nos grands navires. La France possède quelques frégates construites ainsi, mais pas de vaisseaux. Les Anglais nous ont devancés sur ce point : le vaisseau *l'Asia*, que montait l'amiral Codrington à Navarin, était à *poupe* ronde.

POURVOYEUR. s. m. Nom donné, pendant le combat ou un exercice à feu, au mousse chargé d'aller chercher à la soute aux poudres les gargousses qui contiennent la poudre dont on charge les canons.

POUSSER. v. a. On dit *pousser* au large pour signifier quitter un navire ou un quai dans une embarcation; le brigadier ou canotier placé le plus à l'avant se sert de sa gaffe pour *pousser* et s'écarter du point qu'on veut quitter. — On dit aussi *pousser* une bordée pour dire qu'on la prolonge.

PRAME. s. f. Espèce de bâtiment à fonds plats, pouvant être armé de pièces d'artillerie d'un fort calibre, et qui fait l'office de forteresse mobile dans la défense des côtes. — A l'époque des projets de descente en Angleterre, il fut construit une grande quantité de *prames* sur les côtes de la Manche; elles étaient commandées par des lieutenans de vaisseaux.

PRATIQUE. s. m. Les marins se servent souvent de ce mot pour désigner un pilote côtier; il appartient plutôt au marin qui, sans être reçu pilote côtier ou pilote lamaneur, a comme ceux-ci une connaissance parfaite des accidens d'une côte et des ports qui s'y trouvent, et peuvent aussi bien qu'eux y piloter les navires. Les pêcheurs sont les meilleurs *pratiques* d'une côte. La différence entre *pratique* et pilote est surtout bien marquée en parlant d'un bâtiment que le mauvais temps prive de recevoir un pilote aux attérages. On dit : Il n'y a rien à craindre s'il a un *pratique* à bord; c'est-à-dire, s'il se trouve parmi son équipage un marin qui connaisse la côte et ses ports. — Les marins disent aussi *pratique*, pour praticien, en parlant d'un marin de beaucoup d'expérience, qui a beaucoup vu par ses yeux, fait par ses mains, et vu faire, et dont la science est plus celle des faits que celle des écoles.

PRATIQUE. s. f. Synonyme d'expérience; science acquise par l'habitude des faits, qui rend un marin capable de tout faire. Sa pratique lui tient lieu des spéculations scientifiques, dans des opérations dont la théorie est profonde. Avec la pratique sans théorie, un marin peut faire manœuvrer une escadre; avec la théorie sans pratique, un savant ne pourrait conduire le plus petit canot. C'est surtout dans les apparaux de force que la pratique montre sa supériorité dans l'exécution; les ingénieurs qui les raisonnent ne les exécuteraient pas sans le concours d'un maître de manœuvre, qui le plus souvent ne sait pas lire.— On dit *libre pratique*, c'est la faculté accordée par l'autorité au capitaine d'un navire de poursuivre son voyage ou ses opérations, après avoir purgé une quarantaine, ou un embargo, ou une détention, etc.

PRÉCEINTE. s. f. Terme d'archictecture navale; c'est le nom d'une partie du revêtement en bordages qui couvre le squelette d'un bâtiment, et qui forme la principale ceinture autour de sa masse, dans le sens longitudinal. La *préceinte* est à la hauteur du centre de gravité du bâtiment à l'état *lége;* elle se fait avec les plus forts et les plus secs bordages en chêne; l'excédant en épaisseur de cette forte ceinture offre, à l'extérieur de la muraille d'un vaisseau de ligne, un bord assez saillant pour qu'un homme y puisse marcher. C'est toujours par la *préceinte* que l'on commence à border un navire en construction. Les bâtimens à une seule batterie n'ont qu'une *préceinte;* les vaisseaux de second rang en ont deux, et les vaisseaux à trois ponts en ont trois. Ce nom *préceinte* exprime que c'est la principale ceinture du navire.

PRÉFECTURE MARITIME. s. f. Désignation d'un chef-lieu d'arrondissement maritime où réside ordinairement un officier-général de la marine, qui gouverne, avec le titre de *préfet,* tout le département, dont la préfecture est le centre d'action, en ce qui se rapporte à la marine. Le préfet a sous ses ordres tous les chefs du service militaire et civil; son autorité s'étend jusque sur les bâtimens armés compris dans sa juridiction. Cette excellente institution, qui offrait à toutes les opérations maritimes d'un département une centralisation salutaire, est une création de la république (époque du consulat). La restauration, poursuivant le souvenir de notre ère républicaine jusque dans ses meilleures conceptions, avait remplacé les préfectures maritimes par un ancien mode d'administration dont le rétablissement avait été proposé par le ministre Dubouchage. La comparaison fit bientôt regretter les préfectures maritimes qui furent rétablies.

PRÉLART. s. m. On prononce *prélat.* Large surface carrée en forte toile, formée de plusieurs lés cousus, et recouverte de quelques couches de peinture à l'huile, quelquefois de goudron. Ces couvertures imperméables sont étendues au besoin sur les panneaux et caillebotis des écoutilles, et garantissent l'intérieur d'un bâtiment des eaux que la mer et le ciel y versent parfois en copieuses avalanches. Il s'en trouve toujours dans les chaloupes d'un navire de guerre pour couvrir les vivres et autres munitions que cette embarcation a mission d'aller chercher à terre, quand le bâtiment est en rade. A bord des navires du commerce, les *prélarts* sont en grand nombre; ils servent à garantir les marchandises exposées aux averses qui peuvent survenir durant les opérations du chargement et du déchargement. Dans les mauvais temps on les cloue sur les panneaux des écoutilles que les lames viennent parfois couvrir.

PRENDRE. v. a. Comme dans le langage ordinaire, ce verbe est employé sous ses nombreuses acceptions. Il est donc à l'occasion le synonyme de saisir, soustraire, tenir, recevoir, s'emparer, étendre, etc. *Prendre* un navire ennemi, c'est s'en emparer en vertu du droit du plus fort; — *prendre des ris* dans les voiles, c'est soustraire une partie de leur surface à l'action d'un vent violent ; —*prendre une direction*, suivre le bord du large, la bordée de terre ou du vent; — *prendre* les amures à tribord ou bâbord, c'est faire tenir au bâtiment ces différentes directions; *prendre* des passagers, un chargement, des vivres, etc., c'est recevoir ces diverses choses ; — *prendre des distances d'astres*, c'est saisir ou mesurer avec un instrument de catoptrique l'angle formé à l'œil d'un observateur par les lignes qui passent par les centres des deux astres ; —*prendre la biture*, c'est étendre sur le pont une certaine longueur de câble, qui doit s'écouler par l'écubier à la chute de l'ancre qui sera mouillée.

PRENEUR. s. m. Titre de celui qui prend un bâtiment. Le *preneur* est celui qui obtient la victoire dans un combat, en vertu de laquelle il prend possession de son adversaire.

PRÈS, AU PLUS PRÈS. adv. Expression très-employée par les marins, qui nous a souvent manquée dans les définitions qui précèdent, et dont nous avons cherché à rendre l'idée par la direction que suit un bâtiment sous voiles, lorsqu'il présente sa proue le plus près possible du point de l'horizon d'où souffle la brise; c'est là, mot à mot, ce qu'on appelle *allure du plus près*. Sous cette allure, la ligne que suit le navire doit faire, avec celle du vent, un angle qui comprenne six airs de vent ou *pointes*. (*Voir* ce mot.) Voici comment il faut l'entendre : on se rappelle que le plan de l'horizon de la mer, représenté par la rose de la boussole, est divisé en trente-deux rayons, ou seize diamètres, qui partagent le cercle horizontal en trente-deux points également espacés, et qui sont, comme on sait, les origines des trente-deux différentes directions du vent. On se rappelle aussi que le vent largue et le vent arrière sont les plus favorables allures à un navire sous voiles. Cela posé, si le vent venant à changer parcourt une nouvelle direction perpendiculaire à celle du bâtiment qui est restée la même, il est clair que, par cette variation, un quart du cercle horizontal sépare l'origine actuelle de la brise de son origine précédente; et cet intervalle comprenant huit airs de vent, la proue du bâtiment se trouve rapprochée du lit du vent de huit pointes. Dans cette nouvelle allure de côté, les voiles ont été brassées, ouvertes, orientées pour recevoir l'action oblique de la brise. En admettant actuellement que le vent change encore et rapproche sa nouvelle origine de deux pointes de plus de l'avant du bâtiment, de manière que l'angle, formé par les lignes que suivent actuellement le vent et le navire, ne comprenne plus que six pointes; cet angle est celui du *plus près;* il constitue l'allure du *plus près du vent* qu'un bâtiment à voiles carrées puisse atteindre; ce qui suppose un

vent contraire à la route du voyage projeté; il nécessite d'*ouvrir* complétement les voiles par l'action des *bras* et des *boulines*. C'est cette allure du *plus près* qu'on appelle *aller à la bouline*, au moyen de laquelle on *louvoye*, et qui fait augurer avantageusement de la marche d'un bâtiment, quand il navigue bien sous cette allure. Quelques navires légers portent des systèmes de voilure qui leur permettent de cingler *au plus près* à cinq pointes, telles sont les goëlettes et autres embarcations latines; il en est même qui se rapprochent du vent jusqu'à quatre pointes, telles sont certaines barques cabotières de la côte de Malabar, et les chaloupes de pêche de l'île de Groix, sur la côte de Bretagne. La dérive, les mouvemens durs du bâtiment dans le sens de la longueur, une marche attardée sont les conséquences du *plus près*. (Voir *Bouline*.)

PRÉSENTER. v. a. Faire face, offrir. On dit d'un bâtiment qui navigue bien au plus près qu'il *présente* à six pointes. —*Présenter* le bout au vent, c'est faire face au vent, le recevoir par l'avant.— *Présenter le travers* à un fort, à un navire, c'est se disposer à combattre, en aidant par cette position le pointage des canons.

PRÊTER. v. a. Synonyme de présenter. (*Voir* ce mot.) On dit qu'un bâtiment *prête* son travers à l'ennemi ou la lame.

PRÉVOT. s. m. C'était le titre de l'homme anciennement embarqué sur les navires du roi pour infliger les punitions aux marins : cette coutume n'existe plus. On a ensuite donné ce nom à l'homme affecté aux soins des malades, et placé sous la direction spéciale du chirurgien; il a aujourd'hui le titre d'infirmier. — Les matelots ont dans les bords, comme les soldats dans les garnisons, des académies d'armes et de bâton qui ont aussi leurs prévots, substituts des maîtres.

PRIS. part. On dit un navire *pris de calme*, lorsque l'espace de la mer où il tourne sans direction, où il se balance et tangue sans avancer, est privé de vent. — En parlant d'un bâtiment qui *vire de bord* (voir ce mot), on dit il est *pris devant*, c'est-à-dire qu'il a dépassé la ligne du vent par devant laquelle il lui fallait passer, et que l'évolution s'accomplira. — Etre *pris* de mauvais temps, c'est en être assailli. — Etre *pris dans les glaces*, c'est y rester enfermé sans pouvoir continuer sa navigation, comme le sont très-souvent les bâtimens qui naviguent dans les mers polaires; c'est une situation affreuse, qui ne peut être supportée que par des hommes doués d'un courage surhumain, comme les capitaines Ross et Parry, et peut-être aussi, si on peut le dire encore, comme l'infortuné de Blosseville et ses compagnons de *la Lilloise*.

PRISE. s. f. désignation de toute capture faite sur l'ennemi. Un bâtiment, un fort, une île, qui tombe au pouvoir d'un navire de guerre ou d'une escadre, est une *prise*. En parlant d'un navire pris, on dit *amariner la prise*, c'est en prendre possession. Le *capitaine de prise* est un des officiers du navire preneur, qui passe sur le bâtiment capturé pour le conduire, le commander, à la place du capitaine prisonnier. On expédie les *prises* quand elles sont de valeur; on les coule dans le cas contraire.

PROLONGER. v. a. C'est faire suivre à un navire une route parallèle à celle d'un autre, ou à la ligne que trace une côte près de laquelle il navigue. — Lorsqu'on aborde un bâtiment en se mettant côte à côte avec lui, on le *prolonge*. — On *prolonge* une ligne de bataille en naviguant dans le sens de sa longueur. — On *prolonge* une bordée en la continuant.

PROUE. s. f. Le mot *proue* et son opposé poupe ne sont guère usités dans le langage maritime pour désigner l'avant et l'arrière; ces mots classiques se sont réfugiés dans la poésie, qui s'accommoderait mal du mot *avant*, trop sec et trop spécial pour l'harmonie d'un langage recherché. Cette *proue*, cet éperon, ou mieux cet avant, a subi, comme la poupe, des transformations variées dans les diverses constructions peu à peu appropriées à nos perfectionnemens maritimes.

Comme la poupe, la *proue* a eu son château, château d'avant comme on disait, qui nous semble aujourd'hui si peu en harmonie avec les conditions les plus indispensables de navigabilité.

PROVISIONS. s. f. pl. Tout ce qui défraie la vie animale à bord d'un navire, soit pour l'état-major, soit pour l'équipage.

PRUD'HOMME. s. m. C'est un titre donné à un arbitre chargé de juger les dissentimens des pêcheurs, particulièrement ceux du Levant, et que les marins choisissent ordinairement entre eux.

PUITS. s. m. Autrefois c'était le nom qu'on donnait à l'archipompe. — On appelle ainsi un point du fond de la mer que la sonde ne peut atteindre, tandis qu'elle peut aisément constater la profondeur sur les points environnans. — Les endroits où se place la chaîne de mouillage, ou les boulets de différens calibres à bord d'un navire de guerre, prennent également ce nom de *puits*. — Il y a sur certains navires de la côte des Indes orientales un réservoir construit en bois bien mastiqué, qui sert à contenir la provision d'eau douce; par conséquent ces sortes d'embarcations ne sont pas munies de futailles.

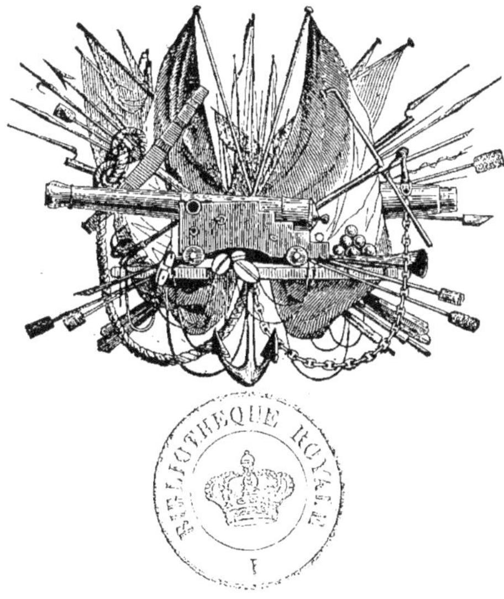

UAI. s. m. Muraille qui borde un port, un bassin, une rivière, que la plus haute élévation des marées ne peut pas atteindre, et contre laquelle se placent les bâtimens pour recevoir ou livrer leur cargaison.

QUALITÉ. s. f. On dit d'un bâtiment qu'il a de bonnes *qualités*, s'il marche bien, s'il se comporte bien à la mer, si ses mouvemens sont doux et réglés. — Les mauvaises *qualités* d'un navire sont la brusquerie des oscillations qu'il reçoit lorsque la mer s'agite, la lenteur de sa marche, le peu d'effet que produit sur lui le jeu de son gouvernail.

QUARANTAINE. s. f. On met en *quarantaine* un bâtiment qui arrive d'un point dont l'état sanitaire n'est pas complétement rassurant, qui n'est pas porteur d'une patente de santé appelée nette. Un bassin, ou un lazaret spécial, reçoit les navires mis en *quarantaine*, et ils y restent mouillés et amarrés à bonne distance du quai ou de la terre, sans pouvoir y établir de communication. Dans cet état de séquestre, le bâtiment peut recevoir tout ce qu'il demande de terre : hardes, provisions, matériel ; mais il ne peut rien y déposer. Les anciennes lois sont très-sévères pour les infractions aux ordonnances de police sanitaire qui règlent la *quarantaine*, et les factionnaires du port ont le droit de tirer sur les marins qu'ils verraient s'échapper du bord pour aller à terre. Dans la Méditerranée surtout, les *quarantaines* sont très-sévères, et les affreux événemens dont Marseille particulièrement a été le déplorable théâtre par l'invasion de la peste, justifient pleinement ces précautions rigoureuses. — La durée de la *quarantaine* est proportionnée au plus ou moins de confiance qu'inspire à l'autorité l'état sanitaire du lieu que quitte le navire. Dans le Levant, les *quarantaines* sont généralement plus longues que dans les ports de l'Océan et de la Manche, d'abord parce que la navigation levantine offre plus de chances d'insalubrité, ensuite parce que le climat méridional est moins propre que celui du Nord à purger les bâtimens des affections dangereuses qu'ils pourraient recéler. — La navigation des Antilles, où régnèrent longtemps de mortelles fièvres jaunes, a aussi, dans un temps, été soumise à une rigoureuse *quarantaine* ; mais le climat de ce pays a cessé d'être aussi fatal aux Européens que par le passé, et la *quarantaine* que font encore dans nos ports les navires qui viennent des Antilles ou de la côte du Brésil, n'est qu'une formalité sans avantage pour la santé publique, et fort préjudiciable aux intérêts de la marine et du commerce.

QUART. s. m. Le *quart* est la division du temps pendant lequel une certaine fraction de l'équipage d'un navire doit être chargée des travaux à exécuter. Par extension, le nom de *quart* a été donné à une division de l'équipage d'un bâtiment qui alterne avec l'autre dans le service, de manière à ce qu'une partie se repose à son loisir, tandis que l'autre division travaille aux choses les plus instantes, ou bien veille pour être employée à la première réquisition de l'officier qui commande. Ainsi un équipage de vingt hommes, par exemple, se divise en deux parties, formées chacune de dix hommes : l'une et l'autre seront commandées, dirigées par un ou plusieurs officiers qui sont compris dans ce nombre, et alterneront dans le service comme dans le repos. Le côté droit d'un bâtiment se nomme *tribord*, le côté gauche *bâbord*. Pour distinguer l'une de l'autre, chacune de ces divisions du total de l'équipage, on leur a donné des noms dérivés des deux côtés du navire ; ainsi l'un des *quarts* s'appelle les *bâbordais*, l'autre les *tribordais*. Mais le nom sous lequel on désigne indifféremment chacune, ou l'ensemble de ces divisions de l'équipage, est *bordée* ; on dit la *bordée de tribord* au lieu de les *tribordais*. Ce mot *bordée*, comme on l'a vu, emprunte son origine au mot *bord*, côté du navire. Mais l'acception où le mot *quart* est continuellement usité, c'est, comme on l'a dit plus haut, lorsqu'on parle de la départition du temps qui, ordinairement coupé par quatre heures, forme, dans les vingt-quatre heures, six divisions pendant chacune desquelles une des bordées veille tandis que l'autre repose, chacune par quatre heures, terme ordinairement mesuré du travail et du repos. On dit la *bordée de quart,* pour dire la partie de l'équipage qui est actuellement chargée de faire le travail du navire; la bordée qui n'est pas de *quart,* pour celle qui repose ou se trouve libre de son temps. Les tribordais sont de *quart,* c'est-à-dire que les bâbordais le seront lorsque les premiers auront passé quatre heures sur le pont, et ainsi alternativement. — On appelle encore *quart* la division de la boussole qui va d'un air de vent à un autre ; ainsi il y a trente-deux *quarts* dans l'ensemble des figures ou airs de vent tracés sur la rose d'un compas de route. Pour exprimer au marin qui tient le gouvernail de diriger le navire d'un air de vent plus à droite ou plus à gauche, comme de venir du nord au nord *quart* nord-est, par exemple, l'officier dira : *Loffez ou arrivez d'un quart !*

QUARTIER DE RÉDUCTION. s. m. C'est un carré ordinairement en papier, collé sur une feuille de carton, divisé en petits carrés par des lignes parallèles à deux côtés contigus, en sorte que les parallèles à un de ces côtés sont divisés en parties égales par les parallèles de l'autre côté ; de cette façon toute la surface de la feuille est couverte de petits carrés d'une rigoureuse et exacte dimension. Un des côtés du carton représente la ligne nord et sud, l'autre côté l'est et l'ouest. Au sommet d'un des angles, pris pour centre, sont décrits des arcs de 90° pour tous les points de division des deux côtés de cet angle. Un de ces arcs est divisé en degrés, et des transversales qui joignent cet arc et celui qui en est éloigné de cinq divisions, procurent la cinquième partie du degré. Du centre partent des rayons qui divisent chacun de ces arcs en huit parties égales, qui, par conséquent, font entre eux des angles de 11° 15'. Ces rayons marquent pour l'imagination du calculateur les principaux airs de vent d'un quart quelconque de l'horizon. On obtient ensuite les autres au moyen d'un fil attaché au centre de ces arcs, que l'on tend sur celle des divisions de l'air divisé qui se rapporte à l'air de vent dont il s'agit.

Cet instrument sert aux marins à compter le chemin que le navire a parcouru pendant un espace de temps donné, dans des directions différentes, pour que ce chemin soit résumé en une seule route, laquelle se trouvera faite, soit en latitude, soit en longitude. Ainsi, en supposant qu'un bâtiment navigue alternativement en tournant son cap au N.-O. et au N-E., que le chemin fait dans chacune de ces directions soit égal, à l'aide du *quartier de réduction* on trouvera que le chemin étant le même au N.-O. et au N.-E., le navire s'est avancé vers le nord, qui est toujours le point précis d'interjection entre les deux routes parcourues ; de plus, il fixera de quelle étendue est le chemin fait à ce nord vers lequel le navire n'a cependant point dirigé son avant. Si le

bâtiment a couru plus longtemps au N.-O. qu'au N.-E., il y aura, dans le résultat offert par le *quartier de réduction*, une différence plus ou moins grande, suivant le temps consacré à parcourir la ligne N.-O., et cette différence sera nécessairement tournée du nord un peu vers l'ouest ; un résultat exact de cette irrégularité de chemin résulte de l'emploi du *quartier de réduction.* Ainsi, à l'aide de cette machine, un navire que les vents inconstans forcent à courir dans différentes routes, mais dans lesquelles le sud par exemple se trouvera toujours compris, pourra apprécier de quelle étendue est le chemin qu'il a pu faire en faveur de ce sud, qui est sa destination, par conséquent dans quelle proportion il a changé la latitude, puisque celle-ci se compte sur la ligne nord et sud. Pour faire le point, on se sert du *quartier de réduction.*

QUARTIERS DES CLASSES. s. m. pl. Ce sont des petites divisions de la côte où sont tenus, par les soins d'un employé à la solde de l'administration maritime du gouvernement, les registres où figurent les noms, âges et qualités des marins qui appartiennent à un point du littoral. Les levées de gens de mer se font sur ces divers points, et sont dirigées vers des autorités supérieures, lorsque l'exigent les besoins des armemens de l'État. (Voir *Classes.*)

QUARTIER-MAITRE. s. m. On appelait autrefois ainsi l'officier comptable que l'administration plaçait sur un bâtiment de guerre pour tenir, non pas les comptes du bâtiment, mais ceux de la partie de l'équipage organisée militairement. Le grade de quartier-maître répond à celui de caporal dans les troupes de terre, et ses marques distinctives sont les mêmes. — Les marins donnent plus souvent ce titre que celui d'*officier marinier* au maître en sous-ordre qui exerce sur eux une surveillance continuelle, comme il l'a été dit au mot *Officier marinier.*

QUENOUILLETTES. s. f. Terme de construction navale; on appelle ainsi des montans en bois de chêne sur lesquels se clouent les bordages qui ferment la poupe d'un bâtiment. Les *quenouillettes* terminent cette extrémité du navire ; leur écartement détermine la largeur des croisées qui éclairent les chambres de poupe. — On nomme *quenouillettes de trelingage* des petites barres de fer rondes, recouvertes de *limandes (voir* ce mot) ; elles sont attachées sur les bas haubans, à quelques pieds en dessous du capelage, et servent à retenir les *gambes (voir* ce mot), qui y trouvent un point d'appui contre la tension que leur transmet l'effort des haubans de hune.

QUÊTE. s. f. Pente de la poupe d'un bâtiment, que le constructeur donne arbitrairement à cette extrémité pour la rendre plus gracieuse. Cette pente est nuisible à la solidité de l'édifice, et accélère l'affaissement de cette partie. Déjà on l'a réduite de beaucoup dans les nouvelles con-structions. La *quête* est prise en dehors de la longueur de la *quille*; elle est à l'arrière, ce que *l'élancement* est à l'avant; et tous les deux aug-mentent la longueur du navire dans ses par-ties hautes, en sorte qu'un bâtiment de 100 pieds de quille compte 110 ou 115 pieds sur le pont supérieur. Cette *quête*, ou saillie de la poupe au-dessus de la mer, laisse à l'eau calme et transparente reproduire l'image de cette par-tie du navire, dont les riches et élégantes sculp-tures grimacent et s'agitent dans la mobile trans·parence du fluide.

QUEUE. s. f. Ce mot a plusieurs applications en marine. On donne le nom de *queue de rat* au bout d'une manœuvre terminée en pointe pour faciliter son passage dans un clan, ou dans une poulie où elle doit fonctionner. Le bout aminci est ensuite recouvert par un ingé-nieux entrelacement des fils du cordage; ce qui achève de confirmer à ce travail le nom que les marins lui donnent. — *Queue d'aronde* est un terme de charpentage; c'est la forme donnée au bout d'une pièce de bois qui doit s'emboîter dans une autre, et s'y lier de manière à n'en pouvoir plus sortir dans le sens de sa fonction comme tirant. — En tactique navale, on donne le nom de *vaisseau de queue* à celui qui termine une ligne de marche ou de bataille. — La *queue* de la ligne, comme la *queue* de l'armée, ou la *queue* du convoi, sous-entend plus ou moins de bâtimens composant cette partie collective, com-parée à la totalité des navires. — La *queue d'un pavillon*, c'est l'extrémité de la partie flottante de cet étendard. — Enfin les marins appellent la *queue d'un grain* l'averse finale d'une pluie abondante qui a tombé sur le navire par ava-lanches interrompues. Lorsqu'un intervalle entre les ondées semble annoncer la fin du grain, les matelots ne s'en réjouissent pas encore; à l'as-pect d'un nuage sombre qui s'avance en se fon-dant en pluie, ils disent : *Ce n'est pas fini, voilà la queue qui vient là-bas.*

QUILLE. s. f. Terme d'architecture navale; c'est le nom de la pièce fondamentale d'un na-vire; celle que l'on pose la première pour sa construction, et sur laquelle s'élève tout l'édifice. La *quille* est longue et forte; elle est d'une seule pièce, si la longueur du bâtiment projeté le per-met, et de plusieurs morceaux réunis pour les grands bâtimens. L'étambot qui se dresse à l'un des bouts, et l'étrave qui élève sa courbe à l'autre, déterminent, comme on sait, les extré-mités du navire, tandis que sur la *quille*, entre ces deux termes, s'arrondissent les *membres* qui représentent assez bien les côtes du squelette, dont la *quille* formule l'épine dorsale.

ABAN. s. m. C'est le nom d'un bout de ligne, ou un menu filin de petite longueur, dont les diverses destinations ont toujours pour but d'attacher, suspendre, serrer, saisir, arrêter, selon les besoins, les objets qui réclament ses services. Les variantes du *raban* sont : les *rabans de faix*, au moyen desquels les voiles tiennent aux *vergues* (*voir* ce mot), et y restent suspendues quand elles sont déployées; — les *rabans de ferlage*, sorte de tresse large et plate en fils de carret; ils servent à attacher les plis des voiles contre leurs *vergues*, quand on les reploie pour les soustraire au vent ; — les *rabans de volée*, qui contribuent à saisir les canons aux murailles dans les mauvais temps ; — les *rabans de sabords*, les *rabans de barre*, qui arrêtent les uns les portes qui ferment les embrasures des canons, les autres la roue ou la barre du gouvernail ; — les *rabans de cadres et de hamacs*, qui suspendent aux poutres des ponts ces couches mobiles, etc.

RABANER. v. a. Les matelots disent préférablement *rabanter*. C'est faire usage du *raban;* il se dit plus spécialement pour exprimer l'action de serrer, arrêter contre une vergue, les plis d'une voile que l'on soustrait à l'action du vent, ou que l'on reploie pour tout autre motif.

RABIAU. s. m. C'est le nom que les matelots donnent à un résidu, restant de la boisson du repas, demeuré au fond du bidon, après la distribution faite à chaque homme d'un même plat de son quart de vin ou de son boujaron d'eau-de-vie. Le commensal de service, chargé de verser à chacun sa ration de la liqueur, sait s'y prendre de telle sorte, tout en ne donnant lieu à aucune réclamation de la part des titulaires, qu'une petite dîme, adroitement prélevée sur chaque mesure, vient grossir sa part du breu-vage, et ce léger surcroît est pour le payer de ses peines et soins pour la communauté durant ses vingt-quatre heures de service. Le *rabiau* ne peut autrement se trouver au fond du bidon ; au moins il ne provient pas d'une erreur du cambusier, distributeur parcimonieux et sévère, qui ne se trompe qu'en moins. Quelquefois les sept commensaux consentent à ce qu'une ration d'eau, mêlée aux sept quarts de vin, fournisse à l'homme de service du plat ce *rabiau*, revenant-bon de sa corvée.

RABLURE. s. f. Cannelure angulaire que les charpentiers pratiquent de chaque côté de la quille de l'étrave et de l'étambot, pour recevoir le bout des bordages et des préceintes qui forment le revêtement extérieur du bâtiment en construction.

RABRAQUER. v. a. Abraquer de nouveau. (Voir *Abraquer.*)

RACAGE. s. m. C'est un lien qui retient chaque *vergue* (*voir* ce mot) à son mât, et sans lequel cette vergue et la voile flotteraient écartées, suspendues par la drisse, immaîtrisables et de mauvais effet dans leur action sur le navire. Les *racages* sont artistement faits de plusieurs rangs de pommes en bois creusées et enfilées par un bout de corde, ce qui leur donne la forme d'un collier qui enveloppe le mât en y attachant la vergue ; le *racage* libre et suivé a ses mouvemens faciles, soit qu'il monte ou descende le long de ce mât bien poli : les basses vergues seules n'ont pas de *racages*. (Voir *Drosses.*)

RACASTILLAGE. s. m. On appelle de ce nom les réparations dans quelques parties ou à la totalité de l'*acastillage* d'un navire. Cette opération donne lieu au verbe *racastiller*, acastiller de nouveau. (Voir *Acastillage.*)

RADE. s. f. Espace de mer dont le fond n'est pas considérable, et que peuvent facilement atteindre les ancres des bâtimens qui veulent y mouiller, en même temps que les vents et la grosse mer n'y ont pas toute leur action, qui se trouve plus ou moins interceptée par la configuration des côtes voisines. Plus une *rade* est fermée ou abritée des vents, plus elle est propre à recevoir des bâtimens; il faut aussi que le fond, sans être trop près de la surface de l'eau, n'en soit pas trop éloigné, et une profondeur favorable au mouillage est de six à douze brasses, surtout si la nature du fond permet à l'ancre de s'y bien attacher. On dit qu'un navire est en *grande rade* lorsqu'il est mouillé loin du port, en *petite rade* lorsqu'il en est à proximité. — Une *rade foraine* est celle qui est mal fermée, que des côtes élevées n'abritent point de la violence du vent et de la grosse mer du large ; une *rade foraine*, c'est le mouillage qu'offre devant lui un port situé sur une côte dont la ligne est droite, sans accidens, dont les configurations sont propices au bâtiment qui y séjourne lorsque le vent souffle de certaine partie.

RADEAU. s. m. Cette construction, espèce de machine navigable, décèle que son véritable nom serait *ras-d'eau*, c'est-à-dire qui ne s'élève guère de la surface. La construction des *radeaux* diffère suivant l'emploi auquel ils sont destinés, et les circonstances au milieu desquelles leur construction s'opère. Le *radeau* qu'on voit dans les ports est un appareil construit suivant les règles du charpentage ; c'est un assemblage régulier de poutres recouvertes de planches épaisses et bien ajustées, bordé sur ses quatre faces d'un bordage qui l'encadre, et dont l'usage est fréquent dans les réparations que demandent les parties inférieures de la coque d'un navire. Il y a quelques-uns de ces *radeaux* qui ont une petite cale, alors ils sont élevés de deux ou trois pieds sur l'eau, dans laquelle ils entrent d'un pied environ ; cette cale est un magasin où l'on place une foule d'attirails et d'objets nécessaires aux travaux pour lesquels le *radeau* est employé ; ainsi des cordages, des palans, des anspects, etc. Lorsqu'un navire est abattu en carène, c'est sur des *radeaux* que sont placés les ouvriers qui s'occupent de son calfatage ou de son doublage. — Il est une autre sorte de *radeau* dont la construction, presque toujours improvisée dans de graves circonstances, n'est nullement soumise à des conditions régulières de charpentage, et que l'inspiration du besoin bâtit avec les ressources que présentent les événemens au milieu desquels il est formé ; c'est celui que font des malheureux dans un naufrage, dans un sinistre de mer, enfin. Tout le monde sait quel rôle a joué le *radeau*, dans cette déchirante page de notre histoire moderne, dont *la Méduse* est le thème, et l'admirable composition de Géricault a révélé à l'humanité de quels sombres et effroyables épisodes ce fragile appareil peut devenir le théâtre. Dans ces sublimes alternatives de la mort présente, ou de la conservation que promet l'espoir, le *radeau* est une des ressources dans lesquelles se réfugie la foi du marin ; il a plus de confiance en cet appareil que dans ces canots fragiles que la tempête ne lui a point encore ravis, et s'il peut bâtir un *radeau*, son espérance s'étendra dans un plus long avenir. Le marin construit l'édifice à l'aide de tout ce qui l'entoure ; les mâts de rechange que la drome réunissait en faisceaux forment la base de l'appareil ; de fortes liaisons

de cordages réunissent ces pièces principales, qui, disposées en forme de gril, reçoivent ensuite d'autres menues pièces de charpentage qui sont le mieux possible recouvertes de planches, de panneaux, d'échelles, de tout ce qui semble enfin pouvoir en rendre la surface plus habitable, et l'ensemble plus solide. Le *radeau* dans ce sens est plutôt une œuvre de matelot que de charpentier ; les clous et les chevilles y sont remplacés par des nœuds et des cordages ; les inégalités de la surface qu'il présente sont des chances de plus de stabilité pour ce qu'on y placera. Peu importe que la mer se fasse jour par son milieu, et vienne mouiller la base de ce qu'il porte ; le peu de liaison qu'il a dans chacune de ses parties le rend moins attaquable aux efforts de la mer, qui trouvent une obéissance imprévue dans son élasticité. Il n'y a donc pas de règles pour la construction d'un *radeau* de fortune ; les circonstances seules indiquent l'emploi des moyens, les ressources qu'on possède, la réunion des élémens dont il se compose.

RADOUB. s. m. Réparations faites à une partie quelconque soit de la coque, soit des voiles d'un bâtiment. Si le navire reçoit lui-même cette opération, c'est une substitution de bois neuf faite dans des parties de la carène où l'union était altérée ; si le *radoub* se fait aux voiles, les laizes de vieille toile sont remplacées par d'autres plus solides, et plus en rapport avec l'état de conservation du reste de la voile. — Un navire entre en *radoub* lorsqu'il va passer par ces réparations ; il est en *radoub* lorsqu'il les subit ; — faire un *radoub* se dit *radouber*.

RAFALE. s. f. C'est pour les marins ce que les gens de terre appellent un coup de vent ; un accroissement dans la violence de la brise, qui est plus qu'un grain, mais n'a cependant point un caractère durable. Le vent a acquis une certaine violence, mais il prend par instans des accroissemens qui en sont les convulsions : ce sont les *rafales*. Une brise inattendue et peu durable qui tombe sur un navire encalminé est aussi une *rafale*. — Une expression matelotesque, qui a pris crédit dans le langage vulgaire, désigne sous l'épithète de *rafalé* un homme qui manque d'argent ou de choses indispensables ; ils entendent par là que l'individu ou le navire (car les matelots disent aussi un navire *rafalé*) a subi des coups de vent inattendus qui l'ont dépouillé.

RAFIAU. s. m. Petite embarcation de la Méditerranée, marchant à l'aviron, mais qui au besoin peut gréer une voile et un foc. Par extension, les marins du Nord appellent souvent *rafiau* le canot le plus léger de leur navire, celui qui est le plus souvent en usage.

RAFLOUER. v. a. Remettre à flot un bâtiment échoué, soit que la marée vienne le soulever de l'endroit où il était échoué, soit qu'à l'aide d'appareils on parvienne à le faire avancer dans des eaux assez profondes pour le porter.

RAGUER. v. a. Une chose *raguée* est celle qui s'use par le frottement continuel d'un corps placé dans son voisinage. Ainsi un câble se *rague*, s'il traîne sur le fond où les aspérités du sol, les cailloux, les accidens de terrain l'endommagent; — une voile se *rague*, si sa toile frotte dans quelque partie contre quelque point solide de la mâture qui l'endommage; — un cordage se *rague* également par des frottemens analogues. — Pour éviter les avaries qui peuvent arriver aux choses qu'on redoute de voir se *raguer*, on les garnit de toile ou de vieux cordages qui reçoivent l'effet du frottement, et les épargnent eux-mêmes. — Un mât, un câble, un cordage enfin, *ragué*, est écorché par des frottemens qui en ont altéré la forme et diminué la solidité.

RAISONNER. v. a. C'est parler à haute voix dans une rencontre de mer entre bâtimens, ou interpeller une embarcation qui passe sur un point où est établi un règlement d'ordre.

RALINGUE. s. f. Cordage qui est cousu sur tous les côtés d'une voile, et qui en fortifie l'ourlet, pour l'empêcher de se déchirer. C'est sur la *ralingue* de côté que sont fixées les branches de boulines; à l'angle inférieur formé par les *ralingues*, au coin des voiles, sont aussi attachées les amures et les écoutes qui servent à tendre cette voile. Si le vent ne souffle pas dans une direction qui la fasse se gonfler complétement, et qu'elle s'en trouve frappée sur son épaisseur, on dit qu'elle est en *ralingue*, c'est-à-dire que, dans cette position, la voile ne reçoit le vent ni sur l'une ni sur l'autre de ses faces. — On conçoit que le bâtiment qui est en *ralingue* perd tout son sillage; aussi arrive-t-il souvent qu'un officier qui veut, pour une raison quelconque, diminuer ou annuler la vitesse du navire, commande au marin qui tient la barre du gouvernail de venir en *ralingue*.

RALINGUER. v. a. Appliquer les ralingues au bord d'une voile; — c'est aussi recevoir le vent en *ralingue*, ou orienter les voiles de façon à ce que la vitesse du bâtiment soit ou altérée ou interrompue par la rupture de l'angle précédemment établi entre la direction du vent et une surface de la voile. — Les marins disent qu'un homme *ralingue*, lorsqu'il semble avoir froid et qu'il tremblote; la locution va plus loin dans d'autres applications, et ils disent d'un malheureux qui manque du nécessaire, qu'il *ralingue*. *Ralinguer* est, pour la voilure, presque complétement le synonyme de *barbéier* et de *fasier*.

RALLIER. v. a. Comme dans les autres applications du langage, se rapprocher, rejoindre, *rallier* une terre, une escadre; — on dit aussi *rallier* le vent, pour signifier se rapprocher autant que possible de son lit, diriger l'avant du navire plus près du point où il souffle.

RAMBADE. s. f. Espèce de parapet, de garde-de-corps qui entoure les dunettes; mot peu usité, qui prenait son origine du nom donné au château d'avant des galères. — Quand on se sert de ce mot, on dit plutôt *rambarde* que *rambade*.

RAMBERGE. s. f. Nom d'une très-ancienne espèce de navire de guerre de la Méditerranée, et adoptée ensuite par les Anglais qui l'employèrent aux voyages de découverte. La *ramberge* se distinguait des autres espèces de bâtimens par ses mâts, qui portaient des *gabies* ou petites plateformes, qui furent l'origine des *hunes*.

RAME. s. f. C'est le synonyme d'*aviron*, plus euphonique que ce dernier (voir *Aviron*), et moins à l'usage des marins, qui ne l'emploient que dans un seul cas : c'est lorsque le patron d'un canot veut faire suspendre la nage et laisser son embarcation courir sur son erre; il commande à ses canotiers : *lève rames !* c'est en relever momentanément la pale qui cesse de tremper dans l'eau; l'aviron reste appuyé sur le bord du bateau, sans mouvement, et projeté en dehors parallèlement à l'eau; — ce *lève-rames* est commandé surtout lorsqu'une embarcation qui nage vient à se croiser avec une autre dans laquelle se trouve un officier supérieur; c'est une espèce de *présentez armes* des marins, qu'un jeune officier ou patron, qui commande dans un canot, doit au chef qui passe devant lui.

RAMER. v. n. Faire usage de la rame; ancien mot remplacé par *nager*. (*Voir* ce mot.) — Quoique les proportions de la rame, réduites selon la légèreté des canots qu'elle fait mouvoir, en rendent aujourd'hui le mouvement facile et supportable, *ramer* est un travail pénible, lorsqu'il pèse plusieurs heures de suite sur les mêmes bras. Qu'était-ce donc, quand l'aviron était le seul moyen de locomotion des gigantesques et pesantes galères du temps passé? Les énormes leviers qui leur imprimaient la vitesse, et que sept hommes manœuvraient à peine, menaçaient à chaque instant d'écraser sur leurs bancs les malheureux condamnés à les manœuvrer; il suffisait du plus petit retard à retirer de l'eau la pelle de la lourde rame, pour que le courant du sillage, l'entraînant sur l'arrière, poussât la poignée avec violence sur la poitrine des rameurs. On sait que *ramer* était le supplice des malfaiteurs que la justice condamne aujourd'hui aux travaux forcés.

RAMEUR. s. m. Mot ancien; c'est la qualification de celui qui rame, qui fait usage de l'aviron; il est remplacé par *nageur*. Les marins ne disent plus aujourd'hui *ramer* ni *rameur*.

RANG. s. m. Comme dans le langage ordinaire, ce mot, en marine, se traduit par : ordre, disposition, degré d'honneur et de prééminence; ainsi nous ne définirons que son application à l'égard des navires de différentes grandeurs dans chaque espèce. Les vaisseaux à trois ponts, qui portent depuis 110 jusqu'à 130 canons, sont des vaisseaux de *premier rang;* ceux à deux ponts (ou batteries), portant de 80 à 100 bouches à feu, sont appelés du *second rang;* et ceux également à deux batteries, percés à 74 pièces d'artillerie, sont du *troisième rang.* Anciennement il en existait d'un quatrième *rang,* qui portaient de cinquante à soixante-quatre bouches à feu; on n'en construit plus, et le temps n'est pas éloigné où il n'en sera construit que du premier et du deuxième *rang.*— Les frégates sont également classées par *rangs.* Les frégates de 60, de 54 et de 44, sont dites de premier, second et troisième *rang.*

RANGER. v. a. Ce verbe a plusieurs significations en marine, et très-différentes de ses acceptions ordinaires, hors le cas où il exprime l'ordre à mettre dans une suite d'objets, comme *ranger* une escadre en ordre de bataille; il est pris pour *disposer* ou *passer près,* ou se *diriger.* Lorsque l'officier de manœuvre commande aux matelots: *Range à hisser les huniers* ou *range sur l'aussière,* c'est ordonner de se disposer ou de se saisir des cordes sur lesquelles les efforts vont s'exercer pour effectuer le mouvement indiqué. *Ranger à l'honneur,* c'est passer avec un navire aussi près que possible d'un autre bâtiment, ou d'un quai ou d'une roche, ou d'un objet quelconque. — On dit aussi que le vent *se range* de l'arrière, ou de telle partie, c'est-à-dire qu'il incline à souffler de la direction indiquée.

RAPIQUER. v. n. On dit *rapiquer au vent,* manœuvre d'un navire sous voile, qui consiste à reprendre l'allure du plus près qu'il avait quittée momentanément, et à regagner vers l'origine du vent la distance perdue dans cette direction par une manœuvre rétrograde.

RAPPORT. s. m. On dit: *rapport de la marée,* c'est la masse d'eau rapportée par le flot ou marée montante. Cette masse est plus ou moins considérable selon les phases de la lune, combinées avec le concours des grands vents du large.

RAS. s. m. Cette expression a plusieurs significations en marine: c'est d'abord le nom que les hydrographes et les pilotes donnent à des passages dangereux, formés par les eaux de la mer, entre des rochers peu écartés d'une côte et le rivage de cette côte hérissée de dangers. Ces passes étroites sont rendues plus périlleuses par la violence des courans irréguliers qui fuient et tournoient avec un bruissement sinistre.—C'est aussi le nom d'une plate-forme flottante qui plonge très-peu et s'élève seulement de quelques pouces au-dessus de la surface de l'eau, en offrant une surface horizontale large et commode aux ouvriers dans leurs travaux, pour les réparations que subissent les vaisseaux dans leurs parties submergées et qui se font par le secours des *ras.* Les ras sont ordinairement un simple plancher cloué sur des tronçons de vieux mâts. Le même nom est donné à tous les planchers flottans qui ont avec les *ras* quelque ressemblance. Ceux que

les marins improvisent dans leurs naufrages sont, comme on l'a vu au mot *Radeau,* moins solides, parce que le temps et les moyens manquent à la confection de ces machines; il suffit qu'elles puissent transporter les naufragés jusqu'au rivage près duquel le vaisseau s'est brisé. Nous ne rappellerons pas ici de nouveau le *ras de la Méduse!* On sait l'histoire de cet horrible plancher, confusion informe de mâts et d'esparts de toutes sortes, imparfaitement liés ensemble par le désordre et la stupeur, sur lequel cent trente-sept victimes furent jetées et abandonnées en pleine mer par le plus lâche égoïsme, et qui devint ensuite le théâtre des plus effrayantes cruautés auxquelles le sentiment de la conservation puisse porter l'espèce humaine! Jetons un voile sur cette épouvantable page de nos annales maritimes!

RAS. adj. Qualité d'un bâtiment dont la partie la plus élevée de la muraille se trouve rapprochée de la surface de la mer. Cette condition ne doit pas être l'effet d'un pesant chargement qui a fait plonger outre mesure la coque du navire, mais une conséquence de sa construction.

Les corsaires sont ordinairement des navires très-ras. On en a vu dont la batterie n'était élevée que de 3 ou 4 pieds au-dessus du niveau de l'eau. Ce peu d'élévation de la coque lui donne une plus grande longueur apparente que les marins aiment beaucoup voir à leurs navires. On conçoit que les corsaires retirent de cette forme rase la probabilité de marche plus rapide, puisque le fond du navire est moins chargé de tout le poids des matériaux nécessaires à une forme plus élevée. En compensation les lames envahissent aisément le pont des navires ras. Les marins disent *qu'ils naviguent autant dessous l'eau que dessus.* — On dit d'un bâtiment qui a perdu tous ses mâts qu'il est *ras* comme un ponton.

RASER. v. a. C'est baisser le bois d'un bâtiment, lui supprimer les parties élevées de ses œuvres mortes, le réduire à une moindre hauteur au-dessus de la flottaison. Des vaisseaux et des frégates que leurs vices d'immersion rendent innavigables subissent quelquefois la suppression de leur pont supérieur; ils sont alors réputés *vaisseaux rasés, frégates rasées.*—Les pontons, comme on sait, sont parfois de vieux vaisseaux auxquels on a rasé toutes les batteries.

RATELIER. s. m. On appelle de ce nom des tablettes faites d'une seule planche en chêne fortement adaptées en saillie sur la muraille intérieure d'un bâtiment, de chaque côté sur les gaillards. Ces rateliers sont percés de nombreux trous disposés sur une même ligne, qui reçoivent chacun un *cabillot.* (*Voir* ce mot.) Il y a aussi dans quelques chambres des vaisseaux et sur le gaillard d'arrière, abrités par le pont de la dunette, des *rateliers* d'armes où sont rangés, dans un ordre gracieux à l'œil, des fusils, sabres, pistolets, etc. Enfin, il y a dans les faux-ponts des rangs de chevilles ou taquets, formant ratelier, pour suspendre les havres-sacs et buffleteries des matelots organisés militairement en compagnies.

RATION. s. f. C'est la portion de vivres que reçoivent chaque jour, en trois repas, les équipages des navires, soit en rade, soit pendant le cours d'une campagne de mer. Dans la marine de l'Etat, la ration d'un homme consiste en dix-huit onces de biscuit ou vingt-quatre onces de pain ; trois quarts de litre de vin ou trois seizièmes en eau-de-vie ; huit onces de viande fraîche ou six onces de lard ou bœuf salés ; six onces de légumes secs, soit fèves, fayols ou riz ; avec cela il est alloué les assaisonnemens obligés pour les soupes, mesurés en quantités proportionnées à celles des alimens. Cette ration a été augmentée depuis quelques années d'une petite quantité de café pour les déjeuners, et de haricots pour les dîners de viande salée. Sur les bâtimens du commerce la ration du marin est la même, quant aux boissons, viandes, légumes, fromage et assaisonnemens. Le pain n'y est pas mesuré, et il ne s'en consomme pas plus pour cela. Les qualités y sont toujours meilleures, et les espèces d'alimens plus variées. Certains usages de localité accordent quelques additions avantageuses à la composition des repas : le déjeuner des matelots, sur les navires marchands, n'a jamais été d'un morceau de biscuit seul et d'un boujaron d'eau-de-vie ; toujours un peu de beurre, ou de fromage, ou de poisson salé, ou de café, accompagne le pain du matin. Le matelot tient à sa ration, moins parce qu'il s'en nourrit, que parce qu'elle lui est due ; que les alimens dont elle se compose perdent de leur qualité, ou que ses dispositions gastriques la lui rendent moins précieuse, il veut sa ration, comme sa propriété acquise à l'égal de sa solde ; il la veut complète, et son exigence va jusqu'au scrupule ; non qu'il veuille en abuser ou en faire un trafic, il n'est ni gourmand ni spéculateur, mais pour ne pas la laisser au profit du cambusier, dût-il la distribuer à ses camarades, ou la laisser se détériorer dans un coin de son coffre. Il ne renonce à sa ration qu'en vertu d'ordres supérieurs qui la lui retiennent, par punition ou par ordonnance du médecin ; mais il s'en console, parce qu'alors le cambusier en doit rendre compte.

RÉA, RIA et ROUET. s. m. Ce sont les différens noms donnés au plateau circulaire en bois de gayac ou en fonte de fer et de bronze, qui tourne sur un essieu dans le canal d'une poulie, d'un clan de mât ou de vergue, ou dans les chaumards pratiqués dans la muraille, et sur lequel roulent les manœuvres courantes. Depuis quelques années on a fabriqué des *réas* en porcelaine, qui ont à l'usage fait preuve de plusieurs avantages sur les réas ordinaires.

RÉALE. s. f. C'est ainsi que se nommait autrefois la principale galère du roi ; elle était montée par le général des *galères*. (*Voir* ce mot.)

RECHANGE. s. m. Tout ce qui est embarqué comme objet de réserve et pour remplacer à l'occasion les mâts, vergues, barres, chouquets, roues de gouvernail, gouvernail, voiles, pavillons, etc., est appelé objets de *rechange*. Ils y sont en plus de ces mêmes objets mis aux places où ils fonctionnent. — Les matelots, dans leur langage, font une figure de ce mot, et l'appliquent à leurs effets à usage ; ils appellent de *rechange* toutes les hardes ou vêtemens qu'ils possèdent en sus de ce qu'ils portent habituellement ; entre toutes ces nippes de *rechange*, qui font la richesse d'un coffre de matelot, se trouve le *rechange neuf* complet : c'est l'habillement de la tête aux pieds pour les grandes circonstances, que le propriétaire ne prodigue pas, mais que chaque occasion éprouve d'une manière ruineuse, vu qu'il est destiné à figurer dans les événemens du cabaret, dont les plaisirs ne sont bien attestés que par les rudes atteintes qu'en reçoit le *rechange neuf*.

RÉCIF. s. m. L'orthographe adoptée par plusieurs ouvrages techniques sur la marine n'est pas semblable pour ce mot, on le trouve écrit *récif*, *rescif* ou *ressif*; les plus anciens traités disent *rescis*. Cette dernière orthographe semble la plus rationelle, si *rescis* vient du latin *rescissio*, action de casser, de briser, de détruire. Le sens que ce mot révèle à l'imagination est le même qu'écueil, rocher, brisant ; c'est un danger formé par la présence d'anfractuosités du sol qui s'approchent de la surface, ou par des amas de cailloux ou de sable qui forment de petits bancs sur lesquels la mer s'ébat.

RECONNAISSANCE. s. f. Pavillons particuliers qui sont confiés au commandant d'un bâtiment de l'Etat, pour correspondre en quelque sorte mystérieusement avec un ou plusieurs bâtimens de sa nation, dont le chef possède seul la clef de ces signaux, qu'on appelle : *signaux de reconnaissance*. Ceux-ci ne font donc point parties de la série de pavillons ordinaires dont se sert un navire qui converse avec un autre ; c'est une espèce de langage de chiffres, que ne comprennent point ceux qui sont les instrumens de l'exécution, et qui va d'un chef à l'autre. Ces pavillons de *reconnaissance* sont mis en temps de guerre dans une boîte de plomb, qui permet de les faire couler en les jetant à la mer, si l'on vient à craindre que l'ennemi ne s'en empare.— Les bâtimens du commerce ont chacun un pavillon, dont la disposition des couleurs est choisie par son armateur ou correspondant, de telle sorte que si le navire se présente en rade, il soit facile, par l'examen de son *signal de reconnaissance*, de dire quel est son nom et à qui il appartient, ce qui ne pourrait être vérifié que plus tard, et lorsqu'il se serait approché davantage, confondu qu'il serait resté, par son éloignement, avec tous les bâtimens d'espèce et de proportion analogues. — On appelle aussi quelquefois *reconnaissances* les amers, les balises, etc., qui, soit sur la terre, soit à la surface de l'eau, indiquent des chenals ou des passages dont les navigateurs doivent étudier les contours.

RECONNAITRE. v. a. On *reconnaît* un navire, une côte, un danger, en s'en approchant suffisamment pour en bien juger la nature, la position ou l'étendue. — Faire route pour *reconnaître* un objet ou un point, c'est faire une *reconnaissance*.

RECOUSSE. s. f. Action de reprendre à l'ennemi, dans les vingt-quatre heures, un bâtiment qui avait été enlevé par lui à la nation de celui qui lui rend son pavillon. — Si ce navire est un marchand ou un corsaire, l'armateur paie un droit de *recousse*, équivalent au tiers de la valeur de cette prise, à celui qui l'a opérée. Le délai de vingt-quatre heures expiré, un navire qui a été en possession de l'ennemi est censé nationalisé par celui-ci, et de bonne prise pour les récapteurs.

RECUL. s. m. Le *recul*, ou la distance dont l'explosion imprime le retrait à un canon, est borné sur les bâtimens de guerre par la longueur de la brague, gros cordage qui lie la pièce d'artillerie au navire. Ce *recul* est proportionné à la grosseur du calibre des canons.

RÉDUITE. adj. *Carte réduite.* (Voir *Carte.*)

REFLUX. s. m. Opposé du flux ; retrait de la mer qui quitte le rivage, qui a aussi, surtout parmi les marins, le nom de *jusant*.

REFONDRE. v. a. C'est reconstruire presque totalement un navire, en obéissant à ses proportions primitives. On refond un vaisseau de guerre qui a beaucoup fatigué.

REFONTE. s. f. Grand radoub, où l'on fait complètement, ou par parties, la *refonte* des navires, opération presque aussi coûteuse qu'une construction neuve. Le gouvernement seul fait subir ces grandes *refontes* à ses bâtimens.

REFOULER. v. a. On refoule la marée ou un courant, lorsque, aidé du vent, on parvient à faire de la route dans le sens opposé à celui où porte le mouvement des eaux.

RÉFRACTION. s. f. Effet de l'atmosphère en vertu duquel les rayons lumineux arrivent à notre organe visuel, suivant une ligne plus ou moins courbe selon la densité des couches d'air que ces rayons ont à traverser. La courbe parcourue par la lumière étant convexe à l'égard de l'horizontale, le corps lumineux est vu selon une tangente à cette courbe qui le fait nécessairement répondre à un point de l'espace plus élevé que celui qu'il occupe réellement. Voici comment les physiciens expliquent la loi de la *réfraction :* lorsque la lumière rencontre un corps diaphane qui lui donne accès dans son intérieur et qu'on appelle

milieu, sa direction subit une déviation. Le point par lequel le rayon de lumière entre dans un milieu s'appelle le *point d'immersion*, et celui par lequel il en sort le *point d'émergence*. Si le rayon rencontre perpendiculairement la surface d'un milieu, il continue sa route dans ce milieu sans dévier ; mais si l'incidence est oblique à la surface du milieu, le rayon se détourne, en sorte qu'il paraît rompu au point d'immersion. Ce détour s'appelle *réfraction*. C'est une propriété de tous les fluides, qui par leur transparence peuvent être considérés comme des milieux. Le bâton plongé dans une eau claire, et qui paraît rompu au point d'immersion, est une expérience de la *réfraction*. Une petite pièce de monnaie placée au fond d'un vase non transparent, et que l'on ne peut voir par la distance à laquelle on se tient du vase, devient visible si on remplit le vase d'eau ; le point lumineux de la pièce de monaie ne peut arriver à l'œil que par la courbe qu'il parcourt à travers le liquide en vertu de la *réfraction*. D'après cela, on concevera aisément que la *réfraction* de l'atmosphère doit agir puissàmment sur le rayon lumineux d'un astre, et que l'aspect sous lequel il apparait à l'observateur est loin d'être la vérité que réclame la rigoureuse exactitude des calculs astronomiques ; et en effet, un astre paraît toujours plus élevé qu'il ne l'est réellement, et cela d'autant plus qu'il est plus près de l'horizon, parce qu'alors les couches d'air ou milieux sont d'autant plus denses qu'elles sont plus voisines de la surface du globe. Les hauteurs des astres, que les marins invoquent si souvent dans leurs navigations, s'en trouvent donc altérées, et doivent être corrigées des erreurs de la *réfraction*, c'est-à-dire de cet excédant en hauteur, et que la science apprend à connaître.

REFUSER. v. a. Se dit du vent qui devient moins favorable à la route que fait un navire, qui opère tout le contraire d'adonner (*voir* ce mot) ; il *refuse*, lorsque sa direction se rapproche de la ligne que le navire suivait, de sa route enfin. Lorsque le vent *refuse*, le bâtiment ne peut souvent plus suivre cette même route, et cela arrive surtout s'il navigue au plus près ; il se verrait contraint à disposer ses voiles de cette dernière façon, s'il avait un vent largue, avant que celui-ci *refusât*.

REGRÉER. v. a. C'est réparer les avaries qu'un combat ou un coup de vent ont apportées dans le gréement d'un navire, à l'aide des provisions de rechange qui sont embarquées sur son bord à cet effet.

RELACHE. s. f. Arrêter le cours de la navigation de la traversée pour stationner sur un point de côte, dans une île, un port, ou un mouillage, c'est faire une relâche. Dans le Levant on dit *escale*. Un bâtiment est contraint de *relâcher* s'il manque d'eau ou de quelque autre provision ou munition importante ; s'il a éprouvé des avaries qui ne peuvent être réparées en mer; s'il se trouve enfin, par une raison majeure, hors d'état de continuer à naviguer jusqu'à sa destination. — Il arrive quelquefois que les *relâches* soient prévues avant que le navire quitte le port de départ, soit que le capitaine ait à déposer des passagers, des marchandises légères ou des nouvelles sur un point intermédiaire; soit que cette halte soit jugée nécessaire pour renouveler les vivres, et faire reposer l'équipage pendant une longue traversée. — *Relâcher*, c'est faire une *relâche*.

RELÈVEMENT. s. m. En architecture navale, ce mot est le synonyme de *tonture*. (*Voir* ce mot.) Il est plus spécialement employé par les marins et par les hydrographes pour exprimer une opération qui consiste à leur faire connaître à quel rayon de la boussole, autrement dit à quel air de vent répond un objet qu'ils aperçoivent. Cette opération, qu'ils ont souvent occasion de faire, leur sert principalement à déterminer leur position rigoureuse près d'une côte, en rapportant sur des plans les angles donnés par les directions suivant lesquelles les objets ont été observés. C'est de cette manière que le point de départ d'un bâtiment qui s'élance en pleine mer est déterminé sur la carte au moment où la terre va disparaître à la vue.

RELEVER. v. a. Action de faire un relèvement ; c'est viser à un objet à travers deux pinnules placées diamétralement sur la circonférence d'un *compas* (*voir* ce mot), et observer quel air de vent de la rose du compas répond à la ligne qui joint les deux pinnules, et dire : l'objet est relevé à tel air de vent. Pour déterminer sur la carte marine le point de la mer à partir duquel on comptera chaque jour le chemin parcouru par le bâtiment, et qu'on appelle *point de départ*, c'est lorsque les objets les plus remarquables, tels que les clochers, ou châteaux sont encore visibles du bâtiment qui s'éloigne, qu'on procède à leurs relèvemens. On choisit deux objets assez séparés pour ouvrir un grand angle par le concours des lignes qui les joignent à l'observateur. Les airs de vent suivant lesquels ils ont été *relevés* sont ensuite tracés sur un plan qui représente fidèlement une partie de la mer qui baigne la côte près de laquelle on se trouve, ainsi que le rivage et les objets qui ont été *relevés;* ils y sont tracés, à l'égard de la ligne qui représente le méridien, selon les angles que ces relèvemens font euxmêmes avec la ligne nord et sud du monde, et le point d'intersection des deux lignes tracées est celui où se trouvait le navire au moment du relèvement, et qui est adopté pour le point de départ du voyage. — On *relève* deux objets l'un par l'autre lorsqu'ils se confondent vus sur une même ligne. — On *relève* par le travers, par la hanche, par le bossoir, par l'arrière, au vent, sous le vent, c'est lorsque, sans se servir du compas, on *relève*

un objet en rapportant le relèvement à ces diverses parties du bâtiment d'où on observe.— Le mot *relever* est aussi employé en marine dans ses acceptions ordinaires, comme synonyme de changer, redresser, enlever, etc. *Relever* le quart ou l'homme de vigie, ou le timonier, c'est changer le quart, etc.; *relever* un navire, c'est le redresser, etc.

REMBARQUER. v. n. Embarquer de nouveau sur le même bâtiment ; retourner à la mer sans relâche.

REMONTER. v. a. On dit *remonter* au vent pour exprimer qu'on se rapproche de son origine. — On dit aussi *remonter*, de la manœuvre d'un navire qui s'avance dans une rivière ou dans un golfe en tournant l'arrière à l'embouchure. On l'emploie également pour exprimer les efforts d'un bâtiment le long d'une côte de l'Inde, lorsqu'il lutte contre le vent. Il *remonte* la côte à contre-mousson.

REMORQUE. s. f. C'est le nom que reçoit un câble, un grelin, ou tout autre fort cordage, qui, momentanément filé par l'arrière d'un bâtiment, est reçu par un autre navire qui en attache le bout sur son avant, de telle sorte qu'à l'aide de ce lien, le premier traîne le second ; c'est ce qu'on appelle donner la *remorque,* ou simplement *remorquer*. Le bâtiment qui donne la *remorque* est appelé *remorqueur*. — On donne le nom de *remorqué* à un navire lourd, que l'on a un intérêt particulier à faire avancer à l'aide de ce moyen. Lorsque, dans un combat naval d'escadre à escadre, des vaisseaux sont assez désemparés pour ne pouvoir plus tenir leur poste dans la ligne de bataille, ou continuer de combattre, les frégates sont chargées du soin de les *remorquer* hors du feu, pour que d'autres vaisseaux en meilleur état occupent leur place : c'est le *serrez vos rangs* dans les batailles sur mer.

REMOUS. s. m. sorte de tournoiement de l'eau de la mer, formé près d'un corps flottant qui se déplace. Le choc des eaux, qu'un navire déplace en s'avançant, produit derrière lui une agitation du fluide qu'on appelle *remous*, et qui ne s'étend qu'à trois ou quatre brasses au delà du gouvernail. Ce tournoiement est produit par la rencontre des filets d'eau qui tombent de chaque côté du bâtiment, pour combler le vide causé par son déplacement dans son rapide sillage. Ces parties d'eau s'entrechoquent et tourbillonnent les unes sur les autres pendant quelques secondes. En général tous les corps flottans qui se déplacent avec une certaine vitesse produisent un *remous*. — Le même effet est produit par la vitesse du courant de l'eau d'une rivière ou de la mer, contre un obstacle qui lui fait résistance.

RENARD. s. m. C'est le nom d'un petit plateau rond en bois, ayant un manche sur lequel on a peint d'un côté les trente-deux rayons de la boussole, percés chacun de huit petits trous, pour recevoir autant de petites chevilles. Le *renard* est une espèce de *memorandum* pour l'homme placé à la barre, à l'aide duquel il peut dire à l'officier de quart à quels différens airs de vent il a gouverné le bâtiment durant le temps qu'il est resté au gouvernail, soit que des changemens de route lui aient été ordonnés, soit que les variations du vent l'aient fait dévier de celle qu'il lui était recommandé de faire suivre au navire. Pour cela il résume toutes les directions parcourues dans une demi-heure en une seule, et il la représente sur le *renard* par une petite cheville plantée sur l'air de vent suivi. Il fait de même pour chaque demi-heure ; le timonier qui succède en fait autant, en sorte que l'officier peut lire sur le *renard,* par les huit chevilles qu'il y trouve plantées, les routes parcourues durant les huit demi-heures de son quart ; il réduit ces directions en une seule si elles ne s'écartent pas beaucoup l'une de l'autre. — Les *renards* se font aujourd'hui en cuivre.

RENCONTRER. v. a. C'est l'ordre de l'officier de quart au timonier de maîtriser, au moyen du gouvernail, un mouvement de rotation trop rapide ou trop prolongé du navire à droite ou à gauche de la direction qu'il doit suivre, autrement dit, de défendre une embardée, un lan, ce qui se dit par *rencontrez l'arrivée* ou *l'auloffée !*

RENTRÉE. s. f. Terme de construction navale ; c'est le rétrécissement du navire par ses hauts, qui s'exprime par la différence entre sa largeur sur le pont et sa largeur plus grande au fort. Cette rentrée est telle que deux bâtimens accostés se toucheraient par leurs préceintes à la flottaison, et resteraient écartés par les hauts d'un espace assez grand pour empêcher la communication d'un bord à l'autre. La *rentrée,* dans les bâtimens, n'est ni utile ni gracieuse ; elle est un défaut capital dans les navires de guerre français. Elle fut inventée par un constructeur anglais à l'époque de Duguay-Trouin, Jean-Bart et autres marins français célèbres à l'abordage. Nous avons été assez maladroits pour les imiter et même renchérir sur nos ennemis, en rendant l'abordage impossible, et nous priver du genre de combat le plus favorable à l'impétuosité de nos marins.

RENVERGUER. v. a. C'est resserrer les rubans qui attachent les voiles aux vergues ou barres transversales auxquelles elles sont suspendues, lorsque ces liens se sont relâchés sous les efforts des voiles gonflées de vent.

RÉPONDRE. v. a. Un bâtiment qui est rencontré en mer par un autre, et hélé avec le porte-voix, *répond ;* si c'est à l'aide de signaux qu'on l'interroge, il *répond* de la même manière. — Lorsqu'un officier donne au marin qui dirige le gouvernail un ordre sur l'impulsion à donner à cette machine, le marin répète le commandement à haute voix ; il *répond* de façon à ce qu'il n'y ait pas de malentendu, que l'exécution soit bien en harmonie avec la pensée du chef, car, du désac-

cord qui s'y manifesterait, il pourrait dans maintes occasions résulter de graves conséquences.

REPRENDRE. v. a. C'est en général, par rapport à tout ce qui est cordage, les disposer de manière à ce qu'une nouvelle force puisse être exercée sur eux, lorsqu'ils ont cédé de manière qu'on ne peut plus les faire fonctionner au point où ils sont arrivés. On *reprend* un palan, un câble, un grelin, etc. — On *reprend* les dormans (*voir* ce mot), en les raccourcissant et les retendant, lorsque les efforts qu'ils ont eu à supporter les a détendus et allongés par trop. — On *reprend* à l'ennemi un navire dont il avait précédemment opéré la capture.

RESSAC. s. m. Lorsque les lames, dans leurs mouvemens qui les portent vers un point, se trouvent arrêtées et brisées contre un rocher, une plage, ou tout autre corps solide, elles se replient sur elles-mêmes et s'agitent plus ou moins tumultueusement, suivant que la brise les frappe davantage ; ce mouvement rétrograde des lames, c'est le *ressac.* — Le même nom se donne aussi aux embarcations qui accompagnent les pêcheurs de Terre-Neuve pour les aider dans leurs travaux.

RESTER. v. a. Ce mot, comme plusieurs qui précèdent, semble d'abord n'avoir en marine aucune application spéciale qui le distingue de son usage ordinaire ; il est cependant des cas où sa valeur connue n'est pas rigoureusement celle de l'idée dont on lui confie l'interprétation. Ainsi, pour exemple, nous dirons que si un bâtiment voisin d'une terre observe un point de la côte en le mettant en rapport vers un air de vent de sa boussole, afin de vérifier quel changement s'opérera dans sa position sur l'eau, il dira que l'objet observé sur la terre lui *reste* par tel ou tel air de vent. — Dans un second cas, supposons que deux bâtimens sont en pleine mer et se trouvent à peu de distance l'un de l'autre, si l'un des deux *reste* par le nord du second, ce dernier *restera* par le sud de l'autre ou dans tout autre point de la boussole diamétralement opposé au point qu'occupe l'observateur par rapport à l'observé. — Les autres applications du mot *rester* n'ont rien qui les écarte du sens vulgaire.

RÉTABLIR. v. a. C'est remettre en place, en ordre, en position. — On *rétablit* les voiles qui avaient été dérangées par une cause quelconque.

RETARDEMENT. s. m. Lorsqu'un navire est en chargement ou en déchargement, et qu'un nombre de jours a été fixé pour l'une de ces opérations, tout ce qui excède le délai convenu est un *retardement* dont les lois maritimes indemnisent la partie lésée. — Les marées ont un *retardement* de 48 minutes par jour, de sorte que la durée de chaque marée se trouve de 6 heures 12 minutes. La durée des deux flots et des deux jusans, ou autrement dit des deux marées montantes et descendantes, éprouve un *retarde-*

ment de 48 minutes qui excèdent les 24 heures.

RETOUR. s. m. Tout cordage qui ne va pas directement au point vers lequel s'exerce son action, qui en est détourné par un coude ou un autre point sur lequel passe la force imprimée à ce cordage, se trouve en *retour*. Ainsi, pour amener une voile ou un corps pesant que maintient une corde, au lieu de lâcher complétement celle-ci, qui rendrait trop brusque la chute du poids qu'elle soutient, on file à *retour*, c'est-à-dire que le cordage frotte sur un point qui altère la puissance que lui donne, pour qu'il s'échappe, ce même poids dont il est la retenue. On prend à *retour* à un cabillot, à un taquet, à la tête d'une bitte. Ainsi un garant de palan, une aussière, une drisse, une écoute, sont souvent filés à *retour*, lorsque le mouvement que prendraient ces cordages aurait trop de vivacité s'il n'était amorti par leur frottement sur un ou plusieurs points. — On dit les vivres, les provisions de *retour ;* un bâtiment en *retour.*— Lorsqu'un obstacle s'oppose à la direction d'une marée ou d'un courant, que ces eaux sont détournées de leur pente, on dit qu'il y a un *retour* de marée, un *retour* de courant. — On dit aussi le *retour* de la marée, pour signifier le moment où elle reviendra sur la côte après s'en être retirée, l'instant où il y aura flot.

RETRANCHEMENT. s. m. Une des punitions les plus fréquemment appliquées à bord des navires, c'est la privation imposée, pour un certain nombre de repas, de la ration de vin ou d'eau-de-vie distribuée aux marins pour leur ordinaire ; cette mesure s'appelle le *retranchement.* — On ne *retranche* jamais les vivres d'un matelot par punition, cette formalité ne s'étend qu'aux boissons, qui peuvent toujours être remplacées par de l'eau.—Cependant on *retranche* une partie des vivres en général, lorsque le prolongement d'une traversée peut donner des inquiétudes sur la suffisance des provisions pour la durée qu'on présume avoir encore dans sa navigation. Le *retranchement* est d'un cinquième, d'un quart, sur la ration quotidienne ; quelquefois, et dans des circonstances graves, cette diminution est plus considérable.

La privation de son quart de vin ou de son boujaron d'eau-de-vie est fort pénible au matelot, et cette punition, si communément infligée dans la navigation, a plus qu'on ne le croirait d'empire sur son moral. C'est à peu près la seule chose sur laquelle il compte, le pauvre diable, que ce verre de vin ; son repas est si maigre d'ailleurs ! Il a besoin de ce petit véhicule pour retremper parfois son courage amolli ; aussi les matelots forment-ils souvent entre eux une petite assurance mutuelle qui conjure la rigidité de la punition. On a vu ailleurs que la ration de vin des marins, versée dans un bidon à la cambuse, est mesurée pour un certain nombre d'hommes qui mangent au même plat ; lorsqu'un *retranche-*

ment a frappé l'un des commensaux, un verre d'eau est joint à la ration générale, diminuée d'abord de la portion retenue pour le matelot *retranché*, mais qui, par cette petite addition peu sensible sur l'ensemble, se trouve remise au complet et annulle en quelque façon la punition réservée à un, en la faisant légèrement subir à tous dans l'affaiblissement insensible de la partie spiritueuse de leur boisson.

REVERS. s. m. On nomme manœuvres de *revers* celles qui se trouvent accidentellement sous le vent, lorsque le bâtiment navigue au plus près ; ainsi les amures, les écoutes, les boulines de *revers*. — Les autres applications de ce mot sont liées à de menus détails de gréement sans importance pour les personnes auxquelles s'adresse cet ouvrage.

REVIREMENT. s. m. Evolution d'un navire qui louvoye, qui court des bordées. (Voir *Louvoyer.*) C'est la manœuvre par laquelle il change d'amures plusieurs fois de suite. La première fois que ce changement d'amures a lieu, on dit *virer de bord* (voir ce mot), et c'est à partir de cette première évolution que sa répétition prend le nom de *revirement.*

REVIRER. v. n. Exécuter un revirement ; évolution qui se répète d'autant plus que l'espace est plus étroit, ou que les variations fréquentes du vent obligent de profiter des amures les plus favorables. Si cette manœuvre s'effectue près d'une terre ou en vue d'un bâtiment, les *reviremens* sont désignés par les directions qu'ils causent au navire à l'égard des objets en vue ; ainsi s'en éloigner, c'est *revirer* au large ; courir vers eux, c'est *revirer* sur la terre ou sur le navire en vue.

RÉVOLIN. s. m. Variation instantanée du vent qui ne se fait sentir qu'à peu de distance d'une terre ou d'une surface qui lui fait résistance, et le renvoie sur lui-même. C'est en quelque sorte une réaction du vent réfléchi par l'obstacle qu'il rencontre. — Ces *révolins* sont fréquens le long des rivages élevés ; mais, pour les sentir, il faut ranger de près la terre. Les voiles d'un navire, telles que les focs et les voiles d'étai, causent des *révolins* qui déventent les autres voiles voisines de celles-ci.

REVUE. s. f. C'est le nom d'une espèce de visite ou examen qu'un commissaire de l'administration de la marine, appelé *commissaire aux revues,* fait de l'équipage complet d'un bâtiment de l'Etat qui doit bientôt partir, opération qui a pour but de constater la présence des marins à bord, l'identité de leurs inscriptions sur les rôles, et de les payer de leur solde arriérée et des avances sur le voyage qu'ils vont entreprendre. Ces avances consistent en trois mois de leurs appointemens pour une campagne de l'Amérique, et six mois pour un voyage de l'Inde. Les marins sont convenus d'appeler ce jour de *revue, la revue.* C'est, après le jour de l'arrivée, le plus beau dans la vie du matelot : des pavillons déployés à la poupe et sur le beaupré du navire annoncent le bonheur de l'équipage ; à ce signal les cabaretiers et autres teneurs de guinguettes se tiennent prêts pour voir couler dans leur escarcelle une bonne part de l'argent qui se distribue sur le vaisseau pavoisé. Les juifs créanciers se disposent (à plus d'un risque) à réclamer de l'argent du matelot leur débiteur. Nous renvoyons au mot *Avance* pour donner au lecteur une idée de la folle joie d'un équipage au jour de la *revue*.

RIDE. s. f. Cordage qui sert à donner aux haubans, galhaubans, étais et autres dormans, leur tension nécessaire pour le maintien des mâts qu'ils consolident. Pour cela, qu'on se rappelle que le bout inférieur de chaque hauban porte un cap-de-mouton, qui correspond à un pareil, établi et retenu aux porte-haubans. La *ride*, passée dans les trous correspondans des deux caps-de-mouton superposés, est ensuite tendue au moyen de palans, jusqu'à ce qu'elle transmette au hauban la roideur qui lui est nécessaire. Cette tension générale de tous les haubans d'un navire est appelée *ridage ;* on dit : *le ridage est bon* ou *l'on va travailler au ridage*. L'action de procéder au *ridage* se dit *rider*. Les marins emploient souvent le mot *ride* pour roide, tendu.

RINGOT. s. m. Petite bague de ligne *en double*, passée entre l'estrope et le talon d'une poulie pour recevoir le dormant d'un garant de palan. On ne s'en sert plus, ou rarement.

RIPER. v. n. Mouvement d'un cordage qui glisse, s'échappe par secousse, lorsque, exerçant un effort, on veut le retenir par une forte pression contre un point fixe. — Les câbles *ripent* sous la pression des garcettes qui le lient à la *tournevire*. (*Voir* ce mot.)

RIS. s. m. En observant un peu la surface d'un hunier déployé, on ne peut manquer de voir une multitude de petites tresses pendantes, attachées à la toile sur les deux faces de la voile, disposées en longues rangées prenant la largeur du hunier, dans lesquelles elles se pressent, également espacées. Ces rangées, au nombre de trois ou quatre au-dessus l'une de l'autre, occupent les deux tiers de la hauteur de la voile, à compter de la vergue : chaque intervalle de toile entre ces rangées de bouts de tresses, est appelé un *ris ;* chaque bout de tresse, *garcette de ris ;* le renfort de toile transversal, dans lequel ces garcettes sont attachées, *bande de ris*. — L'emploi de ces *ris* ne dénote rien de joyeux : lorsqu'une brise plus forte et frappant le côté du navire, l'incline sous l'effort de ses voiles et compromet ses mâts ; quand l'horizon, fortement estompé de nuages livides, présage une nuit venteuse et menaçante, alors on prend des *ris* ; un, deux ou trois, selon que l'apparence sinistre du temps, ou la brusquerie des rafales, semble le conseiller, c'est-à-

dire que la voile étant amenée, convenablement disposée et assujettie, les matelots se distribuent sur la vergue, pour y relever en plis égaux la surface de toile d'un *ris* qu'ils attachent avec les garcettes, qui, par leurs dispositions, enveloppent ensemble la vergue et la portion de toile qui se trouve soustraite au vent. Le hunier, dont la hauteur se trouve réduite par cette opération, n'atteint plus la tête du mât, lorsque, rétabli, il présente sa surface à l'action du vent ; le mât plie moins sous l'effort de la voile ; le navire n'incline plus sous les bouffées qu'elle arrête. Cette opération s'appelle *prendre des ris*. Le premier *ris*, celui le plus près de la vergue, s'appelle *ris de chasse ;* c'est le *ris* de précaution : sans beaucoup retrancher de toile au hunier, il le rend plus maniable. Le dernier *ris*, c'est-à-dire le plus bas, est le *ris de cape ;* il ne se prend guère que dans un cas extrême de navigation, ou pour louvoyer par un gros temps. (Voir *Cape*.)

RISÉE. s. f. Souffle spontané de l'air ; augmentation subite et de peu de durée dans le vent régnant, qui s'annonce toujours en jetant sur la surface de la mer une teinte sombre et un clapotis bruyant. La *risée* prescrit la prudence à l'officier qui commande la manœuvre ; il commande à ses hommes : *Veille à la risée !* et se dispose à baisser les voiles à son passage ; ce que les marins appellent saluer la *risée*. — Lorsque la *risée* n'est qu'un petit effort d'une brise faible et indécise, l'officier commande au timonier d'en profiter en lui disant : *loffe à la risée !* c'est, pendant sa durée, gouverner le plus près possible pour gagner au vent.

RISER. v. a. C'est amener les voiles pour une risée qui passe sur le navire, c'est-à-dire les abaisser momentanément, pour les rétablir après le passage de la risée. On dit plutôt *arriser. Arrise les huniers !*

RIVAGE. s. m. Comme dans le langage ordinaire, ce mot exprime la *rive* que couvrent et découvrent le flux et le reflux de la mer ; les marins disent plutôt le bord de la mer.

ROBINET DE LA CALE. s. m. C'est un robinet de fortes proportions, qui conserve l'idée des robinets ordinaires, à quelques modifications près, appropriées à son important usage. Le *robinet de la cale* traverse la muraille du vaisseau vers le milieu de la partie submergée de la carène, et répond à la grande écoutille. Il sert à donner de l'eau de mer pour laver les ponts, la cale, et à remplir, au moyen d'une manche, les futailles dont l'eau douce a été consommée ; sa principale utilité (mais heureusement la plus rare), c'est de verser l'eau qui sert à noyer les poudres en cas d'incendie. C'est une pensée qui ne manque pas d'impressionner, que celle de cette communication immédiate et puissante de l'eau de la mer avec l'intérieur du navire. Cet intérieur, que l'on s'est étudié avec tant de soin à garantir de l'entrée d'une seule goutte d'eau, qui a fait examiner et boucher chaque pore de la périphérie extérieure du colosse flottant, peut, par le moindre effort, par le plus petit choc imprimé au *robinet*, être envahi par la mer! Mais aucune crainte ne doit exister. La confection de cet ustensile est parfaite, sa pose est inébranlable; il est d'ailleurs renfermé dans une sorte de petite armoire qui peut défier les heurts, et dont le lieutenant chargé du détail a seul la clef.

ROCAMBEAU. s. m. Cercle ou grande bague en fer rond, passé dans un mât, sur lequel il peut glisser ou courir librement. Il sert principalement à l'installation des focs, qui s'y attachent par le point d'amure.

ROCHE. s. f. C'est un danger que la mer recouvre, et qui par conséquent offre plus de crainte aux navigateurs. (Voir *Brisans, Écueil, Récif.*)

ROCHER. s. m. C'est généralement le sommet d'une montagne ou d'une éminence sous-marine, qui se montre au-dessus de la surface de la mer. Quelquefois cette éminence est surmontée d'une sorte de plate-forme, alors le *rocher* devient une petite île. — On appelle aussi *rocher* une sorte de falaise escarpée, sans verdure, que bat la mer et qui n'offre qu'un aspect rude et stérile. Les traditions anglaises ont donné ce nom à une falaise déchirée qu'on appelle encore le rocher de Shakespeare, en mémoire d'un épisode du *Roi Léar.* Voici l'origine sur laquelle s'appuie cette tradition. Le duc de Cornouailles, gendre du roi, fait arracher les yeux du duc de Glocester, pour se venger de ce que celui-ci a donné secours à son vieux souverain. Glocester cherche un guide pour marcher, et rencontre son fils Edgard, qu'il a maudit, et se confie à lui sans le connaître. Glocester dit à l'enfant qu'il y a près de Douvres un rocher dont la tête élevée sur les mers se penche et semble en regarder la profondeur. Il veut être conduit sur son sommet escarpé, et là, il ajoute qu'il n'aura plus besoin de guide. Ils se mettent en marche, l'aveugle et l'enfant son guide. « Quand arriverons-nous au sommet? demande Glocester. — Vous commencez à le gravir, répond Edgard. — Je croyais être toujours en plaine. — L'horible sentier! comment! ne le sentez-vous pas? Entendez-vous le bruit de la mer? — Je n'entends rien. — La douleur de vos yeux a sans doute affaibli vos autres sens. — Approchons-nous. — Paix! nous y voici! Quel affreux spectacle! Quel abîme, que cette mer qui bat à nos pieds! La tête me tourne, et je n'ose regarder encore! — Eh bien! placez-moi à l'endroit où vous êtes! » Mais Edgard avait deviné l'intention du vieux Glocester, et ne l'avait pas conduit au bord du *rocher :* ils sont encore dans la plaine, et le vieillard, ayant changé de place, ne tombe que de sa hauteur sur un terrain plat. Pourtant il reste évanoui quelques instans. Edgar contrefait sa voix, et fait comme si, pê-

cheur, il trouvait le corps au pied de la falaise. Alors il ranime Glocester, et s'étonne que, tombé d'aussi haut, il ne soit pas brisé mille fois. Persuadé que Dieu ne veut pas qu'il meure, le vieillard renonce au dessein de mettre fin à ses jours.

Il y a des *rochers* dont la forme est singulière; on en remarque plusieurs aux environs de l'île de Corfou, parmi lesquels le plus gros a toute l'apparence d'un vaisseau à la voile; les anciens s'imaginaient y voir le navire phénicien qui portait Ulysse dans sa patrie, et que Neptune avait métamorphosé en pierre, afin de venger son fils Polyphême. Deux autres *rochers,* dont l'un est situé près de la côte du pays des Patagons, et le second sur les côtes de la Californie, présentent de loin la même forme, et ont souvent trompé les voyageurs qui rapportent cette observation. Il y a du reste dans la baie de Saint-Malo et de Granville un phénomène semblable, produit par l'aspect que présente le Mont-Saint-Michel, surtout par les temps tristes, et dans les brumeuses atmosphères; seulement sur ce point on sait à quoi s'en tenir, et on n'a jamais vu, même dans le temps où la course était la plus active chez les marins de Saint-Malo, qu'aucun corsaire ait jamais songé à prendre le Mont-Saint-Michel à l'abordage.

Il y a des *rochers* qui ont une influence magnétique.

ROLE. s. m. Etat dressé par l'administration maritime, et qui porte les nom, âge, grade, solde et fonctions de chaque marin formant l'équipage d'un navire, depuis le capitaine jusqu'au mousse. Les bâtimens du commerce emportent avec eux, dans leurs voyages, ce rôle, qui reste par duplicata entre les mains de l'autorité locale; les passagers y sont ajoutés. — Un navire de guerre établit des rôles pour chaque partie du service, de façon à ce que tout soit bien réglé, et qu'il n'y ait pas d'équivoque; ainsi pour les quarts, pour les postes de combat, d'exercice, pour la manœuvre, etc. — Au besoin, on émarge le *rôle d'équipage* en y plaçant des apostilles sur la conduite des hommes qui y figurent, ou sur les mutations de grades qui se sont opérées pendant la campagne.

ROMAILLET. s. m. C'est une petite pièce qui remplace une partie défectueuse du bois, soit un nœud pourri, des piqûres de vers, etc.

ROMPU, UE. part. A part la valeur de ce mot pour tout ce qui est pièce de bois, telle que mât, vergue, etc., on dit d'un bâtiment qu'il est *rompu,* lorsque les grands poids dont on a chargé ses extrémités ont imprimé un arc à sa quille, et que, par conséquent, son pont a obéi par son avant et son arrière. (Voir *Cassé,* dont *rompu* est presque complétement le synonyme.)

ROSE. s. f. Feuille de carton ou de talc coupée en rond, dont le diamètre varie de 5 pouces environ jusqu'à 10 ou 12, et sur laquelle sont dessinées, à partir du centre, des lignes qui représentent tous les airs de vent dont les quatre points cardinaux sont les principaux. Ces lignes, dont chacune figure la pointe d'une étoile, porte, vers l'extrémité qui touche le bord de la circonférence, la lettre initiale de l'air de vent qu'elle représente; celle de ces pointes qui porte le nom de nord cache sous sa figure la barre aimantée qui, en fixant cette pointe vers le pôle magnétique, donne à toutes les autres pointes les directions des airs de vent qu'elles représentent. On a vu au mot *Boussole* comment la *rose* de vents était installée dans sa boîte.

ROUE. s. f. Nous avons expliqué, au mot *Barre du gouvernail*, comment cette machine ne recevait quelquefois pas directement l'effort de celui qui est chargé de la diriger, et que la manœuvre du gouvernail se faisait au moyen d'un appareil de cordages, de poulies et de cylindres, qui font partie d'une *roue*. Cette *roue* est toujours placée sur le pont, où, par l'intermédiaire des drosses, cordages qui vont de la *roue* à la barre ou levier du gouvernail, soit qu'il reste en regard sur le pont, soit qu'il ait été placé dessous, elle fait agir la machine principale dans une direction combinée avec la direction du tour que l'on donne à la roue. La lecture des mots *Barre* et *Drosse* expliquera suffisamment les fonctions de cet appareil, sans qu'on y revienne plus longuement ici.

ROUET. s. m. Synonyme de Réa. (*Voir* ce mot.)

ROUF. s. m. Construction fort à la mode dans la marine hollandaise, et qui s'élève sur l'arrière du pont d'un navire. (Voir *Carrosse*.)

ROULIS. s. m. Oscillation du bâtiment dans le sens de sa largeur; pente qu'il éprouve alternativement d'un côté et de l'autre, mouvement régulier dont le centre de gravité est le point d'appui.

Les bâtimens dont les formes sont déliées, qui ont une carène vidée et élancée, sont ceux que la mer tourmente le plus. La force du vent et celle des lames qui sont les agens les plus actifs du *roulis*, ne sont cependant pas les seules causes qui influent sur la manière dont le navire se comporte à la mer. L'influence de l'arrimage doit être d'autant plus soigneusement étudiée, que des dispositions peuvent non-seulement harmoniser ces deux mouvemens de manière à rendre leur action le moins nuisible possible à la solidité de la carène et de la mâture, mais que, par les sages calculs de ses aménagemens et la disposition de son arrimage, on peut même remédier aux défauts natifs d'un navire mal construit. Il faut donc, dans certains cas, combiner les effets que produisent les dispositions du chargement. Le navire roule et souffre durement lorsque le poids porte trop sur le centre ; il fatigue et roule violemment, si les pesanteurs sont surtout accumulées dans les parties élevées de sa cale. Le *roulis* existe toujours, plus ou moins sensible, sur

un bâtiment qui navigue à la voile; mais il est des situations où il se trouve en quelque sorte paralysé, ou plus violemment développé au contraire, suivant certaines conditions de la mer et du vent. L'arrimage et la forme de la coque du navire n'ont plus qu'une influence secondaire sur le bâtiment, dans ces diverses positions que nous allons rapidement esquisser.

C'est lorsqu'il reçoit le vent directement par son arrière qu'un bâtiment éprouve le plus de *roulis*. On conçoit que cette impulsion, reçue dans un sens à part des oscillations dont nous parlons, laisse le navire abandonné à lui-même; il fait alors l'effet d'un balancier mis en branle, qui s'agite plus ou moins longtemps, suivant que l'accident qui lui a donné la première impulsion a agi violemment sur lui; et comme les lames et l'inconstance de l'équilibre renouvellent souvent le véhicule de cette agitation, un bâtiment vent arrière a toujours du *roulis;* quelquefois ce *roulis* est si violent, que le navire paraît devoir se renverser sur un côté ou sur l'autre, et que la chute de toute la mâture semble devoir être au moins la conséquence de ces balancemens désordonnés. — Avec du largue dans ses voiles, c'est-à-dire lorsque le vent frappe le navire par un de ses côtés, appuyé par le souffle de la brise qui frappe ses voiles tournées dans le sens de cette direction, il éprouve moins de *roulis;* un peu penché sous l'effort de ce vent, il ne se redresse pas facilement contre la puissance que reçoivent ses voiles; au plus près du vent, le roulis est devenu moins sensible encore, par l'accroissement des causes qui diminuent déjà le *roulis* sous l'allure du vent largue. — Il est une circonstance où la disposition des voiles est impuissante à préserver le bâtiment du *roulis*, c'est lorsque, après une tempête qui a soulevé la mer, celle-ci, ne s'abaissant pas aussi subitement que le vent s'éteint dans l'atmosphère, conserve longtemps encore les gonflemens que lui avait causés, en la tourmentant, la bourrasque assoupie. On est en calme, la mer est encore fort houleuse, ses montagnes se dressent et retombent sans avoir comme, lorsque soufflait la tempête, une marche en harmonie avec la direction de celle-ci. Alors le navire, qui tend vainement toutes ses voiles pour que le vent les gonfle, se trouve complétement livré aux folles agitations des lames, qui, longtemps fouettées par les rafales, sont désormais abandonnées à leurs dernières convulsions. Cette situation est fort dangereuse pour un navire, et l'absence absolue du vent peut entraîner dans sa mâture des avaries si grandes, que la perte totale de l'édifice peut en être le dénoûment. Le calme complet de la mer et du vent donne parfois aussi de violentes crises de *roulis* aux bâtimens, et cela est irrémédiable. Il est difficile aux hommes qui n'ont point l'habitude du *roulis* de garder leur corps dans un équilibre continuel sans le secours de quelque point d'appui, quand un grand *roulis* tourmente un navire. Les matelots, quelque grande que soit l'agitation qu'éprouve la coque, conservent leur attitude, leur agilité ; leur corps se plie à tous les mouvemens que veut lui imprimer le point qui les porte ; si l'un des côtés du vaisseau se lève, la jambe qui est placée de ce côté se plie d'elle-même, et donne au corps sa pente apparente qui n'est réellement que la conservation du centre de gravité. Le marin n'est plus séparé du bâtiment, il fait corps avec lui ; il n'en reçoit plus de percussion, et ses organes n'en sont plus dérangés. C'est encore là une des causes de l'inutilité des attaques du mal de mer sur le marin. Mais les malheureux passagers sont les continuelles victimes du *roulis* qui les tourmente sans cesse ; non-seulement ils sont longtemps impuissans à se façonner aux ruses que l'habitude indique pour en paralyser les effets par rapport au corps, mais ils en subissent de continuels préjudices dans tout ce qui leur appartient. Les marins savent ranger chaque chose, et préserver leur chute probable si elles restaient abandonnées à elles-mêmes ; les passagers laissent tout trainer, comme s'ils étaient à terre, chez eux, où rien n'est à redouter, hors les tremblemens de terre. Aussi les passagers brisent-ils plus de vaisselle et de meubles en quelques jours de navigation, que la servante la plus maladroite dans dix années. Leur expérience leur coûte cher ; des privations et des gênes irrémédiables : manger la soupe dans un chapeau de cuir bouilli, ou boire dans des brodequins. Quelquefois des capitaines d'humeur joviale promettent aux passagers qu'ils embarquent que, pendant les repas, et afin de n'être point tourmenté du *roulis* étant à table, *on mettra des béquilles au navire.* (Voir *Béquille.*) — Un bâtiment qui éprouve du *roulis*, est dit *rouler*, il *roule.*

ROUSTER. v. a. Faire des :

ROUSTURES. s. f. Tours de cordage multipliés dont on enlace, dont on presse deux objets en les joignant l'un à l'autre pour n'en faire qu'un seul. On fait de fréquentes *roustures* sur les mâts et les vergues dont la solidité mise en doute a semblé exiger le renfort d'une latte ou d'une autre pièce de bois.

ROUTE. s. f. En navigation l'acception rigoureuse de ce mot comprend la direction que doit suivre sur la mer un navire qui se rend d'un point à un autre point proposé. Cette direction prend alors le nom de l'air de vent qui, sur une carte, se rapproche le plus de la ligne à suivre. Mais qu'il y a loin de cette direction à celle que le bâtiment a suivie dans sa course, c'est-à-dire, à la trace de sa carène sur l'espace qu'il a franchi.

Lorsque la mer, libre devant lui, semble l'inviter à s'y élancer selon la ligne droite qui aboutit au but de sa destination, on reste étonné de la courbe irrégulière qu'il a décrite pour s'y rendre. Aux personnes étrangères à la navigation, elle parait un détour fait à plaisir pour faire durer le voyage, quand au contraire elle a été combinée pour le rendre le plus court possible. Ce sont de ces secrets de navigation dans lesquels le défaut d'espace nous défend d'entrer, mais qui s'expliquent aisément. Les voyages les plus prompts sur la mer ne se font pas par la ligne la plus courte, mais par celle où le bâtiment trouvera le plus constamment des vents frais et favorables ; et la science du navigateur (qui comprend une connaissance complète de la force et de la direction des vents sur toute la surface du globe) lui enseigne le choix des parages où les vents activeront le plus la marche de son navire, dût-il, pour se rendre dans ces parages, tourner le côté au but de sa course ; il s'y élancera, et évitera la ligne droite où la chance des vents contraires, des courans opposés, des tempêtes et des mers dangereuses, élèveraient des obstacles et retarderaient sa marche. La courbe ainsi tracée par le bâtiment s'appelle aussi *route.* On comprend que cette ligne brisée ne peut être exprimée par un seul air de vent. — Les marins appellent généralement *route* (mais en diversifiant les cas) la ligne suivie à chaque instant par un navire sous voile, et qui reçoit le nom de l'air de vent qui lui correspond sur la boussole. Lorsque la navigation des vingt-quatre heures qui viennent de s'écouler a été très-accidentée par les changemens du temps et les variations de la brise, circonstances qui ont forcé le bâtiment à dévier souvent de la *route* ordonnée, et à suivre différentes directions, on entend les marins dire : *Le calcul de navigation sera long aujourd'hui, il y a beaucoup de routes à corriger.* — Tous les jours à midi le capitaine *donne la route,* c'est-à-dire prescrit à l'officier de quart, qui à son tour le transmet au timonier, l'ordre de diriger l'avant du bâtiment à tel air de vent de la boussole ; ce n'est pour celui-ci qu'un travail matériel, qui consiste à diriger le gouvernail de manière à ce que l'air de vent indiqué sur la boussole regarde l'avant du navire.

ROUTIER. s. m. Titre d'un grand livre in-folio contenant des cartes marines, des vues de terre, et des instructions sur les écueils, les routes à suivre, les passages à éviter par les bâtimens dans leurs navigations. Il y a un *routier* pour chaque mer importante.

RUMB ou **RUM.** s. m. On appelle de ce nom les lignes qui représentent les airs de vent sur les cartes marines.

ABAYE. s. f. Cordage employé dans les bateaux pour leur servir à communiquer avec le rivage, lorsque la grosseur de la mer les force à s'en tenir éloigné, retenu par un grappin et son câblot. C'est en hâlant sur la *sabaye* et filant du câblot, qu'une embarcation s'approche du rivage, en profitant des momens les plus favorables.

SABLE et **SABLIER.** s. m. (Voir *Horloge.*) Le sable apporté du fond de la mer par le plomb de sonde reçoit des désignations différentes selon sa couleur et sa qualité. On dit *sable* gris, blanc, noir ou rougeâtre ; *sable* fin, gros, vasard ; *sable* mêlé de coquillages brisés, etc. (Voir *Sonder,*)

SABORDER. v. a. C'est pratiquer dans la carène d'un bâtiment un sabord ou large trou, pour que l'eau de la mer s'y introduise et le fasse couler. On y procède en inclinant d'abord le navire de manière à faire sortir de l'eau la partie submergée voisine de la flottaison, dans laquelle une large brèche est aussitôt ouverte ; puis, redressant le bâtiment, le sabord, caché sous l'eau, laisse un libre passage à la mer qui envahit bientôt tout le bâtiment. On *saborde* une prise qu'on ne veut pas conserver. Il est des cas où l'on *saborde* son propre navire ; c'est lorsqu'on est contraint de l'abandonner : on le soustrait ainsi à l'ennemi, comme, dans sa retraite, une armée encloue ses canons, et brise le matériel qu'elle doit abandonner. Pour fuir au plus vite, on *saborde* en perçant la cale de plusieurs trous.

SABORD. s. m. Ouverture carrée pratiquée dans la muraille d'un navire pour donner passage à la volée d'une pièce d'artillerie, comme, sur une citadelle, l'embrasure laisse voir la bouche à feu. Tout le monde, parmi ceux qui ont vu des navires, ou au moins des figures qui les représentaient, a remarqué ces espèces de fenêtres, qui, sur la batterie d'un vaisseau, se découpent en noir sur des lignes blanches, et, par leur alignement répété par rang superposé, semblent une bande enlevée à quelque damier gigantesque. Par chacune de ces fenêtres, par chacun de ces *sabords*, pour mieux dire, se montre l'œil d'un canon ; quand il est aveuglé de poudre et de mitraille, c'est un funeste et formidable regard que vous lancent toutes ces ouvertures menaçantes ; quand deux vaisseaux ennemis se regardent bord à bord de la sorte, il y a de quoi frémir pour l'instant où leur voix tonnante parlera ! — Les *sabords* ont des portes dont il a été expliqué la forme au mot *Mantelet.* — On ne connaît pas précisément l'époque de l'invention des *sabords ;* pourtant une des premières traces s'aperçoit sur un gigantesque navire, construit à Erith, en 1515, et baptisé sous le nom de *Henri-Grâce-de-Dieu.* Un constructeur français, qui passe pour avoir le premier appliqué aux navires l'usage des embrasures des forteresses, trouva, dit-on, ainsi le moyen de placer plusieurs rangées de pièces d'artillerie les unes au-dessus des autres, tandis que précédemment le pont supérieur pouvait seul en recevoir. — Les *sabords de retraite* sont percés à l'arrière du navire et battent tout ce qui se trouve dans l'espace que quitte le vaisseau. Les *sabords d'arcasse* s'ouvrent à l'arcasse, c'est-à-dire à la portion inférieure de l'arrière ; ils font partie des *sabords de retraite* sur les vaisseaux de ligne, mais non dans les frégates, parce qu'ils sont percés à la hauteur du faux pont, et par conséquent au-dessous de la batterie. — Les *sabords de chasse* sont sur l'avant ; ils battent tout le rayon qui s'étend devant le bâtiment. Un vaisseau qui en poursuit un autre, fait feu de ses canons de chasse ; si au contraire il est poursuivi, il bat de ses canons de retraite.

SAC (en). adv. Expression des marins pêcheurs sur le banc de Terre-Neuve, en parlant du retour d'un bâtiment qui ramène les hommes qui ont fait la pêche, pour une société ; *il revient en sac* au port d'où il a été expédié. Les hommes sont également dits revenir *en sac.* Ce sont ceux qui ont fait la pêche et que l'on a recueillis dans tous les havres ; on sous-entend, par les hommes en *sac,* ces travailleurs, hommes de peine, qui ont été définis sous le nom de *peltas* (*voir* ce mot), et qui s'embarquent comme des objets en *sac,* en ballots, c'est-à-dire dispensés de tout travail de marin durant la traversée.

SAFRAN. s. m. C'est le nom de la partie la plus large d'un gouvernail, attenante, comme on sait, à la mèche plongeante, et dont la surface, opposée à l'action des eaux vives qui fuient sous la carène, est le principal agent du mécanisme qui fait évoluer le navire. (Voir *Gouvernail.*) Le *safran* complète la largeur que doit porter cette machine, et qui doit être d'autant de pouces que la plus grande largeur du bâtiment exprimée en pieds.

SAIGNER. v. n. Ce mot en marine a deux sens très-différens entre eux, et de son acception ordinaire. Dans un cas il est le synonyme de *pencher en avant;* en parlant d'un chouquet ou d'un mât qui ne garde pas sa position droite nécessaire, on dit : *il saigne en avant;* et dans une autre circonstance, c'est crever, d'un coup de couteau, l'enveloppe d'une gargousse, pour en sortir un peu de poudre : — cette opération se faisait autrefois pendant un combat qui durait depuis quelques heures, la charge ordinaire devenant trop forte pour des canons échauffés : aujourd'hui elle n'est plus permise aux canonniers durant l'action.

SAILLE. adv. Expression que faisaient entendre les matelots du gaillard d'avant pour s'accorder dans leurs efforts en hâlant sur les boulines : *Oh! saille!* criaient-ils, en réponse au coup de sifflet du maître de manœuvre qui leur signalait telle bouline à *rouster. (Voir* ce mot.) Ce cri est aboli.

SAILLER. v. a. Faire glisser une pièce de bois dans le sens de sa longueur, c'est la *sailler* de l'avant ou de l'arrière. *Sailler les boulines,* c'est exercer sur les cordes de ce nom une forte traction, les rouster, les hâler (*voir* ce mot), pour ouvrir et orienter les voiles qui portent des boulines.

SAINE. adj. Se dit du fond de la mer, lorsqu'il est uni et qu'il ne présente point d'aspérités qui puissent raguer ou couper les câbles ; on le dit aussi d'une baie, d'un passage entre des îles, d'une côte, où un bâtiment peut naviguer avec liberté et confiance, sans avoir à craindre ni hauts-fonds, ni bancs, ni écueils, ni aucun danger.

SAINTE-BARBE. (Voir *Barbe sainte.*)

SAISINE. s. f. Bouts de cordage qui servent à amarrer, à retenir en place ou sur des corps solides des objets séparés. La chaloupe, les embarcations qu'on place ordinairement sur le pont, entre le grand mât et le mât de misaine, sont retenues avec des *saisines;* les dromes sont liées avec des *saisines.*

SAISIR. v. a. En marine la valeur de ce mot est toute différente de celle qu'on lui donne dans le langage du monde. *Saisir,* c'est amarrer fortement, nouer avec solidité au moyen d'un cordage, d'une saisine. Les embarcations sont *saisies* sur le pont de manière à ce qu'elles fassent corps avec le navire et ne subissent aucun mouvement particulier. Toutes les choses lourdes ou encombrantes, toutes les machines qui ne sont pas liées au bâtiment par leur nature, sont *saisies* sur différents points, afin que les continuelles agitations qu'éprouve le navire ne risquent pas de les déplacer sans cesse. Ainsi les canons, les ancres, les cages à poules, sont *saisis.*

SALEUR. s. m. Les pêcheurs de morues qui vont au banc de Terre-Neuve chercher leur cargaison embarquent un homme qui est exclusivement chargé de saler la pêche, et de son plus ou moins d'habileté dépend presque toujours la qualité de la cargaison. Cet homme, qui marche immédiatement après les officiers, est le *saleur;* il est bien payé et fort considéré.

SALLE. s. f. A bord des bâtimens de l'Etat, on réserve un espace proportionné à la dimension de la coque, pour y réunir en faisceaux ou dans un symétrique arrangement toutes les armes du bord. Les piques, les haches d'abordage, les fusils, les sabres, les pistolets couvrent toutes les cloisons de cet arsenal, et lui font donner le nom de *salle d'armes.* Le capitaine d'armes en a la surveillance concurremment avec le maître armurier. — Il y a dans les ports de construction une *salle des gabaris,* sur le plancher de laquelle les ingénieurs, aidés des maîtres-charpentiers, tracent et arrêtent les modèles des différentes pièces qui entrent dans la construction d'un vaisseau.

SALUER. v. a. C'est un jeu de pavillon, des cris de matelots, ou des décharges d'artillerie, que fait un navire pour rendre honneur à un personnage de distinction. — Souvent, lorsque deux bâtimens de guerre de nations différentes veulent échanger des *saluts,* ils s'informent préalablement si le même nombre de coups de canon sera rendu à celui qui commencera ; quelquefois on consent à quelques coups de moins : on traite également ainsi d'un navire avec un fort ou une batterie.—Lorsqu'un navire *salue* par des coups de canon étant encore sous voiles, cet honneur s'adresse ordinairement à l'amiral ou à l'officier commandant dont le pavillon flotte sur la rade. — Si le salut n'est exécuté que lorsque le bâtiment est mouillé, et que ses voiles soient serrées, c'est la terre qu'il salue. —Une raison de temps ou quelque empêchement matériel peut entraver le salut fait sous voiles pour l'amiral qui commande la rade, alors le bâtiment, forcé de jeter l'ancre, largue une ou plusieurs de ses voiles pour que son *salut* s'adresse à l'autorité maritime.—En général, *saluer* un navire ou une terre, c'est hisser son pavillon national ; quelquefois, et pour plus d'honneur, on hisse et amène trois fois le pavillon dans un court espace de temps. — On appelle *saluer* un grain, diminuer momentanément la voilure du navire pour ne pas compromettre les voiles de peu de résistance au souffle trop pesant de cet accroissement passager de la brise.

SALUT. s. m. (Voir *saluer.*)

SANCIR. v. a. Couler au fond en plongeant par l'avant du navire. Lorsque le bâtiment navigue par une grosse mer qui vient de devant lui, il plonge son extrémité antérieure dans les vagues qui le recouvrent sur cette partie; il ne peut se relever sous le poids de cette masse écrasante; il *sancit.* — Un navire *sancit* sur ses ancres lorsque, par une très-grosse mer, il se trouve mouillé dans une rade, et que, plongeant dans les lames soulevées, ses câbles, ne cassant pas, l'y retiennent et le font submerger par l'avant. Les navires de petite proportion sont plus que les autres exposés à *sancir.* (Voir *Sombrer.*)

SANGLE. s. f. Espèce de tresse assez large qu'on fabrique à bord des navires avec du bitord, pour être appliquée comme garantie sur les points de la mâture pour lesquels on redoute un frottement nuisible à leur solidité.

SANTÉ (BATEAU DE). s. m. Canot monté par un officier de santé député de la commission sanitaire d'un port pour aller, le long d'un bâtiment qui arrive, vérifier, en interrogeant le capitaine et l'équipage, s'il peut être librement admis dans le port ou s'il doit être consigné en quarantaine. Le canot de *santé* est la première visite que reçoit un arrivant, hormis le pilote qui l'a souvent été prendre au large.

SAP. s. m. Les marins appellent ordinairement ainsi par abréviation le bois de sapin.

SAQUER. v. a. Mettre en mouvement un corps quelconque avec effort, en lui faisant subir des sauts, des agitations brusques et continues qui le font jaillir vers un point. Au lieu de la pousser ou de la traîner simplement, on *saque* une chose trop pesante pour être aisément changée de place.— Les pêcheurs bretons disent : *saquer du feu,* pour exprimer battre la pierre avec le briquet.

SAUF-CONDUIT. s. m. Lettre que le gouvernement délivre à un bâtiment ennemi, pour qu'il soit respecté dans sa route par les navires de ce même gouvernement.

SAUTE DE VENT. s. f. C'est le nom que les marins donnent à un changement subit de vent, qui varie brusquement pour souffler avec plus de violence dans une direction très-écartée de celle qu'il suivait d'abord. Cette transition de l'atmosphère peut être dangereuse pour un bâtiment qui, surpris par la brusquerie de la nouvelle brise, n'a pas eu le temps de disposer ses voiles à son action; d'orientées qu'elles étaient pour recevoir le vent sur leur face postérieure, elles se trouvent alors poussées sur les mâts, sans appuis qui les soutiennent. Cette position des voiles est, d'ailleurs, pour la masse du bâtiment une augmentation à la puissance inclinante, tandis que l'impulsion rétrograde qu'elles impriment au navire, annu-

lant l'effet de son gouvernail, l'expose à toutes les chances menaçantes de cette situation anormale. Les marins expérimentés pressentent une *saute de vent :* le calme subit qui précède le changement de vent en est l'indice infaillible; ce calme n'est que l'épuisement momentané de deux vents qui d'abord se font mutuellement résistance, jusqu'à ce que la nouvelle brise, plus forte et prenant le dessus, s'empare de l'espace.

SAUTER. v. a. On dit du vent qu'il a *sauté* de trois, six, huit ou dix quarts, après une saute qui en a plus ou moins changé la direction.—Un vaisseau dont les poudres font explosion *saute en l'air :* terrible et sublime tableau ! où la destruction, aussi rapide que la pensée, efface de dessus la surface de la mer le colossal navire qui flottait beau et redoutable ; cette formidable machine, qui résista aux mille épreuves de sa vie tourmentée, s'éparpille en débris dans une gerbe ardente. Un bruit épouvantable qui ébranle au loin la mer, une aigrette de flammes qui pousse vers le ciel un dôme de salpêtre, un nuage de vapeurs sulfureuses rejetant à la mer des ruines fumantes, telle est la faible description d'un navire qui *saute.*

SAUVE-GARDE. s. f. C'est le nom d'une chaîne ou d'un fort cordage solidement attaché au gouvernail, et qui, fixé à bord, sert à retenir cette précieuse machine, à ne pas s'en séparer si elle vient à être démontée par un accident.

SAUVE QUI PEUT. adv. Expression d'un signal que le commandant d'une armée, d'une escadre ou d'un convoi, a seul le droit de faire, et qu'il fait dans une bataille ou dans une chasse, lorsque les circonstances ne lui laissent plus l'espoir du succès contre un ennemi trop supérieur. Si des chances de soustraire ses vaisseaux aux forces accablantes contre lesquelles il a longtemps lutté lui restent encore, il ordonne : *sauve qui peut !* Ce signal est arboré; c'est une sorte d'abdication du chef de continuer à coordonner les mouvemens de sa flotte. Il rend à chaque capitaine son indépendance, et laisse un triste souvenir dans la carrière militaire d'un officier général. Quoique de très-braves amiraux se soient trouvés forcés d'avoir recours à cette manœuvre, prévue par la tactique navale, nos chefs évitent de s'en servir, et ce noble amour-propre a donné lieu à d'héroïques résistances et à d'honorables défaites. Toutefois, quand le signal de *sauve qui peut !* est fait, chaque capitaine choisit la manœuvre et l'allure la plus efficace au salut de son bâtiment.

SAUVER. v. a. Ce mot conserve en marine son acception ordinaire : c'est retirer de l'eau un homme en danger de s'y noyer. Si partout cet acte d'humanité (bien qu'émanant d'un sentiment naturel et immaîtrisable) reçoit un juste tribut d'éloges, son triomphe est, sans contredit, lorsqu'il a lieu envers un malheureux qu'un accident a précipité d'un navire en pleine mer. Que l'on compare les dangers de toutes sortes qui menacent la victime et ses sauveurs; que l'on explique ce courage sublime, espèce d'exaltation d'âme des matelots, qui ne sait plus rien comprendre, hors le besoin de disputer à la mort le malheureux dont elle s'est emparée; que l'on se représente, s'il est possible, le tableau d'un navire après que l'homme est sauvé, dans lequel le moins ému des personnages c'est celui qui vient d'être arraché au trépas, et devant cette face de la vie maritime, que l'on juge encore de l'humanité des marins! — On dit *sauver*, soustraire à la mer, des marchandises, des embarcations, des débris qui seraient perdus en les lui abandonnant.

SAUVETAGE (bouée de). s. f. (Voir *Bouée*.)

SAUVETAGE. s. m. Opération qui a pour but de *sauver* dans un naufrage les personnes, les marchandises et même les débris d'un bâtiment naufragé. Les moyens dont on s'est servi jusqu'à présent pour effectuer les *sauvetages* étaient laissés aux inspirations des hommes qui s'y dévouaient, et le plus souvent, l'absence des ressources sur le lieu d'un sinistre neutralisait des efforts généreux. Mais, depuis quelques années, une pensée grande et philanthropique a réuni, sous le titre de *Société centrale des Naufrages*, des philanthropes dévoués à la recherche des meilleurs moyens pour un système de *sauvetage;* ils ont conçu la généreuse idée d'établir sur tout le littoral de la France le réseau salutaire de leurs courageux efforts. Il y a loin de cette association humanitaire au barbare *droit de bris et naufrages*, exercé par les seigneurs de la féodalité, et que le niveleur Louis XI supprima chez ses sujets... pour en faire profiter la couronne. (Voir *Bris*.)

SCHOONER. s. m. Petit bâtiment à deux mâts, expression anglaise qu'il faut traduire par goëlette. (*Voir* ce mot.)

SCIER. v. n. C'est, au moyen des rames, nager au rebours, et imprimer à une embarcation un mouvement de recul. Le patron qui veut obtenir ce mouvement, contraire à la marche naturelle du canot, commande à ses canotiers : *scie à culer!* ou *scie partout!* Quelquefois aussi, pour faire tourner plus rapidement son canot sur lui-même, il commande de *scier* d'un côté et nager de l'autre; l'embarcation tourne du côté où l'on *scie*.

SCORBUT. s. m. Maladie autrefois très-commune à bord des bâtimens et qui aujourd'hui a presque complétement disparu de nos navires, quelles que soient même la durée et la nature de leurs voyages, et cela, grâce à la propreté mieux entretenue sur les bâtimens et sur les matelots, à la qualité et variété des alimens. Ce mot donnerait lieu à un long article, que le défaut d'espace nous défend d'entreprendre; nous renvoyons, pour plus de développemens, à celui qui a été publié sous ce titre, dans la *France Maritime*, page 225, au premier volume.

SEAU. s. m. C'est le nom d'un vase, ouvrage de tonnellerie, garni d'une anse en corde, fort en usage sur les navires pour le transport de l'eau en cas d'incendie, et pour laver les ponts. A bord des bâtimens de guerre, les seaux (dont un grand nombre est en cuir fort) sont peints avec un certain luxe; le nom du navire, un numéro, une ancre ou autre emblème nautique ressortent en couleur tranchée à l'extérieur du vase. Les matelots les appellent *seilles* ou *seilleaux*. Le *seau* a ses variantes : le *seau à main*, pour transporter l'eau dans toutes les parties du vaisseau, plus étroit du fond que de l'entrée; le *seau à bosse*, pour puiser l'eau dans la mer, au moyen d'une corde appelée *bosse*, qu'on y attache; le *seau à demeure*, qui sert dans les chambres, dans l'office et à la cuisine, pour recevoir les eaux sales.

SEC (à). adv. Ce mot s'emploie dans divers sens : un navire est *à sec* lorsqu'après s'être échoué, la mer, en se retirant, n'a pas laissé d'eau sous sa carène. On dit aussi fuir ou courir *à sec de voile*, c'est la situation d'un bâtiment dans une tempête, qui fuit devant la tourmente, sans le secours d'aucune voile, mais seulement par la surface que ses mâts et cordages opposent à la violence du vent, ce qu'on appelle aussi *fuir à mâts et à cordes*. On a vu, et le cas n'est pas rare, des frégates fuyant *à sec de voiles*, obtenir encore, sous cette triste allure, un sillage de 11 milles par heure; cette vitesse est insuffisante pour donner une juste idée de la force du vent dans une tempête.— Une voile au *sec* est celle qui est déployée pour sécher sans fonctionner. — Dans les beaux jours, on fait mettre au *sec* les effets de l'équipage, on les attache à des cartahus, puis, hissés contre les mâts, ils flottent baignés d'air et de soleil.

SÈCHE. adj. et s. f. *Vergue sèche*. Nom de la basse *vergue* que porte le mât d'artimon, dans les bâtimens à trois mâts; son nom provient de ce qu'elle est nue, ne portant pas de voile, et servant seulement à border ou étendre les points du perroquet de fougue, comme les huniers sont bordés sur les deux autres basses vergues. — *Sèche* est aussi le nom d'une roche ou plateau de sable à fleur d'eau. — *Sèche*, est également le nom d'un poisson polypeux qui répand sur la mer une encre épaisse dont il s'enveloppe pour se soustraire à ses ennemis. Ce poisson (*sepia*), selon Buffon, est appelé *encornet* par les marins. La *sèche* blanche et flottante (l'os unique de ce poisson) se montre sur la surface de la mer où elle apparaît comme un indice certain d'une terre voisine.

SECOND. s. m. Sur les bâtimens de commerce, c'est le titre de l'officier qui vient immédiatement après le capitaine. (Voir *Officier*.)

SEINE. s. f. C'est le nom d'une sorte de filet de pêche. (Voir *Filet* et *Chute*.)

SEMONCER. v. a. C'est faire une *semonce*, c'est-à-dire une sommation pour exiger qu'un bâtiment qu'on rencontre en temps de guerre arbore son pavillon, et, au besoin, qu'il mette en panne pour être visité. Cette sommation se fait souvent à coups de canon, et l'on dit alors : tirer plusieurs coups de *semonce*.

SÉNAU. s. m. Espèce de brig. — Il a de plus un double mât mince et allongé, qui, planté très-près et sur l'arrière du grand-mât, sert à porter une corne qui se hisse et s'amène en supportant une voile coupée en artimon, sans baume. C'est une mâture peu commune ; seulement quelques navires placent, à l'instar de ces *senaus*, contre chacun de leur bas-mât, un espar qui, à l'aide de bague ou d'un haut, tient la voile de brigantine ou d'artimon pour le mât de l'arrière, ou la voile dite de goëlette pour les autres mâts. — Par extension, la voile que porte ce petit mât ajouté au grand bas-mât s'appelle quelquefois la voile de *sneau*.

S'ENTRAVERSER. v. n. Prendre position vis-à-vis d'un fort, d'une batterie qu'on veut canonner en lui présentant le travers, la plus grande longueur du navire.

SÉPARER (se), v. récipr. Dans un convoi, une division ou un escadre, les bâtimens font route sans se *séparer ;* — si le mauvais temps ou une avarie quelconque retarde un des navires ou l'écarte des autres, il est *séparé*.

SÉRIE. s. f. Les pavillons, les guidons, les flammes, sont classés par *série* et reçoivent des numéros qui les représentent dans la langue dont ils sont les signes ostensibles. — Une *série de signaux* forme le télégraphe avec lequel parlent entre eux les navires qui se rencontrent.

SERRAGE. s. m. (Voy. *Serre*.)

SERRE. s. f. Ceinture de bordages qui recouvrent la membrure à l'intérieur d'un bâtiment. L'ensemble des pièces de *serre* s'appelle *serrage ;* le *serrage* lie le navire dont il recouvre le dedans de la muraille. — On appelle *serre-bosse* un gros cordage qui soulève par sa croisée ou extrémité inférieure une ancre suspendue au bossoir, et qui, à l'aide de ce cordage, se relève en travers en s'approchant du porte-hauban de misaine.

SERRER. v. a. C'est ferler, plier une voile en la relevant par couches sur la vergue au-dessous de laquelle elle s'étendait, et l'y maintenir avec les petits cordages qu'on appelle rabans ; les voiles dites carrées sont les seules que supportent des vergues, et qui, conséquemment, sont *serrées* de cette façon, c'est-à-dire étant retroussées. — Les voiles auriques, les voiles d'étai, sont *serrées* sur les mâts en arrière desquels elles se développent. — Les focs se serrent sur les mâts obliques au-dessus desquels ils se tendent. — C'est souvent une opération fort difficile et dangereuse pour ceux qui l'exécutent, que de *serrer* une voile, car ce travail s'accomplit quelquefois dans des circonstances où un matelot a beaucoup à faire seulement pour se tenir dans les mâts, sans encore avoir un travail à opérer. — Le com-

mandement de carguer une voile est presque toujours suivi de celui de la *serrer*. Lorsque la brise fraîchit et que l'officier juge que la solidité de la partie supérieure des mâts pourrait être compromise s'il laissait plus longtemps étendues les voiles supérieures, il commande à haute voix : *Range à carguer et serrer les perroquets !* A cet appel les matelots se portent sur les cargues de ces voiles, ou sur celles enfin de la voile désignée, et l'étouffent sous la pression de ces cargues, tandis que les marins qui doivent la *serrer* se rendent sur la vergue pour cette opération.

SERVICE. s. m. Les hommes qui sont retirés de la marine commerciale par les commissaires ou syndics de la marine pour être dirigés sur les ports de guerre et y embarquer pour l'État, sont dits aller au *service*, ils sont bons pour le *service*. Ils sont au *service* pendant toute la durée du temps qu'ils naviguent ou font partie des équipages des navires de guerre, et quittent le *service* dès qu'ils cessent d'être portés sur les rôles de la marine royale. Tous les marins en général doivent un certain nombre d'années au *service* de l'État ; c'est pour eux la conscription. Des règlemens, souvent retouchés, ont maintes fois modifié la durée de ce *service*, qui est aujourd'hui de huit ans pour les matelots pris au commerce.

SERVIR (faire). v. n. Mettre le vent dans les voiles d'un bâtiment, c'est *faire servir*. Si le vaisseau est en panne ou en ralingue, on *fait servir* pour qu'il reprenne de la vitesse, c'est-à-dire que ses voiles, précédemment tournées de manière à rendre nulle cette vitesse, soient tournées sous l'angle favorable où leur effet donne de la marche au bâtiment.

SEUILLET. s. m. En considérant un sabord comme une porte, le *seuillet* c'est la marche qui forme la face inférieure de son carré, c'est le seuil ; la pièce qui forme le côté opposé de ce carré, et qu'on nomme linteau en architecture, a, par rapport au sabord, le nom de *sommier*.

SEXTANT. s. m. C'est le nom d'un instrument à réflexion propre à mesurer les angles, et l'un des plus parfaits en usage dans l'astronomie nautique. Son nom exprime que l'arc du secteur de cercle dont il a la forme, est le sixième de la circonférence, 60° ; mais, par une merveilleuse propriété de la catoptrique, ou science de la vision réfléchie, cet instrument peut mesurer des arcs doubles, 120°. Il y a très-peu de temps que la portée du *sextant* s'arrêtait à ce terme ; pour obtenir des angles plus grands, le *cercle de réflexion* offrait son ingénieuse combinaison ; cependant un perfectionnement que vient de recevoir le *sextant*, le rend capable de donner la mesure des plus grands arcs employés dans les calculs astronomiques. C'est au moyen d'un arc superposé et admirablement adapté au plan de l'instrument, que l'on obtient l'arc supplémentaire à 120°. Cette découverte est due à Rowland, savant artiste anglais. Il a donné son nom à ce double *sextant* de son invention. (*Rowland's double sextant.*)

SIFFLER. v. a. et **SIFFLET**. s. m. Les ordres, les avertissemens, qui fréquemment sont jetés à l'équipage d'un navire de guerre, arriveraient lentement ou incomplets à leur destination, si on ne préparait d'abord l'attention de cette multitude causeuse et distraite à laquelle ils s'adressent, et c'est par l'intermédiaire d'un *sifflet* de métal qu'on y parvient. L'instrument bruyant, animé par le souffle vigoureux du maître de quart, va, de ses sons aigus, demander le silence aux marins répandus dans le vaste navire, et le commandement, transmis aussitôt, n'est ignoré de personne. Le maître d'équipage et ses substituts ont chacun un *sifflet* d'argent qu'ils portent à la ceinture. Savoir *siffler* fait partie de la science d'un maître de manœuvre. Les modulations variées et convenues de son *sifflet* portent, aussi intelligiblement que le feraient ses paroles, ses volontés aux matelots. Il peut, par le seul secours de son instrument, commander le silence, ordonner de hâler, retenir, larguer, amener, descendre, monter, tirer cette manœuvre, amarrer telle autre, interroger les gabiers, convoquer l'équipage, rassembler les mousses, appeler le sien, et cela par les différentes intonations, les roulades, points-d'orgue, notes traînantes, cadences sautées, mesures martelées qu'il fait distinctement entendre. Aucun des mille bruits d'un vaisseau en pleine vie ne peut couvrir le son perçant de son *sifflet;* il domine les craquemens de la charpente, les hurlemens de la tempête et le tintamarre du combat.

SIGNAL et **SIGNAUX**. s. m. En marine, pour exprimer de navire à navire un avertissement, un ordre, une pensée, on se fait des signaux au moyen de signes convenus. Des pavillons, des guidons, des flammes, servent aux *signaux de jour.* Leurs formes, leurs couleurs et leurs dispositions à l'égard les uns des autres, donnent lieu à un nombre infini de combinaisons qui, rapportées chacune à une phrase d'un vocabulaire appelé *Livre des signaux,* devient l'expression de cette phrase. Les *signaux de jour,* faits aux moyen des pavillons, peuvent s'apercevoir à trois lieues de distance par un beau temps. Le vaisseau commandant, en armée, est celui qui fait le plus de signaux. Lorsque la disposition des navires rend les *signaux* du général invisibles aux bâtimens de l'escadre, des frégates ou des corvettes placées convenablement ont mission de répéter les *signaux* du vaisseau amiral. *Les signaux de brume* se font par des bruits de cloche, de tambour, de coups de canon; ceux de nuit, par des fanaux allumés et hissés aux mâts, par des amorces brûlées, des fusées lancées dans l'air ou des feux bleus. Les signaux pour les grandes

distances se font aussi le jour au moyen de certaines voiles que l'on supprime ou que l'on déploie.

SIGNALER. v. a. Faire des signaux.

SILLAGE. s. m. C'est l'espace parcouru par un navire, la vitesse avec laquelle il le franchit, et la trace qu'il laisse instantanément à son passage. Un bâtiment est dans le *sillage* d'un autre quand il le suit de près; il double le *sillage* de celui qui le précède, s'il parvient à le surpasser en vitesse. Les oiseaux de mer qui suivent un navire cherchent à saisir dans son *sillage* les bribes qui tombent du bord.

SILLOMÈTRE. s. m. C'est le nom que l'on donnera à l'instrument encore introuvé, que l'on cherche sans succès, et au moyen duquel on mesurerait exactement, à volonté, de jour et de nuit, le sillage ou la vitesse d'un navire. Il remplacerait le *loch* dont nous avons fait connaître les imperfections. On dit que les Américains possèdent un *sillomètre* qui remplit toutes ces conditions, et qu'ils en font un mystère aux autres peuples maritimes. Le mystère est trop difficile à garder pour supposer que la trouvaille soit réelle.

SIMPLE (en). adv. On dit qu'une manœuvre *agit en simple,* ou qu'elle est *passée en simple,* lorsqu'elle se présente seule et agit sans le secours de sa doublure. L'attraction qu'on exerce sur une manœuvre *en simple* est immédiatement transmise à la résistance.

SLOUP ou **CHELOUP**. s. m. Petit bâtiment cabotier à un seul mât. (Voir *Côtre.*)

SMOGLER. v. a. **SMOGLEUR**. s. m. Termes empruntés aux marins du Nord, et que nous traduisons par *faire la contrebande* et *contrebandier.*

Smogleur est tout à la fois le nom donné aux marins qui se livrent à cette industrie aventureuse, et aux petits bâtimens avec lesquels ils en courent les risques. — *Smogler* consiste à transporter par mer et à introduire clandestinement d'un pays dans un autre des marchandises étrangères, pour les soustraire aux droits qui en contrôlent ou défendent l'entrée, soit pour son propre compte, soit pour celui d'autrui : c'est une existence d'inquiétudes, dont les nombreux épisodes ont fourni aux romanciers et aux peintres de France et d'Angleterre des sujets palpitans d'intérêt et de vérité.

SONDE. s. f. L'ensemble composé d'un plomb en forme de pyramide et d'une longue ligne qu'on y attache, s'appelle *sonde;* et l'on dit *plomb de sonde, ligne de sonde.* Cet appareil sert aux marins pour interroger les profondeurs, grandes ou petites, de la mer. Le plomb et la ligne ont des proportions appropriées aux profondeurs où ils sont jetés, et on les distingue par les noms de *grande sonde, moyenne sonde* et *sonde à main.* Les plus gros plombs pèsent 100 livres; les moyens 50; les petits de 6 à 5. Les plus grandes lignes mesurent 120 brasses; les moyennes 60, et les petites de 25 à 10 brasses. Les grandes sont marquées de 5 en 5 brasses par des signes qui indiquent le nombre de brasses à compter depuis le plomb ; les petites lignes se marquent de brasse en brasse. — On appelle également *sonde* l'espace de la mer à l'approche des côtes, sur lequel on peut atteindre le fond au moyen de la *sonde*. Cet espace est remarquable en ce que l'eau perd la couleur azurée qu'elle contracte sur les mers dites sans fond, et qu'elle y emprunte une teinte sombre qui verdit à mesure que la profondeur diminue.

SONDER. v. a. Action de faire usage de la sonde. Opération importante qui, bien que matérielle, entre pourtant comme un élément intéressant dans la partie intelligente de la navigation. C'est en *sondant* qu'un navigateur détermine, avec le concours de ses calculs, la distance à laquelle il se trouve de la terre qu'il cherche ; et combien de dispositions il ordonne d'après cette certitude obtenue ! *Sonder* est donc une manœuvre de nécessité qu'un capitaine doit ordonner à chaque occasion. Elle consiste à arrêter le bâtiment, à le rendre autant que possible immobile sur la surface de la mer, et à y jeter le plomb, qui d'abord a été copieusement graissé avec du suif ; il coule abandonné à son poids, entraînant avec lui la ligne qu'on y a attachée : la rapidité de la ligne à s'échapper indique que l'immersion du plomb se continue. Si la profondeur est telle qu'on ne puisse l'atteindre, la ligne, arrêtée par le bout amarré à bord, conserve une roideur causée par le poids du plomb qu'elle suspend dans l'abime. Si le fond est obtenu, il est accusé par le temps d'arrêt de la ligne qui, molle et flottante, se laisse aisément abraquer de tout ce qu'elle s'est écoulée de trop. L'endroit où le niveau de la mer semble marquer la ligne est le point d'où l'on comptera les brasses comprises jusqu'au plomb, et ce nombre sera celui des brasses d'eau. Le plomb est aussitôt remonté, et le suif dont il est graissé apporte des fragmens de la région sous-marine où il est tombé. Leur qualité et la profondeur d'où ils proviennent, comparés aux indications portées sur les cartes marines, sont des élémens de plus pour les calculs du pilote. Nous manquons d'espace pour entrer dans tous les détails de cette intéressante manœuvre. Nous regrettons de ne pouvoir décrire les obstacles que les mauvais temps élèvent contre le succès de la sonde pour un bâtiment affalé qui cherche à reconnaître la terre. — La manière de sonder à la main est l'ouvrage d'un seul homme, qui n'oblige pas d'arrêter le navire. Cette opération se confie à un matelot adroit et intelligent, qui, placé dans les grands porte-haubans, le corps penché au-dessus de la mer et retenu par une sangle, balance le plomb, le fait tourner comme une fronde au dessus de sa tête, le lance vers l'avant du bâtiment où il coule pour accuser le fond, quand le navire, en continuant son sillage, a ramené le son-

deur au-dessus du plomb couché sur le fond. On obtient ainsi le fond par 10 et 12 brasses d'eau, avec une vitesse de 7 ou 8 milles. Il y a des matelots pour qui *sonder* de cette manière est une passion, tant ils aiment à déployer la vigueur, l'adresse, le tact que cet exercice réclame ; ils accompagnent la sonde d'un chant dont le refrain accuse toujours les brasses et la qualité du fond, dans lequel chant le jet du plomb marque une mesure. Bien *sonder* est une qualité d'un bon matelot. Les meilleurs *sondeurs* du monde sont les matelots lascars, à l'entrée du Gange.

SONDES. s. f. pl. Chiffres marqués sur les cartes plates pour indiquer la profondeur des eaux constatées sur les différens points d'un parage. La plupart des cartes portent non-seulement ce brassiage, mais encore une courte indication de la nature du fond qui se trouve par chaque point indiqué. A l'aide de ces données, les bâtimens qui arrivent du large peuvent connaître, en vérifiant à l'aide de leur *sonde* et la profondeur de l'eau qui les porte et la composition du fond, à quel endroit ils se trouvent, à quelle distance de terre la carte place le point qui se rapporte avec le résultat de leur double expérience.

SONNER LA CLOCHE. v. a. Autrefois à chaque changement de quart on *sonnait* la cloche pour avertir et faire monter sur le pont la fraction de l'équipage qui reposait jusque-là, et qui allait entrer en surveillance à la place de ceux qui devaient à leur tour aller prendre du sommeil. — L'heure est continuellement *sonnée* également sur la cloche du gaillard d'avant. — Pendant les brumes épaisses qui surprennent souvent les bâtimens au milieu de leur navigation, pour déterminer la position respective de plusieurs voiles qui se trouvent dans le même parage et qui pourraient s'aborder, on *sonne* la cloche. — La cloche est beaucoup moins sonnée aujourd'hui qu'autrefois sur les navires de l'Etat, qui en ont en partie remplacé l'office par les battemens du tambour.

SOUFFLAGE. s. m. Couche de planches qu'on rapporte sur la carène d'un navire, soit pour l'enfler et remédier ainsi à un défaut de stabilité de la coque, soit pour préserver celle-ci en dérobant les bordages que recouvrent ces planches au contact de tout ce qui les pourrait endommager.

SOUFFLER. v. a. Mettre un soufflage à un bâtiment, qui alors sera dit un bâtiment *soufflé*. — On *souffle* aussi des canons lorsqu'on brûle un peu de poudre au fond de leur âme pour la nettoyer.

SOUILLE. s. f. Trou que laisse un navire sur la vase où il reposait ; espèce de lit de sable mou sur lequel en partant il a laissé la trace de son corps comme un moule. Lorsqu'il est à flot, le vaisseau quitte sa *souille*.

SOUQUER. v. a. Donner toute la tension,

toute la vigueur possible à un amarrage, le presser fortement de façon à ce qu'il n'ait pas de jeu.—Quelquefois, lorsqu'on commande de peser ou de hâler sur une manœuvre, on ajoute ce mot : *Souque !* pour exprimer qu'il faut donner le dernier coup, porter à son plus haut degré le résultat de la force produite.

SOURDE. s. f. (Voir *Lame sourde.*)

SOURLIER ou **SURLIER**, v. a. Faire plusieurs tours bien serrés avec du fil à voile, du fil de carret ou de la petite ligne, sur l'extrémité d'un cordage coupé, afin que les différens torons qui le forment de leur enlacement commun ne se dé-tordent pas et ne se séparent point les uns des autres. *Sourlier* se dit faire une *sourliure.*

SOUS ET **DESSOUS.** prép. On dit qu'il est *sous la terre,* d'un bâtiment qui se trouve très-près d'une côte ; — *sous le vent,* de celui qui, par rap-port à un autre navire, reste au-dessous de la perpendiculaire à la direction du vent. — *Sous voiles* est le navire qui a développé sa voilure pour faire route. — *Sous* telles ou telles voiles, *sous* toutes voiles, *sous* les huniers seulement. — Met-tre la barre *dessous,* c'est porter ce levier à l'aide duquel on remue le gouvernail du bord opposé du navire à celui qui reçoit le vent. — Tenir *des-sous,* c'est avoir entre les mains un cordage sur lequel une force est exercée, et, à l'aide d'un coude que forme ce cordage sur un point où il frotte, maintenir cette puissance qui se trouve sans cesse sollicitée contre l'effort qu'on fait en *tenant dessous.*

SOUS-BARBE. s. f. Gros cordage en double, quelquefois remplacé par une chaîne, qui descend du beaupré à la guibre, pour retenir le beaupré lors-que, dans les agitations du navire, il tendrait à se relever dans la direction où les étais l'appellent. Il y a aussi un cordage ou une chaîne du nom de *fausse sous-barbe,* qui, partant d'un point plus éloigné du bord que ne l'est sur le beaupré la première *sous-barbe,* s'abaisse plus bas que celle-ci sur le taille-mer où elle s'attache ; la partie inférieure de cette *fausse sous-barbe* est donc presque toujours dans l'eau lorsque le bâtiment navigue.

SOUTE. s. f. Petits magasins qu'on bâtit dans la cale des grands bâtimens de guerre pour rece-voir toutes les espèces de provisions, de muni-tions, de rechanges. Ainsi il y a les *soutes* à poudre, à biscuit, à voiles, au vin, aux légumes, etc. Les navires du commerce, dont la cale doit être com-plétement livrée aux marchandises de transport, n'ont point une quantité semblable de *soutes,* et à peine, dans l'arrière de leur entrepont, figure-t-il un espace réservé pour le biscuit et les voiles, auquel le nom de *soute* est donné. Partout où l'on trouve placé le mot *soute,* on voit donc qu'il est question d'un petit magasin qui tient quelque chose en réserve.

SOUTENIR. v. a. Continuer à lutter contre un ennemi plus fort, c'est *soutenir* le combat. — On se *soutient* en louvoyant contre la marée et le vent, lorsqu'on réussit à ne pas perdre l'avance qu'on avait obtenue vers l'origine du vent. — Un navire poursuivi par un autre, et qui fait feu de ses canons de retraite sans se laisser gagner, *sou-tient* la chasse.

SQUELETTE. s. m. Expression figurée qui désigne un bâtiment en construction, lequel, étant sur son chantier, n'a point encore été recouvert de bordage, et ne présente que sa quille qui fi-gure sa colonne vertébrale, et sa membrure qui simule ses côtés.

STABILITÉ. s. f. Un bâtiment qui résiste à la force d'un vent de travers soufflant dans ses voiles, ou qui n'incline que faiblement, est dit avoir de la *stabilité;* cette qualité dans un navire est le résultat des belles proportions de sa ca-rène, de la sage répartition des poids arrimés dans sa cale, à l'égard du *centre de gravité* de sa masse, et de la position convenable de son méta-centre (*voir* ce mot) dans les divers degrés d'incli-naison. Une bonne *stabilité* permet à un bâtiment de porter plus de voiles que celui qui *plie* ou in-cline facilement avec les mêmes circonstances at-mosphériques.

STATION. s. f. C'est la mission d'un navire de guerre chargé de se rendre sur un point quel-conque des colonies nationales ou des côtes d'un pays étranger, pour y rester, y montrer et faire respecter le pavillon de sa nation, maintenir la police de la navigation, protéger le commerce ou les droits de pêche. La *station* comprend un ou plusieurs bâtimens, selon l'importance de la colo-nie. Ils y restent un an, tant au mouillage que sous voiles, aux environs de la *station.* En temps de guerre on établit aussi des stations près des côtes ennemies.

STATIONNAIRE. s. m. On donne ce nom à tout navire en station ; mais il est particulière-ment appliqué à un petit bâtiment mouillé au premier poste avancé d'une rade, havre, ou port où il a mission de faire observer à tous les na-vires qui entrent et sortent, certaines formalités policières de localité : comme de visiter les rôles d'équipage et les manifestes de chargemens, im-poser la quarantaine, défendre la communication, suspendre le voyage, prêter assistance, etc. C'est ordinairement un petit bâtiment bien ancré et disposé pour ne pas mettre sous voile. Il est com-mandé par un lieutenant de frégate, et porte un équipage très-réduit.

STOP ! ou **TOP** ! interj. Ce mot est emprunté aux Anglais, et se traduit par : *Arrête !* Il se pro-nonce brièvement et à haute voix par celui qui, dans l'expérience du *loch* (*voir* ce mot), veille l'écoulement du sable dans l'ampoulette qui sert à mesurer la durée de l'expérience ; il annonce à celui qui file la ligne d'arrêter aussitôt.

STOPPER. s. m. C'est le nom d'une ingénieuse et robuste machine, inventée depuis peu pour arrêter les *chaînes-câbles* des navires. Il arrive souvent, et dans diverses circonstances de mouillage, que ces lourdes chaînes s'échappent du navire avec une rapidité effrayante à laquelle on ne pourrait rien opposer quand il serait nécessaire d'en arrêter la sortie. C'est au moyen du *stopper* que l'on s'en rend maître, et cela avec un tel succès, qu'un seul homme exécute ce que tout un équipage tenterait vainement d'accomplir. Les Anglais ont inventé cette précieuse machine; un de nos officiers de marine, M. Bechamiel, l'a perfectionnée. Elle consiste en deux puissantes mâchoires en fer fondu, dont l'une est fixée au pont par les plus complets moyens de résistance; l'autre mâchoire tient à la première par un mécanisme qui lui permet de s'ouvrir et de se fermer au moyen d'un levier en fer qu'on y adapte, et qu'un ou deux hommes font mouvoir. La chaîne placée entre ces deux mâchoires s'écoule librement, tant que la partie supérieure reste levée, mais aucune force ne la sollicite à s'échapper; si la mâchoire mobile se referme, elle est brusquement arrêtée, et romprait plutôt que de se dérober à la puissante étreinte du *stopper*.

SUBORDINATION. s. f. La définition de ce mot est trop connue pour en faire ici l'objet d'une explication spéciale; il ne change pas d'acception en marine, il est toujours l'expression de la soumission des subalternes envers les chefs; sur un navire, plus qu'ailleurs, elle est un élément indispensable des succès de toutes sortes. C'est le but proposé de la meilleure discipline possible. (Voir *Discipline*.)

SUD. s. m. Nom du pôle, ou extrémité de l'axe de la terre, compris dans l'hémisphère où se trouve la Nouvelle-Hollande, le cap de Bonne-Espérance, le cap Horn, etc. Tout ce qui provient de cette partie est dit venir du *sud*. Le *sud* est en opposition diamétrale avec le nord. — Tout ce que nous avons dit du nord à l'égard du temps, du vent, de la direction des nuages et des navires, de leur position comparée à celle d'un autre objet, peut se dire du *sud*. On l'écrit ordinaire par un S simple.

SUD-EST. Les marins l'écrivent par les deux initiales S.-E., et prononcent *suèt*. L'horizon étant divisé par ses quatre points cardinaux, le *sud-est* est le point sur la circonférence de ce cercle, qui partage l'intervalle compris entre le sud et l'est, et qui prend le nom collectif de ces deux points cardinaux. Tout ce qui provient de cette partie de l'horizon, ou paraît y tendre, emprunte le nom de *sud-est* dans sa définition;

ainsi un navire court au *sud-est*, le vent souffle du *sud-est*, etc. Le *sud-est* est l'opposé du *nord-ouest*. (*Voir* ce mot.)

SUD-OUEST. On prononce *suroi*. Les marins l'écrivent par les deux seules lettres S.-O. C'est aussi le nom du point de l'horizon qui partage le quart de cercle compris entre le sud et l'ouest, dont il prend collectivement les noms. Le *sud-ouest* est opposé au *nord-est*.

SUIF. s. m. Ce corps gras n'a pas besoin de définition dans cet ouvrage, il est assez connu. Son usage est fréquent en marine; il est employé dans mille circonstances, et notamment lorsque l'on sonde. On en remplit la cavité pratiquée sous le plomb, et il doit, en s'appliquant sur les fonds sous-marins, se charger de fragmens qui accusent la qualité du sol au fond de la mer. On en frotte les mâts, les guindanes certains cordages, pour leur donner une élasticité et **un** poli qui rendent leurs fonctions plus faciles.

SUPERCARGUE ou SUBRÉCARGUE. s. m. Agent de l'armateur ou du chargeur sur un bâtiment du commerce. Il a mission de surveiller les intérêts de ses commettans; il régit la cargaison; il dirige les opérations de vente et d'achat, et tient les comptes. C'est lorsque le capitaine n'a pas la double mission de conduire le bâtiment et de gérer l'opération, que les armateurs placent un *supercargue* sur le bâtiment.

SURJALÉ, ÉE. part. Lorsqu'une ancre, en tombant sur le fond où elle est mouillée, se trouve couchée sur le câble qui la retient, de manière que celui-ci, au lieu d'exercer son effort directement sur l'organeau, l'exerce sur le jas pardessous lequel il fait un tour, on dit que l'ancre et le câble sont *surjalés*. Cette disposition est dangereuse au navire, pour qui son ancre cesse d'être un point d'appui; il faut lever l'ancre pour la mouiller de nouveau.

SURVENTER. v. n. Se dit du vent qui augmente de force. Quand il *survente*, on redouble de précaution.

SUSPENTE. s. f. C'est le nom d'un gros bout de cordage qui entoure un bas-mât au-dessus du *capelage*, et dont les deux bouts, ramenés en avant, vont se réunir en dessous de la hune, qu'ils traversent par un trou pratiqué à dessein. Au point de réunion, qui achève de donner à ce cordage la forme d'un collier, est fixée une forte *cosse* en fer, qui correspond à une pareille établie sur la *basse-vergue*; et l'une et l'autre, mariées par un cordage plus souple, servent à suspendre à sa place cette lourde barre transversale définie sous le nom de *basse-vergue*. **Il y a une** *suspente* à chaque bas-mât.

ABLE. s. f. Ce mot exprime aussi en marine le meuble dont l'usage est si commun dans le monde; mais on s'en sert aussi pour désigner celles où se réunissent, selon les grades, les officiers d'un vaisseau pour prendre leurs repas. Il y a la *table* de l'amiral, à laquelle sont admis les officiers généraux civils ou militaires passagers; celle du commandant, où sont reçus tous les officiers supérieurs jusqu'au grade de chef de bataillon; celle des officiers, les *tables* des élèves, des chirurgiens, des maîtres, admettent les personnes d'un grade correspondant. — La *table de loch* était autrefois un tableau peint en noir, divisé en colonnes par des raies blanches, et qui servait, pendant le quart, comme de *memorandum* pour écrire le vent, la route et le sillage d'un quart. Une ardoise polie lui fut substituée, et plus tard le *casernet* a tout remplacé, au moins sur les navires de guerre. — La *table*, ou *tableau des signaux*, sert pour chaque objet qu'on peut avoir à se communiquer en division, en escadre ou armée navale; c'est, si l'on veut, le dictionnaire d'un langage qui, en même temps qu'il est familier aux officiers de la nation, doit être un mystère pour l'ennemi, qui s'en emparerait.

TABLEAU. s. m. Il arrive souvent qu'on dessine et colorie des réductions de tous les pavillons ou signaux qui servent à converser dans les rencontres de mer ou à l'approche des côtes; ces figures de signaux sont arrangées avec ordre, et numérotées de façon à éviter toutes recherches et tous retards, lorsqu'on a besoin de se servir de ces images parlantes. Il y a donc sur les navires de guerre un *tableau* qui reproduit chaque série ou espèce de pavillons ou signaux. — Les bâtimens marchands, qui sont généralement moins bien montés en signaux que ceux de l'État, ont ordinairement un *tableau* des pavillons d'arrondissement, qu'il leur faut souvent consulter, afin de savoir à quel port appartient un navire qu'ils rencontrent. Les autres planches de pavillons se trouvent dans le livre de signaux, qui contient également par séries toutes les phrases dont les pavillons sont les interprètes. — On appelle aussi *tableau* la partie de l'arrière d'un navire où sont percées ses fenêtres, où le nom est écrit.

TABLIER. s. m. Les huniers et perroquets, voiles qui par leur frottement continuel peuvent s'user facilement vers leur extrémité inférieure contre les hunes et les barres, ont cette partie garnie d'une double toile, qu'on renouvelle de temps en temps, et qui porte le nom de *tablier*.

TACTIQUE NAVALE. s. f. Science précieuse, dont une bonne théorie et une longue expérience sont les premiers élémens, qui règle l'inspiration du chef sur le choix des moyens auxquels il se voit souvent forcé d'avoir spontanément recours. Une grande justesse de coup d'œil, de l'activité dans la pensée, de l'énergie dans l'expression, voilà des qualités qui contribuent à douer un marin d'une bonne *tactique*. Le mot signifiant littéralement ranger, mettre en ordre, il représente donc la science de l'homme de mer qui, chargé de la conduite et de l'arrangement d'une flotte dans certaines circonstances, sait habilement tirer tout le parti possible des forces qu'il commande, eu égard aux lieux où il se trouve et aux événemens au milieu desquels il opère. La *tactique navale* est toutefois basée sur des règles que l'expérience ou l'habileté complètent dans leur insuffisance, appliquée aux opérations qui se basent sur elle; cette science résume, en un mot, tous les mouvemens des navires, toutes les évolutions nécessaires pour arriver à se placer dans une position avantageuse vis-à-vis de l'ennemi. — Celui qui possède bien la *tactique navale* est appelé *tacticien*.

TAILLE-MER. s. m. Partie antérieure de la guibre à la flottaison; pièce de bois qui la première ouvre le fluide quand un bâtiment navigue. (Voir *Poulaine*.)

TAILLE-VENT. s. m. Voile que les lougres, les chasse-marées, et quelques bâteaux de pêche installent en remplacement de la grande voile et de misaine, lorsque le vent devient trop violent pour l'étendue qu'offrait celle-ci. Le *taille-vent* est plus petit de près de moitié que la voile qu'il remplace ; celle-ci s'amure sur le bord, tandis que le *taille-vent* a son point d'amure au pied du mât.

TALON. s. m. Le point extrême de l'arrière à la quille d'un bâtiment, le plus voisin du gouvernail enfin, s'appelle *talon*. Comme la presque totalité des navires tirent plus d'eau, ou, en d'autres termes, s'enfoncent davantage dans celle-ci par l'arrière que par l'avant, s'ils touchent sur un banc ou sur un fond quelconque, c'est le *talon* qui reçoit le premier choc ; aussi dit-on d'un navire qui trouve le fond, *qu'il donne des coups de talon*. Toucher ainsi le fond avec le *talon*, se dit : *talonner*. Un bâtiment qui *talonne* démonte et brise souvent son gouvernail, si les chocs qu'il éprouve sont violens.

TAMBOUR. s. m. Une petite construction en planches qui recouvre un panneau, une écoutille, une ouverture du pont enfin, et qui, ouverte sur un de ses quatre côtés, laisse un libre passage autour d'elle, s'appelle *tambour*. — On nomme également ainsi une sorte de caisse volante que l'on construit sur la tête du gouvernail à l'arrière du navire.

TAMISAILLE. s. f. On dit aussi *croissant*. A bord des bâtimens qui font mouvoir le gouvernail à l'aide d'une roue, et dont la barre est cachée sous le pont supérieur, on appelle ainsi la pièce de bois contournée en arc de cercle que parcourt l'extrémité de cette barre dans ses mouvemens. La *tamisaille*, fixée par ses côtés aux extrémités du navire, supporte le bout de la barre qui roule sur elle à chaque sollicitation de la roue placée sur le pont, et qui se trouve en communication avec elle à l'aide des cordages que nous avons définis sous le nom de drosses.

TANGAGE. s. m. On nomme ainsi le mouvement imprimé dans le sens de sa longueur à un navire par l'inégalité de la mer sur laquelle il flotte, au repos comme en marche. Le *tangage* élève et abaisse alternativement chaque extrémité du vaisseau, et fait particulièrement plonger son avant dans les lames. Lorsque la direction donnée aux vagues par le vent fait venir celles-ci droit en opposition avec la route que suit le bâtiment, les mouvemens du *tangage* sont très-violens, et les secousses répétées qu'il donne à la mâture compromettent beaucoup sa solidité. La plus ou moins grande propension qu'a un navire à *tanguer* résulte souvent, comme les balancemens du roulis, de la disposition de son arrimage. Ainsi, l'inégale répartition des poids, leur accumulation à l'avant et à l'arrière de la cale, rendront les mouvemens du *tangage* plus rudes et plus répétés. Il est toujours possible de diminuer leur violence, sinon de les empêcher, soit, comme on l'a dit, par certains calculs de la répartition des poids de l'arrimage, soit par des combinaisons étudiées de la

voilure. — On dit *tanguer* pour éprouver du *tangage*. — Quelquefois on dit d'un bâtiment qui *tangue* beaucoup, que c'est un *tangueur*.

TANGON. s. m. Espar, léger mât ordinairement fixé par un bout sur un piton tournant à droite et à gauche du mât de misaine, sur le côté supérieur et extérieur du navire, et qui, lorsque le bout resté libre est poussé au large, maintenu par des cordages qui le soutiennent d'en haut, d'en avant et d'en arrière, se prolonge dans le sens de la largeur du navire, pour recevoir les extrémités inférieures d'une voile appelée bonnette basse, qu'on ajoute comme une aile à la misaine sur le côté d'où vient le vent. Dans les rades, ce *tangon*, devenu inutile par rapport à la bonnette basse, est souvent poussé dehors pour servir à amarrer, à quelque distance du bord, les embarcations qui s'endommageraient, si elles restaient continuellement collées par leurs bosses contre la coque du navire. — Il n'y a que les bâtimens d'un tonnage un peu élevé qui aient des *tangons*.

TANNER. v. a. Une décoction d'écorce de chêne mêlée d'ocre rouge sert souvent aux pêcheurs ou caboteurs à tremper leurs voiles et leurs filets, que cette préparation conserve ; cette opération s'appelle *tanner* les voiles. Les petits bâtimens du Finistère et du Morbihan ont particulièrement adopté cet usage, et lorsqu'on les aperçoit de loin, à leurs voiles rouges, on reconnaît aisément les marins de cette localité.

TANQUE DE MER. s. f. Mélange de vase et de sable que l'on trouve sur le bord de la mer, dans le Finistère et le Morbihan, et dont les cultivateurs se servent souvent comme d'engrais.

TAPE. s. f. Les écubiers, ces trous placés à l'avant du navire pour livrer passage aux câbles, sont bouchés en mer par des cônes de bois qu'on appelle *tape d'écubiers*. — Il y a des *tapes de canons* fabriquées en liége, et qui s'emboîtent exactement au bout des pièces d'artillerie, à leur volée enfin. Ces *tapes* sont peintes en noir et souvent ornées d'une étoile de cuivre, qui fait un bon effet lorsqu'on regarde extérieurement la batterie d'un bâtiment de guerre. — Lorsqu'on va combattre ou faire un exercice, on *détape* les canons, on retire les *tapes*.

TAPECU. s. m. C'est le nom de la petite voile que l'on voit à l'arrière des bâtimens voilés à la manière des lougres. Le *tapecu* se borde sur un bout dehors saillant à l'arrière de l'embarcation et qui fait l'office de gui.

TAPER. v. a. Action de fermer la bouche des canons avec une tape en liége. C'est une précaution qui a pour objet de préserver l'âme des pièces de l'introduction de tout corps étranger à la charge ou susceptible de l'altérer.

TAQUET. s. m. C'est ainsi qu'on appelle une sorte de crochet en bois de chêne, employé en grand nombre dans un navire, pour servir de points fixes aux cordages que l'on y amarre, que l'on y *tourne*. Les taquets varient de formes et de noms selon leurs divers emplois. Les *taquets de tournage*, cloués sur les ponts et contre la muraille du navire, sont doubles ; les *taquets de haubans* sont simples. D'autres petits morceaux de bois, façonnés pour retenir, supporter, arrêter ou suspendre divers objets à leurs places, ont aussi le nom de *taquets;* tels sont les *taquets à gueule*, les *taquets à œil*, etc.

TARTANE. s. f. Petit bâtiment de la Méditerranée, portant un grand mât, un tapecu et un beaupré. Ce navire est rapide, et sert à la piraterie des Barbaresques.

TAUD. s. m. C'est le nom d'une longue et large pièce de toile, composée de plusieurs lés, et peinte à l'huile, au moyen de laquelle on improvise un abri contre la pluie pour les hommes de quart. Les équipages des canots en font une toiture pour leurs embarcations.

TÉLÉGRAPHE MARIN. Cet appareil pour converser de navire à navire, à grande distance, diffère de ceux que l'on voit établis à terre, en ce que les signes sont faits avec des pavillons, guidons et flammes, qui, toujours disposés sur leurs drisses séparées, peuvent être rapidement hissés et exposés plus ou moins haut à l'égard les uns des autres, pour exprimer ainsi des nombres variés à l'infini ; chaque nombre correspond à un mot ou à une phrase du dictionnaire universel.

TÉMOINS. s. m. pl. Les marins donnent ce nom aux bouts des cordons effilés et séparés, que les cordiers laissent pendre au bout d'une pièce de cordage ; ils servent à témoigner de la qualité du chanvre dans la totalité de la pièce et dans le cours des consommations, ou, lors des redditions de comptes à faire, à distinguer une pièce entière d'avec celle qui a été entamée.

TEMPS. s. m. Cette expression prise comme état de l'atmosphère est souvent employée par les navigateurs. Le *temps*, dans ce sens, est si continuellement complice des émotions qui agitent la vie des marins, que son nom doit sans cesse se reproduire dans les joies ou dans les craintes qu'ils éprouvent. On dit *beau temps* sur un navire qui va vite et bien, quoique souvent alors des nuages sombres, un vent impétueux, une mer mutinée et d'autres accidens de l'atmosphère, dénient l'épithète de *beau* au *temps* que les marins accueillent si favorablement ; mais dans ce cas, ils font le mot *temps* synonyme de vent, et c'est même dans ce sens qu'ils l'entendent toujours; ainsi, *temps mou, temps faible, temps pris, temps calme*, sont employés pour exprimer les divers degrés de force du vent. Quelquefois ils l'appliquent à l'état de l'atmosphère et disent à l'occasion : *Temps* froid ou chaud, *temps* sombre ou clair, gris, pommelé, trouble brumeux, etc.

TENDELET. s. m. C'est le nom d'une sorte de dais en forme de dôme que l'on dresse dans les jours de soleil au-dessus de la chambre de certains canots ; il est supporté par des chandeliers en fer poli, et s'élève à deux ou trois pieds au-dessus du plat-bord de l'embarcation. L'air passe au-dessous et entre les rideaux qui pendent à des filières cachées par les bords festonnés du *tendelet* : son tissu de coutil ou de toile légère abrite confortablement du soleil les officiers assis au-dessous.

TENIR. v. a. Les marins emploient ce mot dans beaucoup de circonstances et sous diverses acceptions : *tenir les grès* ou *agrès*, tels que haubans, étais, etc., c'est les roidir, leur donner la tension nécessaire ; *tenir* le vent ou le plus près, c'est être orienté sous cette allure ; *tenir* deux objets l'un par l'autre, c'est les relever sur une même ligne ; *tenir* la mer, c'est y rester ; *tenir* en ligne dans une escadre, c'est conserver son poste dans un ordre de marche ou de bataille, etc.

TENIR BON. v. a. C'est suspendre un travail en train de s'accomplir, en arrêter l'action, soit parce qu'il arrive un empêchement inattendu à sa continuation, soit parce qu'il est arrivé au résultat désiré. On dit *tiens bon là!* c'est-à-dire assez comme cela.

TENON. s. m. Terme de charpentage, c'est la partie d'une pièce de bois, ordinairement son extrémité, par laquelle elle tient à une autre ; le tenon de la première entre et s'adapte convenablement dans une mortaise de la seconde. Les *chouquets* qui coiffent le haut des mâts y tiennent, en recevant dans leur mortaise, le bout du mât taillé en tenon.

TENTE. s. f. Cet abri mobile, fait en toile ou en coutil, à bord des bâtimens, est une espèce de toiture plane et horizontale, fortement tendue au-dessus du pont des gaillards et de la dunette, pour les préserver de l'ardeur du soleil. La position des mâts s'oppose à ce que cette couverture soit d'une seule pièce ; elle est donc divisée en quatre parties : celle qui couvre la dunette, celle qui couvre le gaillard d'arrière entre le grand-mât et celui d'artimon, celle qui se tend entre le grand-mât et le mât de misaine, qu'on appelle la grande tente ; celle du gaillard d'avant, et le marsouin. Leur installation est telle, que l'on peut à volonté les tendre et les supprimer rapidement au besoin.

TENUE. s. f. En parlant de la qualité du fond sur lequel on a laissé tomber l'ancre qui retient le bâtiment au mouillage, si cette machine y est fortement retenue, si le terrain ne cède pas sous l'effort que peut exercer la patte en y mordant, on dit que la *tenue* est bonne ; dans le cas contraire, la *tenue* est mauvaise. — On dit la belle *tenue* d'un navire, en parlant de l'ordre, de l'arrangement et de la propreté de tout son ensemble. C'est une partie essentielle pour la conservation des vaisseaux et des équipages, et dont les progrès immenses depuis vingt ans attestent le zèle de nos officiers à répandre sur notre marine les perfectionnemens que réclame ce grand art.

TERRE. s. f. Ce mot se reproduit dans le langage maritime en des circonstances nombreuses et variées; on dit *chercher la terre, chasser la terre, gagner la terre,* c'est s'en approcher; *être à terre,* c'est en être très-près; *perdre la terre,* c'est ne plus l'apercevoir; *terre de beurre,* c'est un nuage à l'horizon, dont le dessin et la couleur l'ont fait prendre pour *la terre; descendre à terre,* c'est s'y rendre du bâtiment dans un canot; mais de tous les cas où le mot *terre* est employé, le plus notable, c'est lorsque, jeté comme un cri par l'homme de vigie, il retentit dans tout le navire pour annoncer qu'on vient de découvrir la *terre,* après en avoir été longtemps éloigné; et si la *terre,* que ce cri annonce, est celle du retour après un long voyage, il y a dans ce mot plein d'impression une puissance magnétique qui ne peut être décrite.

TERRE FERME. s. f. Désignation que les marins donnent ordinairement aux continens pour les distinguer des îles. Cependant des îles comme l'Angleterre, la Nouvelle-Guinée, etc., n'étant pas des continens, sont considérées comme *terre ferme,* en opposition avec les îles peu importantes qui les entourent.

TERRENEUVIER. s. m. Désignation des marins et des navires qui font les voyages de pêche de Terre-Neuve.

TERRIR. v. a. On dit aussi *atterrer* ou *atterrir.* C'est arriver en vue de la terre lorsqu'on revient du large; époque heureuse de la navigation, où le marin voit la fin de ses travaux, de ses privations.

TÊTE. s. f. Extrémité supérieure d'une chose, telle que mât, gouvernail, cabestan, etc. — On dit la longueur *de tête à tête,* de la dimension d'un bâtiment de l'une à l'autre de ses extrémités supérieures, c'est-à-dire de la *tête* de son étrave à la *tête* de son étambot. — *Faire tête,* c'est faire résistance; un bâtiment *fait tête* à son ancre lorsque, tout son câble étant filé, il ne peut plus aider à l'impulsion du vent ou des courans, parce que ce lien, qui le réunit à l'ancre mordue au fond, s'est tendu, s'est roidi. — Le mot *Tête,* appliqué aux évolutions navales, n'a point d'autre signification que dans le langage de la tactique militaire; *tête* de ligne, *tête* de colonne, etc.

TÊTIÈRE. s. f. Le bord supérieur d'une voile carrée, garnie d'une ralingue moins grosse que celle qui borde les autres côtés, et percé de trous dans lesquels passent les amarrages qui tiennent la voile suspendue sous sa vergue, s'appelle *têtière.*

TIERÇON. s. m. Barrique d'une proportion intermédiaire qui facilite l'arrimage, et qui est surtout fort recherchée dans les chargemens de denrées coloniales faits aux Antilles. Le *tierçon*

tient à peu près le milieu entre le boucaut et le quart; sa contenance est de 20 veltes environ.

TIERS-POINT. adv. Une voile en *tiers-point* est celle qui, comme les focs, a trois côtés.

TILLAC. s. m. (Voir *Pont.*)

TIMON. s. m. On appelait ainsi autrefois la barre du gouvernail; ce mot est l'origine des suivans, appliqués à tout ce qui se rattache au service du gouvernail.

TIMONERIE. s. f. L'emplacement situé à l'arrière du pont d'un navire, où se trouve placée la barre du gouvernail ou la roue qui sert à le mouvoir, ainsi que les habitacles, le loch, les horloges et tout ce qui se rapporte à la direction et à la route, s'appelle la *timonerie.* La *timonerie* comprend aussi, comme expression qui réunit tous les objets, les appareils dont on se sert pour toutes les observations communes du chemin, tels que les boussoles, les ampoulettes, les lignes de sonde, les plombs, les porte-voix, les lignes et bateaux de loch, etc. etc.; de plus, les pavillons, les séries de signaux, les fanaux de nuit; tous les ustensiles d'embarcation, tels que tapis, gouvernail, tire-veille, tentes, chandeliers ou montans, etc., sont encore du ressort de la *timonerie.* La surveillance de tous ces objets, qui appartiennent le plus positivement à la partie en quelque sorte intelligente du matériel d'un navire, a pour son service, à bord des bâtimens de guerre, des marins spéciaux qu'on appelle *matelots timoniers.* Un *chef de timonerie,* qui fait partie des premiers maîtres du bord, dirige toute cette petite comptabilité, qui, sur un grand bâtiment, a un certain degré d'importance. Les *matelots timoniers* sont sans cesse en contact avec les officiers; aussi sont-ils choisis parmi les hommes qu'une certaine éducation, ou au moins que des dispositions naturelles, rendent plus familiers que les autres avec les convenances et un esprit de conduite indispensable pour les relations qu'ils ont chaque jour. Le *chef de timonerie* écrit un journal des événemens et des opérations du bord, il fait le point, c'est-à-dire la recherche du lieu où se trouve arrivé le bâtiment à chaque midi.

TIMONIER. s. m. *Matelot timonier,* qui est attaché à la *timonerie* sur un bâtiment de guerre. — On appelle ordinairement *timonier* le marin qui dirige le gouvernail; il y avait autrefois des matelots embarqués spécialement pour remplir cette fonction, aujourd'hui elle est dévolue à la généralité de l'équipage. Un bon *timonier* est un homme fort précieux, et cette qualité est une de celles qu'un bon matelot doit le mieux posséder. Pour bien gouverner un navire, il faut étudier le jeu et la disposition des voiles, la force de la brise et son influence sur telle ou telle partie de la voilure, éprouver si le bâtiment est mou ou ardent, s'il vient facilement à l'appel du gouvernail, s'il faut que cette machine soit peu ou beaucoup agitée pour lui imprimer le mouvement désiré;

il faut encore qu'il étudie bien les airs de vent, qu'il se rende promptement compte des combinaisons de la boussole, et que tous ses efforts se résument à ceci : de suivre le plus directement possible, et avec aussi peu de déviation qu'il le pourra, la ligne qui s'étend de l'avant du bâtiment vers la route qui lui a été indiquée. Le *timonier* doit alternativement regarder les voiles, l'effet du vent sur elles, et la boussole, qui marque la direction à suivre. Pour mieux faire ces observations continuelles, il est placé à l'arrière, près de la barre du gouvernail, sur une petite élévation en planches qui lui permet de dominer un peu le pont et de voir l'avant du bâtiment, dont chaque mouvement, sur un côté ou sur l'autre, se révèle à lui par la marche d'un point pris à cet avant sur l'horizon. Le *timonier* est changé fréquemment, parce que son attention se fatigue et que le résultat de son emploi s'en ressent. Dans un combat, dans une entrée au port, dans un mouillage, les fonctions du *timonier* sont fort délicates, et de la manière plus ou moins habile dont elles sont remplies, dépend souvent le succès ou le revers d'une manœuvre, d'un mouvement. Jamais on ne doit parler au *timonier* que pour lui donner des ordres ; autrefois beaucoup de bâtimens du commerce écrivaient sur l'arrière, dans un endroit visible : *Silence au timonier !* comme on voyait aussi : *Veille au feu !* tracé sur la cage de la cuisine. Ces avertissemens perpétuels s'adressaient particulièrement aux passagers, en ce qui regardait le *timonier*, l'autre était pour le cuisinier et les mousses de chambre.

TIRANT-D'EAU. s. m. Le nombre de pieds dont un bâtiment enfonce dans l'eau à partir de sa quille, s'appelle ainsi ; les grands navires ont conséquemment plus de *tirant-d'eau* que les petits. Cependant il y a des constructions dont le but est de pouvoir naviguer avec le moins d'eau possible ; ces bâtimens sont plats en dessous, et s'enfoncent plus difficilement que ceux dont la coque est évidée. Le *tirant-d'eau* se reconnaît sur-le-champ par une échelle de pieds marquée sur le côté de l'étrave et de l'étambot du navire, de sorte qu'on peut juger si un lieu dont on connaît la profondeur pourra le recevoir.

TIRER. v. a. On dit qu'un vaisseau quelconque *tire* tant de pieds d'eau, c'est-à-dire qu'il s'enfonce de cette quantité de pieds dans la mer ; qu'il a tel ou tel tirant-d'eau. — C'est, dans une autre application, envoyer une décharge d'artillerie, comme l'entend le langage vulgaire.

TIRE-VEILLE. s. f. Cordage qui sert de rampe aux échelles ou escaliers des bâtimens. Pour les échelles extérieures, les *tire-veilles* sont placées dans des chandeliers plantés sur le bord des navires, et elles descendent jusqu'à la mer, de façon à ce que les personnes qui arrivent dans les canots s'en puissent servir. Il y a une certaine coquetterie dans la disposition de ces cordages ; aux jours de fête, ou à l'arrivée d'une autorité, d'une visite à laquelle on veut faire honneur, on place dehors des *tire-veilles* recouvertes d'étamine de couleur, garnie de drap éclatant ; des petits bourrelets formés de nœuds ingénieusement travaillés sont disposés de distance en distance pour appuyer la main, et empêcher qu'elle ne glisse sur le cordage uni. Les panneaux qui ouvrent passage du pont supérieur pour descendre dans les chambres, et qui sont garnis d'escaliers ou de larges échelles, ont également des *tire-veilles* pour maintenir le corps aux agitations du roulis et du tangage, sur ces escaliers généralement étroits et rapides. Les *tire-veilles* appartiennent essentiellement à la timonerie.

TOILE A VOILE. s. f. C'est le tissu en chanvre qui sert à la confection des voiles ; il s'en fabrique de différentes grosseurs. Il est évident que les voiles destinées, par les places qu'elles occupent dans le système de voilure, à supporter les plus grands efforts, sont faites avec une toile plus forte que les autres voiles qui se déploient dans les beaux jours sur les flèches grêles et élancées de la mâture. Ces *toiles* se tirent des manufactures d'Angers, de Rennes, de Strasbourg et autres. Les *toiles* dites de Ville-Gaudin, blanchies par un procédé très-avantageux pour la durée des voiles, ont reçu des mentions flatteuses des marins qui en ont fait usage.

TOLET. s. m. C'est le nom de l'espèce de courte cheville en bois ou en fer que l'on voit se dresser en certain nombre sur le bord des embarcations, et auxquelles on attache par leurs estropes les avirons dans le mouvement de nage.

TOMBER. v. n. Ce n'est point en marine l'expression d'une chute rapide, c'est plutôt l'entraînement progressif, lent et involontaire d'un bâtiment vers un autre navire, hors d'une position proposée, qui devient le synonyme de *drosser* ou *dériver*. Un bâtiment *tombe sous le vent*, à l'égard d'un objet ou d'un point au vent duquel il voulait se maintenir. *Tomber* sur un navire, c'est, non-seulement l'aborder, mais même l'approcher rapidement ; *tomber* dans une flotte, c'est s'y trouver sans l'avoir voulu, soit de nuit ou d'un temps de brume. Un bâtiment *tombe sur le nez*, ou *tombe de l'arrière*, c'est-à-dire qu'il incline vers ces parties.

TON. s. m. C'est le nom que l'on donne à la partie d'un mât comprise entre le capelage des haubans qui le maintiennent, et l'extrémité sur laquelle pose le chouquet. Le *ton* d'un mât a pour principale utilité d'assujétir le mât que l'on superpose. — Une voile amenée, et qui semble s'arrêter sur le chouquet, quoiqu'elle n'y repose pas, est dite *amenée sur l: ton*.

TONNAGE. s. m. Terme de droit maritime ; péage, perception exigée des bâtimens du commerce à raison de tant par tonneau. On s'en sert aussi pour exprimer la capacité d'un navire ; on dit un bâtiment d'un fort ou faible *tonnage*. (Voir *Tonneau*.)

TONNEAU. s. m. On sait généralement que c'est le nom donné à une futaille de grande dimension ; sa description devient inutile, et nous ne mentionnons ce mot que parce qu'il est exclusivement adopté en marine pour exprimer la capacité d'un navire ; c'est l'unité de mesure spéciale, considérée en son poids, qui doit être de 2000 livres, et en son volume, qui est de 42 pieds cubes. Quatre barriques de Bordeaux, contenant chacune 240 litres ou 30 veltes de Paris, satisfont aux conditions du *tonneau*. Un navire de 600 *tonneaux* peut donc porter en objets de toutes sortes 600 fois 2000 liv. pesant, ou recevoir 600 fois 42 pieds cubes.

TONTURE. s. f. En architecture navale, c'est le nom donné à la légère courbe concave ménagée au plan longitudinal des ponts, dont les extrémités relèvent un peu pour faciliter la pente des eaux vers le milieu du bâtiment, et leur écoulement au dehors par les dalots. Cette même courbe était autrefois marquée au dehors par la ligne des préceintes. La *tonture* au dehors est disgracieuse à la vue et n'est point utile à la solidité des navires, comme beaucoup de gens le croient encore ; on la supprime totalement dans les nouvelles constructions.

TONTURER, v. a. Donner la tonture.

TORCHER (de la toile). v. a. Expression triviale, fort aimée des jeunes officiers, et dont ils font le synonyme de porter beaucoup de voiles, en déployer outre mesure.

TORNADOS. s. m. C'est le nom d'un grain orageux, particulier et fréquent dans certaines saisons (depuis mai jusqu'en octobre) sur la côte de Guinée.

TORON. s. m. C'est le nom que les cordiers donnent aux faisceaux formés d'un plus ou moins grand nombre de fils de carret, pour la composition d'un cordage.

TOUCHER. v. n. Ce mot a plusieurs applications maritimes. Un bâtiment qui frappe le fond, ou un écueil, avec sa quille, a *touché*. Assez ordinairement un navire qui *touche* s'arrête, reste échoué. *Toucher* à une île, à un comptoir, c'est s'y arrêter. — On touche les aiguilles des boussoles avec une pierre d'aimant pour activer leur vertu magnétique.

TOUÉE. s. f. C'est une longueur de 120 brasses, qui est aussi celle d'un câble. Cependant ce mot n'est pas toujours employé pour exprimer cette unité de mesure ; on s'en sert aussi comme expression de la quantité quelconque d'un câble, filée par un navire à l'ancre. Ainsi, selon que la force du vent exige qu'un bâtiment au mouillage s'écarte de son ancre pour assurer sa résistance, il file plus ou moins de câble, c'est-à-dire qu'il file une *touée* plus ou moins grande. On a quelquefois des *touées* de deux et même de trois câbles ajoutés bout à bout. — On dit aussi *se hâler à la touée*; c'est une manœuvre des ports, qui consiste à déplacer un bâtiment au moyen d'une aussière que l'on attache à un point fixe, dans la direction du déplacement à effectuer, et en la tirant du bord, soit à la main, soit avec le cabestan. Cette manœuvre, qu'on appelle *touage*, donne lieu au verbe réciproque *touer* (se).

TOULINE. s. f. Cordage qui sert à traîner un bâtiment, lorsque l'absence du vent le contraint à se faire remorquer par des embarcations à la rame. C'est ordinairement une petite aussière, dont un bout est amarré sur le beaupré du navire, tandis que l'autre s'attache à la plus forte des chaloupes, que d'autres rangées en ligne traînent à leur tour à l'aide de cordages particuliers. Souvent on se sert d'une *touline* pour faire tourner ou abattre un navire qui ne sent pas suffisamment son gouvernail pour se tourner dans le sens où il doit aller. — On dit *hâler à la touline*.

TOUR. s. m. Une espèce de dévidoir sur lequel se tord et se pelote le bitord qu'on fabrique avec de vieux cordages sur les bâtimens, s'appelle *tour à bitord;* on dit aussi moulin. Le *tour ou touret du loch* est encore un dévidoir, mais léger et plus en rapport avec son emploi dans l'opération à laquelle il prend part, en relevant ou en développant la ligne dont on se sert pour mesurer le chemin. — On appelle *tour-mort* un double lien fait avec un cordage sur un point d'appui pour consolider la résistance que fait ce cordage contre une force qui l'entraînerait ; on prend quelquefois un *tour-mort* pour un cordage qu'on ne veut filer que peu à peu malgré la tendance qu'il éprouve à s'échapper. — Le vent fait le *tour du compas*, lorsque, en l'espace de quelques heures, il souffle de différens côtés de la boussole. — Tous les cordages ou câbles qui se trouvent croisés l'un contre l'autre, ou l'un sur l'autre, ont un *tour*.

TOUR A FEU. s. f. Voyez *Phare*.

TOURILLON. s. m. Ce sont les deux oreilles d'un canon, ces deux branches rondes et courtes qui sortent de chaque côté vers le milieu de sa longueur, et qui servent à le supporter dans l'affût sur lequel il repose.

TOURMENTE. s. f. C'est le paroxisme du vent, la tempête arrivée à son plus grand développement.

TOURMENTIN. s. m. Voile de petite dimension et de très-forte toile qui remplace un foc dans certains navires pendant la durée d'une tourmente. Les cordages qui établissent ce *tourmentin* sont très-solides, et la manière dont il est disposé laisse fort peu de chances à ce que la tempête puisse l'emporter.

TOURNAGE. s. m. *Cabillot* de bois planté dans une partie solide du navire, en présentant ses deux bouts sur lesquels on enveloppe une manœuvre dont on veut fixer la retenue; comme on appelle cette opération *tourner*, le point sur lequel elle s'opère est un *tournage*.

TOURNER. v. a. On *tourne* un cordage, une manœuvre sur un cabillot, un tolet, un tournage ou un taquet, pour retenir l'effort de ce cordage qui tend continuellement à obéir à quelque puissance qui le sollicite. — Lorsque les matelots pèsent ou halent sur une manœuvre, et que l'officier juge que la force exercée est suffisante, il crie : *tourne !* ou indifféremment *amarre !* Ces deux mots ont la même valeur dans cette circonstance. — Lorsqu'on jette le loch en mer, on crie *tourne !* au marin qui tient le sablier dont la durée de passage doit déterminer l'opération. (Voir *Loch*.)

TOURNE-VIRE. s. f. ou m. Gros cordage qu'on ajoute à l'effort que fait le câble pour lever une ancre. La grosseur du câble ne lui permet pas toujours de se rompre dans un diamètre assez petit pour être enveloppé sur le cabestan, alors on lui accole une *tourne-vire*, qui, amarrée sur ce câble vers le point où il entre par l'écubier, vient au cabestan et subit l'effort qu'elle lui transmet.

TOURNIQUET. s. m. Rouleau en bois dur, quelquefois en fonte, qu'on place à demeure sur certains points du navire, où doivent fréquemment passer des cordages qui s'altéreraient par le frottement, ou perdraient une partie de leur action, sans leur contact avec le *tourniquet*. — Les petits bâtimens caboteurs ont quelquefois un cylindre garni d'une manivelle, à l'aide de laquelle on le met en mouvement, et qui fait en petit ce qu'opère en grand le guindeau, en l'enveloppant de cordages sur lesquels il y a une tension à exercer. Ces *tourniquets* sont placés à poste fixe, au pied du mât.

TRAIN. s. m. Espèce de traîneau en bois qui sert à supporter un mât, une vergue, ou toute autre lourde pièce qu'on veut transporter d'un point dans un autre. — Un *train de bateaux*, c'est la réunion d'embarcations attachées à la suite les unes des autres qu'on remorque pour les faire changer de lieu. — On dit aussi un *train* de bois, un *train* de mâture.

TRAINE. s. f. Les matelots mettent quelque chose à *la traîne*, c'est souvent du linge qu'ils sont paresseux de laver, et qui, attaché au bout d'un cordage, traîne dans l'eau qui le décrasse en glissant dessus. La ration de viande salée ou de morue est également mise souvent à *la traîne* pour être dessalée par son perpétuel changement d'eau. Un filet en corde sert alors de *traîne*, et rend bien dessalée au bout de quelques heures la ration du prochain repas, si toutefois quelque requin affamé ne l'a pas aperçue, et n'en a pas fait son affaire, salée ou non. — Aujourd'hui on ne met guère de viande ou de hardes à *la traîne*

sur les navires de guerre; il y a des jours fixés pour le lavage général des effets, et les rations de viande ou de morue délivrées, la veille, sont mises à la trempe dans de larges baquets dont l'eau est souvent renouvelée. — On a sa chaloupe ou une embarcation à *la traîne*, lorsque, amarrée derrière le navire, elle passe dans les mêmes eaux; à *la traîne*, dans ce sens signifie à peu près à la remorque. — Cette locution est passée dans le langage ordinaire des matelots. Ils disent d'une chose perdue ou égarée, laissée de côté par négligence, qu'elle est à *la traîne*; si un de leurs compagnons est lent à se rendre à son devoir, qu'il fasse la sourde oreille aux ordres qui lui sont donnés, qu'il soit paresseux enfin, ils disent *qu'il est toujours à la traîne.*

TRAITE. s. f. C'est le nom donné généralement au trafic que font les Européens sur la côte d'Afrique, et qui consiste à échanger des marchandises à l'usage des nègres, contre des esclaves, des dents d'éléphant, de la gomme, de la poudre d'or, etc. Ce mot est plus exclusivement appliqué au commerce des esclaves noirs; on dit *traite des noirs.* Les familiers de ce trafic en dissimulent le vrai nom par le secours d'un trope, et l'appellent *commerce de bois d'ébène.* Ce mot pourrait nous fournir le sujet d'un long article, que nous regrettons de ne pouvoir insérer dans cet ouvrage. Nous renvoyons le lecteur à celui fait sous le titre de *Traite des noirs*, aux pages 97 et 117 du troisième volume de *la France Maritime.*

TRAITEMENT DE TABLE. s. m. Supplément de solde que reçoivent le capitaine, les officiers, les élèves et les maîtres chargés, embarqués sur les bâtimens de l'Etat. C'est sur ce *traitement* que le capitaine se nourrit, ainsi que les officiers qu'il invite à sa table. Aux autres tables le *traitement* vient en aide pour ajouter des provisions de choix à la ration de bord qui leur est accordée.

TRAMAIL ou **TRÉMAIL.** s. m. Sorte de filet de pêche formé de trois réseaux appliqués l'un sur l'autre.

TRANSBORDEMENT. s. m. Opération qui consiste à changer des hommes ou des objets de bord; à les faire passer d'un bâtiment sur un autre. L'action du *transbordement* se dit *transborder.*

TRANSFILAGE. s. m. Opération qui s'exécute avec un bout de ligne ou de bitord, et qui consiste à lacer ensemble deux pièces de toile percées d'œils-de-pie pour les tendre comme on tend le fond d'un carré de lit; ou encore à contenir une *limande* sur un cordage. Procéder à un *transfilage*, se dit *transfiler.*

TRANSPORT. s. m. C'est le nom que prennent les bâtimens de commerce, affrétés par le gouvernement pour transporter des troupes, des munitions de toutes sortes. Les transports ne portent pas de canons; ils sont protégés par les navires de guerre qui les accompagnent. L'Etat en a fait construire pour son service depuis quelques années.

TRAVAILLER. v. n. Ce mot ne doit pas toujours être pris, dans le langage maritime, pour le synonyme d'opérer, faire un travail, mais aussi pour exprimer un effort ruineux, ou au moins très-fatigant, d'un navire violemment agité par la mer. Lorsque, dans ses mouvemens brusques et continuels, on entend ses membres craquer, on voit ses liaisons se disjoindre, on dit que le bâtiment *travaille*. — On dit de deux manœuvres tendues également par un effort commun, qu'elles *travaillent ensemble*. On le dit de deux câbles qui retiennent le bâtiment contre la force du vent, ils *travaillent en barbe*. (*Voir* ce mot.)

TRAVERS. s. m. Le *travers* d'un navire, c'est la surface verticale de toute sa longueur; c'est son côté dans toute l'étendue comprise entre la poupe et la proue, quand il présente les longues lignes noires de ses préceintes, et la bande blanche de sa batterie percée de sabords noirs, comme les cases d'un échiquier. Un bâtiment qui présente son *travers* laisse voir ses mâts espacés. Il est, pour l'objet auquel il se présente ainsi, dans sa position la plus redoutable. Tout ce qui le frappe dans ce sens est dit le frapper *en travers*; le vent, une embarcation, un navire, les boulets de l'ennemi le prennent *en travers*, etc. (Voir *En Travers*.)

TRAVERSÉE. s. f. C'est le nom que l'on donne au trajet de navigation d'un lieu à un autre; c'est le passage au travers des mers d'un port à un autre port; on dit, selon le cas, une belle, une heureuse, une courte *traversée*, quand le vent et les autres éventualités atmosphériques ont favorisé la navigation. On dit, dans le cas contraire, une *traversée* longue et pénible.

TRAVERSER. v. a. On dit *traverser* une ancre; c'est, après avoir élevé au bout du bossoir l'ancre qu'on y tient suspendue par la bosse-debout, en relever les becs le long du bord, et les y saisir en travers, pour que la lourde machine, dont les becs trempent encore dans l'eau du sillage, ne soit pas poussée contre la carène qu'elle ne manquerait pas d'égratigner avec l'une de ses pattes. — On dit *traverser les voiles*, comme les focs et la misaine d'un canot; c'est border l'écoute de ces voiles du côté du vent. — *Traverser la lame*, c'est y présenter l'avant d'un navire, qui, sous l'allure du plus près, conserve une grande vitesse et brise la lame en la heurtant. — *Traverser* une ligne, ou un ordre de marche ou de combat, c'est passer d'un côté à l'autre de cette ligne, entre deux vaisseaux qui se suivent.

TRAVERSIER. adj. Qualité d'un vent bon pour aller et venir avec un navire à la voile, sans louvoyer sur la ligne qui joint deux points éloignés. Il faut que la direction du vent *traversier* soit perpendiculaire à celle du trajet que suit le navire. On peut voir alors deux navires à la voile courir avec la même vitesse des routes opposées et avec le même vent. Les matelots disent *que le diable n'a jamais pu rien comprendre à ce fait de navigation*.

TRAVERSIÈRE. s. f. C'est le nom d'un gros cordage, dont l'un des bouts est armé d'un grand croc de fer pour servir à traverser les ancres.

TRAVERSIN. s. m. En architecture navale, on appelle ainsi diverses pièces de bois qui fonctionnent comme liaisons. — On donne aussi ce nom à deux pièces de bois de chêne qui posent sur les jotereaux des bas mâts et qui supportent les hunes.

TRELINGAGE. s. m. C'est ainsi que l'on nomme un appareil de cordage établi sur les bas haubans, d'un côté et de l'autre, à la hauteur des *quenouilettes* (voir ce mot), et qui sert à étrangler les haubans et à consolider le point d'appui que les quenouillettes offrent aux *gambes*. (*Voir* ce mot.)

TRÉSILLON. s. m. Petit bout de bois, cabillot ou autre, qui prend ce nom lorsqu'il sert comme levier pour tenir deux cordages, soit en les tordant ensemble, soit en les rapprochant à l'aide de petits amarrages. Faire un *trésillon*, c'est-à-dire réunir ainsi deux cordages, se dit *trésillonner*.

TRESSE. s. f. Espèce de tissu plat qu'on fabrique à la main avec des fils de carret ou de bitord, suivant l'emploi qu'on en veut faire, et qui se compose de 3 jusqu'à 11 et 13 brins, toujours en nombre impair. La *tresse* et le bitord sont les emplois des vieux cordages qu'on détord et dont on isole chaque fil; cette fabrication est la besogne qu'on donne aux matelots lorsqu'il n'y a rien de mieux à faire. Quelquefois, sur les navires du commerce, on donne comme punition aux jeunes marins de faire un certain nombre de brasses de *tresse*, et on les prive ainsi de l'emploi des loisirs qu'ils auraient lorsqu'ils ne sont pas de quart.

TRÉVIRE. s. m. On se sert d'un *trévire* pour faire monter sur un plan incliné ou en faire descendre un corps lourd. C'est un cordage plié en double, retenu au milieu de la longueur totale à l'extrémité supérieure du plan, et dont les deux bouts, enveloppant la futaille qu'il doit guider, retournent au haut de ce plan incliné pour y être ou lâchés peu à peu ou halés, suivant que le fardeau doit ou monter ou descendre. On a souvent recours au *trévire* pour débarquer ou embarquer des marchandises qui doivent passer sur la planche ou petit pont volant qui joint le quai au navire.

TRÉVIRER. v. a. Se servir du trévire, c'est aussi retourner les plis d'un paquet de filin ou d'un câble, placer au-dessus les couches qui étaient au-dessous.

TRIBORD. s. m. Côté de droite d'un navire,

opposé à bâbord, la gauche, lorsqu'on tourne le dos à l'arrière en regardant l'avant. Tout ce qui se rattache moralement ou matériellement à ce côté entraîne le mot *tribord* : le vent vient de *tribord*, *tribord*-amures, le passavant de *tribord*, monter, descendre par *tribord*; les tribordais pour les hommes qui forment le quart de *tribord;* la barre à *tribord*, etc. — On écrivait anciennement *stribord*, et même *estribord*, ce qui pourrait fonder à croire que *dexter*, la droite du latin, est pour quelque chose dans l'étymologie de ce mot; mais c'est le travail le plus indéchiffrable et le plus hypothétique que celui de la recherche de l'étymologie maritime, et, à part que de [pareilles études nous semblent d'un médiocre intérêt en regard de recherches infiniment plus utiles et plus attrayantes, nous reconnaissons franchement que nous y connaissons peu de chose, et peu nous importe si *tribord* ou *estribord* vient du latin ; *bâbord*, son opposé, est d'origine différente, quoique son allié le plus direct dans la valeur des expressions; bâbord rappelle bas-bord, côté inférieur, partie moins honorable, comme on sait qu'il est l'opposé de *tribord*, côté privilégié du navire. *Bord* appartient aux langues du Nord; on aura ajouté à ce mot une syllabe latine pour l'un, un adjectif franc pour l'autre; pourquoi ces sources différentes? Laissons cela à ceux qui s'étudient à être philologues, car les traces des formations sont pour nous fort nébuleuses et peu amusantes à éplucher. — C'est par *tribord* que les officiers et personnages honorables montent à bord d'un bâtiment; on a vu au mot *Bâbord*, que ce côté était voué aux gens de l'équipage et aux corvées du service. Cette règle, en vogue dans toute la marine, l'est particulièrement sur les navires de l'Etat, où son observance est de toute rigidité. Nous avons été témoin en 1831 d'un duel qui fut la malheureuse conséquence de la susceptibilité des officiers à l'endroit de cette étiquette maritime. Une corvette de l'Etat était mouillée dans une rade des Antilles; un trois-mâts du commerce appareillait pour la France, et le capitaine, pendant qu'on levait l'ancre de son navire, prit son canot, l'arma d'un équipage convenable, et se dirigea vers la corvette pour prendre les paquets du commandant, que, pendant une rencontre de la veille, dans un salon créole, le capitaine marchand avait promis de venir chercher au moment de son appareillage. Le canot allait accoster à *tribord*, et déjà le capitaine marchand, debout à l'arrière, s'apprêtait à poser le pied sur l'échelle extérieure, lorsque, prévenu par un homme de faction qu'un canot accostait, l'officier de garde ordonna qu'on le fit passer à bâbord. Offensé de la brusquerie comme de l'expression d'un ordre semblable, le capitaine du trois-mâts fit grimper un de ses canotiers par un sabord de la batterie, et le chargea de porter sa carte à l'officier de l'Etat, qui y lut M***, capitaine du

***. Bien que le titre que portait celui qui voulait monter honorablement à bord fût celui d'un officier dont le grade a un équivalent respectable dans le corps militaire de la marine, l'officier de garde persista dans son singulier refus de livrer l'escalier de tribord. Humilié de cet affront inqualifiable, le capitaine marchand refusa *bâbord*, et regagna son bâtiment dont il suspendit l'appareillage. A peine monté sur son navire, il écrivit un cartel qu'il signa de son ancien titre de capitaine de frégate de la marine impériale, pour l'envoyer sur-le-champ à l'officier de la corvette, qui promit de s'y rendre aussitôt que son tour de garde serait accompli. Quatre heures après, deux embarcations quittaient l'une la corvette, l'autre le trois-mâts resté en disposition de départ jusqu'à la conclusion incertaine de cette affaire. Peu de temps après les canots déposèrent les personnes qu'ils portaient sur la plage la moins habitée. Les deux adversaires et les quatre témoins s'enfoncèrent dans un fourré de tamariniers.....

Une heure après le trois-mâts appareillait aux ordres de son capitaine, et un canot ramait lentement vers la corvette, portant sur un lit construit à la hâte avec des avirons et des tapis, un homme mourant d'un horrible coup d'épée dans la gorge.

TRIBORDAIS. s. m. Gens qui font partie de la division de l'équipage affectée au côté de tribord. (Voir *Bâbordais*.)

TRINQUETTE. s. f. Espèce de petit foc, appelé tourmentin sur certains grands navires, et qui se hisse sur l'étai de misaine à bord de quelques bâtimens qui prennent la cape, et généralement sur tous les côtres, ou petits navires à un mât.

TROMBE. s. f. C'est une longue colonne d'eau formée par un amas de vapeurs condensées par le soleil, et attirée par lui jusqu'à un nuage peu élevé. Il y a des *trombes* qu'on appelle aussi *siphons*, qui s'élèvent de la mer vers les nuages ; on désigne les unes et les autres sous les noms de *trombes ascendantes et descendantes*. On cite en navigation de prodigieux exemples de ces phénomènes, et la *France Maritime* offre à ce sujet quelques faits très-curieux dans son deuxième volume, page 160 et suivantes; mais tout ce que nous connaissons sur les *trombes* n'approche pas de ce que laissent à deviner ces vers d'un poëme intitulé *le Flibustier :*

> La *trombe* cependant détourne avec furie,
> Fait gronder sur les flots sa vive artillerie;
> Et, roulant à travers la foudre et les éclairs,
> Mon vaisseau fracassé naufragea dans les airs.

On cite pourtant, à l'occasion du terrible ouragan qui ravagea la Basse-Terre (Guadeloupe) en juillet 1825, un fait qui n'offre rien de moins merveilleux que le récit de Montbars : un brig américain fut, dit-on, enlevé par une *trombe*, qui le fit voguer dans l'air l'espace de 25 toises, et fut ensuite poussé par la mer à six lieues de là, sur des rochers où il se brisa complétement. Un créole de la Basse-Terre nous a assuré avoir vu le lendemain le capitaine, qui était parvenu à se sauver sur la carcasse de son navire, et qui racontait lui-même ce naufrage si extraordinaire, qu'il n'aurait pu obtenir croyance auprès des créoles, sans les preuves matérielles qui en attestaient la véracité.

TROMBLON. s. m. Arme a feu d'origine espagnole, sorte de grosse espingole, montée sur un chandelier, et qui porte une balle d'une livre et quelques menus projectiles : les navires de l'État commencent à adopter cette arme.

TRONÇON. s. m. Bout de vieux câble que les matelots appellent aussi *tronce*, et qu'on détord pour en isoler les fils de carret. — Un *tronçon* de mât, c'est un bout de mât, c'est la partie d'un mât laissée sur le navire lorsqu'un événement en a brisé la majeure partie.

TROU. s. m. *Trou du chat*, c'est un petit espace, propre à livrer passage à un homme, qui reste vide de chaque côté du pied du mât de hune aux bords intérieurs de la hune ; quelquefois les matelots, au lieu de gagner la hune par les gambes de revers, se faufilent entre les enfléchures et passent par le *trou du chat* ; sa véritable destination est de laisser descendre directement sur le pont et presque réunies ensemble toutes les manœuvres qui viennent des mâts et des vergues plus élevées. — Il y a dans la caisse d'un mât de hune un *trou* dans lequel passe la clef qui le supporte sur les élongis.

TYPHON. s. m. Nom d'un ouragan particulier, surtout aux mers de la Chine, et qui, soufflant en vent impétueux de divers points de l'horizon, n'a point de direction fixe d'après laquelle les marins puissent manœuvrer pour s'en défendre.

SANCE. s. f. Terme de droit maritime, que l'on emploie encore dans les polices d'affrétement, et chartes parties d'engagement entre capitaines et affréteurs; il exprime une fixation de temps, comme dans le cas suivant : il sera accordé à l'affréteur *tant* de jours de *planche* (*voir* ce mot) pour décharger et recharger le bâtiment au port de la destination; passé ce terme, il paiera au capitaine la somme de..... *par usance de trente jours, pour sur-starie,* c'est-à-dire en dédommagement du retard qu'il fera éprouver au départ du bâtiment. — Ce mot est aussi pris pour synonyme d'*usage* dans le commerce maritime ; on le dit d'un négociant qui connaît tous les trafics de mer, la manière de les traiter et de les mener à bonne fin; on dit qu'il connaît les *usances.*

US et COUTUMES DE MER. s. m. plur. Titre de lois très-anciennes, l'on peut dire les premières qui aient été conçues et appliquées à la marine, et d'après lesquelles ont été réglés les contrats et la juridiction maritime. C'est par le génie réformateur de Colbert que les *us et coutumes de mer* commencèrent à tomber en désuétude. Cependant, ce *lexicon de coutumes,* où se reproduisait la législation barbare du moyen âge, servit au grand ministre de point de départ pour la formation d'un code maritime, qui depuis est demeuré incomplet. Louis XIV et les rois ses prédécesseurs avaient d'ailleurs rendu bon nombre de lois, édits et ordonnances sur la marine, que les *us et coutumes de mer* étaient toujours invoqués par l'amirauté, les amiraux, les commandans et justiciers du royaume, en leurs jugemens sur les faits de navigation et de marine. C'était dans ce chaos immense de règlemens, où se retrouvaient amalgamés les *lois rhodiennnes,* les *coutumes du droit romain,* le *digeste de Justinien,* le *consulat,* les *ordonnances de Charles-Quint* et de *Philippe II,* et surtout les *jugemens d'O-*leron, espèce de code maritime dressé par Eléonore de Guyenne, et ensuite par son fils Richard, roi d'Angleterre, qui, refondant les anciennes *coutumes de la mer,* firent jeter ce projet de jugemens connu sous le nom de *rôle d'Oleron* (du nom de l'île), et destiné dès l'origine à servir de loi en la mer du Ponant, et à juger toutes les questions sur le fait de la navigation. Les *us et coutumes de mer* étaient remplis de règlemens barbares, que les maîtres et patrons de navires cabotiers et autres avaient le droit d'invoquer, sur le champ même d'un délit, ou de toute question, sans autre forme judiciaire que l'appel des témoins du bord; ils jugeaient et sentenciaient selon le cas. Voici le texte de cette loi : « Toutefois sur mer, les gens de l'équipage sont témoins approuvés, et bien souvent sont *juges nécessaires,* d'autant qu'il ne peut pas s'y en trouver d'autres. *Ex natura facti alii testes aut judices haberi non possunt* (jugement d'Oleron). » On y lisait cette disposition concernant la discipline des bords : « Le marinier frappant ou levant arme contre son maître, sera attaché avec un couteau bien tranchant au mât du navire par une main, et contraint de la retirer de façon, que la moitié en demeure au mât attachée. » Puis au titre XI de cette disposition, on lisait : « Si quelque matelot tue un compagnon, ou le blesse en sorte qu'il en meure, ou attachera le mort au vivant, dos à dos, et ils seront tous deux jetés en la mer; s'il est à terre, il sera exécuté à mort. » Ce fut M. d'Infreville, l'un des meilleurs officiers et constructeurs de la marine de Louis XIV, qui, le premier, présenta à Colbert un long rapport daté de 1666, pour la refonte de cette jurisprudence maritime, qui ressortait compacte de la confusion de tant de lois, indigne du progrès de la législation et de nos mœurs. Voici un extrait de ce rapport concernant la disposition ci-dessus mentionnée : « La justice se fait ordinairement par les capitaines d'un navire qui a son prévost pour exécuter ce qui est ordonné et affiché au mât du vaisseau, comme il arrive quand un matelot frappe du couteau, on lui perce la main de la même arme; s'il tue, le prévost le pend ou le jette à l'eau avec le tué. » — Cette justice barbare n'existe plus. Néanmoins notre marine attend avec impatience le code spécial qui lui a été promis, pour compléter définitivement sa législation.

ACHE (en). adv. On dit mettre *en vache* un canon qu'on place dans le sens de la longueur du navire, à toucher le bord entre deux sabords.

VA-ET-VIENT. s. m. Les marins disent plus souvent *vat-et-vient*. C'est une corde élongée entre un navire et un rivage ou un autre navire, ou entre deux points séparés par un espace d'eau, pour, des deux bouts, faire aller et venir une embarcation ou tout autre corps flottant, en tirant d'un côté, tandis qu'on file de l'autre, le *va-et-vient* fixé sur l'objet qui se rend au point où s'exerce la traction. — Le *va-et-vient* sert aussi aux communications nécessaires entre ces deux points, soit pour que des embarcations s'en aident pour franchir la séparation, soit pour que des hommes s'y appuient dans un naufrage pour gagner la terre. Dans ce dernier cas, l'établissement du *va-et-vient*, entre le navire naufragé et le rivage, est une opération dont les difficultés grandissent avec l'état de la mer dans l'espace à traverser, surtout si la terre où l'on veut faire parvenir le *va-et-vient* est inhabitée. Il faut alors que l'un des naufragés se dévoue pour atteindre le rocher où doit être fixé le lien sauveur. L'extrémité du *va-et-vient* y arrive toujours en l'attachant à un corps flottant, que les vagues mutinées poussent au rivage. — L'établissement du *va-et-vient*, dans les naufrages, est une question de philanthropie qui occupe les associations formées dans ce but humanitaire. Beaucoup de moyens ont été proposés, et entre autres celui-ci : il consisterait à lancer de terre à bord, sans la participation des naufragés, au moyen d'un mortier chargé convenablement, un projectile au bout duquel serait attaché le bout du *va-et-vient* déjà fixé au rivage. La bombe, en passant par-dessus le navire, suivant une faible développée, y déposerait, dans sa chute, le cordage qu'elle aurait entraîné.

VAGUE. s. f. Voyez *Lame*.

VAIGRAGE. s. m. C'est l'assemblage de toutes les pièces de bordage, qui recouvrent intérieurement la charpente ou membrure d'un bâtiment.

VAISSEAU. s. m. L'une des nombreuses acceptions vulgaires de ce mot en fait le nom général de tout bâtiment flottant, construit pour parcourir avec sécurité l'étendue des mers ; mais le langage maritime l'a spécialisé pour désigner, entre toutes les espèces de navires, celui dont les colossales proportions présentent au moins deux *batteries couvertes* superposées, quelquefois trois, et une batterie de gaillards. C'est la condition essentielle du *vaisseau*. Ce mot doit donc être pris en marine, pour l'expression du bâtiment flottant le plus militairement fort, le plus digne de se montrer en ligne de bataille, où il présente à l'ennemi, depuis 74 jusqu'à 140 canons de gros calibre ; et cette attitude formidable lui vaut la qualification de *vaisseau de ligne*. — Comme nous l'avons déjà dit au mot *Rang* (voir ce mot), le *vaisseau* a ses degrés de grandeur et de force, déterminés par le nombre de ses ponts ou batteries, et celui des canons dont il est armé. Anciennement les variantes de l'espèce étaient le *vaisseau* de 50, de 64, de 74, de 80 et de 110 canons ; ces chiffres représentaient les titres de classement, qui se traduisaient aussi par vaisseau de cinquième, quatrième, troisième, deuxième et premier rang, bien que le nombre de pièces annoncé par ces chiffres ne fût pas rigoureusement observé, et que les *vaisseaux* portassent arbitrairement 54, 60, 70, 78, 86 et 120 bouches à feu. — Depuis longtemps on s'est attaché à présenter moins de variété dans la force de ces puissans navires, et la flotte ne compte plus aujourd'hui que des vaisseaux appelés de 74 et de 80, ou à deux batteries ; ces vaisseaux portent 86 et 96 canons, et des vaisseaux à trois ponts arment 120, 130 et jusqu'à 140 bouches à feu. Quoique les *vaisseaux* de 140 canons soient encore très-rares dans toutes les marines, il est présumable que l'on ne s'arrêtera pas à ce chiffre déjà si élevé ; des projets de *vaisseaux* portant 160 bouches à feu ont été déjà proposés ; et les Américains des États-Unis, qui devancent les Européens dans toutes les conceptions hardies de ce genre, ont déjà levé dans leurs chantiers des vaisseaux de ce gigantesque modèle : tel est *la Pensilvany ;* il aura 225 pieds (anglais) de longueur absolue, et 58 pieds de bau ou largeur.

Le même projet, présenté au conseil des constructions navales par l'une de nos illustrations maritimes, portait les proportions du vaisseau proposé à 180 pieds de quille, 52 pieds et demi de bau, 24 pieds de creux, peu d'élancement et de quête, 3 pieds et demi de rentrée. Ce monstrueux navire porterait 80 canons du calibre de 30 dans ses deux premières batteries, et même nombre de caronades de 30 dans les deux autres. Le plus colossal vaisseau qu'aient fourni les temps modernes est *la Santa-Trinidad*, que les Espagnols possédaient à la bataille de Trafalgar, et qui périt des suites de cette bataille. Ce vaisseau avait quatre batteries, et armait 140 bouches à feu; notre *vaisseau l'Impérial*-n'en portait que 130. — Selon M. Bourdé de Villehuet, la coque seule d'un *vaisseau* de 74 canons (troisième rang) pèse 3,281,000 livres; les apparaux, les munitions, les approvisionnemens pour six mois, et un équipage de guerre, élèvent son poids à 9,106,000 livres. Qu'on se figure, d'après ce terme de comparaison, le poids effrayant d'un vaisseau de 130 canons (premier rang)! Combien nous regrettons que le défaut d'espace nous prive de présenter au lecteur étranger à la marine une description plus développée de cette œuvre sublime du génie humain! Combien nous aimerions à lui faire comprendre toutes les merveilleuses combinaisons qui concourent à la conservation et à la gloire de ce navire gigantesque! Si cette prétention, qui se rattachait au but moral d'un livre conçu pour vulgariser la marine, nous échappe, d'abord, par la difficile tâche de reproduire des vérités si arides par leur spécialité, la difficulté de saisir existe aussi pour ceux dont l'imagination s'est arrêtée aux images empruntées à une instruction étrangère à nos matières. Qu'ils restent sur les idées que leur ont laissées les tableaux poétiques des navires héros de la fable, plutôt que de fausser leur pensée par des descriptions trop faibles d'un vaisseau de nos jours; mais qu'ils aillent en face de cette grande figure puiser les impressions que leur dénie notre impuissance. En présence de cette œuvre de l'audace et du génie, ils diront aussi que le vaisseau est le *roi de la mer*, par sa superbe attitude et sa toute-puissance, devant laquelle tout doit s'humilier. A l'aspect de ses formidables flancs percés d'embrasures menaçantes, échelonnées et superposées comme trois bandes enlevées à un damier; à la vue de cet audacieux appareil de mâts et de cordages qui se dresse sur le *navire-montagne*, la réflexion leur révélera la puissance de l'homme; cette conviction atteindra son dernier période, lorsque, déployant ses voiles comme l'oiseau détend ses ailes, le géant s'agitera rapide, docile et gracieux sur les flots de son empire. Resterait ensuite à connaître la vie intérieure du colosse voguant; examen plus prosaïque peut-être, mais non moins digne d'admiration; qui montre à l'observation un monde, une ville sur les déserts de l'Océan, une société avec ses lois, ses projets, ses passions, son égoïsme et son avenir, où tout fermente, s'agite et vit dans l'intérêt du pays.

VALDRAGUE (en). adv. On dit jeter *en valdrague, laisser en valdrague* des objets, dont l'arrangement nécessaire est remis à un autre moment; ce qui signifie désordre, désarroi de ces objets, précipitamment entassés pêle-mêle les uns sur les autres. (Voir *en Vrague.*)

VALET. s. m. Parmi les *cambusiers* d'un grand navire de l'Etat, le titre de *maître-valet* était autrefois donné à celui d'entre eux qui était spécialement chargé de la distribution des vivres; occupation toute matérielle, qu'il remplit en présence du second commis, après lequel il vient immédiatement dans l'ordre hiérarchique du personnel de la cambuse. Sa dextérité à manier ses ustensiles en mesurant les boissons lui permet une rapidité d'action que les assistans, délégués de l'équipage pour justifier de l'exactitude du distributeur à mettre dans chaque bidon la ration qui revient, ont vraiment peine à suivre. C'est à l'aide de cette fascinante manipulation qu'il parvient, en dévoyant l'attention de ses surveillans, à escamoter sur chaque mesure une dîme qui reste au profit de la gent cambusière. Le *maître-valet*, ou distributeur, est, de tous les servans de la cambuse, celui qui a le plus à se garer des méchans tours qui leur sont réservés par les matelots, leurs éternels ennemis. — On donne aussi le nom de *valet* à cette bourre en fils de carret, si fortement serrés en peloton, pour mettre pardessus la charge d'un canon, la retenir, et fermer hermétiquement l'âme de la pièce. Ces *valets* sont encore assez durs pour acquérir une certaine projection par le tir de la pièce, et devenir dangereux dans le rayon de leur impulsion.

VARANGUE. s. f. Terme d'architecture navale. C'est le nom que l'on donne à la partie basse et fondamentale de chaque membre ou côte du squelette d'un navire, et qui pose par son milieu sur la contre-quille, à laquelle elle se lie par une entaille et des chevilles à bout perdu. Les *varangues*, distribuées dans toute la longueur de la quille, à de certains intervalles également observés, sont des pièces de choix devenues très-rares, surtout pour la fabrication des vaisseaux, et même des frégates. On sait, d'après la définition qui a été faite de la carène, dont les *varangues* sont les pièces de fondation, que ces pièces se bifurquent d'autant plus qu'elles se rapprochent davantage des extrémités de la quille pour former les vides dans ces parties de la carène; elles ne peuvent être fournies que par la réunion naturelle de deux branches qui se rapprochent sous un angle plus ou moins fermé, et ces deux branches ont

pour un vaisseau 12 ou 15 pouces d'écarrissage.
Qu'on juge par là de l'énorme grosseur d'un
chêne qui fournit une pareille fourche. Les *varangues*, au milieu de la quille, sont toujours plus
ouvertes. Quelques navires, dits à *plates varangues* (*voir* ce mot), les ont, dans cette partie,
presque droites, pour ne commencer à s'arrondir
qu'à quelque distance de la quille. La *varangue*
du milieu a le nom de *maîtresse varangue*.

VARECH. s. m. Ce *fucus* a déjà été défini
sous le nom d'algue et de goëmon au commencement de cet ouvrage, et a fait le sujet d'un article qui se rattache à l'intérêt que peut offrir
la récolte de cette plante marine sur nos rivages.
Nous le reproduisons ici sous le nom de *varech*,
pour développer quelques observations sur le
phénomène offert par la prodigieuse quantité de
ce *fucus* répandue sur un espace circonscrit de
l'Océan Atlantique; cette nouvelle matière nous
paraissant en harmonie avec le but maritime et
pittoresque de ce livre.

Le phénomène dont il va être question n'a lieu
que sur une seule partie de l'Atlantique comprise
dans le grand espace entre les îles Açores, les
Canaries, les îles du Cap-Vert, la Côte-Ferme
de l'Amérique et les Antilles; il se trouve isolé
à de grandes distances des terres, et resserré
entre le 30e et 20e degré de latitude nord, et depuis le 30e jusqu'au 46e de longitude occidentale
de Paris.

La présence de ce *varech* sur l'Océan, quoique de peu d'importance pour la navigation de
cette mer, ne manque pas de quelque intérêt pour
l'esprit d'observation, et peut solliciter les méditations du voyageur; surtout quand on demeure
convaincu qu'il ne se retrouve dans aucune autre mer du globe, qu'on ne le voit croître sur
aucun des différens rivages qui bordent l'Océan
où il se plaît, et qu'il n'occupe qu'un espace assez
rétréci de cet Océan. Quant à son abondance,
elle est quelquefois incroyable. — Voici ce qu'en
dit Robertson, dans son *Histoire des Deux Amé-
riques :*

« A quatre cents lieues à l'ouest des Canaries,
» Colomb trouva tout à coup la mer si couverte
» de plantes qu'elle ressemblait à une prairie
» d'une vaste étendue, et elles étaient en quel-
» ques endroits si épaisses que la marche du
» vaisseau en était retardée. Les inquiétudes et
» les alarmes recommencèrent de nouveau : les
» matelots imaginèrent qu'ils étaient arrivés aux
» dernières bornes de l'Océan navigable; que
» ces herbes épaisses allaient les empêcher de
» pénétrer plus avant; qu'elles cachaient des
» écueils dangereux ou une grande étendue de
» terre submergée. Colomb s'efforça de leur
» persuader que cette rencontre devait plutôt
» les encourager, comme signe du voisinage de
» quelque terre : en même temps, un vent frais

» le dégagea de ces herbes, et il ne les revit
» plus. »

Ce *varech* est le *fucus uva natens* décrit par
quelques naturalistes. C'est d'abord par bouquets épars sur la surface de la mer qu'on le rencontre, en approchant du parage qu'il couvre de
ses immenses nappes. Chaque bouquet présente à l'examen une touffe épaisse et brouil-
lée par l'entrelacement de ses mille rameaux ; au
milieu du pêle-mêle quelquefois inextricable,
on finit par reconnaître une tige mère, fine et
souple, quelquefois coriace, de laquelle se projettent en tous sens une multitude de branches
déliées et irrégulières. Celles-ci, parées de leurs
petites feuilles étroites et dentelées, sont aussi
chargées de leurs nombreuses baies, rondes, élastiques, isolées, et recouvertes quelquefois d'un
petit pointillage blanc, admirable comme celui
des madrépores, et qui sans doute est un commencement de ce zoophite. Ces bouquets d'herbes marines, soit réunis comme d'immenses tapis,
soit isolés comme autant d'îles flottantes, sont
tous habités par de nombreux petits poissons
d'espèces fantastiques et inconnues, admirables
de formes et de mouvemens, les uns crustacés,
les autres du genre polypeux, d'autres d'une
substance cartilagineuse. Pris et mis dans un vase
rempli d'eau de mer, on peut admirer leur structure bizarre qui ne trouve de comparaison que
dans ces monstres créés par les caprices de la
fable. L'un, immobile au milieu du fluide, le corps
hérissé de petites lances mobiles qu'il dirige selon l'instinct d'une défense pressante, semble
attendre un ennemi. L'autre, s'aidant de sa caudale et de ses nageoires transparentes, bondit
par élan capricieux; vif et souple, il échappe à
l'ennemi qui le poursuit, en disparaissant dans
les mille détours de son labyrinthe d'algues. Souvent, sur la surface de la mer, on les voit abandonnant le bouquet de *varech* qu'ils habitaient,
jouer dans la transparence de l'eau; puis tout à
coup, donnant une direction suivie à leur rapide
frémissement de nage, gagner une autre touffe
qui devient leur nouvelle retraite.

Dans la région où ce *fucus* se trouve en sa plus
grande abondance, c'est par larges couches qu'il
recouvre toute l'étendue; il prête à cette mer
ordinairement animée de la région tropicale,
l'aspect d'un parquet pesamment onduleux, dont
la teinte jaunâtre tranche sur l'azur à l'horizon
du ciel. Le vent alisé passe sans vie sur ce tapis
d'algues immobiles; on ne voit plus sur le bleu
de la mer se détendre en panaches d'écume les
petites vagues soulevées par la brise. Si on s'é-
lève sur les mâts, le regard qui domine la plaine
aperçoit dans ces goëmons serrés des passages
ouverts par l'action des courans; et ces vides,
dont la teinte aqueuse contraste avec la couleur
ocrée du *varech*, semblent des ruisseaux se tordant sur l'herbe jaunie d'une prairie desséchée.

— Le navire, tout en pénétrant facilement dans ces algues épaisses, en est sensiblement empêché dans sa marche; et le choc de sa rapide carène, en les roulant dans le tourbillon de son sillage, a troublé bien des existences; ce dont il est aisé de se convaincre en observant dans la trace du vaisseau, à travers cette mer d'herbages, les petits poissons égarés nageant pour regagner les bouquets dispersés à la surface de l'eau.

C'est quelquefois en longues files formées dans le sens du vent, que le vaisseau coupe dans ses bonds leurs lignes parallèles et serrées. A voir la régularité de leur disposition, sans pouvoir assigner de cause physique aux variantes de leur arrangement, les méditations sérieuses et les inspirations poëtiques s'exercent tour à tour sur la nécessité naturelle de ces produits de la mer, et de ces longs rubans d'algues ondoyant sur la robe d'azur d'une coquette Néréide.

Il est probable que ce *varech* doit sa qualification de *uva*, donnée par les naturalistes, aux nombreuses graines qu'il produit, et qui ont quelque ressemblance avec les baies ou raisins de certains pays. Les matelots français l'appellent *raisin du tropique*. Les Anglais et les Américains du nord le nomment *the gulph weed*. Ce dernier nom fait établir sur le lieu de son origine une version qui n'est pas sans réplique.

D'où vient-il? Pourquoi se trouve-t-il si éloigné de tous rivages? Pourquoi ne le retrouve-t-on pas ailleurs, ni sur les côtes de l'Océan où il surnage, ni dans les autres mers du monde? A ces trois questions qui ne regardent que ce *fucus*, on pourrait ajouter celle-ci: Pourquoi un *fucus natans* quelconque ne se retrouve-t-il pas ailleurs? Voilà les questions qui se présentent d'abord, et auxquelles plusieurs marins observateurs ont répondu sans donner de solution satisfaisante.

L'une des réponses que l'on entend le plus communément à ces questions, est celle-ci : que ces herbes marines sont détachées des rivages de la Floride et portées aux parages qu'elles occupent par les courans de la mer.

On doit objecter à cette opinion que l'on n'aperçoit pas de ce *varech* sur les côtes de la Floride; que s'il en croît au fond de la mer près de ces côtes, personne ne le sait. Mais en admettant qu'il y crût, quelle direction faut-il supposer aux courans de cette mer pour qu'ils puissent ramener ces herbes (essentiellement flottantes par leurs nombreuses graines vides qui les sollicitent à la surface de l'eau) dans les parages où on les voit? Ne les rencontrerait-on pas à la surface de la mer dans le trajet qui les sépare de la côte que cette version leur assigne pour lieu d'origine? D'ailleurs, la théorie des courans de cette mer s'oppose à cette conjecture : les observations faites par la commission des savans, à bord de la frégate *la Flore*, en

1771, sur la direction des courans de l'Océan Atlantique, ont démontré qu'ils se dirigeaient vers le N.-O., jusqu'aux côtes de l'Amérique, vers la Floride, pour remonter ensuite au nord parallèlement aux rivages de la Nouvelle-Angleterre. On ne voit rien dans ces directions qui autorise à supposer à ces courans un mouvement rétrograde vers le S.-E., nécessaire au charriage de ces herbes. Pourquoi donc choisir la Floride de préférence à tous autres points autour de l'Océan Atlantique, où ce *fucus* n'est ni plus, ni moins connu? — D'autres ont dit que ces herbes naissaient sur la surface de la mer, et que l'eau de ces régions pouvait contenir des principes créateurs et nutritifs de cette herbe. Quoique ce privilége d'un petit espace sur la surface d'un même océan ne soit pas admissible, cette version n'est pas déraisonnable, en ce que le fait n'est pas sans exemple : beaucoup d'herbes aquatiques naissent et vivent sur l'eau sans connexion avec le sol; et cela se voit dans les étangs et dans les bassins d'eau stagnante? Mais alors ces végétations n'ont pas de tige-mère; toutes leurs branches sont les projections d'un nœud central ou oignon flottant, dans une eau chargée de sédimens nourriciers; tandis que le *fucus* en question a une tige qui a été adhérente à un point fixe; on reconnaît aisément sur cette tige les signes d'une rupture récente : ce qui démontre péremptoirement qu'il ne s'est pas écoulé beaucoup de temps depuis sa séparation de son point natal.

Cette opinion ne satisfait donc pas encore. La plus rationnelle est celle qui fait naître ces *varechs* au fond de la mer, un peu à l'est de l'espace qu'ils occupent; ils seraient sollicités continuellement à s'élever à la surface de l'eau, par la seule action flottante de leurs nombreuses graines vides; ils finissent par rompre leurs tiges devenues mûres, et arrivent à la surface de la mer en obliquant vers l'ouest dans leur direction ascendante, en raison des courans naturels qui les y portent. Ils y arrivent chargés de petits poissons, dont les genres appartiennent aux espèces qui ne trouvent la vie que sur des fonds solides, et dont les existences éphémères sont attestées par leurs dimensions réduites et leurs délicates structures. Comment ces petits êtres auraient-ils pu vivre sur ces algues tout le temps que nécessite leur lente translation par des courans, à travers les sept ou huit cents lieues qui les séparent de la Floride?

VAREUSE. s. f. Courte chemise en toile à voile, ou en grosse cotonine de couleur, que portent les matelots dans l'exercice de certains travaux, où le goudron et autres matières grasses et salissantes interviennent copieusement. C'est pour préserver leurs vêtemens des larges éclaboussures de l'enduit prodigué à pleia pinceau, qu'ils s'affublent de la *vareuse,* laquelle ne descend pas plus bas que les reins, et seulement assez pour entrer dans la ceinture de la grande culotte, aussi en grosse toile. — On se représenterait difficilement la teinte maculée de crasse d'une *vareuse* de matelot : c'est quelquefois à en rendre le tissu aussi roide qu'une feuille de tôle. Quand, les mains sales aidant, la *vareuse* a acquis par sa malpropreté cet excédant de fermeté qui nuit aux mouvemens de son porteur, elle retrouve son élasticité sous l'action vigoureuse d'une brosse à pont et de sable humide, élémens obligés de cette lessive, qui ressemble fort à un fourbissage, à la suite duquel le meuble, un peu assoupli, n'a rien perdu de sa teinte crasseuse et de son infernal parfum.

VARIATION. s. f. Quelque légère connaissance qu'on ait de la *boussole* (*voir* ce mot), on sait que sa principale utilité est d'indiquer aux marins la direction du pôle, et que cette vertu lui est acquise par la merveilleuse propriété qu'une petite barre d'acier aimantée, appelée *aiguille aimantée,* couchée sur le plan de la rose de l'instrument, et en équilibre par un pivot sur lequel elle tourne librement, a de se diriger dans le sens du méridien, et d'indiquer par ses deux extrémités le *nord* et le *sud* du monde. Ce phénomène, attribué au magnétisme du globe terrestre, a été en partie développé au mot *Boussole.* Il est devenu, par sa généralité, un sujet inépuisable d'observations et de recherches, qui font désespérer d'arriver jamais à expliquer ce mystère de la nature. Mais un autre mystère non moins surprenant, et aussi inexplicable, c'est l'inconstance de cette direction de l'aiguille aimantée, en différens temps pour un même lieu, et aussi en différens lieux pour un même temps; c'est-à-dire qu'à certaines époques, et sur certains points du globe, l'aiguille aimantée ne coïncide pas avec la ligne qui joint le nord et le sud, mais qu'elle s'en écarte d'une quantité plus ou moins irrégulière, et c'est cet écartement qu'on appelle la *variation de l'aiguille aimantée,* ou simplement la *variation.* — La *variation* a fait donner le nom de méridien magnétique à la direction que prend l'aiguille aimantée pour chaque lieu, en sorte que la *variation* est aussi l'angle formé par le méridien magnétique et le méridien du lieu, et cet angle s'appelle *angle de déclinaison.* Il arrive donc que dans les lieux où l'aiguille aimantée éprouve cette déviation, les quatre points cardinaux de la boussole ne correspondent plus aux mêmes points cardinaux du monde. On comprend aisément que la *variation* doit être, pour les navigateurs, un sujet de méditations continuelles, puisqu'elle vient troubler la foi qu'ils doivent avoir dans les directions indiquées par leur boussole ; et combien de désastres résulteraient de la confiance qu'ils accorderaient à ses indications mensongères ! Mais la science apprend à connaître, à un degré suffisant d'exactitude, l'écartement du nord de l'*aiguille aimantée* à droite ou à gauche du vrai nord; et cette connaissance obtenue, l'instrument, dans son inexactitude, cesse d'être dangereux. (Voir *Amplitude.*) C'est toujours en comparant les deux nords que l'on exprime la valeur et le nom de la *variation;* si le nord de la boussole, dans son écartement du vrai nord, incline à droite, c'est-à-dire vers le N.-E., la variation s'appelle nord-est ; elle se nomme nord-ouest, si elle s'écarte à gauche vers le N.-O. — Quant à la grandeur de la *variation,* elle va pour certains points du globe, et surtout pour les régions polaires, jusqu'à 43 degrés. On voit qu'alors le nord de la boussole répond au N.-E. ou N.-O. du monde. La *déclinaison* (ou *variation*) est, disons-nous, irrégulière et variable, et de telle sorte que si l'on part de l'un des endroits où elle est nulle, et qu'on s'avance vers le nord ou vers le sud, on pourra passer par une suite de points où elle sera pareillement nulle; mais ces points ne se trouveront pas sur un même méridien : ils formeront une courbe irrégulière qui aura des inflexions en différens sens; mais, de plus, cette *variation* varie avec le temps dans un même lieu, et ses changemens ne croissent pas dans le même rapport que le temps. Ainsi, depuis la découverte de la boussole, ou plutôt son usage en Europe par les Vénitiens en 1260, la *variation* a été observée pour la première fois dans la Méditerranée en 1500; elle était encore nulle à Paris en 1666, c'est-à-dire qu'alors le nord de la boussole répondait au nord du monde; et cent trente-six ans plus tard (le 12 floréal an 10), M. Bouvard observait la *variation* de 22° 3' vers le N.-O. : elle est aujourd'hui de 23°. Ce qui se passait à Paris à cette époque avait lieu dans toute la bande longitudinale à 15 ou 18° à l'ouest et à l'est du méridien de ce lieu. En sorte que Christophe Colomb ne s'attendait pas à ce que sa boussole, dont *l'aiguille aimantée* était constamment tournée vers l'étoile polaire, allait subir cette *variation* inexplicable. Que dut-il se passer dans l'esprit profond de ce sublime navigateur, lorsque, dépassant les limites de la navigation connue, il vit pour la première fois cette perturbation dans l'instrument, seul guide de son audacieuse pensée ! On sait que cette remarque, faite par ses équipages, contribua aux mutineries qui menacèrent souvent ses jours.

Ce qui vient d'être expliqué de la *variation* ne s'arrête pas là ; et ces écartemens, qui, au milieu de leur inconstance, ont, jusqu'à un certain point, une marche suivie et réglée, sont sujets à des espèces d'anomalies subites et fugitives, qui portent visiblement le caractère d'une cause perturbatrice. Les marins ont désigné sous le nom *d'affollemens* ces anomalies inexplicables. (Voir *Affolée.*)

VARIER. v. n. Les affolemens dont il est parlé ci-dessus étant observés sur la boussole, dont l'état est alors une variation incessante, tant que dure le phénomène, donnent lieu au verbe *varier*. Le timonier est alors fort embarrassé, le navire se trouve mal dirigé; et si le vent vient à le frapper d'une manière qui n'est plus en rapport avec les positions des voiles, le timonier s'excuse de ce que la route ne peut plus être suivie, vu que le *compas varie toujours.*

VEAU MARIN. s. m. Nom que les navigateurs donnent à diverses espèces de petits phoques les plus communs.

VEILLE (en). adv. Se dit d'une ancre que l'on place en état d'être mouillée au besoin. Dans une rade où le vaisseau est déjà retenu par ses ancres, un bâtiment au mouillage a toujours une ancre en veille quand il fait mauvais temps. — En parlant de cette ancre, on dit par abréviation l'ancre de *veille,* au lieu de l'ancre qui sert en veille.

VEILLER. v. a. En marine, ce mot se prend pour surveiller, être attentif; *veiller le câble,* c'est suivre ses divers degrés de tension, ses directions dans un mauvais temps, dans un appareillage; *veiller l'horloge, veiller les embarcations,* sont les surveillances apportées à ces divers objets. — On emploie le mot *veiller,* pour être prêt, attendre; comme à l'approche d'un grain qui s'avance, bien noir, bien menaçant. Quand l'officier de quart, *veillant* la manœuvre, a commandé les dispositions qui doivent soustraire à l'action du vent les voiles qui compromettraient les mâts, il attend l'arrivée de la rafale et crie à ses hommes : *veille aux drisses! veille au grain!* c'est leur dire de se tenir prêts à exécuter ce qu'il ordonnera bientôt.

VÉLIQUE. adj. On donne ce nom au point d'intersection de deux lignes, l'une qui représente la résultante des résistances que l'eau oppose à la carène d'un bâtiment, et l'autre la résultante de l'effort du vent sur les voiles, qui est une verticale passant par le centre de gravité. Le *point vélique* est la limite de l'effort du vent sur les voiles.

VENIR. v. n. Un bâtiment *vient* à l'appel de son câble, lorsque celui-ci, faisant résistance, est en direction avec l'ancre et le navire. On dit aussi *venir au vent,* c'est faire quitter au bâtiment, au moyen du gouvernail, la ligne qu'il suivait pour rallier une nouvelle direction plus rapprochée du lit du vent. C'est le synonyme de *lofer.* (Voir *Lof.*) *Venir* sur tribord, ou sur bâbord, c'est encore faire suivre au navire une nouvelle direction à droite ou à gauche de celle qu'il suivait d'abord.

VENT. s. m. Chacun sait que le vent est cette agitation de l'air, qui met en mouvement les navires sur la mer. L'air est un fluide susceptible de compression et de dilatation; son état naturel pur et sans mélange, étant sans cesse troublé par les exhalaisons des trois règnes qui s'élèvent de la terre, il en résulte des courans de sa masse qui deviennent sensibles pour nous sous le nom de *vent.* Ces courans, selon leur plus ou moins grande vitesse, sont les *vents* plus ou moins forts. Il a été fait des expériences sur les divers degrés de force du *vent,* lesquelles ont conduit à déterminer que, le calme étant pris pour l'état sans mouvement de l'air, le plus faible mouvement lui imprime une vitesse de une lieue par heure, ou 4 pieds 3 quarts par seconde; et sa plus grande vitesse, à l'état de tempête violente, capable de déraciner les arbres, est de 60 pieds par seconde, ou 12 lieues et demie par heure; bien qu'on prétende lui avoir trouvé jusqu'à 88 pieds par seconde. — Les *vents* ont reçu les noms des trente-deux divisions de l'horizon, dont les huit principales sont, comme on sait, nord, sud, est, ouest, pour les quatre cardinaux; et le nord-est, le sud-ouest, le nord-ouest et le sud-est. — Les marins donnent aussi au *vent* différens noms en rapport avec son action sur le bâtiment : *vent variable,* qui souffle alternativement d'une direction et d'une autre; *vents alisés, vents généraux, vents de mousson,* sont des noms appliqués aux vents qui règnent constamment, ou à des époques régulières, dans certaines parties du globe; *bon vent,* celui qui est favorable au voyage; *vent debout* ou vent contraire; *vent arrière,* celui qui frappe le navire par la poupe; *vent largue, vent du travers, vent près,* lorsqu'il frappe le bâtiment plus ou moins de côté; *vent dessus,* celui qui agit sur le devant d'une voile, et pousse le navire en arrière; *vent dedans,* quand il souffle dans la voile, et fait marcher le bâtiment. — On est *au vent* d'une terre ou d'un navire, lorsqu'on reçoit la *brise* avant ces objets. On est *sous le vent,* dans le cas contraire.

VERGE. s. f. Voyez *Ancre.*

VERGUE. s. f. Longue pièce de bois qui, placée en travers sur les mâts, forme une croix avec ceux-ci, et sert à supporter une voile. Les *vergues* sont plus grosses et plus longues sur les mâts principaux avec lesquels elles s'harmonisent; en s'élevant avec ceux-ci, elles en suivent les proportions amoindries, ainsi que les voiles dont les plus légères, on le pense bien, sont les plus supérieures; voici les noms et places qu'occupent les *vergues:* Au grand mât *la vergue de misaine,* sur le bas mât de misaine, au-dessus celle du

petit hunier, plus haut celle du petit perroquet.
Au grand mât : la *grande vergue*, pour le bas
mât et la grande voile ; au-dessus celle du grand
hunier que surmonte celle du grand perroquet.
Pour le mât d'artimon, la *vergue* supportée par
le bas mât s'appelle *vergue barrée* ou *vergue sèche*,
parce qu'elle ne porte pas de voile ; au-dessus
viennent celles de perroquet de fougue et de perruche. Si le navire a des mâts et voiles de cacatois, les *vergues* que supportent ces mâts et qui
reçoivent ces voiles, leur empruntent leur nom.
C'est sur les *vergues* que sont relevées par couche
et retenues par des rabans ou bouts de cordage,
les voiles qu'on serre, pour les soustraire au
vent.

VICE-AMIRAL. s. m. Titre donné aujour-
d'hui à l'ancien lieutenant-général des armées
navales, comme celui de chef d'escadre a fait
place à celui de contre-amiral. Un *vice-amiral*
prend rang entre les maréchaux et les lieutenans-
généraux. Le titre d'amiral est donné au vice-
amiral, qui commande temporairement une rade
ou une escadre. Il porte son pavillon déployé au
mât de misaine.

VIGIE. s. f. La *vigie* est la sentinelle placé
dans la mâture, ou sur un point convenable du
navire, pour veiller tout ce qui se passe à l'en-
tour du vaisseau jusqu'à l'horizon. Elle signale
l'approche des navires, ou toutes les situations
de ceux qui sont rapprochés du point d'observation. *La France Maritime* a publié dans son
deuxième volume, page 292, un article qui résume, sous le point de vue matériel et physiolo-
gique, l'*homme de vigie*. — On nomme également
vigies des dangers que des marins ont cru reconnaître en pleine mer, aux nappes d'écume qu'ils ont
vues se détendre sur elles, et que, sans autre examen, on s'est empressé de signaler sur les cartes
marines. — Ces *vigies* seraient alors des pointes
de rochers sous-marins ; mais le mot seul répand
du doute sur leur existence. Un navigateur prudent doit pourtant les éviter.

VIREMENT, VIRER de bord. Lorsqu'un navire court au plus près du vent, et qu'il a atteint
le point jusqu'où il voulait se rendre, il est forcé
de se retourner pour prendre une direction à
peu près opposé, et pour recevoir par tribord,
par exemple, le vent qu'il recevait par bâbord,
avant de changer sa route ; cette évolution s'appelle le *virement de bord*. Un navire qui louvoie,
qui prolonge des bordées, *vire* souvent de bord.
(Voir *Plus près*.) — On dit aussi *virer* pour l'action de faire tourner le cabestan ou le guindeau
sur lequel s'enveloppe un cordage : on *vire* une
ancre, etc.

VIREVEAU. s. m. Quelques marins donnent
ce nom au guindeau, bien que le *vireveau* soit
un appareil plus petit que celui-ci, et particuliè-

rement propre aux petits bâtimens, tels que caboteurs, pêcheurs, etc.

VIRURE. s. f. C'est le nom que l'on donne à
une même file de bordages sur la coque d'un
bâtiment ; les bordages étant de la même largeur, la *virure* est continue dans toute la longueur du navire, par les bordages nécessaires,
ajustés bout à bout. — Ce mot sert souvent pour
exprimer certains degrés de calaison du bâtiment
sous sa charge. — Quand les marins disent : le
navire s'est enfoncé d'une *virure* de plus, cela
exprime qu'il a plongé en plus de toute la largeur d'un bordage.

VISITE. s. f. Comme dans le langage du
monde, c'est l'examen fait d'une chose ; en marine, les *visites* sont de diverses natures : on fait
la *visite* de la coque d'un bâtiment ; c'est reconnaître l'état de ses bois, à l'aide de vrilles, de
sondes et autres instrumens, dont on perce le
navire dans plusieurs de ses parties. — A la mer,
les matelots font matin et soir la *visite* du gréement dans les parties que l'on sait être les plus
exposées à un frottement destructeur. — En
temps de guerre, on *visite* les navires que l'on
rencontre à la mer, pour s'assurer si le pavillon
dont ils se couvrent n'est pas une couleur d'emprunt, pour esquiver une capture. C'est en examinant les papiers du capitaine que l'on reconnaît s'il est neutre ou ennemi ; ces sortes de
visites ne peuvent s'exercer que sur de faibles
bâtimens de commerce qui ne sauraient se soustraire à cette espèce de molestation. Un navire
de guerre, fût-il d'une nation neutre, ne se laisse
pas *visiter*, quelque faible qu'il soit ; il en vient
plutôt aux coups. L'honneur du pavillon veut
que le capitaine qui aurait la faiblesse de céder
sans résistance à une visite, soit chassé du corps
de la marine. — A son arrivée dans un port, un
bâtiment reçoit, avant de communiquer, les *visites* du comité de santé, de la douane et de la
marine, lesquelles consistent à faire diverses
questions au capitaine, sur la nature de son
voyage, sur l'état de son chargement et de son
équipage, après lesquelles la quarantaine lui est
imposée, ou la communication permise avec le
pays.

VITONIÈRE. s. f. C'est ainsi que l'on appelle les gonds en cuivre ou en fer, adaptés au
gouvernail, et au moyen desquels cette précieuse
machine tient au bâtiment.

VIVES EAUX. s. f. On donne ce nom au
courant rapide de l'eau à l'arrière du bâtiment ;
ce sont les eaux vivement agitées sous les formes évidées du navire dans cette partie extrême,
et dont l'action sur le gouvernail fait la puissance de ce précieux auxiliaire.

VIVRES. s. m. pl. C'est le nom que l'on

donne aux comestibles de toutes sortes, embarqués sur les bâtimens, pour la nourriture des états-majors, des équipages, des malades et des passagers. On distingue les *vivres journaliers*, les *vivres de campagne*, les *vivres frais*. Ceux-ci sont achetés à terre, et payés avec les sommes allouées à cet usage. L'emploi des vivres permet de garder en réserve les *vivres* de voyage.

VOGUER. v. n. Mot trop prosaïque en marine; il a vieilli, et n'est plus employé; les marins l'ont remplacé par *cingler* (*voir* ce mot), *aller de l'avant.*

VOIE D'EAU. s. f. C'est le nom que les marins donnent à toute ouverture faite à la carène d'un bâtiment par les boulets, les chocs de navires, de rochers ou de corps flottans; ou provenant des fatigues de la coque, et qui amène l'écartement des bordages. Cette ouverture laisse passage à l'eau de la mer dans l'intérieur du navire, et le met en péril. Une *voie d'eau* se déclare souvent spontanément, avec toute la gravité d'un imminent danger; quelquefois son augmentation est graduelle. Dans le premier cas, toutes les pompes sont mises en jeu, pour rejeter au dehors l'eau de la mer qui envahirait bientôt le bâtiment, en même temps que l'on cherche à arrêter la rapide entrée de l'eau, en appliquant sur la carène des *voiles lardées* (*voir* ce mot) à la partie où l'on suppose l'existence de la *voie d'eau*. Assez ordinairement on devine l'endroit de la carène où le mal existe. On peut d'ailleurs le chercher par des changemens d'amure, par des visites dans la cale, et même par le secours des plongeurs. — On peut continuer un voyage avec une *voie d'eau* peu considérable; mais les soins, les travaux apportés continuellement pour en neutraliser les effets, ne manquent pas de jeter l'inquiétude dans les esprits, à l'idée des nombreux accidens qui peuvent accroître la gravité du mal. Quelquefois ce malheur prend tout à coup un si grand développement, que les pompes sont un recours insuffisant, et qu'il y a danger à continuer la navigation avec une *voie d'eau;* l'on cherche alors un port de relâche pour y remédier, afin de pouvoir suivre le voyage.

VOILE. s. f. L'on sait que ce mot exprime la surface d'un tissu qui se déploie sur un mât pour recevoir le souffle du vent, et imprimer à un navire son mouvement sur la mer. La *voile* agit alors sur la masse du bâtiment flottant, comme les ailes des oiseaux aident ceux-ci à s'agiter dans les airs. — L'usage de la *voile*, postérieur à celui de la rame, est pourtant très-ancien; selon Strabon, Icare en serait l'inventeur. Son origine, puisée dans les ingénieuses fictions de l'antiquité, tombe devant les vérités fournies par les voyages de découvertes, qui nous montrent ce moyen de locomotion en usage chez les sauvages les plus

inconnus, lesquels n'ont pu en recevoir l'idée que par les inspirations du besoin. Cette remarque en recule l'origine au delà de l'époque assignée par les historiens et les poëtes. — La petite barque, qu'une seule *voile* peut faire glisser sur l'eau, a été le point de départ du superbe édifice en toile qui devient nécessaire à l'impulsion d'un grand navire. Comme la surface à présenter au souffle du vent doit grandir avec la masse du bâtiment, on comprend que pour celui-ci une seule voile eût été immaîtrisable, et qu'il a fallu les multiplier en réduisant leurs dimensions : aussi le nombre en est-il considérable sur un vaisseau; les unes sont carrées, les autres sont triangulaires, d'autres sont trapézoïdes : toutes ont les noms que leur assignent les vergues et les mâts sur lesquels elles se déploient et se suspendent; toutes ont, comme on a dû le voir dans le cours de cet ouvrage, les moyens d'être exposées ou soustraites au vent. Chaque bâtiment sur les mers des divers pays, sur les eaux des différens fleuves, a ses *voiles* appropriées aux circonstances atmosphériques et accidentelles de localité; chez tel peuple navigateur, les *voiles* sont en toile de chanvre, chez les Indiens elles sont en coton, chez les Chinois elles sont faites avec des joncs; les insulaires de la mer du Sud les font en écorce d'arbre et en paille. — On dit un *bâtiment sous voile*, c'est celui qui a déployé ses *voiles*, et qui cingle par leur secours. — Le mot *voile* est quelquefois pris pour synonyme de navire; ainsi un ou plusieurs navires que l'on découvre en mer s'annonce par une ou plusieurs *voiles*. — Un navire destiné pour les voyages au long cours embarque, outre toutes les voiles mises aux places où elles doivent fonctionner, un pareil nombre en réserve, qu'on appelle *jeu de voiles de rechange.*

VOILÉ, ÉE. part. En parlant des voiles d'un bâtiment, on dit, ce navire est bien ou mal voilé, selon que ses voiles sont bien ou mal coupées, et se présentent plus ou moins gracieusement à l'action de la brise.

VOILERIE. s. f. Atelier où l'on confectionne les voiles, et où elles sont mises en dépôt.

VOILIER. s. m. C'est le nom de l'ouvrier qui travaille à la confection des voiles. On embarque plusieurs *voiliers* sur un grand bâtiment de guerre; ils sont sous la direction spéciale d'un *maître voilier*, lequel a la responsabilité des voiles; il en ordonne les réparations, et les coupe, s'il en doit faire de nouvelles. Tous les matelots sont plus ou moins *voiliers.*

VOILIER, ÈRE. adj. Désignation d'un bâtiment d'après la manière dont il va à la voile : *C'est un bon ou un mauvais voilier*, suivant qu'il marche bien ou mal; *c'est un fin voilier*, s'il est d'une marche supérieure.

VOILURE. s. f. Expression collective, pour désigner l'ensemble de toutes les voiles d'un bâtiment, ou aussi le nombre de voiles qu'il a dehors, c'est-à-dire orientées, et faisant cingler le navire ; on dit *rétablir la voilure*, après un grain qui a fait amener les voiles. *Régler la voilure sur le temps*, c'est mettre dehors un nombre de voiles approprié au vent qui souffle.

VOIX. s. f. On dit qu'on est à portée de *voix* d'un bâtiment, quand on peut s'en faire entendre au moyen d'un porte-voix. On commande à la *voix* ; on salue à la *voix*. — On dit aussi *donner la voix*, c'est en travaillant de force s'entendre pour agir simultanément (voir *Accorder*). On fait *passer la voix*, c'est répéter de proche en proche un commandement, articulé faiblement, et le faire arriver à sa destination.

VOLAGE. adj. Une embarcation qui a peu de stabilité, qui incline facilement sur un bord ou sur l'autre, par un petit vent de côté, ou par un poids placé plus d'un côté que de l'autre, est dit être *volage*. Cette épithète ne se donne pas aux grands bâtimens, mais seulement aux petits canots qui manquent de stabilité. — On dit qu'un compas ou une boussole est *volage*, lorsque son aiguille aimantée a acquis trop de force, ou que sa parfaite suspension lui donne une trop grande mobilité aux mouvemens du navire dans une mer fortement agitée.

VOLÉE. s. f. Décharge simultanée de plusieurs canons du même côté, d'une même batterie ; on dit aussi *bordée*, dans un sens à peu près semblable. — La *volée* d'un canon, c'est l'extrémité où se trouve la bouche, l'opposée de la culasse.

VRAC (en). adv. Des objets jetés sans ordre dans un navire sont chargés *en vrac* ; c'est presque la même expression qu'en *pagale* (voir ce mot). Lorsqu'un bâtiment porte du grain ou tout autre espèce de fluide qui n'est pas mis dans des sacs ou barillages, on dit qu'il a un chargement *en vrac*.

YACHT ou **YAC.** s. m. (On prononce *iaque.*) Petit navire de plaisance construit avec élégance, emménagé avec commodité, et qui sert pour la promenade. Les Anglais les ont mis fort à la mode, et tous les gens riches qui habitent les côtes ont le leur, comme on a en France sa voiture de campagne. Ces *yachts* d'Angleterre sont souvent l'objet de paris considérables, et la lutte de ces rapides embarcations sur la surface unie des rades est tout aussi célèbre que les courses de chevaux de la plaine. — Les Anglais appellent aussi *yacht* un petit pavillon formé d'une double croix rouge appliquée sur une double croix blanche, un peu plus large que la première, lesquelles se découpent toutes sur un fond bleu. Cette disposition de couleurs se représente aussi au coin supérieur du grand pavillon d'Angleterre; on dit souvent le *yacht* britannique, pour dire le pavillon de cette nation.

YEUX. s. m. Ce sont les trous percés dans la partie supérieure d'une voile, pour recevoir le léger cordage qui la tient à sa vergue.

YOLE. s. f. Canot léger, marchant bien, soit à la voile, soit à l'aviron, et qui sert particulièrement aux officiers supérieurs des bâtimens de l'Etat. On dit la *yole* du commandant, pour désigner son embarcation particulière. Les *yoles* ne portent point de lourds fardeaux, et sont d'une construction très-fragile.

YROISE (l'). Espace de mer des environs de Brest, qui est compris entre le bec du raz et l'île d'Ouessant. C'est une espèce de grand golfe que la chaussée des Saints borne au sud-est, et qu'avoisinent partout ailleurs beaucoup d'écueils. L'eau est profonde dans l'*Yroise*, et toutes espèces de bâtimens peuvent y jeter l'ancre, surtout lorsque la brise vient de terre. De nombreuses sondes, marquées sur les cartes, indiquent la valeur de chaque partie du fonds et signalent tous les dangers. — On dit qu'on est entré ou sorti de la rade de Brest par l'*Yroise*. Les pilotes de ce parage sont fort habiles.